中国国家标准汇编

2018年修订-19

中国标准出版社　编

中国标准出版社

北　京

图书在版编目(CIP)数据

中国国家标准汇编:2018年修订.19/中国标准出版社编.—北京:中国标准出版社,2020.6
ISBN 978-7-5066-9595-4

Ⅰ.①中… Ⅱ.①中… Ⅲ.①国家标准-汇编-中国-2018 Ⅳ.①T-652.1

中国版本图书馆CIP数据核字(2020)第069786号

中国标准出版社出版发行
北京市朝阳区和平里西街甲2号(100029)
北京市西城区三里河北街16号(100045)

网址 www.spc.net.cn
总编室:(010)68533533 发行中心:(010)51780238
读者服务部:(010)68523946

中国标准出版社秦皇岛印刷厂印刷
各地新华书店经销

*

开本 880×1230 1/16 印张 61.5 字数 1 861 千字
2020年6月第一版 2020年6月第一次印刷

*

定价 220.00 元

出 版 说 明

《中国国家标准汇编》是一部大型综合性国家标准全集。自1983年起，每年按国家标准顺序号分册汇编出版，分为“制定”卷和“修订”卷两种形式。

“制定”卷收入上一年度我国发布的、新制定的国家标准，视篇幅分成若干分册，封面和书脊上注明“20××年制定”字样及分册号，分册号一直连续。各分册中的标准是按照标准编号顺序连续排列的，如有标准顺序号缺号的，除特殊情况注明外，暂为空号。

“修订”卷收入上一年度我国发布的、被修订的国家标准，视篇幅分设若干分册，但与“制定”卷分册号无关联，仅在封面和书脊上注明“20××年修订-1，-2，-3，……”字样。“修订”卷各分册中的标准，仍按标准编号顺序排列(但不连续)；如有遗漏的，均在当年最后一分册中补齐。需提请读者注意的是，个别非顺延前年度标准编号的新制定国家标准没有收入在“制定”卷中，而是收入在“修订”卷中。

读者购买每年出版的《中国国家标准汇编》“制定”卷和“修订”卷则可收齐由我社出版的上一年度制定和修订的全部国家标准。

2018年我国制修订国家标准共2 684项。本分册为《中国国家标准汇编》“2018年修订-19”，收入新制修订的国家标准8项。

中国标准出版社

2020年3月

目　　录

ICS 17.220.20
N 22

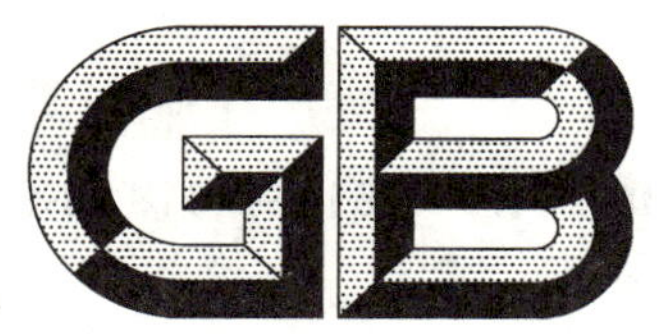

中华人民共和国国家标准

GB/T 17215.610—2018/IEC 62056-1-0:2014

电测量数据交换 DLMS/COSEM 组件 第10部分:智能测量标准化框架

Electricity metering data exchange—The DLMS/COSEM suite—Part 10:Smart metering standardisation framework

(IEC 62056-1-0:2014,Electricity metering data exchange—The DLMS/COSEM suite—Part 1-0:Smart metering standardisation framework,IDT)

2018-12-28 发布　　　　2019-07-01 实施

国家市场监督管理总局
中国国家标准化管理委员会　发布

前 言

GB/T 17215“交流电测量设备”分为若干部分,GB/T 17215.6《电测量数据交换 DLMS/COSEM组件》分为以下几个部分:

——第10部分:智能测量标准化框架;

——第11部分:DLMS/COSEM通信配置标准模板;

——第31部分:基于双绞线载波信号的局域网使用;

——第46部分:使用HDLC协议的数据链路层;

——第47部分:基于IP网络DLMS/COSEM传输层;

——第53部分:DLMS/COSEM应用层;

——第61部分:对象标识系统(OBIS);

——第62部分:COSEM接口类;

——第73部分:局域和社区网络的有线和无线M-Bus通信配置;

——第76部分:基于HDLC的面向连接三层通信配置;

——第91部分:使用WEB服务经CAS访问COSEM服务器的通信配置;

——第97部分:基于TCP-UDP/IP网络的通信配置。

本部分为GB/T 17215.6的第10部分。

本部分按照GB/T 1.1—2009给出的规则起草。

本部分使用翻译法等同采用IEC 62056-1-0:2014《电测量数据交换 DLMS/COSEM组件 第1-0部分:智能测量标准化框架》。

与本部分中规范性引用的国际文件有一致性对应关系的我国文件如下:

——GB/T 17215.631—2018 电测量数据交换 DLMS/COSEM组件 第31部分:基于双绞线载波信号的局域网使用(IEC 62056-3-1:2013,IDT);

——GB/T 17215.646—2018 电测量数据交换 DLMS/COSEM组件 第46部分:使用HDLC协议的数据链路层(IEC 62056-4-6:2007,IDT);

——GB/T 17215.653—2018 电测量数据交换 DLMS/COSEM组件 第53部分:DLMS/COSEM应用层(IEC 62056-5-3:2017,IDT);

——GB/T 17215.661—2018 电测量数据交换 DLMS/COSEM组件 第61部分:对象标识系统(OBIS)(IEC 62056-6-1:2017,IDT);

——GB/T 17215.662—2018 电测量数据交换 DLMS/COSEM组件 第62部分:COSEM接口类(IEC 62056-6-2:2017,IDT);

——GB/T 17215.676—2018 电测量数据交换 DLMS/COSEM组件 第76部分:基于HDLC的面向连接三层通信配置(IEC 62056-7-6:2013,IDT);

——GB/T 17215.697—2018 电测量数据交换 DLMS/COSEM组件 第97部分:基于TCP-UDP/IP网络的通信配置(IEC 62056-9-7:2013,IDT);

——GB/T 19897.4—2005 自动抄表系统 低层通信协议 第2部分:基于双绞线载波信号的局域网使用(IEC 62056-31:1999,IDT);

——DL/T 790.432—2004 采用配电线载波的配电自动化 第4-32部分:数据通信协议-数据链路层-逻辑链路控制(IEC 61334-4-32:1996,IDT);

——DL/T 790.51—2002 采用配电线载波的配电自动化 第5部分:低层协议集 第1篇:扩频

型移频键控(S-FSK)协议(IEC 61334-5-1:2001,IDT)。

本部分做了以下编辑性修改:

——标准名称由第1-0部分改为第10部分;

请注意本文件的某些内容可能涉及专利。本文件的发布机构不承担识别这些专利的责任。

本部分由中国机械工业联合会提出。

本部分由全国电工仪器仪表标准化技术委员会(SAC/TC 104)归口。

本部分起草的单位:哈尔滨电工仪表研究所有限公司、深圳市科陆电子科技股份有限公司、中国电力科学研究院有限公司、深圳市航天泰瑞捷电子有限公司、湖南省湘电试验研究院有限公司、国网江西省电力有限公司电力科学研究院、烟台东方威思顿电气有限公司、广东东方电讯科技有限公司、青岛鼎信通讯股份有限公司、宁波恒力达科技有限公司、黑龙江省电工仪器仪表工程技术研究中心有限公司、浙江晨泰科技股份有限公司、华立科技股份有限公司。

本部分主要起草人:章登清、关文举、陈蜜、王伟能、刘明、刁瑞朋、李宏伟、姜滨、陈闻新、方恒福、张奔、张向程、曾仕途、段峰、吕瑞立、秦国鑫、郭闯。

引　言

随着智能测量部署的数量增加,不同系统组件间安全及可互操作的数据交换变得至关重要。除了支撑供应商-消费者合同执行以及提供必要计费数据,智能仪表也成为智能电网有效运行的有价值的信息来源。

依赖于测量数据的应用增幅,导致了越来越多的数据在智能测量系统内以及经由接口与其他系统进行交换。智能测量系统为了适应不同的通信信道,而对所支持的应用不会产生任何的数据不兼容。

考虑到智能测量与智能电网应用的增长要求,IEC 62056 DLMS/COSEM 组件中的标准,已经持续改进和扩充。特别是,面向对象的 COSEM 数据模型已经扩展了支持新智能测量与智能电网用例的新接口类。应用层已经强化了先进的安全特性,提供通过大范围通信信道的整个范围内应用的可扩展安全。随着"通信配置"概念的引入,IEC 62056 DLMS/COSEM 组件提供了连接不同通信信道标准的方法,这些标准具有一致的 DLMS/COSEM 的数据模型。

本部分总结了 IEC 62056 标准建立的原则,并为保证一致性设置了将来扩展的规则。

智能测量是智能电网与智能家居的重要组成部分。为了保证能源市场中不同应用与角色之间的信息流效率与安全,有必要进行相应标准化委员会所制定的标准间的协调统一。特别是,智能测量系统提供了到电量与非电量仪表、家庭自动化、变电站自动化以及配电管理系统的接口。作为定义协调统一的智能电网与智能家居接口的先决条件,本部分中所述的标准化概念应确保在智能测量范围内的一致性。

IEC 62056 DLMS/COSEM 组件标准已经由 IEC/TC 13 完成制定,用于电测量的目的。有些标准——特别是 COSEM 数据模型——也已经被其他非电量测量的技术委员会使用。

IEC 62056-X-Y 系列标准对应转换国标 GB/T 17215.6XY 系列。

电测量数据交换　DLMS/COSEM 组件 第 10 部分:智能测量标准化框架

1　范围

GB/T 17215.6 的本部分规定了智能测量的用例及其体系的有关信息,该体系由 IEC 62056 DLMS/COSEM 系列标准支撑,规定了电表的数据交换。本部分描述的标准化框架包括:

——制定这些标准的有关原则;

——扩充现有标准的方法,便于支持新的用例和兼容新的通信技术,同时与现有标准保持一致;

——互操作性与信息安全的有关方面。

本部分也为智能测量系统内的具体接口提供了选择合适标准的指导。

IEC TC 13 所覆盖的其他测量方面,如计量要求、试验、安全与可信性,不在本部分的范围内。

2　规范性引用文件

下列文件对于本文件的应用是必不可少的。凡是注日期的引用文件,仅注日期的版本适用于本文件。凡是不注日期的引用文件,其最新版本(包括所有的修改单)适用于本文件。

IEC 61334-4-32　采用配电线载波的配电自动化　第 4-32 部分:数据通信协议　数据链路层　逻辑链路控制(LLC)[Distribution automation using distribution line carrier system—Part 4:Data communication protocols—Section 32:Data link laye Logical link control(LLC)]

IEC 61334-5-1　采用配电线载波的配电自动化　第 5 部分:低层协议集　第 1 篇:扩频型移频键控(S-FSK)协议[Distribution automation using distribution line carrier system—Part 5-1:Lower layer profiles The spread frequency shift keying(S-FSK) profie]

IEC 62056(所有部分)　电测量数据交换　DLMS/COSEM 组件(Electricity metering data exchange The DLMS/COSEM suite)

IEC 62056-3-1　电测量数据交换　DLMS/COSEM 组件　第 3-1 部分:基于双绞线载波信号的局域网使用(Electricity metering data exchange—The DLMS/COSEM suite—Part 3-1:Use of local area networks on twisted pair with carrier signalling)

IEC 62056-4-7　电测量数据交换　DLMS/COSEM 组件　第 4-7 部分:基于 IPv4 网络 COSEM 传输层(Electricity metering data exchange—The DLMS/COSEM suite—Part 4-7:COSEM transport layers for IPv4 neworks)

IEC 62056-5-3:2013　电测量数据交换　DLMS/COSEM 组件　第 5-3 部分:DLMS/COSEM 应用层(Electricity metering data exchange—The DLMS/COSEM suite—Part 5-3:DLMS/COSEM application layer)

IEC 62056-6-1:2013　电测量数据交换　DLMS/COSEM 组件　第 6-1 部分:对象标识系统(OBIS)[Electricity metering data exchange—The DLMS/COSEM suite—Part 6-1:Object Identification System(OBIS)]

IEC 62056-6-2:2013　电测量数据交换　DLMS/COSEM 组件　第 6-2 部分:COSEM 接口类(Electricity metering data exchange—The DLMS/COSEM suite—Part 6-2:COSEM interface classes)

IEC 62056-7-6　电测量数据交换　DLMS/COSEM 组件　第 7-6 部分:基于 HDLC 的面向连接三

层通信配置(Electricity metering data exchange—The DLMS/COSEM suite—Part 7-6:The 3-layer, connection-oriented HDLC based communication profile)

IEC 62056-8-3 电测量数据交换 DLMS/COSEM 组件 第 8-3 部分:社区网络 PLC S-FSK 通信配置(Electricity metering data exchange—The DLMS/COSEM suite—Part 8-3: Communication profile for PLC S-FSK neighbourhood networks)

IEC 62066-9-7 电测量数据交换 DLMS/COSEM 组件 第 9-7 部分:基于 TCP-UDP/IP 网络的通信配置(Electricity metering data exchange—The DLMS/COSEM suite—Part 9-7:Communication profile for TCP-UDP/IP networks)

IEC 62056-42 电测量数据交换 抄表、费率和负荷控制 第 42 部分:面向连接的异步数据交换的物理层服务与过程(Electricity metering data exchange for meter reading,tariff and load control—Part 42:Physical layer services and procedures for connection-oriented asynchronous data exchange)

IEC 62056-46 电测量数据交换 抄表、费率和负荷控制 第 46 部分:使用 HDLC 协议的数据链路层(Electricity metering Data exchange for meter reading,tariff and load control—Part 46:Data link layer using HDLC protocol)

3 术语和定义及缩略语

3.1 术语和定义

IEC 62056 系列标准界定的以及下列术语和定义适用于本文件。

3.1.1

通信信道 communication channel

在一种或多种通信介质上传输数据的物理或逻辑通道。

3.1.2

通信介质 communication medium

传输信号的物理介质,该信号携有信息。

3.1.3

可交换性 exchangeability

在部件侧与系统侧都不需要任何配置的前提下,特定系统部件替换现有系统中特定部件的能力。为实现可交换性,互操作性是必要条件但不是充分条件。对硬件部件,"即插即用"说法也用于描述可交换性。

3.1.4

外部系统 external systems

不属于智能测量系统,但支持与智能测量系统交换信息的用例的系统。

3.1.5

互操作性 interoperability

两个或两个以上系统部件交换信息和使用为其设计的信息的能力。

3.1.6

开放标准 open standard

公众能够获得的、通过按流程进行协同并达成共识的方式来制定(或批准)和维护的标准。

3.2 缩略语

下列缩略语适用于本文件。

APDU:应用层协议数据单元(Application Protocol Data Unit);

CIM:公共信息模型(Common Information Model);
COSEM:能源计量配套规范(Companion Specification for Energy Metering);
DLMS:设备语言报文规范(Device Language Message Specification);
ERP:企业资源计划(Enterprise Resource Planning);
HES:前端系统(Head End System);
LN:本地网络(Local Network);
LNAP:本地局域网络接入点(Local Network Access Point);
NN:社区网络(Neighbourhood Network);
NNAP:社区网络接入点(Neighbourhood Network Access Point);
PLC:电力线载波(Power Line Carrier);
WAN:广域网(Wide Area Network)。

4 智能测量过程及用例

表1给出了智能测量标准应支持的有关用例的概况,这些用例按业务流程来汇总,这种汇总仅用于举例目的,各公用事业间可能有所不同。

表 1 所支持的业务过程及用例

业务过程	用例
合同与结算	按需要获取仪表读数
	按预案获取仪表读数
	设置和维护仪表中的合同性参数(见注2)
	执行供电控制
	执行负荷控制
客户支持	为能源消费者提供信息
底层维护	仪表调试与注册
	仪表监管
	安全系统的维护
	事件与报警的管理
	固件更新
	时钟同步
	消费点的断开与重连
	供电质量监督
注1:在标准化团体内尚无公认的用于智能测量用例的名称。考虑到IEC标准范围的普通性,这里使用了通用和自解释名称。 注2:合同性参数考虑了仪表的信用或借记(预付)运行模式。	

各种用例的详细要求取决于市场以及智能测量系统所处的法律环境,支撑性标准应能提供足够的灵活性,以满足不同的市场需求以及不同的法律环境。

为便于实现互操作性、安全性与效率,这些标准应考虑智能测量系统内数据交换的各个方面,包括所支持的功能、数据模型(语义学)、数据表现(语法)以及在使用各种通信技术的接口上传输数据的通信协议。

5 智能测量参考架构

图1示出了能够进行必要数据交换的智能测量参考架构,以支持表1中的用例,并标出了不同系统部件及其接口。不同部件之间的划分完全基于通信方面,即凡有可能从一种通信介质转换为另一种通信介质的地方,都规定了组件与接口。

一套综合的智能测量标准应支持图1中标出的所有接口。通信协议、数据访问方法或数据结构的所有技术规范都只应描述“外视图”,即数据和通信协议在接口上如何表现;部件内的行为(内视图)为具体实现,因而不在IEC 62056系列标准的范围内。

实际实现的智能测量系统通常会包含图1所示的一个部件子集及其接口。没有出现因而无法访问的部件与接口,则不必遵守任何标准。

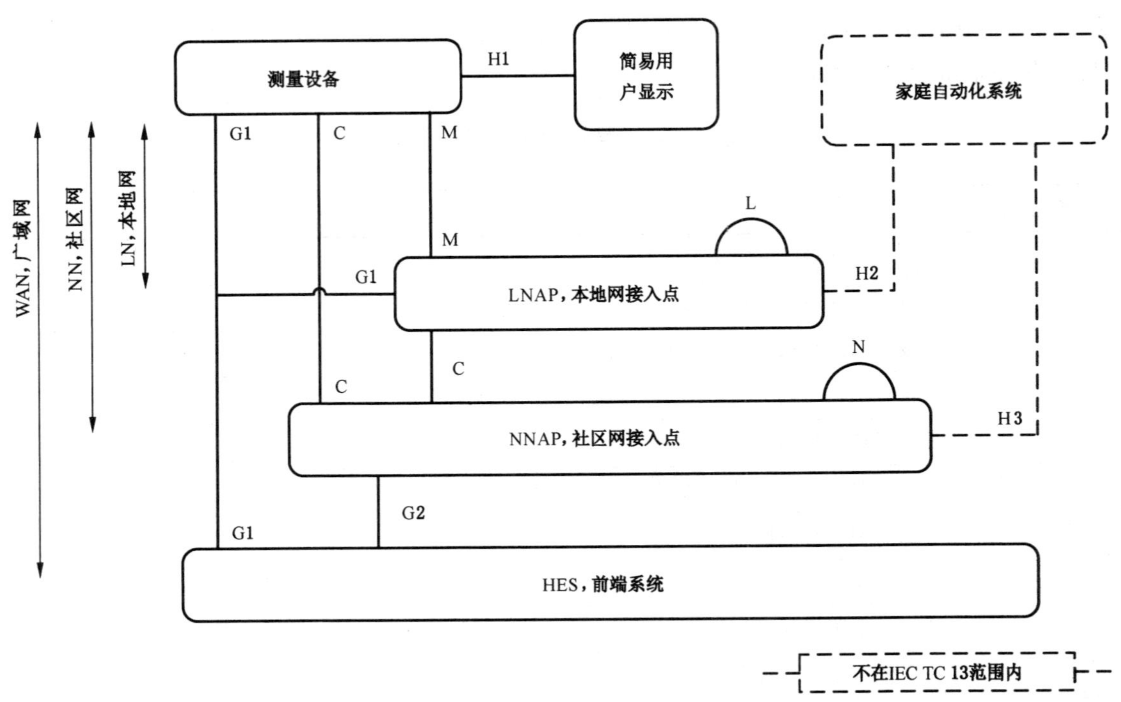

图1 智能测量架构[1)]

示例1:PLC系统

PLC系统通常使用测量设备与NNAP(数据集中器)间的C接口,NNAP与HES之间的通信使用G2接口。

示例2:采用GPRS的IP通信

通常使用仪表与HES间的G1接口。

示例3:用于本地仪表访问的手持单元

通常使用M接口。

1) 欧洲委员会的智能测量标准化指令M/441中已经制定了该框架。

6 与外部系统的接口

智能测量系统与外部系统在几个层级上使用不同的接口交换数据。在 LNAP 层,可提供至家庭自动化和非电量仪表接口,在 NNAP 层,可能需要至变电站自动化装置的典型接口,而在 HES 层,提供至结算以及 ERP(企业资源计划)系统的典型接口。

智能测量系统与这些外部系统间的接口应使用 IEC 62056 DLMS/COSEM 组件或现有外部系统标准。互操作性应在数据模型的层级上,通过 IEC 62056-6-2 及 IEC 62056-6-1 与外部系统之间的映射来实现。

注 1:COSEM 数据模型与 CIM(IEC 61968—9)数据模型之间的映射规范由 IEC/TC13 承担,CIM 支持智能测量系统与 ERP 系统间接口,参见表 A.2。

注 2:COSEM 数据模型与 IEC 61850 数据模型之间的映射规范由 IEC/TC 57 承担,IEC 61850 支持智能仪表与变电站自动化系统之间的接口,参见表 A.2。

7 在 IEC 62056 DLMS/COSEM 组件中遵循的基本原则

7.1 概述

为满足第 4 章与第 5 章要求,IEC 62056 DLMS/COSEM 组件中的标准应遵循下列条款所制定的原则。

7.2 互操作性与灵活性

标准化的接口应允许不同制造商提供智能测量部件,这些部件能以互操作的方式集成到普通智能测量设施中。

注 1:IEC 62056 DLMS/COSEM 组件在数据模型和应用层级别上提供了语义和语法上的互操作性。低层可能依赖于具体的通信信道。因此,可不实现不同介质间的低层互操作性。接口的机械与电气方面不在本部分的范围内。

IEC 标准适用于全球范围。因此,规范应具有普遍性,足以支持各种有分歧的甚至相互矛盾的要求;另一方面他们应足够精准,以便在所有部件级别上支持互操作性与可互换性。

下列技术被广泛用于 IEC 62056 DLMS/COSEM 组件,以实现灵活组合(覆盖不同的市场需求)和规范的精准(实现互操作性):

——标准化的选项规范,允许具体实现的功能,以便对特定市场需求进行优化;

——所执行的选项信息可以从部件本身重新得到(自描述);

注 2:例如,IEC 62056-6-2 在仪表中提供了包含功能目录表和有效数据的标准化数据对象。

——标准化的特定规则(语境)协商,应用于数据交换(如要使用的服务及适用的安全);

——数据格式的灵活性,采用对带有应用数据的数据类型信息进行编码。

制造商可自行决定系统部件支持的选项范围。然而,为了提供可交换性,系统设计人员应务必使所有部件支持一个公共的最小选项集。最小选项集的规范是特定智能测量系统配套规范的一部分。配套规范通常由大型公用事业或行业利益团体发布与维护。互操作性测试通常基于配套规范。

7.3 安全

智能测量系统所支持的用例需要系统部件、接口及所交换信息的保护,以维持系统的完整性并保护能源用户的隐私。

为满足用例的特殊需求,并考虑到信息的重要性、通信信道的特性以及系统组件的资源,安全措施应具有伸缩性。

IEC 62056 DLMS/COSEM 组件应提供可伸缩的安全工具,基于下列目的:

——保护系统部件的完整性;

——保护从系统源部件到目的部件之间的数据与消息交换。

7.4 访问安全

智能测量系统部件间的数据交换,应采用客户端—服务器模式。数据交换只应在适当的识别以及进行通信对象认证之后进行。

对每一个数据元素及服务器的每项功能,都应为不同的客户端定义适当的访问权限(读、写、执行、使用适当的密码保护)。

通信对象认证机制、数据访问权限及所实施的密码保护应具有伸缩性,以便能适应项目具体要求。

识别与认证机制及访问权限由 IEC 62056-5-3 规定的应用层、IEC 62056-6-2(COSEM 接口类)规定的数据模型及 IEC 62056-6-1(OBIS 接口对象标识系统)规定的标识符支持。

7.5 通信信道安全

为确保与智能仪表信息交换的隐私权及真实性,应按 IEC 62056-5-3 中要求,在应用层的级别上提供加密保护。保护级别应可配置,这取决于客户端的类型及所使用的通信信道。特别是,应用层消息(APDU 的)及其所携带的数据可能会被明文发送,或者可能由加密、认证及数字签名的任意组合所保护,其使用的加密算法应已证明是安全的。

注:不同的客户端类型可能是:仪表经营者、零售商、终端用户等。

通过在应用层级别上使用加密保护,信息能以统一方式被安全交换,而不依赖于通信信道与所用协议。

安全系统的配置以及密钥的管理应由 IEC 62056-6-2 规定的适当接口对象支持。

7.6 端对端安全

7.5 中所述的通信信道安全措施,保护应用层级别的数据与服务。一旦数据离开该通信协议栈的应用层(例如,用于进一步处理或在智能测量系统部件中进行存储),保护即被撤消。如果数据被进一步传输,它可利用安全环境及新通信对象的资料再次进行保护。

智能测量系统的某些用例可能要求以下示例所述的“源到目的地”的保护:

示例 1:已认证的计费数据

为避免消费者与电力供应商之间的纠纷,账单数据由测量设备进行认证(如采用数字签名),这些设备遵循法制计量规则。在整个数据有效内,账单数据的认证保持数据与源(仪表)和目的地(能源供应商的数据库)之间的实际传送路径无关。为了考虑消费数据的私密性,甚至可以将数据加密为只能由能源供应商读取。

示例 2:更改费率参数

能源供应商远程改变某一客户仪表的费率参数。更改是通过影响仪表费率参数的相应服务来完成的。能源供应商认证该服务及新费率参数,仪表在接受新参数之前核实该认证。该认证与能源供应商及仪表间使用的通信路径无关。

端到端数据安全应保护从源到最终目的地之间的数据及相关服务,而与源和目的地间的不同通信网络所使用的通信协议无关。

7.7 安全算法与安全机制

IEC 62056 DLMS/COSEM 组件中使用的安全算法与机制应从 NIST(或类似国际认可的组织)核准的标准中选择。特别是,应使用 NSA 系列 B[2)] 中规定的算法。

2) http://www.nsa.gov/ia/programs/suiteb_cryptography/index.shtml

8 数据模型与通信信道

8.1 概述

IEC 62056 DLMS/COSEM 组件应遵循一个共同的数据模型与支持不同通信信道和协议的应用层的准则。

该准则考虑到，通信标准是由通信技术的演变所驱动的，因此应持续更新。另一方面，数据模型标准依赖于用例，而用例与通信技术发展完全无关。

8.2 数据模型与应用层

IEC 62056-6-1 与 IEC 62056-6-2 中定义的数据模型应包含一套综合接口类，以支持第 4 章所示的智能测量用例。对特定的市场需要，任何基于该数据模型的实现，都可以通过选择合适的接口类实例（接口对象）进行优化，这些实例已在 IEC 62056-6-2 中定义。访问数据模型及安全措施的服务应在下层应用层 IEC 62056-5-3 中定义，下层应用层对所有通信层标准应是公共的。

8.3 通信信道集

由 IEC 62056 DLMS/COSEM 组件提供的通信标准应描述与智能测量相关的较低层（低于应用层）通信介质与信道。通信信道标准集应足够全面，以覆盖图 1 的智能测量架构中列出的所有接口（参见附录 A）。若可从 IEC 其他技术委员会或其他国际标准化组织获得开放的通信标准，则应通过引用来使用它们。

8.4 通信配置

各通信配置标准应规定，COSEM 数据模型与 DLMS/COSEM 应用层如何在较低的、特定通信介质的协议层上使用。IEC 62056 DLMS/COSEM 组件应为与智能测量相关的每种通信介质提供具体的通信配置标准。通信配置标准应引用 IEC 62056 DLMS/COSEM 组件或其他开放通信标准的通信部分。

9 标准框架

图 2 中所示的 IEC 62056 标准的结构反映了第 8 章所述的原则。

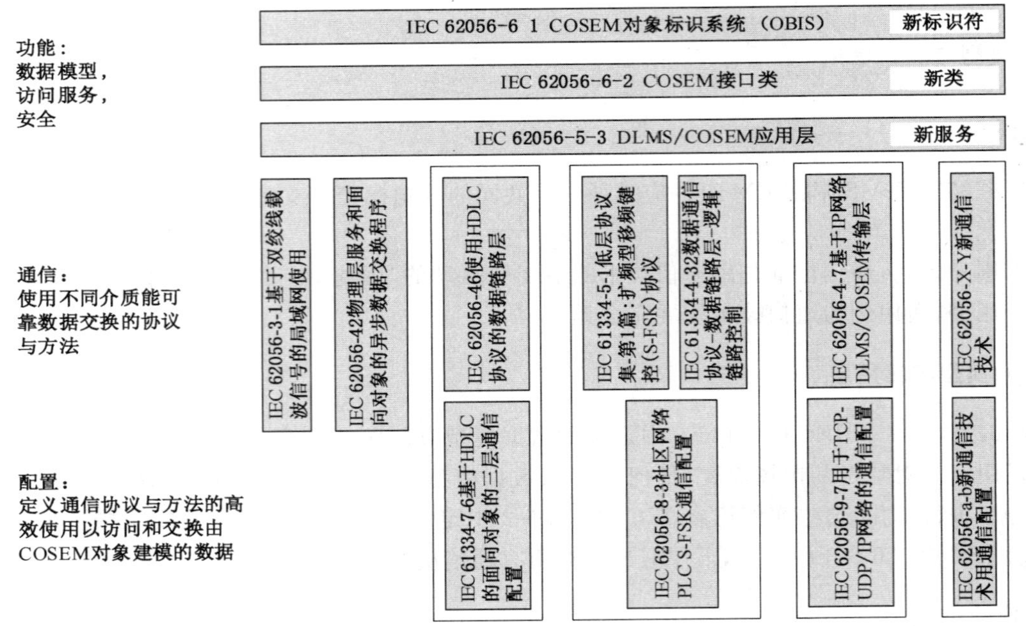

图 2　智能测量标准框架

IEC 62056-6-1、IEC 62056-6-2 及 IEC 62056-5-3 标准应规定，支持智能测量用例的测量设备建模和管理**功能**的各个方面。这些标准应与通信信道和传输数据所使用的方法无关。为支持新用例，在既定原则和要求的前提下，COSEM 接口类集、接口对象标识符（OBIS 编码）或应用层服务，可按需要进行扩展。

通信的各个具体方面应由不同的通信标准规定，适用的通信标准集应覆盖图 1 中与智能测量相关的所有接口。新的通信介质或新的传输数据方法应通过增加新“通信标准”来考虑。只要有可能，应使用现有通信标准，并应经对应的配置标准连接到本标准框架。

通信配置标准应定义具体的通信标准与 IEC 62056-6-1、IEC 62056-6-2 和 IEC 62056-5-3 标准集之间的对接。特别是，应定义配置的各个方面，以便允许通过给定介质高效、可互操作的使用通信协议。

附 录 A
（资料性附录）
支持智能测量接口的 IEC 62056 标准

表 A.1 示出了覆盖智能测量参考体系接口的适用标准。表 A.1 反映了 2013 年 5 月的状态;考虑新的通信信道和适用于智能测量的数据交换方法的扩展是永久性的。

表 A.1 可获得的支持图 1 智能测量体系的 IEC 62056 标准

接口网络	通信标准	通信配置标准	数据模型与应用层标准
M LN	IEC 62056-3-1:基于双绞线载波信号的局域网使用	IEC 62056-3-1:基于双绞线载波信号的局域网使用	IEC 62056-6-1:COSEM 对象标识系统(OBIS) IEC 62056-6-2:COSEM 接口类 IEC 62056-5-3:DLMS/COSEM 应用层
	IEC 62056-46:使用 HDLC 协议的数据链路层 IEC 62056-42:物理层服务和面向连接的异步数据交换程序	IEC 62056-7-6:基于 HDLC 的面向连接的三层通信配置	
	IEC 62056-21:直接本地数据交换	无计划	无计划
C NN	IEC 61334-5-1:低层协议集-扩频型移频键控(S-FSK)协议 IEC 61334-4-32:数据通信协议-数据链路层-逻辑链路控制 见本表注。 IEC 62056-46:使用 HDLC 协议的数据链路层	IEC 62056-8-3:社区网络 PLC S-FSK 配置	IEC 62056-6-1:COSEM 对象标识系统(OBIS) IEC 62056-6-2:COSEM 接口类 IEC 62056-5-3:DLMS/COSEM 应用层
G1 WAN	IEC 62056-4-7:基于 IP 网络 DLMS/COSEM 传输层	IEC 62056-9-7:用于 TCP-UDP/IP 网络的通信配置	IEC 62056-6-1:COSEM 对象标识系统(OBIS) IEC 62056-6-2:COSEM 接口类 IEC 62056-5-3:DLMS/COSEM 应用层
G2 WAN	IEC 62056-4-7:基于 IP 网络 DLMS/COSEM 传输层	准备中	准备中
H1	IEC 62056-46:使用 HDLC 协议的数据链路层 IEC 62056-3-1:基于双绞线载波信号的局域网使用	准备中	IEC 62056-6-1:COSEM 对象标识系统(OBIS) IEC 62056-6-2:COSEM 接口 IEC 62056-5-3:DLMS/COSEM 应用层

表 A.1(续)

接口网络	通信标准	通信配置标准	数据模型与应用层标准
H2	IEC 62056-46:使用 HDLC 协议的数据链路层	不在 IEC TC 13 的范围内	IEC 62056-6-1:COSEM 对象标识系统(OBIS) IEC 62056-6-2:COSEM 接口类 IEC 62056-5-3:DLMS/COSEM 应用层
H3	不在 IEC TC 13 的范围内	不在 IEC TC 13 的范围内	不在 IEC TC 13 的范围内
注:IEC 61334 已经由 IEC TC 57 制定,覆盖了电力线载波(PLC)通信,与智能测量标准框架密切相关。			

表 A.2 示出了制定技术规范的项目,这些规范规定了智能测量系统与外部系统之间的接口。

表 A.2 定义外部系统接口的技术规范

外部系统	外部系统标准	仪表数据交换标准	负责机构
电力配电管理,计费,ERP	IEC 61968-9	IEC 62056-6-1 IEC 62056-6-2	IEC TC 13
变电站自动化	IEC 61850	IEC 62056-6-1 IEC 62056-6-2	IEC TC 57

ICS 17.220.20
N 22

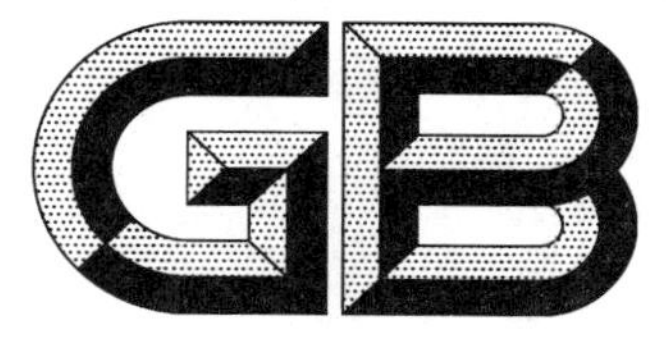

中华人民共和国国家标准

GB/T 17215.631—2018/IEC 62056-3-1:2013
代替 GB/T 19897.2—2005

电测量数据交换 DLMS/COSEM 组件 第 31 部分:基于双绞线载波信号的局域网使用

Electricity metering data exchange—The DLMS/COSEM suite—Part 31: Use of local area networks on twisted pair with carrier signalling

(IEC 62056-3-1:2013, Electricity metering data exchange—The DLMS/COSEM suite—Part 3-1: Use of local area networks on twisted pair with carrier signalling, IDT)

2018-12-28 发布 2019-07-01 实施

国家市场监督管理总局
中国国家标准化管理委员会 发布

前　　言

GB/T 17215“交流电测量设备”分为若干部分,GB/T 17215.6《电测量数据交换　DLMS/COSEM组件》分为以下几个部分:

——第10部分:智能测量标准化框架;

——第11部分:DLMS/COSEM通信配置标准模板;

——第31部分:基于双绞线载波信号的局域网使用;

——第46部分:使用HDLC协议的数据链路层;

——第47部分:基于IP网络DLMS/COSEM传输层;

——第53部分:DLMS/COSEM应用层;

——第61部分:对象标识系统(OBIS);

——第62部分:COSEM接口类;

——第73部分:局域和社区网络的有线和无线M-Bus通信配置;

——第76部分:基于HDLC的面向连接的三层通信配置;

——第91部分:使用WEB服务经CAS访问COSEM服务器的通信配置;

——第97部分:基于TCP-UDP/IP网络的通信配置。

本部分为GB/T 17215.6的第31部分。

本部分按照GB/T 1.1—2009给出的规则起草。

本部分代替GB/T 19897.2—2005《自动抄表系统低层通信协议　第2部分:基于双绞线载波信号的局域网使用》,与GB/T 19897.2—2005相比主要技术变化如下:

——增加了一种协议结构,其使用了IEC 62056的DLMS/COSEM应用层和COSEM对象模型;

——重新定义了数据链路层,它被分成两部分:

- 纯粹的数据链路层;
- 管理传播媒介的管理支持实体。

——协商传输速率,可以将波特率提高到9600波特。

本部分使用翻译法等同采用IEC 62056-3-1:2013《电测量数据交换　DLMS/COSEM组件　第3-1部分:基于双绞线载波信号的局域网使用》。

与本部分中有一致性对应关系的我国文件如下:

——GB/T 15127—2008　信息技术　系统间远程通信和信息交换　双扭线多点互连(ISO/IEC 8482:1993,IDT);

——GB/T 17215.653—2018　电测量数据交换　DLMS/COSEM组件　第53部分:DLMS/COSEM应用层(IEC 62056-5-3:2017,IDT);

——DL/T 790.441—2004　采用配电线载波的配电自动化　第4-41部分:数据通信协议　应用层协议—配电线报文规范(IEC 61334-4-41:1996,IDT)。

本部分做了以下编辑性修改:

——标准名称由第3-1部分改为第31部分;

请注意本文件的某些内容可能涉及专利。本文件的发布机构不承担识别这些专利的责任。

本部分由中国机械工业联合会提出。

本部分由全国电工仪器仪表标准化技术委员会(SAC/TC 104)归口。

本部分起草的单位:哈尔滨电工仪表研究所有限公司、杭州炬华科技股份有限公司、国网江西省电力有限公司电力科学研究院、深圳友讯达科技股份有限公司、烟台东方威思顿电气有限公司、深圳市航天泰瑞捷电子有限公司、广东东方电讯科技有限公司、深圳市科陆电子科技股份有限公司、浙江晨泰科技股份有限公司、青岛鼎信通讯股份有限公司、黑龙江省电工仪器仪表工程技术研究中心有限公司、华立科技股份有限公司、宁波恒力达科技有限公司。

本部分主要起草人:杨光、关文举、刘国栋、郑振洲、崔涛、温刚、马小辉、姜滨、陈闻新、于高波、梁红、刁瑞朋、贾罗、孙广富、邓彩云、吕瑞立、秦国鑫、郭闯。

本部分所代替标准的历次版本发布情况为:

——GB/T 19897.2—2005。

电测量数据交换　DLMS/COSEM 组件　第 31 部分:基于双绞线载波信号的局域网使用

1　范围

GB/T 17215.6 的本部分规定了有源站或无源站本地总线数据交换的三种协议结构。其中对于无源站，将由总线提供用于数据交换的电源。

支持三种不同的结构：

——基本结构:这种三层协议结构提供远程传输服务；

注 1：此协议结构已经在基本协议 IEC 61142:1993 中公布，并成为著名的 Euridis 标准。

——带有 DLMS 结构:此结构允许使用 DLMS 服务，在 IEC 61334-4-41 中有详细描述；

注 2：此协议结构已经在 IEC 62056-31:1999 中公布。

——带有 DLMS/COSEM 结构:此结构允许使用 DLMS/COSEM 应用层和 COSEM 对象模型，其各在 IEC 62056-5-3:2013 和 IEC 62056-6-2:2013 中有详细描述。

三种协议结构使用相同的物理层并且是完全兼容的，这意味着实现这些协议结构的设备可以在同一总线上运行。

传输介质是采用载波信号的双绞线，它被称为 Euridis 总线。

2　规范性引用文件

下列文件对于本文件的应用是必不可少的。凡是注日期的引用文件，仅注日期的版本适用于本文件。凡是不注日期的引用文件，其最新版本(包括所有的修改单)适用于本文件。

IEC 61334-4-41:1996　采用配电线载波系统的配电自动化　第 4 部分:数据通信协议　第 41 节:应用协议　配电线路报文规范(Distribution automation using distribution line carrier systems—Part 4: Data communication protocols—Section 41: Application protocols—Distribution line message specification)

IEC 62056-51:1998　电测量数据交换　抄表、费率和负荷控制　第 51 部分:应用层协议(Electricity metering data exchange for meter reading, tariff and load control—Part 51: Application layer protocols)

IEC 62056-5-3:2013　电测量数据交换　DLMS/COSEM 组件　第 5-3 部分:DLMS/COSEM 应用层(Electricity metering data exchange—The DLMS/COSEM suite—Part 5-3:DLMS/COSEM aplioation layer)

ISO/IEC 8482:1993　信息技术　系统间远程通信和信息交换　双扭线多点互连(Information technology—Telecommunications and information exchange between systems—Twisted pair multipoint interconnections)

EIA 485　用于平衡数字多点系统的发送器和接收器的电气特性的标准(Standard for lectrical characteristics of generators and receivers for use in balanced digital multipoint systems)

3 缩略语

下列缩略语适用于本文件。

ADP:主站地址(Primary Station Address)

ADG:通用从站地址,广播地址(General Secondary Address, Broadcast Address)

ADS:从站地址(Secondary Station Address)

AGN:正常唤醒(Normal Wakeup)

AGT:用于通用有源站的通用呼叫(General call for a General Energized Station)

APDU:应用层协议数据单元(Application Protocol Data Unit)

APG:通用主站地址(General Primary Address)

ARJ:COM 域值:远程编程交换中的身份验证的拒绝(COM field value: Rejection of authentication in remote programming exchange)

ASDU:应用层服务数据单元(Application Service Data Unit)

ASO:COM 域值:对遗漏站的呼叫(COM field value: Call to Forgotten Stations)

AUT:COM 域值:认证指令(COM field value: Authentication command)

COM:数据链路层的控制域(Control field of the Data Link layer)

COSEM:能源计量配套规范(Companion Specification for Energy Metering)

DAT:COM 域值:对远程抄读交换的响应(COM field value: Response of remote reading exchange)

DES:数据加密标准(Data Encryption Standard)

DLMS:配电线报文规范(IEC 61334-4-41)[Distribution Line Message Specification (IEC 61334-4-41)]

设备语言报文规范(IEC 62056-5-3:2013)(Device Language Message Specification (IEC 62056-5-3:2013)

DSDU:数据链路服务数据单元(Data link Service Data Unit)

COM 域值:数据拒绝(COM field value: Data Rejected)

DRJ:通知远程编程数据交换被拒绝的 COM 值(Value of COM notifying the rejection of remote programming exchange data)

Dsap:传输数据单元标签。3 位编码,其值为 6(Transport data unit label. Coded over 3 bits. Its value is 6)

DTSAP:传输服务访问点的目标地址(Destination of Transport Service Access Point)

ECH:COM 域值:对远程编程交换数据的回应(COM field value: Echo of remote programming exchange data)

ENQ:远程抄读交换请求(Remote reading exchange request)

EOS:COM 域值:远程编程交换结束(COM field value: End of remote programming exchange)

IB:总线初始化(Initialisation of the bus)

MaxRetry:最大重新传输次数,限制为 2(Maximum number retransmissions. Limited to 2)

MaxRSO:RSO 监听窗口的最大数,固定为 3(Maximum number of RSO listening windows. Fixed at 3)

PDU:协议数据单元(Protocol Data Unit)

PRE:COM 域值:对有源站的预选(COM field value: Pre-selection of energised stations)

REC:COM 域值:远程编程交换请求(COM field value: Remote programming exchange request)

RSO:COM 域值:对遗漏站呼叫的响应(COM field value: Response to a call to forgotten stations)

SEL:COM 域值:有源站预选的确认(COM field value: Acknowledgement of the pre-selection of energized stations)

STSAP:传输服务访问点的源地址(Source Transport Service Access Point)

TAB:当不支持 DLMS 和 DLMS/COSEM 的 Euridis 协议时:数据编码(In the case of the Euridis profiles without DLMS and without DLMS/COSEM: data code)

当支持 DLMS 或 DLMS/COSEM 协议时:被设置为 Discovery 情况下的设备值(In the case of profiles using DLMS or DLMS/COSEM: value at which the equipment is programmed for Discovery)

TABi:TAB 域的列表(List of TAB field)

TASB:报警信号在总线上的持续时间(Duration of an Alarm Signal on the Bus)

TOAG:有源站一旦被选中到确认一个通用呼叫 AGN 的最长等待时间(Maximum wait time for an energized station once selected, to recognise a general call AGN)

TOALR:收到 AGN 或者 AGT 后,发送 AGN 信号之前的等待时间(Wait before sending an AGN after reception of an AGN or AGT)

TOL:对上层请求的最大等待时间(Maximum waiting time for a request from the upper layer)

TOPRE:预选响应的最大等待时间(Maximum waiting time for a response to a pre-selection)

TPDU:传输协议数据单元(Transport Protocol Data Unit)

TSDU:传输协议服务单元(Transport Protocol Service Unit)

TRA: COM 域值:点对点传输的确认(COM field value: Acknowledgement of point to point transfer)

TRB:COM 域值:广播远程传输帧不被确认(COM field value: Broadcast remote transfer frame not acknowledged)

TRF:COM 域值:点对点远程 传输交换(COM field value: Point to point remote transfer exchange)

T1:等待与请求相应响应的超时时间(Time out to wait for a response according to a request)

XBA:COM 域值:对更改传输速率请求的响应(COM field value: Response to a change of speed request)

XBR:COM 域值:请求更改传输速率(COM field value: Change of speed request)

ZA1:双向编程身份验证时的保留域(Field reserved for bidirectional programming authentication)

ZA2:双向编程身份验证时的保留域(Field reserved for bidirectional programming authentication)

4 概述

4.1 基本术语

所有的通信请求在主站和从站间进行。主站是发起通信的一方,而从站是远端与其通信的一方。这种主从关系在通信的整个过程中将保持有效。

每次通信过程均可分解成若干传输事件,每个传输事件都是一次从发送端到接收端的传输。在一系列的传输事件中,主站和从站轮流作为发送端和接收端。

对于支持 DLMS 或 DLMS/COSEM 的本地总线数据交换结构,就 DLMS 模式(见 IEC 61334-4-41 或 IEC 62056-5-3:2013)而言,术语客户机和服务器具有相同的含义。服务器(作从站时)接收和处理所有提交的特殊服务请求。客户机(作主站时)是通过一个或多个服务请求来完成特定目的服务的系统。

4.2 协议结构、层和协议

4.2.1 概述

此标准由三种协议结构组成(见图 1):

——基本结构(不带有 DLMS)(见 4.2.2);

——带有 DLMS 的结构(见 4.2.3);

——带有 DLMS/COSEM 的结构(见 4.2.4)。

除了在 DLMS/COSEM 结构中传输速度可以协商外,这三种结构的物理层是相同的。共同物理层允许不同结构的站安装在同一总线上。

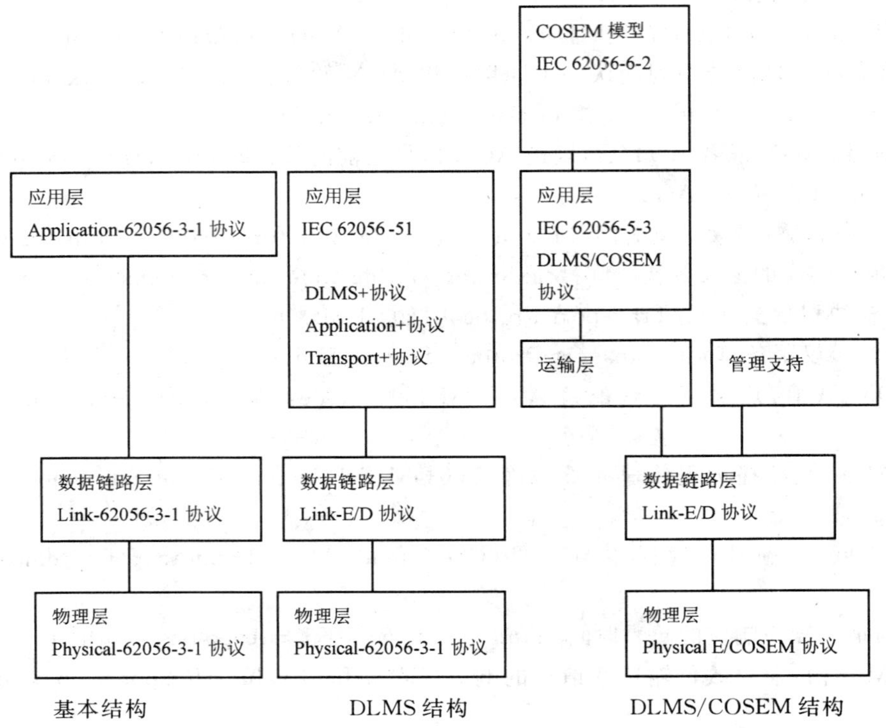

图 1 GB/T 17215.631 通信协议集

4.2.2 基本结构(不带有 DLMS)

基本结构(不带有 DLMS)有三个协议层:

——使用 Physical-62056-3-1 协议的物理层(见 5.1);

——使用 Link-62056-3-1 协议的数据链路层(见 5.2);

——使用 Application-62056-3-1 协议的应用层(见 5.3)。

该结构可实现远程抄表、远程编程、点对点远程传输(简化的远程编程服务)、广播远程传输、从站的远程供电、检测遗忘站和报警功能。相关的通信服务详见 4.4。

4.2.3 带有 DLMS 的协议结构

DLMS 结构有三个协议层:

——使用 Physical-62056-3-1 协议的物理层,与基本结构相同(见 5.1);

——使用 Link-E/D 协议的数据链路层(见 6.2);

——使用“Transport＋”,“Application＋ ”和“DLMS＋”协议的应用层,其应用层协议在 IEC 62056-51 中阐述(见 6.3)。

这种结构也可以使用 IEC 61334-4-41 中描述的 DLMS。相关的通信服务详见 4.5。

4.2.4 带有 DLMS/COSEM 的协议结构

DLMS/COSEM 结构有四个协议层:

——如 5.1 规定,物理层类似于基本结构和带 DLMS 的协议结构,但具有速度协商机制,见 7.2;

——除了和管理支持层以及传输层交互时(见 7.3),使用 Link-E/D 协议的数据链路层,这与带有 DLMS 结构的数据链路层一致;

——管理支持层为总线管理提供特定进程的支持(见 7.4);

——传输层提供 APDU 的分段和重组(见 7.5);

——考虑到 Euridis 总线的一些限制(见 7.6),应用层与在 IEC 62056-5-3:2013 中规定的一样。

带有 DLMS/COSEM 的结构,允许使用 COSEM 对象模型和通过 Euridis 总线访问 COSEM 对象的 DLMS 服务。

4.3 规范语言

在本部分中,每层的协议都用状态转换表来描述。构造这些表的语法是由一种特征语言来定义的,见附录 A。

如果在文本描述和总线状态转换表的解释上有差异,以转换表内容为准。

4.4 不带 DLMS 的本地总线数据交换的通信服务

4.4.1 概述

应用层可用的服务有:

a) 远程数据抄读(见 4.4.2);

b) 远程数据编程(见 4.4.3);

c) 点对点远程传输,即一种简化的远程编程服务(见 4.4.4);

d) 广播远程传输(见 4.4.5);

e) 总线初始化(见 4.4.6);

f) 遗漏站呼叫(见 4.4.7)。

4.4.2 远程抄读交换

ENQ 交换包含同一序列中的两个帧:

——TAB 域包含选择数据类型的远程抄读帧;

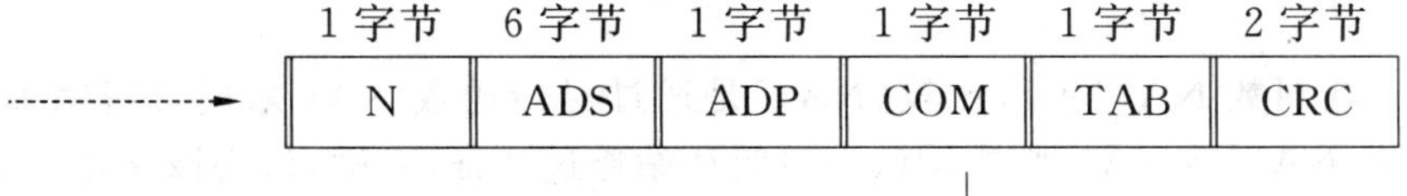

——包含 DATA 域中已选数据的肯定确认帧;

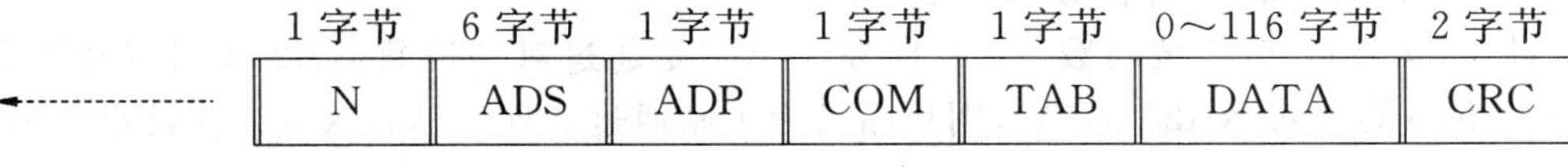

——否定确认帧(未知 TAB 标识符)。

1 字节	6 字节	1 字节	1 字节	2 字节
N	ADS	ADP	COM	CRC

COM＝DRJ[Data ReJected(数据拒绝)]见 D.1

4.4.3 远程编程交换

REC 交换包括分布在两个序列中的四个帧组成。由于其中一个内部序列用于身份认证目的,从应用的角度来看,就像是有两个帧的单独一个序列:

——含 DATA 域中数据及其 TAB 域中其他类型的远程编程帧;

——肯定确认帧(没有认证问题);

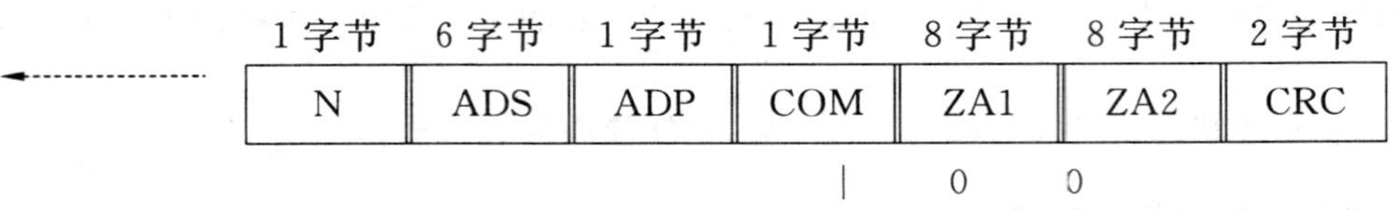

——否定确认帧(虽无认证问题,但远程编程数据无效)。

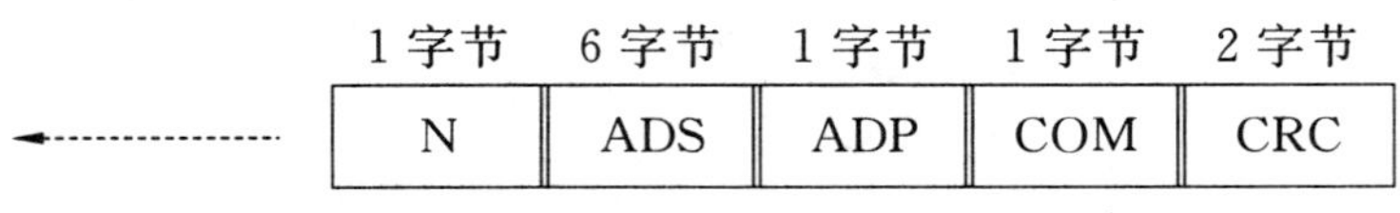

认证是通过交换加密的随机数来完成的,该加密随机数采用每个从站专用的密钥进行加密。该随机数被定义为 8 字节,且使用 DES 算法进行加密,DES 算法采用了主站与从站都知道的 8 字节加密密钥 Ki。

主站先产生一个随机数 NA1,然后将其传送进远程编程帧的 ZA1 域中,同时将 ZA2 域置 0。

抵达从站后,ZA1 域由带密钥 Ki 的 DES 算法进行加密,以获得加密随机数 NA1K。然后产生由两个帧组成的内部验证序列。

(由从站到主站)的首帧中含有:加密随机数 NA1K(在 ZA1 域)以及由从站产生的随机数 NA2(在 ZA2 域)。

收到该帧后,主站将 ZA1 域同数 NA1'进行比较(NA1'是通过对传送数 NA1 采用带密钥 Ki 的 DES 算法进行加密获得的),若 NA1'＝ ZA1,则主站认为被叫从站通过认证,否则,认为该从站没有通过认证并中止通信会话。

从站正确认证后,主站首先采用带密钥 Ki 的 DES 算法加密随机数 NA2,以获得加密随机数 NA2K,然后将它传送到 ZA2 域,同时将 ZA1 域置 0。

收到该响应帧后,从站将 ZA2 域与数 NA2'比较(NA2'是通过对传送数 NA2 采用带密钥 Ki 的 DES 算法进行加密获得的),若 NA2'＝ZA2,则从站认为主站通过认证,否则,认为该主站没有通过认证,并发送否定应答帧。

内部认证交换如下:

——含有 ZA1 域中加密随机数 NA1K 和 ZA2 域中随机数 NA2 的内部认证帧；

1 字节	6 字节	1 字节	1 字节	8 字节	8 字节	1 字节	0～100 字节	2 字节
N	ADS	ADP	COM	ZA1	ZA2	TAB	DATA	CRC
				NA1K	NA2			

COM＝ECH[ECHo(回应)]见 D.1

——在 ZA2 域中含有加密随机数 NA2K 的肯定响应帧(若从站被认为已通过认证)；

1 字节	6 字节	1 字节	1 字节	8 字节	8 字节	2 字节
N	ADS	ADP	COM	ZA1	ZA2	CRC
				0	NA2K	

COM＝AUT[AUThentication(认证)]见 D.1

——当主站被认为未通过认证时，认证拒绝帧将代替 EOS 或 DRJ 帧。

1 字节	6 字节	1 字节	1 字节	2 字节
N	ADS	ADP	COM	CRC

COM＝ARJ[Authentication ReJected(认证拒绝)]见 D.1

4.4.4 点对点远程传输交换

TRF 交换包括分布在一个序列里的两个帧。从应用的视角看，就像不带身份认证的单序列远程编程交换：

——含 DATA 域数据和其 TAB 域类型的点对点远程传输帧；

1 字节	6 字节	1 字节	1 字节	1 字节	0～116 字节	2 字节
N	ADS	ADP	COM	TAB	DATA	CRC

COM＝TRF[TRansFer(传输)]见 D.1

——肯定确认帧；

1 字节	6 字节	1 字节	1 字节	2 字节
N	ADS	ADP	COM	CRC

COM＝TRA[TRansfer Acknowledgement(传输确认)]见 D.1

——否定确认帧(远程传输数据无效)。

1 字节	6 字节	1 字节	1 字节	2 字节
N	ADS	ADP	COM	CRC

COM＝DRJ[Data ReJected(数据拒绝)]见 D.1

4.4.5 广播远程传输帧

TRB 帧不涉及任何确认帧。从应用的视角看，就像是一个点对点远程传输，由于它是一个广播，但无需确认：

含 DATA 域数据和 TAB 域类型的广播远程传输帧。

1 字节	6 字节	1 字节	1 字节	1 字节	0～116 字节	2 字节
N	ADS	ADP	COM	TAB	DATA	CRC

COM＝TRB[Transfer Broadcast(广播传输)]见 D.1

(定义接收从站的)从站地址应为广播地址。

4.4.6 总线初始化帧

IB 帧不涉及任何帧的应答。因为其目的仅仅是对所有用 ADP 地址编址的从站，重置特定标志(称为遗漏站标志)为 TURE，从应用的视角看，如同一个广播远程传输，但不带数据：

总线初始化帧。

1 字节	6 字节	1 字节	1 字节	2 字节
N	ADS	ADP	COM	CRC

COM＝IB[Initialize Bus(初始化总线)]见 D.1

(定义接收从站的)从站地址应为广播地址。

总线初始化帧之后，所有收到正确 ENQ 帧(含已知 TAB 标识符)的从站将不再被视为 是“遗漏站”。

4.4.7 遗漏站呼叫交换

ASO 交换包括分布在一个序列中的两个帧。在远程抄读序列结尾，主站可以搜寻那些遗漏站标志为 TRUE 的站(100 个中最多 5 个)。

由于正确的远程抄读交换会将相应站的遗漏站标志设置为“FALSE”，因此 ASO 交换通常发生在远程抄读序列完成之后，其为前面加有一个总线初始化帧的一个或多个远程抄读交换。

主站管理多个时隙。当检测到冲突时，应重新尝试 ASO 交换。尽管如此，每次收到正确的从站应答时，通过与该站进行正确的远程抄读交换操作，主站应从遗漏站列表中剔除该从站。

为了保证选择限制条件(在 4.4.9 中描述)，无源站应在第一次 ASO 交换的第一个时隙内应答。那么，仅遗漏站会被选择，通常的原则能用于后续 ASO 交换：

——在 TABi 域(1～40 个 TAB 标识符)中含有选择准则的遗漏站呼叫帧；

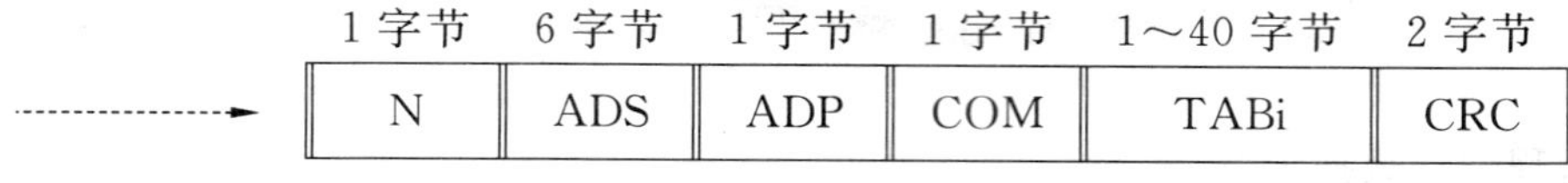

COM＝ASO[A forgotten StatiOn call(遗漏站呼叫)]见 D.1

(定义接收从站的)从站地址应为广播地址。

——确认帧，其包含被本单元和本站 ADS 认证的首个 TAB；

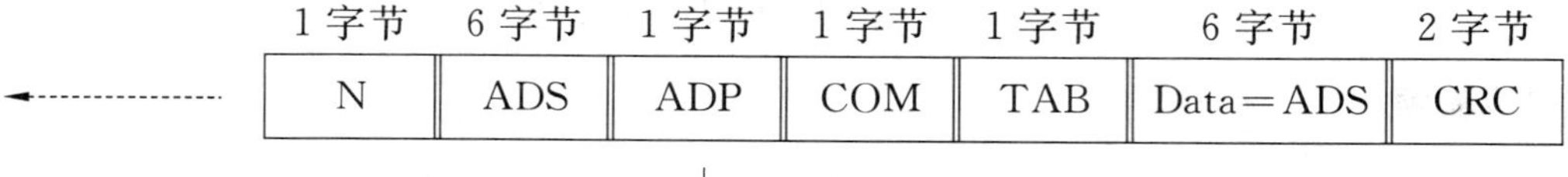

COM＝RSO[Reply from forgotten StatiOn(遗漏站应答)]见 D.1

——包含对遗漏站呼叫响应的从站 ADS 的数据域。

4.4.8 帧内各域的含义

N——帧中包含 N 在内的字节总数。

ADS——按 48 位位串编码的从站绝对物理地址，仅有一个为广播物理地址，即按十六进制"000000000000"编码的通用广播 ADG[1)]。

ADS 也与从站的系统标题准确对应。

ADP——按 8 位位串编码的主站物理地址。值"00"H 保留用作通用主站 APG[2)] 物理地址的编码。被物理地址为 APG 的主站所请求的任何从站，回应其被编程的首个主站物理地址。

COM——依赖于交换和帧方向的命令码(见附录 D)。

ZA1，ZA2——保留域，为远程编程交换时的认证操作而保留的域。

TAB——与某些命令(ENQ、DAT、REC、TRF、TRB 或 RSO)相关的数据类型。值"00"H 为系统管理保留；值"FF"H 为报警管理保留。

DATA——来自宿主应用程序的信息包，该域最终是否为空，取决于命令码。

CRC——循环冗余校验域，对应于 CRC(其法则在附录 E 中描述)的 16 位的冗余位。

帧中的各个域按从前至后的顺序发送(由 N 到 CRC)。当一个域中包含多个字节时，从最低位到最高位的顺序依次发送域中的字节，但 DATA 域的数据被视为一个"字节串"，从前到后依次发送。

4.4.9 远程供电的原则

数据交换的一般原则是为无源站保留的，而远程供电的概念则仅为主站与一个或多个从站之间的通信而增加的。

为了开始一次通信对话，主站应发送"唤醒呼叫"信号，其用于给连接到总线上的每个从站中的通信系统提示。这个呼叫是一种连续的载波信号，根据不同的远程驱动机制持续一小段特定的时间：

——为唤醒无源站的"唤醒呼叫"的信号持续时间为 AGT；

——为唤醒有源站的"唤醒呼叫"的信号持续时间为 AGN。

注：从站可以配置为闹铃(Alarm)模式。从而，从站被持续远程供电，以便能将告警信息传送给主站(见 4.4.11)。

其次，不管选择什么类型的远程站(有源或无源)，下列情形下，在主站侧也应需要中间级的 AGN"唤醒呼叫"信号：

——在第一次 ENQ 或 TRF 交换之前；

——与同一从站进行第六次连续成功的 ENQ 或 TRF 交换之前；

——在与相对于之前进行如前所述的 ENQ 或者 TRF 交换中所选的从站所不同的从站，进行第一个 ENQ 或者 TRF 交换之前；

——在任何 REC 交换之前；

——在任何 TRB 帧之前；

——在任何 IB 帧之前；

——在任何 ASO 交换之前。

对无源站，这意味着，若无必要，主站可避免唤醒所有的远方站，以节省电能。

主站能够使用一种特殊的调制解调器，确保在调制和解调的同时提供远程供电。为了节省主站电池，应优化通信时间和无源站的数量。

---

1) 其他广播地址可以根据系统标题语义的配套标准中采用的命名规则来定义，这些标准通常基于制造商代码，制造年份和设备类型。

2) 其他一般地址可以根据运营商标识语义的配套标准中采用的命名规则来定义，该标准通常基于实用程序代码。

另一种可能是，主站只关注调制解调的功能，这时，需要一个辅助站给总线持续供电。

通常，从站仅包含由其 ADS 引用的逻辑应用。这时，从站可以是有源，也可以是无源的。

(对应于多个 ADS 的多个逻辑应用的)多址从站宜为无源站。这种特点在第 8 章有更多的描述。

4.4.10 无源站的预选交换

为降低总线开销，预选交换允许主站选择无源从站。

预选交换在向总线上所有的无源站发出 AGT“唤醒呼叫”信号之后产生。为限制总线开销，主站发出的第一个帧宜尽可能短，且被选址的从站宜在 TOPRE 唤醒触发之前应答。若未能及时收到应答，从站的调制解调器回到低功耗状态。

在预选交换期间，所有无源站都将消耗能量。总线电压和储能电容器的能量将不断下降，直到未被选址的从站都回到低功耗状态。然后，对储能电容器持续充电，总线电压升高。

在首次预选之前，主站的调制解调器宜储存好足够的能量，这一步由 TICB 唤醒机制控制的等待时间来保证。在预选结束时，储能电容器已空，主站在进行第二次预选之前，应等待总线电压的升高。

由于预选交换的帧长度不能超过 18 字节，它可以是：

——一个 ENQ 帧；

——一个 TRB 或 TRF 帧，只有当数据域的长度不超过 6 字节时；

——一个 IB 帧；

——一个 ASO 帧，只有当 TABi 域不超过 7 个字节时。

由于 REC 和 TRF 变换的首帧可能太长，所以为预选提供了一种附加服务。这个完全透明的 PRE 在一个序列中包含了两个帧：

——无源站预选帧；

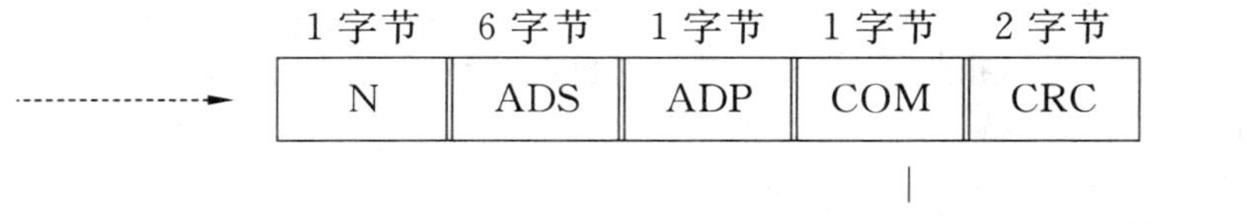

COM=PRE[PREselection(预选)]见 D.1

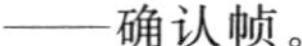
——确认帧。

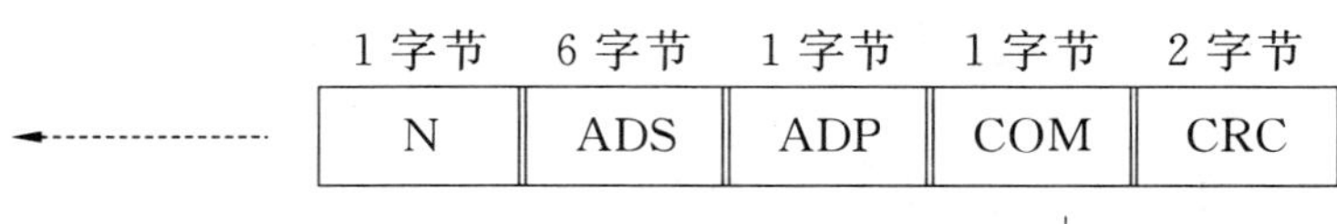

COM=SEL[SELected(选中)]见 D.1

为降低主站能耗，预选交换中没有重试操作。若被寻址的无源站未能正确应答，该站就不被选中，主站应发出一个新的 AGT“唤醒呼叫”信号。

4.4.11 预选之后的通信交换

预选之后，由于连续通信，无源站的调制解调器能够保持唤醒状态，且因为连接设备的数量有限，所以延迟不是关键。主站为已选站供电，并为未选站的储能电容充电。

通信会话的正常结束的不同取决于远程供电机制：

——对于有源站来说，在没有中间的 AGN“唤醒呼叫”信号请求、通信对话中出现一小段停止之后结束。这段时间由唤醒 TOL 来检查；

——对于无源站，在通信对话期间的一较长静默时间之后结束。这段时间由唤醒 TOAG 来检查。

注：对于无源站来说，只要 TOAG 唤醒未超时，中间的 AGN“唤醒呼叫”信号就足以继续当前的通信会话。

4.4.12 报警功能

若能集成下述接口功能，集成在简单或多重从站中的设备能够向主站发送报警信号(见 8.2.3)。

报警信号应在最多 10 s 内从从站中获得。

在接口上可编程的接口配置，每个设备配置都可以选择两种报警模式：激活状态或非激活状态。

在从站内，当报警模式为激活状态时，设备可产生报警。仅当总线持续供电时，报警功能才有效。

设备在 TASB 期间发送报警信号。TASB 时间足够的长，以便在次级总线上强制产生“0”状态，且会被接口检测到(即使在通信过程中也能够检测到)。

报警机制如图 2 所示。

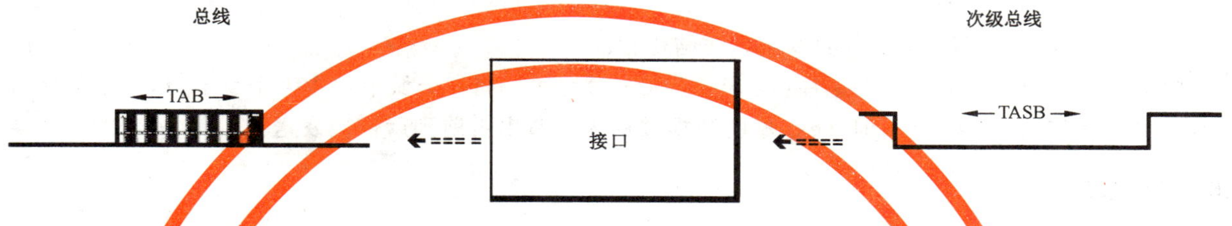

图 2 报警机制

报警不是直接传向主站传输的。该接口接收报警，并在可能的情况下通过在总线 TAB 期间发送“0”(50 kHz)来发送报警：

a) 总线上无通信(接口接收次级总线上的报警，并向总线传输)；

b) 当通信进行中，与 AGN 或 AGT 同步。当总线上正在进行通信时，接口存储收到的报警，出现下列事件之一后，将它传输到总线上：

  1) AGN 或 AGT 接收结束后的 TOALR；

  2) 当发生通信会话正常结束时。

由此，接口能过滤告警，以免总线冲突。

告警产生后，从站会被视为选择判据等于 FF 的“遗漏站”。

当总线上没有通信时并且在传输完 AGN 或 AGT 后，为检测报警信号，将主站配置为报警模式以便监听总线。当主站收到报警时，进入“遗漏站呼叫”流程，其中 TABi 的选择判据为 FF(见 4.4.7)。

时序图说明了 5.1.3 中的告警管理。

4.5 带有 DLMS 功能的本地总线数据交换的通信服务

DLMS 不提供总线初始化和遗漏站呼叫的服务，但和不带 DLMS 的本地数据交换相同，支持 IB 和 ASO 交换，只是，遗漏站标志被当作一个全局变量，被应用程序接口共享使用。

DLMS 能直接预见到远程数据抄读和点对点远程传输。但由于认证保留给应用层，(冗余)远程数据编程是不支持的。

由于 DLMS 管理着数据语义，帧格式就非常简单了，只需要非标记帧即可。为了保证与不带 DLMS 的结构兼容，本帧格式由以下 9 个域定义：

1 字节	6 字节	1 字节	3 位	1 位	2 位	2 位	0～117 字节	2 字节
Size	ADS	ADP	DATA+	Priority	Send	Confirm	Text	CRC

Size——帧中包含 Size 在内的字节总数。若其数值不是 11，接收方则得知其 Text 域中包含有数据。

ADS——规则与不带 DLMS 的本地总线结构相同。

ADP——规则与不带 DLMS 的本地总线结构相同。

DATA+——固定值 111B。

Priority——当前帧的传输优先级别。应用层根据所请求的服务设置其优先级。

Send——上一传输帧的编号。

Confirm——上一正确接收帧的编号。

Text——高层的 DSDU(数据链路服务数据单元)。帧中可以不包含数据。若在发送帧时可以从应用层获得数据，Text 域中则包含有数据，否则便为空。这种机制为平衡双向数据传输提供了条件。为了避免 DATA+帧和不带 DLMS 结构的帧发生混淆，DATA+，Priority，Send 和 Confirm 域组成一个特殊的命令码 COM，其值和先前保留的 COM 值(见附录 D)不同。

CRC——规则与不带 DLMS 的本地总线结构相同。

帧中的各个域按从前至后的顺序(从 Size 到 CRC)发送。当一个域中包含多个字节时，按最低字节在前，最高字节在后依次发送，但 Text 域的数据被视为字节串由前到后依次发送。

4.6 系统管理

系统管理的目的是允许一个录入，该录入包含总线上从站的标识。为了这个目的，提供了查询服务。

录入工作包括一系列的从主站内部的初始化器发出的 Discover 请求。每一个 Discover 服务用于通知剩余的新站将可以在下一个时隙获得一次回应的机会。

每个 Discover 请求都包含一个特定的范围在 0～100 之间的应答概率参数(整数)，它以百分比的形式表示一个新站应答的概率。当应答概率码为 100 时，总线上的所有站都应响应。

当收到 Discover 指示时，各从站测试其 Discoverd 标志。若标志为"TRUE"，则丢弃该指示，否则，从站产生一个 1～100 之间的随机数。如果该随机码小于等于响应随机参数，新站将发出一个 Discover 响应并且把 Discovered 标志位置为"TRUE"。

标志 Discoverd 总是在接收 IB 帧时复位。

为了最大限度确保(那些包含 DLMS/COSEM、DLMS 或其他方式的站)的兼容性，在附录 H 中提出了实现系统管理的方案。

5 不带 DLMS 的本地总线数据交换

5.1 物理层

5.1.1 协议

不带 DLMS 的本地总线数据交换结构的物理层协议是非对称的。因此，主站和从站的状态机不同。

本协议既支持无源的也支持有源的从站。如概述中已经阐述的，远程站可以被 AGN 或 AGT "Wakeup Call"信号唤醒，并且通信会话在 TOL 或 TOAG 到期时结束。

继"Wakeup Call"信号，总线上将以 1 200 BPS、半双工异步通信方式开始通信回话。

5.1.2 物理参数

接收到的帧的最大长度(MaxIndex)为 128 字节 。

处理"遗漏站呼叫"的 RSO 时隙数的最大值(MaxRSO)为 3 。

AGN"Wakeup Call"信号的 AGN 持续时间应在 50 ms～150 ms 范围，而 AGT"Wakeup Call"的

AGT 持续时间应在 200 ms～300 ms 范围。

时序类型及特征在附录 B 中阐述。

主站的值定义如表 1。

表 1 主站时序的值

参数	最小值/ms	典型值/ms	最大值/ms	类型 B.1	定义
TA1O	—	—	120	TSL1	接收帧第 1 个字节的最长等待时间
TAB		100		TC	总线上报警信号的长度
TAGN	—	100	—	TPDF	一个 AGN“唤醒呼叫”信号的长度
TAO	—	—	40	TC	接收帧的单字节接收等待最大时间(超过该时间认为该帧接收完毕)
TARSO	—	500	—	TC	RSO 时隙的持续时间
TASB		1 200		TC	从报警信号开始的等待时间
TEMPO	—	40	—	TC	在唤醒信号或帧传输后的安全延时时间
TOE	—	—	2 500	TL	防范硬件故障的安全延时时间
TOL	—	—	100	TSL2	等待从上层来的请求的最长时间
T1	—	10 000	—	TL	等待从从站来的应答的最长时间
无源站的技术参数(供电状态下)					
TAGT	—	250	—	TPDF	唤醒呼叫的时间
TICB	8 000	—	—	T_a	总线初始充电时间
TOAG	—	—	3 000	TPFD	选中的无源站识别出 AGN“唤醒呼叫”信号的最长等待延时

从站的值定义如表 2。

表 2 从站时序的值

参数	最小值/ms	典型值/ms	最大值/ms	类型[a]	定义
TA1O	30[b]	—	160	TSL1	接收第 1 个字节的最长等待时间
TAB	—	100	—	TC	总线上报警信号的长度
TAGN	50	100	150	TPDF	一个 AGN“唤醒呼叫”信号的长度
TAO	—	—	40	TC	接收帧的单字节接收等待最大时间(超过该时间认为该帧接收完毕)
TARSO	—	—	500	TC	RSO 时隙片的长度
TOALR	20	—	—	TL	AGN 或 AGT 接受之后发送 AGN 的等待时间
TOE	—	—	2 500	TL	防范硬件缺陷的安全传输延时时间
TOL	—	—	100	TSL2	等待从上层来的请求的最长时间
无源站的技术参数(供电状态下)					
TAGT	200	250	300	TPDF	AGT“唤醒呼叫”信号持续时间

表 2（续）

参数	最小值/ms	典型值/ms	最大值/ms	类型[a]	定义
TASB	—	1 200	—	TL	辅助总线报警信号的持续时间
TICB	8 000	—	—	T_a	初级总线初始充电时间
TOAG	—	—	3 000	TPFD	一个选中的无源站识别出一个 AGN“唤醒呼叫”信号的最长等待延时
TOAGN	—	—	300	T_c	为识别与有源站结束通话所需的最大待机延时时间
TOAPPEL	—	—	180	TPFD	等待预选帧的第 1 个字节的最长等待时间
TOBAVARD	—	—	260	TPDF	确保预选帧长度的安全延时时间
TOPRE	—	—	130	TPFD	等待预选应答的最长等待时间
TOSEUIL	—	150	—	TC	唤醒无源站的一个“唤醒呼叫”信号的持续时间
TVASB	40	—	—	TL	在辅助总线上的报警信号的最小持续时间

[a] 不同定时类型的定义见附录 B.1。

[b] 呼叫唤醒后，需要最少持续 30 ms。

5.1.3 时序图

图 3～图 5 用来说明无源从站所用协议的不同类型的对话。

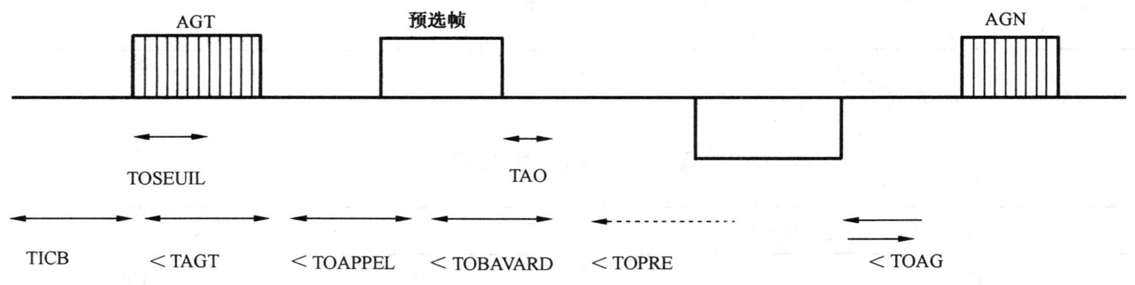

图 3　连续操作中的交换

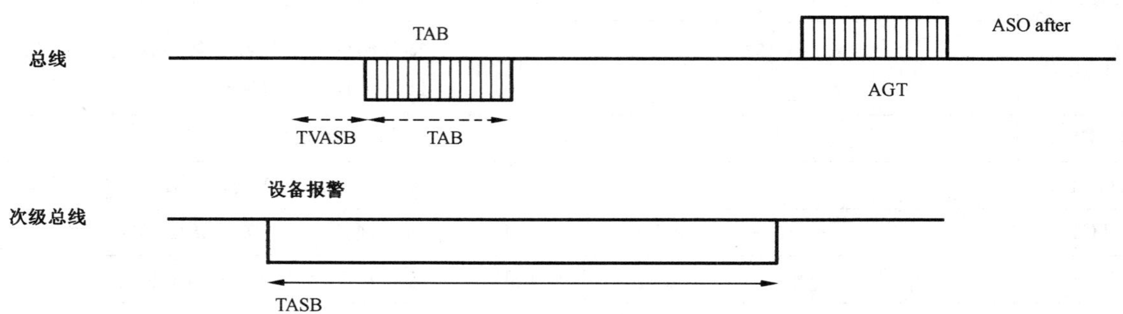

图 4　没有通信时的报警事件

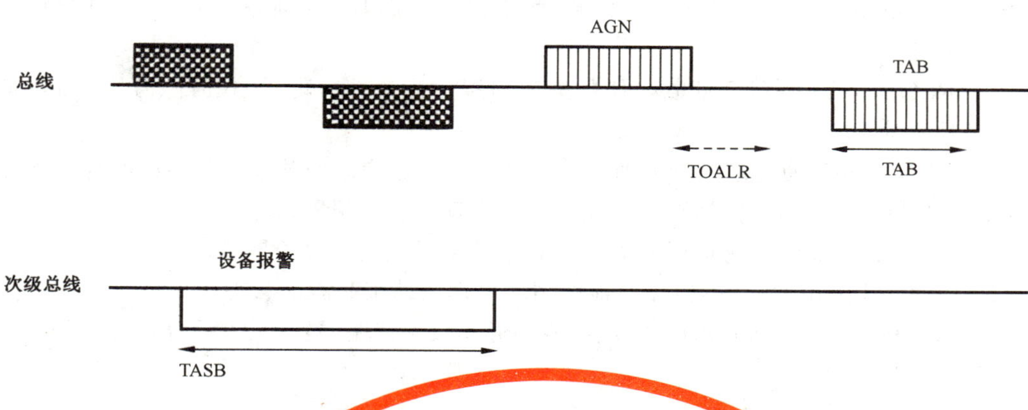

图5 通信中的报警事件

5.1.4 物理服务和服务原语

Physical-62056-3-1 协议的用户可以使用表3给出的服务和服务原语。

表3 物理服务和服务原语

服务	服务原语
Phy_DATA	Phy_DATA.req(Frame) Phy_DATA.ind(Frame)
Phy_UNACK	Phy_UNACK.req(Frame)
Phy_APPG	Phy_APPG.req(TypeAG) Phy_APPG.ind()
Phy_ASO	Phy_ASO.req(Frame) Phy_ASO.ind(Frame)
Phy_RSO	Phy_RSO.req(Frame,Window)
Phy_COLL	Phy_COLL.ind()
Phy_ALARM	Phy_ALARM.req() Phy_ALARM.ind()
Phy_ABORT	Phy_ABORT.req() Phy_ABORT.ind(ErrorNb)

各原语的作用是：

——Phy_DATA.req(Frame)使数据链路层能够请求物理层发送 Frame 帧；

——Phy_DATA.ind(Frame)使物理层能够通知数据链路层，Frame 帧已准备好；

——Phy_UNACK.req(Frame)使数据链路层能够请求物理层不须等待确认应答就发送 Frame 帧；

——Phy_APPG.req(TypeAG)使数据链路层能够请求物理层发送一个“唤醒呼叫”信号。该信号的 TypeAG 是 AGN 和 AGT 其中之一；

——Phy_APPG.ind()使物理层能够通知数据链路层“唤醒呼叫”信号传输结束；

——Phy_ASO.req(Frame)使数据链路层能够请求物理层发送“遗漏站呼叫”帧；

——Phy_ASO.ind(Frame)使物理层能够通知数据链路层，在遗漏站的某个时隙中已经收到Frame帧；

——Phy_RSO.req(Frame，Window)使数据链路层能够请求物理层，在时隙号Window时发送遗漏站呼叫帧Frame；

——Phy_COLL.ind()使物理层能够通知数据链路层在遗漏站的某个时隙中已经检测到冲突；

——Phy_ALARM.req()使数据链路层能够请求物理层发送报警信号；

——Phy_ALARM.ind()使物理层能够通知数据链路层接收到报警信号；

——Phy_ABORT.req()使数据链路层能够请求物理层结束其激活状态；

——Phy_ABORT.ind(ErrorNb)使物理层能够通知数据链路层发生了一个出错标识号为ErrorNb的致命错误。

5.1.5 状态转换

协议的物理状态转换(主站)见表4。

表4 协议的物理状态转换:主站

初始状态	触发条件	动作命令集	最终状态
Initial	$ true ()	MaxRSO=3 MaxIndex=128 Collision=FALSE SessionAGT=FALSE wait_time (TICB)	Stopped
Stopped	Phy_ APPG. req (AG) & AG =AGN	stop_timer(TOAG) FlagAbort=FLASE TypeAG=AGN send_AG(TypeAG)	W.AG
Stopped	Phy_ APPG. req (AG) & AG =AGT	SessionAGT=TRUE FlagAbort=FLASE TypeAG=AGT send_AG(TypeAG)	W.AG
Stopped	time_out(TOAG)	Phy_ABORT.ind(EP-2) SessionAGT=FALSE	Stopped
Stopped	Phy_ABORT.req()	$ none()	Stopped
Stopped	data-carrier_on	init_timer(TAB) init_timer(TASB)	W.ETABS
W.ETABS	data-carrier_off	stop_timer(TASB) stop_timer(TAB)	Stopped
W.ETABS	time_out(TAB)	Phy_ABORT.ind(EP-3) Phy_ALARM.ind()	W.TASB
W.AG	AG_sent_event	Phy_APPG.ind() init_timer(TEMPO)	W.TAB

表 4（续）

初始状态	触发条件	动作命令集	最终状态
W.AG	Phy_ABORT.req()	FlagAbort=TRUE	W.AG
W.TAB	data-carrier_on	Carrier=TRUE init_timer(TAB) init_timer(TASB)	W.TAB
W.TAB	data-carrier_off	Carrier=FALSE stop_timer(TAB) stop_timer(TASB)	W.TAB
W.TAB	time_out(TEMPO) & not(FlagAbort) & not(Carrier)	init_timer(TOL)	M.Send
W.TAB	time_out(TEMPO) & FlagAbort & not(Carrier)	wait_time(TOL)	T.Session
W.TAB	time_out(TEMPO) & Carrier	init_timer(TOL)	W.ETAB
W.TAB	Phy_ABORT.req()	FlagAbort=TRUE	W.TAB
W.ETAB	time_out(TAB)	Phy_ABORT.ind(EP-3) Phy_ALARM.ind() Stop_timer(TOL)	W.TASB
W.ETAB	data_carrier_off & not(FlagAbort)	Stop_timer(TAB) Stop_timer(TASB)	M.Send
W.ETAB	data_carrier_off & FlagAbort	Stop_timer(TAB) Stop_timer(TASB)	W.TOL
W.ETAB	Phy_ABORT.req()	FlagAbort=TRUE	W.ETAB
W.TASB	time_out(TASB)	$ none()	Stopped
W.TOL	time_out(TOL)	$ none()	T.Session
M.Send	Phy_DATA.req(Frame)	Service=NORMAL	SendFirst
M.Send	Phy_UNACK.req(Frame)	Service=UNACKNOWLEDGED	SendFirst
M.Send	Phy_ASO.req(Frame)	Service=ASO	SendFirst
M.Send	Phy_ABORT.req()	$ none()	M.Send
M.Send	time_out(TOL)	$ none()	T.Session
T.Session	SessionAGT=TRUE	init_timer(TOAG) Phy_ABORT.ind(EP-1) wait_time(TEMPO)	stopped
T.Session	SessionAGT=FALSE	Phy_ABORT.ind(EP-1) wait_time(TEMPO)	Stopped

表 4（续）

初始状态	触发条件	动作命令集	最终状态
SendFirst	$ true()	stop_timer(TOL) Size=size(Frame) Index=1 send_octet(Frame,index) Size=Size - 1 init_timer(TOE)	Sending
Sending	octet_sent_event & Size〉0	Index=index+1 send_octet(Frame,Index) Size=Size - 1	Sending
Sending	octet_sent_event & Size=0	stop_timer(TOE) wait_time(TAO) Index=1 Frame=""	Answer
Sending	Phy_ABORT.req()	Stop_timer(TOE) wait_time(TAO) init_timer(TA1O) FlagAbort=TRUE	M.Rec
Sending	time_out(TOE)	Phy_ABORT.ind(EP-3F) wait_time(TAO) init_timer(TA1O) FlagAbort=TRUE	M.Rec
Answer	Service=NORMAL1 Service=UNACKNOWLEDGED	init-timer(TA1O)	M.Rec
Answer	Service=ASO	WinRSO=1 init_timer(TARSO) init_timer(TA1O)	M.Rec
M.Rec	octet_received_event	stop_timer(TA1O) Index=index+1 read_data(RecB) concat(Frame,RecB) init_timer(TAO)	Receiving
M.Rec	collision_detected_event	stop_timer(TA1O) Collision=TRUE init_timer(TAO)	Receiving
M.Rec	time_out(TA1O)	$ none()	Received
M.Rec	Phy_ABORT.req()	FlagAbort=TRUE	M.Rec

表 4（续）

初始状态	触发条件	动作命令集	最终状态
Receiving	octet_received_event & Index<=MaxIndex	stop_timer(TAO) Index=Index+1 read_data(RecB) concat(Frame,RecB) init_timer(TAO)	Receiving
Receiving	octet_received_event& Index>MaxIndex	Phy_ABORT.ind(EP-4F) wait_time(TAO) FlagAbort=TRUE	Received
Receiving	collision_detected_event	stop_timer(TAO) Collision=TRUE Init_timer(TAO)	Receiving
Receiving	time_out(TAO)	$ none()	Received
Receiving	time_out(TARSO)	Phy_ABORT.ind(EP-5F) wait_time(TAO) FlagAbort=TRUE	Received
Receiving	Phy_ABORT.req()	Flagabort=TRUE	Receiving
Received	Service=NORMAL & not(Flagabort)	Phy_DATA.ind(Frame) init_timer(TOL)	M.Send
Received	(Service=NORMAL & Flagabort) Service=UNACKNOWLEDGED	wait_time(TOL)	T.Session
Received	Service= ASO & Collision & not(Flagabort)	Phy_COLL.ind() Collision=FALSE	T.RSO
Received	Service=ASO & not(Collision) & not(Flagabort)	Phy_ASO.ind(Frame)	T.RSO
Received	Service=ASO & Flagabort	$ none()	T.RSO
T.RSO	(TypeAG=AGT) | (WinRSO>=MaxRSO) & (TypeAG=AGN)	stop_timer(TARSO)	T.Session
T.RSO	(WinRSO<MaxRSO) & (TypeAG=AGN)	Index=1 Frame=“”	W.RSO
W.RSO	time_out(TARSO)	WinRSO=WinRSO+1 init_timer(TARSO) init_timer(TA1O)	M.Rec
W.RSO	Phy_ABORT.req()	Flagabort=TRUE	W.RSO

电源供电管理状态转换("仅适用于无源从站")见表 5。

表 5 电源供电管理状态转换("仅适用于无源从站")

初始状态	触发条件	动作命令集	最终状态
Initial	alarm_detection()	Flagalarm=TRUE FlagSendAlarm=FALSE station_power(ON)	Stopped
Initial	not(alarm_detection())	Flagalarm=FALSE	Stopped
Stopped	occur(cpt_carrier_on) & Flagalarm	init_timer(TVASB)	W.TVASB2
Stopped	occur(data_carrier_on)	init_timer(TOSEUIL) init_timer(TAGT)	W.TOSEUIL
W.TOSEUIL	time_out(TOSEUIL)& not(Flagalarm)	station_power(ON)	W.AGT
W.TOSEUIL	occur(data_carrier_off) & not (Flagalarm)	stop_timer(TOSEUIL) stop_timer(TAGT)	Stopped
W.TOSEUIL	time_out(TOSEUIL) & Flagalarm	station_signal(ON) Tend=TOAG	W.AGT
W.TOSEUIL	occur(data_carrier_off) & Fla- galarm	stop_timer(TOSEUIL) stop_timer(TAGT) Tend=TOAGN init_timer(Tend)	Hide
W.TOSEUIL	occur(cpt_carrier_on) & Flagalarm	init_timer(TVASB)	W.TVASB1
W.AGT	occur(data_carrier_off)	stop_timer(TAGT) init_timer(TOAPPEL)	W.Sel
W.AGT	time_out(TAGT) & not(Flagalarm)	station_power(OFF)	Stopped
W.AGT	time_out(TAGT) & Flagalarm	init_timer(Tend)	Hide
W.Sel	occur(octet_received_event)	stop_timer(TOAPPEL) init_timer(TOBAVARD) init_timer(TAO)	Select
W.Sel	time_out(TOAPPEL) & not(Flagalarm)	station_power(OFF)	Stopped
W.Sel	Time_out(TOAPPEL) & Flagalarm	station_signal(OFF)	Stopped
W.Sel	occur(cpt_carrier_on) & Flagalarm & not(FlagSendalarm)	init_timer(TVASB)	W.TVASB1

表 5 (续)

初始状态	触发条件	动作命令集	最终状态
Select	occur(octer_received_event)	stop_timer(TAO) init_timer(TAO)	Select
Select	time_out(TAO)	stop_timer(TOBAVARD) init_timer(TOPRE)	W.Answer
Select	time-out(TOBAVARD) & not(Flagalarm)	stop_timer(TAO) station_power(OFF)	Stopped
Select	time_out(TOBAVARD) & Flagalarm	stop_timer(TAO) init_timer(Tend)	Hide
W.Answer	occur(octet_sent_event)	stop_timer(TOPRE) init_timer(Tend)	Hide
W.Answer	time_out(TOPRE) & not(Flagalarm)	station_power(OFF)	Stopped
W.Answer	time_out(TOPRE) & Flagalarm	init_timer(Tend)	Hide
W.Answer	occur(cpt_carrier_on) & Flagalarm & not(FlagSendalarm)	init_timer(TVASB)	W.TVASB1
Hide	occur(octet_received_event) | occur(octet_sent_event) | (occur(data_carrier_on) & not(FlagSendAlarm))	stop_timer(Tend) init_timer(Tend)	Hide
Hide	occur(data_carrier_on) & FlagSendAlarm	stop_timer(Tend)	W.AGend
Hide	time_out(Tend) & not(Flagalarm)	station_power(OFF)	Stopped
Hide	time_out(Tend) & Flagalarm & not(FlagSendAlarm)	station_signal(OFF)	Stopped
Hide	time_out(Tend) & Flagalarm & FlagSendAlarm	Send_AG(AGN)	W.AB
Hide	occur(cpt_carrier_on) & Flagalarm & not (FlagSendalarm)	init_timer(TVASB)	W.TVASB1
W.AGend	occur(data_carrier_off)	wait_time(TOALR) Send_AG(AGN)	W.AB

表 5（续）

初始状态	触发条件	动作命令集	最终状态
W.TVASB1	occur(cpt_carrier_off)	stop_timer(TVASB) init_timer(Tend)	Hide
W.TVASB1	time_out(TVASB)	FlagSendAlarm=TRUE init_timer(Tend)	Hide
W.TVASB1	time_out(Tend)	$ none()	W.TVASB2
W.TVASB2	occur(cpt_carrier_off)	stop_timer(TVASB) station_signal(OFF)	Stopped
W.TVASB2	occur(data_carrier_on)	$ none()	W.TVASB1
W.TVASB2	time_out(TVASB)	Send_AG(AGN)	W.AB
W.AB	AG-sent_event	FlagSendAlarm=FALSE station_signal(OFF)	Stopped

协议的物理状态转换(从站)见表 6。

表 6　协议的物理状态转换:从站

初始状态	触发条件	动作命令集	最终状态
Initial	energized()	MaxIndex=128 FlagRSO=FALSE FirstWinRSO=FALSE	Stopped
Initial	not(energized())	MaxIndex=18 FlagRSO=FALSE FirstWinRSO=TRUE	Stopped
Stopped	AG_received_event	Stop_timer(TOAG) init_timer(TA1O)	M.Rec
Stopped	Phy_ALARM.req()	TypeAG=ASB Send_AG(TypeAG)	W.ASB
Stopped	time_out(TOAG)	MaxIndex=18 FirstWinRSO=TRUE	Stopped
M.Rec	octet_received_event	Stop_timer(TA1O) Index=2 Frame=“” Read_data(RecB) Concat(Frame,RecB) init_timer(TAO)	Receiving
M.Rec	time_out(TA1O)	Phy_ABORT(EP-1)	WTOAG
M.Rec	Phy_ABORT.req()	Stop_timer(TA1O)	WTOAG

表 6（续）

初始状态	触发条件	动作命令集	最终状态
Receiving	octet_received_event & Index<=MaxIndex	Stop_timer(TAO) Index=Index+1 Read_data(RecB) Concat(Frame, RecB) init_timer(TAO)	Receiving
Receiving	octet_received_event & Index>MaxIndex	Stop_timer(TAO) Phy_ABORT.ind(EP-4F)	WTOAG
Receiving	time_out(TAO)	Phy_DATA.ind(Frame) init_timer(TOL)	M.Send
Receiving	Phy_ABORT.req()	Stop_timer(TAO)	WTOAG
M.Send	Phy_DATA.req(Frame)	Stop_timer(TOL) MaxIndex=128 Size=size(Frame) Index=1 Send_octet(Frame,Index) Size=Size - 1 init_timer(TOE)	Sending
M.Send	Phy_RSO.req(Frame,Window)	Stop_timer(TOL) MaxIndex=128 Wait _ window (FirstWinRSO, Window) FirstWinRSO=FALSE Size=size(Frame) Index=1 Send_octet(Frame,Index) Size=Size - 1 FlagRSO=TRUE init_timer(TOE)	Sending
M.Send	Time_out(TOL)	init_timer(TA1O)	M.Rec
M.Send	Phy_ABORT.req()	Stop-timer(TOL)	WTOAG
Sending	Octet_sent_event & Size>0	Index=Index+1 Send_octet(Frame, Index) Size=Size - 1	Sending
Sending	octet_sent_event & Size=0 & not(FlagRSO)	Stop_timer(TOE) init_timer(TA1O)	M.Rec
Sending	octet_sent_event & Size=0 & FlagRSO	Stop_timer(TOE) Wait_time(TAO) FlagRSO=FALSE	WTOAG

表 6（续）

初始状态	触发条件	动作命令集	最终状态
Sending	Phy_ABORT.req()	Stop_timer(TOE)	WTOAG
Sending	time_out(TOE)	Phy_ABORT.ind(EP-3F)	WTOAG
W.ASB	time_out(TOAG)	MaxIndex=18 FirstWinRSO=TRUE	W.ASB
W.ASB	AG_sent_event	$ none()	Stopped
WTOAG	not(energized)	init_timer(TOAG)	Stopped
WTOAG	Energized	$ none()	Stopped

上述表中的状态含义见表 7。

表 7　上述表中的状态含义

状态	含义
Initial	层变量的初始化
Stopped	“唤醒呼叫”信号的等待状态
W.ETABS （等待 “Alarm-Bus”结束）	在 Stopped 状态中等待收到“Alarm-Bus”信号的结束
W.AG （等待“Wakeup Call”结束）	等待“唤醒呼叫”信号传输的结束
W.TAB （等待 “Alarm - Bus”）	在“唤醒呼叫”信号传输结束后的延时期内，等待“Alarm-Bus”信号
W.ETAB （等待 “Alarm-Bus”结束）	在“唤醒呼叫”信号传输之后，等待接收到的“Alarm-Bus”信号结束
W.TASB	在开始受纳“Alarm-Bus”信号之后，等待唤醒 TASB 的触发
W.TOL	等待唤醒 TOL 的触发
M.Send （应发送）	发送器等待发送一帧时的初始状态
T.Session	测试会话的类型（和无源或有源从站）
SendFirst	发送待传输帧的第 1 个字节
Sending	发送器每次传输 1 个字节时的循环状态
Answer	根据所请求服务确定的分支去向
M.Rec （应接收）	接收器等待接收一个帧首字节的初始状态
Receiving	接收器每次接收 1 个字节时的循环状态

表 7（续）

状态	含义
Received	根据请求的服务项目对接收帧进行处理
T.RSO （测试最后一个 RSO）	测试最后一个 RSO 时隙
W.RSO （等待 RSO 时隙结束）	等待接收 RSO 帧的最后一个时隙的结束
W.ASB	等待“报警辅助总线”信号传输的结束
W.TOAG	如果需要的话，初始化“会话结束”TOAG 定时器
W.TOSEUIL	等待唤醒 TOSEUIL 的触发
W.AGT	等待一个 AGT“唤醒呼叫”信号
W.Sel （等待预选）	等待一个预选帧
Select	接收一个预选帧
W.Answer	等待被选站的应答
Hide	等待选址的结束
W.AGend	等待 AG 接收的结束
W.TVASB1	在会话中，等待一个用来唤醒“报警辅助总线”信号的 TVASB 的触发
W.TVASB2	在会话结束时，等待一个用来唤醒“报警辅助总线”信号的唤醒 TVASB 的触发
W.AB	等待一个“报警总线”信号传输的结束

以字母为序的过程、函数和事件的定义见表 8。

表 8 （以字母为序的）过程、函数和事件的定义

过程、函数和事件	定义
AG_received_event	来自调制解调器的事件，报告 AGN“唤醒呼叫”信号被正确检测到。
AG_sent_event	来自调制解调器的事件，报告“唤醒呼叫”信号传输的结束。
alarm_detection()	检查该站报警状态是否激活。
collision_detected_event	来自调制解调器的事件，报告检测到在字节接收过程中的帧错误。
concat(Frame，RecB)	将字节 RecB 串接在正组建的帧 Frame 中
data_carrier_on，data_carrier_off	总线上数据载波开/关的侦查事件
energized()	检查该站是否已通电

表 8（续）

过程、函数和事件	定义
init_timer(TOAPPEL), init_timer(TOSEUIL), init_timer(TAGT), init_timer(TOBAVARD), init_timer(TOPRE), init_timer(TOL), init_timer(TOE), init_timer(TAO), init_timer(TA1O), init_timer(TARSO), init_timer(TOAG), init_timer(TVASB)or init_timer(TAB)	TOAPPEL, TOSEUIL, TAGT, TOBAVARD, TOPRE, TOL,TOE,TAO,TA1O,TARSO,TOAG,TVASB,TAB 唤醒的设置
occur(cpt_carrier_on), occur(cpt_carrier_off), occur(data_carrier_on), occur(data_carrier_off), occur(octet_received_event) or occur(octet_sent_event)	以下侦查事件(不耗电情况下上报):次级总线上的数据载波开/关、总线上的数据载波开/关、字节的接收/发送
octet_received_event	从调制解调器报告的一个字节被接收的事件
octet_sent_event	从调制解调器报告的一个字节被发送的事件
read_data(RecB)	通过抄读接收到的 RecB 字节(按升序逐位传送)来处理 byte_received_event
send_AG(TypeAG)	请求调制解调器在 TypeAG(AGN 或 AGT)期间发送一个"唤醒呼叫"信号
send_octet(Frame, Index)	在 Frame 指向的帧中秩 Index 字节的传输(按升序逐位传送)
size(Frame)	计算 Frame 帧的字节数
station_power(ON) or station_power(OFF)	打开或关闭对设备的供电
station_signal(ON) or station_signal(OFF)	在次级总线上打开和关闭对设备的信号传输
stop_timer(TOAPPEL), stop_timer(TOSEUIL), stop_timer(TAGT), stop_timer(TOBAVARD), stop_timer(TOPRE), stop_timer(TOL), stop_timer(TOE), stop_timer(TAO), stop_timer(TA1O), stop-timer(TVASB), or stop_timer(TAB)	TOAPPEL, TOSEUIL, TAGT, TOBAVARD, TOPRE, TOL,TOE,TAO,TA1O,TVASB,TAB 唤醒停止

表 8（续）

过程、函数和事件	定义
stop_timer(TOAG) or stop_timer(TARSO)	停止唤醒 TOAG 或 TARSO(若它们先前被设置过)
time_out(TOAPPEL), time_out(TOSEUIL), time_out(TAGT), time_out(TOBAVARD), time_out(TOPRE), time_out(TOL), time_out(TOE), time_out(TAO), time_out(TA1O), time_out(TARSO), time_out(TOAG), time_out(TVASB) or stop_timer(TAB)	触发唤醒 TOAPPEL,TOSEUIL,TAGT,TOBAVARD,TOPRE,TOL,TOE,TAO,TA1O,TARSO,TOAG,TVASB,TAB
wait_time(TAO), wait_time(TICB), wait_time(TOL) or wait_time(TOALR)	在 TAO,TICB,TOL 或 TOALR 时间内计算延时
wait_window(FirstWinRSO, Window)	等待时间计算如下: 当 FirstWinRSO= TRUE 或 Window=0 时==>0 ms 当 FirstWinRSO= FALSE 或 Window>0 时 ==>40 mS+(TARSO×Window) ms (40 ms 的延时确保传输是该时隙内进行的)

5.1.6 错误列表和处理

错误用以下代码表示：

EP = 物理层的错误；

— = 分隔符号；

N = 出错编号；

F = 致命错误。

错误汇总表见表 9。

表 9 错误汇总表

EP-1	在数据链路层请求传送帧之前(主站的)TOL 唤醒时间到,或者是在从主站接收到任何字符之前(从站的)TA1O 唤醒时间到
	该错误导致在通知数据链路层之后产生一个"唤醒呼叫"信号
EP-2	在任何"唤醒呼叫"信号之前 TOAG 唤醒时间到
	该错误导致在通知数据链路层之后产生一个"唤醒呼叫"信号
EP-3	收到一个报警
	该错误会导致已经通知数据链路层之后重新初始化物理层
EP-3F	TOE 唤醒到期后检测到的长度异常的传输帧
	该错误会导致已经通知数据链路层之后重新初始化物理层
EP-4F	收到的字节数高于 MaxIndex(传送太多)
	该错误会导致已经通知数据链路层之后重新初始化物理层
EP-5F	(主站)正在接收 RSO 帧的时候,TARSO 唤醒时间到
	该错误会导致已经通知数据链路层之后重新初始化物理层

若发生以上任何一种错误,都将在本地通过 Phy_ABORT.ind 服务原语上传。致命错误编号的完整列表在附录 C 中给出。

5.2 数据链路层

5.2.1 协议

不带 DLMS 的本地总线数据交换结构的数据链路层的 Link-62056-31 协议是不对称结构的。所以,主站的状态机制和从站的不一样。

数据链路层将物理层使用的物理信道转换成一个能传输可靠信息的逻辑信道,其主要功能有:

——执行数据的串行化操作和数据的解串行化操作(假定物理信道每次能进行 1 位串行化操作);

——实现发送帧与接收帧的同步;

——根据主站和从站的地址对帧进行过滤;

——确保有效地防止传送错误。

5.2.2 交换的管理

在主站,本协议根据从站类型接管 AGN 或者 AGT 唤醒呼叫信号的传输。当检测到从上层接收到的 DSDU 地址不兼容时,表明发生了致命错误,并停止本协议。

在从站,接收到一个错误帧之后不要求进行任何处理,由于恢复工作将由主站进行。

对于无源站,在 AGT"唤醒呼叫"信号之后检测到一个"遗漏站呼叫"后将导致 RSO 响应,这个响应总是发生在第 1 个时隙中。于是,当主站在这样一个序列后检测到一个冲突时,将进行第 2 个"遗漏站呼叫"操作,但这次是在 AGN"唤醒呼叫"信号之后。当然,在第 1 次呼叫后没有发生冲突时,是因为有 1 个遗漏站或没有任何遗漏站应答,此时,就不需要进行第 2 次呼叫了。

5.2.3 数据链路服务和服务原语

Link-62056-31 协议的用户可以使用的服务和服务原语在表 10 中列出。

表 10 数据链路服务和服务原语

服务	服务原语
DL_DATA	DL_DATA.req(DSDU) DL_DATA.ind(DSDU)
DL_ALARM	DL_ALARM.req() DL_ALARM.ind()
DL_ABORT	DL_ABORT.req() DL_ABORT.ind(ErrorNb)

赋予每个原语的角色是：

——DL_DATA.req(DSDU)使应用层能够请求数据链路层发送一个 DSDU 数据包；

——DL_DATA.ind(DSDU)使数据链路层通知应用层一个 DSDU 数据包到达；

——DL_ALARM.req()使应用层能够请求数据链路层发送一个报警；

——DL_ALARM.ind()使数据链路层通知应用层一个报警到达；

——DL_ABORT.req()使应用层能够请求数据链路层结束其激活状态；

——DL_ABORT.ind(ErrorNb)使数据链路层能够通知应用层出现了一个出错标识号为 ErrorNb 的致命错误。

5.2.4 数据链路参数

MaxRetry—在断开连接前，主站重传给定帧的次数，此值设为 2。

MaxChain—当没有唤醒呼叫信号而进行远程抄读和远程传输时所链接的报文序列数，为了和使用原版本协议的从站保持兼容，此值设为 5。

MaxRSO-处理“遗漏站点呼叫”的 RSO 时隙数的最大值，该值在 AGN“唤醒呼叫”之后被置为 3，在 AGT“唤醒呼叫”之后被置为 1。

从站应知晓主站地址列表，以及被编程的 TABi 的列表。

从站也能够被通用主站地址 APG 请求。该情况下，从站以其被编程的第一个主站地址进行应答。

5.2.5 状态转换

链路层状态转换(主站)见表 11。

表 11 链路层状态转换:主站

初始状态	触发条件	动作集	最终状态
Initial	$ true ()	MaxRetry=2 MaxChain=5	Stopped
Stopped	DL_DATA.req(DSDU) & check_req(DSDU)	NbChain=0 MaxRSO=3 PreSel=FALSE NoRetry=FALSE RepeatASO=FALSE EP - 1=FALSE context(ADS,ADP,TypeAG) Com=command(DSDU) init(Com,TypeAG) Phy_APPG.req(TypeAG)	W.AG
Stopped	DL_DATA.req(DSDU) & not(check_req(DSDU)	DL_ABORT.ind(EL-1F)	Stopped
Stopped	Phy_ALARM.ind()	DL_ALARM.ind()	Stopped
W.AG	Phy_APPG.ind() & not(PreSel) & not(NoRetry) & not(RepeatASO)	$ none()	T.Req
W.AG	Phy_APPG.ind() & PreSel	Index=MaxRetry+1 Fr=FRE Fr = concat (size _ frame (Fr), ADS,ADP,Fr) Fr=concat(Fr,crc(Fr)) Phy_DATA,req(Fr)	M.Rec
W.AG	Phy_APPG.ind() & NoRetry	Index=MaxRetry+1 Fr=DSDU Fr=concat(size_frame(Fr), ADS,ADP,Fr) Fr=concat(Fr,crc(Fr)) NbChain=1 Phy_DATA.req(Fr) NoRetry=FALSE	M.Rec
W.AG	Phy_APPG.ind() & RepeatASO	RepeatASO=FALSE Phy_ASO.req(Fr)	M.RSO
W.AG	DL_ABORT.req()	Phy_ABORT.req()	W.EndS
W.Ends	Phy_ABORT.ind(ErrorNb)	$ none()	T.Error
W.Ends	Phy_ALARM.ind()	DL_ALARM.ind()	Stopped

表 11（续）

初始状态	触发条件	动作集	最终状态
T.Error	((Error_Nb=EP - 1 & TypeAG= AGN) | (Error_Nb=EP - 2& TypeAG=AGT)) & (Com〈 〉IB & Com〈 〉TRB	$ none()	Stopped
T.Error	((Error_Nb=EP - 1& TypeAG=AGN) | (Error_Nb=EP - 2 & TypeAG=AGT)) & (Com=IB|Com=TRB)	DL_ABORT.ind(Error_Nb)	Stopped
T.Error	Error_Nb〈〉EP - 1 & Error_Nb 〈 〉EP-2	DL_ABORT.ind(Error_Nb)	W.EndS
T.Error	(Error_Nb=EP-1) & TypeAG= AGT	$ none()	W.EndS
T.Req	Com=IB|Com=TRB	Fr=DSDU Fr=concat(size_frame(Fr), ADS,ADP,Fr) Fr=concat (Fr, crc(Fr)) Phy_UNACK.req(Fr)	W.EndS
T.Req	Com=ASO & TypeAG=AGN	MaxRSO=3 NbRSO=1 ListRSO=“” Collision=FALSE Fr=DSDU Fr=concat(size_frame(Fr), ADS, ADP, Fr) Fr=concat(Fr, crc(Fr)) Phy_ASO_req(Fr)	M.RSO
T.Req	Com=ASO & TypeAG=AGT	MaxRSO=1 NbRSO=1 ListRSO=”” Collision=FALSE Fr=DSDU Fr=concat(size_frame(Fr), ADS, ADP, Fr) Fr=concat(Fr, crc(Fr)) Phy_ASO.req(Fr)	M.RSO

表 11（续）

<table>
<tr><th>初始状态</th><th>触发条件</th><th>动作集</th><th>最终状态</th></tr>
<tr><td>T.Req</td><td>((NbChain<MaxChain) & (Com = ENQ | Com = TRF)) |
(NbChain=0 & Com=REC)</td><td>Fr=DSDU
Fr=concat(size_frame(Fr), ADS, ADP, Fr)
Fr=concat(Fr, crc(Fr))
Index=1
NbChain=NbChain+1
Phy_DATA.req(Fr)</td><td>M.Rec</td></tr>
<tr><td>T.Req</td><td>Com=AUT</td><td>Fr=DSDU
Fr=concat(size_frame(Fr), ADS, ADP, Fr)
Fr=concat(Fr, crc(Fr))
Index=1
NbChain=MaxChain
Phy_DATA.req(Fr)</td><td>M.Rec</td></tr>
<tr><td>T.Req</td><td>(NbChain>=MaxChain) |
(NbChain<>0 & Com=REC)</td><td>NbChain=0
Phy_APPG.req(AGN)</td><td>W.AG</td></tr>
<tr><td>M.Rec</td><td>Phy_DATA.ind(Frame) &
check_frame(Frame) &
not(PreSel)</td><td>DSDU=extract_DSDU(Frame)
DL_DATA.ind(DSDU)</td><td>M.Send</td></tr>
<tr><td>M.Rec</td><td>Phy_DATA.ind(Frame) &
check_frame(Frame) &
command(Frame)=SEL &
PreSel</td><td>PreSel=FALSE</td><td>T.Req</td></tr>
<tr><td>M.Rec</td><td>Phy_DATA.ind(Frame) &
check_frame(Frame) &
command(Frame)<>
SEL&PreSel</td><td>Phy_ABORT.req()
DL_ABORT.ind(EL-2F)</td><td>W.Ends</td></tr>
<tr><td>M.Rec</td><td>Phy_DATA.ind(Frame) &
not(check_frame(Frame)) &
Index<=MaxRetry</td><td>Index=Index+1
Phy_DATA.req(Fr)</td><td>M.Rec</td></tr>
<tr><td>M.Rec</td><td>Phy_DATA.ind(Frame) &
not(check_frame(Frame)) &
Index>MaxRetry</td><td>Phy_ABORT.req()
DL_ABORT.ind(EL-2F)</td><td>W.EndS</td></tr>
<tr><td>M.Rec</td><td>DL_ABORT.req()</td><td>Phy_ABORT.req()</td><td>W.EndS</td></tr>
<tr><td>M.Rec</td><td>Phy_ABORT.ind(ErrorNb)</td><td>DL-ABORT.ind(ErrorNb)</td><td>W.EndS</td></tr>
<tr><td>M.RSO</td><td>Phy_ASO.ind(Frame) &
Size(Frame)=0</td><td>$ none()</td><td>T.RSO</td></tr>
</table>

表 11（续）

<table>
<tr><th>初始状态</th><th>触发条件</th><th>动作集</th><th>最终状态</th></tr>
<tr><td>M.RSO</td><td>Phy_ASO.ind(Frame) &
Size(Frame)< >0 &
check_frame(Frame) &
command(Frame)=RSO</td><td>build_RSO(ListRSO,Frame)</td><td>T.RSO</td></tr>
<tr><td>M.RSO</td><td>Phy_ASO.ind(Frame) &
size(Frame)< >0 &
not(check_frame(Frame))</td><td>Collision=TRUE</td><td>T.RSO</td></tr>
<tr><td>M.RSO</td><td>Phy_COLL.ind()</td><td>Collision=TRUE</td><td>T.RSO</td></tr>
<tr><td>M.RSO</td><td>DL_ABORT.req()</td><td>Phy_ABORT.req()</td><td>W.EndS</td></tr>
<tr><td>M.RSO</td><td>Phy_ABORT.int(ErrorNb)</td><td>DL_ABORT.ind(ErrorNb)</td><td>W.EndS</td></tr>
<tr><td>T.RSO</td><td>MaxRSO=1 & Collision</td><td>MaxRSO=3
Collision=FALSE
RepeatASO=TRUE
Phy_APPG.req(AGN)</td><td>W.AG</td></tr>
<tr><td>T.RSO</td><td>(MaxRSO=1 &
not(Collision)) |
(MaxRSO< >1 &
NbRSO>=MaxRSO)</td><td>DSDU = rso (RSO, Collision, ListRSO)
DL_DATA.ind(DSDU)</td><td>W.EndS</td></tr>
<tr><td>T.RSO</td><td>NbRSO<MaxRSO</td><td>NbRSO=NbRSO+1</td><td>M.RSO</td></tr>
<tr><td>M.Send</td><td>DL_DATA.req(DSDU) &
check_req((DSDU) &
not(EP - 1)</td><td>Com=command(DSDU)</td><td>T.Req</td></tr>
<tr><td>M.Send</td><td>DL_DATA.req(DSDU) &
check_req(DSDU) & EP - 1</td><td>Com=command(DSDU)
NbChain=0
EP-1=FALSE
Phy_APPG.req(AGN)</td><td>W.AG</td></tr>
<tr><td>M.Send</td><td>DL_DATA.req(DSDU) &
not(check_req((DSDU))</td><td>Phy_ABORT.req()
DL_ABORT.ind(EL - 1F)</td><td>W.EndS</td></tr>
<tr><td>M.Send</td><td>Phy_ABORT.ind(EP - 1)</td><td>EP-1=TRUE</td><td>M.Send</td></tr>
<tr><td>M.Send</td><td>Phy_ABORT.ind(EP - 2)</td><td>$ none()</td><td>Stopped</td></tr>
<tr><td>M.Send</td><td>DL_ABORT.req() &
not(EP_1 & TypeAG=AGN</td><td>Phy_ABORT.req()</td><td>W.EndS</td></tr>
<tr><td>M.Send</td><td>DL_ABORT.req() & EP_1
& TypeAG=AGN</td><td>$ none()</td><td>Stopped</td></tr>
<tr><td>M.Send</td><td>Phy_ABORT.ind (ErrorNb) &
ErrorNb<>EP - 1 &
ErrorNb<>EP - 2</td><td>DL_ABORT.ind(ErrorNb)</td><td>W.EndS</td></tr>
</table>

链路层状态转换从站见表 12。

表 12 链路层状态转换:从站

初始状态	触发条件	动作集	最终状态
Initial	$ true()	FlagDSO=TRUE Discovered=FALSE Flag_alarm=FALSE	Stopped
Stopped	Phy_DATA.ind(Frame) & check_frame(Frame) & check_address(Frame)	ADP=extract_ADP(Frame) Com=command(Frame)	T.Com
Stopped	Phy_DATA.ind(Frame) & check_frame(Frame) & not(check_address(Frame))	Phy_ABORT.req()	Stopped
Stopped	Phy_DATA.ind(Frame) & not(check_frame(Frame))	$ none()	Stopped
Stopped	Phy_ABORT.ind(ErrorNb)	DL_ABORT.ind(ErrorNb)	Stopped
Stopped	DL_ALARM.req()	Phy_ALARM.req() Flag_alarm=TRUE	Stopped
T.Com	Com=IB	FlagDSO=TRUE Discovered=FALSE Phg_ABORT.req()	Stopped
T.Com	Com=TRB	DSDU=extract_DSDU(Frame) DL_DATA.ind(DSDU) Phy_ABORT.req()	Stopped
T.Com	Com=PRE	Fr=SEL Fr=concat(size_frame(Fr), ADS, ADP, Fr) Fr=concat(Fr,crc(Fr)) Phy_DATA.req(Fr)	Stopped
T.Com	Com=ASO & test_TABi(Frame, TAB)	Fr=concat(RSO,TAB,ADS) Fr=concat(size_frame(Fr) ADS, ADP, Fr) Fr=concat(Fr, crc(Fr)) Phy_RSO.req (Fr, window_RSO())	Stopped
T.Com	Com=ASO & not(test_TABi(Frame, TAB))	Phy_ABORT.req()	Stopped
T.Com	Com=ENQ | Com=REC | Com=TRF | COM=AUT	DSDU=extract_DSDU(Frame) DL_DATA.ind(DSDU)	M.Send

表 12（续）

初始状态	触发条件	动作集	最终状态
M.Send	DL_DATA.req(DSDU)	Fr=DSDU Fr=concat(size_frame(Fr),ADS,ADP,Fr) Fr=concat(Fr,crc(Fr)) Phy_DATA.req(Fr) update_flag_DSO(command(Fr))	Stopped
M.Send	Phy_ABORT.ind(ErrorNb)	DL_ABORT.ind(ErrorNb)	Stopped

前述表中列出的状态的含义见表13。

表 13　前述表中列出的状态的含义

状态	含义
Initial	该层变量的初始化
Stopped	等待来自上层的首次请求或来自下层首次指示
W.AG (等待"Wakeup Call"结束)	等待一个"唤醒呼叫"请求信号的结束
W.EndS (等待会话结束)	等待会话结束
T.Req (测试请求)	测试一个上层请求的性质
M.Rec (应接收)	一个下层指示的等待状态
M.RSO (应接收 RSO)	ASO 帧发送后,等待 RSO 帧
T.RSO (测试最后 RSO)	测试接收 RSO 帧时最后一个时隙的结束
M.Send (应发送)	来自上层请求的等待状态
T.Com (测试命令)	收到帧的命令码测试

过程和函数的定义按字母排序见表14。

表 14 过程和函数的定义(按字母排序)

过程或函数	定义
build_RSO(ListRSO,Frame)	从接收到的 RSO 帧 Frame 中提取 RSO 元素(TAB 域和 ADS 域),并与先前的列表 ListRSO 串接
check_address(Frame)	根据下列准则检查 ADP 和 ADS 地址是否已被识别: ——ADP 是 APG 或是该站中已经被预置为 ADP 地址; ——若命令码是 ASO、IB 或 TRB,则 ADS 是 ADG; ——若命令码不是 ASO,IB 也不是 TRB,则 ADS 是从站地址
check_frame(Frame)	检查接收到的帧 Frame 的正确性: ——帧的长度大于或等于 11 且小于或等于 128; ——CRC 正确; ——字节数和域 N 一致; ——命令码被识别出并且字节数与该命令码一致
check_req(DSDU)	检查 DSDU 中的请求命令码与通信语境中定义的 ADP 及 ADS 地址是否一致
command(DSDU) or command(Frame)	提取要发送或已收到帧 Frame 的 DSDU 命令码值
concat(N,ADS, ADP, DSDU) or concat(Frame, CRC)	将域 N、ADS 和 ADP 与 DSDU 串接,或在帧 Frame 的尾部串接 CRC
context(ADS, ADP, TypeAG)	从通信语境中提取出相应的值
crc(Frame)	计算要发送的 Frame 帧的 CRC 值
extract_ADP(Frame)	若帧中使用的 ADP 值不是 APG,或是 APG 但从站被编程的 ADP 值的列表为空,则提取此值,否则将按照从站被编程的第一个 ADP 值提取。
extract_DSDU(Frame)	从接收帧 Frame 中提取出 DSDU(COM 和 DATA 域)
init(COM, TypeAG)	如果 TypeAG 和 AGT 相等并且帧的长度大于 18 个字节,将 PreSel 置为 TRUE。若 TypeAG 和 AGT 相等,并且帧的长度不大于 18 个字节,将 No Retry 置为 TRUE。
rso(RSO, Collision,ListRSO)	将 RSO 命令码、冲突指示和 RSO 元素列表(TAB 域和 ADS 域)相串接
size(Frame)	计算接收帧 Frame 的长度
size_frame(DSDU)	计算与 DSDU 相关的发送帧的长度(DSDU 的长度+10)

表 14（续）

过程或函数	定义
test_TABi(Frame, TAB)	如果接收到的 ASO 帧 Frame 中的第一个 TABi 值为 00，检查 Discovered 是否为 FALSE，如果是，在提供一个介于 0～100 之间的完整的随机整数后，检查此整数是否比可能响应的数(第 2 个 TABi)小。在此情况下，TAB 变量值为 00 ；如果接收到的 ASO 帧 Frame 中的第一个 TABi 值为 FF，检查 Flag_alarm 是否为 TRUE。如果是，将 Flag_alarm 置为 FALSE，将 TAB 变量记录为 FF； 如果接收到的 ASO 帧 Frame 中的第一个 TABi 值不是 00 或 FF，检查 FlagDSO 是否为 TRUE 并且检查从站是否编程为接收到的 ASO 帧 Frame 所包含的 TABi 值之一。如果以上条件都符合，TAB 变量记录为这些值的第一个值
update_flag_DSO(COM)	如果 COM 等于 ENQ，将 FlagDSO 置为 FALSE，将 Discovered 置为 TRUE
window_RSO()	提供一个介于 0 和 MaxRSO-1 之间的完整随机整数用作从站应当应答的 RSO 时隙的编号(见附录 F)

5.2.6 错误的处理和列表

使用下列代码来列出各种错误：

EL ＝ 数据链路层的错误；

— ＝ 分隔符；

N ＝ 错误编号；

F ＝ 致命错误。

错误汇总表见表 15。

表 15 错误汇总表

EL-1F	(主站)接收一个和通信语境中 ADP 和 ADS 地址不兼容的命令码
	该错误导致，在已经通知应用层之后，数据链路层的重新初始化
EL-2F	出现无源站预选帧或请求重传的 MaxRetry 后，从站响应错误(仅对于主站)
	该错误导致，在通知应用层后，该错误导致数据链路层的重新初始化

如果上述任一错误发生，它将在本地通过 DL_ABORT.ind 服务原语上传。附录 C 中给出了致命错误的完整列表。

5.3 应用层

5.3.1 应用协议

不带 DLMS 的本地数据交换结构的应用层协议是非对称的。所以，主站的状态机和从站的不同。

通过分析用户应用层提供的命令码，不带 DLMS 的本地总线数据交换结构的应用层协议控制和链接连续的消息。

5.3.2 应用服务和服务原语

表 16 给出了用户可以使用的应用层协议的服务和服务原语。

表 16 应用服务和服务原语

服务	服务原语
A_DATA	A_DATA.req(COM,ASDU) A_DATA.ind(ASDU)
A_ALARM	A_ALARM.req() A_ALARM.ind()
A_ABORT	A_ABORT.req() A_ABORT.ind(ErrorNb)

每个原语的作用如下：

——A_DATA.req(COM,ASDU)使应用能够请求应用层传输一个与 ASDU 信息单元相链接的 COM(对于主站来说，是 ENQ、REC、TRF、TRB、IB 或 ASO；对于从站来说，是 DAT、DRJ、EOS 或 TRA)命令码；

——A_DATA.ind(ASDU)使应用层通知应用程序 ASDU 信息单元到达；

——A_ALARM.req()使应用程序能够请求应用层发送报警；

——A_ALARM.ind()使应用层通知应用程序报警到达；

——A_ABORT.req()使应用程序能够请求应用层结束其激活状态；

——A_ABORT.ind(ErrorNb)使应用层能够通知应用发生了由编号 ErrorNb 标识的致命错误。

5.3.3 应用参数

主站应知道所有要执行远程编程的从站 DES 加密密钥。

远程编程时，从站应知道主站能够使用的 DES 密钥。

5.3.4 状态转换

协议的应用状态转换(主站)见表 17。

表 17 协议的应用状态转换：主站

初始状态	触发条件	动作集	最终状态
Stopped	A_DATA.req(Com, ASDU) & (Com=ASO | Com=ENQ | Com=TRF)	APDU=concat(Com,_, _, ASDU) DL_DATA.req(APDU)	M.Rec
Stopped	A_DATA.req(Com, ASDU) & (Com=IB | Com=TRB)	APDU=concat(Com,_, _, ASDU) DL_DATA.req(APDU)	W.EndS

表 17（续）

<table>
<tr><th>初始状态</th><th>触发条件</th><th>动作集</th><th>最终状态</th></tr>
<tr><td>Stopped</td><td>A_DATA.req(Com，ASDU) &
Com=REC</td><td>Na1=randomize()
Zdt=zdt(ASDU)
APDU = concat (REC，Na1，0，Zdt)
DL_DATA.req(APDU)
Na1k=cipher(Na1)</td><td>M.Rec</td></tr>
<tr><td>Stopped</td><td>DL_ALARM.ind()</td><td>A_ALARM.ind()</td><td>Stopped</td></tr>
<tr><td>Stopped</td><td>A_ABORT.req()</td><td>DL_ABORT.req()</td><td>Stopped</td></tr>
<tr><td>M.Rec</td><td>DL_DATA_ind(DSDU)</td><td>Resp=command(DSDU)</td><td>T.Resp</td></tr>
<tr><td>M.Rec</td><td>A_ABORT.req()</td><td>DL_ABORT.req()</td><td>Stopped</td></tr>
<tr><td>M.Rec</td><td>DL_ABORT.ind(ErrorNb) &
Error_Nb〈 〉EP_1&
Error_Nb〈 〉EP_2</td><td>A_ABORT.ind(ErrorNb)</td><td>Stopped</td></tr>
<tr><td>M.Rec</td><td>DL_ABORT.ind(ErrorNb) &
(Error_Nb=EP_1|
Error_Nb=EP_2)</td><td>$ none()</td><td>M.Rec</td></tr>
<tr><td>W.EndS</td><td>DL_ABORT.ind(ErrorNb)</td><td>A_ABORT.ind(ErrorNb)</td><td>Stopped</td></tr>
<tr><td>W.Ends</td><td>A_ABORT.req()</td><td>DL_ABORT.req()</td><td>W.EndS</td></tr>
<tr><td>T.Resp</td><td>(Com=ASO & Resp=RSO) |
(Com=ENQ & Resp=DAT) |
(Com=ENQ & Resp=DRJ) |
(Com=TRF & Resp=TRA) |
(Com=TRF & Resp=DRJ) |
(Com=AUT & Resp=EOS) |
(Com=AUT & Resp=DRJ)</td><td>A_DATA.ind(DSDU)</td><td>Stopped</td></tr>
<tr><td>T.Resp</td><td>Com=REC & Resp=ECH &
na1k(DSDU)=Na1k & Zdt=
zdt (DSDU)</td><td>Na2=na2(DSDU)
Na2k=cipher(Na2)
ComAUT
APDU=concat(AUT，0，Na2k，"")
DL_DATA.req(APDU)</td><td>M.Rec</td></tr>
<tr><td>T.Resp</td><td>(Com=ASO & Resp〈 〉RSO) |
(Com=ENQ & Resp〈 〉DAT &
Resp〈 〉DRJ) |
(Com=TRF & Resp〈 〉TRA &
Resp〈 〉DRJ) |
(Com=REC & Resp〈 〉ECH)|
(Com=AUT &
Resp= ARJ & Resp〈 〉DRJ &
Resp〈 〉EOS)</td><td>A_ABORT.ind(EA-1F)
DL_ABORT.req()</td><td>Stopped</td></tr>
</table>

表 17（续）

<table>
<tr><th>初始状态</th><th>触发条件</th><th>动作集</th><th>最终状态</th></tr>
<tr><td>T.Resp</td><td>Com=REC & (Resp〈 〉ECH |
(na1k(DSDU)〈〉Na1k)|
(Zdt〈〉zdt(DSDU))</td><td>A_ABORT.ind(EA-2F)
DL_ABORT.req()</td><td>Stopped</td></tr>
<tr><td>T.Resp</td><td>Com=AUT & Resp=ARJ</td><td>A_ABORT.ind(EA-3F)
DL_ABORT.req()</td><td>Stopped</td></tr>
</table>

协议的应用状态转换(从站)见表 18。

表 18　协议的应用状态转换:从站

<table>
<tr><th>初始状态</th><th>触发条件</th><th>动作集</th><th>最终状态</th></tr>
<tr><td>Stopped</td><td>DL_DATA.ind(DSDU) &
(command(DSDU)=ENQ|
command(DSDU)=TRF)</td><td>A_DATA.ind(DSDU)
Req=command(DSDU)</td><td>M.Send</td></tr>
<tr><td>Stopped</td><td>DL_DATA.ind(DSDU) &
command(DSDU)=TRB</td><td>A_DATA.ind(DSDU)</td><td>Stopped</td></tr>
<tr><td>Stopped</td><td>DL_DATA.ind(DSDU) &
command(DSDU)=REC</td><td>Zdt=zdt(DSDU)
Na1=na1(DSDU)
Na1k=cipher(Na1)
Na2=randomize()
APDU=concat(ECH, Na1k,
Na2, Zdt)
DL_DATA.req(APDU)
Na2k=cipher(Na2)
Req=REC</td><td>W.AUT</td></tr>
<tr><td>Stopped</td><td>A_ALARM.req() &
alarm_detection()</td><td>DL_ALARM.req()</td><td>Stopped</td></tr>
<tr><td>M.Send</td><td>A_DATA.req(COM,ASDU) &
(((COM=DAT|COM=DRJ) &
Req=ENQ |
((COM=TRA|COM=DRJ) &
Req=TRF) |
(COM=DRJ & Req=REC))</td><td>APDU=concat(COM,_,_,
ASDU)
DL_DATA.req(APDU)</td><td>Stopped</td></tr>
<tr><td>M.Send</td><td>A_DATA.req(COM,ASDU) &
(COM=EOS & Req=REC)</td><td>APDU=concat(EOS,0,0,“”)
DL_DATA.req(APDU)</td><td>Stopped</td></tr>
<tr><td>M.Send</td><td>DL_ABORT.ind(ErrorNb)</td><td>A_ABORT.ind(ErrorNb)</td><td>Stopped</td></tr>
</table>

表 18（续）

初始状态	触发条件	动作集	最终状态
W.AUT	DL_DATA.ind(DSDU) & command(DSDU)=AUT& na2k(DSDU)=Na2k	ASDU=concat(REC，_，_， Zdt) A_DATA.ind(ASDU)	M.Send
W.AUT	DL_DATA.ind(DSDU) & Command(DSDU)=AUT& na2k(DSDU)<>Na2k	APDU=concat(ARJ，_，_，“”) DL_DATA.req(APDU)	Stopped
W.AUT	DL_ABORT.ind(ErrorNb)	A_ABORT.ind(ErrorNb)	Stopped

前述表中列出的状态的含义见表19。

表 19 前述表中列出的状态的含义

状态	含义
Stopped	等待上层第1次请求或下层第1个指示的状态
M.Rec （应接收）	等待对已发请求的响应
T.Resp （测试响应）	接收到响应的处理
M.Send （应发送）	等待对已收请求的响应
W.AUT （等待 AUT 帧）	跟随在已发帧的 ECH 响应之后，等待 AUT 帧

过程和函数的定义（按字母排序）见表20。

表 20 过程和函数的定义（按字母排序）

过程、或函数	定义
alarm_detection()	检查报警模式的状态是激活的
cipher(Na1) or cipher(Na2)	用包含在通信语境中的密钥随机数 Na1 或 Na2 进行 DES 算法加密
command(DSDU)	提取收到的 DSDU 中的命令码值
concat(COM，_，_，ASDU)， concat(COM，ZA1，ZA2，ZDT) or concat(COM，0，0，_)	串接 COM 命令码和 ASDU，或串接带加密值 ZA1、加密值 ZA2 的 COM 命令码和数据域 ZDT(TAB 和 DATA 域)，或串接 COM 命令码和 ZA1=0 和 ZA2=0 域
na1(DSDU)	从收到的 REC 帧中的 ZA1 域中提取 Na1 的值
na1k(DSDU)	从收到的 ECH 帧中的 ZA1 域中提取 Na1k 的值

表 20（续）

过程、或函数	定义
na2(DSDU)	从收到的 ECH 帧中的 ZA2 域中提取 Na2 的值
na2k(DSDU)	从收到的 AUT 帧中的 ZA2 域中提取 Na2k 的值
randomize()	根据附录 G 中描述的过程产生一个随机数
zdt(ASDU) or zdt(DSDU)	从 REC 请求、REC 帧或 ECH 帧中提取数据(TAB 和 DATA 域)

5.3.5 错误的处理和列表

使用下列代码来列出各种错误：

EA ＝ 应用层的错误；

— ＝ 分隔符；

N ＝ 错误编号；

F ＝ 致命错误。

错误汇总表见表 21。

表 21 错误汇总表

EA-1F	(仅限主站侧)接收到的帧中的应答命令码和请求命令码不符
	该错误会导致已经通知应用程序之后重新初始化应用层
EA-2F	从站没有通过主站请求的的验证(仅限)
	该错误会导致已经通知应用程序之后重新初始化应用层
EA-3F	主站没有通过验证(仅对主站)
	该错误会导致已经通知应用程序之后重新初始化应用层

若发生以上任何一种错误，都将在本地通过 A_ABORT.ind 服务原语上传。致命错误编号的完整列表见附录 C 。

6 带有 DLMS 的本地总线数据交换

6.1 物理层

带有 DLMS 的本地总线数据交换结构的物理层的 Physical 协议和不带 DLMS 的本地总线数据交换结构中的定义完全相同。

6.2 数据链路层

6.2.1 Link-E/D 协议

带有 DLMS 的本地总线数据交换结构的数据链路层的 Link-E/D 协议是不对称结构的。所以，主站的状态机和从站的不一样。

数据链路层通过物理层将物理信道转换成一个能传输可靠信息的逻辑信道，其主要功能有：

——直接管理着 Bus Initialization 和 Forgotten Stations Call 服务；

——执行数据的串行化操作和解串化操作(若物理信道的串行处理能力是 1 位/次)；

——实现发送帧与接收帧的同步；

——根据主站和从站的地址过滤帧；

——确保有效保护，防止传输错误。

6.2.2 交换的管理

Bus Initialization(总线初始化)、Alarm(报警)报告或 Forgotten Stations Call(遗漏站呼叫)服务由带有 DLMS 的本地总线数据交换集的数据链路层 Link-E/D 协议提供，但其操作发生在应用层的外面，尤其当进行远程抄读交换时，遗漏站标志能被应用编程接口更新。

除通信会话打开和 Bus Initialization、Alarm、Forgotten Stations Call 管理期间外，该协议是完全对称的，各站轮流担任发射机和接收机的角色。

发射机端的数据链路层发送一帧后，再次发送前会一直等待来自接收机数据链路层的帧。该等待受持续 10 s 的 T1 唤醒时间控制。

发出一帧且收到前一发送帧的应答后，当前帧会被重发。重传次数被限制为 MaxRetry，超过这个数，会在数据链路层停止该通信，并告知应用层。

系统的一方每次收到帧后，会立即发送回答帧。该回答帧可包含来自应用层的数据。它总是含有发送序号和按之前发出和收到的那些值计算的执行序号。下列算法用于计算这些数：

——若收到的上一帧没有错误且其发送序号等于先前发送的执行序号的 1 的补码，则该数据包被发送给应用层，并且下一帧的执行序号将与收到的发送序号相等。否则，执行序号不会被修改，数据包也不会被传送给应用层；

——若收到的上一帧没有错误且其执行序号与先前发送的发送序号完全相同，则如果应发送新数据包，下一帧发送的发送序号被编成 1；

——若收到的上一帧不正确或其执行序号与先前发送的发送序号不完全相同，则在重传次数仍然是小于或等于 MaxRetry 的条件下重传同一帧。

6.2.3 数据链路服务和服务原语

Link-E/D 协议用户可以使用表 22 中列出的服务和服务原语。

表 22 数据链路服务和服务原语

服务	服务原语
DL_DATA	DL_DATA.req(Pr,DSDU) DL_DATA.ind(Pr,DSDU)
DL_IB	DL_IB.req()
DL_ASO	DL_ASO.req(DSDU) DL_ASO.ind(Collision,List)
DL_ALARM	DL_ALARM.req()
DL_ABORT	DL_ABORT.req(Strong) DL_ABORT.ind(ErrorNb)

赋予每个原语的角色如下：

——DL_DATA.req(Pr,DSDU)允许应用层请求该数据链路层来传输带有优先级 Pr[3] 的 DSDU 数据包；

——DL_DATA.ind(Pr,DSDU)允许数据链路层通知应用层，带优先级 Pr 的 DSDU 数据包的到达；

——DL_IB.req()允许应用编程接口请求数据链路层来发送总线初始化帧；

——DL_ASO.req(DSDU)允许应用编程接口能够请求链路层发送一个与 DSDU 包一致的 Forgotten Stations Call 帧；

——DL_ASO.ind(Collision,List)允许数据链路层通知应用编程接口，遗漏站呼叫的结果；

——DL_ALARM.req()允许应用编程接口请求数据链路层传输报警；

——DL_ABORT.req(Strong)允许应用层请求数据链路层来终止带优先级 Strong[4] 的活动状态；

——DL_ABORT.ind(ErrorNb)允许数据链路层通知应用层，发生了由编号 ErrorNb 标识的致命错误。

6.2.4 数据链路参数

MaxRetry—在断开连接之前重传给定帧的次数，此值设为 2。

MaxRSO—用于主站，处理“Forgotten Stations Call”RSO 时隙的最大次数，此值设为 3。

从站应有预置的主站地址列表和 TABi 的列表。

该站也可以被通用主站地址 APG 所请求，在这种情景下，站点按其预置的第一条主站地址应答。

6.2.5 状态转换

Link-E/D 状态转换(主站)见表 23。

表 23 Link-E/D 状态转换：主站

初始状态	触发条件	动作集	最终状态
Initial	$ true ()	MaxRetry=2 MaxChain=5 init_incrChain()	Stopped
Stopped	exist_dl_req()	NbChain=0 RepeatASO=FALSE context(ADP,ADS,TypeAG) init(TypeAG) Phy_APPG.req(TypeAG)	W.AG
Stopped	Phy_ABORT.ind(ErrorNb)	DL_ABORT.ind(ErrorNb)	Stopped
Stopped	Phy_ALARM.ind()	creat_alarm(TPDU) DL_DATA.ind(Pr=1, TPDU)	Stopped
W.AG	Phy_APPG.ind() & not(RepeatASO) & NbChain=0	$ none()	T.Req

3) 优先等级 Pr 区分类似 InformationReport(level Pr=1)的紧急处理和其他 DLMS 服务的处理(level Pr=0)。

4) Strong 参数区分了致命错误(Strong=1)的处理和由应用子层初始化的其他物理断开请求(Strong=0)的处理。

表 23（续）

初始状态	触发条件	动作集	最终状态
W.AG	Phy_APPG.ind() & not(RepeatASO) & NbChain〈 〉0	NbChain=0	M.Send
W.AG	Phy_APPG.ind() & RepeatASO	RepeatASO=FALSE Phy_ASO.req(Fr)	M.RSO
W.AG	DL_ABORT.req(_)	Phy_ABORT.req()	W.EndS
W.Ends	(Phy_ABORT.ind(EP-2) & TypeAG=AGT) | (Phy_ABORT.ind(EP-1) & TypeAG=AGN)	$ none()	Stopped
W.Ends	Phy_ALARM.ind	creat_alarm(TPDU) DL_DATA.ind(Pr=1, TPDU)	Stopped
W.Ends	Phy_ABORT.ind(ErrorNb) & ErrorNb〈〉EP-1& ErrorNb〈 〉EP-2	DL_ABORT.ind(Error_Nb)	W.EndS
T.Req	exist_dl_req(DL_IB. Req())	Fr=“” Size=size_frame(Fr) Fr=concat(Size_ADS,ADP, IB, Fr) Fr=concat (Fr, crc(Fr)) Phy_UNACK.req(Fr)	W.EndS
T.Req	exist_dl_req(DL_ASO.req(DS- DU)) & TypeAG=AGN	MaxRSO=3 NbRSO=1 ListRSO=“” Collision=FALSE Fr=DSDU Size=size_frame(Fr) Fr=concat(Size, ADS, ADP, ASO, Fr) Fr=concat(Fr, crc(Fr)) Phy_ASO_req(Fr)	M.RSO
T.Req	exist_dl_req(DL_ASO.req(DS- DU)) & TypeAG=AGT	MaxRSO=1 NbRSO=1 ListRSO=“” Collision=FALSE Fr=DSDU Size=size_frame(Fr) Fr=concat(Size, ADS, ADP, ASO, Fr) Fr=concat(Fr, crc(Fr)) Phy_ASO_req(Fr)	M.RSO

表 23（续）

<table>
<tr><th>初始状态</th><th>触发条件</th><th>动作集</th><th>最终状态</th></tr>
<tr><td>T.Req</td><td>not(exist_dl_req(DL_IB.req())|
exist_dl_req(DL_ASO.req(_)))</td><td>Pr=0
Send=“00”B
Confirm=“11”B
Fr=“”
Index=Index+1
NbChain=NbChain+IncrChain
Size=size_frame(Fr)
Com=com(DATA+,Pr,Send,
Comfirm)
Fr= concat(Size, ADS, ADP,
Com, Fr)
Fr=concat(Fr, crc(Fr))
Phy_DATA.req(Fr)</td><td>M.Rec</td></tr>
<tr><td>M.RSO</td><td>Phy_ASO.ind(Frame) &
size(Frame)=0</td><td>$ none()</td><td>T.RSO</td></tr>
<tr><td>M.RSO</td><td>Phy_ASO.ind(Frame) &
check_frame(Frame) &
command(Frame)=RSO</td><td>build_RSO(ListRSO, Frame)</td><td>T.RSO</td></tr>
<tr><td>M.RSO</td><td>Phy_ASO.ind(Frame)&
not(check_frame(Frame)) &
size(Frame)〈〉0</td><td>Collision=TRUE</td><td>T.RSO</td></tr>
<tr><td>M.RSO</td><td>Phy_COLL.ind()</td><td>Collision=TRUE</td><td>T.RSO</td></tr>
<tr><td>M.RSO</td><td>DL_ABORT.req()</td><td>Phy_ABORT.req()</td><td>W.EndS</td></tr>
<tr><td>M.RSO</td><td>Phy_ABORT.ind(ErrorNb)</td><td>DL_ABORT.ind(ErrorNb)</td><td>W.EndS</td></tr>
<tr><td>T.RSO</td><td>MaxRSO=1 & Collision</td><td>MaxRSO=3
Collision=FALSE
RepeatASO=TRUE
Phy_APPG.req(AGN)</td><td>W.AG</td></tr>
<tr><td>T.RSO</td><td>(MaxRSO=1 &
not(Collision))|
(MaxRSO〈〉1&
NbRSO〉=MaxRSO)</td><td>DL_ASO.ind(Collision,
ListRSO)</td><td>W.EndS</td></tr>
<tr><td>T.RSO</td><td>NbRSO〈MaxRSO</td><td>NbRSO=NbRSO+1</td><td>M.RSO</td></tr>
</table>

表 23（续）

初始状态	触发条件	动作集	最终状态
M.Send	exist_dl_data_req (DL_DATA.req (Pr=1,DSDU))& NbChain<MaxChain	Send=incr(Send) Ack_expected=TRUE Fr=DSDU Index=Index+1 NbChain=NbChain+ IncrChain Size=size_frame(Fr) Com=com(DATA+,Pr,Send, Confirm) Fr=concat(Size, ADS, ADP, Com, Fr) Fr=concat(Fr, crc(Fr)) Phy_DATA,req(Fr)	M.Rec
M.Send	not(DL_DATA.req(Pr=1, _))& exist_dl_data_req(DL_DATA. req(Pr=0, DSDU))& NbChain<MaxChain	Send=incr(Send) Ack_expected=TRUE Fr=DSDU Index=Index+1 NbChain=NbChain+ IncrChain Size=size_frame(Fr) Com = com(DATA +, Pr, Send, Confirm) Fr=concat(Size, ADS, ADP, Com, Fr) Fr=concat(Fr, crc(Fr)) Phy_DATA,req(Fr)	M.Rec
M.Send	not(DL_DATA.req(_, _))& NbChain<MaxChain	Pr=0 Fr="" Index=Index+1 NbChain=NbChain+ IncrChain Size=size_frame(Fr) Com = com(DATA +, Pr, Send, Comfirm) Fr=concat(Size, ADS, ADP, Com, Fr) Fr=concat(Fr, crc(Fr)) Phy_DATA.req(Fr)	M.Rec
M.Send	NbChain>=MaxChain	Phy_APPG.req(AGN)	W.AG

表 23(续)

初始状态	触发条件	动作集	最终状态
M.Rec	Phy_DATA.ind(Frame) & (check_frame(Frame) & check_address(Frame) & is_data+(Frame) & is_ack(Frame)) & is_text(Frame)	DL _ DATA. ind (extract _ prty (Frame), extract_text(Frame)) Confirm=incr(Confirm) Ack_expected=FALSE Index=0	M.Send
M.Rec	Phy_DATA.ind(Frame) & (check_frame(Frame) & check_address(Frame) & is_data+(Frame) & is_ack(Frame)) & not(is_text(Frame))	Ack_expected=FALSE Index=0	M.Send
M.Rec	Phy_DATA.ind(Frame) & not(check_frame(Frame) & check_address(Frame) & is_data+(Frame) & is_ack(Frame)) & Index<=MaxRetry	Phy_DATA.req(Fr) Index=Index+1	M.Rec
M.Rec	Phy_DATA.ind(Frame) & not(check_frame(Frame) & check_address(Frame) & is_data+(Frame) & is_ack(Frame)) & Index>MaxRetry	DL_ABORT.ind(EL-2F) Phy_ABORT.req()	W.Ends
M.Rec	DL_ABORT.req(Strong=0)& not(DL_DATA.req(_, _)) & Ack_expected=FALSE	Phy_ABORT.req()	W.EndS
M.Rec	DL_ABORT.req(Strong=1)	Phy_ABORT.req()	W.EndS
M.Rec	Phy_ABORT.ind(ErrorNb)	DL_ABORT.ind(ErrorNb)	W.EndS

Link-E/D 状态转换(从站)见表 24。

表 24 Link-E/D 状态转换：从站

初始状态	触发条件	动作集	最终状态
Initial	$ true()	MaxRetry=2 FlagDSO=TRUE Discovered=FALSE Flag_alarm=FALSE	Stopped
Stopped	Phy_DATA.ind(Frame) & check_frame(Frame) & check_address(Frame)	ADP=extract_ADP(Frame) Com=command(Frame)	T.Com
Stopped	Phy_DATA.ind(Frame) & check_frame(Frame) & not(check_address(Frame))	Phy_ABORT.req()	Stopped
Stopped	Phy_DATA.ind(Frame) & not(check_frame(Frame))	$ none()	Stopped
Stopped	DL_ALARM.req() & alarm_detection()	Phy_ABORT.req() Flag_alarm=TRUE Phy_ALARM.req()	Stopped
T.Com	Com=IB	FlagDSO=TRUE Discovered=FALSE Phy_ABORT.req()	Stopped
T.Com	Com=ASO & test_TABi(Frame, TAB)	Fr=concat(RSO, TAB, ADS) Fr = concat (size _ frame (Fr), ADS,ADP, Fr) Fr=concat(Fr, crc(Fr)) Phy_RSO.req(Fr, window_RSO ())	Stopped
T.Com	Com= ASO& not (test _ TABi (Frame, TAB))	Phy_ABORT.req()	Stopped
T.Com	is-data+(Frame)& is_text(Frame)	Ack_expected=FALSE Send="11"B Confirm="00"B DL_ DATA. ind (extract _ prty, extract_text(Frame))	M.Send
T.Com	is-data+(Frame) & not(is_text(Frame))	Ack_expected=FALSE Send="11"B Confirm="00"B	M.Send

表 24（续）

初始状态	触发条件	动作集	最终状态
M.Send	exist_dl_data_req(DL_DATA.req(Pr=1，DSDU))	Discovered=TRUE Send=incr(Send) Ack_expected=TRUE Fr=DSDU Index=1 Size=size_frame(Fr) Com=com(DATA+,Pr，Send，Confirm) Fr=concat(Size，ADS，ADP，Com，Fr) Fr=concat(Fr，crc(Fr)) Phy_DATA.req(Fr)	M.Rec
M.Send	not(DL_DATA.req(Pr=1,_)) & exist_dl_data_req(DL_DATA.req(Pr=0，DSDU))	Discovered=TRUE Send=incr(Send) Ack_expected=TRUE Fr=DSDU Index=1 Size=size_frame(Fr) Com=com(DATA+,Pr，Send，Confirm) Fr=concat(Size，ADS，ADP，Com，Fr) Fr=concat(Fr，crc(Fr)) Phy_DATA.req(Fr)	M.Rec
M.Send	not(DL_DATA.req(_，_))	Pr=0 Fr="" Index=1 Size=size_frame(Fr) Com = com (DATA +， Pr，Send，Confirm) Fr=concat(Size，ADS，ADP，Com，Fr) Fr=concat(Fr，crc(Fr)) Phy_DATA.req(Fr)	M.Rec
M.Rec	Phy_DATA.ind(Frame) & (check_frame(Frame) & check_address(Frame) & is_data+(Frame) & is_ack(Frame)) & is_text(Frame)	stop_timer(T1) Confirm=incr(Confirm) Ack_expected=FALSE DL_DATA.ind(extract_prty，extract_text(Frame))	M.Send

表 24（续）

初始状态	触发条件	动作集	最终状态
M.Rec	Phy_DATA.ind(Frame) & (check_frame(Frame) & check_address(Frame) & is_data+(Frame) & is_ack(Frame)) & not(is_text(Frame))	stop_time(T1) Ack_expected=FALSE	M.Send
M.Rec	Phy_DATA.ind(Frame) & not(check_frame(Frame) & check_address(Frame) & is_data+(Frame) & is_ack(Frame)) & index<=MaxRetry	stop_timer(T1) Phy_DATA.req(Fr) Index=Index+1	M.Rec
M.Rec	Phy_DATA.ind(Frame) & not(check_frame(Frame) & check_address(Frame) & is_data+(Frame) & is_ack(Frame)) & index>MaxRetry	stop_timer(T1) DL_ABORT.ind(EL-2F) Phy_ABORT.req()	Stopped
M.Rec	DL_ABORT.req(Strong=0)& not((DL_DATA.req(_,_)) & Ack_expected=FALSE	Stop_timer(T1) Phy_ABORT.req()	Stopped
M.Rec	DL_ALARM.req()& alarm_detection()	stop_timer(T1) DL_ABORT.ind(EL_1F) Phy_ABORT.req() Flag_alarm=TRUE Phy_ALARM.req()	Stopped
M.Rec	DL_ABORT.req(Strong=1)	stop_timer(T1) Phy_ABORT.req()	Stopped
M.Rec	Phy_ABORT.ind(EP-1)	init_timer(T1)	M.Rec
M.Rec	Phy_ABORT.ind(ErrorNb) & ErrorNb<>EP-1	stop_timer(T1) DL_ABORT.ind(ErrorNb)	Stopped
M.Rec	time_out(T1)	DL_ABORT.ind(EL_3F)	Stopped

前述表中各状态的含义见表 25。

表 25 前述表中各状态的含义

状态	含义
Initial	该层变量的初始化
Stopped	等待来自上层的首次请求或来自下层首次指示
W.AG (等待"Wakeup Call"结束)	等待一个"唤醒呼叫"请求信号的结束
W.EndS (等待会话结束)	等待会话的结束
T.Req (测试请求)	测试一个上层请求的性质
M.RSO (应接收 RSO)	ASO 帧发送后,等待 RSO 帧
T.RSO (测试最后 RSO)	测试接收 RSO 帧时最后一个时隙的结束
M.Send (应发送)	一帧应被发送(可能 Text 域为空)
M.Rec (应接收)	等待从下层来的指示信号的状态
T.Com (测试命令)	收到帧的命令码测试

按字母分类的过程与函数的定义见表 26。

表 26 按字母分类的过程与函数的定义

过程与函数	定义
Alarm_detection()	检查报警模式的状态是否处于激活状态
build_RSO(ListRSO,Frame)	从接收到的 RSO 帧 Frame 中提取 RSO 元素(TAB 和 ADS 域),并和前述的 ListRSO 相串接
check_address(Frame)	根据下列准则检查 ADP 和 ADS 地址,(是否依据)以下标准(被)识别: ——ADP 是 APG 或是该站中已经被预置的 ADP 地址; ——若命令码是 ASO 或 IB,则 ADS 是 ADG; ——若命令码不是 ASO,也不是 IB,则 ADS 是从站地址。
check_frame(Frame)	检查接收到的帧 Frame 是否正确的: ——字节数不小于 11,而且不大于 128; ——CRC 是正确的; ——字节数和域 N 一致; ——命令码被识别出并且字节数与该命令码一致。

表 26（续）

过程与函数	定义
com(DATA+，Pr，Send，Confirm)	链接各对应的位域以生成一条指定命令代码
command(Frame)	从接收到的帧 Frame 中提取命令码的值
concat (Size，ADS，ADP，COM，Text) or concat (Frame，CRC)	将 Size,ADS,ADP,COM 与 Text 域 串接,或在帧 Frame 的尾部串接 CRC
context (ADS，ADP，TypeAG)	从通信的语境中提出相应的值
crc (Frame)	计算要发送的 Frame 帧的 CRC 值
create_alarm (TPDU)	计算 TPDU。置 STSAP = 0，DTSAP = 0，令 UnsolicitedReqPDU 中 client-type = FFFF，serveridentifier = 0，object-name = FFFF variable type = boolean，value = TRUE
exist_dl_data_req (DL_DATA.req (Pr，DSDU))	存在的 DL_DATA.req(Pr，DSDU)事件
exist_dl_req ()	检查 DL_IB.req(),DL_ASO.req(DSDU)或 DL_DATA.req(Pr,DSDU)事件的存在,并检查是否和通信报文中定义的 ADP 和 ADS 地址相符
exist_dl_req (DL_IB.req()) or exist_dl_req (DL_ASO.req(DSDU))	一条 DL_IB.req()或 DL_ASO.req(DSDU)事件的消耗量
extract_ADP(Frame)	若帧中使用的 ADP 值不是 APG,或是 APG 但从站被编程的 ADP 值的列表为空,则提取此值,否则按照从站被编程的第一个 ADP 值提取。
extract_prty(Frame)	从接收到的帧 Frame 中提取出优先级的域
extract_text(Frame)	从接收到的帧 Frame 中提取 Text 域
init(TypeAG)	若 TypeAG 等于 AGT,将 Index 设为 MaxRetry,否则设为 0
init_incrChain()	若支持报警功能,将 IncrChain 设为 0,否则设为 1
init_timer(T1)	设置唤醒时间 T1
is_ack(Frame)	检查接收到的帧 Frame 中是否包含一个等于上一发送帧中发送域的确认域
is_data+(Frame)	检查接收到的帧 Frame 中是否包含一个正确的 DATA+域 (“111”B)
is_text(Frame)	检查接收到的帧 Frame 中是否包含一个非空 Text 域,且发送域等于传输的最后一帧确认域的二进制反码
size(Frame)	计算接收到帧 Frame 的长度
size_frame(DSDU)	计算把 DSDU 数据单元算在一起的帧的长度(size(DSDU)+11)
stop_timer(T1)	停止唤醒时间 T1

表 26（续）

过程与函数	定义
test_TABi(Frame, TAB)	如果接收到的 ASO 帧 Frame 中的第一个 TABi 值为 00，检查 Discovered 是否为 FALSE，如果是，在提供一个介于 0～100 之间的完整的随机整数后，检查此整数是否比可能响应的数(第 2 个 TABi)小。在此情况下，TAB 变量值为 00 ；如果接收到的 ASO 帧 Frame 中的第一个 TABi 值为 FF，检查 Flag_alarm 是否为 TRUE。如果是，将 Flag_alarm 置为 FALSE，将 TAB 变量记录为 FF；如果接收到的 ASO 帧 Frame 中的第一个 TABi 值不是 00 或 FF，检查 FlagDSO 是否为 TRUE 并且检查从站是否编程为接收到的 ASO 帧 Frame 所包含的 TABi 值之一。如果以上条件都符合，TAB 变量记录为这些值的第一个值
time_out(T1)	唤醒时间 T1 的触发
window_RSO()	提供一个介于 0 和 MaxRSO-1 之间的完整随机整数用作从站应当应答的 RSO 时隙的数目(参考附录 F)

6.2.6 错误的处理和列表

使用下列代码来列出各种错误：

EL ＝ 数据链路层的错误；

— ＝ 分隔符号；

N ＝ 错误编号；

F ＝ 致命错误。

错误汇总表见表 27。

表 27 错误汇总表

EL-1F	在一次连接中接收到 DL_ALARM.req()
	这个错误导致在请求物理层发出一次报警之后，一个数据链路层的重新初始化
EL-2F	在传输重试次数 MaxRetry 溢出之后接收到从站的不正确应答
	这个错误导致在通知应用层之后，数据链路层的重新初始化和物理层中止
EL-3F	由于 T1 延时的到期而停止通信
	这个错误导致在通知应用层之后，数据链路层的重新初始化和物理层中止

如果这些错误发生了任何一个，它将在本地通过 DL_ABORT.ind 服务原语上传。附录 C 中给出了致命错误的完整清单。

6.3 应用层

6.3.1 概述

IEC 62056-51 对应用层规范进行了描述。本节对用于支持带有 DLMS 的本地总线数据交换结构的操作情况进行简单阐述。

6.3.2 传输子层

MaxPktSize(参见 IEC 62056-51)的值(包的最大长度域),应被置为 114。

6.3.3 应用子层

与 IEC 62056-51 中的规定一样,应按所用的通信介质对 client_connect 和 server_connect 函数进行说明。对带 DLMS 的本地总线数据交换结构,因为不支持未经请求的服务管理,server_connect 函数不被认可。client_connect 函数在表 28 中定义。

表 28 客户机连接函数定义

程序或函数	定义
client_connect(Adp,Ads)	如果没有激活的应用连接,该函数设置下层协议所使用的环境参数 ADS、ADP 和 TypeAG。 如果已经有一个活动的与(ADP、ADS)地址相同的应用连接,该函数是透明的。 如果已经有与地址(ADP、ADS)不同的应用相连,该函数调用失败

7 带有 DLMS/COSEM 的本地总线数据交换

7.1 模型

带 DLMS/COSEM 的本结构不同于另外两种结构,在本结构中,应用层为 IEC 62056-5-3:2013 中规定的 DLMS/COSEM 应用层。这允许在使用遵循 DLMS/COSE 应用层和 COSEM 的设备的 Euridis 总线上进行数据交换。

在本结构中还有另外一个不同点,是传输层和管理支持层的存在。

7.2 物理层

7.2.1 概述

所包含的传输速率正确协商结束后,支持 DLMS/COSEM 的结构中的物理层协议与支持或不支持 DLMS 的结构中的物理层协议是完全相同的。一旦速率协商阶段正确完成,即可使用 DLMS/COSEM 物理层。与支持或不支持 DLMS 的物理层没有不同之处,传输速率(MaxIndex 值应为 255)和超时值 TOL 与 TA10 的修改除外。

发出“Wakeup Call”信号后,在不带速率协商的整个周期内,以 1 200 bps、8 位、无奇偶检验在总线上开始异步半双工通信。速率协商成功后,在商定的速率下,通信为异步、半双工、8 位无奇偶校验。

传输速率的协商只在无源设备之间进行。对于有源装置,考虑到功耗限制,在整个通信过程通信的波特率保持为 1 200 bps,MaxIndex 保持为 128 字节。在 Euridis 下的 DLMS/COSEM 操作可能保留初始设置。

对于无源装置,带有 DLMS/COSEM 应用层的操作是可协商传输速率,亦可不协商,如果要协商,需要在应用链接建立前协商好。

7.2.2 物理参数

通信始终以"1 200 bps,无奇偶校验,1 位停止位"开始。帧最大字节数为 128。

传输速率协商后,新的通信速率生效。帧最大字节数(MaxIndex)更改为 255。

"Forgotten Stations Call"操作时的 RSO 时隙,其最大值 MaxRSO 为 3。

等待上层响应的最大超时时间 TOL 增加至 1 秒。

7.2.3 传输速率协商

速率协商的管理发生在管理支持层。物理层被告知将使用新速率会影响参数:MaxIndex 和 TOL。与 TOL 值的修改结果一样,在速率协商之后,第一个字节的接收最大等待时间上升为一个高于 TOL 的值(取决于应用),该值默认被置为 1 100 ms。

7.2.4 E/COSEM 物理服务和服务原语

Physical E/COSEM 协议包含了表 29 中所列的服务和服务原语。

表 29 E/COSEM 物理服务和服务原语

服务	服务原语
Phy_DATA	Phy_DATA.req(Frame) Phy_DATA.ind(Frame)
Phy_UNACK	Phy_UNACK.req(Frame)
Phy_APPG	Phy_APPG.req(TypeAG) Phy_APPG.ind()
Phy_ASO	Phy_ASO.req(Frame) Phy_ASO.ind(Frame)
Phy_RSO	Phy_RSO.req(Frame,Window)
Phy_COLL	Phy_COLL.ind()
Phy_ALARM	Phy_ALARM.req() Phy_ALARM.ind()
Phy_ABORT	Phy_ABORT.req() Phy_ABORT.ind(ErrorNb)
Phy_SETUP	PHY_SETUP.req(params)

赋予每个原语的角色作用如下:

——Phy_DATA.req(Frame)使数据链路层能够请求物理层发送 Frame 帧;

——Phy_DATA.ind(Frame)使物理层能够通知数据链路层 Frame 帧可用;

——Phy_UNACK.req(Frame)使数据链路层能够请求物理层不需等待确认应答就发送 Frame 帧;

——Phy_APPG.req(TypeAG)使数据链路层能够请求物理层发送"Wakeup Call"信号。这个信号的持续时间 TypeAG 是 AGN 或 AGT；

——Phy_APPG.ind()使物理层能够通知数据链路层“Wakeup Call”信号发送结束；

——Phy_ASO.req(Frame)使数据链路层能够请求物理层发送“Forgotten Stations Call”帧；

——Phy_ASO.ind(Frame)使物理层能够通知数据链路层在遗漏站的某个时隙中已经收到 Frame 帧；

——Phy_RSO.req(Frame,Window)使数据链路层能够请求物理层在的时隙数为 Window 的时隙中发送一个遗漏站呼叫帧；

——Phy_COLL.ind()使物理层能够通知数据链路层在遗漏站的某个时隙中已经检测到冲突；

——Phy_ALARM.req()使数据链路层能够请求物理层发送一个报警信号；

——Phy_ALARM.ind()使物理层能够通知数据链路层接收到一个报警信号；

——Phy_ABORT.req()使数据链路层能够请求物理层结束其激活状态；

——Phy_ABORT.ind(ErrorNb)使物理层能够通知数据链路层发生了一个出错标识号为 ErrorNb 的致命错误；

——Phy SETUP.req(params)使数据链路层能够请求物理层根据传输速率协商参数重新配置本层的参数。

7.2.5 转换状态

E/COSEM Physical 状态转换(主站)见表 30。

表 30 E/COSEM Physical 状态转换:主站

初始状态	触发条件	动作集	最终状态
Initial	$ true ()	MaxRSO=3 MaxIndex=128 Collision=FALSE SessionAGT=FALSE wait_time (TICB) Set_baudrate(1200) TOL=100 ms TA10=120 ms	Stopped
Stopped	Phy_APPG.req(AG)& AG=AGN	stop_timer(TOAG) FlagAbort=FLASE TypeAG=AGN send_AG(TypeAG)	W.AG
Stopped	Phy_APPG.req(AG)& AG=AGT	SessionAGT=TRUE FlagAbort=FLASE TypeAG=AGT send_AG(TypeAG)	W.AG
Stopped	time_out(TOAG)	Phy_ABORT.ind(EP-2) SessionAGT=FALSE	Initial
Stopped	Phy_ABRT.req()	$ none()	Initial
Stopped	data-carrier_on	init_timer(TAB) init_timer(TASB)	W.ETABS

表 30（续）

初始状态	触发条件	动作集	最终状态
W.ETABS	data-carrier_off	stop_timer(TASB) stop_timer(TAB)	Initial
W.ETABS	time_out(TAB)	Phy_ABORT.ind(EP-3) Phy_ALARM.ind()	W.TASB
W.AG	AG_sent_event	Phy_APPG.ind() init_timer(TEMPO)	W.TAB
W.AG	Phy_ABORT.req()	FlagAbort=TRUE	W.AG
W.TAB	data-carrier_on	Carrier=TRUE init_timer(TAB) init_timer(TASB)	W.TAB
W.TAB	data-carrier_off	Carrier=FALSE stop_timer(TAB) stop_timer(TASB)	W.TAB
W.TAB	time_out(TEMPO) & not(FlagAbort) & not(Carrier)	init_timer(TOL)	M.Send
W.TAB	time_out(TEMPO) & FlagAbort & not(Carrier)	wait_time(TOL)	T.Session
W.TAB	time_out(TEMPO) & Carrier	init_timer(TOL)	W.ETAB
W.TAB	Phy_ABORT.req()	FlagAbort=TRUE	W.TAB
W.ETAB	time_out(TAB)	Phy_ABORT.ind(EP-3) Phy_ALARM.ind() stop_timer(TOL)	W.TASB
W.ETAB	data_carrier_off & not(FlagAbort)	stop_timer(TAB) stop_timer(TASB)	M.Send
W.ETAB	data_carrier_off & FlagAbort	stop_timer(TAB) stop_timer(TASB)	W.TOL
W.ETAB	Phy_ABORT.req()	FlagAbort=TRUE	W.ETAB
W.TASB	time_out(TASB)	$ none()	Initial
W.TOL	time_out(TOL)	$ none()	T.Session
M.Send	Phy_DATA.req(Frame)	Service=NORMAL	SendFirst
M.Send	Phy_UNACK.req(Frame)	Service=UNACKNOWLEDGED	SendFirst
M.Send	Phy_ASO.req(Frame)	Service=ASO	SendFirst
M.Send	Phy_ABORT.req()	$ none()	M.Send
M.Send	time_out(TOL)	$ none()	T.Session

表 30（续）

初始状态	触发条件	动作集	最终状态
M.Send	PHY_SETUP(params)	Set baudrate(new baudrate) MaxIndex=255 TOL=2 000 ms TA10=2 100 ms	M.Send
T.Session	SessionAGT=TRUE	init_timer(TOAG) Phy_ABORT.ind(EP-1) wait_time(TEMPO)	Initial
T.Session	SessionAGT=FALSE	Phy_ABORT.ind(EP-1) wait_time(TEMPO)	Initial
SendFirst	$ true()	stop_timer(TOL) Size=size(frame) Index=1 send_octet(Frame,Index) Size=Size - 1 init_timer(TOE)	Sending
Sending	octet_sent_event & Size>0	Index=Index+1 send_octet(Frame,Index) Size=Size - 1	Sending
Sending	octet_sent_event & Size=0	stop_timer(TOE) wait_time(TAO) Index=1 Frame=""	Answer
Sending	Phy_ABORT.rep()	stop_timer(TOE) wait_time(TAO) init_timer(TA1O) FlagAbort=TRUE	M.Rec
Sending	time_out(TOE)	Phy_ABORT.ind(EP-3F) wait_time(TAO) init_timer(TA1O) FlagAbort=TRUE	M.Rec
Answer	Service=NORMAL | Service=UNACKNOWLEDGED	init-timer(TA1O)	M.Rec
Answer	Service=ASO	WinRSO=1 init_timer(TARSO) init_timer(TA1O)	M.Rec

表 30（续）

<table>
<tr><th>初始状态</th><th>触发条件</th><th>动作集</th><th>最终状态</th></tr>
<tr><td>M.Rec</td><td>octet_received_event</td><td>stop_timer(TA1O)
Index=index+1
read_data(RecB)
concat(Frame,RecB)
init_timer(TAO)</td><td>Receiving</td></tr>
<tr><td>M.Rec</td><td>Collision_detected_event</td><td>stop_timer(TA1O)
Collision=TRUE
init_timer(TAO)</td><td>Receiving</td></tr>
<tr><td>M.Rec</td><td>time_out(TA1O)</td><td>$ none()</td><td>Received</td></tr>
<tr><td>M.Rec</td><td>Phy_ABORT.req()</td><td>FlagAbort=TRUE</td><td>M.Rec</td></tr>
<tr><td>Receiving</td><td>octet_received_event&
Index〈=MaxIndex</td><td>stop_timer(TAO)
Index=Index+1
read_data(RecB)
concat(Frame,RecB)
init_timer(TAO)</td><td>Receiving</td></tr>
<tr><td>Receiving</td><td>octet_received_event&
Index〉MaxIndex</td><td>Phy_ABORT.ind(EP-4F)
wait_time(TAO)
FlagAbort=TRUE</td><td>Received</td></tr>
<tr><td>Receiving</td><td>Collision_detected_event</td><td>Stop_timer(TAO)
Collision=TRUE
Init_timer(TAO)</td><td>Receiving</td></tr>
<tr><td>Receiving</td><td>time_out(TAO)</td><td>$ none()</td><td>Received</td></tr>
<tr><td>Receiving</td><td>time_out(TARSO)</td><td>Phy_ABORT.ind(EP-5F)
Wait_time(TAO)
FlagAbort=TRUE</td><td>Received</td></tr>
<tr><td>Receiving</td><td>Phy_ABORT.req()</td><td>Flagabort=TRUE</td><td>Receiving</td></tr>
<tr><td>Received</td><td>Service=NORMAL &
not(Flagabort)</td><td>Phy_DATA.ind(Frame)
init_timer(TOL)</td><td>M.Send</td></tr>
<tr><td>Received</td><td>(Service=NORMAL &
Flagabort) |
Service=UNACKNOWLEDGED</td><td>wait_time(TOL)</td><td>T.Session</td></tr>
<tr><td>Received</td><td>Service=ASO & Collision&
not(Flagabort)</td><td>Phy_COLL.ind()
Collision=FALSE</td><td>T.RSO</td></tr>
<tr><td>Received</td><td>Service=ASO &
not(Collision) &
not(Flagabort)</td><td>Phy_ASO.ind(Frame)</td><td>T.RSO</td></tr>
</table>

表 30（续）

初始状态	触发条件	动作集	最终状态
Received	Service=ASO & Flagabort	$ none()	T.RSO
T.RSO	(TypeAG=AGT) | (WinRSO)=MaxRSO) & (TypeAG=AGN)	stop_timer(TARSO)	T.Session
T.RSO	(WinRSO<MaxRSO) & (TypeAG=AGN)	Index=1 Frame=""	W.RSO
W.RSO	time_out(TARSO)	WinRSO=WinRSO+1 init_timer(TARSO) init_timer(TA1O)	M.Rec
W.RSO	Phy_ABORT.req()	Flagabort=TRUE	W.RSO

电源供电管理状态转换(只对无源从站而言)见表 31。

表 31　电源供电管理状态转换(只对无源从站而言)

初始状态	触发条件	动作集	最终状态
Initial	alarm_detection()	Flagalarm=TRUE FlagSendAlarm =FALSE station_power(ON) Set_baudrate(1 200) MaxIndex=128 TOL=100 ms TA10=120 ms	Stopped
Initial	not(alarm_detection())	Flagalarm=FALSE Set_baudrate(1 200) MaxIndex=128 TOL=100 ms TA10=120 ms	Stopped
Stopped	occur(cpt_carrier_on)& Flagalarm	init_timer(TVASB)	W.TVASB2
Stopped	occur(data_carrier_on)	init_timer(TOSEUIL) init_timer(TAGT)	W.TOSEUIL
W.TOSEUIL	time_out(TOSEUIL)& not(Flagalarm)	station_power(ON)	W.AGT
W.TOSEUIL	occur(data_carrier_off) & not(Flagalarm)	stop_timer(TOSEUIL) stop_timer(TAGT)	Initial
W.TOSEUIL	time_out(TOSEUIL) & Flagalarm	station_signal(ON) Tend=TOAG	W.AGT

表 31（续）

初始状态	触发条件	动作集	最终状态
W.TOSEUIL	occur(data_carrier_off) & Flagalarm	stop_timer(TOSEUIL) stop_timer(TAGT) Tend=TOAGN init_timer(Tend)	Hide
W.TOSEUIL	occur(cpt_carrier_on) & Flagalarm	init_timer(TVASB)	W.TVASB1
W.AGT	occur(data_carrier_off)	stop_timer(TAGT) init_timer(TOAPPEL)	W.Sel
W.AGT	time_out(TAGT) & not(Flagalarm)	station_power(OFF)	Initial
W.AGT	time_out(TAGT)& Flagalarm	init_timer(Tend)	Hide
W.Sel	occur(octet_received_event)	stop_timer(TOAPPEL) init_timer(TOBAVARD) init_timer(TAO)	Select
W.Sel	time_out(TOAPPEL) & not(Flagalarm)	station_power(OFF)	Initial
W.Sel	time_out(TOAPPEL) & Flagalarm	station_signal(OFF)	Initial
W.Sel	occur(cpt_carrier_on) & Flagalarm & not(FlagSendalarm)	init_timer(TVASB)	W.TVASB1
Select	Occur(octer_received_event)	stop_timer(TAO) init_timer(TAO)	Select
Select	time_out(TAO)	stop_timer(TOBAVARD) init_timer(TOPRE)	W.Answer
Select	time-out(TOBAVARD) & not(Flagalarm)	stop_timer(TAO) station_power(OFF)	Initial
Select	time_out(TOBAVARD) & Flagalarm	stop_timer(TAO) init_timer(Tend)	Hide
W.Answer	occur(octet_sent_event)	stop_timer(TOPRE) init_timer(Tend)	Hide
W.Answer	time_out(TOPRE) & not(Flagalarm)	station_power(OFF)	Initial
W.Answer	time_out(TOPRE) & Flagalarm	init_timer(Tend)	Hide

表 31（续）

初始状态	触发条件	动作集	最终状态
W.Answer	occur(cpt_carrier_on) & Flagalarm & not(FlagSendalarm)	init_timer(TVASB)	W.TVASB1
Hide	occur(octet_received_event) | occur(octet_sent_event)| (occur(data_carrier_on) & not(FlagSendAlarm))	stop_timer(Tend) init_timer(Tend)	Hide
Hide	occur(data_carrier_on) & FlagSendAlarm	stop_timer(Tend)	W.AGend
Hide	time_out(Tend) & not(Flagalarm)	station_power(OFF)	Initial
Hide	time_out(Tend) & Flagalarm & not(FlagSendAlarm)	station_signal(OFF)	Initial
Hide	time_out(Tend) & Flagalarm & FlagSendAlarm	Send_AG(AGN)	W.AB
Hide	occur(cpt_carrier_on) & Flagalarm & not(FlagSendalarm)	init_timer(TVASB)	W.TVASB1
W.AGend	occur(data_carrier_off)	wait_time(TOALR) Send_AG(AGN)	W.AB
W.TVASB1	occur(cpt_carrier_off)	stop_timer(TVASB) init_timer(Tend)	Hide
W.TVASB1	time_out(TVASB)	FlagSendAlarm=TRUE init_timer(Tend)	Hide
W.TVASB1	time_out(Tend)	$ none()	W.TVASB2
W.TVASB2	occur(cpt_carrier_off)	stop_timer(TVASB) station_signal(OFF)	Initial
W.TVASB2	occur(data_carrier_on)	$ none()	W.TVASB1
W.TVASB2	time_out(TVASB)	Send_AG(AGN)	W.AB
W.AB	AG-sent_event	FlagSendAlarm=FALSE station_signal(OFF)	Initial

E/COSEM Physical 状态转换(从站)见表 32。

表 32 E/COSEM Physical 状态转换:从站

初始状态	触发条件	动作集	最终状态
Initial	energized()	MaxIndex=128 FlagRSO=FALSE FirstWinRSO=FALSE Set_baudrate(1 200) MaxIndex=128 TOL=100 ms TA10=160 ms	Stopped
Initial	not(energized())	MaxIndex=18 FlagRSO=FALSE FirstWinRSO=TRUE Set_baudrate(1200) TOL=100 ms TA10=120 ms	Stopped
Stopped	AG_received_event	Stop_timer(TOAG) init_timer(TA1O)	M.Rec
Stopped	Phy_ALARM.req()	TypeAG=ASB Send_AG(TypeAG)	W.ASB
Stopped	time_out(TOAG)	MaxIndex=18 FirstWinRSO=TRUE	Initial
M.Rec	octet_received_event	stop_timer(TA1O) Index=2 Frame="" Read_data(RecB) Concat(Frame,RecB) Init_timer(TAO)	Receiving
M.Rec	time_out(TA1O)	Phy_ABORT(EP-1)	WTOAG
M.Rec	Phy_ABORT.req()	Stop_timer(TA1O)	WTOAG
M.Rec	PHY_SETUP(params)	set_baudrate(new baudrate) MaxIndex=255 TOL=2 000 ms TA10=2 100 ms	M.Rec
Receiving	octet_received_event & Index(=MaxIndex	Stop_timer(TAO) Index=Index+1 Read_data(RecB) Concat(Frame, RecB) init_timer(TAO)	Receiving
Receiving	octet_received_event & index)MaxIndex	Stop_timer(TAO) Phy_ABORT.ind(EP-4F)	WTOAG

表 32（续）

初始状态	触发条件	动作集	最终状态
Receiving	time_out(TAO)	Phy_DATA.ind(Frame) init_timer(TOL)	M.Send
Receiving	Phy_ABORT.req()	Stop_timer(TAO)	WTOAG
M.Send	Phy_DATA.req(Frame)	Stop_timer(TOL) Size=size(Frame) Index=1 Send_octet(Frame,Index) Size=Size - 1 Init_timer(TOE)	Sending
M.Send	Phy_RSO.req(Frame,Window)	Stop_timer(TOL) Wait _ window (FirstWinRSO, Window) FirstWinRSO=FALSE Size=size(Frame) Index=1 Send_octet(Frame,Index) Size=Size - 1 FlagRSO=TRUE Init_timer(TOE)	Sending
M.Send	Time_out(TOL)	Init_timer(TA1O)	M.Rec
M.Send	Phy_ABORT.req()	Stop-timer(TOL)	WTOAG
Sending	Octet_sent_event & Size)0	Index=Index+1 Send_octet(Frame, Index) Size=Size - 1	Sending
Sending	octet_sent_event & Size=0 & not(FlagRSO)	Stop_timer(TOE) init_timer(TA1O)	M.Rec
Sending	octet_sent_event & Size=0 & FlagRSO	Stop_timer(TOE) Wait_time(TAO) FlagRSO=FALSE	WTOAG
Sending	Phy_ABORT.req()	Stop_timer(TOE)	WTOAG
Sending	time_out(TOE)	Phy_ABORT.ind(EP-3F)	WTOAG
W.ASB	time_out(TOAG)	MaxIndex=18 FirstWinRSO=TRUE	W.ASB
W.ASB	AG_sent_event	$ none()	Initial
WTOAG	Not(energized)	init_timer(TOAG)	Initial
WTOAG	energized	$ none()	Initial

上述表中的状态含义见表 33。

表 33 上述表中的状态含义

状态	定义
Initial	初始化该层的变量
Stopped	等待一个“唤醒呼叫”信号
W.ETABS (等待“Alarm-Bus”结束)	等待在 Stopped 状态下接收到的‘Alarm Bus’信号的结束
W.AG (等待“Wakeup Call”结束)	等待“唤醒呼叫”信号传输的结束
W.TAB (等待“Alarm - Bus”)	在“wakeup Call”信号之后，在安全延时期内等待一个 alarm bus 信号(的状态)
W.ETAB (等待“Alarm-Bus”结束)	在一个“唤醒呼叫”信号之后等待一个“报警-总线”信号的结束
W.TASB	在开始接收“Alarm-Bus”信号后等待触发唤醒 TASB
W.TOL	等待触发唤醒 TOL
M.Send (应发送)	等待发送一帧时，发送器的初始状态
T.Session	测试(与无源或有源从站的)会话的类型
SendFirst	发送待传输帧的第 1 个字节
Sending	发送器一次传输 1 个字节的循环状态
Answer	根据所请求的服务来确定(应答的)分支
M.Rec (应接收)	等待接收一帧的第 1 个字节时，接收器的初始化状态
Receiving	接收器一次接收 1 个字节时的循环状态
Received	处理接收到的帧
T.RSO (测试最后 RSO)	测试 RSO 帧的接收的最后一个时隙的结束
W.RSO (等待最后一个 RSO 时隙结束)	等待接收 RSO 帧的时隙的结束
W.ASB	等待“报警辅助总线”信号传输的结束
W.TOAG	如果需要的话，初始化“会话结束”TOAG 定时器
W.TOSEUIL	等待唤醒 TOSEUIL 的触发
W.AGT	等待一个 AGT“唤醒呼叫”信号
W.Sel (等待预选帧)	等待一个预选帧
Select	接收一个预选帧
W.Answer	等待被选站的应答帧

表 33（续）

状态	定义
Hide	等待选址的结束
W.Agend	等待 AG 接收的结束
W.TVASB1	在会话中，等待用来唤醒"Alarm Secondary-Bus"信号的TVASB的触发
W.TVASB2	在会话结束时，等待一个用来唤醒"报警辅助总线"信号的唤醒 TVASB 的触发
W.AB	等待"Alarm Bus"信号传输的结束

过程、函数和事件的定义(按字母排序)见表 34。

表 34 过程、函数和事件的定义(按字母排序)

过程、函数和事件	定义
AG_received_event	来自 MODEM 的事件，该事件报告 AGN"Wakeup Call"信号已经正确接收
AG_sent_event	来自 MODEM 的事件，报告接收"Wakeup Call"信号结束
alarm_detection()	检查站状态的报警模式是否激活
collision_detection()	来自 MODEM 的事件，报告在接收字节过程检测到帧错误
concat(Frame, RecB)	将 RECB 字节串接在正组建的帧 Frame 中
data_carrier_on, data_carrier_off	监测到总线上数据载波有和数据载波无的发生
energized()	检测站是否供电
init_timer(TOAPPEL), init_timer(TOSEUIL), init_timer(TAGT), init_timer(TOBAVARD), init_timer(TOPRE), init_timer(TOL), init_timer(TOE), init_timer(TAO), init_timer(TA1O), init_timer(TARSO) init_timer(TOAG), init_timer(TVASB) or init_timer(TAB)	触发唤醒 TOAPPEL，TOSEUIL，TAGT，TOBAVARD，TOPRE，TOL，TOE，TAO，TA1O，TARSO，TOAG，TVASB，TAB
occur(cpt_carrier_on), occur(cpt_carrier_off), occur(data_carrier_on), occur(data_carrier_off), occur(octet_received_event) or occur(octet_sent_event)	监测次级总线上数据载波有、数据载波无，总线上的数据载波有、数据载波无；接收到一个字节或发送出一个字节
octet_received_event	来自 MODEM 的事件，报告已经接收到一个字节

表 34（续）

过程、函数和事件	定义
octet_sent_event	来自 MODEM 的事件，报告已经发送一个字节
read_data(RecB)	通过读取接收到的(按升序逐位发送的)RecB 字节来处理事件 byte_received_event
send_AG(TypeAG)	请求 MODEM 在 TypeAG(AGN 或 AGT)期间发送一个"唤醒呼叫"信号
send_octet(Frame, Index)	在帧 Frame 中传送排序索引字节(按升序逐位传送)
Setup_params(baurate, TOL, TA10)	设置参数:baudrate, TOL,TA1O
size(Frame)	计算 Frame 帧的字节数
station_power(ON)or station_signal(OFF)	打开或关闭对设备的供电
station_signal(ON) or station_signal(OFF)	在次级总线上打开和关闭对设备的信号传输
stop_timer(TOAPPEL), stop_timer(TOSEUIL), stop_timer(TAGT), stop_timer(TOBAVARD), stop_timer(TOPRE), stop_timer(TOL), stop_timer(TOE), stop_timer(TAO), stop_timer(TA1O), stop-timer(TVASB), or stop_timer(TAB)	停止唤醒 TOAPPEL,TOSEUIL,TAGT,TOBAVARD,TOPRE,TOL,TOE,TAO,TA1O,TVASB,TAB
stop_timer(TOAG) or stop_timer(TARSO)	只有在它们先前被设置过的情况下，停止唤醒 TOAG 或 TARSO
time_out(TOAPPEL), time_out(TOSEUIL), time_out(TAGT), time_out(TOBAVARD), time_out(TOPRE), time_out(TOL), time_out(TOE), time_out(TAO), time_out(TA1O), time_out(TARSO), time_out(TOAG), time_out(TVASB) or stop_timer(TAB)	Triggering of wakeup 触发唤醒 TOAPPEL,TOSEUIL,TAGT,TOBAVARD,TOPRE,TOL,TOE,TAO,TA1O,TARSO,TOAG,TVASB,TAB

表 34（续）

过程、函数和事件	定义
wait_time(TAO), wait_time(TICB), wait_time(TOL) or wait_time(TOALR)	在 TAO,TICB,TOL 或 TOALR 时间内计算延时
wait_window(FirstWinRSO, Window)	计算等待时间如下：当 FirstWinRSO＝TRUE 或 Window＝0 时＝＝〉0 ms 当 FirstWinRSO＝FALSE 或 Window〉0 时 ＝＝〉40 mS＋(TARSO×Window) ms(40 ms 的延时确保传输是该时隙内进行的)

错误一览表见表 35。

表 35　错误一览表

EP-1	在数据链路层请求传送帧之前(主站)TOL 唤醒时间到，或者是在从主站接收到任何数据之前(从站)的 TA1O 唤醒时间到
	这个错误导致在通知数据链路层之后产生一个"唤醒呼叫"信号
EP-2	在任何"Wakeup Call"信号之前 TOAG 唤醒时间到
	该错误导致在通知数据链路层之后产生一个"Wakeup Call"信号
EP-3	收到一个报警
	该错误导致在通知数据链路层之后对物理层重新初始化
EP-3F	TOE 唤醒到期后监测到传输帧的长度异常
	该错误导致在通知数据链路层之后对物理层重新初始化
EP-4F	接收到的帧的字节数大于 MaxIndex(发送太多)
	这个错误导致在通知数据链路层之后引起一次物理层的重新初始化
EP-5F	(只对于主站)当接收一个 RSO 帧时 TARSO 唤醒时间到
	这个错误会在通知数据链路层之后引起一次物理层的重新初始化

如果发生了以上任何一种错误，它将在本地通过 Phy_ABORT.ind 服务原语上传。附录 C 中给出了全部的致命错误的清单。

7.3　数据链路层

7.3.1　概述

带有 DLMS/COSEM 的本地总线数据交换 Data Link Layer 与带有 DLMS 的数据交换 Data Link E/D layer 基于相同的理论。唯一不同的是，与上层的交互和传输速率的协商的处理。

在上一层，Data link layer 与传输层和通信管理支持层接口。

7.3.2 数据单元标识

Data Link 层将所有标识为 DATA+的 PDU 传递给 DLMS/COSEM Transport 层。其他的 PDU 都指向支持管理层,该层识别和处理已知的 PDU,忽略未知 PDU。见表 41,Support Manager 命令。

7.3.3 数据链路层的作用

数据链路层起到以下作用:

——执行数据的串行化操作和数据的解串操作;

——实现发送帧与接收帧的同步;

——根据主站和从站的地址过滤帧;

——确保有效的保护,防止传输错误。

7.3.4 交换的管理

在传输端,从接收站收到针对所有已发送的数据帧的肯定应答,才能发送一下个数据帧。在发送完一帧和接收到刚刚发送的帧的应答后,当前帧被传递。重新传输的次数由参数 MaxRetry 来限制,超过该次数,通信在 Data Link 层终止并向传输层和管理支持层发送一个通知。

每次接收到一个(数据)帧,一个应答帧将会在物理层管理的 TOL 允许的延迟范围内被传递。如果传递层没有任何可以传递的数据,一个带有空 Text 域数据的 DSDU 会被发送,通知(对方)所接收到的 DPDU 得到确认或者不确认。

确认/不确认的管理原则与 6.2.2 中规定的相同。

7.3.5 数据链路服务和服务原语

数据链路服务和服务原语见表 36。

表 36 数据链路服务和服务原语

服务	服务原语
DL_DATA	DL_DATA.req(Pr,Service class,DSDU) DL_DATA.ind(Pr,Service class,DSDU)
DL_ALARM	DL_ALARM.req() DL_ALARM.ind()
DL_ABORT	DL_ABORT.req(Strong) DL_ABORT.ind(ErrorNb)
DL_IB	DL _IB.req() DL _IB.ind()
DL _Discover	DL _Discover.req() DL _ Discover.ind()
DL _ChangeBaudrate	DL _ChangeBaudrate.req() DL _ChangeBaudrate.ind()
DL_PhysicalSetupParameters	DL_PhysicalSetup.req(params)

每个原语的作用如下：

——DL_DATA.req(Pr, Sevice class,DSDU)使上一层(传输或支持管理)能够请求数据链路层发送一个以优先级 Pr[5]、服务等级 CONFIRMED 或者 UNCINFIRMED 打包的 DSDU 数据包；在这个请求中,服务类参数只与主站有关。如果服务类是 UNCONFIRMED,主站的数据链路层将使用一个广播目标地址；

——DL_DATA.ind(Pr, Service class, DSDU)使数据链路层能够通知上一层一个优先级 Pr 的 DSDU 数据包到达。在这个指示中,服务等级参数只是和从站有关。如果目的地址是一个广播地址,从站数据链层将为上一层将服务等级参数置为 UNCONFIRMED;

——DL_ALARM.req()使从站的支持管理层能够请求数据链路层发送一个报警；

——DL_ALARM.ind()使主站的数据链路层能够通知支持管理层存在一个报警；

——DL_ABORT.req(strong[6])使上一层能够请求数据链路层来结束其优先等级为 Strong 的激活状态；

——DL_ABORT.ind(ErrorNb)使数据链路层能够通知管理支持层发生了一个出错标识号为 ErrorNb 的致命错误；

——DL_IB.req()使主站的管理支持层能请求数据链路层对总线进行初始化；

——DL_IB.ind()使从站的数据链路层通知支持管理层存在一个总线初始化；

——DL_Discover.req()使管理支持层请求数据链路层发送一个遗漏站呼叫帧；

——DL_ Discover.ind()使数据链路层通知管理支持层遗漏站呼叫帧的到达；

——DL_ChangeBaudrate.req()使支持管理层请求数据链路层发送一个速度协商帧；

——DL_ChangeBaudrate.ind()使数据链路层通知管理支持层协商传输速率帧的到达；

——DL_PhysicalSetup.req(params)使管理支持层能够请求数据链路层执行与改变传输速率相关的设置更改。设置的参数包括协商的波特率,已经过了 1 s 的超时时间 TOL,1 100 ms 的 TA10 超时和从 128 字节到 255 字节增加的 MaxInde。

7.3.6 数据链路参数

链路层参数与带有 DLMS 本地数据交换的数据链路参数一致,见 6.2.4。

波特率更改进程结束后,在主设备侧的数据链路层在处理向从站的所有新的数据请求前会等待一个 TES 时间(50 ms,SETUP 的超时时间),以使设备正确地设置 UART 口。

7.3.7 状态转换

DLMS/COSEM Data Link-E/D 状态转换(主站)见表 37。

表 37 DLMS/COSEM Data Link-E/D 状态转换:主站

初始状态	触发条件	动作集	最终状态
Initial	$ true ()	MaxRetry=2 MaxChain=5 init_incrChain()	Stopped

5) 像信息报告(level Pr=1)这种紧急服务的优先级和其他 DLMS 服务(level Pr=0)区分开。

6) Strong 参数的致命错误进程(Strong=1)和其他的被子应用层初始化的物理不接触请求(Strong=0)区分开。

表 37（续）

初始状态	触发条件	动作集	最终状态
Stopped	exist_dl_req()	NbChain=0 MaxIndex=0 RepeatASO=FALSE context(ADP,ADS,TypeAG) init(TypeAG) Phy_APPG.req(TypeAG)	W.AG
Stopped	Phy_ABORT.ind(ErrorNb)	DL_ABORT.ind(ErrorNb)	Stopped
Stopped	Phy_ALARM.ind()	DL_ ALARM.ind()	Stopped
W.AG	Phy_APPG.ind() & not(RepeatASO) & NbChain=0	$ none()	T.Req
W.AG	Phy_APPG.ind() & not(RepeatASO) & NbChain〈 〉0	NbChain=0	M.Send
W.AG	Phy_APPG.ind() & RepeatASO	RepeatASO=FALSE Phy_ASO.req(Fr)	M.RSO
W.AG	DL_ABORT.req()	Phy_ABORT.req()	W.EndS
W.Ends	(Phy_ABORT.ind(EP-2) & TypeAG=AGT) | (Phy_ABORT.ind(EP-1) & TypeAG=AGN)	$ none()	Stopped
W.Ends	Phy_ALARM.ind	DL_ALARM.ind	Stopped
W.Ends	Phy_ABORT.ind(ErrorNb) & ErrorNb〈〉EP-1& ErrorNb〈 〉EP-2	DL_ABORT.ind(ErrorNb)	W.EndS
T.Req	exist_dl_req(DL_IB. req())	Fr="" Size=size_frame(Fr) Fr = concat (Size, ADS, ADP, IB, Fr) Fr=concat (Fr, crc(Fr)) Phy_UNACK.req(Fr)	W.EndS
T.Req	exist_ dl _ req (DL _ Discover. req (DSDU)) & TypeAG=AGN	MaxRSO=3 NbRSO=1 ListRSO="" Collision=FALSE Fr=DSDU Size=size_frame(Fr) Fr= concat (Size, ADS, ADP, ASO, Fr) Fr=concat(Fr, crc(Fr)) Phy_ASO_req(Fr)	M.RSO

表 37（续）

初始状态	触发条件	动作集	最终状态
T.Req	exist_dl_req(DL_Discover.req(DSDU)) & TypeAG=AGT	MaxRSO=1 NbRSO=1 ListRSO=“” Collision=FALSE Fr=DSDU Size=size_frame(Fr) Fr=concat(Size, ADS, ADP, ASO, Fr) Fr=concat(Fr, crc(Fr)) Phy_ASO_req(Fr)	M.RSO
T.Req	not(exist_dl_req(DL_IB.req())| exist_dl_req(DL_Discover.req(_)))	Pr=0 Send=“00”B Confirm=“11”B Fr=“” Index=Index+1 NbChain=NbChain+IncrChain Size=size_frame(Fr) Com=com(DATA+,Pr,Send,Comfirm) Fr=concat(Size, ADS, ADP, Com, Fr) Fr=concat(Fr, crc(Fr)) Phy_DATA.req(Fr)	M.Rec
T.Req	exist_dl_req(DL_XBR.req(proposed_baudrate)	Fr=”proposed_baudrate” Index=Index+1 NbChain=NbChain+IncrChain Size=size_frame(Fr) Fr=concat(Size, ADS, ADP, XBR, Fr) Fr=concat(Fr, crc(Fr)) Phy_DATA.req(Fr)	M.Rec
M.RSO	Phy_ASO.ind(Frame) & size(Frame)=0	$ none()	T.RSO
M.RSO	Phy_ASO.ind(Frame) & check_frame(Frame) & command(Frame)RSO	build_RSO(ListRSO, Frame)	T.RSO
M.RSO	Phy_ASO.ind(Frame) & not(check_frame(Frame)) & size(Frame)<>0	Collision=TRUE	T.RSO

表 37（续）

<table>
<tr><th>初始状态</th><th>触发条件</th><th>动作集</th><th>最终状态</th></tr>
<tr><td>M.RSO</td><td>Phy_COLL.ind()</td><td>Collision(TRUE</td><td>T.RSO</td></tr>
<tr><td>M.RSO</td><td>DL_ABORT.req()</td><td>Phy_ABORT.req()</td><td>W.EndS</td></tr>
<tr><td>M.RSO</td><td>Phy_ABORT.ind(ErrorNb)</td><td>DL_ABORT.ind(ErrorNb)</td><td>W.EndS</td></tr>
<tr><td>T.RSO</td><td>MaxRSO=1 & Collision</td><td>MaxRSO=3
Collision=FALSE
RepeatASO=TRUE
Phy_APPG.req(AGN)</td><td>W.AG</td></tr>
<tr><td>T.RSO</td><td>(MaxRSO=1 &
not(Collision)) |
(MaxRSO〈〉1&
NbRSO〉=MaxRSO)</td><td>DL_Discover.ind
(Collision, ListRSO)</td><td>W.EndS</td></tr>
<tr><td>T.RSO</td><td>NbRSO〈MaxRSO</td><td>NbRSO=NbRSO+1</td><td>M.RSO</td></tr>
<tr><td>M.Send</td><td>exist_dl_data_req
(DL_DATA.req
(Pr=1,Service class DSDU))&
((& not(TreqTimout)))
NbChain〈MaxChain</td><td>Send=incr(Send)
Ack_expected=TRUE
Fr=DSDU
Index=Index+1
NbChain=NbChain+IncrChain
Size=size_frame(Fr)
Com=com(DATA+,Pr,Send,
Confirm)
Fr=concat(Size, ADS, ADP,
Com, Fr)
Fr=concat(Fr, crc(Fr))
Phy_DATA,req(Fr)
Stop_timer(Treq)</td><td>M.Rec</td></tr>
<tr><td>M.Send</td><td>not (DL _ DATA. req (Pr = 1,
_)) &
exist_dl_data_req(DL_DATA.
req (Pr = 0, Service class
DSDU)) &
((& not(TreqTimout)))
NbChain〈MaxChain</td><td>Send=incr(Send)
Ack_expected=TRUE
Fr=DSDU
Index=Index+1
NbChain=NbChain+IncrChain
Size=size_frame(Fr)
Com = com (DATA +, Pr,
Send, Confirm)
Fr= concat (Size, ADS, ADP,
Com, Fr)
Fr=concat(Fr, crc(Fr))
Phy_DATA,req(Fr)
Stop_timer(Treq)</td><td>M.Rec</td></tr>
</table>

表 37（续）

初始状态	触发条件	动作集	最终状态
M.Send	not(DL_DATA.req(_,_))& TreqTimeout()& NbChain<MaxChain	Pr=0 Fr=“” Index=Index+1 NbChain=NbChain+IncrChain Size=size_frame(Fr) Com = com (DATA +, Pr, Send, Comfirm) Fr= concat(Size, ADS, ADP, Com, Fr) Fr=concat(Fr, crc(Fr)) Phy_DATA.req(Fr) initTimer(Treq)	M.Rec
M.Send	NbChain>=MaxChain	Phy_APPG.req(AGN)	W.AG
M.Rec	Phy_DATA.ind(Frame) & (check_frame(Frame) & check_address(Frame) & is_data+(Frame) & is_ack(Frame)) & is_text(Frame)	DL_DATA.ind(extract_prty(Frame),extract_text(Frame)) Confirm=incr(Confirm) Ack_expected=FALSE Index=0 initTimer(Treq)	M.Send
M.Rec	Phy_DATA.ind(Frame) & (check_frame(Frame) & check_address(Frame) & is_data+(Frame) & is_ack(Frame)) & not(is_text(Frame))	Ack_expected=FALSE Index=0 initTimer(Treq)	M.Send
M.Rec	Phy_DATA.ind(Frame) & not(check_frame(Frame) & check_address(Frame) & is_data+(Frame) & is_ack(Frame)) & Index<=MaxRetry	Phy_DATA.req(Fr) Index=Index+1	M.Rec
M.Rec	Phy_DATA.ind(Frame) & not(check_frame(Frame) & check_address(Frame) & is_data+(Frame) & is_ack(Frame)) & Index>MaxRetry	DL_ABORT.ind(EL-2F) Phy_ABORT.req()	W.EndS

表 37（续）

初始状态	触发条件	动作集	最终状态
M.Rec	DL_ABORT.req(Strong=0)& not(DL_DATA.req(_,_)) & Ack_expected=FALSE	Phy_ABORT.req()	W.EndS
M.Rec	DL_ABORT.req(Strong=1)	Phy_ABORT.req()	W.EndS
M.Rec	Phy_ABORT.ind(ErrorNb)	DL_ABORT.ind(ErrorNb)	W.EndS
M.Rec	Phy_DATA.ind(Frame) & (check_frame(Frame) & (check_address(Frame) & (Com =XBA)	DL_ChangeBaudrate.ind (accepted_baurate)	M.Rec
M.Rec	exist_dl_physical_setup_req(params)	Phy_SETUP(params) wait(TES)	T.Req

DLMS/COSEM Link-E/D 状态转换(从站)见表 38。

表 38 DLMS/COSEM Link-E/D 状态转换:从站

初始状态	触发条件	命令集	最终状态
Initial	$ true()	MaxRetry=2 FlagDSO=TRUE Discovered=FALSE Flag_alarm=FALSE	Stopped
Stopped	Phy_DATA.ind(Frame) & check_frame(Frame) & check_address(Frame)	ADP=extract_ADP(Frame) Com=command(Frame)	T.Com
Stopped	Phy_DATA.ind(Frame) & check_frame(Frame) & not(check_address(Frame))	Phy_ABORT.req()	Stopped
Stopped	Phy_DATA.ind(Frame) & not(check_frame(Frame))	$ none()	Stopped
Stopped	DL_Alarm.req()	Phy_ABORT.req() Flag_alarm = TRUE Phy_ALARM.req()	Stopped
T.Com	Com=IB	Discovered=FALSE DL_IB.ind() Phy_ABORT.req()	Stopped
T.Com	Com=ASO & test_TABi(Frame, TAB)	DL_Discover.ind(TAB)	W.MM
T.Com	Com=XBR	DL_ChangeBaudrate.ind (proposed_baudrate)	W.MM

表 38（续）

初始状态	触发条件	命令集	最终状态
T.Com	is_data+(Frame) & is_text(Frame)	Ack_expected=FALSE Send="11"B Confirm="00"B DL_DATA.ind(extract_prty, extract_text(Frame)) initTimer(Treq)	M.Send
T.Com	is_data+(Frame) & not(is_text(Frame))	Ack_expected=FALSE Send="11"B Confirm="00"B initTimer(Treq)	M.Send
W.MM	exist_dl_discover_req(TAB)	Fr=concat(RSO, TAB, ADS) Fr = concat(size_frame(Fr), ADS, ADP, Fr) Fr=concat(Fr, crc(Fr)) Phy_RSO.req(Fr, window_RSO ())	stopped
W.MM	exist_dl_discover_req(not (TAB))	Phy_ABORT.req()	stopped
W.MM	exist_dl_change_baud_rate.req (acceptedBaudrate)	Discovered = TRUE Fr= acceptedBaudrate Index=1 Size=size_frame(Fr) Fr= concat(Size, ADS, ADP, XBA, Fr) Fr=concat(Fr, crc(Fr)) Phy_DATA.req(Fr)	M.Rec
M.Send	exist_dl_data_req(DL_DATA.req(Pr=1, DSDU)) & not(Treqtimeout())	Discovered = TRUE Send=incr(Send) Ack_expected=TRUE Fr=DSDU Index=1 Size=size_frame(Fr) Com=com(DATA+,Pr,Send, Confirm) Fr= concat(Size, ADS, ADP, Com, Fr) Fr=concat(Fr, crc(Fr)) Phy_DATA.req(Fr) Stop_timer(Treq)	M.Rec

表 38（续）

初始状态	触发条件	命令集	最终状态
M.Send	not(DL_DATA.req(Pr=1, _)) & exist_dl_data_req(DL_DATA.req(Pr=0, DSDU)) & not(Treqtimeout())	Discovered = TRUE Send=incr(Send) Ack_expected=TRUE Fr=DSDU Index=1 Size=size_frame(Fr) Com=com(DATA+,Pr,Send, Confirm) Fr=concat(Size, ADS, ADP, Com, Fr) Fr=concat(Fr, crc(Fr)) Phy_DATA.req(Fr) Stop_timer(Treq)	M.Rec
M.Send	not(DL_DATA.req(_, _)) & TreqTimeout()	Pr=0 Fr="" Index=1 Size=size_frame(Fr) Com=com(DATA+,Pr,Send, Confirm) Fr=concat(Size, ADS, ADP, Com, Fr) Fr=concat(Fr, crc(Fr)) Phy_DATA.req(Fr) initTimer(Treq)	M.Rec
M.Rec	Phy_DATA.ind(Frame) & (check_frame(Frame) & check_address(Frame) & is_data+(Frame) & is_ack(Frame)) & is_text(Frame)	Confirm=incr(Confirm) Ack_expected=FALSE DL_DATA.ind(extract_prty, extract_text(Frame)) initTimer(Treq)	M.Send
M.Rec	Phy_DATA.ind(Frame) & (check_frame(Frame) & check_address(Frame) & is_data+(Frame) & is_ack(Frame)) & not(is_text(Frame))	Ack_expected=FALSE initTimer(Treq)	M.Send
M.Rec	Phy_DATA.ind(Frame) & not(check_frame(Frame) & check_address(Frame) & is_data+(Frame) & is_ack(Frame)) & Index<=MaxRetry	Phy_DATA.req(Fr) Index=Index+1	M.Rec

表 38（续）

初始状态	触发条件	命令集	最终状态
M.Rec	Phy_DATA.ind(Frame) & not(check_frame(Frame)& check_address(Frame) & is_data+(Frame) & is_ack(Frame)) & Index〉MaxRetry	DL_ABORT.ind(EL-2F) Phy_ABORT.req()	Stopped
M.Rec	DL_ABORT.req(Strong=0) & not(DL_DATA.req(_,_)) & Ack_expected=FALSE	Phy_ABORT.req()	Stopped
M.Rec	DL_ALARM.req() & alarm_detection()	DL_ABORT.ind(EL_1F) Phy_ABORT.req() Flag_alarm = TRUE Phy_ALARM.req()	Stopped
M.Rec	DL_ABORT.req(Strong=1)	stop_timer(T1) Phy_ABORT.req()	Stopped
M.Rec	Phy_ABORT.ind(EP-1)	DL_ABORT.ind(EL_3F)	M.Rec
M.Rec	Phy_ABORT.ind(ErrorNb) & ErrorNb 〈〉 EP-1	DL_ABORT.ind(ErrorNb)	Stopped
M.Rec	exist_dl_physical_setup_req()	Phy_SETUP(params)	M.Rec

前述表中的状态的含义见表 39。

表 39　前述表中的状态的含义

状态	含义
Initial	初始化层中的变量
Stopped	等待从上层来的第 1 次请求或从下层来的第 1 个指示的状态
W.AG （等待“Wakeup Call”结束）	等待请求的“Wakeup Call”信号传输的结束
W.EndS （等待会话结束）	等待会话的结束
T.Req （测试请求）	测试从上层发来的请求的属性
M.RSO （应接收 RSO）	等待来自遗漏站点的响应
T.RSO （测试最后 RSO）	测试用于接收 RSO 帧的最后一个时隙的结束

表 39（续）

状态	含义
M.Send （应发送）	一帧将被发送（可能其域 Text 为空）
M.Rec （应接收）	对接收器等待一帧的第一个字节的状态的初始化
T.Com （测试命令）	检测接收到的帧中的命令域
W.MM （等待管理支持层的事件）	等待一个来自管理支持层的事件

过程和函数的定义（按字母排序）见表 40。

表 40　过程和函数的定义（按字母排序）

过程和函数	定义
Alarm_detection()	检查报警模式的激活状态
build_RSO(ListRSO,Frame)	从接收到的 RSO 帧 Frame 中提取 RSO 元素（TAB 和 ADS 域），并和前述的 ListRSO 相连接
check_address(Frame)	根据以下标准（或准则），检查 ADP 和 ADS 地址，（是否依据）以下标准（被）识别： ——ADP 是 APG 或站已经被编程为 ADP 地址； ——若命令码是 ASO、IB 或 TRB，则 ADS 是 ADG； ——若命令码不是 ASO、IB，也不是 TRB，则 ADS 是从站地址
check_frame(Frame)	检查接收到的帧 Frame 是否正确（的正确性）： ——字节数大于或等于 11，且小于或等于 MaxIndex； ——CRC 正确； ——字节数和域大小相符； ——命令码被识别出并且字节数与该命令码一致
com(DATA+，Pr，Send，Confirm)	串接相应的二进制域，以获得特定命令
command(Frame)	从接收到的帧 Frame 中提取命令码的值
concat (Size，ADS，ADP，COM，Text) or concat (Frame，CRC)	将 Size，ADS，ADP，COM 和 Text 域相串接，或在 Frame 帧的尾部串接 CRC
context (ADS，ADP，TypeAG)	从通信的语境中提取相应的值
crc (Frame)	计算将要发送的 Frame 帧的 CRC 值
create_alarm (TPDU)	计算 TPDU，这里 STSAP=0，DTSAP=0，并且计算 Unsolicited（主动提供的）RegPDU，其条件是： client-type=FFFF，serveridentifier=0， object-name=FFFF，varible type=boolean，value=TRUE

表 40（续）

过程和函数	定义
exist_dl_data_req (DL_DATA.req (Pr, DSDU))	需用到一个 DL_DATA.req(Pr,DSDU)事件
exist_dl_req ()	检查 DL_IB.req(),DL_ASO.req(DSDU)或 DL_DATA.req(Pr, DSDU)事件的存在,并检查是否和通信环境中定义的 ADP 和 ADS 地址相符
exist_dl_req (DL_IB.req()) or exist_dl_req (DL_ASO.req(DSDU))	需用到一个 DL_IB.req()或 DL_ASO.req(DSDU)事件
exist_dl_physical_setup_req	波特率重新设置事件的使用
extract_ADP(Frame)	若帧中使用的 ADP 值不是 APG,或是 APG 但从站被编程的 ADP 值的列表为空,则提取此值,否则按照从站被编程的第一个 ADP 值提取
extract_prty(Frame)	从接收到的帧 Frame 中提取优先级的域
extract_text(Frame)	从接收到的帧 Frame 中提取出 Text 的域
init(TypeAG)	若 TypeAG 等于 AGT,将 Index 设为 MaxRetry,否则设为 0
init_incrChain()	若支持报警功能,将 IncrChain 设为 0,否则设为 1
init_timer(T1)	设置唤醒时间 T1
initTimer(Req)	初始化等待来自上层定时器的请求。
is_ack(Frame)	检查接收到的帧 Frame 中是否包含一个等于上一发送帧中发送域的确认域
is_data+(Frame)	检查接收到的帧 Frame 中是否包含一个正确的 DATA+域(“111”B)
is_text(Frame)	检查接收到的帧 Frame 中是否包含一个非空的 text 域,并且发送域和上一帧的确认域的补码相同
size(Frame)	计算接收到的帧 Frame 的长度
size_frame(DSDU)	计算把 DSDU 数据单元算在一起的帧的长度(size(DSDU)+11)
stop_timer(T1)	停止唤醒时间 T1
test_TABi(Frame, TAB)	如果接收到的 ASO 帧 Frame 中的第一个 TABi 值为 00,检查 Discovered 是否为 FALSE,如果是,在提供一个介于 0～100 之间的完整的随机整数后,检查此整数是否比可能响应的数(第 2 个 TABi)小。在此情况下,TAB 变量值为 00;如果接收到的 ASO 帧 Frame 中的第一个 TABi 值为 FF,检查 Flag_alarm 是否为 TRUE。如果是,将 Flag_alarm 置为 FALSE,将 TAB 变量记录为 FF;如果接收到的 ASO 帧 Frame 中的第一个 TABi 值不是 00 或 FF,检查 FlagDSO 是否为 TRUE 并且检查从站是否编程为接收到的 ASO 帧 Frame 所包含的 TABi 值之一。如果以上条件都符合,TAB 变量记录为这些值的第一个值

表 40（续）

过程和函数	定义
time_out(T1)	唤醒时间 T1 的触发
TreqTimeout()	验证来自上层的请求的等待事件不超过时间 t,使最终可能发生由物理层管理的超时持续时间 TOL 超时。这个等待时间应小于 TOL,并且一旦有指示发送给上层这个等待时间就被使用
window_RSO()	提供一个介于 0 和 MaxRSO-1 之间的完整随机整数用作从站应当应答的 RSO 时隙编号(见附录 F)

7.4 管理支持层

7.4.1 概述

管理支持层处理所有有关通信支持的服务,包括:

——总线初始化;

——发现管理;

——报警管理;

——传输速率协商。

以这种方式管理的服务可以使它们与有或没有 DLMS 配置下的管理一致。关于这些服务,标识符具有见表 41 以下值:

表 41 由管理支持层管理的指令

标识符	16 进制值	作用	主/从
ASO	07	发现请求	主站
RS0	08	发现请求的响应	从站
IB	09	总线初始化	主站
XBR	0x12	传输速率协商请求	主站
XBA	0x13	对传输速率协商请求的应答	从站

7.4.2 总线初始化

管理遵循 4.4.6。尽管初始化由管理支持层管理,但处理完全由数据链路层实施。

7.4.3 发现服务

发现服务的管理遵循 4.4.7 和附录 H。TAB 域包含 2 个参数(各 1 个字节):第一个参数值为 0,该值下,所有设备被编程,第二个参数为响应的概率。

7.4.4 传输速率的协商

一旦在数据链路层上建立连接,管理支持层即能协商通信速率。该协商总是由主设备发起。

可协商的波特率有 1 200,2 400,4 800 和 9 600 bps。

——主站发送的帧格式如下:

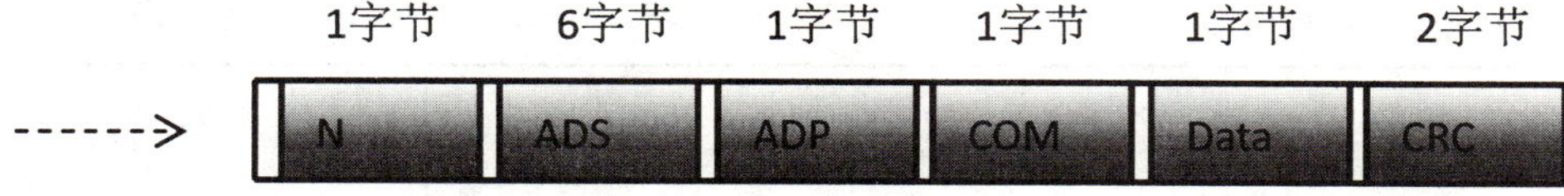

COM=XBR[Change Baudrate Request(请求转换波特率)]

Data 包含主设备想要通信的速率,这些值如下:

- 0x00 1 200 bauds;
- 0x01 2 400 bauds;
- 0x02 4 800 bauds;
- 0x03 9 600 bauds。

——从站响应帧:

1字节 6字节 1字节 1字节 1字节 2字节

N ADS ADP COM Data CRC

COM=XBA[Change Baudrate Answer(回答转换波特率)]

数据域包括从站选择的波特率。

在速度协商过程结束时,主站会有一个 TES=50 ms 的延迟以提供充足的时间给双方重新配置物理参数。

协商成功后,表 42 中的参数将会更改。

表 42 参数列表

参数	原来值	更改后的值
波特率	1 200 bps	协商的值
MaxIndex	128	255
TOL	100 ms	1 000 ms
TA10	160 ms	1 100 ms

7.4.5 管理支持层参数

对于主站,处理发现帧的 RSO 时隙的最大值设为 3。

7.4.6 状态转换

管理支持层状态转换(主站)见表 43。

表 43 管理支持层状态转换：主站

初始状态	触发条件	动作集	最终状态
Stopped	Exist_req(discover)	TABi=0 DL_Discover.req()	M.Rec
Stopped	Exist_req(change_baud_rate)	Baudrate = proposed_baudrate DL_ChangeBaudrate.req()	M.Rec
Stopped	DL_abort.ind(ErrorNb)	T Abort.ind() Update(FatalError)	Stopped
Stopped	Exist_req(init_bus)	DL_InitBus_req()	Stopped
Stopped	Exist_req(abort)	DL_Abort.req()	Stopped
Stopped	DL_alarm.ind()	MM alarm.ind()	Stopped
M.Rec	Exist_cnf(discover)	MM discover.cnf(disc list)	Stopped
M.Rec	Exist_cnd(change_baud_rate_OK)	Baud_rate = accepted_baudrate DL_PhysicalSetup.req(accepted_baudrate)	Stopped
M.Rec	Exist_cnf(change_baud_rate_NOK)	$ none	Stopped

管理支持层状态转换(从站)见表 44。

表 44 管理支持层状态转换:从站

初始状态	触发条件	动作集	最终状态
Stopped	exist_ind(DL_IB_ind)	MM_IB.ind()	Stopped
Stopped	exist_ind(discover) & test_TABi(TAB)	MM_Discover.cnf()	Stopped
Stopped	exist_ind(discover) & not(test_TABi(TAB)	MM_Discover.cnf(not_TABi)	Stopped
Stopped	exist_ind(dl_change_baud_rate) & check(proposed_baudrate) & not(energized_station)	accepted_baudrate = min (received_baudrate, programmed_baudrate) DL_SetupBaudrate.req(accepted_baudrate) Init_timer(TWS)	Sending
Stopped	exist_ind(dl_change_baud_rate) & not(check(received_baudrate))	DL_ABORT.req(Strong) T_ABORT.ind()	Stopped
Stopped	DL_abort.ind(ErrorNb)	T_ABORT.ind() Update(FatalError)	Stopped
Stopped	Alarm_detection() & DL_ALARM.req()	DL_ALARM.req()	Stopped
Sending	time_out(TWS)	DL_PhysicalSetup.req(accepted_baudrate)	Stopped

前述表中的状态的含义见表45。

表45 前述表中的状态的含义

状态	定义
Stopped	等待来自下层的请求或第一个指示
M.Rec	等待请求发出后响应的状态
Sending	等待下层传输的结束,等待时间被值为150 ms的超时Tws限制

过程、函数和事件的定义见表46。

表46 过程、函数和事件的定义

状态	定义
Alarm_detection()	检查报警模式是否激活
exist_ind(indication)	检查是否出现波特率改变、IB或Discover指示
exist_ind(request)	检查是否出现波特率改变、IB或Discover请求
Init_timer(TWS)	从下层发送来自从站的速率改变请求的那刻开始初始化TWS定时器
check(received_baudrate)	检查收到的波特率在认可的范围内
min(received_baudrate,programmed_baudrate)	确定可接受速率。取提议值和从设备能起作用的最大值之间的最小值
Test TABI(TAB)	如果ASO数据帧中TABi清单的第一个值为00,检查发现标志是否为FALSE,如果为FALSE,产生一个1到100的随机数,如果该值小于期望的回应概率(TABi中的第二个值),那么将TAB记为00。 如果ASO数据帧中TABi清单的第一个值为FF,检查报警标志是否为TRUE,如果为TRUE,则将报警标志更改为FALSE,并将TAB记为FF。 所有其他的TAB值无效

7.5 传输层

7.5.1 概述

传输层在主站和从站是完全相同的,其作用是保证应用协议数据单元的拆分和重组。

在传输过程中,传输层收到应用数据单元(后),如果有必要,将其拆分成多个传输数据单元,以便数据链路层能将其发送至(对等站)的传输层。

在接收过程中,(如果)传输层接收的传输层数据单元(Transport Data Units)长度超过数据链路层允许的长度,它就被拆分。正在接收的传输方确保在关闭接收前所收到的传输单元的完整。

在传输的最后一帧中END域为TURE时表示传输完毕。

7.5.2 传输层数据单元

第一帧传输的数据单元结构如下：

3 字节	1 字节	1 字节	3 字节	8 字节	8 字节	N 字节
DSap	End	Frist	Reserved	STSAP	DTSAP	Payload

后续传输数据单元结构如下：

3 字节	1 字节	1 字节	3 字节	N 字节
DSap	End	Frist	Reserved	Payload

——Dsap 为 3 位，标识了符合 DLMS/COSEM 的数据单元，其值固定为 6；

——End 域标识该单元是否为最后一个传输单元，如果应用层数据单元进行分片，且当前传输数据单元不为最后分片时，该值仍为 FALSE；

——First 域标识该单元是否为第一个单元，如果为 TRUE，TPDU 应包括源地址（STSAP）和目标地址（DTSAP），所有后面的传输单元都（关联）与第一个单元内给出的 STSAP 和 DTSAP 有关，直到收到一个有 End 域的传输单元。当 TPDU 既是第一个传输单元又是最后一个传输单元时，First 和 End 均为 TRUE。不包含 STSAP 和 DTSAP 的 TPDU 内 First 域应为 FALSE；

——Reserved 域，3 位固定的 0；

——STSAP，8 位，为应用层数据源地；

——DTSAP，8 位，为应用层数据目标地址；

——Payload 域包含应用层数据。第一个传输单元中该域的最大字节数为 241，后续传输单元中该域最大字节数为 243，传输速率协商前，这两个值分别限制在 114 和 116。

传输服务和服务原语见表 47。

表 47 传输服务和服务原语

服务	服务原语
T_DATA	T_DATA.req(STSAP, DTSAP, Pr, Service class, TSDU) T_DATA.ind(STSAP, DTSAP, Service Class, TSDU)
T_ABORT	T_ABORT.req() T_ABORT.ind()

——T_DATA.req(STSAP, DTSAP, Pr, Service class, TSDU)允许应用层，通过需确认服务或无需确认服务，请求传输层发送一个从源地址 STSAP 到目标地址 DTSAP 并带有优先级 Pr 的传输数据单元；

——T_DATA.ind(STSAP, DTSAP, Pr,Service Class, TSDU)使得传输层能够通知应用层在目标地址 DTSAP 中收到从源地址 STSAP 来的数据单元，该数据单元使用需确认或者无需确认的服务；

——T_ABORT.req()使应用层能够请求传输层终止其激活状态；

——T_ABORT.ind()使传输层能够通知应用层由于发生某种错误导致通信结束。

7.5.3 状态转换

传输状态转换见表 48。

表 48 传输状态转换

初始状态	触发条件	动作集	最终状态
stopped	$ true	Init()	Idle
Idle	T_DATA. req (STsap, Dtsap, TSDU, Service_class,)	SMsg = TSDU	M.FirstFgt
Idle	DL_DATA. ind (Pr, TPDU) & check_fgt(TPDU) & first_fgt(TPDU) & not(last_fgt (TPDU))	Tsap(TDPU, STsap, DTsap) initBuffer() updateBufferRec(TPDU)	Rec
Idle	DL_DATA. ind (Pr, Service_class, TPDU) & check_fgt(TPDU) & fisrt_fgt (TPDU) & last_sgt(TPDU) & isSizeOK ()	Tsap(TDPU, STsap, DTsap) initBuffer() updateBufferRec(TPDU) T_DATA. ind (TPDU, STsap, DTsap)	Idle
Idle	DL_DATA. ind (Pr, Service_class, TPDU)& check_fgt(TPDU)& fisrt_fgt(TPDU) & last_sgt(TPDU) & not(isSizeOK())	Tsap(TDPU, STsap, DTsap) initBuffer() T_DATA. ind (TPDU, STsap, DTsap Service_class,)	Idle
Idle	DL_DATA. ind (Pr, Service_class, TPDU) & not(check_fgt(TPDU)	DL_ABORT.req() T_ABORT.ind()	stopped
Idle	DL_DATA. ind (Pr, Service_class, TPDU)& check_fgt(TPDU)& not(fisrt_fgt(TPDU)) & last_sgt(TPDU))	initBuffer() T_DATA.ind(TPDU, STsap, DTsap Service_class,)	Idle
Idle	T_ABORT.req()	DL_ABORT.req()	stopped
Idle	DL_ABORT.ind(ErrorNb)	T_ABORT.ind()	stopped
M. FirstFgt	Size(SMsg)〉FirstPayload()	End=0 First=1 DL_DATA.req(DSap,End, STsap, DTsap, Service_class, FirstPayload()) update(SMsg)	M.NextFgt

表 48（续）

初始状态	触发条件	动作集	最终状态
M. FirstFgt	Size(SMsg)<=FirstPayload()	End=1 First=1 DL_DATA.req(DSap,End, ST-sap, DTsap, Service_class, FirstPayload())	Idle
M.FirstFgt	DL_ABORT.ind(ErrorNb)	T_ABORT.ind()	stopped
M.NextFgt	Size(SMsg)>NextPayload()	End=0 First=0 DL_DATA.req(DSap,End, ST-sap, Service_class, min(SMsg, NextPayload())) update(SMsg)	M.NextFgt
M.NextFgt	Size(SMsg)<=NextPayload()	End=1 First=0 DL_DATA.req(DSap,End, ST-sap, Service_class, NextPayload())	Idle
M.NextFgt	DL_ABORT.ind(ErrorNb)	T_ABORT.ind()	stopped
Rec	DL_DATA.ind(Pr, Service_class, TPDU) & not(check_fgt(TPDU))	initBuffer() T_DATA.ind(TPDU, STsap, DTsap, Service_class,)	Idle
Rec	DL_DATA.ind(Pr, Service_class, TPDU) & check_fgt(TPDU) & not(fisrt_fgt(TPDU)) & not(last_fgt(TPDU))) & isSizeOK ()	Tsdu(TDPU) updateBufferRec(TPDU) DL_DATA.req(DSap,End, ST-sap, DTsap, Service_class, text = NULL)	Rec
Rec	DL_DATA.ind(Pr, Service_class, TPDU) & check_fgt(TPDU) & not(fisrt_fgt(TPDU)) & not(last_fgt(TPDU)) & not(isSizeOK ())	Tsap(TDPU, STsap, DTsap) InitBuffer () T_DATA.ind(STsap, DTsap, Service_class, TPDU)	Idle

表 48（续）

初始状态	触发条件	动作集	最终状态
Rec	DL _ DATA. ind (Pr， Service _ class，TPDU) & check_fgt(TPDU) & not(fisrt_fgt(TPDU)) & last_fg(TPDU)) & isSizeOK	Tsdu(TDPU) updateBufferRec (TPDU) T_DATA.ind(STsap，DTsap，Service_class，TPDU)	Idle
Rec	DL _ DATA. ind (Pr， Service _ class，TPDU) & check_fgt(TPDU) & not(fisrt_fgt(TPDU)) & last_fg(TPDU) & not(isSizeOK ())	Tsap(TDPU，STsap，DTsap) InitBuffer () T_DATA.ind(STsap，DTsap，Service_class，TPDU)	Idle
Rec	DL _ DATA. ind (Pr， Service _ class，TPDU) & check_fgt(TPDU) & first_fgt(TPDU) & not(last_fgt(TPDU)))) & isSizeOK ()	Tsap(TDPU，STsap，DTsap) InitBuffer () updateBufferRec(TPDU) DL_DATA.req(DSap,End，ST-sap，DTsap，Service _ class， text = NULL)	Rec
Rec	DL _ DATA. ind (Pr， Service _ class，TPDU) & check_fgt(TPDU) & first_fgt(TPDU) & not(last_fgt(TPDU)))) & not(isSizeOK ())	Tsap(TDPU，STsap，DTsap) InitBuffer () T_DATA.ind(STsap，DTsap，Service_class，TPDU)	Idle
Rec	DL _ DATA. ind (Pr， Service _ class，TPDU)，& check_fgt(TPDU) & first_fgt(TPDU) & last_fgt(TPDU) & isSizeOK ()	Tsap(TDPU，STsap，DTsap) InitBuffer () updateBufferRec(TPDU) T_DATA.ind(STsap，DTsap，Service_class，TPDU)	Idle
Rec	DL _ DATA. ind (Pr， Service _ class，TPDU)，& check_fgt(TPDU) & first_fgt(TPDU) & last_fgt(TPDU) & not(isSizeOK()	Tsap(TDPU，STsap，DTsap) InitBuffer () T_DATA.ind(STsap，DTsap，Service_class，TPDU)	Idle
Rec	DL_ABORT.ind(ErrorNb)	T_ABORT.ind()	stopped

前述表中的状态的含义见表49。

表49 前述表中的状态的含义

状态	含义
Stopped	停止
Idle	等待应用层的请求或数据链路层的通知
M. FirstFgt(Must first Fragement)	应用层数据单元拆分的初始化传输状态
M.NextFgt(Must next Fragement)	应用数据单元被拆分后的后续数据单元的传输状态
Rec	被拆分的数据单元的接收状态

过程和函数的定义(按字母顺序)见表50。

表50 过程和函数的定义(按字母顺序)

过程和函数	定义
check_fgt(TPDU)	检查TPDU或者TSDU中Dsap域值是否为6
first_fgt(TPDU)	检查是否为第一个拆分数据块,第一个数据块应带有正确的DTSAP和STSAP,且First域值为TRUE
FirstPayload()	计算FirstPlayload长度,这个值来自Support Manager layer,在没有速率协商的情况下,返回114,否则返回241
Init()	初始化
initBuffer(TPDU)	与第一个拆分数据块的相关处理。 将APDU的初始指针指向缓存的顶部,可接收数据的字节数等于APDU的字节数。 这些参数由应用层提供
IsSizeOK()	检查数据单元的长度不会超出目的地接收缓存区的长度
last_fgt(TPDU)	检查是否是最后一个数据块,最后一个拆分数据块的End域值为TRUE
min(SMsg, Payload)	取两个参数的最小值
NextPayload()	计算NextPayload长度,这个值来自Support Manager layer,在没有速率协商的情况下,返回116,否则返回243
Size(SMsg)	计算SMsg信息的字节数
tsap(TDPU, STsap, DTsap)	提取TPDU中的STSAP和DTSAP
tsap(TDPU)	提取TPDU中的数据域
UpdateBufferRec(TPDU)	更新数据接收缓冲区: 将接收的TPDU数据传输到应用程序的缓存中,但不超过APDU的最大值;之后用于描述缓存区的指针和收到数据的总长度都相应的增加; 如果接收的数据的长度超出缓冲区长度,那么重新初始化缓冲区,并向上层报告接收缓冲区为空
Update(SMsg)	传输完TPDU后更新APDU。APDU指针增加发送的字节数,APDU长度减少相应的字节数

7.6 应用层

7.6.1 概述

应用层在 IEC 62056-5-3:2013 中定义。但是,考虑到媒介的性质和下层的特征,应用以下限制条件和动作。交换相关信息参考附录 I。

7.6.2 广播管理

所有的数据交换默认采用需确认服务。只有广播采用无需确认服务。广播只能被主站使用。服务类型将从应用层传播到数据链路层,根据服务的类型来确定地址,如果服务类型是确认的则使用特定的目标地址,如果服务类型是未确认的则使用广播地址。

从站不容许对无需确认的服务作出响应。此类无响应由应用层根据不同服务类型来处理。

广播命令无需传输速率的协商,总是以 1 200 bps,应用数据单元最长长度 114 字节的配置通信。

7.6.3 事件通知及信息上报管理

从站在没有主站的数据请求的情况下不能发送数据。事件通知及信息上报的管理在使用报警的 Euridis 中完成。主站负责收集警告信息。

7.6.4 优先级管理

在 Euridis 协议中,优先权的管理在数据链路层实现。DLMS/COSEM 应用层也有优先权管理工具,DLMS/COSEM 应用层的优先权管理要比 Euridis 本身带的优先权管理更优先。

但是,为了与带有 DLMS 的本地数据交换兼容,优先权管理域 Pr 由传输层维护,传输层会忽略掉它与应用层的关系。

7.6.5 应用链接断开管理

DLMS/COSEM 应用层链接只有在底层准备好的前提下才能激活。在下层链接断开的情况下应用层链接会被自动断开。

应用链接(Application Associations)既可以通过关闭支持层,也可以通过使用 RLRQ/RLRE 服务来断开。

应注意,通过 RLRQ 和 RLRE 服务来断开应用链接,不能影响支持层。

8 本地总线数据交换——硬件

8.1 概述

此协议阐述了并联在一个硬件总线上的主站和从站之间的数据交换。主站通过一个无源磁插头连接在总线上。

本文将阐述如下几个项目:

a) 信号参数;

b) 总线参数;

c) 磁插头;

d) 主站;

e) 从站;

f) 供电参数。

8.2 通用技术条件

8.2.1 信号以 50 kHz 传输

传输包括：

a) 二进制数据传输；

b) 双向，半双工；

c) 传输速率：1 200 bps±1%、2 400 bps±1%、4 800 bps±1%、9 600 bps±1%；

d) 0 和 1 的占空比相同；

e) 50 kHz±3%载波的幅值调制信号(ASM)；

f) 极性：

- 0=检测到载波；
- 1=没有检测到载波。

信号的特征参数用图 6 的载波包络线来定义。

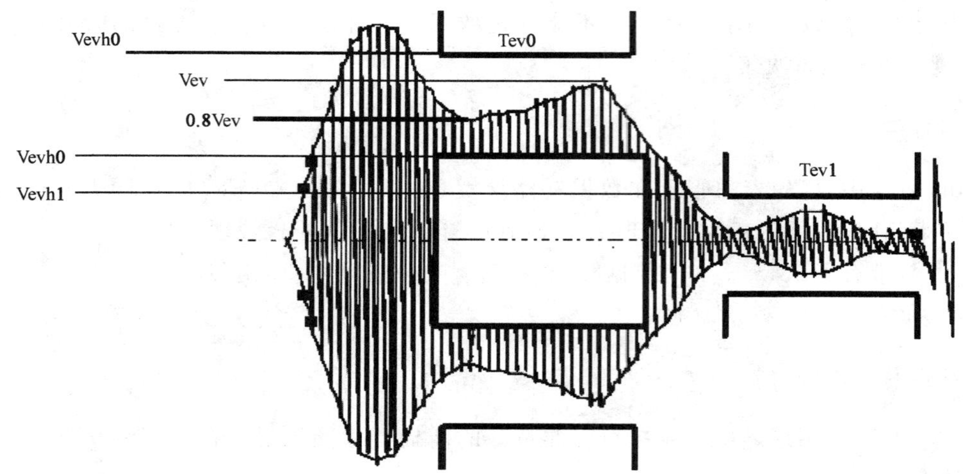

说明：

Vevh1——是传输“1”时的电平最大值；

Vevl0 ——是传输“0”时的电平最小值；

Vevh0——是传输“0”时的电平最大值；

Tev1 ——是信号包络线保持低于 Vevh1 的最小保证时间；

Tev0 ——是信号包络线保持在 Vevl0 和 Vevh0 之间的最小保证时间。

图 6 总线上的信号包络图

g) Vevl0 和 Vevh0 并不是波形包络的极限值，只是为了确保正确操作的较低值和较高值；

h) 在 Tev0 期间，波形包络电平的变化不应超过 20%；

i) 在 Tev0 和 Tev1 之间的空隙内，波形包络线上升和下降是呈指数态或阻尼正弦态变化，并伴有频率瞬变；

j) 用 100 Ω 的电阻或 31.8 nF 的电容代替总线时，在波形连续传输时信号的总谐波失真率低于 15%；

k) 所有的电压值都指的是峰值；

l) 在定义位的时序(“1”和“0”的时间)时，应考虑以下参数：

- 确保传输“0”的最大时间 信号≥Vevl0；

- 不确保传输“0”的最大时间　信号≥Vevh1；
- 确保传输“1”的最大时间　信号≤Vevh1；
- 不确保传输“1”的最大时间　信号≤Vevl0。

8.2.2　信号传输的供电

8.2.2.1　远程供电参数

图 7 表示了总线上的远程供电方式。

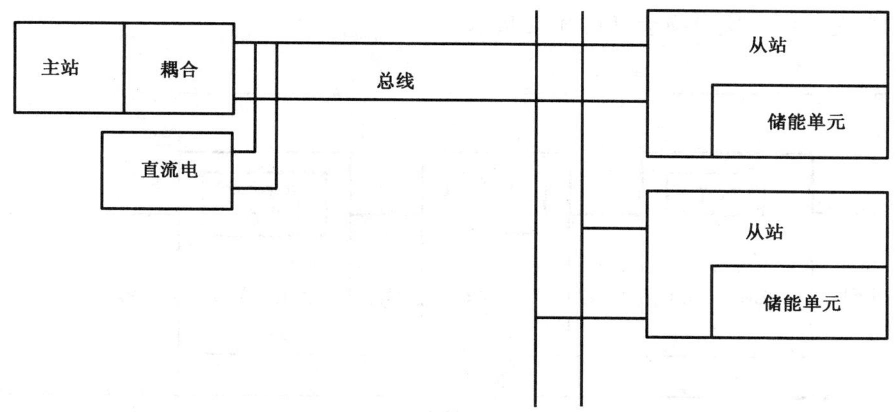

注：外置直流电源可选。
直流电源可以集成在主站中。

图 7　总线上的远程供电方式

远程供电的三个主要因素是：

a）一个直流供电电源；

b）从站中的储能元件；

c）从站的功耗。

8.2.2.2　供电电源

供电电源按照图 8 的模式向总线供给电压和电流。

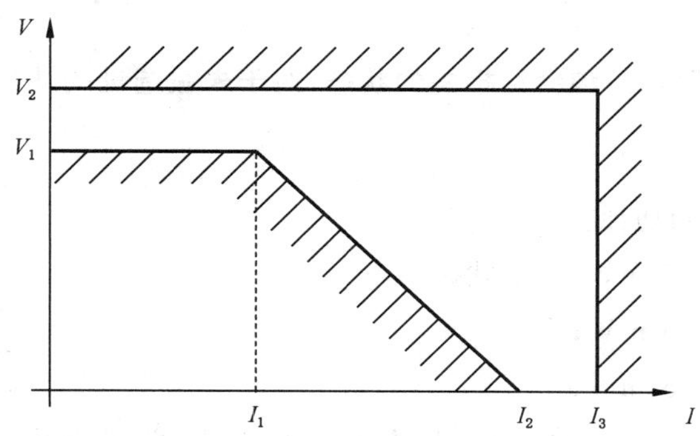

说明：

$V_1=22$ V，$V_2=35$ V；

$I_1=80$ mA，$I_2=250$ mA，350 mA$\leqslant I_3 \leqslant$1 000 mA。

图 8　供电电源特性参数

1 kHz～1 MHz 范围内的纹波噪声峰值小于 10 mV，低于 1 kHz 的纹波噪声峰值小于 100 mV。

供电电源本身的特性不在这里描述。

8.2.2.3 从站的储能元件

为了在交换过程中提供峰值电流和优化远程供电电源，每一个从站都配有一个相应的储能元件(最大值为 470 μF，相对误差为＋20％)来积累电能。

8.2.2.4 从站的功耗

图 9 和图 10 表示出一次交换会话的相关状态。

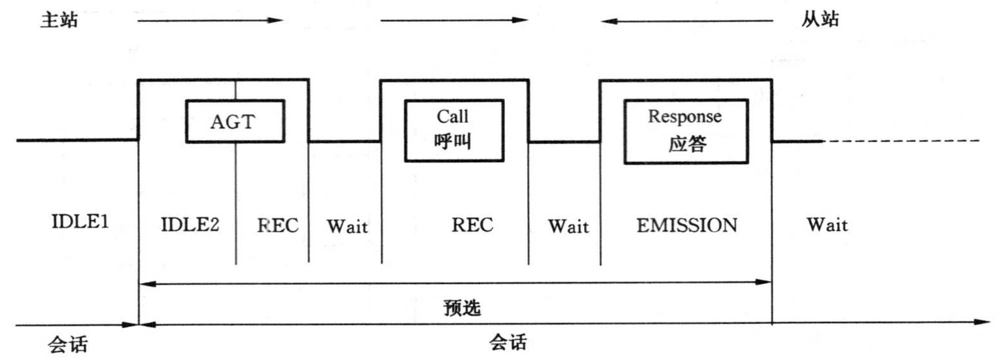

图 9 和一次会话相关的状态：对于被选址的从站

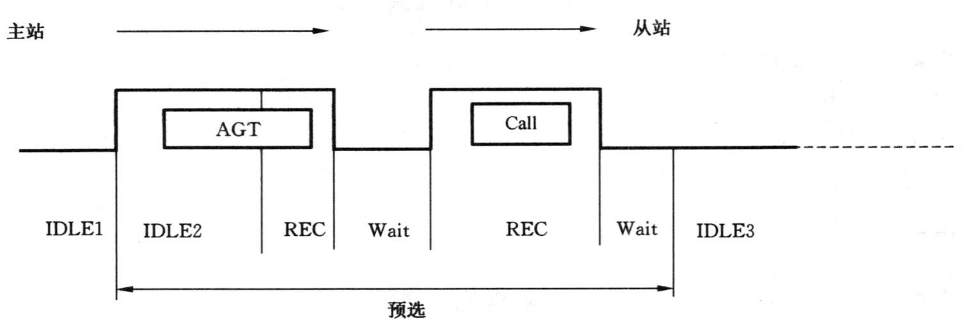

图 10 和会话相关的状态：对于未被选址的从站

各状态下的功耗如下。

这些值代表了最大的平均功耗：

——Idle 模式 1　最大 15 mW(通信状态)；

——Idle 模式 2　最大 15 mW；

——Idle 模式 3　最大 15 mW；

——接收模式　(最大)40[7] mW＋n×最大 10[7] mW(n＝设备个数)；

——等待模式　(最大)40 mW＋n×最大 10 mW(n＝设备个数)；

——发送模式　(最大)140[7] mW＋n×最大 10 mW(n＝设备个数)。

7) 接收和发送的功耗取决于报文中“0”的个数。这些值是假设报文中的“0”和“1”的个数相同时的平均功耗。

最坏的情况下，传输中 90%为“0”：

——接收模式　　最大 50[7) mW+n×最大 14[7) mW(n=设备个数)；

——发送状态　　最大 180[7) mW+n×最大 14[7) mW(n=设备个数)。

对这些不同模式(包含相关时序)的详细描述在状态转换中给出。

8.2.3 单一从站，多重从站

单一从站等同于一个逻辑地址 ADS。

一个复杂从站对应多个逻辑地址 ADS。

多重从站的作用是允许对在次级总线上的从站中的不同设备选址访问，见图 11。

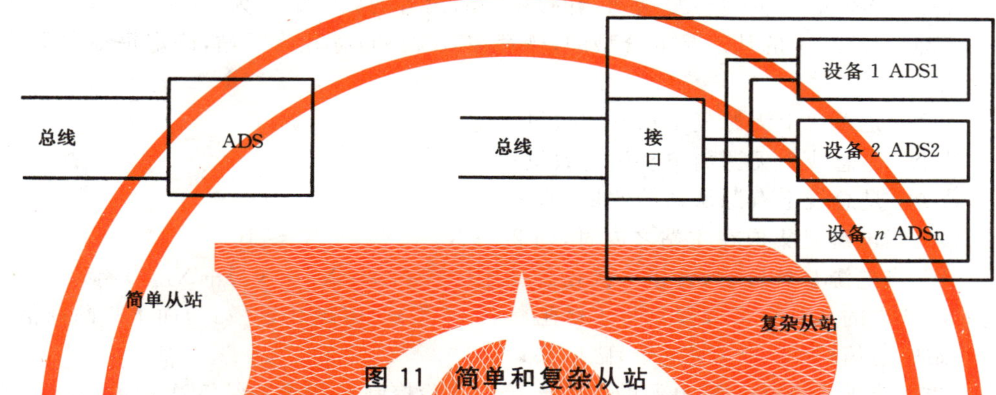

图 11　简单和复杂从站

次级总线结构的基本点：

a) 次级总线的长度不包含在主总线之内；

b) 次级总线有 4 根线，其中 2 根是信号线，另外 2 根是供电线；

c) 一个无源从站，不管是单一从站还是多重从站，对于物理通信参数来说，它最多只能等效于 2 个从站；

d) 除了在调制方面的特征，主总线和次级总线的协议是相同的：次级总线上的信号是基带信号(1 200 bps～9 600 bps)：信号线符合 EIA 485 和 ISO/IEC 8482；

e) 次级总线的最大长度为 50 m；

f) 次级总线上的设备数量最多为 6 个；

g) 次级总线的电缆和主总线的一样；

h) 如果，辅助总线是一直供电的，则可以通过接口从一个设备向主站发出报警信号。这个报文由载波传输 TAB 产生，同时主站的接口和设备应是处于报警激活模式的。

主总线可以支持如下站：

1) 简单有源从站；

2) 简单无源从站；

3) 复杂无源从站。

8.3 总线规范

8.3.1 一般特征

一般特征如下：

a) 特别支持远程抄收和远程编程。总线总是有一个插座和至少一个从站；

b) 总线拓扑并不重要，可以是非环状的线型、星型或树型，线缆的总长（含供电线缆）不超过 500 m。从站内部的次级总线，不含在此长度之内；
c) 总线可以为从站供电。因此总线可支持有源和无源站；
d) 总线与所有接收器和发射器之间有电隔离，电隔离的电压级别参照从站标准中涉及的相关标准值；
e) 总线上的供电可为永续的，在这种情形下，报警模式就可以激活；
f) 总线上可以并联 1～100 个从站：
——总线上的无源站（简单或复杂功能的）的数量最多为 50 个；
——总线上有源站的数量最多为 100 个；
——总线上和从站（简单或复杂功能的）相关的设备的数量最多为 50 个；
——若同一总线上的从站是混合型的，既存在有源站也存在无源站，确定每种类型最大数量的规则如下：
- 若 N_1 是总线上无源复杂从站的数量；
- 若 N_2 是总线上无源简单从站的数量；
- 若 N_3 是总线上有源从站的数量，那么：
  1) 当电源是集成在主站之内时，则 $2\times(N_1+N_2)+N_3\leqslant 100$；
  2) 当电源是外置的，直接连接在总线上时，则 $2\times(N_1+N_2)+N_3\leqslant 98$。
g) 这些从站中的某一个可以偶尔处于低阻状态（不发送“0”的传输模式）而不打断通信；
h) 与主站的通信经由一个（仅一个）磁插头；
i) 该总线应能承受与 220 V 电源的偶然连接。试验控制过程将连续 5 次加上 250 V 交流电，每次持续 5 min，每次间隔 5 s。

8.3.2 电缆特性

室内电话线类型：
——单一双绞线以及铝屏蔽排线；
——导体：标称直径 0.5 mm～0.6 mm 的镀锡铜线；
——PVC 绝缘。
电气特征：
——20 ℃时的直流回路电阻：117 Ω/km～192 Ω/km；
——通带 50 kHz（－15 ℃～＋45 ℃时）：
a) 线性回路电阻：154 Ω/km～220 Ω/km；
b) 线性回路电感：500 μH /km～800 μH /km；
c) 线性电容：80 nF/km～130 nF/km；
d) 容性损失因数：最大 5%；
e) 芯线对屏蔽层间电容的不平衡度：最大 5%；
f) 综合特征阻抗：74 Ω～115 Ω；
g) 线性相位移（50 kHz）：最大 150(°)/km。
以上特性是对带屏蔽隔离的对称源而言，其阻抗 Z 和 Z’在 50 kHz 时大于 1 000 Ω。

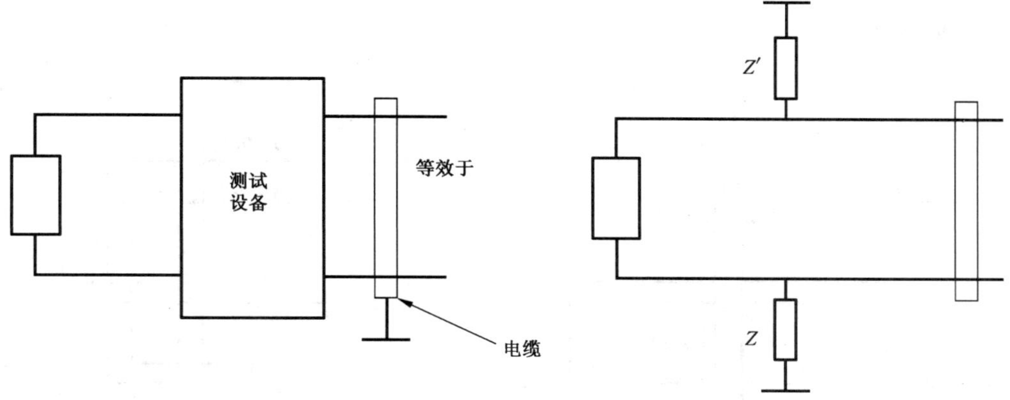

图 12 测试设备等效电路图

8.3.3 连线

连线方式如下：

a) 从站的连接时应确保屏蔽排线(如:采用 3 端分线盒时)的连通性；

b) 屏蔽排线应单点接地,或在可能时连接到等效的参考电位；

c) 除线缆外,在总线线缆和屏蔽层或地之间不应接入小于 1 000 Ω(50 kHz 时)的阻抗。

若使用与上述规范稍有不同的线缆,应注意：

——对容性较大或电阻值较高的电缆,需要减小其长度。长度与阻抗大致呈反比；

——对容性较小或电阻值较小的电缆,长时间的总线空闲可能在接收器输入端引起过压。这个问题可以通过在总线线缆间(靠近磁插头的一端)接一个(330～1 000) Ω/0.25 W(根据据过压率选择)的阻尼电阻来解决。为确保能抵御意外接入的 220 V 电压,应将一个具有合适耐压的 47 nF 电容与这个电阻串接。

8.4 磁插头

8.4.1 功能

8.4.1.1 简单磁插头

磁插头包含一个移动的插头(主站)和一个固定的插座(从站)。

当两部分连接之后,磁插头在 HHU(连接在插头上)和总线(连接在插座上)之间双向地传输信号。

每个部分各是铁氧体变压器的一半,在磁回路中留有气隙。

为了对这个变压器进行高串联电感和低并联电感的补偿,需要在每侧连 1 个调谐电容器和 1 个阻尼电阻器,将其转变成一个 4 阶的带通滤波器,中心频率为 50 kHz,品质因数 $Q<3$。

这样可以采用简单的方波传输,并可以消除频率的瞬变。

8.4.1.2 带电源的磁插头

除上述特性外,带电源的磁插头还可以传输 400 kHz～600 kHz 的信号。默认值为 500 kHz,这个信号在对总线注入直流信号之前先进行整流和滤波。

8.4.2 一般机械特征

单位为毫米

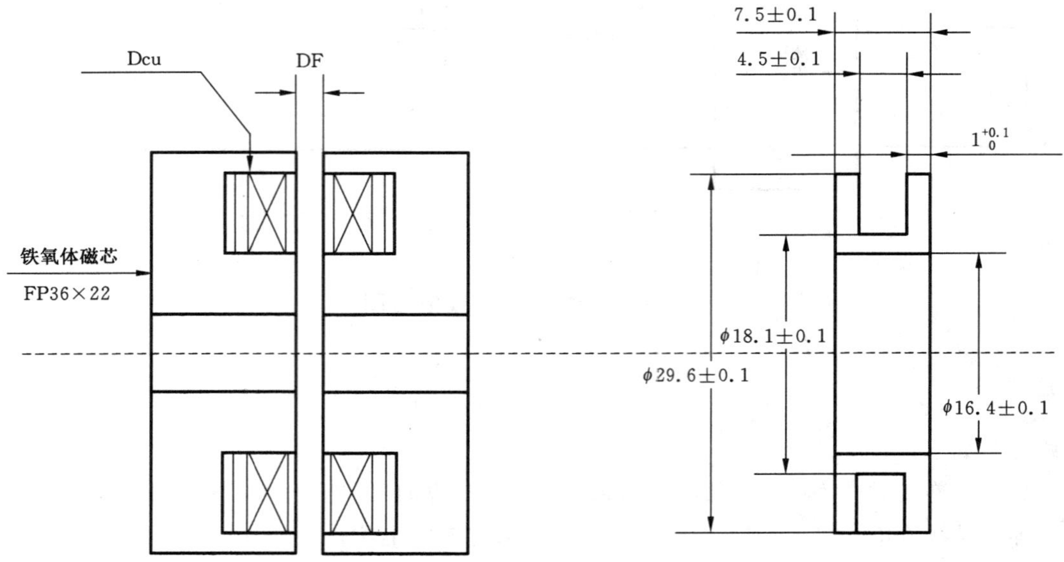

说明：

FP ——铁氧体；

DF ——铁氧体之间的空隙；

Dcu ——磁芯的直径。

图 13 铁氧体和线圈

磁插头的每一半都包含一个位于半个铁氧体磁芯中的线圈(外面有坚固的塑料外壳)，如图 13，当贴合时，线圈与磁芯近乎同心，并关于中面对称。而且：

——磁气隙 DF＝4.25 mm±0.25 mm；

——最大不同心度：0.25 mm。

当装配和贴合时，磁芯和线圈均应固定或紧贴中面。例如，考虑到公差和尺寸关系，线圈与磁芯之间的轴向气隙应位于线圈的背面。

对最高频率小于 100 kHz 的铁氧体，其型号是标准的：

——初始的磁导率超过 1 800；

——当频率为 100 kHz 时，其介质损耗系数 tanδ 最大值约为 2%；

——由于存在磁场泄漏，因此无磁饱和(实际上，在约 0.4 T 时才有磁饱和)。

8.4.3 简单插头的电气图

8.4.3.1 概述

简单插头(含附属元件)的常见电气框图如图 14 所示。

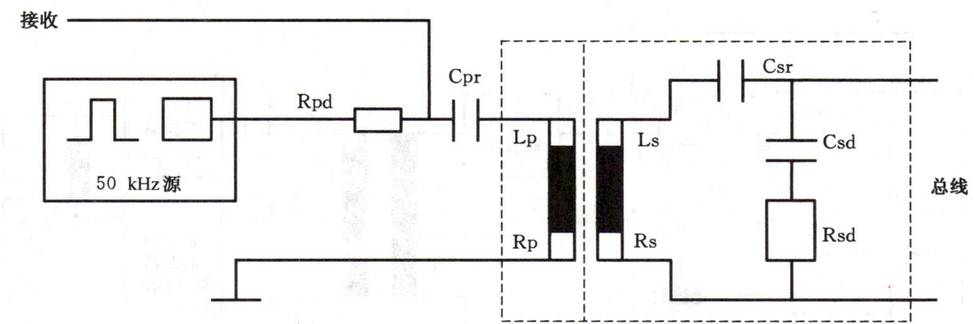

说明：

Rpd——初级阻尼电阻器；

Cpr——初级调谐电容器；

Csr——次级调谐电容器；

Csd——次级阻尼电容器；

Rsd——次级阻尼电阻器；

Lp——初级电感；

Ls——次级电感；

Rp——初级电阻器；

Rs——次级电阻器。

图 14　磁插头的相关器件

8.4.3.2　总线侧插座的相关器件

和 Ls 调谐的串联电容器 Csr。

并联阻尼电阻器 Rsd。

并联电容器 Csd 和 Rsd 串联，确保能耐受对 220 V 电源的意外联接。

8.4.3.3　插头侧的相关器件

和 Lp 调谐的串联电容器 Cpr。

串联阻尼电阻器 Rpd(取决于 50 kHz 源，包含所有的 50 kHz 的串联电阻器，如软线的、连接器的等)。

50 kHz 信号源，所发信号可以是方波。

连接到 Cpr、Rpd 节点的接收器的解调器与方波整形电路(即全波整流器和门限电路)。

处于接收模式时，50 kHz 源的输出阻抗，即使是低电压时，也应当保持小于几欧姆，以确保初级电路的阻尼。

8.4.4　带电源的插头的电气图

带电源的插头(含相关器件)的电气框图如图 15 所示。

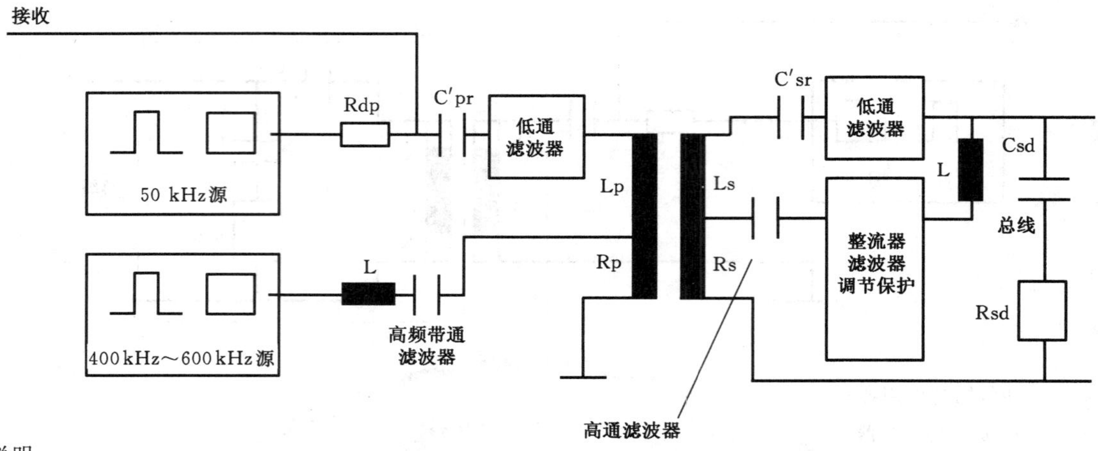

说明：

Rpd ——初级阻尼电阻器；

C'pr——初级调谐电容器；

C'sr——次级调谐电容器；

Csd ——次级阻尼电容器；

Rsd ——次级阻尼电阻器；

Lp ——初级电感；

Ls ——次级电感；

Rp ——初级电阻器；

Rs ——次级电阻器。

图 15 供电插头的相关器件

除以下情况外，50 kHz 部分的工作与简单插头电路类似：

——由于两个低通滤波器的存在，使两路均产生附加衰减。50 kHz 源接收器设备应考虑该衰减；

——由于低通滤波器在 50 kHz 的阻抗影响，C'r 和 C'sr 与 Cpr 和 CSr 之间会稍有不同。

400 kHz～600 kHz 部分针对远程供电。

8.5 （50 kHz 信号的）主站发送器的功能特点

主站发送器由主站发送源和磁插头组成。

在整个温度范围内，总线上输出的信号应符合如下限制(见图 6)：

a) Tev0 和 Tev1 应符合表 51 的值；

表 51 主站发送器：Tev0 和 Tev1 的值

	1 200 波特	2 400 波特	4 800 波特	9 600 波特
Tev1/μs	750	330	140	60
Tev0/μs	750	330	140	60

b) Veh1＝0.25 V

所指信号的频率在 1 kHz～1 MHz 之间。

总线输出开路时：

c) Vevlo＝5.8 V；

d) Vevho=7.5 V;

当总线用 100 欧电阻代替时:

e) Vevlo=4 V;

f) Vevho=4.8 V;

当总线用 31.8 nF 电容代替时:

g) Vevlo=5.2 V;

h) Vevho=6.5 V;

此外,输出端应要么开路,要么匹配 100 Ω 的电阻或 31.8 nF 的电容。

i) 当暂态消除后,在所有状态和最高到 1 MHz 的任何频率下,总线输出端传输的噪声,在 1 kHz ~1 MHz 范围内,其峰值不应超过 10 mV;

j) 由于从发送模式转成接收模式(反之亦然)的开关造成的过压尖峰,在各种条件下不超过峰值 0.25 V。

以上这些值在磁间隙 DF=(4.25 mm±0.25 mm)$\pm_{0}^{0.15}$ mm 的条件下得到的。

8.6 (50 kHz 信号的)主站接收器的功能规范

主站接收器是由主站接收电路(解调和方波产生)和磁插头组成的。

接收器应在整个温度范围内能对正弦输入信号(其特征上文已经阐述过)正确接收(正确接收指帧重复率$<10^{-5}$)。

信号应通过一个串联阻抗连接到磁插头的总线端子上,阻抗值如下:

a) Tev0 和 Tev1 应符合表 52 的值:

表 52 主站接收器:Tev0 和 Tev1 的值

	1 200 波特	2 400 波特	4 800 波特	9 600 波特
Tev1/μs	700	290	125	50
Tev0/μs	700	290	125	50

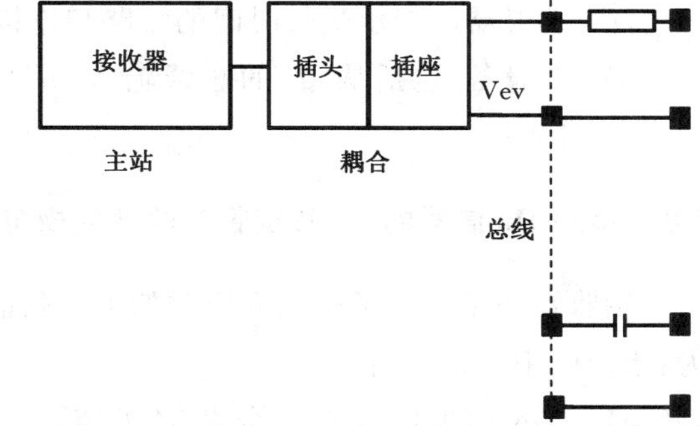

当电阻为 100 Ω 时:

b) Vevh1=0.25 V;

c) Vevlo=0.7 V;

d) Vevho=3.2 V;

当电容为 31.8 nF 时:

e) Vevh1=0.20 V;

f) Vevlo=0.55 V;

g) Vevho=2.5 V;

此外,在条件 b)(串联电阻 100 Ω)时,接收器应在下述情形下正确接收(正确接收定义为:帧重复率$<10^{-5}$):

h) 频率 1 kHz~1 MHz,峰值为 0.1 V 的连续波形;

i) 幅度为 20 V,持续时间为 5 μs 的方波脉冲;

j) 幅度为 3.5 V,持续时间为 200 μs 的方波脉冲。

8.7 (50 kHz 信号的)从站发送器的功能规范

在整个温度范围内,传输到总线上的信号应满足以下的要求:

a) Tev0 和 Tev1 应符合表 53 的值。

表 53 从站接收器:Tev0 和 Tev1 的值

	1 200 波特	2 400 波特	4 800 波特	9 600 波特
Tev1/μs	750	330	140	60
Tev0/μs	750	330	140	60

b) Vevh1=0.1 V

这只是对于频率为 1 kHz～1 MHz 的信号而言的。

当总线用 100 欧电阻代替时:

c) Vevlo=1.2 V;

d) Vevho=1.8 V;

当总线用 31.8 nF 电容代替时,测量和这个电容串联在一起的 1 Ω 电阻上的输出信号,并将结果乘以 100:

e) Vevlo=1.5 V;

f) Vevho=2.5 V;

另外,当总线端子两侧连接一个 100 Ω 的电阻或 31.8 nF 的电容时:

g) 由于从发送模式转成接收模式(反之亦然)的开关造成的过压尖峰,在各种条件下不超过峰值 0.75 V;

h) 当暂态消除后,在所有状态和最高到 1 MHz 的任何频率下,总线输出端传输的噪声,在 1 kHz～1 MHz 范围内,其峰值不应超过 10 mV。

另外:

i) 最大的短路电流:在 50 kHz 时,峰值为 26 mA;

j) 发射器应能承受长时间的短路和连接到 220 V 上的情况;

k) 在设备(包括从站)的总线输入(端口)和设备的其他输入(端口)之间的最大共模电容不超 15 pF。

8.8 (50 kHz 信号的)从站接收器的功能规范

接收器在整个温度范围内应对如下正弦输入信号(其特征上文已阐述过)正确接收(正确接收定义为:指误码率$<10^{-5}$):

a) Tev0 和 Tev1 应符合表 54 的值;

表 54 从站接收器:Tev0 和 Tev1 的值

	1 200 波特	2 400 波特	4 800 波特	9 600 波特
Tev1/μs	700	290	125	50
Tev0/μs	700	290	125	50

与接收器的输入阻抗相比，电压产生器的内阻可以忽略：

b) Vevhl＝0.3 V；

c) Vevlo＝2 V；

d) Vevho＝8 V；

另外，接收器对以下信号应不敏感：

e) 1 kHz～1 MHz 之间的峰值为 0.25 V 的持续的信号；

f) 宽度为 5 μs 的 20 V 的脉冲信号；

50 kHz 时的输入阻抗：

g) 当电压高达 5 V 时，从站的接收电路部分的输入阻抗无论是供电还是不供电时，都应该由一个电阻和一个电抗并联组成。其中，有源和无源站应也考虑进去：

- 对于一个有源站来说：
  ——电阻＞20 kΩ；
  ——如果呈感性，则感抗＞20 kΩ(60 mH)；
  ——如果呈容性，则容抗＞100 kΩ(30 pF)。
- 对于一个无源站来说：
  ——电阻＞10 kΩ；
  ——如果呈感性，则感抗＞10 kΩ(30 mH)；
  ——如果呈容性，则容抗＞50 kΩ(60 pF)。

h) 在峰值超过 5 V 时内部可以嵌位，当电压高于嵌位电压时，动态输入阻抗＞200 Ω(50 kHz)；

i) 在 50 kHz 时，传输逻辑 1(总线上没有信号)的最小的输入阻抗：200 Ω；

j) 接收器能承受在总线端子上长时间加 220 V 电压；

k) 在总线输入和其他输入之间的最大的共模电容，对于一个有源站：15 pF；对于一个无源站：100 pF。

在第 8 章中规定的用于测量的所有阻抗应具有 1%的准确度。

附 录 A
（规范性附录）
规 范 语 言

A.1 词汇和操作规则

为了清楚地阐述出本地总线数据交换结构中的各层的作用，技术规范中采用表格的形式描述出状态数量有限的控制器的实际行为。

每一个控制器对应一个唯一的逻辑表格，如果这个逻辑表格很大的话，它可以分解成若干个物理表格。

每一个控制器的事件对应一个参考控制器逻辑表格的实例（特有的活动的拷贝）。

每一个物理表格包含若干状态行，每个状态行描述了机器执行一组动作（第3列）后从初始状态（第1列）到最终状态（第4列）的触发条件。

第一个初始状态是控制器的启动状态。这个状态是唯一的，用粗体字的形式来特别地表示。

控制器的停止状态是一个最终状态，因此不能作为任何状态行的初始状态。若一个控制器没有停止状态，则它是无休止运行的；一个有休止的控制器有一个或多个停止状态。这些状态也用粗体字来表示。这种约定表示，包含在物理表格的状态的出现顺序是无关紧要的。

由于触发条件始终相互排斥，当几个状态行对应同一个初始状态时采用相同的约定。因此，物理表格中的状态行的顺序只是出于表现形式的考虑而排列的。虽然如此，逻辑上，往往从初始状态的传送的描述开始。

在一个状态行里的动作集应严加考虑（即不间断动作序列），这里描述的行动应按照所列出的顺序一一执行。一个动作用一种命名的过程函数的形式来定义，括号中带有一个或多个参数，或没有参数。所有这些被命名的过程函数应该有独立的描述。然而，有两个预先定义的过程：assignment＝ 和空过程＄none()（无任何动作）。

和某个状态行相关的触发条件可能包含若干个子条件。对一个复合型的触发条件进行判断时总是要涉及到对其包含的所有的子条件的判断。这样一来，子条件书写的顺序就无关紧要了。

用于表示复合条件的运算符号是逻辑运算符号 &（逻辑与）、|（逻辑或）not()（逻辑非）和比较运算符（〈，〉，〈＝，〉＝，〈〉）。

共有两种类型的触发条件。

根据定义，简单条件是瞬时判别的。如果它是复合型的，其所有的子条件都应是简单类型的。一个布尔函数就是一个简单条件的例子。所有这些被命名的布尔函数应该有独立的描述。

事件条件表示在等待一个事件的发生。它可能会包含若干个事件或简单子条件。

当一个触发条件的判断结果为真时，条件就满足了，触发条件的满足就导致状态进行转换。

一个事件可以定义为为了满足一个事件型触发条件的元素。

当包含在触发事件型中的一个事件满足条件之后，它就自动进行。一个事件只能进行一次。

当一个事件发生，而控制器处于无法完成该事件的状态时，该事件将被按时间顺序存放在一个称为交互控制器队列的区域中。

因此，每个控制器有和控制器本身事件共享的单一队列，队列的大小假设是无穷大的，其组织和管理方式在这里不做描述。但是需要注意的是,对于任何一个从启动状态开始的状态转换,会自动对队列进行局部(即只针对和当前控制器本身事件相关事件的队列)清理。

还有一个自整理机制,用于自动删除那些明显无法进行的外来事件。而且,有一个预定义的名称为＄purge()的过程,用于对当前的交互控制器队列进行全面清理,相应控制器的所有的事件因此而返回到启动状态。

事件由一些与状态行相连接的一系列动作中所描述的动作产生。一个内部的事件,只能被产生它的控制器来完成,而一个外部事件只能是由产生它之外的控制器来完成。

应当注意,事件未被触发(用逻辑操作符 not()中的事件子条件来表示)总是一个简单的子条件。

对于初始化状态,当有触发条件为确定类型(简单条件或事件)的状态行时,那么所有具有相同初始化状态的状态行也具有相同类型的触发条件。

当这个类型是简单类型时,初始化状态称为子状态。子状态用斜体字形式来特别写明。它是瞬时的,而且总是可以被移除的。它只有在被进一步清晰说明后才能在物理表格中出现。在启动子状态的特殊情况下,预定义了一个特殊的条件:＄true(),总是真。

针对每一个控制器事件,触发条件所涉及的变量和物理表中所面述的动作保持为局部变量。还有一个预定义的变量(无连接变量)用于代替在任何函数和过程中的任何没有使用的参数。

A.2　实体和实体调用

可以把在这里描述的规范语言和 OSI(开放式系统互联)中的特定概念进行比较。

例如,对于每一层,实体意图相当于控制器,而术语“实体调用”类似控制器事件。

附 录 B
（规范性附录）
定时类型和特征

B.1 定时类型定义

定时分类为以下几种类型：

逻辑定时：TL 类型；

从停止位到停止位的定义（图 B.1）。

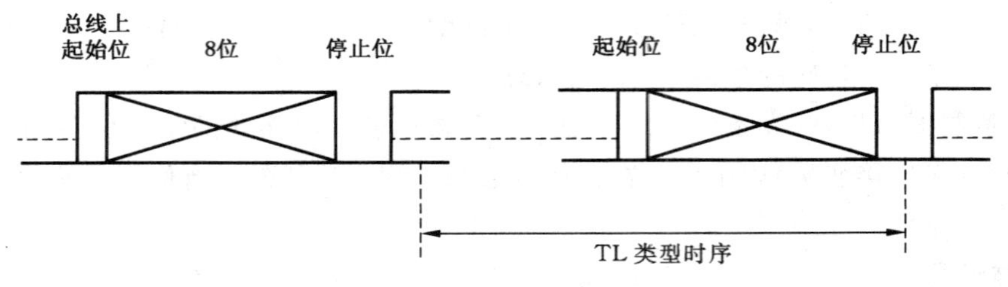

图 B.1 逻辑定时类型

物理定时：TPFD 或 TPDF 类型；

TPFD 时序从载波的结束到载波的开始的定义和 TPDF 时序从载波的开始到载波的结束的定义（图 B.2）。

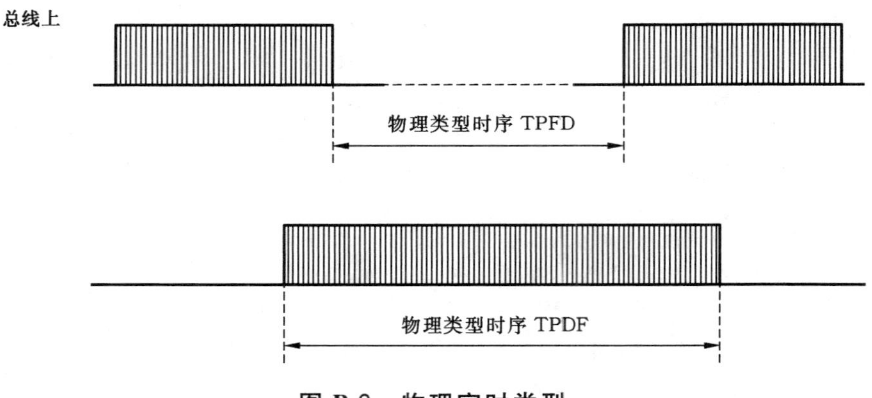

图 B.2 物理定时类型

半逻辑定时：TSL1 类型；

从载波停止或事件结束开始到停止位之间的时间。

半逻辑定时：TSL2 类型；

从事件的结束到起始位的时间。

延时定时：Tc 类型；

由事件触发，根据编程的延时时间自动停止。

条件定时：Ta 类型；

由总线的供电决定：TICB 是 Ta 类型。

B.2 定时值和参数

时序的精度为±1%。最小值不能小于±10 ms。

定时序列中的每个定时限定值应考虑这个参数。结果用以下方式处理(见图 B.3 和图 B.4)：

a) 上限-允许偏差＞M＞下限＋允许偏差，结果是正确的；

b) M＜低限-允许偏差，结果不正确；

c) M＞上限＋允许偏差，结果不正确；

d) (下限-允许偏差)＜M＜(下限＋允许偏差)，结果不确定，正确或不正确；

e) (上限-允许偏差)＜M＜(上限＋允许偏差)，结果不确定，正确或不正确。

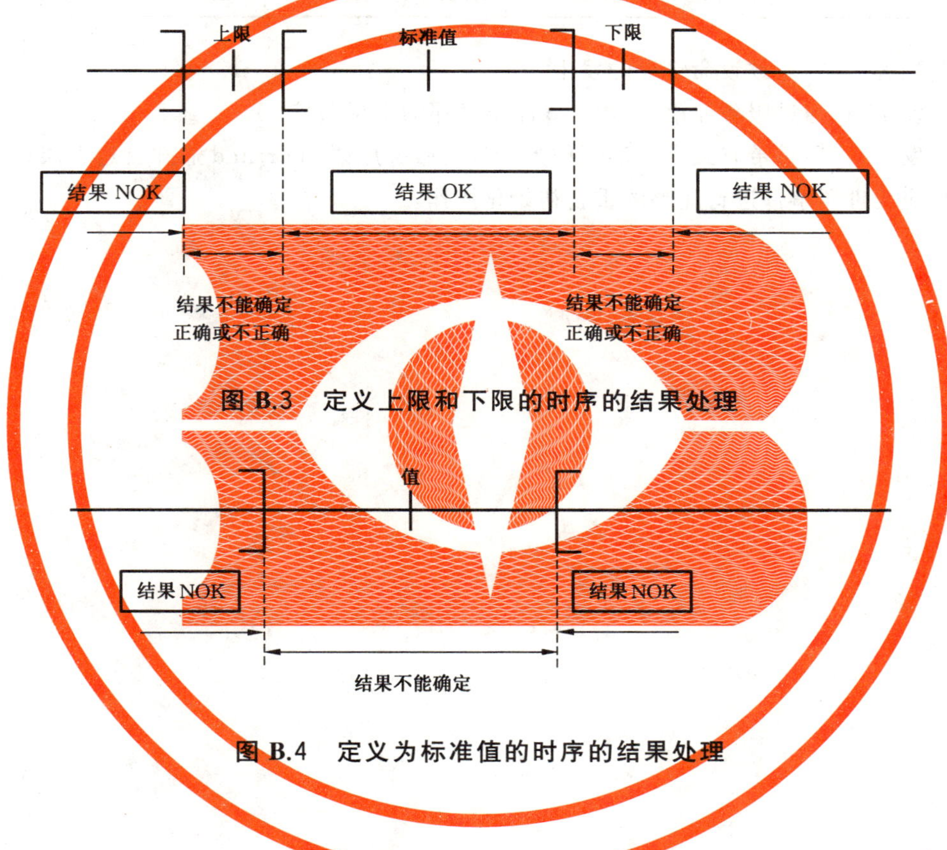

图 B.3 定义上限和下限的时序的结果处理

图 B.4 定义为标准值的时序的结果处理

附 录 C
（规范性附录）
致命错误列表

表 C.1 中列出的任何一个致命错误的发生，都将从本地上传到应用层。

表 C.1 致命错误的错误号

编号	1	2	3	4	5	6	7	8
错误	EP-3F	EP-4F	EP-5F	EL-1F	EL-2F	EA-1F	EA-2F	EA-3F

不论涉及到哪一层，导致致命错误的发生：

——如果发生，将通过服务原语 abort.req 停止紧邻的下层通信；

——一旦发生，将通过带有致命错误号作为参数的服务原语 abort.ind 通知就近上层；

——对相应处理器事件进行完整的重新初始化操作。

附　录　D
（规范性附录）
帧中命令码的编码

D.1　本地总线数据交换的命令码域

本地总线数据交换的命令码域见表D.1。

表D.1　本地总线数据交换的命令码域

缩写	16进制值	2进制值	作用
不带DLMS的命令码			
ENQ	01	0000 0001	远程抄读请求
DAT	02	0000 0010	远程抄读应答
REC	03	0000 0011	远程编程请求
ECH	04	0000 0100	在远程编程中的数据回应
AUT	05	0000 0101	认证命令
EOS	06	0000 0110	结束会话
ASO	07	0000 0111	遗漏站呼叫
RSO	08	0000 1000	遗漏站应答
IB	09	0000 1001	总线初始化
DRJ	0A	0000 1010	拒绝远程编程数据
ARJ	0B	0000 1011	拒绝远程编程认证
TRF	0C	0000 1100	点对点远程传输
TRB	0D	0000 1101	广播式远程传输(无应答)
TRA	0E	0000 1110	点对点远程传输确认
PRE	10	0001 0000	无源站选择
SEL	11	0001 0001	无源站选择确认
以下代码仅用于DLMS/COSEM			
XBR	12	0001 0010	改变波特率的请求
XBA	13	0001 0011	改变波特率的应答

表D.1中所列的命令，也被管理支持层在DLMS/COSEN和DLMS环境下用来总线初始化、(遗忘站的)搜索和传输速率协商过程。

D.2　带DLMS或DLMS/COSEM的本地总线数据交换的命令码域

为了避免不带DLMS结构的DATA+帧发生混淆，DATA+、优先级、发送和确认域生成一个特殊的命令码 COM,其取值从保留的 COM 值(见表 D.2)之外选择。

表 D.2 带 DLMS 和 DLMS/COSEM 的命令码域

缩写	16 进制值	2 进制值	作用
ND1	E0	1110 0000	正常数据 (优先级="0"), 序列号=0000
ND2	E3	1110 0011	正常数据 (优先级="0"), 序列号=0011
ND3	EC	1110 1100	正常数据 (优先级="0"), 序列号=1100
ND4	EF	1110 1111	正常数据 (优先级="0"), 序列号=1111
UD1	F0	1111 0000	正常数据 (优先级="1"), 序列号=0000
UD2	F3	1111 0011	正常数据 (优先级="1"), 序列号=0011
UD3	FC	1111 1100	正常数据 (优先级="1"), 序列号=1100
UD4	FF	1111 1111	正常数据 (优先级="1"), 序列号=1111

附 录 E
（规范性附录）
CRC 规则

E.1 概述

用一个字节的信息块（参考数据链路层）对传输位的正确性进行校验。校验秘钥是一组被称之为校验域的位串信息。校验秘钥的计算方法是基于循环编码的原理，该原理使用多项式的除法和多项式除法余数的代数运算。

E.2 多项式运算

若 $A=(a_1,a_2,\cdots,a_n)$ 是要进行计算的位串，这个位串可以看作是一个 $n-1$ 阶的多项式：

$$A(X)=a_1X^{n-1}+\cdots+a_{n-1}X+a_n$$

找一个 m 阶的多项式 $D(X)$ 为除数，则多项式的除法 $A(X)\times X^m/D(X)$ 等效如下：

$$A(X)\times X^m=D(X)\times Q(X)+R(X)$$

式中：$R(X)$ 是一个小于或等于 $m-1$ 阶的多项式，表示位串 $R=(r_1,r_2,\cdots,r_m)$。

根据布尔运算的性质，该公式还可以写成：

$$A(X)\times X^m+R(X)=A(X)\times X^m-R(X)=D(X)\times Q(X)$$

表示位串 $(a_1,a_2,\cdots,a_n,r_1,r_2,\cdots,r_m)$。

E.3 校验过程

CRC（循环冗余校验）的校验域用位串 $R=(r_1,r_2,\cdots,r_m)$ 来表示。其计算：当数据位到达时用移位寄存器和累加寄存器计算出校验码。其相应算法不在这里描述。

其原理表明，发送方需将位串 $R=(r_1,r_2,\cdots,r_m)$ 和要进行保护的位串 $A=(a_1,a_2,\cdots,a_n)$ 连在一起，并把结果位串 $(a_1,a_2,\cdots,a_n,r_1,r_2,\cdots,r_m)$ 发送给接收方。

当接收方收到位串是一个能被 $D(X)$ 整除的 $m+n$-1 阶多项式时，无传输错误发生。

E.4 计算参数

具体实现该算法时，选择的参数是：

m	16
$D(X)$	$X^{16}+X^{15}+X^2+1$

附 录 F
（规范性附录）
来自遗漏站应答的随机整数的生成

F.1 概述

遗漏站呼叫交换过程中，为了管理多个时间片，需要产生和处理范围在[0，MaxRSO]之间的随机整数。

F.2 随机整数规则

选择下述规则只是针对随机整数，而不是说明一个具体的解决方案或算法。

任意一个在[0，n]范围之内的整数 I，当其出现的概率总是在[$100/n-D$，$100/n+D$]的范围时，在相对短的时间 T 里提供有效数字 N，这个整数被认为是随机的。

F.3 操作参数

在处理“遗漏站呼叫”的时间片 RSO 的情况下，最大值 MaxRSO 设置为 3。这个条件下，N，T，D 参数的选择参照下表。

N	T	D
≤100	≤10 min	≤7

附 录 G
（规范性附录）
认证的随机数的生成（不带 DLMS 的结构）

根据 DES（数据加密标准）标准算法，认证交互过程需要生成和处理 64 位的随机数。

规定了允许实施控制的两个规则，而不是特定解决方案：

——准则 1-海明间距；

由主站（$i=1$）或从站（$i=2$）产生的随机数 $NA_i(k)$，应该和先前的随机数之间海明间距 Dh 大于 4（这里在总线上观察窗 k 为 400）。

它由如下公式产生：

对于第 k 次观察，$Dh[Na_i(n+k), Na_i(n+k-1)]>4$，其中，$0<l<k$。

最大的连续观测次数 k 为 400，观测从 $k=0$ 开始，第一个随机数值为 $Na_i(n)$。

观测的发生至少有 1 秒的延时。

——准则 2-位分布概率。

来自上述 400 个随机数的完整的幂位范围 i，0 或 1 出现的概率应在 0.35 和 0.65 之间。

它由如下公式产生：

$0.35<[Pr(BitVal\ 2^i)=0]<0.65$，其中，$0\leqslant i\leqslant 63$；

$0.35<[Pr(BitVal\ 2^i)=1]<0.65$，其中，$0\leqslant i\leqslant 63$。

附 录 H
(规范性附录)
系统管理的实现

为确保最大兼容性(对于带或者不带 DLMS 和 DLMS/COSEM 的站),建议采用遗漏站呼叫机制(表 H.1)来实现系统管理。

表 H.1 搜索服务

搜索请求	搜索请求应答
在 TABi 域中有 2 个字节的 ASO 帧(第 1 个字节对应于保留的 TAB 0,第 2 个字节对应应答概率值)	包含系统标题(ADS)的标准 RSO 帧

下面是搜索服务的规范,见表 H.2。

表 H.2 服务规格

过程或函数(主站)	定义
discover.request (energized,adp,response-probability)	有源的:搜索新的有源站时为 TRUE,搜索新的无源站时为 FALSE ADP:主站的物理地址 response-probability:应答的请求概率
discover.confirm(collision,discover-list)	collision:若发生冲突为 TRUE,否则为 FALSE discover-list:搜索到的新站的 ADS 清单

在从站,发现服务请求产生范围在[0,100]之间的随机整数,来进行发现的应答。随机函数应有一个±10%的活动范围。这样,对于系统的一个有效数字 N($N>10$),报告系统数字应该为:在±10%,(Response Probability×N)/100。

附 录 I
(资料性附录)
交换相关信息

I.1 无源站的会话(图 I.1)

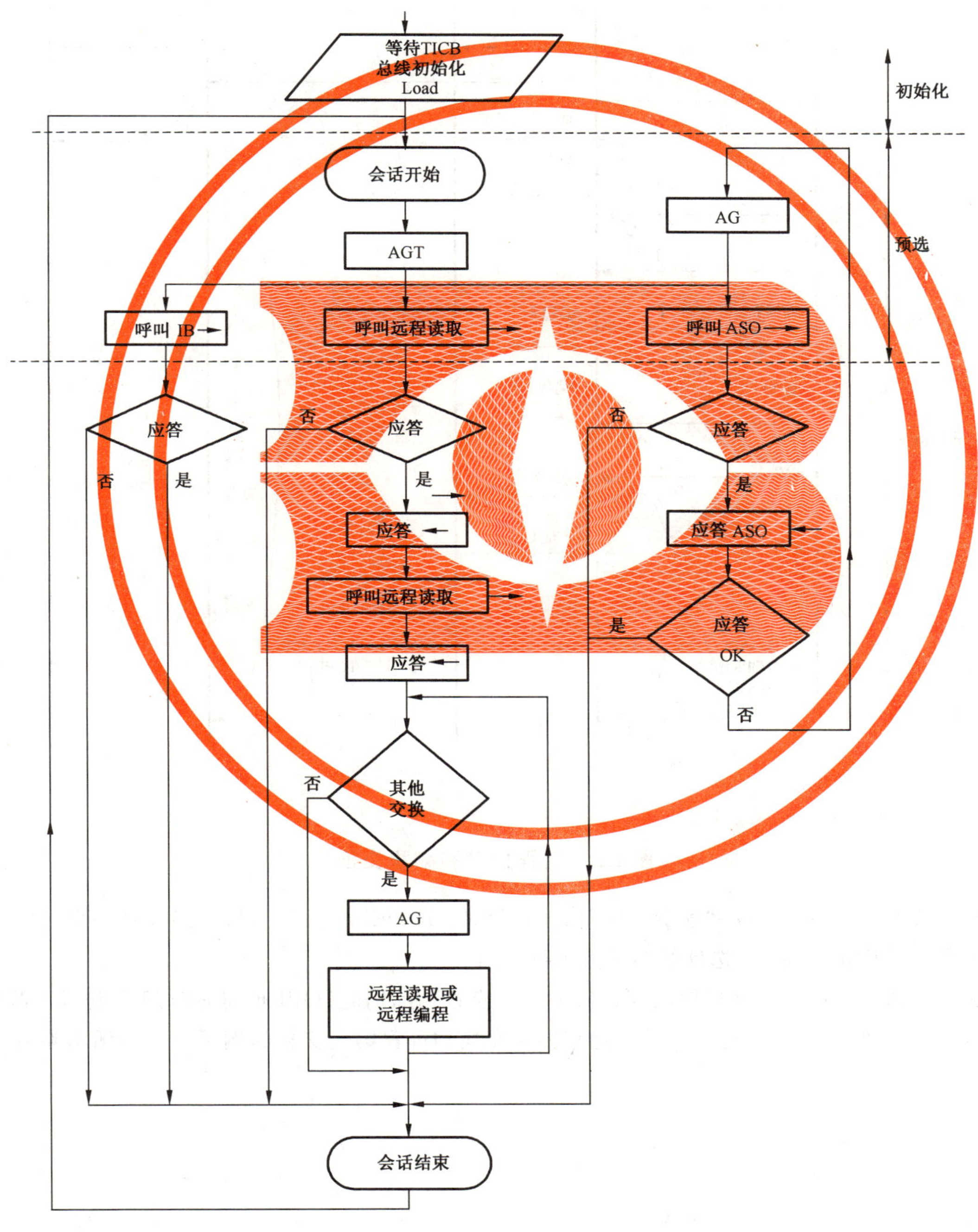

图 I.1 无源站会话

I.2 远程抄读和编程交换(图 I.2)

注：该子附录仅与不带 DLMS 的配置有关。

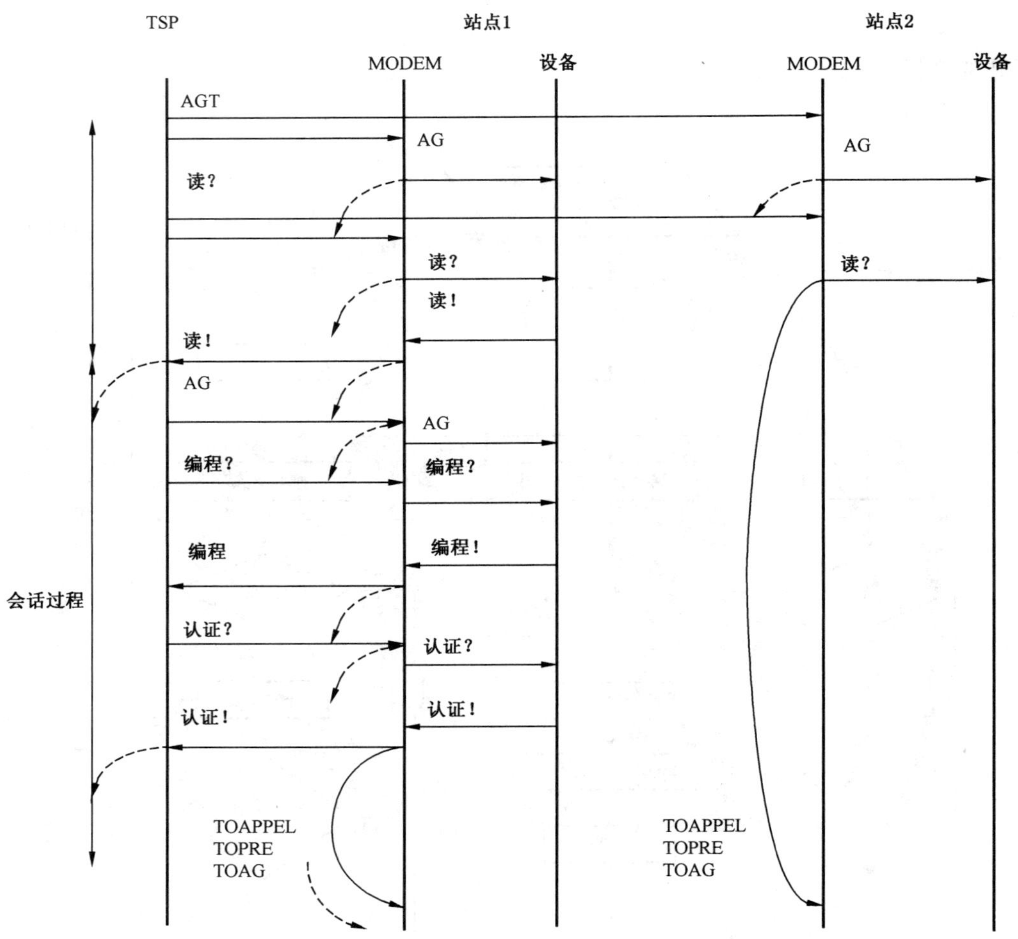

图 I.2 远程抄读和编程交换

主站向从站发送一个 AGT“唤醒呼叫”信号。经过 MODEM 过滤后，从站接收到一个 AGN 信号，并初始化 TOAPPEL 计时器(选址帧的最大等待时间)。

主站向从站 1 发送一个远程抄读帧。从站 2 不应答，并且在 TOPRE 超时时间后返回到低功耗状态。从站 1 应答：它被选址。这是一系列远程抄读交换和远程编程交换的例子。该会话由唤醒 TOAG 来检查。

I.3 总线初始化帧(图 I.3)

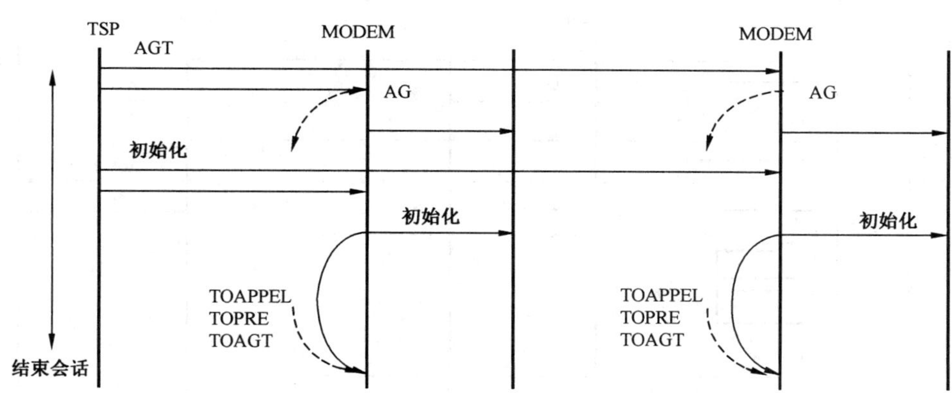

图 I.3 总线初始化

主站发送一个 AGT“唤醒呼叫”信号和一个总线初始化帧。所有无源从站被唤醒。由于 IB 帧不会引起任何的应答,所有的站会返回低功耗状态。

I.4 遗漏站呼叫交换(图 I.4)

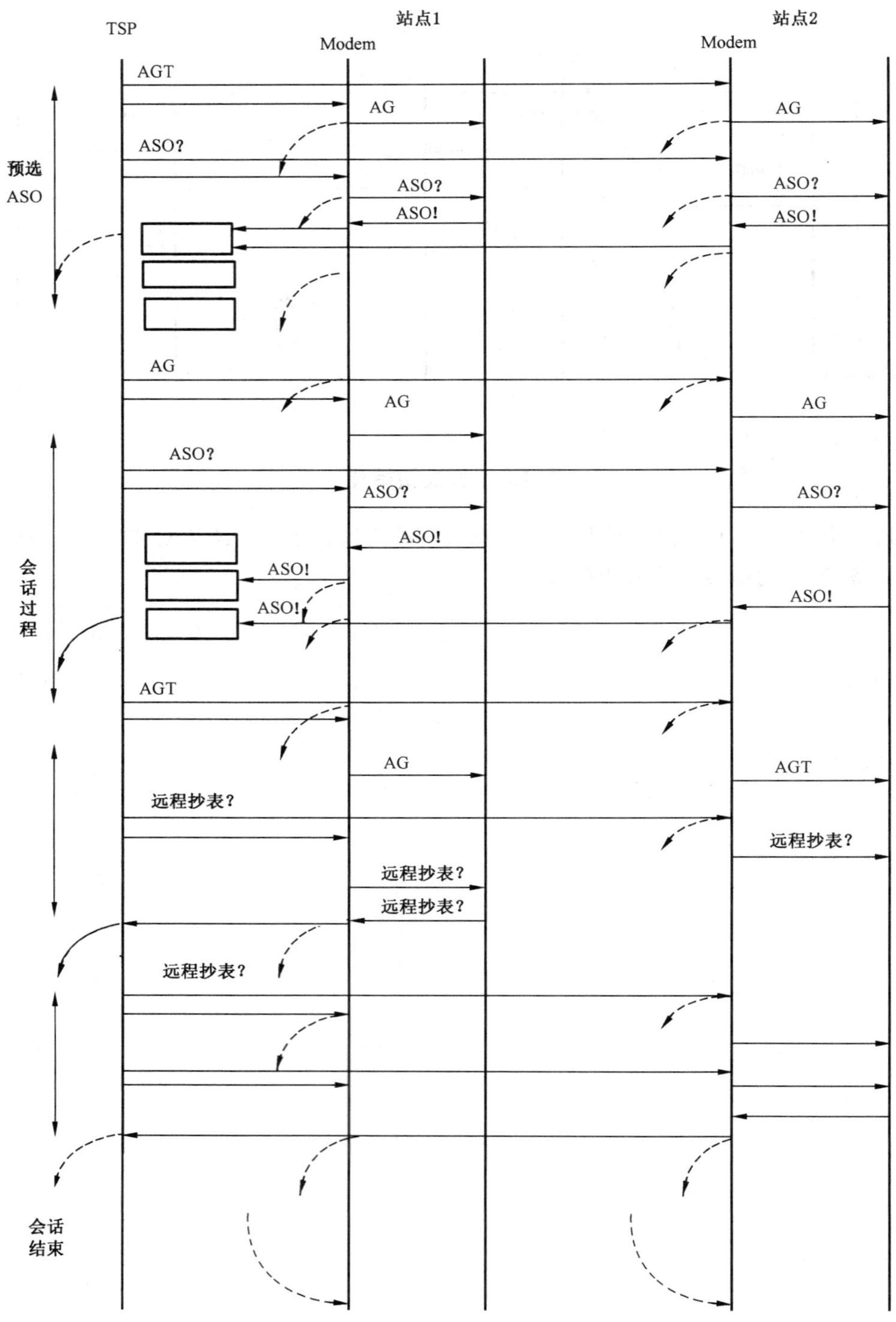

图 I.4 遗漏站呼叫交换

在这种情况下,两个从站成为“遗忘站”。在第一次遗忘站呼叫请求(预选请求)时,两个遗忘站在第一个时隙内都应答。在接下的遗忘站呼叫交换中,站 1 在第二个时间片应答而站 2 选择在第三个时间片应答。

参 考 文 献

[1] IEC 62056-6-1:2013 Electricity metering data exchange—The DLMS/COSEM suite—Part 6-1: Object Identification System (OBIS)

[2] IEC 62056-6-2:2013 Electricity metering data exchange—The DLMS/COSEM suite—Part 6-2: COSEM interface classes

ICS 17.220.20
N 22

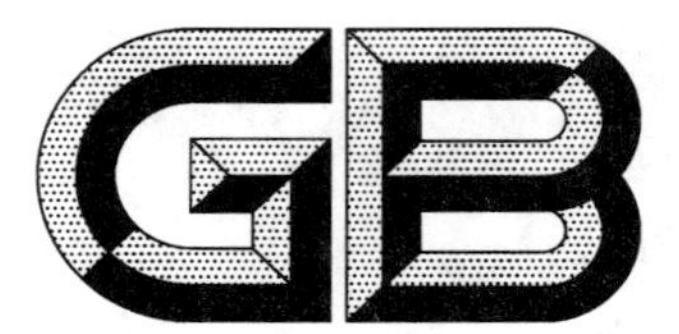

中华人民共和国国家标准

GB/T 17215.646—2018/IEC 62056-46:2002
代替 GB/T 19897.4—2005

电测量数据交换 DLMS/COSEM 组件 第 46 部分:使用 HDLC 协议的数据链路层

Electricity metering data exchange—The DLMS/COSEM suite—Part 46:Data link layer using HDLC protocol

(IEC 62056-46:2002,Electricity metering—Data exchange for meter reading, tariff and load control—Part 46:Data link layer using HDLC protocol,IDT)

2018-12-28 发布　　2019-07-01 实施

国家市场监督管理总局
中国国家标准化管理委员会　发布

前　言

GB/T 17215“交流电测量设备”分为若干部分,GB/T 17215.6《电测量数据交换　DLMS/COSEM 组件》分为以下几个部分:

——第 10 部分:智能测量标准化框架;

——第 11 部分:DLMS/COSEM 通信配置标准模板;

——第 31 部分:基于双绞线载波信号的局域网使用;

——第 46 部分:使用 HDLC 协议的数据链路层;

——第 47 部分:基于 IP 网络 DLMS/COSEM 传输层;

——第 53 部分:DLMS/COSEM 应用层;

——第 61 部分:对象标识系统(OBIS);

——第 62 部分:COSEM 接口类;

——第 73 部分:局域和社区网络的有线和无线 M-Bus 通信配置;

——第 76 部分:基于 HDLC 的面向连接的三层通信配置;

——第 91 部分:使用 WEB 服务经 CAS 访问 COSEM 服务器的通信配置;

——第 97 部分:基于 TCP-UDP/IP 网络的通信配置。

本部分为 GB/T 17215.6 的第 46 部分。

本部分按照 GB/T 1.1—2009 给出的规则起草。

本部分代替 GB/T 19897.4—2005《自动抄表系统低层通信协议　第 4 部分:基于 HDLC 协议的数据链路层》。与 GB/T 19897.4—2005 相比,主要技术变化如下:

——按 ISO/IEC 13239 的附录 H.4 规定 HDLC 帧类型 3(见 6.4.1);

——从站可能使用多个寻址方案(见 6.4.2);

——增加最大信息长度字段的协商,提高 HDLC 传输效率(见 6.4.4.4.3)。

本部分使用翻译法等同采用 IEC 62056-46:2002《电测量数据交换　费率和负荷控制　第 46 部分:使用 HDLC 协议的数据链路层》。

本部分纳入了 IEC 62056-46:2002/AMD1:2006 的修正内容,这些内容涉及的条款已通过其在外侧页边空白位置的垂直双线(||)进行了标示。

与本部分中规范性引用的国际文件有一致性对应关系的我国文件如下:

——GB/T 2900.77—2008　电工术语　电工电子测量和仪器仪表　第 1 部分:测量的通用术语[IEC 60050(300-311):2001,IDT];

——GB/T 2900.79—2008　电工术语　电工电子测量和仪器仪表　第 3 部分:电测量仪器仪表的类型[IEC 60050(300-313):2001,IDT];

——GB/T 2900.89—2012　电工术语　电工电子测量和仪器仪表　第 2 部分:电测量的通用术语[IEC 60050(300-312):2001,IDT];

——GB/T 2900.90—2012　电工术语　电工电子测量和仪器仪表　第 4 部分:各类仪表的特殊术语[IEC 60050(300-314):2001,IDT];

——GB/T 7421—2008　信息技术　系统间远程通信和信息交换　高级数据链路控制(HDLC)规程 (ISO/IEC 13239:2002,IDT);

——GB/T 15629.2—2008　信息技术　系统间远程通信和信息交换　局域网和城域网　特定要求　第 2 部分:逻辑链路控制(ISO/IEC 8802-2:1998,IDT);

——GB/T 17215.101—2010 电测量 抄表、费率和负荷控制的数据交换 术语 第1部分：与使用DLMS/COSEM的测量设备交换数据相关的术语（IEC TR 62051-1:2004,IDT）；

——GB/T 17215.653—2018 电测量数据交换 DLMS/COSEM组件 第53部分：DLMS/COSEM应用层（IEC 62056-5-3:2017,IDT）；

——GB/T 17215.661—2018 电测量数据交换 DLMS/COSEM组件 第61部分：对象标识系统（OBIS）（IEC 62056-6-1:2017,IDT）；

——GB/T 17215.662—2018 电测量数据交换 DLMS/COSEM组件 第62部分：COSEM接口类（IEC 62056-6-2:2017,IDT）；

——GB/T 19897.3—2005 自动抄表系统低层通信协议 第3部分：面向连接的异步数据交换的物理层服务进程（IEC 62056-42:2002,IDT）。

本部分做了以下编辑性修改：

——标准名称调整到新体系：电测量数据交换 DLMS/COSEM组件 第46部分：使用HDLC协议的数据链路层。

请注意本文件的某些内容可能涉及专利。本文件的发布机构不承担识别这些专利的责任。

本部分由中国机械工业联合会提出。

本部分由全国电工仪器仪表标准化技术委员会（SAC/TC 104）归口。

本部分起草单位：哈尔滨电工仪表研究所有限公司、云南电网有限责任公司电力科学研究院、深圳市航天泰瑞捷电子有限公司、中国电力科学研究院有限公司、国网江西省电力有限公司电力科学研究院、深圳市科陆电子科技股份有限公司、宁波三星医疗电气股份有限公司、烟台东方威思顿电气有限公司、广东东方电讯科技有限公司、深圳龙电电气股份有限公司、宁波恒力达科技有限公司、华立科技股份有限公司、黑龙江省电工仪器仪表工程技术研究中心有限公司、浙江晨泰科技股份有限公司、青岛鼎信通讯股份有限公司。

本部分主要起草人：沈鑫、李万宏、关文举、刘骞、邓高峰、仝杰、陈杰、姜滨、陈闻新、徐人恒、梁红、汪俊、胡珊妹、刁瑞朋、赵威、陈卫刚、吕瑞立、温刚、秦国新、郭闯。

本部分所代替标准的历次版本发布情况为：

——GB/T 19897.4—2005。

电测量数据交换　DLMS/COSEM 组件 第 46 部分:使用 HDLC 协议的数据链路层

1　范围

GB/T 17215.6 的本部分规定了面向连接、基于 HDLC、异步通信协议集的数据链路层。

为保证面向连接和无连接两种操作方式具有一致的数据链路层服务规范,数据链路层被分成两个子层:逻辑链路控制子层(LLC sub-layer)和介质访问控制子层(MAC sub-layer)。

本部分支持以下通信环境:

——点到点与点到多点配置;

——专用的与交换式的数据传输设备;

——半双工与全双工连接;

——异步起/停传输,1 个起始位,8 个数据位,无奇偶校验,1 个停止位。

同时定义了如下两个特殊规程:

——把分别接收到的服务用户层 PDU 部分以透明方式从服务器端传输到客户端。服务器侧服务用户层能够把其 PDU 以分片的形式送给数据链路层,并且数据链路层能为客户机端隐藏分片;

——通过由从站向主站发送 UI 帧的事件报告。

附录 B 解释了电表中数据交换的数据模型和协议的作用。

2　规范性引用文件

下列文件对于本文件的应用是必不可少的。凡是注日期的引用文件,仅注日期的版本适用于本文件。凡是不注日期的引用文件,其最新版本(包括所有的修改单)适用于本文件。

IEC 60050-300:2001　电工术语　电工电子测量和仪器仪表　第 311 部分:测量的通用术语　第 312 部分:电测量的通用术语　第 313 部分:电测量仪器仪表的类型　第 314 部分:各类仪表的特殊术语(International Electrotechnical Vocabulary—Electrical and electronic measurements and measuring instruments—Part 311: General terms relating to measurements—Part 312: General terms relating to electrical easurements—Part 313:Types of electrical measuring instruments—Part 314: Specific terms according to the type of instrument)

IEC/TR 62051:1999　电测量　术语(Electricity metering—Glossary of terms)

IEC 62051-1:2004　电测量抄表、费率和负荷控制的数据交换　术语　第 1 部分:与使用 DLMS/COSEM 的测量设备交换数据相关的术语(Electricity metering—Data exchange for meter reading, tariff and load control—Glossary of Terms—Part 1, Terms related to data exchange with metering equipment using DLMS/COSEM)

IEC 62056-42:2002　电测量抄表、费率和负荷控制的数据交换　第 42 部分:面向连接的异步数据交换的物理层服务进程(Electricity metering—Data exchange for meter reading, tariff and load control—Part 42: Physical layer services and procedures for connection oriented asynchronous data exchange)

IEC 62056-53:2006　电测量抄表、费率和负荷控制的数据交换　第 53 部分:COSEM 应用层(Electricity metering Data exchange for meter reading, tariff and load control Part 53: COSEM Application layer)

IEC 62056-61:2006 电测量抄表、费率和负荷控制的数据交换 第61部分:OBIS对象标识系统(Electricity metering Data exchange for meter reading, tariff and load control—Part 61: OBIS Object identification system)

IEC 62056-62:2006 电测量抄表、费率和负荷控制的数据交换 第62部分:(Electricity metering Data exchange for meter reading, tariff and load control Part 62: Interface classes)

ISO/IEC 8802-2:1998 信息技术 系统间远程通信和信息交换 局域网和城域网 特定要求 第2部分:逻辑链路控制(Information technology—Telecommunications and information exchange between systems—Local and metropolitan area networks—Specific requirements—Part 2:Logical link control)

ISO/IEC 13239:2002 信息技术 系统间远程通信和信息交换 高级数据链路控制(HDLC)规程(Information technology—Telecommunications and information exchange between systems—High-level data link control (HDLC) procedures)

3 术语和定义及缩略语

3.1 术语和定义

IEC 60050-300、IEC/TR 62051、IEC 62051-1 界定的术语和定义适用于本文件。

3.2 缩略语

下列缩略语适用于本文件。

APDU:应用层协议数据单元(Application layer Protocol Data Unit);

COSEM:能源计量配套规范(COmpanion Specification for Energy Metering);

DISC:连接断开帧(一种 HDLC 帧类型)(DISConnect);

DL:数据链路(Data Link);

DM:断开方式(一种 HDLC 帧类型)(Disconnected Mode);

DPDU:数据链路协议数据单元(Data link Protocol Data Unit);

DSAP:数据链路服务接入点(Data link Service Access Point);

DSDU:数据链路服务数据单元(Data link Service Data Unit);

FCS:帧校验序列(Frame Check Sequence);

FRMR:帧拒绝(一种 HDLC 帧类型)(FRaMe Reject);

HCS:头部校验序列(Header Check Sequence);

HDLC:高级数据链路控制(High-level Data Link Control);

I:信息(一种 HDLC 帧类型)(Information);

LLC:逻辑链路控制(子层)(Logical Link Control(Sub-layer));

LSAP:LLC 子层服务接入点(LLC sub-layer Service Access Point);

LPDU:LLC 协议数据单元(LLC Protocol Data Unit);

LSB:最低有效比特(Least Significant Bit);

LSDU:LLC 服务数据单元(LLC Service Data Unit);

MAC:介质访问控制(子层)(Medium Access Control(sub-layer));

MSAP:MAC 子层服务接入点(相当于 HDLC 地址)(MAC sub-layer Service Access Point);

MSB:最高有效比特(Most Significant Bit);

MSDU:MAC 服务数据单元(MAC Service Data Unit);

NDM:正常断开方式(Normal Disconnected Mode);

NRM:正常响应方式(Normal Response Mode);

N(R):接收序列号(Receive sequence Number);

N(S):发送序列号(Send sequence Number);

P/F:探询/终结比特(Poll/Final bit);

PDU:协议数据单元(Protocol Data Unit);

PH:物理层(Physical layer);

PSDU:物理层服务数据单元 (Physical layer Service Data Unit);

RNR:接收未就绪(一种 HDLC 帧类型)(Receive Not Ready);

RR:接收就绪(一种 HDLC 帧类型)(Receive Ready);

SAP:服务接入点(Service Access Point);

SDU:服务数据单元(Service Data Unit);

SNRM:置正常响应方式(一种 HDLC 帧类型)(Set Normal Response Mode);

TWA:双向交替(Two Way Alternate);

UA:无编号确认(一种 HDLC 帧类型)(Unnumbered Acknowledgement);

UI:无编号信息(一种 HDLC 帧类型)(Unnumbered Information);

UNC:不平衡操作正常响应方式类(Unbalanced operation Normal response mode Class);

USS:无编码发送状态(Unnumbered Send Status);

V(R):接收状态变量(Receive state Variable);

V(S):发送状态变量(Send state Variable)。

4 概述

4.1 LLC 子层

在面向连接的协议集中,LLC 子层唯一的作用是保证一致的数据链路寻址。可以认为 ISO/IEC 8802-2 定义的 LLC 子层被用在扩展Ⅰ类操作中。这里,LLC 子层通过面向连接的 MAC 子层提供标准的无连接数据服务。

LLC 子层向服务用户层提供数据链路(DL)的连接/断开服务,但它要用 MAC 子层服务去实施这些服务。

LLC 子层在第 5 章中规定。

4.2 MAC 子层

MAC 子层(本数据链路层规范的主要部分)是基于 ISO/IEC 13239 的高级数据链路控制(HDLC)规程。

与原始的 HDLC 相比,本部分包含了许多改进,如在编址、出错保护和分段中。这些改进包含在新的帧格式中,以满足电测量和类似行业的遥测应用环境的要求。

MAC 子层在第 6 章中规定。

4.3 规范方法

数据链路层的子层在“**服务**”和“**协议**”的条款中规定。

服务规范(通过使用面向连接的规程)覆盖了给定子层所要求的或被要求的服务,该给定子层在邻近其他子层或邻近层的逻辑接口中。服务是规定协议层之间通信的标准方法。通过使用通常被认定为服务原语的四种交易(请求、指示、响应和确认),服务提供方协调和管理用户间的通信。使用服务原语是一种用于规定所有协议层之间交易的一种抽象的、与实现无关的方法。鉴于原语的这种抽象性质,由于以下原因,其使用是很明智的:

——它们允许在层与层之间使用通用的协定,而不必考虑具体的操作系统和语言;

——它们给出了实施者如何在具体的机器上实现服务原语的一种选择。

服务原语包括服务参数。服务参数有三类:

——传送给对等层的参数,成为传送帧的一部分,例如:地址、控制信息;

——只在局部有效的参数;

——被通过数据链路层透明地传输给数据链路用户的参数。

注:数据链路层管理服务的解释参见附录C。

本部分仅规定第一类别参数的值。

协议层的协议规范包含:

——对等层之间交换的报文集传输规程的规范;

——协议控制信息的正确解释的规程;

——层的行为。

协议层的协议规范不包含:

——利用该层传输的信息(信息域、用户数据子域)之结构和意义;

——服务用户层的身份;

——服务用户层完成数据链报文交换的操作方式;

——使用协议层的结果的交互。

5 LLC 子层

5.1 LLC 子层的作用

本协议集使用的 LLC 子层是基于 ISO/IEC 8802-2 的。在面向连接的协议集中,本子层的出现多少有些人为的:LLC 子层是作为一种协议选择器使用的,而"真正的"数据链路层连接是由 MAC 子层保证的。可以认为标准的 LLC 子层被用在扩展Ⅰ类的操作中,在这里,LLC 子层通过面向连接的 MAC 子层提供标准的数据链路无连接服务。为了能够建立数据链路连接,LLC 子层向服务用户协议层提供透明的 MAC 连接/断开服务。

5.2 LLC 子层的服务规范

本节规定了使用面向连接的规程,在服务用户层和 MAC 子层的逻辑接口中的 LLC 子层所要求的或被要求的服务。由于服务用户层将 LLC 子层服务视为数据链路层服务,因此,在标准的本部分中,这些服务都被称为数据链路层服务,并在使用时冠以"DL"前缀。

5.2.1 建立数据链路连接

概述

图1所示为主站(客户机端)及从站(服务器端)数据链路层为服务用户层的数据链路连接建立所提供的服务。

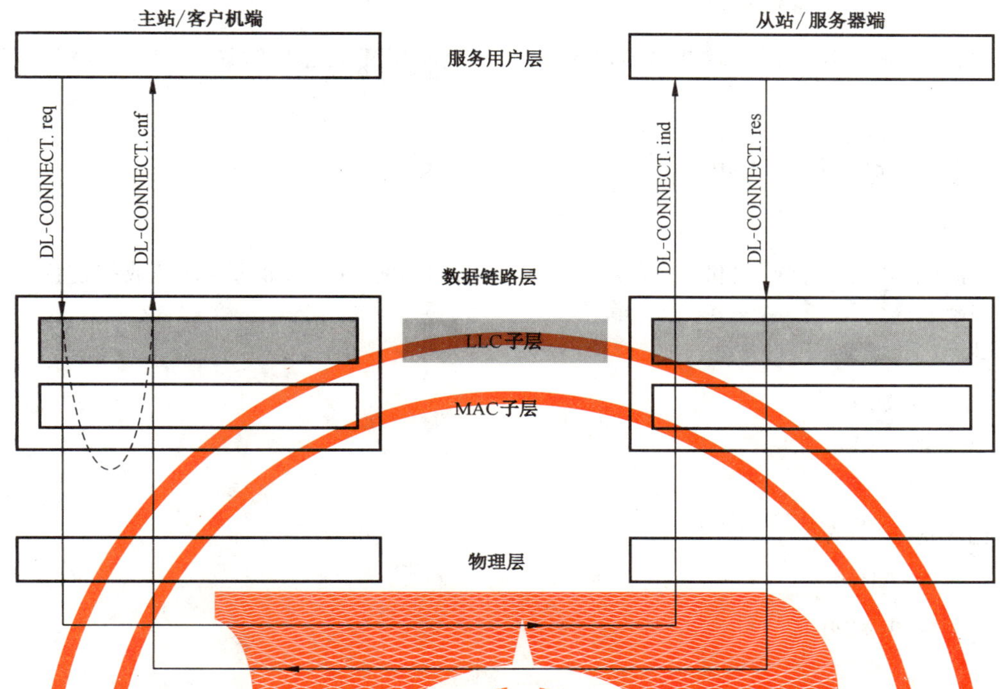

图1　建立数据链路连接的数据链路(LLC)服务

数据链路连接的建立仅可由主站请求,因此 DL-CONNECT.request 和.confirm 服务仅在客户机端(主站端)提供。另一方面,DL-CONNECT.indication 和.response 服务仅在服务器端(从站端)提供。

在本地检测到错误的情况下,DL-CONNECT.request 服务原语也能够在本地确认。

事实上,所有这些服务都是由 MAC 子层提供的:LLC 子层应透明地将这些服务作为适当的 MA-CONNECT.xxx 服务原语传送到"真正"的服务提供方 MAC 子层,或从"真正的"服务提供方 MAC 子层传出。

5.2.1.1　DL-CONNECT.request

功能

本服务原语仅在客户机端提供。服务用户层调用本原语,以请求建立数据链路连接。

服务参数

本原语的语义如下:

DL-CONNECT.request

(

Destination_MSAP[1)],

Source_MSAP,

User_Information

)

Destination_MSAP 和 Source_MSAP 参数用于识别所引用的数据链路层连接。MAC 层的寻址方

1)　在该环境中的 MSAP 等同于 HDLC 地址。

案见 6.4.2。可选的 User_Information 参数内容的规范不在本部分范围内。

使用

当客户机端的服务用户层实体想要与对等的数据链路层建立连接时调用 DL-CONNECT.request 原语。

5.2.1.2 DL-CONNECT.indication

功能

本服务原语仅在服务器端提供，LLC 子层用本原语向服务用户层指示：对等数据链路层请求建立数据链路连接。

服务参数

本原语的语义如下：

DL-CONNECT.indication

(

Destination_MSAP,

Source_MSAP,

User_Information

)

Destination_MSAP 和 Source_MSAP 参数用于识别所引用的数据链路层连接。MAC 层的寻址方案见 6.4.2。可选的 User_Information 参数内容的规范不在本部分范围内。

使用

服务器端的 LLC 子层在接收到来自 MAC 子层的 MA-CONNECT.indication 原语后生成本原语。

5.2.1.3 DL-CONNECT.response

功能

本服务原语仅在服务器端提供。服务用户层调用本服务原语，向本地数据链路层指示服务用户层是否接受此前发起的数据链路连接。

服务参数

本原语的语义如下：

DL-CONNECT.response

(

Destination_MSAP,

Source_MSAP,

Result,

User_Information

)

Destination_MSAP 和 Source_MSAP 参数用于识别所引用的数据链路层连接。Result 参数(OK、NOK、NO_RESPONSE)指示所提出的连接是否能被接受，以及是否发送响应帧。

——Result==OK 意味着接收到的连接请求可以被服务用户层接受；

——Result==NOK 意味着接收到的连接请求不能被服务用户层接受；

——Result==NO_RESPONSE 意味着对 DL-CONNECT.indication 不响应。

只有当 Result 为 NOK 时,User_Information 参数才可能存在。关于其内容的规范不在本部分范围之内。

注:Result 参数仅指示服务用户更高层是否能接受数据链路连接。即使更高层接受了所提出的连接(Result==OK),数据链路层本身也可以拒绝它(如:因为它在给定时刻只能支持一个连接,不能支持第二个)。

使用

服务器端的服务用户层实体调用 DL-CONNECT.response 原语来指示先前接收到的连接请求的结果。

5.2.1.4 DL-CONNECT.confirm

功能

本服务原语仅在客户机端提供,可以从远程或本地发起。数据链路层生成该原语,向服务用户层指示先前接收到的 DL-CONNECT.request 服务的结果。

服务参数

本原语的语义如下:

```
DL-CONNECT.confirm
(
  Destination_MSAP,
  Source_MSAP,
  Result,
  User_Information
)
```

Destination_MSAP 和 Source_MSAP 参数指向被服务确认的数据链路连接。Result 参数(OK、NOK-REMOTE、NOK-LOCAL、NO_PESPONSE)指示先前被调用的 DL-CONNECT.request 服务的结果。

——Result==OK 意味着连接请求被远程站接受;

——Result==NOK-REMOTE 意味着连接请求没有被远程站接受;

——Result==NOK-LOCAL 意味着出现了本地错误,如服务用户层试图建立已有的数据链路连接;

——Result==NO_RESPONSE 意味着远程站对连接请求不响应。

只有当结果为 NOK-REMOTE 时 User_information 参数才存在。关于其内容的规范不在本部分范围之内。

使用

LLC 子层使用本原语向服务用户层指示接受了 MA-CONNECT.confirm 原语。

5.2.2 断开数据链路连接

5.2.2.1 概述

图 2 说明了为断开数据链路连接,由客户机端和服务器端数据链路层提供给服务用户层的服务。

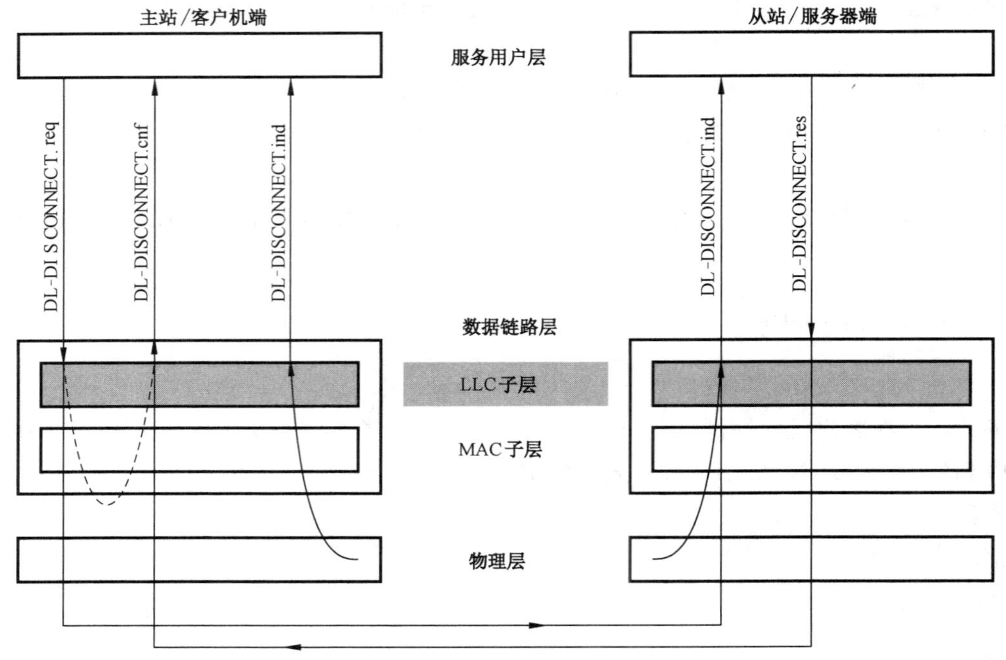

图 2　断开数据链路连接的数据链路(LLC)服务

数据链路断开只能由客户机设备请求，所以 DL-DISCONNECT.request 和.confirm 服务只在客户机端提供；另一方面，(由客户机)远程发起的 DL-DISCONNECT.indication 和.response 服务只在服务器端提供。

注：当本数据链路层与 IEC 62056-53 中规定的 COSEM 应用层一起使用时，DL-DISCONNECT 服务用于释放现有应用关联。

客户机端和服务器端的 LLC 子层都提供一个本地发起的 DL-DISCONNECT.indication 服务，用来指示因数据链路和(或)物理连接的意外丢失而引起的非请求的断开连接。

在本地检测到错误的情况下，DL-DISCONNECT.request 服务原语也可以在本地确认。

事实上，这些服务由 MAC 子层提供：LLC 子层应将这些服务作为适当的 MA-DISCONNECT.xxx 服务原语透明地向或从 MAC 子层传送。

5.2.2.2　DL-DISCONNECT.request

功能

本服务原语仅在客户机端提供，它由服务用户层调用以请求断开一个现存的数据链路连接。

服务参数

本原语的语义如下：

DL-DISCONNECT.request

(

　Destination_MSAP，

　Source_MSAP，

‖　User_Information

)

‖　Destination_MSAP 和 Source_MSAP 参数规定拟断开的数据链路连接。可选的 User_Information 参数内容的规范不在本部分的范围内。

使用

客户机端服务用户层实体调用本原语来请求断开与对等数据链路层的连接。

5.2.2.3 DL-DISCONNECT.indication

功能

本服务原语在客户机端和服务器端提供。

——服务器端数据链路层产生本原语,向服务用户层指示对等的数据链路层请求断开数据链路连接;

——在服务器端和客户机端,本原语用来指示,发生了非请求方式数据链路和/或物理连接的放弃(例如:物理线路断开了)。

服务参数

本原语的语义如下:

```
DL-DISCONNECT.indication
(
  Destination_MSAP,
  Source_MSAP,
  Reason,
  Unnumbered Send Status,
  User_Information
)
```

Destination_MSAP 和 Source_MSAP 参数规定了被终止连接的本地和远程 MSAP。

Reason 参数(REMOTE,LOCAL_PHY,LOCAL_DL)指示 DL-DISCONNECT.indication 调用的原因。

——Reason==REMOTE 意味着数据链路层从客户机端接收到了断开请求。这种情况只会发生在服务器端;

——Reason==LOCAL_DL 意味着有严重的数据链路连接故障;

——Reason==LOCAL_PHY 意味着有严重的物理连接故障。

USS 参数的值指出在 DL-DISCONNECT.indication 服务被调用时,数据链路层有(USS==TRUE)或无(USS==FALSE)暂挂的 UI 报文。

User_Information 域只有当 Reason==REMOTE 时才可能存在。关于该参数内容的规范不在本部分的范围内。

使用

在收到 MA-DISCONECT.indication 原语后,LLC 子层产生成本原语。

5.2.2.4 DL-DISCONNECT.response

功能

本服务原语仅在服务器端提供。服务用户层调用本服务原语,以向数据链路层指示之前提出的数据链路断开是否被服务用户层接受。由于在这种环境中服务器没有拒绝断开的权力,响应仅取决于所指向的数据链路连接存在与否。

服务参数

本原语的语义如下：

DL-DISCONNECT.response

(

Destination_MSAP,

Source_MSAP,

Result

)

‖ Destination_MSAP 和 Source_MSAP 参数规定了被终止连接的本地和远程 MSAP。Result 参数的值可为 OK、NOK 或 NO_RESPONSE。

——Result==OK 意味着接收到的断开请求对应于一个已经存在的高层连接；

——Result==NOK 意味着接收到的断开请求指向了一个不存在的高层连接；

——RESULT==NO_RESPONSE 意味着应发送对 DL-DISCONNECT.indication 的不响应。

使用

服务器端服务用户层调用 DL-DISCONNECT.response 原语，以指示先前接收到的断开数据链路连接请求的结果。

5.2.2.5 DL-DISCONNECT.confirm

功能

本服务原语仅在客户机端提供。数据链路层产生本原语，以向服务用户层指示先前接收到的 DL-DISCONNECT.request 服务的结果。此服务可以在远程或本地产生。

服务参数

本原语的语义如下：

DL-DISCONNECT.confirm

(

Destination_MSAP,

Source_MSAP,

Result

)

Destination_MSAP 和 Source_MSAP 参数规定了被终止连接的本地和远程 MSAP。Result 参数(OK、NOK、NO_RESPONSE)指示试图关闭数据链路连接的结果。

——Result==OK 意味着断开请求被远程站接受；

——Result==NOK 意味着断开请求没有被远程站接受；

——Result==NO_RESPONSE 意味着远程站对断开请求不响应。

使用

客户机端 LLC 子层利用本原语向服务用户层指示 MA-DISCONNECT.confirm 原语的接收。

5.2.3 数据通信

5.2.3.1 概述

图 3 所示为数据链路层向服务用户层提供的用于交换数据的数据通信服务。

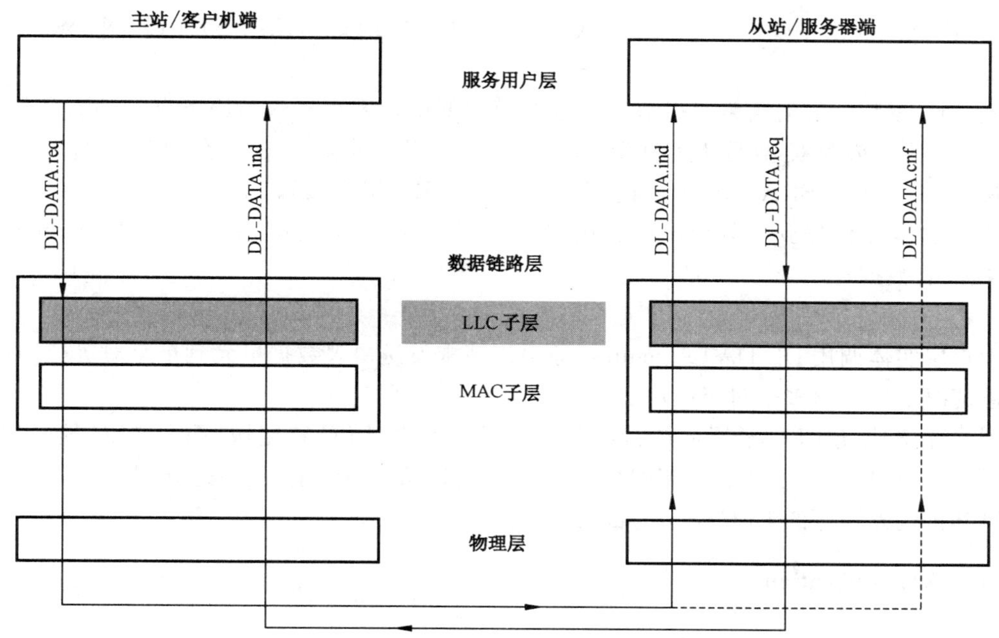

图 3 数据链路层的数据通信服务

除了两个标准的.request 和.indication 服务外，在服务器端还提供了 DL-DATA.confirm 服务。此服务对长报文的透明传送是必要的，见 6.4.4.5。

5.2.3.2 DL-DATA.request

功能

当数据需要传送到对等层实体时，服务用户层调用本原语。

服务参数

原语的语义如下：

DL-DATA.request

(

  Destination_LSAP,

  Source_LSAP,

  LLC_Quality,

  Destination_MSAP,

  Source_MSAP,

  Frame_type,

  Data

)

Destination_ LSAP 和 Source_LSAP 参数规定了所指向的数据链路层连接[2]，LLC_Quality 参数的值被用作 PDU 的 Control 域[3]，见 5.3.2。

2) 用于 COSEM，Destination_ LSAP 参数的值是常量并且等于 E6H，Source_LSAP 参数的值是 E6H 还是 E7H，取决于数据域是命令还是响应。

3) 用于 COSEM，LLC_Quality 参数的值被置为“0”，并为日后保留。

‖ Destination_MSAP 和 Source_MSAP 参数规定了数据单元传输中所涉及的远程和本地 MSAP，Destination_MSAP 可以是单地址、组地址或特殊的 HDLC 地址(ALL_STATION、NO_STATION 等)，见 6.4.2.4。

Frame_type 参数向数据链路层指示应发送的帧类型。在客户机端与服务器端的有效帧类型是不同的，客户机端的有效帧类型是 I_COMPLETE 和 UI，服务器端有效帧类型是 I_COMPLETE、I_FIRST_FRAGMENT、I_FRAGMENT、I_LAST_FRAGMENT 和 UI。见 6.4.3。

Data 参数包含欲传送到对等层的服务用户 LSDU，该参数可以是空的(例如，当 Frame_type＝＝UI，但 UI 帧没有数据)。

使用

服务用户层实体调用 DL-DATA.request 原语来请求发送协议数据单元到单个对等应用实体，或在多播和广播情况下发送给多个对等应用实体。

接收到本原语应使 LLC 子层向被接收到的 LSDU 添加 LLC 特定域(两个 LLC 地址以及 LLC_Quality 参数[4])，并使 LLC 子层将适当组成的 LPDU 传递给 MAC 子层(通过调用 MA-DATA.request 原语)，以将其传输到对等的 LLC 子层的目的。

5.2.3.3 DL-DATA.indication

功能

本原语用于把接收到的数据从数据链路层传输到其服务用户层。

服务参数

本原语的语义如下：

DL-DATA.indication

(

  Destination_LSAP,

  Source_LSAP,

  LLC_Quality,

  Destination_MSAP,

  Source_MSAP,

  Frame_type,

  Data

)

‖ Destination_LSAP 和 Source_LSAP 参数规定了所指向的数据链路层连接。LLC_Quality 参数的值被用作 PDU 的 Control 域。见 5.3.2。

‖ Destination_MSAP 和 Source_MSAP 规定了在数据单元传输中所涉及的本地和远程 MASP。Destination_MSAP 可以是单地址、组地址或特殊 HDLC 地址(ALL_STATION、NO_STATION 等)。见 6.4.2.4。

Frame_type 参数向服务用户层指示所接收到的帧的类型。有效的帧类型是 I_COMPLETE 和 UI。见 6.4.3。

Data 参数包含着由对等层发送的服务用户层协议数据单元。

使用

DL-DATA.indication 原语用于向服务用户层实体指示，来自对等层实体的协议数据单元的收到。

接收到本地 MAC 子层发布的 MA-DATA.indication 服务后，本原语被生成。首先，LLC 子层应检

4) 当 Frame_type ＝＝ I_FRAGMENT 或 I_LAST_FRAGMENT 时，没有 LLC 特定域添加到 APDU 中。

查 LLC 地址，若正确，则应从接收到的 LPDU 中移除 LLC 特定域（两个 LLC 地址和 LLC_Quality 参数），并应在 DL-DATA.indication 服务原语的帮助下，将剩下的、被适当格式化的 LSDU 传递给服务用户协议层。否则，接收到的 LPDU 应被丢弃。

5.2.3.4 DL-DATA.confirm

功能

本服务原语仅在服务器端提供。当这个 DL-DATA.request 服务被调用且 Frame_type= I_FIRST_FRAGMENT、I_FRAGMENT 或 I_LAST_FRAGMENT 时，数据链路层生成本原语来向服务用户层指示先前接收的 DL-DATA.request 服务的结果。当先前被请求的 LSDU 已被成功地发送到对等的数据链路层时，生成 DL-DATA.confirm 服务原语。

服务参数

本原语的语义如下：

```
DL-DATA.confirm
(
  Destination_LSAP,
  Source_LSAP,
  Destination_MSAP,
  Source_MSAP,
  Frame_type,
  Result
)
```

Destination_LSAP 和 Source_LSAP 参数识别所指向的数据链路层连接。

Destination_MSAP 和 Source_MSAP 参数规定了数据单元传输所涉及的本地和远程 MSAP。

Frame_type 参数指示所确认的帧类型。有效的帧类型是 I_FIRST_FRAGMENT、I_FRAGMENT 和 I_LAST_FRAGMENT。

Result 参数的值指示所接收到的 LSDU 的传输结果，该值可能是 OK 和 NOK。

使用

服务器端的 LLC 子层利用本原语向服务用户层指示，收到了 MA-DATA.confirm 原语。

5.3 LLC 子层协议规范

5.3.1 概述

LLC 子层规范基于 ISO/IEC 8802-2 的 LLC 类型 1，它提供贯穿具有最小协议复杂度的数据链路上的数据链路无连接方式服务。该子层在本面向连接的协议集中的出现，多少有些虚假：LLC 子层被用作一种协议选择器，而“真正的”数据链路层在功能上是由 MAC 子层保证的。

标准的 LLC 帧格式如图 4 所示，本部分所使用的 LLC 帧格式在 5.3.2 中规定。

目的（远程）LSAP	源（本地）LSAP	控制 Control	信息 Information
8 比特	8 比特	8 或 16 比特	n×8 比特

图 4 ISO/IEC 8802-2 的 LLC 协议数据单元格式

LLC 子层应在服务用户层与 MAC 子层之间透明地传输信息域。

当来自服务用户协议层的 DATA.request 服务调用被接收时，如有要求，LLC 子层应将 LLC 特定域（两个 LLC 地址及 LLC_Quality 参数）追加到 LSDU 上。当接收到来自 MAC 子层的 MA-DATA.

indication 服务调用时,它应对接收的 LPDU 进行检查并删除这些 LLC 特定域。

5.3.2 LLC 协议数据单元(LPDU)结构

LLC 子层唯一的作用就是选择服务用户层协议,该选择是基于 Destination_LSAP 地址和 Source_LSAP 地址的基础上完成的。Control 字节指向 LLC 服务原语中的 LLC_Quality 参数。

LLC 协议数据单元说明如图 5[5]:

目的(远程)LSAP	源(本地)LSAP	特征 Quality	LLC+1 层 PDU
8 比特	8 比特	8 比特	n×8 比特

图 5 使用的 LLC 协议数据单元格式

目的 LSAP 0xFF 是作为广播使用的。本环境中的设备不应使用该广播地址发送报文,但它们应接受包含有这一广播目的地址的报文,就好象它被寻址寻到一样。

5.3.3 LLC 子层的状态转移表

由于 LLC 子层的作用仅限于协议选择,其状态转移图十分简单:初始化之后,LLC 子层进入自己唯一的稳定状态——IDLE 状态,并且在经过任何可能发生的事件后还应返回此状态。客户机端 LLC 子层的状态转移如表 1 所示:

表 1 客户机端 LLC 子层的状态转移表

当前状态	事件	动作	下一状态
IDLE	DL-CONNECT.request	调用 MA-CONNECT.request	IDLE
IDLE	接收 MA-CONNECT.conform	产生 DL-CONNECT.confirm	IDLE
IDLE	DL-DISCONNECT.request	调用 MA-DISCONNECT.request	IDLE
IDLE	接收 MA-DISCONNECT.indication	产生 DL-DISCONNECT.indication	IDLE
IDLE	接收 MA-DISCONNECT.confirm	产生 DL-DISCONNECT.confirm	IDLE
IDLE	DL-DATA.request	给接收到的 LSDU 增加 LLC 地址和控制字节(3 字节);调用 MA-DATA.request;[5]	IDLE

IDLE	接收 MA-DATA.indication	检查 LLC 地址(3 字节);[6]
		如果 address==OK
		{
		移除 LLC addresses;
		产生 DL-DATA.indication;
		}
		否则
		{
		丢弃收到的数据包;
		}
			IDLE

---

5) 在 COSEM 中,Destination_LSAP 的值是 0xE6,Source_LSAP 的值是 0xE6 或 0xE7。最后一个比特位用作标识位:z=0 表示'命令',z=1 表示'响应'。Control 字节(LLC_QUALITY)被保留给将来使用并且它的值应总为 0x00。

6) 当 Frame_type==I_FRAGMENT 或 I_LAST_LASTMENT 时,LLC 特定域不会出现。见 5.2.3.2 中脚注 4)。

服务器端 LLC 子层的状态转移如表 2 所示：

表 2　服务器端 LLC 子层的状态转移表

当前状态	事件	动作	下一状态
IDLE	接收 MA-CONNECT.indication	产生 DL-CONNECT.indication	IDLE
IDLE	DL-CONNECT.response	调用 MA-CONNECT.response	IDLE
IDLE	接收 MA-DISCONNECT.indication	产生 DL-DISCONNECT.indication	IDLE
IDLE	DL-DISCONNECT.response	调用 MA-DISCONNECT.response	IDLE
IDLE	DL-DATA.request 及 Frame_type 为 I_COMPLETE、UI 或 I_FIRST_FRAGMENT	给接收到的 LSDU 增加 LLC 地址和控制字节；调用 MA-DATA.request	IDLE
IDLE	DL-DATA.request 及 Frame_type 为 I_FRAGMENT 或 I_LAST_FRAGMENT	调用 MA-DATA.request	IDLE

IDLE	接收 MA-DATA.indication	检查 LLC 地址
		如果 address= =OK
		{
		移除 LLC addresses；
		产生 DL-DATA.indication；
		}
		否则
		{
		丢弃收到的数据包；
		}
			IDLE

IDLE	接收 MA-DATA.confirm	产生 DL-DATA.confirm	IDLE

6　MAC 子层

MAC 子层基于 ISO/IEC 13239。

与 LLC 子层类似，根据服务和协议两个方面来对 MAC 子层进行规定。由于 MAC 子层的行为非常复杂，服务调用处理的某些方面虽然通常是协议规范的一部分，但还是在服务规范部分进行了讨论。

6.1　HDLC 选择

根据本部分的需要，使用了以下来自 HDLC 标准 ISO/IEC 13239 的选择：

——不平衡连接方式数据链路操作[7)]；

——双向交替数据传输；

——被选择的 HDLC 过程类是扩展了 UI 帧的 UNC；

——帧格式类型 3；

——非基本帧格式的透明性。

7）　在 COSEM 环境中，选择不平衡的操作方式是很自然的：这是由于该环境中的通信以客户机/服务器形式为基础。

在不平衡连接方式数据链路操作中，涉及两个或更多个站。主站通过发送命令与监管帧负责数据流的组织，并负责不可恢复的数据链路级错误状况。从站通过发送响应帧作出应答。

UNC过程类的基本命令和响应指令系统被扩展以UI帧，以支持多播和广播以及从服务器到用客户机的非请求信息传输。

采用不平衡连接模式数据链路操作意味着客户机端和服务器端的数据链路层在HDLC帧和它们的状态机方面是不同的。

6.2 MAC子层的服务规范

本节规定了当使用面向连接的规程时，在服务用户和物理层(PH)的逻辑接口中，MAC子层所请求的或被请求的服务。由于客户机端和服务器端的MAC子层是不同的，因而对两端的服务都进行了规定。

6.2.1 建立MAC连接

6.2.1.1 概述

图6表示客户机端和服务器端的MAC子层为建立MAC连接而提供给服务用户层的服务。

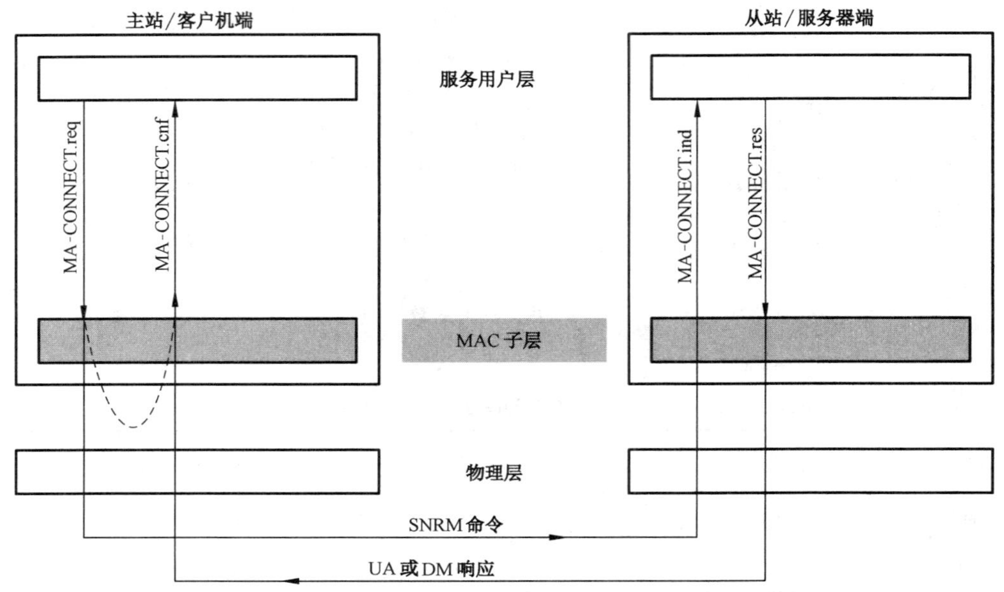

图6 客户机端和服务器端建立MAC(DL)连接的MAC子层的服务

因为数据链路连接的建立只能由客户机端设备提出请求，所以只在客户机端提供MA-CONNECT.request和.confirm服务；另一方面，只在服务器端提供相应的MA-CONNECT.indication和.response服务。在本地检测到错误的情况下，MA-CONNECT.request服务原语同样也能在本地被确认。

6.2.1.2 MA-CONNECT.request

功能

本服务原语仅在客户机端提供。服务用户层调用本原语来请求建立MAC连接。一旦接收到本原语，MAC层应发送一个格式正确的SNRM[8]帧。

服务参数

本原语的语义如下：

8) SNRM是用于要求建立MAC连接的HDLC帧，见6.4.3.6。

MA-CONNECT.request

(

Destination_MSAP,

Source_MSAP,

User_Information

)

Destination_MSAP 和 Source_MSAP 参数标识所指向的数据链路层连接。MAC 子层的编址方案在 6.4.2 中讨论。

若有 User_Information 参数,它应插入到 SNRM 帧的 Information 域的用户数据子域中。该参数内容的规范不在本部分的范围内。

使用

请求与对等 MAC 层建立 MAC 连接的客户机端服务用户层实体调用本原语。

注:若从站接收到一个带有已有数据链路连接地址参数的 SNRM 帧,则应响应一个 UA 帧,且收发状态变量应置零。见 6.4.3.6。

6.2.1.3 MA-CONNECT.indication

功能

本原语仅在服务器端提供。MAC 子层在接收到 SNRM 帧后应调用本服务原语,以便向服务用户层指示,对等 MAC 子层请求建立 MAC 连接。

服务参数

本原语的语义如下:

MA-CONNECT.indication

(

Destination_MSAP,

Source_MSAP,

User_Information

)

Destination_MSAP 和 Source_MSAP 参数标识所指向的数据链路层连接。若存在 User_Information 参数,它应携带接收到的 SNRM 帧信息域的用户数据子域的内容。该参数内容的规范不在本部分的范围内。

使用

服务器端 MAC 子层使用本原语向服务用户协议层指示,收到了格式正确的 SNRM 帧。

6.2.1.4 MA-CONNECT.response

功能

本原语仅在服务器端提供。服务用户层调用本服务原语,以向远程客户机指示,先前提到的 MAC 连接是否被服务器接受。

服务参数

本原语的语义如下:

MA-CONNECT.response

(

Destination_MSAP,

Source_MSAP,

Result,

User_Information

)

Destination_MSAP 和 Source_MSAP 参数标识所指向的 MAC 连接。Result 参数(OK、NOK、NO_RESPONSE)指示所提出的连接是否能够被接受,以及是否应发送响应帧。

——Result==OK 意味着收到的连接请求能够被服务用户层接受;

——Result==NOK 意味着收到的连接请求不能被服务用户层接受;

——RESULT==NO_RESPONSE 意味着应发送对 MA-CONNECT.indication 的不响应。

User_Information 参数仅当 Result 为 NOK 时才存在。此时,它应插入到 DM 帧的信息域内用户数据子域中。该参数内容的规范不在本部分的范围内。

注:Result 参数只能指示,MAC 连接是否能被服务用户较高层接受。即使较高层能够接受(Result==OK)被提议的连接,MAC 子层本身仍可以拒绝它(例如,在任一特定的时刻它只支持一个连接,因此它不能支持第二个)。

使用

服务用户层实体调用 MA-CONNECT.response 原语,以指示先前接收到的连接请求的结果。

6.2.1.5 MA-CONNECT.confirm

功能

本原语仅在客户机端提供。MAC 子层调用本原语,以便向服务用户层指示,先前接收到的 MA-CONNECT.request 服务的结果。

服务参数

本原语的语义如下:

MA-CONNECT.confirm

(

Destination_MSAP,

Source_MSAP,

Result,

User_Information

)

Destination_MSAP 和 Source_MSAP 参数携带被服务确认的 MAC 连接的本地和远程 MSAP。Result 参数(OK、NOK-REMOTE、NOK-LOCAL、NO_RESPONSE)指示先前被调用的 MA-CONNECT.request 服务的结果。

——Result==OK 意味着该连接请求被远程站接受;

——Result==NOK-REMOTE 意味着连接请求没有被远程站接受;

——Result==NOK-LOCAL 意味着发生了本地错误,例如:服务用户层试图建立一个已有的数据链路连接;

——Result==NO_RESPONSE 意味着远程站对连接请求不响应。

User_Information 参数仅当 Result 是 NOK-REMOTE 时才存在。它应携带收到的 DM 帧信息域中用户数据子域的内容,该参数内容的规范不在本部分的范围内。

使用

客户机端 MAC 子层调用本原语,以向服务用户协议层指示,先前收到的 MA-CONNECT.request 服务的结果。

6.2.2 断开 MAC 连接

6.2.2.1 概述

图 7 所示为客户机端和服务器端 MAC 子层向服务用户层提供的用于断开 MAC 连接的服务。

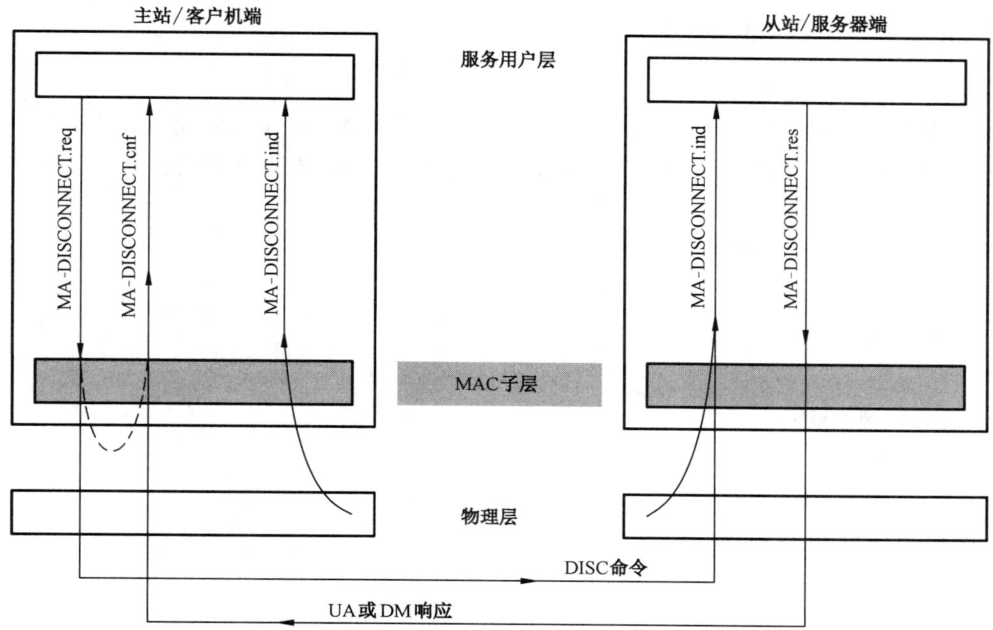

图 7 在客户机端和服务器端的断开 MAC(DL)连接的 MAC 子层服务

由于 MAC 断开只能由客户机端设备请求,所以 MA-DISCONNECT.request 和 MA-DISCONNECT.confirm 服务仅在客户机端提供。另一方面,(由客户机)远程发起的 MA-DISCONNECT.indication 和 MA-DISCONNECT.response 服务仅在服务器端提供。

由于 MAC 或物理连接意外丢失的原因,客户机端和服务器端的 MAC 子层都能提供本地 MA-DISCONNECT.indication 服务,以示意一个非请求断开。物理连接的丢失由 PH-ABORT.indication 服务在本地指示,而 MAC 连接的丢失则在 MAC 层本地检测。

在本地检测出错的情况下,MA-DISCONNECT.request 服务原语也能够在本地确认。

6.2.2.2 MA-DISCONNECT.request

功能

客户机端服务用户层调用本服务原语来请求断开一个现有的 MAC 连接。

服务参数

原语的语义如下:

MA-DISCONNECT.request

(

  Destination_MSAP,

  Source_MSAP,

  User_Information ‖

)

Destination_MSAP 和 Source_MSAP 参数指示欲断开的 MAC 连接。如果存在 User_Information 参数,它应被插入到被发送出的 DISC 帧信息域中的用户数据子域中。该参数内容的规范不在本部分范围内。

使用

客户机端服务用户层调用 MA-DISCONNECT.request 原语,以请求断开 MAC 的连接。

6.2.2.3 MA-DISCONNECT.indication

功能

服务器端 MAC 子层产生本原语向服务用户层指示对等的 MAC 子层去请求断开 MAC 连接。在服务器端和客户机端，本原语也用于指示 MAC 连接或物理连接的非请求方式放弃的发生（例如：物理线路被断开）。

服务参数

原语的语义如下：

MA-DISCONNECT.indication
(
  Destination_MSAP,
  Source_MSAP,
  Reason,
  Unnumbered Send Status,
  User_Information
)

Destination_MSAP 和 Source_MSAP 参数规定了欲终止的连接的本地和远程 MSAP。

Reason 参数指示，MA-DISCONNECT.indication 调用的发起者接收的 DISC 帧（Reason＝＝REMOTE），或是一个 PH-DISCONNECT.indication 服务（Reason＝＝LOCAL_PH），或是本地数据链路错误（Reason＝＝ LOCAL_DL）。第一种情况（Reason＝＝REMOTE）只可能发生在服务器端。

USS 参数的值表示，在调用 MA-DISCONNECT.indication 服务时时刻，MAC 子层有（USS＝＝TRUE）或没有（USS＝＝FALSE）暂挂的 UI 报文。

注： 待处理的 UI 帧的数量是一个层参数，它可以使用层管理服务进行访问。

‖ User_Information 域仅当 Reason＝＝REMOTE 时才存在，此时，它应携带接收到的 DISC 帧中 Information 域中的用户数据子域的内容。

关于该参数内容的规范不在本部分的范围内。

使用

当服务器端 MAC 子层接收到一个格式正确的 DISC 帧时，它应带参数 Reason＝＝REMOTE 调用本服务原语。调用本服务之后，服务器 MAC 层将等待来自服务用户层的表示后者已接受该请求的 MA_DISCONNECT.response。

注： 服务用户层不能拒绝本请求，但它可以指示宜发送不响应。

接收到来自物理层的 Ph-ABORT.indication 服务原语后，服务器和客户机端 MAC 子层都应调用带参数 Reason＝＝LOCAL_PH 的本原语，意味着物理连接已经中断。在这种情况下，User_information 参数不出现。

6.2.2.4 MA-DISCONNECT.response

功能

本原语仅在服务器端提供。服务用户层调用本服务原语，以向 MAC 层指示先前提出的 MAC 断开命令是否能够被服务用户层接受。由于在这个环境中，服务器无权拒绝断开命令，响应仅取决于所指向的连接存在（UA）[9] 或不存在（DM）。

服务参数

9） UA 和 DM 是调用 DL-DISCONNECT.res（MA-DISCONNECT.res）服务原语后，欲发送的恰当的 HDLC 帧。

本原语的语义如下：

MA-DISCONNECT.response

(

Destination_MSAP,

Source_MSAP,

Result

)

Destination_MSAP 和 Source_MSAP 参数规定了正在断开的连接中涉及的远程和本地 MSAP。‖根据 Result 参数的值(OK、NOK 或 NO_RESPONSE)，MAC 层向远程客户机发送 UA 或 DM 报文，或什么也不发送。下列几种情况是可能：

——Result==OK 意味着接收到的断开请求对应于已存在的更高层连接(该连接宜被断开)。这时，服务器 MAC 子层应进入断开状态并向其对等子层发送一个 UA 报文；

——Result==NOK 意味着收到的断开请求试图断开一个没有对应的更高层连接的 MAC 连接。在这种情况下，服务器 MAC 子层根据数据链路连接是否存在的实际情况，应进入(保持在)断开状态，并适当地向其对等层发送一个 UA 或 DM 报文；

——Result==NO_RESPONS 意味着应发送对 MA-DISCONNECT.indication 不响应。

使用

服务器端服务用户层实体调用 MA-DISCONNECT.response 原语，以指示先前收到的请求断开的结果。

6.2.2.5 MA-DISCONNECT.confirm

功能

客户机端 MAC 子层产生本原语，以(经由 LLC 子层)向服务用户协议层指示先前接收的 MA-DISCONNECT.request 服务的结果。

服务参数

本原语的语义如下：

MA-DISCONNECT.confirm

(

Destination_MSAP,

Source_MSAP,

Result

)

Destination_MSAP 和 Source_MSAP 参数规定了被终止连接的本地与远程 MSAP。Result 参数‖(OK、NOK、NO_ RESPONSE)指示尝试关闭 MAC 连接的结果。

——Result==OK 意味着断开请求被远程站接受；

——Result==NOK 意味着断开请求没有被远程站接受；

——Result==NO_RESPONSE 意味着远程站对断开请求不响应。

使用

客户机端 MAC 子层实体产生本原语，以向服务用户协议层指示先前接收的 MA-DISCONNECT.request 服务的结果。

6.2.3 数据通信

6.2.3.1 概述

图 8 表示通过使用 I 帧或以一种断开的方式(UI 帧),由 MAC 子层向服务用户层提供的与对等层进行数据交换的数据通信服务。

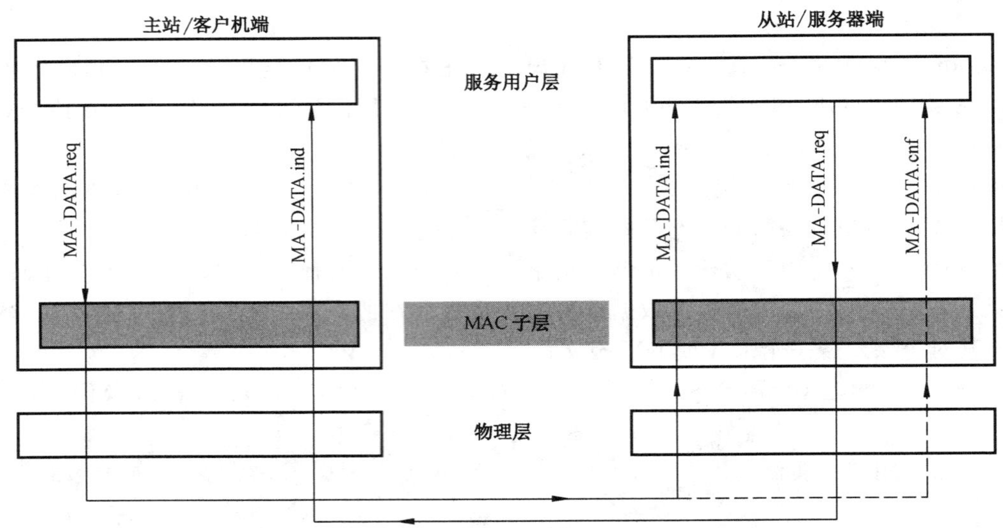

图 8 MAC 子层数据通信服务

基本上,对于数据交换服务,客户机端和服务器端提供相同的服务集。然而,在两个标准的.request 和.indication 服务外,在服务器端还提供一个 MA-DATA.confirm 服务。后者对长报文的透明传输是必要的。见 6.4.4.5。

客户机和服务器 MAC 子层对 MA-DATA.request 原语的行为不同:在正常响应方式中,服务器站只有从客户机站接收到一个允许的明确的许可才可以发起传输。在给予服务器对话的许可后,客户机还要(带有特定的 Time-out、TO_WAIT_RESP,见 6.4.4.10.1)等到服务器返回明确的许可信号才发起新的传输。然而,若未收到应答,客户机应在这个超时周期结束时重新获得对话许可。

6.2.3.2 MA-DATA.request

功能

服务用户层调用本原语,以发起与对等层之间的数据传输。

服务参数

本原语的语义如下:

MA-DATA.request
(
  Destination_MSAP,
  Source_MSAP,
  Frame_type,
  Data
)

Destination_MSAP 和 Source_MSAP 参数规定在数据单元传输中所涉及到的远程和本地 MSAP。Destination_MSAP 可为单地址、组地址或特殊的 HDLC 地址(ALL_STATION、NO_STATION 等,见

6.4.2.4）。

Frame_type 参数向 MAC 子层指示应发送的 HDL 帧的类型。客户机端和服务器端的有效帧类型是不同的，客户机端的有效帧类型是 I_COMPLETE 和 UI.，服务器端的有效帧类型是 I_COMPLETE、I_FIRST_FRAGMENT、I_FRAGMENT、I_LAST_FRAGMENT 和 UI，见 6.4.3。

Data 参数包含欲传输到对等层的协议数据单元（MSDU），该参数可以是空的（例如：当 Frame_type ==UI，而 UI 帧包含一个空的的 Information 域时）。

使用

每当有数据需要被传输到单一的对等实体，或在多播传输和广播的情况下被传输到多个对等实体时，服务用户层实体调用 MA-DATA.request 服务原语。

数据交换规程详见 6.4.4.4.3.4。 ‖

6.2.3.3 MA-DATA.indication

功能

本原语用于将接收到的数据从 MAC 子层传递给其服务用户层。

服务参数

本原语的语义如下：

MA-DATA.indication

(

  Destination_MSAP,

  Source_MSAP,

  Frame_type,

  Data

)

Destination_MSAP 和 Source_MSAP 参数规定在数据单元传输中所涉及到的远程和本地 MSAP。‖ Destination_MSAP 可为单地址、组地址或特殊的 HDLC 地址（ALL_STATION、NO_STATION 等，见 6.4.2.4）。

Frame_type 参数向服务用户层指示接收到 HDLC 帧的类型。在客户机端和服务器端都有效的帧类型是：I_COMPLETE 和 UI。只有在已建立 MAC 连接期间内收到的 I_COMPLETE 帧才应被报告。

Data 参数包含从对等层收到的数据单元（MSDU），该参数可为空的（例如：Frame_type==UI 而 UI 帧包含一个空的 Information 域）。

使用

MA-DATA.indication 从 MAC 子层实体传递到服务用户层实体或实体群，用以指示从远程 MAC 实体到本地 MAC 实体的 MPDU 的到来。

数据交换规程见 6.4.4.4.3.4 和附录 A。

6.2.3.4 MA-DATA.confirm

功能

本服务原语仅在服务器端提供。当本.request 服务在带参数 Frame_type==I_FIRST_FRAGMENT、I_FRAGMENT 或 I_LAST_FRAGMENT 被调用时，服务器端 MAC 子层产生本原语，以向用户服务层指示先前收到的 MA-DATA.request 服务的结果。当先前请求的 MSDU 被成功地发送给对等的 MAC 子层（在发送完最后的 HDLC 帧且接收到肯定的确认后），就会产生 MA-DATA.confirm 服务原语。

服务参数

本原语的语义如下：

MA-DATA.confirm

(

Destination_MSAP，

Source_MSAP，

Frame_type，

Result

)

‖ Destination_MSAP 和 Source_MSAP 参数规定在数据单元传输中所涉及到的本地和远程 MSAP。‖ Destination_MSAP 可以是一个单地址、一个组地址或一个特殊的 HDLC 地址(ALL_STATION、NO_STATION 等，见 6.4.2.4)。

Frame_ type 参数指示 HDLC 帧的类型。有效的帧类型是 I_FIRST_FRAGMENT、I_FRAGMENT 和 I_LAST_FRAGMENT。

Result 参数的值指示收到的 MSDU 的传输结果，该值可能是 OK 或 NOK。

使用

当 MA-DATA.request 服务在带参数 Frame_type=I_FIRST_FRAGMENT、I_FRAGMENT 或 I_LAST_FRAGMENT 被调用时，MAC 子层指示先前收到的该.request 服务的结果。这些帧类型与一个特殊的规程一起使用，该规程规定了从服务器到客户机的长信息传输。该规程在 6.4.4.5 中描述。

6.3 MAC 子层所用的物理层服务

6.3.1 概述

图 9 所示为物理层向 MAC 子层提供的服务。客户机端和服务器端都使用相同的服务集。

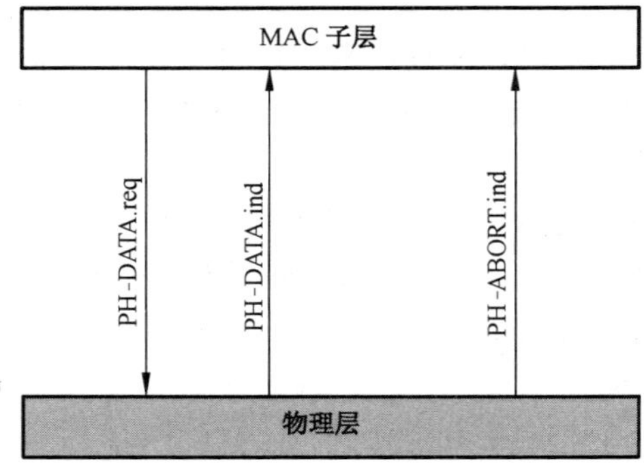

图 9　MAC 子层使用的物理层服务

6.3.2 物理链路的建立

物理链路的建立不使用物理层之上的协议层服务。

6.3.3 物理链路的断开

物理链路的断开不使用物理层以上的协议层服务。其他协议层使用的唯一服务是 PH-ABORT.indication 服务(IEC 62056-42)，以发起带参数 Reason==LOCAL_PH 的 MA-DISCONNECT.indication 服务。

6.3.4 数据通信

MAC 子层使用物理层的 PH-DATA.request 和 PH-DATA.indication 服务原语与远程设备交换数据。

6.4 MAC 子层协议规范

本条规定了基于 ISO/IEC 13239 的 MAC 子层的协议。

6.4.1 MAC PDU 和 HDLC 帧

6.4.1.1 概述

MAC 子层使用 ISO/IEC 13239 的 H.4 中定义的 HDLC 帧格式类型 3。

HDLC 帧格式类型 3 的帧格式如图 10 所示：

标志域	帧格式域	目的地址域	源地址域	控制域	HCS	信息域	FCS	标志域

图 10 MAC 子层的帧格式(HDLC 帧格式类型 3)

该帧格式应用在那些需要附加的错误保护、源地址和目的地址识别、和/或需要长帧的环境中。类型 3 要求使用分段子域，这样可以把长度域减少到 11 比特。那些没有信息域的帧(如某些监督帧)或者信息域长度为零的帧，是不包含 HCS 与 FCS 的，仅有 FCS。HCS 与 FCS 具有相同的计算公式，其长度应为 2 个字节。

帧的元素将在以下条文中描述。

6.4.1.2 标志(Flag)域

标志域的长度为一个字节，其值为 7EH。当两个或多个帧连续传输时，单一个标志既要用作前一帧的结束标志，又要用作下一个帧的开始标志，如图 11 所示。

注：当两个传输字符之间的时间间隔没有超过规定的最大字节间间隔时，帧可以连续传输。参见 6.4.4.3.3。

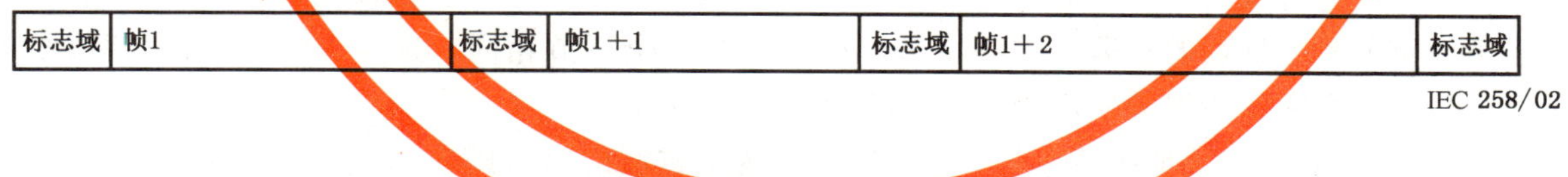

图 11 多帧

6.4.1.3 帧格式(Frame format)域

帧格式域的长度为两个字节，它由三个子域组成：格式类型子域(4 比特)，分段位(S，1 比特)和帧长度子域(11 比特)，见图 12。

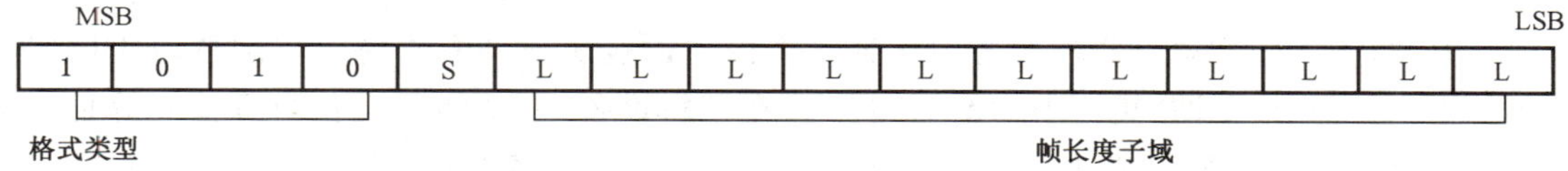

图 12 帧格式域

格式类型子域的值应为 1010(二进制)，它标识出了 6.4.1.1 中定义的帧格式类型 3。

长度子域的值是帧中的字节的数量(不包括帧起始标志和帧结束帧标志序列)。

分段位的使用规则见 6.4.4.4.3.6。

6.4.1.4 目的地址(Des.address)域和源地址(Src.address)域

本帧有两个确切的地址域:目的地址域和源地址域。这两个地址域都应采用 HDLC 标准 ISO/IEC 13239 中 4.7.1 所述的 HDLC 地址扩展机制。

6.4.1.5 控制(Control)域

控制域的长度为一个字节。控制域指示帧类型为命令或响应,并在适当的情形下(帧 I,RR 和 RNR)包含帧序列号,见 6.4.3.2。

6.4.1.6 头部校验序列(HCS)域

HCS 域的长度为两个字节。

帧头字节计算得出 HCS,不包括起始标识和 HCS 自身。其计算方法与帧校验序列(FCS)相同。无信息域的帧仅包含一个 FCS(此时,HCS 被视为 FCS)。HCS(以及 FCS)的计算方法参见附录 A。

6.4.1.7 信息(Information)域

信息域可以是任意的字节序列,在作为数据帧(I 和 UI 帧)的情形下,它携带 MSDU。

6.4.1.8 帧校验序列(FCS)域

FCS 域的长度为两个字节。FCS 由整个帧的长度计算得出,但是不包括起始开始标识和 FCS 自身。除非另有说明,帧校验序列总是由整个帧的长度计算得出,不不包括起始标志、FCS 自身,以及任何起始和停止元素。HCS(以及 FCS)的计算方法参见附录 A。

6.4.2 MAC 编址

6.4.2.1 使用扩展地址

应使用 ISO/IEC 13239:2002 中 4.7.1 所述机制扩展地址。

地址域可以通过保留每个地址字节的第一个传输比特(低位)来扩展,若该位被置为二进制的"0",则指示下一字节是地址域的扩展。扩展字节的格式应与首个字节相同。这样,地址域可以逐级扩展。地址域的最后一个字节用把最低比特置为二进制的"1"来指示。

使用扩展时,若首个地址字节的第一个传输比特为二进制的"1",则指示只使用一个地址字节。地址扩展的使用把单个地址字节的编址范围限制在了 128 以内。

6.4.2.2 地址域结构

HDLC 帧格式类型 3(见 6.4.1.1)的地址域包含两个地址:目的 HDLC 地址和源 HDLC 地址。根据数据交换方向,客户机端地址和服务器地址都可以是目标地址或源地址。

客户机端地址应总是表示为一字节。地址扩展的使用把客户机地址的范围限制在 128。

在服务器端,为了能在单一物理设备内寻址一个以上的逻辑设备和支持多点配置,HDLC 地址可分为两部分[10)]。一部分(所谓"**高位 HDLC 地址**")应在逻辑设备(一个物理设备内可独立寻址的实体)寻址中使用,而另一部分(所谓"**低位 HDCL 地址**")应在物理设备(多支路配置的一个物理设备)寻址中使用。尽管高位 HDLC 地址应总是存在,但低位 HDCL 地址在不需要时可以省略。

HDLC 扩展寻址机制应适用于上述两种地址域。该地址扩展规定了可变长度的地址域,但是根据

---

10) 由于服务器地址要么或者是源地址,要么是目标地址,这种区分可适用于源地址域和目的地址域。

本协议需要，一个完整的 HDLC 地址域的长度被限制为一字节、两字节或四字节。即：

——一字节：只有高位 HDLC 地址存在；

——两字节：一字节高位 HDLC 地址和一字节低位 HDLC 地址；

——四字节：两字节高位 HDLC 地址和两字节低位 HDLC 地址。

上述三种情况在下图说明。

一字节地址结构：

高位 HDLC 地址	1 (LSB)

两字节地址结构：

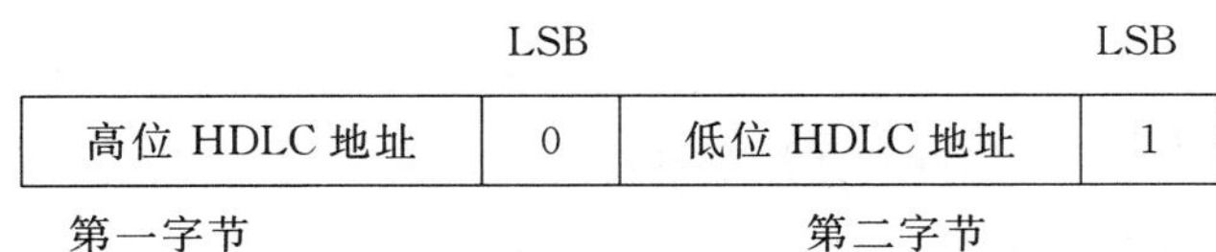

四字节地址结构：

高位 HDLC(高)	0 (LSB)	高位 HDLC(低)	0 (LSB)	低位 HDLC(高)	0 (LSB)	低位 HDLC (低)	1 (LSB)
第一字节		第二字节		第三字节		第四字节	

这种可变长度 HDLC 地址结构为每字节保留了一个比特，用来表明给定的字节是最后一个还是仍有字节跟随。这意味着一字节地址的地址范围是 0～0x7F，两字节地址的地址范围是 0～0x3FFF。

单播、多播及广播的寻址功能由高位 HDLC 地址和低位 HDLC 地址提供。

6.4.2.3 保留的特殊 HDLC 地址

以下特殊 HDLC 地址被保留(见表 3 和表 4)。

表 3 保留的客户机地址表

保留的 HDLC 地址	
0x00	NO_STATION 地址
0x01	客户机管理进程
0x10	公共客户机(最低安全级别)
0x7f	ALL_STATION(广播)地址

表 4 保留的服务器地址表

保留的高位 HDLC 地址		
一字节地址	两字节地址	
0x00	0x0000	NO_STATION 地址
0x01	0x0001	管理逻辑设备地址
0x02～0x0F	0x00002～0x000F	保留
0x7F	0x3FFF	ALL_STATION(广播)地址

表 4（续）

保留的低位 HDLC 地址		
0x00	0x0000	NO_STATION 地址
0x01～0x0F	0x0001～0x000F	保留
0x7E	0x3FFF	CALLING[11] 物理设备地址

上表中为地址扩展机制保留的 LSB 尚未考虑。例如，用下列地址从客户机端发送一个 HDLC 帧到服务器端：

客户 HDLC 地址＝3AH＝00111010B

服务器 HDLC 地址（用四字节寻址）

低位 HDLC 地址＝3FFFH＝0011111111111111B ALL_STATION（广播）地址

高位 HDLC 地址＝1234H＝0001001000110100B

报文的地址域应包含以下字节：

服务器地址				客户机地址
高位 HDLC（高）	高位 HDLC（低）	低位 HDLC（高）	低位 HDLC（低）	HDLC 地址
LSB	LSB	LSB	LSB	LSB
0 1 0 0 1 0 0 0	0 1 1 0 1 0 0 0	1 1 1 1 1 1 1 0	1 1 1 1 1 1 1 1	0 1 1 1 0 1 0 1
第一字节	第二字节	第三字节	第四字节	第五字节
目的地址				源地址

6.4.2.4 特殊地址的处理

下列 MAC 地址类型和特定 MAC 地址被规定：

——单地址；

——组地址；

——CALLING 站地址；

——ALL_STATION 地址；

——NO_STATION 地址；

——管理逻辑设备地址（此设备的存在是强制性的）。

适用下列规则：

——组地址管理不在本规范的范围内；

——有效 HDLC 帧的源地址域不会包含 ALL_STAION 或 NO_STATION 地址。如果接收到包含这两种 ALL_STAION 或 NO_STATION 地址的 HDLC 帧，应视为无效帧；

——只有从主站发往从站的 HDLC 帧，才会在目的地址域中包含 ALL_STATION 或 NO_ STATION；

——广播和多播的 I 帧应被丢弃；

——在目的地址域带有 ALL_STATION、NO_STATION 或组地址的报文中的 P/F 位应被置为 FALSE。寻址后得到 ALL_STATION、NO_STATION 或 P==TRUE 的组地址的 UI 帧应

11） CALLING 物理设备的含义见 6.4.2.4 。

被丢弃；

——CALLING 站地址是一个特殊的物理设备地址，以支持事件报告；见 6.4.4.7。它应保留，以指向发起与客户机站物理连接的服务器站。它不是站自身的物理地址，因此各站都不应将 CALLING 地址配置为自身的物理地址。

6.4.2.5 长度不当地址的处理

服务器端收到的帧也许会包含与接收设备内部寻址方式长度不同的地址。此时，适用如下规则：

——本协议中的客户机地址应为一字节表示，因此若服务器端接收到的帧之源地址域超过一字节，该帧应被丢弃；

——目的地址(DA)应根据表 5 处理。

表 5 不当地址长度的处理

接收到的 DA 域长度	自身地址长度	行为
1 字节	2 字节	接收到的报文应被丢弃
1 字节	4 字节	接收到的报文应被丢弃
2 字节	1 字节	仅当接收到的低位 MAC 地址等于 ALL_STATION 地址时，接收到的消息不被丢弃。此时，消息应被发送至由高位 MAC 地址域指定的逻辑设备
2 字节	4 字节	此时，接收到的一字节低位和高位 MAC 地址的值应在接收机内被转换为 2+2 字节地址，并且接收到的报文应被视为在被接收时具有四字节长度的目的地址域
4 字节	1 字节	仅当接收到的低位和高位 MAC 地址都等于 ALL_STATION 地址时，接收到的报文不被丢弃
4 字节	2 字节	仅当接收到的低位 MAC 地址等于 ALL_STATION 地址或等于 CALLING 物理设备地址时，接收到的报文可不被丢弃。在第一种情况下，仅当高位 MAC 地址等于 ALL_STATION 地址时，应接受该帧；在第二种情况下，仅当高位 MAC 地址等于管理逻辑设备地址且 CALLING DEVICE 层参数被置为 TRUE 时，报文才被考虑。在任何其他情况下，接收到的帧都应被丢弃
3 字节或多于 4 字节	不用	帧应被丢弃
注：服务器可能支持多个编址方案。		

6.4.3 命令帧和响应帧

6.4.3.1 选定的指令表

本部分采用 UNC 基本命令响应表的命令和响应见表 6，并扩展以 UI 命令和响应，如 ISO/IEC 13239 所定义。

表 6　命令帧和响应帧

命令	响应
I	I
RR	RR
RNR	RNR
SNRM	UA
DISC	DM
UI	UI
	FRMR

6.4.3.2　控制域格式

命令/响应帧控制域的编码应模 8，见表 7 和 ISO/IEC 13239 中 5.5 的规定：

表 7　控制域格式

	MSB							LSB
I	R	R	R	P/F	S	S	S	0
RR	R	R	R	P/F	0	0	0	1
RNR	R	R	R	P/F	0	1	0	1
SNRM	1	0	0	P	0	0	1	1
DISC	0	1	0	P	0	0	1	1
UA	0	1	1	F	0	0	1	1
DM	0	0	0	F	1	1	1	1
FRMR	1	0	0	F	0	1	1	1
UI	0	0	0	P/F	0	0	1	1

这里 **RRR** 是接收序列号 N(R)，SSS 是发送序列号 N(S)，**P/F** 是探询/终结位。

注：与 ISO/IEC 13239 中的标记法相比较，在本标记法中，比特位顺序是相反的。然而，在两种表示法中最低有效位(LSB)都是传送的第 1 位。(传输顺序见 6.4.4.2.2)。

6.4.3.3　信息传输命令和响应

信息、I 命令和响应的功能是按顺序传输编号的帧，每个帧中都包含有信息域。

I 帧控制域应包含两个序列号：

a)　N(S)，发送序列号，它应指示与该 I 帧对应的序列号；

b)　N(R)，应指示下一个预期接收的 I 帧的序列号(类似传送的时间)，并因此指示直到(含)序列号为 N(R)-1 的 I 帧已被正确接收。

出于数据完整性的原因，在这里的最大接收信息域长度和发送最大信息域长度 HDLC 参数的默认值是 128 字节。其他值可在连接建立时协商，见 6.4.4.4.3.2。

注 1：为了保证最低性能，主站应提供最少 128 字节的 max_info_field_length_receive。

注 2：信息域长度的最大值是 2 030 字节。

6.4.3.4 接收就绪(RR)命令和响应

RR 帧应被数据站用来:

a) 指示它已准备好接收一个 I 帧;

b) 确认先前已接收到了编号到 N(R)-1(含)为止的 I 帧。

在传输时,RR 帧应指示先前由同一数据站发出的 RNR 帧所引起的忙状态已消除。

6.4.3.5 接收未就绪(RNR)命令和响应

RNR 帧被数据站用来指示忙状态,即暂时无法接收后续的 I 帧。直到编号为 N(R)-1(含)为止的 I 帧应被视为已确认。编号为 N(R)和任何后续的 I 帧(假如有)都应被视为尚未确认。这些帧的接收状态应在后续的数据交换传输中指明。

6.4.3.6 设置正常响应方式(SNRM)命令

SNRM 命令应用来将被寻址的从站置为正常响应模式(NRM),该模式中所有控制域长度都为一个字节。从站应通过在第一响应时机传输 UA 响应以确认 SNRM 命令的接受。一旦该命令被接受,从站的发送和接收状态变量应置为 0。

当本命令生效后,所有已分配给数据链路控制的未确认的 I 帧归还给更高层负责。这些未确认的 I 帧信息域的内容是否为了传输而被再分配到数据链路控制传送由更高层决定。

SNRM 命令允许包含可选的信息域,用于数据链路参数的协商(见 6.4.4.4.3.1),以及携带用户信息,这些信息被透明地跨越链路层传送给数据链路的用户。

6.4.3.7 断开(DISC)命令

DISC 命令应在终止由一个命令事先建立的运行模式或初始化模式时使用。在交换型和非交换型网络中,它应用来通知被寻址的从站:主站将要暂停操作并且从站应进入逻辑断开模式。执行命令之前,从站应通过 UA 响应的发送来确认 DISC 命令的接受。

当本命令生效后,所有已分配给数据链路控制的未确认的 I 帧归还给更高层负责。这些未确认的 I 帧信息域的内容是否为了传输而被再分配到数据链路控制由更高层决定。

信息域可以 DISC 命令中出现。

6.4.3.8 无编号确认(UA)响应

从站应使用 UA 响应,对 SNRM 和 DISC 命令的接收与接受进行确认。

UA 响应可以包含用于数据链路参数协商的可选信息域(见 6.4.4.4.3.1)。

6.4.3.9 断开方式(DM)响应

DM 响应应用于报告状态:从站与数据链路已经在逻辑上断开、以及(按系统定义)处于 NDM。

处于 NDM 的从站应发送 DM 响应,以请求主站/其他组合站发布方式设置命令,或者(若在发送对方式设置命令接收的响应时)以通知主站它仍处于 NDM,方式设置命令不能生效。信息域可在 DM 响应中出现。

在 NDM 中的从站应监测收到的命令来查询响应时机,以便发送(或重发)DM 响应。也就是,在接收到方式设置命令(SNRM)而使得断开方式终止前,没有命令(除了 UI 命令)被接受。

6.4.3.10 帧拒绝(FRMR)响应

运作方式下的从站应用 FRMR 响应应被处于运作模式下的从站用来报告以下情况之一,这些情况是由于从主站接收到无 FCS 差错帧而形成的，这些情况靠同一帧的重发是无法纠正的：

——收到了未定义或未实现的命令或响应；

——收到了 I/UI 命令或响应，其信息域超出了从站/组合站所能容纳的最大信息域长度；

——接收了来自从站/组合站的无效 N(R)。即 N(R)指示的是先前已传送并已被且确认的 I 帧的序列号，或尚未发送而又不是下一个按序等待传输的 I 帧的序列号；

——相关控制域不容许有信息域而接收到的帧包含信息域。

从站应在第一个时机传送 FRMR 响应，并应包含一个信息域，该信息域提供帧拒绝的原因(见 ISO/IEC 13239 中 5.5.3.4.2)。

6.4.3.11 无编号信息(UI)命令和响应

UI 命令被用来在不影响任何站的 V(S)或 V(R)变量的情况下向从站发送信息。UI 命令的接收是没有由数据链路规程校验的序列号的；所以，如果在传送命令时数据链路发生异常，UI 帧可能会丢失。或如果在响应命令时发生异常情况，UI 帧可能被重复。没有指定的从站对 UI 命令进行响应。UI 命令的发送可独立于数据链路站的方式(NDM 或 NRM)限制。

6.4.4 规程的要素

6.4.4.1 概述

当主站和从站间的物理连接已建立，但还没建立活跃的数据链路通道时，客户机和服务器端的 MAC 子层都处于 NDM。在这种方式下，不会传送任何信息帧或编号监督帧。也不应接收之。在此方式下，从站能力被限制到：

——接受和响应 SNRM 命令；

——接受 UI 命令；

——在响应时机传输 UI 应答；

——用 DM 响应来响应所接收到的断开连接(DISC)命令。

MAC 连接建立后，MAC 层运行在 NRM 下。从站(服务器)只有在收到来自主站(客户机)的明确许可时才能发起数据传送。在接收到许可(POLL BIT==TRUE)后，从站应起动响应传输。响应传输可能包含一个或多个帧，同时保持有效数据链路通道状态(见 6.4.4.3)。响应传送的最后帧应被从站明确指示(FINAL BIT=TRUE)。在最后帧指示后，从站应停止传送直到再次收到主站的明确允许。

6.4.4.2 传送事项

6.4.4.2.1 透明性

ISO/IEC 13239 的 4.3 规定了多种透明机制。

根据本协议需要，选用了非基本帧格式透明机制，如本部分 4.3.4 所述。

当在帧格式域中使用非基本帧格式时，长度子域不需要用比特或八位位组插入方式来实现透明性。因此，在 MAC 子层操作中没有使用控制八位位组透明性(八位位组插入)。

6.4.4.2.2 比特和八位位组传输顺序

信息域中的地址、命令、响应、序列号和数据链路信息应先传送低比特位。

以多于一个八位位组表示其值的域，应首先传输最高阶的八位位组。例如，如果某地址域的值用两个八位位组表示为值 0x1234，则应首先传输其高阶八位位组(0x12)，然后传输其低阶八位位组(0x34)。16 比特的 HCS 和 FCS 应同样从最高项(对应于 x^{15})起向线路传送[12)]。

12) 附录 A 给出 FCS 计算的例子。

6.4.4.2.3　无效帧

无效帧是没有被两个适当标志所界定的帧，或者是太短的帧(使用16比特FCS但两个标志之间少于7个八位位组)，或是八位位组构帧违规的帧(例如，在本该是停止位的位置出现比特“0”)，或是在源地址域中包含ALL_STATION或NO_STATION地址的帧。

无效帧应被忽略。

6.4.4.3　HDLC通道状态

6.4.4.3.1　活跃HDLC通道状态

当主站或从站正在传送帧的一个字节或八位位组填充位时，HDLC通道是活跃的。在活跃状态，应保留继续传输的权利。

6.4.4.3.2　放弃序列

在本部分中，使用非基本透明性，所以不能使用放弃序列HDLC特性。放弃序列被规定为2个八位位组序列(见ISO/IEC 13239，5.1.1.2)，以“控制避免”八位位组起始，后跟“结束标志”八位位组。接收到此序列就解释为放弃，接收数据站应忽略该帧。

6.4.4.3.3　起/止传输八位位组间超时

起/止传输的八位位组间超时(T_{io})是可选的超时，用于从帧内被传输的八位位组之间的时间过度流逝的情况中恢复过来。本超时功能(或其等效功能)只适用于接收帧。该功能在检测到一个八位位组的停止位时启动，在收到下一个八位位组的起始位时或在超时功能(或其等效功能)耗尽时停止。在接收器中无论何时发生超时，应假定事实上已接收到的帧结束，并扫描下一个开始标志序列的数据流。

注：T_{io}的值取决于使用的介质。对于PSTN连接T_{io}=25 ms。

6.4.4.3.4　空闲的HDLC通道状态

当传号保持状态维持了系统规定的时间周期(T_{idle})时，数据链路通道处于空闲状态。

注：T_{idle}的值取决于所用的介质。对于PSTN连接，T_{idle}=25 ms。

6.4.4.4　HDLC通道操作—规程描述

6.4.4.4.1　概述

根据本部分的需要，选用了不平衡连接方式数据链路操作。不平衡数据链路涉及一个主站和一个或多个从站。主站应最终负责全部的数据链路错误恢复。

ISO/IEC 13239的5.2定义了三种操作方式和三种非操作方式。根据本部分的需要，选用了正常响应方式NRM(ISO/IEC 13239，5.2.1.1)和正常断开方式NDM(ISO/IEC 13239，5.2.2.1)。

每个数据站应通过检查接收到的每个编号信息帧和监督帧的N(R)，检查发送到远程数据站的I帧是否被正确接收。

6.4.4.4.2　数据站特征

主站负责：

——建立和断开数据链路；

——发送信息传送，监督和无编号命令；

——检查收到的响应。

从站应负责：

——检查收到的命令；

——根据收到命令的要求，发送信息传送，监督和无编号响应。

6.4.4.4.3 规程的定义

6.4.4.4.3.1 建立数据链路

主站应通过发送 SNRM 命令发起与从站的 HDLC 链接并启动响应超时功能（见 6.4.4.10.1）。被寻址的从站在正确接收 SNRM 命令后，应在第一时机内发送 UA 响应，并且将其发送和接收状态变量置为零。如果主站正确接收 UA 响应，与被寻址从站的 HDLC 链路建立完成，同时主站应把对应于该从站的发送和接收状态变量置为零，并停止响应超时功能。

如果在收到 SNRM 命令时从站确认其不能进入指示状态，从站应发送 DM 响应。如果 DM 响应正确收到，主站应停止响应超时功能。

如果 SNRM 命令、UA 响应或 DM 响应没有正确接收，应忽略之。这将导致主站响应超时功能耗尽，主站可重发 SNRM 命令，并重新启动响应超时功能。

该动作会一直持续，直到正确收到 UA 或 DM 响应，或者 SNRM 帧被传输的次数达到 MAX_NB_OF_RETRIES 次（见 6.4.4.10.2）。进而的恢复动作发生在更高层。

6.4.4.4.3.2 连接阶段的 HDLC 参数协商

SNRM/UA 报文交换不仅允许建立连接，而且允许协商一些数据链路参数。ISO/IEC 13239 定义了一组可协商参数。根据本协议需要选取了这些参数的一个子集，该协商 HDLC 参数子集包含了两部分：：

——WINDOW_SIZE 参数；

——MAXIMUM_INFORMATION_FIELD_LENGTH 参数。

这些参数的缺省值如下：

——默认 WINDOW_SIZE＝1；

——默认 MAXIMUM_INFORMATION_FIELD_LENGTH＝128(80H)

协商规则如下：

协商以 SNRM 帧开始，该帧可包含 Information 域。当存在 Information 域时，它应采用下面格式（见 ISO/IEC 13239，5.5.3.2）：

信息域编码的格式举例（参数值为缺省值）：

81	80	12	05	01	80	06	01	80	07	04	00	00	00	01	08	04	00	00	00	01

说明：

81H　　格式标识符

80H　　组标识符

12H　　组长度（18 个八位位组）

05H　　参数标识符（最大信息域长度-发送）

01H　　参数长度（1 个八位位组）

80H　　参数值

06H　　参数标识符（最大信息域长度-接收）

01H　　参数长度（1 个八位位组）

80H　　参数值

07H　　参数标识符(窗口大小-发送)
04H　　参数长度(4 个八位位组)
00H　　参数值(值的高字节)
00H　　参数值
00H　　参数值
01H　　参数值(值的低字节)
08H　　参数标识符(窗口大小-接收)
04H　　参数长度(4 个八位位组)
00H　　参数值(值的高字节)
00H　　参数值
00H　　参数值
01H　　参数值(值的低字节)

在多八位位组域中(如本例),最高阶的比特位在首个被传输的八位位组中(见 6.4.4.2.2)。

当存在 Information 域时,前两个字节(格式标识符 81H 和组标识符 80H)也总是存在。另外,任何(一个或多个)协商参数可以缺席。特别参数的缺席(PV=0 或 PI/PL/PV 消失,见 ISO/IEC 13239,5.3.3.1.2)应解释为使用其默认值。

Information 域的缺席,应解释为每个参数都是其默认值。

除了这些可协商的 HDLC 参数,SNRM 帧的 Information 域还可能包含用户数据子域。

在 Information 域中包含其他参数,表明 SNRM 帧被拒绝。该情况下,应向主站发送一个 DM 帧(该帧携带"在 SNRM 帧的信息域中的错误参数的列表")。

用户定义参数子域的存在不应代表帧被拒绝。

如果从站接收到一正确 SNRM 帧并且连接请求能被接受,它应使用 UA 帧应答。此 UA 帧应带有 HDLC 参数的协商结果。

协商的结果在从站计算,计算的方法是在提议的参数值(与 SNRM 帧一起发送的)与从站对应的参数值之间选择较小的值,协商的结果与 UA 帧一起被接收。

假设当最大信息域长度-发送和最大信息域长度-接收参数用两个字节表示时(该情况属于 IEC HDLC 设置类版本 1 被使用,见 IEC 62056-62),组的长度为 14H(20 个八位位组),参数 5 和参数 6 的参数长度是 02H。示例见表 8。

81	80	14	05	02	00	80	06	02	00	80	07	04	00	00	00	01	08	04	00	00	00	01

表 8　SNRM/UA 帧的参数协商值示例

提议的参数/值(收到的 SNRM 帧)	对应参数的值(从站可能使用的)	结果(从站角度看的传输/接收方向)
Max_info_field-transmit (05H)/80H (128D)	Max_info_field -receive (06H)/40H (64D)	Max_info_field -receive (06H)/40H (64D)
Max_info_field-receive (06H)/80H (128D)	Max_info_field -transmit (05H)/80H (128D)	Max_info_field -transmit (05H)/80H (128D)
Window size -transmit (07H)/0001H (1D)	Window size-receive (08H)/0007H (7D)	Window size-receive (08H)/0001H (1D)
Window size -receive (08H)/0007H (7D)	Window size-transmit (07H)/0007H (7D)	Window size-transmit (07H)/0007H (7D)
注 1:以上情况下,到来的 SNRM 帧应包括 Information 域,但是在该域中只有"Window size-receive"参数是必需的,因为其他参数都被视为其默认值。 **注 2**:由于通信效率的原因,主站提议的 Max_info_field-receive 参数的值宜至少与从站支持的 Max_info_field-transmit 参数的值一样大。		

响应 UA 帧也包括 Information 域。该 Information 域应包含"Max_info_field-receive"(40H),和"Window size -transmit"(07H)参数。其他两个参数不必要在响应帧中出现,因为它们带有其默认值

(见 6.4.4.10.5 最大信息域长度和 6.4.4.10.6 窗口尺寸)。

成功交换带有上述参数的 SNRM/UA 帧后,双方应认为,建立 HDLC 连接的 HDLC 参数如下:

——客户机端(主站)→服务器端(从站)的传输 Max_info_field:40H;

——服务器端(从站)→客户机端(主站)的传输 Max_info_field:80H;

——客户机端(主站)→服务器端(从站)的传输 Window size:01H;

——服务器端(从站)→客户机端(主站)的传输 Window size:07H。

6.4.4.4.3.3 断开 MAC 连接

主站应通过发送一个 DISC 命令来断开与从站的 MAC 链接,并且应启动响应超时功能。一旦正确接收到 DISC 命令,被寻址从站应在第一时机发送 UA 响应,并且应进入正常断开方式(NDM)。在收到 DISC 命令时,若被寻址到从站已处于断开方式,它应发送 DM 响应。在收到对 DISC 命令的 UA 或 DM 响应后,主站应停止响应超时功能。

在多点配置的环境中,来自从站的 UA 响应不应相互干扰。避免对使用组地址或全站地址的 DISC 命令进行重复响应的机制不在本部分的范围之内。

如果 DISC 命令、UA 响应或 DM 响应没有被正确接收,则接收站应忽略之。这将会导致主站的响应超时功能到期,主站可重发 DISC 命令并重启响应超时功能。

该动作会一直持续,直到正确收到 UA 或 DM 响应,或者 DISC 命令的传输次数达到 MAX_NB_OF_RETRIES。进而的恢复动作在更高层发生。

6.4.4.4.3.4 数据交换

收到 MA-DATA.request 原语将引起 MAC 子层用 HDLC 协议规程将接收到的数据传送到对等 MAC 子层。只有在 MAC 连接已经建立且 MAC 子层处于操作方式(正常应答方式 NRM)时,才允许传送信息帧。在 Frame_type == I_COMPLETE(信息)情况下,此数据应在一个或多个信息帧(I 帧)中传输。应使用 HDLC 的序列编号和确认规程。如果必要,数据应在传输之前被分为多个子帧(分段)。对等 MAC 层需在接收后重组这些子帧。为了允许从服务器端向客户机端传送长信息,规定了一个特殊规程。该规程使用的帧类型包括 I_FIRST_FRAGMENT、I_FRAGMENT、I_LAST_FRAGMENT,在 6.4.4.5 中描述。

在 Frame_type==UI 情况下,收到的数据将在 UI 帧中传输。此时,数据尺寸应能在一个 HDLC 帧中放下。UI 帧基本上是为广播/多播服务的,但是也可用于事件报告。UI 帧可在操作模式(NRM)和非操作模式(NDM)两种方式下发送。

信息帧的交换

在 ISO/IEC 13239,6.11.4.2 中规定了详细的信息帧交换。

综上所述,在使用正常响应方式 NRM 时,从站只有在从主站收到明确的许可后才能启动传送;主站启动每一个数据交换。主站应把传输的最后一帧的查询位置为"1",以请求从站的响应帧。从站应将结束比特置 1,以指示其响应传输的最后一帧(见 ISO/IEC 13239,5.4.3)。

包含 N(S)发送序列号和 N(R)接收序列号的 I 帧用于确证信息传送。I 帧应被接收器确认。多个 I 帧可能被连接在一起,探询/终结比特指示这些序列的最后一帧。

主站用超时功能来监视从站的响应。

下例表示了 NRM 模式下,以 TWA 方式传输的帧的典型交换(见 ISO/IEC 13239,6.11.4.5)。更多的例子见 ISO/IEC 13239。

示例 1：无传输错误时的启动规程和信息传送(Window size=3)：

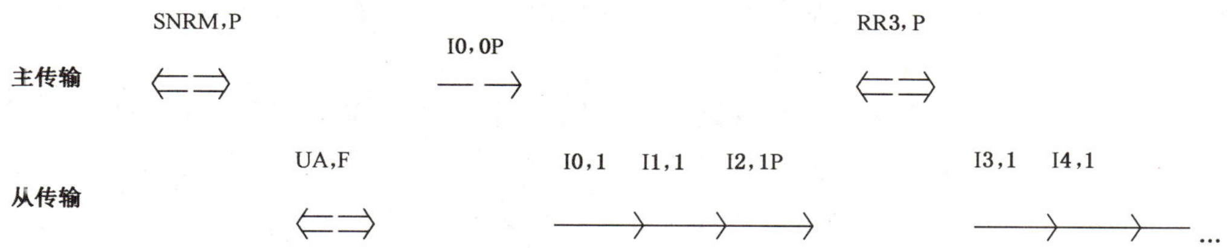

示例 2：信息传送(Window size=1)和关闭规程：

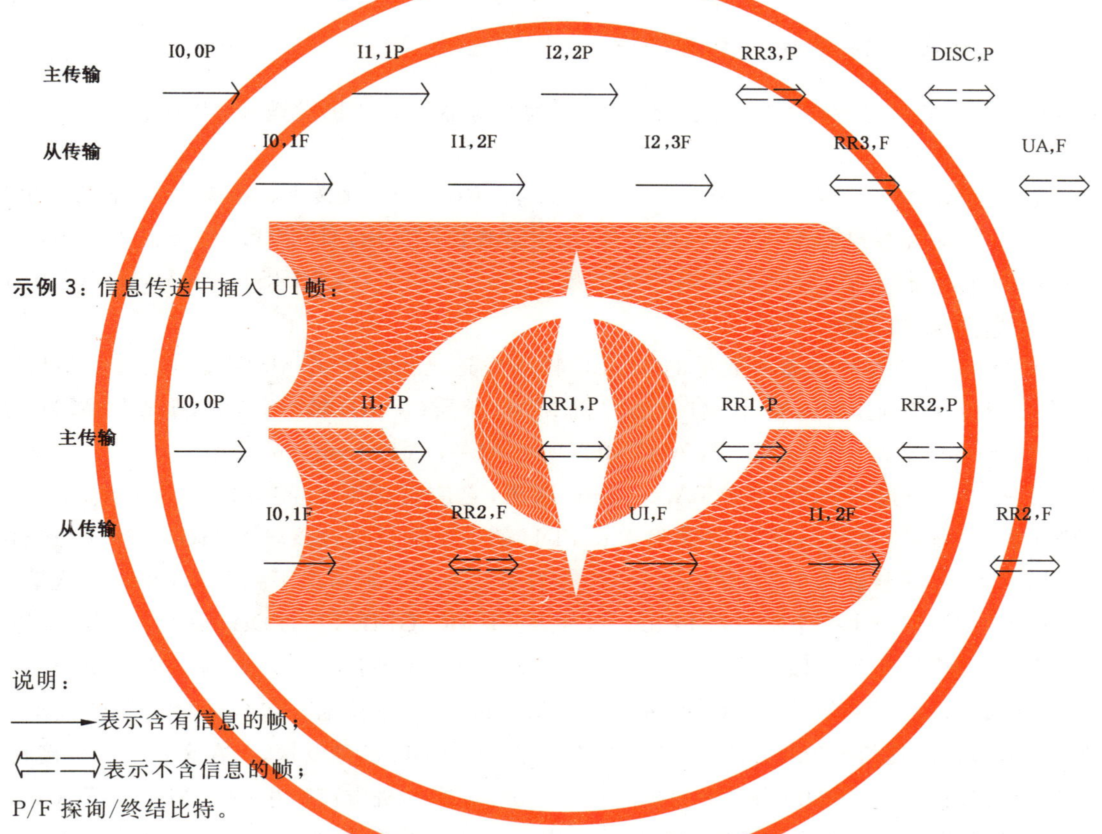

说明：

——→表示含有信息的帧；

⟸⟹表示不含信息的帧；

P/F 探询/终结比特。

6.4.4.4.3.5　窗口大小(Window size)的考虑

HDLC 标准允许在确认完成之前按序传送多个帧。发送序列号和接收序列号允许确认多少帧被正确接收的信息。连续帧的最大数目被称为窗口大小(Window size)。

窗口尺寸的最大值取决于发送/接收序列号的范围。在本协议中，三比特序列编号方式被使用(范围 0～7)。因此窗口大小的最大值是 7。

窗口尺寸的默认值在主站和从站中都应是 1，除非在连接建立时协商了其他值(见 6.4.4.4.3.1)。

如果窗口尺寸>1，连续帧可以被连接在一起。在这种情况下单一标志用来标志一帧的结束和下一帧的开始(见图 11)。

如果窗口尺寸>1 并且这些帧没有连接在一起，一定要监测在连续帧之间的超时(见 6.4.4.3.3)。

6.4.4.4.3.6 分段

在帧格式域中，分段子域为一比特紧跟在帧类型子域之后，且若其存在，则长度子域就减少一比特。该域的使用如下(见ISO/IEC 13239,4.9.3)：

——所有被传输的MSDU都适用分段规则。该规则适用于，可在单个HDLC帧中传输的MSDU，或那些以HDLC帧序列被传输的MSDU；

——MSDU的最后一个HDLC帧应以分段子域=0被发送；

——当MSDU应用多个HDLC帧发送时，除MSDU的最后一个HDLC帧外，所有帧应以他们的分段子域=1发送；

——HDLC窗口序列号保证了所有分段被有序地发送/接收，并且能够检测到分段的丢失。

6.4.4.5 从服务器向客户机传送长MSDUs

服务器常常是内存资源较少的嵌入式系统，所以，为服务器向客户机发送长MSDU规定了一套专用机制。

注：从实现角度来看，当服务器没有足够空间分配一个可以包含完整MSDU的缓冲器时，该MSDU被认定为“长”。

为了透明地(从对等客户机MAC层角度来看)传输这些长服务用户层PDU，服务器服务用户层应能够将完整的PDU进行分割，并且通过调用带参数Frame_type==I_FIRST_FRAGMENT的DL-DATA.request服务发送其第一分段。

服务器MAC子层应在它所需要数量的HDLC帧中发送已接收到的MSDU，但是发送最后一帧时，分段标志比特应置为1。当这最后一帧被客户机MAC子层(用RR帧)确认时，服务器MAC子层应产生带参数Frame_type=I_FIRST_FRAGEMENT的MA-DATA.confirm原语。

当服务器服务用户层收到DL-DATA.confirm原语，它应通过调用带参数Frame_type==I_FRAGMENT的DL-DATA.request服务来发送长PDU的下一段。包含该段的HDLC帧应像包含第一段的帧一样被传输：甚至最后一个HDLC帧应在分段标志比特=1情况下被发送，并且当这最后一帧的确认被接收到时，应产生一个带参数Frame_type==I_FRAGMENT的DL-DATA.confirm原语。

长服务用户层PDU的后继段应采用相同的方法传输，一直到最后一段。最后一段应使用带参数Frame_type==I_LAST_FRAGMENT的DL_DATA.request服务传输。包含该最后段的最末一个HDLC帧应在分段标志比特=0的条件下传输，意味着完整的PDU已被发送，并在客户机端被接收。

只有当收到这最末一个HDLC帧(分段标志比特=0)后，客户机端应产生一个MA-DATA.indication原语：由服务器提供的分段规程在客户机端并不完全可见。因此，该规程被认为是透明。

图13表示GET.request应用层服务所对应的报文序列图。READ.request服务也同样处理。

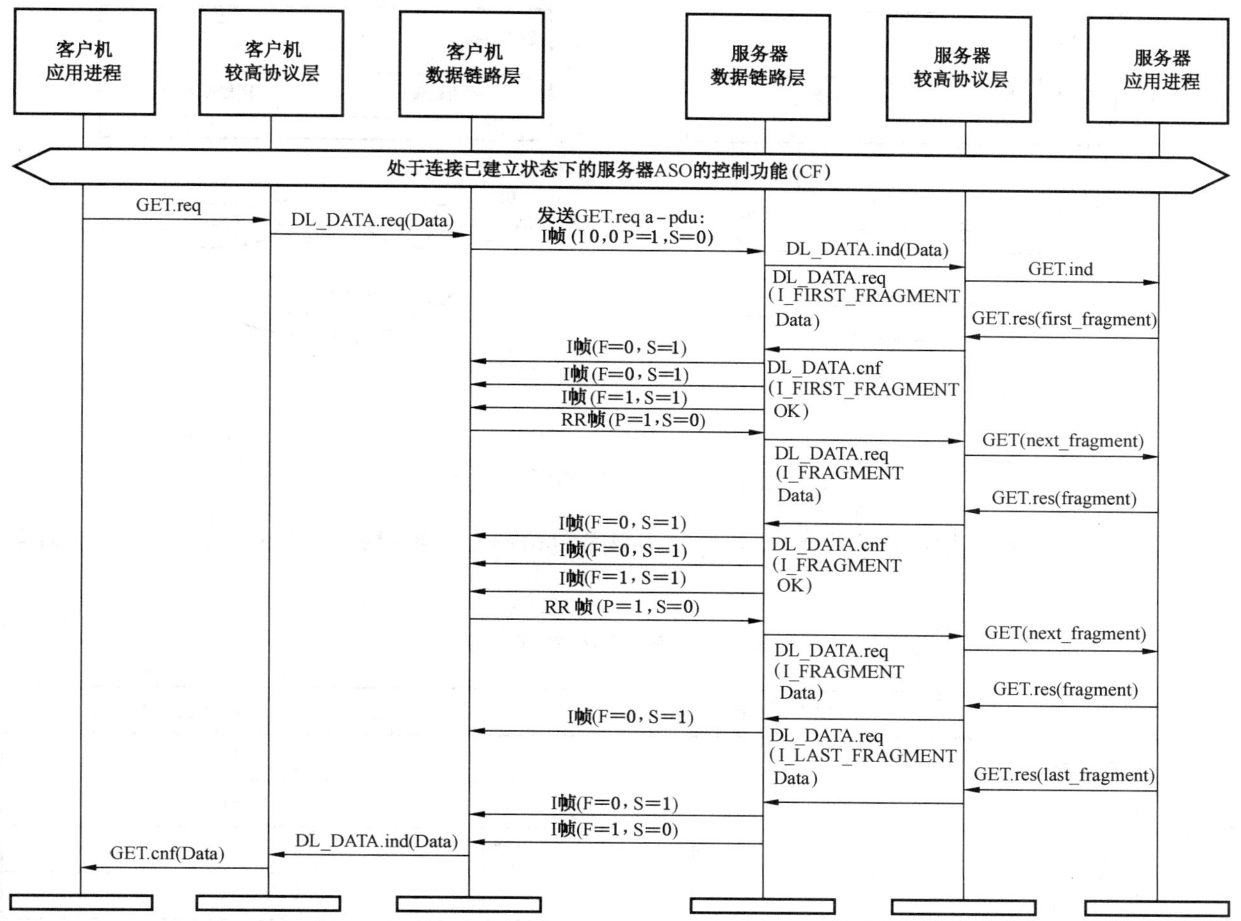

图 13 用透明方式传送长 MSDU 的 MSC

6.4.4.6 多播和广播

用 UI 帧实现多播和广播是可能的。在当前环境下,它只能在客户机端实现,服务器不准许发送在目的地址中带有广播和多播地址的帧。

如果帧的目的地址指定一个本地 MSAP,或者它是现有的本地组地址,或者它是广播 MAC 地址,应把 UI 帧报告至服务用户层。

只有 UI(和 DISC)[13] 报文可用作广播和多播;任何其他在 Destination_Address 域中带有广播和多播地址的报文类型都应被服务器 MAC 子层丢弃。广播和多播 UI 报文总是 Poll 比特=FALSE 条件下发送。Poll=TRUE 的广播和多播 UI 帧应被丢弃。

使用高 HDLC 地址,允许对一个物理设备中的多个逻辑设备进行广播和多播;使用低 HDLC 地址,允许对多个物理设备进行广播和多播。

---

13) 本部分中规定的数据链路层与 IEC 62056-53:2006 规定的 COSEM 应用层一起使用时,应用关联的释放由断开支持数据链路层的连接来完成。为了释放非预先建立的多重应用关联,可以同时发送带有广播或多播地址的 DISC 命令。用于避免由使用组地址或全站地址的断开命令(DISC)所引起的重复响应的机制,不在本部分的范围之内。服务器无需处理使用组地址或全站地址的 SNRM 命令。

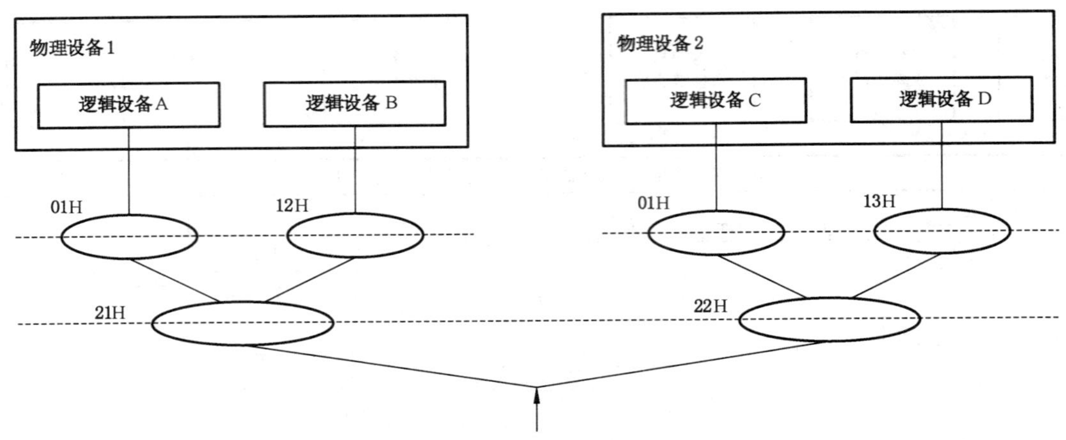

图 14 阐明广播的配置示例

图 14 所示有两个物理设备的例子，每个物理设备包括两个逻辑设备。这些设备的 MAC 地址如表 9。

表 9 例中 MAC 地址汇总

	高 MAC 地址(逻辑设备地址)	低 MAC 地址(物理设备地址)
逻辑设备 A	01H	21H
逻辑设备 B	12H	21H
逻辑设备 C	01H	22H
逻辑设备 D	13H	22H

在 MAC 地址任何层级带有广播地址的报文应按表 10 的方式处理：

表 10 广播 UI 帧的处理

低 MAC 地址 (物理设备地址)	高 MAC 地址 (逻辑设备地址)	UI 信息处理
单地址(例如 21H)	单地址(例如 01H)	到来的 UI 帧发送给单一物理设备中的单一逻辑设备。在本例中，就是逻辑设备 A。物理设备 2 的 MAC 子层应丢弃接收到的帧
单地址(例如 22H)	广播(7FH)	到来的 UI 帧发送给单一物理设备中的所有逻辑设备。在本例中，报文应发送给逻辑设备 C 和 D。物理设备 1 的 MAC 子层应丢弃接收到的帧
广播(7FH)	单地址(例如 01H)	到来的 UI 帧发送给所有物理设备中的内所有被单独寻址的逻辑设备。在本例中，报文应发送给逻辑设备 A 和 C
广播(7FH)	广播(7FH)	到来的 UI 帧发送给所有物理设备中的所有逻辑设备。在本例中，报文应发送给逻辑设备 A、B、C 和 D

6.4.4.7 从服务器向客户机发送 UI 帧

本条讨论服务器 MAC 层收到带参数 Frame_type=UI 的 DL-DATA.request 服务调用的情形。

就其本质而言，该请求可能在任何时候以异步方式发生。(它不是先前的 DL-DATA.indication 的结果，因而它是非受邀的)。所以，当它发生时，服务器 MAC 层通常没有权利立刻将其发送("没有权利说话")。从而，该 UI 包应储存在 MAC 层，以等待时机发送。

暂挂的 UI 帧能够在下面的条件下被发送：

当收到 Frame_type 为 I_COMPLETE，I_FIRST_FRAGMENT，I_FRAGMENT 或 I_LAST_FRAGMENT 的 DL-DATA.request 调用时。暂挂的 UI 帧应在最后一个窗口之前发送，它应包含传输关闭比特 Final=TRUE。(见图 15)。

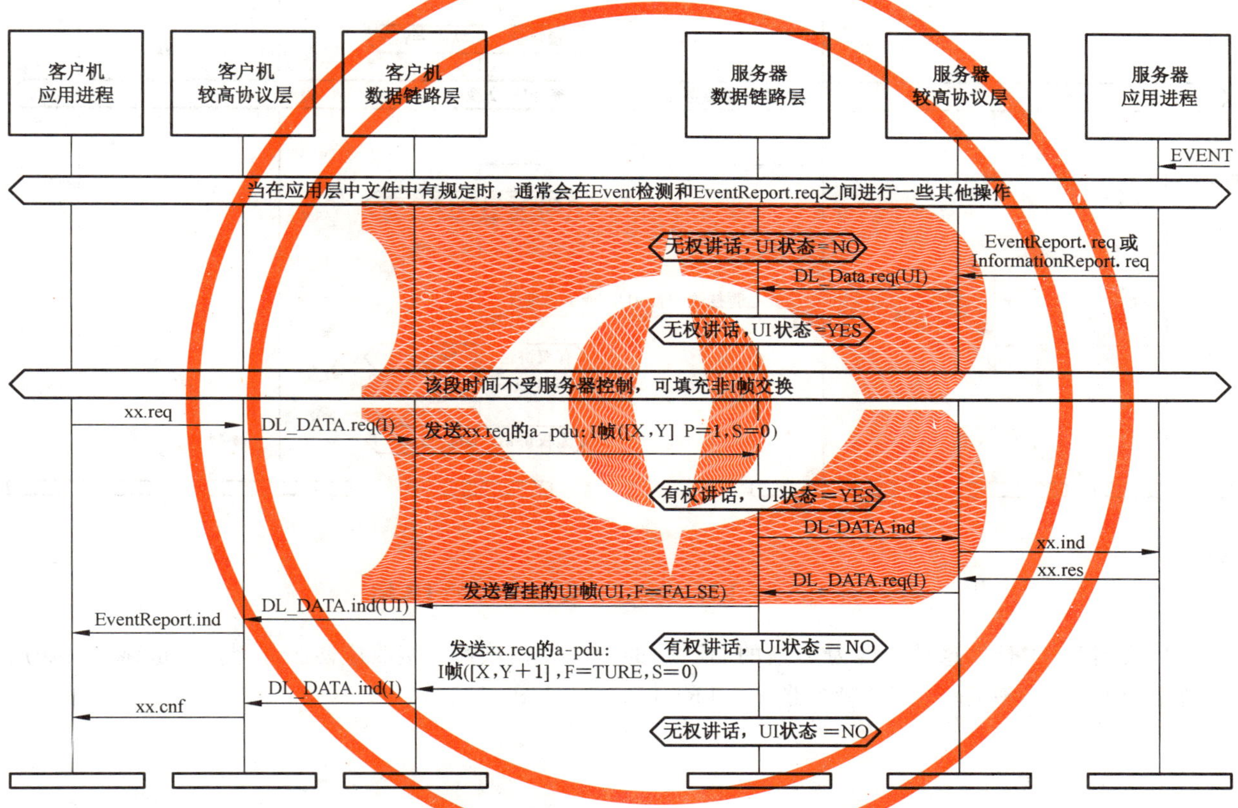

图 15 在.response 数据中发送暂挂的 UI 帧

当接收到带有 P=1 的 RR 帧时：当收到 RR 帧，若服务器 MAC 层没有暂挂的 I 或 UI 帧，通常它将用另一 RR 帧应答，只是将“会话权”还给 HDLC 主站。当有暂挂的 UI 帧时，此 UI 帧应在正常响应帧之前被发送(见图 16)。

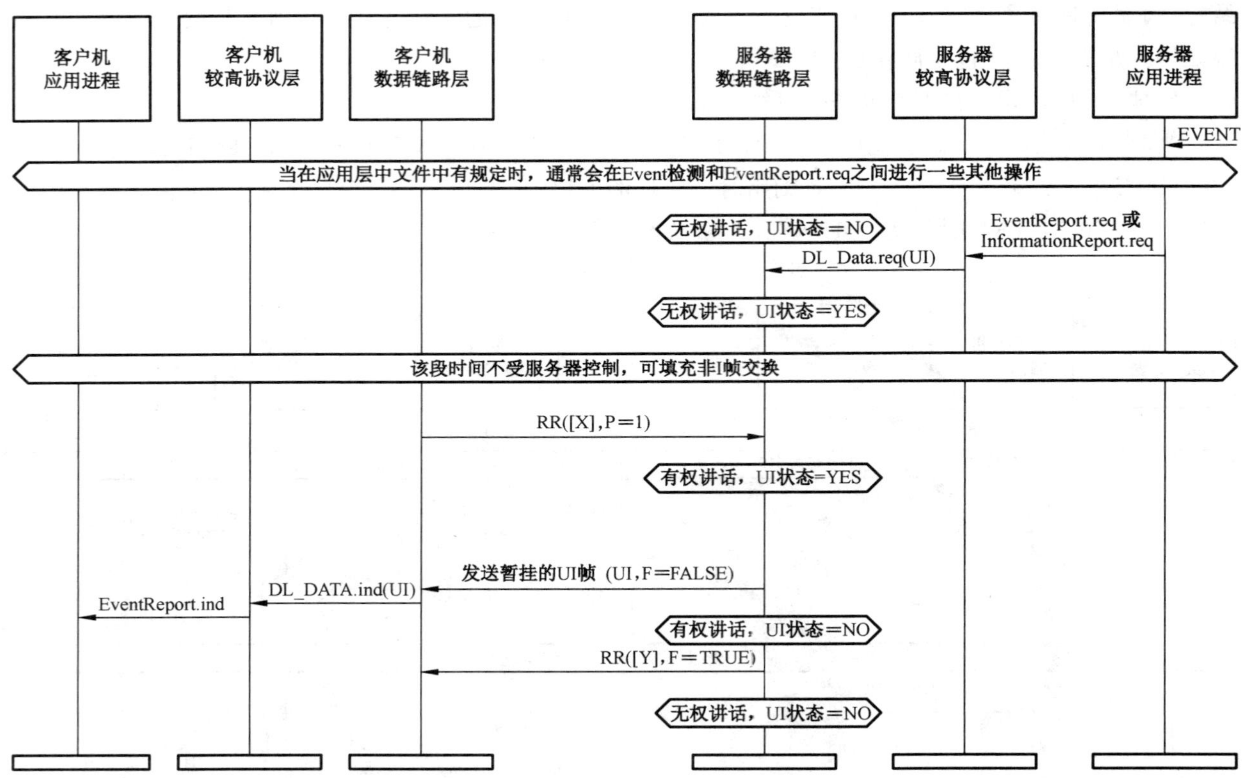

图 16 在 RR 帧响应中发送暂挂的 UI 帧

当收到 P=1 且信息域长度为 0(空的 UI 帧)的 UI 帧时：该帧的接收应使服务器数据链路层发送所有暂挂的 UI 帧。最后一个 UI 帧应带 F=TRUE 发送(见图 17)。

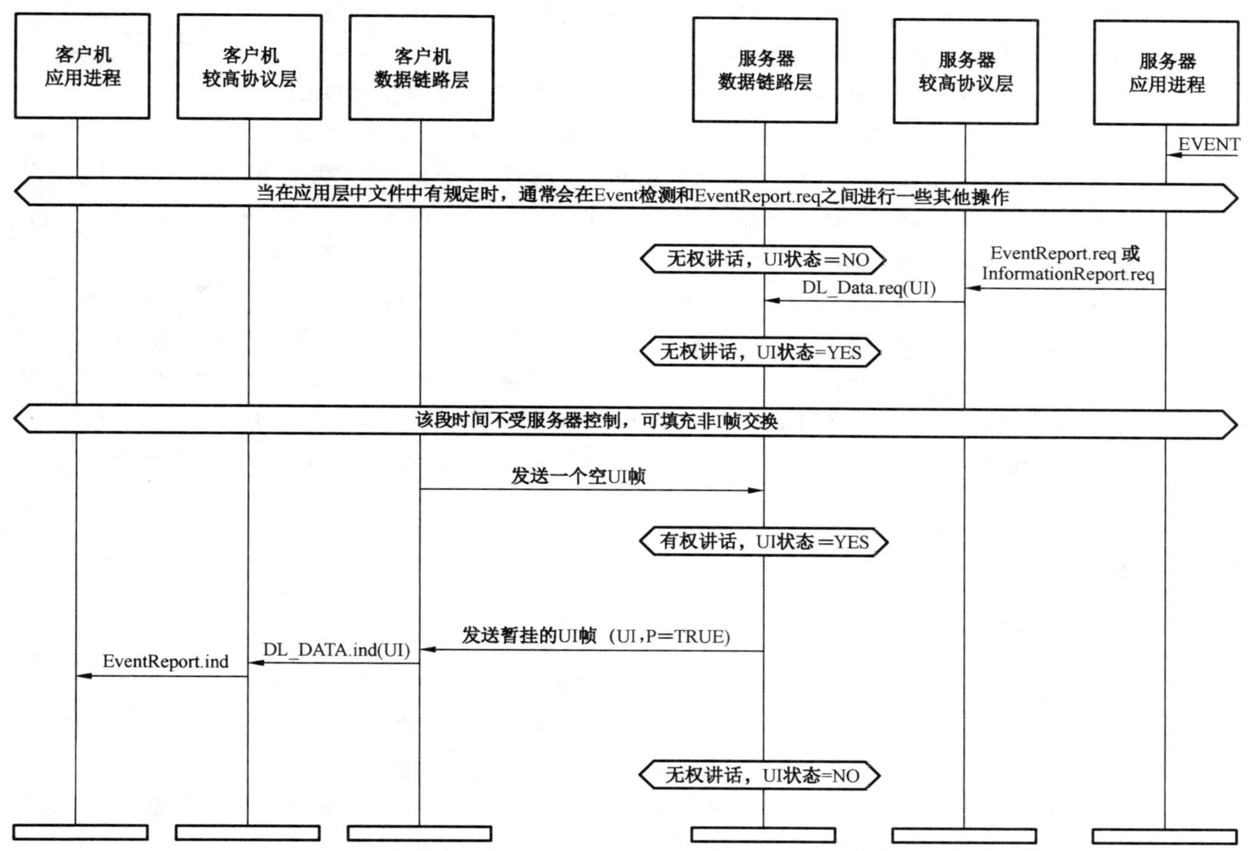

图 17　接收到空的 UI 帧时发送暂挂的 UI 帧

6.4.4.8　CALLING 设备物理地址的处理

由服务器发起建立与客户机设备的物理连接是可能的。一旦建立此物理连接，服务器能够在 MAC 层放置 UI 报文，该报文将在 6.4.4.7 中描述的任一条件下被 MAC 层发送。

因为客户机不知道到来的呼叫是来自单一仪表还是来自多点配置，它应使用 CALLING 物理地址代替 MAC 物理目的地址参数。若客户机想要向服务器发送 SNRM 帧，该帧应包含以下参数：

源地址：　　客户机管理进程 HDLC 地址(01H)

目的地址

　　低 MAC 地址：　CALLING 物理设备地址(7EH)

　　高 MAC 地址：　管理逻辑设备地址(01H)

探询比特：　　TRUE

信息域：　　可协商的 HDLC 层参数(若有)

只有发起方服务器设备应对该 SNRM 帧应答。

当发起方是单一仪表，它不必具备它自己恰当的物理设备地址。尽管如此，它应接受包含 CALLING 物理设备地址(一个特殊的低 MAC 地址，为此目的保留，见 6.4.2.4)的到来 SNRM 帧。

呼叫的发起方如果是多点配置的服务器时，会有这样一个问题：所有多点的服务器都将接收到到来的 SNRM 帧,所有的服务器将识别为被寻址的 CALLING 物理设备地址。为了避免可能的冲突,正确处理 CALLING 物理设备地址,较低的 MAC 层应包含一个 CALLING DEVICE(布尔型)层参数,其默认值=FALSE。一旦此设备的应用进程发起呼叫,它应置此层参数为 TRUE。

注:单一仪表也可使用 CALLING DEVICE(布尔型)层参数。此时,它应总被置为 TRUE。

当 MAC 层接收到一个 HDLC 帧,在该帧的目的地址域中"物理 MAC 地址"部分是 CALLING 设备地址,它应检查 CALLING DEVICE 层变量的值。若为 FALSE,则应丢弃该来帧。相反,如果 CALLING DEVICE=TRUE,MAC 层应认为寻址到那个(发起方)设备,并应将 DL-CONNECT.indication 交给较高层。使用该层变量保证只有发起方服务器对接收到的 SNRM 帧进行应答。

当发起方设备的 MAC 子层识别到,到来的 SNRM 帧已经通过 CALLING DEVICE 地址寻址到该设备(发起方),它应准确地处理该 SNRM,就象它是通过恰当的物理地址寻址到本设备一样:根据被请求的 MAC 连接的可接受性,要么用 UA 帧应答,要么用 DM 帧应答。此 UA 帧或 DM 帧的源地址域中之低 MAC 地址子域,不应包含 CALLING DEVICE 地址,而是该应答设备恰当的物理地址。

当前会话终止时(收到了 PH-ABORT.indication),MAC 层应置 CALLING DEVICE 变量的值为 FALSE。

6.4.4.9 异常恢复

6.4.4.9.1 响应超时

在主站,超时功能被用来监测从站的响应(见 ISO/IEC 13239,6.11.4.3)。

响应计时器在完成一个探询比特置"1"的帧传输后启动。它在接收到一个终结比特为"0"的无错误(Error-free)帧后重启。它在接收到一个终结比特为"1"的无错误帧后停止。

如果发生超时,主站应重传其已经发送的最后一帧。如果送出的最后一帧是一个信息帧,将不会重新发送此 I 帧,而是发送一个 RR 帧以便探询从站并重新同步 I 帧的编号。

超时功能持续时间和重复的最多次数在后文中定义。

6.4.4.9.2 FCS 和 HCS 错误

无 HCS 的帧(只有 FCS 而无信息域的帧)应按照 ISO/IEC 13239 中的 4.2.6 描述的方式处理。

接收到带有 HCS 错误的帧应按照 ISO/IEC 13239 中的 5.6.3 描述的方式处理。此外,所有与之直接关联的连续帧应丢弃(没有帧重新同步的可能,因为错误帧的长度域不得不被忽略掉)。

收到的有 FCS 错误但帧头部无错误(无 HCS 错误)的帧不应被接收机接受,但应检查长度域、P/F 比特的状态以及 N(R)域的值。

6.4.4.9.3 N(S)序列错误

序列错误的处理在 ISO/IEC 13239,5.6.2 中定义。应使用(探询/终结)比特恢复(ISO/IEC 13239,5.6.2.1)。

6.4.4.9.4 命令/响应帧拒绝

命令/响应的拒绝异常状态应按照 ISO/IEC 13239,5.6.4 中规定处理。从站应发送一个带有适当诊断信息的 FRMR 响应。在接收到 FRMR 响应后,主站在继续信息交换前应至少发出一个 SNRM 命令。

6.4.4.9.5 忙

忙状态应按照 ISO/IEC 13239 中 5.6.1 的规定处理。

6.4.4.10 超时和其他 MAC 子层参数

本条包含超时列表和与 MAC 子层服务相关的其他 MAC 子层参数。

6.4.4.10.1 超时 1:响应超时(TO_WAIT_RESP)

该超时功能仅由主站(客户端)的 MAC 子层提供——对所有的命令(SNRM,DISC)和编号信息(I)帧都一样。在重试之前,主站等待来自从站的返回帧的最大等待时间需被选择。例如:

TO_WAIT_RESP>RespTime+2×MaxTxTime

这里 RespTime 代表理论上的从站响应时间,MaxTxTime 代表传送一帧的最大时间。

6.4.4.10.2 层参数 1:重试最大次数(MAX_NB_OF_RETRIES)

如果在 TO_WAIT_RESP 超时等待期间没有收到响应帧,客户机 MAC 子层将重复发送该命令帧 MAX_ NB_OF_RETRIES 次,此参数仅由客户端 MAC 子层提供。如果在最后的超时后仍没有收到响应,MAC 子层将产生一个指示其原因(NOK_MAX_NB_RETRIES)的.confirm 服务。此时,用户层应通过调用 MA-DISCONNECT.request 服务以请求关闭 MAC 连接。‖

注 1:此参数不适用于无编号信息(UI)帧。

注 2:关闭 MAC 连接不是由客户端 MAC 子层自身完成的。

6.4.4.10.3 超时 2:闲置超时

每当从物理层发送或接收到一个八位位组,此超时就重启。如果闲置超时时间耗尽,数据链路层应产生一个 DL-LM_ EVENT.indication 原语,表明在此期间没有字符被发送/接收,并且重启闲置超时。‖数据链路层应断开连接。

6.4.4.10.4 超时 3:帧间超时

一帧中的一个字符(八位位组)的停止比特和下一字符的起始比特之间的最大允许时间(T_{in})的选择应满足所用物理介质的需求。在接收机中,无论何时发生此超时,应假设实际的接收帧结束。

注:6.4.4.3.3 中定义的八位位组间超时与帧间超时是相同的。

6.4.4.10.5 最大信息域长度

最大信息域长度的默认值是 128 字节,它可在连接时协商。最大值取决于物理通道的质量。

6.4.4.10.6 窗口大小

窗口尺寸的默认值为 1,它可在连接时协商。窗口尺寸的最大值是 7。

6.4.5 服务器 MAC 子层的状态转移图

图 18 所示为简化的服务器 MAC 子层的状态转移图。

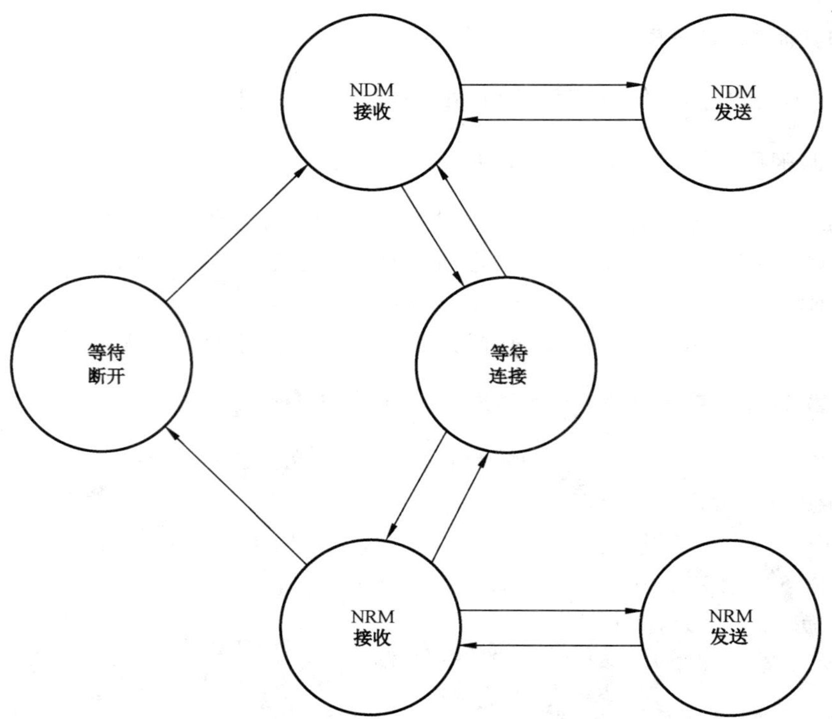

图 18 服务器 MAC 子层的状态转移图

附　录　A
（资料性附录）
FCS 计算

A.1　FCS 计算的校验序列[14)]

本示例展示了由 0x03 和 0x3F 组成的两字节帧的恰当 FCS 值。完整的结果帧是 7EH 03H 3FH 5BH ECH 7EH。

↓—传输的第一个比特				传输的最后一个比特—↓
0110 1110	1100 0000	1111 1100	1101 1010 0011 0111	0111 1110
标志	地址	控制	FCS	标志

在校验序列中，考虑以下规定（参照 ISO/IEC 13239）：

——FCS 的计算考虑到通道上传输的比特次序；

——对于地址域，控制域和所有其他域（包括数据，除 FCS 外），（每个字节的）低阶比特最先传输（UART 自动遵循该规则）；

——对于 FCS，最高项（对应于 x^{15}）的系数最先传输。

A.2　快速帧校验序列（FCS）实现

下面是实现 16 位 FCS 计算的例子，采用了描述 PPP 的注释 1662[15)] 的互联网要求。

FCS 本来就是为硬件实现而设计的。串行比特流在线路上传输，当串行数据输出时计算 FCS，由此产生的 FCS 之补码被附加到串行比特流，并后接标志序列。

在探测到标志序列之前，接收机都无法确定它是否已完成对收到的 FCS 的计算。因此，FCS 被设计成了当 FCS 操作在整个 FCS 补码上进行时产生的特别模式。这个“健全的 FCS”值指示一个健全的帧。

A.3　16 比特 FCS 的计算方法

当数据抵达接口时，下列代码提供了计算 FCS 序列的查表计算方法。

```
/*
 * u16 represents an unsigned 16-bit number.Adjust the typedef for
 * your hardware.
 * Drew D.Perkins at Carnegie Mellon University。
 * Code liberally borrowed from Mohsen Banan and D.Hugh Redelmeier。
 */
typedef unsigned short u16;
/*
 *
```

14）这里的校验序列可在 1988 CCITT 蓝皮书 X.1 - X.32 的附录 I 找到。

15）RFC 1662，在 HDLC 链路帧中的 PPP，1994 年 7 月，W.Simpson.

```
 * FCS lookup table as calculated by the table generator. *
 */
static u16 fcstab[256] = {
    0x0000, 0x1189, 0x2312, 0x329b, 0x4624, 0x57ad, 0x6536, 0x74bf,
    0x8c48, 0x9dc1, 0xaf5a, 0xbed3, 0xca6c, 0xdbe5, 0xe97e, 0xf8f7,
    0x1081, 0x0108, 0x3393, 0x221a, 0x56a5, 0x472c, 0x75b7, 0x643e,
    0x9cc9, 0x8d40, 0xbfdb, 0xae52, 0xdaed, 0xcb64, 0xf9ff, 0xe876,
    0x2102, 0x308b, 0x0210, 0x1399, 0x6726, 0x76af, 0x4434, 0x55bd,
    0xad4a, 0xbcc3, 0x8e58, 0x9fd1, 0xeb6e, 0xfae7, 0xc87c, 0xd9f5,
    0x3183, 0x200a, 0x1291, 0x0318, 0x77a7, 0x662e, 0x54b5, 0x453c,
    0xbdcb, 0xac42, 0x9ed9, 0x8f50, 0xfbef, 0xea66, 0xd8fd, 0xc974,
    0x4204, 0x538d, 0x6116, 0x709f, 0x0420, 0x15a9, 0x2732, 0x36bb,
    0xce4c, 0xdfc5, 0xed5e, 0xfcd7, 0x8868, 0x99e1, 0xab7a, 0xbaf3,
    0x5285, 0x430c, 0x7197, 0x601e, 0x14a1, 0x0528, 0x37b3, 0x263a,
    0xdecd, 0xcf44, 0xfddf, 0xec56, 0x98e9, 0x8960, 0xbbfb, 0xaa72,
    0x6306, 0x728f, 0x4014, 0x519d, 0x2522, 0x34ab, 0x0630, 0x17b9,
    0xef4e, 0xfec7, 0xcc5c, 0xddd5, 0xa96a, 0xb8e3, 0x8a78, 0x9bf1,
    0x7387, 0x620e, 0x5095, 0x411c, 0x35a3, 0x242a, 0x16b1, 0x0738,
    0xffcf, 0xee46, 0xdcdd, 0xcd54, 0xb9eb, 0xa862, 0x9af9, 0x8b70,
    0x8408, 0x9581, 0xa71a, 0xb693, 0xc22c, 0xd3a5, 0xe13e, 0xf0b7,
    0x0840, 0x19c9, 0x2b52, 0x3adb, 0x4e64, 0x5fed, 0x6d76, 0x7cff,
    0x9489, 0x8500, 0xb79b, 0xa612, 0xd2ad, 0xc324, 0xf1bf, 0xe036,
    0x18c1, 0x0948, 0x3bd3, 0x2a5a, 0x5ee5, 0x4f6c, 0x7df7, 0x6c7e,
    0xa50a, 0xb483, 0x8618, 0x9791, 0xe32e, 0xf2a7, 0xc03c, 0xd1b5,
    0x2942, 0x38cb, 0x0a50, 0x1bd9, 0x6f66, 0x7eef, 0x4c74, 0x5dfd,
    0xb58b, 0xa402, 0x9699, 0x8710, 0xf3af, 0xe226, 0xd0bd, 0xc134,
    0x39c3, 0x284a, 0x1ad1, 0x0b58, 0x7fe7, 0x6e6e, 0x5cf5, 0x4d7c,
    0xc60c, 0xd785, 0xe51e, 0xf497, 0x8028, 0x91a1, 0xa33a, 0xb2b3,
    0x4a44, 0x5bcd, 0x6956, 0x78df, 0x0c60, 0x1de9, 0x2f72, 0x3efb,
    0xd68d, 0xc704, 0xf59f, 0xe416, 0x90a9, 0x8120, 0xb3bb, 0xa232,
    0x5ac5, 0x4b4c, 0x79d7, 0x685e, 0x1ce1, 0x0d68, 0x3ff3, 0x2e7a,
    0xe70e, 0xf687, 0xc41c, 0xd595, 0xa12a, 0xb0a3, 0x8238, 0x93b1,
    0x6b46, 0x7acf, 0x4854, 0x59dd, 0x2d62, 0x3ceb, 0x0e70, 0x1ff9,
    0xf78f, 0xe606, 0xd49d, 0xc514, 0xb1ab, 0xa022, 0x92b9, 0x8330,
    0x7bc7, 0x6a4e, 0x58d5, 0x495c, 0x3de3, 0x2c6a, 0x1ef1, 0x0f78
  };
  #define PPPINITFCS16    0xffff  /* Initial FCS value */
#define PPPGOODFCS16    0xf0b8  /* Good final FCS value */
/*
 * Calculate a new fcs given the current fcs and the new data.
 */
u16 pppfcs16(fcs, cp, len)
  register u16 fcs;
```

```
  register unsigned char * cp;
  register int len;
{
  ASSERT(sizeof (u16) == 2);
  ASSERT(((u16) -1) > 0);
  while (len--)
      fcs = (fcs >> 8) ^ fcstab[(fcs ^ * cp++) & 0xff];
  return (fcs);
}
/*
 * How to use the fcs
 */
tryfcs16(cp, len)
  register unsigned char * cp;
  register int len;
{
  u16 trialfcs;
  /* add on output */
trialfcs = pppfcs16( PPPINITFCS16, cp, len );
trialfcs ^= 0xffff;                    /* complement */
cp[len] = (trialfcs & 0x00ff);         /* least significant byte first */
cp[len+1] = ((trialfcs >> 8) & 0x00ff);
  /* check on input */
trialfcs = pppfcs16( PPPINITFCS16, cp, len + 2 );
  if ( trialfcs == PPPGOODFCS16 )
    printf("Good FCS\n");
}
```

A.4 FCS 表生成器

下列代码创建了用于计算 FCS－16 的查找表。

```
/*
 * Generate a FCS-16 table.
 *
 * Drew D.Perkins at Carnegie Mellon University.
 *
 * Code liberally borrowed from Mohsen Banan and D.Hugh Redelmeier.
 */
/*
 * The FCS-16 generator polynomial: x**0 + x**5 + x**12 + x**16.
 */
#define P       0x8408
/*
```

```
  * 注:虽然从十六进制转换为二进制的“最低有效位”常会导致混乱但它却被应用于所有的
  * HDLC 文件中。例如 03H 转换为 1100 0000B。算法需要上面定义的多项式的值(0x8408),
  * 以产生对应于生成多项式(x* *0+x* *5+x* *12+x* *16)的结果
 *
 */

main()
{
    register unsigned int b, v;
    register int i;

    printf("typedef unsigned short u16;\n");
    printf("static u16 fcstab[256] = {");
    for (b = 0; ; ) {
        if (b % 8 == 0)
            printf("\n");

        v = b;
        for (i = 8; i--; )
            v = v & 1 ? (v >> 1) ^ P : v >> 1;

        printf("\t0x%04x", v & 0xFFFF);
        if (++b == 256)
            break;
        printf(",");
    }
  printf("\n};\n");
}
```

附 录 B
（资料性附录）
数据模型和协议

B.1 数据模型和协议

此数据模型使用普通的结构框图来定义计量设备的复杂功能，它提供了仪表的功能类型，正如在接口处可得到的那样。此模型不包括内部的实现特定的主题。

通信协议定义了数据如何被访问和交换。

图 B.1 是对它的说明：

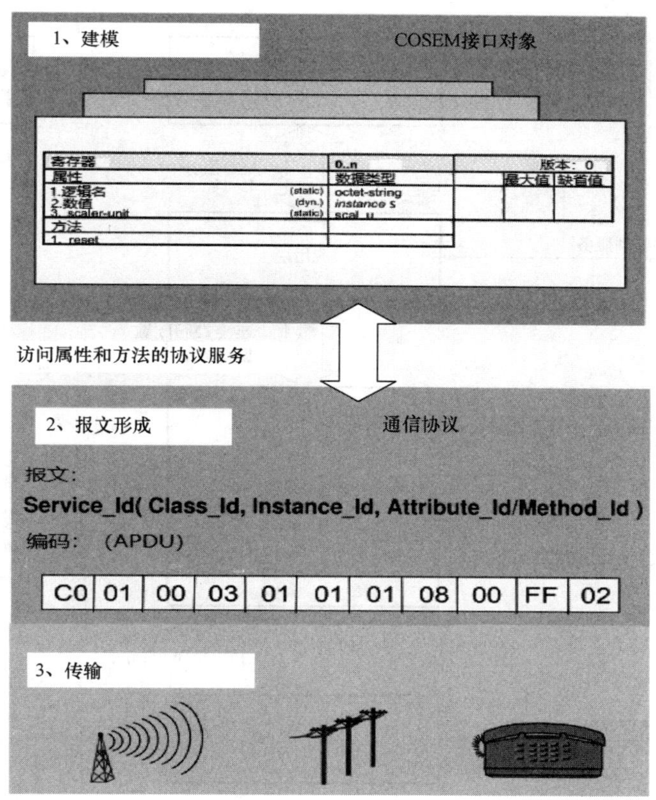

图 B.1 COSEM 的三步处理协议

——COSEM 规范规定了计量领域独有的接口类。这些接口类的实体定义了仪表的功能，它被称为 COSEM 对象。COSEM 对象在 IEC 62056-62 中定义；

——标识 COSEM 对象的逻辑名在 IEC 62056-61 中定义；

——这些 COSEM 对象的属性和方法，可以通过应用层的消息服务访问和使用；

——下层协议层负责信息的传输。

注：在面向连接的三层协议中，服务用户协议层就是 COSEM 应用层。因此，在本标准中，COSEM 应用层的含义与 LLC 服务用户协议层一样。

附 录 C
（资料性附录）
数据链路层管理服务

C.1 数据链路层管理服务

图 C.1 所示，数据链路层提供给系统管理进程的管理服务。客户机端和服务器端使用相同的服务集。

因为这些服务仅仅在本地具有重要作用，因此这些在这里包括的条款只作为指导。

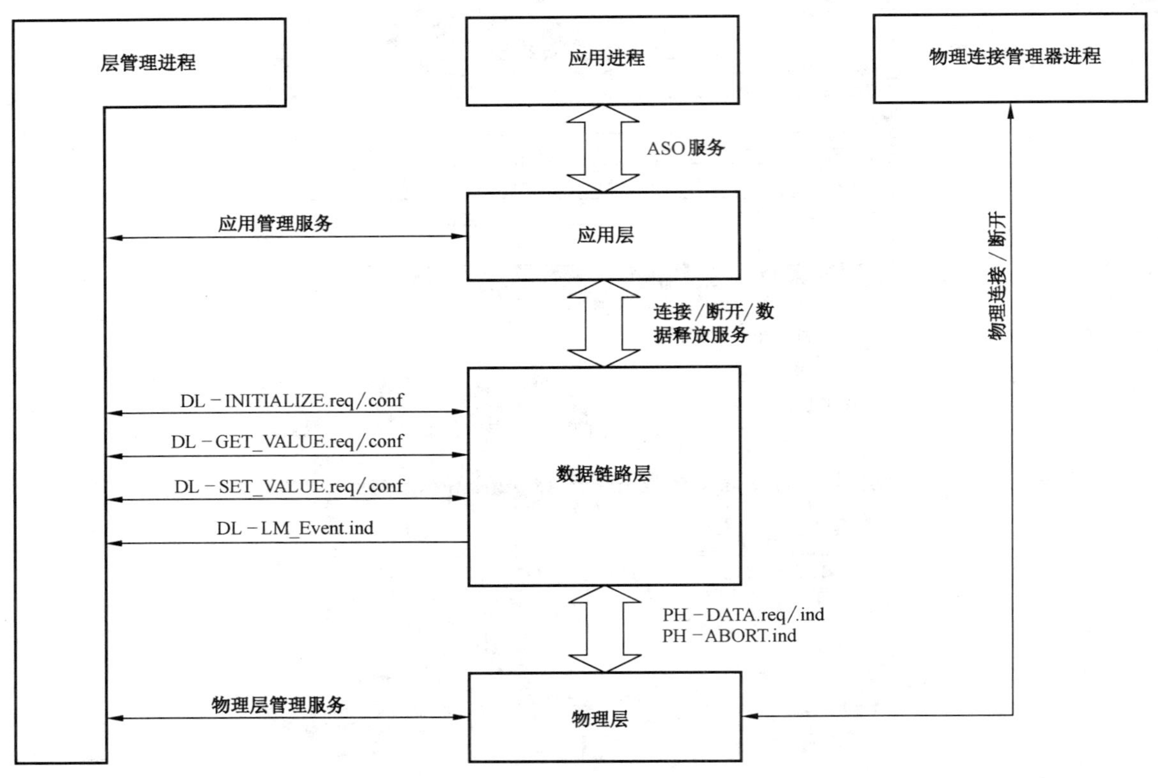

图 C.1 层管理服务

C.2 数据链路层管理服务定义

C.2.1 DL-INITIALISE.request

功能

本服务原语用来初始化数据链路层参数（见 6.4.4.10）至它们的默认值。

服务参数

原语的语义如下：

DL-INITIALIZE.request

(

)

使用

本服务原语用来初始化数据链路层参数至它们的默认值。

C.2.2 DL-INITIALIZE.confirm

功能

本服务原语用于向系统管理进程在本地确认数据链路层已经执行调用前述的 DL-INITIALISE.request 服务。

服务参数

原语的语义如下：

DL-INITIALIZE.confirm

(

Result

)

Result 参数的值指示数据链路层参数是否被成功初始化。

使用

每次执行 DL-INITIATE.request 后，数据链路层产生该服务原语来指示执行的结果。

C.2.3 DL-GET_VALUE.request

功能

服务用户管理进程使用本服务原语，从数据链路层获得一个或多个层参数的值。

服务参数

原语的语义如下：

DL-GET_VALUE.request

(

Layer_Parameter_Identifier_List

)

Layer_Parameter_Identifier_List 参数指示所需的层参数。

使用

本服务原语用来从数据链路层获得层参数的值。

C.2.4 DL-GET_VALUE.confirm

功能

本服务原语用来交还先前 DL-GET_VALUE.request 调用所需要的层参数的值。

服务参数

原语的语义如下：

DL-GET_VALUE.confirm

(

Layer_Parameter_GetResult_List

)

Layer_Parameter_GetResult_List 参数携带需要的参数的标识、使用该参数的 GET 操作的结果以及在操作成功的情况下所需要的层参数的值。

作用

数据链路层每次在执行 DL-GET_VALUE.request 后产生本服务原语，来指示执行的结果并归还层参数。

C.2.5 DL-SET_VALUE.request

功能

服务用户管理进程调用本服务原语，来设置数据链路层的一个或多个层参数的值。

服务参数

原语的语义如下：

DL-SET_VALUE.request

(

Layer_Parameter_Value_List

)

Layer_Parameter_Value_List 参数带有所需的层参数的标识符和值。

使用

本服务原语用来设置一个或多个数据链路层参数的值。

C.2.6 DL-SET_VALUE.confirm

功能

本服务原语用来指示先前调用 DL-SET_VALUE.request 的结果。

服务参数

原语的语义如下：

DL-SET_VALUE.confirm

(

Layer_Parameter_SetResult_List

)

Layer_Parameter_SetResult_List 参数带有所需参数的标识符和使用该参数的 SET 操作的结果。

使用

数据链路层在每次执行 DL-SET_VALUE.request 后产生本服务原语，来指示执行结果。

C.2.7 DL-LM_EVENT.indication

功能

本服务原语用来向该服务的用户层管理进程，指示数据链路层事件的发生。

服务参数

原语的语义如下：

DL-LM_EVENT.indication

(

Event_Identifier,

Event_Parameters

)

Event_Identifier 参数带有所发生的事件的标识符，并且如果 Event_Parameter 参数存在，会给出一些附加信息。

使用

数据链路层每次检测到事件发生的信号，就会产生本服务原语。

参 考 文 献

[1] IEC 61334-4-41:1996 Distribution automation using distribution line carrier systems—Part 4: Data communication protocols—Section 41: Application protocols—Distribution line message specification

[2] IEC 61334-6:2000 Distribution automation using distribution line carrier systems—Part 6: A-XDR encoding rule

ICS 17.220.20
N 22

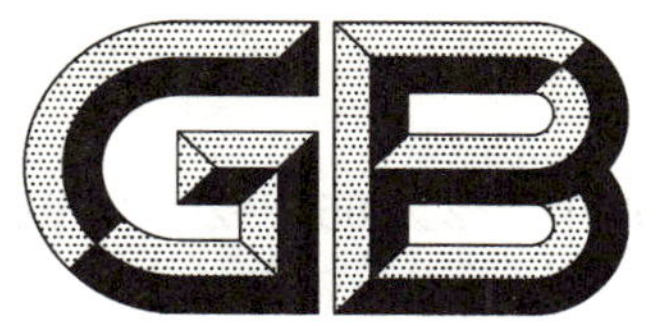

中华人民共和国国家标准

GB/T 17215.653—2018/IEC 62056-5-3:2017
代替 GB/T 19882.33—2007

电测量数据交换 DLMS/COSEM 组件 第53部分:DLMS/COSEM 应用层

Electricity metering data exchange—The DLMS/COSEM suite—Part 53: DLMS/COSEM application layer

(IEC 62056-5-3:2017,Electricity metering data exchange—The DLMS/COSEM suite—Part 5-3: DLMS/COSEM application layer,IDT)

2018-12-28 发布 2019-07-01 实施

国家市场监督管理总局
中国国家标准化管理委员会 发布

前　言

GB/T 17215“交流电测量设备”分为若干部分,GB/T 17215.6《电测量数据交换　DLMS/COSEM组件》分为以下几个部分:

——第10部分:智能测量标准化框架;

——第11部分:DLMS/COSEM通信配置标准模板;

——第31部分:基于双绞线载波信号的局域网使用;

——第46部分:使用HDLC协议的数据链路层;

——第47部分:基于IP网络DLMS/COSEM传输层;

——第53部分:DLMS/COSEM应用层;

——第61部分:对象标识系统(OBIS);

——第62部分:COSEM接口类;

——第73部分:局域和社区网络的有线和无线M-Bus通信配置;

——第76部分:基于HDLC的面向连接的三层通信配置;

——第91部分:使用WEB服务经CAS访问COSEM服务器的通信配置;

——第97部分:基于TCP-UDP/IP网络的通信配置。

本部分为GB/T 17215.6的第53部分。

本部分按照GB/T 1.1—2009给出的规则起草。

本部分代替GB/T 19882.33—2007《自动抄表系统　第3-3部分:应用层数据交换协议COSEM应用层》,与GB/T 19882.33—2007相比主要技术变化参见附录NA。

本部分使用翻译法等同采用IEC 62056-5-3:2017《电测量数据交换　DLMS/COSEM组件　第5-3部分:DLMS/COSEM应用层》。

与本部分中规范性引用的国际文件有一致性对应关系的我国文件如下:

——GB/T 16262.1—2006　信息技术　抽象语法记法一(ASN.1)　第1部分:基本记法规范(ISO/IEC 8824-1:2002,IDT);

——DL/T 790.6—2010　采用配电线载波的配电自动化　第6部分:A-XDR编码规则(IEC 61334-6:2000,IDT)。

本部分做了以下编辑性修改:

——标准名称由“第5-3部分”改为“第53部分”;

——增加附录NA(资料性附录)与各版本主要技术变化。

请注意本文件的某些内容可能涉及专利。本文件的发布机构不承担识别这些专利的责任。

本部分由中国机械工业联合会提出。

本部分由全国电工仪器仪表标准化技术委员会(SAC/TC 104)归口。

本部分起草单位:哈尔滨电工仪表研究所有限公司、华立科技股份有限公司、杭州海兴电力科技股份有限公司、深圳市科陆电子科技股份有限公司、国网江西省电力有限公司电力科学研究院、深圳友讯达科技股份有限公司、深圳龙电电气股份有限公司、宁波三星医疗电气股份有限公司、广东东方电讯科技有限公司、江苏林洋能源股份有限公司、黑龙江省电工仪器仪表工程技术研究中心有限公司、浙江晨泰科技股份有限公司、烟台东方威思顿电气有限公司、深圳市航天泰瑞捷电子有限公司、青岛鼎信通讯股份有限公司。

本部分主要起草人：孟志娟、曾仕途、关文举、姚青、单鹏、肖伟峰、崔涛、陈杰、温刚、姜滨、陈闻新、马华平、张健辉、赵威、李焱、李江涛、刘笑菲、刁瑞朋、杨扬、秦国鑫、郭闯。

本部分代替标准的历次版本发布情况为：

——GB/T 19882.33—2007。

引言

IEC 62056-5-3 的第三版已经由 IEC TC13 WG14 制定，其中有 DLMS 用户协会(D 型联络合作伙伴)的显著贡献。

本版本跟 DLMS UA 1000-2、绿皮书版 8.2:2017 一致。COSEM APDU 主要新特性是 ACCESS 服务、支持对称密钥和公共密钥加密的新的安全组件 1 和 2、通用保护机制和 XML 模式。

第 5 章和附录 F 是基于 NIST 文件的组成部分。由美国商务部技术管理局国家标准与技术研究所提供。

IEC 62056-X-Y 系列标准对应转换国标 GB/T 17215.6XY 系列。

电测量数据交换　DLMS/COSEM 组件　第 53 部分:DLMS/COSEM 应用层

1　范围

GB/T 17215.6 的本部分规定了 DLMS/COSEM 客户机和服务器的 DLMS/COSEM 应用层的结构、服务和协议。同时,定义规则规定 DLMS/COSEM 通信配置。

它定义了用于建立和释放应用程序连接的服务,以及用于访问 GB/T 17215.662 中使用逻辑名称(LN)或短名称(SN)引用定义的 COSEM 接口对象的方法和属性的数据通信服务。

附件 A(规范性附录)定义了如何在各种通信配置文件中使用 COSEM 应用层。它规定了如何使用 COSEM 接口模型构建与计量设备交换数据的各种通信配置文件,以及在每个通信配置文件中指定的必要元素是什么。实际的媒体特定的通信配置文件在 GB/T 17215.6(IEC 62056)系列的不同部分进行了规定。

附件 B(规范性附录)规定了 SMS 短包装。

附录 C(规范性附录)规定了网关协议。

附件 D、附件 E 和附件 F(资料性附录)给出 APDU 的编码示例。

附录 G(规范性附录)提供了 NSA Suite B 椭圆曲线和域参数。

附件 H(资料性附录)提供了一个使用与 P-256 签署的 P-256 的终端实体签名证书的例子。

附件 I(规范性附录)规定了在 DLMS/COSEM 中使用密钥协议方案。

附件 J(资料性附录)提供了在第三方和服务器之间交换受保护的 xDLMS APDU 的示例。

附录 K(资料性附录)与 IEC 62056-5-3:2016 主要技术变化。

附录 NA(资料性附录)与各版本的主要技术变化。

2　规范性引用文件

下列文件对于本文件的应用是必不可少的。凡是注日期的引用文件,仅注日期的版本适用于本文件。凡是不注日期的引用文件,其最新版本(包括所有的修改单)适用于本文件。

GB/T 9387.1—1998　信息技术　开放系统互连　基本参考模型　第 1 部分:基本模型(ISO/IEC 7498-1:1994,IDT)

GB/T 15843.1—2017　信息技术　安全技术　实体鉴别　第 1 部分:总则(ISO/IEC 9798-1:2010,IDT)

GB/T 17215.101—2010　电测量　抄表、费率和负荷控制的数据交换　术语　第 1 部分:与使用 DLMS/COSEM 的测量设备交换数据相关的术语(IEC TR 62051-1:2004,IDT)

GB/T 17215.662—2018　电测量数据交换　DLMS/COSEM 组件　第 62 部分:COSEM 接口类(IEC 62056-6-2:2017,IDT)

DL/T 790.441—2004　采用配电线载波的配电自动化　第 4-41 部分:数据通信协议应用层协议—配电线报文规范(IEC 61334-4-41:1996,IDT)

IEC 61334-6:2000　采用配电线载波的配电自动化　第 6 部分:A-XDR 编码规则(Distribution automation using distribution line carrier systems—Part 6:A-XDR encoding rule)

IEC TR 62051:1999　电测量　术语(Electricity metering—Glossary of terms)

IEC 62056-8-3:2013 电测量数据交换 DLMS/COSEM 组件 第 83 部分 社区网络 PLC S-FSK 通信配置(Electricity metering data exchange—The DLMS/COSEM suite—Part 8-3:Communication profile for PLC S-FSK neighbourhood networks)

ISO/IEC 8824-1 信息技术 抽象语法记法一(ASN.1) 第 1 部分:基本记法规范(Information technology—Abstract Syntax Notation One (ASN.1):Specification of basic notation)

ISO/IEC 8825-1:2015 信息技术 ASN.1 编码规则 第 1 部分:基本编码规则(BER)、正则编码规则(CER)和非典型编码规则(DER)规范(Information technology—ASN.1 encoding rules:Specification of Basic Encoding Rules(BER),Canonical Encoding Rules(CER) and Distinguished Encoding Rules (DER))

ISO/IEC 15953:1999 信息技术 开放式系统互连 基于应用服务对象的连接控制服务组件服务定义(Information technology—Open Systems Interconnection—Service definition for the Application Service Object Association Control Service Element)

注 1:本部分取消并替代 ISO/IEC 8649-1:1999 及其 Amd.1:1997 和 Amd.2:1998(它构成了技术修订)。

ISO/IEC 15954:1999 信息技术 开放式系统互连 基于应用服务对象的连接控制服务组件连接模式协议(Information technology—Open Systems Interconnection—Connectionmode protocol for the Application Service Object Association Control Service Element)

注 2:本部分取消并替代 ISO/IEC 8650-1:1999 及其 Amd.1:1997 和 Amd.2:1998(它构成了技术修订)。

ITU-T V.44:2000 v 系列:通过电话网络的数据通信 错误控 V.44:2000,数据压缩程序(Series v:data communication over the telephone network—Error control—V.44:2000,Data compression procedures)

ITU-T X.509:2008 x 系列:数据网络,开放系统通信和安全 信息技术 开放系统互连 目录:公共密钥和属性证书框架(Series x:data networks,open system communications and security—Information technology—Open systems interconnection—The Directory:Public-key and attribute certificate frameworks)

ITU-T X.693(11/2008) 信息技术 ASN.1 编码规则:XML 编码规则(XER)(technology—ASN.1 encoding rules:XML Encoding Rules(XER))

ITU-T X.693 Corrigendum 1(10/2011) 信息技术 ASN.1 编码规则:XML 编码规则(XER)技术更正 1(Information technology—ASN.1 encoding rules:XML Encoding Rules(XER) Technical Corrigendum 1)

ITU-T X.694(11/2008) 信息技术 ASN.1 编码规则:将 W3C XML 模式定义映射到 ASN.1(Information technology—ASN.1 encoding rules:Mapping W3C XML schema definitions into ASN.1)

ITU-T X.694 Corrigendum 1(10/2011) 信息技术 ASN.1 编码规则:将 W3C XML 模式定义映射到 ASN.1 技术更正 1(Information technology—ASN.1 encoding rules:Mapping W3C XML schema definitions into ASN.1 Technical Corrigendum 1)

FIPS PUB 180-4:2012 安全哈希标准(SHS)(Secure hash standard (SHS))

FIPS PUB 186-4:2013 数字签名标准(DSS)(Digital Signature Standard(DSS))

FIPS PUB 197:2001 高级加密标准(AES)(Advanced Encryption Standard(AES))

NIST SP 800-21:2005 联邦政府实施密码学指南(Guideline for Implementing Cryptography in the Federal Government)

NIST SP 800-32:2001 公共密钥技术和联邦 PKI 架构介绍(Introduction to Public Key Technology and the Federal PKI Infrastructure)

NIST SP 800-38D:2007 分组密码操作模式建议:伽罗瓦/计数器模式(GCM)和 GMAC(Recommendation for Block Cipher Modes of Operation:Galois/Counter Mode(GCM) and GMAC)

NIST SP 800-56A Rev. 2: 2013 使用离散对数密码术的双向密钥建立方案的建议(Recommendation for Pair—Wise Key Establishment Schemes Using Discrete Logarithm Cryptography)

NIST SP 800-57:2012 密钥管理建议 第1部分:综述(修订3)(Recommendation for Key Management—Part 1:General(Revision 3))

NSA1 套件B FIPS 186-3(ECDSA)实施者指南,2010年2月3日(Suite B Implementer's Guide to FIPS 186-3(ECDSA),Feb 3rd 2010)

NSA2 Suite B NIST SP800-56A 实施者指南,2009年7月28日 NSA3,NSA Suite B 基本证书和CRL简介,2008年5月27日(Suite B Implementer's Guide to NIST SP800-56A,28th July 2009 NSA3,NSA Suite B Base Certificate and CRL Profile,27th May 2008)

RFC 3394 高级加密标准(AES)密钥封装算法,于2002年9月,J.Schaad(Soaring Hawk 咨询)与Hou sley(RSA 实验室)编著 http://tools. ietf. org/html/rfc3394(Advanced Encryption Standard (AES)Key Wrap Algorithm.Edited by J.Schaad(Soaring Hawk Consulting)and R.Housley(RSA Laboratories)September 2002)

RFC 4106 在IPsec封装安全载荷(ESP)中使用伽罗瓦/计数器模式(GCM),2005 http://www.rfc-editor.org/rfc/rfc4106(The Use of Galois/Counter Mode(GCM)in IPsec Encapsulating Security Payload(ESP))

RFC 4108 使用加密消息语法(CMS)保护固件包,2005 http://www.ietf.org/rfc/rfc4108(Using Cryptographic Message Syntax(CMS)to Protect Firmware Packages,2005)

RFC 5280 Internet X.509 公钥基础设施证书和证书撤销列表(CRL)简介,2008 http://www.ietf.org/rfc/rfc5280(Internet X.509 Public Key Infrastructure Certificate and Certificate Revocation List (CRL)Profile,2008)

3 术语和定义,缩略语和符号

GB/T 17215.101—2010、IEC TR 62051:1999 和 RFC 4106 界定的以及下列术语和定义适用于本文。

ISO 和 IEC 维护用于标准化的术语数据库,地址如下:

——IEC 术语库:http://www.electropedia.org/;

——ISO 术语库:http://www.iso.org/obp。

3.1 通用 DLMS/COSEM 术语和定义

3.1.1

ACSE APDU

链接控制服务元素(ACSE)使用的 APDU。

3.1.2

应用连接 application association

通过它们使用表示服务交换应用协议控制信息形成的两个应用实体之间的协作关系。

3.1.3

应用语境 application context

一套应用服务元素,相关选项以及应用实体在应用连接中互通所需的任何其他信息。

3.1.4

应用实体　application entity

系统独立的应用活动，可作为应用服务提供给应用代理，例如，一套应用服务元素，它们一起执行应用进程的全部或部分通信方面。

3.1.5

应用进程　application process

在执行特定应用的信息处理的真实开放系统内的元素。

[GB/T 9387.1—1998，定义 4.1.4]

3.1.6

认证机制　authentication mechanism

指定用于定义、处理和传送认证值的特定认证功能规则集。

[ISO/IEC 15953:1999，定义 3.5.11]

3.1.7

客户机　client

在数据采集系统中运行的应用进程。

3.1.8

客户机/服务器　client/server

两个计算机程序之间的关系，其中一个程序，客户机发起服务请求；另一个程序，服务器执行请求。

3.1.9

COSEM

能量计量配套规范；指 COSEM 对象模型。

3.1.10

COSEM APDU

包括 ACSE APDU 和 xDLMS APDU。

3.1.11

COSEM 数据　COSEM data

COSEM 对象属性值、方法调用和返回参数。

3.1.12

COSEM 接口类　COSEM interface class

具有特定属性和方法的实体，其自身或与其他 COSEM 接口类相连接地建立某个功能。

3.1.13

COSEM 对象　COSEM object

COSEM 接口类的实例。

3.1.14

DLMS/COSEM

指的是提供 xDLMS 服务的应用层访问 COSEM 接口对象属性。同时也指 DLMS/COSEM 应用层和 COSEM 数据模型。

3.1.15

DLMS 语境　DLMS context

DLMS 服务元素的规范和在应用连接的生存期要使用的通信语义。

[DL/T 790.441—2004，定义 3.3.5]

3.1.16

实体认证 entity authentication

证实一个实体是声称的实体。

[GB/T 15843.1—2017,定义 3.14]

3.1.17

逻辑设备 logical device

物理设备中的抽象实体,表示使用 COSEM 对象建模的功能的子集。

3.1.18

主站 master

中心站-站主动控制数据流。

3.1.19

相互认证 mutual authentication

实体认证,为两个实体提供对方身份的保证。

注 1:DLMS/COSEM HLS 认证机制提供相互认证。

注 2:修改 GB/T 15843.1—2017,定义 3.18。

3.1.20

物理设备 physical device

物理计量设备,是计量设备 COSEM 接口模型中使用的最高级别元素。

3.1.21

拉操作 pull operation

由客户机发起给定事务的请求的通信方式。

3.1.22

推送操作 push operation

由服务器发起给定事务的请求的通信方式。

3.1.23

系统标题 system title

系统的唯一性标识符。

3.1.24

服务器 server

在计量设备中运行的应用进程。

3.1.25

从站 slave

响应主站的请求的站点。

注:计量器通常是一个从站。

3.1.26

单方认证 unilateral authentication

实体认证,为一个实体提供对方身份的保证,而反过来不是。

注:DLMS/COSEM LLS 认证机制提供单方认证。

[GB/T 15843.1—2017,定义 3.39]

3.1.27

xDLMS

扩展 DLMS:是指具有本文档中指定的扩展的 DLMS 协议。

3.1.28

xDLMS APDU

xDLMS 应用服务元素(xDLMS ASE)使用的 APDU。

3.1.29

xDLMS 消息　xDLMS message

在客户机和服务器之间或第三方和服务器之间交换的 xDLMS APDU。

3.2　与加密安全有关的术语和定义

3.2.1

访问控制　access control

限制对只有特权实体的资源访问。

[NIST SP 800-57:2012,定义第 1 部分]

3.2.2

非对称密钥算法　asymmetric key algorithm

见公钥加密算法。

3.2.3

认证　authentication

确定信息来源的过程,提供对实体身份的保证或提供通信会话、消息、文档或存储数据的完整性的保证。

[NIST SP 800-57:2012,定义第 1 部分]

3.2.4

认证码　authentication code

基于批准的安全功能的加密校验和(也称为消息认证码)。

[NIST SP 800-57:2012,定义第 1 部分]

3.2.5

证书　certificate

见公钥证书。

3.2.6

认证机构　Certification Authority;CA

公共密钥基础设施(PKI)中的实体负责发布公钥证书和严格遵守 PKI 政策。

[引自 NIST SP 800-56A Rev.2:2013]

3.2.7

证书政策　Certificate Policy;CP

专门针对证书管理过程中执行的电子交易管理政策。证书策略涉及与数字证书的生成、生产、分发、计数,妥协恢复和管理相关的所有方面。间接地,证书策略还可以管理使用受基于证书的安全系统保护的通信系统进行的交易。通过控制关键证书扩展,此类策略和相关的执行技术可以支持提供特定应用所需的安全服务。

[引自 NIST SP 800-32:2001]

3.2.8

口令　challenge

验证者生成的时变参数。

[ITU-T X.811:1995,定义 3.8]

3.2.9

加密 ciphering

使用对称密钥算法的认证和/或加密。

3.2.10

密文 ciphertext

数据的加密形式。

[NIST SP 800-57:2012,定义第1部分]

3.2.11

余因子 cofactor

在域参数中规定为椭圆曲线组的次数除以发生点(即基点)的(素数)顺序。

[引自 NIST SP 800-56A Rev.2:2013]

3.2.12

机密性 confidentiality

敏感信息不向未经授权的实体披露的属性。

[NIST SP 800-57:2012,定义第1部分]

3.2.13

加密算法 cryptographic algorithm

明确的计算过程,采用包括加密密钥的可变输入,并产生输出。

[NIST SP 800-57:2012,定义第1部分]

3.2.14

加密密钥 cryptographic key;key

与密码算法结合使用的参数,该加密算法确定其操作,使得具有密钥知识的实体可以再现或反转操作,而不知道密钥的实体不能。

注:例子包括:

a) 明文数据转换为密文数据;
b) 将密文数据转换成明文数据;
c) 从数据中计算数字签名;
d) 验证数字签名;
e) 从数据计算认证码;
f) 从数据和接收的认证码验证认证码;
g) 用于导出密钥材料的共享密钥的计算。

[NIST SP 800-57:2012,定义第1部分]

3.2.15

密码有效期 cryptoperiod

特定密钥授权使用的时间范围或给定系统或应用的密钥可能保留有效的时间跨度。

[NIST SP 800-57:2012,定义第1部分]

3.2.16

专有密钥 deprecated

在 DLMS/COSEM 中,在应用连接的单个实例中使用的对称密钥。另见会话密钥。

3.2.17

弃用 deprecated

不推荐用于新的实现。

3.2.18

数字签名　digital signature

数据加密转换的结果是，当通过支持基础设施和策略正确实施时，提供以下服务：

a）原始认证；

b）数据完整性；

c）签名人不可否认。

[NIST SP 800-57:2012，定义第 1 部分]

3.2.19

直接受信 CA　directly trusted CA

CA，其公钥已被获得并被终端实体以安全、可信的方式存储，并且其公钥在一个或多个应用语境中由该终端实体接受。

[ISO/IEC 15945:2002，定义 3.4]

3.2.20

直接受信 CA 密钥　directly trusted CA key

直接信任的 CA 的公钥。已经由终端实体获得并且以安全的、可靠的方式存储。它用于验证证书，而不是通过由另一个 CA 创建的证书自身进行验证。

注：直接受信任的 CA 和直接受信任的 CA 密钥可能因实体而异。实体可以将多个 CA 视为直接受信任的 CA。

[ISO/IEC 15945:2002，定义 3.5]

3.2.21

分发　Distribution

见密钥发布。

3.2.22

域参数　domain parameters

与用户域共同的加密算法使用的参数。

[引自 NIST SP 800-56A Rev.2:2013]

3.2.23

加密　encryption

使用加密算法和密钥将明文转为密文的过程。

[NIST SP 800-57:2012，定义第 1 部分]

3.2.24

临时密钥　ephemeral key

为密钥建立过程的每个执行生成并且满足密钥类型的其他要求（例如，每个消息或会话唯一的）的密码密钥。在某些情况下，临时密钥在单个"会话（例如，广播应用）"中不止一次使用，其中发送者每个消息仅生成一个临时密钥对，并且将私钥与每个接收者的公钥分开组合。

[NIST SP 800-57:2012，定义第 1 部分]

3.2.25

全局密钥　global key

该密钥旨在用于相对较长的时间段，并且通常旨在用于 DLMS/COSEM 应用连接的许多实例中，另见静态对称密钥。

3.2.26

哈希函数　hash function

将任意长度的位串映射到固定长度的位串的功能。批准的哈希函数满足以下属性：

a）单向：在计算上不可能找到映射到任何预先指定的输出的输入；

b) 抗冲突:在计算上不可能找到任何两个不同的输入映射到相同输出。

[NIST SP 800-57:2012,定义第 1 部分]

3.2.27

哈希值 hash value

将哈希函数应用于信息的结果。

[NIST SP 800-57:2012,定义第 1 部分]

3.2.28

初始化向量 initialization vector

用于定义加密过程的起始点的向量。

[NIST SP 800-57:2012,定义第 1 部分]

3.2.29

认证 identification

验证用户、进程或设备的身份的过程,通常作为允许访问 IT 系统资源的先决条件。

[引自 NSIT SP 800-47:2002]

3.2.30

密钥 key

见加密密钥。

3.2.31

密钥协商 key agreement

(成对)密钥建立过程,其中所生成的秘密密钥材料是由两个参与者贡献的信息的函数,使得双方都不能独立于另一方的贡献来预先确定秘密密钥材料的值。与钥匙传输相对应。

[引自 NIST SP 800-56A Rev.2:2013]

3.2.32

密钥确认 key-confirmation

向另一方(密钥确认提供者)实际拥有正确的秘密密钥材料和/或共享密钥的一方(密钥确认接收者)提供保证的过程。

[引自 NIST SP 800-56A Rev.2:2013]

3.2.33

密钥导出函数 key-derivation function

密钥材料由共享密钥(或密钥)和其他信息导出的函数。

[引自 NIST SP 800-56A Rev.2:2013]

3.2.34

密钥分发 key distribution

密钥和其他密钥材料从拥有密钥的实体或生成密钥的实体传输到要使用密钥的另一个实体。

[NIST SP 800-57:2012,定义第 1 部分]

3.2.35

密钥加密密钥 key-encrypting key

用于加密或解密其他密钥的加密密钥。

注 1:在 DLMS/COSEM 中,它是主密钥。

注 2:修改 NIST SP 800-57:2012,定义第 1 部分。

3.2.36

密钥建立 key establishment

导致多方共享密钥材料的过程。

[引自 NIST SP 800-56A Rev.2:2013]

3.2.37

密钥对　key pair

公钥及其相应的私钥;密钥对与公钥算法一起使用。

[NIST SP 800-57:2012,定义第 1 部分]

3.2.38

密钥废除　key revocation

密钥材料生命周期中的功能;一个过程,即向受影响的实体提供通知,使密钥材料在该密钥材料建立的密码周期结束之前应从操作使用中移除。

[NIST SP 800-57:2012,定义第 1 部分]。

3.2.39

密钥传输　key-transport

(成对)密钥建立过程,由此一方(发送方)选择秘密密钥材料的值,然后将该值安全地分配给另一方(接收方)。与密钥协议对比。

[引自 NIST SP 800-56A Rev.2:2013]

3.2.40

密钥封装　key wrapping

使用对称密钥提供机密性和完整性保护的加密密钥材料(以及连接的完整性信息)的方法。

[NIST SP 800-57:2012,定义第 1 部分]

3.2.41

消息认证码　message authentication code;MAC

对使用对称密钥检测数据的意外和有意修改的数据的加密校验和。

[NIST SP 800-57:2012,定义第 1 部分]

3.2.42

消息摘要　message digest

将散列函数应用于消息的结果。也称为“哈希值”。

[引自 FIPS PUB 186-4:2013]

3.2.43

命名曲线　named curve

ECDH 域参数的集合也称为“曲线”。如果域参数是众所周知和定义的,并且可以由对象标识符识别,则曲线是“命名曲线”;否则,它被称为“自定义曲线”。

[引自 RFC 5349:2008]

3.2.44

一次性数　nonce

具有最大限度的可接受的少机会重复的时变值。例如,一次性数可以是为每个使用,时间戳,序列号或这些的一些组合重新生成的随机值。

[引自 NIST SP 800-56A Rev.2:2013]

3.2.45

不可抵赖性　non-repudiation

服务,用于提供数据的完整性和起源的保证,使得完整性和起源可以由第三方验证为源自拥有所要求的签字人的私钥的特定实体。

[NIST SP 800-57:2012,定义第 1 部分]

3.2.46

密码 password

用于验证身份或验证访问授权或导出加密密钥的字符串(字母,数字和其他符号)。

[NIST SP 800-57:2012,定义第1部分]

3.2.47

明文 plaintext

可理解的数据具有意义,可以在没有应用解密的情况下被理解。

[NIST SP 800-57:2012,定义第1部分]

3.2.48

私钥 private key

加密密钥,与公共密钥加密算法一起使用,该密钥算法与实体唯一相连接并且不被公开。在非对称(公共)密码系统中,私钥与公钥相连接。根据算法,私钥可以被使用到以下示例中:

a) 计算相应的公钥;

b) 计算可通过相应公钥验证的数字签名;

c) 解密由相应公钥加密的密钥;

d) 在密钥协商交易期间计算共享密钥。

[NIST SP 800-57:2012,定义第1部分]

3.2.49

保护 protected

加密和/或数字签名。保护可能适用于 xDLMS APDU 和/或 COSEM 数据。

3.2.50

公钥 public key

加密密钥与公钥加密算法一起使用,该密钥算法与实体唯一连接并且可以公开。在非对称(公共)密码系统中,公钥与私钥相连接。公钥可以是任何人都知道的,并且根据算法可以使用到以下示例中:

a) 验证由相应私钥签名的数字签名;

b) 使用相应的私钥加密可以解密的密钥;

c) 在密钥协商转换期间计算共享密钥。

[NIST SP 800-57:2012,定义第1部分]

3.2.51

公钥证书 public-key certificate

数据结构包含实体的标识符、实体的公钥(包括相关的域参数集合的指示)、可能的其他信息以及由受信任方产生的该数据集上的签名,即证书权限,从而将公钥绑定到包含的标识符。

[引自 NIST SP 800-56A Rev.2:2013]

3.2.52

公钥(非对称)加密算法 public key (asymmetric) cryptographic algorithm

加密算法使用两个相关的密钥,公钥和私钥。这两个密钥具有从公钥在计算上不可能确定私钥的属性。

[NIST SP 800-57:2012,定义第1部分]

3.2.53

公钥基础设施 public key infrastructure;PKI

建立发布、维护和撤销公钥证书的框架。

[NIST SP 800-57:2012,定义第1部分]

3.2.54

接收者〈密钥传输〉 receiver〈key-transport〉

通过密钥传输交易接收秘密密钥材料的一方。与发送者对比。

[引自 NIST SP 800-56A Rev.2:2013]

3.2.55

撤销证书 revoke a certificate

提前结束在特定日期和时间生效的证书的运作期。

[引自 NIST SP 800-32:2001]

3.2.56

根证书机构 root certification authority

在等级公钥基础设施中,公钥作为安全域的最受信任的基准(即信任路径的开始)的认证中心。

[引自 NIST SP 800-32:2001]

3.2.57

秘密密钥 secret key

加密密钥,其与一个或多个实体唯一地相连接并且不被公开的秘密密钥(对称)加密算法使用。在这种情况下使用“秘密”一词并不意味着分类级别,而是意味着需要保护密钥免于披露。

[NIST SP 800-57:2012,定义第1部分]

3.2.58

安全服务 security services

用于提供信息的机密性、数据完整性、认证或不可否认性的机制。

[NIST SP 800-57:2012,定义第1部分]

3.2.59

安全强度 security strength

安全点 bits of security

与破坏加密算法或系统所需的工作量(即操作次数)相连接的数字。

[引自 NIST SP 800-56A Rev.2:2013]

3.2.60

自签证书 self-signed certificate

公钥证书,其数字签名可以通过证书中包含的公开密钥进行验证。自签证书上的签名保护数据的完整性,但不保证信息的真实性。自签证书的信任基于用于分发证书的安全过程。

[NIST SP 800-57:2012,定义第1部分]

3.2.61

发送者〈密钥传输〉 sender〈key-transport〉

在密钥传输事物中向接收方发送秘密密钥资料的一方。与接收者对比。

[引自 NIST SP 800-56A Rev.2:2013]

3.2.62

会话密钥 session key

加密密钥建立后在较短的时间内使用。

注:在 DLMS/COSEM 中专用密钥是会话密钥。

3.2.63

共享秘密 shared secret

使用密钥协商方案计算并用作密钥推导函数/方法的输入的秘密值。

[NIST SP 800-57:2012,定义第1部分]

3.2.64

签名生成　signature generation

使用数字签名算法和私钥生成数据的数字签名。

[NIST SP 800-57:2012,定义第1部分]

3.2.65

签名验证　signature verification

使用数字签名算法和公钥来验证数据的数字签名。

[NIST SP 800-57:2012,定义第1部分]

3.2.66

签名数据　signed data

已经计算了数字签名的数据。

3.2.67

静态对称密钥　static symmetric key

该密钥旨在用于相对长的时间段,并且通常旨在用于 DLMS/COSEM 应用连接的许多实例。

注:在 DLMS/COSEM 中,它被称为全局密钥。

3.2.68

静态密钥　static key

密钥旨在用于相对长的时间段,并且通常旨在用于加密密钥建立方案的许多实例中。与临时密钥对比。

[NIST SP 800-57:2012,定义第1部分]

3.2.69

下属证书机构　subordinate certification authority

在等级 PKI 中,证书颁发机构(CA)的证书签名密钥由另一个 CA 认证,其活动受到其他 CA 的约束。

[引自 NIST SP 800-32:2001]

3.2.70

对称密钥　symmetric key

与秘密(对称)密钥算法一起使用的单一加密密钥。

[NIST SP 800-57:2012,定义第1部分]

3.2.71

对称密钥算法　symmetric key algorithm

加密算法使用相同的秘密密钥进行操作及其补充(例如加密和解密)。

[NIST SP 800-57:2012,定义第1部分]

3.2.72

信任锚　trust anchor

公钥和用于验证证书序列中的第一个证书的证书颁发机构的名称。信托锚公钥用于验证由信托锚证书颁发机构颁发的证书上的签名。验证过程的安全性取决于信任锚的真实性和完整性。信任锚通常作为自签名证书分发。

[NIST SP 800-57:2012,定义第1部分]

3.2.73

信任方　trusted party

由实体信任的忠实执行该实体的某些服务的一方。实体可能是自己的信任方。

[引自 NIST SP 800-56A Rev.2:2013]

3.2.74

值得信赖的第三方　trusted third party

被客户机信任的第三方(如 CA)执行某些服务。(相比之下,在一个密钥建立事务中,参与者 U 和 V 被认为是第一方和第二方。)

[引自 NIST SP 800-56A Rev.2:2013]

3.2.75

X.509 证书　X.509 certificate

由 ISO / ITU-TX.509 标准定义的 X.509 公钥证书或 X.509 属性证书。最常见的(包括在本文档中),X.509 证书是指 X.509 公钥证书。

[NIST SP 800-57:2012,定义第 1 部分]

3.2.76

X.509 公钥证书　X.509 public key certificate

包含实体的公钥和实体的名称的数字证书以及以 ISO/ITU-T X .509 标准中定义的格式编码的发布证书的证书颁发机构的数字签名不可伪造的一些其他信息。

[NIST SP 800-57:2012,定义第 1 部分]

3.3 与 Galois/Counter 模式相关的定义和缩写

定义 3.3.1～3.3.13 引自 NIST SP 800-38D:2007。

3.3.1

附加认证数据　additional authenticated data;AAD

将数据输入到只认证但未加密的认证加密函数中。

3.3.2

认证解密　authenticated decryption

GCM 功能将密文解密为明文、验证密文和 AAD 的真实性。

3.3.3

认证加密　authenticated encryption

将明文加密成密文、并在 AAD 和密文上生成认证标签的 GCM 功能。

3.3.4

T 认证标签　authentication tag;Tag,T

旨在揭示意外错误和有意修改数据的数据的加密校验和。

3.3.5

块密码　block cipher

固定长度的位串上的参数化排列族;确定排列的参数是一个称为密钥的位串。

3.3.6

密文　ciphertext

明文的加密形式。

3.3.7

固定域　fixed field

在 IV 的确定性构造中,为认证加密功能实例识别设备或语境的域。

3.3.8

新鲜　fresh

对于新生成的密钥,其属性与以前使用的任何密钥不相等。

3.3.9

GCM

伽罗瓦/计数器模式。

3.3.10

初始化向量 initialization vector;IV

与认证加密(关于特定明文和 AAD)的调用连接的一次性数。

注:出于本标准的目的,调用域为调用计数器。

3.3.11

调用域 invocation field

在确定的 IV 构造中,该域标识了特定设备或语境中,给已认证加密函数的输入集。

3.3.12

密钥 key

分组密码的参数,决定来自于序列家族的前向密码函数的选择。

3.3.13

明文 plaintext

P

给认证并加密的认证加密函数的输入数据。

3.3.14

安全控制字节 security control byte

SC

提供有关加密应用的信息的字节。

3.3.15

安全头 security header

SH

安全控制字节 SC 和调用计数器的串接:$SH=SC||IC$。

3.4 缩略语

下列缩略语适用于本文件。

缩略语	意义
.cnf	确认服务原语(.confirm service primitive)
.ind	指示服务原语(.indication service primitive)
.req	请求服务原语(.request service primitive)
.res	响应服务原语(.response service primitive)
AA	应用连接(Application Association)
AARE	连接响应(ACSE 的 APDU 之一)(A-Associate Response-an APDU of the ACSE)
AARQ	连接请求(ACSE 的 APDU 之一)(A-Associate Request-an APDU of the ACSE)
ACPM	连接控制协议机(Association Control Protocol Machine)
ACSE	连接控制服务元素(Association Control Service Element)
AE	应用实体(Application Entity)
AES	高级加密标准(Advanced Encryption Standard)

（续）

缩略语	意义
AL	应用层(Application Layer)
AP	应用进程(Application Process)
APDU	应用层协议数据单元(Application Layer Protocol Data Unit)
API	应用编程接口(Application Programming Interface)
ASE	应用服务组件(Application Service Element)
ASO	应用服务对象(Application Service Object)
ATM	异步传输模式(Asynchronous Transfer Mode)
A-XDR	适应的扩展数据表示(Adapted Extended Data Representation)
base_name	对应于 COSEM 对象第一个属性(逻辑名)的短名(The short_name corresponding to the first attribute (— logical_name) of a COSEM object)
BER	基本编码规则(Basic Encoding Rules)
BD	块数据(Block Data)
BN	块编号(Block Number)
BNA	已确认的块编号(Block Number Acknowledged)
BS	位串(Bit String)
BTS	块传输流(Block Transfer Streaming)
BTW	块传输窗口(Block Transfer Window)
CA	认证机构(Certification Authority)
CF	控制功能(Control Function)
CL	无连接的(Connectionless)
class_id	COSEM 接口类别标识码(COSEM interface class identification code)
CMP	证书管理协议。参阅 RFC4210(Certificate Management Protocol.Refer to RFC 4210.)
CO	面向连接的(Connection-oriented)
COSEM	能源计量配套规范(Companion Specification for Energy Metering)
COSEM_on_IP	基于 TCP-UDP/IP 的 COSEM 通信配置文件(The TCP-UDP/IP based COSEM communication profile)
CRC	循环冗余校验(Cyclic Redundancy Check)
CRL	证书撤销列表。参阅 RFC5280(Certificate Revocation List.Refer to RFC 5280.)
CSR	证书签名请求(Certificate Signing Request)
DCE	数据通信设备(通信接口或调制解调器)(Data Communication Equipment (communications interface or modem))
DCS	数据采集系统(Data Collection System)
DISC	断开(HDLC 帧类型)(Disconnect (a HDLC frame type))
DLMS	设备语言报文规范(Device Language Message Specification)
DM	断开模式(HDLC 帧类型)Disconnected Mode (a HDLC frame type)

（续）

缩略语	意义
DSA	在 FIPS PUB 186-4:2013 中指定的数字签名算法(Digital Signature Algorithm specified in FIPS PUB 186-4:2013)
DSAP	数据链路服务接入点(Data Link Service Access Point)
DSO	配电系统运营商(Energy Distribution System Operator)
DTE	数据终端设备(电脑,终端或打印机)(Data Terminal Equipment (computers, terminals or printers))
ECC	椭圆曲线密码学(Elliptic Curve Cryptography)
ECDH	椭圆曲线 Diffie-Hellman 密钥协议(Elliptic Curve Diffie-Hellman key agreement protocol)
ECDSA	ANSI X9.62 和 FIPS PUB 186-4:2013 中指定的椭圆曲线数字签名算法(Elliptic Curve Digital Signature Algorithm specified in ANSI X9.62 and FIPS PUB 186-4:2013)
ECP	椭圆曲线点(Elliptic Curve Point)
EUI-64	64 位扩展唯一标识符(64-bit Extended Unique Identifier)
FCS	帧检查序列(Frame Check Sequence)
FDDI	光纤分布式数据接口(Fibre Distributed Data Interface)
FE	字段元素(与公钥算法相关)(Field Element (in relation with public key algorithms)
FIPS	联邦信息处理标准(Federal Information Processing Standard)
FRMR	帧拒绝(HDLC 帧类型)(Frame Reject (a HDLC frame type))
FTP	文件传输协议(File Transfer Protocol)
GAK	全局认证密钥(Global Authentication Key)
GBEK	全球广播加密密钥(Global Broadcast Encryption Key)
GBT	通用块传输(General Block Transfer)
GCM	伽罗瓦/计数器模式(GCM),一种带连接数据的认证加密算法(Galois/Counter Mode (GCM), an algorithm for authenticated encryption with associated data)
GMAC	在未加密数据上生成消息验证码的 GCM 特例(A specialization of GCM for generating a message authentication code (MAC) on data that is not encrypted GMAC)
GMT	格林威治标准时间(Greenwich Mean Time)
GSM	全球移动通信系统(Global System for Mobile communications)
GUEK	全球单播加密密钥(Global Unicast Encryption Key)
GW	网关(Gateway)
HCS	标题检查序列(Header Check Sequence)
HDLC	高级数据链路控制(High-level Data Link Control)
HES	前端系统,也被称为数据采集系统(Head End System, also known as Data Collection System) 注:HES 可由能源供应商或公用事业公司拥有。

（续）

缩略语	意义
HHU	手持单元(Hand Held Unit)
HLS	高安全级别(COSEM)(High Level Security(COSEM))
HMAC	FIPS 198-1 规定的键控哈希运算消息认证码(Keyed-Hash Message Authentication Code specified in FIPS 198-1)
HSM	硬件安全模块(Hardware Security Module)
HTTP	超文本传输协议(Hypertext Transfer Protocol)
I	信息(HDLC 帧类型)(Information (a HDLC frame type))
IANA	互联网号码分配机构(Internet Assigned Numbers Authority)
IC	接口类(Interface Class)
IEEE	电气和电子工程师协会(Institute of Electrical and Electronics Engineers)
IETF	互连网工程任务组(Internet Engineering Task Force)
IP	互联网协议(Internet Protocol)
ISO	国际标准化组织(International Organization for Standardization)
IV	初始化向量(Initialization Vector)
KEK	密钥加密密钥(Key Encrypting Key)
LAN	局域网(Local Area Network)
LB	结束块(Last Block)
LDN	逻辑设备名(Logical Device Name)
LLC	逻辑链路控制(子层)(Logical Link Control (Sublayer))
LLS	低级别安全(Low Level Security)
LNAP	本地网络接入点(Local Network Access Point)
LPDU	LLC 协议数据单元(LLC Protocol Data Unit)
L-SAP	LLC 子层服务接入点(LLC sublayer Service Access Point)
LSB	最低有效位(Least Significant Bit)
LSDU	LLC 服务数据单元(LLC Service Data Unit)
m	强制性的,与属性和方法定义一起使用(mandatory, used in conjunction with attribute and method definitions)
MAC	介质访问控制(子层)(Medium Access Control (sublayer))
MAC	消息认证码(密码学)(Message Authentication Code (cryptography))
MIB	管理信息库(Management Information Base)
MSAP	MAC 子层服务访问点(在基于 HDLC 的配置文件中,它等于 HDLC 地址)(MAC sublayer Service Access Point (in the HDLC based profile, it is equal to the HDLC address))

（续）

缩略语	意义
MSB	最高有效位(Most Significant Bit)
MSC	消息序列图(Message Sequence Chart)
MSDU	MAC 服务数据单元(MAC Service Data Unit)
N(R)	接收序列号(Receive sequence Number)
N(S)	发送序列号(Send sequence Number)
NDM	正常断开模式(Normal Disconnected Mode)
NIST	美国国家标准与技术研究院(National Institute of Standards and Technology)
NNAP	邻居网络接入点(Neighbourhood Network Access Point)
NRM	正常响应模式(Normal Response Mode)
o	可选的，与属性和方法定义一起使用(optional, used in conjunction with attribute and method definitions)
OBIS	对象标识系统(Object Identification System)
OCSP	在线证书状态协议(Online Certificate Status Protocol)
OID	对象表示符(Object Identifier)
OOB	带外(Out of Band)
OS	八位字符串(Octet string)
OSI	开放系统互连(Open System Interconnection)
OTA	无线下载(Over The Air)
P/F	投票/最终(Poll/Final)
PAR	肯定的重传确认(Positive Acknowledgement with Retransmission)
PDU	协议数据单元(Protocol data unit)
PhL	物理层(Physical Layer)
PHSDU	物理层服务数据单元(PH SDU)
PKCS	由 RSA 实验室建立的公钥密码标准(Public Key Cryptography Standard, established by RSA Laboratories)
PKI	公钥基础设施(Public Key Infrastructure)
PLC	电力线载波(Power line carrier)
PPP	点对点协议(Point-to-Point Protocol)
PSDU	物理层服务数据单元(Physical layer Service Data Unit)
PSTN	公共交换电话网络(Public Switched Telephone Network)
RA	登记机关(Registration Authority)
RLRE	连接断开响应(ACSE 的 APDU 之一)(A-Release Response-an APDU of the ACSE)

（续）

缩略语	意义
RLRQ	连接断开请求（ACSE 的 APDU 之一）（A-Release Request-an APDU of the ACSE）
RNG	随机数发生器（Random Number Generator）
RNR	接收未就绪（HDLC 帧类型）（Receive Not Ready (a HDLC frame type)）
RR	接收就绪（HDLC 帧类型）（Receive Ready (a HDLC frame type)）
RSA	由 Rivest，Shamir 和 Adelman 开发的算法；在 ANS X9.31 和 PKCS＃1 中指定（Algorithm developed by Rivest，Shamir and Adelman；specified in ANS X9.31 and PKCS＃1.）
SAP	服务访问点（Service Access Point）
SDU	服务数据单元（Service Data Unit）
SHA	在 FIPS PUB 180-4：2012 中指定的安全散列算法（Secure Hash Algorithm；specified in FIPS PUB 180-4：2012.）
SNMP	简单的网络管理协议（Simple Network Management Protocol）
SNRM	设置正常响应模式（HDLC 帧类型）（Set Normal Response Mode (a HDLC frame type)）
STR	流（Streaming）
tbsCertificate	要签署证书（to be signed Certificate）
TCP	传输控制协议（Transmission Control Protocol）
TDEA	三重数据加密算法（Triple Data Encryption Algorithm）
TL	传输层（Transport Layer）
TPDU	传输层协议数据单元（Transport Layer Protocol Data Unit）
TWA	双向交替（Two Way Alternate）
UA	未编号确认（HDLC 帧类型）（Unnumbered Acknowledge (a HDLC frame type)）
UDP	用户数据报协议（User Datagram Protocol）
UI	未编号信息（HDLC 帧类型）（Unnumbered Information (a HDLC frame type)）
UNC	不平衡操作正常响应模式类（Unbalanced operation Normal response mode Class）
USS	无编号的发送状态（Unnumbered Send Status）
V(R)	接收状态变量（Receive state Variable）
V(S)	发送状态变量（Send state Variable）
VAA	虚拟应用连接（Virtual Application Association）
WPDU	包装协议数据单元（Wrapper Protocol Data Unit）
xDLMS ASE	扩展的 DLMS 应用服务组件（Extended DLMS Application Service Element）
另请参阅相关章节中密码算法特定的缩略语列表。	

3.5 与伽罗瓦/计数器模式相关的符号

下列符号适用于本文件。

符号	含义
A	附加认证数据
AK	认证密钥，是 AAD 一部分的参数
C	密文
EK	加密密钥即块加密密钥
IC	调用计数器，初始化向量的一部分。另见调用域
IV	初始化向量
len(X)	比特位串 X 的比特位长度
LEN(X)	八位字节串 X 的八位字节长度
P	明文
SC	安全控制字节
SH	安全头
$Sys\text{-}T$	系统标题
T	认证标签
t	认证标签的比特位长度。 注：这和 len(T)相同
$X \parallel Y$	字符串 X 和 Y 的串接

3.6 与 ECDSA 算法相关的符号

下列符号适用于本文件。

符号	含义
d	ECDSA 私钥是区间[1,n-1]中的一个整数
$Q=(x_Q,y_Q)$	ECDSA 公钥。坐标 x_Q 和 y_Q 是间隔[0,$q-1$]中的整数，$Q=dG$
k	ECDSA 每个消息秘密号是间隔[1,$n-1$]中的整数
r	ECDSA 数字签名的一个组成部分。它是[1,$n-1$]中的一个整数。见(r,s)的定义
s	ECDSA 数字签名的一个组成部分。它是[1,$n-1$]中的一个整数。见(r,s)的定义
(r, s)	ECDSA 数字签名，其中 r 和 s 是数字签名组件
M	使用数字签名算法签名的消息
Hash(M)	使用批准的哈希函数在消息 M 上进行散列计算(消息摘要或散列值)的结果

3.7 与密钥协商算法相关的符号

下列符号适用于本文件。

符号	含义
$d_{e,U}$, $d_{e,V}$	U 方和 V 方的临时私钥。这些是[1,$n-1$]范围内的整数
$d_{s,U}$, $d_{s,V}$	U 方和 V 方的静态私钥。这些是[1,$n-1$]范围内的整数
ID_U	U 方(发起者)的标识符
ID_V	V 方(响应者)的标识符
$Q_{e,U}$, $Q_{e,V}$	U 方和 V 方的临时公钥。这些是由域参数定义的椭圆曲线上的点
$Q_{S,U}$, $Q_{S,V}$	U 方和 V 方的静态公钥。这些是由域参数定义的椭圆曲线上的点
U,V	以(成对)密钥建立方式代表双方
Z	用于使用密钥导出方法导出秘密密钥材料的共享秘密(以字节字符串表示)。[引自 NIST SP 800-56A Rev.2:2013]

4 DLMS/COSEM 综述

4.1 DLMS/COSEM 信息交换

4.1.1 概述

4.1 介绍了 DLMS/COSEM 中信息交换的主要概念。

DLMS/COSEM 的目的是为计量设备、系统以及访问对象的服务规定面向业务领域的接口对象模型的标准。还规定了通过各种通信媒介传输消息的通信配置集。

术语“计量装置”是一种抽象;因此,“计量装置”可以是适合这种抽象的任何类型的装置。

COSEM 对象模型在 GB/T 17215.662—2018 中规定。COSEM 对象通过其通信接口提供计量设备的功能视图。

本标准规定了 DLMS/COSEM 应用层,并规定 DLMS/COSEM 通信配置集的规则;见附录 A。

使用 DLMS/COSEM 进行数据交换的关键特性如下:

——计量装置可由各方访问:客户和第三方;

——提供了对计量装置资源的访问进行控制的机制;这些机制由 DLMS/COSEM AL 和 COSEM 对象(“Association SN/LN”对象,“Security setup”对象)提供;

——通过对 xDLMS 消息和 COSEM 数据应用密码保护来确保安全和隐蔽;

——通过包括选择性访问、紧凑编码和压缩在内的各种机制确保低开销和效率;

——在计量点,可能有单个或多个计量装置。在计量点多个计量装置的情况下,可以使单个接入点可用;

——数据交换可以远程或本地进行。根据计量装置的能力,本地和远程数据交换可以同时执行而不会彼此干扰;

——各种通信媒介可以在本地网络(LN)、社区网络(NN)和广域网(WAN)上使用。

确保满足上述要求的关键要素是由 DLMS/COSEM AL 提供的应用连接(AA)(确定数据交换的语境)。详情见下列相关条款。

4.1.2 通信模型

DLMS/COSEM 使用开放系统互连(OSI)模型的概念来建立仪表和数据采集系统之间的信息交换。

注:在此语境中的信息包括 xDLMS 消息和 COSEM 数据。

以下使用的概念、名称和术语与GB/T 9387.1—1998中描述的OSI参考模型相关。其使用在本条款中概述,并在其他条款中进一步说明。

计量装置和数据采集系统的应用功能由应用程序(AP)建模。

AP之间的通信由应用实体(AE)之间的通信建模。AE表示AP的通信功能。在AP中可能有多组OSI通信功能,因此单个AP可以由多个AE表示。然而,每个AE表示单个AP。AE包含一组称为应用服务元素(ASE)的通信能力。ASE是一套连贯的综合功能。这些ASE可以单独使用或组合使用。另见4.2.2。

数据采集系统和计量设备之间的数据交换是基于客户机/服务器模型,其中数据采集系统起到客户机的作用,计量设备起到服务器的作用。客户机向发送服务响应的服务器发送服务请求。此外,服务器可以启动未经请求的服务请求以通知客户机事件或者在预先配置的条件下发送数据。另见4.1.6。

通常,客户机和服务器AP位于单独的设备中。因此,消息交换通过协议栈进行,如图1所示。

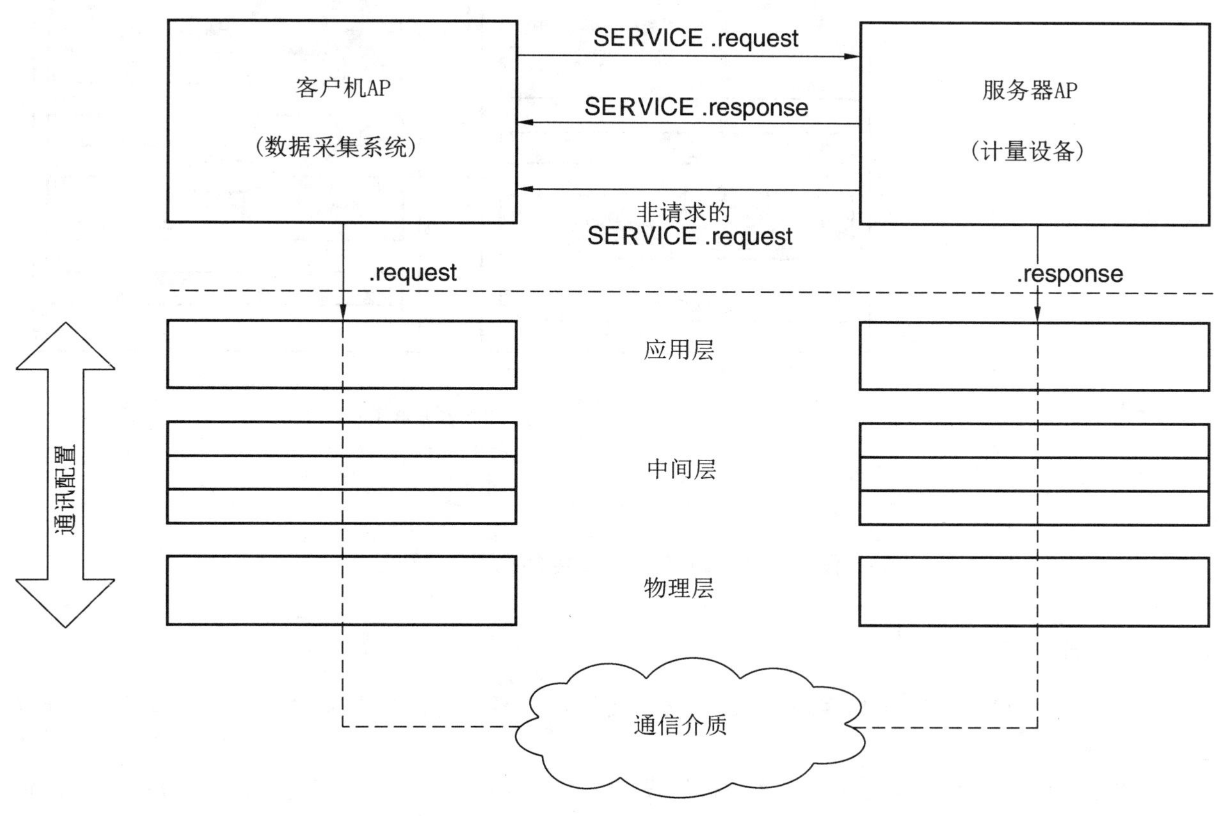

图1 客户机-服务器模型和通信协议

4.1.3 命名和寻址

4.1.3.1 概述

命名和寻址是通信系统中的重要方面。名称识别通信实体。地址识别哪里可以找到该实体。名称映射到地址;这被称为绑定的过程。图2显示了DLMS/COSEM中命名和寻址的主要元素。

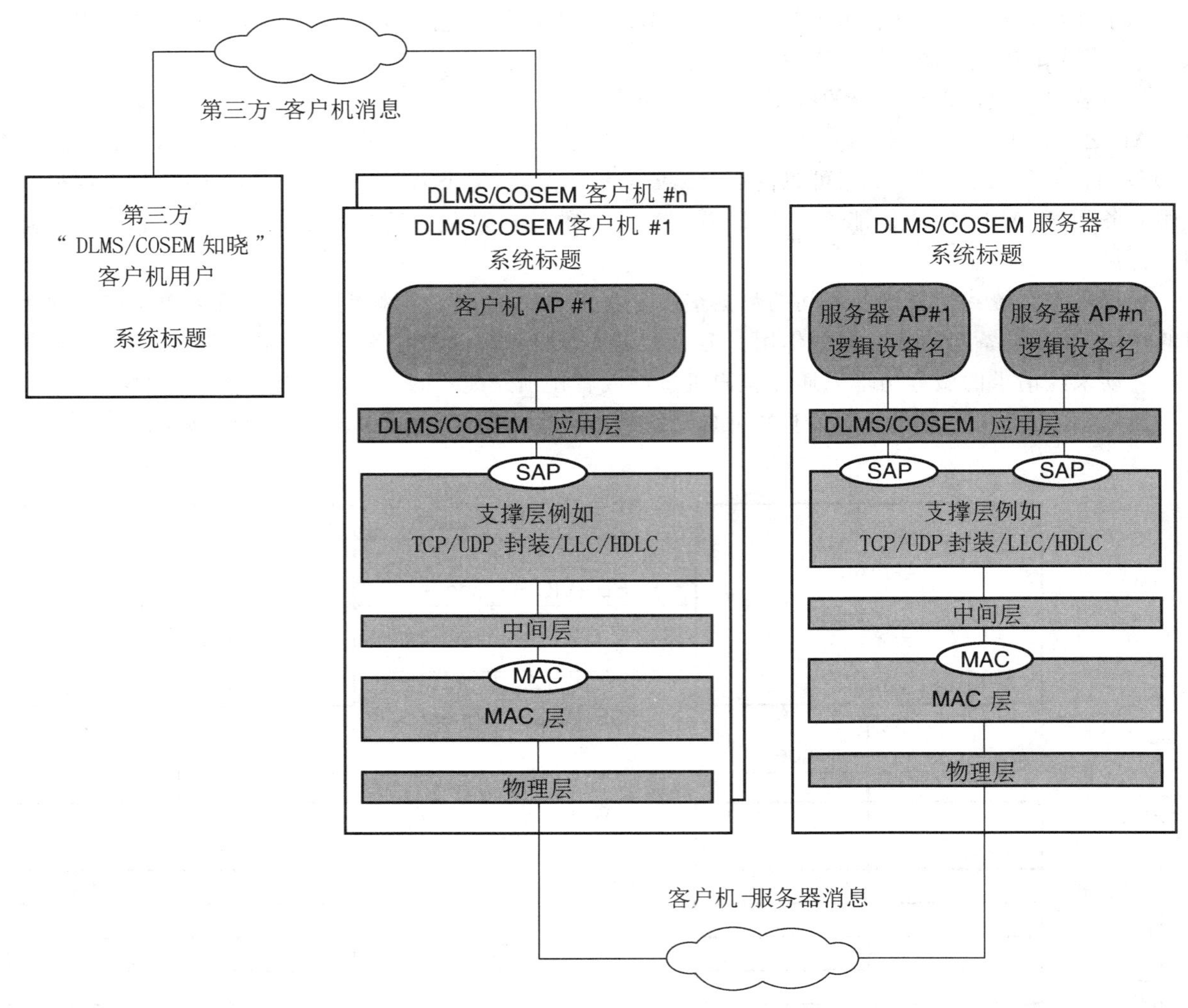

图 2 DLMS/COSEM 中的命名和寻址

4.1.3.2 命名

DLMS/COSEM 实体,包括客户机,服务器以及第三方系统都应由其系统标题唯一命名。系统标题应永久分配。

服务器物理设备可以承载一个或多个逻辑设备(LD)。LD 应由其逻辑设备名称(LDN)唯一标识。由同一物理设备承载的 LD 共享系统标题。系统标题在 4.1.3.4 中规定。逻辑设备名称在 4.1.3.5 中规定。

4.1.3.3 寻址

每个物理设备应具有适当的地址。这取决于通信配置,可以是电话号码,MAC 地址,IP 网络地址或这些的组合。

注:例如,基于 HDLC 的面向连接的 3 层通信配置的情况下,较低的 HDLC 地址是 MAC 地址。

物理设备地址可以预配置,或者可以在注册过程期间分配,这也涉及地址和系统标题之间的绑定。

每个 DLMS/COSEM 客户机和每个服务器(COSEM 逻辑设备)绑定到服务接入点(SAP)。SAP 驻留在 DLMS/COSEM AL 的支持层。根据通信配置文件,SAP 可能是 TCP-UDP/IP 封装地址、上层 HDLC 地址、LLC 地址等。在服务器端,该绑定由“SAP Assignment”IC 建模;见 GB/T 17215.662—

2018,5.3.5。

客户机和服务器端的 SAP 的值在表 1 中规定。SAP 的长度取决于通信配置。

表 1　客户机和服务器 SAP

客户机 SAP	
无站	0x00
客户机管理进程/CIASE[a]	0x01
公共客户机	0x10
开放分配给客户机 AP	0x02～0x0F
	0x11 和 up
服务器 SAP	
无站/CIASE[a]	0x00
管理逻辑设备	0x01
为将来使用保留	0x02～0x0F
开放分配给服务器 SAP	0x10 和 up
全站(广播)	特定通信配置文件
注:根据支持层,可以用一个或多个字节表示 SAP。	
[a] 在 DLMS/COSEM S-FSK PLC 架构中,见 IEC 62056-8-3。	

4.1.3.4　系统标题

系统标题 *Sys-T* 应唯一地识别每个 DLMS/COSEM 实体,实体可能是服务器、客户机或通过客户机能访问服务器的第三方。系统标题:

——应为 8 个八位元长;

——应为唯一的。

靠前的(最左边)3 个八位元应保持三个字母的制造商 ID[1)],这与逻辑设备名称(见 4.1.3.5)的前导 3 个八位元一样。其余的 5 个八位元应确保唯一性。

注:这 5 个八位元能够被导出,例如从生产编号的最后 12 位数字(最高到 999 999 999 999)中导出,这个值转换成十六进制数为 0xE8D4A50FFF,上述值到 0xFFFFFFFFFF(十进制值为 1 099 511 627 775)之间的值也能被使用,但不能被映射为生产编号的最后 12 位数字。

具体项目的配套规范可以规定不同的结构,任何情况下,命名机关应为该项目规定诸如这样的命名细节。

5.3 和 5.7 中进一步规定了对 xDLMS 消息和 COSEM 数据的加密保护中的系统标题的使用。

使用密码的保密算法之前(这要求加密的应用语境),对等各方应先交换系统标题。下列可能性是有效的:

——在通信介质规定的注册期间。例如当使用 S-FSK PLC 配置时,使用 CIASE 协议在注册期间交换系统标题,见 IEC 62056-8-3;

——在所有的通信配置中,使用携带有 AARQ/AARE APDU 的 COSEM-OPEN 服务(见 6.2)在 AA 建立期间交换系统标题。若 AA 建立期间发送的/收到的系统标题与注册过程所交换的

1)　由 FLAG 协会与 DLMS UA 合作管理。

系统标题不同,则宜拒绝该 AA;

——借助写“Security setup”对象的 *client_system_title* 属性,并读其 *server_system_title* 属性;见 GB/T 17215.662—2018,5.3.7。

在广播通信的情况下,仅客户机向服务器发送系统标题。

4.1.3.5 逻辑设备名称

逻辑设备名称(LDN)应在 GB/T 17215.662—2018,4.8.2 中规定。

4.1.3.6 客户机用户标识

客户机用户标识机制允许服务器在客户机侧不同的用户之间识别、并记录其访问仪表的活动。在 GB/T 17215.662—2018,5.3.2 中规定,客户机用户的命名在此文档范围外。

4.1.4 面向连接的操作

DLMS/COSEM AL 是面向连接的,另见 4.2.3。

通信会话由三个阶段组成,如图 3 所示:

——首先,应用级别连接(称为应用连接(AA))在客户机和服务器 AE 之间建立,另见 4.2.3。在发起 AA 建立之前,应连接客户机和服务器端协议栈的对等的 PhL。中间层可能应连接或不连接。需要连接的每个层可以同时支持一个或多个连接;

——一旦建立了 AA,就可以进行信息交换;

——在数据交换结束时,AA 被释放。

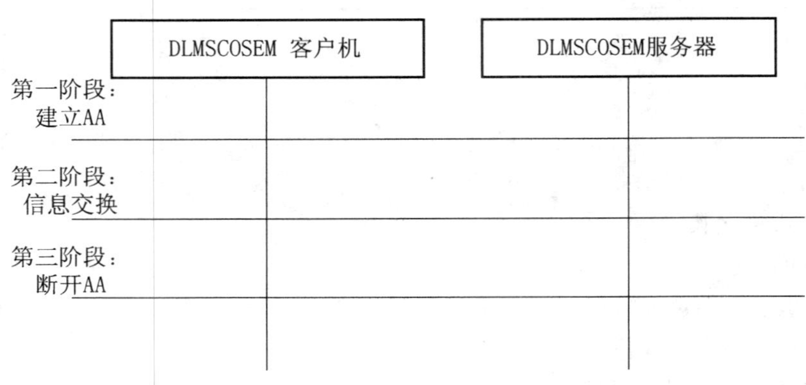

图 3 CO 语境中的一次完整的通信会话

对于一些非常简单的设备、单线通信设备,以及组播与广播的情况,预先建立 AA 也是允许的。对于这样的 AA,一次完整的通信会话可以只包括信息交换阶段:可认为连接建立阶段在过去已完成。预先建立 AA 不能被断开。另见 7.2.4.4。

4.1.5 应用连接

4.1.5.1 概述

应用连接(AA)是客户机和服务器 AE 之间的逻辑连接。AA 可以由客户机使用 AL 的面向连接的 ACSE 服务请求建立,或者是预先建立。它们可以是被确认的或非确认的请求。另见 4.2.3。

注 1:预先建立的 AA 可被认为在过去已完成连接。

注 2:服务器不能发起 AA 的建立。

COSEM 逻辑设备可以支持一个或多个 AA,每个 AA 对应不同的客户机。每个 AA 确定进行信息交换的语境。

确认的 AA 由客户机提出、服务器接受,条件是:

——服务器已知客户机用户,见 4.1.3.6;

——客户机建议的应用语境(见 4.1.5.2)是服务器接受的;

——客户机建议的认证机制(见 4.1.5.3)是服务器接受的,并且认证是成功的;

——在客户机和服务器之间能协商成功 xDLMS 语境元素(见 4.1.5.4)。

非确认的 AA 也由客户机提议,假设服务器将接受它。没有协商发生。非确认的 AA 可用于从客户机向服务器发送广播消息。

AA 由 COSEM“Association SN/LN”对象建模,COSEM“Association SN/LN”对象包含识别连接伙伴的 SAP、*application context* 的名称、*authentication mechanism* 的名称和 *xDLMS context*。

“Association SN/LN”对象也确定对 COSEM 对象属性和方法的一组具体的访问权限。它们也涉及包含安全语境元素的“Security setup”对象。在每个 AA 中访问权限和安全语境可能不同。这些对象在 GB/T 17215.662—2018,5.3.3 和 5.3.4 中规定。

4.1.5.2 应用语境

应用语境确定:

——一组应用服务元素出现在 AL 中;

——COSEM 对象属性和方法的引用种类:短名(SN)引用或逻辑名(LN)引用。另见 4.2.4.3.1;

——转换语法;

——是否使用加密。

应用语境由名称识别,见 7.2.2.2。

4.1.5.3 认证

在通信系统中,实体认证是基本重要的安全服务。实体认证的目的是确定某一身份的申请者实际上是所要求的。为了完成这个目的,应有一个预先存在的关系连接实体到秘密。

在 DLMS/COSEM 中,认证发生在 AA 建立期间。

在确认的 AA 中,客户机(一方认证)或客户机和服务器(互相认证)都能认证。

在非确认的 AA 中,仅客户机能认证。

在预先建立的 AA 中,通信伙伴的认证不可用。

一旦建立了 AA,COSEM 对象的属性和方法可以使用 xDLMS 服务进行访问,服从于当时给定的 AA 中的安全语境和访问权限。

认证机制在 5.2.2.2 中规定。认证机制由名称识别见 7.2.2.3。

4.1.5.4 xDLMS 语境

xDLMS 语境确定一组可在给定 AA 中使用的 xDLMS 服务和功能。见 4.2.4。

4.1.5.5 安全语境

当应用语境规定加密时,安全语境是相关的。它由安全组件、安全策略、安全密钥和其他安全材料组成。另见 5.2.3。它由“Security setup”对象管理。

4.1.5.6 访问权限

访问权限确定在 AA 内客户机访问 COSEM 对象属性和方法的权限。一套访问权限依赖于客户机的角色,并预先配置在服务器中。另见 5.2.4。

注：角色和相关的访问权限受具体项目的配套规范限制。例如角色是仪表读取器、仪表服务/通信服务/能源供应商，制造商，最终用户等。

4.1.6 信息传递模式

在 DLMS/COSEM 客户机和服务器之间的有效的信息传递模式如图 4 所示。

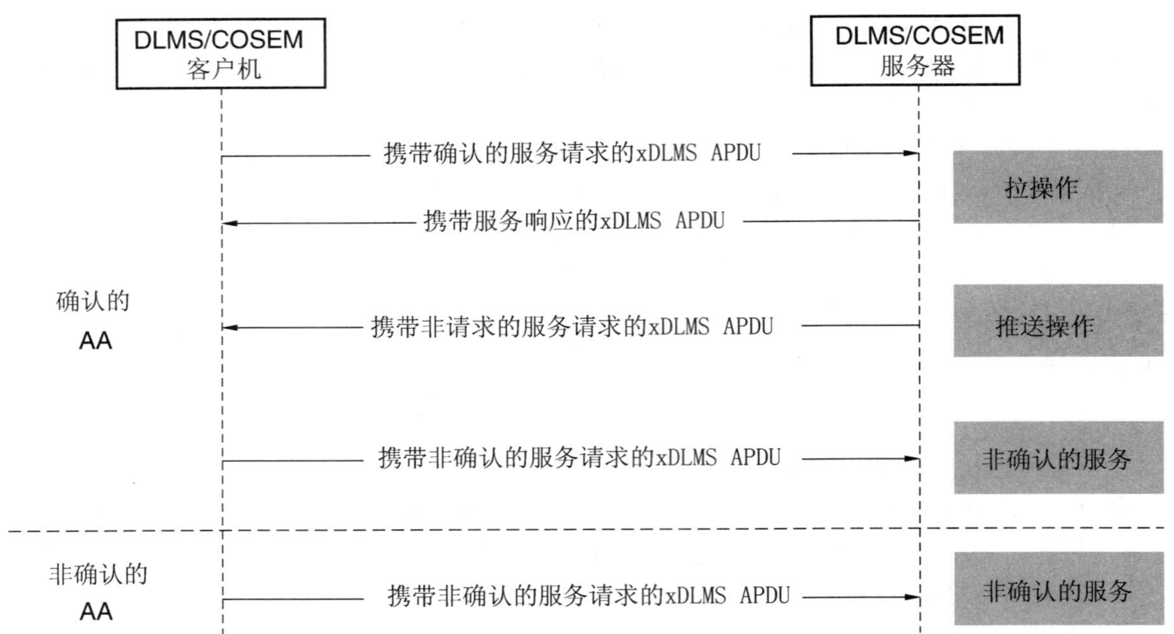

图 4 DLMS/COSEM 信息传递模式

在确认的 AA 中：

——客户机发送确认的服务请求，服务器响应：*获取操作*；

——客户机发送非确认的服务请求。服务器不响应；

——服务器发送非请求的服务请求到客户机：*推送操作*。

注：非请求服务可能是 InformationReport(用 SN 引用)、EventNotification(用 LN 引用)或 DataNotification(使用 SN 和 LN 两种引用)。

在非确认的 AA 中：仅客户机发起服务请求，且仅是非确认的。服务器不响应并且不能发起发起服务请求。

4.1.7 在第三方和 DLMS/COSEM 服务器之间的数据交换

第三方(在 DLMS/COSEM 客户机-服务器关系之外)也可以使用客户机作为代理与服务器交换信息。为了支持端到端的安全性，这样的第三方应是“DLMS/COSEM aware”，这意味着它们能够向客户机发送包含带有正确格式的 COSEM 数据的正确格式的 xDLMS APDU 消息，并且它们将能够处理通过客户机从服务器接收的消息。另见 5.2.5，图 14。

从服务到第三方的信息可以是请求的或非请求的。

4.1.8 通信配置

通信配置规定低的、通信媒介定义的协议层如何支承 DLMS/COSEM AL 和以应用进程(AP)为模型的 COSEM 数据。

通信配置由若干协议层组成。每层有不同的任务，给其上层提供服务，使用其支撑层的服务。客户机和服务器的 COSEM AP 使用最高协议层的服务,最高协议层即 DLMS/COSEM AL。这是唯一包含 COSEM 特定元素(xDLMS ASE,见 4.2.4)的协议层。下层的数量和类型取决于使用的通信媒介。

具有 DLMS/COSEM AL 和 COSEM 对象模型的给定的一组协议层组成了特定的 DLMS/COSEM 通信配置。每个配置文件的特征在于包括的协议层及其参数。

图 5 显示了通用的 DLMS/COSEM 通信配置,包括:

——以应用进程为模型的 COSEM 对象模型。对于每个通信媒介,指定媒介特定的设置接口类;

——DLMS/COSEM 应用层;

——DLMS/COSEM 传输层,存在于互联网能力的配置中;

——直接或通过 DLMS/COSEM 传输层将 MAC 层绑定到 DLMS/COSEM AL 的汇聚层;

——媒介特定的物理层和 MAC 层;

——连接管理器。

单个物理设备可以支持多个通信配置,以允许使用各种通信介质进行数据交换。在这种情况下,客户机 AP 的任务是决定应该使用哪个通信配置。

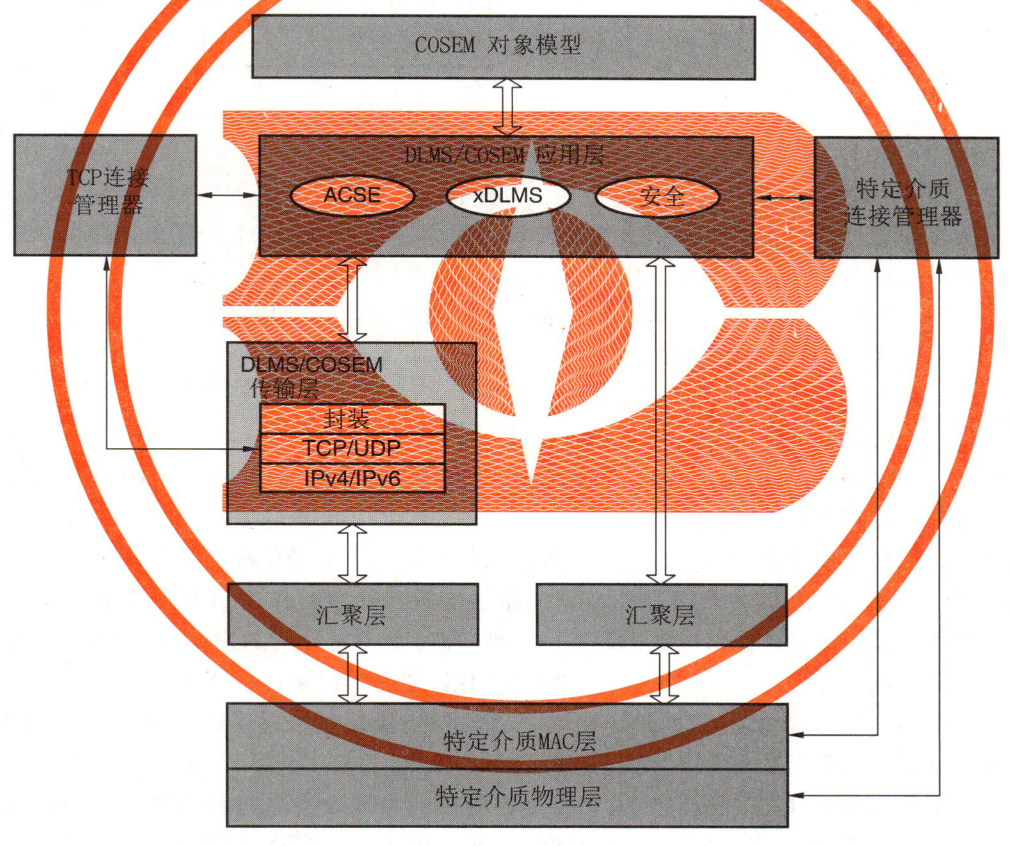

图 5 DLMS/COSEM 通用的通信配置

在各种通信配置中使用 DLMS/COSEM 应用层,通信在附录 A 中规定。通信配置标准在 IEC 62056 DLMS/ COSEM 套件的其他部分中规定:

——基于 HDLC 面向连接的 3 层通信配置,在 IEC 62056-7-6 中规定;

——基于 TCP-UDP/IP 的通信配置(COSEM_on_IP),在 IEC 62056-9-7 中规定;

——S-FSK PLC 配置在 IEC 62056-8-3 中规定;

——有线和无线的 M-Bus 配置在 IEC 62056-7-3:2017 中规定。

注:可能会在将来规定更多的通信配置。

4.1.9 DLMS/COSEM 计量系统模型

图 6 显示了 DLMS/COSEM 计量系统模型。

计量设备建模为一组逻辑设备托管在单个物理设备中。每个逻辑设备表示服务器 AP,并建模为计量设备的功能子集,如其通信接口。各种功能使用 COSEM 对象建模。

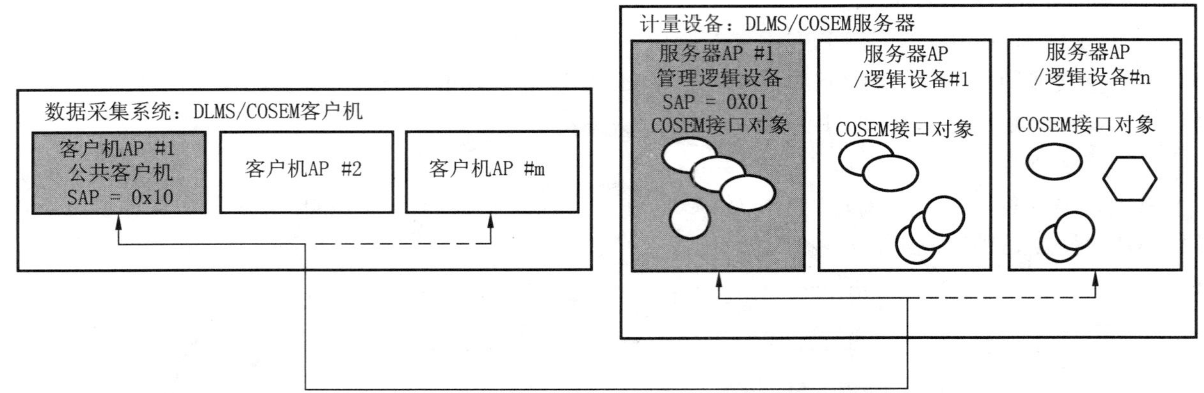

图 6 DLMS/COSEM 计量系统模型

数据采集系统建模为可由一个或多个物理设备组成的一组客户机 AP。每个客户机 AP 可以有由计量设备授予的不同角色和访问权限。

公共客户机和管理逻辑设备 AP 具有特殊的作用,它们将始终存在。

更多内容见 GB/T 17215.662—2018,4.7 和 4.8。

4.1.10 DLMS/COSEM 服务器模型

图 7 显示了两台 DLMS/COSEM 服务器的模型。其中一个使用基于 HDLC,CO,3 层的通信配置,另一个使用基于 TCP-UDP/IP 的通信配置。

左侧计量设备包括 n 个逻辑设备,并支持基于 HDLC,CO,3 层通信配置。

DLMS/COSEM AL 由基于 HDLC 的数据链路层支持。其主要作用是在对等层之间提供可靠的数据传输。它还以这样的方式提供对逻辑设备的寻址,即每个逻辑设备绑定到单个 HDLC 地址。管理逻辑设备始终绑定到地址 0x01。为了允许创建本地网络,使得可以通过单个接入点(另一地址)到达给定计量站点处的多个计量设备,物理地址也由数据链路层提供。逻辑设备地址被称为高 HDLC 地址,而物理设备地址被称为较低的 HDLC 地址。另见 IEC 62056-7-6。

支持数据链路层的 PhL 在承载客户机和服务器应用的物理设备之间提供串行比特传输。允许使用各种接口,如 RS 232,RS 485,20mA 电流回路等,通过 PSTN 和 GSM 网络本地传输数据。

右侧的计量设备包括 m 个逻辑设备。

DLMS/COSEM AL 由 DLMS/COSEM TL 支持,DLMS/COSEM TL 包括互联网 TCP 或 UDP 层和封装。封装的主要作用是将由 DLMS/COSEM TL 提供的 OSI 样式的服务集合适配于 TCP 和 UDP 功能调用。它还为逻辑设备提供寻址,将其绑定到称为封装端口的 SAP。管理逻辑设备始终绑定到封装端口 0x01。最后,封装提供有关传送的 APDU 的长度的信息,以帮助对等体识别 APDU 的结束。由于 TCP 的流传输特性,这是必要的。

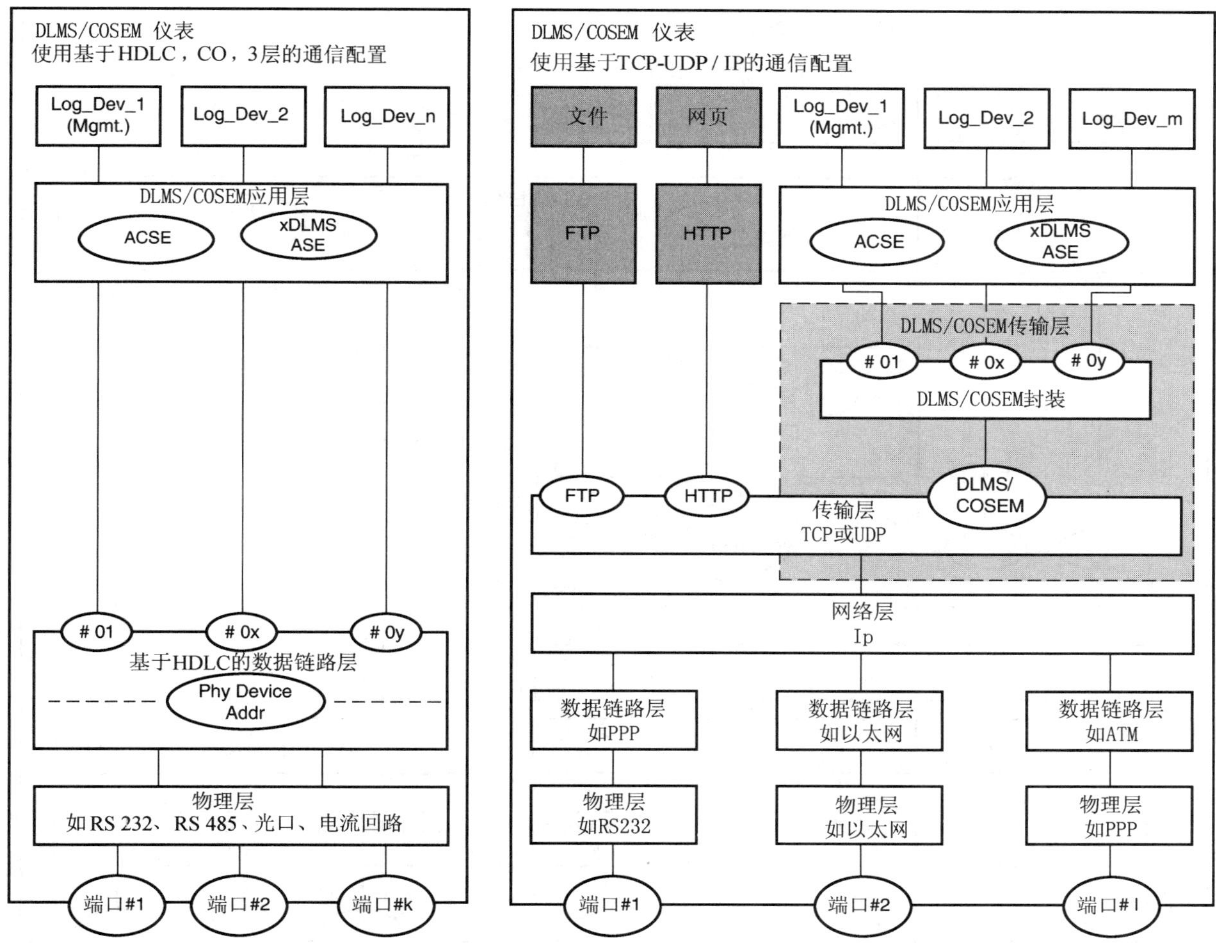

图 7 DLMS/COSEM 服务器模型

通过封装，DLMS/COSEM AL 绑定到用于 DLMS/COSEM 应用的 TCP 或 UDP 端口号。TCP 和 UDP 层的存在允许将其他互联网应用(如 FTP 或 HTTP)分别绑定到其标准端口。

TCP 层由 IP 层支持，IP 层可以由任何一组较低层支持，依赖于所使用的通信介质(例如以太网，PPP，IEEE 802 或 IP 层 PLC 下层等)。

显然，在单个服务器中，可以执行几个协议栈，其中普通的 DLMS/COSEM AL 由不同的较低层组来支持。允许服务器通过各种通信媒介与不同 AA 的客户机交换数据。这样的结构将类似于以下 DLMS/COSEM 客户机的结构。

4.1.11 DLMS/COSEM 客户机模型

图 8 示出了 DLMS/COSEM 客户机模型。

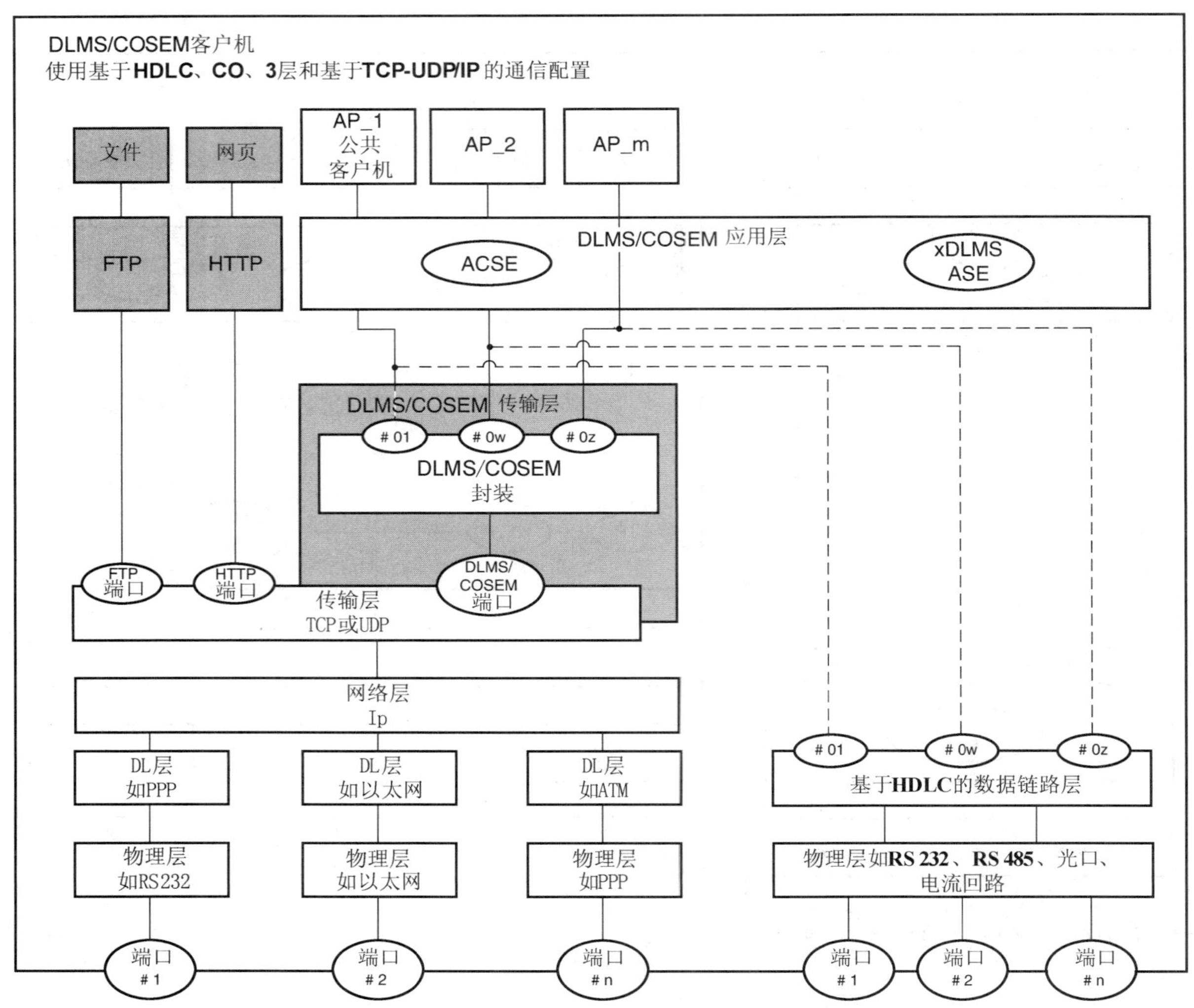

图 8　使用多个协议栈的 DLMS/COSEM 客户机模型

客户机模型明显地类似于服务器模型：

——在该特定模型中，DLMS/COSEM AL 由基于 HDLC 的数据链路层或 DLMS/COSEM TL 支持，这意味着 AL 使用由 AP 确定的一个或另一个的服务。换句话说，APDU 从适当的支持层接收或者发送，支撑层分别使用其服务；

——与服务器端不同，HDLC 层提供的寻址只有每个应用进程(AP)的服务接入点(SAP)的单一级别。

如所解释的，客户机 AP 和服务器 AP 由其 SAP 标识。因此，客户机和服务器端 AP 之间的 AA 可以被一对客户机和服务器 SAP 识别。

DLMS/COSEM AL 可以同时支持一个或多个 AA。类似地，较低层可能能够支持与其对等层的多个连接。这允许客户机和服务器之间通过不同端口和通信媒介同时进行数据交换。

4.1.12　DLMS/COSEM 中的互操作性和互连性

在 DLMS/COSEM 语境中，客户机和服务器 AE 之间定义了互操作性和互连性。客户机和服务器 AE 应可互操作和互连，以确保两个系统之间的数据交换。

使用 COSEM 对象模型对所有能量的计量进行建模，在所有通信媒介上确保*语义互操作性*，即使用不同通信媒介的客户机和服务器之间共享明确的含义。语义元素是COSEM对象(它们的逻辑名称即OBIS码)、它们的属性和方法的定义以及可以使用的数据类型。

在所有通信媒介中使用DLMS/COSEM AL可确保*语法互操作性*,这是*语义互操作性*的先决条件。语法互操作性包括使用各种应用语境、认证机制、xDLMS语境和安全语境以及交换的所有消息的标准结构和编码在客户机和服务器之间建立AA的能力。

*互连性*是协议级的概念:为了能够交换消息,客户机和服务器AE应该是*可互连*的和*互连*的。

在两个AE之间建立AA前,它们*应互连*。如果需要连接的两侧的每个对等体协议层都被连接,这两个AE是相互连接的。为了互连,客户机和服务器AE应是可互连的,并且应建立所需的连接。如果两个AE使用相同的通信配置,则*可以互连*。

因此,通过DLMS/COSEM AE在需要连接的所有对等层之间建立连接的能力来确保DLMS/COSEM中的互连性。

4.1.13 确保互连:协议识别服务

在DLMS/COSEM中,AA建立始终由客户机AE启动。然而,在某些情况下,它可能不知道未知服务器设备使用的协议栈(例如当服务器已经启动物理连接建立时)。在这种情况下,客户机AE需要获取有关在服务器中执行的协议栈的信息。

特定的应用级服务可用于此目的:协议标识服务。它是可选的应用级服务,允许客户机AE在建立物理连接后获取有关服务器中执行的协议栈的信息。协议识别服务直接使用PhL的数据传输服务(PH- DATA.request/.indication);绕过其他协议层。建议在所有可以访问PhL的通信配置中对其进行支持。

4.1.14 系统集成和仪表安装

DLMS/COSEM以多种方式支持系统集成。

在此描述了可能的过程。

如图6所示,在每个客户机系统中,公用客户机(在任何配置中绑定到地址0x10)都是必需的。其主要作用是揭示未知的计量设备(例如新安装的)结构。这在公共客户机和管理逻辑设备之间的强制的AA中进行,没有安全预防措施。一旦知道结构,可以使用适当的认证机制和xDLMS消息和COSEM数据的密码保护来访问数据。

当系统中安装了新的仪表时,可能会向客户机生成事件报告。一旦检测到这一点,客户机可以检索仪表的内部结构,然后将必要的配置信息(例如电价表和安装特定参数)发送到仪表。这样,仪表就可以使用了。

黄皮书DLMS UA 1001-1中描述的DLMS/COSEM一致性测试的可用性也促进了系统集成。因此,可以对计量设备中的规格的正确实施进行测试和验证。

4.2 DLMS/COSEM应用层主要特点

4.2.1 概述

4.2提供了DLMS/COSEM AL的主要特点的综述。

4.2.2 DLMS/COSEM应用层结构

客户机和服务器DLMS/COSEM应用层的结构如图9所示。

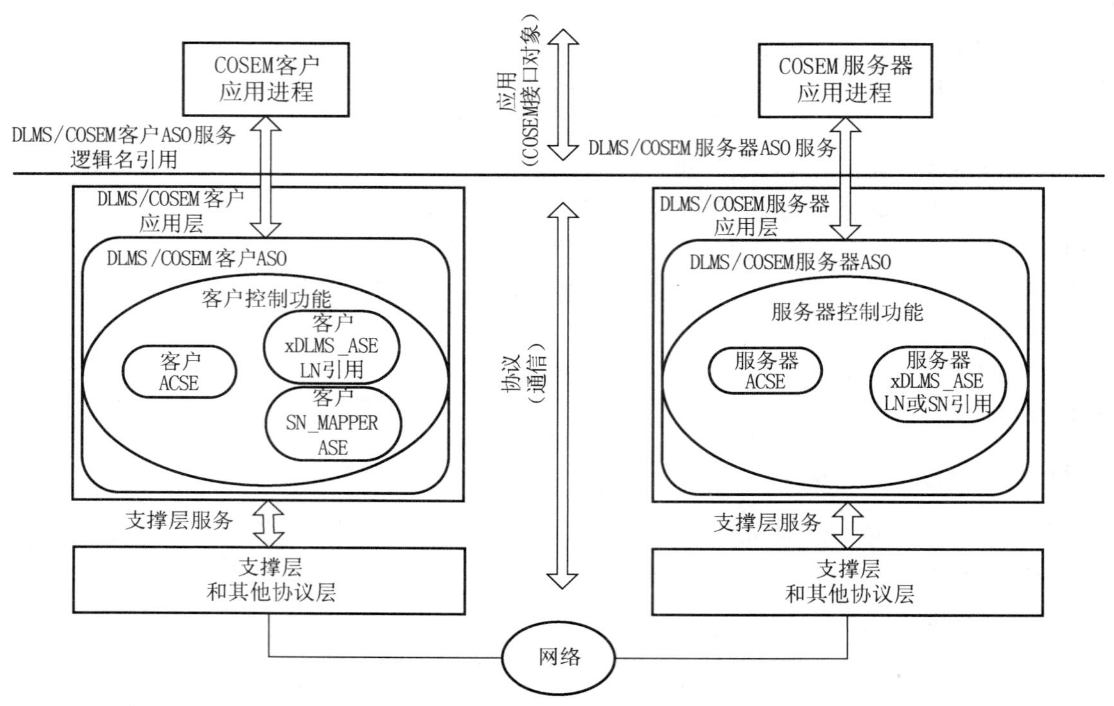

图 9　DLMS/COSEM 应用层的结构

DLMS/COSEM AL 的主要部件是应用服务对象(ASO)。它给其服务用户提供服务(COSEM 应用进程),并使用支撑层提供的服务。客户机和服务器侧都包含三个必需的部件:

——连接控制服务元素(ACSE);

——扩展的 DLMS 应用服务元素(xDLMS_ASE);

——控制功能(CF)。

在客户机侧,有第四种可选元素为客户机 SN_MAPPER ASE。

ACSE 提供了建立和发布应用连接(AA)的服务,见 4.2.3。

xDLMS ASE 提供了在 COSEM AP 之间传输数据的服务,见 4.2.4。

控制功能(CF)元素规定 ASO 服务如何调用 ACSE、xDLMS ASE 和支持层的服务的相应服务原语,另见 7.1。

客户机和服务器 DLMS/COSEM ASO 都可能包含其他可选的应用协议组件。

当服务器使用 SN 引用时,可选的客户机 SN_Mapper ASE 存在于客户机侧 AL ASO 中。它使用 LN 和 SN 引用提供服务之间的映射,见 4.2.5。

DLMS/COSEM AL 还执行 OSI 表示层的一些功能:

——对 ACSE APDU 和 xDLMS APDU 进行编码和解码,另见 7.2.3;

——替换地生成和使用表示 ACSE 和 xDLMS APDU 的 XML 文档;

——应用压缩和解压;

——应用、验证和删除加密保护。

4.2.3　连接控制服务元素 ACSE

为了面向 DLMS/COSEM 连接(CO)通信配置的目的,使用 ISO/IEC 15953:1999 和 ISO/IEC 15954:1999 中规定的 CO ACSE。

为建立和发布应用连接提供的服务如下：

——COSEM-OPEN；

——COSEM-RELEASE；

——COSEM-ABORT。

COSEM-OPEN 服务用于建立 AA。它是基于 ACSE A-ASSOCIATE 服务。它导致由 Application_Context_Name、Security_Mechanism_Name 和 xDLMS 语境参数的值标识的那些 ASE 过程开始使用 AA。AA 可能以不同的方式建立：

——通过客户机和服务器之间的消息交换（使用 COSEM-OPEN 服务）建立确认的 AA 以协商语境。可以在单个客户机和单个服务器之间建立确认的 AA；

——通过从客户机到服务器发送的消息（使用 COSEM-OPEN 服务），使用服务器应支持的假定的语境参数，建立非确认的 AA。可以在客户机和一个或多个服务器之间建立非确认的 AA；

——预先建立的 AA 可能预先存在。在这种情况下，不使用 COSEM-OPEN 服务。客户机应了解服务器支持的语境。预先建立的 AA 可以确认的或非确认的。

COSEM-RELEASE 服务用于释放 AA。如果成功，则导致 AA 的使用完成，而不会在传输过程中丢失信息（完全释放）。在某些通信配置中（例如在基于 TCP-UDP/IP 的配置中），COSEM-RELEASE 服务基于 ACSE A-RELEASE 服务。在其他一些通信配置中（例如基于 HDLC、面向连接的 3 层配置中），确认的 AA 和支持的协议层连接之间存在一对一的关系。在这种配置中，可以通过断开对应的支持层连接来简单地释放 AA。预先建立的 AA 不能被释放。

COSEM-ABORT 服务导致非正常断开 AA，可能丢失传输中的信息，COSEM-ABORT 服务不依赖于 ACSE A-ABORT 服务。

COSEM-OPEN 服务在 6.2 中规定，COSEM-RELEASE 服务在 6.3 中规定，COSEM-ABORT 服务在 6.4 中规定。

4.2.4 xDLMS 应用服务组件

4.2.4.1 概述

要访问 COSEM 对象的属性和方法，使用 xDLMS ASE 的服务。它基于 DLMS 标准，DL/T 790.441—2004。本文档规定了扩展功能的范围，同时保持向后兼容性。扩展包括以下内容：

——追加服务，见 4.2.4.3；

——追加机制，见 4.2.4.4；

——追加的数据类型，见 4.2.4.5；

——新 DLMS 版本号，见 4.2.4.6；

——新一致性块，见 4.2.4.7；

——澄清 PDU 大小的含义，见 4.2.4.8。

4.2.4.2 xDLMS 发起服务

使用 xDLMS 发起服务（在 DL/T 790.441—2004，5.2 中规定）建立 xDLMS 语境。该服务集成在 COSEM-OPEN 服务中，见 6.2。

4.2.4.3 与 COSEM 对象相关的 xDLMS 服务

4.2.4.3.1 概述

COSEM 对象相关的 xDLMS 服务用于访问 COSEM 对象的属性和方法。

GB/T 17215.662—2018,4.2 规定两种引用方法：

——逻辑名(LN)引用；

——短名(SN)引用。

有关引用方法的更多信息，见 4.2.4.4.2。

因此，指定了两个不同的 xDLMS 服务集：一个专门使用逻辑名(LN)引用，另一个专门使用短名(SN)引用。可以认为有两个不同的 xDLMS ASE：一个提供具有 LN 引用的服务，另一个使用 SN 引用。客户机 ASO 始终使用带有 LN 引用的 xDLMS ASE。服务器 ASO 可以使用具有 LN 引用的 xDLMS ASE 或使用 SN 引用的 xDLMS ASE 或两者。

这些服务可能：

——由客户机请求/征求；

——非请求：这些始终由服务器启动，而不需要客户机的先前请求。

客户机请求的服务也可以(见 7.3.2)：

——确认的：在这种情况下，服务器提供对请求的响应；

——非确认的：在这种情况下，服务器不提供对请求的响应。

附加服务不是基于 DL/T 790.441—2004 中规定的 DLMS 服务，它们是：

——GET、SET、ACTION 和 ACCESS 用于访问使用 LN 引用的 COSEM 对象属性和方法；

——服务器使用 DataNotification 服务将数据推送到客户机；

——服务器使用 EventNotification 服务通知客户机在服务器中发生的事件。

4.2.4.3.2 客户机使用的具有 LN 引用的 xDLMS 服务

在 LN 引用的情况下，COSEM 对象属性和方法通过它们所属的 COSEM 对象实例的标识符引用。对于此引用方法，将指定以下追加服务：

——客户机使用 GET 服务来请求服务器返回一个或多个属性的值，见 6.6；

——客户机使用 SET 服务来请求服务器替换一个或多个属性的内容，见 6.7；

——客户机使用 ACTION 服务来请求服务器调用一个或多个方法。调用方法可能包含发送方法调用参数和接收返回参数，见 6.8；

——ACCESS 服务，统一服务，客户机可以使用单一的.request 访问多个属性和/或方法；见 6.9。

这些服务可以由客户机以确认或非确认的方式调用。

4.2.4.3.3 客户机使用的具有 SN 引用的 xDLMS 服务

在 SN 引用的情况下，COSEM 对象属性和方法被映射到 DL/T 790.441—2004，10.1.2 中指定的 DLMS 命名变量。

使用 SN 引用的 xDLMS 服务基于 DL/T 790.441—2004，10.4-10.6 中规定的 DLMS 变量访问服务，它们如下：

——客户机使用 Read 服务来请求服务器返回一个或多个属性的值，或者要求返回参数时调用一个或多个方法。这是确认的服务，见 6.14；

——客户机使用 Write 服务来请求服务器替换一个或多个属性的内容，或者在不要求返回参数时调用一个或多个方法。这是确认的服务，见 6.15；

——客户机使用 UnconfirmedWrite 服务来请求服务器替换一个或多个属性的内容，或者在不需要返回参数时调用一个或多个方法。这是非确认的服务，见 6.16。

已添加了 Variable_Access_Specification 服务参数(见 6.13)、Read.response 和 Write.response 服务的新变体以支持选择性访问(见 4.2.4.3.5)和块传输,见 4.2.4.4.5。

4.2.4.3.4 未经请求的服务

未经请求的服务由服务器根据预先定义的条件启动,例如,时间表、触发器或事件,以通知客户机一个或多个属性的值,就像客户机已经请求一样。

要支持推送操作,可以使用 DataNotification 服务,见 6.10。它可以在使用 SN 引用或 LN 引用的应用语境中使用。

注:DataNotification 服务与"Push setup"COSEM 对象结合使用,见 GB/T 17215.662—2018,5.3.8。

为了支持事件通知,以下非请求服务可用:

——带 LN 引用的 Event Notification 服务,见 6.11;

——带 SN 引用的 Information Report 服务,见 6.17。该服务基于 DL/T 790.441—2004,10.7。

4.2.4.3.5 选择性访问

就一些 COSEM 的接口类而言,对属性的选择性访问是可用的,这意味着能访问属性的整体或者其选定部分。为此,访问选择器和参数作为与属性有关的规范的一部分被规定。

为使用这种可能性,能用这些访问选择参数调用与服务相关的属性。在 LN 引用的情况下,本特性称为"选择性访问"(见 6.6 和 6.7),它是一个可协商的特性(见 7.3.1)。在 SN 引用的情况下,本特性称为"参数化访问"(见 6.14、6.15 和 6.16),它是一个可协商的特性(见 7.3.1)。

4.2.4.3.6 多重引用

在 COSEM 对象相关的服务调用中,它可能单独引用一个或几个属性与方法。多重引用具有可协商特性,见 7.3.1。

4.2.4.3.7 Attribute_0 引用

带 GET、SET 和 ACCESS 服务的 Attribute_0 引用(一个专用特性)是可用的。按惯例,COSEM 对象的属性从 1 到 n 进行编号,其中 Attribute_1 为 COSEM 对象的逻辑名。Attribute_0 有一个特定含义:引用所有具有正索引的属性(公共属性)。带 GET 服务的 Attribute_0 的使用在 6.6 中解释,带 SET 服务的,则在 6.7 中说明,ACCESS 服务在 6.9 中说明。

注:与 GB/T 17215.662—2018,4.2 中一样,制造商可以使用负编号给任何对象增加专有的方法和/或属性。

Attribute_0 引用是一个可协商的特性,见 7.3.1。

4.2.4.4 附加机制

4.2.4.4.1 综述

xDLMS 规定(与 DL/T 790.441—2004 中规定的 DLMS 相比较的)几种新机制,以提高功能、灵活性和效率。额外的机制是:

——使用逻辑名引用;

——服务调用的识别;

——优先权处理;

——传输长的应用消息;

——可组合的 xDLMS 消息；

——压缩和解压；

——通用加密保护；

——通用块传输。

4.2.4.4.2 引用方法和服务映射

要使用 xDLMS 服务访问 COSEM 对象属性和方法，应引用它们。如 4.2.4.3.1 中已经提到的，GB/T 17215.662—2018，4.2 规定了两种引用方法：

——逻辑名(LN)引用；

——短名(SN)引用。

在 LN 引用的情况下，COSEM 对象属性和方法通过它们所属的 COSEM 对象实例的逻辑名(COSEM_Object_Instance_ID)来引用。在 SN 引用的情况下，COSEM 对象属性和方法映射到 DLMS 命名变量。

因此，指定了两个 xDLMS ASE：一个使用带有 LN 引用的 xDLMS 服务，另一个使用具有 SN 引用的 xDLMS 服务。

在客户机侧，为了明显地处理 AP 不同的引用方法，AL 使用带有 LN 引用的 xDLMS ASE。在 COSEM 客户机的 AP 和通信协议之间(隐藏使用不同引用方法的 COSEM 服务器的具体特性)，使用统一的、标准化的服务集允许指定一个应用编程接口(API)。对于在给定计算语境(如 windows，UNIX 等)中运行的应用，这是一个明确指定的与本服务集对应的接口。使用本 API 规范(公开的)，即使没有关于给定服务器具体特性方面的知识，也能开发客户机的应用。

在服务器侧，能使用带有 LN 引用的 xDLMS ASE、或带有 SN 引用的 xDLMS ASE 或两个都使用。

在确认的 AA 情况下，通过 COSEM 应用语境，在 AA 建立期间来商定要使用的引用方法，AA 建立后的生存期，引用方法不应改变，给定 AA 内使用的 LN 或 SN 服务是唯一的。

在非确认 AA 和预建立 AA 的情况下，客户机 AL 被期望预先知道服务器支持的引用方法。

服务器使用 LN 引用时，客户机和服务器两端的服务是相同的；当服务器使用 SN 引用时，客户机中 Client SN_Mapper ASE 映射 SN 引用到 LN 引用，反之亦然，见 4.2.2 和 4.2.5。

4.2.4.4.3 服务调用的识别：Invoke_Id 参数

在 C/S 模型中，请求由客户机发送，响应由服务器发送。在收到前一个响应之前，允许客户机发送多个请求，前提是较低层允许。

因此，为了能够识别出每个请求所对应的响应，有必要在该请求中包含一个引用。

Invoke_Id 参数即用于此目的。本参数的值是由客户机分配，使每个请求包含不同的 Invoke_Id。服务器应复制 Invoke_Id 到相应的响应。

在 ACCESS 和 DataNotification 服务(见 6.9 和 6.10)中，用 Long-Invoke-Id 参数替换 Invoke_Id 参数。

Event Notification 服务不包含 Invoke_Id 参数。

此特性只适用于 LN 引用。

4.2.4.4.4 优先权处理

对使用 LN 引用的数据传输服务，有两种优先级可用：NORMAL(FALSE)和 HIGH(TRUE)。这个特性允许在先前请求的响应完成前，接收新请求的响应。

通常,服务器按接收的顺序为到来的服务请求提供服务(FIFS,先入先服务)。但是,优先级参数为HIGH(TRUE)的请求比之前优先级参数为NORMAL(FALSE)的请求先得到服务,该响应具有的优先级标志应与其对应请求的标志相同。管理优先级是一个可协商的特性,见7.3.1。

注1: 由于服务调用使用Invoke_Id来标识,因此能按任意顺序为具有相同优先级的服务提供服务。

注2: 如果此特性不被支持,具有HIGH优先级的请求应按照NORMAL优先级进行服务。

具有SN引用的服务,本特性不可用,服务器按FIFS原则处理服务。

4.2.4.4.5 传输长消息

xDLMS服务原语以一种编码形式由xDLMS APDU携带,这种编码形式可以比商定的Client/Server Max Receive PDU Size长,为了传输这种"长"消息,有两种可用的机制:

a) 4.2.4.4.9中规定通用块传输(GBT)机制;

b) 服务特定的块传输机制。该机制可用于GET、SET、ACTION、Read和Write服务。在这种情况下,服务原语调用仅包含数据的一个部分(一个块)(如属性值),以便该编码形式适合于单个APDU。

注: 没有适用于服务特定块传输机制的块恢复机制。

使用通用或服务特定块传输机制是一个可协商的特性(见7.3.1)。

适合商定的Client/Server Max Receive PDU Size的APDU,可能太长以至于不适合支撑层的单帧或单包。若支撑层提供了分段,则可以传送这类APDU,见附录A。

4.2.4.4.6 可组合的xDLMS消息

处理xDLMS消息的三个重要方面是编码/解码,应用、验证/删除加密保护和块传输。

可组合的xDLMS消息的概念分为三个方面,如图10所示。另见图36。

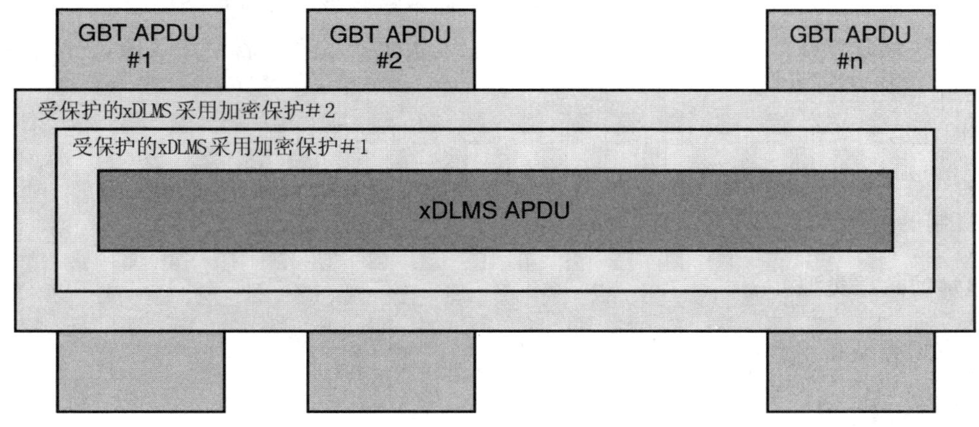

图10 可组合的xDLMS消息的概念

一旦由AP调用的服务原语对应的APDU由AL建立,则可以使用通用保护机制来应用加密保护。当未受保护或受保护的APDU太长而不能适应协商的APDU大小时,可以应用通用块传输机制。

所有xDLMS APDU都可以应用这些机制。

注1: 带有GET、SET、ACTION、EventNotification、Read和Write,UnconfirmedWrite和InformationReport APDU,可以使用特定的服务保护类型和APDU来利用服务特定加密保护。

注2: 使用GET,SET,ACTION,Read,Write和UnconfirmedWrite和APDU,可以使用特定的服务请求/响应类型和APDU来利用服务特定块传输。

4.2.4.4.7 压缩和解压

为了优化通信媒介的使用，可能压缩要发送的 xDLMS APDU 并解压接收的 xDLMS APDU。有关详细信息，见 5.3.6。

4.2.4.4.8 通用保护

可用该机制对任何 xDLMS APDU 应用加密保护，在客户机与服务器之间或第三方与服务器之间允许应用多层保护。另见 5.2.5。

为此，以下 APDU 可用，见 5.7.2.3：

——general-ded-ciphering 和 general-glo-ciphering APDUs；

——general-ciphering APDUs；

——general-signing APDU。

应用通用保护机制是可协商的特性，见 7.3.1。

4.2.4.4.9 通用块传输(GBT)

可用该机制以块传输任何 xDLMS APDU。使用 GBT，这些块由通用块传输 APDU 而不是特定于服务的 general-block-transfer 的 APDU 来携带。

注 1：ACCESS 和 DataNotification 服务不提供服务特定的块传输机制。

GBT 机制支持双向块传输、块流和丢失块恢复：

——双向块传输意味着，当一方发送块时，另一方不仅确认收到的块，而且，若后者有块要发送，在它接收的同时，也能发送；

注 2：当需要在两个方向上传输长服务参数时，双向块传输是有益处的。

——块流意味着，可以由一方发送多个块(块流)，而不需要另一方对每个块做出应答；

——丢失块恢复意味着，若块的接收未被确认，它能被再次发送。若使用块流，丢失块恢复在块流窗的末端进行。

AL 使用在第 8 章和 9.2 中规定的块传输流参数来管理 GBT 机制。

使用 GBT 机制是一个可协商的特性，见 7.3.1。

GBT 机制的协议在 7.3.13 中规定。

4.2.4.5 追加的数据类型

追加的数据类型在第 8 章、第 9 章中规定。

4.2.4.6 xDLMS 版本号

新 DLMS 版本号(对应于 xDLMS ASE 的第一版)为 6。

4.2.4.7 xDLMS 一致性块

xDLMS 一致性块能够用扩展功能优化 DLMS/COSEM 服务器实现。能通过其“Application 31”标签，区别于 DLMS 的一致性块，见 7.3.1 和第 8、9 章。

xDLMS 一致性块是 xDLMS 语境的一部分。

在确认的 AA 情况下，通过 xDLMS 语境在 AA 建立阶段协商一致性块。在 AA 建立后的生存期它不应改变。

在非确认 AA 和预建立 AA 的情况下，客户机 AL 被期望预先知道服务器支持的一致性块。

4.2.4.8 最大 PDU 大小

为了澄清由客户机和服务器使用的最大 PDU 大小的含义，已经作出如表 2 所示的修改。xDLMS Initiate 服务使用这些 PDU 大小的名字。

表 2 澄清 DLMS/COSEM 的 PDU 大小的含义

在用的	新的
DL/T 790.441—2004，5.2.2，表 3	
建议最大 PDU 大小	客户机最大接收 PDU 大小
协商的最大 PDU 大小	服务器最大接收 PDU 大小
DL/T 790.441—2004，5.2.3，第 7 段	
Proposed Max PDU Size 参数(其类型为 Unsigned16)，为所交换的 DLMS PDU 推荐了以字节表示的最大长度。在 Initiate 请求中所推荐的值应足够大，以便总是允许传送 Initiate Error PDU	Client Max Receive PDU Size 参数(其类型为 Unsigned16)，包含了以字节表示的最大长度，用于服务器可发送的 DLMS PDU。客户机将丢弃接收到的任何超过最大长度的 PDU。该值应足够大，以便总是允许传送 AARE APDU。 低于 12 的那些值被保留。值 0 表示不限制 PDU 空间
DL/T 790.441—2004，5.2.3，最后一段	
Negotiated Max PDU Size 参数，其数据类型为 Unsigned16，包含信息交换的 DLMS PDU 的最大长度(用字节数表示)，超过该最大长度的 PDU 应被丢弃。该最大值取 Proposed Max PDU Size 和 VDE-handler 所支持的最大 PDU 大小中较小的一个	Server Max Receive PDU Size 参数(其类型为 Unsigned16)，包含了以字节表示的最大长度，用于客户机可发送的 DLMS PDU。服务器将将丢弃接收到的任何超过最大长度的 PDU。 低于 12 的那些值保留。值 0 表示不限制 PDU 空间

4.2.5 层管理服务

层管理服务仅有局部的重要性，因此，这些服务的规范不在本标准的范围内。

特定的 SetMapperTableservice 在 6.18 中定义。

4.2.6 DLMS/COSEM 应用层服务摘要

图 11 显示了 COSEM 应用层顶部适用的服务一览，没有示出层管理服务。尽管客户机侧和服务器侧的服务原语不同，但 APDU 是相同的。

注 1：例如，当客户机 AP 调用 GET.request 服务原语时，客户机 AL 构建 GET 请求 APDU。当服务器 AL 接收到它时，它调用 GET.ind 服务原语。

DLMS/COSEM 应用层服务在第 6 章中规定，DLMS/COSEM 应用层协议在第 7 章规定，ACSE 和 xDLMS PDU 的抽象语法在 7.3.13 中规定。XML 在第 9 章中定义。

附录 D、附录 E 和附录 F 提供了编码的示例。

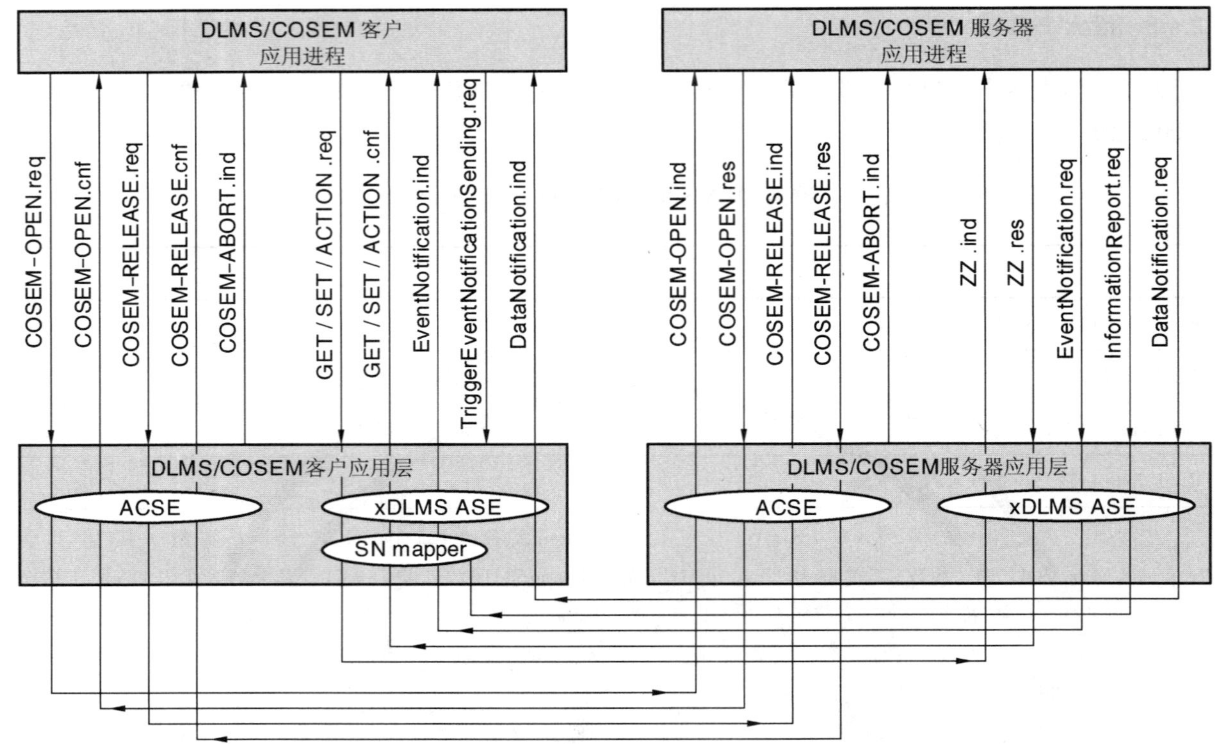

注 2：客户机 AP 始终使用 LN 引用。若服务器用 SN 引用，则由客户机 AL 的 SN 映射器实体进行映射。相应的，服务原语 ZZ.ind 和 ZZ.res 可为 LN 或 SN 服务原语。LN/SN 服务映射在 8 中规定。

注 3：ACCESS 服务不能使用 SN 引用映射到服务。

图 11 DLMS/COSEM AL 服务一览

4.2.7 DLMS/COSEM 应用层协议

DLMS/COSEM 应用层协议为使用面向连接的 ACSE 规则的应用控制和认证规定了信息传输规则，同时也规定了使用 xDLMS 规则的 DLMS/COSEM 客户机和服务器之间的数据传输规则。因此，应用层协议是基于带有 DLMS/COSEM 扩展的 ACSE 和 DLMS 协议（分别在 ISO/IEC 15954：1999 和 DL/T 790.441—2004 中规定）。根据以下定义了本规则：

——通过使用支持协议层的服务，在对等的 ACSE 和 xDLMS 协议机之间的交互；

——ACSE 和 xDLMS 协议机及其服务用户之间的交互。

DLMS/COSEM 应用层协议在第 7 章中规定。

5 DLMS/COSEM 中的信息安全

5.1 综述

本章描述并规定：

——DLMS/COSEM 安全概念，见 5.2；

——选择加密算法，见 5.3；

——安全密钥，见 5.4，5.5 和 5.6；

——使用加密算法进行实体认证、xDLMS APDU 保护和 COSEM 数据保护，见 5.7。

5.2 DLMS/COSEM 安全概念

5.2.1 综述

DLMS/COSEM 服务器的资源（COSEM 对象属性和方法）可以由在应用连接内的 DLMS/COSEM 客户机访问，另见 4.1.5。

在 AA 建立期间，客户机和服务器应识别自己。服务器还可能要求客户机的用户识别自身。此外，服务器可能要求客户机对其进行身份验证，客户机也可能要求服务器对其进行身份验证。识别和认证机制在 5.2.2 中规定。

一旦建立了 AA，就可以使用 xDLMS 服务来访问 COSEM 对象属性和方法，并遵守安全语境和访问权限。见 5.2.3 和 5.2.4。

可以加密保护携带服务原语的 xDLMS APDU。所需的保护由安全语境和访问权限确定。为了支持第三方和服务器之间的端到端安全性，这样的第三方也可以使用客户机作为代理访问服务器的资源。5.2.5 中进一步说明了消息保护的概念。

此外，可以加密保护 xDLMS APDU 携带的 COSEM 数据，见 5.2.6。

由于这些安全机制应用于应用进程/应用层级，因此可以在所有 DLMS/COSEM 通信配置中使用。

注：较低层可能提供额外的安全性。

5.2.2 识别和认证

5.2.2.1 识别

如 4.1.3.3 中所述，DLMS/COSEM AE 绑定到支持 AL 的协议层中的服务访问点（SAP）。这些 SAP 存在于 AA 内的包含 xDLMS APDU 的 PDU 中。

客户机用户识别机制使服务器能够区分客户机侧的不同用户（可能是操作员或第三方）来记录访问计量表的活动。另见 4.1.3.6。

5.2.2.2 认证机制

5.2.2.2.1 综述

认证机制确定通信实体在 AA 建立过程中认证自己的协议。有三种不同的认证机制可用于不同的认证安全级别：

——无安全（最低级别的安全性）认证，见 5.2.2.2.2；

——低级别安全（LLS）认证，见 5.2.2.2.3；

注 1：在 ITU-T X.811 中，这称为单向认证，0 类机制。

——高级别安全（HLS）认证，见 5.2.2.2.4。

注 2：在 ITU-T X.811 中，这被称为使用口令机制的相互认证。

它们如图 12 所示。认证机制由名称标识，见 7.2.2.3。

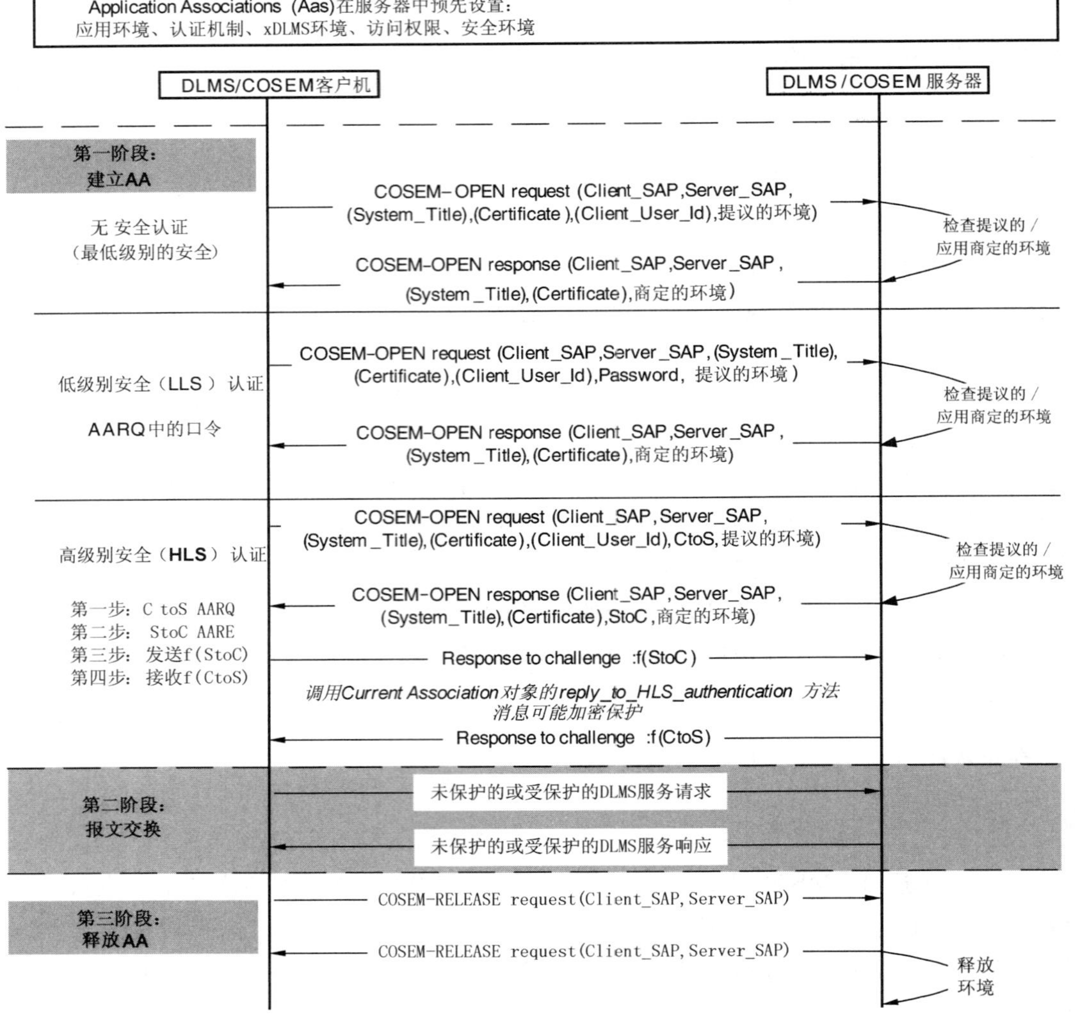

注 1：COSEM-OPEN 服务原语由 AARQ/AARE APDU 包含。COSEM-RELEASE 服务原语由 RLRQ/RLRE APDU(当使用时)包含。见 6.2 和 6.3。

注 2：元素(*System_Title*)、(*Certificate*) 和 (*Client_User_Id*)是可选的。

注 3：预建立的 AA 无认证。

注 4：通过在 RLRQ 中包含加密的 xDLMS Initiate .request/.response APDU，可以加密保护 COSEM-RELEASE 服务。

图 12 认证机制

消息交换的安全性(在阶段 2 中)与 AA 建立期间的客户机-服务器认证无关(阶段 1)。即使在客户机-服务器无认证的情况下，也可以使用加密保护的 APDU 来确保消息的安全性。

5.2.2.2.2 无安全(最低级别的安全性)认证

无安全认证(最低级别的安全)的目的是为了允许客户机从服务器上检索某些基本信息。本认证机制不要求任何认证，在给定 AA 中的有效安全语境和访问权限内，客户机能访问 COSEM 对象属性和方法。

5.2.2.2.3 低级别安全(LLS)认证

在这种情况下，服务器要求客户机通过提供服务器已知的密码对其进行认证。密码由建立 AA 的

"Association SN/LN"对象持有。"Association SN/LN"对象提供了改变秘密的方式。

如果提供的密码被接受,可以建立 AA,否则应被拒绝。

LLS 认证由 COSEM-OPEN 服务支持(见 6.2),如下:

——客户机使用 COSEM-OPEN.request 服务原语发送一个"秘密"(口令)到服务器;

——服务器检查"秘密"是否正确;

——如果是,则该客户机认证通过,AA 能够被建立。从这一刻起,谈协商的语境是有效的;

——否则,该 AA 应被拒绝;

——服务器使用 COSEM OPEN.response 服务原语返回建立的结果。

5.2.2.2.4 高级别安全(HLS)认证

在这种情况下,客户机和服务器都应成功认证自己才能建立 AA。HLS 认证是由 COSEM-OPEN 服务和"Association SN/LN"接口类的 *reply_to_HLS_authentication* 方法支持的四段通过的过程:

——第 1 步:客户机向服务器传送"challenge"*CtoS*(根据认证机制)和附加信息;

——第 2 步:服务器向客户机传送"challenge"*StoC*(根据认证机制)和附加信息;

若 *StoC* 和 *CtoS* 相同,则客户机应拒绝它并放弃 AA 建立过程。

——第 3 步:客户机按给定 AA 有效的 HLS 认证机制的规则来处理 *StoC* 和附加信息,并将结果发送给服务器。服务器检查 f(*StoC*)是否是正确处理的结果,如果是,它接受客户机的验证;

——第 4 步:服务器根据给定 AA 有效的 HLS 验证机制的规则处理 *CtoS* 和附加信息,并将结果发送给客户机。客户机检查 f(*CtoS*)是否是正确处理的结果,如果是,则它接受服务器的认证。

第 1 步和第 2 步由 COSEM-OPEN 服务支持。

第 2 步后(建议的应用语境和 xDLMS 语境是可以接受的条件下)服务器授予使用协商的应用语境访问当前"Association SN/LN"对象的 *reply_to_HLS_authentication* 方法。

第 3 步和第 4 步由"Association SN/LN"对象的 *reply_to_HLS_authentication* 方法支持。如果第 3 步和第 4 步都被成功地执行,则用协商的应用语境和 xDLMS 语境建立 AA。

从这一刻起可以使用专用密钥(如果已传送)。

否则,客户机或服务器中止。

有几种 HLS 认证机制可用。这些在 5.7.4 中进一步规定。

在一些 HLS 认证机制中,口令的处理涉及 HLS 秘密的使用。

"Association SN/LN"接口类提供改变 HLS"秘密"的方法,即 *change_HLS_secret*。

注:客户机发布 change_HLS_secret()方法(或 change_LLS_secret()方法)后,期待服务器应答秘密已被改变的响应。但有可能服务器发送了应答,而由于通信问题,客户机侧并未收到该应答。因此,客户机不知道秘密是否已经被改变,为简单起见,服务器不为这种情况提供任何特别的支持,也就是说,留给客户机处理这种情况。

5.2.3 安全语境

安全语境定义了与加密转换有关的安全属性,并包括以下元素:

——安全组件,确定可用的安全算法,见 5.3.7;

——安全策略,在 AA 内对所有 xDLMS APDU 确定将应用的那种保护,见 5.7.2.2;

——与给定的安全算法相关的安全资料,包含安全密钥、初始化向量、公共密钥证书等。由于安全资料是针对每个安全算法的,因此在相关条款中详细说明了这些要素。

安全语境由"Security setup"对象管理,见 GB/T 17215.662—2018,5.3.7。

5.2.4 访问权限

对属性的访问权限可以是:*no_access*、*read_only*、*write_only* 或 *read_and_write*。方法的访问权

限可以是 *no_access* 或 *access*。

另外，访问权限可以规定应用于携带用于访问特定 COSEM 对象属性/方法的服务原语的 xDLMS APDU 的加密保护。.request 和.response 上所需的保护可以独立配置。

访问权限由相关“Association SN/LN”对象持有；见 GB/T 17215.662—2018 中的 5.3.3 和 5.3.4。可能的访问权限在 5.7.2.2 中规定。

应用的保护应符合安全政策和访问权限规定的要求。

5.2.5 应用层消息安全

DLMS/COSEM 通过提供加密保护 xDLMS APDU 的手段来确保 AL 级安全性。保护可以是认证、加密和数字签名的任意组合，并且可以由多方以多层方式应用。保护由发起者应用，并由接收者验证和删除。

只有在对携带请求或响应的受保护的消息进行成功验证和删除时，才应处理接收到的请求或响应。具体项目的配套规范可以为接收和处理消息规定附加标准。

客户机和服务器之间的消息保护的概念如图 13 所示。

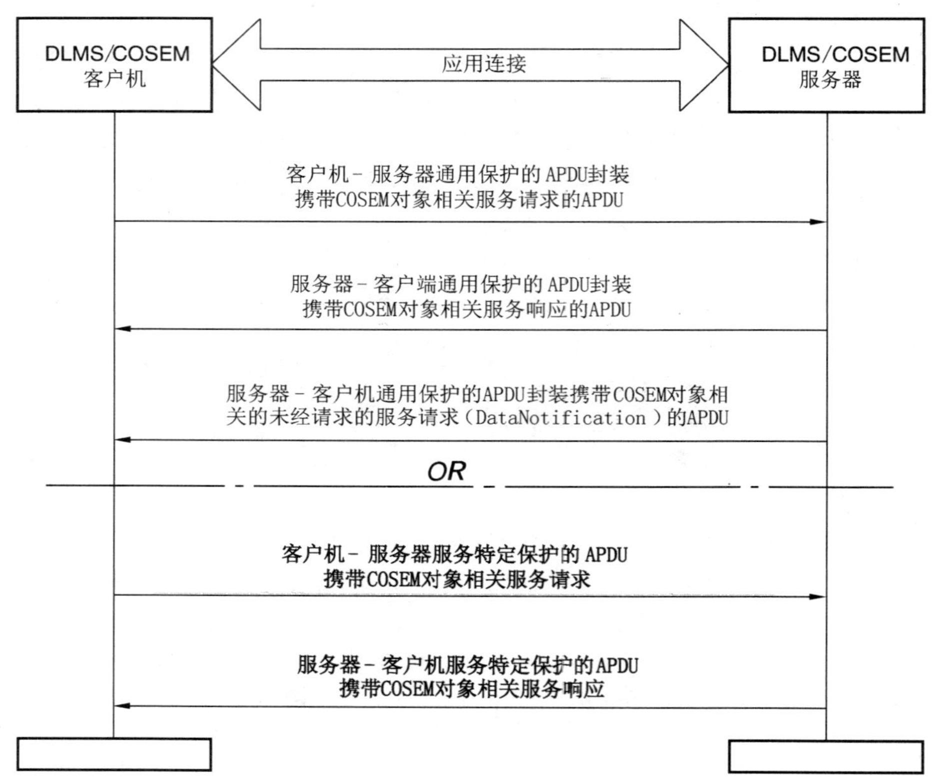

图 13 客户端-服务器消息安全概念

为了确保端到端的消息安全性，第三方应能够与 DLMS/COSEM 服务器交换受保护的 xDLMS 服务请求。在这种情况下，客户机充当代理，意味着第三方是客户机和第三方想要访问的服务器之间的 AA 的用户。

图 14 中显示了第三方和服务器之间的消息保护的概念。

第三方：

——DLMS/COSEM 知晓，它可以生成和处理封装承载 COSEM 对象相关的服务请求和响应的 xDLMS APDU 的消息；

——它能够对携带请求的 xDLMS APDU 应用自己的保护；
——能够验证服务器和/或客户机应用在响应上的保护。
DLMS/COSEM 客户机：
——作为第三方和服务器之间的代理；
——根据 TP 客户机消息中包含的信息，第三方使用适当的 AA；
——验证 TP 有权使用该 AA；

注：验证这个的方法在本文档的范围之外。

——它可以验证第三方应用的保护；
——将第三方一客户机消息封装到通用受保护的 xDLMS APDU 中；
——它可以验证服务器对封装 COSEM 对象相关服务响应或非请求服务的 APDU 使用的保护；(在 Push 操作的情况下)；
——它可以将自己的保护应用于发送到 TP 的受保护的 xDLMS APDU。

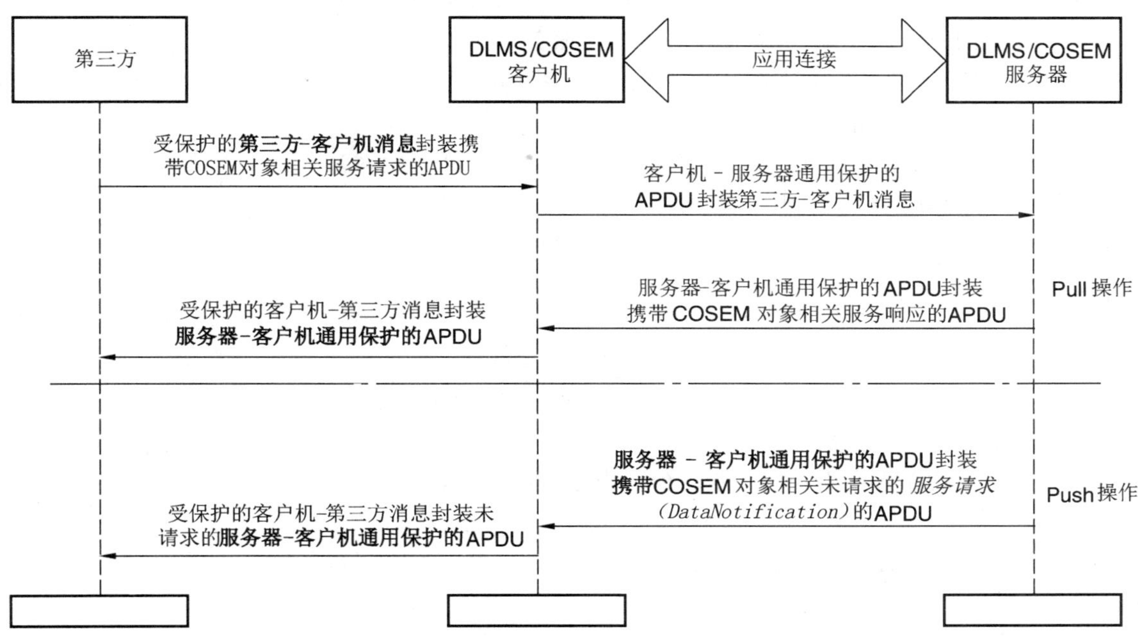

图 14 端到端的消息安全概念

服务器：
——应与第三方使用的客户机建立 AA；
——可以使用 AA 检查第三方的身份；
——一旦客户机和/或第三方应用的保护被成功验证，它应提供对由安全策略和访问权限确定的 COSEM 对象属性和方法的访问；
——它应准备响应(或者在 Push 操作的情况下，发出非请求的服务请求)，并且应用由传入请求应用的保护确定的保护、访问权限和安全策略。

在 5.7.2 中规定了 xDLMS APDU 上密码保护的应用。

5.2.6 COSEM 数据安全

COSEM 数据即 COSEM 对象属性、方法调用参数和返回参数的值，也可以加密保护。当需要时，通过“Data protection”对象间接访问有关的属性和方法，这些对象对 COSEM 数据进行应用、验证/删除保护；见 GB/T 17215.662—2018，5.3.9。

另见 5.7.5。

5.3 加密算法

5.3.1 综述

DLMS/COSEM 应用加密技术来保护信息。

注：下文引自 NIST SP 800-21:2005,3.1。

密码学是基于数据变换数学的一个分支,可用来提供多种安全服务:保密性、数据完整性、认证、授权和不可抵赖性。加密技术依赖于两个基本组件:一个算法(加密方法)和一个密钥。该算法是数学函数,密钥是在转换中使用的参数。

使用加密算法和密钥对数据进行加密保护(例如,加密数据或生成一个数字签名),移除或检查保护(例如,对加密的数据进行解密或验证数字签名)。批准的加密算法有三种基本类型:

——加密哈希函数不需要密钥(尽管它们也可以在使用密钥的模式下被应用)。经常使用哈希函数作为算法的一个组成部分,以提供一个安全服务,见 5.3.2;

——对称密钥算法(常常称为密钥算法)用单一的密钥(发送方和接收方共享)既加密数据又解密数据。对称密钥算法相对容易实现并提供高吞吐量,见 5.3.3;

——非对称密钥算法(常称为公共密钥算法)用两个密钥(即密钥对):公钥和私钥在数学上是相互连接的,与对称密钥算法相比,非对称密钥算法的实现复杂,需要更多的计算。见 5.3.4。

为了使用加密,加密密钥应"配对",即应使用加密技术为双方建立密钥对。见 5.4。

5.3.2 哈希函数

注：下文引自 NIST SP 800-21:2005,3.2。

哈希函数产生一条较长的消息的一个短描述。一个好的哈希函数是一个单向函数:从一个特定的输入很容易计算哈希值,然而,从哈希值追溯输入值的回退过程是非常困难的。一个好的哈希函数,它也很难找到两个特定的输入产生相同的哈希值。由于这些特点,哈希函数被经常使用,以确定数据是否已经改变。

一个哈希函数输入是任意长度的,输出一个固定长度的值。哈希函数的输出的通用名称包含哈希值和消息摘要。图 15 给出了一个哈希函数的用法。

根据数据(M1)计算出哈希值(H1)。然后保存或传输 M1 和 H1。在后来,通过标记接收到的数据为 M2(而非 M1),根据接收到的值计算一个新的哈希值(H2),检查检索或接收的数据的正确性。如果新计算的哈希值(H2)等于检索的或接收到的哈希值(H1),然后可以假设,所检索的数据或接收的数据(M2)和原始数据(M1)相同(即,M1=M2)。

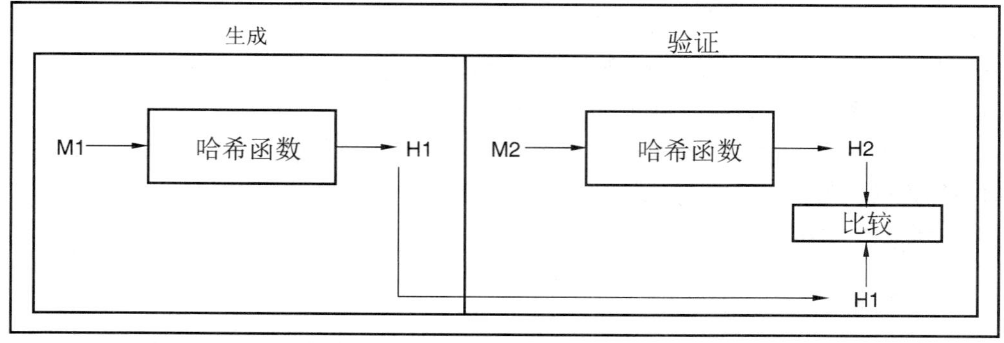

图 15 哈希函数

哈希算法在 DLMS/COSEM 中用于以下目的：

——数字签名，见 5.3.4.4；

——密钥协商，见 5.3.4.6；和

——HLS 认证。要使用的算法取决于认证机制，见 5.7.4。

对于数字签名和密钥协商，算法应按照安全组件的规定，见表 9。

5.3.3 对称密钥算法

5.3.3.1 概述

在 DLMS/COSEM 中使用对称密钥算法为以下目的：

——使用 HLS 认证机制的通信伙伴的认证，见 5.7.4；

——xDLMS 消息的认证和加密，见 5.7.2；

——COSEM 数据的认证和加密，见 5.7.5。

注：下文引自 NIST SP 800-21:2005,3.3。

对称密钥算法(通常称为密码算法)使用单一的密钥，适用于加密与解密或者加密检查。例如，用于加密数据的密钥，也被用来解密加密数据。如果数据保持其加密保护，此密钥应保密。对称算法通过加密，提供保密性，或通过认证保证真实性或完整性，或在密钥建立的过程中使用。

密钥用于一个目的就不能再用于其他目的。见 NIST SP 800-57:2012。

5.3.3.2 加密和解密

注：下文引自 NIST SP 800-21:2005,3.3.1 节。

加密用来提供数据的机密性。把被保护的数据称为明文。加密使数据变换成密文。密文可以使用解密被转换返回明文。

明文数据可以从密文恢复，只能通过使用和加密数据相同的密钥。未经授权的接收者知道加密算法，但没有正确的密钥无法解密密文。但是，任何人有了密钥和加密算法就可以很容易地解密密文，得到原始的明文数据。

图 16 示出了加密和解密过程。加密过程使用明文(P)和一个密钥(K)，产生了密文(C)。解密，解密过程使用密文(C)和相同的密钥(K)来恢复明文(P)。

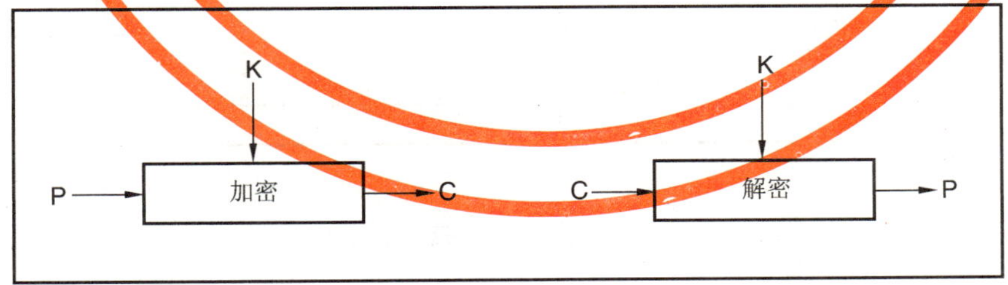

图 16 加密和解密

用对称密钥块加密算法，同样的明文块和密钥总是产生同样的密文块。这个属性不能提供满意的安全性。因此，定义加密的操作模式来解决这个问题。见 5.3.3.4。

5.3.3.3 高级加密标准

为了 DLMS/COSEM 的目的，应使用 FIPS PUB 197:2001 中规定的高级加密标准(AES)。AES 在加密或解密操作期间对数据块(块)进行操作。因此，AES 被称为分组密码算法。

注：下文引自 NIST SP 800-21:2005,3.3.1.3。

AES 使用 128、192 或 256 位密钥以 128 位数据块加密和解密数据。三个密钥大小是足够的。

AES 具有安全性、性能、效率、易于实施和灵活性特性。具体而言，该算法在硬件和软件方面表现良好，具有范围广泛的计算环境。此外，算法要求非常低内存，使得它非常适合于空间限制的环境。

5.3.3.4 加密操作模式

注：下文引自 NIST SP 800-21:2005,3.3.1.4。

使用对称密钥分组加密算法，当使用相同的对称密钥时，相同的明文块加密成相同的密文块。如果在一个典型的消息（数据流）中的多个块被单独加密，对手可以很容易地替换单个块，且可能没有发觉。此外，明文的数据模式中的某些类，如重复的块，在密文中将是明显的。

定义的加密操作模式，通过组合带变量初始化值（通常被称为初始化向量）的基本加密算法和用于加密操作的信息的回馈法则来解决这个问题。

NIST SP 800-38D:2007 规定伽罗瓦/计数器模式（GCM），相关数据认证加密算法，其专业化，GMAC，产生消息认证码（MAC）的数据是不加密的。GCM 和 GMAC 是优先被认可的对称密钥分组密码的操作模式，见 5.3.3.3。

5.3.3.5 消息认证码

注：下文引自 NIST SP 800-21:2005,3.3.2。

消息认证码（MAC）提供了真实性和完整性的保证。MAC 是数据的加密校验值，用于提供保证数据并没有改变或已经被改变，由预期方（发送方）计算 MAC。通常，共享一个密钥的双方使用 MAC 验证双方交换的信息。

图 17 描述消息认证码（MAC）的用法。

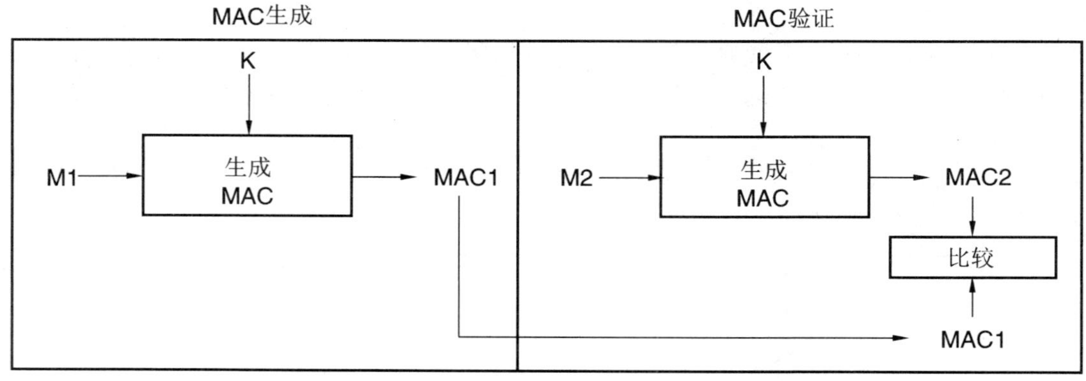

图 17 消息认证码（MAC）

使用一个密钥（K），根据数据（M1）计算得到 MAC（MAC1）。然后保存或传输 M1 和 MAC1。此后，通过标记检索或接收到的数据作为 M2，并使用相同的密钥（K）计算出它的 MAC（MAC2）检查检索或接收的数据的真实性。如果检索到的或接收到的 MAC（MAC1）和新计算出的 MAC（MAC2）是相同的，那么它可以被认定，所检索或接收的数据（M2）和原始数据（M1）是相同的（即，M1＝ M2）。验证方也知道发送方是谁，因为没有其他知道密钥。

通常情况下，MAC 用来检测初始生成 MAC 方和所接收的 MAC 验证方之间是否发生数据修改。MAC 检测不出产生 MAC 前发生的错误。

消息完整性是经常使用的非加密技术，被称为错误检测码。然而，这些代码可以根据对手的利益被对手改变。批准的加密机制的使用，如 MAC 使用，解决这个问题。也就是说，由 MAC 提供的完整性是基于这样的假设，不知道加密密钥的情况下产生一个 MAC 是不可能的。没有密钥对手将无法修改数据，并根据修改后的数据生成一个真实的 MAC。因此，MAC 密钥应保密是至关重要的。

为了 DLMS/COSEM 的目的，应使用 5.3.3.7.2 中规定的 GMAC 算法。

5.3.3.6 密钥封装

注：下文引自 NIST SP 800-21:2005，3.3.3。

用对称密钥算法使用密钥-封装密钥(也称为加密密钥的密钥)封装(即，加密)密钥资料。然后储存或安全传输封装的密钥资料。拆包的密钥资料，需要使用原始封装过程期间使用的相同的密钥封装密钥。

密钥封装不同于简单的加密，因为封装过程包含完整性特点。在解封的过程中，这种完整性功能可以检测出偶然修改或篡改包装的密钥材料。为了 DLMS/COSEM 的目的，应使用 AES 密钥包裹算法；见 5.3.3.8。

5.3.3.7 伽罗瓦/计数器模式

5.3.3.7.1 概述

注：下面的文本采用自 NIST SP800-38D:2007，第 3 章。

伽罗瓦/计数器模式(GCM)是一种与数据连接的认证加密算法。GCM 由已核准的具有 128 位块空间(如高级加密标准(AES)算法。见 FIPS PUB197 的对称密钥分组密码构成。因此，GCM 是一种 AES 算法的运算模式。

GCM 使用计数器模式的一个变种用于加密运算，来提供数据机密性的保证。

GCM 通过使用统一的哈希函数，来提供机密数据(每次调用多达 64GB)的真实性的保证，哈希函数在二进制伽罗瓦(即有限)域(GHASH)定义。GCM 还可以为不加密的附加数据(每次调用的长度几乎无限)提供认证保证。

如果 GCM 输入限制为不打算加密的数据，那么，结果就是 GCM 的特例(称为 GMAC)：只在输入数据上的认证模式。

GCM 能提供比(非加密的)校验和或错误检测码更强的认证保证；特别是，GCM 既能检测数据的偶然修改，也能检测故意的未经授权的修改。

在 DLMS/COSEM 中，也可能使用 GCM 来仅提供机密性：在这种情况下，只是不计算和检查认证标签。

5.3.3.7.2 GCM 函数

注：下文是基于 NIST SP 800-38D:2007，5.2。

构成 GCM 的两个函数，为认证加密和认证解密，见图 18。

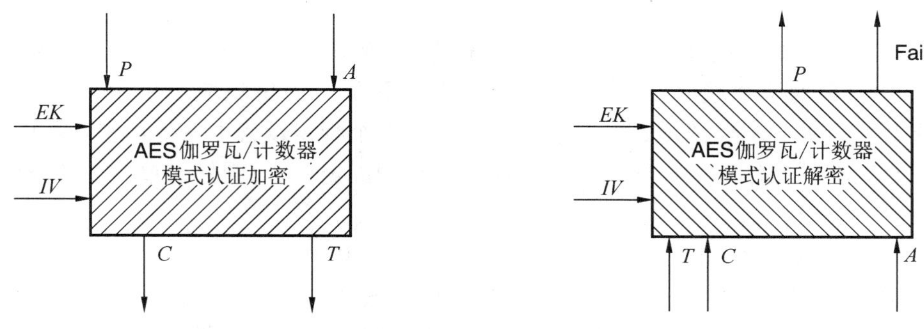

图 18 GCM 函数

认证加密函数加密机密数据，并根据机密的数据和任何附加的非机密数据，计算认证标签。认证解密函数解密机密数据(视标签验证情况而定)。

当输入被限定为非机密数据时，形成的GCM变体被称为GMAC，对GMAC，认证加密和解密函数变为生成和验证与非机密数据相关的认证标签。

最后，如果不要求认证，认证加密函数加密机密数据，但不计算认证标签。已认证解密函数解密机密数据，但不需计算和检验认证标签。

在DLMS/COSEM中，使用认证和加密由5.7.2.4中规定的安全控制字节的位4和位5表示。

a) 认证加密函数(由于选择了块加密密钥EK)具有三个输入字符串：

——明文，用 P 表示；

——附加认证数据(AAD，记为 A)；

——初始化向量，记为 IV。

明文和AAD是受GCM保护的两类数据。GCM保护明文和AAD的真实性，还保护明文的机密性，同时保持AAD原样。

IV 本质上是一个一次性数，也就是一个值，该值在规定的(安全)语境内具有唯一性，决定与要受保护的输入数据有关的认证加密函数的调用，见5.3.3.7.3。

到认证加密函数的输入字符串的位长度应满足以下要求：

——$\text{len}(P) < 2^{39}\text{-}256$；

——$\text{len}(A) < 2^{64}\text{-}1$；

——$1 \leqslant \text{len}(IV) \leqslant 2^{64}\text{-}1$。

P、A 和 IV 的位长度应为8的倍数，因此这些值为字节串。

有两个输出：

——密文，记为 C，其长度和明文 P 是完全相同的；

——认证标签(简称为标签)，记为 T。

b) 认证解密函数(由于选择了块加密密钥 EK)具有四个输入字符串：

——初始化向量，记为 IV；

——密文，记为 C；

——附加认证数据(AAD)，记为 A；

——认证标签，记为 T。

输出是以下之一：

——与密文 C 对应的明文 P；

——本部分中的特殊错误代码(记为 $FAIL$)。

输出 P 表示 T 是 IV、A 和 C 的正确认证标签；否则输出为 $FAIL$。

5.3.3.7.3 初始化向量，*IV*

在DLMS/COSEM中，关于初始化向量 IV 的构造，应使用NIST SP 800-38D:2007，8.2.1中规定的确定性构造。该 IV 为两个域的级联，称为固定域和调用域。固定域应识别出物理设备，或更通用的，认证加密函数实例的(安全)语境；调用域应识别出，到那个特定设备中认证加密函数的输入集。

对任何给定的密钥，两个不同的物理设备不应共享相同固定域，而到任何单一设备的两个不同的输入集不应共享相同的调用域。

IV 的长度应为96比特位(12个octets)：$\text{len}(IV)=96$。其中：

——居前(最左边)的64位(8个octets)应保持为固定域，它应包含系统标题，见4.1.3.4；

——后续(即最右边)的32位应保持为调用域，调用域应是整数计数器。

对于每个加密密钥 EK(即，块加密密钥)，针对认证加密和认证解密功能分别维护调用计数器

(*IC*)。以下规则适用:

——当密钥建立时,相应的 *IC* 将复位为 0;

——当使用认证加密函数时,使用相应的 *IC*,然后将其递增 1。然而,当达到 *IC* 的最大值时,对认证加密函数的任何下一次调用都应返回错误,*IC* 不得增加;

——当使用认证解密函数时,验证 *IC* 的值。如果正在验证的值小于最低可接受值,*IC* 的验证失败(并且由此认证解密函数失败)。如果验证成功,则将最低可接受值设置为 *IC* 验证的值减 1。如果被验证的值等于最大值,则认证解密函数将返回错误。

注:调用的最大值为 2^{32}-1。

固定域的位长度限定能实现给定密钥的认证加密函数的不同物理设备的数量到 2^{64},调用域的位长度限定带有任何给定输入集的认证函数的调用数量到 2^{32} 而不违背唯一性要求。

5.3.3.7.4 加密密钥,*EK*

GCM 使用单个密钥,即块密码密钥。在 DLMS/COSEM 中,这被称为加密密钥,记为 *EK*。其大小取决于安全组件,见 5.3.7,应为:

——对于安全组件 0 和 1,128 位(16 个 octets):len(*EK*)=128;

——对于安全组件 2,256 位(32 个 octets):len(*EK*)=256;

密钥应随机均匀或接近随机均匀地生成,也即每个密钥生成的可能性几乎相等,因此,密钥应是"新鲜的",即不同于先前的任何密钥(高概率)。密钥应保密,且应排它性地用于已选定分组密码 AES 的 GCM,有关密钥建立与管理的附加要求见 NIST SP 800-38D:2007,8.1。

5.3.3.7.5 认证密钥,*AK*

在 DLMS/COSEM 中,为了附加安全,还规定了认证密钥(记为 AK)。当存在时,它应是附加认证数据 AAD 的一部分。对于其长度和其生成,使用了和加密密钥相同的规则。

5.3.3.7.6 认证标签长度

认证标签的位长度,记为 *t*,是一个安全参数。在安全组件 0,1 和 2 中,其值应为 96 位。

5.3.3.8 AES 密钥封装

对于封装密钥数据,DLMS/COSEM 已经选择了 RFC 3394 中规定的 AES 密钥封装算法。该算法旨在封装或加密密钥数据。它以 64 位的块运行。在封装之前,将密钥数据解析为 64 位的 *n* 个块。密钥封装算法对 *n* 的唯一限制是 *n* 应至少为 2。

AES 密钥封装可以配置为使用 AES 码本支持的三种密钥大小:128,192,256。

这两种算法是密钥封装和密钥拆包。

密钥封装过程的输入是密钥加密密钥 *KEK* 和待封装的明文。明文由 *n* 个 64 位块组成,包含要封装的密钥数据。输出为密文(*n*+1)64 位值。

拆包过程的输入是由先前封装的密钥组成的 *KEK* 和(*n*+1)个 64 位的密文块。它返回由解密的密钥数据的 *n* 个 64 位块组成的 *n* 个明文块。

在 DLMS/COSEM 中,*KEK* 的大小取决于安全组件,见 5.3.7,应为:

——对于安全组件 0 和 1,128 位(16 个 octets):len(*KEK*)=128;

——对于安全组件 2,256 位(32 个 octets):len(*KEK*)=256。

5.3.4 公钥算法

5.3.4.1 概述

一般来说,公钥密码系统使用难以解决的问题作为算法的基础。RSA 算法基于非常大的整数的素因子分解。椭圆曲线密码学(ECC)是基于求解椭圆曲线离散对数问题(ECDLP)的难度。与 RSA 相比,ECC 提供了相似的安全级别,但密钥大小明显减少。ECC 特别适用于嵌入式设备,因此已被选择用于 DLMS/ COSEM。

公钥算法在 DLMS/COSEM 中用于以下目的:

——通讯伙伴的认证;

——xDLMS APDU 和 COSEM 数据的数字签名;

——密钥协商。

注 1:下文引自 NIST SP 800-21:2005,3.4。

非对称加密算法(通常称为公共密钥算法)使用两个密钥:公钥和私钥,这在数学上是相互连接的。公共密钥可以公开,如果数据需要维持加密保护,私钥应保密。即使两个密钥之间有关系,私有密钥也不能从公开密钥确定。哪个密钥可以被用来申请移除或检查保护取决于提供的服务。例如,计算一个数字签名使用私人密钥,验证数字签名使用公共密钥;那些算法也能够加密,使用公共密钥进行加密,并使用私人密钥进行解密。

注 2:不是所有的公共密钥算法都具有多功能,例如,生成数字签名和加密。非对称加密算法不用于在 DLMS/COSEM 中的加密。

非对称加密算法主要用于数据完整性、认证、不可抵赖性机制(如数字签名)和密钥建立。

一些非对称算法使用域参数,这是加密算法操作所必需的附加的值。这些值在数学上是彼此相关的。域参数通常是公共的,已经被协会的用户使用的了一段时间。

非对称算法的安全使用要求用户做到这些保证:

——域参数的有效性保证域参数在数学上是正确的;

——公共密钥的有效性保证公共密钥是一个合适的密钥;

——保证私钥发布者要提供可信的私钥给私钥使用者。

一些非对称算法可能用于多个用途(如数字签名和密钥建立)。密钥只用于一个用途,不应再用于其他用途。

5.3.4.2 椭圆曲线加密

5.3.4.2.1 概述

椭圆曲线加密涉及在有限域上的椭圆曲线上的算术运算。椭圆曲线可以在任何数(即实数,整数,复数)的域上进行定义,尽管它们通常以有限素数域用于密码学中的应用。

素数域的椭圆曲线由满足以下等式的实数集合(x,y)组成:

$$y^2+x^3+ax+b$$

该方程式的所有解的集合形成椭圆曲线。改变 a 和 b 则改变了曲线的形状,并且这些参数的小变化可能导致(x,y)解的集合的较大变化。

5.3.4.2.2 NIST 推荐的椭圆曲线

FIPS PUB 186-4:2013 在素数域 $GF(p)$ 上建议五个素数域椭圆曲线。其中,如表 3 所示,对 DLMS/COSEM 选择曲线 P-256 和 P-384。

表 3 DLMS/COSEM 安全组件中的椭圆曲线

DLMS 安全组件	在 FIPS PUB 186-4:2013 中的曲线名称	ASN.1 对象标识符
套件 0	—	—
套件 1	NIST 曲线 P-256	1.2.840.10045.3.1.7
套件 2	NIST 曲线 P-384	1.3.132.0.34
注：ASN.1 对象标识符出现在“AlgorithmIdentifier:参数”下的“证书”中。见 5.6.4.2。		

5.3.4.3 数据转换

5.3.4.3.1 综述

本条描述了在用于指定公钥算法的不同数据类型之间进行转换的数据转换原语，数据类型有：八位字节串(octet strings,OS)，位串(bit strings,BS)，整数(integers,I)，域元素(field elements,FE)和椭圆曲线点(elliptic curve points,ECP)。DLMS/COSEM 使用八位字节串来表示公钥算法的元素，并在这些数据类型与八位位组字符串之间使用转换原语。长度为 d 的八位字节串 $M_{d-1}\ M_{d-2}...M_0$ 被编码为 A-XDR OCTET STRING，其中最左边的八位字节 M_{d-1} 对应于 OCTET STRING 的编码值的第一个八位字节。

5.3.4.3.2 位串和八位位组字符串之间的转换(BS2OS)

将位串转换为八位位组字符串的数据转换原语称为位字符串到八位字节转换原语，或 BS2OS。它将位串作为输入，并输出八位字节串。长度为 l 的位串 $b_{l-1}\ b_{l-2}\cdots b_0$ 应转换为长度为 $d=\lceil l/8\rceil$ 的八位字节串 $M_{d-1}\ M_{d-2}\cdots M_0$。

转换在左侧补充足够的零，使位数为 8 的倍数，然后将其分为多个八位位组。

更精确的转换如下：

——对于 $0\leqslant i<d-1$，令八位位组 $M_i=b_{8i+7}\ b_{8i+6}...b_{8i}$；

——最左边的八位位组 M_{d-1} 的最左边的 $8d-1$ 位应设置为零；

——其最右侧的 $8-(8d-l)$ 位应为 $b_{l-1}\ b_{l-2}\cdots b_{8d-8}$。

5.3.4.3.3 八位字节串和位串之间的转换(OS2BS)

将八位位组串转换为位串的数据转换原语称为八位位组串到位串转换原语或 OS2BS。它将八位位组串作为输入，并输出位串。长度为 d 的八位位组串 $M_{d-1}\ M_{d-2}\cdots M_0$ 应转换为所需长度 l 的位串 $b_{l-1}\ b_{l-2}\cdots b_0$。其中 $d=\lceil l/8\rceil$，最左边八位位组的最左边 $8d-l$ 位为零。

更精确的转换如下：

——对于 $0\leqslant i<l-1$，令位 $b_{8i+7}b_{8i+6}...b_{8i}=M_i$；

——最左边的 8 位位组的最左的$(8d-l)$位应为零。

5.3.4.3.4 整数和八位位组串之间的转换(I2OS)

将整数转换为八位位组串的数据转换原语称为整数到八位位组串转换原语，或 I2OS。它采用非负整数 x 和八位位组串的期望长度 d 作为输入。长度 d 应满足 $256^d>x$，否则输出“error”。I2OS 输出相应的八位位组串。

整数 x 应写为其唯一的以 256 为基数表示的 l 位数字：

——$x=x^{d-1}\cdot 256^{d-1}+x^{d-2}\cdot 256^{d-2}+\cdots+x_1\cdot 256+x_0$；

——对于 $0 \leqslant i \leqslant d-1$,其中 $0 \leqslant x_i < 256$;

——对于 $0 \leqslant i \leqslant d-1$,$M_i = x_i$。

输出八位位组串应是 $M_{d-1}\ M_{d-2} \cdots M_0$。

5.3.4.3.5 八位位组串和整数之间的转换(OS2I)

将八位位组串转换为整数的数据转换原语称为八位位组串到整数转换原语,或 OS2I。将长度为 d 的八位位组串 $M_{d-1}\ M_{d-2} \cdots M_0$ 作为输入,并输出相应的整数 x。在长度为零的八位位组串的情况下,转换输出整数 0。

每个八位位组被解释为基数 256 的非负整数。更准确地说,转换如下:

——对于 $0 \leqslant i \leqslant d-1$,$x_i = M_i$;

——$x = x_{d-1} \cdot 256^{d-1} + x_{d-2} \cdot 256^{d-2} + \cdots + x_1 \cdot 256 + x_0$。

5.3.4.3.6 域元素和八位位组串之间的转换(FE2OS)

将域元素转换为八位位组串的数据转换原语称为域元素到八位位组串转换原语或 FE2OS。它将域元素作为输入,并输出相应的八位位组串。通过应用具有参数 1 的 I2OS 转换原语,将域元素 $x \in F_p$ 转换为长度为 $d = \lceil \log 256 p \rceil$ 的八位位组串 $M_{d-1}\ M_{d-2} \cdots M_0$,其中:FE2OS(x)=I2OS(x,1)。

5.3.4.3.7 八位位组串和域元素之间的转换(OS2FE)

将八位位组串转换为域元素的数据转换原语称为八位位组串到域元素转换原语,或 OS2FE。它将八位位组串作为输入,并输出相应的域元素。长度为 d 的八位位组串 $M_{d-1}\ M_{d-2} \cdots M_0$ 通过应用 OS2I 转换原语转换为域元素 $x \in F_p$,其中:OS2FE(x)=OS2I(x)mod p。

5.3.4.4 数字签名

注:下文引自 NIST SP 800-21:2005,3.4.1。

数字签名是电子模拟手写的签名,可以用来给收件人或第三方证实消息已由发起人签名(不可抵赖性)。也可能产生数字签名用于存储数据和程序,在以后的时间,可以进行验证这样的数据和程序的完整性。

数字签名验证签名数据的完整性和签名人身份。数字签名在计算机上表示为一串比特,用数字签名算法计算数据签名,数字签名算法提供产生和验证签名的能力。签名生成使用私钥生成数字签名。签名验证使用相对应的公钥,但是和私钥不一样,来验证该签名。每个签字人拥有私钥和公钥对。仅由签字人的私钥的拥有者执行签名生成。然而,任何人都可以采用签字人的公钥验证签名。数字签名系统的安全性依赖于签字人私钥的保密性的保持。因此,用户应防止未经授权获取其私钥。

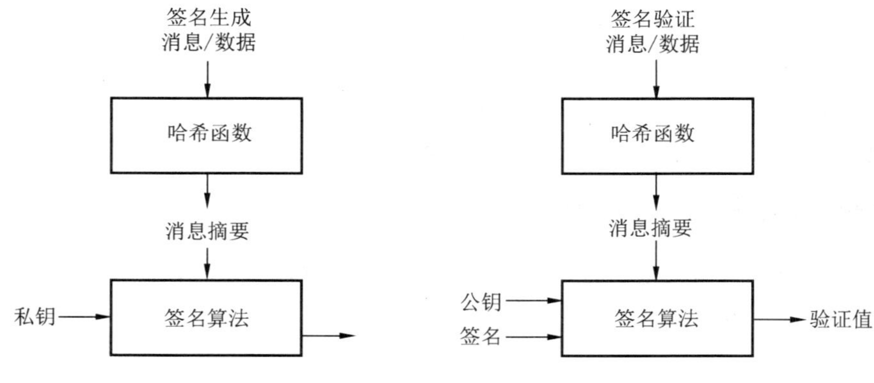

图 19 数字签名

图 19 描绘了数字签名过程。在签名生成过程中使用哈希函数(见 5.3.2)来获得要签名的数据的压缩版本,称为消息摘要或散列值。然后将消息摘要输入到数字签名算法以生成数字签名。数字签名与签名数据(通常称为消息)一起发送到预期的验证者。消息和签名的验证者使用签字人的公钥验证签名。在验证过程中也应使用相同的哈希函数和数字签名算法。可以使用类似的过程来生成和验证用于存储和发送的数据的签名。

5.3.4.5 椭圆曲线数字签名(ECDSA)

对于 DLMS/COSEM,已经选择了 FIPS PUB 186-4:2013 中规定的椭圆曲线数字签名(ECDSA)算法。NSA1 提供实施指南。

在 DLMS/COSEM 中,使用的椭圆曲线和算法应是:

——在安全组件 1 的情况下,椭圆曲线 P-256 和 SHA-256 哈希算法;

——在安全组件 1 的情况下,椭圆曲线 P-384 和 SHA-384 哈希算法。

ECDSA 数字签名生成的输入如下:

——要签名的消息 M;

注 1:在 DLMS/COSEM 语境中,“消息”可以是 xDLMS APDU(见 5.7.2)或 COSEM 数据(见 5.7.5)。

——签名人的私钥,d。

输出是 M 上的 ECDSA 签名(r,s)。

在 DLMS/COSEM 中,应使用明文格式:签名(r,s)被编码为八位位组串 R ‖ S,即作为八位位组串 $R=\text{I2OS}(r,l)$和 $S=\text{I2OS}(s,l)$的串联,其中 $l=\lceil \log_{256} n \rceil$。因此,签名具有 $2l$ 八位位组的固定长度。

注 2:这里,n 是椭圆曲线的基点 G 的顺序。I2OS 是整数到八位位组的转换原语。见 5.3.4.3。

ECDSA 数字签名生成的验证的输入如下:

——签名的消息 M';

——接收的 ECDSA 签名(r',s');

——签名人的认证公钥,Q。

生成和验证签名的过程应符合 NSA1,3.4 中的规定。

5.3.4.6 密钥协商

5.3.4.6.1 综述

密钥协商允许两个实体共同计算一个共享密钥,并从中导出秘密密钥资料。参见 NIST SP 800-56A Rev.2:2013。

对于 DLMS/COSEM,已经从 NIST SP 800-56A Rev.2:2013 中选择了三个椭圆曲线密钥协商方案:

——临时统一模型 C(2e,0s,ECC CDH)方案;

——单程 Diffie-Hellman C(1e,1s,ECC CDH)方案;

——静态统一模型 C(0e,2s,ECC CDH)方案。

注:NSA 套件 B 选择了前两种方案。

5.3.4.6.2 临时统一模型 C(2e,0s,ECC CDH)方案

该方案用于 DLMS/COSEM 客户机和服务器之间,以便在主密钥,全局加密密钥和/或认证密钥上达成一致。客户机扮演方 U 的角色,服务器扮演 V 方的角色。该过程由“Security setup”接口类的方法支持;见 GB/T 17215.662—2018,5.3.7。

各方从域参数 D 生成临时密钥对。各方交换临时公钥,然后使用域参数、其临时私钥和另一方的临时公钥计算共享密钥 Z。秘密密钥材料是使用入参为共享密钥 Z 和其他输入的密钥导出函数(在

5.3.4.6.5 中规定)导出的。

该过程在 NIST SP 800-56A Rev.2:2013,6.1.2.2 和 NSA2,3.1 中有详细规定,如图 20 和表 4 所示。

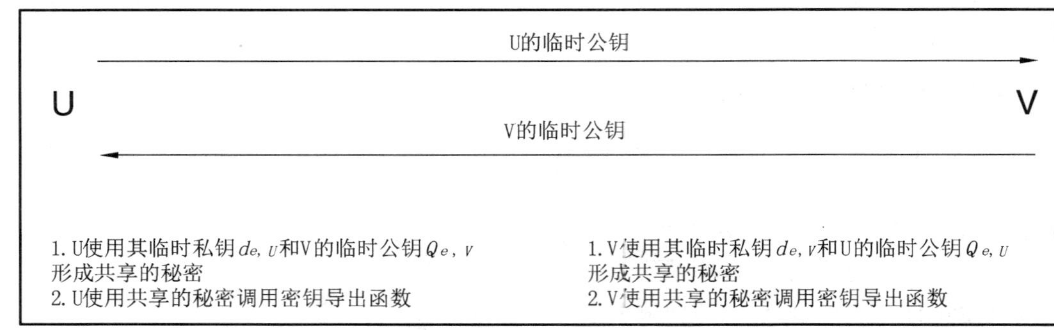

注:该图再现 NSA2,图 1。

图 20　C(2e,0s)方案:每一方仅贡献一个临时密钥对

先决条件:

a) 每一方都具有相同集合域参数 D 的真实副本。D 应从两组域参数中选择一个,见附录 G;

b) 双方同意使用 NIST 连接 KDF;见 5.3.4.6.5。SHA-256 是与 P-256 的域参数一起使用的哈希函数,SHA-384 是与 P-384 的域参数一起使用的哈希函数;

c) 在密钥协商过程之前或期间,在密钥协商方案期间双方获得与另一方相连接的标识符。

注:另见 NIST SP 800-56A Rev.2:2013 和 NSA2,以获得关于域参数有效性的保证的附加信息,私钥和公钥的有效性以及对私钥的所有权的保证。

表 4　临时统一模式密钥协商方案总结

	U 方	V 方
域参数	$(q,FR,a,b\{,SEED\},G,n,h)$ 由安全套件确定	$(q,FR,a,b\{,SEED\},G,n,h)$ 由安全套件确定
静态数据	N/A	N/A
临时数据	临时私钥,$d_{e,U}$ 临时公钥,$Q_{e,U}$	临时私钥,$d_{e,V}$ 临时公钥,$Q_{e,V}$
计算	通过使用 $d_{e,U}$ 和 $Q_{e,V}$ 调用 ECC CDH 来计算 Z	通过使用 $d_{e,V}$ 和 $Q_{e,U}$ 调用 ECC CDH 来计算 Z
导出秘密密钥材料	计算 kdf(Z,*OhterInput*) 摧毁 Z	计算 kdf(Z,*OtherInput*) 摧毁 Z
注:本表是基于 NIST SP 800-56A Rev.2:2013,表 18 和 NSA2 表 1。		

在 NIST SP 800-56A Rev.2:2013,8.2 中规定了选择 C(2e,0s)方案的基本理论。

在 I.1 中进一步说明了在 DLMS/COSEM 中该方案的使用。

5.3.4.6.3　单程 Diffie-Hellman C(1e,1s,ECC CDH)方案

该方案由 DLMS/COSEM 服务器和另一方使用,对来保护 xDLMS APDU 或 COSEM 数据的临时加密密钥达成一致。发送消息的方(发起者)扮演了 U 方的角色,另一方(接收者)扮演了 V 方的角色。

注 1:术语发起者和接收者与通用加密 APDU 的字段有关。

对于这个方案,U 方产生一个临时密钥对;V 方只有一个静态密钥对。U 方以可信赖的方式(例如,从受信任的 CA 签名的证书)获取 V 方的静态公钥,并将其临时公钥发送给 V 方。各方通过使用自己的私钥和对方的公钥来获取共享密钥 Z。各方使用入参为共享密钥 Z 和其他输入的密钥导出方法(在 9.2.3.4.6.5 中规定)导出秘密密钥材料。

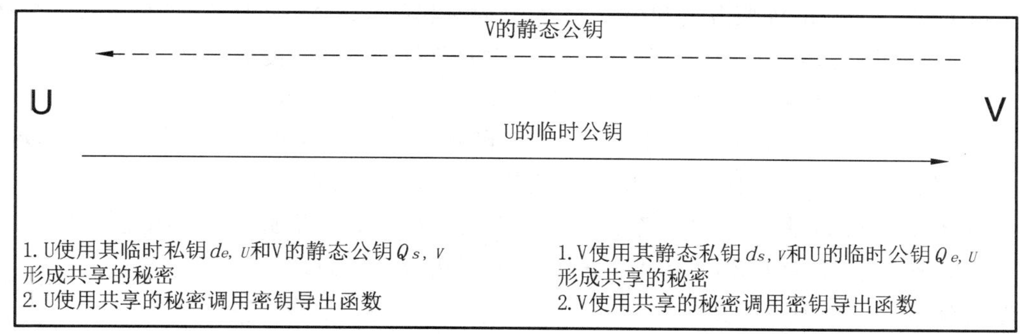

注:该图再现 NSA2,图 2。

图 21 C(1e,1s)方案:U 方贡献临时密钥对,V 方贡献静态密钥对

该过程在 NIST SP 800-56A Rev.2:2013,6.2.2.2 和 NSA2,3.2 中有详细规定,如图 21 和表 5 所示。

先决条件:

a) 每一方都应具有相同集合域参数 D 的真实副本。D 应从两组域参数中选择一个,见附录 G;

b) 应指定 V 方为静态密钥对的所有者,如在 5.6.2 中规定使用一组域参数 D 生成静态密钥对;

c) 双方同意使用 NIST 连接 KDF;见 5.3.4.6.5。SHA-256 是与 P-256 的域参数一起使用的哈希函数,SHA-384 是与 P-384 的域参数一起使用的哈希函数;

d) 在密钥协商过程之前或期间,在密钥协商方案期间双方获得与另一方相连接的标识符。U 方应获得与 V 方标识符绑定的静态公钥。该静态公钥应以信任的方式(例如,由可信 CA 所签发的证书)获得。

注 2:另见 NIST SP 800-56A Rev.2:2013 和 NSA2,了解关于域参数的有效性,私钥和公钥的有效性以及私钥的所有权的保证的更多信息。

表 5 单程 Diffie-Hellman 密钥协商方案总结

	U 方	V 方
域参数	$(q, FR, a, b\{, SEED\}, G, n, h)$ 由安全套件确定	$(q, FR, a, b\{, SEED\}, G, n, h)$ 由安全套件确定
静态数据	N/A	静态私钥,$d_{s,V}$ 静态公钥,$Q_{s,V}$
临时数据	临时私钥,$d_{e,U}$ 临时公钥,$Q_{e,U}$	N/A
计算	通过使用 $d_{e,U}$ 和 $Q_{s,V}$ 调用 ECC CDH 来计算 Z	通过使用 $d_{s,V}$ 和 $Q_{e,U}$ 调用 ECC CDH 来计算 Z
导出秘密密钥材料	计算 kdf(Z, *OtherInput*) 摧毁 Z	计算 kdf(Z, *OtherInput*) 摧毁 Z
注:本表是基于 NIST SP 800-56A Rev.2:2013 表 24 和 NSA2 表 2。		

在 NIST SP 800-56A Rev.2:2013,8.4 中规定了选择该方案的基本理论。

在 I.2 中进一步说明了在 DLMS/COSEM 中该方案的使用。

5.3.4.6.4 静态统一模型 C(0e,2s,ECC CDH)方案

该方案由 DLMS/COSEM 服务器和另一方使用,对来保护 xDLMS APDU 或 COSEM 数据的临时加密密钥达成一致。发送消息方(发起者)扮演了 U 方的角色,另一方(接收者)扮演了 V 方的角色。

注 1:术语发起者和接收者与通用加密 APDU 的字段有关。

在这种情况下,双方只使用静态密钥对。各方获得对方的静态公钥。一个随机数 $Nonce_U$ 由 U 方发送给 V 方,以确保导出的密钥材料对于每个密钥建立交易是不同的。

各方使用自己的静态私钥和对方的静态公钥导出共享秘密 Z。秘密密钥材料是使用 5.3.4.6.5 中规定的密钥导出函数、共享密钥 Z、U 和 V 的标识符和随机数导出的。

该过程如图 22 和表 6 所示。

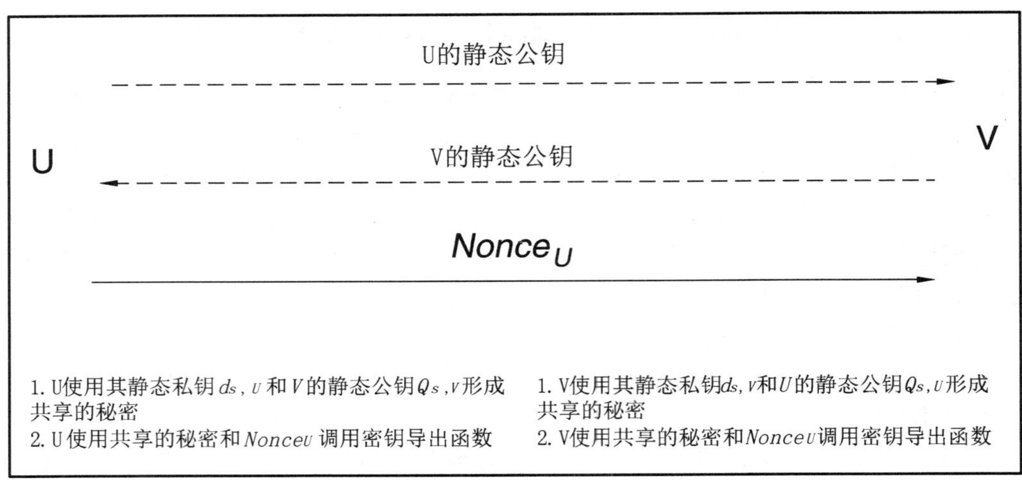

注:该图基于 NIST SP 800-56A Rev.2:2013,图 15。

图 22 C(0e,2s)方案:每方仅贡献静态密钥对

先决条件:

a) 每一方都应具有相同集合域参数 D 的真实副本。D 应从两组域参数中选择一个,见附录 G;

b) 应指定各方为静态密钥对的所有者,如在 5.6.2 中规定使用一组域参数 D 生成静态密钥对;

c) 双方同意使用 NIST 连接 KDF;见 5.3.4.6.5。SHA-256 是与 P-256 的域参数一起使用的哈希函数,SHA-384 是与 P-384 的域参数一起使用的哈希函数;

d) 在密钥协商过程之前或期间,在密钥协商方案期间双方获得与另一方相连接的标识符;

e) 双方应获得与另一方标识符绑定的静态公钥。该静态公钥应以信任的方式(例如,由可信 CA 所签发的证书)获得。

注 2:另见 NIST SP 800-56A Rev.2:2013,了解关于域参数的有效性,私钥和公钥的有效性以及私钥的所有权的保证的更多信息。

表 6　静态统一模型密钥协商方案总结

	U 方	V 方
域参数	$(q, FR, a, b\{, SEED\}, G, n, h)$ 由安全套件确定	$(q, FR, a, b\{, SEED\}, G, n, h)$ 由安全套件确定
静态数据	静态私钥，$d_{s,U}$ 静态公钥，$Q_{s,U}$	静态私钥，$d_{s,V}$ 静态公钥，$Q_{s,V}$
临时数据	$Nonce_U$	
计算	通过使用 $d_{s,U}$ 和 $Q_{s,V}$ 调用 ECC CDH 来计算 Z	通过使用 $d_{s,V}$ 和 $Q_{s,U}$ 调用 ECC CDH 来计算 Z
导出秘密密钥材料	用 $Nonce_U$ 计算 *DerivedKeyingMaterial* 摧毁 Z	用 $Nonce_U$ 计算 *DerivedKeyingMaterial* 摧毁 Z

注 1：该表基于 NIST SP 800-56A Rev.2:2013，表 26。

注 2：所有 C(0e,2s)密钥建立交易中 Z 的值在同一个双方之间是相同的，因此，如果它被泄露，那么在过去、当前和未来，这两个相同实体之间使用这些相同静态密钥对的 C(0e,2s)密钥协商交易导出的所有密钥材料也可能被泄露。任何未被“归零”的共享秘密 Z 应与私钥的安全保护相同的存储和使用。

在 NIST SP 800-56A Rev.2:2013,8.5 中规定了选择该方案的基本理论。

在 I.3 中进一步说明了在 DLMS/COSEM 中该方案的使用。

5.3.4.6.5　密钥导出函数—NIST 连接 KDF

应使用 NIST SP 800-56A Rev.2:2013,5.8.1.1 和 NSA2,第 5 章中规定的 NIST 连接 KDF。如下：

函数调用：kdf(Z, *OtherInput*)

其中，*OtherInput* 由 *keydatalen* 和 *OtherInfo* 组成。

执行依赖参数：

a)　*hashlen*：一个整数，表示哈希函数的输出的长度(以位为单位)，*hash* 用于导出秘密密钥材料块。在安全组件 1 的情况下，它应是 256(对于 SHA-256)，在安全组件 2 的情况下，它应是 384(对于 SHA-384)；

b)　*max_hash_inputlen*：整数，指示输入到哈希函数的位串的最大长度(以位为单位)；

SHA-256 的长度应小于 264 位，SHA-384 的长度小于 2128 位。

函数：H：哈希函数：在安全组件 1 的情况下为 SHA-256，在安全组件 2 的情况下为 SHA-384。

输入：

c)　Z：表示共享秘密 z 的字节串；

d)　*keydatalen*：指示要生成的秘密密钥材料的长度(以比特为单位)的整数：安全组件 1 为 128 位，安全组件 2 为 256 位；

e)　*OtherInfo*：等于下列连接的位串：

$AlgorithmID \| PartyUInfo \| PartyVInfo \{\| SuppPubInfo\}\{\| SuppPrivInfo\}$

其中子域定义如下：

f)　*AlgorithmID*：指示如何解析导出秘密密钥材料的位字符串，以及将使用哪种算法导出的秘密密钥材料。见表 8；

g)　*PartyUInfo*：包含应用程序需要的公开信息的位字符串，使用由 U 方提供的 KDF 给密钥导出过程；

h) *PartyVInfo*：包含应用程序需要的公开信息的位字符串，使用由 V 方提供的 KDF 给密钥导出过程；

i) （可选）*SuppPubInfo*：包含附加的、互相知道的公开信息的位串。不用于 DLMS/COSEM；

j) （可选）*SuppPrivInfo*：包含附加的、互相知道的私有信息（例如，已经通过单独的信道传达的共享秘密对称密钥）的位串。不用于 DLMS/COSEM。

每个子域和子字符串的格式和内容如表 7 所示。

表 7 *OtherInfo* 子域和子串

子域 子串	密钥协商方案			八位位组的长度	值
	C(2e,0s)	C(1e,1s)	C(0e,2s)		
	格式				
AlgorithmID	固定	固定	固定	7	见表 8
PartyUInfo	固定	固定	变量	8+n	—
ID_U	固定	固定	固定	8	originator-system-title
$Nonce_U$	—	—	变量	n	*Datalen*＝transaction-id 的长度，应为 1 个八位位组 *Data*＝transaction-id 的值
PartyVInfo	固定	固定	固定	8	—
ID_V	固定	固定	固定	8	recipient-system-title
"originator-system-title"，"transaction-id"和"recipient-system-title"是通用加密 APDU 的域					

在 DLMS/COSEM 中，密钥导出为特定目的提供单个密钥。长度由安全组件决定。*AlgorithmId* 应如表 8 所示。另见 7.2.2.4。

表 8 加密算法 ID

算法	COSEM 密码算法 ID	编码值
AES-GCM-128	2.16.756.5.8.3.0	60 85 74 05 08 03 00
AES-GCM-256	2.16.756.5.8.3.1	60 85 74 05 08 03 01
AES-WRAP-128	2.16.756.5.8.3.2	60 85 74 05 08 03 02
AES-WRAP-256	2.16.756.5.8.3.3	60 85 74 05 08 03 03

5.3.5 随机数生成

应提供强随机数生成器（RNG）以生成在 DLMS/COSEM 中使用的各种算法所需的随机数。RNG 最好是非确定性的。如果不确定性的 RBG 不可用，则系统将利用足够的熵来为确定性的 RNG 创建一个优质的种子。

5.3.6 压缩

注：压缩不涉及加密，但它是 xDLMS APDU 的转换。为此，由于与对称密钥加密一起控制，因此在此指定。

压缩可以应用于 COSEM 数据或 xDLMS APDU。该过程可以与对称密钥加密相结合。见 5.7.2.4.7

和5.7.2.4.8。压缩算法应符合ITU-T V.44:2000中的规定。已选定的算法为满足以下要求：

——低处理负荷；

——低存储器要求；

——低延迟。

使用压缩由5.7.2.4中规定的安全控制字节的第7位表示。

5.3.7 安全组件

安全组件确定可用于各种加密原语和密钥大小的一组加密算法。

DLMS/COSEM安全套件(见表9)基于NSA Suite B,并包括特别地用于认证、加密、密钥协商、数字签名和散列的加密算法：

——认证和加密：按照FIPS PUB 197中的规定使用高级加密标准(AES),密钥大小为128位和256位。AES应与NIST SP 800-38D:2007中规定的操作的伽罗瓦/计数器模式(GCM)一起使用；

——数字签名：应按FIPS PUB 186-4:2013和NSA1规定使用椭圆曲线数字签名算法(ECDSA),使用曲线P-256或P-384；

——密钥协商：

- 临时统一模型C(2e,0s,ECC CDH)方案,见5.3.4.6.2；
- 单程Diffie-Hellman C(1e,1s,ECC CDH)方案,见5.3.4.6.3；
- 静态统一模型C(0e,2s,ECC CDH)方案,见5.3.4.6.4；
- 应使用椭圆曲线P-256或P-384。

——哈希法：按FIPS PUB 180-4:2012中的规定,应使用安全哈希算法(SHA)SHA-256和SHA-384。

另外,可以使用密钥封装和压缩算法。

表9 DLMS/COSEM安全组件

安全组件Id	安全组件名称	认证加密	数字签名	密钥协商	哈希	密钥传输	压缩
0	AES-GCM-128	AES-GCM-128	—	—	—	AES-128密钥包装	—
1	ECDH-ECDSA-AES-GCM-128-SHA-256	AES-GCM-128	ECDSA与P-256	ECDH与P-256	SHA-256	AES-128密钥包装	V.44
2	ECDH-ECDSA-AES-GCM-256-SHA-384	AES-GCM-256	ECDSA与P-384	ECDH与P-384	SHA-384	AES-256密钥包装	V.44
所有其他保留	—	—	—	—	—	—	—

5.4 加密密钥—综述

加密密钥是一个参数,和加密算法一起使用,加密算法决定了这样一种操作方式,带有密钥的实体可以重现和进行逆操作,而没有密钥则不能。对 DLMS/COSEM 的用途,操作的例子包含:

——明文转换成密文;

——密文转换为明文;

——计算和验证认证码(MAC);

——密钥封装;

——应用和验证数据签名;

——密钥协商。

对称密钥算法使用的密钥在 5.5 中规定。

公钥算法使用的密钥在 5.6 中规定。

5.5 对称密钥算法使用的密钥

5.5.1 对称密钥类型

对称密钥分类:

a) 其目的:
   1) 密钥加密密钥(KEK)用于加密/解密其他对称密钥;见 5.5.4。在 DLMS/COSEM 中,这是主密钥;
   2) 加密密钥用作 AES-GCM 算法的块加密密钥,另见 5.3.3.7.4;
   3) 认证密钥在 AES-GCM 算法中用作附加认证数据(AAD),另见 5.3.3.7.5。

b) 其生存期:
   1) 静态密钥,在相对较长的时间段使用。在 DLMS/COSEM 中,这些可能是:
      - 可以在同一合作伙伴之间重复建立多个 AA 使用的全局密钥。全局密钥可以是单播加密密钥(GUEK)、广播加密密钥(GBEK)或认证密钥(GAK);
      - 在两个合作伙伴之间建立单个 AA 期间可以重复使用的专用密钥。因此,其寿命与 AA 的寿命相同。专用密钥只能是单播加密密钥。
   2) 通常用于 AA 内单次交换的临时密钥。

对称密钥的生成和发布见 NIST SP 800-57:2012,8.1.5.2。

使用表 10 所示的方法之一,在每个 DLMS/COSEM 客户机-服务器对之间建立主密钥和全局密钥。它们应以适当的间隔更新,见 5.3.3.7.3 和 5.5.6。

专用密钥由 DLMS/COSEM 客户机生成,并由 AARQ APDU 的用户信息字段包含的 xDLMS InitiateRequest APDU 的专用密钥字段中传输到服务器。当专用密钥存在时,应使用 AES-GCM-128/256 算法、全局单播加密密钥和认证密钥(如果使用,见 5.3.3.7.5)进行认证和加密 xDLMS InitiateRequest APDU。由 AARE APDU 的用户信息字段携带的 xDLMS InitiateResponse APDU 也将以相同的方式进行加密和认证。当使用专用密钥时,安全控制字节(见表 27)的密钥位不相关,应设置为零。

注:AARQ 和 AARE APDU 本身不受保护。

表 10 总结了对称密钥类型、其目的、建立它们的方法及其与不同 APDU 之间以及不同实体之间的使用。

表 10 对称密钥类型

<table>
<tr><th>密钥类型</th><th>目的</th><th>密钥建立</th><th>用途</th></tr>
<tr><td rowspan="3">主密钥,KEK[a]</td><td rowspan="3">密钥加密密钥(KEK):
——(新)主密钥;
——全局加密或认证密钥;
——临时加密密钥</td><td>带外</td><td rowspan="3">客户机-服务器之间的通用加密 APDU 中,可以被识别为 KEK,见表 11</td></tr>
<tr><td>密钥封装</td></tr>
<tr><td>密钥协商[c]</td></tr>
<tr><td rowspan="2">全局单播加密密钥,GUEK[b]</td><td rowspan="2">单播块加密密钥:
——xDLMS APDU 和/或;
——COSEM 数据</td><td>密钥封装</td><td rowspan="3">——客户机-服务器之间的服务特定全局加密 APDU;
——客户机-服务器之间的通用全局加密 APDU;
——客户机-服务器之间的通用加密 APDU;
——“Data protection”对象保护参数</td></tr>
<tr><td>密钥协商[c]</td></tr>
<tr><td>全局广播加密密钥,GBEK[b]</td><td>广播块加密密钥:
——xDLMS APDU 和/或;
——COSEM 数据</td><td>密钥封装</td></tr>
<tr><td rowspan="2">(全局)认证密钥,GAK[b]</td><td rowspan="2">AAD 的一部分用于 xDLMS APDU 和/或 COSEM 数据的加密过程</td><td>密钥封装</td><td rowspan="2">客户机-服务器和第三方服务器之间的所有 APDU</td></tr>
<tr><td>密钥协商[c]</td></tr>
<tr><td>专用密钥(单播)</td><td>在已建立的 AA 内,对单播分 xDLMS APDU 的块加密密钥</td><td>在 xDLMS Initiate.request APDU 中进行密钥传输</td><td>——客户机-服务器之间的服务特定的专有加密 APDU;
——客户机-服务器之间的通用专有加密。
AA的生存期期间</td></tr>
<tr><td rowspan="2">临时加密密钥</td><td>块加密密钥:
——xDLMS APDU 和/或;
——COSEM 数据</td><td>密钥封装</td><td>——客户机-服务器之间的通用加密 APDU;
——“Data protection”对象保护参数</td></tr>
<tr><td>块加密密钥:
——xDLMS APDU 和/或;
——COSEM 数据</td><td>密钥协商[d]</td><td>——客户机-服务器之间的通用加密 APDU;
——“Data protection”对象保护参数</td></tr>
</table>

[a] 由“Security setup”对象持有。不同的 AA 可以使用相同或不同的“Security setup”对象。

[b] 由“Security setup”对象持有。不同的 AA 可以使用相同或不同的“Security setup”对象。GUEK 或 GBEK 的使用可以通过以下来辨识:

——安全控制字节的密钥设置位,见表 27;

——通用加密 APDU 的 key-id 参数见表 11;

——或通过“Data protection”IC 的保护参数,见 GB/T 17215.662—2018,5.3.9。

[c] 使用临时统一模型 C(2e,0s,ECC CDH)方案建立,见 5.3.4.6.2。

[d] 使用单通道 Diffie-Hellman C(1e,1s,ECC CDH)方案或静态统一模型 C(0e,2s,ECC CDH)方案建立。见 5.3.4.6.3 和 5.3.4.6.4。

5.5.2 通用加密 APDU 和数据保护的密钥信息

当通用加密 APDU 用于保护 xDLMS APDU 或 COSEM 数据受到保护时,发送方将已经/将被用于加密/解密 xDLMS APDU/COSEM 数据的密钥的必要信息与加密的 xDLMS APDU/COSEM 数据一起发送。

所需的密钥信息总结在表 11 中,并在 5.5.3,5.5.4 和 5.5.5 中进一步作规定。

表 11 通用加密 APDU 和数据保护的密钥信息

密钥信息选项		内容
key-Info		
identified-key	S	识别 EK
key-id	M	
global-unicast-encryption-key	S	GUEK
global-broadcast-encryption-key	S	GBEK
wrapped-key	S	使用钥匙封装传输 EK
kek-id	M	
master-key	M	标识密钥用于封装 key-ciphered-data。 0=主密钥(KEK)
key-ciphered-data	M	用 KEK 封装的随机生成的密钥
agreed-key	S	双方使用以下任一协商密钥: ——单通道 Diffie-Hellman C(1e,1s,ECC CDH)方案,见 5.3.4.6.3;或 ——静态统一模型 C(0e,2s,ECC CDH)方案,见 5.3.4.6.4
key-parameters	M	密钥协商方案的标识符: 0x01:C(1e,1s ECC CDH) 0x02:C(0e,2s ECC CDH) 所有其他保留
key-ciphered-data	M	——在 C(1e,1s,ECC CDH)方案的情况下:U 方的临时密钥协商密钥对的公钥 $Q_{e,U}$,用 U 方的私要数字签名签名的; ——在 C(0e,2s,ECC CDH)方案的情况下:八位位组串的长度为零。在这种情况下 U 方应提供随机数 $Nonce_U$。见 5.3.4.6.4 和 5.3.4.6.5
M:强制的(SEQUENCE 的一部分)。 S:可选的(CHOICE 的一部分)。 有关 ASN.1 规范,见第 8 章。		
注:使用密钥标识限制在客户机和服务器之间交换受保护的 xDLMS APDU/COSEM 数据,因为 GUEK 和 GBEK 不应该透露给客户机和服务器以外的任何一方。		

5.5.3 密钥识别

所标识的密钥可以是全局单播加密密钥(GUEK)或全局广播加密密钥(GBEK)。在这种情况下，安全控制字节(见表27)的密钥位不相关,应设置为零。

5.5.4 密钥封装

密钥封装可用于建立静态或临时的对称密钥。

该算法是5.3.3.8中规定的AES密钥封装算法。KEK是主密钥。因此,该方法仅在共享主密钥的各方之间(即在客户机和服务器之间)使用。

使用密钥封装可以建立的静态密钥可以是：

——主密钥,KEK;和/或

——全局单播加密密钥GUEK;和/或

——全局广播加密密钥GBEK;和/或

——(全局)认证密钥,GAK。

要使用密钥封装建立这些静态密钥,密钥首先由客户机生成,然后通过调用“Security setup”对象(见GB/T 17215.662—2018,5.3.7)的*key_transfer*方法将其传送到服务器。方法调用参数应携带key_id和封装密钥。包含调用方法和方法调用参数的服务的APDU应按照安全策略和访问权限的要求进行保护。

注:所需的防护等级可以在具体项目的配套规范中指定。

要使用密钥封装建立临时密钥,xDLMS APDU或COSEM数据的发起者随机生成一个临时密钥。该密钥应使用AES密钥封装算法和KEK进行封装,并与使用临时密钥加密的xDLMS APDU或COSEM数据一起发送给接收者。接收者应拆包密钥,然后使用它来解密接收到的xDLMS APDU/COSEM数据。

5.5.5 密钥协商

使用密钥协商在服务器和客户机之间建立静态密钥,也可以在服务器与客户机或第三方之间建立临时密钥。可以使用不同的密钥协商方案来建立不同的密钥。

临时统一模式C(2e,0s,ECC CDH)方案可以由客户机和服务器使用,达成一致的：

——主密钥,KEK;

——全局单播加密密钥GUEK;

——全局广播加密密钥GBEK;

——(全局)认证密钥GAK。

该方案由“Security setup”接口类的*key_agreement*方法支持,见GB/T 17215.662—2018,5.3.7。方法调用参数包含5.3.4.6.2中规定的必要参数。携带调用方法以及方法调用参数的服务的APDU应按照安全策略和访问权限的要求进行保护。另见附件I。

注:所需的保护等级可以在具体项目的配套规范中指定。

使用密钥协商建立临时加密密钥(用作块加密密钥),有两种方案可供选择：

——在5.3.4.6.3规定的单程Diffie-Hellman C(1e,1s,ECC CDH)方案;

除非在具体项目的配套规范中另有规定,否则应使用C(1e,1s ECC CDH)方案。

——在5.3.4.6.4规定的静态统一模型C(0e,2s,ECC CDH)方案。

5.5.6 对称密钥加密周期

对称密钥加密周期应在具体项目的配套规范中确定。建议在NIST SP 800-57:2012,Part 1,5.3.5

Symmetric Key Usage Periods and Cryptoperiods 和 5.3.6 *Cryptoperiod Recommendations* 的 *Specific Key Types* 中给出。

5.6 公钥算法使用的密钥

5.6.1 综述

非对称密钥(见表 12)的分类依据:

——其目的:数字签名密钥或密钥协商密钥;

——其生存期:静态密钥或临时密钥。

表 12 非对称密钥类型和其应用

数字签名			
密钥类型	签名	验证	用途
数字签名密钥对	私钥	公钥	签名用私钥来计算数字签名: ——在 xDLMS APDU 上;和/或 ——在 COSEM 数据上;或 ——在临时公钥协商密钥上。 验证者用公钥来验证数字签名: ——在 xDLMS APDU 上;和/或 ——在 COSEM 数据上;或 ——在临时公钥协商密钥接收上
密钥协商			
密钥类型	U 方	V 方	用途
临时密钥协商密钥对	私钥 公钥	私钥 公钥	在临时统一模型 C(2e,0s,ECC CDH)方案的情况下,双方有临时密钥对。见 5.3.4.6.2。 在单通道 Diffie-Hellman C(1e,1s,ECC CDH)方案的情况下,仅 U 方有临时密钥对。见 5.3.4.6.3
静态密钥协商密钥对	私钥 公钥	私钥 公钥	在单通道 Diffie-Hellman C(1e,1s,ECC CDH)方案的情况下,仅 V 方有静态密钥对。见 5.3.4.6.3 静态统一模型 C(0e,2s,ECC CDH)方案的情况下,U 方和 V 方都有静态密钥对。见 5.3.4.6.4

5.6.2 密钥对生成

为一组域参数(q,FR,a,b {,*domain_parameter_seed*},G,n,h)生成 ECC 密钥对 d 和 Q。提供了用于生成 ECC 私钥 d 和公钥 Q 的两种方法;这两种方法之一应用于产生 d 和 Q。

在生成 ECDSA 密钥对之前,应保证域参数(q,FR,a,b {,*domain_parameter_seed*},G,n,h)的有效性。

详见 FIPS PUB 186-4:2013,附录 B.4。

5.6.3 公钥证书和基础设施

5.6.3.1 综述

5.6.3 节描述了 DLMS/COSEM 的公钥证书以及管理它们的 PKI 基础设施的例子。它是基于以下文件:

——NIST SP 800-21:2005 和 NIST SP 800-32:2001,提供了公钥加密和公钥基础设施的综合描述;

——指定公钥和属性证书框架的 ITU-T X.509:2008;

——RFC 5280,Internet X.509 公钥基础设施证书和证书吊销列表(CRL)简介;

——NSA3 指定 NSA Suite B 基本证书和 CRL 配置文件。

5.6.3.2 中描述了信任模型。

以 PKI 架构为例,在 5.6.3.3 中进行了说明。

在 5.6.4 中规定了证书和证书扩展配置文件。

在 5.6.5 中规定 DLMS/COSEM 服务器将持有的公钥证书。

在 5.6.6 中规定证书管理。

5.6.3.2 信任模型

对于使用公共密钥加密技术的基于 DLMS/COSEM 的仪表数据交换系统,应该有各种公私密钥对和公钥证书。

公钥证书将公钥绑定到身份:主题。证书由认证机构数字签名。

要提供和管理证书,需要某种形式的公钥基础设施。PKI 由颁发证书的证书颁发机构和使用这些证书的终端实体组成。有关 PKI 示例,见 5.6.3.3。

在最简单的形式中,证书层次结构由单个 CA 组成。然而,层次结构通常包含具有明确定义父子关系的多个 CA。也可以部署多个层次结构。

PKI 需要一个信任锚,用于验证证书序列中的第一个证书。信任锚可以是根 CA 证书,子 CA 证书或直接受信任的密钥。

注 1:信任锚是证书或直接信任的密钥。但是,此标记超出了本文档的范围。

DLMS/COSEM 服务器在使用可信带外(OOB)过程的制造过程中应配备一个或多个信任锚。

注 2:提供具有信托锚的客户机和第三方超出了本文档的范围。

DLMS/COSEM 服务器还可以配备自己的证书和 CA、DLMS/COSEM 客户机和第三方的证书。这也可能发生在使用可信 OOB 进程或通过“Security setup”对象。

“Security setup”接口类(见 GB/T 17215.662—2018,5.3.7)提供了:

——提供存储在服务器的证书的信息的属性;

——生成服务器密钥对的方法以及在客户机向 CA 发送的服务器上生成证书签名请求(CSR)信息的方法;

——导入、导出和删除证书的方法。

可由客户机或通过客户机充当代理的第三方用这些属性/方法来管理证书。访问“Security setup”对象和包含数据的属性和方法的消息应受到适当保护。

证书通常有效期。然而,颁发给 DLMS/COSEM 服务器的证书可能无限期有效。证书可以在其到期时更换。

在服务器使用证书之前,应对其进行验证。验证包括:

——检查证书的语法有效性;

——检查证书中包含的属性;

——检查证书有效期尚未到期;

——检查信托锚的认证路径;

——检查证书颁发者的签名。

假设信任锚,其他 CA 证书以及服务器持有的 DLMS/COSEM 客户机和第三方的证书都是有效的。系统有责任更换/删除其有效期已过或已被撤销的任何证书。

客户机和第三方在使用服务器证书之前也应进行验证。它们可能有能力验证正在使用的证书的状态。但是这不在此标准的范围之内。

5.6.3.3 PKI 架构-资料

5.6.3.3.1 概述

注 1:引言引自 NIST SP 800-21:2005,3.7。

PKI 是安全基础设施,它创建和管理公钥证书以便于使用公钥(即非对称密钥)加密。为了实现这一目标,PKI 需要执行两个基本任务:

a) 验证绑定的准确性后,生成和分发公钥证书将公钥绑定到其他信息;

b) 维护和分发未到期证书的证书状态信息。

对于 DLMS/COSEM,可以预料分层 PKI 包括如图 23 所示的以下组件。

注 2:PKI 的实际结构由具体项目的配套规范来决定以满足操作者的需求。

——根证书机构(Root-CA):见 5.6.3.3.2;

——证书机构/下属机构(Sub-CA):见 5.6.3.3.3;

——终端实体:不颁发证书的实体:DLMS/COSEM 客户机,DLMS/COSEM 服务器和第三方:见 5.6.3.3.4。

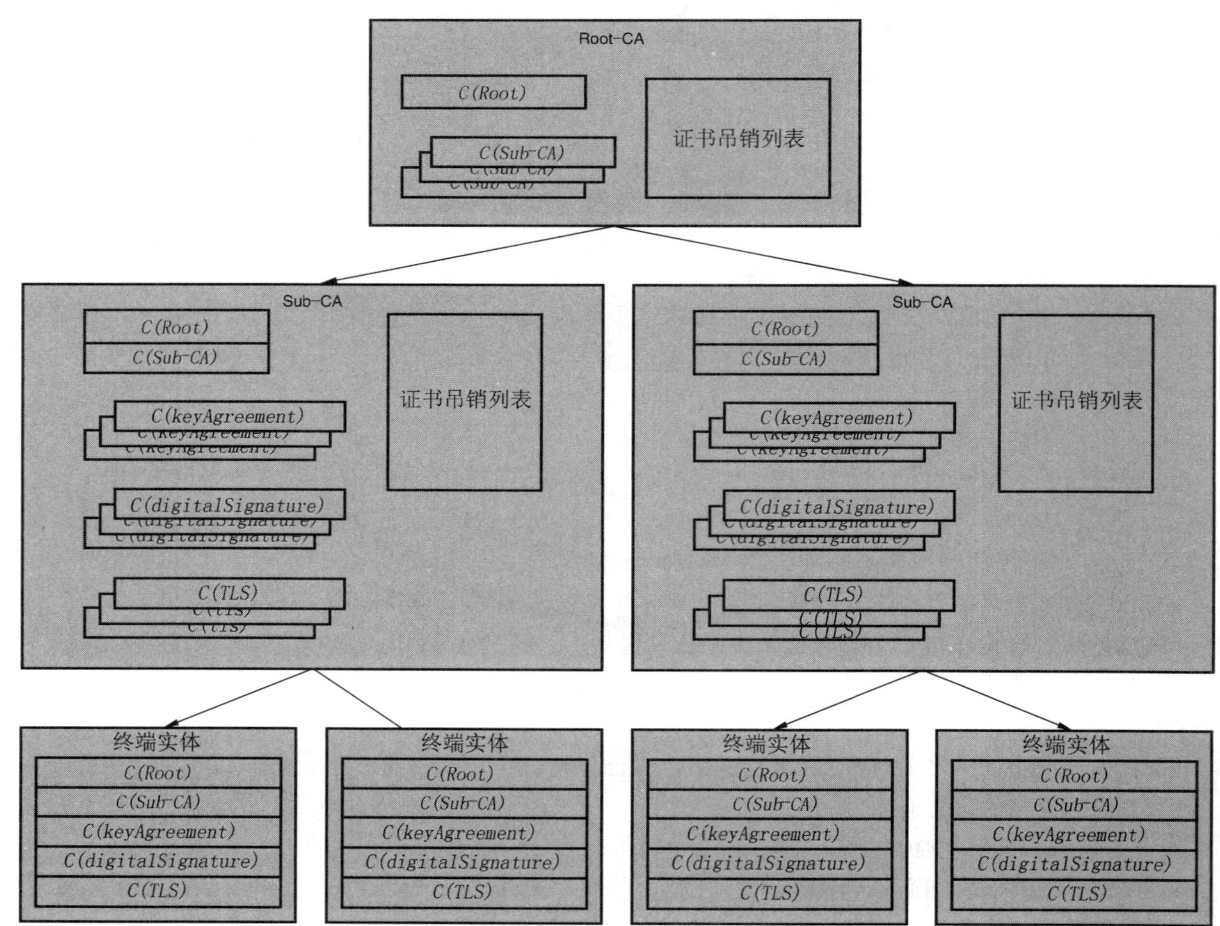

图 23 公钥基础架构的架构(示例)

5.6.3.3.2 根 CA

根 CA 提供 PKI 的信任锚。它颁发子 CA 的证书并维护证书吊销列表(CRL)。根 CA 证书策略定义了处理颁发证书的规则。

根 CA 拥有根证书 C(根)。根 CA 的证书是使用根 CA 私钥进行自签名的。子 CA 证书也使用根 CA 私钥进行签名。

5.6.3.3.3 子 CA

子 CA 是向最终实体颁发证书的组织。每个子 CA 都由 Root-CA 授权。

注:子 CA 可以是独立组织,也可以是仪表市场参与者、仪表操作员、制造商。

每个子 CA 应处理证书策略,该策略应符合根 CA 证书策略。

子 CA 还维护颁发给终端实体的证书列表和证书撤销列表。

子 CA 拥有证书 C(*Sub-CA*)。此证书由根 CA 颁发。子 CA 的私钥用于签署终端实体证书。

5.6.3.3.4 终端实体

在 PKI 基础架构中,终端实体是 PKI 证书的用户和/或作为证书主体的最终用户系统。定义以下终端实体证书:

——数字签名密钥证书 $C(digitalSignature)$,用于数字签名;

——静态密钥协议密钥证书 $C(keyAgreement)$,用于密钥协商;

——[可选]TLS-Certificate $C(TLS)$,用于在建立 TLS 安全通道之前在 DLMS/COSEM 客户机与 DLMS/COSEM 服务器之间进行认证。

另见 5.6.5。

5.6.4 证书和证书扩展配置文件

5.6.4.1 概述

5.6.4 规定了使用公钥密加密的 DLMS/COSEM 系统所需的证书和认证扩展配置文件。

所有证书应具有 X.509 版本 3 证书所指定的结构。

对于展示证书和证书扩展的字段的表,应用以下符号:

——m(强制性):填写字段;

——o(可选):字段是可选的;

——x(不使用):不得使用字段。

每个证书扩展被指定为关键或非关键。如果证书使用系统遇到无法识别的关键扩展或包含无法处理的信息的关键扩展,则该证书使用系统将拒绝该证书。如果非关键扩展不被识别,它可能会被忽略,但如果被识别,将被处理。

本文件规定了最低要求。具体项目的配套规范可以规定更严格的要求,例如,本文档中指定的字段可选变为强制性的,或将指定为非关键的扩展名指定为关键。

5.6.4.2 X.509 v3 证书

X.509 v3 证书是三个必填字段的 SEQUENCE,如表 13 所示。

表 13 X.509 v3 证书结构

证书域	RFC 5280 引用	m/x/o	值
Certificate	4.1.1		
tbsCertificate	4.1.1.1	m	见下文
signatureAlgorithm	4.1.1.2	m	见下文
signatureValue	4.1.1.3	m	见下文

tbsCertificate 字段包含主题和发行者的名称，与主题相连接的公钥，有效期和其他相关信息。tbsCertificate 的字段总结在表 14 中。tbsCertificate 通常包括扩展；这些在 5.6.4.4 中有描述。

signatureAlgorithm 字段包含 CA 用于签署此证书的加密算法的标识符。

```
AlgorithmIdentifier::= SEQUENCE {
algorithm                OBJECT IDENTIFIER
parameters           ANY DEFINED BY algorithm OPTIONAL }
```

DLMS/COSEM 中使用的两种算法标识符是：

——在安全组件 1 的情况下，ecdsa-with-SHA256，OID 1.2.840.10045.4.3.2；

——在安全组件 2 的情况下，ecdsa-with-SHA384，OID 1.2.840.10045.4.3.3。

signatureValue 包含在 ASN.1 DER 编码的 tbsCertificate 上计算的数字签名。使用 ASN.1 DER 编码的 tbsCertificate 作为签名函数的输入。

通过生成此签名，CA 将在 tbsCertificate 字段中证明信息的有效性。特别地，CA 证明公钥材料和证书主体之间的绑定。

5.6.4.3 tbsCertificate

5.6.4.3.1 综述

tbsCertificate 的字段如表 14 所示。

表 14 X.509 v3 tbsCertificate 字段

证书域	RFC 5280 引用	章	m/x/o	内容
tbsCertificate	4.1.2	5.6.4.2		
Version	4.1.2.1	—	m	‘v3’(值为 2)
Serial Number	4.1.2.2	5.6.4.3.2	m	由 CA 分配的证书序列号(不超过 20 个八位位组)
Signature	4.1.2.3	—	m	与证书中的 signatureAlgorithm 相同的算法标识符
Issuer	4.1.2.4	5.6.4.3.3	m	证书颁发者可辨识名称(DN)
Validity	4.1.2.5	5.6.4.3.4	m	证书的有效期
Subject	4.1.2.6	5.6.4.3.3	m	证书主题的可辨识名称(DN)
Subject Public Key Info	4.1.2.7	5.6.4.3.5	m	
Issuer Unique ID	4.1.2.8		x	不适用
Subject Unique ID	4.1.2.8	5.6.4.3.6	o	
Extensions	4.1.2.9	5.6.4.4	m	

5.6.4.3.2 序列号

根据 RFC 5280,4.1.2.2 的规定,序列号应为 CA 向每个证书分配的正整数。对于由给定 CA 颁发的每个证书(即,发行者名称和序列号标识唯一证书),它将是唯一的。

证书用户应能够处理最多 20 个八位位组的 serialNumber 值。符合 CA 不得使用大于 20 个八位位组的 serialNumber 值。

5.6.4.3.3 发行者和主题

Issuer 字段标识已签名并颁发证书的实体。

Subject 字段标识与存储在主题公钥字段中的公钥相连接的实体。主题名称可以包含在 Subject 字段和/或 subjectAltName 扩展名中。如果主题命名信息仅在 subjectAltName 扩展中存在,则主题名称应为空序列,subjectAltName 扩展名应是关键的。见 5.6.4.4.6。

PKI 各实体的命名方案如下表所示。名称应插入 tbsCertificate(如适用)的 Issuer 或 Subject 字段。见表 15、表 16 和表 17。

表 15 根 CA 实例的命名方案(资料性)

属性	缩略语	m/x/o	名称	内容
Common Name	CN	m	〈Root-CA〉	Root-CA 的名称
Organization	O	o	〈PKI-Name〉	PKI 的名称
Organizational Unit	OU	o		组织单位的名称
Country	C	o		ISO 3166 国家代码
注:尖括号"〈〉"内的值由 PKI 或 CA(如适用)分配。				

表 16 子 CA 实例的命名方案(资料性)

属性	缩略语	m/x/o	名称	内容
Common Name	CN	m	〈XXX-CA〉	sub-CA 的名称 CN 应以"CA"结束,以便 CA 功能得到识别
Organization	O	o	〈PKI-Name〉	PKI 的名称
Organizational Unit	OU	o		组织单位的名称
Country	C	o		ISO 3166 国家代码
Locality	L	o	〈Locality〉	Sub-CA 所在的地点
State	ST	o	〈State〉	
注:尖括号"〈〉"内的值由 PKI 或 CA(如适用)分配。				

根 CA 和子 CA 实例的命名方案的元素的格式留给具体项目的配套规范规定。

表 17 终端实体实例的命名方案

属性	缩略语	m/x/o	名称	内容
Common Name	CN	m	〈System-title〉	DLMS/COSEM 系统标题:8 个字节表示为 16 个字符:例如:"4D4D4D0000BC614E"
Organization	O	o	〈PKI-Name〉	PKI 的名称
Organizational Unit	OU	o		组织单位的名称
Country	C	o		ISO 3166 国家代码
Locality	L	x	〈Locality〉	实体所在的地点
State	S	x	〈State〉	
注:尖括号"〈〉"内的值由 PKI 或 CA(如适用)分配。				

5.6.4.3.4 有效期

证书有效期是 CA 保证保留关于证书状态的信息的时间间隔。该字段表示为两个日期的 SEQUENCE:

——证书有效期开始的日期(notBefore);

——证书有效期结束的日期(notAfter)。

除 DLMS/COSEM 服务器之外,在 CA 证书、子 CA 证书和终端实体情况下,notBefore 和 notAfter 应是明确定义的日期。

可以为 DLMS/COSEM 服务器颁发没有过期时间的证书;这种证书在设备的整个使用寿命都可以用。

为了表明证书没有明确定义的到期日期,notAfter 应该被分配 GeneralizedTime 值 99991231235959Z。

有关详细信息,见 RFC 5280:2008,4.1.2.5。

5.6.4.3.5 SubjectPublicKeyInfo

SubjectPublicKeyInfo 字段应具有以下结构:

```
SubjectPublicKeyInfo::=SEQUENCE {
Algorithm                        AlgorithmIdentifier,
subjectPublicKey                 BIT STRING}
```

算法标识符由以下 ASN.1 结构定义:

```
AlgorithmIdentifier::=SEQUENCE {
algorithm                        OBJECT IDENTIFIER,
parameters                       ANY DEFINED BY algorithm OPTIONAL}
```

算法标识符用于识别加密算法。OBJECT IDENTIFIER 组件识别算法(例如具有 SHA-1 的 DSA)。可选参数字段的内容将根据识别的算法而变化。该字段应包含与序列 tbsCertificate 中的签名字段相同的算法标识符,见 5.6.4.2。

OBJECT IDENTIFIER 算法应包含以下值:

——OID 值:1.2.840.10045.2.1;

——OID 描述:ECDSA 和 ECDH 公钥。

曲线 NIST P-256 的参数值应为 1.2.840.10045.3.1.7 和曲线 NIST P-384 的参数值应为 1.3.132.0.34。

来自 SubjectPublicKeyInfo 的 subjectPublicKey 是 ECC 公钥。ECC 公钥具有以下语法：

ECPoint：：=OCTET STRING

根据本文档椭圆曲线加密的实现应支持未压缩格式，并且可以支持 ECC 公钥的压缩形式。[X9.62]的 ECC 公钥的混合形式不得使用。

如 SEC1：2009 所述：

——椭圆曲线公钥(类型 ECPoint 的值为 OCTET STRING)被映射到 subjectPublicKey(类型 BIT STRING 的值)，如下所示：OCTET STRING 值的最高有效位成为 BIT 的最高有效位 STRING 值等；OCTET STRING 的最低有效位成为 BIT STRING 的最低有效位。转换程序见 SEC1：2009，2.3.1 和 2.3.2；

——OCTET STRING 的第一个八位字节表示密钥是压缩还是未压缩。未压缩形式由 0x04 表示，压缩形式由 0x02 或 0x03 表示(见 SEC1：2009 中的 2.3.3)如果第一个八位字节中包含任何其他值，则公钥将被拒绝。

5.6.4.3.6 主题唯一 ID

可以在除服务器证书之外的终端设备证书中可选地使用主题唯一 ID。此字段的使用可由具体项目的配套规范来决定。

5.6.4.4 证书扩展

5.6.4.4.1 综述

为 X.509 v3 证书定义的扩展提供了将附加属性与用户或公钥进行连接以及管理 CA 之间的关系的方法。证书中的每个扩展名都指定为关键(TRUE)或非关键(FALSE)。

扩展字段应根据所使用的证书类型完成，如表 18 所示。

表 18 X.509 v3 证书扩展

	属性	RFC 5280 引用	章	CA		终端实体		
				C(*Root*)	*C* (*Sub-CA*)	*C*(*TLS*)	*C* (*Key Agree*)	*C* (*Data Sign*)
1	AuthorityKeyIdentifier	4.2.1.1	5.6.4.4.2	o	m	m	m	m
2	SubjectkeyIdentifier	4.2.1.2	5.6.4.4.3	m	m	o	o	o
3	KeyUsage	4.2.1.3	5.6.4.4.4	m	m	m	m	m
4	CertificatePolicies	4.2.1.4	5.6.4.4.5	o	m	m	o	o
5	SubjectAltNames	4.2.1.6	5.6.4.4.6	o	o	o	o	o
6	IssuerAltNames	4.2.1.7	5.6.4.4.7	o	o	x	x	x
7	BasicConstraints	4.2.1.9	5.6.4.4.8	m	m	x	x	x
8	ExtendedKeyUsage	4.2.1.12	5.6.4.4.9	x	x	m	x	x
9	cRLDistributionPoints	4.2.1.13	5.6.4.4.10	o	o	x	x	x

C(*Root*)：Root CA 的证书。
C(*Sub-CA*)：Sub-CA 的证书。
C(*TLS*)：传输层安全证书。
C(*KeyAgree*)：ECDH 能够密钥建立密钥的证书。
C(*DataSign*)：ECDSA 能够签名密钥的证书。

5.6.4.4.2 权限密钥标识符

——扩展 ID(OID):2.5.29.35;

——关键:FALSE;

——描述:AuthorityKeyIdentifier 扩展提供了一种识别与用于签署证书的私钥对应的公钥的方法;

——值:AuthorityKeyIdentifier 扩展应包括 keyIdentifier 字段。

keyIdentifier 字段的值需要计算:

——使用 RFC 5280:2008,4.2.1.2 定义的方法 1,即 keyIdentifier 由 BIT STRING SubjectPublicKey(不包括标签、长度和未使用位数)的 160 位 SHA-1 散列组成;

——使用 RFC 5280:2008,4.2.1.2 中定义的方法 2,即 keyIdentifier 由四位类型字段组成,值为 0100,后跟 BIT STRING subjectPublicKey(不包括标签、长度和未使用位数)的 SHA-1 哈希值的最低有效 60 位。

注:该方法的选择由具体项目的配套规范决定。

5.6.4.4.3 SubjectKeyIdentifier

——扩展 ID(OID):2.5.29.14;

——关键: FALSE;

——描述:SubjectKeyIdentifier 扩展提供识别包括特定公钥的证书的方法;

——值:SubjectKeyIdentifier 扩展应包括 keyIdentifier 字段。

关于 keyIdentifier 的计算方法见 5.6.4.4.2。

5.6.4.4.4 KeyUsage

——扩展 ID(OID):2.5.29.15;

——关键: TRUE;

——描述:KeyUsage 扩展名定义了包含密钥的证书的用途;

——值:要设置的位如表 19 所示。

表 19 Key Usage 扩展

证书	C(*Root*)	C(*Sub-CA*)	C(*TLS*)	C(*KeyAgree*)	C(*DataSign*)
设置的位	keyCertSign, cRLSign	keyCertSign, cRLSign	digitalSignature keyAgreement	keyAgreement	digitalSignature

有关详细信息,见 RFC 5280:2008,4.2.1.3 和 NSA3。

5.6.4.4.5 CertificatePolicies

——扩展 ID(OID):2.5.29.32;

——关键: FALSE;

——描述:证书策略扩展包含一个或多个策略信息项的序列,每个策略信息项由对象标识符(OID)和可选限定符组成。有关详细信息,见 RFC 5280:2008,4.2.1.4;

——值:包含适用的证书策略的 OID。

5.6.4.4.6 SubjectAltNames

——扩展 ID(OID):2.5.29.17;

——关键:TRUE 如果证书的"subject"字段为空(空的序列),则为 FALSE。

描述:此扩展允许将身份绑定到证书的主题。这些身份可以包括在证书的主题字段中的身份或代替身份的身份。如果主题名称是空的序列,那么 subjectAltName 扩展将被添加到最终实体签名和密钥建立证书中,并将其标记为关键。subjectAltName 扩展名是可选的,如果包含,则应标记为关键。

SubjectAltName 扩展在使用时应包含一个类型为 OtherName 的 GeneralName,进一步子类型为 RFC 4108 中定义的 HardwareModuleName(ID-on HardwareModuleName)。hwSerialNum 字段应设置为系统标题。

——值:见表 20。

表 20 Subject Alternative Name 值

证书	C(*Root*)	C(*Sub-CA*)	C(*TLS*)	C(*KeyAgree*)	C(*DataSign*)
rfc822Name	〈E-Mail Address〉	〈E-Mail Address〉	—	—	—
uRI	〈Web site〉	〈Web site〉	—	—	—
otherName	—	—	—	〈otherName〉	〈otherName〉
注:尖括号"〈〉"内的值由 PKI 或 CA(如适用)分配。					

5.6.4.4.7 IssuerAltName

——扩展 ID(OID):2.5.29.18;

——关键:FALSE;

——描述:该扩展用于将 Internet 风格标识与证书颁发者相连接。详细信息见 RFC 5280:2008,4.2.1.7;

——值:见表 21。

表 21 发行者备用名称值

证书	C(*Root*)	C(*Sub-CA*)	C(*TLS*)	C(*KeyAgree*)	C(*DataSign*)
rfc822Name	〈E-Mail Address〉	〈E-Mail Address〉	—	—	—
URI	〈Web site〉	〈Web site〉	—	—	—
注:尖括号"〈〉"内的值由 PKI 或 CA(如适用)分配。					

5.6.4.4.8 基本限制

——扩展 ID(OID): 2.5.29.19;

——关键:TRUE;

——描述:基本约束扩展标识证书的主体是否为 CA,还包括包含此证书的有效认证路径的最大深度。见 RFC 5280:2008,4.2.1.9;

——值:见表 22。

表 22　基本约束扩展值

证书	C(*Root*)	C(*Sub-CA*)	C(*TLS*)	C(*KeyAgree*)	C(*DataSign*)
cA	TRUE	TRUE	—	—	—
pathLenConstraint	见注	见注	—	—	—
注：(可选的)pathLenConstraint 的值取决于 PKI 的结构。					

5.6.4.4.9　Extended Key Usage

——扩展 ID(OID):2.5.29.37;

——关键:FALSE;

——描述:表示可以将证书用作 TLS 服务器证书;

- TLS 服务器认证 OID:1.3.6.1.5.5.7.3.1;
- TLS 客户机认证 OID:1.3.6.1.5.5.7.3.2。

5.6.4.4.10　cRLDistributionPoints

——扩展 ID(OID):2.5.29.31;

——关键:FALSE;

——描述:CRL 分发点扩展标识如何获得 CRL 信息;

——该扩展不在 DLMS/COSEM 服务器证书中使用。

5.6.4.4.11　其他扩展

此配置文件中未描述的所有其他扩展应视为 OPTIONAL;它们的包含或排除及其值将取决于具体应用或 PKI 配置。

5.6.5　组件 B 终端实体证书类型要由 DLMS/COSEM 服务器支持

每个 DLMS/COSEM 服务器应使用 X.509 v3 格式,并包含以下任一项:

——具有 P-256 或 P-384 ECDSA 功能的签名密钥;或

——具有 P-256 或 P-384 ECDH 功能的密钥协商密钥。

每张证书均应使用 ECDSA 进行签字。如果证书包含 P-256 上的密钥,签名 CA 的密钥应为 P-256 或 P-384。如果证书包含 P-384 上的密钥,则签名 CA 的密钥应为 P-384。

根据安全策略,以下 X.509 v3 证书由 DLMS/COSEM 终端实体处理,见表 23。

表 23　由 DLMS/COSEM 终端实体处理的证书

安全组件 1	安全组件 2	作用
根证书颁发机构(Root-CA)自签名证书使用 P-256 与 P-256 签署	根证书颁发机构(Root-CA)自签名证书使用 P-384 与 P-384 签署	信任锚;可能不止一个
下属 CA 证书(Sub-CA)使用 P-256 与 P-256 签署	下属 CA 证书(Sub-CA)使用 P-384 与 P-384 签署	颁发 CA 的证书。 下属 CA 也可以用作信任锚
—	下属 CA 证书(Sub-CA)使用 P-256 与 P-384 签署	

表 23(续)

<table>
<tr><th>安全组件 1</th><th>安全组件 2</th><th>作用</th></tr>
<tr><td>终端实体签名证书使用 P-256 与 P-256 签署</td><td>终端实体签名证书使用 P-384 与 P-384 签署</td><td rowspan="2">ECDSA 签名生成和验证的公钥</td></tr>
<tr><td>—</td><td>终端实体签名证书使用 P-256 与 P-384 签署</td></tr>
<tr><td>终端实体密钥建立证书使用 P-256 与 P-256 签署</td><td>终端实体密钥建立证书使用 P-384 与 P-384 签署</td><td rowspan="2">与单通道 Diffie-Hellman C(1e,1s)方案或静态统一模型 C(0e,2s,ECC CDH)方案一起使用</td></tr>
<tr><td>—</td><td>终端实体密钥建立证书使用 P-256 与 P-384 签署</td></tr>
<tr><td>终端实体 TLS 证书使用 P-256 与 P-256 签署</td><td>终端实体 TLS 证书使用 P-384 与 P-384 签署</td><td></td></tr>
<tr><td>—</td><td>终端实体 TLS 证书使用 P-256 与 P-384 签署</td><td></td></tr>
</table>

示例证书在附件 H 中给出。

5.6.6 证书的管理

5.6.6.1 综述

5.6.6 仅适用于 DLMS/COSEM 服务器公钥证书的管理,包括:

——为服务器配置信任锚,见 5.6.6.2;

——为服务器配置其他 CA 证书,见 5.6.6.3;

——服务器的安全个性化,见 5.6.6.4;

——为服务器配置客户机和第三方的证书,见 5.6.6.5;

——为客户机和第三方配置服务器证书,见 5.6.6.6;

——删除证书,见 5.6.6.7。

注:DLMS/COSEM 客户机和第三方系统中的公钥证书管理超出本文档的范围。

5.6.6.2 为服务器配置信任锚

在开始稳态操作之前,服务器应配置有用于验证证书的信任锚。信任锚可以是根 CA(即自签名)证书,子 CA 证书或直接受信任的 CA 密钥。可以为服务器配置多个信任锚点。

信任锚应放置在服务器外(OOB)。

信任锚证书与其他证书一起存储。

它们可以导出,但不能导入或删除。

无法导出直接受信任的 CA 密钥。

5.6.6.3 为服务器配置其他 CA 证书

可能会为服务器配置其他 CA 证书,这些 CA 证书将用于验证终端设备证书上的数字签名。

为此,可以使用“Security setup”对象的 *import_certificate* 方法。该过程如图 24 所示。

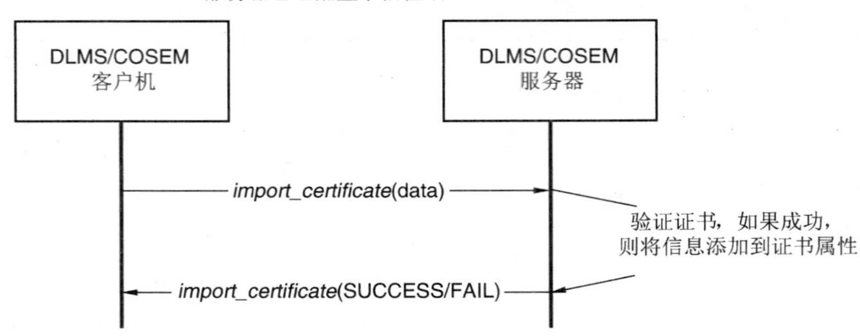

注：当第三方负责管理 CA 证书时，该第三方可以通过充当代理的客户机来调用 *import_certificate* 方法。

图 24　为服务器配置其他 CA 证书的 MSC

5.6.6.4　服务器的安全个性化

安全个性化是指提供具有非对称密钥对和相应的公钥证书给服务器。这可以发生以下任一项：

——使用制造商提供的安全原语给添加私钥和公钥证书。私钥应安全地存储在服务器中，不得暴露；

——使用"Security setup"对象的适当方法。这个过程可以在制造过程中和当需要生成新的密钥对和相关的公钥证书时使用。该过程如图 25 所示并在下面描述。

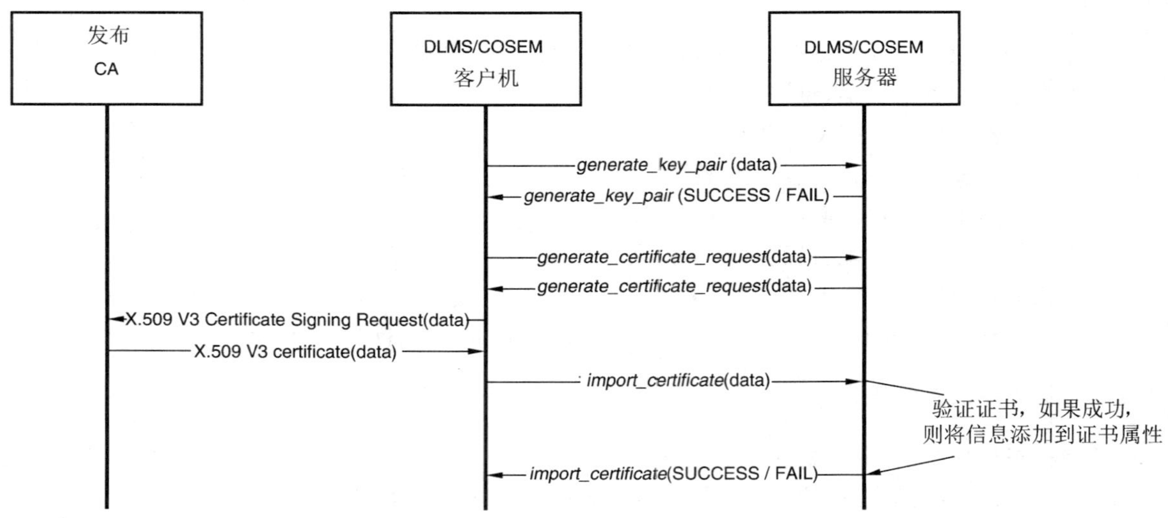

注：安全个性化可能由第三方而不是客户机执行。在这种情况下，"Security setup"对象的方法可以由该第三方通过充当代理的客户机来调用。

图 25　服务器的安全个性化的 MSC

——步骤 1：客户机调用 *generate_key_pair* 方法。方法调用参数规定要生成的密钥对：数字签名、密钥协商或 TLS 密钥对；

注 1：一旦它的证书被导入并成功验证，新的密钥对就可以在交易中使用。

——步骤 2：客户机调用 *generate_certificate_request* 方法。方法调用参数标识将生成证书签名请求(CSR)的密钥对。返回参数包括由新生成的密钥对的私钥签名的 CSR；

——步骤 3:客户机向 CA 发送 CSR。该消息将封装从调用 *generate_certificate_request* 方法得到的返回参数。CA(只要满足必要条件)发出证书并将其发送给客户机;

注 2:客户机和发布 CA 之间的消息格式不在本文档的范围内。

——步骤 4:客户机调用 *import_certificate* 方法。方法调用参数包含证书。服务器验证证书,如果成功,将证书上的信息添加到证书属性。如果验证失败,证书将被丢弃。

为同一目的(数字签名,密钥协商,TLS)可能只有一个密钥对和证书。因此,当成功导入新证书时,删除旧的证书。从这一点开始,新的密钥对可以用于交易。

有关方法调用和返回参数的详细信息,见 GB/T 17215.662—2018 中的 5.3.7。

使用服务器证书的多方可以获得以下任一信息:

——带外;

——使用"Security setup"对象的 *export_certificate* 方法,见 5.6.6.6;或

——作为 AARE(在 HLS 认证期间)的一部分,见 5.7.4。

5.6.6.5 为服务器配置客户机和第三方的证书

为了验证数字签名、应用方案(使用静态密钥协商密钥的方案)执行密钥协商或建立 TLS 连接,服务器需要具有对方的相应公钥证书。

如果在制造时已经知道客户机和/或第三方,那么它们的公钥证书可以由制造商添加到服务器中。

注:向制造商分发公钥证书不在本文档的范围内。

否则,可以使用"Security setup"对象的 *import_certificate* 方法为服务器配置客户机和第三方的证书。方法调用参数是要放入服务器的证书。有关方法调用和返回参数的详细信息,见 GB/T 17215.662—2018 中的 5.3.7。该过程如图 26 所示。

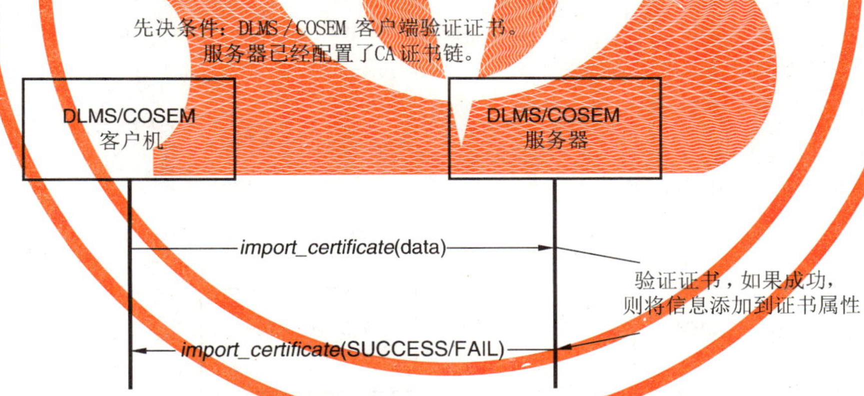

注:*import_certificate*(data)方法也可以由第三方使用客户机作为代理进行调用。

图 26 为服务器配置客户机的证书

在使用 ECDSA 的 HLS 认证机制的情况下,客户机的数字签名密钥的公钥证书可以由 AARQ 的 calling-AE-qualifier 字段包含。见 5.7.4。

5.6.6.6 为客户机和第三方配置服务器证书

为了验证服务器应用的数字签名、执行涉及静态密钥协商密钥的密钥协商、或建立 TLS 连接,客户机或第三方需要具有服务器的相应公钥证书。

证书可能随服务器一起提供,并插入客户机/第三方 OOB。

或者,客户机或第三方可以使用"Security setup"对象的 *export_certificate* 方法从服务器请求证

书。方法调用参数标识所请求的证书。

注:在使用 ECDSA 进行 HLS 认证的情况下,这是 authentication_mechanism 7,用于数字签名的服务器的公钥证书在 AARE 中传输。

返回参数(在成功的情况下)包括证书。有关方法调用和返回参数的详细信息,见 GB/T 17215.662—2018 中的 5.3.7。该过程如图 27 所示。

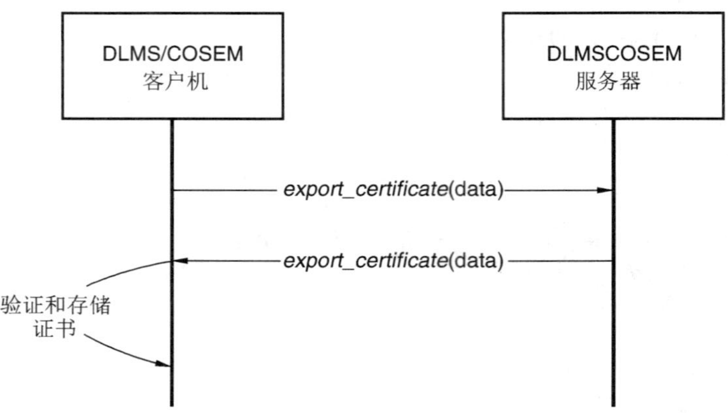

注:*export_certificate*(data)方法也可以由使用客户机作为代理的第三方进行调用。

图 27　为客户机/第三方配置服务器的证书

5.6.6.7　从服务器删除证书

有时需要删除服务器存储的公钥证书。

注 1:这可能与属于服务器的证书或属于客户机或第三方的证书有关。

注 2:需要删除公共密钥证书时的条件不在本文档的范围内。

删除属于服务器的证书时,应销毁与公钥连接的私钥。

删除的证书信息也应从"Security setup"对象的 *certificates* 属性中删除。

公钥证书被删除的密钥对不能再用于交易。

该过程如图 28 所示。

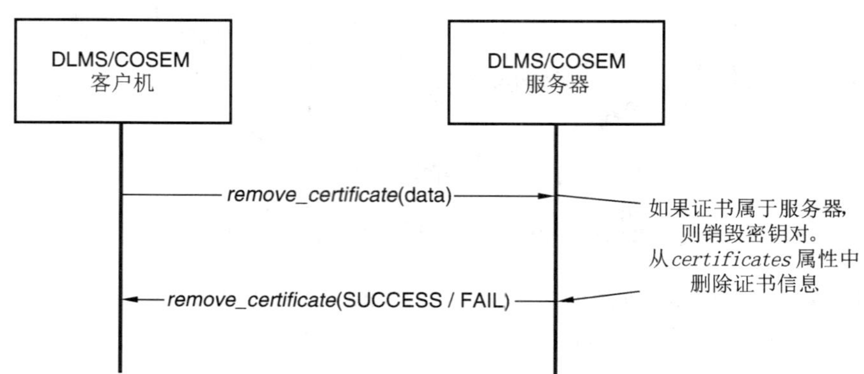

注:*remove_certificate*(data)方法也可以由使用客户机作为代理的第三方进行调用。

图 28　从服务器中删除证书

5.7 应用加密保护

5.7.1 综述

5.3 中规定的加密算法可以应用于：

——保护 xDLMS APDU，见 5.7.2；

——处理 HLS 认证过程中的口令，见 5.7.4；

——保护 COSEM 数据，见 5.7.5。

5.7.2 保护 xDLMS APDU

5.7.2.1 综述

5.7.2 规定了如何使 5.3.3 和 5.3.4 中规定的加密算法用于保护 xDLMS APDU：

——5.7.2.2 规定了安全策略和访问权限的可能值；

——5.7.2.3 显示了加密 APDU 的类型；

——5.7.2.4 规定了使用 AES-GCM 算法进行认证和加密；

——5.7.2.5 规定了使用 ECDSA 算法进行数字签名。

当 AP 调用 COSEM 对象属性或方法相关的 xDLMS 服务原语时，服务参数包括 Security_Options 参数。该参数告知 AL 要使用的加密 APDU 的种类、要应用的保护、并包括必要的安全材料。AL 构建与服务原语对应的 APDU，然后构建加密的 APDU。

当 AL 从远程伙伴接收到加密的 APDU 时，它解密并恢复原始的未加密的 APDU。当它成功完成后，它调用适当的服务原语。附加服务参数包括 Security_Status 和 Protection_Element 参数，该参数告知 AP 关于已经所使用的加密 APDU 的种类、被验证和删除的保护，附加服务参数并且可以包括安全材料。另见 6.5。

5.7.2.2 安全策略和访问权限值

在“Security setup”版本 1 的情况下（见 GB/T 17215.662—2018 中的 5.3.7）枚举类型应解释为无符号整数 8 类型。每个位的含义如表 24 所示。

表 24 安全策略值（“Security setup”版本 1）

位	安全策略
0	未使用，应设置为 0
1	未使用，应设置为 0
2	认证请求
3	加密请求
4	数字签名请求
5	认证响应
6	加密响应
7	数字签名响应

注：对于“安全策略”版本 0，可能的安全策略值在 GB/T 17215.662—2018，7.10 中规定。对于“安全策略”版本 0 和 1，值(0)表示不需要加密保护。

访问权限由“Association LN”的 *object_list* 属性或“Association SN”对象的 *access_rights_list* 保存。access_rights 的 access_mode 元素决定了访问类型并规定了加密保护。它是枚举数据类型。

在“Association LN”版本 3 和“Association SN”版本 4 的情况下(见 GB/T 17215.662—2018,5.3.4 和 5.3.3) 枚举值被解释为无符号整数 8:每个位的含义如表 25 所示。

对于旧版本,见 GB/T 17215.662—2018 中的规范。

表 25 访问权限值(“Association LN”版本 3“Association SN”版本 4)

位	属性访问	方法访问
0	读访问	访问
1	写访问	未使用
2	认证请求	认证请求
3	加密请求	加密请求
4	数字签名请求	数字签名请求
5	认证响应	认证响应
6	加密响应	加密响应
7	数字签名响应	数字签名响应
例子	枚举(3):读写 枚举(6):写访问与认证请求 枚举(255):读写访问与认证,加密和数字签名的请求和响应	枚举(1):访问 枚举(2):未使用 枚举(5):访问与认证的请求 枚举(253):访问与认证,加密和数字签名的请求和响应

对 COSEM 对象属性和/或方法的访问权限可能需要经过认证、加密和/或签名的 xDLMS APDU。因此,总是允许具有比安全策略要求更多的保护的 APDU。比安全策略和访问权限要求较小的 APDU 应拒绝。

在该语境中更多的保护意味着在 xDLMS APDU 上应用了比安全策略要求的更多种类的保护:例如,安全策略要求所有 APDU 都被认证,但访问权限要求 APDU 被加密和认证,即更高的保护。

5.7.2.3 加密的 xDLMS APDU

不同类型的加密 xDLMS APDU 如表 26 所示。另见 6.5。加密的 xDLMS APDU 只能在加密的应用语境中使用。另一方面,在加密的应用语境中,可以使用加密和未加密的 APDU。

表 26　加密的 xDLMS APDU

<table>
<tr><th>APDU 类型</th><th>各方</th><th>加密类型</th><th>安全服务</th><th>使用的密钥</th><th>压缩</th></tr>
<tr><td>服务特定全局加密或专有加密</td><td rowspan="2">客户机-服务器</td><td rowspan="2">对称密钥</td><td rowspan="2">认证加密</td><td rowspan="2">块加密密钥：
——专有钥匙[a]；
——在交换[c]外部建立[b]的全局单播/广播密钥，由 SC 字节标识。

认证密钥：
全局，在交换[c]外部建立[b]</td><td>—</td></tr>
<tr><td>通用全局加密
通用专有加密</td><td>是[e]</td></tr>
<tr><td>通用加密</td><td rowspan="2">第三方或客户机-服务器</td><td>对称密钥</td><td>认证加密</td><td>块加密密钥：
——在交换[c]外部建立[b]的全局单播/广播密钥，作为交换的一部分；
——建立[b]为交换[d]的一部分。

认证密钥：全局，在交换[c]外部建立[b]</td><td>是[e]</td></tr>
<tr><td>通用签名</td><td>非对称密钥</td><td>数字签名</td><td>签名密钥</td><td>否</td></tr>
<tr><td colspan="6">[a] 由 AARQ 传输。
[b] 密钥的建立可能是密钥封装或密钥协商。
[c] 在服务器中，这些密钥由安全设置对象持有。
[d] 密钥数据在受保护的 APDU 中传输。
[e] 使用压缩由安全控制字节控制。</td></tr>
</table>

5.7.2.4　加密、认证和压缩

5.7.2.4.1　综述

使用 AES-GCM 算法，加密和认证保护信息如图 29 所示。另见 5.3.3.7。该算法可以与压缩组合。

在消息保护的情况下，要保护的信息是 xDLMS APDU。在 COSEM 数据保护的情况下，要保护的信息是 COSEM 数据，即 COSEM 属性值或方法调用/返回参数。

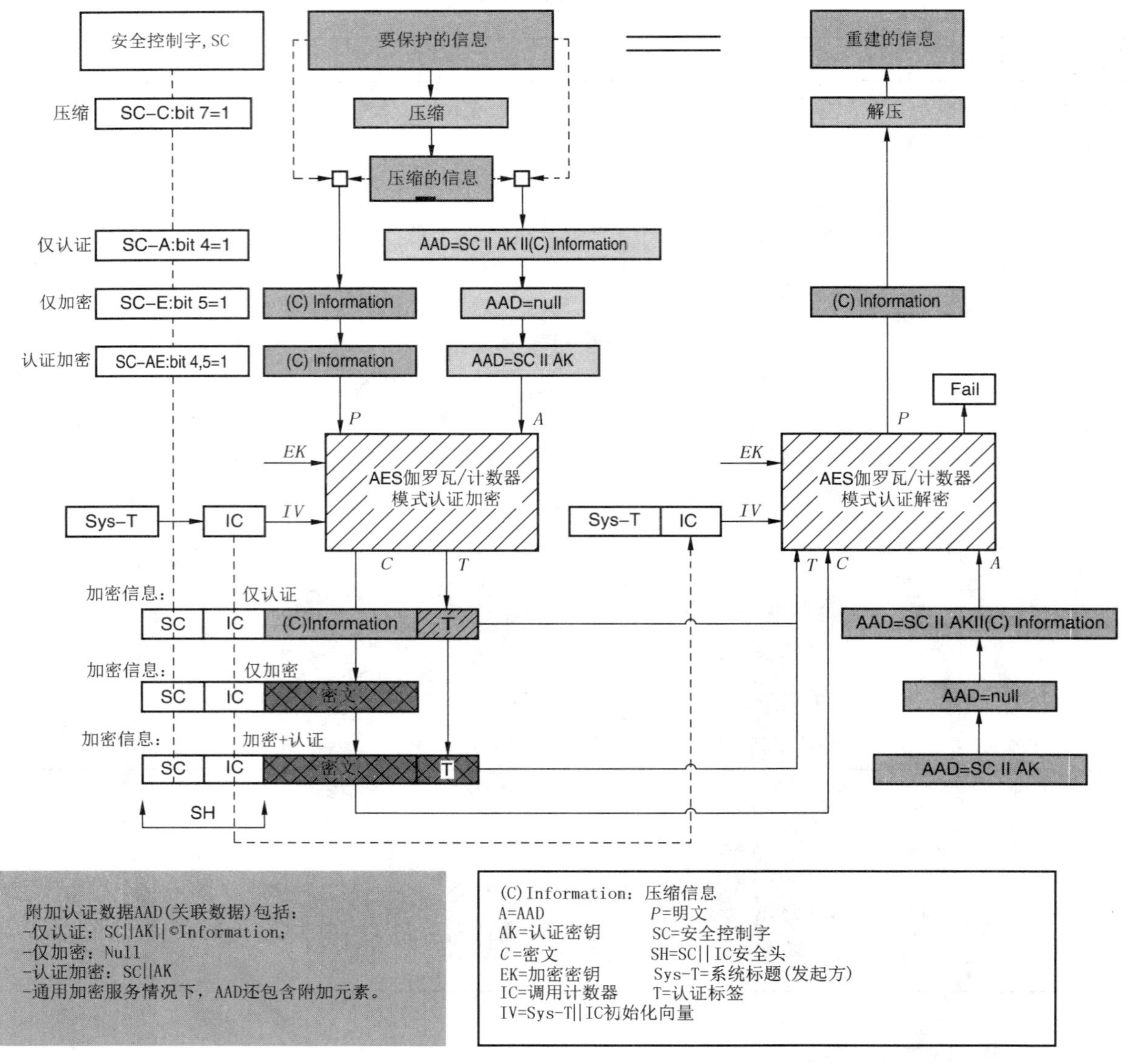

注:在通用加密的情况下,AAD 还包括其他字段,见表 28。

图 29 使用 AES-GCM 对信息的加密保护

所需的安全材料在 5.7.2.4.2~5.7.2.4.5 中规定。

5.7.2.4.2 安全头

安全头 SH 包含了与调用计数器级联的安全控制字节:SH=SC II IC。安全控制字节见表 27,其中:

——Bit 3~0:Security_Suite_Id,见 5.3.7;

——Bit 4:"A"子域表示实施的认证;

——Bit 5:"E"子域表示实施的加密;

——Bit 6:Key_Set 子域:0=单播,1=广播;

——Bit 7:表示压缩的使用。

表 27　安全控制字节

Bit 7	Bit 6	Bit 5	Bit 4	Bit 3～0
Compression	Key_Set	E	A	Security_Suite_Id
Key_Set 位不相关，当使用服务特定的专用加密、通用加密或通用加密 APDU 时，将其设置为 0。				

5.7.2.4.3　明文和附加认证数据

明文(记为 *P*)和附加认证数据(记为 *A*)依赖于保护的方式，见表 28，其中 *SC* 为安全控制字节，*AK* 是认证密钥、*I* 是信息，即拟保护的 xDLMS APDU 或 COSEM 数据。

表 28　明文和附加的认证数据

安全控制，*SC*		保护	*P*	*A*，附加的认证数据	
E 域	A 域			服务特定全局加密 服务特定专有加密 通用全局加密 通用专有加密	通用加密
0	0	无	—	—	—
0	1	仅认证	—	*SC* ‖ *AK* ‖(*C*)*I*	*SC* ‖ *AK* ‖ transaction-id ‖[a] originator-system-title ‖[a] recipient-system-title ‖[a] date-time ‖[a] other-information ‖[a] (*C*)*I*
1	0	仅加密	(*C*)*I*	—	—
1	1	加密和认证	(*C*)*I*	*SC* ‖ *AK*	*SC* ‖ *AK* ‖ transaction-id ‖[a] originator-system-title ‖[a] recipient-system-title ‖[a] date-time ‖[a] other-information ‖[a]
[a] 域 transaction-id...other-information 是 A-XDR 编码的 OCTET STRING。AAD 中包含了每个域的长度和值。					

5.7.2.4.4　加密密钥和认证密钥

AES-GCM 使用的这些密钥分别在 5.3.3.7.4 和 5.3.3.7.5 中规定。DLMS/COSEM 中使用的各种

密钥及其建立在 5.5 中规定。

5.7.2.4.5 初始化向量

见 5.3.3.7.3。

5.7.2.4.6 服务特定加密 xDLMS APDU

对于某些 xDLMS APDU(见 4.2.4.4.6 和 7.3.13)使用全局密钥的加密变体和使用专用密钥的加密变体。这些加密 APDU 可以在客户机和服务器之间使用。服务特定加密 APDU 的结构如图 30 所示。另见表 28 和表 29。

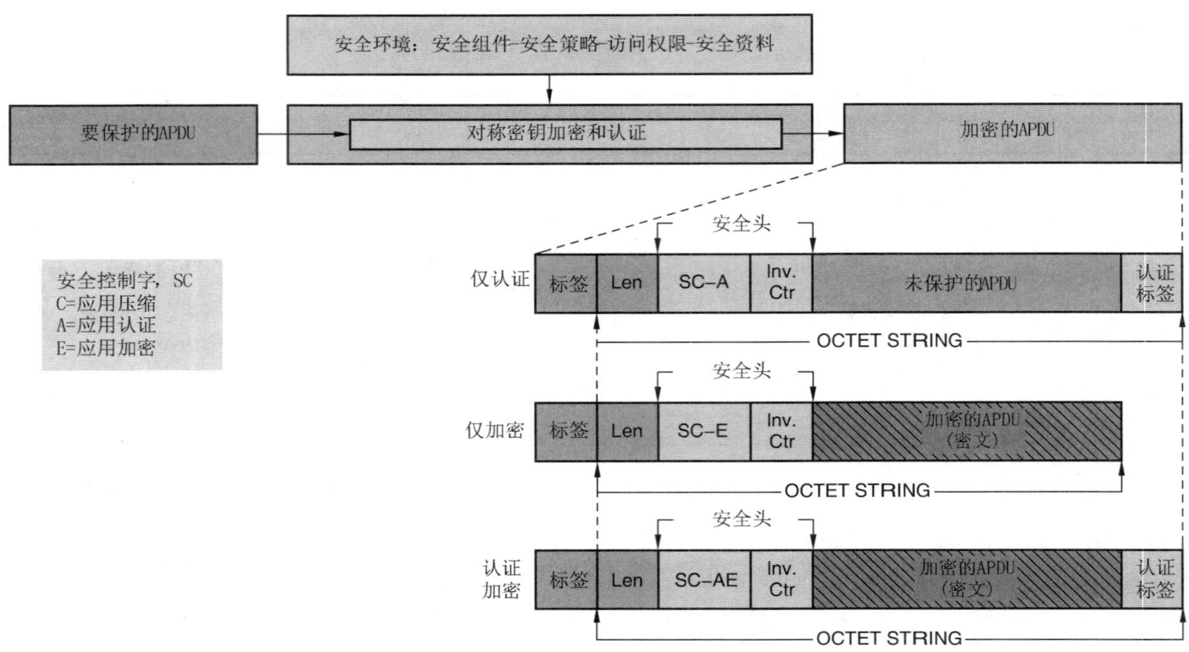

图 30 服务特定全局加密/专用加密的 xDLMS APDU 的结构

5.7.2.4.7 通用全局加密和通用专用加密 xDLMS APDU

这些 APDU 可用于使用全局密钥或专用密钥对其他 xDLMS APDU 进行加密。它们可以在客户机和服务器之间使用。其结构如图 31 所示。另见表 28 和表 29。

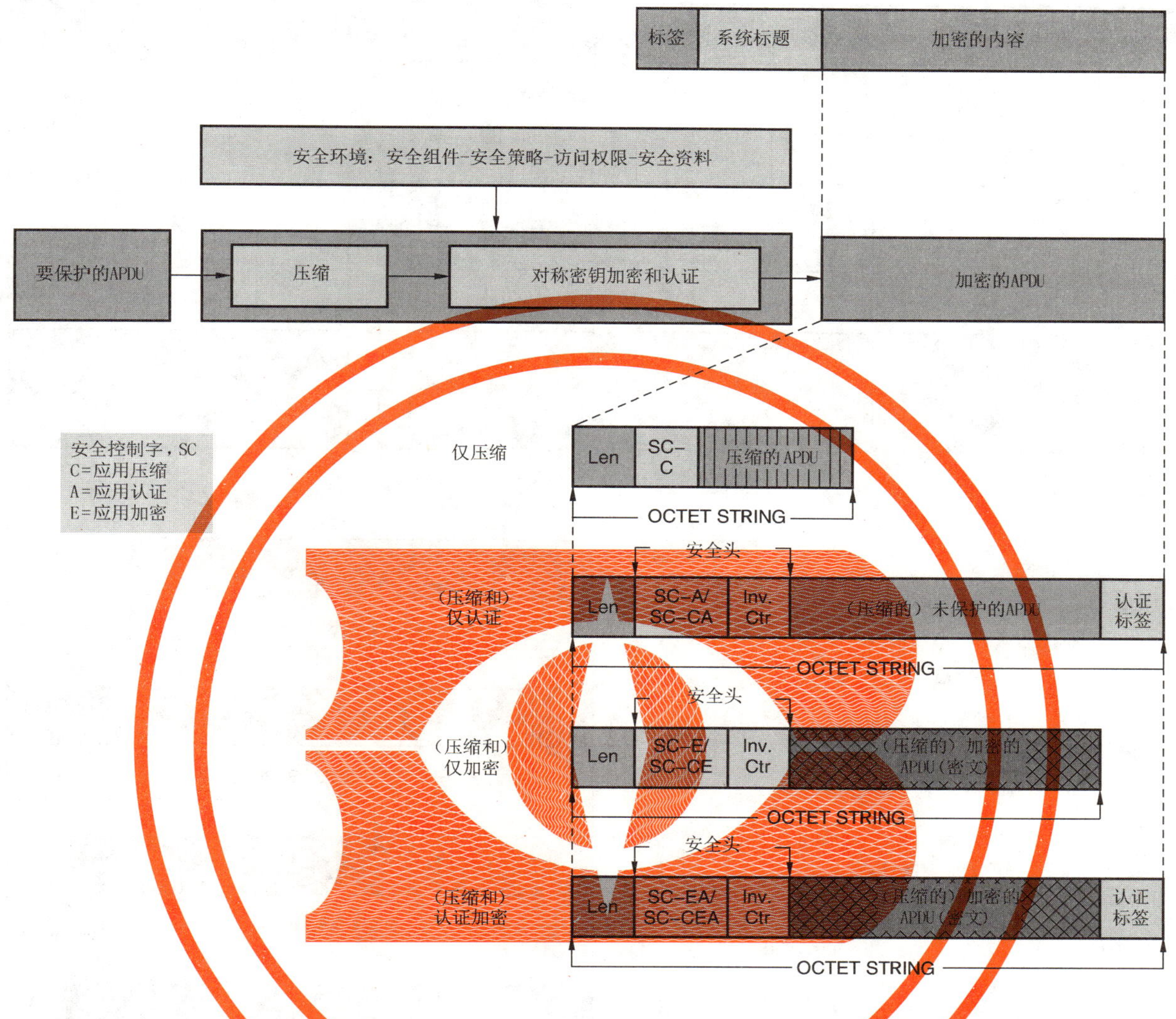

图 31 通用全局加密和通用专用加密 xDLMS APDU 的结构

5.7.2.4.8 通用加密 APDU

通用加密 APDU 可以在客户机和服务器之间或第三方与服务器之间使用。这些 APDU 还包含有关使用密钥的必要信息。通用加密 APDU 的结构如图 32 所示。另见表 28 和表 29。

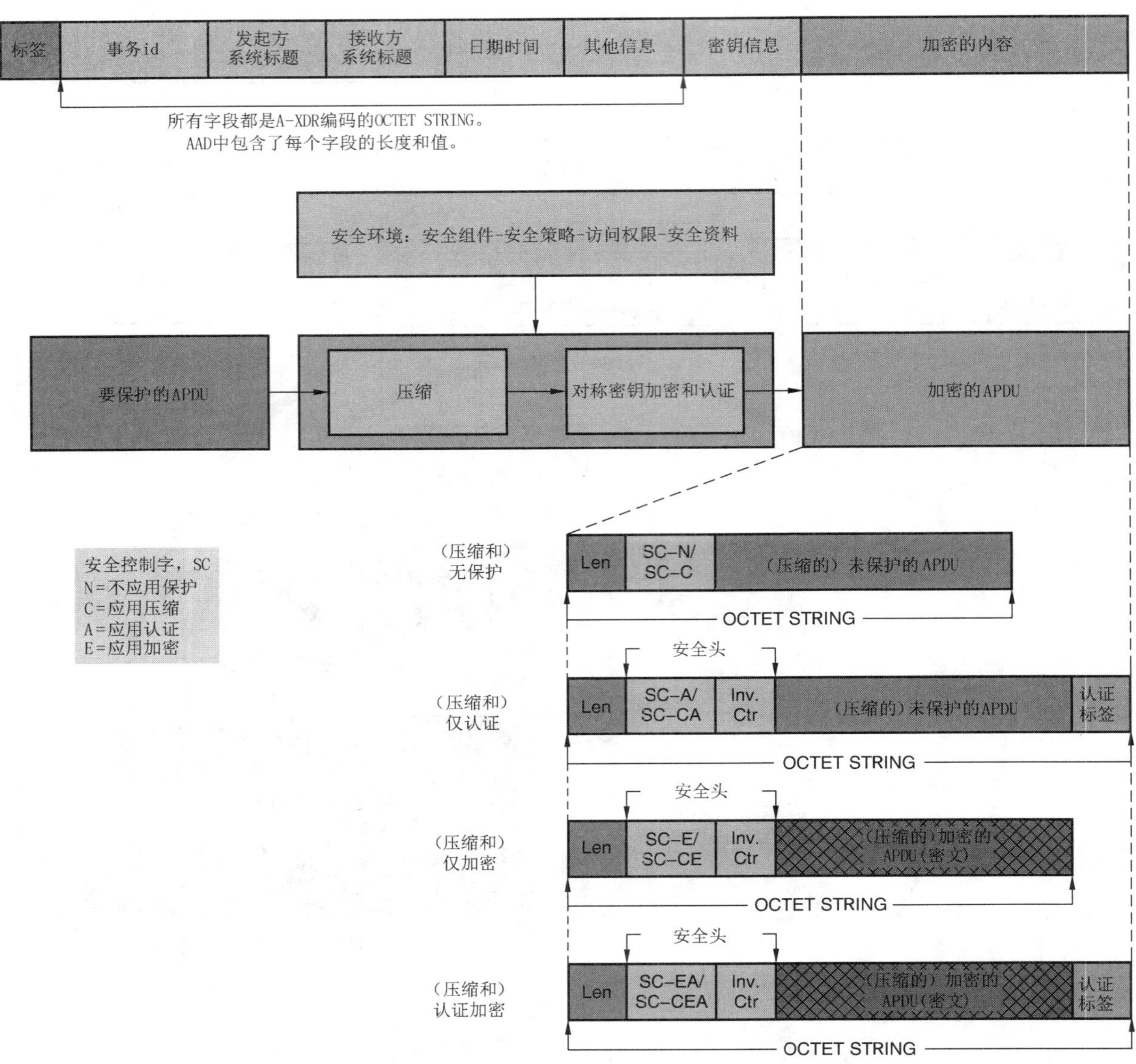

图 32 通用加密 xDLMS APDU 的结构

5.7.2.4.9 加密的 xDLMS APDU 的字段的使用

表 29 中总结了加密的 xDLMS APDU 的字段的使用。

表 29　加密的 xDLMS APDU 的字段的使用

APDU 域	服务特定 全局/专有加密	通用全局/通用 专有加密	通用加密	含义
标签	服务特定的	[219] [220]	[221]	加密的 APDU 的标签;见 7.3.13
系统标题	—	+	—	见 6.5
事务 id	—	—	+	
发起者系统标题	—	—	+	
接收者系统标题	—	—	+	
日期时间	—	—	+	
其他信息	—	—	+	
密钥信息	—	—	+	
安全控制字	+	+	+	提供有关应用的保护,使用的密钥设置和安全组件的信息。见表 27[a]
调用计数器	+	+	+	初始化向量的调用域。它是一个整数计数器,它在每次使用相同密钥调用认证加密函数时递增。 当新的密钥建立时,相关的调用计数器应被重置为 0
未保护的 APDU	+	+	+	未受保护的 APDU(与要保护的 APDU 相同)
加密的 APDU	+	+	+	加密的 APDU 即密文
认证标签	+	+	+	由 AES-GCM 算法计算,见 5.3.3.7
[a] 在通用加密 APDU 的情况下,安全控制字的密钥设置位是不相关的,应设置为零。				

5.7.2.4.10　编码示例:global-get-request xDLMS APDU

表 30 示出了服务特定的全局加密 xDLMS APDU:glo-get-request 的编码示例。

表 30　示例:glo-get-request xDLMS APDU

	X	内容	字节长度(X)	位长度(X)
安全资料				
安全组件		GCM-AES-128		
系统标题	*Sys-T*	4D4D4D0000BC614E(在这里,最后五个八位位组包含十六进制的制造编号)	8	64
调用计数器	*IC*	01234567	4	32
初始化向量	*IV*	*Sys-T* II IC 4D4D4D0000BC614E01234567	12	96
块加密密钥(全局)	*EK*	000102030405060708090A0B0C0D0E0F	16	128
认证密钥	*AK*	D0D1D2D3D4D5D6D7D8D9DADBDCDDDEDF	16	128

表 30（续）

	X	内容			字节长度(*X*)	位长度(*X*)
应用的安全		**认证**	**加密**	**认证加密**		
安全控制字（单播密钥）	*SC*	*SC-A*	*SC-E*	*SC-AE*	1	8
		10	20	30		
安全头	*SH*	*SH*=*SC*−*A* ∥ *IC*	*SH*=*SC*−*E* ∥ *IC*	*SH*=*SC*−*AE* ∥ *IC*		
		1001234567	2001234567	3001234567	5	40
输入		**认证**	**加密**	**认证加密**		
要保护的 xDLMS APDU	*APDU*	C0010000080000010000FF0200 (Get 请求,Clock 对象的属性 2)			13	104
明文	*P*	Null	C00100000800 0001 0000FF0200	C001000008 000001 0000FF0200	13	104
连接数据	*A*	*SC* ∥ *AK* ∥ *APDU*	—	*SC* ∥ *AK*		
连接数据-认证	*A-A*	10D0D1D2D3D4D5D6 D7D8D9DADBDCDDDE DFC0010000080000 010000FF0200	—	—	30	240
连接数据-加密	*A-E*	—	—	—	0	0
连接数据-认证	*A-AE*	—	—	30D0D1D2D3 D4D5D6 D7D8D9DADB DCDDDE DF	17	136
输出		**认证**	**加密**	**认证加密**		
密文	*C*	NULL	411312FF935A 4756 6827C467BC	411312FF93 5A4756 6827C467BC	13	104
认证标签	*T*	06725D910F9221D2 63877516	—	7D825C3BE4 A77C3F CC056B6B	12	96
完整的加密 APDU		*TAG* ∥ *LEN* ∥ *SH* ∥ *APDU* ∥ *T*	*TAG* ∥ *LEN* ∥ *SH* ∥ *C*	*TAG* ∥ *LEN* ∥*SH* ∥ *C* ∥ *T*	—	—
认证的 APDU		C81E1001234567C0 0100000800000100 00FF020006725D91 0F9221D263877516	—	—	32	256
加密的 APDU		—	C81220012345 67411312FF93 5A47566827C4 67BC	—	20	160
认证和加密的 APDU		—	—	C81E300123 4567411312 FF935A4756 6827C467BC 7D825C3BE4 A77C3FCC05 6B6B	32	256

注：在这个例子中，调用计数器的值是 01234567。在实际应用中，每次调用 AES-GCM 算法该值都应该增加。

表 31 示出了使用经认证加密来保护表 F.10 中所示的 ACCESS.request 和 ACCESS.response APDU 的示例。使用 5.7.2.4.8 中规定的通用加密 APDU。使用单程 Diffie-Hellman C(1e,1s,ECC CDH)密钥协商方案协商加密密钥,见 5.3.4.6.3。认证密钥与表 30 相同。

表 31 应用通用加密、单通道 Diffie-Hellman C(1e,1s,ECC CDH)密钥协商方案的 ACCESS 服务

消息元素	内容	字节长度
通用加密	DD	1
事务 id		0
长度	08	1
值	0102030405060708	8
发起方系统标题		0
长度	08	1
值	4D4D4D0000BC614E	8
接收方系统标题		0
长度	08	1
值	4D4D4D0000000001	8
日期时间		0
长度	00	1
值		0
其他信息		0
长度	00	1
值		0
密钥信息 OPTIONAL	01	1
协商密钥 CHOICE	02	1
密钥参数		0
长度	01	1
值	01	1
密钥加密的数据		0
长度	8180	2
值	C323C2BD45711DE4688637D919F92E9D B8FB2DFC213A88D21C9DC8DCBA917D81 70511DE1BADB360D50058F794B0960AE 11FA28D392CFF907A62D13E3357B1DC0 B51BE089D0B682863B2217201E73A1A9 031968A9B4121DCBC3281A69739AF874 29F5B3AC5471E7B6A04A2C0F2F8A25FD 772A317DF97FC5463FEAC248EB8AB8BE	128
加密的内容		0
长度	81EB	2
值 应用认证加密的 ACCESS.request SC II IC II ciphertext II auth.Tag	3100000000F435069679270C5BF4425E E5777402A6C8D51C620EED52DBB18837 8B836E2857D5C053E6DDF27FA87409AE F502CD9618AE47017C010224FD109CC0 BEB21E742D44AB40CD11908743EC90EC 8C40E221D517F72228E1A26E827F43DC 18ED27B5F458D66508B05A2A4CC6FED1 78C881AFC3BC67064689BE8BB41C80AB B3C114A31F4CB03B8B64C7E0B4CE77B2 399C93347858888F92239713B38DF01C 4858245827A92EF334172EA636B31CBB DF2A96AD5D035F66AA38F1A2D97D4BBA 99622E6B5F18789CECB2DFB3937D9F3E 17F8B472098E6563238F375283748098 36002AEA6E7012D2ADFAA7	235

表 31（续）

消息元素	内容	字节长度
通用加密(编码)	DD0801020304050607080 84D4D4D0000 BC614E084D4D4D000000000100000102 01018180C323C2BD45711DE4688637D9 19F92E9DB8FB2DFC213A88D21C9DC8DC BA917D8170511DE1BADB360D50058F79 4B0960AE11FA28D392CFF907A62D13E3 357B1DC0B51BE089D0B682863B221720 1E73A1A9031968A9B4121DCBC3281A69 739AF87429F5B3AC5471E7B6A04A2C0F 2F8A25FD772A317DF97FC5463FEAC248 EB8AB8BE81EB3100000C00F435069679 270C5BF4425EE5777402A6C8D51C620E ED52DBB188378B836E2857D5C053E6DD F27FA87409AEF502CD9618AE47017C01 0224FD109CC0BEB21E742D44AB40CD11 908743EC90EC8C40E221D517F72228E1 A26E827F43DC18ED27B5F458D66508B0 5A2A4CC6FED178C881AFC3BC67064689 BE8BB41C80ABB3C114A31F4CB03B8B64 C7E0B4CE77B2399C93347858888F9223 9713B38DF01C4858245827A92EF33417 2EA636B31CBBDF2A96AD5D035F66AA38 F1A2D97D4BBA99622E6B5F18789CECB2 DFB3937D9F3E17F8B472098E6563238F37 528374809836002AEA6E7012D2ADFAA7	401
通用加密	DD	1
事务 id		0
长度	08	1
值	0123456789012345	8
发起方系统标题		0
长度	08	1
值	4D4D4D0000000001	8
接收方系统标题		0
长度	08	1
值	4D4D4D0000BC614E	8
日期时间 OPTIONAL		0
长度	00	1
值		0
其他信息		0
长度	00	1
值		0
密钥信息 OPTIONAL	01	1
协商密钥 CHOICE	02	1
密钥参数		0
长度	01	1

表 31（续）

消息元素	内容	字节长度
值	01	1
密钥加密数据		0
长度	8180	2
值	6439724714B47CD9CB988897D8424AB9 46DCD083D37A954637616011B9C23787 73295F0F850D8DAFD1BBE9FE666E53E4 F097CD10B38B69622152724A90987444 E1FF47974A1F6931A6502F58147463F0 E8CC517D47F55B0AC56DD8AC5C9D0E48 1934F2D90F9893016BD82B6E3FFE21FF 1588F3278B4E9D98EB4FB62ADD64B380	128
加密的内容		0
长度	3D	1
值 应用认证加密的 ACCESS.response SC II IC II ciphertext II auth.tag	3100000000B3FFCAA594642D8319CEC6 B2A233E2BF4621D6991B97E4565B986E 8CCBE9A299D8E7869723638FF6BB20E6 6E175E6F2D762CFD26B3D58733	61
通用加密(编码)	DD0801234567890123450840D4D4D0000 000001084D4D4D0000BC614E00000102 01018180643972471 4B47CD9CB988897 D8424AB946DCD083D37A954637616011 B9C2378773295F0F850D8DAFD1BBE9FE 666E53E4F097CD10B38B69622152724A 90987444E1FF47974A1F6931A6502F58 147463F0E8CC517D47F55B0AC56DD8AC 5C9D0E481934F2D90F9893016BD82B6E 3FFE21FF1588F3278B4E9D98EB4FB62A DD64B3803D3100000000B3FFCAA59464 2D8319CEC6B2A233E2BF4621D6991B97 E4565B986E8CCBE9A299D8E786972363 8FF6BB20E66E175E6F2D762CFD26B3D5 8733	226

5.7.2.5 数字签名

算法是 5.3.4.5 中规定的椭圆曲线数字签名算法(ECDSA)。

通用签名 APDU 的结构如图 33 所示。有关其他字段,见表 29 和 6.5。

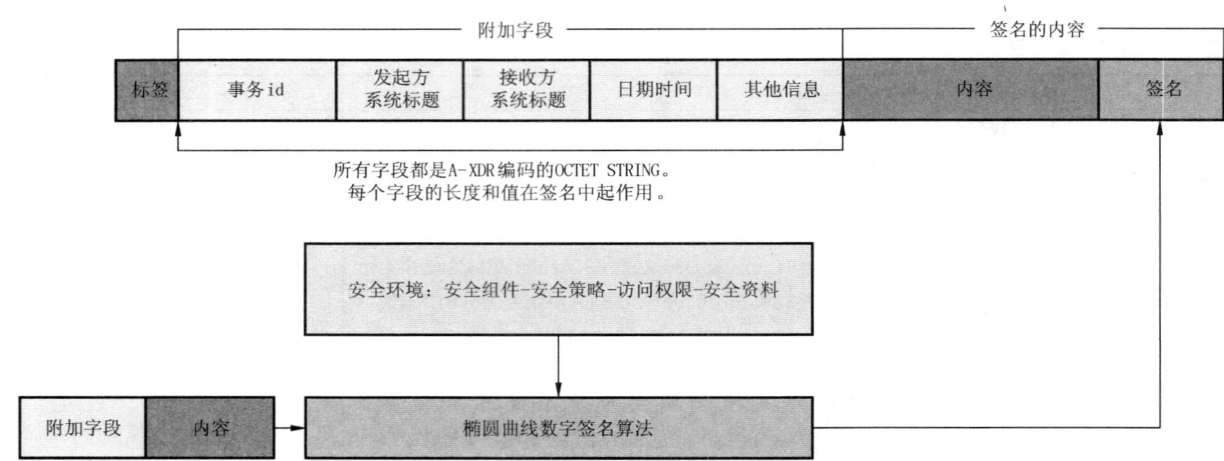

图 33　通用签名 APDU 的结构

5.7.3　多方多层保护

加密保护可以由多方应用。通常多方是：

——服务器；

——客户机；

——第三方。

每一方可以应用一层或多层保护：

——应用加密，认证或认证加密，使用加密 APDU。第三方应使用通用加密 APDU。客户机可以使用任何加密 APDU。认证加密被认为是单层保护；

——应用数字签名，使用通用签名 APDU。

如果同一方对同一方应用加密和数字签名，则通常首先应用数字签名。

通用加密和通用签名 APDU 都包括 Originator_System_Title 和 Recipient_System_Title，标识应用保护的一方以及应检查/删除保护的一方。

对响应应用的保护取决于响应的安全策略和访问权限以及对请求应用的保护。如果一方请求已应用一种保护，则为同一方响应将应用同样的保护。但是，如果在请求中应用的保护是响应中不要求的，则不会对该方的响应应用保护。

示例 1：如果请求由第三方数字签名并由客户机认证，并且响应所需的保护是认证和数字签名，则响应应为客户机进行认证并为第三方进行数字签名。

示例 2：如果请求由第三方数字签名并由客户机认证，并且响应所需保护仅为认证，则响应应为客户机进行认证，并且不会将保护应用于第三方。（TP 将接收没有应用任何保护的通用加密的 APDU）。

如果对请求没有应用响应需要的保护，则服务器无法从请求中确定哪一方具有要保护的响应。因此，对各方应采取保护措施。

另见附录 J。

5.7.4　HLS 认证机制

HLS 认证需要对客户机和服务器交换的口令进行加密处理。HLS 认证机制、交换的信息和处理口令的公式如表 32 所示。

表 32 DLMS/COSEM HLS 认证机制

认证机制	第 1 步： C→S	第 2 步： S→C	第 3 步： C→S f(StoC)	第 4 步： S→C f(CtoS)
	包含在			
	AARQ	AARE	XX.request reply_to_HLS authentication	XX.response reply_to_HLS authentication
mechanism_id(2) HLS man.Spec.			Man.Spec.	Man.Spec.
mechanism_id(3) HLS MD5[a]	*CtoS*：随机字符串 8-64 个八位位组	*StoC*：随机字符串 8-64 个八位位组	MD5(StoC || HLS Secret)	MD5(CtoS || HLS Secret)
mechanism_id(4) HLS SHA-1[a]			SHA-1(StoC || HLS Secret)	SHA-1(CtoS || HLS Secret)
mechanism_id(5) HLS GMAC	*CtoS*： 随机字符串 8-64 个八位位组 可选的： calling-AP-title 中的 System-Title-C	*StoC*： 随机字符串 8-64 个八位位组 可选的： responding-AP-title 中的 System-Title-S	SC II IC II GMAC (SC || AK || StoC)	SC II IC II GMAC (SC || AK || CtoS)
mechanism_id(6) HLS SHA-256			SHA-256 (HLS_Secret || SystemTitle-C || SystemTitle-S || StoC II CtoS)	SHA-256 (HLS_Secret|| SystemTitle-S|| SystemTitle-C|| CtoS || StoC)
mechanism_id(7) HLS ECDSA	*CtoS*：随机字符串 32-64 个八位位组 可选的： calling-AP-title 中的 System-Title-C，calling-AE-qualifier 中的 Cert-Sign-Client	*StoC*：随机字符串 32-64 个八位位组 可选的： responding-AP-title 中的 System-Title-S，responding-AE-qualifier 中的 Cert-Sign-Server	ECDSA(SystemTitle-C || SystemTitle-S || StoC II CtoS)	ECDSA(SystemTitle-S|| SystemTitle-C|| CtoS II StoC)

C：客户机，S：服务器，CtoS：客户机到服务器的口令，StoC：服务器到客户机口令。
IC：调用计数器。
xx.request/.response：用于访问“Association SN/LN”对象的 *reply_to_HLS authentication* 方法的 xDLMS 服务原语。

注：系统标题和证书只有在对方不知道的情况下才能发送。

[a] 对于新的实现，不推荐使用认证机制 3 和 4。

其中数字签名密钥还需要系统标题和证书，这些可以在携带 COSEM-OPEN 服务.request/.response 的 AARQ/AARE APDU 中传输，见图 12。System_Title 和 Cert-Sign 可能已被知晓，在这种情况下，它们不必被传输。如果这些要素不可用，处理口令的结果将失败，不应建立 AA。

表 33 为 GMAC 的 HLS 认证机制 5 提供测试向量。

表 33 使用 GMAC 认证机制 5 的 HLS 示例

安全资料	*X*	内容		*LEN*(*X*)字节	*len*(*X*)位
安全组件		GCM-AES-128			
系统标题	*Sys-T*	客户机	服务器	8	64
		4D4D4D0000000001	4D4D4D0000BC614E		
		(这里,最后面 5 个八位元包含了十六进制的生产编号)			
调用计数器	*IC*	00000001	01234567	4	32
初始化向量	*IV*	*Sys-T* II IC		12	96
		客户机	服务器		
		4D4D4D0000000001 00000001	4D4D4D0000BC614E 01234567		
块加密密钥(全局)	*EK*	000102030405060708090A0B0C0D0E0F		16	128
认证密钥	*AK*	D0D1D2D3D4D5D6D7D8D9DADBDCDDDEDF		16	128
安全控制字	*SC*	10		1	8
		第 1 步:客户机发送“challenge”给服务器			
CtoS		4B35366956616759“K56iVagY”		8	64
		第 2 步:服务器发送“challenge”给客户机			
StoC		503677524A323146“P6wRJ21F”		8	64
		第 3 步:客户机处理 StoC			
SC II AK II StoC		10D0D1D2D3D4D5D6D7D8D9DADBDCD DDEDF503677524A323146			
T=GMAC(SC II AK II StoC)		1A52FE7DD3E72748973C1E28		12	96
f(StoC)=SC II IC II T		10000000011A52FE7DD3E72748973C1E28		17	136
		第 4 步:服务器处理 CtoS			
SC II AK II CtoS		10D0D1D2D3D4D5D6D7D8D9DADBDCD DDEDF4B35366956616759			
T(SC II AK II CtoS)		FE1466AFB3DBCD4F9389E2B7		12	96
f(CtoS)=SC II IC II T		1001234567FE1466AFB3DBCD4F9389E2B7		17	136

表 34 为 ECDSA HLS 认证机制 7 提供测试向量。

表 34 使用 ECDSA 认证机制 7 的 HLS 示例

安全资料	*X*	内容	*LEN*（字节）
安全组件		ECDH-ECDSA-AES-128-GCM	
曲线		P-256	
域参数	*D*	见表 G.1。	
客户机系统标题	*Sys-TC*	4D4D4D0000BC614E	8
服务器系统标题	*Sys-TS*	4D4D4D0000000001	8
客户机私钥	*Pri-KC*	E9A045346B2057F1820318AB125493E9AB36CE590011C 0FF30090858A118DD2E	32
服务器私钥	*Pri-KS*	B582D8C910018302BA3131BAB9BB6838108BB9408C30B 2E49285985256A59038	32
客户机公钥	*Pub-KC*	917DBFECA43307375247989F07CC23F53D4B963AF80 26C749DB33852011056DFDBE8327BD69CC149F018A8 E446DDA6C55BCD78E596A56D403236233F93CC89B3	64
服务器公钥	*Pub-KS*	E4D07CEB0A5A6DA9D2228B054A1F5E295E1747A9639 74AF75091A0B0BC2FB92DA7D2ABD9FDD41579F36A1 C8171A0CB638221DF194 9FD95C8FAE148896920450D	64
客户机到服务器的口令	CtoS	2CA1FC2DE9CD03B5E8E234CEA16F2853F6DC5F54526 F4F4995772A50FB7E63B3	32
服务器到客户机的口令	StoC	18E95FFE3AD0DCABDC5D0D141DC987E270CB0A395 948D4231B09DE6579883657	32
ECDSA(SystemTitle-C ||SystemTitle-S || StoC|| CtoS)（用 Pri-KC 计算）	f(StoC)	C5C6D6620BDB1A39FCE50F4D64F0DB712D6FB57A640 30B0C297E1250DC859660D3B1FA334AD80411807369F5 DD3BC17B59894C9E9C11C59376580D15A2646D16	64
ECDSA(SystemTitle-S || SystemTitle-C || CtoS || StoC) 用 Pri-KS 计算	f(CtoS)	946C2E3E4F18291571F4A45ACB7086100574694A3BAF 67D2D147FE8F92481A5AB2186C5CBC3F80E94482D938 8B85C6A73E5FD687F09773C1F615AA2A905ED057	64
注:公钥的值在这里表示为 FE2OS(x_p)II FE2OS(y_p)。			

5.7.5 保护 COSEM 数据

应用于 xDLMS APDU 的加密算法也可以应用于 COSEM 数据，即属性值和方法调用/返回参数。这通过“Data protection”接口类的实例间接访问其他 COSEM 对象的属性和/或方法来实现，见GB/T 17215.662—2018，5.3.9。

要保护的数据列表，所需的保护和保护参数由“Data protection”对象确定。

“Data protection”对象允许在读取或写入属性列表时或在调用 COSEM 对象的方法时应用或移除保护。应用/删除的保护可以包括认证、加密和数字签名的任何组合。

携带用于访问“Data protection”对象的属性和方法的服务调用的 APDU 按照当前安全策略和“Data protection”对象的访问权限的要求进行保护。

6 DLMS/COSEM 应用层服务规范

6.1 服务原语和参数

通常，层(或子层)的服务是它提供给相邻高层(低层)用户的能力。为了提供其服务，一个层要建立与相邻底层所要求服务相关的函数(功能)。图 34 描述了服务层次的概念，并示出了两个通信的相邻用户(N-user)及与之连接的相邻层(N-layer)对等协议实体之间的关系。

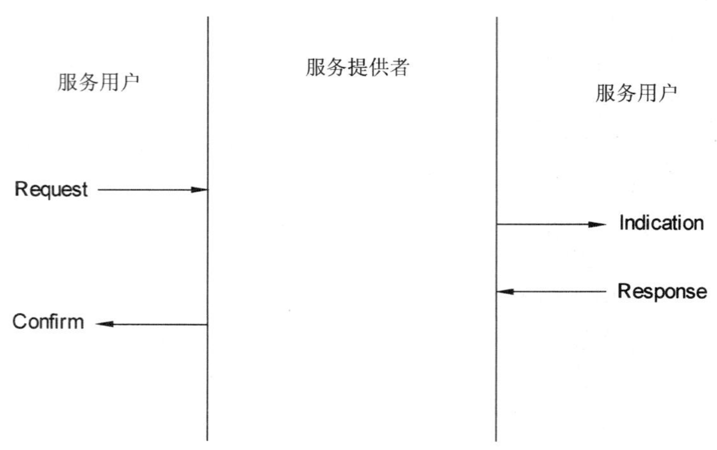

图 34 服务原语

服务由紧邻用户(N-user)和紧邻层(N-layer)之间的信息流来描述。这个信息流由不相关的瞬时事件建模(即塑造服务提供的特征)，每个事件包含通过与 N-user 连接的 N-layer 服务访问点，从一层到另一层传递一个服务原语。服务原语传送在提供特定服务过程中所要求的信息，这些服务原语是一个抽象概念，因为它们仅规定了所提供的服务而不是服务提供的方法。该服务的定义与任何特定接口实现无关。

服务是通过描述服务原语以及特征化每个服务的参数来规定的。一个服务可能有一个或多个原语，这些原语构成与特定服务相关的活动，每个服务原语可以会有零个或多个传达为了提供该服务所要求信息的参数。原语有四个通用类型：

——REQUEST：从 N-user 到 N-layer 传递请求原语，以请求发起一个服务；

——INDICATION：从 N-layer 到 N-user 传递指示原语，以指示一个对 N-user 意义重大的内部 N-layer 事件。这个事件可能从逻辑上被连接到一个远方服务请求，或者由 N-layer 内部事件引发；

——RESPONSE：从 N-user 到 N-layer 传递响应原语，以完成以前的指示原语调用；

——CONFIRM：传送确认原语从 N-layer 到 N-user 以传送一个或多个先前的请求服务的结果。

图 35 所示的时序图描述了原语之间可能的关系，该图还表明了原语类型的逻辑关系。图中时间上较早出现的并由虚线连接的原语类型是后续原语类型的逻辑前提。

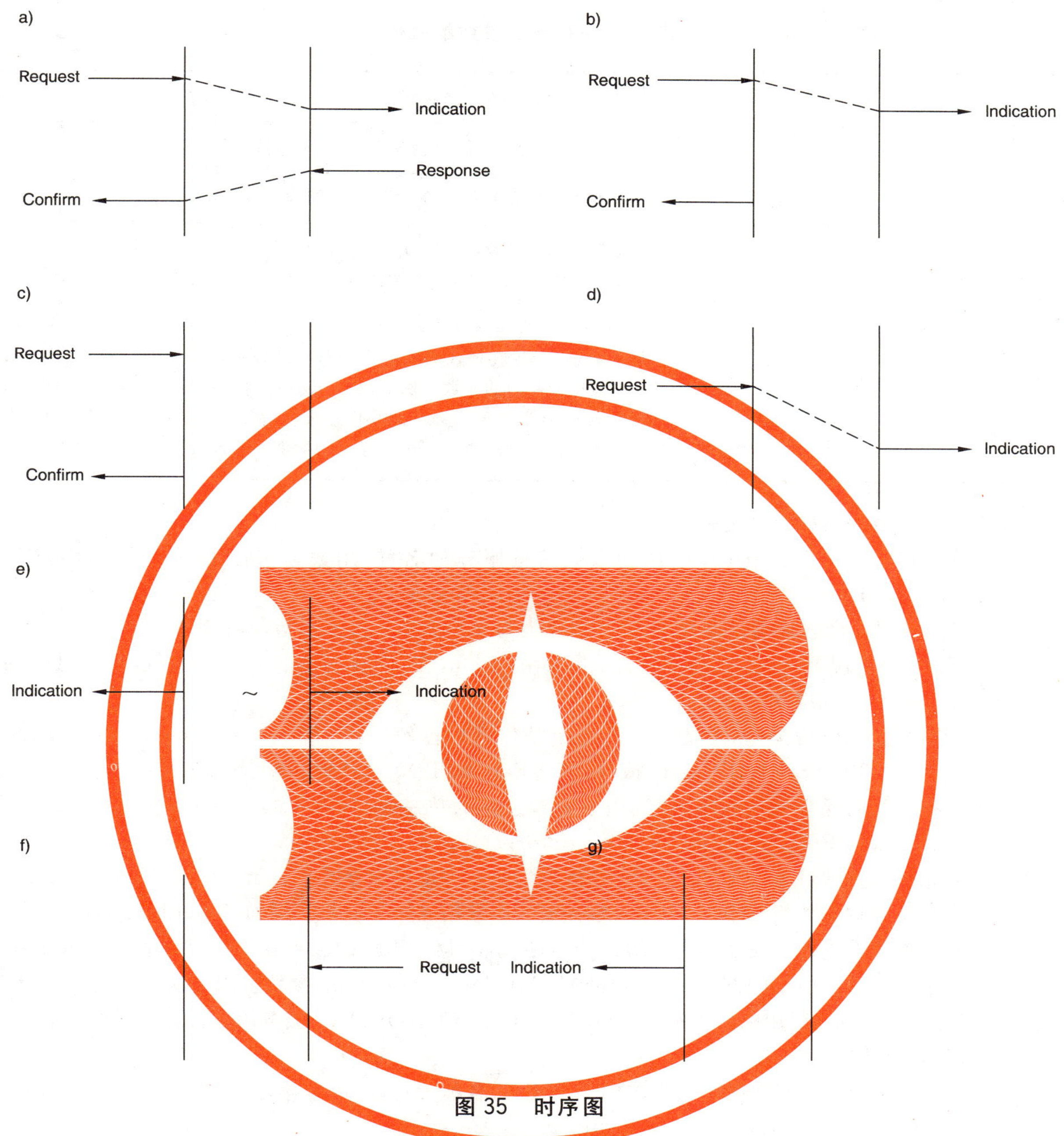

图 35 时序图

COSEM 应用层服务原语的服务参数以表格形式表示。每个表格由 2～5 列组成，描述服务原语及其参数。在每个表中，一个参数(或其一部分)，各自列成一行。在适当的服务原语列中，代码用于规定参数用法的类型。表 35 中列出了所用的代码。

有些参数可能包含子参数。这些由参数标签来表示，如 M、U、S 或 C，以及该参数下缩进排版的所有子参数。子参数的出现，总是取决于它之上的那个参数的出现。例如，可选参数可能有子参数，若不提供该参数，则也不可提供该子参数。

表 35　AL 服务参数的编码

M	对该原语本参数是强制性。
U	本参数为用户选项，是否提供，由 ASE 用户根据动态用法决定。
S	本参数作为服务器 ASE 语境的内部响应，在另一个 S-参数中被选择。
C	参数以其他参数或 ASE 用户的语境为条件。
(—)	本参数不存在。
=	跟在 M、U、S 或 C 代码之一后的“(=)”表示，该参数在语义上等于表中最接近左边的参数。例如，在.indication 服务原语列中“M(=)”代码和.request 服务原语列中的“M”意味着，在.indication 服务原语中的参数，在语义上等于在.request 原语中的那一个参数。

本部分始终遵守下列命名规则：

——ACSE 服务以及使用 LN 引用的数据传输服务的名称，用大写字母书写。例如：COSEM-OPEN，GET；

——用 SN 引用命名数据传输服务，用首字母大写来写。例如：Read，Write；

——下面的情况用驼峰标记法：EventNotification，TriggerEventNotificationSending，UnconfirmedWrite，InformationReport；

——逻辑名服务原语类型，可能会提到两个替代形式。例如：“GET.request service primitive of Request_Type==NORMAL”或“GET-REQUEST-NORMAL service primitive”；

——服务参数名元素是大写的，并且用下划线连接为单一实体。例如：Protocol_Connection_Parameters 和 COSEM_Attribute_Descriptor；

——当相同的参数可能会出现几次时，通过在大括号中重复该参数来表示。例如：Data{Data}；

——在数据传输服务规范中，只使用于块传输的参数用黑体字显示。例如：**DataBlock_G**；

——服务参数的直接引用使用大写形式，而间接(非-具体)引用的服务参数使用无下划线连接的小写字母。直接引用的例子是：“COSEM_Attribute_Descriptor 参数引用 COSEM 对象属性”。间接(非-具体)引用的例子是：“A GET-REQUEST-NORMAL 服务原语包含一个单一的 COSEM 属性描述”；

——使用 LN 引用的 COSEM 数据传输 APDU 的名称大写，并用连接成为一个单一实体。例如：Get-Request-Normal；

——使用 SN 引用的 COSEM 数据传输 APDU 的名称用骆峰标记法。例如：ReadRequest。

6.2　COSEM-OPEN 服务

功能

COSEM-OPEN 服务的功能是在对等 COSEM AP 之间建立 AA。它使用 ACSE 的 A-ASSOCIATE 服务。COSEM-OPEN 服务仅提供传输这些信息的框架。提供并验证哪个信息由适当的 COSEM AP 完成。

服务原语的语义

COSEM-OPEN 服务原语应提供如表 36 所示的参数。

表 36　COSEM-OPEN 服务原语的服务参数

	.request	.indication	.response	.confirm
Protocol_Connection_Parameters	M	M(=)	M	M(=)
ACSE_Protocol_Version	U	U(=)	U	U(=)
Application_Context_Name	M	M(=)	M	M(=)
Called_AP_Title	U	U(=)	—	—
Called_AE_Qualifier	U	U(=)	—	—
Called_AP_Invocation_Identifier	U	U(=)	—	—
Called_AE_Invocation_Identifier	U	U(=)	—	—
Calling_AP_Title	C	C(=)	—	—
Calling_AE_Qualifier	U	U(=)	—	—
Calling_AP_Invocation_Identifier	U	U(=)	—	—
Calling_AE_Invocation_Identifier	U	U(=)	—	—
Local_Or_Remote	—	—	—	M
Result	—	—	M	M
Failure_Type	—	—	M	M
Responding_AP_Title	—	—	C	C(=)
Responding_AE_Qualifier	—	—	U	U(=)
Responding_AP_Invocation_Identifier	—	—	U	U(=)
Responding_AE_Invocation_Identifier	—	—	U	U(=)
ACSE_Requirements	U	U(=)	U	U(=)
Security_Mechanism_Name	C	C(=)	C	C(=)
Calling_Authentication_Value	C	C(=)	—	—
Responding_Authentication_Value	—	—	C	C(=)
Implementation_Information	U	U(=)	U	U(=)
Proposed_xDLMS_Context	M	M(=)	—	—
Dedicated_Key	C	C(=)	—	—
Response_Allowed	C	C(=)	—	—
Proposed_DLMS_Version_Number	M	M(=)	—	—
Proposed_DLMS_Conformance	M	M(=)	—	—
Client_Max_Receive_PDU_Size	M	M(=)	—	—
Negotiated_xDLMS_Context	—	—	S	S(=)
Negotiated_DLMS_Version_Number	—	—	M	M(=)
Negotiated_DLMS_Conformance	—	—	M	M(=)
Server_Max_Receive_PDU_Size	—	—	M	M(=)
VAA_Name			M	M(=)
xDLMS_Initiate_Error			S	S(=)
User_Information	U	C(=)	—	—
Service_Class	M	M(=)	—	—

除 Protocol_Connection_Parameters、User_Information 参数和 Service_Class(取决于通信配置)之外的 COSEM-OPEN.request 服务原语的服务参数,都由被客户机发送的 AARQ APDU 的域携带。

除 Protocol_Connection_Parameters 之外的 COSEM-OPEN.response 服务原语的服务参数,都由被服务端发送的 AARE APDU 的域携带。

A-ASSOCIATE 服务和 AARQ 与 AARE APDU 在 7.2 中规定。编码示例见附录 D 和附录 E。

Protocol_Connection_Parameters 参数是强制的,它包含了通信配置层使用的所有全部信息,这些信息包含通信配置(协议)标识符和所要求的地址。它标识了 AA 的各参与方。该参数的元素被传递给管理较低层连接的实体,也酌情传递给该较低层。

ACSE_Protocol_Version 参数是可选的。如果存在,应使用默认值。

Application_Context_Name 参数是强制的。在请求原语中,它持有由客户机提议的值,在响应原语中,它持有同一值或者是服务器支持的值。

Called_AP_Title、Called_AE_Qualifier、Called_AP_Invocation_Identifier、Called_AE_Invocation_Identifier 参数的使用是可选的。他们的使用不在本标准中规定。

Calling_AP_Title 参数的使用视情况而定,当 Application_Context_Name 指示一个使用加密的应用语境时,它可以携带 4.1.3.4 中规定的客户机系统标题。

Calling_AE_Qualifier 参数的使用视情况而定,当 Application_Context_Name 指示一个使用加密的应用语境时,它可以携带客户机的公钥数字签名密钥证书。

Calling_AP_Invocation_Identifier 的使用是可选的。其使用在本文档中未指定。

Calling_AE_Invocation_Identifier 参数的使用是可选的.当存在时,它携带 AA 的客户机侧用户的标识符。

注 1:客户机用户验明机制在 GB/T 17215.662—2018,5.3.2 中规定。

Local_or_Remote 参数是强制的,它表明 COSEM-OPEN.confirm 原语的源头。若该原语在收到来自服务器 AARE APDU 后生成,它被置为 Remote;若原语为本地生成,则被置为 Local。

Result 参数是强制的。在远程确认的情况下,它表明服务器是否接受被提议的 AA。在本地确认的情况下,它表明客户机侧协议栈是否接受请求。

Failure_type 参数是强制的。在远程确认的情况下,它携带服务器提供的信息。在本地和否定确认的情况下,它表明了失败的原因。

Responding_AP_Title 参数的使用视情况而定,当 Application_Context_Name 参数指示一个使用加密的应用语境时,它可以携带 4.1.3.4 中规定的服务器系统标题。

Responding_AE_Qualifier 的使用视情况而定。当 Application_Context_Name 指示一个使用加密的应用语境时,它可以携带服务器的公共数字签名密钥证书。

Responding_AP_Invocation_Identifier 和 Responding_AE_Invocation_ Identifier 的使用是可选的,其使用不在本文档中规定。

ACSE_Requirements 参数是可选的,对该连接,它用来选择 A-Associate 服务的可选认证功能单元,见 7.2.1。

ACSE_Requirements 参数的出现取决于所使用的认证机制:

——在最低级别(Lowest Level)安全的情况下,它不应出现,仅使用内核(Kernel)功能单元;

——在低级别安全(LLS)的情况下,它应出现在.request 原语中,它也可以在.response 服务原语中出现,应表明认证(bit0 设置);

——在高级别安全(HLS)认证的情况下,在.request 和.response 服务原语中,它均应出现,应表明认证(bit0 设置)。

Security_Mechanism_Name 参数视情况而定,仅当已选择认证功能单元,则它才可以出现。此时.request 原语持有客户机提议的值,而.response 原语持有服务器要求的值(即将被客户机使用的那个值)。

Calling_Authentication_Value 和 Responding_Authentication_Value 参数视情况而定，仅当已选择认证功能单元时，它们才出现。它们分别持有对应于 Security_Mechanism_Name 的客户机认证值/服务器认证值。

Implementation_Information 参数是可选的。其使用未在本文档中规定。

Proposed_xDLMS_Context 参数持有提议的 xDLMS 语境的元素，它们由 xDLMS InitiateRequest APDU 携带(位于 AARQ APDU 的 user-information 域中)。

Dedicated_Key 元素视情况而定，仅当 Application_Context_Name 参数指示一个使用加密的应用语境时出现，专用密钥被用于 xDLMS APDU 的专用加密，该 APDU 在已建立的 AA 内交换。

当专用密钥出现时，应使用 AES-GCM 算法、全局单播加密密钥和认证密钥(若在用)进行 xDLMS InitiateRequest APDU 认证和加密。此外，如果安全政策要求，还应进行数字签名。

当没有出现专用密钥，但有必要通过其 user-information 域中含有的受保护的 xDLMS InitiateRequest 来保护 RLRQ APDU 时，应使用上面描述的同样的方式保护 xDLMS InitiateRequest APDU，见 6.3。

Response_Allowed 元素的使用视情况而定。它指示如果该服务器允许用 AARE APDU 响应，也就是说，如果要建立的 AA 是确定的(Response_Allowed == True)，否则(Response_Allowed == FALSE)。

Proposed_DLMS_Version_Number 元素持有提议的 DLMS 版本号，见 4.2.4。

Proposed_DLMS_Conformance 元素持有提议的一致性块，见 7.3.1。

Client_Max_Receive_PDU_Size 元素持有客户机能接收的 xDLMS APDUs 的最大长度，见表 2。

若客户机提议的 xDLMS 语境可以被服务器接受，那么响应服务原语应包含 Negotiated_xDLMS_Context 参数。此参数持有商定的 xDLMS 语境要素(由 xDLMS InitiateResponse APDU 携带，位于 AARE APDU 的用户信息域中)。若 xDLMS InitiateRequest APDU 已被加密，xDLMS InitiateResponse APDU 也应以同样方式加密。

Negotiated_DLMS_Version_Number 元素持有商定的 DLMS 版本号。见 4.2.4。

Negotiated_DLMS_Conformance 元素持有商定的一致性块。见 7.3.1。

Server_Max_Receive_PDU_Size 元素携有服务器能接收的 xDLMS APDU 的最大长度，见表 2。

在 LN 引用的情况下，VAA_name 元素携有虚设值 0x0007，而在 SN 引用的情况下，则携有当前 Association 对象的 base_name(0xFA00)。

若客户机提议的 xDLMS 语境不被服务接受，那么响应服务原语应携有 xDLMS_Initiate_Error 参数。它位于 AARE APDU 的用户信息域中，由 ConfirmedServiceError APDU(带有适当的诊断元素)携带。

User_Information 参数是可选的，若出现，应将其传递给支撑层(只要能够携带它)。指示原语则应包含由支撑层的较低协议层所携带的用户特定信息，见附录 A。

注 2：不要混淆 COSEM-OPEN 服务的 User_Information 参数与 AARQ/AARE APDU 的 user-information 域。

Service_Class 参数是强制的，它表明该服务是否应以确认或非确认方式被调用。本参数的处理可能取决于通信配置，见附录 A。

使用

COSEM OPEN 服务原语可能的逻辑顺序，如图 35 所示：

——对于确认的 AA 建立(成功或不成功)，图 35a)；

——对于非确认的 AA 建立，图 35b)；

——预建立 AA 的情况，或由于本地错误造成的不成功的尝试，图 35c)。

客户机 AP 调用.request 原语，以请求与服务器 AP 建立一个确认或非确认的 AA。

调用 COSEM-OPEN.request 原语前，物理层应已连接。根据通信配置，该原语的调用也可以暗示其他下层的连接。

一旦收到请求调用，应用层构建并向服务器发送 AARQ APDU。

当收到格式正确的 AARQ APDU 时，服务器 AL 生成.indication 原语。

服务器 AP 调用.response 原语，以便向 AL 指示，提议的 AA 是否被接受。仅当提议的 AA 被确认时，它才被调用。然后，AL 构建一个 AARE APDU 并将其发送给它的对等方(包含从 AP 接收的服务参数)。

客户机 AL 分别在本地或远方生成.confirm 原语，以便向客户机 AP 表明，先前所请求的 AA 是否被接受：

——当收到 AARE APDU 时，在远方；
——若所请求的 AA 已经存在时，包含预建立的 AA，在本地；
——若相应的.request 原语已经带 Service_Class==Unconfirmed 调用，在本地；
——若所请求的 AA 未被允许，在本地；
——若检测到以下错误：参数丢失或不正确、在所请求低层连接的建立期间失败、物理连接丢失等，在本地。

建立 AA 的协议在 7.2.4 中规定。通信配置的具体规则在附录 A 中规定。

6.3 COSEM-RELEASE 服务

功能

COSEM-RELEASE 服务的功能是去完美地断开一个已经存在的 AA。是否使用 ACSE 的 A-RELEASE 服务，取决于调用它的方式。

服务原语的定义

COSEM-RELEASE 服务原语应提供表 37 所示的参数。

表 37 COSEM-RELEASE 服务原语的服务参数

	.request	.indication	.response	.confirm
Use_RLRQ_RLRE	U	C(=)	C(=)	—
Reason	U	U(=)	U	U(=)
Proposed_xDLMS_Context	C	C(=)	—	—
Negotiated_xDLMS_Context	—	—	C	C(=)
Local_Or_Remote	—	—	—	M
Result	—	—	M	M
Failure_Type	—	—	—	C
User_Information	U	C(=)	U	C(=)

.request 原语中的 Use_RLRQ_RLRE 参数是可选的，若出现，其值可以为 FALSE(缺省值)或 TRUE。它表明了是否宜使用 ACSE A-RELEASE 服务(包含 RLRQ/RLRE APDU 交换)，A-RELEASE 服务和 RLRQ/RLRE APDU 在 7.2 中规定。.response 原语中的 Use_RLRQ_RLRE 参数视情况而定，若曾在.indication 原语中出现且其值为 TRUE，则它也应出现且其值应为 TRUE，否则，它不应出现，或其值应为 FALSE。

若 Use_RLRQ_RLRE 参数的值为 FALSE，则能通过断开 AL 的支撑层来断开 AA。

Reason 参数是可选的，仅当 Use_RLRQ_RLRE 的值为 TRUE，它才出现，并由 RLRQ/RLRE APDU 的 reason 域分别携带。

当在.request 原语中使用时，本参数识别请求紧急性的大致级别，它取下列符号值之一：

——正常的；

——紧急(在 DLMS/COSEM 中不适用)；或

——用户自定义。

当这个参数在.response 原语中使用时，它标示出接受方为什么接受或拒绝断开请求的有关信息。注意，在 DLMS/COSEM 中，服务器不能拒绝断开请求。它采用以下符号值之一：

——正常的；

——未完成；或

——用户自定义。

注 1：当接受方被迫断开连接，但又希望给出它有附加信息要发送或接收的警示时，可在.response 原语中使用“not finished”值。

Proposed_xDLMS_Context 参数视情况而定，仅当 Use_RLRQ_RLRE 的值为 TRUE，且将要断开的 AA 使用加密应用语境被建立时，它才会出现。这个选项允许保护 COSEM-RELEASE 服务，并由此避免由未经授权的 AA 断开所实施的 denial-of-service(拒绝服务)攻击。

在.request 原语中，Proposed_xDLMS_Context 参数应与 COSEM-OPEN.request 服务原语中的相同(要断开的 AA 已经建立)，它由 xDLMS InitiateRequest APDU 携带、与 AARQ 中的认证和加密方式相同、且位于 RLRQ APDU 的用户信息域中。

若 xDLMS InitiateRequest APDU 能够成功解密，那么.response 原语应携带与 COSEM-OPEN.response 原语中相同的 Negotiated_xDLMS_Context 参数，它由 xDLMS InitiateResponse APDU 携带，以与 AARE 中相同的方式进行认证和加密，并位于 RLRE APDU 的用户信息域中。

否则，该 RLRQ APDU 被默默地丢弃。

Local_or_Remote 参数是强制的。它指示了 COSEM-RELEASE.confirm 服务的起点。

若为以下二者之一，则该参数被置为 Remote：

——已经从服务器收到 RLRE APDU；或

——已经收到断开确认服务原语。

若已经在本地生成了原语，则该参数被置为 Local。

Result 参数是强制性的，在.response 原语中，它表明服务器 AP 能否接受请求，以断开 AA。由于服务器不能拒绝这样的请求，除所引用的 AA 不存在外，其值通常宜为 SUCCESS。

Failure_Type 参数视情况而定，若 Result==ERROR，则它出现。在这种情况下，它表明失败的原因。它是一个在客户机侧本地生成的参数。

.request 原语中的 User_Information 参数是可选的，若出现，它被传递到支撑层(假如能携带它)。该.indication 原语则包含了由支撑的低层协议层携带用户特定信息。同样地，在.response 原语中它是可选的，若出现，它被传递到支撑层。在.confirm 原语中，仅当服务被在远方确认时，它才出现，那时，它包含了由支撑的低层协议层携带的用户特定信息。

注 2：COSEM-RELEASE 服务的 User_Information 参数不要与 RLRQ/RLRE APDU 的用户信息域混淆。

User_information 参数内容的技术规范不在本配套规范的范围内，另见附录 A。

使用

COSEM-RELEASE 服务原语可能的逻辑时序已在图 35 中描述：

——图 35a)，用于已确认 AA 的成功断开；

——图 35b)，用于未确认 AA 的断开；

——图 35c)，用于本地错误引起的不成功尝试。

COSEM-RELEASE 服务的使用取决于 Use_RLRQ_RLRE 参数的值，当带 Use_RLRQ_RLRE==TRUE 调用时，该服务基于 ACSE A-RELEASE 服务，另外，该服务的调用会导致支撑层的断开。

.request 原语由客户机 AP 调用，以请求一个到服务器 AP 的已确认或未确认 AA 的断开。当接受带有 Use_RLRQ_RLRE==TRUE 的请求调用时，AL 构建 RLRQ APDU 并发送给服务器，否则，它将发送一个 XX-DISCONNECT.request 原语（这里 XX 为支持的低层协议层）。

若出现下列情况之一，.indication 原语由服务器 AL 生成：

——收到 RLRQ APDU。若发生解密错误，则默默丢弃 RLRQ APDU（不生成.indication 原语）；

——收到 XX-DISCONNECT.request。

仅当要断开的 AA 被确认时，.response 原语才由服务器 AP 调用。注意：服务器 AP 不能拒绝这个请求。当收到.response 服务原语时，服务器 AL：

——若 Use_RLRQ_RLRE 参数为 TRUE，则发送一个 RLRE APDU；

——否则发送一个 XX-DISCONNECT.response。

客户机 AL（在下列情况时）生成.confirm 原语，以便向客户机 AP 表明，所请求的 AA 断开是否被接受：

——当收到 XX-DISCONNECT.cnf 原语，在远方。支撑层被断开；

——当收到 RLRE APDU 时，在远方。支撑层没有断开；

——当 RLRE APDU 超时等待期满时，在本地；

——当发出断开未确认 AA 的 RLRQ APDU 时，在本地；

——当检测到一个本地错误（参数丢失或参数不正确、低层协议层级别上的通信失败等）时，在本地。

若收到的 RLRQ APDU 包容加密的 xDLMS InitiateResponse APDU，而又不能解密时，则该 RLRE APDU 应被丢弃，这种情况留给客户机来处理。

断开 AA 的协议在 7.2.5 中规定，通信配置的具体规则在附录 A 中规定。另见 7.2.1。

6.4 COSEM-ABORT 服务

功能

COSEM-ABORT 服务的功能是为了指示支撑层的非请求断开。

服务原语的定义

COSEM-ABORT 服务原语应将提供表 38 所示的参数。

表 38 COSEM-ABORT 服务原语的服务参数

	.indication
Diagnostics	U

Diagnostics 参数是可选的。它应表明断开的可能原因，也可以携带低层协议层的相关信息。本参数内容的具体说明不在本标准的范围内。

使用

COSEM-ABORT.indication 原语在客户机侧和服务器侧的本地生成，以便向 COSEM AP 指示出，低层连接以非请求方式关闭。当支撑层连接未被 COSEM AL 管理时，这一事件的来源，可能是外部事件（如物理线路损坏）或支撑层连接管理器 AP 的动作（出现在某些配置中）。这应导致 COSEM AP 中止任何已存在的 AA（服务器侧预建立的 AA 除外）。

COSEM-ABORT 服务协议在 7.2.5.3 中规定。

6.5 保护和通用块传输参数

为了控制 xDLMS APDU 的加密保护和 GBT 机制，如图 36 和表 39 所示，在 AL 和 AP 之间传递附加服务参数。

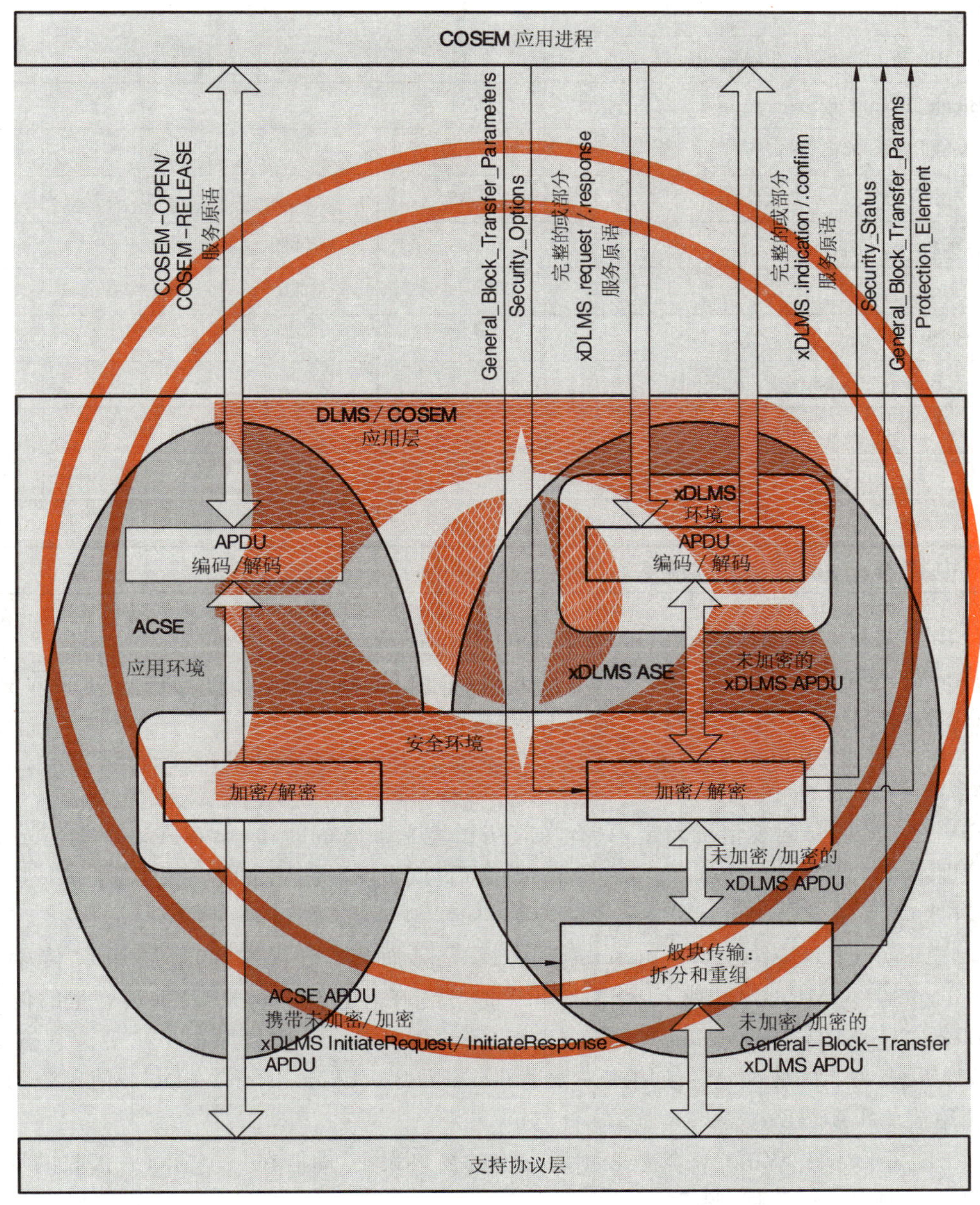

注：对于客户机发起的服务，服务原语是.request，.indication，.response 和.confirm。对于非请求服务（服务器发起的），服务原语是.request 和.indication。

图 36 用于控制加密保护和通用块传输的附加服务参数

表 39 附加服务参数

	.request	.indication	.response	.confirm
Additional_Service_Parameters	U	—	U(=)	
Invocation_Type	M	—	M(=)	—
Security_Options	C	—	C(=)	—
General_Block_Transfer_Parameters	C	—	C(=)	—
Block_Transfer_Streaming	M	—	M(=)	—
Block_Transfer_Window	M	—	M(=)	—
Service_Parameters	M	—	M(=)	—
Additional_Service_Parameters	—	U	—	U(=)
Invocation_Type	—	U	—	U(=)
Security_Status	—	C	—	C(=)
General_Block_Transfer_Parameters	—	C	—	C(=)
Block_Transfer_Window	—	M	—	M(=)
Service_Parameters	—	M	—	M(=)
Protection_Element	—	C	—	C(=)
注：适用的服务原语取决于服务的种类。				

仅当使用加密或 GBT 时，Additional_Service_Parameters 才出现。

Invocation_Type 参数标示了，服务调用是完整的(调用)还是部分的(调用)，可能的值有：COMPLETE、FIRST-PART、ONE-PART 及 LAST-PART。

注 1：对长服务参数，部分服务调用可能是有用的。但部分服务调用与 General-Block-Transfer ADPU 之间没有直接关系。

Security_Options 参数视情况而定：只有当应用语境是加密的时，才会存在。应加密.request /.response 服务原语，并且 Invocation_Type=COMPLETE 或 FIRST-PART。它决定了 AL 应用的保护。另见表 40，7.3.13 和图 59。

General_Block_Transfer_Parameters 参数视情况而定：它仅在使用通用块传输(GBT)且 Invocation_Type=COMPLETE 或 FIRST-PART 时才存在。它提供有关 GBT 流容量的信息：

——Block_Transfer_Streaming 参数仅在.request 和.response 服务原语中出现。它被 AP 传递到 AL，以表明 AL 是否允许使用流来发送 General-Block-Transfer APDU。使用流为 TRUE，不使用流为 FALSE；

——Block_Transfer_Window 参数表示所支持的窗口大小，即能在一个窗口中接收的块的最大数。

流过程本身是由 AL 管理，见 7.3.13。

Service_Parameter 是强制的，包含了与 xDLMS 服务调用相关的 COSEM 对象的属性或方法的参数。若 Invocation_Type! =COMPLETE，则它包含了一部分该服务参数。

Security_Status 参数视情况而定：仅当已应用加密保护时才存在该参数。它持有关于已被 AL 验证/删除的保护的信息。它可能存在于服务调用的所有类型中，见表 40。

仅当 APDU 已通过验证或签名时，Protection_Element 参数才出现，见表 40。

表 40 安全参数

	.request	.indication	.response	.confirm
Security_Options	C	—	C(=)	—
Security_Options_Element {Security_Options_Element}	M	—	M(=)	—
Security_Protection_Type	M	—	M(=)	—
Glo_Ciphering	S	—	S(=)	—
Ded_Ciphering	S	—	S(=)	—
General_Glo_Ciphering	S	—	S(=)	—
General_Ded_Ciphering	S	—	S(=)	—
General_Ciphering	S	—	S(=)	—
General_Signing	S	—	S(=)	—
用 *General_Glo_Ciphering* 和 *General_Ded_Ciphering*				
System_Title	U	—	U(=)	—
用 *General_Ciphering* 和 *General_Signing*				
Transaction_Id	U	—	U(=)	—
Originator_System_Title	U	—	U(=)	—
Recipient_System_Title	U	—	U(=)	—
Date_Time	U	—	U(=)	—
Other_Information	U	—	U(=)	—
用 *General_Ciphering*				
Key_Info_Options	C	—	C(=)	—
Identified_Key_Options	S	—	S(=)	—
Wrapped_Key_Options	S	—	S(=)	—
Agreed_Key_Options	S	—	S(=)	—
用 *Glo_Ciphering*、*Ded_Ciphering*、*General_Glo_Ciphering*、*General_Ded_Ciphering*、*General_Ciphering*				
Security_Control	M	—	M(=)	—
Security_Status	—	C	—	C(=)
Security_Status_Element {Security_Status_Element}	—	M	—	M(=)
Security_Protection_Type		M		M(=)
Glo_Ciphering	—	S	—	S(=)
Ded_Ciphering	—	S	—	S(=)
General_Glo_Ciphering	—	S	—	S(=)
General_Ded_Ciphering	—	S	—	S(=)
General_Ciphering	—	S	—	S(=)
General_Signing	—	S	—	S(=)
用 *General_Glo_Ciphering* 和 *General_Ded_Ciphering*				
System_Title	—	U	—	U(=)
用 *General_Ciphering* 和 *General_Signing*				
Transaction_Id	—	U	—	U(=)
Originator_System_Title	—	U	—	U(=)
Recipient_System_Title	—	U	—	U(=)
Date_Time	—	U	—	U(=)
Other_Information	—	U	—	U(=)
用 *General_Ciphering*				
Key_Info_Status	—	C	—	C(=)
Identified_Key_Status	—	S	—	S (=)
Wrapped_Key_Status	—	S	—	S (=)
Agreed_Key_Status	—	S	—	S (=)
用 *Glo_Ciphering*、*Ded_Ciphering*、*General_Ded_Ciphering*、*General_Glo_Ciphering*、*General_Ciphering*				
Security_Control	—	M	—	M(=)
当应用认证或数字签名时，保护元素会出现。				
Protection_Element{Protection_Element}	—	C	—	C(=)
Invocation_Counter	—	C	—	C(=)
Authentication_Tag	—	C	—	C(=)
Signature	—	C	—	C(=)

Security_Options 参数包含要应用的每种保护 Security_Options_Element 参数。类似地，Security_Status 参数包含已应用的每种保护的 Security_Status_Element 参数。另见 5.7.3。

Security_Options_Element 和 Security_Status_Element 参数包括以下子参数：

——Security_Protection_Type 子参数是必需的：它标识要使用的加密 APDU；见表 41；

——System_Title 子参数是可选的。存在时，它保存发送方的系统标题。使用 General_Glo_Ciphering 和 General_Ded_Ciphering 时，它才存在。

注 2：包含发送方系统标题的目的是，允许另一方建立初始化向量，这里，在媒介特定注册过程中或在 AARQ/AARE 交换期间该系统标题未曾交换过。

表 41 与安全保护类型一起使用的 APDU

Security_Protection_Type	APDU
Glo_Ciphering	Service-specific glo-ciphering
Ded_Ciphering	Service-specific ded-ciphering
General_Glo_Ciphering	general-glo-ciphering
General_Ded_Ciphering	general-ded-ciphering
General_Ciphering	general-ciphering
General_Signing	general-signing
另见表 26。	

General_Ciphering 和 General_Signing 可以包含以下五个参数：

——Transaction_Id：标识双方之间的交易；

——Originator_System_Title：表示受保护 APDU 的发起者的系统标题；

——Recipient_System_Title：表示接收者的系统标题，即将验证/删除已应用于 APDU 的保护的实体。在广播的情况下，Recipient_System_Title 应为空字符串；

——Date_Time 参数是可选的。当存在时，它表示调用.request/.response 服务原语的日期和时间。除非在具体项目的配套规范中另有规定，否则，如果请求中存在 Date_Time 参数，在响应中它应存在，如果请求中不存在 Date_Time 参数，则响应中它不应存在；

——Other_Information 参数是可选的。当存在时，它持有关于保护的更多信息。其内容可以在具体项目的配套规范中规定。

如果不使用上述任何参数，则应包括长度为零的八位字节串。

Key_Info_Options 参数是有条件的：当应应用保护时，它携带由发送者/接收者使用的对称密钥的信息。密钥信息作为加密 APDU 的一部分被发送/接收：

——Identified_Key_Options（见 5.5.3）：可以在多方共享密钥时使用它；这可能是全局单播加密密钥或全局广播加密密钥；

——Wrapped_Key_Options（见 5.5.4）：在这种情况下，发送封装的密钥；

——Agreed_Key_Options（见 5.5.5）：在这种情况下，多方使用 Diffie-Hellman 密钥协商方案来协商密钥。

Security_Control：包含安全控制字节，见表 27。

Protection_Element 参数视情况而定：如果 APDU 已经通过认证或数字签名，则它应存在。它可能存在于所有类型的服务调用中，但如果尚不可用，则可能为空（这可能在使用通用块传输的情况下发生）。它包含：

——在 General_Ciphering 的情况下，Invocation_Counter 保存初始化向量的调用字段，见 5.3.3.7.3；

——在 APDU 已被认证的情况下,认证标签;
——在 APDU 已经签名的情况下,数字签名。

6.6 GET 服务

功能

GET 服务与 LN 引用一起使用,它能以确认的或非确认的方式被调用。其功能是,读取一个或多个 COSEM 接口对象属性的值。结果在单一响应中提交,或者在使用块传输的多重响应(若它太长而不适合于单一响应)中提交。

服务原语的定义

GET 服务原语应提供如表 42 所示的参数。

表 42 GET 服务的服务参数

	.request	.indication	.response	.confirm
Invoke_Id	M	M(=)	M(=)	M(=)
Priority	M	M(=)	M(=)	M(=)
Service_Class	M	M(=)	M(=)	M(=)
Request_Type	M	M(=)	—	—
COSEM_Attribute_Descriptor	C	C(=)		
{COSEM_Attribute_Descriptor}				
COSEM_Class_Id	M	M(=)		
COSEM_Object_Instance_Id	M	M(=)	—	—
COSEM_Object_Attribute_Id	M	M(=)		
Access_Selection_Parameters	U	U(=)		
Access_Selector	M	M(=)		
Access_Parameters	M	M(=)		
Block_Number	C	C(=)	—	—
Response_Type	—	—	M	M(=)
Result	—	—	M	M(=)
Get_Data_Result { Get_Data_Result }			S	S(=)
Data	—	—	S	S(=)
Data_Access_Result			S	S(=)
DataBlock_G			S	S(=)
Last_Block	—	—	S	S(=)
Block_Number			S	S(=)
Result			M	M(=)
Raw_Data			S	S(=)
Data_Access_Result			S	S(=)
注:安全参数见表 40。				

Invoke_Id 参数用于识别该服务调用实例。

Priority 参数指明与相关服务调用实例连接的优先级：普通级(FALSE)或高级(TRUE)。

Service_Class 参数指示该服务是经过确认的还是未经过确认的。该参数的处理依赖于通讯配置，见附录 A。

Request_Type 和 Response_Type 参数的使用如表 43 所示。

表 43 GET 服务请求和响应类型

请求类型		响应类型	
NORMAL	请求一个单一属性值	NORMAL	提交完整的结果
		ONE-BLOCK	提交该结果的一个块
NEXT	请求下一个数据块	ONE-BLOCK	同上
		LAST-BLOCK	提交结果的最后一个块
WITH-LIST	请求一系列属性值	WITH-LIST	提交完整的结果
		ONE-BLOCK	同上
注：相同的 Response_Type 可能多次存在，以显示每种请求的可能的响应。			

COSEM_Attribute_Descriptor 参数引用一个 COSEM 对象属性。当 Request_Type ==NORMAL 或 WITH-LIST 时，它出现。它是一个复合参数：

——成对参数(COSEM_Class_Id，COSEM_Object_Instance_Id)非常明确地引用一个且只能是一个 COSEM 接口对象实例；

——COSEM_Object_Attribute_Id 元素标识对象实例的属性。当 COSEM_Object_Attribute_Id ==0 时，引用该对象所有公共属性(attribute_0 的特性见 4.2.4.3.7)；

——仅当 COSEM_Object_Attribute_Id！=0，且选择性访问给定属性为有效时，Access_Selection_Parameter 才出现，见 4.2.4.3.5。COSEM 接口对象的定义中定义了 Access_Selector 和 Access_Parameter 子参数，见 GB/T 17215.662—2018。

GET-REQUEST-NORMAL 服务原语包含了单一的 COSEM 的属性描述符。GET-REQUEST-WITH-LIST 服务原语包含一系列 COSEM 属性描述符，其数量由 server-max-receive-pdu-size 限定：GET.request 服务原语应始终适合单一的 APDU。

Block_Number 参数在 GET-REQUEST-NEXT 服务原语中使用，携带着正确接收到最近的数据块编号。

如果响应的编码形式适合单一的 APDU，Result 是属于类型 Get_Data_Result：

——Data 携带访问时该属性的值；

——Data_Access_Result 携带读取该属性失败的原因。

GET-RESPONSE-NORMAL 服务原语携带单一 Get_Data_Result 参数。GET-RESPONSE-WITH-LIST 服务原语携带一系列 Get_Data_Result 参数，其数量和顺序应与请求中的 COSEM_Attribute_Descriptor 参数相同。

如果 COSEM_Object_Attribute_Id==0(Attribute_0)，该 Data 应是一个结构，包含所有公共属性的值，公共属性的顺序按他们在给定的对象规范中出现的顺序。对于没有获得给定 AA 内访问权或者由于任何原因而不能访问的属性，应返回空数据(null-data)。

若该响应的编码不适合于单一的 APDU，则它能用服务特定或通用块传输机制在数据块中被传送。

若使用服务特定块传输机制，Result 属于类型 DataBlock_G，它携有块传送控制信息和原始数据(raw-data)：

——Last_Block 元素指示当前块是否为最后一个块，是为(TRUE)，否为(FALSE)；

——Block_Number 元素携有实际发送块的编号；

——(内部的)Result 元素携有 Raw_Data 或 Data_Access_Result。其中：

- 若请求单一属性值，Raw_Data 携带属性值的一部分(Data)；若 Data 不能被提交，该响应宜为带有 Data_Access_Result 的 GET-RESPONSE-NORMAL；
- 若请求一系列属性值，Raw_Data 携带 Get_Data_Results 该列表的一部分：每个属性的 Data 或 Data_Access_Result；
- 如果原始数据不能被提交，Data_Access_Result 应携带原因。错误案例见 7.3.3。

使用

GET 服务原语可能的逻辑时序说明，见图 35：

——图 35a)，成功确认的 GET；

——图 35d)，非确认 GET；和

——图 35c)，由本地错误引起的不成功尝试。

GET.request 原语由客户机 AP 调用，用于读取服务器 AP 的一个或多个 COSEM 对象的一个或全部属性的值。第一次请求时，应总是 Request_Type==NORMAL 或 WITH_LIST。仅当服务器不能用单一响应提交完整数据时，GET-REQUEST-NEXT 服务原语才被调用，即 Response_Type==ONE-BLOCK 的.confirm 原语收到之后。当接收.request 原语时，客户机 AL 建立适合于请求类型的 Get-Request APDU，并把它发送到服务器。

一旦收到 Get-Request APDU，服务器 AL 就生成 GET.indication 原语。

若 Service_Class==Confirmed，服务器 AP 调用 GET.response 原语，以便发送对收到的.indication 原语响应。若请求的完整的数据适合在单一的 APDU，调用带有 Response_Type==NORMAL 或 WITH-LIST.response 原语。否则，调用带有 Response_Type==ONE-BLOCK 的该原语和最后调用 Response_Type==LAST-BLOCK 的该原语。

客户机 AL 生成 GET.confirm 原语，以表明收到 Get-Response APDU。

GET 服务协议在 7.3.3 规定。

6.7 SET 服务

功能

SET 服务与 LN 引用一起使用。它能以确认或非确认的方式被调用，其功能是写入一个或多个 COSEM 接口对象属性的值。要写入的数据可以在单一请求中被发送，或在使用块传输的多重请求中发送(若数据太长，而不适合于单一请求时)。

服务原语的定义

SET 服务原语应提供如表 44 所示的参数。

表 44　SET 服务的服务参数

	.request	.indication	.response	.confirm
Invoke_Id	M	M(=)	M(=)	M(=)
Priority	M	M(=)	M(=)	M(=)
Service_Class	M	M(=)	M(=)	M(=)
Request_Type	M	M(=)	—	—
COSEM_Attribute_Descriptor	C	C(=)	—	—
{COSEM_Attribute_Descriptor}				
COSEM_Class_Id	M	M(=)		
COSEM_Object_Instance_Id	M	M(=)		
COSEM_Object_Attribute_Id	M	M(=)		
Access_Selection_Parameters	U	U(=)		
Access_Selector	M	M(=)		
Access_Parameters	M	M(=)		
Data{Data}	C	C(=)	—	—
DataBlock_SA	C	C(=)	—	—
Last_Block	M	M(=)		
Block_Number	M	M(=)		
Raw_Data	M	M(=)		
Response_Type	—	—	M	M(=)
Result{Result}	—	—	C	C(=)
Block_Number	—	—	C	C(=)
注：安全参数见表 40。				

Invoke_Id 参数标识了服务调用的实例。

Priority 参数的值表示与服务调用实例相关的优先级：普通优先级(FALSE)和高优先级(TRUE)。

Service_Class 参数表明该服务是已确认的还是未确认的。本参数的处理依赖于通信配置；见附录 A。

Request_Type 和 Response_Type 参数的使用见表 45 所示。

表 45　SET 服务的请求和响应类型

请求类型		响应类型	
NORMAL	发送单一属性的引用和要写入的完整数据	NORMAL	提交结果
FIRST-BLOCK	发送单一属性的引用和要写入数据的第一块	ACK-BLOCK	确认该块的正确接收
ONE-BLOCK	发送要写入数据的一个块		

表 45（续）

请求类型		响应类型	
LAST-BLOCK	发送要写入数据的最后一个块	LAST-BLOCK	确认最后一个数据块的正确接收，并提交结果
		LAST-BLOCK-WITH-LIST	确认最后一个块的正确接收，并提交结果列表
WITH-LIST	发送属性列表的引用和要写入的完整数据	WITH-LIST	提交该结果列表
FIRST-BLOCK-WITH-LIST	发送属性列表的引用和要写入数据的第一块	ACK-BLOCK	确认块的正确接收
注：同样的 Response_Type 可能多次出现，以表明对每个请求可能的响应。			

COSEM_Attribute_Descriptor 参数引用了一个 COSEM 对象属性。当 Request_Type==NORMAL、FIRST-BLOCK、WITH-LIST 和 FIRST-BLOCK-WITH-LIST 时，它才出现。它是一个复合参数：

——成对参数(COSEM_Class_Id,COSEM_Object_Instance_Id)非常明确地引用一个而且只能引用一个 COSEM 对象的实例；

——COSEM_Object_Attribute_Id 元素标识该对象实例的属性。COSEM_Object_Attribute_Id==0 时引用对象实例的全部公共属性(attribute_0 特性，见 4.2.4.3.7)；

——仅当 COSEM_Object_Attribute_Id! =0，且给定属性的可选择性访问可用时，Access_Selection_Parameters 才出现，见 4.2.4.3.5。Access_Selector 和 Access_Parameters 的子参数在 COSEM 接口对象的定义中定义；见 GB/T 17215.662—2018。

一个 SET-REQUEST-NORMAL 或 SET-REQUEST-WITH-FIRST-BLOCK 服务原语包含一个单一 COSEM 属性描述符。SET-REQUEST-WITH-LIST 或 SET-REQUEST-FIRST-BLOCK-WITH-LIST 服务原语包含一个 COSEM 属性描述符列表；其数量受 server-max-receive-pdu-size 限制：所有 COSEM 属性描述符(和要写入的数据或其一部分一起)应装入一个单一 APDU 中。

Data 参数包含了写入所引用属性的值必要的数据。Data 参数的数量和顺序应该和 COSEM_Attribute_Descriptor 参数的数量和顺序一致。

如果 COSEM_Object_Attribute_Id==0(Attribute_0)，发送的 Data 应是一个结构，包含针对按给定对象规范中出现顺序所排列的每一个公共属性的值或空值，空值意味着给定的属性不需要进行设置。

若 Data 参数的编码不能装入单个 APDU，它可以使用块来传输，要么使用服务特定的块传输机制，要么使用通用块传输机制。

若使用服务特定的块传输机制，则 DataBlock_SA 参数携带块传输控制信息和原始数据：

——Last_Block 参数表明当前块是否是最后一个，是为(TRUE)，否为(FALSE)；

——Block_Number 元素带有当前发送的块的编号；

——Raw_Data 元素携带要写入的一部分数据。

当 Response_Type! =ACK-BLOCK 时，Result 参数才出现在.response 原语中。其数量和顺序应与请求中的 COSEM_Attribute_Descriptor 参数的数量和顺序相同。每个结果应包含“成功”信息或写所引用的属性失败的原因(Data_Access_Result)。当.request 原语中的 COSEM_Object_Attribute_Id

==0(Attribute_0)时,该 Result 应携带结果列表:按给定对象规范中出现顺序排列的每个公共属性的写成功或写属性失败的原因(Data_Access_Result)。

当 Response_Type==ACK-BLOCK、LAST-BLOCK 或 LAST-BLOCK-WITH-LIST 时,Block_Number 参数应出现。它携带最后正确接收到的数据块的编号。

使用

SET 服务原语可能的逻辑序列说明,见图 35:

——图 35a)成功确认的 SET;

——图 35d)未确认的 SET;和

——图 35c)由于本地错误,导致尝试失败。

SET.request 原语由客户机 AP 调用,用于写入服务器 AP 的一个或多个 COSEM 对象的一个或多个属性的值。如果要发送的完整数据装在一个单一的 APDU 中,.request 原语应酌情带 Request_Type==NORMAL 或带 WITH_LIST 调用。否则,应酌情带 Request_Type==FIRST-BLOCK 或 FIRST-BLOCK-WITH-LIST,然后带 Request_Type==ONE-BLOCK,最后带 LAST-BLOCK 调用。收到.request 原语后,客户机 AL 建立适合于 Request_Type 的 Set-Request APDU,并把它发送到服务器。

收到 Set-Request APDU 后,SET.indication 原语即由服务器 AL 生成。

若 Service_Class==Confirmed,服务器 AP 调用 SET.response 原语,以发送响应给收到的.indication 原语。若该数据在单一 APDU 中发送,则酌情带 Response_Type==NORMAL 或 WITH-LIST 调用.response 原语。否则,带 Response_Type==ACK-BLOCK 调用,最后酌情带 LAST-BLOCK 或 LAST-BLOCK-WITH-LIST 调用。

SET.confirm 原语由客户机 AL 生成,以表明收到 Set-Response APDU。

SET 服务协议在 7.3.4 中规定。

6.8 ACTION 服务

功能

ACTION 服务与 LN 引用一起使用。它能以确认的或非确认的方式被调用。其功能是调用一个或多个 COSEM 接口对象方法。它由两个阶段组成:

——第一阶段,客户机带必要的方法调用参数发送要调用的方法;

——第二阶段,调用该方法后,服务器发回结果并返回由方法调用所生成的参数(若有)。

若方法调用参数太长,而不能装入单一请求中时,则它们通过多个请求(从客户机到服务器的块传输)发送。若结果和返回参数太长而不能装入单一响应中时,则它通过多个响应(从服务器到客户机的块传输)返回。

服务原语的定义

ACTION 服务原语应提供如表 46 所示的参数。

表 46　ACTION 服务的服务参数

	.request	.indication	.response	.confirm
Invoke_Id	M	M(=)	M(=)	M(=)
Priority	M	M(=)	M(=)	M(=)
Service_Class	M	M(=)	M(=)	M(=)
Request_Type	M	M(=)	—	—
COSEM_Method_Descriptor	C	C(=)		
{COSEM_Method_Descriptor}				
COSEM_Class_Id	M	M(=)	—	—
COSEM_Object_Instance_Id	M	M(=)		
COSEM_Object_Method_Id	M	M(=)		
Method_Invocation_Parameters	U	U(=)	—	—
{Method_Invocation_Parameters}				
Response_Type	—	—	M	M(=)
Action_Response {Action_Response}			M	M(=)
Result			M	M(=)
Response_Parameters	—	—	U	U(=)
Data			S	S(=)
Data_Access_Result			S	S(=)
DataBlock_SA	C	C(=)	C	C(=)
Last_Block	M	M(=)	M	M(=)
Block_Number	M	M(=)	M	M(=)
Raw_Data	M	M(=)	M	M(=)
Block_Number	C	C(=)	C	C(=)
注：安全参数见表 40。				

Invoke_Id 参数标识服务调用的实例。

Priority 参数指示与服务调用实例连接的优先级：普通优先级(FALSE)或高优先级(TRUE)。

Service_Class 参数指示服务调用的方式是确认的还是非确认的。本参数的处理取决于通信配置；见附录 A。

Request_Type 和 Response_Type 参数的用法如表 47 所示。

表 47　ACTION 服务的请求和响应类型

请求类型		响应类型	
NORMAL	发送一个单一方法引用和完整方法调用参数	NORMAL	发送结果及完整返回参数
		ONE-BLOCK	发送结果的一个块和返回参数的一个块

表 47（续）

<table>
<tr><th colspan="2">请求类型</th><th colspan="2">响应类型</th></tr>
<tr><td rowspan="2">NEXT</td><td rowspan="2">请求下一个数据块</td><td>ONE-BLOCK</td><td>同上</td></tr>
<tr><td>LAST-BLOCK</td><td>发送结果的最后块和返回参数的最后块</td></tr>
<tr><td>FIRST-BLOCK</td><td>发送单一方法引用和该方法调用参数的第一个块</td><td rowspan="2">NEXT</td><td rowspan="2">确认该块的正确接收</td></tr>
<tr><td>ONE-BLOCK</td><td>发送方法调用参数的一个块</td></tr>
<tr><td rowspan="2">LAST-BLOCK</td><td rowspan="2">发送方法调用参数的最后一个块</td><td>NORMAL</td><td>同上</td></tr>
<tr><td>ONE-BLOCK</td><td>同上</td></tr>
<tr><td rowspan="2">WITH-LIST</td><td rowspan="2">发送方法列表引用和方法调用参数的完整列表</td><td>WITH-LIST</td><td>发送结果的完整列表和返回参数的完整列表</td></tr>
<tr><td>ONE-BLOCK</td><td>见上</td></tr>
<tr><td>WITH-LIST-AND-FIRST-BLOCK</td><td>发送方法列表引用和该方法调用参数的第一个块</td><td>NEXT</td><td>确认该块的正确接收</td></tr>
<tr><td colspan="4">注：相同的 Response_Type 可能多次出现，以表示每个请求可能的响应。</td></tr>
</table>

CSEM_Method_Descriptor 参数引用 COSEM 对象的方法。如果 Request_Type = = NORMAL、FIRST-BLOCK、WITH-LIST 和 WITH-LIST-AND-FIRST- BLOCK 时，则 COSEM_Method_Descriptor 参数出现。它是一个复合参数：

——成对参数(COSEM_Class_Id，COSEM_Object_Instance_Id)非常明确地引用一个而且只能引用一个 COSEM 对象实例；

——COSEM_Method_Id 标识了所引用 COSEM 对象的一个方法。

ACTION-REQUEST-NORMAL 或 ACTION-REQUEST-FIRST-BLOCK 原语服务应包含一个单一的 COSEM 方法描述符。ACTION-REQUEST-WITH-LIST 或 ACTION-REQUEST-WITH-LIST-AND-FIRST-BLOCK 原语服务应包含 COSEM 方法描述符列表；其数量受 server-max-receive-pdu-size 限制：所有 COSEM 方法引用(连同方法调用参数或其一部分)应装入一个单一的 APDU 中。

Method_Invocation_Parameter 参数携有所引用方法调用必需的参数。

——若 Request_Type = = NORMAL 时，Method_Invocation_Parameter 参数是可选择的；

——若 Request_Type = = WITH-LIST 时，该服务原语应包含 Method_Invocation_Parameter(或空数据)的列表。方法调用参数的数量和顺序应和 COSEM_Method_Descriptor 参数相同。若方法的任何的调用不需要附加参数，它将仍然存在，但是空数据。

若 COSEM 方法描述符和方法调用参数的编码形式不能装入单个 APDU 中，它将使用服务特定或普通块传输机制以块传输。

若使用服务特定块传输机制，DataBlock_SA 参数携带块传输控制信息和原始数据：

——Last_Block 元素表明当前块是否是最后一个，是为(TRUE)，否为(FALSE)；

——Block_Number 元素携有当前发送块编号；

——Raw_Data 元素携有部分方法调用参数。

当 Response_Type = = NORMAL 或 WITH-LIST 时，Action_Response 参数才出现在.response 原语中。其数量和顺序应和 COSEM 方法描述符的相同。它由两个元素组成：

——Result 参数：它包含成功调用或调用所引用方法(Action-Result)失败的原因；

——Response_Parameter：每个响应参数应包含作为调用方法结果的返回数据，或返回失败(Data-Access-Result)的参数。如果该方法的任何调用都没有返回参数，则应返回空数据。

若响应不能装入单一的 APDU，它可以使用服务特定或通用块传输机制用块传输。

若使用服务特定块传输机制，DataBlock_SA 参数包含块传输控制信息和原始数据。

——Last_Block 元素表明当前块是否是最后一个，是为(TRUE)，否为(FALSE)；

——Block_Number 元素携有当前发送块编号；

——Raw_Data 元素携有响应的一部分：

- 若调用一个单一的方法，Raw_Data 携有结果和 Response_Parameters(若有)；若没有返回 Response_Parameters，则响应宜为 ACTION-RESPONSE-NORMAL 类型；
- 若调用方法列表，Raw_Data 携有 Action_Responses 列表的一部分和可选数据。

ACTION-REQUEST-NEXT 服务原语中的 Block_Number 参数，应携有最后从服务器正确收到的数据块编号。

ACTION-RESPONSE-NEXT 服务原语中的 Block_Number 参数，应携有最后从客户机正确收到的数据块编号。

使用

ACTION 服务原语可能的逻辑序列说明，见图 35：

——图 35a)成功确认的 ACTION；

——图 35d)未确认的 ACTION；和

——图 35c)由于本地错误，导致尝试失败。

在第一阶段，客户机 AP 调用 ACTION.request 原语，以调用服务器 AP 的一个或多个 COSEM 接口对象的一个或多个方法。若 COSEM 方法描述符和方法调用参数的完整列表装于单一 APDU，则酌情带 Request_Type==NORMAL 或 WITH-LIST 调用.request 原语。否则，酌情带 Request_Type==FIRST-BLOCK 或 WITH-LIST-AND-FIRST-BLOCK 调用，然后带 Request_Type==ONE-BLOCK 调用，最后带 LAST-BLOCK 调用它。收到.request 原语后，客户机 AL 建立适合于 Request_Type 的 Action-Request APDU，并把它发送到服务器。

收到 Action-Request APDU 后，服务器 AL 即生成 ACTION.indication 原语。

方法调用参数的块传输期间，服务器 AP 带 Request_Type==NEXT 调用 ACTION.response 原语，直到接收到最后一个块。

收到 Action-Response APDU 后，客户机 AL 即生成 ACTION.confirm 原语。

一旦传输完所有的方法调用参数，服务器即调用所引用的 COSEM 接口对象的方法，第二阶段开始。

若完整响应装入单个 APDU 中，服务器 AP 酌情带 Response_Type==NORMAL 或 WITH-LIST 调用 ACTION.response 原语。否则，带 Response_Type==ONE-BLOCK，最后带 LAST-BLOCK 调用它。接收到.response 原语后，服务器 AL 建立适合于 Response_Type 的 Action-Response APDU 响应，并把它发送到客户机。

客户机 AL 生成 ACTION.confirm 原语，来指示收到 Action-Response APDU。

客户机 AP 在返回参数的块传输期间带 Request_Type==NEXT 调用.request 原语，直到收到最后一个块。

ACTION 服务的协议在 7.3.5 中规定。

6.9 ACCESS 服务

6.9.1 综述-主要特点

6.9.1.1 概述

ACCESS 服务是统一的服务，可用于使用单个.request/.response 访问多个 COSEM 对象属性和/或方法。介绍它的目的是改进 xDLMS 消息传递，同时保持与现有 xDLMS 服务的共存。

6.9.1.2 统一的 WITH-LIST 服务，提高效率

ACCESS 服务是使用 LN 引用的统一服务，使用单个.request/.response 可用于读取或写入多个 COSEM 对象属性和/或调用多个方法。每个请求都包含请求列表和相关数据。每个响应都包含返回数据列表和请求的结果。

注：目前不支持 SN 引用。可以通过引入服务的新变量来添加它。

而 GET-/SET-/ACTION-WITH-LIST 服务请求在列表中仅可以包括一个请求类型(GET，SET 和/或 ACTION)，ACCESS 服务请求可以包括不同的请求类型。这样可以减少交换次数，从而提高效率。

请求列表的处理从列表中的第一个请求开始，并继续处理下一个，直到结束。

6.9.1.3 选择性访问的具体变量

即使在选择性访问不可用或不需要的情况下，GET/SET.request 服务原语也应始终包含 Access_Selection_Parameters。相比之下，ACCESS 服务提供了特定的变量来访问属性，而不需要选择访问。这避免了当不可用或不需要选择性访问时包括 Access_Selection_Parameters，从而减少开销并提高效率。

6.9.1.4 Long_Invoke_Id 参数

GET，SET 和 ACTION 服务的 Invoke-Id 参数允许客户机和服务器配对请求和响应。Invoke_Id 的范围为 0～15。

在某些情况下，这还不够。为了支持这些情况，ACCESS 服务使用一个 Long_Invoke_Id 参数。Long_Invoke_Id 的范围是 0～16 777 215。

注：长 Invoke_id 有用的情况的描述不在本文档的范围内。

6.9.1.5 自描述响应

当客户机请求时，ACCESS.response 服务原语不仅携带对每个请求的响应，即访问每个属性/方法和返回数据的结果，而且还携带 Access_Request_Specification 服务参数(携带属性/方法引用和哪些适用，Access_Selection 参数)呈现.response 服务原语自描述。这种自我描述性的响应可以自己存储和处理，而不需要配对响应和请求。

6.9.1.6 故障管理

在 GET-/SET-/ACTION-WITH-LIST 服务的情况下，如果其中一个请求失败，客户机将无法控制应该发生的情况。相比之下，ACCESS 服务允许客户机控制是否应该处理列表中失败的请求。

6.9.1.7 时间戳作为服务参数

前面指定的 xDLMS 服务在.request 或.response 服务原语中没有提供服务参数来携带时间戳。

相比之下，ACCESS 服务原语提供了一个服务参数，用于携带持有调用服务原语的日期和时间的

时间戳。这进一步减少了开销。

6.9.1.8 服务原语中数据的存在

关于服务原语中的数据,GET/SET/ACTION 服务和 ACCESS 服务之间有重要的区别:

——GET 服务:请求中不存在数据。在响应中,返回数据或结果(Data-Access-Result);

——SET 服务:请求中存在数据。在响应中仅返回结果(Data-Access-Result);

——ACTION 服务:方法调用参数在请求中是可选的。在响应中,返回调用方法(Action-Result)的结果,以及可选返回返回参数(Data 或 Data-Access-Result)的结果;

——ACCESS 服务:数据与请求中的每个属性/方法引用相连接。如果特定请求不需要数据,则包括空数据。在响应中,返回数据和结果。如果特定响应没有数据返回,则包含空数据。在访问方法的情况下,Access-Response-Action(Action-Result)传达调用该方法的结果和返回返回参数的结果。

6.9.2 服务规范

功能

ACCESS 服务是使用 LN 引用的统一服务,使用单个.request/.response 用于读取或写入多个 COSEM 对象属性和/或调用多个方法。每个请求都包含请求列表和相关数据。每个响应都包含返回数据列表和请求的结果。它可以确认的或未经确认的方式调用。它可以与通用块传输和通用加密机制一起使用。

使用一致性块如下:

——bit 17 *access* 表示支持 ACCESS 服务;

——bit 1 *general-protection* 指示通用保护 APDU 的可用性;

——bit 2 *general-block-transfer* 指示 GBT 机制的可用性;

——bit 8 *attribute*0-*supported-with-set* 和 bit 10 *attribute*0-*supported-with-get*(10)不相关:attribute0 始终支持;

——bit 9 priority-mgmt-supported 是相关的;

——bit 14 *multiple-references* 是无关紧要的:ACCESS 服务始终支持多个引用;

——bit 21 *selective-access* 是相关的。仅当已经成功协商选择性访问的使用时,才能使用访问选择参数。

服务原语的定义

ACCESS 服务原语应提供如表 48 所示的参数。

Long_Invoke_Id,Self_Descriptive,Processing_Option,Service_Class 和 Priority 参数是强制的。它们在.indication,.response 和.confirm 服务原语中的值应与.request 服务原语中的相同。它们由 access-request/access-response APDU 的 long-invoke-id-and-priority 字段携带:

long-invoke-id(位 0-23)标识服务调用的实例。

——自描述(位 28)表明服务响应是否不是自描述(FALSE)或是自描述(TRUE)。当设置为 TRUE 时,Access_Response_Body 参数应包含 Access_Request_Specification 参数;

注 1:response 服务原语不包括 Access_Request_List_Of_Data 参数。

——processing-option(位 29)规定处理列表中的请求失败时该做什么。设置为 FALSE 时,处理继续。当设置为 TRUE 时,处理中断,即不应处理列表上的失败后的项。如第 6.9.1.2 节所述,请求清单的处理应从列表上的第一个请求开始,并继续处理下一个列表,直到列表结束;

——service-class(位 30)表示服务调用是已确认的(TRUE)还是非确认的(FALSE);

注 2:Service_Class 参数适用于服务调用,而不适用于列表中的各个请求。

注 3:根据通信配置,Service_Class 参数还可以确定要用于承载 APDU 的帧类型。

——优先权(位 31)表示与服务调用实例相连接的优先级。这可能是正常的(FALSE)或高(TRUE)。

注 4:Priority 参数适用于服务调用,而不适用于列表中的各个请求。

Date_Time 服务参数是可选的。存在时,应包含服务.request/.response 的调用的日期和时间。它由 access-request/access-response APDU 的 date-time 字段(类型 OCTET STRING)承载。如果不存在,则 OCTET STRING 的长度为 0。除非在具体项目的配套规范中另有规定,否则如果请求中存在 Date_Time 参数,则它在响应中应存在;如果在请求中不存在该参数,则它在响应中不应存在。

表 48 ACCESS 服务的服务参数

	.request	.indication	.response	.confirm
Long_Invoke_Id	M	M(=)	M(=)	M(=)
Self_Descriptive	M	M(=)	M(=)	M(=)
Processing_Option	M	M(=)	M(=)	M(=)
Service_Class	M	M(=)	M(=)	M(=)
Priority	M	M(=)	M(=)	M(=)
Date_Time	U	U(=)	U	U(=)
Access_Request_Body			—	—
Access_Request_Specification	M	M(=)	—	—
{Access_Request_Specification}	M	M(=)	—	—
Access_Request_Get			—	—
COSEM_Attribute_Descriptor	U	U(=)	—	—
Access_Request_Set	M	M(=)	—	—
COSEM_Attribute_Descriptor	U	U(=)	—	—
Access_Request_Action	M	M(=)	—	—
COSEM_Method_Descriptor	U	U(=)	—	—
Access_Request_Get_With_Selection	M	M(=)	—	—
COSEM_Attribute_Descriptor	U	U(=)	—	—
Access_Selection	M	M(=)	—	—
Access_Selector	M	M(=)	—	—
Access_Parameters	M	M(=)	—	—
Access_Request_Set_With_Selection	M	M(=)	—	—
COSEM_Attribute_Descriptor	U	U(=)	—	—
Access_Selection	M	M(=)	—	—
Access_Selector	M	M(=)	—	—
Access_Parameters	M	M(=)	—	—
Access_Request_List_Of_Data	M	M(=)	—	—
Data {Data}	M	M(=)	—	—
Access_Response_Body	—	—	M	M(=)
Access_Request_Specification {Access_Request_Specification}	—	—	C(=)[a]	C(=)
Access_Response_List_Of_Data Data {Data}	—	—	M	M(=)
Access_Response_Specification {Access_Response_Specification}	—	—	M	M(=)
Access_Response_Get	—	—	C	C(=)
Result	—	—	M	M(=)
Access_Response_Set	—	—	C	C(=)
Result	—	—	M	M(=)
Access_Response_Action	—	—	C	C(=)
Result	—	—	M	M(=)

[a] 当 Access_Request_Specification 服务参数存在于 Access_Response_Body 中时,其值与.request/.indication 原语中的值相同。

Access_Request_Body 参数包含 Access_Request_Specification 和 Access_Request_List_Of_Data 子参数。

Access_Request_Specification 参数包含请求规范列表。列表可能有 0 个或更多元素。每个请求可以是以下任何一个：

无选择性访问：

——Access_Request_Get 携带要读取的属性的 COSEM_Attribute_Descriptor；

——Access_Request_Set 携带要写入的属性的 COSEM_Attribute_Descriptor；

——Access_Request_Action 携带要调用的方法的 COSEM_Method_Descriptor。

选择性访问：

——Access_Request_Get_With_Selection 包含要使用选择性访问读取的属性的 COSEM_Attribute_Descriptor，以及包含 Access_Selector 和 Access_Parameters 的 Access_Selection 参数；

——Access_Request_Set_With_Selection 携带要使用选择性访问写的属性的 COSEM_Attribute_Descriptor，以及包含 Access_Selector 和 Access_Parameters 的 Access_Selection 参数。

如果对该属性的选择性访问不可用或 COSEM_Attribute_Descriptor 标识所有属性(Attribute_0)，则不应使用 Access_Request_Get_/Set_With_Selection。

COSEM_Attribute_Descriptor 参数是一个复合参数：

——(COSEM_Class_Id，COSEM_Object_Instance_Id)一对无歧义地引用一个且仅一个 COSEM 对象实例；

——COSEM_Object_Attribute_Id 元素标识对象实例的属性。COSEM_Object_Attribute_Id==0 引用对象的所有公共属性。

Access_Selection 参数携带 Access_Selector 和 Access_Parameters 子参数。可能的值在相关的 COSEM 接口类定义中定义。

Access_Request_List_Of_Data 参数携带与 Access_Request_Specification 参数列表相关的数据列表。数据取决于访问请求的种类：

——引用一个或所有属性(Attribute_0)的 Access_Request_Get：null-data；

——Access_Request_Set：相应的数据携带要写入的值。在引用所有属性(Attribute_0)的情况下，数据应为一个结构。结构中的元素数量应与 COSEM IC 规范相关的属性数量相同。结构中的每个元素都包含要写入的值或空值(这意味着给定的属性不需要写入)；

——Access_Request_Action：相应的数据携带方法调用参数，或者如果不需要则空数据。

两个列表上的元素数量和顺序应相同。

Access_Response_Body 参数包含以下子参数：

——Access_Request_Specification(可选地，只有当 Self_Descriptive==TRUE)；

——Access_Response_List_Of_Data；

——Access_Response_Specification。

注：在响应 Access_Request_List_Of_Data 中，首先跟着 Access_Response_Specification。如果提供了数据，但结果表明失败，则客户机应丢弃数据。

Access_Request_Specification 参数(如果存在)应与.request/.indication 原语中的相同。

Access_Response_List_Of_Data 参数携带处理请求产生的数据。列表中的元素数量应与 Access_Request_Specification 列表中的元素数相同。数据取决于访问请求的种类：

——引用单个属性的 Access_Request_Get：请求的属性的值或空数据(当属性值无法返回时)；

——引用所有属性(Attribute_0)的 Access_Request_Get：数据应为包含每个属性值的结构。结构中的元素数量应与 COSEM IC 规范相关的属性数量相同。如果属性的值不能返回，则该属性

将包含空数据。如果不能返回属性值,则应返回单个空数据;

——引用一个或所有属性(Attribute_0)的 Access_Request_Set:null-data;

——Access_Request_Action:返回参数或(当不提供返回数据时)null-data。

Access_Response_Specification 参数携带每个请求的结果。此列表上的元素数量应与 Access_Request_Specification 列表中的元素数相同:

——引用单个属性的 Access_Request_Get:读取属性的结果:成功或失败的理由;

——引用所有属性(Attribute_0)的 Access_Request_Get:如果可以返回授予访问权限的所有属性的值,结果将成功。否则,应是给出失败的原因的 *Data-Access-Result*;

——引用单个属性的 Access_Request_Set:写入属性的结果:成功或失败的原因;

——引用所有属性(Attribute_0)的 Access_Request_Set:如果可以写入授予访问权限的所有属性的值,结果将成功。否则,应是给出失败的原因的 *Data-Access-Result*;

——Access_Response_Action 带有调用方法的结果:成功或失败的原因。如果可以成功调用该方法,并且当 IC 规范规定返回参数时可以成功返回,结果应是 *success*。否则,应是给出失败的原因的 *Action-Result*。

如果 Processing_Option 参数设置为 TRUE 并处理列表中的请求失败,则失败的后面的所有请求,Access_Response_List_Of_Data 应包含空数据,Access_Response_Specification 应携带失败的原因。

使用

ACCESS 服务原语可能的逻辑序列说明,见图 35:

——图 35a)成功确认的 ACCESS;

——图 35d)未确认的 ACCESS;和

——图 35c)由于本地错误,导致尝试失败。

ACCESS.request 原语由客户机 AP 调用以读取或写入 COSEM 对象属性列表的值和/或调用方法列表。

ACCESS.indication 原语在接收到 Access-Request APDU 时由服务器 AL 产生。

ACCESS.response 原语由服务器 AP 调用,(如果 Service_Class==Confirmed)并发送对接收到的.indication 原语的响应。

ACCESS.confirm 原语由客户机 AL 生成以指示接收到 access-response APDU。

当请求或响应不适合于单个 APDU 时,则可以使用通用块传送机制。见 4.2.4.4.9。

如果响应太长而不适合单个 APDU,但不支持 GBT,响应可能是空数据列表和指示失败的原因的结果列表。

当需要加密保护时,根据要应用的保护类型,access-request/access-response APDU 可以 general-ded-ciphering,general-glo-ciphering,general-ciphering 或 general-signing APDU 进行传输。见 6.5。

ACCESS 服务的协议在 7.3.6 中规定。

6.10 DataNotification 服务

功能

DataNotification 服务是非请求的、非确认的服务。服务器使用它推送数据给客户机。它是非确认的服务。推送过程由“Push setup”对象配置。见 GB/T 17215.662—2018,5.3.8。

服务原语的定义

DataNotification 服务原语应提供的参数如表 49 所示。

表 49　**DataNotification 服务原语的服务参数**

	.request	.indication
Long_Invoke_Id	M	M(=)
Self_Descriptive	—	—
Processing_Option	—	—
Service_Class	—	—
Priority	M	M(=)
Date_Time	U	U(=)
Notification_Body	M	M(=)

Long_Invoke_Id 参数标识了服务调用的实例。

该服务里没有用到 Self_Descriptive、Processing_Option 和 Service_Class 参数。

Priority 参数标识了服务调用实例的优先级：正常的优先级(FALSE)或高优先级(TRUE)。

Date_Time 参数标识了 DataNotification.request 服务原语被调用的时间。它是 8 位元组串，当传输中不需要 Date_Time 时，该长度为零。

Notification_Body 参数包含推送数据。

应用

DataNotification 服务原语可能的逻辑序列在图 35f)和 g)中说明。

服务器 AP 调用.request 原语来推送数据到远程客户机 AP。一旦收到.request 原语后，服务器 AL 即建立 DataNotification APDU。

一旦收到 DataNotification APDU，客户机 AL 即生成.indication 原语。

DataNotification 服务的协议在 7.3.6 中规定。

6.11　**EventNotification 服务**

功能

EventNotification 服务是一个未经请求的、非 C/S 类型的服务。为了告知客户机属性值，事件一发生，即由服务器请求，就好像已经由 COSEM 请求。它是一个非确认服务。

服务原语的定义

EventNotification 服务原语应提供的参数如表 50 所示。

表 50　**EventNotification 服务原语的服务参数**

	.request	.indication
Time	U	U(=)
Application_Addresses	U	U(=)
COSEM_Attribute_Descriptor	M	M(=)
COSEM_Class_Id	M	M(=)
COSEM_Object_Instance_Id	M	M(=)
COSEM_Object_Attribute_Id	M	M(=)
Attribute_Value	M	M(=)

可选的 Time 参数标识发布 EventNotification.request 服务原语的时间。

Application_Addresses 参数是可选的。仅当从已建立 AA 的外部调用时,它才出现。在这种情况下,它包含识别发送方和目的地 AP 所需要的所有协议特定的参数。

当.request 原语不包含可选的 Application_Addresses 参数时,应使用服务器管理逻辑设备和客户机管理 AP 的默认地址。这两个 AP 始终存在,并在任何协议集中,它们被定为已知(即预先定义的地址)。

(COSEM_Class_Id,COSEM_Object_Instance_Id,COSEM_Object_Attribute_Id)三元参数组没有歧义且唯一地引用 COSEM 接口对象实例的属性。

Attribute_Value 参数携带该属性的值,有关通知事件的更多信息可以查询该 COSEM 接口对象。

若请求的编码不能装入单个 APDU 中时,它可使用通用块传输机制以数据块的方式进行传输。

用法

EventNotification 服务原语的可能的逻辑顺序在图 35f)和 g)中说明。

服务器 AP 调用.request 原语来发送 COSEM 接口对象属性值到远程客户机 AP。一收到.request 原语后,服务器 AL 就建立 EventNotificationRequest APDU。

在一些情况下,下层支持协议不容许采用真正的、未经请求的方式发送协议数据单元。此时,客户机应通过调用 Tigger_EventNotification_sending 服务原语明确地请求发送 EventNotification 帧。

一收到 EventNotificationRequest APDU,客户机 AL 就生成 EventNotification.indication 原语。

EventNotification 服务协议在 7.3.8 中规定。

6.12 TriggerEventNotificationSending 服务

功能

TriggerEventNotificationSending 服务的功能是由客户机来触发服务器,以发送携带 EventNotification.request APDU 的帧。

在协议中,当服务器不能发送真正的、非请求的 EventNotification.request APDU 时,该服务是必需的。

服务原语的定义

TriggerEventNotificationSending.request 服务原语应提供的参数如表 51 所示。

表 51 TriggerEventNotificationSending.request 服务原语的服务参数

	.request
Protocol_Parameters	M

Protocol_Parameters 参数包含所有下层协议需要的信息,这些信息用来触发服务器发送包含 EventNotification.request APDU 的最终所需要的帧,包含协议标识符和所有需要的下层参数。

用法

一旦从客户机 AP 收到 TriggerEventNotificationSending.request 服务调用,客户机 AL 就调用相应的支撑层服务向服务器发送触发消息。

6.13 变量访问规范

Variable_Access_Specification 是(一个)xDLMS Read/Write/UnconfirmedWrite InformationReport .request/.indication 服务原语的参数。其变量如表 52 所示。

——Variable_Name 标识 DLMS 命名的变量;

——Parameterized_Access 提供传输附加参数的能力;

——Block_Number_Access 传输块编号；

——Read_Data_Block_Access 传输块传输控制信息和原始数据；

——Write_Data_Block_Access 传输块传输控制信息。

不同变量的使用取决于服务，在各自的 SN 服务规范中描述。

表 52　变量的访问规范

Variable Access Specification	Read.request	Write.request	Unconfirmed Write.request	Information Report
Kind_Of_Access	M	M	M	M
Variable_Name	S	S	S	M
Detailed_Access	不在 DLMS/COSEM 中使用			
Parameterized_Access	S	S	S	
Variable_Name	M	M	M	—
Selector	U	U	U	
Parameter	U	U	U	
Block_Number_Access	S	—	—	—
Block_Number	M			
Read_Data_Block_Access	S			
Last_Block	M	—	—	—
Block_Number	M			
Raw_Data	M			
Write_Data_Block_Access		S		
Last_Block	—	M	—	—
Block_Number		M		

6.14　Read 服务

功能

Read 服务与 SN 引用一起使用，它是一个确认的服务。其功能有：

——读一个或多个 COSEM 接口对象属性的值。在这种情况下，.request 服务原语的编码应放置在一个 APDU 中。结果可以用单一的响应提交，或者若太长而不能放置在单一响应中时，用块传输在多个响应提交；

——当期望返回参数时，调用一个或多个 COSEM 接口对象方法。在这种情况下，如果.request(包含方法引用和方法调用参数)或.response 服务原语(包含结果和返回的参数)太长不能放置在单个的 APDU 中，则可以使用多请求和/或多响应的块传输。

Read 服务在 DL/T 790.441—2004 的 10.4 节和附录 A 中规定。对使用 LN 引用服务规范的完整性和一致性，连同 DLMS/COSEM 的扩展规范，转载在这里。

服务原语的定义

Read 服务原语应提供的服务参数如表 53 所示。

表 53 **Read 服务的服务参数**

	.request	.indication	.response	.confirm
Variable_Access_Specification {Variable_Access_Specification} Variable_Name Parameterized_Access Variable_Name Selector Parameter	M S S M U U	M(=) S(=) S(=) M(=) U(=) U(=)	—	—
Read_Data_Block_Access Last_Block Block_Number Raw_Data	S M M M	S(=) M(=) M(=) M(=)		
Block_Number_Access Block_Number	S M	S(=) M(=)		
Result(+)			S	S(=)
Read_Result {Read_Result}	—	—	M	M(=)
Data Data_Access_Error			S S	S(=) S(=)
Data_Block_Result Last_Block Block_Number Raw_Data Block_Number			S M M M S	S(=) M(=) M(=) M(=) S(=)
Result(—) Error_Type	—	—	S M	S(=) M(=)
注：安全参数见表 40。				

Read.request 服务原语的 Variable-Access-Specification 服务参数的不同变量的使用和 Read.response 原语的不同选项如表 54 所示。

若响应的编码不能放置在单个 APDU 中，可使用通用块传输机制以数据块传输的方式进行传输。

表 54 **Variable_Access_Specification 变量的使用和 Read.response 选择**

Read.request Variable_Access_Specification		Read.response CHOICE	
Variable_Name {Variable_Name}	引用 COSEM 对象属性的列表[a]。	Data {Data}	给出引用的属性值
		Data_Access_Error {Data_Access_Error}	提供读取失败的原因
		Data_Block_Result	给出块传输控制信息和原始数据的一个块

表 54（续）

<table>
<tr><th colspan="2">Read.request Variable_Access_Specification</th><th colspan="2">Read.response CHOICE</th></tr>
<tr><td rowspan="6">Parameterized_Access
{Parameterized_Access}</td><td rowspan="3">引用可选择性读的 COSEM 对象属性列表[a]</td><td>Data {Data}</td><td rowspan="3">同上</td></tr>
<tr><td>Data_Access_Error
{Data_Access_Error}</td></tr>
<tr><td>Data_Block_Result</td></tr>
<tr><td rowspan="3">连同方法调用参数一起引用 COSEM 对象方法列表[a]</td><td>Data {Data}</td><td>给出方法调用返回的参数
注：如果返回参数，这意味着方法调用成功</td></tr>
<tr><td>Data_Access_Error
{Data_Access_Error}</td><td>提供方法调用失败的原因</td></tr>
<tr><td>Data_Block_Result</td><td>同上</td></tr>
<tr><td>Read_Data_Block_Access</td><td>携带块传输控制信息和 COSEM 方法引用的一部分的编码形式与方法调用参数</td><td>Block_Number</td><td>携带最近接收的数据块的序号</td></tr>
<tr><td>Block_Number_Access</td><td>包含最近接收的数据块的序号</td><td>Data_Block_Result</td><td>同上</td></tr>
<tr><td colspan="4">注：同样的 Read.response 选择可能出现多次，以表示对每个请求的可能的响应。</td></tr>
<tr><td colspan="4">[a] 一系列可能有一个或多个元素。</td></tr>
</table>

Read.request 服务原语可能有一个或多个 Variable_Access_Specification 参数。

——Variable_Name 变量用于引用将被读取的完整的 COSEM 对象属性。这个请求可能包含一个或多个变量名；

——在任一下列情况下，使用 Parameterized_Access 变量：

- 引用选择性的读 COSEM 对象属性。在这种情况下，Variable_Name 元素引用 COSEM 对象属性，Selector 和 Parameter 元素携带访问选择器和在属性规范中规定的各自的访问参数；
- 引用要调用的 COSEM 对象方法，在这种情况下，Variable_Name 元素引用方法，Selector 元素是零，Parameter 元素携带方法调用的参数(如果有的话)或空数据；
- 请求可能包含一个或多个参数化访问参数。

注 1：用该参数，Read 服务可以在两个方向上传输信息，就像使用 LN 引用的 ACTION 服务：从客户机到服务器的方法调用参数和返回从服务器向客户机的参数。

——当调用一个或多个 COSEM 对象方法，并且请求的编码形式不能放置在单个的 APDU 中时，使用 Read_Data_Block_Access 变量。该请求可能包含单个的 Read_Data_Block_Access 参数。它携带块传送控制信息和原始数据：

- Last_Block 元素表明指定块是否是最后一块，是为 TRUE，否为 FALSE；
- Block_Number 元素携带实际发送的块编号；
- Raw_Data 元素携带 Variable_Access_Specification 参数列表(就像不用块传输一样)的编码形式的一部分，Variable_Access_Specification 参数包含方法引用和方法调用参数。这里，只允许变量 Variable_Name 和 Parameterized_Access 存在。

——当服务器用块传输发送长响应，用来确认接收到数据块并请求下一个数据块时，使用 Block_Number_Access 变量。该请求可能包含单个的 Block_Number_Access 参数。它携带正确接收的最近数据块的编号。

Result(+)参数表示请求的服务已成功。

不用块传输时，.response/.confirm 服务原语包含一个或多个 Read_Result 参数。其数量和顺序应与在.request/.indication 原语中 VARIABLE_NAME/Parameterized_Access 参数的数量和顺序相同。

若 Read 服务用于读取属性，则：

——访问时，选择 Data 来携带属性值；

——Data_Access_Error 用来携带该属性读取失败的原因。

若 Read 服务用于调用方法，则：

——选择 Data 用来携带返回参数(返回数据，意味着方法调用成功)；若无返回参数，则 Data 为空数据；

注 2：然而，若没有期望的返回数据，则应该用 Write 服务调用方法。

——Data_Access_Error 携带该方法调用失败的原因。

在块传输的情况下，.response/.confirm 原语包含单个的 Read_Result 参数。Data_Block_Result 选项携带响应的一个块：

——the Last_Block 元素表示指定块是否为最后一块：是为 TRUE，否为 FALSE；

——Block_Numbe 应携带发送的块编号；

——Raw_Data 元素包含 Read_Result 列表的编码形式的一部分。

如果不能提供数据块，那么.response 原语应携带单个的 Result 参数，该参数使用 Data_Access_Error 选项并携带合适的错误信息，例如(14) data-block-unavailable。

如果请求的块编号不是期望的那一块的编号，或不能提交下一个数据块，则应返回带一个单 Read_Result 参数的 Read.response 服务原语，Read_Result 参数带有携带合适的代码的 Data_Access_Error 选项，例如(19) data-block-number-invalid。

当 Read 服务用于调用一个或多个方法以及在多个块中发送请求，为了确认收到数据块并请求下一个数据块时，采用 Block_number 选项。它携有最后收到的块的编号。

Result(-)参数表示先前请求的服务失败。Error_Type 参数提供失败的原因。在这种情况下，服务器应回发 ConfirmedServiceError APDU，而不是 ReadResponse APDU。

用法

Read 服务原语可能的逻辑顺序说明如图 35a)所示。

跟在客户机 AP 调用 GET 或 ACTION.request 原语并通过 SN_MAPPER ASE 映射到 Read.request 原语之后，调用 Read.request 原语。然后客户机 AL 构建 ReadRequest APDU 并将它发送给服务器。关于 LN/SN 服务映射，见 6.19。

一旦接收到 ReadRequest APDU，服务器 AL 就生成 Read.indication 原语。

服务器 AP 调用 Read.response 原语，以便将响应发送给先前收到的 Read.indication 原语，然后服务器 AL 构建 ReadResponse APDU，并将其发送给客户机。

接收到 ReadResponse APDU 后，客户机 AL 接着生成 Read.confirm 原语。然后 SN_MAPPER ASE 将它映射回并生成 GET 或 ACTION.confirm 原语。

Read 服务的协议在 7.3.9 中规定。

6.15 Write 服务

功能

Write 服务与 SN 引用一起使用，它是一个确认的服务，其功能如下：

——写一个或多个 COSEM 接口对象属性值；

——调用一个或多个 COSEM 接口对象方法(当无返回参数时)。

在这两种情况下，如果.request 服务原语的编码不能放置在单个 APDU 中，它将在多个使用块传输的请求中发送。.response 服务原语应始终放置在单个 APDU 中。

Write 服务在 DL/T 790.441—2004，10.5 和附录 A 中规定，为了其完整性和保持与使用 LN 引用规范的一致性，连同 DLMS/COSEM 扩展规范一起在这里转载。

服务原语的定义

Write 服务原语应提供的服务参数如表 55 所示。

表 55　Write 服务的服务参数

	.request	.indication	.response	.confirm
Variable_Access_Specification	M	M(=)		
{Variable_Access_Specification}				
Variable_Name	S	S(=)		
Parameterized_Access	S	S(=)	—	—
Variable_Name	M	M(=)		
Selector	M	M(=)		
Parameter	M	M(=)		
Write_Data_Block_Access	S	S(=)		
Last_Block	M	M(=)	—	—
Block_Number	M	M(=)		
Data {Data}	M	M(=)	—	—
Result(+)	—	—	S	S(=)
Write_Result {Write_Result}			S	S(=)
Success	—	—	S	S(=)
Data_Access_Error			S	S(=)
Block_Number			S	S(=)
Result(−)			S	S(=)
Error_Type			M	M(=)
注：安全参数见表 40。				

Write.request 服务原语的 Variable-Access-Specification 服务参数的不同变型的使用和 Write.response 原语的不同选项如表 56 所示，同时解释了 Data 服务参数的使用。

如果请求编码不能放置在单个 APDU 中，可以在使用特定服务或通用块传输机制的数据块中传输。

表 56　Variable_Access_Specification 变量的使用和 Write.response 选项

<table>
<tr><th colspan="2">Write.request Variable_Access_Specification</th><th colspan="2">Write.response CHOICE</th></tr>
<tr><td rowspan="2">Variable_Name
{Variable_Name}</td><td rowspan="2">引用 COSEM 对象属性列表[a]。
Data 服务参数携带要写的数据或方法调用的参数</td><td>Success {Success}</td><td>表示所引用的属性能够成功写入</td></tr>
<tr><td>Data_Access_Error
{Data_Access_Error}</td><td>提供写失败的原因</td></tr>
</table>

表 56（续）

<table>
<tr><th colspan="2">Write.request Variable_Access_Specification</th><th colspan="2">Write.response CHOICE</th></tr>
<tr><td rowspan="2">Parameterized_Access
{Parameterized_Access}</td><td rowspan="2">引用可选择性写的 COSEM 对象属性列表[a]。
Data 服务参数携带要写的数据</td><td>Success {Success}</td><td rowspan="2">同上</td></tr>
<tr><td>Data_Access_Error
{Data_Access_Error}</td></tr>
<tr><td>Write_Data_Block_Access</td><td>携带块传输控制信息。
Data 服务参数携带原始数据，包含 COSEM 对象属性列表[a]或方法引用的编码，和要写的数据列表方法调用参数列表</td><td>Block_Number</td><td>携带最后接收的数据块编号</td></tr>
<tr><td colspan="4">注：相同的 Write.response 选项能出现多次，表示每个请求的可能的响应。</td></tr>
<tr><td colspan="4">[a] 列表可能有一个或多个元素。</td></tr>
</table>

Write.request 服务原语可能有一个或多个 Variable_Access_Specification 参数：

——变量 Variable_Name 用于引用完整的拟写入 COSEM 对象属性或拟调用 COSEM 对象方法。该请求可包含一个或多个变量名；

——变量 Parameterized_Access 用于选择性引用拟写入 COSEM 对象属性。在这种情况下，Variable_Name 元素引用 COSEM 对象属性，Selector 和 Parameter 元素分别携带访问选择器和参数(与属性规范中的规定一样)。该请求可包含一个或多个 Parameterized_Access 参数；

Data 服务参数携带要写的属性值或要调用方法的方法调用参数。Data 参数的数量和顺序应与 Variable_Access_Specification 参数相同。

如果 Write.request 服务原语不能放置在单个的 APDU 中，使用块传输。在这种情况下：

——Variable_Access_Specification 的 Write_Data_Block_Access 变量携带块传输控制信息：

- Last_Block 元素标识给定块是否最后一块，是为 TRUE，否为 FALSE；
- Block_Numbe 元素携带实际发送的块编号。

——Data 参数携带属性引用列表的一部分和要写的数据列表，或方法引用列表的一部分和方法调用参数列表；

——该请求包含单个 Write_Data_Block_Access 和单个 Data 参数。

Result(＋)参数表示所请求的服务已经成功。

.response/.confirm 服务原语包含 Write_Result 参数列表，参数的数量和顺序应和.request /.indication service primitives 中的 Variable_Name/Parameterized_Access 参数的数量和顺序相同。

无块传输和采用块传输并接收到最后一块后：

——当使用 Write 服务来进行属性的写入时，每个元素携带的要么是写访问成功(Success)，要么是写访问失败的原因(Data_Access_Error)；

——当使用 Write 服务来调用方法时，每个元素携带的要么是方法调用访问成功(Success)，要么是方法调用失败的原因 (Data_Access_Error)。

在块传输期间，用 Block_Number 选项确认正确接收到一个数据块并请求下一个数据块。它携带最新收到的块编号。

如果请求中的 block-number 不是期望的那个，或者该块未能正确接收，则应返回带有单 Write_

Result 参数的 Write.response 服务原语，该参数带有 Data_Access_Error 选项，携带适当的代码，例如 (19) data-block-number-invalid。

Result(—)参数表明请求服务失败。Error_Type 参数提供失败的原因。在这种情况下，服务器应回发 ConfirmedServiceError APDU，而不是 WriteResponse APDU。

用法

Write 服务原语的可能的逻辑顺序说明如图 35a)所示。

客户机 AP 调用 SET 或 ACTION.request 原语后，并由 SN_MAPPER ASE 将其映射到一个 Write.request 原语，接着调用 Write.request。然后，客户机 AL 构建 WriteRequest APDU，并将其发送给服务器。关于 LN/SN 服务映射，见 6.19。

一旦接收到 WriteRequest APDU，服务器 AL 就生成 Write.indication 原语。

为了向之前接收到的 Write.indication 原语发送响应，服务器 AP 调用 Write.response 原语，然后服务器 AL 构建 WriteResponse APDU，并发送给客户机。

客户机 AL 收到 WriteResponse APDU 后，紧接着生成 Write.confirm 原语，然后由 SN_MAPPER ASE 将该原语映射回 SET 或 ACTION.confirm 原语。

Write 服务的协议在 7.3.10 中规定。

6.16 UnconfirmedWrite 服务

功能

UnconfirmedWrite 服务与 SN 引用一起被使用，它是非确认的服务，其功能如下：

——写一个或多个 COSEM 对象属性值；

——当不期望返回参数时，调用一个或多个 COSEM 接口对象方法。

UnconfirmedWrite.request 服务原语应始终装在单个的 APDU 中。

UnconfirmedWrite 服务在 DL/T 790.441—2004，10.6 和附录 A 中规定，为了其完整性和保持与使用 LN 引用规范的一致性，连同 DLMS/COSEM 扩展规范一起在这里转载。

服务原语的定义

UnconfirmedWrite 服务原语应提供的服务参数如表 57 所示。

表 57 UnconfirmedWrite 服务的服务参数

	.request	.indication
Variable_Access_Specification	M	M(=)
{Variable_Access_Specification}		
Variable_Name	S	S(=)
Parameterized_Access	S	S(=)
Variable_Name	M	M(=)
Selector	M	M(=)
Parameter	M	M(=)
Data {Data}	M	M(=)
注：安全参数见表 40。		

UnconfirmedWrite.request 服务原语的 Variable-Access-Specification 服务参数的不同变量的使用如表 58 所示，同时解释了 Data 服务参数的使用。

如果请求的编码不能装入单个 APDU 中，可以使用通用块传输机制以数据块形式传输它。

表 58 Variable_Access_Specification 变量的使用

UnconfirmedWrite.request Variable_Access_Specification	
Variable_Name {Variable_Name}	引用 COSEM 对象属性。 Data 服务参数携带要写的数据或方法调用的参数。
Parameterized_Access {Parameterized_Access}	引用可选择性访问的 COSEM 对象属性。 Data 服务参数携带要写的数据。

UnconfirmedWrite.request 服务原语可能有一个或多个 Variable_Access_Specification 参数。

——Variable_Name 变量用于引用将要写完整的 COSEM 对象属性或将要调用的 COSEM 对象方法;

——使用 Parameterized_Access 变量用于引用将要选择性写入的 COSEM 对象属性。在这种情况下,Variable_Name 元素引用 COSEM 对象属性,Selector 和 Parameter 元素携带访问选择器和在属性规范中分别规定的访问参数。

Data 服务参数携带要写入的属性值或要调用的方法的方法调用参数。Data 参数的数量和顺序应和 Variable_Access_Specification 参数中的相同。

用法

Write 服务原语的可能的逻辑顺序说明如图 35d)所示。

客户机 AP 在带 Service_Class==Unconfirmed 调用 SET 或 ACTION.request 原语并使用 SN_MAPPER ASE 将其映射为 UnconfirmedWrite.request 原语之后,接着调用 UnconfirmedWrite.request 原语。然后,客户机 AL 构建 UnconfirmedWriteRequest APDU,并将其发送给服务器。

一旦接收到 WriteRequest APDU 后,服务器 AL 就生成 UnconfirmedWrite.indication 原语。

UnconfirmedWrite 服务的协议在 7.3.11 中规定。

6.17 InformationReport 服务

功能

InformationReport 服务是主动提供的非 C/S 类型的服务。一旦事件发生后,为了告知客户机一个或多个 DLMS 命名的变量的值(映射到 COSEM 接口对象属性),就像它们已经由客户机请求一样,它是一个无需确认的服务。

InformationReport 服务在 DL/T 790.441—2004,10.7 和附录 A 中规定。为了其完整性和保持与使用 LN 引用服务规范的一致性,连同 DLMS/COSEM 扩展规范一起在这里转载。

服务原语的定义

InformationReport 服务原语应提供的参数如表 59 所示。

表 59 InformationReport 服务的服务参数

	.request	.indication
Current_Time	M	M(=)
Variable_Access_Specification {Variable_Access_Specification} Variable_Name	M M	M(=) M(=)
Data {Data}	M	M(=)

Current_Time 参数表明 InformationReport.request 服务原语的发布时间。

选项 Variable_Name 的 Variable_Access_Specification 参数规定一个或更多的 DLMS 命名的变量(映射到 COSEM 的接口对象属性),其值由服务器发送。

Data 参数携带 DLMS 命名的变量值,与 Variable_Access_Specification 参数中的顺序相同。

InformationReport 服务的协议在 7.3.12 中规定。

6.18 客户机侧层管理服务:SetMapperTable.request

功能

SetMapperTable 服务的功能是管理客户机 SN_MAPPER ASE。

服务原语的定义

仅有一个原语:.request 原语。它应提供参数如下,见表 60。

表 60 SetMapperTable.request 服务原语的服务参数

	.request
Mapping_Table	M

Mapping_table 参数是强制性的,它包含 AA 和为被请求的服务器准备的 *object_list* 属性的内容。该内容的结构在 GB/T 17215.662—2018 中定义。

用法

客户机 AP 调用 SetMapperTable.request 服务是为了向客户机 SN_MAPPER ASE 提供映射信息。该服务不会在客户机和服务器之间引起任何的数据传输。如果使用 SN 引用,为了提高映射过程的效率,客户机 AP 使用该服务原语。

6.19 服务概要和 LN/SN 数据传输服务的映射

表 61 到表 62 是 DLMS/COSEM 应用层服务的概要。

表 61 ACSE 服务概要

客户机侧	服务器侧
COSEM-OPEN.request	COSEM-OPEN.indication
COSEM-OPEN.confirm	COSEM-OPEN.response
COSEM-RELEASE.request	COSEM-RELEASE.indication
COSEM-RELEASE.confirm	COSEM-RELEASE.response
COSEM-ABORT.indication	COSEM-ABORT.indication

表 62 xDLMS 服务概要

客户机侧	服务器侧
LN 引用	
GET.request	GET.indication
GET.confirm	GET.response
SET.request	SET.indication
SET.confirm	SET.response
ACTION.request	ACTION.indication
ACTION.confirm	ACTION.response
ACCESS.request	ACCESS.indication
ACCESS.confirm	ACCESS.response
EventNotification.indication	EventNotification.request
TriggerEventNotificationSending.request	—
DataNotification.indication	DataNotification.request
SN 引用	
Read.request	Read.indication
Read.confirm	Read.response
Write.request	Write.indication
Write.confirm	Write.response
UnconfirmedWrite.request	UnconfirmedWrite.indication
InformationReport.indication	InformationReport.request
DataNotification.indication	DataNotification.request
注：DataNotification 服务在 SN 引用和 LN 引用的应用会话中都可以使用。	

当服务器使用 SN 引用时，使用 LN 引用的服务原语与使用 SN 引用的服务原语间的映射在客户机侧建立。7.3.9，7.3.10，7.3.11 和 7.3.12 中规定该映射。

7 DLMS/COSEM 应用层协议规范

7.1 控制功能

7.1.1 客户机侧控制功能的状态定义

图 37 显示了客户机侧 CF 的状态机，也见图 9。

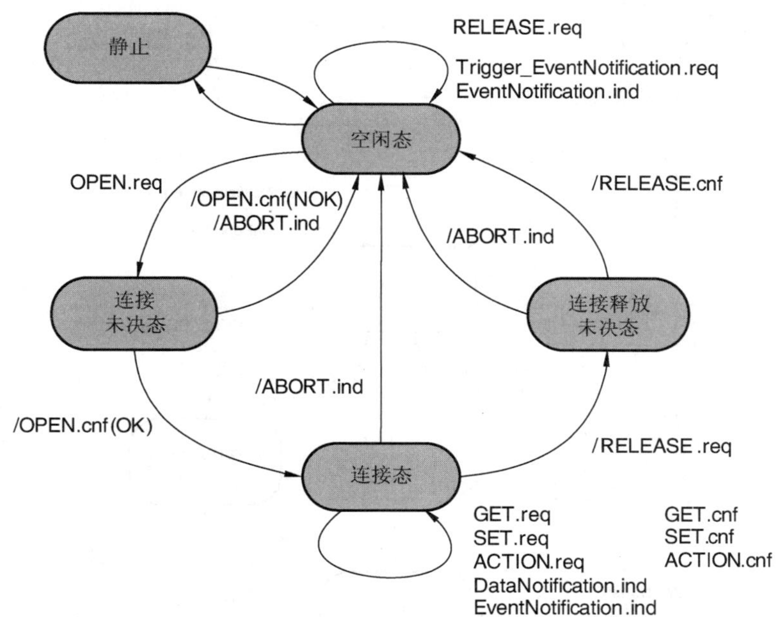

注：在客户机和服务器 CF 的状态图中，使用下列规定：

——没有"/"作为首字符的服务原语是"激励"，调用这些服务是给定状态变换的起因；

——使用"/"作为首字符的服务原语是"输出"，在状态转换过程中执行这些服务的调用。

图 37　客户机侧控制功能的部分状态机

客户机 CF(和 AL 包含 CF)的状态定义如下：

——INACTIVE：在该状态下，CF 完全没有活动：它既不给 AP 提供服务，也不使用协议支撑层服务；

——IDLE：在没有 AA 存在、正在被断开或正在被创建时 CF 的状态[2)]。然而，在这种状态下，如果物理通道已经建立，客户机与服务器之间存在一些数据交换是可能的。CF 能处理 EventNotification 服务；

注：INACTIVE 和 IDLE 状态之间的转移是在协议外部控制的。例如，可以这样认为，CF 通过实例化和绑定到协议支撑层，实现从 INACTIVE 到 IDLE 之间的转移，通过删除给定的 CF 实例实现反向转移。

——ASSOCIATION PENDING：当 AP 通过调用 COSEM-OPEN.request 原语(OPEN.req)请求建立应用连接时，CF 离开 IDLE 状态进入该状态。CF 可能退出该状态进入 ASSOCIATED 或返回到 IDLE 状态，并根据连接请求的结果生成 COSEM-OPEN.Confirm 原语(/OPEN.cnf(OK))或(/OPEN.cnf(NOK))。CF 也用生成的 COSEM-ABORT.indication 原语(/ABORT.ind)退出该状态并返回到 IDLE 状态；

——ASSOCIATED：在成功建立 AA 时，CF 进入该状态。在该状态下，所有的 xDLMS 服务和 APDU 可用。CF 保持该状态直到 AP 通过调用 COSEM-RELEASE.request 原语(RELEASE.req)请求断开应用连接。CF 也用生成的 COSEM-ABORT.indication 原语(/ABORT.ind)退出该状态并返回到 IDLE 状态；

——ASSOCIATION RELEASE PENDING：当 AP 调用 COSEM-RELEASE.request 原语(RELEASE.req)，请求断开 AA 时，CF 离开 ASSOCIATED 状态，进入该状态。CF 保持在该状态，等待从服务器对该请求的响应。由于服务器不容许拒绝断开请求，所以 CF 退出该状态后总是进入 IDLE 状态。接收到服务器的响应或者通过本地生成(/RELEASE.cnf)之后，通过生成 COSEM-RELEASE.confirm 原语，CF 可以退出该状态。CF 也用生成 COSEM-ABORT.indication 原语(/ABORT.ind)退出该状态并返回到 IDLE 状态。

2) 这是 AL 的状态机，没有考虑包括物理连接的下层连接。另一方面，物理连接已经在协议之外建立。

7.1.2 服务器侧控制功能的状态定义

图 38 显示服务器侧 CF 的状态机,见图 9。

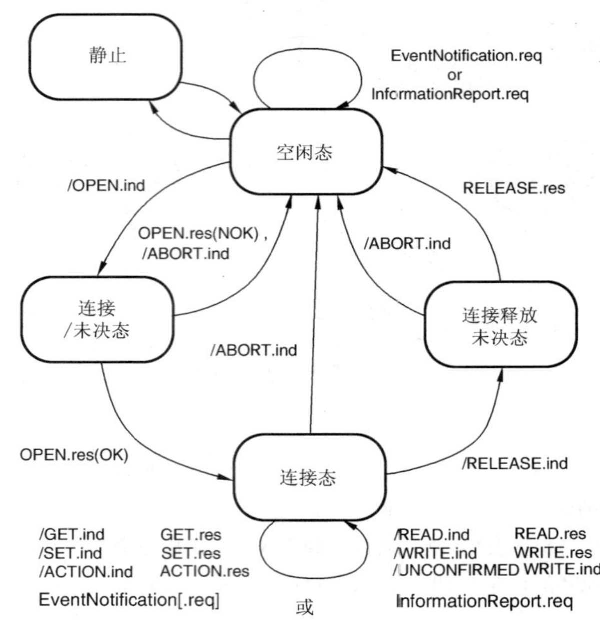

图 38 服务器侧控制功能的部分状态机

服务器 CF 的状态定义如下:

——INACTIVE:在该状态下,CF 完全没有活动:它既不给 AP 提供服务,也不使用协议支撑层服务;

——IDLE:在没有 AA 存在、正在被断开、正在被创建时 CF 的状态[3]。然而,在这种状态下,如果物理通道已经建立,客户机与服务器之间可能会存在一些数据交换。CF 能处理 EventNotification/InformationReport 服务;

——ASSOCIATION PENDING:当客户机请求建立 AA,且服务器 AL 生成 COSEM-OPEN.indication 原语(/OPEN.ind)时,CF 离开 IDLE 状态进入该状态。根据连接请求的结果,CF 可能退出该状态进入 ASSOCIATED 或返回到 IDLE 状态,调用 COSEM-OPEN.response 原语(/OPEN.res(OK))或(/OPEN.res(NOK))。CF 也用生成 COSEM-ABORT.indication 原语(/ABORT.ind)退出该状态并返回到 IDLE 状态;

——ASSOCIATED:当成功建立 AA 时,CF 进入该状态。在该状态下,所有的 xDLMS 服务和 APDU 可用。CF 保持该状态直到客户机请求断开 AA,并服务器 AL 生成 COSEM-RELEASE.ind 原语 (/RELEASE.ind)。CF 也用生成 COSEM-ABORT.indication 原语(/ABORT.ind)退出该状态并返回到 IDLE 状态;

——ASSOCIATION RELEASE PENDING:当服务器 AP 接收客户机请求断开 AA 的 COSEM-RELEASE.indication 原语(/RELEASE.ind)时,CF 离开 ASSOCIATED 状态,进入该状态。CF 保持在该状态,等待 AP 接受断开请求。由于服务器不容许拒绝断开的请求,所以 CF 退出该状态后总是进入 IDLE 状态。当 AP 接受断开 AA 并调用 COSEM-RELEASE.response 原语 (RELEASE.res)时,CF 可能退出该状态。CF 也用生成 COSEM-ABORT.indication 原语(/ABORT.ind)退出该状态并返回到 IDLE 状态。

3) 这是 AL 的状态机,没有考虑包括物理连接的下层边接。另一方面,物理连接已经在协议之外建立。

7.2 ACSE 服务和 APDU

7.2.1 ACSE 功能单元、服务和服务参数

DLMS/COSEM AL ACSE 是基于面向连接的 ACSE，与 ISO/IEC 15953 和 ISO/IEC 15954 中规定的一样。

功能单元用于在建立连接期间商定 ACSE 用户需求。定义了下列三个功能单元：

——内核功能单元；

——认证功能单元；

——应用语境协商的功能单元；

注 1：ISO/IEC 15953:1999 和 ISO/IEC 15954:1999 使用术语“ASO 语境”。在 DLMS/COSEM 中，术语“应用语境”同在 ISO/IEC 8649/ISO/IEC 8650-1 中一样使用。

——高级别连接功能单元；

——嵌套连接功能单元。

DLMS/COSEM AL 只使用内核和认证功能单元。

AARQ 和 AARE APDU 中的 acse-requirements 参数用于为连接选择功能单元。

内核功能单元始终有效，并包括基本服务 A-ASSOCIATE，A-RELEASE。

认证功能单元支持连接建立期间的认证。在连接建立期间协商该功能单元的可用性。此功能单元不包括其他服务。它将参数添加到 A-ASSOCIATE 服务。

表 63 功能单元 APDU 和它们的字段

功能单元	服务	APDU	字段名称	出现
内核	A-ASSOCIATE	AARQ	protocol-version	O
			application-context-name	M
			called-AP-title	U
			called-AE-qualifier	U
			called-AP-invocation-identifier	U
			called-AE-invocation-identifier	U
			calling-AP-title	U
			calling-AE-qualifier	U
			calling-AP-invocation-identifier	U
			calling-AE-invocation-identifier	U
			implementation-information	O
			user-information 2)	M
			（携带 xDLMS Initiate.request APDU）	
			dedicated-key	U
			response-allowed	U
			proposed-quality-of-service	U
			proposed-dlms-version-number	M
			proposed-conformance	M
			client-max-receive-pdu-size	M

表 63（续）

功能单元	服务	APDU	字段名称	出现
		AARE	protocol-version application-context-name result result-source-diagnostic responding-AP-title responding-AE-qualifier responding-AP-invocation-identifier responding-AE-invocation-identifier implementation-information user-information 3) （携带 xDLMS initiateResponse APDU） negotiated-quality-of-service negotiated-dlms-version-number negotiated-conformance server-max-receive-pdu-size vaa-name （或携带 confirmedServiceError APDU）	O M M M U U U U O M S U M M M M S
	A-RELEASE	RLRQ	reason user-information	U U
		RLRE	reason user-information	U U
认证	A-ASSOCIATE	AARQ	sender-acse-requirements mechanism-name calling-authentication-value	U U U
		AARE	responder-acse-requirements mechanism-name responding-authentication-value	U U U

注 1：该表基于 ISO/IEC 15954:1999，表 2 和表 3。这些字段按照在 ACSE APDU 中的顺序列出。

M——Presence 是强制的；
O——Presence 是 ACPM 可选项；
U——Presence 是 ACSE service-user 可选项；
S——该参数作为服务器 ASE 语境的内部响应从其他 S-parameter 中选择。

注 2：根据 ISO/IEC 15953:1999，user-information 参数是可选的。但是，在 DLMS/COSEM 环境中，在 AARQ/AARE APDU 中它是强制的。

与 ISO/IEC 8649 和 ISO/IEC 8650-1 相比，ISO/IEC 15953:1999 和 ISO/IEC 15954:1999 有几个变化：

——在 ISO/IEC 15954 中，protocol-version 在 AARQ 中是强制的，在 AARE 中是可选的。在 DLMS/COSEM 中，为了保持向后兼容性，它保持为强制的；

——使用“ASO-context-name”代替“application-context-name”。在 DLMS/COSEM 中，保留“application-context-name”。ISO/IEC 15954，7.1.5.2 规定：ASO-context-name 是可选的。如果需要与旧的 ACSE 实现向后兼容，它应存在。因此，在 DLMS/COSEM 中它是强制的；

——在 ISO/IEC 15954 中，result 和 result-source-diagnostic 参数是可选的。ISO/IEC 15954，7.1.5.8 和 7.1.5.9 规定：Result/Result-source-diagnostic 是可选的。如果需要与旧的 ACSE 实现向后兼容，它应存在。因此，在 DLMS/COSEM 中这些参数是强制的。

表63显示了DLMS/COSEM AL使用的与ACSE功能单元相连接的服务，APDU和APDU字段。ACSE APDU的抽象语法在第8章中规定。

通常，AARQ APDU每个参数的值由COSEM-OPEN.request服务原语的参数来确定。类似的，AARE每个字段的值由COSEM-OPEN.response原语来确定。COSEM-OPEN服务在6.2中规定。

AARQ和AARE APDU的字段规定如下，管理这些字段在7.2.4.1中规定。

——protocol-version：DLMS/COSEM AL使用默认值版本1。详见ISO/IEC 15954：1999；

——application-context-name：COSEM应用语境名在7.2.2.2中规定；

注3：ISO/IEC 15953：1999和ISO/IEC 15954：1999使用"ASO-context-name"。

——called-，calling-和responding-titles，qualifiers和invocation-identifiers：这些可选的域携带COSEM-OPEN服务的各自参数的值。详见ISO/IEC 15954：1999；

——implementation-information：在DLMS/COSEM AL不用该字段。详见ISO/IEC 15954：1999；

——user-information：在AARQ APDU中，它携带着xDLMS InitiateRequest APDU，后者拥有COSEM-OPEN.request服务原语中Proposed_xDLMS_Context参数的元素。在AARE APDU中，它携带xDLMS InitiateResponse APDU，该APDU拥有Negotiated_xDLMS_Context的参数元素，或携带xDLMS ConfirmedServiceError APDU，该APDU拥有COSEM-OPEN.response服务原语的xDLMS_Initiate_Error参数的元素；

——sender-和responder-acse-requirements：本字段用于选择AARQ/AARE的可选功能单元。在COSEM中，仅使用Authentication功能单元。若出现，它携带BIT STRING{authentication(0)}的值。置位表示认证功能单元被选中；

——mechanism-name：COSEM认证机制名在7.2.2.3中规定；

——calling(和responding)authentication-value：见5.2.2.2；

——result：与下面的规定一样，本参数的值由COSEM AP(接收方)或DLMS/COSEM AL(ACPM)确定。它用来确定COSEM-OPEN.confirm原语的Result参数值：

- 如果ACPM拒绝AARQ APDU(例如COSEM-OPEN.indication原语不是由DLMS/COSEM AL发布的)，"rejected(permanent)"或"rejected(transient)"值由ACPM赋予；
- 否则，其值由COSEM-OPEN.response APDU的Result参数来确定。

——result-source-diagnostic：本参数同时包含Result-source值和Diagnostic值。它用于确定COSEM-OPEN.confirm原语中Failure_Type参数的值：

- Result-source值：如果ACPM拒绝AARQ(即COSEM-OPEN.indication原语不是由DLMS/COSEM AL发出的)，ACPM赋予"ACSE service-provider"。否则，ACPM赋予"ACSE service-user"；
- Diagnostic值：若ACPM拒绝AARQ，则由ACPM分配适当的值。否则，由COSEM-OPEN.response原语的Failure_Type参数确定该值。若Diagnostic参数不包含在.response原语中，则由ACPM赋"空"值。

当带参数Use_RLRQ_RLRE==TRUE调用COSEM-RELEASE服务(见6.3)时，RLRQ/RLRE APDU的参数规定如下：

——reason：携带6.2中规定的合适值；

——user-information：如果该参数出现，该参数携带xDLMS InitiateRequest/InitiateResponse APDU，该APDU分别拥有COSEM-RELEASE.request/.response服务原语中Proposed_ xDLMS_Context/Negotiated_xDLMS_Context 参数的元素，见 6.2。

7.2.2 注册 COSEM 名

7.2.2.1 概述

在 OSI 语境中，许多不同类型的网络对象应在全球范围内明确命名标识，这些网络对象包含抽象语法、转换语法、应用语境、认证机制名等。在多数情况下，这些对象的名称由开发特定基础 ISO 标准的委员会或执行工作组来分配并宜进行注册。对 DLMS/COSEM 语境而言，这些对象名由 DLMS 用户协会分配，规定如下。

根据(Switzerland)OFCOM 的第 1999.01846 号决议，下述对象标识符的前缀归属于 DLMS 用户协会。

```
{joint-iso-ccitt(2)country(16)country-name(756)identified-organization(5)
DLMS-UA(8)}
```

注：根据 ITU-T X.660，A.2.4 的规定，由于历史原因，二级标识符 ccitt 和 joint-iso-ccitt 分别是 itu-t 和 joint-iso-itu-t 的同义词，因此可能出现在 ASN.1 OBJECT IDENTIFIER 值，并且还标识相应的主要整数值。

在 DLMS/COSEM 中，为命名下面的项，规定了其对象标识符：

——COSEM 应用语境名；

——COSEM 认证机制名；

——加密算法 ID。

7.2.2.2 COSEM 应用语境

为在 AA 中有效交换信息，一对 AE-invocation 应是相互知晓，并遵循管理交换的公共规则集。该公共规则集称为 AA 的应用语境。在 AA 建立期间，应用于该 AA 的应用语境已经确定。

AA 只有一个应用语境，然而构成 AA 的应用语境的组规则可能包含在 AA 的生存期内改变这组规则的规则。

可以使用下列方法：

——识别业已存在的应用语境定义；

——传送应用语境的真实描述。

在 COSEM 语境中，在 AA 建立期间，可以预期业已存在的应用语境，并通过其名称引用。应用语境名规定为 OBJECT IDENTIFIER ASN.1 类型。COSEM 通过下面的对象标识符值识别应用语境名：

```
COSEM_Application_Context_Name::=
{joint-iso-ccitt(2)country(16)country-name(756)identified-organization(5)
DLMS-UA(8)application-context(1)context_id(x)}
```

这些通用的 COSEM 应用语境的意义是：

——在 AE 调用、ACSE 和 xDLMS ASE 中有两个 ASE；

——xDLMS ASE 应如 DL/T 790.441—2004 中规定；

注：DLMS 的 COSEM 扩展，见 4.2.4。

——转换语法是 A-XDR。

特定的 context_id 和加密及不加密的 APDU 的使用如下表 64 所示：

表 64 COSEM 应用语境名

应用语境名称	context_id	未加密的 APDU	加密的 APDU
Logical_Name_Referencing_No_Ciphering::=	context_id(1)	是	否
Short_Name_Referencing_No_Ciphering::=	context_id(2)	是	否
Logical_Name_Referencing_With_Ciphering::=	context_id(3)	是	是
Short_Name_Referencing_With_Ciphering::=	context_id(4)	是	是

为了成功的建立 AA,AARQ 和 AARE APDU 的 application-context-name 参数会携带“有效”名之一。客户机用 COSEM-OPEN.request 原语的 Application_Context_Name 参数提议应用语境名称。服务器可以返回任何值(提议的值或它支持的值)。

7.2.2.3 COSEM 认证机制名

客户机、服务器或两者的认证是 DLMS/COSEM 规范中处理的安全的一个方面,规定了三个安全认证级别:

——无安全认证(最低级安全),见 5.2.2.2.2;

——低安全级认证(LLS),见 5.2.2.2.3;

——高安全级认证(HLS),见 5.2.2.2.4。

DLMS/COSEM 通过下面的通用对象标识符值标识认证机制:

```
COSEM_Authentication_Mechanism_Name::=
{joint-iso-ccitt(2)country(16)country-name(756)identified-organization(5)
DLMS-UA(8)authentication_mechanism_name(2)mechanism_id(x)}
```

mechanism_id 元素的值在规定的安全机制中选择一种,见表 65。

表 65 COSEM 认证机制名

COSEM_lowest_level_security_mechanism_name::=	mechanism_id(0)
COSEM_low_level_security_mechanism_name::=	mechanism_id(1)
COSEM_high_level_security_mechanism_name::=	mechanism_id(2)
COSEM_high_level_security_mechanism_name_using_MD5::=	mechanism_id(3)
COSEM_high_level_security_mechanism_name_using_SHA-1::=	mechanism_id(4)
COSEM_high_level_security_mechanism_name_using_GMAC::=	mechanism_id(5)
COSEM_high_level_security_mechanism_name_using_SHA-256::=	mechanism_id(6)
COSEM_high_level_security_mechanism_name_using_ECDSA::=	mechanism_id(7)
注 1:带 mechanism_id(2)时,处理口令的方法是秘密的。 **注 2:**认证机制 3 和 4 的使用不推荐用于新的实现。	

在 COSEM-OPEN 服务中出现 Authentication_Mechanism_Name 时,应选择 A-ASSOCIATE 服务的认证功能单元。LLS 和 HLS 认证过程在 5.2.2.2 和 5.7.3 中描述。

7.2.2.4 加密算法 ID

加密算法 ID 标识将使用导出秘密对称密钥的算法。见 5.3.4.6.5。

加密算法由以下通用对象标识符值标识：

```
COSEM_Cryptographic_Algorithm_Id::=
{joint-iso-ccitt(2)country(16)country-name(756)identified-organization(5)
DLMS-UA(8)cryptographic-algorithms(3)algorithm_id(x)}
```

algorithm_id 的值显示在表 66 中。另见表 8。

表 66　加密算法 ID

COSEM_cryptographic_algorithm_name_aes-gcm-128::=	algorithm_id(0)
COSEM_cryptographic_algorithm_name_aes-gcm-256::=	algorithm_id(1)
COSEM_cryptographic_algorithm_name_aes-wrap-128::=	algorithm_id(2)
COSEM_cryptographic_algorithm_name_aes-wrap-256::=	algorithm_id(3)

7.2.3　APDU 编码规则

7.2.3.1　ACSE APDU 的编码

ACSE APDU 应按 BER(ISO/IEC 8825-1)进行编码。这些 APDU 的 user-information 域应携带按照 A-XDR 编码的合适的 xDLMS InitiateRequest/InitiateResponse/ConfirmedServiceError APDU，结果 OCTET STRING 应按 BER 编码。

AARQ/AARE APDU 编码示例见附录 D。

7.2.3.2　xDLMS APDU 的编码

xDLMS APDU 应按 A-XDR 编码，A-XDR 编码规则在 IEC 61334-6 中规定。

7.2.3.3　XML

根据"Push setup"对象的参数化，DataNotification APDU 可以使用第 9 章中规定的 XML 模式编码为 XML 文档。

注：使用 XML 编码其他 APDU 不在本文档的范围内。

7.2.4　应用连接建立协议

7.2.4.1　建立已确认应用连接的协议

使用 ACSE 的 A-Associate 服务建立 AA 是 COSEM 互操作性的关键元素。AA 的参与者有：

——提议 AA 的客户机 AP；和

——接受或不接受该 AA 的服务器 AP。

注 1：为了支持多播和广播服务，AA 也能在客户机 AP 和一组服务器 AP 之间建立。

图 39 给出了下列情况时的 MSC：

——当 COSEM-OPEN.request 原语请求确认的 AA 时；

——该 AA 的建立需要下层支撑层的连接时。

如果想要建立已确认的 AA 时，客户机 AP 带 Service_Class==Confirmed 调用 ASO 的 COSEM-OPEN.request 原语。xDLMS InitiateRequest APDU 的 response-allowed 参数被设置为 TRUE。客户机 AL 等待带有确定或否定结果的 AARE APDU(在生成.confirm 原语之前)。

客户机 CF 进入 ASSOCIATION PENDING 状态。然后检查 Protocol_Connection_Parameters 参

数。如果表明需要建立支撑层连接,它建立连接。借助于 xDLMS ASE 和 ACSE,CF 装配包含从 AP 接收到的 COSEM-OPEN.request 原语参数的 AARQ APDU,将其发送至服务器。

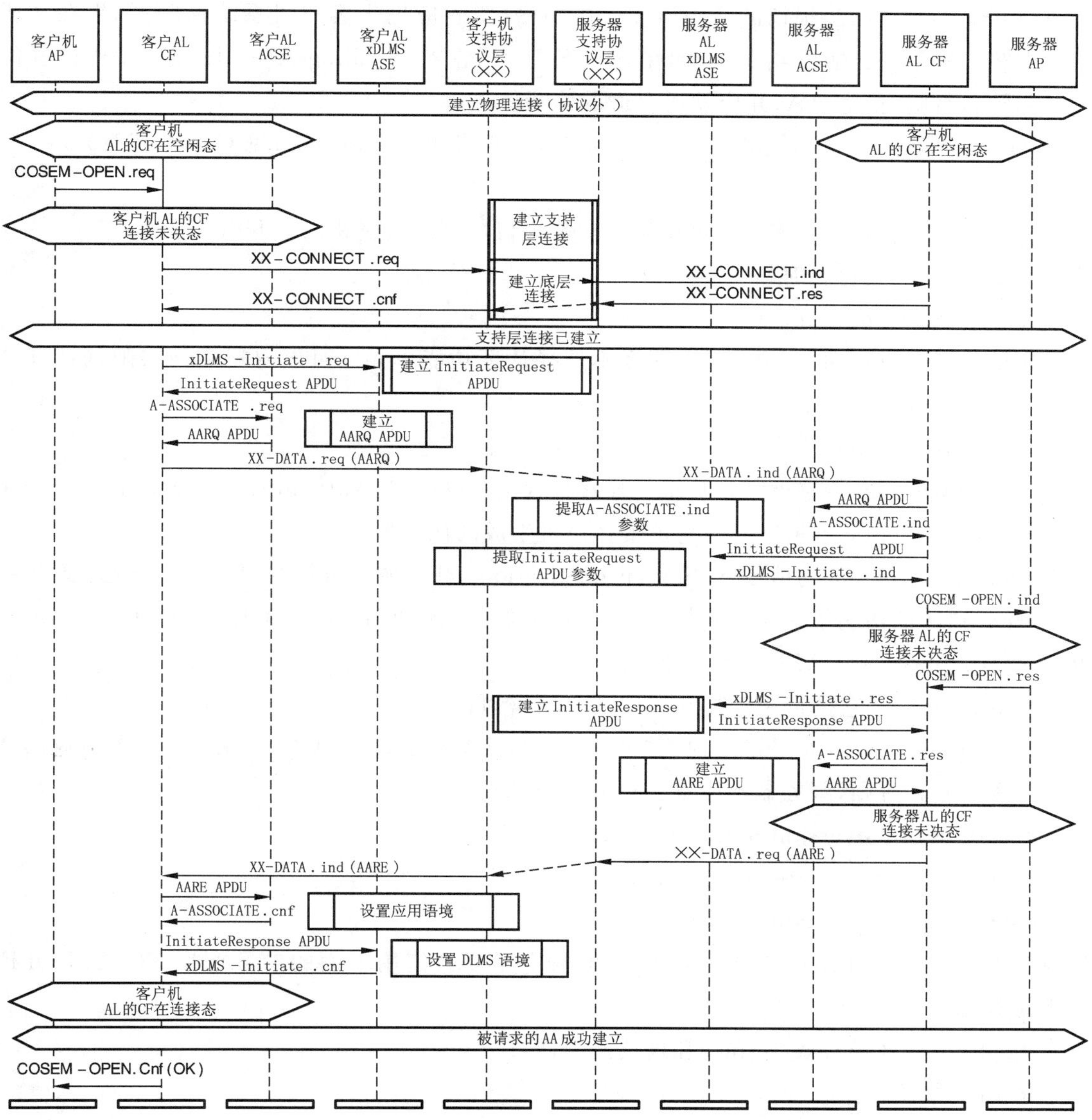

图 39 下层连接成功建立后成功建立 AA 的 MSC 图

服务器 AL 的 CF 把接收到的 AARQ APDU 给 ACSE。ACSE 提取 ACSE 相关参数,然后返回控制给 CF。接下来,CF 传递 AARQ APDU 的 user-information 参数的内容(携带 xDLMS InitiateRequest APDU)到 xDLMS_ASE。xDLMS_ASE 检索该 APDU 的参数,然后返回控制给 CF。CF 生成带有收到的 APDU 的参数的 COSEM-OPEN.indication 到服务器 AP 并进入"ASSOCIATION PENDING"状态。

注 2: 本 COSEM-OPEN.indication 服务原语中的一些服务参数(地址信息、User_Information)并不来自于 AARQ APDU,而是来自于携带 AARQ APDU 的支撑层帧。在一些通讯配置中,COSEM-OPEN 服务的 Service_Class 参数和支撑层的帧类型有关。在其他的一些通讯配置集中,和 xDLMS-Initiate.request APDU 的 response-allowed 域有关。见附录 A。

注 3: ASE 仅提取参数;解释参数并决定是否可以接受提议的 AA 是服务器 AP 的工作。

服务器 AP 按如下描述解析 AARQ APDU 的域。

Kernel 功能单元的域：

——application-context-name：它携带客户机为连接提议的 COSEM_Application_Context_Name；

——calling-AP-title：当提议的应用语境使用加密时，它应携带客户机系统标题；如果在注册过程中客户机系统标题已经发送，如在 S-FSK PLC 配置中，calling-AP-title 域应携带同样的系统标题。否则，拒绝 AA，并应发送合适的诊断信息；

——calling_AE_invocation_identifier：该域支持客户机用户识别过程；见 GB/T 17215.662—2018，5.3.2；

——calling-AE-qualifier：该字段可用于传输客户机数字签名密钥的公开密钥证书。

认证功能单元域（当存在时）：

——sender-acse-requirements：

a) 如果不存在或存在但 bit 0＝0，那么不选择认证功能单元。可以忽略后面跟随的认证功能单元的任何域；

b) 如果存在并且 bit 0＝1，那么选择认证功能单元。

——mechanism-name：它携带客户机为连接提议的 COSEM_Authentication_Mechanism_Name；

——calling-authentication-value：它携带客户机生成的认证值。

如果 mechanism-name 的值或 calling-authentication-value 域不可接受，那么应拒绝提议的 AA。

当 Kernel 和认证功能单元域的解析完成时，服务器继续解析由 AARQ 的 user-information 域携带的 xDLMS InitiateRequest APDU 的参数：

——dedicated-key：它携带用于建立 AA 的专用密钥；

——response-allowed：如果提议的 AA 是确认的，该参数值是 TRUE（默认），服务器应返回 AARE APDU。否则，服务器不应答。也见附录 A；

——proposed-dlms-version-number，见 4.2.4；

——proposed-conformance，见 7.3.1；

——client-max-receive-pdu-size，见 4.2.4。

如果提议的 AA 的所有元素都是可接受的，服务器 AP 使用下面的参数调用 COSEM-OPEN.response 服务原语：

——Application_Context_Name：和提议的一样；

——Result：接受；

——Failure_Type：Result-source：acse-service-user；Diagnostic：空；

——Responding-AP-title：如果协商的应用语境加密，它应携带服务器系统标题。如果在注册过程中服务器系统标题已经发送，如在 S-FSK PLC 配置中，Responding_AP_Title 参数应含有同样的系统标题。否则，客户机应终止 AA；

——Responding_AE_Qualifier：该域可用于传输服务器数字签名密钥的公钥证书；

——AARE 认证功能单元的域：

- (Responder_)ACSE_Requirements：
  a) 当使用没有安全（最低级别的安全）认证或低级别安全（LLS）认证时，该域不应存在，或者若存在的话，bit 0（认证）应设置为 0。可以忽略后面跟随的认证功能单元的任何域；
  b) 当使用高级安全（HLS）认证时，该域应存在，并 bit 0（认证）应设置为 1。
- Security_Mechanism_name：它应携带商定的 COSEM_Authentication_Mechanism_

Name;

● Responding_Authentication_Value:它携带服务器生成的认证值(StoC)。

——Negotiated_xDLMS_context。

CF 装配 AARE APDU(在 xDLMS ASE 和 ACSE 的帮助下)并通过支撑下层协议把它发送到客户机 AL,并进入 ASSOCIATED 状态。此时提议的 AA 建立,在该 AA 内,服务器能够接收 xDLMS 数据传输服务请求(确认和非确认)并发送响应确认服务请求。

在客户机侧,在 ACSE 和 xDLMS ASE 的帮助下,提取接收到的 AARE APDU 的参数,并通过 COSEM-OPEN.confirm 服务原语传递到客户机 AP。同时,客户机 AL 进入"ASSOCIATED"状态。使用应用语境和协商的 xDLMS 语境的 AA 被建立。

如果客户机提议的应用语境不可接受或者客户机认证失败,使用下面的参数调用 COSEM-OPEN.response 原语:

——Application_Context_Name:和提议的相同或是服务器支持的名称;

——Result:永久拒绝或临时拒绝;

——Failure_Type:Result-source:acse-service-user;Diagnostic:合适的值;

——User_Information:使用服务器支持的 xDLMS 语境的参数的 xDLMS InitiateResponse APDU。

如果客户机提议的应用语境是可接受的,且客户机认证成功,但是 xDLMS 语境是不可接受的,应使用下面的参数调用 COSEM-OPEN.response 原语:

——Application_Context_Name:和提议的一样;

——Result:永久拒绝或临时拒绝;

——Failure_Type:Result-source:acse-service-user;Diagnostic:no-reason-given;

——xDLMS_Initiate_Error,表明不接受提议的 xDLMS 语境的原因。

在这两种情况下,调用.response 原语时,CF 组装 AARE APDU 并通过下层支承协议将其发送到客户机。提议的 AA 没有被建立时,服务器 CF 返回到 IDLE 状态。

在客户机侧,在 ACSE 和 xDLMS_ASE 帮助下,提取收到的 AARE APDU 的参数,并通过 COSEM-OPEN.confirm 原语传递到客户机 AP。提议的 AA 没有被建立时,客户机 CF 返回到 IDLE 状态。

服务器 ACSE 可能不支持所请求的连接,例如,如果 AARQ 语法或 ACSE 协议的版本是不接受的。在这种情况下,它返回一个带适当的 Result 参数的 COSEM-OPEN.response 原语到客户机。Result Source 参数分配相应的"ACSE 服务-供提供者"的特征值。不发布 COSEM-OPEN.indication 原语。不建立连接。

7.2.4.2 重复的 COSEM-OPEN 服务调用

如果 COSEM-OPEN.request 原语被客户机 AP 调用时,涉及已经建立的应用连接,则 AL 本地否定确认该请求并带有请求的 AA 已经存在的原因。

注:对预建立的 AA 总是如此,见 7.2.4.4。

然而,如果服务器 AL 接收涉及已经存在的 AA 的 AARQ APDU,它简单地丢弃该 AARQ,或它也可以用可选 ExceptionResponse APDU 响应(如果该服务已实现)。

7.2.4.3 建立非确认的 AA

如果想要建立非确认的 AA,客户机 AP 带 Service_Class==Unconfirmed 调用 ASO 的 COSEM-

OPEN.request 原语。由 AARQ 的 user-information 参数携带的 xDLMS InitiateRequest APDU 的 response-allowed 参数，被设置为 FALSE。客户机 AL 不等待来自服务器的任何响应，而是在本地生成 .confirm 原语。否则，该过程和确认的 AA 的建立过程相同。

由于建立非确认的 AA 不要求服务器 AP 响应来自客户机的连接请求，因此，只有在某些情况下才可能建立非确认的 AA，如单向通讯或广播等。

非确认的 AA 建立后，用 LN 引用的 xDLMS 数据传输服务，只能用非确认方式调用，直到连接被释放。用 SN 引用，只能使用 UnconfirmedWrite 服务。

7.2.4.4 预建立的 AA

预建立 AA 的目的是为了简化数据交换。AA 建立和释放阶段(图 4 中的阶段 1 和 3)，仅使用数据传输服务，不再使用 COSEM-OPEN 和 COSEM-RELEASE 服务。

本标准没有规定如何建立这种 AA，而是认为该 AA 已经建立。从下层能在客户机和服务器之间传输 APDU 时起，就认为预建立 AA 已经存在。

对于所有的 AA，为预先建立的连接，逻辑设备也必需包含 Association LN/SN 接口对象。

预建立的 AA 既可以是确认的也可以是非确认的(根据预建立的方式)。

预建立的 AA 不能被释放。

7.2.5 释放 AA 的协议

7.2.5.1 综述

现有 AA 能够被正常释放或非正常释放。正常释放由客户机 AP 发起。当 AP 出现意外事件时，例如检测到物理连接断开，会发生非正常释放。

7.2.5.2 AA 的正常释放

DLMS/COSEM 提供释放 AA 的两种机制：

——通过断开 AL 的支撑层；

——通过使用 ACSE A-Release 服务。

在所有通信架构中都应支持第一种机制，其中的 AL 支撑层是面向连接的。

示例：基于 HDLC 的，面向连接的 3 层架构。

要以这种方式释放 AA，在 Use_RLRQ_RLRE 参数不出现或为 FALSE 条件下调用 COSEM-RELEASE 服务。断开支撑层应该释放建立在支撑层连接上的所有 AA。

第二个机制可以被用在不断开支撑层情况下断开 AA。当支撑层是无传输连接模式时，在所有通信架构中支持它。当支撑层是面向连接的而 AL 不管理该连接，或由于其他应用的使用而无法断开支撑层时，或者有需要保护 COSEM-RELEASE 服务时，也可以使用这种机制。这是断开非确认的 AA 的唯一方式。

应调用带参数 Use_RLRQ_RLRE＝TRUE 的 COSEM-RELEASE 服务以这种方式释放 AA。如 6.3 中规定，通过在 RLRQ/RLRE 的 APDU 的 user-information 域中，分别包括加密的 xDLMS InitiateRequest/ InitiateResponse，保护 COSEM-RELEASE 服务，从而防止服务受到可能的拒绝攻击。

使用 ACSE A-RELEASE 服务释放 AA 的示例如图 40 所示。

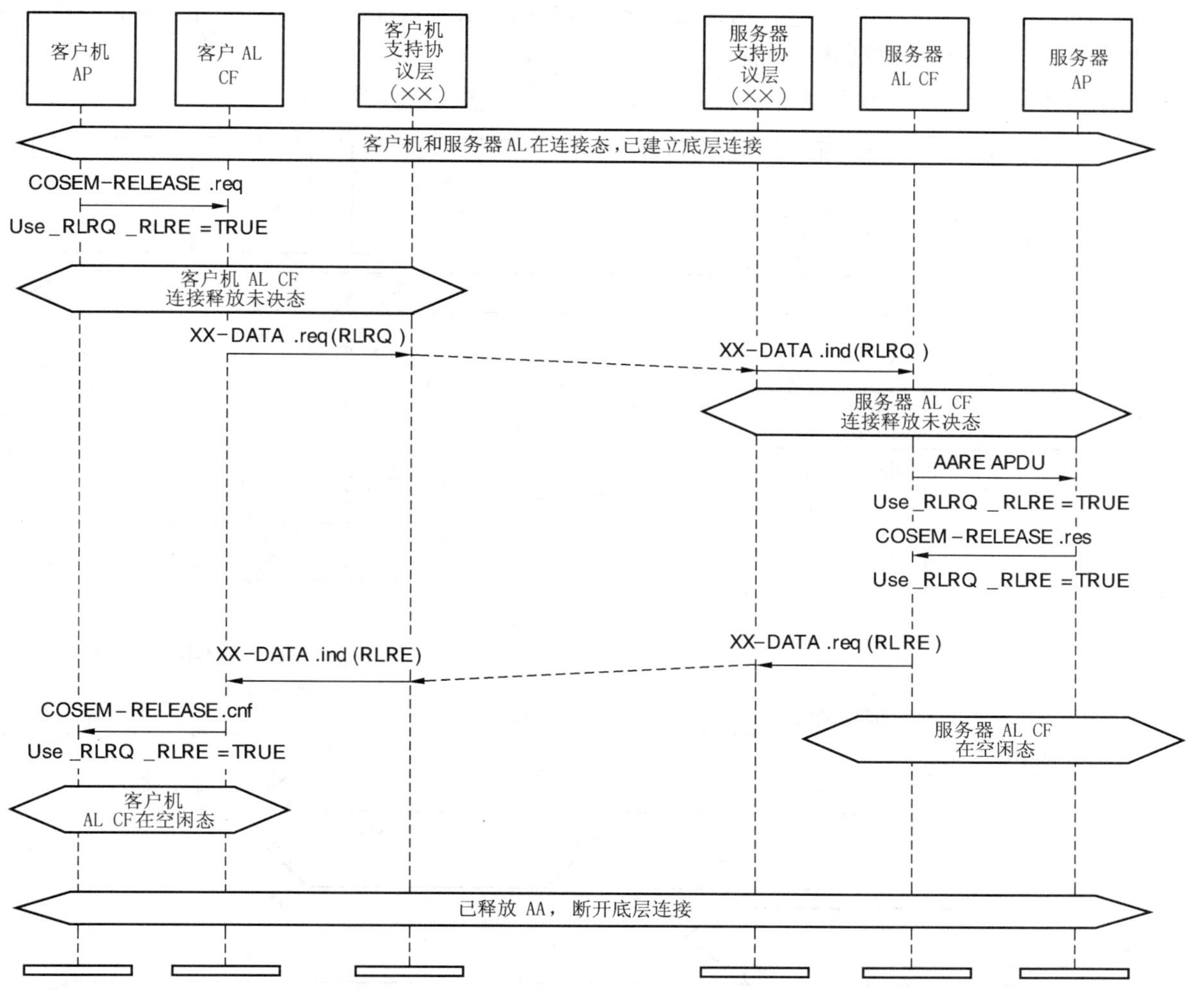

注:AA 的释放可能需要 CF 的 ASE 之间的内部通信。这些在图 40～图 42 中未示出。

图 40 用 A-RELEASE 服务正常释放 AA

客户机 AP 要求用 A-RELEASE 服务释放 AA,它应调用带 Use_RLRQ_RLRE==TRUE 的 COSEM-RELEASE.request 服务原语。客户机 CF 进入 ASSOCIATION RELEASE PENDING 状态。客户机构建 RLRQ APDU 并将其发送到服务器。如果要释放的 AA 是用加密语境建立的,那么 RLRQ APDU 的用户信息域可能包括加密的 xDLMS InitiateRequest APDU,见 6.3。

当服务器 AL CF 接收 RLRQ APDU 时,它首先检查 user-information 域是否包含加密的 xDLMS InitiateRequest APDU。如果是,它试图解密。如果解密成功,它进入 ASSOCIATION RELEASE PENDING 状态,并生成带参数 Use_RLRQ_RLRE==TRUE 的 COSEM-RELEASE.indication 原语。否则,它丢弃 RLRQ APDU,并停留在 ASSOCIATED 状态。

仅当要释放的 AA 为已确认的 AA 时,服务器 AP 调用.response 原语,以表明是否接受 AA 的释放。请注意,服务器 AP 不能拒绝释放请求。一旦接收到.response 原语后,服务器 AL CF 就构造 RLRE APDU,并将其发送到客户机。如果 RLRQ APDU 包含加密的 xDLMS InititateRequest APDU,那么 RLRE APDU 应包含加密的 xDLMS InitiateResponse APDU。服务器 AL CF 返回到 IDLE 状态。

当接收到 RLRE APDU 时,客户机 AL CF 生成.confirm 原语。支撑层还并不断开。客户机 AL CF 返回到 IDLE 状态。

如果接收到的 RLRE APDU 包含加密的 xDLMS InitiateResponse APDU,但不能解密,那么应丢弃 RLRE APDU。留给客户机处理这种情况。

图 41 给出了一个例子,通过断开对应的底层连接完全地释放确认的 AA。

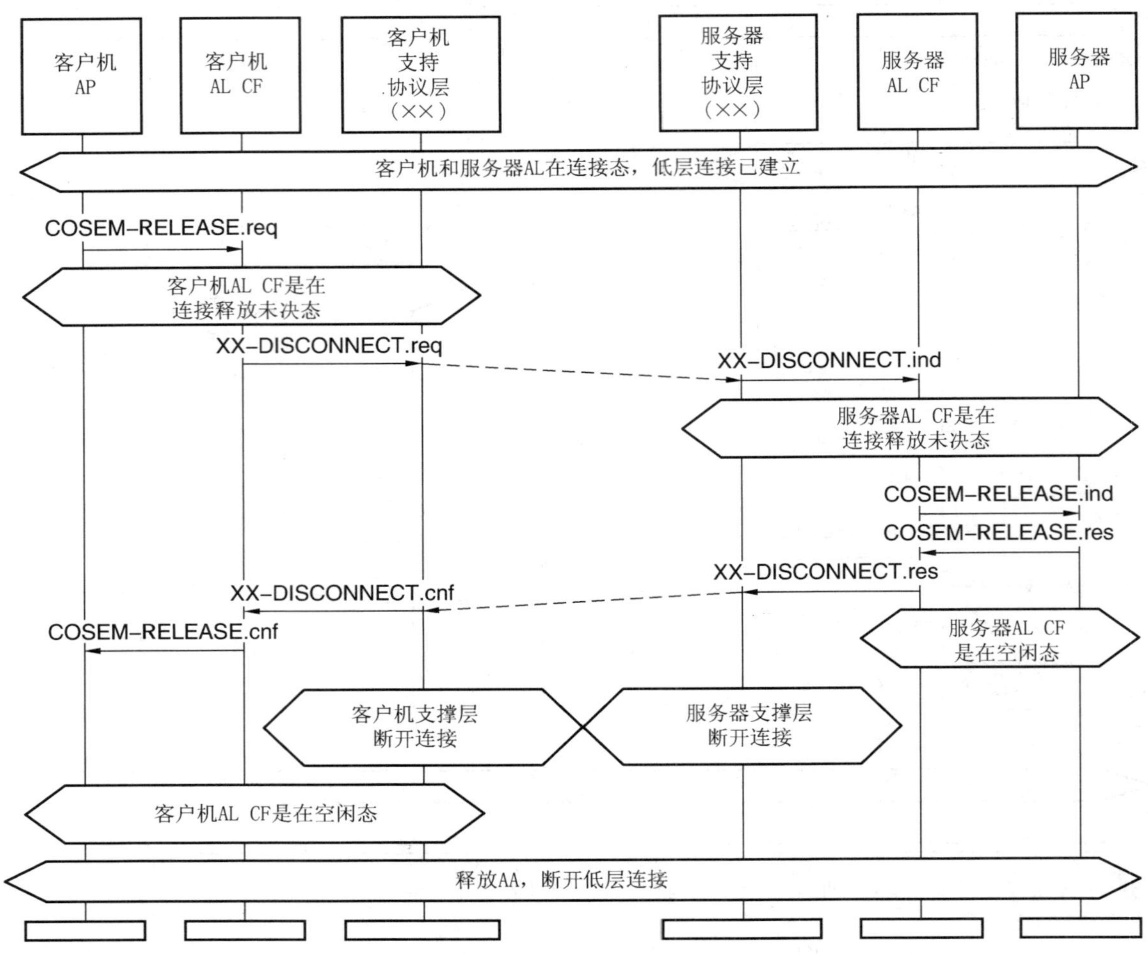

图 41　通过断开支持层正常释放 AA

期望使用 A-RELEASE 服务来释放 AA 的客户机 AP,应带 Use_RLRQ_RLRE==FALSE 或不出现调用 COSEM-RELEASE.request 服务原语。客户机 AL CF 进入 ASSOCATION RELEASE PENDING 状态。

在 RLRQ 服务是强制的通讯架构中,调用不带 Use_RLRQ_RLRE 或带有 Use_RLRQ_RLRE==FALSE 的.request 原语,可能导致错误:.request 应在本地否定确认。客户机 AL CF 返回到 IDLE 状态。

当客户机 AL CF 收到.request 原语时,它发送 XX-DISCONNECT.request 原语给服务器。

当服务器 AL CF 收到 XX-DISCONNECT.request 原语时,CF 进入 ASSOCATION RELEASE PENDING 状态。服务器 AL CF 生成 COSEM-RELEASE.indication 原语,并使参数 Use_RLRQ_RLRE==FALSE 或不出现。

服务器 AP 调用 COSEM-RELEASE.response 原语,以表明是否接受 AA 的释放。请注意,服务器 AP 不能拒绝释放请求。一旦收到该原语,服务器 AL CF 发送 XX-DISCONNECT.response 原语到客户机,并返回到 IDLE 状态。

当接收到 XX-DISCONNECT.confirm 原语时,客户机 AL 生成 COSEM-RELEASE.confirm 原语,断开支撑层。客户机 AL CF 返回到 IDLE 状态。

7.2.5.3 应用连接的不完全释放

各种各样的事件有可能导致 AA 的不完全释放:侦测到任何下层连接(包括物理连接)的断开,发现本地错误等。

COSEM AP 用 COSEM-ABORT 服务的帮助表示 AA 的不完全释放(中止)。该服务的 Diagnostics 参数表明不完全释放 AA 的原因。不完全释放 AA 是不可选的:如果它发生了,所有的现有连接(除了预先建立的应用连接)应中止。

图 42 示出了由于检测到物理连接断开而中止 AA 的消息序列图。

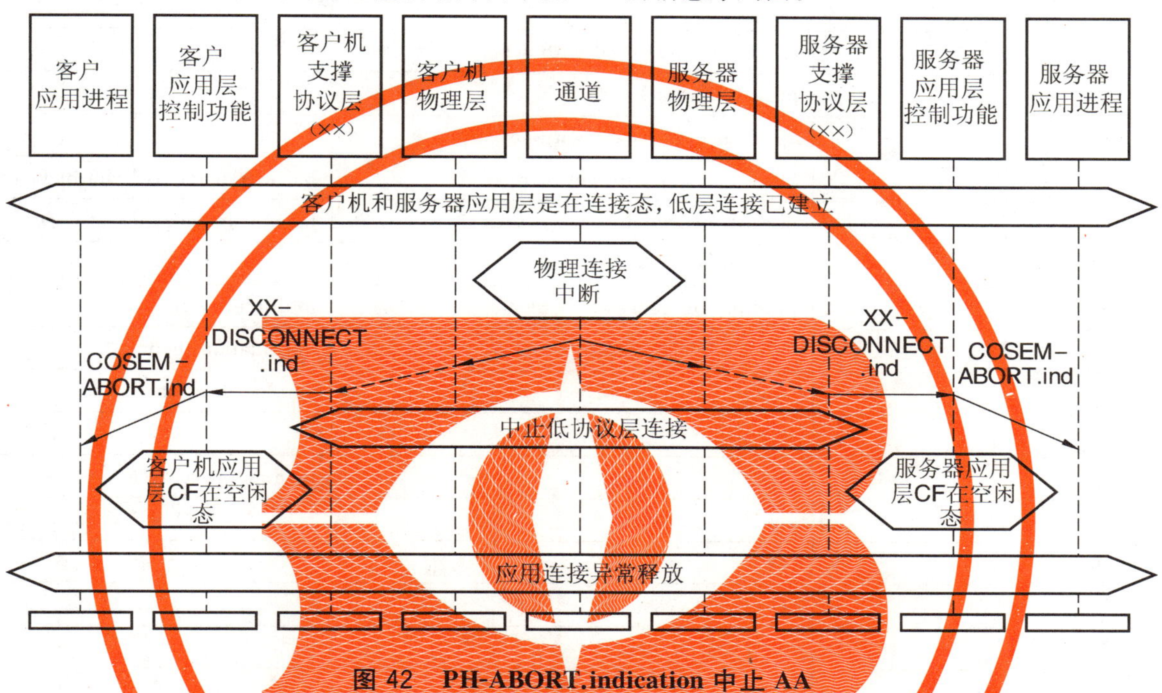

图 42 PH-ABORT.indication 中止 AA

7.3 数据传输服务协议

7.3.1 协商服务和选项-一致性块

一致性块允许客户机和服务器使用相同的 DLMS/COSEM 协议,而支持不同的能力,以协商兼容的能力集,便于其通信。它由 COSEM-OPEN 服务的 DLMS_Conformance 参数携带。

在 DLMS/COSEM 中,没有任何服务或选项是必需的:要使用的服务通过 COSEM-OPEN 服务(xDLMS InitiateRequest APDU 的 proposed-conformance 参数和商定的 xDLMS InitiateResponse APDU 的 negotiated-conformance 参数)协商。已实施的服务应完全符合其规范。如果在协商的一致性块中某个服务或选项不存在,它不能由客户机请求。

通过标签 APPLICATION 31,xDLMS 一致性块可以和 DL/T 790.441—2004 中规定的 DLMS 一致性块区分开。如表 67 所示。

表 67 xDLMS 一致性块

一致性块位	保留	LN 引用	SN 引用
0	x		
1		general-protection[a]	general-protection[a]
2		general-block-transfer	general-block-transfer

表 67（续）

一致性块位	保留	LN 引用	SN 引用
3			read
4			write
5			unconfirmed-write
6	x		
7	x		
8		attribute0-supported-with-set	
9		priority-mgmt-supported	
10		attribute0-supported-with-get	
11		block-transfer-with-get-or-read	block-transfer-with-get-or-read
12		block-transfer-with-set-or-write	block-transfer-with-set-or-write
13		block-transfer-with-action	
14		multiple-references	multiple-references
15			information-report
16		data-notification	data-notification
17		access	
18			parameterized-access
19		get	
20		set	
21		selective-access	
22		event-notification	
23		action	

[a] general-protection 包括 general-glo-ciphering、general-ded-ciphering、general-ciphering 和 general-signing。

7.3.2 确认和非确认服务的调用

在一般情况下，可能以确认和非确认的方式调用数据传输服务。服务原语对应的时间序列：

——图 35 条款 a)调用确认服务的情况；和

——图 35 条款 d)调用非确认服务的情况。

期望访问 COSEM 接口对象属性或方法的客户机 AP，调用适当的.request 服务原语，客户机 AL 构造与.request 原语对应的 APDU，并将其发送到服务器。

一旦收到.indication 原语，服务器 AP 检查能否提供该服务(有效性，客户机的访问权限，可用性等)，若能，则在本地使用基于相应“真实”对象所要求的服务。在确认服务情况下，服务器 AP 调用适当的.response 原语，服务器 AL 构造与.response 原语对应的 APDU，并把它发送到服务器，客户机 AL 生成.confirm 原语。

如果服务器 AL 不能处理确认的服务请求，(例如：收到请求之前没有建立 AA，或请求是有其他的错误)，则丢弃该请求，或者可能时，服务器 AL 响应 ConfirmedServiceError APDU 或 ExceptionResponse APDU(实现时)。这些 APDU 可包含有关不能处理该请求原因的诊断信息，它们在第 8 章中定义。

在确认的 AA 内，能以确认或非确认的方式调用客户机/服务器类型的数据传输服务。

在非确认 AA 内，为避免在多播或广播情况下由于潜在的多个响应引起的冲突，仅能以非确认方式调用 C/S 型数据传输服务。

在非确认服务的情况下，可能有三种不同的目的地址：个体，组或广播。根据目的地址类型，接收站应有区别的处理传入的 APDU，如下所示：

——带单个 COSEM 逻辑设备地址的××-APDU，若在已建立的 AA 内收到时，应发送给已编址的 COSEM 逻辑设备，否则应丢弃；

——带一组 COSEM 逻辑设备的组地址的××-APDU，应将其发送给已编址的该组 COSEM 逻辑设备。然而，若没有客户机和已编址的该组 COSEM 逻辑设备间已建立的 AA，则应丢弃收到的消息；

——带广播地址的××-APDU，应将其发送给所有的已编址的 COSEM 逻辑设备。但是，若客户机与 All-station 地址间没有建立 AA，则应丢弃收到的消息。

注：在客户机和一组逻辑设备之间建立非确认的 AA，使用带 Service_Class==Unconfirmed 和一组逻辑设备地址（例如广播地址）的 COSEM-OPEN 服务。

7.3.3 GET 服务协议

当客户机 AP 想要读取一个或多个 COSEM 接口对象属性值时用 GET 服务。

如 6.6 中解释，请求的编码形式应始终放置在单个的 APDU 中。

另一方面，结果可能太长，不能放置在单个的 APDU 中。在这种情况下，可以使用服务特定或通用块传输机制。用一致性块的 bit 2 或 bit 11 协商，见 7.3.1。

注：有些 DLMS/COSEM 通信配置分段可用于传输长的 APDU。

GET 服务原语类型和对应的 APDU 如表 68 所示。

表 68　GET 服务类型和 APDU

GET.req/.ind	Request APDU	Response APDU	GET.res/.cnf
NORMAL	Get-Request-Normal	Get-Response-Normal	NORMAL
		Get-Response-With-Datablock with Last-Block=FALSE	ONE-BLOCK
NEXT	Get-Request-Next	Get-Response-With-Datablock with Last-Block=FALSE	ONE-BLOCK
		Get-Response-With-Datablock with Last-Block=TRUE	LAST-BLOCK
WITH-LIST	Get-Request-With-List	Get-Response-With-List	WITH-LIST
		Get-Response-With-Datablock with Last-Block=FALSE	ONE-BLOCK

图 43 示出确认的 GET 服务在成功的情况下的 MSC，没有用块传输。

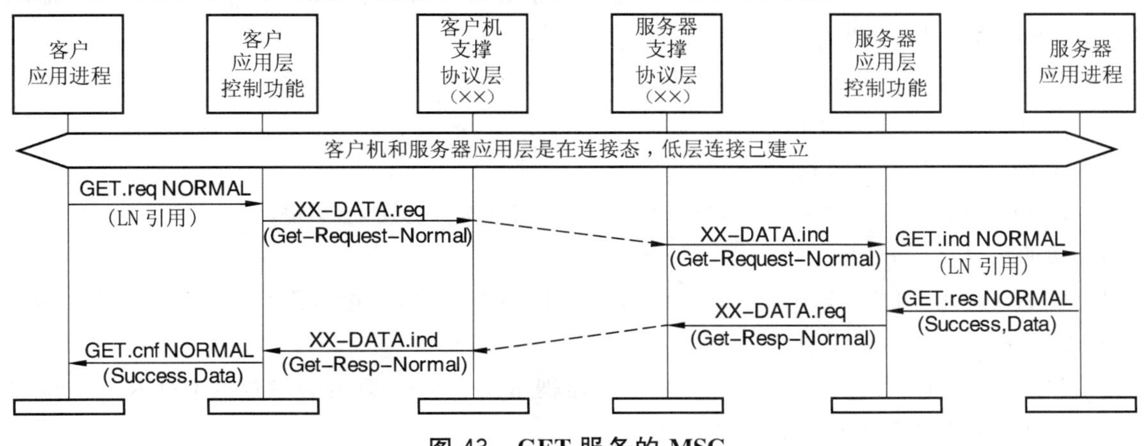

图 43　GET 服务的 MSC

图 44 示出确认的 GET 服务在成功的情况下的 MSC,结果用三个块返回。

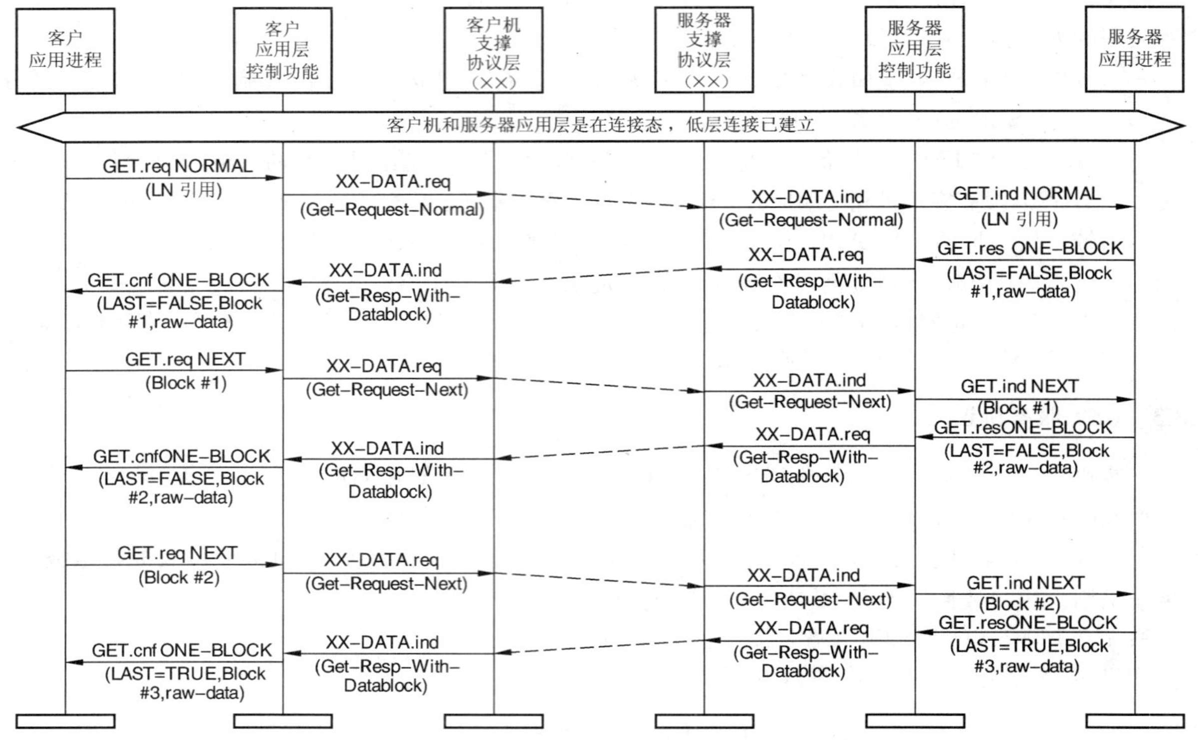

图 44　GET 服务用块传输的 MSC

GET.request 原语带适当的 Request_Type==NORMAL 或 WITH-LIST 被调用。要返回的数据太长,不能装入单个的 APDU 中,在这种情况下,服务器 AP 用多个块发送。首先,数据编码时,就像它适合放置在单个的 APDU 中:

——如果请求单个属性值,仅类型和值应被编码(Data)。如果不能提交 Data,响应应该是带 Data_Access_Result 的 GET-NORMAL 类型;

——如果请求属性列表的值,那么结果列表应被编码:每个属性的 Data 或 Data_Access_Result。

其结果是一连串字节,B_1,B_2,B_3,…,B_N。服务器能在收到第一个 GET.indication 原语时就生成完整的响应,或者动态(即时)生成。

服务器 AP 然后组装 DataBlock_G 结构:

——Last_Block==FALSE;

——Block_Number==1;

——Result(Raw_Data)==编码数据的前 K 个字节:B_1,B_2,B_3,…,B_K。

建议块的编号从 1 开始。

服务器 AP 调用 GET-RESPONSE-ONE-BLOCK 服务原语,其中 RESPONSE_TYPE==ONE-BLOCK,携带该 DataBlock-G 结构。

当接收到.response 原语,服务器 AL 马上构建携带.response 原语的参数的 Get-Response-With-Datablock APDU,并将其发送到客户机。

接收到该 APDU 后,客户机 AL 生成.confirm 原语用 Response_Type==ONE-BLOCK。此刻告

知客户机 AP,以多个块的形式提供响应。它存储接收到的数据块(B_1,B_2,B_3,…,B_K),然后确认接收,并通过调用 GET-REQUEST-NEXT 服务原语请求下一块。块序号应和接收的数据块的序号相同。客户机 AL 构建 Get-Request-Next APDU,并把它发送到服务器。

当服务器 AL 调用 GET.indication 原语用 Request_Type==NEXT 时,服务器 AP 准备并发送下一个数据块,包含 B_{K+1},B_{K+2},B_{K+3},…,B_L,block-number=2,发送和确认数据块这样交替继续下去,直到发送包含字节串 B_M,B_{M+1},B_{M+2},…,B_N 的最后一个数据块。调用最后一个 GET.response 原语,用 Response_Type==LAST-BLOCK,在 DataBlock-G 数据结构中的 Last-block==TRUE。客户机不确认最后一个数据块。

在整个过程中,每个原语中的 Invoke-Id 和 Priority 参数应相同。

如果在长数据传输期间,服务器接收到其他服务请求,则按照优先级原则和优先级管理设置进行服务(一致性块 bit 9)。

如果长数据传输期间发生任何错误,终止传输。错误情况如下:

a) 因为任何原因,服务器不能提供下一个数据块。这种情况下,服务器 AP 应调用 GET-RESPONSE-LAST-BLOCK 服务原语。Result 参数应包含 DataBlock_G 结构:
——Last_Block==TRUE;
——Block_Number==客户机确认的块的数加 1;
——Result==Data_Access_Result,表明失败的原因。

b) GET-REQUEST-NEXT 服务原语的 Block_Number 参数与服务器先前发送的块的数量不相等。服务器解释为客户机想终止正在进行的传输。在这种情况下,服务器 AP 应调用 GET-RESPONSE-LAST-BLOCK 服务原语。Result 参数应包含 DataBlock_G 结构:
——Last_Block==TRUE;
——Block_Number==等于从客户机接收到的数据块序号;
——Result==Data-Access-Result,long-get-aborted。

c) 在没有进行长数据传输时,服务器可能接收到 Get-Request-Next APDU。在这种情况下,服务器 AP 应调用 GET-RESPONSE-LAST-BLOCK 服务原语。Result 参数应包含 DataBlock_G 结构:
——Last-block==TRUE;
——Block_Number==等于从客户机接收到的数据块编号;
——Result==Data-Access-Result,no-long-get-in-progress。

d) 由服务器发送的块序号和序列中的下一个不相等。在这种情况下,客户机应中止块传输(见情况 b)。

如果在上面错误的情况下,无论任何原因,服务器不能调用 GET-RESPONSE-LAST-BLOCK 服务原语,它应调用 GET-RESPONSE-NORMAL 服务原语,用 Data-Access-Result 参数表明失败的原因。服务器应发送 Get-Response-Normal APDU。

错误情况 b)的 MSC,“get”服务长消息传输终止如图 45 所示。

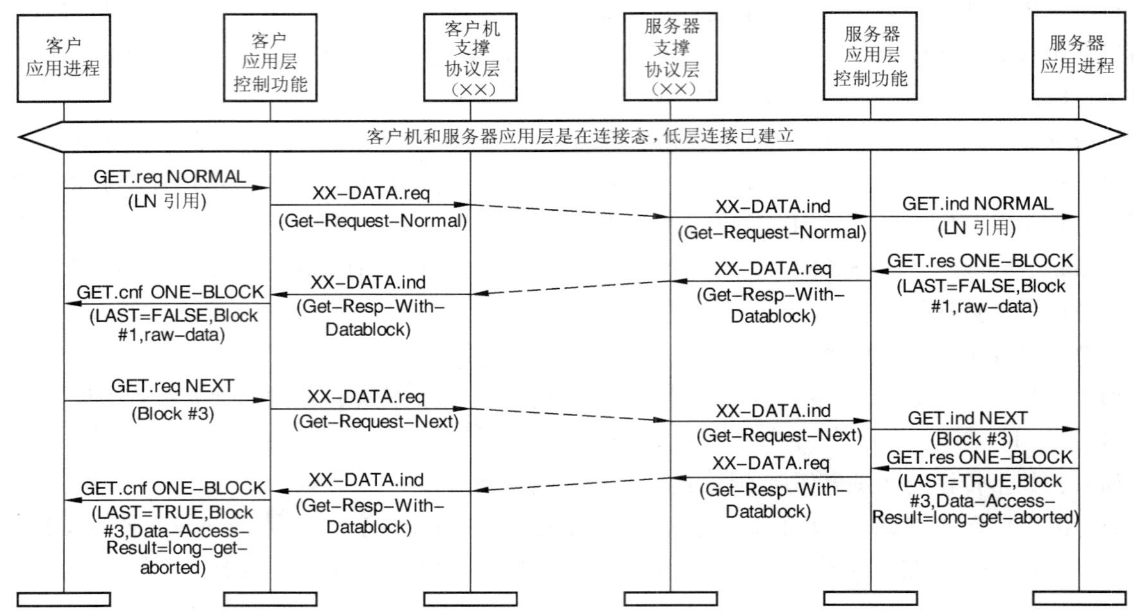

图 45 GET 服务用块传输的 MSC，长的 GET 中止

7.3.4 SET 服务协议

当客户机 AP 想要写一个或多个 COSEM 接口对象属性值时，使用 SET 服务。

如在 6.7 中解释，该请求的编码形式可以放置在单个请求中，或者不放置在单个请求中。如果不能，可使用服务特定或通用块传输机制。这可通过一致性块的 bit 2 或 bit 12 来协商，见 7.3.1。

注：有些 DLMS/COSEM 通信配置分段可用于传送长的 APDU。

SET 服务原语类型和相应的 APDU 如表 69 所示。

表 69 SET 服务类型和 APDU

SET.req/.ind	Request APDU	Response APDU	SET.res/.cnf
NORMAL	Set-Request-Normal	Set-Response-Normal	NORMAL
FIRST-BLOCK	Set-Request-With-First-Datablock Last-Block＝FALSE	Set-Response-Datablock	ACK-BLOCK
ONE-BLOCK	Set-Request-With-Datablock Last-Block＝FALSE		
LAST-BLOCK	Set-Request-With-Datablock Last-Block＝TRUE	Set-Response-Last-Datablock	LAST-BLOCK LAST-BLOCK-WITH-LIST
WITH-LIST	Set-Request-With-List	Set-Response-With-List	WITH-LIST
FIRST-BLOCK-WITH-LIST	Set-Request-With-List-And-With-First-Datablock	Set-Response-Datablock	ACK-BLOCK

图 46 显示确认的 SET 服务的 MSC，成功的情况下，无块传输。

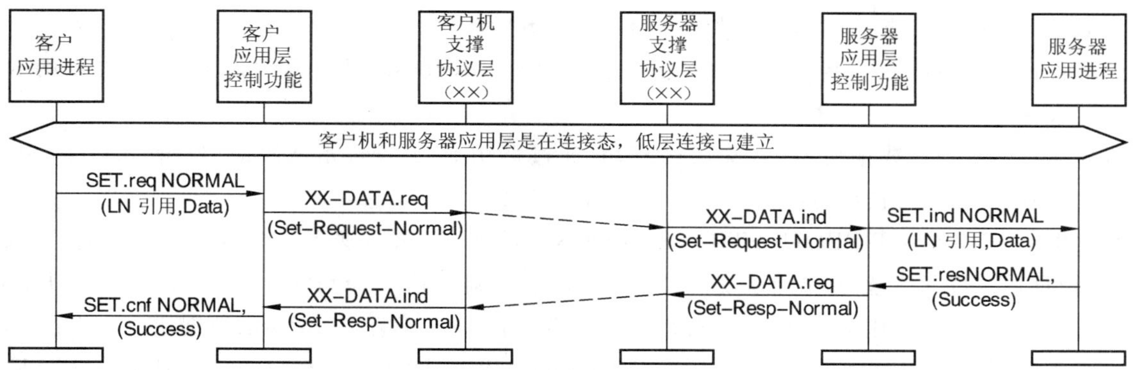

图 46　SET 服务的 MSC

图 47 显示在成功的情况下，确认的 SET 服务的 MSC，采用三个块发送请求。

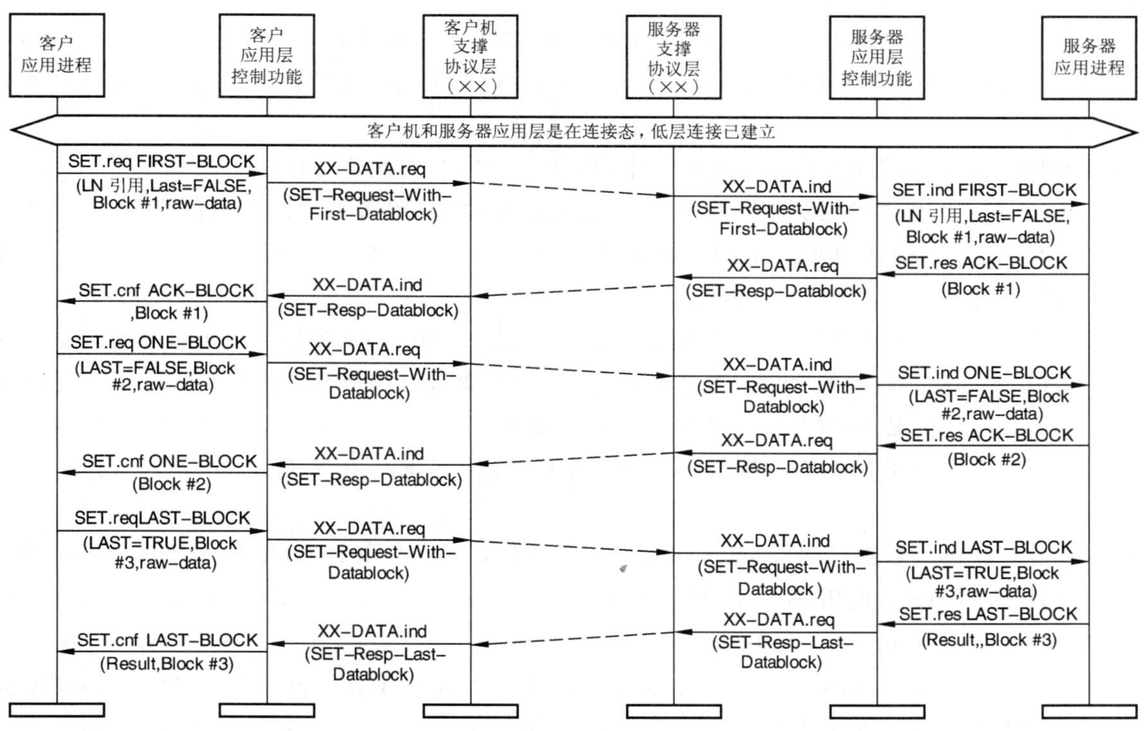

图 47　SET 服务用块传输的 MSC

当要发送的数据太长而不能装入单个 APDU 中时，客户机 AP 采用块发送。首先按一个 APDU 传输的情况对数据进行编码形成一个字节串：$B_1,B_2,B_3,\ldots,B_N$。客户机可能一步或动态(即时)的生成完整的请求($B_1,B_2,B_3,\ldots,B_N$)。

客户机 AP 组装 DataBlock_SA 结构：

——Last_Block==FALSE；

——Block_Number==1；

——Raw_Data==编码数据的前 K 字节为：$B_1,B_2,B_3,\cdots,B_K$。

客户机 AP 按需要调用 SET-REQUEST-FIRST-BLOCK 或 SET-REQUEST-FIRST-BLOCK-WITH-LIST 服务原语，携带属性引用和该 DataBlock-SA 结构。

一旦收到.request 原语，客户机 AL 即建立适当的 Set-Request APDU，携带.request 原语的参数，发送它到服务器。

服务器存储收到的数据块，然后确认接收，并通过调用 SET.response 原语(Response_Type==ACK-BLOCK，块编号与收到的块编号相同)请求下一个块。

客户机 AP 调用 SET-REQUEST-ONE-BLOCK 服务原语，来发送下一个携带 B_{K+1}，B_{K+2}，B_{K+3}，…，B_L 的数据块。发送数据块和确认交替进行，直到通过调用带 Last_Block==TRUE 的 SET-REQUEST-LAST-BLOCK 服务原语，发送最后一个携带 B_M，B_{M+1}，B_{M+2}，…，B_N 的数据块。

当这些原语被调用时，客户机 AL 建立 Set-Request-With-Datablock APDU，携带 DataBlock_SA 结构，并向服务器发送这些 APDU。

当服务器 AP 接收到最后的数据块时，它按需要调用 SET-RESPONSE-LAST-BLOCK 或 SET-RESPONSE-LAST-BLOCK-WITH-LIST 服务原语。Result 参数含有完整的 SET 服务调用的结果。Block_Number 参数确认收到最后一个块。

在整个过程中，每个原语中的 Invoke_Id 和 Priority 参数应是相同的。

若服务器在长数据传输期间收到另外的服务请求，则根据优先级规则和优先级管理设置提供服务(一致性块 bit 9)。

在长数据传输期间，若有任何一个错误发生，都会中止传输，错误情况有：

a) 不论何种原因造成服务器不能处理收到的数据块时，服务器 AP 都应酌情调用 SET-RESPONSE-LAST-BLOCK 或 SET-RESPONSE-LAST-BLOCK-WITH-LIST 服务原语，由 Result 参数指明终止传输的原因；
b) SET-REQUEST-ONE-BLOCK 服务原语中的 Block_Number 参数不等于服务器期望的块序号值(上一次接收到的 Block_Number+1)。服务器认为这是客户机想要终止正在进行的传输。在这种情况下，服务器 AP 应调用合适的 SET-RESPONSE-LAST-BLOCK 或 SET-RESPONSE-LAST-BLOCK- WITH-LIST 服务原语，其 Result 参数 Data-Access-Result==long-set-aborted；
c) 在没有进行长数据传输时，服务器接收到 Set-Request-With-Datablock APDU。在这种情况下，服务器 AP 应调用 SET-RESPONSE-LAST-BLOCK 服务原语，Result 参数 Data_Access_Result== no-long-set-in-progress。

在上面的错误情况下，不论什么原因，如果服务器无法调用 SET-RESPONSE-LAST-BLOCK 服务原语，则调用 SET-RESPONSE-NORMAL 服务原语，Data-Access-Result 参数表明失败的原因。

7.3.5 ACTION 服务协议

当客户机 AP 要调用一个或多个 COSEM 接口对象方法时，使用 ACTION 服务。正如 6.8 解释，ACTION 服务由两个阶段组成。

如果方法引用和方法调用参数或返回参数不能放置在单个的 APDU 中，可以使用基于服务的或者通用的块传输机制。这由一致性块的 bit 2 或 bit 13 协商确定，见 7.3.1。

注：有些 DLMS/COSEM 通信配置分段可用于传送长的 APDU。

ACTION 服务原语类型和相应的 APDU 如表 70 所示。

表 70　ACTION 服务类型和 APDU

ACTION.req/.ind	Request APDU	Response APDU	SET.res/.cnf
NORMAL	Action-Request-Normal	Action-Response-Normal	NORMAL
		Action-Response-With-Pblock	ONE-BLOCK
NEXT	Action-Request-Next-Pblock	Action-Response-With-Pblock	ONE-BLOCK
		Action-Response-With-Pblock	LAST-BLOCK
FIRST-BLOCK	Action-Request-With-First-Pblock	Action-Response-Next-Pblock	NEXT
ONE-BLOCK	Action-Request-With-Pblock		
LAST-BLOCK	Action-Request-With-Pblock	Action-Response-Normal	NORMAL
		Action-Response-With-Pblock	ONE-BLOCK
WITH-LIST	Action-Request-With-List	Action-Response-With-List	WITH-LIST
		Action-Response-With-Pblock	ONE-BLOCK
WITH-LIST-AND-FIRST-BLOCK	Action-Request-With-List-And-With-First-Pblock	Action-Response-Next-Pblock	NEXT

图 48 示出了无块传输的确认 ACTION 服务成功时的 MSC。

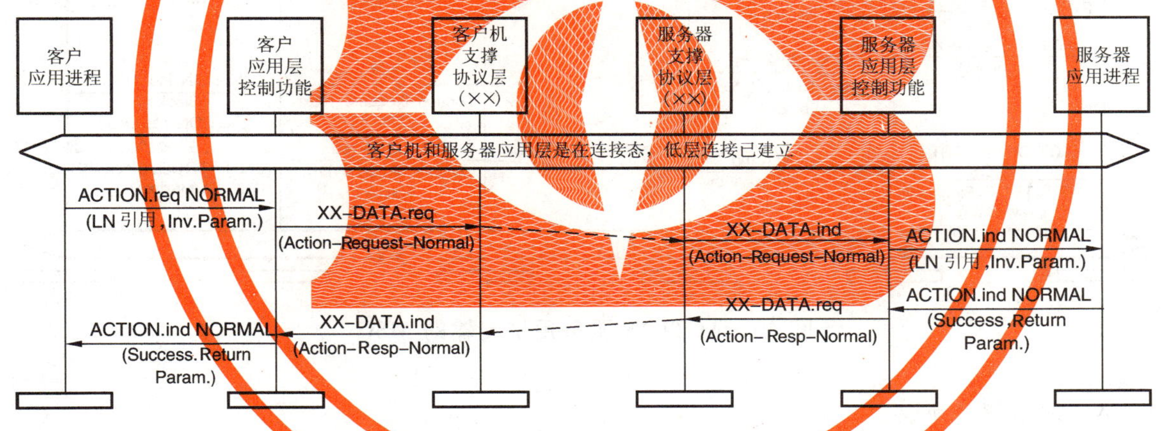

图 48　ACTION 服务的 MSC

ACTION 服务能在两个方向上传输数据：

——第一阶段，客户机发送 ACTION.request(含有所引用方法的方法调用参数)，由服务器确认。这个过程本质上和 SET 服务的这个阶段是相同的；

——第二阶段，服务器发送带有调用方法结果和返回参数的 ACTION.response。这个过程本质上和 GET 服务的这个阶段是相同的。

在整个过程中，每个原语中的 Invoke_Id 和 Priority 参数应是相同的。

如果在长的数据传输期间服务器接收到另外的服务请求，它将根据优先权规则和优先权管理设置进行服务(一致性块 bit 9)。

图 49 所示 MSC 是在两个方向上都进行块传输时的情况。

如果在长的数据传输期间发生任何错误，应中止传输。错误情况和在 GET、SET 服务的情况下的相同。

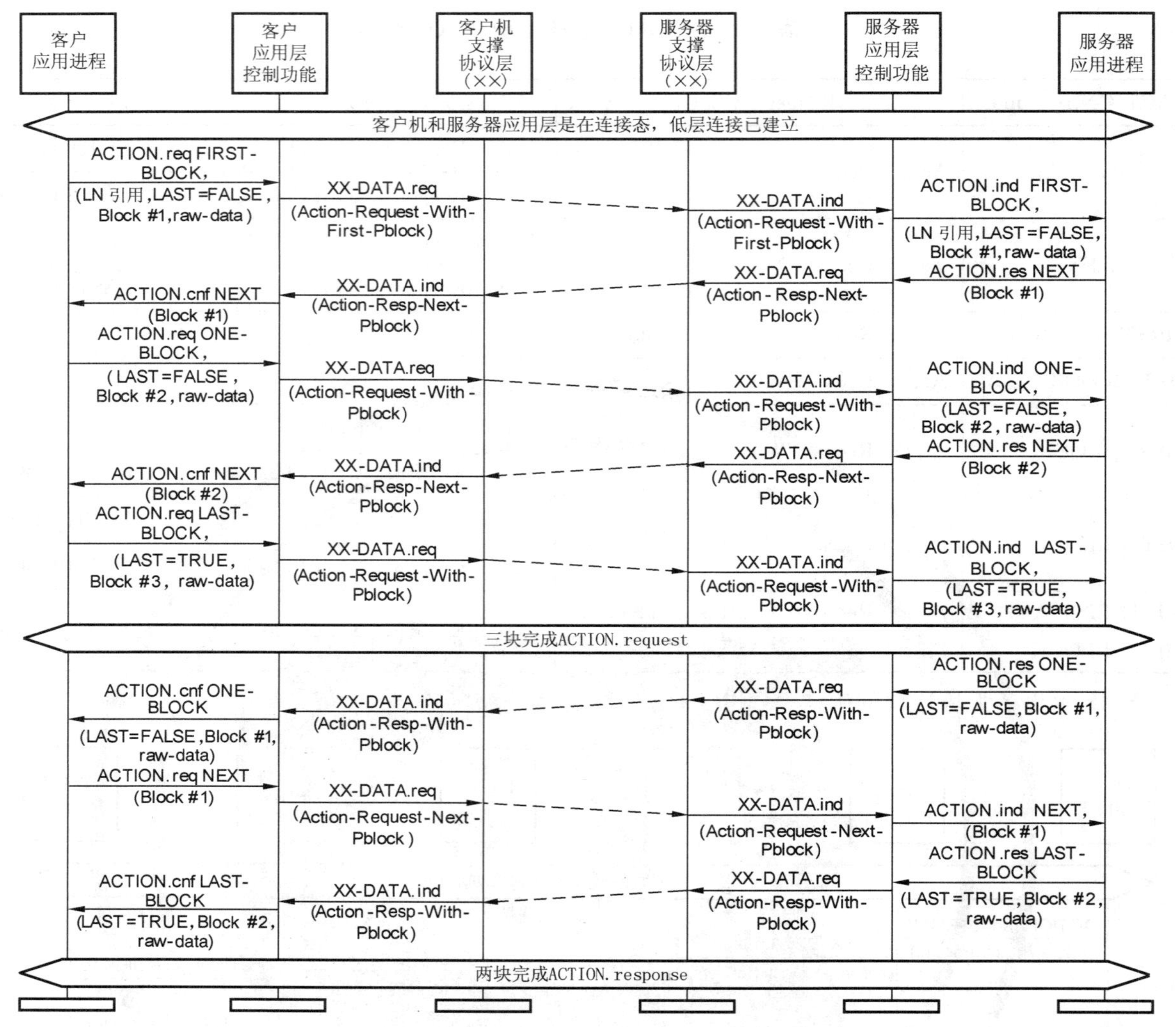

图 49　ACTION 服务用块传输的 MSC

7.3.6　ACCESS 服务协议

客户机可以使用 ACCESS 服务读取或写入一个或多个 COSEM 对象属性的值或调用一个或多个方法。

ACCESS 服务的协议通过消息序列图进行规定，包括与通用块传输和通用消息保护一起使用的情况。

注：另见 4.2.4.4.7，6.5 和 7.3.13。

图 50 显示了用于获取一个 COSEM 对象属性值的 ACCESS 服务的 MSC。请求放置在单个 APDU 中。响应长，因此服务器使用 GBT 机制发回响应：访问响应 APDU 的部分由通用块传送 APDU 的块数据字段承载。

当客户机接收到第一个通用块传输 APDU 时，它切换到 GBT，通知支持窗口大小为 3 的流式传输。

图 51 示出了用于携带请求列表的 ACCESS 服务的 MSC，请求不能放置在单个 APDU 中，因此使用 GBT。响应也很长，因此服务器也使用 GBT。双方知道对方支持窗口大小为 3 的流式传输。

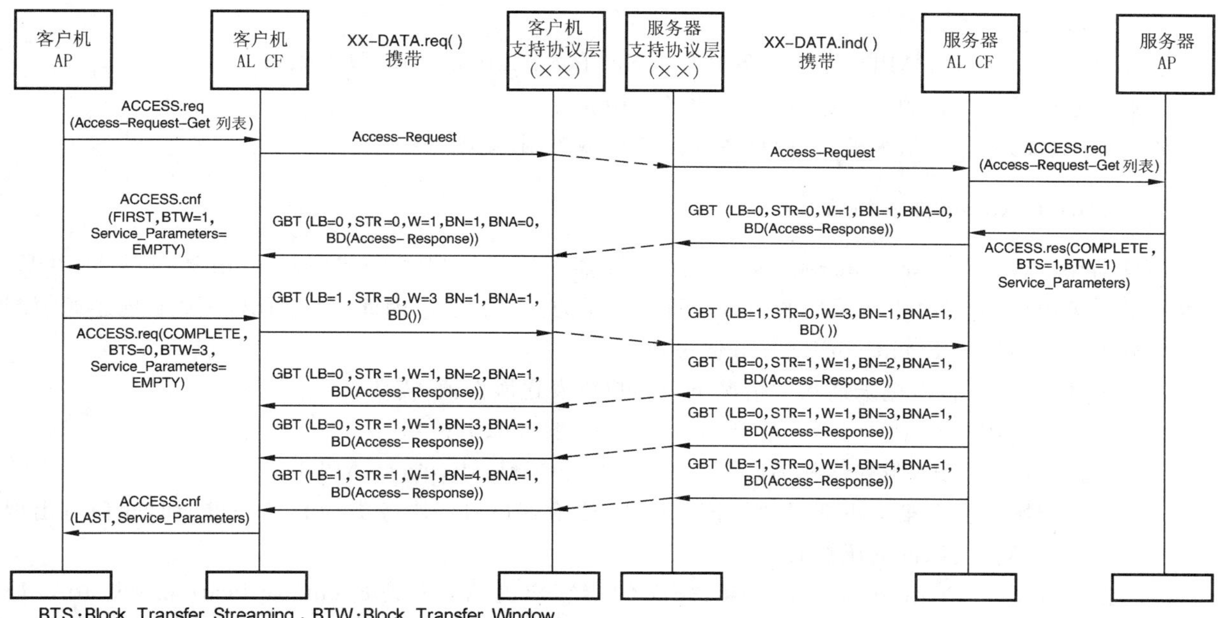

客户机 AP
客户机 AL CF
XX-DATA.req( ) 携带
客户机 支持协议层 (××)
服务器 支持协议层 (××)
XX-DATA.ind( ) 携带
服务器 AL CF
服务器 AP
ACCESS.req (Access-Request-Get 列表)
Access-Request
Access-Request
ACCESS.req (Access-Request-Get 列表)
ACCESS.cnf (FIRST, BTW=1, Service_Parameters= EMPTY)
GBT (LB=0, STR=0, W=1, BN=1, BNA=0, BD(Access- Response))
GBT (LB=0, STR=0, W=1, BN=1, BNA=0, BD(Access-Response))
ACCESS.res(COMPLETE, BTS=1, BTW=1) Service_Parameters)
GBT (LB=1, STR=0, W=3 BN=1, BNA=1, BD())
GBT (LB=1, STR=0, W=3, BN=1, BNA=1, BD( ))
ACCESS.req(COMPLETE, BTS=0, BTW=3, Service_Parameters= EMPTY)
GBT (LB=0, STR=1, W=1, BN=2, BNA=1, BD(Access- Response))
GBT (LB=0, STR=1, W=1, BN=2, BNA=1, BD(Access-Response))
GBT (LB=0, STR=1, W=1, BN=3, BNA=1, BD(Access- Response))
GBT (LB=0, STR=1, W=1, BN=3, BNA=1, BD(Access-Response))
GBT (LB=1, STR=1, W=1, BN=4, BNA=1, BD(Access- Response))
GBT (LB=1, STR=0, W=1, BN=4, BNA=1, BD(Access-Response))
ACCESS.cnf (LAST, Service_Parameters)

BTS: Block_Transfer_Streaming, BTW: Block_Transfer_Window,
GBT: General-Block-Transfer APDU, LB: 最后一块, STR: Streaming, W: Window, BN: 块编号, BNA: 已确认的块编号, BD: 块数据

图 50 响应长的 ACCESS 服务

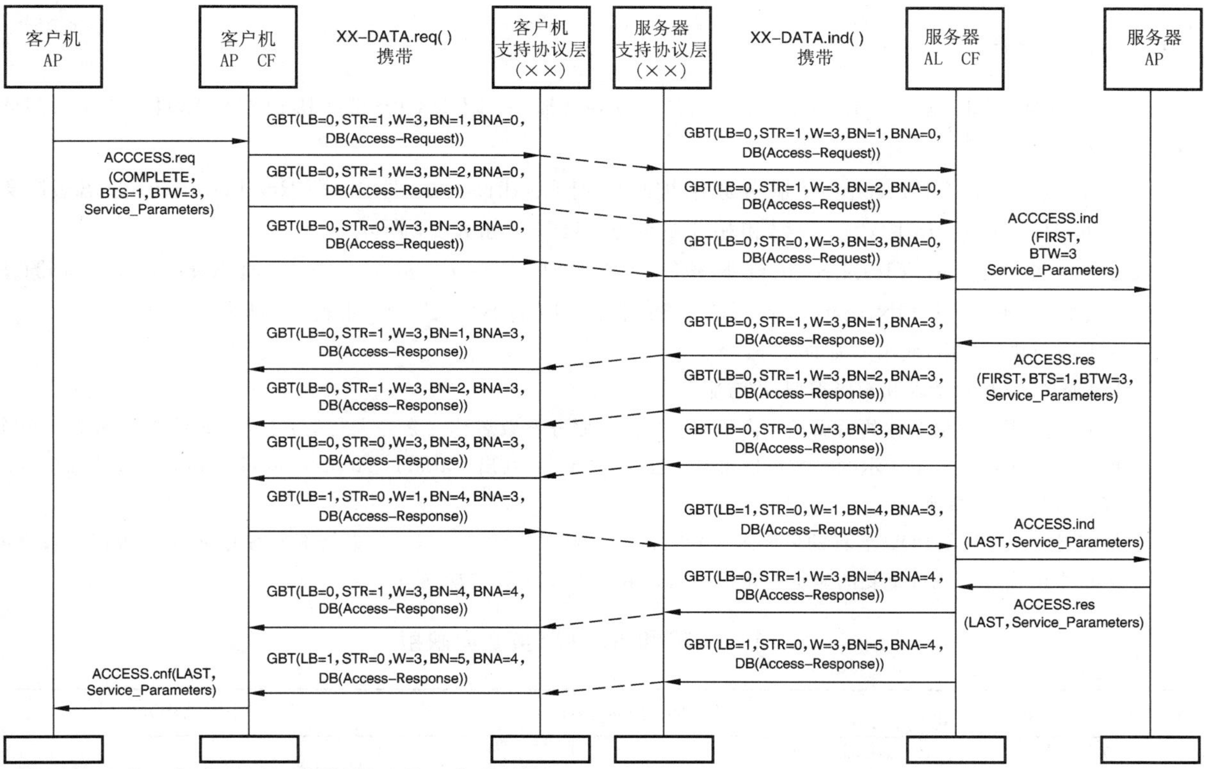

客户机 AP
客户机 AP CF
XX-DATA.req( ) 携带
客户机 支持协议层 (××)
服务器 支持协议层 (××)
XX-DATA.ind( ) 携带
服务器 AL CF
服务器 AP
GBT(LB=0, STR=1, W=3, BN=1, BNA=0, DB(Access-Request))
GBT(LB=0, STR=1, W=3, BN=1, BNA=0, DB(Access-Request))
ACCCESS.req (COMPLETE, BTS=1, BTW=3, Service_Parameters)
GBT(LB=0, STR=1, W=3, BN=2, BNA=0, DB(Access-Request))
GBT(LB=0, STR=1, W=3, BN=2, BNA=0, DB(Access-Request))
GBT(LB=0, STR=0, W=3, BN=3, BNA=0, DB(Access-Request))
GBT(LB=0, STR=0, W=3, BN=3, BNA=0, DB(Access-Request))
ACCCESS.ind (FIRST, BTW=3 Service_Parameters)
GBT(LB=0, STR=1, W=3, BN=1, BNA=3, DB(Access-Response))
GBT(LB=0, STR=1, W=3, BN=1, BNA=3, DB(Access-Response))
ACCESS.res (FIRST, BTS=1, BTW=3, Service_Parameters)
GBT(LB=0, STR=1, W=3, BN=2, BNA=3, DB(Access-Response))
GBT(LB=0, STR=1, W=3, BN=2, BNA=3, DB(Access-Response))
GBT(LB=0, STR=0, W=3, BN=3, BNA=3, DB(Access-Response))
GBT(LB=0, STR=0, W=3, BN=3, BNA=3, DB(Access-Response))
GBT(LB=1, STR=0, W=1, BN=4, BNA=3, DB(Access-Response))
GBT(LB=1, STR=0, W=1, BN=4, BNA=3, DB(Access-Request))
ACCESS.ind (LAST, Service_Parameters)
GBT(LB=0, STR=1, W=3, BN=4, BNA=4, DB(Access-Response))
GBT(LB=0, STR=1, W=3, BN=4, BNA=4, DB(Access-Response))
ACCESS.res (LAST, Service_Parameters)
GBT(LB=1, STR=0, W=3, BN=5, BNA=4, DB(Access-Response))
GBT(LB=1, STR=0, W=3, BN=5, BNA=4, DB(Access-Response))
ACCESS.cnf(LAST, Service_Parameters)

BTS: Block_Transfer_Streaming, BTW: Block_Transfer_Window,
GBT: General-Block-Transfer APDU, LB: 最后一块, STR: Streaming, W: Window, BN: 块编号, BNA: 已确认的块编号, BD: 块数据

图 51 具有长的请求和响应的 ACCESS 服务

7.3.7 DataNotification 服务协议

当服务器 AP 调用 DataNotification.request 服务原语时，服务器 AL 组建 DataNotification APDU

并发送到客户机。

当客户机 AL 收到该 APDU 时，它调用 DataNotification.indication 服务原语。

如果服务原语是很长的，可以使用部分服务调用。

如果编码后的服务原语太长，可以使用通用块传输机制，见图 66。

7.3.8 EventNotification 服务协议

一旦调用 EventNotification.request 服务，服务器 AL 就组建 EventNotificationRequest APDU。能否发出该 APDU 则取决于所采用的通讯配置和下层的连接状态。因此，会在 IEC 62056 描述通信配置的部分中进一步讨论 EventNotification 服务协议。

任何条件下，要在客户机未请求的情况下向客户机发送属性值，需要：

——服务器使用 EventNotification.request service 服务原语；

——一旦调用该原语，服务器就 AL 组建 EventNotificationRequest APDU；

——支撑层服务会在第一可能时间将该 APDU 传给客户机。服务类型和第一可能时间何时出现取决于通信使用的通讯配置；

——接收到 EventNotificationRequest APDU 后，客户机 AL 生成 EventNotification.indication 原语给 COSEM 客户机 AP；

注：在客户侧，它总是 EventNotification.indication，服务器使用独立的引用方案(LN 或 SN)。

——默认情况下，事件通知是从管理逻辑设备(服务器)发往管理 AP(客户机)。

7.3.9 Read 服务协议

如 6.14 所述，当服务器使用 SN 引用时，使用 Read 服务(用于 COSEM 接口对象属性的读取，或者预期有返回参数的方法调用)：

——第一种情况，GET.request 服务原语被映射到 Read.request 原语，而 Read.confirm 原语被映射到 GET.confirm 原语。映射和相应的短名 APDU 如表 71 所示；

——第二种情况，ACTION.request 服务原语被映射到 Read.request 原语，而 Read.response 原语被映射到 ACTION.response 原语。映射和相应的 SN APDU 如表 72 所示。

注：在下面的映射表中，使用下面的符号：

——LN 服务，仅显示请求和响应类型，没有服务参数；

——SN 服务，服务原语名称的后面括号内是服务参数。服务参数名称元素是大写的，并用下划线连接来表示单个的实体。在花括号中所示的参数可以重复。在符号"="后列出 Variable_Access_Specification 参数的选项。由竖线"I"分开选择项；

——对于 SN APDU，APDU 名称的后面跟符号"::="和括号中的域。域名元素是不大写的，并加入破折号来表示个单个的实体。域可重复的显示在花括号里。由竖线"I"分开选择项。

表 71　GET 和 Read 服务之间映射

From GET.request of type	To Read.request	SN APDU
NORMAL	Read.request (Variable_Access_Specification) Variable_Access_Specification= Variable_Name I Parameterized_Access；	ReadRequest::= (variable-name I parameterized-access)
NEXT	Read.request (Variable_Access_Specification) Variable_Access_Specification = Block_Number_Access；	ReadRequest::= (block-number-access)

表 71（续）

From GET.request of type	To Read.request	SN APDU
WITH-LIST	Read.request ({Variable_Access_Specification}) Variable_Access_Specification = Variable_Name I Parameterized_Access;	ReadRequest::= ({variable-name I parameterized -access})
To GET.confirm of type	SN APDU	From Read.response
NORMAL	ReadResponse::= (data I data-access-error)	Read.response (Data I Data_Access_Error)
ONE-BLOCK	ReadResponse::= (data-block-result)	Read. response (Data _ Block _ Result) with Last_Block=FALSE
LAST-BLOCK	ReadResponse::= (data-block-result)	Read. response (Data _ Block _ Result) with Last_Block=TRUE
WITH-LIST	ReadResponse::= ({data I data-access-error})	Read.response ({Data I Data_Access_Error})

表 72　ACTION 和 Read 服务之间的映射

From ACTION.request of type	To Read.request	SN APDU
NORMAL	Read.request (Variable_Access_Specification) Variable_Access_Specification= Parameterized_Access; with Variable _ Name = method reference, Selector=0, Parameter = method invocation parameter or null-data	ReadRequest::= (parameterized-access)
NEXT	Read.request (Variable_Access_Specification) Variable_Access_Specification= Block_Number_Access;	ReadRequest::= (block-number-access)
FIRST-BLOCK	Read.request (Variable_Access_Specification) Variable_Access_Specification= Read_Data_Block_Access; with Last_Block=FALSE, Block_Number=1, Raw_Data=one part of the method reference(s) and method invocation parameter	ReadRequest::= (read-data-block-access)

表 72（续）

From ACTION.request of type	To Read.request	SN APDU
ONE-BLOCK	Read.request (Variable_Access_Specification) Variable_Access_Specification= Read_Data_Block_Access; with Last_Block=FALSE, Block_Number=next number, Raw_Data=as above	ReadRequest::= (read-data-block-access)
LAST-BLOCK	Read.request (Variable_Access_Specification) Variable_Access_Specification= Read_Data_Block_Access; with Last_Block = TRUE, Block_Number=next number, Raw_Data=as above	ReadRequest::= (read-data-block-access)
WITH-LIST	Read.request ({Variable_Access_Specification}) Variable_Access_Specification= Parameterized_Access; with Variable_Name=method reference, Selector=0, Parameter = method invocation parameter or null-data	ReadRequest::= ({parameterized-access})
WITH-LIST-AND-FIRST- BLOCK	Read.request (Variable_Access_Specification) Variable_Access_Specification= Read_Data_Block_Access; with Last_Block=FALSE, Block_Number=1, Raw_Data=as above	ReadRequest::= (read-data-block-access)
To ACTION.confirm	SN APDU	From Read.response
NORMAL	ReadResponse::= (data I data-access-error)	Read.response (Read_Result) Read_Result = Data I Data_Access_Error;
ONE-BLOCK	ReadResponse::= (data-block-result)	Read.response (Read_Result) Read_Result = Data_Block_Result; with Last_Block=FALSE
LAST-BLOCK	ReadResponse::= (data-block-result)	Read.response (Read_Result) Read_result=Data_Block_Result; with Last_Block=TRUE

表 72（续）

From ACTION.request of type	To Read.request	SN APDU
NEXT	ReadResponse::= (block-number)	Read.confirm (Read_Result) Read_Result=Block_Number;
WITH-LIST	ReadResponse::= ({data I data-access-error})	Read. response ({Read_Result}) Read_Result = Data I Data_Access_Error;

图 52 显示了用来读单个属性值的 Read 服务的 MSC。

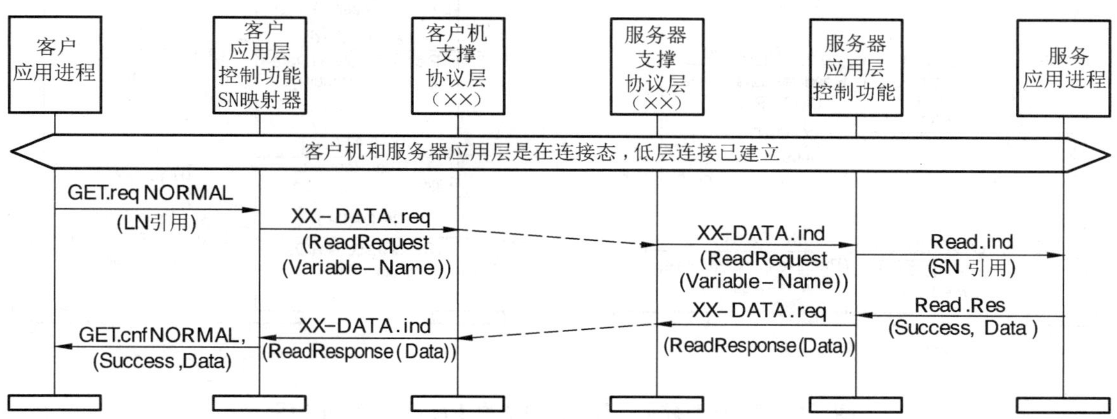

图 52 **Read 服务用于读属性的 MSC**

图 53 示出了用于调用单个方法的 Read 服务的 MSC。

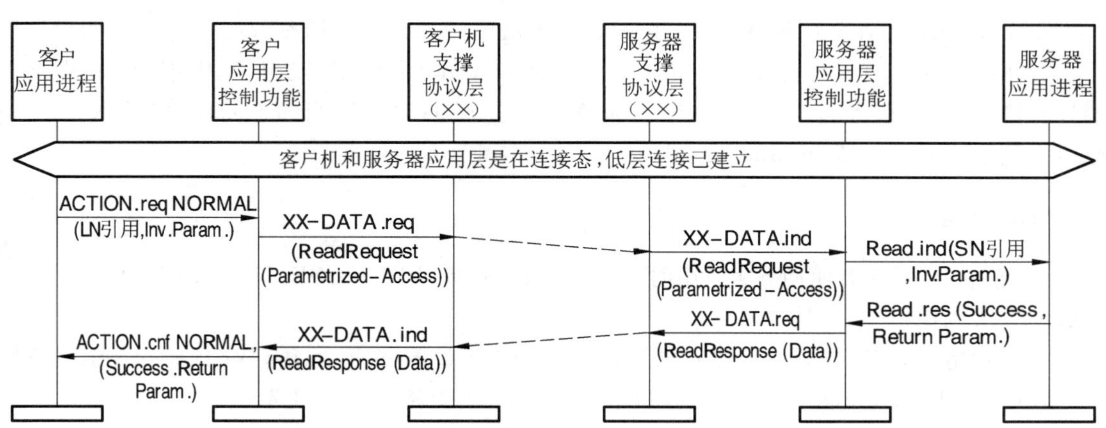

图 53 **用于调用方法的 Read 服务的 MSC**

图 54 显示了用于读取单个属性的 Read 服务的 MSC，使用基于服务的块传输机制分三个块返回结果。

或者也可以使用通用块传输机制。

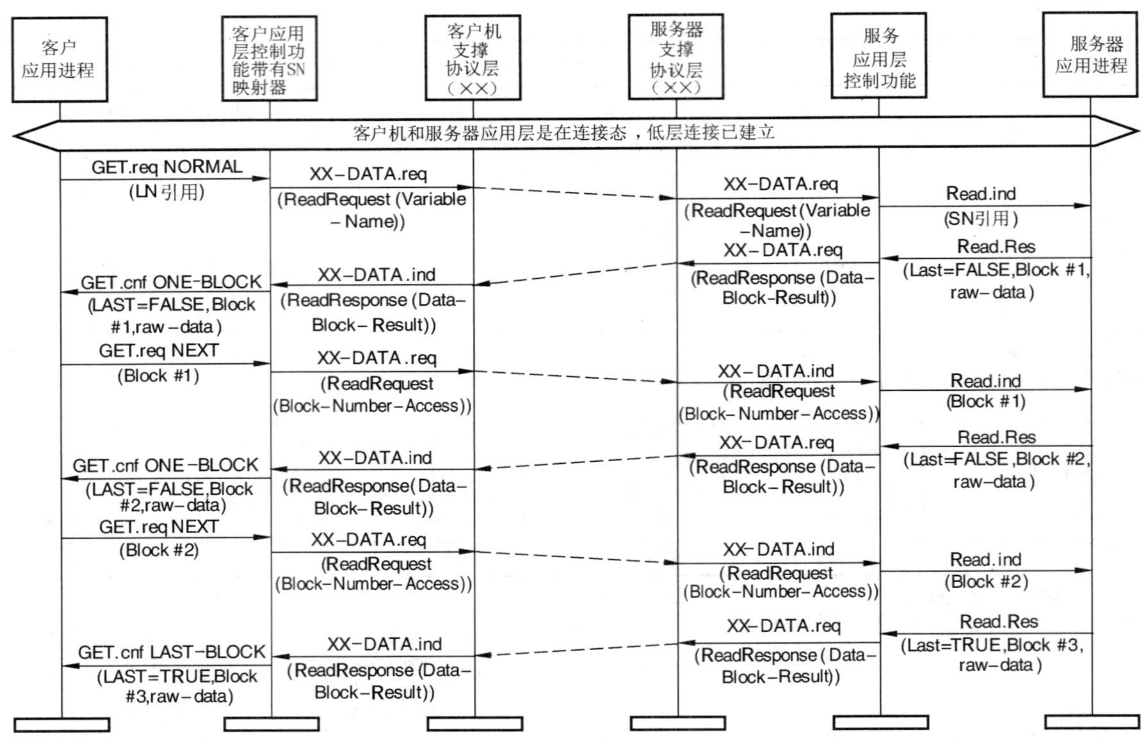

图 54　用于读属性、用块传输的 Read 服务的 MSC

Read 服务准备和传输长数据的过程和 GET、ACTION 服务的过程基本相同：

——如果 Read 服务用于读取 COSEM 对象属性值，Data_Block_Result 结构的 Raw_Data 元素含有 Read_Result 列表的一部分；

——如果 Read 服务用于调用 COSEM 对象方法，并且应发送长的方法调用参数，Read_Data_Block_Access 结构的 Raw_Data 元素含有方法引用和方法调用参数的一部分。如果返回长的方法调用响应，Data_Block_Result 结构的 Raw_Data 元素含有方法调用响应的一部分。

如果有错误发生，服务器应返回具有 Data_Access_Error（包含适当的诊断信息）的 Read.response 服务原语。例如：data-block-number-invalid。

7.3.10　Write 服务协议

如 6.15 所述，当服务器使用 SN 引用时，使用 Write 服务（用于 COSEM 对象属性的写入，或预期无返回参数的方法调用）：

——第一种情况，SET.request 服务原语被映射到 Write.request 原语，Write.confirm 服务原语被映射到 SET.confirm 原语。映射和相应的 SN APDU 如表 73 所示；

——第二种情况，ACTION.request 服务原语被映射到 Write.request 原语，Write.response 服务原语被映射到 ACTION.confirm 原语。映射和相应的 SN APDU 如表 74 所示。

表 73　SET 和 Write 服务之间的映射

From SET.request of type	To Write.request	SN APDU
NORMAL	Write.request (Variable_Access_Specification, Data) Variable_Access_Specification= Variable_Name I Parameterized_Access;	WriteRequest::= (variable-name I parameterized-access, data)
FIRST-BLOCK	Write.request (Variable_Access_Specification, Data) Variable_Access_Specification= Write_Data_Block_Access; with Last_Block=FALSE, Block_Number=1, Data=raw-data, carrying the encoded form of the attribute reference(s) and write data	WriteRequest::= (write-data-block-access, data)
ONE-BLOCK	Write.request (Variable_Access_Specification, Data) Variable_Access_Specification= Write_Data_Block_Access; with Last_Block=FALSE, Block_Number=next number, Data=as above	WriteRequest::= (write-data-block-access, data)
LAST-BLOCK	Write.request (Variable_Access_Specification, Data) Variable_Access_Specification = Write_Data_Block_Access; with Last_Block=TRUE, Block_Number=next number, Data=as above	WriteRequest::= (write-data-block-access, data)
WITH-LIST	Write.request ({Variable_Access_Specification}, {Data}) Variable_Access_Specification= Variable_Name I Parameterized_Access;	WriteRequest::= ({variable-name I parameterized-access}, {data})
FIRST-BLOCK-WITH- LIST	Write.request (Variable_Access_Specification, Data) Variable_Access_Specification= Write_Data_Block_Access; with Last_Block=FALSE, Block_Number=1 Data=as above	WriteRequest::= (write-data-block-access, data)
To SET.confirm of type	SN APDU	From Write.response

表 73（续）

From SET.request of type	To Write.request	SN APDU
NORMAL	WriteResponse::= (success I data-access-error)	Write.response (Write_Result) Write_Result= Success I Data_Access_Error;
ACK-BLOCK	WriteResponse::=(block-number)	Write.response (Write_Result) Write_Result=Block_Number;
LAST-BLOCK	WriteResponse::= (success I data-access-error)	Write.response (Write_Result) Write_Result= Success I Data_Access_Error;
WITH-LIST	WriteResponse::= ({success I data-access-error})	Write.response ({Write_Result}) Write_Result= Success I Data_Access_Error;
LAST-BLOCK-WITH- LIST	WriteResponse::= ({success I data-access-error})	Write.response ({Write_Result}) Write_Result= Success I Data_Access_Error;

表 74 **ACTION 和 Write 服务之间的映射**

From ACTION. request of type	To Write.request	SN APDU
NORMAL	Write.request (Variable_Access_Specification, Data) Variable_Access_Specification= Variable_Name; Data=method invocation parameters or null-data	WriteRequest::= (variable-name, data)
FIRST-BLOCK	Write.request (Variable_Access_Specification, Data) Variable_Access_Specification= Write_Data_Block_Access; with Last_Block=FALSE, Block_Number=1, Data=raw-data, carrying the encoded form of the method reference(s) and method invocation parameters;	WriteRequest::= (write-data-block-access, data)
ONE-BLOCK	Write.request (Variable_Access_Specification, Data) Variable_Access_Specification= Write_Data_Block_Access; with Last_Block=FALSE, Block_Number=next number, Data=as above	WriteRequest::= (write-data-block-access, data)

表 74（续）

From ACTION. request of type	To Write.request	SN APDU
LAST-BLOCK	Write.request (Variable_Access_Specification, Data) Variable_Access_Specification= Write_Data_Block_Access; with Last_Block=TRUE, Block_Number=next number, Data=as above	WriteRequest::= (write-data-block-access, data)
WITH-LIST	Write.request ({Variable_Access_Specification}, {Data}) Variable_Acces_Specification= Variable_Name; Data=method invocation parameters or null data	WriteRequest::= ({variable-name}, {data})
WITH-LIST-AND- FIRST-BLOCK	Write.request (Variable_Access_Specification, Data) Variable_Access_Specification= Write_Data_Block_Access; with Last_Block=FALSE, Block_Number=1, Data=as with first block	WriteRequest::= (write-data-block-access, data)
To ACTION.confirm	SN APDU	From Write.response
NORMAL	WriteResponse::= (success I data-access-error)	Write.response (Write_Result) Write_Result= Success I Data_Access_Error
NEXT	WriteResponse::=(block-number)	Write.response (Block_Number)
WITH-LIST	WriteResponse::= ({success I data-access-error})	Write. response ({Write _ Re- sult}) Write_Result= Success I Data_Access_Error

图 55 显示了用于写单个属性值、成功情况下的 Write 服务的 MSC。

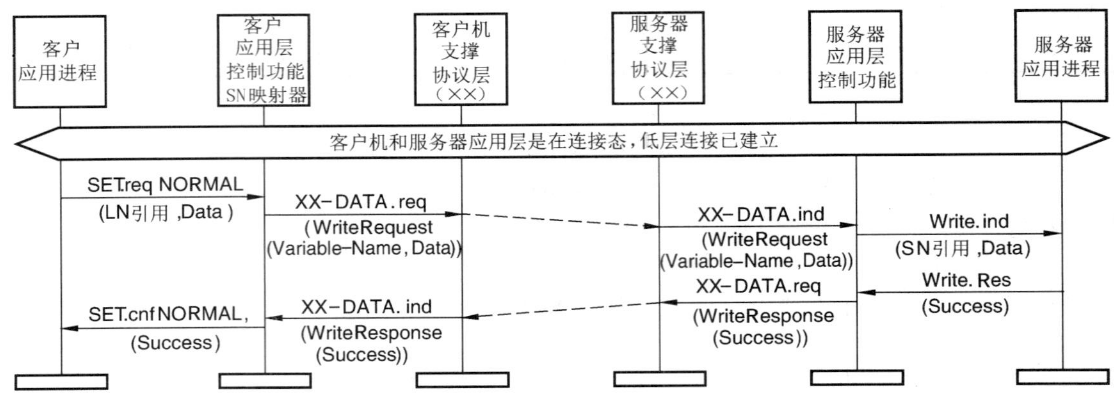

图 55 用于写属性的 Write 服务的 MSC

图 56 示出了用于调用单个方法的、成功情况下的 Write 服务的 MSC。

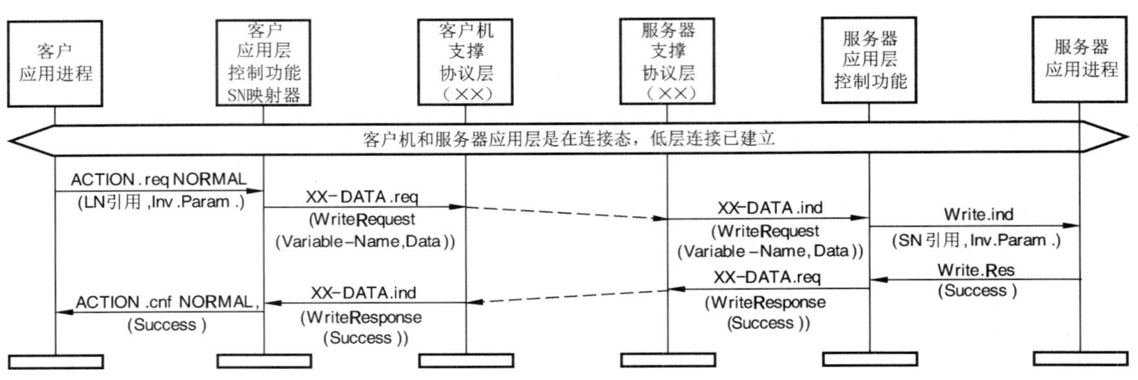

图 56 Write 服务用于调用方法的 MSC

图 57 显示了 Write 服务用于写单个属性的 MSC，其结果用特定块传输机制分三个块返回。

或者使用通用块传输机制。

准备和传输长数据的过程在本质上和 SET、ACTION 服务的过程是相同的：

如果错误发生，服务器应返回 Write.response 服务原语用参数 Data_Access_Error 携带合适的诊断信息；例如：data-block-number-nvalid。

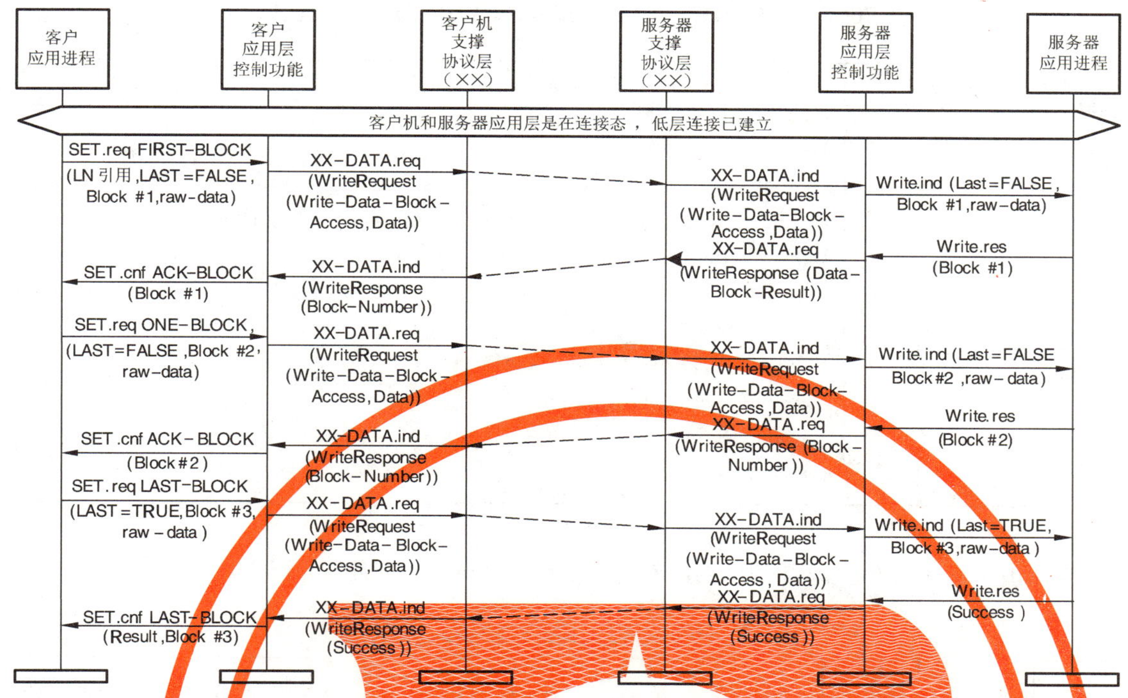

图 57 Write 服务用于写一个属性,用块传输的 MSC

7.3.11 UnconfirmedWrite 服务协议

该服务仅当 AA 已经建立时才能被调用。根据通讯配置,对应于该请求的 APDU,可以使用协议支持层面向连接(CO)或无连接数据(CL)服务传输。

如 6.16 所述,可以使用 UnconfirmedWrite 服务,用于写 COSEM 对象属性,或无预期参数返回时调用方法:

——第一种情况,SET.request 服务原语被映射到 UnconfirmedWrite.request 原语。映射和相应的 SN APDU 在表 75 中所示;

——第二种情况,ACTION.request 服务原语被映射到 UnconfirmedWrite.request 原语。映射和相应的 SN APDU 在表 76 中所示。

表 75 在 SET 和 UnconfirmedWrite 服务之间的映射

From SET.request of type	To UnconfirmedWrite.request	SN APDU
NORMAL	UnconfirmedWrite.request (Variable_Access_Specification, Data) Variable_Access_Specification= Variable_Name I Parameterized_Access;	UnconfirmedWriteRequest::= (variable-name I parameterized-access, data)
WITH-LIST	UnconfirmedWrite.request ({Variable_Access_Specification}, {Data}) Variable_Acces_Specification= Variable_Name I Parameterized_Access;	UnconfirmedWriteRequest::= ({variable-name I parameterized-access}, {data})

表 76 在 ACTION 和 UnconfirmedWrite 服务之间的映射

From ACTION.request of type	To UnconfirmedWrite.request	SN APDU
NORMAL	UnconfirmedWrite.request (Variable_Access_Specification, Data) Variable_Access_Specification= Variable_Name; Data=method invocation parameters or null data	UnconfirmedWriteRequest:: = (variable-name, data)
WITH-LIST	UnconfirmedWrite.request ({Variable_Access_Specification}, {Data}) Variable_Acces_Specification= Variable_Name; Data=as above	UnconfirmedWriteRequest:: = ({variable-name}, {data})

图 58 示出了用于写单个属性的值，在成功的情况下的 Write 服务的 MSC。

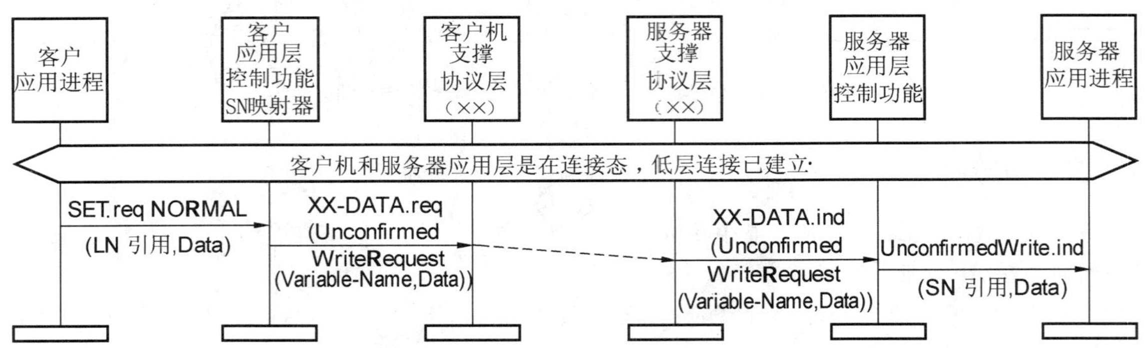

图 58 用于写属性的 UnconfirmedWrite 服务的 MSC

如果服务参数较长，可以用通用块传输机制。

7.3.12 InformationReport 服务协议

6.17 中规定的 InformationReport 服务协议，与 EventNotification 服务的协议基本相同，见 7.3.8。

和 EventNotification 服务不同的是，InformationReport 服务不包含可选的 Application_Addresses 参数，因而信息报告总是由服务器管理逻辑设备发送到客户机管理 AP。

在调用 InformationReport.request 服务时，服务器 AP 构建 InformationReportRequest APDU。该 APDU 是从管理逻辑设备的 SAP 发送到客户机管理设备的 SAP，使用下层的数据服务，以非请求的方式，在第一可能时机发出。

发送出该 APDU 的可能性取决于通讯配置和下层的连接状态。因此，在附录 A 进一步讨论 InformationReport 服务的协议。

InformationReport 服务可以携带多个属性名称及其内容。另一方面，6.11 中规定的 EventNotification 服务仅包含一个属性引用。因此，当 InformationReportRequest APDU 包含多个属性时，它应被映射到多个 EventNotification.ind 服务，如表 77 所示。

表 77 **EventNotification 和 InformationReport 服务之间的映射**

EventNotification.ind (one or more)	InformationReport.ind
Time (optional)	Current-time (optional)
COSEM_Class_Id, COSEM_Object_Instance_Id, COSEM_Object_Attribute_Id	Variable_Name {Variable_Name}
Attribute_Value	Data {Data}

7.3.13 通用块传输机制协议

任何 xDLMS 服务原语都可以用通用块传输(GBT)机制来传输,如果其服务参数太长的话(即编码后的参数太长,超过了商定的最大可接受的 PDU 大小)。在这种情况下,AL 使用一个或多个 General-Block-Transfer(GBT)xDLMS APDU 来传输长的消息。

服务原语调用可以是完整的,包括所有的服务参数;或者是部分的仅包括服务参数中的部分。使用全部或部分服务调用由实现来决定。

从 AP 接收服务.request/.response 服务原语后,AL:

——建立携带服务原语的 APDU;

——当需要加密时,它应用 Security_Options 要求的保护,并建立合适的、加密的 APDU;

——当产生的 APDU 比协商的最大 APDU 尺寸还大时,AL 使用 GBT 机制用多个 GBT APDU 发送完整的消息。

然而,部分调用和发送的 GBT APDU 之间没有直接的关系。AL 可以完整的或部分的服务调用应用保护。

从远程方接受 GBT APDU 后,AL:

——组装接收的 GBT APDU 的数据块域在一起;

——当产生的完整的 APDU 是加密的,它验证和移除保护;

——AL 调用适当的服务原语,传递附加的 Security_Status,the General_Block_Transfer_Parameters 和 the Protection_Element。

然而,部分服务调用和接收的 GBT APDU 之间没有直接关系。对处理过的 GBT APDU 或处理过的完整的,组装好的 APDU,AL 都可以验证和移除保护。

也见图 36。

用不用 GBT,都可以开始消息交换。但是,若一方使用 GBT 发送请求或响应,则另一方应跟随,结束前双方继续使用 GBT,即直到全部响应接收完成。

块数据流化过程是由 AL 利用从本地 AP 传来 AL 的 GBT 参数(见 6.5)和从远端 AL 收到的 GBT APDU 各域(见图 59)来管理的。

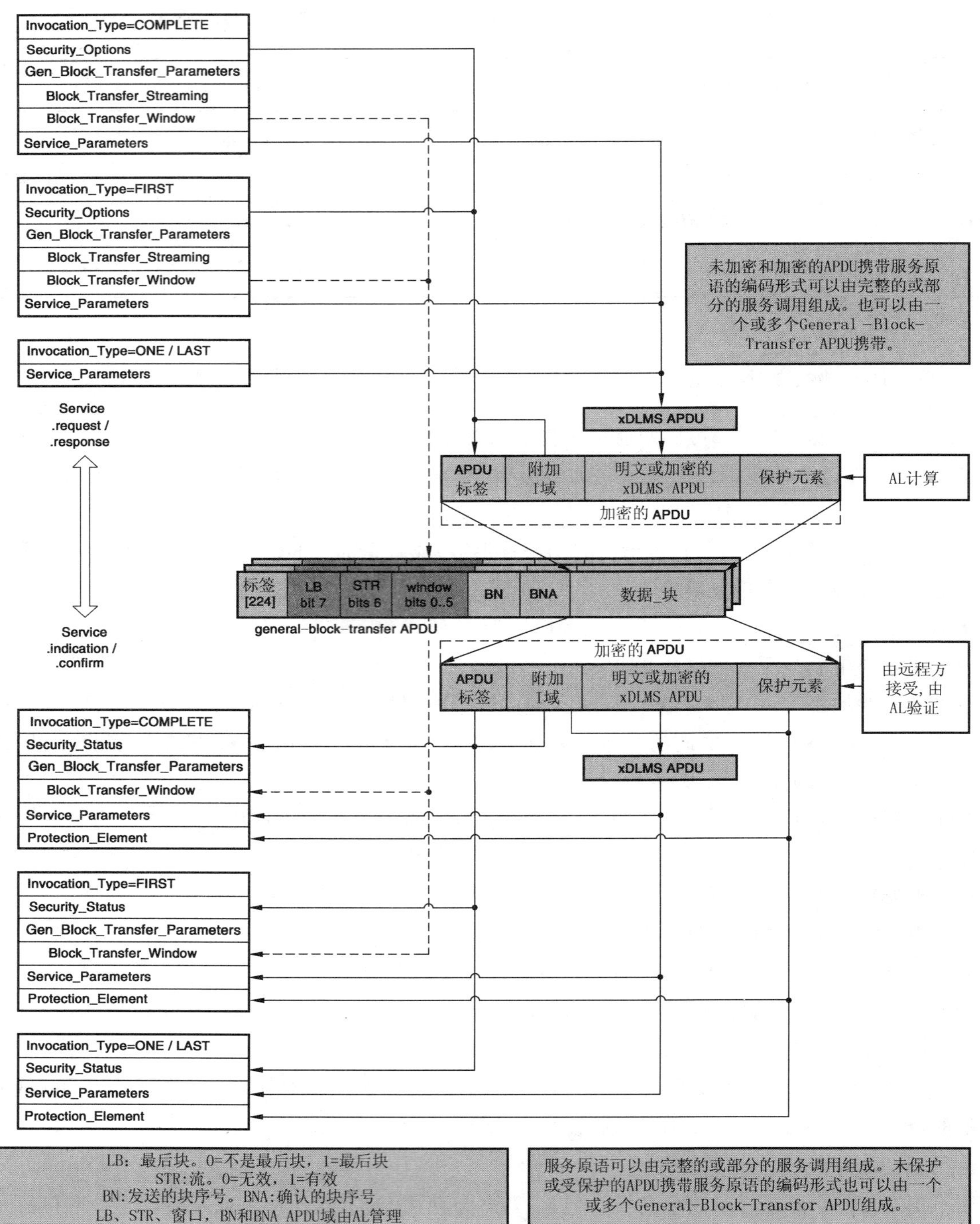

注：在 APDU 上使用和检查/消除密码保护，与 GBT 的过程无关，包含在这里是由于完整性的需要。

图 59　部分服务调用和 GBT APDU

各种服务调用类型(COMPLETE、FIRST-PART、ONE-PART 或 LAST-PART)以及这些调用之间的关系，服务参数和加密的 APDU 的域和 General-Block-Transfer(GBT)APDU 如图 59 所示。

Block_Transfer_Streaming(BTS)参数被 AP 传递到 AL，表明 AL 能以流的形式发送块，即远端不用确认收到的每一个块，该参数未包含在 APDU 内。

Block_Transfer_Window(BTW)参数表明了所支持的流化窗口大小，即能接收的块最大数量。双方均可预先知道对方的 Block_Transfer_Window 参数,然而,窗口大小是由 AL 管理的,AL 可以使用较小的值,例如:在恢复丢失块期间。

注 1:Block_Transfer_Window 和 APDU 的窗口域之间的关系在图 59 中用虚线来表明。

在非确认服务的情况下,Block_Transfer_Streaming 应设置为 FALSE,Block_Transfer_Window 应设置为 0。这是告知 AL 应将编码后整个服务原语请以所需要的 GBT APDU 个数发送出去,不需要等待已发送块的确认信息。

GBT APDU 的域的使用,规定如下:

——last-block(LB)位标识该块是否为最后一块(是 LB=1,否 LB=0);

——流化标志位表明如果是在流过程中 STR=1 或结束 STR=0。当流化结束时,远端应确认块的接收。当 Block_Transfer_Streaming 参数已经设置为 FALSE,streaming 位也应设置为 0;

——window 域标识发送 APDU 一方能接收的块数。它的最大值同 AP 传递给 AL 的 Block_Transfer_Window 参数相等。注意在丢失块恢复期间,AL 可能用较小的值。GBT APDU 用于携带非确认服务(BTS=FALSE,BTW=0;见上)的情况下,window 的值应为 0,表明不会对任何 GBT APDU 进行确认(因而任何丢失的数据块都不能恢复);

——block-number(BN)域表示发送的块编号。发送第一块时,应使 block-number=1。随着每一个 GBT APDU 的发送,Block-number 应递增,即使 block-data(BD)是空时。但在恢复丢失块时,块编号可以重复;

——block-number-acknowledged(BNA)域表明应答的块编号。如果没有丢失块,它将和接收的最后一块的编号相等。可是,如果有一个或多个块被丢失,它应等于未发生丢失前的那个块编号;

——block-data(BD)域携带用 GBT 机制发送的 xDLMS APDU 的一部分。

如果一方没有块要发送,那么 APDU 的 last-block 位应被置为 1,流化标志位应被置为 0。

图 60、图 61、图 62、图 63、图 64、图 65 和图 66 进一步解释了 GBT 机制的协议流程。在这些例子中,假定了双方都支持 GBT,并且需要六个块来传输完整的响应或请求(除了在 DataNotification 例子里是需要四个块)。

注 2:在这些例子里,没有使用服务特定块传输机制。

图中的缩略语:

——BTS:Block_Transfer_Streaming,BTW:Block_Transfer_Window;

——GBT:General-Block-Transfer APDU;

——LB:last-block;

——STR:Streaming;

——BN:block-number,BNA:block-number-acknowledged;

——BD(APDU):block-data containing one block of the APDU。

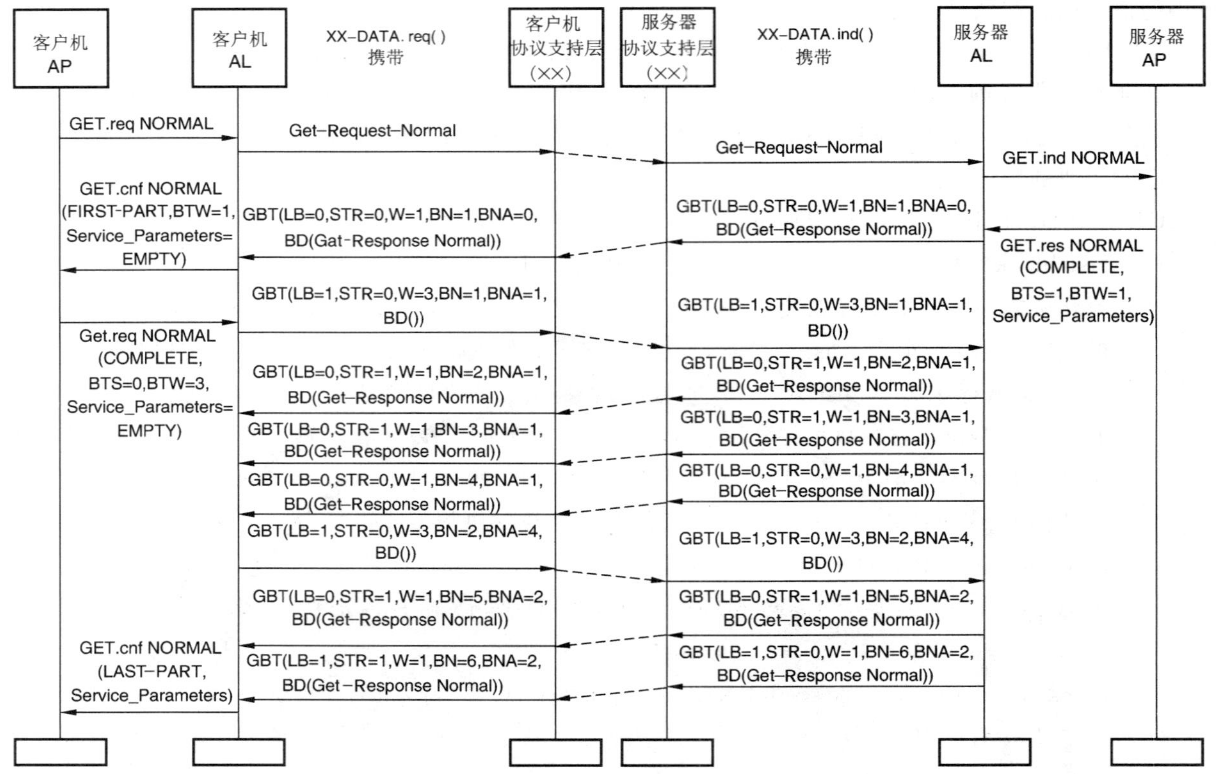

服务原语中的说明：BTS:Block_Transfer_Streaming,BTW:Block_Transfer_Window,APDU中的说明：GBT:General-Block-Transfer APDU,LB: Last-Block,STR:Streaming,W:Window,BN:Block number,BNA:Block number acknowledged,BD(APDU):块数据包含APDU的一块。

图 60　使用 GBT、切换到流传输的 GET 服务

图 60 示出了使用 GBT 的 GET 服务。接收第一个 GBT APDU 后，客户机通知服务器它支持流传输。然后服务器切换到流传输。过程如下：

——客户机 AP 不带附加服务参数调用 GET.request NORMAL 服务原语。客户机 AL 在 Get-Request-Normal APDU 中发送请求；

——GET.response 服务参数太长，因此服务器调用 GET.response NORMAL 服务原语，用附加服务参数：Invocation_Type=COMPLETE，BTS=1，BTW=1，意味着服务器允许发送块数据流，但不接收客户机的块数据流。服务器 AL 发送含有第一个响应块的 GBT APDU；

——客户机 AL 用参数（Invocation_Type = FIRST-PART，BTW = 1）调用 GET.confirm NORMAL 服务原语。Service_Parameters 是空的。AL 以此告知 AP 来自服务器的响应很长；

——客户机 AP 带参数（Invocation_Type=COMPLETE，BTS=0，BTW=3）调用 GET.request NORMAL 服务原语，来告知其能够接收块数据流。注意，Service_Parameters 为空，就像已经在第一个 GET.request NORMAL 服务调用中传递一样。客户机 AL 发送 GBT APDU，APDU 中的 last-block 位置 1，streaming 位置 0；

——然后服务器发送第二（STR=1，BN=2），第三（STR=1，BN=3）和第四（STR=0，BN=4）块；

——客户机 AL 发送一个 GBT APDU 来确认第二、第三和第四块的接收（LB=1，STR=0，W=3，BNA=4）；

——服务器 AL 发送第五块(STR=1,BN=5)和第六,最后块(LB=1,STR=0,BN=6);

注 3:最后块没有被确认。然而,当丢失了,它可以被恢复。见图 63。

——客户机 AL 调用一个 GET.confirm NORMAL 服务原语,用 Invocation_Type=LAST-PART。服务参数包括对 GET.request 的完整响应。

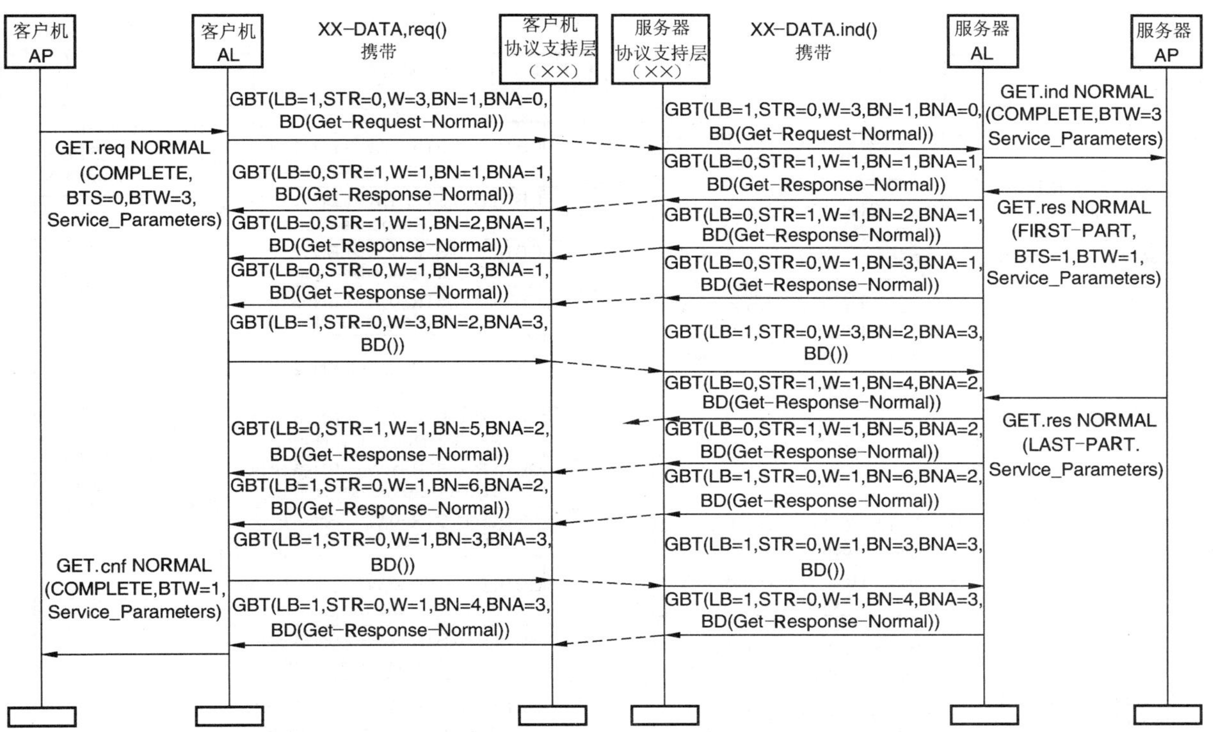

图 61 使用部分调用、GBT 和流传输、并在第二个流中恢复发送第四块的 GET 服务

图 61 示出了一个使用 GBT 的 GET 服务,含服务器侧的部分服务调用和流。客户机在第一个请求中告知数据流的能力(BTW=3;BTW>1 意思是可以接收块流)。服务器在第二个数据流中丢失并恢复发送第四块。过程如下:

——客户机 AP 调用 GET.request NORMAL 服务原语,用 Invocation_Type=COMPLETE,BTS=0,BTW=3。客户机 AL 发送 GBT APDU,用 STR=0,Window=3。服务器 AL 调用 GET.indication NORMAL 服务原语,用 Invocation_Type=COMPLETE,BTW=3;

——服务器 AP 带这些参数 Invocation_Type=FIRST-PART,BTS=1,BTW=1 调用 GET.response NORMAL 服务原语。Service_Parameters 包括响应的第一部分。服务器 AL 发送第一、第二和第三块;

——客户机 AL 发送一个 GBT APDU 确认三个块的接收。服务器 AP 调用 GET.response NORMAL 服务原语,其中 Invocation_Type=LAST-PART。Service_Parameters 包括第二,响应的最后部分。服务器 AL 发送第四,第五和第六块(LB=1,STR=0,BN=6)。可是第四块丢失;

——客户机 AL 通过发送 GBT APDU 确认第三块的接收(STR=0,window=1,BNA=3),表明第

四块没有接收到。注意客户机 AL 把窗口大小降到 1,表明仅有一个块要重发;

——服务器再次发送第四块(LB=1,STR=0,BN=4,BNA=3);

——当客户机已经收到所有块后,它调用一个 GET.confirm NORMAL 服务原语,其中 Invocation_Type=COMPLETE,BTW=1。该调用的 Service_Parameters 包含对 GET.request 的完整响应。

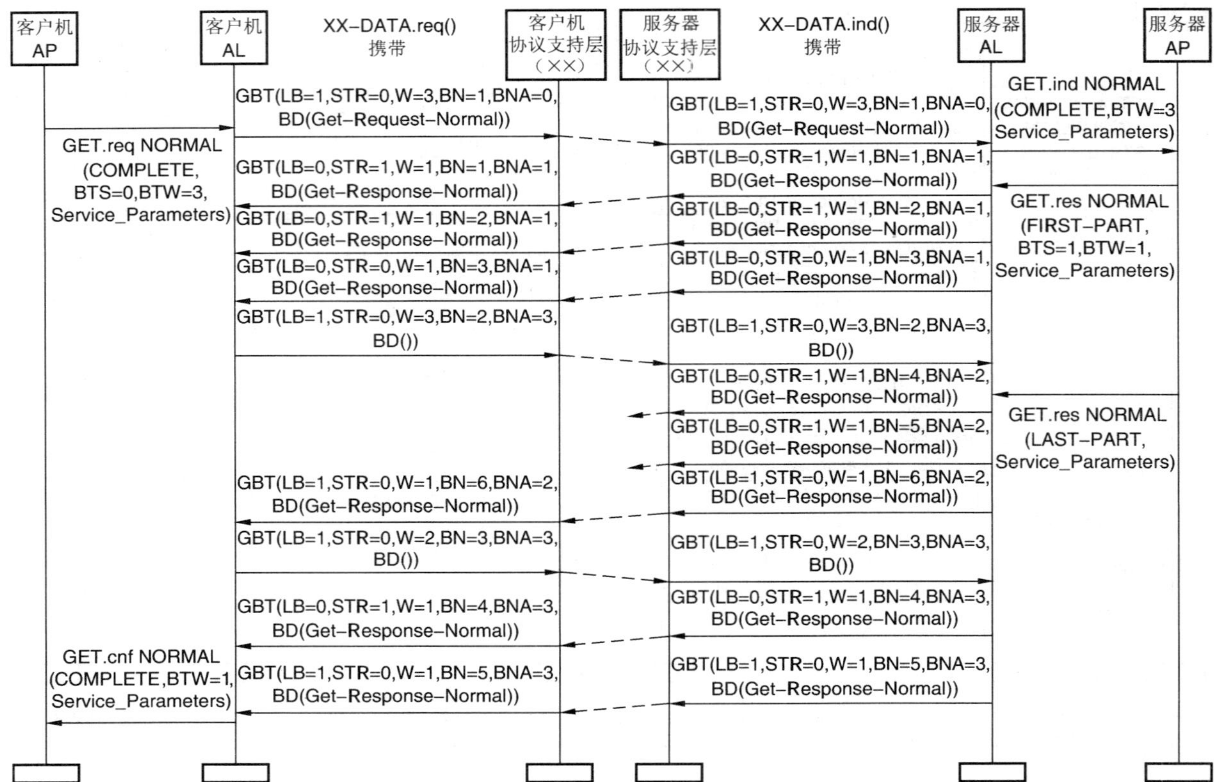

图 62 使用部分调用、GBT 和流传输、恢复第四块和第五块的 GET 服务

图 62 示出的情景,除丢失和恢复第四、第五块外,基本上与图 61 相同。过程如下:

——客户机接收第六块(LB=1,STR=0,BN=6,BNA=2);

——客户机表明第四和第五块已被丢失,通过发送 GBT APDU,其中 W=2,BNA=3,即意思是到第三块没有数据块丢失,但是两块已经丢失,服务器可以用流传输发送这两块;

——服务器发送丢失的(未确认)第四(LB=0,STR=1,BN=4)和第五块(LB=1,STR=0,BN=5)。注意,这里 LB 被置为 1;

——现在客户机已经接收了每一块。然后它调用一个 GET.confirm NORMAL 服务原语,其中 Invocation_Type=COMPLETE,BTW=1。Service_Parameters 包含 GET.request 的完整响应的各参数。

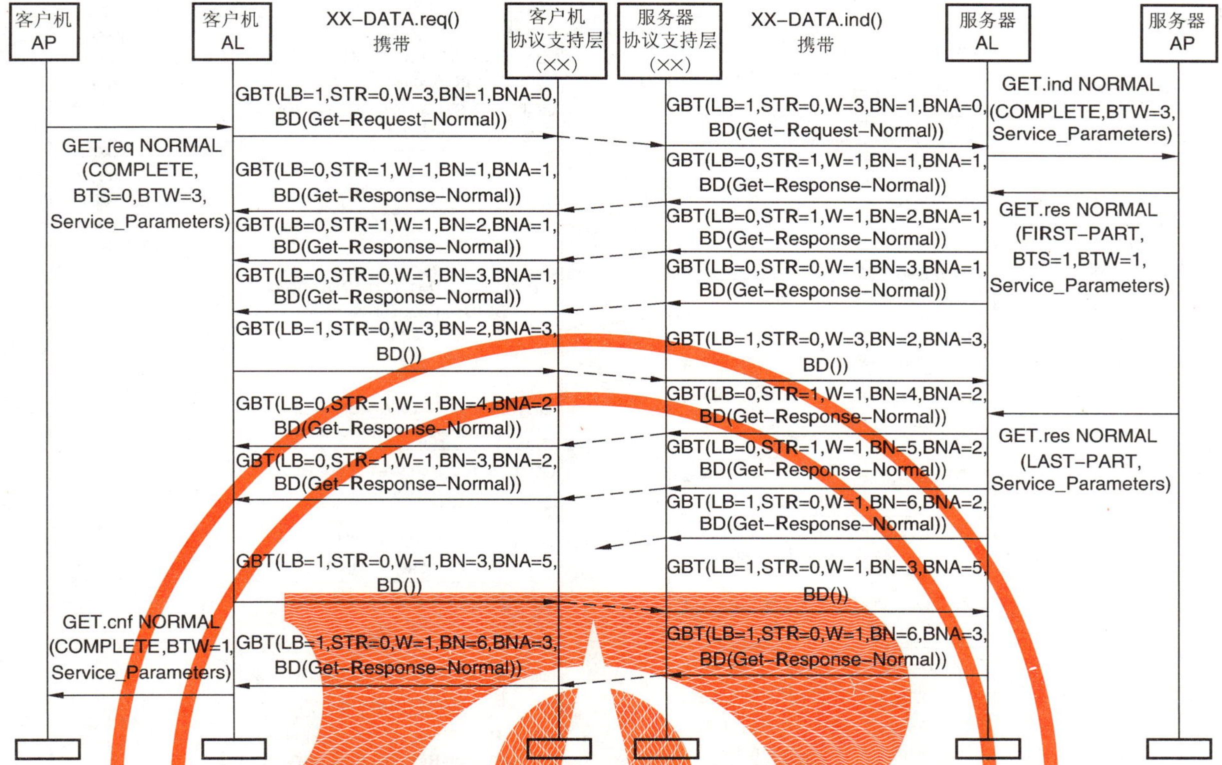

图 63 使用部分调用、GBT 和流传输、恢复最后块的 GET 服务

图 63 所示是在第二个流中发送的最后块丢失和恢复的情况。过程如下：

——客户机接收含有 GBT APDU(LB=0,STR=1,BN=5)的第五块；

——因为它不是最后一块，在超时(由实现决定)到之后，客户机发送一个 GBT APDU(LB=1,STR=0,BN=3,BNA=5)；

——然后，服务器发送由 GBT APDU(LB=1,STR=0,W=1,BN=6 和 BNA=3)携带的、丢失了的第六块(否定确认)；

——当客户机接收该 APDU 时，带(Invocation_Type=COMPLETE,BTW=1)参数调用 GET.confirm NORMAL 服务原语。Service_Parameters 包含 GET.request 完整响应的参数。

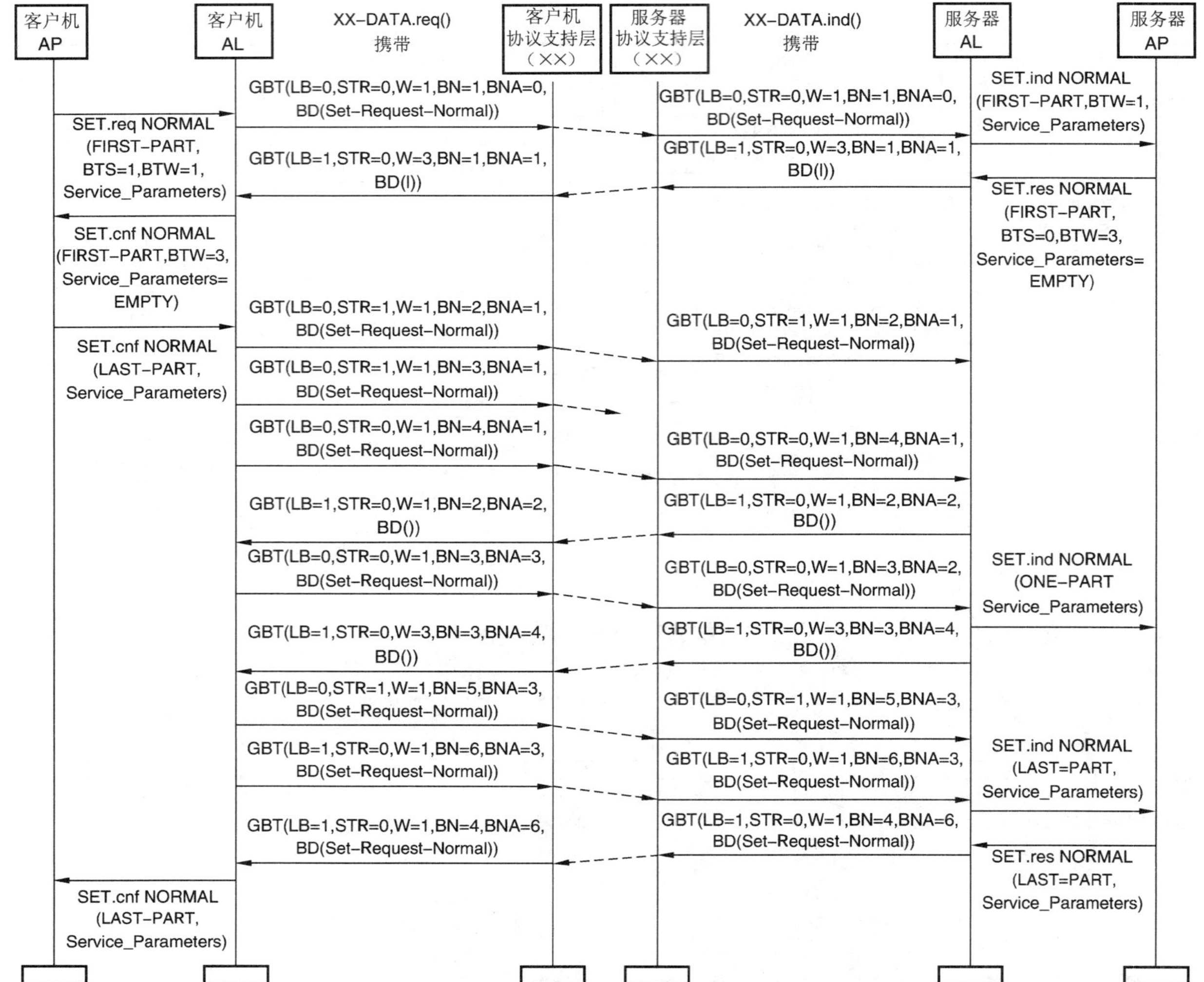

图 64　使用 GBT、但服务器不支持流传输、恢复第三块的 SET 服务

图 64 示出了使用 GBT 和流传输的 SET 服务，客户机发送的第三块丢失和恢复的过程：

——客户机 AP 带参数 Invocation_Type＝FIRST-PART，BTS＝1，BTW＝1 调用 SET.request NORMAL 服务原语。Service_Parameters 包含 SET.request 的第一部分。因为它不知道服务器支持的流窗口的大小，所以客户机 AL 仅发送第一块；

——服务器 AL 带参数 Invocation_Type＝FIRST-PART，BTW＝1 调用 SET.indication NORMAL 服务原语。Service_Parameters 包含 SET.request 的参数的第一部分；

——服务器 AP 以带 Invocation_Type＝FIRST-PART，BTS＝0，BTW＝3 参数的 SET.response NORMAL 服务原语响应。Service_Parameters 为空。服务器 AL 发送 GBT APDU，其中 LB＝1，STR＝0，Window＝3，block-data 是空值。从这些信息里，客户机了解到服务器能接收块流，窗口大小为 3。因此它以流方式发送第二、第三和第四块。可是第三块丢失；

——服务器通过确认第二块的接收并把窗口大小降到 1(LB＝1，STR＝0，W＝1，BN＝2，BNA＝2)来表明丢失第三块。然后客户机重新发送第三块(LB＝0，STR＝0，BN＝3，BNA＝2)；

——服务器带 Invocation_Type＝ONE-PART 参数调用 SET.indication NORMAL 服务原语。服

务器 AL 确认已接收到第四块(LB=1,STR=0,W=3,BNA=4)。注意,窗口大小又升到 3;

——然后客户机用流发送第五和第六块;

——当服务器 AL 接收第六块,即最后一块时,它调用 SET.indication NORMAL 服务原语,其中 Invocation_Type=LAST-PART。Service_Parameters 包括 SET.request 参数的最后部分;

——服务器 AP 带 Invocation_Type=LAST-PART,Service_Parameters 参数并包含设置操作的结果的 SET.request NORMAL 服务原语调用。服务器 AL 用 GBT APDU 发送它。客户机 AL 调用 SET.confirm NORMAL 服务原语,其中 Invocation_Type=LAST-PART。Service_Parameters 包括设置操作的结果。

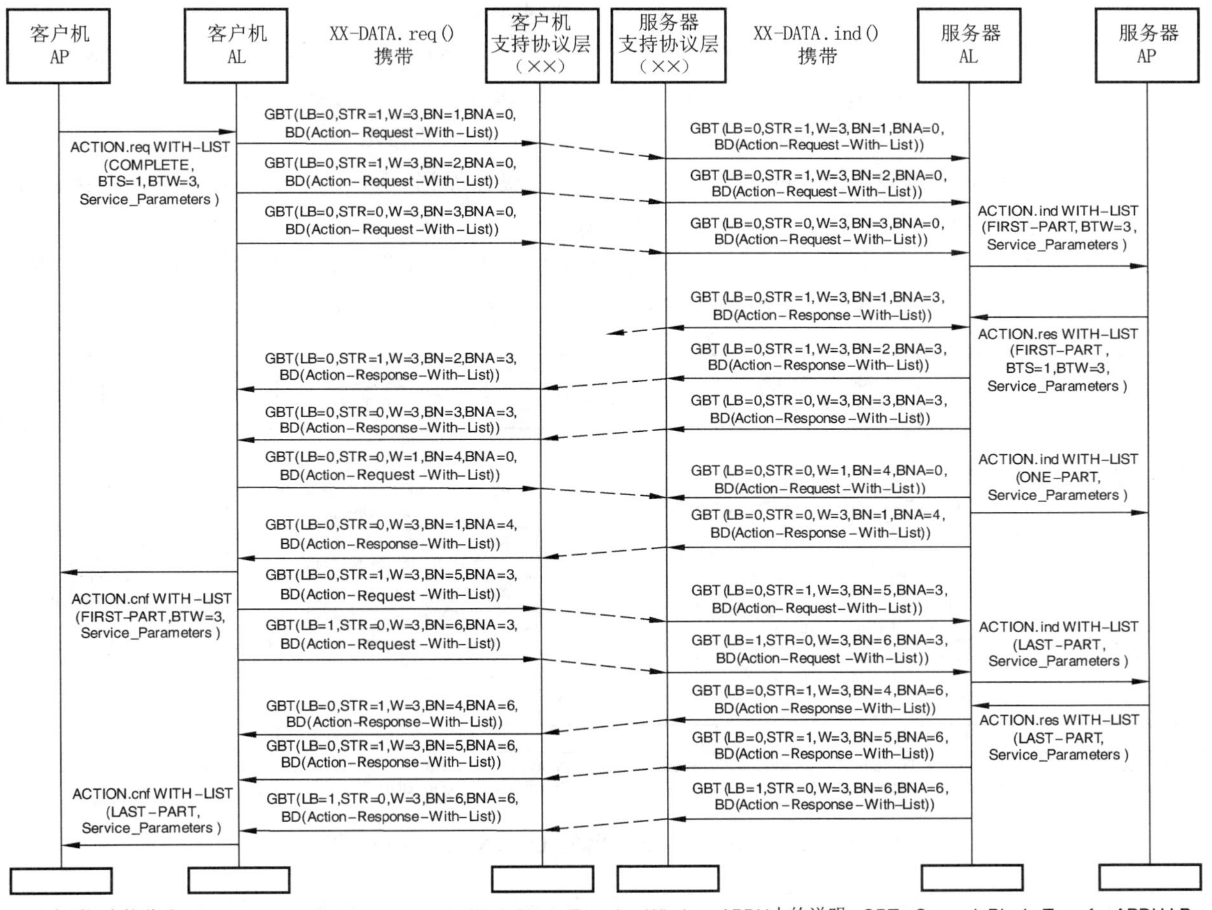

图 65 带双向 GBT 和块恢复的 ACTION-WITH-LIST 服务

图 65 示出了使用部分服务调用、双向块传输和流传输的 ACTION-WITH-LIST 服务。双方预先知道对方支持 W=3 的流传输,服务器发送的第一块丢失和恢复的过程如下:

——客户机带 Invocation_Type=COMPLETE,BTS=1,BTW=3 参数调用类型为 WITH-LIST 的 ACTION.request 服务原语,客户机 AL 发送包含该请求的一部分的前三个块到服务器。服务器 AL 带 Invocation_Type=FIRST-PART,BTW=3 参数调用类型为 WITH-LIST 的 ACTION.indication 服务原语,服务参数包含该请求的第一部分;

——服务器 AP 处理该请求并准备好响应的第一部分。它带 Invocation_Type=FIRST-PART,BTS=1,BTW=3 参数调用类型为 WITH-LIST 的 ACTION.response 服务原语。服务器

AL 用流分三个块发送它。可是,第一个块丢失;

——不用确认收到的任何块,客户机 AL 请求服务器重新发送丢失的第一块。它也发送第四块(LB=0,STR=0,W=1,BN=4,BNA=0)。注意,客户机 AL 已把窗口大小降到 1;

——服务器 AL 带 INVOCATION_Type=ONE-PART 调用类型为 WITH-LIST 的 ACTION.indication 服务原语。Service_Parameters 包含请求的一部分;

——服务器发送丢失的第一块,并确认从客户机接收了第四块(BN=1,BNA=4);

——客户机 AL 附带参数 Invocation_Type=FIRST-PART,BTW=3 调用类型为 WITH-LIST 的 ACTION.confirm 服务原语。Service_Parameters 包含从服务器响应的一部分;

——客户机 AL 发送第五块和第六块(最后块)。窗口大小又升到 3;

——服务器 AL 带 Invocation_Type=LAST-PART 和 Service_Parameters(含 ACTION.request 的最后部分)调用类型为 WITH-LIST 的 ACTION.indication 服务原语;

——服务器 AP 对该 ACTION.indication 服务原语进行处理并带 Invocation_Type=LAST-PART 调用类型为 WITH-LIST 的 ACTION.response 服务原语;Service_parameters 包含响应的其余部分。将其分三个数据块流传输到客户机;

——客户机 AL 带 Invocation_Type=LAST-PART 参数调用类型为 WITH-LIST 的 ACTION.confirm 服务原语。Service_Parameters 包含来自服务器响应的最后部分。

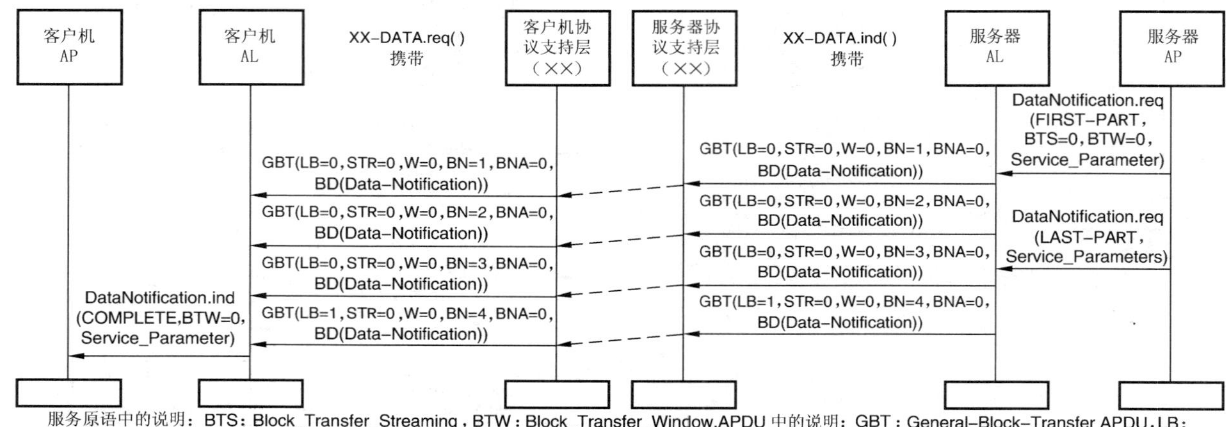

图 66　使用 GBT 部分调用的 DataNotification 服务

图 66 示出了在服务器侧使用 GBT 部分服务调用的 DataNotification 服务。过程如下:

——服务器 AP 带 Invocation_Type=FIRST-PART,BTS=0,BTW=0 调用 DataNotification.request 服务原语。Service_Parameters 包含 DataNotification.request 的一部分;

——服务器 AL 向客户机发送 GBT APDU。块的接收不被确认,块恢复不可用;

——当接收最后块时,客户机 AL 将数据块组装在一起并带 Invocation_Type=COMPLETE,BTW=0 调用 DataNotification.indication 服务原语。Service_Parameters 包含完整的 DataNotification 服务参数。

中止 GBT 过程。

客户机或服务器可能要中止 GBT 过程。要这样做,它应带 LB=1、STR=0、BN=0 和 BNA=0 发送一个 GBT APDU。如果一方确认一直没有接收到另一方发送的数据块,则块传输过程也应中止。

不能使用 DataNotification 来中止 GBT。

8 ACSE 和 COSEM APDU 的抽象语法

COSEM APDU 的抽象语法在本条款中用 ASN.1 指定。见 ISO/IEC 8824-1。

```
COSEMpdu DEFINITIONS::=BEGIN
ACSE-APDU::=CHOICE
{
aarq                              AARQ-apdu,
aare                              AARE-apdu,
rlrq                              RLRQ-apdu,        --OPTIONAL
rlre                              RLRE-apdu,        --OPTIONAL
}

XDLMS-APDU::=CHOICE
{
--standardised xDLMS pdus used in DLMS/COSEM

--with no ciphering

initiateRequest                   [1]  IMPLICIT   InitiateRequest,
readRequest                       [5]  IMPLICIT   ReadRequest,
writeRequest                      [6]  IMPLICIT   WriteRequest,

initiateResponse                  [8]  IMPLICIT   InitiateResponse,
readResponse                      [12] IMPLICIT   ReadResponse,
writeResponse                     [13] IMPLICIT   WriteResponse,
confirmedServiceError             [14]            ConfirmedServiceError,
--data-notification

    data-notification                 [15] IMPLICIT   Data-Notification,
    unconfirmedWriteReques            [22] IMPLICIT   UnconfirmedWriteRequest,
    informationReportRequest          [24] IMPLICIT   InformationReportRequest,
```

——每个加密的 xDLMS APDU 的 APDU 标签指示未加密的 APDU 的类型以及是否使用全局密钥或专用密钥。密钥的类型由安全首部携带,并且在移除加密和/或验证认证标签之后,恢复具有其 APDU 标签的原始 APDU。因此,加密的 APDU 的 APDU 标签携带冗余信息,但是它们保持一致。

```
--with global ciphering
    glo-initiateRequest               [33] IMPLICIT OCTET STRING,
    glo-readRequest                   [37] IMPLICIT OCTET STRING,
```

```
    glo-writeRequest                      [38] IMPLICIT OCTET STRING,
    glo-initiateResponse                  [40] IMPLICIT OCTET STRING,
    glo-readResponse                      [44] IMPLICIT OCTET STRING,
    glo-writeResponse                     [45] IMPLICIT OCTET STRING,
    glo-confirmedServiceError             [46] IMPLICIT OCTET STRING,
    glo-unconfirmedWriteRequest           [54] IMPLICIT OCTET STRING,
    glo-informationReportRequest          [56] IMPLICIT OCTET STRING,
——with dedicated ciphering
——not used in DLMS/COSEM
    ded-initiateRequest                   [65] IMPLICIT OCTET STRING,
    ded-readRequest                       [69] IMPLICIT OCTET STRING,
    ded-writeRequest                      [70] IMPLICIT OCTET STRING,
——not used in DLMS/COSEM
    ded-initiateResponse                  [72] IMPLICIT OCTET STRING,
    ded-readResponse                      [76] IMPLICIT OCTET STRING,
    ded-writeResponse                     [77] IMPLICIT OCTET STRING,
    ded-confirmedServiceError             [78] IMPLICIT OCTET STRING,
    ded-unconfirmedWriteRequest           [86] IMPLICIT OCTET STRING,
    ded-informationReportRequest          [88] IMPLICIT OCTET STRING,
——xDLMS APDUs used with LN referencing
——with no ciphering
    get-request                           [192] IMPLICIT Get-Request,
    set-request                           [193] IMPLICIT Set-Request,
    event-notification-request            [194] IMPLICIT EventNotificationRequest,
    action-request                        [195] IMPLICIT Action-Request,
    get-response                          [196] IMPLICIT Get-Response,
    set-response                          [197] IMPLICIT Set-Response,
    action-response                       [199] IMPLICIT Action-Response,
——with global ciphering
    glo-get-request                       [200] IMPLICIT OCTET STRING,
    glo-set-request                       [201] IMPLICIT OCTET STRING,
    glo-event-notification-request        [202] IMPLICIT OCTET STRING,
    glo-action-request                    [203] IMPLICIT OCTET STRING,
    glo-get-response                      [204] IMPLICIT OCTET STRING,
    glo-set-response                      [205] IMPLICIT OCTET STRING,
    glo-action-response                   [207] IMPLICIT OCTET STRING
——with dedicated ciphering
    ded-get-request                       [208] IMPLICIT OCTET STRING,
    ded-set-request                       [209] IMPLICIT OCTET STRING,
    ded-event-notification-request        [210] IMPLICIT OCTET STRING,
```

```
    ded-actionRequest               [211] IMPLICIT OCTET STRING,
    ded-get-response                [212] IMPLICIT OCTET STRING,
    ded-set-response                [213] IMPLICIT OCTET STRING,
    ded-action-response             [215] IMPLICIT OCTET STRING,
——the exception response pdu
    exception-response              [216] IMPLICIT ExceptionResponse,
——access
    access-request                  [217] IMPLICIT Access-Request,
    access-response                 [218] IMPLICIT Access-Response,
——general APDUs
    general-glo-ciphering           [219] IMPLICIT General-Glo-Ciphering,
    general-ded-ciphering           [220] IMPLICIT General-Ded-Ciphering,
    general-ciphering               [221] IMPLICIT General-Ciphering,
    general-signing                 [223] IMPLICIT General-Signing,
    general-block-transfer          [224] IMPLICIT General-Block-Transfer
——The tags 230 and 231 are reserved for DLMS Gateway
——reserved                          [230]
——reserved                          [231]
}
AARQ::=[APPLICATION 0] IMPLICIT SEQUENCE
{
——[APPLICATION 0]==[60H]=[96]
    protocol-version [0] IMPLICIT BIT STRING {version1 (0)} DEFAULT {version1},
    application-context-name        [1] Application-context-name,
    called-AP-title                 [2] AP-title OPTIONAL,
    called-AE-qualifier             [3] AE-qualifier OPTIONAL,
    called-AP-invocation-id         [4] AP-invocation-identifier OPTIONAL,
    called-AE-invocation-id         [5] AE-invocation-identifier OPTIONAL,
    calling-AP-title                [6] AP-title OPTIONAL,
    calling-AE-qualifier            [7] AE-qualifier OPTIONAL,
    calling-AP-invocation-id        [8] AP-invocation-identifier OPTIONAL,
    calling-AE-invocation-id        [9] AE-invocation-identifier OPTIONAL,
——The following field shall not be present if only the kernel is used.
    sender-acse-requirements        [10] IMPLICIT ACSE-requirements OPTIONAL,
——The following field shall only be present if the authentication functional unit is selected.
    mechanism-name                  [11] IMPLICIT Mechanism-name OPTIONAL,
——The following field shall only be present if the authentication functional unit is selected.
    calling-authentication-value    [12] EXPLICIT Authentication-value OPTIONAL,
    implementation-information      [29] IMPLICIT Implementation-data OPTIONAL,
    user-information                [30] EXPLICIT Association-information OPTIONAL
```

```
}
——The user-information field shall carry an InitiateRequest APDU encoded in A-XDR, and then encoding the resulting OCTET STRING in BER.

AARE-apdu::=[APPLICATION 1] IMPLICIT SEQUENCE
{
——[APPLICATION 1]==[61H]=[97]
    protocol-version                    [0]IMPLICIT BIT STRING{version1(0)}DEFAULT{version1},
    application-context-name            [1] Application-context-name,
    result                              [2] Association-result,
    result-source-diagnostic            [3] Associate-source-diagnostic,
    responding-AP-title                 [4] AP-title OPTIONAL,
    responding-AE-qualifier             [5] AE-qualifier OPTIONAL,
    responding-AP-invocation-id         [6] AP-invocation-identifier OPTIONAL,
    responding-AE-invocation-id         [7] AE-invocation-identifier OPTIONAL,
——The following field shall not be present if only the kernel is used.
    responder-acse-requirements         [8] IMPLICIT ACSE-requirements OPTIONAL,
——The following field shall only be present if the authentication functional unit is selected.
    mechanism-name                      [9] IMPLICIT Mechanism-name OPTIONAL,
——The following field shall only be present if the authentication functional unit is selected.
    responding-authentication-value     [10] EXPLICIT Authentication-value OPTIONAL,
    implementation-information          [29] IMPLICIT Implementation-data OPTIONAL,
    user-information                    [30] EXPLICIT Association-information OPTIONAL
}
——The user-information field shall carry either an InitiateResponse (or, when the proposed xDLMS context is not accepted by the server, a confirmedServiceError) APDU encoded in A-XDR, and then encoding the resulting OCTET STRING in BER.
RLRQ-apdu::=[APPLICATION 2] IMPLICIT SEQUENCE
{
——[APPLICATION 2]==[62H]=[98]
    reason                              [0] IMPLICIT Release-request-reason OPTIONAL,
    user-information                    [30] EXPLICIT Association-information OPTIONAL
}
RLRE-apdu::=[APPLICATION 3] IMPLICIT SEQUENCE
{
——[APPLICATION 3]==[63H]=[99]
    reason                              [0] IMPLICIT Release-response-reason OPTIONAL,
    user-information                    [30] EXPLICIT Association-information OPTIONAL
}
——The user-information field of the RLRQ/RLRE APDU may carry an InitiateRequest APDU
```

encoded in A-XDR, and then encoding the resulting OCTET STRING in BER, when the AA to be released uses ciphering.

——types used in the fields of the ACSE APDUs, in the order of their occurrence

```
Application-context-name::=              OBJECT IDENTIFIER
AP-title::=                              OCTET STRING
AE-qualifier::=                          OCTET STRING
AP-invocation-identifier::=              INTEGER
    AE-invocation-identifier::=          INTEGER
    ACSE-requirements::=                 BIT STRING {authentication(0)}
    Mechanism-name::=                    OBJECT IDENTIFIER
    Authentication-value::=CHOICE
    {
        charstring                       [0] IMPLICIT GraphicString,
        bitstring                        [1] IMPLICIT BIT STRING
    }
    Implementation-data::=               GraphicString
    Association-information::=           OCTET STRING
    Association-result::=                INTEGER
    {
        accepted                         (0),
        rejected-permanent               (1),
        rejected-transient               (2)
    }
    Associate-source-diagnostic::= CHOICE
    {
        acse-service-user                [1] INTEGER
        {
            null                                                 (0),
            no-reason-given                                      (1),
            application-context-name-not-supported               (2),
            calling-AP-title-not-recognized                      (3),
            calling-AP-invocation-identifier-not-recognized      (4),
            calling-AE-qualifier-not-recognized                  (5),
            calling-AE-invocation-identifier-not-recognized      (6),
            called-AP-title-not-recognized                       (7),
            called-AP-invocation-identifier-not-recognized       (8),
            called-AE-qualifier-not-recognized                   (9),
            called-AE-invocation-identifier-not-recognized       (10),
            authentication-mechanism-name-not-recognised         (11),
            authentication-mechanism-name-required               (12),
```

```
            authentication-failure                                  (13),
            authentication-required                                 (14)
        },
        acse-service-provider                   [2] INTEGER
        {
            null                                (0),
            no-reason-given                     (1),
            no-common-acse-version              (2)
        }
    }
    Release-request-reason::=INTEGER
    {
        normal                                  (0),
        urgent                                  (1),
        user-defined                            (30)
    }
    Release-response-reason::=INTEGER
    {
    normal                                      (0),
    not-finished                                (1),
    user-defined                                (30)
}
——Useful types
Integer8::=        INTEGER(-128...127)
Integer16::=       INTEGER(-32768...32767)
Integer32::=       INTEGER(-2147483648...2147483647)
Integer64::=       INTEGER(-9223372036854775808...9223372036854775807)
Unsigned8::=       INTEGER(0...255)
Unsigned16::=      INTEGER(0...65535)
Unsigned32::=      INTEGER(0...4294967295)
Unsigned64::=      INTEGER(0...18446744073709551615)
——xDLMS APDU-s used during Association establishment
InitiateRequest::=SEQUENCE
{
——shall not be encoded in DLMS without ciphering
    dedicated-key                       OCTET STRING OPTIONAL,
    response-allowed                    BOOLEAN DEFAULT TRUE,
    proposed-quality-of-service         [0] IMPLICIT Integer8 OPTIONAL,
    proposed-dlms-version-number        Unsigned8,
    proposed-conformance                Conformance,——Shall be encoded in BER
```

```
    client-max-receive-pdu-size          Unsigned16
}
——In DLMS/COSEM, the quality-of-service parameter is not used.Any value shall be accepted.
    ——The Conformance field shall be encoded in BER.See IEC 61334-6 Example 1.
    InitiateResponse::=SEQUENCE
    {
        negotiated-quality-of-service       [0] IMPLICIT Integer8 OPTIONAL,
        negotiated-dlms-version-number      Unsigned8,
        negotiated-conformance              Conformance, -- Shall be encoded in BER
        server-max-receive-pdu-size         Unsigned16,
        vaa-name                            ObjectName
}
——In the case of LN referencing, the value of the vaa-name is 0x0007
——In the case of SN referencing, the value of the vaa-name is the base name of the
——Current Association object, 0xFA00
——Conformance Block
——SIZE constrained BIT STRING is extension of ASN.1 notation
Conformance::= [APPLICATION 31] IMPLICIT BIT STRING
{
    ——the bit is set when the corresponding service or functionality is available
    reserved-zero (0),
    ——The actual list of general protection services depends on the security suite
    general-protection                  (1),
    general-block-transfer              (2),
    read                                (3),
    write                               (4),
    unconfirmed-write                   (5),
    reserved-six                        (6),
    reserved-seven                      (7),
    attribute0-supported-with-set       (8),
    priority-mgmt-supported             (9),
    attribute0-supported-with-get       (10),
    block-transfer-with-get-or-read     (11),
    block-transfer-with-set-or-write    (12),
    block-transfer-with-action          (13),
    multiple-references                 (14),
    information-report                  (15),
    data-notification                   (16),
    access                              (17),
    parameterized-access                (18),
```

```
        get                                   (19),
        set                                   (20),
        selective-access                      (21),
        event-notification                    (22),
        action                                (23)
    }
    ObjectName::=Integer16
    ——for named variable objects (short names), the last three bits shall be set to 000;
    ——for vaa-name objects, the last three bits shall be set to 111.
```

——The Confirmed ServiceError APDU is used only with the InitiateRequest, ReadRequest and WriteRequest APDUs when the request fails, to provide diagnostic information.

```
    ConfirmedServiceError::= CHOICE
    {
    ——tag 0 is reserved
    ——In DLMS/COSEM only initiateError, read and write are relevant
        initiateError              [1] ServiceError,
        getStatus                  [2] ServiceError,
        getNameList                [3] ServiceError,
        getVariableAttribute       [4] ServiceError,
        read                       [5] ServiceError,
        write                      [6] ServiceError,
        getDataSetAttribute        [7] ServiceError,
        getTIAttribute             [8] ServiceError,
        changeScope                [9] ServiceError,
        start                      [10] ServiceError,
        stop                       [11] ServiceError,
        resume                     [12] ServiceError,
        makeUsable                 [13] ServiceError,
        initiateLoad               [14] ServiceError,
        loadSegment                [15] ServiceError,
        terminateLoad              [16] ServiceError,
        initiateUpLoad             [17] ServiceError,
        upLoadSegment              [18] ServiceError,
        terminateUpLoad            [19] ServiceError
    }
    ServiceError::=CHOICE
    {
        application-reference      [0] IMPLICIT ENUMERATED
        {
        ——DLMS provider only
```

```
        other                                (0),
        time-elapsed                         (1),——time out since request sent
        application-unreachable              (2),——peer AEi not reachable
        application-reference-invalid        (3),——addressing trouble
        application-context-unsupported      (4),——application-context incompatibility
        provider-communication-error         (5),——error at the local or distant equipment
        deciphering-error                    (6) ——error detected by the deciphering function
    },
    hardware-resource [1] IMPLICIT ENUMERATED
    {
    ——VDE hardware troubles
        other                                (0),
        memory-unavailable                   (1),
        processor-resource-unavailable       (2),
        mass-storage-unavailable             (3),
        other-resource-unavailable           (4)
    },
    vde-state-error [2] IMPLICIT ENUMERATED
    {
    ——Error source description
        other                                (0),
        no-dlms-context                      (1),
        loading-data-set                     (2),
        status-nochange                      (3),
        status-inoperable                    (4)
    },
    service [3] IMPLICIT ENUMERATED
    {
    ——service handling troubles
        other                                (0),
        pdu-size                             (1),——pdu too long
        service-unsupported                  (2) ——as defined in the conformance block
    },
    definition [4] IMPLICIT ENUMERATED
    {
    ——object bound troubles in a service
        other                                (0),
        object-undefined                     (1),——object not defined at the VDE
        object-class-inconsistent            (2),——class of object incompatible with asked
service
```

```
        object-attribute-inconsistent      (3) ——object attributes are inconsistent
    },
    access [5] IMPLICIT ENUMERATED
    {
    ——object access error
        other                              (0),
        scope-of-access-violated           (1),——access denied through authorisation reason
        object-access-violated             (2),——access incompatible with object attribute
        hardware-fault                     (3),——access fail for hardware reason
        object-unavailable                 (4) ——VDE hands object for unavailable
    },
    initiate [6] IMPLICIT ENUMERATED
    {
    ——initiate service error
        other                              (0),
        dlms-version-too-low               (1),——proposed DLMS version too low
        incompatible-conformance           (2),——proposed service not sufficient
        pdu-size-too-short                 (3),——proposed PDU size too short
        refused-by-the-VDE-Handler         (4) ——vaa creation impossible or not allowed
    },
    load-data-set [7] IMPLICIT ENUMERATED
    {
    ——data set load services error
        other                              (0),
        primitive-out-of-sequence          (1),——according to the DataSet loading state
transitions
        not-loadable                       (2),——loadable attribute set to FALSE
        dataset-size-too-large             (3),——evaluated Data Set size too large
        not-awaited-segment                (4),——proposed segment not awaited
        interpretation-failure             (5),——segment interpretation error
        storage-failure                    (6),——segment storage error
        data-set-not-ready                 (7) ——Data Set not in correct state for uploading
    },
    ——change-scope         [8] IMPLICIT ENUMERATED
    task                   [9] IMPLICIT ENUMERATED
    {
    ——TI services error
        other                          (0),
        no-remote-control              (1),——Remote Control parameter set to FALSE
        ti-stopped                     (2),——TI in stopped state
```

```
        ti-running                    (3),——TI in running state
        ti-unusable                   (4) ——TI in unusable state
    }
    ——other          [10] IMPLICIT ENUMERATED
}
——COSEM APDUs using short name referencing
ReadRequest::=SEQUENCE OF Variable-Access-Specification
ReadResponse::=SEQUENCE OF CHOICE
{
    data                     [0] Data,
    data-access-error        [1] IMPLICIT Data-Access-Result,
    data-block-result        [2] IMPLICIT Data-Block-Result,
    block-number             [3] IMPLICIT Unsigned16
}
WriteRequest::=SEQUENCE
{
    variable-access-specification      SEQUENCE OF Variable-Access-Specification,
    list-of-data                       SEQUENCE OF Data
}
WriteResponse::=SEQUENCE OF CHOICE
{
    success                      [0] IMPLICIT NULL,
    data-access-error            [1] IMPLICIT Data-Access-Result,
    block-number                 [2] Unsigned16
}
UnconfirmedWriteRequest::=SEQUENCE
{
    variable-access-specification  SEQUENCE OF Variable-Access-Specification,
    list-of-data                   SEQUENCE OF Data
}
InformationReportRequest::=SEQUENCE
{
    current-time                   GeneralizedTime OPTIONAL,
    variable-access-specification  SEQUENCE OF Variable-Access-Specification,
    list-of-data                   SEQUENCE OF Data
}
——COSEM APDUs using logical name referencing
Get-Request::= CHOICE
{
    get-request-normal           [1] IMPLICIT Get-Request-Normal,
    get-request-next             [2] IMPLICIT Get-Request-Next,
```

```
        get-request-with-list              [3] IMPLICIT Get-Request-With-List
    }
    Get-Request-Normal::=SEQUENCE
    {
        invoke-id-and-priority             Invoke-Id-And-Priority,
        cosem-attribute-descriptor         Cosem-Attribute-Descriptor,
        access-selection                   Selective-Access-Descriptor OPTIONAL
    }
    Get-Request-Next::=SEQUENCE
    {
        invoke-id-and-priority             Invoke-Id-And-Priority,
        block-number                       Unsigned32
    }
    Get-Request-With-List::=SEQUENCE
    {
        invoke-id-and-priority             Invoke-Id-And-Priority,
        attribute-descriptor-list          SEQUENCE OF Cosem-Attribute-Descriptor-With-Selection
    }
    Get-Response::=CHOICE
    {
        get-response-normal                [1] IMPLICIT Get-Response-Normal,
        get-response-with-datablock        [2] IMPLICIT Get-Response-With-Datablock,
        get-response-with-list             [3] IMPLICIT Get-Response-With-List
    }
    Get-Response-Normal::=SEQUENCE
    {
        invoke-id-and-priority             Invoke-Id-And-Priority,
        result                             Get-Data-Result
    }
    Get-Response-With-Datablock::=SEQUENCE
    {
        invoke-id-and-priority             Invoke-Id-And-Priority,
        result                             DataBlock-G
    }
    Get-Response-With-List::=SEQUENCE
    {
        invoke-id-and-priority             Invoke-Id-And-Priority,
        result                             SEQUENCE OF Get-Data-Result
    }
    Set-Request::=CHOICE
    {
        set-request-normal                 [1] IMPLICIT Set-Request-Normal,
        set-request-with-first-datablock   [2] IMPLICIT Set-Request-With-First-Datablock,
        set-request-with-datablock         [3] IMPLICIT Set-Request-With-Datablock,
```

```
        set-request-with-list                     [4] IMPLICIT Set-Request-With-List,
        set-request-with-list-and-first-datablock [5] IMPLICIT Set-Request-With-List-And-First-
Datablock
    }
    Set-Request-Normal::=SEQUENCE
    {
        invoke-id-and-priority Invoke-Id-And-Priority,
        cosem-attribute-descriptor Cosem-Attribute-Descriptor,
        access-selection Selective-Access-Descriptor OPTIONAL,
        value Data
    }
    Set-Request-With-First-Datablock::=SEQUENCE
    {
        invoke-id-and-priority          Invoke-Id-And-Priority,
        cosem-attribute-descriptor      Cosem-Attribute-Descriptor,
        access-selection                [0] IMPLICIT Selective-Access-Descriptor OPTIONAL,
        datablock                       DataBlock-SA
    }
    Set-Request-With-Datablock::=SEQUENCE
    {
        invoke-id-and-priority          Invoke-Id-And-Priority,
        datablock                       DataBlock-SA
    }
    Set-Request-With-List::=SEQUENCE
    {
        invoke-id-and-priority        Invoke-Id-And-Priority,
        attribute-descriptor-list     SEQUENCE OF Cosem-Attribute-Descriptor-With-Selection,
        value-list                    SEQUENCE OF Data
    }
    Set-Request-With-List-And-First-Datablock::=SEQUENCE
    {
        invoke-id-and-priority      Invoke-Id-And-Priority,
        attribute-descriptor-list   SEQUENCE OF Cosem-Attribute-Descriptor-With-Selection,
        datablock                   DataBlock-SA
    }
    Set-Response::=CHOICE
    {
        set-response-normal                     [1] IMPLICIT Set-Response-Normal,
        set-response-datablock                  [2] IMPLICIT Set-Response-Datablock,
        set-response-last-datablock             [3] IMPLICIT Set-Response-Last-Datablock,
        set-response-last-datablock-with-list   [4] IMPLICIT Set-Response-Last-Datablock-With-List,
        set-response-with-list                  [5] IMPLICIT Set-Response-With-List
    }
```

```
Set-Response-Normal::=SEQUENCE
{
    invoke-id-and-priority              Invoke-Id-And-Priority,
    result                              Data-Access-Result
}
Set-Response-Datablock::=SEQUENCE
{
    invoke-id-and-priority              Invoke-Id-And-Priority,
    block-number                        Unsigned32
}
Set-Response-Last-Datablock::=SEQUENCE
{
    invoke-id-and-priority              Invoke-Id-And-Priority,
    result                              Data-Access-Result,
    block-number                        Unsigned32
}
Set-Response-Last-Datablock-With-List::=SEQUENCE
{
    invoke-id-and-priority              Invoke-Id-And-Priority,
    result                              SEQUENCE OF Data-Access-Result,
    block-number                        Unsigned32
}
Set-Response-With-List::=SEQUENCE
{
    invoke-id-and-priority              Invoke-Id-And-Priority,
    result                              SEQUENCE OF Data-Access-Result
}
Action-Request::=CHOICE
{
    action-request-normal               [1] IMPLICIT Action-Request-Normal,
    action-request-next-pblock          [2] IMPLICIT Action-Request-Next-Pblock,
    action-request-with-list            [3] IMPLICIT Action-Request-With-List,
    action-request-with-first-pblock    [4] IMPLICIT Action-Request-With-First-Pblock,
      action-request-with-list-and-first-pblock [5] IMPLICIT Action-Request-With-List-And-
First-Pblock,
    action-request-with-pblock          [6] IMPLICIT Action-Request-With-Pblock
}
Action-Request-Normal::=SEQUENCE
{
    invoke-id-and-priority              Invoke-Id-And-Priority,
    cosem-method-descriptor             Cosem-Method-Descriptor,
    method-invocation-parameters        Data OPTIONAL
}
```

```
Action-Request-Next-Pblock::=SEQUENCE
{
    invoke-id-and-priority              Invoke-Id-And-Priority,
    block-number                        Unsigned32
}
Action-Request-With-List::=SEQUENCE
{
    invoke-id-and-priority              Invoke-Id-And-Priority,
    cosem-method-descriptor-list        SEQUENCE OF Cosem-Method-Descriptor,
    method-invocation-parameters        SEQUENCE OF Data
}
Action-Request-With-First-Pblock::=SEQUENCE
{
    invoke-id-and-priority              Invoke-Id-And-Priority,
    cosem-method-descriptor             Cosem-Method-Descriptor,
    pblock                              DataBlock-SA
}
Action-Request-With-List-And-First-Pblock::=SEQUENCE
{
    invoke-id-and-priority              Invoke-Id-And-Priority,
    cosem-method-descriptor-list        SEQUENCE OF Cosem-Method-Descriptor,
    pblock                              DataBlock-SA
}
Action-Request-With-Pblock::=SEQUENCE
{
    invoke-id-and-priority              Invoke-Id-And-Priority,
    pblock                              DataBlock-SA
}
Action-Response::=CHOICE
{
    action-response-normal              [1] IMPLICIT Action-Response-Normal,
    action-response-with-pblock         [2] IMPLICIT Action-Response-With-Pblock,
    action-response-with-list           [3] IMPLICIT Action-Response-With-List,
    action-response-next-pblock         [4] IMPLICIT Action-Response-Next-Pblock
}
Action-Response-Normal::=SEQUENCE
{
    invoke-id-and-priority              Invoke-Id-And-Priority,
    single-response                     Action-Response-With-Optional-Data
}
Action-Response-With-Pblock::=SEQUENCE
{
    invoke-id-and-priority              Invoke-Id-And-Priority,
```

```
    pblock                          DataBlock-SA
}
Action-Response-With-List::=SEQUENCE
{
    invoke-id-and-priority          Invoke-Id-And-Priority,
    list-of-responses               SEQUENCE OF Action-Response-With-Optional-Data
}
Action-Response-Next-Pblock::=SEQUENCE
{
    invoke-id-and-priority          Invoke-Id-And-Priority,
    block-number                    Unsigned32
}
EventNotificationRequest::=SEQUENCE
{
    time                            OCTET STRING OPTIONAL,
    cosem-attribute-descriptor      Cosem-Attribute-Descriptor,
    attribute-value                 Data
}
ExceptionResponse::=SEQUENCE
{
    state-error                     [0] IMPLICIT ENUMERATED
{
    service-not-allowed             (1),
    service-unknown                 (2)
    },
    service-error                   [1] IMPLICIT ENUMERATED
    {
        operation-not-possible      (1),
        service-not-supported       (2),
        other-reason                (3)
    }
}
——Access
Access-Request::=SEQUENCE
{
    long-invoke-id-and-priority     Long-Invoke-Id-And-Priority,
    date-time                       OCTET STRING,
    access-request-body             Access-Request-Body
}
Access-Response::=SEQUENCE
{
    long-invoke-id-and-priority     Long-Invoke-Id-And-Priority,
    date-time                       OCTET STRING,
```

```
    access-response-body          Access-Response-Body
}
——Data-Notification
Data-Notification::=SEQUENCE
{
    long-invoke-id-and-priority   Long-Invoke-Id-And-Priority,
    date-time                     OCTET STRING,
    notification-body             Notification-Body
}
——General APDUs
General-Ded-Ciphering::=SEQUENCE
{
    system-title                  OCTET STRING,
    ciphered-content              OCTET STRING
}
General-Glo-Ciphering::=SEQUENCE
{
    system-title                  OCTET STRING,
    ciphered-content              OCTET STRING
}
General-Ciphering::=SEQUENCE
{
    transaction-id                OCTET STRING,
    originator-system-title       OCTET STRING,
    recipient-system-title        OCTET STRING,
    date-time                     OCTET STRING,
    other-information             OCTET STRING,
    key-info                      Key-Info OPTIONAL,
    ciphered-content              OCTET STRING
}
General-Signing::=SEQUENCE
{
    transaction-id                OCTET STRING,
    originator-system-title       OCTET STRING,
    recipient-system-title        OCTET STRING,
    date-time                     OCTET STRING,
    other-information             OCTET STRING,
    content                       OCTET STRING,
    signature                     OCTET STRING
}
General-Block-Transfer::=SEQUENCE
{
    block-control                 Block-Control,
```

```
        block-number                    Unsigned16,
        block-number-ack                Unsigned16,
        block-data                      OCTET STRING
    }
    ——Types used in the xDLMS data transfer services
    Variable-Access-Specification::=CHOICE
    {
        variable-name                   [2] IMPLICIT ObjectName,
    ——detailed-access [3] is not used in DLMS/COSEM
        parameterized-access            [4] IMPLICIT Parameterized-Access,
        block-number-access             [5] IMPLICIT Block-Number-Access,
        read-data-block-access          [6] IMPLICIT Read-Data-Block-Access,
        write-data-block-access         [7] IMPLICIT Write-Data-Block-Access
    }
    Parameterized-Access::=SEQUENCE
    {
        variable-name                   ObjectName,
        selector                        Unsigned8,
        parameter                       Data
    }
    Block-Number-Access::=SEQUENCE
    {
        block-number Unsigned16
    }
    Read-Data-Block-Access::=SEQUENCE
    {
        last-block                      BOOLEAN,
        block-number                    Unsigned16,
        raw-data                        OCTET STRING
    }
    Write-Data-Block-Access::=SEQUENCE
    {
        last-block                      BOOLEAN,
        block-number                    Unsigned16
    }
    Data::=CHOICE
    {
        null-data                       [0] IMPLICIT NULL,
        array                           [1] IMPLICIT SEQUENCE OF Data,
        structure                       [2] IMPLICIT SEQUENCE OF Data,
        boolean                         [3] IMPLICIT BOOLEAN,
        bit-string                      [4] IMPLICIT BIT STRING,
        double-long                     [5] IMPLICIT Integer32,
```

```
    double-long-unsigned        [6] IMPLICIT Unsigned32,
    octet-string                [9] IMPLICIT OCTET STRING,
    visible-string              [10] IMPLICIT VisibleString,
    utf8-string                 [12] IMPLICIT UTF8String,
    bcd                         [13] IMPLICIT Integer8,
    integer                     [15] IMPLICIT Integer8,
    long                        [16] IMPLICIT Integer16,
    unsigned                    [17] IMPLICIT Unsigned8,
    long-unsigned               [18] IMPLICIT Unsigned16,
    compact-array               [19] IMPLICIT SEQUENCE
{
    contents-description        [0] TypeDescription,
    array-contents              [1] IMPLICIT OCTET STRING
},
    long64                      [20] IMPLICIT Integer64,
    long64-unsigned             [21] IMPLICIT Unsigned64,
    enum                        [22] IMPLICIT Unsigned8,
    float32                     [23] IMPLICIT OCTET STRING (SIZE(4)),
    float64                     [24] IMPLICIT OCTET STRING (SIZE(8)),
    date-time                   [25] IMPLICIT OCTET STRING (SIZE(12)),
    date                        [26] IMPLICIT OCTET STRING (SIZE(5)),
    time                        [27] IMPLICIT OCTET STRING (SIZE(4)),
    dont-care                   [255] IMPLICIT NULL
}
——The following TypeDescription relates to the compact-array data Type
TypeDescription::=CHOICE
{
    null-data                   [0] IMPLICIT NULL,
    array                       [1] IMPLICIT SEQUENCE
    {
    number-of-elements          Unsigned16,
    type-description            TypeDescription
    },
    structure                   [2] IMPLICIT SEQUENCE OF TypeDescription,
    boolean                     [3] IMPLICIT NULL,
    bit-string                  [4] IMPLICIT NULL,
    double-long                 [5] IMPLICIT NULL,
    double-long-unsigned        [6] IMPLICIT NULL,
    octet-string                [9] IMPLICIT NULL,
    visible-string              [10] IMPLICIT NULL,
    utf8-string                 [12] IMPLICIT NULL,
    bcd                         [13] IMPLICIT NULL,
    integer                     [15] IMPLICIT NULL,
```

```
        long                          [16] IMPLICIT NULL,
        unsigned                      [17] IMPLICIT NULL,
        long-unsigned                 [18] IMPLICIT NULL,
        long64                        [20] IMPLICIT NULL,
        long64-unsigned               [21] IMPLICIT NULL,
        enum                          [22] IMPLICIT NULL,
        float32                       [23] IMPLICIT NULL,
        float64                       [24] IMPLICIT NULL,
        date-time                     [25] IMPLICIT NULL,
        date                          [26] IMPLICIT NULL,
        time                          [27] IMPLICIT NULL,
        dont-care                     [255] IMPLICIT NULL
    }
    Data-Access-Result::=ENUMERATED
    {
        success                       (0),
        hardware-fault                (1),
        temporary-failure             (2),
        read-write-denied             (3),
        object-undefined              (4),
        object-class-inconsistent     (9),
        object-unavailable            (11),
        type-unmatched                (12),
        scope-of-access-violated      (13),
        data-block-unavailable        (14),
        long-get-aborted              (15),
        no-long-get-in-progress       (16),
        long-set-aborted              (17),
        no-long-set-in-progress       (18),
        data-block-number-invalid     (19),
        other-reason                  (250)
    }
    Action-Result::=ENUMERATED
    {
        success                       (0),
        hardware-fault                (1),
        temporary-failure             (2),
        read-write-denied             (3),
        object-undefined              (4),
        object-class-inconsistent     (9),
        object-unavailable            (11),
        type-unmatched                (12),
        scope-of-access-violated      (13),
```

```
    data-block-unavailable          (14),
    long-action-aborted             (15),
    no-long-action-in-progress      (16),
    other-reason                    (250)
}
```

——IEC 61334-6:2000 Clause 5 specifies that bits of any byte are numbered from 1 to 8, where bit 8 is the most significant.

——In IEC 62056-5-3, bits are numbered from 0 to 7.

```
——Use of Invoke-Id-And-Priority
——invoke-id             bits 0-3
——reserved              bits 4-5
——service-class         bit 6           0=Unconfirmed, 1=Confirmed
——priority              bit 7           0=Normal, 1=High
Invoke-Id-And-Priority::=Unsigned8
——Use of Long-Invoke-Id-And-Priority
——long-invoke-id        bits 0-23
——reserved              bits 24-27
——self-descriptive      bit 28          0=Not-Self-Descriptive, 1=Self-Descriptive
——processing-option     bit 29          0=Continue on Error, 1=Break on Error
——service-class         bit 30          0=Unconfirmed, 1=Confirmed
——priority              bit 31          0=Normal, 1=High
Long-Invoke-Id-And-Priority::=Unsigned32
Cosem-Attribute-Descriptor::=SEQUENCE
{
    class-id                            Cosem-Class-Id,
    instance-id                         Cosem-Object-Instance-Id,
    attribute-id                        Cosem-Object-Attribute-Id
}
Cosem-Method-Descriptor::=SEQUENCE
{
    class-id                            Cosem-Class-Id,
    instance-id                         Cosem-Object-Instance-Id,
    method-id                           Cosem-Object-Method-Id
}
    Cosem-Class-Id::=                   Unsigned16
    Cosem-Object-Instance-Id::=         OCTET STRING (SIZE(6))
    Cosem-Object-Attribute-Id::=        Integer8
    Cosem-Object-Method-Id::=           Integer8
    Selective-Access-Descriptor::=SEQUENCE
{
    access-selector                     Unsigned8,
    access-parameters                   Data
}
```

```
Cosem-Attribute-Descriptor-With-Selection::=SEQUENCE
{
    cosem-attribute-descriptor        Cosem-Attribute-Descriptor,
    access-selection                  Selective-Access-Descriptor OPTIONAL
}
Get-Data-Result::=CHOICE
{
    data                              [0] Data,
    data-access-result                [1] IMPLICIT Data-Access-Result
}
Data-Block-Result::=SEQUENCE   ——Used in ReadResponse with block transfer
{
    last-block                        BOOLEAN,
    block-number                      Unsigned16,
    raw-data                          OCTET STRING
}
DataBlock-G::= SEQUENCE ——G==DataBlock for the GET-response
{
    last-block                        BOOLEAN,
    block-number                      Unsigned32,
    result CHOICE
    {
        raw-data                      [0] IMPLICIT OCTET STRING,
        data-access-result            [1] IMPLICIT Data-Access-Result
    }
}
DataBlock-SA::=SEQUENCE ——SA==DataBlock for the SET-request, ACTION-request
and ACTIONresponse
{
    last-block                        BOOLEAN,
    block-number                      Unsigned32,
    raw-data                          OCTET STRING
}
Action-Response-With-Optional-Data::=SEQUENCE
{
    result                            Action-Result,
    return-parameters                 Get-Data-Result OPTIONAL
}
Notification-Body::=SEQUENCE
{
    data-value                        Data
}
List-Of-Data::=SEQUENCE OF Data
```

```
Access-Request-Get::=SEQUENCE
{
    cosem-attribute-descriptor          Cosem-Attribute-Descriptor
}
Access-Request-Get-With-Selection::=SEQUENCE
{
    cosem-attribute-descriptor          Cosem-Attribute-Descriptor,
    access-selection                    Selective-Access-Descriptor
}
Access-Request-Set::=SEQUENCE
{
    cosem-attribute-descriptor          Cosem-Attribute-Descriptor
}
Access-Request-Set-With-Selection::=SEQUENCE
{
    cosem-attribute-descriptor          Cosem-Attribute-Descriptor,
    access-selection                    Selective-Access-Descriptor
}
Access-Request-Action::=SEQUENCE
{
    cosem-method-descriptor             Cosem-Method-Descriptor
}
Access-Request-Specification::=CHOICE
{
    access-request-get                  [1] Access-Request-Get,
    access-request-set                  [2] Access-Request-Set,
    access-request-action               [3] Access-Request-Action,
    access-request-get-with-selection   [4] Access-Request-Get-With-Selection,
    access-request-set-with-selection   [5] Access-Request-Set-With-Selection
}
List-Of-Access-Request-Specification::=SEQUENCE OF Access-Request-Specification
Access-Request-Body::=SEQUENCE
{
    access-request-specification        List-Of-Access-Request-Specification,
    access-request-list-of-data         List-Of-Data
}
Access-Response-Get::=SEQUENCE
{
    result                              Data-Access-Result
}
Access-Response-Set::=SEQUENCE
{
result                                  Data-Access-Result
```

```
}
Access-Response-Action::=SEQUENCE
{
    result                              Action-Result
}
Access-Response-Specification::=CHOICE
{
    access-response-get                 [1] Access-Response-Get,
    access-response-set                 [2] Access-Response-Set,
    access-response-action              [3] Access-Response-Action
}
List-Of-Access-Response-Specification::=SEQUENCE OF Access-Response-Specification
Access-Response-Body::=SEQUENCE
{
    access-request-specification  [0] List-Of-Access-Request-Specification OPTIONAL,
    access-response-list-of-data  List-Of-Data,
    access-response-specification List-Of-Access-Response-Specification
}
——Key-info
Key-Id::=ENUMERATED
{
    global-unicast-encryption-key     (0),
    global-broadcast-encryption-key   (1)
}
Kek-Id::=ENUMERATED
{
    master-key                        (0)
}
Identified-Key::=SEQUENCE
{
    key-id                            Key-Id
}
Wrapped-Key::=SEQUENCE
{
    kek-id                            Kek-Id,
    key-ciphered-data                 OCTET STRING
}
Agreed-Key::=SEQUENCE
{
    key-parameters                    OCTET STRING,
    key-ciphered-data                 OCTET STRING
}
Key-Info::=CHOICE
```

```
{
    identified-key                  [0] Identified-Key,
    wrapped-key                     [1] Wrapped-Key,
    agreed-key                      [2] Agreed-Key,
}
——Use of Block-Control
——window           bits 0-5     window advertise
——streaming        bit 6        0=No Streaming active, 1=Streaming active
——last-block       bit 7        0=Not Last Block, 1=Last Block
Block-Control::=                Unsigned8
END
```

9 COSEM APDU XML 模式

9.1 概述

ITU-T 建议 X.693 和 X.694 提供了将抽象语法符号 1(ASN.1)和 XML 模式定义语言(XSD)映射到 ASN.1 的 XML 编码规则。没有建议将 ASN.1 映射到 XSD。在第 9 章中，提供 COSEMpdu ASN.1 定义并映射到 COSEMpdu XSD 定义。

XML 在 IT 行业得到广泛接受。这种编码的目的是能够以 XML 编码的内容的形式以各种方式传送 COSEM 模型内容。它可以是在应用程序之间交换的 XML 文档，包含在 Web 服务 SOAP 消息中的内容或封装在电子邮件中的内容，仅列出了很少的应用程序。ASN.1 编码的 APDU 和 XML 编码的内容之间的互操作性和映射在两个方向都很重要。ASN.1 一方面支持 XML 编码规则(见 ITU-T X.693 和 ITU-T X.694)创建 XML 编码的内容。另一方面，IT 行业正在寻找利用 XML 优化包装来优化 XML 内容传输的解决方案。为此，W3C XML Schema 和 ASN.1 定义之间的转换至关重要。双向转换可以将 XML 内容正确转换为 ASN.1 编码内容，反之亦然。9.2 包含 COSEMPdu ASN.1 定义到 COSEMPdu XML Schema(XSD)的映射。

9.2 XML 模式

```
<? xml version="1.0" encoding="UTF-8"?>
<xsd:schema xmlns:xsd="http://www.w3.org/2001/XMLSchema"
            xmlns="http://www.dlms.com/COSEMpdu"
            targetNamespace="http://www.dlms.com/COSEMpdu"
            elementFormDefault="qualified">
    <! -- ASN.1 definitions -->
    <xsd:complexType name="NULL" final="#all" />
    <xsd:simpleType name="BitString">
        <xsd:restriction base="xsd:string">
            <xsd:pattern value="[0-1]{0,}" />
        </xsd:restriction>
    </xsd:simpleType>
    <xsd:simpleType name="ObjectIdentifier">
        <xsd:restriction base="xsd:token">
            <xsd:pattern value="[0-2](\.[1-3]? [0-9]? (\.\d+) * )?" />
```

```
        </xsd:restriction>
    </xsd:simpleType>

    <!-- ACSE-APDU definition -->
    <xsd:element name="aCSE-APDU" type="ACSE-APDU"/>
    <xsd:complexType name="ACSE-APDU">
        <xsd:choice>
            <xsd:element name="aarq" type="AARQ-apdu"/>
            <xsd:element name="aare" type="AARE-apdu"/>
            <xsd:element name="rlrq" type="RLRQ-apdu"/>
            <xsd:element name="rlre" type="RLRE-apdu"/>
        </xsd:choice>
    </xsd:complexType>

    <!-- xDLMS-APDU definition -->
    <xsd:element name="xDLMS-APDU" type="XDLMS-APDU"/>
    <xsd:complexType name="XDLMS-APDU">
        <xsd:choice>
            <xsd:element name="initiateRequest" type="InitiateRequest"/>
            <xsd:element name="readRequest" type="ReadRequest"/>
            <xsd:element name="writeRequest" type="WriteRequest"/>
            <xsd:element name="initiateResponse" type="InitiateResponse"/>
            <xsd:element name="readResponse" type="ReadResponse"/>
            <xsd:element name="writeResponse" type="WriteResponse"/>
            <xsd:element name="confirmedServiceError" type="ConfirmedServiceError"/>
            <xsd:element name="data-notification" type="Data-Notification"/>
            <xsd:element name="unconfirmedWriteRequest" type="UnconfirmedWrite
Request"/>
            <xsd:element name="informationReportRequest" type="InformationReport
Request"/>
            <xsd:element name="glo-initiateRequest" type="xsd:hexBinary"/>
            <xsd:element name="glo-readRequest" type="xsd:hexBinary"/>
            <xsd:element name="glo-writeRequest" type="xsd:hexBinary"/>
            <xsd:element name="glo-initiateResponse" type="xsd:hexBinary"/>
            <xsd:element name="glo-readResponse" type="xsd:hexBinary"/>
            <xsd:element name="glo-writeResponse" type="xsd:hexBinary"/>
            <xsd:element name="glo-confirmedServiceError" type="xsd:hexBinary"/>
            <xsd:element name="glo-unconfirmedWriteRequest" type="xsd:hexBinary"/>
            <xsd:element name="glo-informationReportRequest" type="xsd:hexBinary"/>
            <xsd:element name="ded-initiateRequest" type="xsd:hexBinary"/>
            <xsd:element name="ded-readRequest" type="xsd:hexBinary"/>
            <xsd:element name="ded-writeRequest" type="xsd:hexBinary"/>
            <xsd:element name="ded-initiateResponse" type="xsd:hexBinary"/>
```

```
            〈xsd:element name="ded-readResponse" type="xsd:hexBinary"/〉
            〈xsd:element name="ded-writeResponse" type="xsd:hexBinary"/〉
            〈xsd:element name="ded-confirmedServiceError" type="xsd:hexBinary"/〉
            〈xsd:element name="ded-unconfirmedWriteRequest" type="xsd:hexBinary"/〉
            〈xsd:element name="ded-informationReportRequest" type="xsd:hexBinary"/〉
            〈xsd:element name="get-request" type="Get-Request"/〉
            〈xsd:element name="set-request" type="Set-Request"/〉
            〈xsd:element name="event-notification-request" type="EventNotification
Request"/〉
            〈xsd:element name="action-request" type="Action-Request"/〉
            〈xsd:element name="get-response" type="Get-Response"/〉
            〈xsd:element name="set-response" type="Set-Response"/〉
            〈xsd:element name="action-response" type="Action-Response"/〉
            〈xsd:element name="glo-get-request" type="xsd:hexBinary"/〉
            〈xsd:element name="glo-set-request" type="xsd:hexBinary"/〉
            〈xsd:element name="glo-event-notification-request" type="xsd:hexBinary"/〉
            〈xsd:element name="glo-action-request" type="xsd:hexBinary"/〉
            〈xsd:element name="glo-get-response" type="xsd:hexBinary"/〉
            〈xsd:element name="glo-set-response" type="xsd:hexBinary"/〉
            〈xsd:element name="glo-action-response" type="xsd:hexBinary"/〉
            〈xsd:element name="ded-get-request" type="xsd:hexBinary"/〉
            〈xsd:element name="ded-set-request" type="xsd:hexBinary"/〉
            〈xsd:element name="ded-event-notification-request" type="xsd:hexBinary"/〉
            〈xsd:element name="ded-actionRequest" type="xsd:hexBinary"/〉
            〈xsd:element name="ded-get-response" type="xsd:hexBinary"/〉
            〈xsd:element name="ded-set-response" type="xsd:hexBinary"/〉
            〈xsd:element name="ded-action-response" type="xsd:hexBinary"/〉
            〈xsd:element name="exception-response" type="ExceptionResponse"/〉
            〈xsd:element name="access-request" type="Access-Request"/〉
            〈xsd:element name="access-response" type="Access-Response"/〉
            〈xsd:element name="general-glo-ciphering" type="General-Glo-Ciphering"/〉
            〈xsd:element name="general-ded-ciphering" type="General-Ded-Ciphering"/〉
            〈xsd:element name="general-ciphering" type="General-Ciphering"/〉
            〈xsd:element name="general-signing" type="General-Signing"/〉
            〈xsd:element name="general-block-transfer" type="General-Block-Transfer"/〉
        〈/xsd:choice〉
    〈/xsd:complexType〉
    〈xsd:simpleType name="Application-context-name"〉
        〈xsd:restriction base="ObjectIdentifier"/〉
    〈/xsd:simpleType〉
    〈xsd:simpleType name="AP-title"〉
        〈xsd:restriction base="xsd:hexBinary"/〉
    〈/xsd:simpleType〉
```

```
<xsd:simpleType name="AE-qualifier">
    <xsd:restriction base="xsd:hexBinary"/>
</xsd:simpleType>
<xsd:simpleType name="AP-invocation-identifier">
    <xsd:restriction base="xsd:integer"/>
</xsd:simpleType>
<xsd:simpleType name="AE-invocation-identifier">
    <xsd:restriction base="xsd:integer"/>
</xsd:simpleType>
<xsd:simpleType name="ACSE-requirements">
    <xsd:union memberTypes="BitString">
    <xsd:simpleType>
        <xsd:list>
            <xsd:simpleType>
                <xsd:restriction base="xsd:token">
                    <xsd:enumeration value="authentication"/>
                </xsd:restriction>
            </xsd:simpleType>
        </xsd:list>
    </xsd:simpleType>
    </xsd:union>
</xsd:simpleType>
<xsd:simpleType name="Mechanism-name">
    <xsd:restriction base="ObjectIdentifier"/>
</xsd:simpleType>
<xsd:simpleType name="Implementation-data">
    <xsd:restriction base="xsd:string"/>
</xsd:simpleType>
<xsd:simpleType name="Association-information">
    <xsd:restriction base="xsd:hexBinary"/>
</xsd:simpleType>
<xsd:simpleType name="Association-result">
    <xsd:union>
        <xsd:simpleType>
            <xsd:restriction base="xsd:token">
                <xsd:enumeration value="accepted"/>
                <xsd:enumeration value="rejected-permanent"/>
                <xsd:enumeration value="rejected-transient"/>
            </xsd:restriction>
        </xsd:simpleType>
        <xsd:simpleType>
            <xsd:restriction base="xsd:integer"/>
        </xsd:simpleType>
```

```
    </xsd:union>
</xsd:simpleType>
<xsd:simpleType name="Release-request-reason">
    <xsd:union>
        <xsd:simpleType>
            <xsd:restriction base="xsd:token">
                <xsd:enumeration value="normal"/>
                <xsd:enumeration value="urgent"/>
                <xsd:enumeration value="user-defined"/>
            </xsd:restriction>
        </xsd:simpleType>
        <xsd:simpleType>
            <xsd:restriction base="xsd:integer"/>
        </xsd:simpleType>
    </xsd:union>
</xsd:simpleType>
<xsd:simpleType name="Release-response-reason">
    <xsd:union>
        <xsd:simpleType>
            <xsd:restriction base="xsd:token">
                <xsd:enumeration value="normal"/>
                <xsd:enumeration value="not-finished"/>
                <xsd:enumeration value="user-defined"/>
            </xsd:restriction>
        </xsd:simpleType>
        <xsd:simpleType>
            <xsd:restriction base="xsd:integer"/>
        </xsd:simpleType>
    </xsd:union>
</xsd:simpleType>
<xsd:simpleType name="Integer8">
    <xsd:restriction base="xsd:byte"/>
</xsd:simpleType>
<xsd:simpleType name="Integer16">
    <xsd:restriction base="xsd:short"/>
</xsd:simpleType>
<xsd:simpleType name="Integer32">
    <xsd:restriction base="xsd:int"/>
</xsd:simpleType>
<xsd:simpleType name="Integer64">
    <xsd:restriction base="xsd:long"/>
</xsd:simpleType>
<xsd:simpleType name="Unsigned8">
```

```
            <xsd:restriction base="xsd:unsignedByte"/>
        </xsd:simpleType>
        <xsd:simpleType name="Unsigned16">
            <xsd:restriction base="xsd:unsignedShort"/>
        </xsd:simpleType>
        <xsd:simpleType name="Unsigned32">
            <xsd:restriction base="xsd:unsignedInt"/>
        </xsd:simpleType>
        <xsd:simpleType name="Unsigned64">
            <xsd:restriction base="xsd:unsignedLong"/>
        </xsd:simpleType>
        <xsd:simpleType name="Conformance">
            <xsd:union memberTypes="BitString">
            <xsd:simpleType>
                <xsd:list>
                    <xsd:simpleType>
                        <xsd:restriction base="xsd:token">
                            <xsd:enumeration value="reserved-zero"/>
                            <xsd:enumeration value="general-protection"/>
                            <xsd:enumeration value="general-block-transfer"/>
                            <xsd:enumeration value="read"/>
                            <xsd:enumeration value="write"/>
                            <xsd:enumeration value="unconfirmed-write"/>
                            <xsd:enumeration value="reserved-six"/>
                            <xsd:enumeration value="reserved-seven"/>
                            <xsd:enumeration value="attribute0-supported-with-set"/>
                            <xsd:enumeration value="priority-mgmt-supported"/>
                            <xsd:enumeration value="attribute0-supported-with-get"/>
                            <xsd:enumeration value="block-transfer-with-get-or-read"/>
                            <xsd:enumeration value="block-transfer-with-set-or-write"/>
                            <xsd:enumeration value="block-transfer-with-action"/>
                            <xsd:enumeration value="multiple-references"/>
                            <xsd:enumeration value="information-report"/>
                            <xsd:enumeration value="data-notification"/>
                            <xsd:enumeration value="access"/>
                            <xsd:enumeration value="parameterized-access"/>
                            <xsd:enumeration value="get"/>
                            <xsd:enumeration value="set"/>
                            <xsd:enumeration value="selective-access"/>
                            <xsd:enumeration value="event-notification"/>
                            <xsd:enumeration value="action"/>
                        </xsd:restriction>
                    </xsd:simpleType>
```

```
        </xsd:list>
    </xsd:simpleType>
    </xsd:union>
</xsd:simpleType>

<xsd:simpleType name="ObjectName">
    <xsd:restriction base="Integer16"/>
</xsd:simpleType>
<xsd:simpleType name="Data-Access-Result">
    <xsd:restriction base="xsd:token">
        <xsd:enumeration value="success"/>
        <xsd:enumeration value="hardware-fault"/>
        <xsd:enumeration value="temporary-failure"/>
        <xsd:enumeration value="read-write-denied"/>
        <xsd:enumeration value="object-undefined"/>
        <xsd:enumeration value="object-class-inconsistent"/>
        <xsd:enumeration value="object-unavailable"/>
        <xsd:enumeration value="type-unmatched"/>
        <xsd:enumeration value="scope-of-access-violated"/>
        <xsd:enumeration value="data-block-unavailable"/>
        <xsd:enumeration value="long-get-aborted"/>
        <xsd:enumeration value="no-long-get-in-progress"/>
        <xsd:enumeration value="long-set-aborted"/>
        <xsd:enumeration value="no-long-set-in-progress"/>
        <xsd:enumeration value="data-block-number-invalid"/>
        <xsd:enumeration value="other-reason"/>
    </xsd:restriction>
</xsd:simpleType>
<xsd:simpleType name="Action-Result">
    <xsd:restriction base="xsd:token">
        <xsd:enumeration value="success"/>
        <xsd:enumeration value="hardware-fault"/>
        <xsd:enumeration value="temporary-failure"/>
        <xsd:enumeration value="read-write-denied"/>
        <xsd:enumeration value="object-undefined"/>
        <xsd:enumeration value="object-class-inconsistent"/>
        <xsd:enumeration value="object-unavailable"/>
        <xsd:enumeration value="type-unmatched"/>
        <xsd:enumeration value="scope-of-access-violated"/>
        <xsd:enumeration value="data-block-unavailable"/>
        <xsd:enumeration value="long-action-aborted"/>
        <xsd:enumeration value="no-long-action-in-progress"/>
        <xsd:enumeration value="other-reason"/>
```

```
        </xsd:restriction>
    </xsd:simpleType>
    <xsd:simpleType name="Invoke-Id-And-Priority">
        <xsd:restriction base="Unsigned8"/>
    </xsd:simpleType>
    <xsd:simpleType name="Long-Invoke-Id-And-Priority">
        <xsd:restriction base="Unsigned32"/>
    </xsd:simpleType>
    <xsd:simpleType name="Cosem-Class-Id">
        <xsd:restriction base="Unsigned16"/>
    </xsd:simpleType>
    <xsd:simpleType name="Cosem-Object-Instance-Id">
        <xsd:restriction base="xsd:hexBinary">
            <xsd:length value="6"/>
        </xsd:restriction>
    </xsd:simpleType>
    <xsd:simpleType name="Cosem-Object-Attribute-Id">
        <xsd:restriction base="Integer8"/>
    </xsd:simpleType>
    <xsd:simpleType name="Cosem-Object-Method-Id">
        <xsd:restriction base="Integer8"/>
    </xsd:simpleType>

    <xsd:simpleType name="Key-Id">
        <xsd:restriction base="xsd:token">
            <xsd:enumeration value="global-unicast-encryption-key"/>
            <xsd:enumeration value="global-broadcast-encryption-key"/>
        </xsd:restriction>
    </xsd:simpleType>
    <xsd:simpleType name="Kek-Id">
        <xsd:restriction base="xsd:token">
            <xsd:enumeration value="master-key"/>
        </xsd:restriction>
    </xsd:simpleType>

    <xsd:simpleType name="Block-Control">
        <xsd:restriction base="Unsigned8"/>
    </xsd:simpleType>
    <xsd:complexType name="Authentication-value">
        <xsd:choice>
            <xsd:element name="charstring" type="xsd:string"/>
            <xsd:element name="bitstring" type="BitString"/>
        </xsd:choice>
```

```
    </xsd:complexType>

    <xsd:complexType name="AARQ-apdu">
        <xsd:sequence>
            <xsd:element name="protocol-version" minOccurs="0">
                <xsd:simpleType>
                    <xsd:union memberTypes="BitString">
                    <xsd:simpleType>
                        <xsd:list>
                            <xsd:simpleType>
                                <xsd:restriction base="xsd:token">
                                      <xsd:enumeration value="version1"/>
                                </xsd:restriction>
                            </xsd:simpleType>
                        </xsd:list>
                    </xsd:simpleType>
                    </xsd:union>
                </xsd:simpleType>
  </xsd:element>
  <xsd:element name="application-context-name" type="Application-context-name"/>
  <xsd:element name="called-AP-title" minOccurs="0" type="AP-title"/>
  <xsd:element name="called-AE-qualifier" minOccurs="0" type="AE-qualifier"/>
  <xsd:element name="called-AP-invocation-id" minOccurs="0" type="AP-invocation-identifier"/>
  <xsd:element name="called-AE-invocation-id" minOccurs="0" type="AE-invocation-identifier"/>
  <xsd:element name="calling-AP-title" minOccurs="0" type="AP-title"/>
  <xsd:element name="calling-AE-qualifier" minOccurs="0" type="AE-qualifier"/>
  <xsd:element name="calling-AP-invocation-id" minOccurs="0" type="AP-invocation-identifier"/>
  <xsd:element name="calling-AE-invocation-id" minOccurs="0" type="AE-invocation-identifier"/>
  <xsd:element name="sender-acse-requirements" minOccurs="0" type="ACSE-requirements"/>
  <xsd:element name="mechanism-name" minOccurs="0" type="Mechanism-name"/>
  <xsd:element name="calling-authentication-value" minOccurs="0" type="Authentication-value"/>
  <xsd:element name="implementation-information" minOccurs="0" type="Implementation-data"/>
  <xsd:element name="user-information" minOccurs="0" type ="Association-information"/>
        </xsd:sequence>
    </xsd:complexType>
    <xsd:complexType name="Associate-source-diagnostic">
```

```
          <xsd:choice>
              <xsd:element name="acse-service-user">
                  <xsd:simpleType>
                      <xsd:union>
                          <xsd:simpleType>
                              <xsd:restriction base="xsd:token">
  <xsd:enumeration value="null"/>
  <xsd:enumeration value="no-reason-given"/>
  <xsd:enumeration value="application-context-name-not-supported"/>
  <xsd:enumeration value="calling-AP-title-not-recognized"/>
  <xsd:enumeration value="calling-AP-invocation-identifier-not-recognized"/>
  <xsd:enumeration value="calling-AE-qualifier-not-recognized"/>
  <xsd:enumeration value="calling-AE-invocation-identifier-not-recognized"/>
  <xsd:enumeration value="called-AP-title-not-recognized"/>
  <xsd:enumeration value="called-AP-invocation-identifier-not-recognized"/>
  <xsd:enumeration value="called-AE-qualifier-not-recognized"/>
  <xsd:enumeration value="called-AE-invocation-identifier-not-recognized"/>
  <xsd:enumeration value="authentication-mechanism-name-not-recognised"/>
  <xsd:enumeration value="authentication-mechanism-name-required"/>
  <xsd:enumeration value="authentication-failure"/>
  <xsd:enumeration value="authentication-required"/>
                              </xsd:restriction>
                          </xsd:simpleType>
                          <xsd:simpleType>
                              <xsd:restriction base="xsd:integer"/>
                          </xsd:simpleType>
                      </xsd:union>
                  </xsd:simpleType>
              </xsd:element>
              <xsd:element name="acse-service-provider">
                  </xsd:simpleType>
                      </xsd:union>
                          </xsd:simpleType>
                              <xsd:restriction base="xsd:token">
                                  <xsd:enumeration value="null"/>
                                  <xsd:enumeration value="no-reason-given"/>
                                  <xsd:enumeration value="no-common-acse-version"/>
                              </xsd:restriction>
                          </xsd:simpleType>
                          <xsd:simpleType>
                              <xsd:restriction base="xsd:integer"/>
                          </xsd:simpleType>
                      </xsd:union>
```

```
                    </xsd:simpleType>
                </xsd:element>
            </xsd:choice>
        </xsd:complexType>

        <xsd:complexType name="AARE-apdu">
            <xsd:sequence>
                <xsd:element name="protocol-version" minOccurs="0">
                    <xsd:simpleType>
                        <xsd:union memberTypes="BitString">
                        <xsd:simpleType>
                            <xsd:list>
                                <xsd:simpleType>
                                <xsd:restriction base="xsd:token">
                                    <xsd:enumeration value="version1"/>
                                </xsd:restriction>
                            </xsd:simpleType>
                        </xsd:list>
                    </xsd:simpleType>
                </xsd:union>
            </xsd:simpleType>
    </xsd:element>
    <xsd:element name="application-context-name" type="Application-context-name"/>
    <xsd:element name="result" type="Association-result"/>
    <xsd:element name="result-source-diagnostic" type="Associate-source-diagnostic"/>
    <xsd:element name="responding-AP-title" minOccurs="0" type="AP-title"/>
    <xsd:element name="responding-AE-qualifier" minOccurs="0" type="AE-qualifier"/>
    <xsd:element name="responding-AP-invocation-id" minOccurs="0" type="AP-invocationidentifier"/>
    <xsd:element name="responding-AE-invocation-id" minOccurs="0" type="AE-invocationidentifier"/>
    <xsd:element name="responder-acse-requirements" minOccurs="0" type="ACSE-requirements"/>
    <xsd:element name="mechanism-name" minOccurs="0" type="Mechanism-name"/>
    <xsd:element name="responding-authentication-value" minOccurs="0" type="Authentication-value"/>
    <xsd:element name="implementation-information" minOccurs="0" type="Implementation-data"/>
    <xsd:element name="user-information" minOccurs="0" type="Association-information"/>
        </xsd:sequence>
    </xsd:complexType>
    <xsd:complexType name="RLRQ-apdu">
        <xsd:sequence>
```

```
            <xsd:element name="reason" minOccurs="0" type="Release-request-reason"/>
            <xsd:element name="user-information" minOccurs="0" type="Association-informa-
tion"/>
        </xsd:sequence>
    </xsd:complexType>
    <xsd:complexType name="RLRE-apdu">
        <xsd:sequence>
            <xsd:element name="reason" minOccurs="0" type="Release-response-reason"/>
            <xsd:element name="user-information" minOccurs="0" type="Association-informa-
tion"/>
        </xsd:sequence>
    </xsd:complexType>
    <xsd:complexType name="InitiateRequest">
        <xsd:sequence>
            <xsd:element name="dedicated-key" minOccurs="0" type="xsd:hexBinary"/>
            <xsd:element name="response-allowed" default="true" type="xsd:boolean"/>
            <xsd:element name="proposed-quality-of-service" minOccurs="0" type="Integer8"/>
            <xsd:element name="proposed-dlms-version-number" type="Unsigned8"/>
            <xsd:element name="proposed-conformance" type="Conformance"/>
            <xsd:element name="client-max-receive-pdu-size" type="Unsigned16"/>
        </xsd:sequence>
    </xsd:complexType>
    <xsd:complexType name="TypeDescription">
        <xsd:choice>
            <xsd:element name="null-data" type="NULL"/>
            <xsd:element name="array">
                <xsd:complexType>
                    <xsd:sequence>
                        <xsd:element name="number-of-elements" type="Unsigned16"/>
                        <xsd:element name="type-description" type="TypeDescription"/>
                    </xsd:sequence>
                </xsd:complexType>
            </xsd:element>
            <xsd:element name="structure">
                <xsd:complexType>
                    <xsd:sequence minOccurs="0" maxOccurs="unbounded">
                        <xsd:element name="TypeDescription" type="TypeDescription"/>
                    </xsd:sequence>
                </xsd:complexType>
            </xsd:element>
            <xsd:element name="boolean" type="NULL"/>
            <xsd:element name="bit-string" type="NULL"/>
            <xsd:element name="double-long" type="NULL"/>
```

```
        〈xsd:element name="double-long-unsigned" type="NULL"/〉
        〈xsd:element name="octet-string" type="NULL"/〉
        〈xsd:element name="visible-string" type="NULL"/〉
        〈xsd:element name="utf8-string" type="NULL"/〉
        〈xsd:element name="bcd" type="NULL"/〉
        〈xsd:element name="integer" type="NULL"/〉
        〈xsd:element name="long" type="NULL"/〉
        〈xsd:element name="unsigned" type="NULL"/〉
        〈xsd:element name="long-unsigned" type="NULL"/〉
        〈xsd:element name="long64" type="NULL"/〉
        〈xsd:element name="long64-unsigned" type="NULL"/〉
        〈xsd:element name="enum" type="NULL"/〉
        〈xsd:element name="float32" type="NULL"/〉
        〈xsd:element name="float64" type="NULL"/〉
        〈xsd:element name="date-time" type="NULL"/〉
        〈xsd:element name="date" type="NULL"/〉
        〈xsd:element name="time" type="NULL"/〉
        〈xsd:element name="dont-care" type="NULL"/〉
    〈/xsd:choice〉
〈/xsd:complexType〉
〈xsd:complexType name="SequenceOfData"〉
    〈xsd:choice minOccurs="0" maxOccurs="unbounded"〉
        〈xsd:element name="null-data" type="NULL"/〉
        〈xsd:element name="array" type="SequenceOfData"/〉
        〈xsd:element name="structure" type="SequenceOfData"/〉
        〈xsd:element name="boolean" type="xsd:boolean"/〉
        〈xsd:element name="bit-string" type="BitString"/〉
        〈xsd:element name="double-long" type="Integer32"/〉
        〈xsd:element name="double-long-unsigned" type="Unsigned32"/〉
        〈xsd:element name="octet-string" type="xsd:hexBinary"/〉
        〈xsd:element name="visible-string" type="xsd:string"/〉
        〈xsd:element name="utf8-string" type="xsd:string"/〉
        〈xsd:element name="bcd" type="Integer8"/〉
        〈xsd:element name="integer" type="Integer8"/〉
        〈xsd:element name="long" type="Integer16"/〉
        〈xsd:element name="unsigned" type="Unsigned8"/〉
        〈xsd:element name="long-unsigned" type="Unsigned16"/〉
        〈xsd:element name="compact-array"〉
            〈xsd:complexType〉
                〈xsd:sequence〉
                    〈xsd:element name="contents-description" type="TypeDescription"/〉
                    〈xsd:element name="array-contents" type="xsd:hexBinary"/〉
                〈/xsd:sequence〉
```

```
            </xsd:complexType>
        </xsd:element>
        <xsd:element name="long64" type="Integer64"/>
        <xsd:element name="long64-unsigned" type="Unsigned64"/>
        <xsd:element name="enum" type="Unsigned8"/>
        <xsd:element name="float32" type="xsd:float"/>
        <xsd:element name="float64" type="xsd:double"/>
        <xsd:element name="date-time">
            <xsd:simpleType>
                <xsd:restriction base="xsd:hexBinary">
                    <xsd:length value="12"/>
                </xsd:restriction>
            </xsd:simpleType>
        </xsd:element>
        <xsd:element name="date">
            <xsd:simpleType>
                <xsd:restriction base="xsd:hexBinary">
                    <xsd:length value="5"/>
                </xsd:restriction>
            </xsd:simpleType>
        </xsd:element>
        <xsd:element name="time">
            <xsd:simpleType>
                    <xsd:restriction base="xsd:hexBinary">
                        <xsd:length value="4"/>
                    </xsd:restriction>
                </xsd:simpleType>
            </xsd:element>
            <xsd:element name="dont-care" type="NULL"/>
        </xsd:choice>
    </xsd:complexType>

    <xsd:complexType name="Data">
        <xsd:choice>
            <xsd:element name="null-data" type="NULL"/>
            <xsd:element name="array" type="SequenceOfData"/>
            <xsd:element name="structure" type="SequenceOfData"/>
            <xsd:element name="boolean" type="xsd:boolean"/>
            <xsd:element name="bit-string" type="BitString"/>
            <xsd:element name="double-long" type="Integer32"/>
            <xsd:element name="double-long-unsigned" type="Unsigned32"/>
            <xsd:element name="octet-string" type="xsd:hexBinary"/>
            <xsd:element name="visible-string" type="xsd:string"/>
```

```
        <xsd:element name="utf8-string" type="xsd:string"/>
        <xsd:element name="bcd" type="Integer8"/>
        <xsd:element name="integer" type="Integer8"/>
        <xsd:element name="long" type="Integer16"/>
        <xsd:element name="unsigned" type="Unsigned8"/>
        <xsd:element name="long-unsigned" type="Unsigned16"/>
        <xsd:element name="compact-array">
            <xsd:complexType>
                <xsd:sequence>
                <xsd:element name="contents-description" type="TypeDescription"/>
                <xsd:element name="array-contents" type="xsd:hexBinary"/>
                </xsd:sequence>
            </xsd:complexType>
        </xsd:element>
        <xsd:element name="long64" type="Integer64"/>
        <xsd:element name="long64-unsigned" type="Unsigned64"/>
        <xsd:element name="enum" type="Unsigned8"/>
        <xsd:element name="float32" type="xsd:float"/>
        <xsd:element name="float64" type="xsd:double"/>
        <xsd:element name="date-time">
            <xsd:simpleType>
                <xsd:restriction base="xsd:hexBinary">
                    <xsd:length value="12"/>
                </xsd:restriction>
            </xsd:simpleType>
        </xsd:element>
        <xsd:element name="date">
            <xsd:simpleType>
                <xsd:restriction base="xsd:hexBinary">
                    <xsd:length value="5"/>
                </xsd:restriction>
            </xsd:simpleType>
        </xsd:element>
        <xsd:element name="time">
            <xsd:simpleType>
                <xsd:restriction base="xsd:hexBinary">
                    <xsd:length value="4"/>
                </xsd:restriction>
            </xsd:simpleType>
        </xsd:element>
        <xsd:element name="dont-care" type="NULL"/>
    </xsd:choice>
</xsd:complexType>
```

```
        〈xsd:complexType name="Parameterized-Access"〉
            〈xsd:sequence〉
                〈xsd:element name="variable-name" type="ObjectName"/〉
                〈xsd:element name="selector" type="Unsigned8"/〉
                〈xsd:element name="parameter" type="Data"/〉
            〈/xsd:sequence〉
        〈/xsd:complexType〉

        〈xsd:complexType name="Block-Number-Access"〉
            〈xsd:sequence〉
                〈xsd:element name="block-number" type="Unsigned16"/〉
            〈/xsd:sequence〉
        〈/xsd:complexType〉

        〈xsd:complexType name="Read-Data-Block-Access"〉
            〈xsd:sequence〉
                〈xsd:element name="last-block" type="xsd:boolean"/〉
                〈xsd:element name="block-number" type="Unsigned16"/〉
                〈xsd:element name="raw-data" type="xsd:hexBinary"/〉
            〈/xsd:sequence〉
        〈/xsd:complexType〉
        〈xsd:complexType name="Write-Data-Block-Access"〉
            〈xsd:sequence〉
                〈xsd:element name="last-block" type="xsd:boolean"/〉
                〈xsd:element name="block-number" type="Unsigned16"/〉
            〈/xsd:sequence〉
        〈/xsd:complexType〉

        〈xsd:complexType name="Variable-Access-Specification"〉
            〈xsd:choice〉
            〈xsd:element name="variable-name" type="ObjectName"/〉
            〈xsd:element name="parameterized-access" type="Parameterized-Access"/〉
            〈xsd:element name="block-number-access" type="Block-Number-Access"/〉
            〈xsd:element name="read-data-block-access" type="Read-Data-Block-Access"/〉
            〈xsd:element name="write-data-block-access" type="Write-Data-Block-Access"/〉
            〈/xsd:choice〉
        〈/xsd:complexType〉

    〈xsd:complexType name="ReadRequest"〉
        〈xsd:sequence minOccurs="0" maxOccurs="unbounded"〉
            〈xsd:element name="Variable-Access-Specification" type="Variable-Access-Specifica-
tion"/〉
        〈/xsd:sequence〉
```

```
</xsd:complexType>

<xsd:complexType name="WriteRequest">
    <xsd:sequence>
        <xsd:element name="variable-access-specification">
            <xsd:complexType>
                <xsd:sequence minOccurs="0" maxOccurs="unbounded">
                    <xsd:element name="Variable-Access-Specification" type="Variable-Access-Specification"/>
                </xsd:sequence>
            </xsd:complexType>
        </xsd:element>
        <xsd:element name="list-of-data">
            <xsd:complexType>
                <xsd:sequence minOccurs="0" maxOccurs="unbounded">
                    <xsd:element name="Data" type="Data"/>
                </xsd:sequence>
            </xsd:complexType>
        </xsd:element>
    </xsd:sequence>
</xsd:complexType>

<xsd:complexType name="InitiateResponse">
    <xsd:sequence>
        <xsd:element name="negotiated-quality-of-service" minOccurs="0" type="Integer8"/>
        <xsd:element name="negotiated-dlms-version-number" type="Unsigned8"/>
        <xsd:element name="negotiated-conformance" type="Conformance"/>
        <xsd:element name="server-max-receive-pdu-size" type="Unsigned16"/>
        <xsd:element name="vaa-name" type="ObjectName"/>
    </xsd:sequence>
</xsd:complexType>

<xsd:complexType name="Data-Block-Result">
    <xsd:sequence>
        <xsd:element name="last-block" type="xsd:boolean"/>
        <xsd:element name="block-number" type="Unsigned16"/>
        <xsd:element name="raw-data" type="xsd:hexBinary"/>
    </xsd:sequence>
</xsd:complexType>

<xsd:complexType name="ReadResponse">
    <xsd:sequence minOccurs="0" maxOccurs="unbounded">
```

```
            <xsd:element name="CHOICE">
                <xsd:complexType>
                    <xsd:choice>
                        <xsd:element name="data" type="Data"/>
                        <xsd:element name="data-access-error" type="Data-Access-Result"/>
                        <xsd:element name="data-block-result" type="Data-Block-Result"/>
                        <xsd:element name="block-number" type="Unsigned16"/>
                    </xsd:choice>
                </xsd:complexType>
            </xsd:element>
        </xsd:sequence>
    </xsd:complexType>

    <xsd:complexType name="WriteResponse">
        <xsd:sequence minOccurs="0" maxOccurs="unbounded">
            <xsd:element name="CHOICE">
                <xsd:complexType>
                    <xsd:choice>
                        <xsd:element name="success" type="NULL"/>
                        <xsd:element name="data-access-error" type="Data-Access-Result"/>
                        <xsd:element name="block-number" type="Unsigned16"/>
                    </xsd:choice>
                </xsd:complexType>
            </xsd:element>
        </xsd:sequence>
    </xsd:complexType>

    <xsd:complexType name="ServiceError">
        <xsd:choice>
            <xsd:element name="application-reference">
                <xsd:simpleType>
                    <xsd:restriction base="xsd:token">
                        <xsd:enumeration value="other"/>
                        <xsd:enumeration value="time-elapsed"/>
                        <xsd:enumeration value="application-unreachable"/>
                        <xsd:enumeration value="application-reference-invalid"/>
                        <xsd:enumeration value="application-context-unsupported"/>
                        <xsd:enumeration value="provider-communication-error"/>
                        <xsd:enumeration value="deciphering-error"/>
                    </xsd:restriction>
                </xsd:simpleType>
            </xsd:element>
            <xsd:element name="hardware-resource">
```

```
    <xsd:simpleType>
        <xsd:restriction base="xsd:token">
            <xsd:enumeration value="other"/>
            <xsd:enumeration value="memory-unavailable"/>
            <xsd:enumeration value="processor-resource-unavailable"/>
            <xsd:enumeration value="mass-storage-unavailable"/>
            <xsd:enumeration value="other-resource-unavailable"/>
        </xsd:restriction>
    </xsd:simpleType>
</xsd:element>
<xsd:element name="vde-state-error">
    <xsd:simpleType>
        <xsd:restriction base="xsd:token">
            <xsd:enumeration value="other"/>
            <xsd:enumeration value="no-dlms-context"/>
            <xsd:enumeration value="loading-data-set"/>
            <xsd:enumeration value="status-nochange"/>
            <xsd:enumeration value="status-inoperable"/>
        </xsd:restriction>
    </xsd:simpleType>
</xsd:element>
<xsd:element name="service">
    <xsd:simpleType>
        <xsd:restriction base="xsd:token">
            <xsd:enumeration value="other"/>
            <xsd:enumeration value="pdu-size"/>
            <xsd:enumeration value="service-unsupported"/>
        </xsd:restriction>
    </xsd:simpleType>
</xsd:element>
<xsd:element name="definition">
    <xsd:simpleType>
        <xsd:restriction base="xsd:token">
            <xsd:enumeration value="other"/>
            <xsd:enumeration value="object-undefined"/>
            <xsd:enumeration value="object-class-inconsistent"/>
            <xsd:enumeration value="object-attribute-inconsistent"/>
        </xsd:restriction>
    </xsd:simpleType>
</xsd:element>
<xsd:element name="access">
    <xsd:simpleType>
        <xsd:restriction base="xsd:token">
```

```
                <xsd:enumeration value="other"/>
                <xsd:enumeration value="scope-of-access-violated"/>
                <xsd:enumeration value="object-access-violated"/>
                <xsd:enumeration value="hardware-fault"/>
                <xsd:enumeration value="object-unavailable"/>
            </xsd:restriction>
        </xsd:simpleType>
    </xsd:element>
    <xsd:element name="initiate">
        <xsd:simpleType>
            <xsd:restriction base="xsd:token">
                <xsd:enumeration value="other"/>
                <xsd:enumeration value="dlms-version-too-low"/>
                <xsd:enumeration value="incompatible-conformance"/>
                <xsd:enumeration value="pdu-size-too-short"/>
                <xsd:enumeration value="refused-by-the-VDE-Handler"/>
            </xsd:restriction>
        </xsd:simpleType>
    </xsd:element>
    <xsd:element name="load-data-set">
        <xsd:simpleType>
            <xsd:restriction base="xsd:token">
                <xsd:enumeration value="other"/>
                <xsd:enumeration value="primitive-out-of-sequence"/>
                <xsd:enumeration value="not-loadable"/>
                <xsd:enumeration value="dataset-size-too-large"/>
                <xsd:enumeration value="not-awaited-segment"/>
                <xsd:enumeration value="interpretation-failure"/>
                <xsd:enumeration value="storage-failure"/>
                <xsd:enumeration value="data-set-not-ready"/>
            </xsd:restriction>
        </xsd:simpleType>
    </xsd:element>
    <xsd:element name="task">
        <xsd:simpleType>
            <xsd:restriction base="xsd:token">
                <xsd:enumeration value="other"/>
                <xsd:enumeration value="no-remote-control"/>
                <xsd:enumeration value="ti-stopped"/>
                <xsd:enumeration value="ti-running"/>
                <xsd:enumeration value="ti-unusable"/>
            </xsd:restriction>
        </xsd:simpleType>
```

```
        </xsd:element>
      </xsd:choice>
    </xsd:complexType>

    <xsd:complexType name="ConfirmedServiceError">
      <xsd:choice>
        <xsd:element name="initiateError" type="ServiceError"/>
        <xsd:element name="getStatus" type="ServiceError"/>
        <xsd:element name="getNameList" type="ServiceError"/>
        <xsd:element name="getVariableAttribute" type="ServiceError"/>
        <xsd:element name="read" type="ServiceError"/>
        <xsd:element name="write" type="ServiceError"/>
        <xsd:element name="getDataSetAttribute" type="ServiceError"/>
        <xsd:element name="getTIAttribute" type="ServiceError"/>
        <xsd:element name="changeScope" type="ServiceError"/>
        <xsd:element name="start" type="ServiceError"/>
        <xsd:element name="stop" type="ServiceError"/>
        <xsd:element name="resume" type="ServiceError"/>
        <xsd:element name="makeUsable" type="ServiceError"/>
        <xsd:element name="initiateLoad" type="ServiceError"/>
        <xsd:element name="loadSegment" type="ServiceError"/>
        <xsd:element name="terminateLoad" type="ServiceError"/>
        <xsd:element name="initiateUpLoad" type="ServiceError"/>
        <xsd:element name="upLoadSegment" type="ServiceError"/>
        <xsd:element name="terminateUpLoad" type="ServiceError"/>
      </xsd:choice>
    </xsd:complexType>

    <xsd:complexType name="Notification-Body">
      <xsd:sequence>
        <xsd:element name="data-value" type="Data"/>
      </xsd:sequence>
    </xsd:complexType>

    <xsd:complexType name="Data-Notification">
      <xsd:sequence>
        <xsd:element name="long-invoke-id-and-priority" type="Long-Invoke-Id-And-Priori-
ty"/>
        <xsd:element name="date-time" type="xsd:hexBinary"/>
        <xsd:element name="notification-body" type="Notification-Body"/>
      </xsd:sequence>
    </xsd:complexType>
```

```
<xsd:complexType name="UnconfirmedWriteRequest">
    <xsd:sequence>
        <xsd:element name="variable-access-specification">
            <xsd:complexType>
                <xsd:sequence minOccurs="0" maxOccurs="unbounded">
                    <xsd:element name="Variable-Access-Specification" type="Variable-Access-Specification"/>
                </xsd:sequence>
            </xsd:complexType>
        </xsd:element>
        <xsd:element name="list-of-data">
            <xsd:complexType>
                <xsd:sequence minOccurs="0" maxOccurs="unbounded">
                    <xsd:element name="Data" type="Data"/>
                </xsd:sequence>
            </xsd:complexType>
        </xsd:element>
    </xsd:sequence>
</xsd:complexType>

<xsd:complexType name="InformationReportRequest">
    <xsd:sequence>
        <xsd:element name="current-time" minOccurs="0" type="xsd:dateTime"/>
        <xsd:element name="variable-access-specification">
            <xsd:complexType>
                <xsd:sequence minOccurs="0" maxOccurs="unbounded">
                    <xsd:element name="Variable-Access-Specification" type="Variable-Access-Specification"/>
                </xsd:sequence>
            </xsd:complexType>
        </xsd:element>
        <xsd:element name="list-of-data">
            <xsd:complexType>
                <xsd:sequence minOccurs="0" maxOccurs="unbounded">
                    <xsd:element name="Data" type="Data"/>
                </xsd:sequence>
            </xsd:complexType>
        </xsd:element>
    </xsd:sequence>
</xsd:complexType>

<xsd:complexType name="Cosem-Attribute-Descriptor">
    <xsd:sequence>
```

```
            〈xsd：element name="class-id" type="Cosem-Class-Id"/〉
            〈xsd：element name="instance-id" type="Cosem-Object-Instance-Id"/〉
            〈xsd：element name="attribute-id" type="Cosem-Object-Attribute-Id"/〉
        〈/xsd：sequence〉
    〈/xsd：complexType〉

    〈xsd：complexType name="Selective-Access-Descriptor"〉
        〈xsd：sequence〉
            〈xsd：element name="access-selector" type="Unsigned8"/〉
            〈xsd：element name="access-parameters" type="Data"/〉
        〈/xsd：sequence〉
    〈/xsd：complexType〉

    〈xsd：complexType name="Get-Request-Normal"〉
        〈xsd：sequence〉
            〈xsd：element name="invoke-id-and-priority" type="Invoke-Id-And-Priority"/〉
            〈xsd：element name="cosem-attribute-descriptor" type="Cosem-Attribute-Descriptor"/〉
            〈xsd：element name="access-selection" minOccurs="0" type="Selective-Access-Descriptor"/〉
        〈/xsd：sequence〉
    〈/xsd：complexType〉

    〈xsd：complexType name="Get-Request-Next"〉
        〈xsd：sequence〉
            〈xsd：element name="invoke-id-and-priority" type="Invoke-Id-And-Priority"/〉
            〈xsd：element name="block-number" type="Unsigned32"/〉
        〈/xsd：sequence〉
    〈/xsd：complexType〉

    〈xsd：complexType name="Cosem-Attribute-Descriptor-With-Selection"〉
        〈xsd：sequence〉
            〈xsd：element name="cosem-attribute-descriptor" type="Cosem-Attribute-Descriptor"/〉
            〈xsd：element name="access-selection" minOccurs="0" type="Selective-Access-Descriptor"/〉
        〈/xsd：sequence〉
    〈/xsd：complexType〉

    〈xsd：complexType name="Get-Request-With-List"〉
        〈xsd：sequence〉
            〈xsd：element name="invoke-id-and-priority" type="Invoke-Id-And-Priority"/〉
            〈xsd：element name="attribute-descriptor-list"〉
```

```
                    <xsd:complexType>
                        <xsd:sequence minOccurs="0" maxOccurs="unbounded">
                            <xsd:element name="Cosem-Attribute-Descriptor-With-Selection" type
="Cosem-Attribute-Descriptor-With-Selection"/>
                        </xsd:sequence>
                    </xsd:complexType>
                </xsd:element>
            </xsd:sequence>
        </xsd:complexType>

        <xsd:complexType name="Get-Request">
            <xsd:choice>
                <xsd:element name="get-request-normal" type="Get-Request-Normal"/>
                <xsd:element name="get-request-next" type="Get-Request-Next"/>
                <xsd:element name="get-request-with-list" type="Get-Request-With-List"/>
            </xsd:choice>
        </xsd:complexType>

        <xsd:complexType name="Set-Request-Normal">
            <xsd:sequence>
                <xsd:element name="invoke-id-and-priority" type="Invoke-Id-And-Priority"/>
                <xsd:element name="cosem-attribute-descriptor" type="Cosem-Attribute-Descrip-
tor"/>
                <xsd:element name="access-selection" minOccurs="0" type="Selective-Access-De-
scriptor"/>
                <xsd:element name="value" type="Data"/>
            </xsd:sequence>
        </xsd:complexType>

        <xsd:complexType name="DataBlock-SA">
            <xsd:sequence>
                <xsd:element name="last-block" type="xsd:boolean"/>
                <xsd:element name="block-number" type="Unsigned32"/>
                <xsd:element name="raw-data" type="xsd:hexBinary"/>
            </xsd:sequence>
        </xsd:complexType>

        <xsd:complexType name="Set-Request-With-First-Datablock">
            <xsd:sequence>
                <xsd:element name="invoke-id-and-priority" type="Invoke-Id-And-Priority"/>
                <xsd:element name="cosem-attribute-descriptor" type="Cosem-Attribute-Descrip-
tor"/>
                <xsd:element name="access-selection" minOccurs="0" type="Selective-Access-De-
```

```
scriptor"/>
                <xsd:element name="datablock" type="DataBlock-SA"/>
            </xsd:sequence>
        </xsd:complexType>

        <xsd:complexType name="Set-Request-With-Datablock">
            <xsd:sequence>
                <xsd:element name="invoke-id-and-priority" type="Invoke-Id-And-Priority"/>
                <xsd:element name="datablock" type="DataBlock-SA"/>
            </xsd:sequence>
        </xsd:complexType>

        <xsd:complexType name="Set-Request-With-List">
            <xsd:sequence>
                <xsd:element name="invoke-id-and-priority" type="Invoke-Id-And-Priority"/>
                <xsd:element name="attribute-descriptor-list">
                    <xsd:complexType>
                        <xsd:sequence minOccurs="0" maxOccurs="unbounded">
                            <xsd:element name="Cosem-Attribute-Descriptor-With-Selection" type
="Cosem-Attribute-Descriptor-With-Selection"/>
                        </xsd:sequence>
                    </xsd:complexType>
                </xsd:element>
                <xsd:element name="value-list">
                    <xsd:complexType>
                        <xsd:sequence minOccurs="0" maxOccurs="unbounded">
                            <xsd:element name="Data" type="Data"/>
                        </xsd:sequence>
                    </xsd:complexType>
                </xsd:element>
            </xsd:sequence>
        </xsd:complexType>

        <xsd:complexType name="Set-Request-With-List-And-First-Datablock">
            <xsd:sequence>
                <xsd:element name="invoke-id-and-priority" type="Invoke-Id-And-Priority"/>
                <xsd:element name="attribute-descriptor-list">
                    <xsd:complexType>
                        <xsd:sequence minOccurs="0" maxOccurs="unbounded">
                            <xsd:element name="Cosem-Attribute-Descriptor-With-Selection" type
="Cosem-Attribute-Descriptor-With-Selection"/>
                        </xsd:sequence>
                    </xsd:complexType>
```

```
        </xsd:element>
        <xsd:element name="datablock" type="DataBlock-SA"/>
    </xsd:sequence>
</xsd:complexType>

<xsd:complexType name="Set-Request">
    <xsd:choice>
        <xsd:element name="set-request-normal" type="Set-Request-Normal"/>
        <xsd:element name="set-request-with-first-datablock" type="Set-Request-With-First-Datablock"/>
        <xsd:element name="set-request-with-datablock" type="Set-Request-With-Datablock"/>
        <xsd:element name="set-request-with-list" type="Set-Request-With-List"/>
        <xsd:element name="set-request-with-list-and-first-datablock" type="Set-Request-With-List-And-First-Datablock"/>
    </xsd:choice>
</xsd:complexType>

<xsd:complexType name="EventNotificationRequest">
    <xsd:sequence>
        <xsd:element name="time" minOccurs="0" type="xsd:hexBinary"/>
        <xsd:element name="cosem-attribute-descriptor" type="Cosem-Attribute-Descriptor"/>
        <xsd:element name="attribute-value" type="Data"/>
    </xsd:sequence>
</xsd:complexType>

<xsd:complexType name="Cosem-Method-Descriptor">
    <xsd:sequence>
        <xsd:element name="class-id" type="Cosem-Class-Id"/>
        <xsd:element name="instance-id" type="Cosem-Object-Instance-Id"/>
        <xsd:element name="method-id" type="Cosem-Object-Method-Id"/>
    </xsd:sequence>
</xsd:complexType>

<xsd:complexType name="Action-Request-Normal">
    <xsd:sequence>
        <xsd:element name="invoke-id-and-priority" type="Invoke-Id-And-Priority"/>
        <xsd:element name="cosem-method-descriptor" type="Cosem-Method-Descriptor"/>
        <xsd:element name="method-invocation-parameters" minOccurs="0" type="Data"/>
    </xsd:sequence>
</xsd:complexType>
```

```
<xsd:complexType name="Action-Request-Next-Pblock">
    <xsd:sequence>
        <xsd:element name="invoke-id-and-priority" type="Invoke-Id-And-Priority"/>
        <xsd:element name="block-number" type="Unsigned32"/>
    </xsd:sequence>
</xsd:complexType>

<xsd:complexType name="Action-Request-With-List">
    <xsd:sequence>
        <xsd:element name="invoke-id-and-priority" type="Invoke-Id-And-Priority"/>
        <xsd:element name="cosem-method-descriptor-list">
            <xsd:complexType>
                <xsd:sequence minOccurs="0" maxOccurs="unbounded">
                        <xsd: element name = "Cosem-Method-Descriptor" type = "Cosem-
Method-Descriptor"/>
                </xsd:sequence>
            </xsd:complexType>
        </xsd:element>
        <xsd:element name="method-invocation-parameters">
            <xsd:complexType>
                <xsd:sequence minOccurs="0" maxOccurs="unbounded">
                    <xsd:element name="Data" type="Data"/>
                </xsd:sequence>
            </xsd:complexType>
        </xsd:element>
    </xsd:sequence>
</xsd:complexType>

<xsd:complexType name="Action-Request-With-First-Pblock">
    <xsd:sequence>
        <xsd:element name="invoke-id-and-priority" type="Invoke-Id-And-Priority"/>
        <xsd:element name="cosem-method-descriptor" type="Cosem-Method-Descriptor"/>
        <xsd:element name="pblock" type="DataBlock-SA"/>
    </xsd:sequence>
</xsd:complexType>

<xsd:complexType name="Action-Request-With-List-And-First-Pblock">
    <xsd:sequence>
        <xsd:element name="invoke-id-and-priority" type="Invoke-Id-And-Priority"/>
        <xsd:element name="cosem-method-descriptor-list">
            <xsd:complexType>
                <xsd:sequence minOccurs="0" maxOccurs="unbounded">
                        <xsd: element name = "Cosem-Method-Descriptor" type = "Cosem-
```

```
Method-Descriptor"/〉
                    〈/xsd:sequence〉
                 〈/xsd:complexType〉
              〈/xsd:element〉
              〈xsd:element name="pblock" type="DataBlock-SA"/〉
           〈/xsd:sequence〉
        〈/xsd:complexType〉

        〈xsd:complexType name="Action-Request-With-Pblock"〉
           〈xsd:sequence〉
              〈xsd:element name="invoke-id-and-priority" type="Invoke-Id-And-Priority"/〉
              〈xsd:element name="pblock" type="DataBlock-SA"/〉
           〈/xsd:sequence〉
        〈/xsd:complexType〉

        〈xsd:complexType name="Action-Request"〉
           〈xsd:choice〉
              〈xsd:element name="action-request-normal" type="Action-Request-Normal"/〉
                〈xsd:element name="action-request-next-pblock" type="Action-Request-Next-
Pblock"/〉
              〈xsd:element name="action-request-with-list" type="Action-Request-With-List"/〉
               〈xsd:element name="action-request-with-first-pblock" type="Action-Request-With-
First-Pblock"/〉
                〈xsd:element name="action-request-with-list-and-first-pblock" type="Action-
Request-With-List-And-First-Pblock"/〉
                〈xsd:element name="action-request-with-pblock" type="Action-Request-With-
Pblock"/〉
           〈/xsd:choice〉
        〈/xsd:complexType〉

        〈xsd:complexType name="Get-Data-Result"〉
           〈xsd:choice〉
              〈xsd:element name="data" type="Data"/〉
              〈xsd:element name="data-access-result" type="Data-Access-Result"/〉
           〈/xsd:choice〉
        〈/xsd:complexType〉

        〈xsd:complexType name="Get-Response-Normal"〉
           〈xsd:sequence〉
              〈xsd:element name="invoke-id-and-priority" type="Invoke-Id-And-Priority"/〉
              〈xsd:element name="result" type="Get-Data-Result"/〉
           〈/xsd:sequence〉
        〈/xsd:complexType〉
```

```
<xsd:complexType name="DataBlock-G">
    <xsd:sequence>
        <xsd:element name="last-block" type="xsd:boolean"/>
        <xsd:element name="block-number" type="Unsigned32"/>
        <xsd:element name="result">
            <xsd:complexType>
                <xsd:choice>
                    <xsd:element name="raw-data" type="xsd:hexBinary"/>
                    <xsd:element name="data-access-result" type="Data-Access-Result"/>
                </xsd:choice>
            </xsd:complexType>
        </xsd:element>
    </xsd:sequence>
</xsd:complexType>

<xsd:complexType name="Get-Response-With-Datablock">
    <xsd:sequence>
        <xsd:element name="invoke-id-and-priority" type="Invoke-Id-And-Priority"/>
        <xsd:element name="result" type="DataBlock-G"/>
    </xsd:sequence>
</xsd:complexType>

<xsd:complexType name="Get-Response-With-List">
    <xsd:sequence>
        <xsd:element name="invoke-id-and-priority" type="Invoke-Id-And-Priority"/>
        <xsd:element name="result">
            <xsd:complexType>
                <xsd:sequence minOccurs="0" maxOccurs="unbounded">
                    <xsd:element name="Get-Data-Result" type="Get-Data-Result"/>
                </xsd:sequence>
            </xsd:complexType>
        </xsd:element>
    </xsd:sequence>
</xsd:complexType>

<xsd:complexType name="Get-Response">
    <xsd:choice>
        <xsd:element name="get-response-normal" type="Get-Response-Normal"/>
        <xsd:element name="get-response-with-datablock" type="Get-Response-With-Dat-
ablock"/>
        <xsd:element name="get-response-with-list" type="Get-Response-With-List"/>
    </xsd:choice>
```

```
</xsd:complexType>

<xsd:complexType name="Set-Response-Normal">
    <xsd:sequence>
        <xsd:element name="invoke-id-and-priority" type="Invoke-Id-And-Priority"/>
        <xsd:element name="result" type="Data-Access-Result"/>
    </xsd:sequence>
</xsd:complexType>

<xsd:complexType name="Set-Response-Datablock">
    <xsd:sequence>
        <xsd:element name="invoke-id-and-priority" type="Invoke-Id-And-Priority"/>
        <xsd:element name="block-number" type="Unsigned32"/>
    </xsd:sequence>
</xsd:complexType>

<xsd:complexType name="Set-Response-Last-Datablock">
    <xsd:sequence>
        <xsd:element name="invoke-id-and-priority" type="Invoke-Id-And-Priority"/>
        <xsd:element name="result" type="Data-Access-Result"/>
        <xsd:element name="block-number" type="Unsigned32"/>
    </xsd:sequence>
</xsd:complexType>

<xsd:complexType name="Set-Response-Last-Datablock-With-List">
    <xsd:sequence>
        <xsd:element name="invoke-id-and-priority" type="Invoke-Id-And-Priority"/>
        <xsd:element name="result">
            <xsd:simpleType>
                <xsd:list itemType="Data-Access-Result"/>
            </xsd:simpleType>
        </xsd:element>
        <xsd:element name="block-number" type="Unsigned32"/>
    </xsd:sequence>
</xsd:complexType>

<xsd:complexType name="Set-Response-With-List">
    <xsd:sequence>
        <xsd:element name="invoke-id-and-priority" type="Invoke-Id-And-Priority"/>
        <xsd:element name="result">
            <xsd:simpleType>
                <xsd:list itemType="Data-Access-Result"/>
            </xsd:simpleType>
```

```
            〈/xsd:element〉
        〈/xsd:sequence〉
    〈/xsd:complexType〉

    〈xsd:complexType name="Set-Response"〉
        〈xsd:choice〉
            〈xsd:element name="set-response-normal" type="Set-Response-Normal"/〉
            〈xsd:element name="set-response-datablock" type="Set-Response-Datablock"/〉
            〈xsd:element name="set-response-last-datablock" type="Set-Response-Last-Datablock"/〉
            〈xsd:element name="set-response-last-datablock-with-list" type="Set-Response-Last-Datablock-With-List"/〉
            〈xsd:element name="set-response-with-list" type="Set-Response-With-List"/〉
        〈/xsd:choice〉
    〈/xsd:complexType〉

    〈xsd:complexType name="Action-Response-With-Optional-Data"〉
        〈xsd:sequence〉
            〈xsd:element name="result" type="Action-Result"/〉
            〈xsd:element name="return-parameters" minOccurs="0" type="Get-Data-Result"/〉
        〈/xsd:sequence〉
    〈/xsd:complexType〉

    〈xsd:complexType name="Action-Response-Normal"〉
        〈xsd:sequence〉
            〈xsd:element name="invoke-id-and-priority" type="Invoke-Id-And-Priority"/〉
            〈xsd:element name="single-response" type="Action-Response-With-Optional-Data"/〉
        〈/xsd:sequence〉
    〈/xsd:complexType〉

    〈xsd:complexType name="Action-Response-With-Pblock"〉
        〈xsd:sequence〉
            〈xsd:element name="invoke-id-and-priority" type="Invoke-Id-And-Priority"/〉
            〈xsd:element name="pblock" type="DataBlock-SA"/〉
        〈/xsd:sequence〉
    〈/xsd:complexType〉

    〈xsd:complexType name="Action-Response-With-List"〉
        〈xsd:sequence〉
            〈xsd:element name="invoke-id-and-priority" type="Invoke-Id-And-Priority"/〉
            〈xsd:element name="list-of-responses"〉
                〈xsd:complexType〉
```

```
                    〈xsd:sequence minOccurs="0" maxOccurs="unbounded"〉
                        〈xsd:element name="Action-Response-With-Optional-Data" type="Ac-
tion-Response-With-Optional-Data"/〉
                    〈/xsd:sequence〉
                〈/xsd:complexType〉
            〈/xsd:element〉
        〈/xsd:sequence〉
    〈/xsd:complexType〉

    〈xsd:complexType name="Action-Response-Next-Pblock"〉
        〈xsd:sequence〉
            〈xsd:element name="invoke-id-and-priority" type="Invoke-Id-And-Priority"/〉
            〈xsd:element name="block-number" type="Unsigned32"/〉
        〈/xsd:sequence〉
    〈/xsd:complexType〉

    〈xsd:complexType name="Action-Response"〉
        〈xsd:choice〉
            〈xsd:element name="action-response-normal" type="Action-Response-Normal"/〉
            〈xsd:element name="action-response-with-pblock" type="Action-Response-With-
Pblock"/〉
            〈xsd:element name="action-response-with-list" type="Action-Response-With-List"/〉
            〈xsd:element name="action-response-next-pblock" type="Action-Response-Next-
Pblock"/〉
        〈/xsd:choice〉
    〈/xsd:complexType〉

    〈xsd:complexType name="ExceptionResponse"〉
        〈xsd:sequence〉
            〈xsd:element name="state-error"〉
                〈xsd:simpleType〉
                    〈xsd:restriction base="xsd:token"〉
                        〈xsd:enumeration value="service-not-allowed"/〉
                        〈xsd:enumeration value="service-unknown"/〉
                    〈/xsd:restriction〉
                〈/xsd:simpleType〉
            〈/xsd:element〉
            〈xsd:element name="service-error"〉
                〈xsd:simpleType〉
                    〈xsd:restriction base="xsd:token"〉
                        〈xsd:enumeration value="operation-not-possible"/〉
                        〈xsd:enumeration value="service-not-supported"/〉
                        〈xsd:enumeration value="other-reason"/〉
```

```
                </xsd:restriction>
            </xsd:simpleType>
        </xsd:element>
    </xsd:sequence>
</xsd:complexType>

<xsd:complexType name="Access-Request-Get">
    <xsd:sequence>
        <xsd:element name="cosem-attribute-descriptor" type="Cosem-Attribute-Descriptor"/>
    </xsd:sequence>
</xsd:complexType>

<xsd:complexType name="Access-Request-Set">
    <xsd:sequence>
        <xsd:element name="cosem-attribute-descriptor" type="Cosem-Attribute-Descriptor"/>
    </xsd:sequence>
</xsd:complexType>

<xsd:complexType name="Access-Request-Action">
    <xsd:sequence>
        <xsd:element name="cosem-method-descriptor" type="Cosem-Method-Descriptor"/>
    </xsd:sequence>
</xsd:complexType>

<xsd:complexType name="Access-Request-Get-With-Selection">
    <xsd:sequence>
        <xsd:element name="cosem-attribute-descriptor" type="Cosem-Attribute-Descriptor"/>
        <xsd:element name="access-selection" type="Selective-Access-Descriptor"/>
    </xsd:sequence>
</xsd:complexType>

<xsd:complexType name="Access-Request-Set-With-Selection">
    <xsd:sequence>
        <xsd:element name="cosem-attribute-descriptor" type="Cosem-Attribute-Descriptor"/>
        <xsd:element name="access-selection" type="Selective-Access-Descriptor"/>
    </xsd:sequence>
</xsd:complexType>

<xsd:complexType name="Access-Request-Specification">
```

```
        <xsd:choice>
            <xsd:element name="access-request-get" type="Access-Request-Get"/>
            <xsd:element name="access-request-set" type="Access-Request-Set"/>
            <xsd:element name="access-request-action" type="Access-Request-Action"/>
            <xsd:element name="access-request-get-with-selection" type="Access-Request-Get-
With-Selection"/>
            <xsd:element name="access-request-set-with-selection" type="Access-Request-Set-
With-Selection"/>
        </xsd:choice>
    </xsd:complexType>

    <xsd:complexType name="List-Of-Access-Request-Specification">
        <xsd:sequence minOccurs="0" maxOccurs="unbounded">
            <xsd:element name="Access-Request-Specification" type="Access-Request-Specifica-
tion"/>
        </xsd:sequence>
    </xsd:complexType>

    <xsd:complexType name="List-Of-Data">
        <xsd:sequence minOccurs="0" maxOccurs="unbounded">
            <xsd:element name="Data" type="Data"/>
        </xsd:sequence>
    </xsd:complexType>

    <xsd:complexType name="Access-Request-Body">
        <xsd:sequence>
            <xsd:element name="access-request-specification" type="List-Of-Access-Request-
Specification"/>
            <xsd:element name="access-request-list-of-data" type="List-Of-Data"/>
        </xsd:sequence>
    </xsd:complexType>

    <xsd:complexType name="Access-Request">
        <xsd:sequence>
            <xsd:element name="long-invoke-id-and-priority" type="Long-Invoke-Id-And-Priori-
ty"/>
            <xsd:element name="date-time" type="xsd:hexBinary"/>
            <xsd:element name="access-request-body" type="Access-Request-Body"/>
        </xsd:sequence>
    </xsd:complexType>

    <xsd:complexType name="Access-Response-Get">
        <xsd:sequence>
```

```
            <xsd:element name="result" type="Data-Access-Result"/>
        </xsd:sequence>
    </xsd:complexType>

    <xsd:complexType name="Access-Response-Set">
        <xsd:sequence>
            <xsd:element name="result" type="Data-Access-Result"/>
        </xsd:sequence>
    </xsd:complexType>

    <xsd:complexType name="Access-Response-Action">
        <xsd:sequence>
            <xsd:element name="result" type="Action-Result"/>
        </xsd:sequence>
    </xsd:complexType>

    <xsd:complexType name="Access-Response-Specification">
        <xsd:choice>
            <xsd:element name="access-response-get" type="Access-Response-Get"/>
            <xsd:element name="access-response-set" type="Access-Response-Set"/>
            <xsd:element name="access-response-action" type="Access-Response-Action"/>
        </xsd:choice>
    </xsd:complexType>

    <xsd:complexType name="List-Of-Access-Response-Specification">
        <xsd:sequence minOccurs="0" maxOccurs="unbounded">
            <xsd:element name="Access-Response-Specification" type="Access-Response-Specifi-
cation"/>
        </xsd:sequence>
    </xsd:complexType>

    <xsd:complexType name="Access-Response-Body">
        <xsd:sequence>
            <xsd:element name="access-request-specification" minOccurs="0" type="List-Of-
Access-Request-Specification"/>
            <xsd:element name="access-response-list-of-data" type="List-Of-Data"/>
            <xsd:element name="access-response-specification" type="List-Of-Access-Response-
Specification"/>
        </xsd:sequence>
    </xsd:complexType>

    <xsd:complexType name="Access-Response">
        <xsd:sequence>
```

```
            <xsd:element name="long-invoke-id-and-priority" type="Long-Invoke-Id-And-Priority"/>
            <xsd:element name="date-time" type="xsd:hexBinary"/>
            <xsd:element name="access-response-body" type="Access-Response-Body"/>
        </xsd:sequence>
    </xsd:complexType>

    <xsd:complexType name="General-Glo-Ciphering">
        <xsd:sequence>
            <xsd:element name="system-title" type="xsd:hexBinary"/>
            <xsd:element name="ciphered-content" type="xsd:hexBinary"/>
        </xsd:sequence>
    </xsd:complexType>

    <xsd:complexType name="General-Ded-Ciphering">
        <xsd:sequence>
            <xsd:element name="system-title" type="xsd:hexBinary"/>
            <xsd:element name="ciphered-content" type="xsd:hexBinary"/>
        </xsd:sequence>
    </xsd:complexType>

    <xsd:complexType name="Identified-Key">
        <xsd:sequence>
            <xsd:element name="key-id" type="Key-Id"/>
        </xsd:sequence>
    </xsd:complexType>

    <xsd:complexType name="Wrapped-Key">
        <xsd:sequence>
            <xsd:element name="kek-id" type="Kek-Id"/>
            <xsd:element name="key-ciphered-data" type="xsd:hexBinary"/>
        </xsd:sequence>
    </xsd:complexType>

    <xsd:complexType name="Agreed-Key">
        <xsd:sequence>
            <xsd:element name="key-parameters" type="xsd:hexBinary"/>
            <xsd:element name="key-ciphered-data" type="xsd:hexBinary"/>
        </xsd:sequence>
    </xsd:complexType>

    <xsd:complexType name="Key-Info">
        <xsd:choice>
```

```
        <xsd:element name="identified-key" type="Identified-Key"/>
        <xsd:element name="wrapped-key" type="Wrapped-Key"/>
        <xsd:element name="agreed-key" type="Agreed-Key"/>
    </xsd:choice>
</xsd:complexType>

<xsd:complexType name="General-Ciphering">
    <xsd:sequence>
        <xsd:element name="transaction-id" type="xsd:hexBinary"/>
        <xsd:element name="originator-system-title" type="xsd:hexBinary"/>
        <xsd:element name="recipient-system-title" type="xsd:hexBinary"/>
        <xsd:element name="date-time" type="xsd:hexBinary"/>
        <xsd:element name="other-information" type="xsd:hexBinary"/>
        <xsd:element name="key-info" minOccurs="0" type="Key-Info"/>
        <xsd:element name="ciphered-content" type="xsd:hexBinary"/>
    </xsd:sequence>
</xsd:complexType>

<xsd:complexType name="General-Signing">
    <xsd:sequence>
        <xsd:element name="transaction-id" type="xsd:hexBinary"/>
        <xsd:element name="originator-system-title" type="xsd:hexBinary"/>
        <xsd:element name="recipient-system-title" type="xsd:hexBinary"/>
        <xsd:element name="date-time" type="xsd:hexBinary"/>
        <xsd:element name="other-information" type="xsd:hexBinary"/>
        <xsd:element name="content" type="xsd:hexBinary"/>
        <xsd:element name="signature" type="xsd:hexBinary"/>
    <xsd:sequence>
</xsd:complexType>

<xsd:complexType name="General-Block-Transfer">
    <xsd:sequence>
        <xsd:element name="block-control" type="Block-Control"/>
        <xsd:element name="block-number" type="Unsigned16"/>
        <xsd:element name="block-number-ack" type="Unsigned16"/>
        <xsd:element name="block-data" type="xsd:hexBinary"/>
    </xsd:sequence>
</xsd:complexType>

</xsd:schema>
```

附 录 A
（规范性附录）
DLMS/COSEM 应用层可以用于不同的通信配置中

A.1 概述

能源计量设备的 COSEM 接口模型(GB/T 17215.662—2018 中规定)设计用于各种通信配置在不同的通信媒介上进行数据交换。在每个配置中,应用层是 COSEM AL,提供能访问 COSEM 对象的属性和方法的 xDLMS 服务。对于每一种通信配置,都应规定以下元素:

——所针对的通信环境;

——通信配置的结构(协议层的集合);

——识别/寻址方案;

——DLMS/COSEM AL 服务到支撑层所提供和使用的服务集之间的映射;

——通信配置的 DLMS/COSEM AL 服务特定参数;

——在给定配置中使用某些服务的其他一些具体考虑/限制。

A.2 所针对的通信环境

该部分明确给定通信配置所适用的通信环境。

A.3 通信配置的结构

该部分规定了给定通信配置中所含的协议层。

A.4 识别和寻址方案

该部分描述了具体用于该通信配置的识别和寻址方案。

如 GB/T 17215.662—2018，4.7 中所述,测量设备在 COSEM 中作为物理设备(含有一个或多个逻辑设备)建模。在 COSEM 的 C/S 型模型中,数据交换在一个 COSEM 客户机 AP 和一个 COSEM 逻辑设备(担当服务器 AP 的角色)之间的应用连接中进行。

为了能建立所需的 AA,且而后借助支撑层协议进行数据交换,客户机 AP 和服务器 AP 均应按通信配置的规则进行标识和寻址。至少需要标识和寻址下列元素:

——作为客户机和服务器的物理设备;

——客户机 AP 和服务器 AP;

客户机 AP 和服务器 AP 同时也标识了 AA。

A.5 支撑层服务和服务映射

本部分规定了 COSEM AL 所请求的服务和其支撑层所提供的服务之间的映射。

在每一种通信配置中,COSEM AL 为客户机 AP 和服务器 AP 提供了相同的服务集,而各种配置中的支撑协议层则为服务用户 AL 提供了不同的服务集。

服务映射规定了,AL 如何使用支撑层为其服务用户提供 ACSE 和 xDLMS 服务,为此,通常使用 MSC 来显示 COSEM AP 服务调用后的事件序列。

A.6 COSEM AL 服务的通信配置特定参数

在 COSEM 中,只有 COSEM-OPEN 服务有通信配置特定参数(Protocol_Connection_Parameter),其值和用法作为通信配置规范的一部分来定义。

A.7 在给定配置中使用某些服务的特殊考虑/限制

某些服务的协议及其可用性可能依赖于通信配置,这些元素作为通信配置规范的一部分来规定。

A.8 基于 HDLC、面向连接的 3 层结构的通信配置

该配置在 IEC 62056-7-6 中规定。

A.9 基于 TCP-UDP/IP 的通信配置(COSEM_on_IP)

此配置在 IEC 62056-9-7 中规定。

A.10 有线和无线 M-Bus 通信配置

这些配置在 IEC 62056-7-3:2017 中规定。

A.11 S-FSK PLC 配置

此配置在 IEC 62056-8-3 中规定。

附 录 B
(规范性附录)
SMS 短封装

本附录规定了在 SMS 中传输 xDLMS APDU。

一个 SMS 的有效载荷是带有 Destination_AP 和 Source_AP 前缀的 xDLMS APDU，如图 B.1 所示：

8 位	8 位	N8×位
Dst_AP	Src_AP	应用层有效载荷(xDLMS ADPU)

其中：

——Dst_AP=目的地 AP，标识目的地应用进程；

——Src_AP=源 AP，标识源应用进程。

图 B.1 短封装

表 B.1 规定保留的应用进程的标识符：

表 B.1 保留的应用进程

<table>
<tr><td colspan="2">客户机侧保留的 SAP</td></tr>
<tr><td>无站</td><td>0x00</td></tr>
<tr><td>客户机管理进程</td><td>0x01</td></tr>
<tr><td>公共客户机</td><td>0x10</td></tr>
<tr><td rowspan="2">开放分配给客户机 AP</td><td>0x02～0x0F</td></tr>
<tr><td>0x11 和 up</td></tr>
<tr><td colspan="2">服务器侧保留的 SAP</td></tr>
<tr><td>无站</td><td>0x00</td></tr>
<tr><td>管理逻辑设备</td><td>0x01</td></tr>
<tr><td>保留</td><td>0x02～0x0F</td></tr>
<tr><td>开放分配给服务器 SAP</td><td>0x10～0x7E</td></tr>
<tr><td>全站(广播)</td><td>0x7F</td></tr>
</table>

附　录　C
（规范性附录）
网关协议

C.1　概述

当网关一方面连接到广域网(WAN)或社区网络(NN),另一方面连接到 DLMS/COSEM 服务器连接到的本地网络(LAN)时,本附录规定了通过该网关在 DLMS/COSEM 客户机和服务器之间交换数据的方法。

网关是双向的,即 LAN 中的服务器也可以使用网关(推送应用)向 WAN/NN 中的客户机发送消息。

网关功能本身可以在 DLMS/COSEM 表或独立设备中实现。

用于仪表数据交换的 DLMS/COSEM 规范基于客户机/服务器模型,其中前端系统(HES)充当请求服务的客户机,并且终端设备(例如,仪表)充当提供所请求的服务的服务器。在许多情况下,客户机可以使用单播、组播或广播消息直接到达每个电表。

然而,有些情况下,将几个终端设备连接到局域网,并通过网关到达这些设备是切实可行的。在 LAN 上使用的协议栈可能与 WAN/NN 上使用的协议栈相同,或者可能不同。

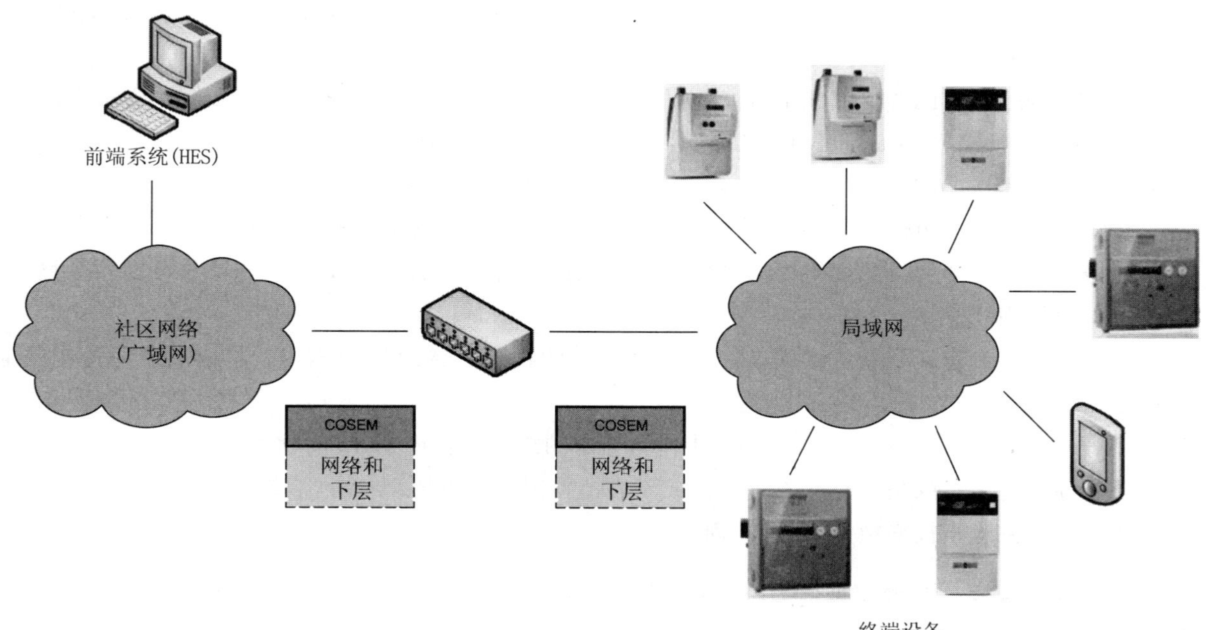

图 C.1　有网关的通用架构

DLMS/COSEM 客户机(HES)通过 WAN 或 NNAP 到达网关,见图 C.1。网关本身可以是独立设备或能够充当网关的 DLMS/COSEM 表。如果配置相应,它会在 HES 或 NNAP 和 COSEM 服务器(终端设备)之间透明地传递 COSEM APDU。

网关是双向的,即 LAN 中的 COSEM 服务器也可以使用网关(推送应用)向 WAN/NN 中的 COSEM 客户机(HES)发送 COSEM APDU。

C.2 网关协议

任何 DLMS/COSEM 通信配置的顶层都是 DLMS/COSEM 应用层。

为了使两者下层套件和 DLMS/COSEM AL 不受影响,将每个消息从客户机路由到 LAN 上的终端设备的任务通过预先固定几个字节的 COSEM APDU 来解决,预先固定的几个字节指定要使用的网络和 LAN 上设备的地址,反之亦然。

网关从 WAN/NN 协议中提取有效负载,COSEM APDU 以及应用程序地址,并将其作为有效载荷提供给 LAN 协议,倒过来操作。

具有四个字段的前缀的结构如图 C.2 所示。

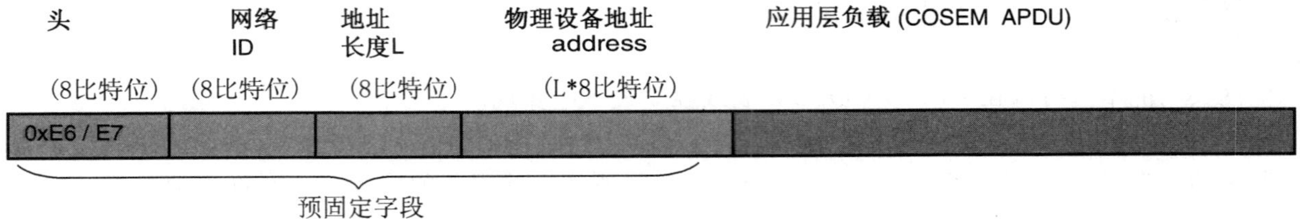

头 (8比特位)	网络 ID (8比特位)	地址 长度L (8比特位)	物理设备地址 address (L*8比特位)	应用层负载 (COSEM APDU)
0xE6 / E7				

预固定字段(前四个字段)

图 C.2 用于预修理 COSEM APDU 的字段

——第一个字节(头)的值为 0xE6 或 0xE7。它表示以下字节不包含纯 COSEM APDU,但包含具有前缀的 COSEM APDU:

- 0xE6 表示从 DLMS/COSEM 客户机到 DLMS/COSEM 服务器的请求消息或从 DLMS/COSEM 服务器到 DLMS/COSEM 客户机的请求消息(数据通知);
- 0xE7 表示从 DLMS/COSEM 服务器到 DLMS/COSEM 客户机的响应。

——第二个字节是传输消息的目标网络的标识符。这允许通过相同的网关使用相同或不同的通信协议访问多个网络。网络 ID 未链接到通信协议,可以设置为任何值。如果只存在一个网络,则应使用 0x00;

——第三个字节定义了紧接着到来的 L 字节给定的物理设备地址的长度。这取决于所使用的通信协议;

——第 4 到 4+(L-1)字节是通信协议中作为请求的终端设备或 HES 的物理设备地址。

当具有预固定字段的报文到达不是网关或不支持预固定字段的设备时,应简单地丢弃。

当客户机与主表直接交换数据时,预固定字段不存在。

C.3 在 WAN/NN 中作为发起者的 HES(Pull 操作)

在图 C.3 所示的序列图中,进一步阐述了通过网关进行 DLMS/COSEM 客户机与服务器之间的传统拉取数据交换。

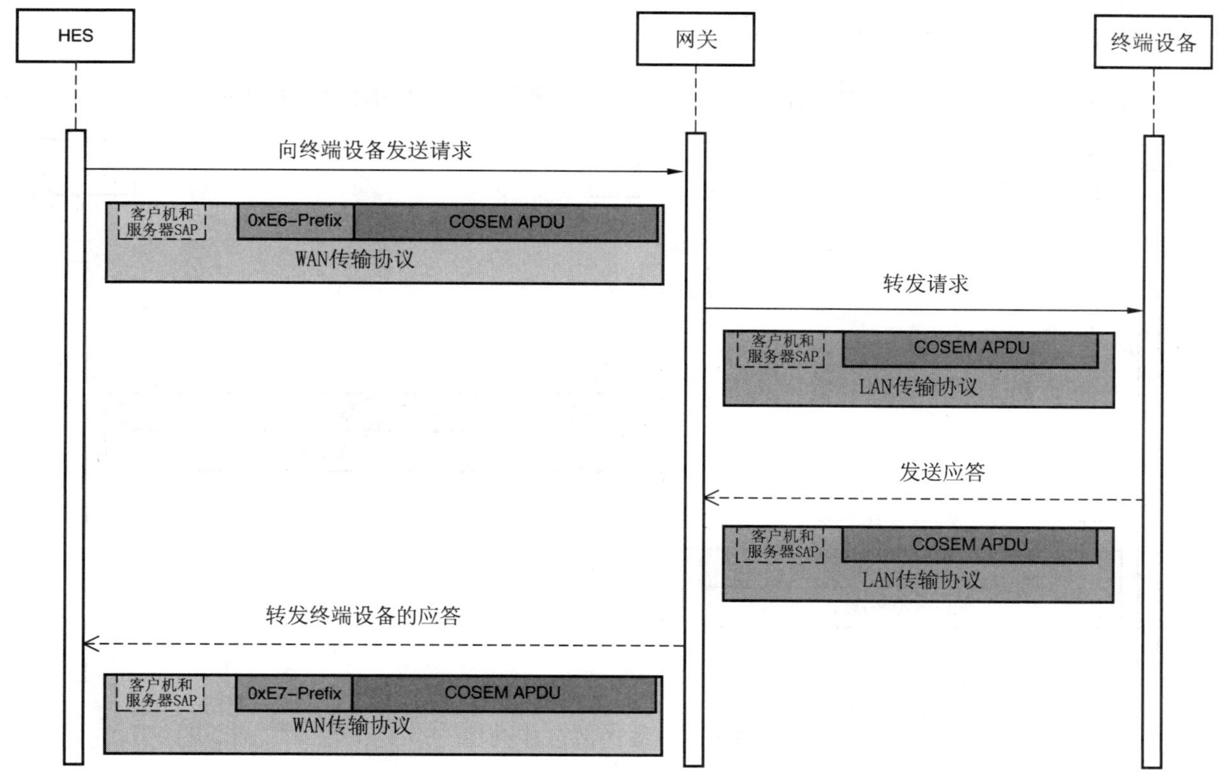

图 C.3 Pull 消息序列图

先决条件：WAN/NN 中的客户机应知道要在 LAN 中访问的服务器的网络 ID，协议和物理设备地址。

DLMS/COSEM 客户机(HES)发送 COSEM APDU 携带的每个请求，前缀为如图 C.2 所示的四个字段，使用在 WAN/NN 上的支持 DLMS/COSEM AL 的协议层。

网关使用预定义字段中包含的网络 ID 和物理设备地址将携带.request 服务原语的每个 COSEM APDU 转发到适当的网络。从支持 WAN/NN 上的 DLMS/COSEM AL 的协议层提取客户机和服务器 SAP，并将其插入 LAN 上的 DLMS/COSEM AL 的支持层。

携带请求的 APDU 在到达 LAN 中的终端设备时没有任何前缀。每个终端设备处理请求并提供答案的方式与直接连接到客户机一样。

当设备响应请求时，就像直接连接到客户机一样。APDU 不需要预固定。

当网关收到在 LAN 上携带.response 服务原语的 COSEM APDU 时，它从 LAN 上支持 DLMS/COSEM AL 的协议层提取客户机和服务器 SAP。然后将其插入在 WAN/NN 上的 DLMS/COSEM AL 的支持层，并使用 WAN/NN 协议将具有预固定字段的消息发送到客户机。

C.4 LAN 中的终端设备作为发起者(Push 操作)

C.4.1 概述

LAN 中的服务器(终端设备)也可以使用网关向 WAN/NN 中的客户机(HES)发送消息，而不必在(推送应用程序)之前接收到请求服务。根据网关的功能，支持两种方案。

C.4.2 具有 WAN/NN 信息的终端设备

先决条件：LAN 中的服务器应知道 WAN/NN 中要到达的客户机的网络 ID，协议和地址。

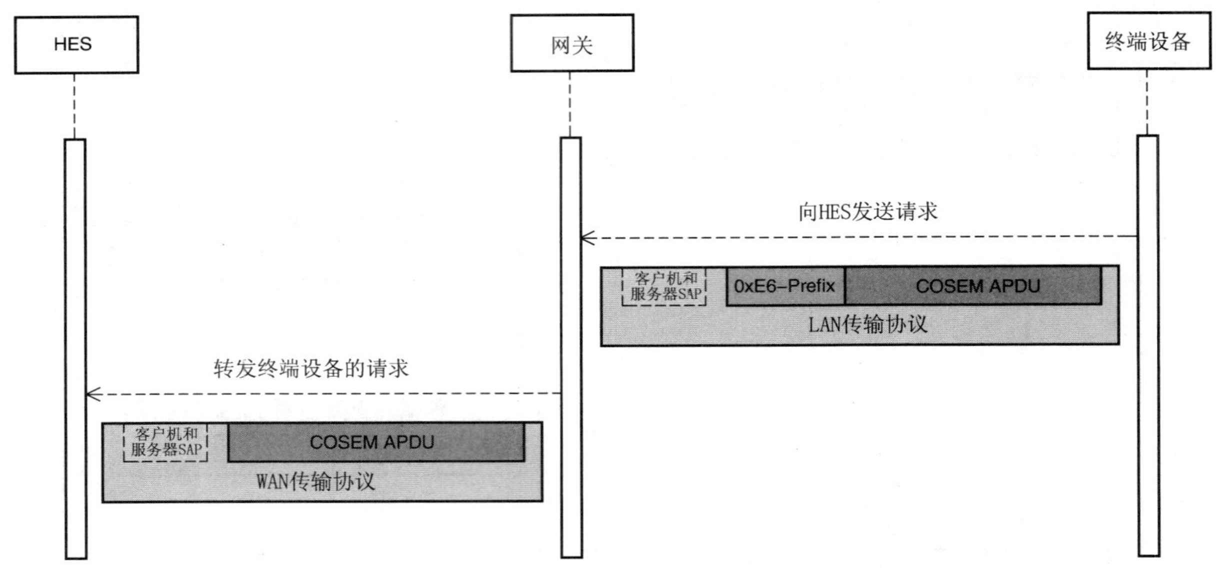

图 C.4 推送消息序列图

如图 C.4 所示，在 LAN 上服务器(终端设备)将使用支持 DLMS/COSEM AL 的协议层，将由 COSEM APDU 携带的，带有以前定义的 4 个字段预固定的每个请求(例如，数据通知请求)发送到网关。

网关使用包含在预固定的字段中的网络 ID，协议和客户机地址(例如：WAN/NN MAC 地址)来转发携带.request 服务原语的每个 COSEM APDU。

从 LAN 上支持 DLMS/COSEM AL 的协议层中提取客户机和服务器 SAP，并将其插入 WAN/NN 上的 DLMS/COSEM AL 的支持层中。

C.4.3 无 WAN/NN 信息的终端设备

如果终端设备没有关于 WAN/NN 网络的信息，或者如果根本不知道是否连接到网关，则可以向网关发送标准(非预固定的)数据通知请求。网关有责任进一步处理这些信息。

由于这不需要协议扩展，所以这个用例没有进一步描述。

C.5 安全

DLMS/COSEM AL 安全机制通过网关确保端到端安全。

附 录 D
（资料性附录）
AARQ 和 AARE 编码的示例

D.1 概述

本附录包含了 AARQ 和 AARE APDU 编码的示例、使用各种认证级别的例子以及成功和失败的案例。

AARQ、AARE、RLRQ 和 RLRE APDU(见 7.2)应按 BER 的形式(ISO/IEC 8825-1)进行编码。AARQ APDU 和 AARE APDU 的 user-information 域分别包含了 xDLMS Initiate.Request/InitiateResponse 或 ConfirmedServiceError APDU，这些 APDU 作为 OCTET STRING 按 A-XDR 进行编码。

D.2 xDLMS InitiateRequest/InitiateResponse APDU 的编码

xDLMS InitiateRequest/InitiateResponse APDU 规定如下：

```
InitiateRequest::= SEQUENCE
{
——shall not be encoded in DLMS without ciphering
    dedicated-key                        OCTET STRING OPTIONAL,
    response-allowed                     BOOLEAN DEFAULT TRUE,
    proposed-quality-of-service          IMPLICIT Integer8 OPTIONAL,
    proposed-dlms-version-number         Unsigned8,
    proposed-conformance                 Conformance,
    client-max-receive-pdu-size          Unsigned16
}

InitiateResponse::= SEQUENCE
{
    negotiated-quality-of-service        IMPLICIT Integer8 OPTIONAL,
    negotiated-dlms-version-number       Unsigned8,
    negotiated-conformance               Conformance,
    server-max-receive-pdu-size          Unsigned16,
    vaa-name                             ObjectName
}
```

xDLMS InitiateRequest 和 InitiateResponse APDU 以 A-XDR 形式编码，它们分别插入在 AARQ/AARE APDU 的 user-information 域中。

在下面的例子中，使用下列值：

——专用密钥：无，没有使用加密；

——response-allowed：TRUE(默认值)；

——proposed-quality-of-service 和 negotiated-quality-of-service：不存在(在 DLMS/COSEM 中不使用)；

——proposed-conformance 和 negotiated-conformance：见下文；

——proposed-dlms-version-number 和 negotiated-dlms-version-number=6；

——client-max-receive-pdu-size：1200_D=0x04B0；

——server-max-receive-pdu-size：500_D=0x01F4；

——在 LN 引用时的 vaa-name：虚值 0x0007；

——SN 引用时的 vaa-name：0xFA00，即当前"Association SN"对象的 base_name；

——proposed-conformance 和 negotiated-conformance 元素分别包含建议和商定的一致性块。LN 引用和 SN 引用的示例值如表 D.1 所示：

表 D.1 一致性块

Conformance::=[APPLICATION 31] IMPLICIT BIT STRING (SIZE(24))		LN 引用		SN 引用	
该位在相应的服务或功能可用时设置	使用	提议的/商定的		提议的/商定的	
reserved-zero (0)		0	0	0	0
reserved-one (1)		0	0	0	0
reserved-two (2)		0	0	0	0
read (3)	SN	0	0	1	1
write (4)	SN	0	0	1	1
unconfirmed-write (5)	SN	0	0	1	1
reserved-six (6)		0	0	0	0
reserved-seven (7)		0	0	0	0
attribute0-supported-with-set (8)	LN	0	0	0	0
priority-mgmt-supported (9)	LN	1	1	0	0
attribute0-supported-with-get (10)	LN	1	0	0	0
block-transfer-with-get-or-read (11)	LN	1	1	0	0
block-transfer-with-set-or- write (12)	LN	1	0	0	0
block-transfer-with-action (13)	LN	1	0	0	0
multiple-references (14)	LN/SN	1	0	1	1
information-report (15)	SN	0	0	1	1
reserved-sixteen (16)		0	0	0	0
reserved-seventeen (17)		0	0	0	0
parameterized-access (18)	SN	0	0	1	1
get (19)	LN	1	1	0	0
set (20)	LN	1	1	0	0
selective-access (21)	LN	1	1	0	0
event-notification (22)	LN	1	1	0	0
action (23)	LN	1	1	0	0
位串的值		00 7E 1F	00 50 1F	1C 03 20	1C 03 20

带这些参数的 xDLMS InitiateRequest APDU 的 A-XDR 编码如下，见表 D.2：

表 D.2　A-XDR 编码 xDLMS InitiateRequest APDU

——*xDLMS InitiateRequest APDU 的 A-XDR 编码*	LN 引用	SN 引用
//DLMS APDU CHOICE(InitiateRequest)的标签的编码	01	01
——*专用密钥组件(OCTET STRING OPTIONAL)的编码*		
//使用标志(FALSE,不存在)	00	00
——*response-allowed 组件(BOOLEAN DEFAULT TRUE)的编码*		
//使用标志(FALSE,默认值为 TRUE 输送)	00	00
——*proposed-quality-of-service 组件([0] IMPLICIT Integer8 OPTIONAL)的编码*		
//使用标记(FALSE,不出现)	00	00
——*proposed-dlms-version-number 组件(Unsigned8)的编码*		
//值=6,Unsigned8 的编码是它的值	06	06
——*proposed-conformance 组件(一致性,[APPLICATION 31] IMPLICIT BIT STRING (SIZE(24)))的编码*[a]		
//[APPLICATION 31]标签的编码(ASN.1 显示标签)[b]	5F 1F	5F 1F
//contents 域的长度(8 位字节数)的编码(4)	04	04
//对 BIT STRING(0)的最后字节中不使用的比特数进行编码	00	00
//固定长度的 BIT STRING 值的编码	00 7E 1F	1C 03 20
——*client-max-receive-pdu-size 组件(Unsigned16)的编码*		
//值= 0x04b0 Unsigned16 的编码就是它的值	04 B0	04 B0
——结果 octet-string 应插入到 AARQ APDU 的 user-information 域中	01 00 00 00 06 5F 1F 04 00 00 7E 1F 04 B0	01 00 00 00 06 5F 1F 04 00 1C 03 20 04 B0

[a] 与 IEC 61334-6:2000，附录 C 的示例 1 和示例 2 中规定的一样，xDLMS InitiateRequest APDU 的 proposed-conformance 元素和 xDLMS InitiateResponse APDU 的 negotiated-conformance 元素均按 BER 形式进行编码。这就是为什么 bit-string 的长度和未使用比特位的数量要编码。

[b] 标识符 8 位元的编码见 ISO/IEC 8825-1:2015，8.1.2。为符合现有的实现，当使用面向连接的基于 HDLC 三层架构时，用一个字节(5 f)代替两个字节(5 f 1 f)编码[Application 31]标记的编码是可以的。

xDLMS InitiateResponse APDU 的 A-XDR 编码如下，见表 D.3：

表 D.3　A-XDR 编码 xDLMS InitiateResponse APDU

——*xDLMS InitiateResponse APDU 的 A-XDR 编码*	LN 引用	SN 引用
//DLMS APDU CHOICE(InitiateResponse)的标签的编码	08	08
——*negotiated-quality-of-service 组件([0] IMPLICIT Integer8 OPTIONAL)的编码*		
//使用标记(FALSE,不出现)	00	00
——*negotiated-dlms-version-number 组件(Unsigned8)的编码*		
//值=6,Unsigned8 的编码就是它的值	06	06

表 D.3（续）

——*xDLMS InitiateResponse APDU 的 A-XDR 编码*	LN 引用	SN 引用
——*negotiated-conformance 组件（Conformance，[APPLICATION 31] IMPLICIT BIT STRING（SIZE(24)）)的编码*		
//[APPLICATION 31]标签的编码(ASN.1 显式标签)	5F 1F	5F 1F
//"内容"域的长度的编码为 8 位元(4)	04	04
//BIT STRING 最后八位元未使用比特数的编码(0)	00	00
//固定长度 BIT STRING 值的编码	00 50 1F	1C 03 20
——*server-max-receive-pdu-size 组件(Unsigned16)的编码*		
//值＝0x01f4 Unsigned16 的编码就是它的值	01 F4	01 F4
——*VAA-Name 组件(ObjectName，Integer16)的编码*		
//为 LN 引用时值＝0x0007，为 SN 引用时值＝0xFA00；强制转换为 Integer16 的编码就是它的值	00 07	FA 00
——*产生的字符串被插入到 AARE APDU 的用户信息域*	08 00 06 5F 1F 04 00 00 50 1F 01 F4 00 07	08 00 06 5F 1F 04 00 1C 03 20 01 F4 FA 00

D.3 AARQ 和 AARE APDU 规范

AARQ 和 AARE APDU 在第 8 章中规定如下：

```
AARQ-apdu::=[APPLICATION 0] IMPLICIT SEQUENCE
{
——[APPLICATION 0]==[60H]=[96]
    protocol-version              [0] IMPLICIT  BIT STRING {version1 (0)}
                                                DEFAULT {version1},
    application-context-name      [1]           Application-context-name,
    called-AP-title               [2]           AP-title OPTIONAL,
    called-AE-qualifier           [3]           AE-qualifier OPTIONAL,
    called-AP-invocation-id       [4]           AP-invocation-identifier OPTIONAL,
    called-AE-invocation-id       [5]           AE-invocation-identifier OPTIONAL,
    calling-AP-title              [6]           AP-title OPTIONAL,
    calling-AE-qualifier          [7]           AE-qualifier OPTIONAL,
    calling-AP-invocation-id      [8]           AP-invocation-identifier OPTIONAL,
    calling-AE-invocation-id      [9]           AE-invocation-identifier OPTIONAL,
——The following field shall not be present if only the kernel is used.
    sender-acse-requirements      [10] IMPLICIT ACSE-requirements OPTIONAL,
——The following field shall only be present if the authentication functional unit is
——selected.
    mechanism-name                [11] IMPLICIT Mechanism-name OPTIONAL,
——The following field shall only be present if the authentication functional unit is
```

```
——selected.
    calling-authentication-value          [12] EXPLICIT Authentication-value OPTIONAL,
    implementation-information            [29] IMPLICIT Implementation-data OPTIONAL,
    user-information                      [30] EXPLICIT Association-information OPTIONAL
}
——The user-information field shall carry an InitiateRequest APDU encoded in A-XDR, and
——then encoding the resulting OCTET STRING in BER.
AARE-apdu::=[APPLICATION 1] IMPLICIT SEQUENCE
{
——[APPLICATION 1]==[61H]=[97]
protocol-version                          [0] IMPLICIT  BIT STRING {version1 (0)}
                                                        DEFAULT {version1},
application-context-name                  [1]           Application-context-name,
result                                    [2]           Association-result,
result-source-diagnostic                  [3]           Associate-source-diagnostic,
responding-AP-title                       [4]           AP-title OPTIONAL,
responding-AE-qualifier                   [5]           AE-qualifier OPTIONAL,
responding-AP-invocation-id               [6]           AP-invocation-identifier OPTIONAL,
responding-AE-invocation-id               [7]           AE-invocation-identifier OPTIONAL,
——The following field shall not be present if only the kernel is used.
    responder-acse-requirements           [8] IMPLICIT  ACSE-requirements OPTIONAL,
——The following field shall only be present if the authentication functional unit is
——selected.
    mechanism-name                        [9] IMPLICIT  Mechanism-name OPTIONAL,
——The following field shall only be present if the authentication functional unit is
——selected.
    responding-authentication-value     [10] EXPLICIT Authentication-value OPTIONAL,
    implementation-information          [29] IMPLICIT Implementation-data OPTIONAL,
    user-information                    [30] EXPLICIT Association-information OPTIONAL
}
——The user-information field shall carry either an InitiateResponse (or, when the
——proposed xDLMS context is not accepted by the server, a ConfirmedServiceError) APDU
——encoded in A-XDR.The resulting OCTET STRING shall be encoded in BER.
```

D.4 Data 的例子

在这些例子中：

——protocol-version 默认为 ACSE 版本；

——application-context-name 的值：

- 在 LN 引用且不加密时：2,16,756,5,8,1,1；
- 在 SN 引用且不加密时：2,16,756,5,8,1,2。

——AARQ 可选的 called-AP-title、called-AE-qualifier、called-AP-invocation-id、called-AE- invocation-id、 calling-AP-title、 calling-AE-qualifier、 calling-AP-invocation-id、 calling-AE-invocation-id 域和 AARE 的 responding-AP-title、responding-AE-qualifier、responding-AP-invocation-id、responding-AE-invocation-id 都是不出现的；

——mechanism-name 的值：

- 在 low-level-security 情况下：2,16,756,5,8,2,1；
- 在 high-level-security(5)情况下：2,16,756,5,8,2,5。

——调用认证值：

- 在 low-level-security 情况下为 12345678(编码为 31 32 33 34 35 36 37 38)；
- 在 high-level-security 情况下，(口令 CtoS)为 K56iVagY(编码为 4B 35 36 69 56 61 67 59)。

——responding-authentication-value(口令 StoC)为 P6wRJ21F(编码为 50 36 77 52 4A 32 31 46)；

——在 AARQ 和 AARE APDU 中，可选的 implementation-information 域是不出现的；

——user-information 域包含如上所示的 xDLMS InitiateRequest/InitiateResponse APDU。

application-context-name 和(认证)mechanism-name OBJECT IDENTIFIERS 编码如下：

——OBJECT IDENTIFIER 的 BER 编码是一组数字，体现为带括号的数字标签，每个数字(最开始的合在一起的两个数字除外)以一串八位字节表示，除最后的八位字节之外，每个八位字节使用七位并且最高有效位置 1。所使用的八位字节数必需是尽可能最少的；

——在采用不加密的 LN 引用的应用语境名称的情况下，对象标识符的带括号的数字标签是(2,16,756,5,8,1,1)：

- 编码的第一个八位位组是最开始的两个数字组合而成的一个数字，遵循的规则为 40×First＋Second->40＊2＋16＝96＝0x60；
- 对象标识符的第三个数字(756)需要两个八位位组：其十六进制值为 0x02F4，二进制表示为 00000010 11110100，按照上述规则，第一个八位位组的 MSB 应置为 1，第二个八位位组的 MSB 应置为 0，因此这一位应当移到第一个八位位组的 LSB，得到的二进制数为 10000101 01110100，其十六进制为 0x8574；
- 对象标识符的其余每个数字要求编码为一个八位位组；
- 该编码结果为 60 85 74 05 08 01 01。

——同样，在采用不加密的 SN 引用的应用语境名称的情况下，BER 编码是 60 85 74 05 08 01 02；

——在机制名为 low-level-security 的情况下，BER 编码是 60 85 74 05 08 02 01；

——机制名为 high-level-security(5)的情况下，BER 编码是 60 85 74 05 08 02 05。

D.5 AARQ APDU 编码

这里示出六种不同的情况：

——不加密、无安全级别、LLS 和 HLS 的 LN 引用；

——不加密、无安全级别、LLS 和 HLS 的 SN 引用。

编码如表 D.4 和表 D.5 所示。

表 D.4 BER 编码 AARQ APDU

——用 BER 对 AARQ APDU 编码	LN 引用			SN 引用		
	no sec.	LLS	HLS	no sec.	LLS	HLS
//AARQ APDU 标签([APPLICATION 0]，Application)的编码	60			60		
//AARQ 内容域的长度的编码	1D	36	36	1D	36	36

表 D.4（续）

——用 BER 对 AARQ APDU 编码	LN 引用			SN 引用		
	no sec.	LLS	HLS	no sec.	LLS	HLS
——*protocol-version* 域（[0]，IMPLICIT BIT STRING {version1(0)} DEFAULT {version1}*						
//没有编码，因此采用默认值						
——*内核域的编码*						
——*application-context-name 域 (application-context-name [1]，OBJECT IDENTIFIER)*						
//标签([1],Context-specific)的编码	A1			A1		
//标记组件值域长度的编码	09			09		
//application-context-name(OBJECT IDENTIFIER,Universal)选项的编码	06			06		
//对象标识符的值域的长度的编码	07			07		
//对象标识符的值的编码	60 85 74 05 08 01 01			60 85 74 05 08 01 02		
——*认证功能单元的域的编码*						
——*sender-acse-requirements 域 (ACSE-requirements[10], BIT STRING{authentication(0)})*						
//acse-requirements 域（[10]，IMPLICIT，Context-specific)的标签的编码	—	8A	8A	—	8A	8A
//标记组件的值域的长度的编码	—	02	02	—	02	02
//BIT STRING 的最后字节未使用比特数的编码	—	07	07	—	07	07
//认证功能单元(0)的编码 注：需要重点关注，不同客户机之间的比特数的编码可能会有所不同，但在 COSEM 语境中，只有 BIT0 设置为 1(基于标识认证功能单元的要求)	—	80	80	—	80	80
——*mechanism-name 域（[11]，IMPLICIT Mechanism-name OBJECT IDENTIFIER)*						
//标签([11],IMPLICIT,Context -specific)的编码	—	8B	8B	—	8B	8B
//标记组件的值域的长度的编码	—	07	07	—	07	07
//OBJECT IDENTIFIER 的值的编码： low-level-security-mechanism-name(1), high-level-security-mechanism-name(5)	—	60 85 74 05 08 02 01	60 85 74 05 08 02 05	—	60 85 74 05 08 02 01	60 85 74 05 08 02 05
——*calling-authentication-value 域（[12]，Authentication-value CHOICE)*						
//标签([12],EXPLICIT，Context-specific)的编码	—	AC	AC	—	AC	AC
//标记组件的值域的长度的编码	—	0A	0A	—	0A	0A

表 D.4(续)

——用 BER 对 AARQ APDU 编码	LN 引用			SN 引用		
	no sec.	LLS	HLS	no sec.	LLS	HLS
//Authentication-value(charstring[0] IMPLICIT GraphicString)选项的编码	—	80	80	—	80	80
//Authentication-value 值域长度的编码(8字节)	—	08	08	—	08	08
//calling-authentication-value 的编码: 在 LLS 情况下,密码为"12345678" 在 HLS 情况下,口令 CtoS 为"K56iVagY"	—	31 32 33 34 35 36 37 38	4B 35 36 69 56 61 67 59	—	31 32 33 34 35 36 37 38	4B 35 36 69 56 61 67 59
——*user-information 域组件 (Association-information,OCTET STRING)的编码*						
//标签([30],Context-specific,Constructed)的编码	BE	BE	BE	BE	BE	BE
//标记组件值域长度的编码	10	10	10	10	10	10
//user-information(OCTET STRING,Universal)选项的编码	04	04	04	04	04	04
OCTET STRING 值域长度(14 octets)的编码	0E	0E	0E	0E	0E	0E
//user-information:xDLMS InitiateRequest APDU	01 00 00 00 06 5F 1F 04 00 00 7E 1F 04 B0			01 00 00 00 06 5F 1F 04 00 1C 03 20 04 B0		

表 D.5 完整的 AARQ APDU

无加密的 LN 引用,最低级别安全	60 1D A1 09 06 07 60 85 74 05 08 01 01 BE 10 04 0E 01 00 00 00 06 5F 1F 04 00 00 7E 1F 04 B0
无加密的 LN 引用,低级别安全	60 36 A1 09 06 07 60 85 74 05 08 01 01 8A 02 07 80 8B 07 60 85 74 05 08 02 01 AC 0A 80 08 31 32 33 34 35 36 37 38 BE 10 04 0E 01 00 00 00 06 5F 1F 04 00 00 7E 1F 04 B0
无加密的 LN 引用,高级别安全	60 36 A1 09 06 07 60 85 74 05 08 01 01 8A 02 07 80 8B 07 60 85 74 05 08 02 05 AC 0A 80 08 4B 35 36 69 56 61 67 59 BE 10 04 0E 01 00 00 00 06 5F 1F 04 00 00 7E 1F 04 B0
无加密的 SN 引用,最低级别安全	60 1D A1 09 06 07 60 85 74 05 08 01 02 BE 10 04 0E 01 00 00 00 06 5F 1F 04 00 1C 03 20 04 B0
无加密的 SN 引用,低级别安全	60 36 A1 09 06 07 60 85 74 05 08 01 02 8A 02 07 80 8B 07 60 85 74 05 08 02 01 AC 0A 80 08 31 32 33 34 35 36 37 38 BE 10 04 0E 01 00 00 00 06 5F 1F 04 00 1C 03 20 04 B0
无加密的 SN 引用,高级别安全	60 36 A1 09 06 07 60 85 74 05 08 01 02 8A 02 07 80 8B 07 60 85 74 05 08 02 05 AC 0A 80 08 4B 35 36 69 56 61 67 59 BE 10 04 0E 01 00 00 00 06 5F 1F 04 00 1C 03 20 04 B0

D.6 AARE APDU 编码实例

在这示出六种不同的情况：

——无加密的 LN 引用，无安全或 LLS，AA 的成功建立；

——无加密的 LN 引用，无安全或 LLS，因提议的和服务所支持的 application-context-name 不相符合而失败(失败案例 1)：

- 当表使用 LN 引用时，提议的是 SN 引用；
- 当表使用 SN 引用时，提议的是 LN 引用。

——无加密的 LN 引用，无安全或 LLS，因 proposed-dlms-version-number 太低而失败(失败案例 2)：

——无加密的 LN 引用，HLS，AA 成功建立；

——无加密的 SN 引用，无安全或 LLS，AA 成功建立；

——无加密的 SN 引用，HLS，AA 成功建立。

编码如表 D.6 和表 D.7 所示。

表 D.6 BER 编码 ARRE APDU

——*BER 编码 ARRE APDU*	LN 引用				SN 引用	
	No sec./LLS success	No sec./LLS failure 1	No sec./LLS failure 2	HLS success	No sec./LLS success	HLS success
//AARE APDU 的标签的编码	61				61	
//ARRE 的内容域长度的编码	29	29	1F	42	29	42
——*protocol-version* 域([0]，*IMPLICIT BIT STRING*{*version*1 (0)} *DEFAULT* {*version*1})						
//无编码，因此采用默认值						
——*application-context-name* 域([1]，*Application-context-name*，*OBJECT IDENTIFIER*)						
//标签([1]，Context-specific)的编码	A1				A1	
//标记组件值域的长度的编码	09				09	

表 D.6（续）

——*BER* 编码 *ARRE APDU*	LN 引用				SN 引用	
	No sec./ LLS success	No sec./LLS failure 1	No sec./LLS failure 2	HLS success	No sec./ LLS success	HLS success
//application-context-name 选项（OBJECT IDENTIFIER，Universal）的编码	06				06	
//ObjectIdentifier 值域的长度的编码	07				07	
//Object Identifier 值的编码： **注**：当提议的应用语境不符合服务器支持的应用语境，服务器响应可能用提议的应用程语境名称，或者支持的应用语境名称	60 85 74 05 08 01 01	60 85 74 05 08 01 01	60 85 74 05 08 01 01 或 60 85 74 05 08 01 02	60 85 74 05 08 01 01	60 85 74 05 08 01 02	60 85 74 05 08 01 02
——*result* 域（[2]，*Association-result*，*INTEGER*）						
//标签（[2]，Context-specific）的编码	A2				A2	
//标记组件值域的长度的编码	03				03	
//结果选项（INTEGER，Universal）的编码	02				02	
//结果的值域的长度的编码	01				01	
//Result 值的编码：//成功：0，接受//失败案例 1 和 2：1、永久拒绝	00	01	01	00	00	00
——*result-source-diagnostic* 域（[3]，*Associate-source-diagnostic*，*CHOICE*）						

表 D.6（续）

——*BER 编码* *ARRE APDU*	LN 引用				SN 引用	
	No sec./ LLS success	No sec./LLS failure 1	No sec./LLS failure 2	HLS success	No sec./ LLS success	HLS success
//标签（[3]，Context-specific）的编码	A3				A3	
//标记组件值域的长度的编码	05				05	
//acse-service-user 选项的标签的编码（1）	A1				A1	
//标记组件值域的长度的编码	03				03	
//associate-source-diagnostics 选项（INTEGER，Universal）的编码	02				02	
//值域长度的编码	01				01	
//值的编码：成功，无安全和 LLS：0，不提供诊断； 失败 1：2，不支持 application-context-name； 失败 2：1，没有给定原因。 成功，HLS 安全(5)：14，认证要求；	00	02	01	0E	00	0E
——*认证功能单元域的编码*						
——*responder-acse-requirements* 域（*[8]*，*IMPLICIT*，*ACSE-requirements*，*BIT STRING* {*authentication* (*0*)}）						

表 D.6（续）

——*BER* 编码 *ARRE APDU*	LN 引用				SN 引用	
	No sec./LLS success	No sec./LLS failure 1	No sec./LLS failure 2	HLS success	No sec./LLS success	HLS success
//acse-requirements 域的标签([8], IMPLICIT, Context-specific)的编码	—			88	—	88
//标记组件的值域的长度的编码	—			02	—	02
//BIT STRING 最后字节未使用比特数的编码	—			07	—	07
//认证功能单元(0)的编码	—			80	—	80
——*mechanism-name* 域([9], *IMPLICIT*, *Mechanism-name OBJECT IDENTIFIER*)						
//标签([9], IMPLICIT, Context-specific)的编码	—			89	—	89
//标记组件值域的长度的编码	—			07	—	07
//对象标识符值的编码:-high-level-security-mechanism-name(5)	—			60 85 74 05 08 02 05	—	60 85 74 05 08 02 05
——*responding-authentication-value* 域([*10*], *EXPLICIT*, *Authentication-value CHOICE*)						
//标签{10, Context-specific}的编码	—	—	—	AA	—	AA
//标记组件值域的长度的编码	—	—	—	0A	—	0A

表 D.6（续）

——BER 编码 ARRE APDU	LN 引用				SN 引用	
	No sec./LLS success	No sec./LLS failure 1	No sec./LLS failure 2	HLS success	No sec./LLS success	HLS success
//Authentication-value 选项（charstring [0] IMPLICIT GraphicString ）的编码	—	—	—	80	—	80
//Authentication-information 值域（8 octets）的长度的编码	—	—	—	08	—	08
//口令 StoC "p6wrj21f"值的编码	—	—	—	50 36 77 52 4A 32 31 46	—	50 36 77 52 4A 32 31 46
——user-information 域组件（Association-information，OCTET STRING）的编码						
//user-information 域组件（[30]，Context-specific，Constructed）的标签的编码	BE	BE	BE	BE	BE	BE
//标记组件值域的长度的编码	10	10	06	10	10	10
//user-information（OCTET STRING，Universal）选项的编码	04	04	04	04	04	04
//OCTET STRING 值域的长度的编码	0E	0E	04	0E	0E	0E
//失败案例 1：xDLMS-InitiateResponse； //失败案例 2：ConfirmedServiceError（[14]），InitiateError [1]，ServiceError，initiate[6]，dlms-version-too-low (1)	08 00 06 5F 1F 04 00 00 501F 01 F4 00 07	08 00 06 5F 1F 04 00 00 501F 01 F4 00 07	0E 01 06 01	08 00 06 5F 1F 04 00 00 50 1F 01 F4 00 07	08 00 06 5F 1F 04 00 1C 03 2001 F4 FA 00	08 00 06 5F 1F 04 00 1C 03 20 01 F4 FA 00

表 D.7 完整的 AARE APDU

无加密的 LN 引用,无安全或 LLS,AA 成功建立	61 29 A1 09 06 07 60 85 74 05 08 01 01 A2 03 02 01 00 A3 05 A1 03 02 01 00 BE 10 04 0E 08 00 06 5F 1F 04 00 00 50 1F 01 F4 00 07
无加密的 LN 引用,无安全或者 LLS,因为所提出的 application-context-name 不符合服务器支持的 application-context-name 而失败(失败案例 1)	61 29 A1 09 06 07 60 85 74 05 08 01 01 A2 03 02 01 01 A3 05 A1 03 02 01 02 BE 10 04 0E 08 00 06 5F 1F 04 00 00 50 1F 01 F4 00 07 或 61 29 A1 09 06 07 60 85 74 05 08 01 02 A2 03 02 01 01 A3 05 A1 03 02 01 02 BE 10 04 0E 08 00 06 5F 1F 04 00 00 50 1F 01 F4 00 07
无加密的 LN 引用,无安全或 LLS,因为 proposed-dlms-version-number 太低而失败(失败案例 2)	61 1F A1 09 06 07 60 85 74 05 08 01 01 A2 03 02 01 01 A3 05 A1 03 02 01 01 BE 06 04 04 0E 01 06 01
无加密的 LN 引用、高级别安全	61 42 A1 09 06 07 60 85 74 05 08 01 01 A2 03 02 01 00 A3 05 A1 03 02 01 0E 88 02 07 80 89 07 60 85 74 05 08 02 05 AA 0A 80 08 50 36 77 52 4A 32 31 46 BE 10 04 0E 08 00 06 5F 1F 04 00 00 50 1F 01 F4 00 07
无加密的 SN 引用,低级别安全	61 29 A1 09 06 07 60 85 74 05 08 01 02 A2 03 02 01 00 A3 05 A1 03 02 01 00 BE 10 04 0E 08 00 06 5F 1F 04 00 1C 03 20 01 F4 FA 00
无加密的 SN 引用,高级别安全	61 42 A1 09 06 07 60 85 74 05 08 01 02 A2 03 02 01 00 A3 05 A1 03 02 01 0E 88 02 07 80 89 07 60 85 74 05 08 02 05 AA 0A 80 08 50 36 77 52 4A 32 31 46 BE 10 04 0E 08 00 06 5F 1F 04 00 1C 03 20 01 F4 FA 00

附　录　E
（资料性附录）
编码举例：使用加密的应用语境的 AARQ 和 AARE APDU

E.1　xDLMS InitiateRequest APDU 的 A-XDR 编码，包含专用密钥

注：System Title 在每一个例子中都是一样的。实际上，系统标题在请求和响应的 APDU 是不一样的，因为他们来自不同的系统。

在该示例中：

——专用密钥值为 00112233445566778899AABBCCDDEEFF；

——一致性块的值为 007E1F；

——client-max-receive-pdu-size 值为 1 200 字节（0x04B0）。

xDLMS InitiateRequest APDU 的 A-XDR 编码携带专有密钥，如表 E.1 所示。

表 E.1　xDLMS InitiateRequest APDU 的 A-XDR 编码

//DLMS APDU 选项（InitiateRequest）的标签的编码	01
——*专用密钥组件（OCTET STRING OPTIONAL）的编码*	
//使用标志（TRUE，不出现）	01
//OCTET STRING 的长度	10
//OCTET STRING 的内容	0011223344556677 8899AABBCCDDEEFF
——*允许应答的组件（BOOLEAN DEFAULT TRUE）的编码*	
//使用标志（FALSE，default value TRUE conveyed）	00
——*proposed-quality-of-service 组件（[0]IMPLICIT Integer 8 OPTIONAL）的编码*	
//usage flag（FALSE，not present）使用标志（FALSE，不出现）	00
——*proposed-dlms-version-number 组件的编码（Unsigned 8）*	
//值为 6，一个 Unsigned8 的 A-XDR 编码是它本身的值	06
——*proposed-conformance 组件（Conformance，[APPLICATION 31] IMPLICIT BIT STRING（SIZE（24））1 的编码*[a]	
//[APPLICATION 31]标签的编码（ASN.1 显示标签）[b]	5F1F
//contents 域的 8 位元组（4）的长度的编码	04
//BIT STRING 最后字节未使用的比特数的编码	00
//定长 BIT STRING 的值的编码	007E1F
——*client-max-receive-pdu-size 组件（Unsigned16）的编码*	
//值为 0x04B0，一个 Unsigned16 的编码是它本身的值	04B0
——*生成的 8 位字节串的编码结果*	0101100011223344 5566778899AABBCC DDEEFF0000065F1F 0400007E1F04B0

表 E.1（续）

//DLMS APDU 选项(InitiateRequest)的标签的编码	01
[a] 正如 IEC 61334-6:2000 中规定的，附录 C，例 1 和例 2，xDLMS InitiateRequest APDU 的 proposed-conformance 元素和 xDLMS InitiateResponse APDU 的 negotiated-conformance 以 BER 形式被编码。这就是 bit-string 长度和未使用比特位数也都被编码的原因。 [b] 标识符八位元组的编码见 ISO/IEC 8825-1:2015，8.1.2 节。为了符合现有的实现，当使用了基于 HDLC、面向连接的、3 层结构时，把[Application 31]标签编码成一个字节(5F)替代两字节(5F 1F)已被接受。	

E.2　xDLMS InitiateRequest APDU 认证加密

表 E.2 示出认证、加密 xDLMS InitateRequest APDU 的编码。

表 E.2　xDLMS InitiateRequest APDU 的认证加密

	X	内容	字节长度	比特位长度
安全资料				
安全套件		GCM-AES-128		
系统标题	*Sys-T*	4D4D4D0000BC614E （这里，最后 5 个八位字节包含了十六进制生产编号）	8	64
调用计数器	*IC*	01234567	4	32
初始化向量	*IV*	*Sys-T* ‖ *IC* 4D4D4D0000BC614E01234567	12	96
块加密密钥(全局)	*EK*	000102030405060708090A0B0C0D0E0F	16	128
认证密钥	*AK*	D0D1D2D3D4D5D6D7D8D9DADBDCDDDEDF	16	128
安全应用		认证加密		
安全控制字节(单一密钥)	*SC*	*SC-AE*		
		30	1	8
安全头	*SH*	*SH*=*SC-AE* ‖ *IC* 3001234567	5	40
输入				
受保护的 xDLMS APDU	*APDU*	01011000112233445566778899AABBCCDD EEFF0000065F1F0400007E1F04B0	31	188
明文	*P*	01011000112233445566778899AABBCCDD EEFF0000065F1F0400007E1F04B0	31	188
连接数据	*A*	*SC* ‖ *AK* 30D0D1D2D3D4D5D6D7D8D9DADBDCD DDEDF	17	136
输出				

表 E.2（续）

	X	内容	字节长度	比特位长度
密文	*C*	801302FF8A7874133D414CED25B42534D28 DB0047720606B175BD52211BE68	31	188
认证标签	*T*	41DB204D39EE6FDB8E356855	12	96
完整加密的 APDU		*TAG* II *LEN* II *SH* II *C* II *T* 2130300123456780 1302FF8A7874133D414 CED25B42534D28DB0047720606B175BD522 11BE6841DB204D39EE6FDB8E356855	50	400

E.3 AARQ APDU

在该示例中，使用如下值：

——Application-Context-Name：Logical_Name_Referencing_With_Ciphering；

——Calling-AP-Title(carries the System title)：4D4D4D0000BC614E；

——Mechanism-Name：COSEM_Low_Level_Security；

——Calling-Authentication-Value：12345678。

AARQ APDU 的 BER 编码如表 E.3 所示。

表 E.3 AARQ APDU 的 BER 编码

//AARQ APDU([APPLICATION 0],Application)标签的编码	60
//AARQ 的内容域(102 octets)长度的编码	66
——*protocol-version 域([0],IMPLICIT BIT STRING {version 1(0)} DEFAULT {version1}*	
//无编码，因此采用默认值	
——*Kernel 域的编码*	
——*application-context-name 域([1],Application-context-name,OBJECT IDENTIFIER)*	
//标签([1],Context-specific)的编码	A1
//标记组件值域的长度的编码	09
//application-context-name 选项的编码(OBJECT IDENTIFIER,Universal)	06
// Object Identifier 值域的长度编码	07
//对象标识符值的编码	60857405080103
——*calling-AP-title 域编码*	
//标签([6],Context-specific)的编码	A6
//标记组件值域长度的编码	0A
//类型([4],Universal,Octetstring type)的编码	04

表 E.3（续）

//calling-AP-title-field 长度编码	08
//calling-AP-title-field 的值的编码	4D4D4D0000BC614E
——*认证功能单元域的编码*	
——*sender-acse-requirements 域（[10]，ACSE-requirements，BIT STRING {authentication (0)}）*	
//acse-requirements 域([10],IMPLICIT,Context-specific)标签的编码	8A
//标记组件值域长度的编码	02
//BIT STRING 最后一个字节的未使用比特数的编码	07
//认证功能单元(0)的编码 需要重点关注，不同客户机之间的比特数的编码可能会有所不同，但在 COSEM 语境中，只有 BIT0 设置为 1(基于标识认证功能单元的要求)	80
——*mechanism-name 域([11],IMPLICIT Mechanism-name OBJECT IDENTIFIER)*	
//标签([11],IMPLICIT,Context-specific)的编码	8B
//标记组件值长度的编码	07
//OBJECT IDENTIFIER 值的编码:low-level-security-mechanism-name	60857405080201
——*calling-authentication-value 域([12],Authentication-value CHOICE)*	
//标签([12],EXPLICIT,Context-specific)的编码	AC
//标记组件值域长度的编码	0A
//Authentication-value(charstring[0] IMPLICIT GraphicString)选项的编码	80
//认证值的值域(8 octets)长度的编码	08
//calling-authentication-value(12345678)的编码	3132333435363738
——*用户信息域组件(Association-information,OCTET STRING)的编码*	
//标签([30],Context-specific,Constructed)的编码	BE
//标记组件值域长度的编码	34
//用户信息(OCTET STRING,Universal)选项的编码	04
//OCTET STRING 值域(32 octets)长度的编码	32
——*加密的 xDLMS InitiateRequest APDU*	21303001234567801302FF8A787 4133D414CED25B42534D28DB00 47720606B175BD52211BE6841DB 204D39EE6FDB8E356855

E.4 xDLMS InitiateResponse APDU 的 A-XDR 编码

在本示例中：

——一致性块的值是 007C1F；

——server-max-receive-pdu-size 的值是 1 024 字节(0x0400)。

表 E.4 示出了 xDLMS InitiateResponse APDU 的 A-XDR 编码。

表 E.4 xDLMS InitiateResponse APDU 的 A-XDR 编码

//DLMS APDU CHOICE(InitiateResponse)标签的编码	08
——*negotiated-quality-of-service 组件([0] IMPLICIT Integer8 OPTIONAL)的编码*	
//使用标志(FALSE,不出现)	00
——*negotiated-dlms-version-number 组件(Unsigned8)的编码*	
//value=6,一个 Unsigned8 的 A-XDR 编码就是它的值	06
——*negotiated-conformance 组件(Conformance,[APPLICATION 31] IMPLICIT BIT STRING(SIZE(24))的编码*	
//[APPLICATION 31]标签的编码(ASN.1 显示标签)	5F1F
//contents 域长度的八位字节编码	04
//BIT STRING(0)中最后一个八位位组未使用比特数的编码	00
//固定长度 BIT STRING 值的编码	007C1F
——*server-max-receive-pdu-size 组件(Unsigned16)的编码*	
//值为 0x0400,Unsigned16 的编码就是它的值	0400
——*VAA-Name 组件(ObjectName,Integer16)的编码*	
//值为 0x0007;强制转换为 Integer16 的编码就是它的值	0007
——*产生的 octet-string 插入到 AARE APDU 的 user-information*	0800065F1F0400007C1F04000007

E.5 xDLMS InitiateResponse APDU 的认证加密

表 E.5 示出了认证加密的 xDLMS InitiateResponse APDU 的编码。

表 E.5 xDLMS InitiateResponse APDU 的认证加密

	X	内容	字节长度	比特位长度
安全资料				
安全套件		GCM-AES-128		
系统标题	*Sys-T*	4D4D4D0000BC614E (这里,最后 5 个八位字节包含了十六进制生产编号)	8	64
调用计数器	*IC*	01234567	4	32
初始化向量	*IV*	*Sys-T* ‖ *IC*		
		4D4D4D0000BC614E01234567	12	96
块加密密钥(全局)	*EK*	000102030405060708090A0B0C0D0E0F	16	128
认证密钥	*AK*	D0D1D2D3D4D5D6D7D8D9DADBDCDDDEDF	16	128

表 E.5（续）

	X	内容	字节长度	比特位长度
安全应用		认证加密		
安全控制字节(单一密钥)	*SC*	*SC-AE*		
		30	1	8
安全头	*SH*	*SH*=*SC-AE* ‖ *IC* 3001234567	5	40
输入				
受保护的xDLMS APDU	*APDU*	0800065F1F0400007C1F04000007	14	112
明文	*P*	0800065F1F0400007C1F04000007	14	112
连接数据	*A*	*SC* ‖ *AK* 30D0D1D2D3D4D5D6D7D8D9DADBDCDDDEDF	17	136
输出				
密文	*C*	891214A0845E475714383F65BC19	14	112
认证标签	*T*	745CA235906525E4F3E1C893	12	96
完整加密的 APDU		*TAG* ‖ *LEN* ‖ *SH* ‖ *C* ‖ *T* 281F3001234567891214A0845E475714383F65BC19745CA235906525E4F3E1C893	33	264

E.6　AARE APDU

AARE APDU 的 BER 编码如表 E.6 所示。

表 E.6　AARE APDU 的 BER 编码

——AARE APDU 的 BER 编码	
//AARE APDU([APPLICATION 1],Application)标签的编码	61
//AARE 的内容域(72octets)的长度的编码	48
——*protocol-version* 域([*0*],*IMPLICIT BIT STRING* {*version1* (*0*)} *DEFAULT* {*version1*}	
//不编码,采用默认值	
——*Kernel* 域的编码	
——*application-context-name* 域([*1*],*Application-context-name*,*OBJECT IDENTIFIER*)	
//标签的编码([1],Context-specific)	A1
//标记组件值域的长度的编码	09

表 E.6（续）

//application-context-name(OBJECT IDENTIFIER,Universal)选项的编码	06
//Object Identifier 值域的长度的编码	07
//Object Identifier 值的编码 **注**:当提议的 application-context 不适合服务器支持的 application-context 时,服务器可用提议的 application-context 名称或者支持的 application-context-name 进行响应。	60857405080103
——*结果域([2],Association-result,INTEGER)*	
//标签([2],Context-specific)的编码	A2
//标记组件值域的长度的编码	03
//结果(INTEGER,Universal)选项的编码	02
//结果值域的长度的编码	01
//Result 值的编码:0,accepted	00
——*result-source-diagnostic 域([3],Associate-source-diagnostic,CHOICE)*	
//标签([3],Context-specific)的编码	A3
//标记组件值域的长度的编码	05
//acse-service-user CHOICE(1)标签的编码	A1
//标记组件值域长度的编码	03
//associate-source-diagnostics(INTEGER,Universal)选项的编码	02
//值域长度的编码	01
//值(0,no diagnostics provided)的编码	00
——*responding-AP-title 域的编码*	
//标签([4],Context-specific)的编码	A4
//标记组件的值域的长度的编码	0A
//类型([4],Universal,Octetstring type)的编码	04
//responding-AP-title-field 的长度的编码	08
//值的编码	4D4D4D0000BC614E
——*认证功能单元域的编码;* ——*在这个示例中,认证功能单元不出现;在 LLS 情况下,它不是必需的,但如果它出现,它也是可接受的。*	
——*user-information 域组件(Association-information,OCTET STRING)的编码*	
//标签([30],Context-specific,Constructed)的编码	BE
//标记组件值域的长度的编码	23
//user-information(OCTET STRING,Universal)选项的编码	04
//OCTET STRING 值域的长度的编码	21
——*加密的 xDLMS InitiateResponse APDU*	281F3001234567891214A0845 E475714383F65BC19745CA23 5906525E4F3E1C893

E.7 RLRQ APDU(携带加密的 xDLMS InitiateRequest ADPU)

RLRQ APDU 的 BER 编码如表 E.7 所示。

表 E.7 RLRQ APDU 的 BER 编码

——RLRQ APDU 的 BER 编码	
//RLRQ APDU 标签([APPLICATION 2],Application)的编码	62
//RLRQ 的内容域长度的编码	39
——*原因域*	
//标签([0],IMPLICIT)的编码	80
//标记组件的值域的长度的编码	01
//值(0,normal)的编码	00
——*user-information 域组件(Association-information,OCTET STRING)的编码*	
//标签([30],Context-specific,Constructed)的编码	BE
//标记组件的值域的长度的编码	34
//user-information(OCTET STRING,Universal)选项的编码	04
//OCTET STRING 值域(14 octets)的长度的编码	32
//user-information:xDLMS InitiateRequest APDU	21303001234567801302FF8A7 874133D414CED25B42534D28D B0047720606B175BD52211BE6 841DB204D39EE6FDB8E356855

E.8 RLRE APDU(携带加密的 xDLMS InitiateResponse ADPU)

RLRQ APDU 的 BER 编码如表 E.8 所示。

表 E.8 RLRE APDU 的 BER 编码

——RLRE APDU 的 BER 编码	
//RLRE APDU 标签([APPLICATION 3],Application)的编码	63
//RLRE 的内容域的长度的编码	28
——*原因域*	
//标签([0],IMPLICIT)编码	80
//标记组件的值域的长度的编码	01
//值(0,normal)的编码	00
——*user-information 域组件(Association-information,OCTET STRING)的编码*	

表 E.8（续）

//标签([30],Context-specific,Constructed)的编码	BE
//标记组件的值域的长度的编码	23
//user-information(OCTET STRING,Universal)选项的编码	04
//OCTET STRING 的值域(14 octets)的长度的编码	21
//user-information:xDLMS InitiateResponse APDU	281F3001234567891214A0845 E475714383F65BC19745CA23 5906525E4F3E1C893

附 录 F
（资料性附录）
数据传递服务举例

F.1 GET/Read,SET/Write 示例

表格 F.2～F.9 给出使用了 xDLMS 服务的 LN 引用(左列)和 SN 引用(右列)数据交互的示例。表 F.1 示出了例子中使用的对象。

表 F.1 示例中使用的对象

Object 1: Class:Data Logical name:0000800000FF Short name of value attribute:0100 Value:octet string of 50 elements 01020304050607080910111213141516 17181920212223242526272829303132 33343536373839404142434445464748 4950 Object 2: Class:Data Logical name:0000800100FF Short name of value attribute:0110 Value:visible string of 3 elements 303030

在块传输的情况下,协商的 APDU 大小是 40 字节。

注:协商的是 APDU 大小,而不是块大小。因此,块比 APDU 的规格小。

表 F.2 示例:不用块传输读取单个属性值

C001C1 00010000800000FF0200 <GetRequest> <GetRequestNormal> <InvokeIdAndPriority Value="C1" /> <AttributeDescriptor> <ClassId Value="0001" /> <InstanceId Value="0000800000FF" /> <AttributeId Value="02" /> </AttributeDescriptor> </GetRequestNormal> </GetRequest>	05C1 020100 <ReadRequest Qty="0001" > <VariableName Value="0100" /> </ReadRequest>

表 F.2（续）

<table>
<tr>
<td>C401C1
00
0932
0102030405060708091011121314151б
17181920212223242526272829303132
33343536373839404142434445464748
4950

〈GetResponse〉
〈GetResponsenormal〉
〈InvokeIdAndPriority Value="C1" /〉
〈Result〉
〈Data〉
〈OctetString Value=
"0102030405060708091011121314151б
17181920212223242526272829303132
33343536373839404142434445464748
4950" /〉
〈/Data〉
〈/Result〉
〈/GetResponsenormal〉
〈/GetResponse〉</td>
<td>0C01
00
0932
0102030405060708091011121314151б
17181920212223242526272829303132
33343536373839404142434445464748
4950

〈ReadResponse Qty="0001" 〉
〈Data〉
〈OctetString Value=
"0102030405060708091011121314151б
17181920212223242526272829303132
33343536373839404142434445464748
4950" /〉
〈/Data〉
〈/ReadResponse〉</td>
</tr>
</table>

表 F.3　示例：不用块传输读取属性列表的值

<table>
<tr>
<td>C003C1
02
00010000800000FF0200
00010000800100FF0200

〈GetRequestWithList〉
〈InvokeIdAndPriority Value="C1" /〉
〈AttributeDescriptorList Qty="0002" 〉
〈_AttributeDescriptorWithSelection〉
〈AttributeDescriptor〉
〈ClassId Value="0001" /〉
〈InstanceId Value="0000800000FF" /〉
〈AttributeId Value="02" /〉
〈/AttributeDescriptor〉
〈/_AttributeDescriptorWithSelection〉
〈_AttributeDescriptorWithSelection〉
〈AttributeDescriptor〉
〈ClassId Value="0001" /〉
〈InstanceId Value="0000800100FF" /〉
〈AttributeId Value="02" /〉</td>
<td>0502
020100
020110

〈ReadRequest Qty="0002" 〉
〈VariableName Value="0100" /〉
〈VariableName Value="0110" /〉
〈/ReadRequest〉</td>
</tr>
</table>

表 F.3（续）

〈/AttributeDescriptor〉 〈/_AttributeDescriptorWithSelection〉 〈/AttributeDescriptorList〉 〈/GetRequestWithList〉 〈/GetRequest〉	
C403C1 02 00 0932 0102030405060708091011121314 1516 17181920212223242526272829303132 33343536373839404142434445464748 4950 00 0A03 303030 〈GetResponse〉 〈GetResponseWithList〉 〈InvokeIdAndPriority Value="C1" /〉 〈Result Qty="0002" 〉 〈Data〉 〈OctetString Value= "0102030405060708091011121314 1516 17181920212223242526272829303132 33343536373839404142434445464748 4950" /〉 〈/Data〉 〈Data〉 〈VisibleString Value="303030" /〉 〈/Data〉 〈/Result〉 〈/GetResponseWithList〉 〈/GetResponse〉	0C02 0C 0932 0102030405060708091011121314 1516 17181920212223242526272829303132 33343536373839404142434445464748 4950 00 0A03 303030 〈ReadResponse Qty="0002" 〉 〈Data〉 〈OctetString Value= "0102030405060708091011121314 1516 17181920212223242526272829303132 33343536373839404142434445464748 4950" /〉 〈/Data〉 〈Data〉 〈VisibleString Value="303030" /〉 〈/Data〉 〈/ReadResponse〉

表 F.4　示例:块传输读取单个属性的值

C001C1 00010000800000FF0200 〈GetRequest〉 〈GetRequestNormal〉 〈InvokeIdAndPriority Value="C1" /〉	0501 020100 〈ReadRequest Qty="0001" 〉 〈VariableName Value="0100" /〉 〈/ReadRequest〉

表 F.4（续）

〈AttributeDescriptor〉 〈ClassId Value="0001" /〉 〈InstanceId Value="0000800000FF" /〉 〈AttributeId Value="02" /〉 〈/AttributeDescriptor〉 〈/GetRequestNormal〉 〈/GetRequest〉	
C402C1 00 00000001 00 1E 093201020304050607080910111213 1415161718192021222324252627 28 〈GetResponse〉 〈GetResponsewithDataBlock〉 〈InvokeIdAndPriority Value="C1" /〉 〈Result〉 〈LastBlock Value="00" /〉 〈BlockNumber Value="00000001" /〉 〈Result〉 〈RawData Value= "09320102030405060708091011121314 1516171819202122232425262728" /〉 〈/Result〉 〈/Result〉 〈/GetResponsewithDataBlock〉 〈/GetResponse〉 //30 个字节的原始数据包含数据类型、长度和 28 个字节的数据。 **注**：数据是编码的，而不是 Get-Data-result。	0C01 02 00 0001 21 0100093201020304050607080910111 2 13141516171819202122232425262728 29 〈ReadResponse Qty="0001" 〉 〈DataBlockResult〉 〈LastBlock Value="00" /〉 〈BlockNumber Value="0001" /〉 〈RawData Value= "01000932010203040506070809101112 13141516171819202122232425262728 29" /〉 〈/DataBlockResult〉 〈/ReadResponse〉 //33 个字节的原始数据包含数据的数量、成功、数据类型、长度和 29 个字节的数据。 //由于原始数据包含的数据完全按照不用块传输的方式进行编码，因为 ReadResponse 是一个 SEQUENCE OF CHOICE，所以结果的数量被编码。
C002C1 00000001 〈GetRequest〉 〈GetRequestForNextDataBlock〉 〈InvokeIdAndPriority Value="C1" /〉 〈BlockNumber Value="00000001" /〉 〈/GetRequestForNextDataBlock〉 〈/GetRequest〉	0501 050001 〈ReadRequest Qty="0001" 〉 〈BlockNumberAccess〉 〈BlockNumber Value="0001" /〉 〈/BlockNumberAccess〉 〈/ReadRequest〉

表 F.4（续）

C402C1 01 00000002 00 16 29303132333435363738394041424344 454647484950 〈GetResponse〉 〈GetResponsewithDataBlock〉 〈InvokeIdAndPriority Value="C1" /〉 〈Result〉 〈LastBlock Value="01" /〉 〈BlockNumber Value="00000002" /〉 〈Result〉 〈RawData Value= "29303132333435363738394041424344 454647484950" /〉 〈/Result〉 〈/Result〉 〈/GetResponsewithDataBlock〉 〈/GetResponse〉 //APDU 长度为 32 个字节,22 个字节的原始数据携带请求的剩余部分数据	0C01 02 01 0002 15 30313233343536373839404142434445 4647484950 〈ReadResponse Qty="0001" 〉 〈DataBlockResult〉 〈LastBlock Value="01" /〉 〈BlockNumber Value="0002" /〉 〈RawData Value= "30313233343536373839404142434445 4647484950" /〉 〈/DataBlockResult〉 〈/ReadResponse〉 //APDU 长度为 28 个字节,21 个字节的原始数据携带请求的剩余部分数据。

表 F.5 示例:块传输读取属性列表的值

C003C1 02 00010000800000FF0200 00010000800100FF0200 〈GetRequestWithList〉 〈InvokeIdAndPriority Value="C1" /〉 〈AttributeDescriptorList Qty="0002" 〉 〈_AttributeDescriptorWithSelection〉 〈AttributeDescriptor〉 〈ClassId Value="0001" /〉 〈InstanceId Value="0000800000FF" /〉 〈AttributeId Value="02" /〉 〈/AttributeDescriptor〉 〈/_AttributeDescriptorWithSelection〉 〈_AttributeDescriptorWithSelection〉	0502 020100 020110 〈ReadRequest Qty="0002" 〉 〈VariableName Value="0100" /〉 〈VariableName Value="0110" /〉 〈/ReadRequest〉

表 F.5（续）

〈AttributeDescriptor〉 〈ClassId Value="0001" /〉 〈InstanceId Value="0000800100FF" /〉 〈AttributeId Value="02" /〉 〈/AttributeDescriptor〉 〈/_AttributeDescriptorWithSelection〉 〈/AttributeDescriptorList〉 〈/GetRequestWithList〉 〈/GetRequest〉	
C402C1 00 00000001 00 1E 0200093201020304050607080910111213141516171819202122232425 26 〈GetResponse〉 〈GetResponsewithDataBlock〉 〈InvokeIdAndPriority Value="C1" /〉 〈Result〉 〈LastBlock Value="00" /〉 〈BlockNumber Value="00000001" /〉 〈Result〉 〈RawData Value= "02000932010203040506070809101112 13141516171819202122232425 26" /〉 〈/Result〉 〈/Result〉 〈/GetResponsewithDataBlock〉 〈/GetResponse〉 //30 个字节原始数据包含结果数量和部分数据。第一个是成功，32 个元素的八位位组串；前 26 个字节适合。	0C01 02 00 0001 21 02000932010203040506070809101112 13141516171819202122232425262728 29 〈ReadResponse Qty="0001" 〉 〈DataBlockResult〉 〈LastBlock Value="00" /〉 〈BlockNumber Value="0001" /〉 〈RawData Value= "02000932010203040506070809101112 13141516171819202122232425262728 29" /〉 〈/DataBlockResult〉 〈/ReadResponse〉 //33 个字节原始数据包含结果数量和部分数据。第一个是成功，32 个元素的八位位组串；前 29 个字节适合。
C002C1 00000001 〈GetRequest〉 〈GetRequestForNextDataBlock〉 〈InvokeIdAndPriority Value="C1" /〉 〈BlockNumber Value="00000001" /〉 〈/GetRequestForNextDataBlock〉 〈/GetRequest〉	0501 05 0001 〈ReadRequest Qty="0001" 〉 〈BlockNumberAccess〉 〈BlockNumber Value="0001" /〉 〈/BlockNumberAccess〉 〈/ReadRequest〉

表 F.5（续）

<table>
<tr>
<td>C402C1
01
00000002
00
1E
272829303132333435363738394041 42
434445464748495 0000A03303030

〈GetResponse〉
〈GetResponsewithDataBlock〉
〈InvokeIdAndPriority Value="C1" /〉
〈Result〉
〈LastBlock Value="01" /〉
〈BlockNumber Value="00000002" /〉
〈Result〉
〈RawData Value=
"2728293031323334353637383940 4142
434445464748495 0000A03303030" /〉
〈/Result〉
〈/Result〉
〈/GetResponsewithDataBlock〉
〈/GetResponse〉

//30 个字节原始数据包含第一个结果的剩余 24 个字节，它也包含第二个结果的六个字节：成功，3 个元素的可见字符串。</td>
<td>0C01
02
01
0002
1B
303132333435363738394041424344 45
4647484950000A03303030

〈ReadResponse Qty="0001"〉
〈DataBlockResult〉
〈LastBlock Value="01" /〉
〈BlockNumber Value="0002" /〉
〈RawData Value=
"303132333435363738394041424344 45
4647484950000A03303030" /〉
〈DataBlockResult〉
〈/ReadResponse〉

//APDU 是 34 个字节。它包含第二个和最后一个块。27 个字节原始数据包含第一个结果的剩余 21 个字节和第二个结果的 6 个字节：成功，3 个元素的可见字符串。</td>
</tr>
</table>

表 F.6 示例：不用块传输写单个属性的值

<table>
<tr>
<td>C101C1
00010000800000FF0200
0932
01020304050607080910111213141516
17181920212223242526272829303132
33343536373839404142434445464748
4950

〈SetRequest〉
〈SetRequestNormal〉
〈InvokeIdAndPriority Value="C1" /〉
〈AttributeDescriptor〉
〈ClassId Value="0001" /〉
〈InstanceId Value="0000800000FF" /〉
〈AttributeId Value="02" /〉</td>
<td>06
01
020100
01
0932
01020304050607080910111213141516
17181920212223242526272829303132
33343536373839404142434445464748
4950

〈WriteRequest〉
〈ListOfVariableAccessSpecification Qty="0001" 〉
〈VariableName Value="0100" /〉
〈/ListOfVariableAccessSpecification〉</td>
</tr>
</table>

表 F.6（续）

〈/AttributeDescriptor〉 〈Value〉 〈OctetString Value= "01020304050607080910111213141516 17181920212223242526272829303132 33343536373839404142434445464748 4950" /〉 〈/Value〉 〈/SetRequestNormal〉 〈/SetRequest〉	〈ListOfData Qty="0001" 〉 〈OctetString Value= "01020304050607080910111213141516 17181920212223242526272829303132 33343536373839404142434445464748 4950" /〉 〈/ListOfData〉 〈/WriteRequest〉
C501C1 00 〈SetResponse〉 〈SetResponseNormal〉 〈InvokeIdAndPriority Value="C1" /〉 〈Result Value="Success" /〉 〈/SetResponseNormal〉 〈/SetResponse〉	0D01 00 〈WriteResponse Qty="0001" 〉 〈Success /〉 〈/WriteResponse〉

表 F.7 示例：不用块传输写属性列表的值

C104C1 02 00010000800000FF0200 00010000800100FF0200 02 0932 01020304050607080910111213141516 17181920212223242526272829303132 33343536373839404142434445464748 4950 0A03 303030 〈SetRequest〉 〈SetRequestNormalWithList〉 〈InvokeIdAndPriority Value="C1" /〉 〈AttributeDescriptorList Qty="0002" 〉 〈_AttributeDescriptorWithSelection〉 〈AttributeDescriptor〉 〈ClassId Value="0001" /〉 〈InstanceId Value="0000800000FF" /〉 〈AttributeId Value="02" /〉	0602 020100 020110 02 0932 01020304050607080910111213141516 17181920212223242526272829303132 33343536373839404142434445464748 4950 0A03 303030 〈WriteRequest〉 〈ListOfVariableAccessSpecification Qty="0002" 〉 〈VariableName Value="0100" /〉 〈VariableName Value="0110" /〉 〈/ListOfVariableAccessSpecification〉 〈ListOfData Qty="0002" 〉 〈OctetString Value= "01020304050607080910111213141516 17181920212223242526272829303132

表 F.7（续）

〈/AttributeDescriptor〉 〈/_AttributeDescriptorWithSelection〉 〈_AttributeDescriptorWithSelection〉 〈AttributeDescriptor〉 〈ClassId Value="0001" /〉 〈InstanceId Value="0000800100FF" /〉 〈AttributeId Value="02" /〉 〈/AttributeDescriptor〉 〈/_AttributeDescriptorWithSelection〉 〈/AttributeDescriptorList〉 〈ValueList Qty="0002" 〉 〈OctetString Value= "0102030405060708091011121314151 6 17181920212223242526272829303132 33343536373839404142434445464748 4950" /〉 〈VisibleString Value="303030" /〉 〈/ValueList〉 〈/SetRequestNormalWithList〉 〈/SetRequest〉	33343536373839404142434445464748 4950" /〉 〈VisibleString Value="303030" /〉 〈/ListOfData〉 〈/WriteRequest〉
C505C1 02 00 00 〈SetResponse〉 〈SetResponseWithList〉 〈InvokeIdAndPriority Value="C1" /〉 〈Result Qty="0002" 〉 〈_DataAccessResult Value="Success" /〉 〈_DataAccessResult Value="Success" /〉 〈/Result〉 〈/SetResponseWithList〉 〈/SetResponse〉	0D02 00 00 〈WriteResponse Qty="0002" 〉 〈Success /〉 〈Success /〉 〈/WriteResponse〉

表 F.8　示例:用块传输写单个属性值

C102C1 00010000800000FF0200 00 00000001 15 0932010203040506070809101112131 4	0601 07 00 0001 01 091F

表 F.8（续）

1516171819 〈SetRequest〉 〈SetRequestWithFirstDataBlock〉 〈InvokeIdAndPriority Value="C1" /〉 〈AttributeDescriptor〉 〈ClassId Value="0001" /〉 〈InstanceId Value="0000800000FF" /〉 〈AttributeId Value="02" /〉 〈/AttributeDescriptor〉 〈DataBlock〉 〈LastBlock Value="00" /〉 〈BlockNumber Value="00000001" /〉 〈RawData Value= "09320102030405060708091011121314 1516171819" /〉 〈/DataBlock〉 〈/SetRequestWithFirstDataBlock〉 〈/SetRequest〉 //21 个字节原始数据包含要写入的类型、长度和数据的前 19 个字节。	01020100010932010203040506070809 101112131415161718192021222324 〈WriteRequest〉 〈ListOfVariableAccessSpecification Qty="0001" 〉 〈WriteDataBlockAccess〉 〈LastBlock Value="00" /〉 〈BlockNumber Value="0001" /〉 〈/WriteDataBlockAccess〉 〈/ListOfVariableAccessSpecification〉 〈ListOfData Qty="0001" 〉 〈OctetString Value= "01020100010932010203040506070809 101112131415161718192021222324" /〉 〈/ListOfData〉 〈/WriteRequest〉 //31 字节的八位位组串包含原始数据：Variable-Access-Specification 的序列、数据的序列、类型、长度和要写入的前 24 个字节。
C502C1 00000001 〈SetResponse〉 〈SetResponseForDataBlock〉 〈InvokeIdAndPriority Value="C1" /〉 〈BlockNumber Value="00000001" /〉 〈/SetResponseForDataBlock〉 〈/SetResponse〉	0D01 02 0001 〈WriteResponse Qty="0001" 〉 〈BlockNumber Value="0001" /〉 〈/WriteResponse〉
C103C1 01 00000002 1F 20212223242526272829303132333435 36373839404142434445464748495 0 〈SetRequest〉 〈SetRequestWithDataBlock〉 〈InvokeIdAndPriority Value="C1" /〉 〈DataBlock〉 〈LastBlock Value="01" /〉 〈BlockNumber Value="00000002" /〉	0601 07 01 0002 01 091A 25262728293031323334353637383940 41424344454647484950 〈WriteRequest〉 〈ListOfVariableAccessSpecification Qty="0001" 〉 〈WriteDataBlockAccess〉 〈LastBlock Value="01" /〉

表 F.8（续）

〈RawData Value= "20212223242526272829303132333435 36373839404142434445464748495O" /〉 〈/DataBlock〉 〈/SetRequestWithDataBlock〉 〈/SetRequest〉 //31 个字节原始数据包含要写入的数据的其余 21 个字节。	〈BlockNumber Value="0002" /〉 〈/WriteDataBlockAccess〉 〈/ListOfVariableAccessSpecification〉 〈ListOfData Qty="0001" 〉 〈OctetString Value= "25262728293031323334353637383940 41424344454647484950" /〉 〈/ListOfData〉 〈/WriteRequest〉 //APDU 是 35 个字节。26 个字节八位位组串包含原始数据：要写入的数据的其余 26 个字节。
C503C10000000002 〈SetResponse〉 〈SetResponseForLastDataBlock〉 〈InvokeIdAndPriority Value="C1" /〉 〈Result Value="Success" /〉 〈BlockNumber Value="00000002" /〉 〈/SetResponseForLastDataBlock〉 〈/SetResponse〉	0D0100 〈WriteResponse Qty="0001" 〉 〈Success /〉 〈/WriteResponse〉

表 F.9　示例：用块传输写属性列表的值

C105C1 02 00010000800000FF0200 00010000800100FF0200 00 00000001 0A 02093201020304050607 〈SetRequest〉 〈SetRequestWithListAndWithFirstDatablock〉 〈InvokeIdAndPriority Value="C1" /〉 〈AttributeDescriptorList Qty="0002" 〉 〈_AttributeDescriptorWithSelection〉 〈AttributeDescriptor〉 〈ClassId Value="0001" /〉 〈InstanceId Value="0000800000FF" /〉 〈AttributeId Value="02" /〉	0601 07 0C 0C01 01 091F 02020100020110020932010203040506 070809101112131415161718192021 〈WriteRequest〉 〈ListOfVariableAccessSpecification Qty="0001" 〉 〈WriteDataBlockAccess〉 〈LastBlock Value="00" /〉 〈BlockNumber Value="0001" /〉 〈/WriteDataBlockAccess〉 〈/ListOfVariableAccessSpecification〉 〈ListOfData Qty="0001" 〉 〈OctetString Value=

表 F.9(续)

〈/AttributeDescriptor〉 〈/_AttributeDescriptorWithSelection〉 〈_AttributeDescriptorWithSelection〉 〈AttributeDescriptor〉 〈ClassId Value="0001" /〉 〈InstanceId Value="0000800100FF" /〉 〈AttributeId Value="02" /〉 〈/AttributeDescriptor〉 〈/_AttributeDescriptorWithSelection〉 〈/AttributeDescriptorList〉 〈DataBlock〉 〈LastBlock Value="00" /〉 〈BlockNumber Value="00000001" /〉 〈RawData Value="02093201020304050607" /〉 〈/DataBlock〉 〈/SetRequestWithListAndWithFirstDatablock〉 〈/SetRequest〉 //APDU 是 40 个字节。它包含两个属性描述符和 10 个字节的原始数据,其中原始数据包含第一个数据的类型和长度以及要写入的前 7 个字节。	"02020100020110020932010203040506 070809101112131415161718192021" /〉 〈/ListOfData〉 〈/WriteRequest〉 //APDU 是 40 个字节。31 个字节的八位位组串包含原始数据:要写入的对象的数量和名称,要写入的数据的数量以及要写入的第一个数据的前 21 个字节。
C502C1 00000001 〈SetResponse〉 〈SetResponseForDataBlock〉 〈InvokeIdAndPriority Value="C1" /〉 〈BlockNumber Value="00000001" /〉 〈/SetResponseForDataBlock〉 〈/SetResponse〉	0D01 02 0001 〈WriteResponse Qty="0001" 〉 〈BlockNumber Value="0001" /〉 〈/WriteResponse〉
C103C1 00 00000002 1F 08091011121314151617181920212223 2425262728293031323334353637 38 〈SetRequest〉 〈SetRequestWithDataBlock〉 〈InvokeIdAndPriority Value="C1" /〉 〈DataBlock〉 〈LastBlock Value="00" /〉 〈BlockNumber Value="00000002" /〉 〈RawData Value=	0601 07 00 0002 01 091F 2223242526272829303132333435 3637 3839404142434445464748495 00A03 〈WriteRequest〉 〈ListOfVariableAccessSpecification Qty="0001" 〉 〈WriteDataBlockAccess〉 〈LastBlock Value="00" /〉 〈BlockNumber Value="0002" /〉

表 F.9（续）

<table>
<tr>
<td>"08091011121314151617181920212223
242526272829303132333435363738" /〉
〈/DataBlock〉
〈/SetRequestWithDataBlock〉
〈/SetRequest〉

//APDU 是 40 个字节。31 个字节原始数据包含要写入的第二部分数据。</td>
<td>〈/WriteDataBlockAccess〉
〈/ListOfVariableAccessSpecification〉
〈ListOfData Qty="0001" 〉
〈OctetString Value=
"22232425262728293031323334353637
383940414243444546474849500A03" /〉
〈/ListOfData〉
〈/WriteRequest〉

//APDU 是 40 个字节。31 个字节的八位位组串包含原始数据：要写入的第一个数据的接下来的 29 个字节以及要写入的第二个数据的数据类型和长度。值在下一个块中。</td>
</tr>
<tr>
<td>C502C100000002

〈SetResponse〉
〈SetResponseForDataBlock〉
〈InvokeIdAndPriority Value="C1" /〉
〈BlockNumber Value="00000002" /〉
〈/SetResponseForDataBlock〉
〈/SetResponse〉</td>
<td>0D01
02
0002

〈WriteResponse Qty="0001" 〉
〈BlockNumber Value="0002" /〉
〈/WriteResponse〉</td>
</tr>
<tr>
<td>C103C1
01
00000003
11
3940414243444546474849500A033030
30

〈SetRequest〉
〈SetRequestWithDataBlock〉
〈InvokeIdAndPriority Value="C1" /〉
〈DataBlock〉
〈LastBlock Value="01" /〉
〈BlockNumber Value="00000003" /〉
〈RawData Value=
"3940414243444546474849500A033030
30" /〉
〈/DataBlock〉
〈/SetRequestWithDataBlock〉
〈/SetRequest〉

//APDU 是 26 个字节。17 个字节原始数据包含第一个数据的第三部分和第二个要写入的数据</td>
<td>0601
07
01
0003
01
0903
303030

〈WriteRequest〉
〈ListOfVariableAccessSpecification Qty="0001" 〉
〈WriteDataBlockAccess〉
〈LastBlock Value="01" /〉
〈BlockNumber Value="0003" /〉
〈/WriteDataBlockAccess〉
〈/ListOfVariableAccessSpecification〉
〈ListOfData Qty="0001" 〉
〈OctetString Value="303030" /〉
〈/ListOfData〉
〈/WriteRequest〉

//APDU 是 12 个字节。3 个字节的八位位组串包含原始数据：第二个属性的值</td>
</tr>
</table>

表 F.9 (续)

C504C1 02 00 00 00000003 〈SetResponse〉 〈SetResponseForLastDataBlockWithList〉 〈InvokeIdAndPriority Value="C1" /〉 〈Result Qty="0002" 〉 〈_DataAccessResult Value="Success" /〉 〈_DataAccessResult Value="Success" /〉 〈/Result〉 〈BlockNumber Value="00000003" /〉 〈/SetResponseForLastDataBlockWithList〉 〈/SetResponse〉	0D02 00 00 〈WriteResponse Qty="0002" 〉 〈Success /〉 〈Success /〉 〈/WriteResponse〉

F.2 ACCESS 服务示例

表 F.10 显示了不用通用块传输的 ACCESS 服务示例。

表 F.10 示例:不用块传输的 ACCESS 服务

消息元素(MAX APDU=1024)	内容	LEN(字节)
Access-Request	D9	1
long-invoke-id-and-priority	40000000	4
date-time	00	1
access-request-body		0
access-request-specification		0
SEQUENCE OF CHOICE	04	1
access-request-get	01	1
cosem-attribute-descriptor		0
class-id	0001	2
instance-id	0000600100FF	6
attr-id	02	1
access-request-get	01	1
cosem-attribute-descriptor		0
class-id	0008	2
instance-id	0000010000FF	6

表 F.10（续）

消息元素(MAX APDU=1024)	内容	LEN(字节)
attr-id	02	1
access-request-set	02	1
cosem-attribute-descriptor		0
class-id	0014	2
instance-id	00000D0000FF	6
attr-id	07	1
access-request-set	02	1
cosem-attribute-descriptor		0
class-id	0014	2
instance-id	00000D0000FF	6
attr-id	08	1
access-request-list-of-data		
SEQUENCE OF Data	04	1
null-data	00	1
null-data	00	1
array	010402030901000090CFFFFFFFFFFFF FF00000000000901FF020309010109 0CFFFFFFFFFFFFFF00000000000901 FF0203090102090CFFFFFFFFFFFFFF 00000000000901FF0203090103090C FFFFFFFFFFFFFF00000000000901FF	90
array	0104020809010011FF11FF11FF11FF 11FF11FF11FF020809010111021101 110111011101110111010208090102 11FF11FF11FF11FF11FF11FF11FF02 080901031101110211021102110211 021102	78
Complete Access-Request APDU(encoded)	D94000000000040100010000600100 FF020100080000010000FF02020014 00000D0000FF0702001400000D0000 FF0804000001040203090100090CFF FFFFFFFFFFFF00000000000901FF02 03090101090CFFFFFFFFFFFFFF0000 000000901FF0203090102090CFFFF FFFFFFFFFF00000000000901FF0203 090103090CFFFFFFFFFFFFFF000000 00000901FF0104020809010011FF11 FF11FF11FF11FF11FF11FF02080901 011102110111011101110111011101 020809010211FF11FF11FF11FF11FF 11FF11FF0208090103110111021102 1102110211021102	218

表 F.10（续）

消息元素(MAX APDU=1024)	内容	LEN(字节)
Access-Response	DA	1
long-invoke-id-and-priority	40000000	4
date-time	00	1
access-response-body		0
access-request-specification OPTIONAL	00	1
access-response-list-of-data		0
SEQUENCE OF Data	04	1
octet-string	09083030303030303031	10
octet-string	090C07DC030C07161E0000FF8880	14
null-data	00	1
null-data	00	1
access-response-specification		0
SEQUENCE OF CHOICE	04	1
access-response-get	01	1
result	00	1
access-response-get	01	1
result	00	1
access-response-set	02	1
result	00	1
access-response-set	02	1
result	00	1
Complete Access-Response APDU(encoded)	DA400000000000004090830303030303031090C07DC030C07161E0000FF888000000040100010002000200	43

F.3 紧凑型阵列编码示例

F.3.1 概述

相同类型的任何一系列数据可以被编码为阵列或紧凑阵列。

紧凑型阵列数据类型从 DLMS/COSEM 规范的开始就存在，但到目前为止，它的解释并不明确，因此尚未被使用。

本条款的目的是为了方便使用紧凑型阵列编码。

F.3.2 紧凑阵列的规范

7.3.13 规定了以下内容：

```
Data::=CHOICE
{
null-data                         [0] IMPLICIT   NULL,
array                             [1] IMPLICIT SEQUENCE OF Data,
structure                         [2] IMPLICIT   SEQUENCE OF Data,
boolean                           [3] IMPLICIT BOOLEAN,
bit-string                        [4] IMPLICIT BIT STRING,
double-long                       [5] IMPLICIT   Integer32,
double-long-unsigned              [6] IMPLICIT   Unsigned32,
floating-point                    [7] IMPLICIT   OCTET STRING(SIZE(4)) ,
octet-string                      [9] IMPLICIT   OCTET STRING,
visible-string                    [10] IMPLICIT VisibleString,
bcd                               [13] IMPLICIT Integer8,
utf8-string                       [12] IMPLICIT NULL,
integer                           [15] IMPLICIT Integer8,
long                              [16] IMPLICIT Integer16,
unsigned                          [17] IMPLICIT Unsigned8,
long-unsigned                     [18] IMPLICIT Unsigned16,
compact-array                     [19] IMPLICIT SEQUENCE
{
contents-description              [0]            TypeDescription,
array-contents                    [1] IMPLICIT   OCTET STRING
},
long64                            [20] IMPLICIT Integer64,
long64-unsigned                   [21] IMPLICIT Unsigned64,
enum                              [22] IMPLICIT Unsigned8,
float32                           [23] IMPLICIT OCTET STRING (SIZE(4)),
float64                           [24] IMPLICIT OCTET STRING (SIZE(8)),
date_time                         [25] IMPLICIT OCTET STRING (SIZE(12)),
date                              [26] IMPLICIT OCTET STRING (SIZE(5)),
time                              [27] IMPLICIT   OCTET STRING (SIZE(4)),
dont-care                         [255] IMPLICIT NULL
}
——The following TypeDescription relates to the compact-array data Type

TypeDescription::=CHOICE
{
null-data                         [0] IMPLICIT NULL,
array                             [1] IMPLICIT SEQUENCE
{
```

```
number-of-elements        Unsigned16,
type-description          TypeDescription
},
structure                 [2] IMPLICIT SEQUENCE OF TypeDescription,
boolean                   [3] IMPLICIT NULL,
bit-string                [4] IMPLICIT NULL,
double-long               [5] IMPLICIT NULL,
double-long-unsigned      [6] IMPLICIT NULL,
floating-point            [7] IMPLICIT NULL,
octet-string              [9] IMPLICIT NULL,
visible-string            [10] IMPLICIT NULL,
bcd                       [13] IMPLICIT NULL,
integer                   [15] IMPLICIT NULL,
long                      [16] IMPLICIT NULL,
unsigned                  [17] IMPLICIT NULL,
long-unsigned             [18] IMPLICIT NULL,

long64                    [20] IMPLICIT NULL,
long64-unsigned           [21] IMPLICIT NULL,
enum                      [22] IMPLICIT NULL,
float32                   [23] IMPLICIT NULL,
float64                   [24] IMPLICIT NULL,
date_time                 [25] IMPLICIT NULL,
date                      [26] IMPLICIT NULL,
time                      [27] IMPLICIT NULL,
dont-care                 [255] IMPLICIT NULL
}
```

在紧凑型阵列类型中:

——contents-description/TypeDescription 指定紧凑数组中元素的数据类型;

——在简单数据类型的情况下,它包含类型的标签。在字符串类型的情况下,长度不是 TypeDescription 的一部分:它作为数组内容的一部分传送;

注:例如,如果数据包括八位位组串,则内容描述中只包含标签[9]。八位位组串的长度包含在数组内容中。由此,可以在紧凑型阵列中编码具有不同长度(包括长度为 0)的字符串类型数据。

——在 *array* 的情况下,它包括数组[1]的标签、数组中的元素数(Unsigned16)和数组中元素的 TypeDescription;

——在 *structure* 的情况下,TypeDescription 被指定为 SEQUENCE OF TypeDescription。因此,内容描述包括结构[2]的标签,结构中的元素数量和结构中每个元素的 TypeDescription;

——数组内容包括一系列数据,相关(在字符串类型的情况下)及其长度,而不重复数据类型,作为八位位组串。

还要注意,尽管 compact-array 类型的内容描述和数组内容元素被标记,但是这些标签不一定要按照 IEC 61334-6:2000,6.9 编码:

SEQUENCE 值的 A-XDR 编码应为 SEQUENCE 类型的 ASN.1 定义中列出的每种类型的一个数据值的 A-XDR 编码,按定义中的顺序排列,除非类型为引用关键字“OPTIONAL”或关键字“DE-

FAULT”。

SEQUENCE 值的明确标记的组件的标签表示冗余信息,因此不进行编码:显式标记组件值的 A-XDR 编码是组件值的 A-XDR 编码。

F.3.3 示例 1:五个 long-unsigned 值的数组的紧凑数组编码

对 long-unsigned 类型的 5 个元素的数组进行编码。

五个元素的值是:11 11,22 22,33 33,44 44,55 55。

作为数组的编码	作为紧凑数组的编码

01 //数组的标签
05 //元素的个数
12 11 11 //long-unsigned 类型的标签和第一个值
12 22 22 //long-unsigned 类型的标签和第一个值
12 33 33 //等等
12 44 44
12 55 55
	13 //紧凑数组的标签
	//内容描述
	12 //long-unsigned 类型的标签
	//数组内容
	0A //八位位组串的长度
	11 11 22 22 33 33 44 44 55 55
	//五个值

两种情况下编码数据的长度如下表所示。在 long-unsigned 类型的情况下,每个元素可以节省 33%。

	数组	紧凑数组	与数组相比增益
Header	2	3	-1
First element	3	2	1
Second element	3	2	1
Third element	3	2	1
Fourth element	3	2	1
Fifth element	3	2	1
总计	17	13	4

F.3.4 示例 2:五个 octet-string 值的紧凑数组编码

对五个 octet-string 值的数组进行编码,其中一个长度为零:

——31 32 33 34 35 36 37 38;

——41 42 43 44 45 46 47 48;

——;

——31 32 33 34 35 36 37 38;

——41 42 43 44 45 46 47 48。

作为数组的编码	作为紧凑数组的编码

01 //数组的标签
05 //元素的个数
 	
09 08 31 32 33 34 35 36 37 38 //类型-长度-值
09 08 41 42 43 44 45 46 47 48 //第二个值
	13 //紧凑数组的标签
	//内容描述
	09 //octet-string 的标签
	//数组内容
	25 //octet-string 的长度,37 个字节
	08 31 32 33 34 35 36 37 38 //长度-值

作为数组的编码	作为紧凑数组的编码
09 00 //第三个值,octet-string 长度为 0 09 08 31 32 33 34 35 36 37 38 //第四个值 09 08 41 42 43 44 45 46 47 48 //第五个值	08 41 42 43 44 45 46 47 48 //第二个长度-值 00 //第三个值 octet-string 的长度为 0 08 31 32 33 34 35 36 37 38 //第四个长度-值 08 41 42 43 44 45 46 47 48 //第五个长度-值

两种情况下编码数据的长度如下表所示。

在 octet-string 的情况下,增益取决于 octet-string 的长度。在长度为零的 octet-string(空数据)的情况下,每个元素的增益为 50%。

	数组	紧凑数组	与数组相比增益
Header	2	3	−1
First element	10	9	1
Second element	10	9	1
Third element	2	1	1
Fourth element	10	9	1
Fifth element	10	9	1
总计	44	40	4

F.3.5 示例 3:配置文件通用对象的缓冲区的编码

配置文件具有时间戳列,状态列和两列 double-long-unsigned 值(例如 A+和 A−,导入和导出活动能量)。捕获期为 900 秒。有 96 个记录(一天)。

注:如果不是寄存器读数,则只能存储增量值,所以它们可以表示为 long-unsigned 而不是 double-long-unsigned。

记录	时间戳	状态	值	值	字节
1	07D00101FF000000FF800000	80	00000101	00000001	21
2	07D00101FF000F00FF800000	00	00000102	00000002	21
3	07D00101FF001E00FF800000	00	00000103	00000003	21
4	07D00101FF002D00FF800000	00	00000104	00000004	21
…					…
96	07D00101FF172D00FF800000	00	00000196	00000096	21
				总字节数	2 016

编码为数组 (使用空数据特征)	编码为紧凑数组

01 60 //96 个元素的数组	13 //紧凑数组
	//内容描述
	02 04 09110606
	//四个元素的结构:
	//octet-string,
	//unsigned,
	//double-long-unsigned,
	//double-long-unsigned

<table>
<tr><th>编码为数组
（使用空数据特征）</th><th>编码为紧凑数组</th></tr>
<tr><td></td><td>// array-contents
8203CC //octet-string 的长度 972 个字节</td></tr>
<tr><td>//第一个结构,28 个字节
0204 //4 个元素的结构
090C07D00101FF000000FF800000
1180 //状态值是 80
0600000101
0600000001</td><td>//第一个结构,22 个字节

0C07D00101FF000000FF800000
80
00000101
00000001</td></tr>
<tr><td>//第二个结构,15 个字节
0204
00 //时间戳空数据

1100 //状态值为 0
0600000102
0600000002</td><td>//第二个结构,10 个字节

00 //长度为 0 的 octet-string 与空数据具有相同的结果
00 //状态值为 0
00000102
00000002</td></tr>
<tr><td>//第三个结构,14 个字节
0204
00 //时间戳空数据
00 //状态空数据
0600000103
0600000003</td><td>//第三个结构,10 个字节

00 //octet-string 的长度为 0
00 //状态值为 0
00000103
00000003</td></tr>
<tr><td>//第四个结构,14 个字节
0204
00 //时间戳空数据
00 //状态空数据
0600000104
0600000004</td><td>//第四个结构,10 个字节

00 //octet-string 的长度为 0
00 //状态值为 0
00000104
00000004</td></tr>
<tr><td>…</td><td>…</td></tr>
<tr><td>//第九十六个结构,14 个字节
0204
00 //时间戳空数据
00 //状态空数据
0600000196
0600000096</td><td>//第九十六个结构,10 个字节

00 //octet-string 的长度为 0
00 //状态值为 0
00000196
00000096</td></tr>
<tr><td colspan="2">在使用紧凑数组的情况下,不可能从数组内容的八位位组串的长度中知道元素的数量。
在紧凑数组编码的情况下,空数据特征只能应用于字符串类型数据。</td></tr>
</table>

两种情况下编码数据的长度如下表所示。

	数组(使用空数据)	紧凑数组	与数组相比增益
Header	2	10	−8
First structure	28	22	6
Second structure	15	10	5
Third structure	14	10	4
Fourth structure	14	10	4
…	…	…	…
96th structure	14	10	4
总计	1361	982	375
编码数据占原始数据的百分比	68%	49%	

当将数据编码为数组时，在此示例中使用空数据特征允许压缩 32%。当编码为紧凑数组时，压缩率为 51%。

附 录 G
（规范性附录）
NSA Suite B 椭圆曲线和域参数

注：此信息来自 NSA2:2009。

用于 ECC 方案的域参数 D 具有以下形式：$(q,FR,a,b\{,SEED\},G,n,h)$，其中：$q$ 是字段大小；FR 表示使用的基础；a 和 b 是定义曲线方程的两个域元素；如果椭圆曲线以可验证的方式随机生成，$SEED$ 是可选的位串；G 是由曲线上的素数(x_G,y_G)构成的发生点；n 是点 G 的顺序；h 是余因子（其等于曲线的次数除以 n）。

Suite B 需要使用以下两组域参数之一，见表 G.1 和表 G.2。

表 G.1 ECC_P256_Domain_Parameters

参数名称	符号	值
Field size	q	FFFFFFFF 00000001 00000000 00000000 00000000 FFFFFFFF FFFFFFFF FFFFFFFF $=2^{224}(2^{32}-1)+2^{192}+2^{96}-1$
Field representation indicator	FR	NULL
Curve parameter	a	FFFFFFFF 00000001 00000000 00000000 00000000 FFFFFFFF FFFFFFFF FFFFFFFC
Curve parameter	b	5AC635D8 AA3A93E7 B3EBBD55 769886BC 651D06B0 CC53B0F6 3BCE3C3E 27D2604B
Seed used to generate parameter b:	SEED	C49D3608 86E704936A6678E1 139D26B7 819F7E90
x-coordinate of base point G	x_G	6B17D1F2 E12C4247 F8BCE6E5 63A440F2 77037D81 2DEB33A0 F4A13945 D898C296
y-coordinate base point G	y_G	4FE342E2 FE1A7F9B 8EE7EB4A 7C0F9E16 2BCE3357 6B315ECE CBB64068 37BF51F5
Order of point G	n	FFFFFFFF 00000000 FFFFFFFF FFFFFFFF BCE6FAAD A7179E84 F3B9CAC2 FC632551
Cofactor	h	1

表 G.2 ECC_P384_Domain_Parameters

参数名称	符号	值
Field size	q	FFFFFFFF FFFFFFFF FFFFFFFF FFFFFFFF FFFFFFFF FFFFFFFE FFFFFFFF FFFFFFFF FFFFFFFF 00000000 00000000 FFFFFFFF $=2^{384}-2^{128}-2^{96}+2^{32}-1$
Field representation indicator	FR	NULL

表 G.2（续）

参数名称	符号	值
Curve parameter	a	FFFFFFFF FFFFFFFF FFFFFFFF FFFFFFFF FFFFFFFF FFFFFFFE FFFFFFFF FFFFFFFF FFFFFFFF 00000000 00000000 FFFFFFFC
Curve parameter	b	B3312FA7 E23EE7E4 988E056B E3F82D19 181D9C6E FE814112 0314088F 5013875A C656398D 8A2ED19D 2A85C8ED D3EC2AEF
Seed used to generate parameter b：	SEED	A335926A A319A27A 1D00896A 6773A482 7ACDAC73
x-coordinate of base point G	x_G	AA87CA22 BE8B0537 8EB1C71E F320AD74 6E1D3B62 8BA79B98 59F741E0 82542A38 5502F25D BF55296C 3A545E38 72760AB7
y-coordinate base point G	y_G	3617DE4A 96262C6F 5D9E98BF 9292DC29 F8F41DBD 289A147C E9DA3113 B5F0B8C0 0A60B1CE 1D7E819D 7A431D7C 90EA0E5F
Order of point G	n	FFFFFFFF FFFFFFFF FFFFFFFF FFFFFFFF FFFFFFFF FFFFFFFF C7634D81 F4372DDF 581A0DB2 48B0A77A ECEC196A CCC52973
Cofactor	h	1

附 录 H
(资料性附录)
使用 P-256 签名的终端实体签名证书的示例

Version	3
Serial Number	71
Signature Algorithm	ecdsa-with-SHA256
Issuer	O=DLMS-PKI,CN=SUB-CA
Validity	Not Before: Jan 1 00:00:00 1970 GMT
	Not After: Dec 31 23:59:59 9999 GMT
Subject	CN=MMM12345678
Public Algorithm Key	id-ecPublicKey
Public-Key	Pub:04:f5:44:80:11:79:bb:4e:30:86:95:2b:8d:e4:8e:ba:79:57: cf:19:ad:5b:d3:f7:ec:b1:31:bf:71:9a:1c:2f:e7:8a:93:48:d7:66: d0:67:c5:fb:c1:4b:25:8a:03:a4:6a:b0:f0:0a:09:9f:88:7e:6a:d2: 20:05:e6:03:9b:70:1e
ASN1 OID	prime256v1
Authority Identifier Key	keyid:9D:BA:19:85:19:73:DA:7E:C7:71:55:B2:30:EF:A1:BD:F5:DA:80:F9
Key Usage	Critical, Digital Signature
Signature Algorithm: ecdsa-with-SHA256	30:44:02:20:1b:87:dd:69:07:8a:73:22:7e:2f:43:ba:7c:b0: e5:13:9d:f2:aa:6b:f8:7c:ea:83:e2:fc:09:8f:e9:60:99:d6: 02:20:28:d7:0c:bc:cf:45:24:46:ab:e2:58:2e:a4:94:05:d9: 7b:2e:79:57:c9:3c:40:4f:d0:49:39:2b:e7:db:a0:63

Field	Value	Comments
begin tbsCertificate		
version	2	X.509 version 3
serialNumber	INTEGER	Positive, 20 octets or less
signature	1.2.840.10045.4.3.2	ECDSA with SHA-256
validity		Follows RFC5280
subject		Follows RFC5280, if empty, the subjectAltName must be present and Critical
Unique Identifiers		
subjectUniqueID	Bit string	Optional
subjectPublicKeyInfo		
AlgorithmIdentifier		
algorithm	1.2.840.10045.2.1	EC
parameters	1.2.840.10045.3.1.7	P-256 named curve

（续）

Field	Value	Comments
subjectPublicKey	bit string 528 bits	1st byte＝0，2nd byte＝4（uncompressed）256 bit x，256 bit y coordinates
Extensions		
Authority Key Identifier Identifier Value Critical	 2.5.29.35 Octet String False	Follows RFC5280 8 or 20 octets
Key Usage Identifier Value critical	 2.5.29.15 DER encoded bit string True	0 digitalSignature 4 keyAgreement 5 keyCertSign 6 cRLSign At least one bit must be 1
subjectAltName Identifier Value Critical	 2.5.29.17 OID(s) True when CN is absent	
CertificatePolicies Identifier Value critical	 2.5.29.32 OID Depends on companion spec.	
Subject Key Identifier Identifier Value Critical	 2.5.29.14 Octet String False	Follows RFC5280，applicable to CAs 8 or 20 octets
end tbsCertificate		
signatureAlgorithm	1.2.840.10045.4.3.2	ECDSA with SHA-256
signatureValue	Bit string	Encoded bit string value of a DER encoded sequence of 2 integers；each a maximum of 33 bytes.

附 录 I
（规范性附录）
在 DLMS/COSEM 中密钥协商方案的使用

I.1 临时统一模型 C(2e,0s,ECC CDH)方案

图 I.1 显示了通过调用“Security setup”IC 的适当方法，在 DLMS/COSEM 中如何使用 5.3.4.6.2 中规定的临时统一模型 C(2e,0s,ECC CDH)方案。另见 5.5.5。

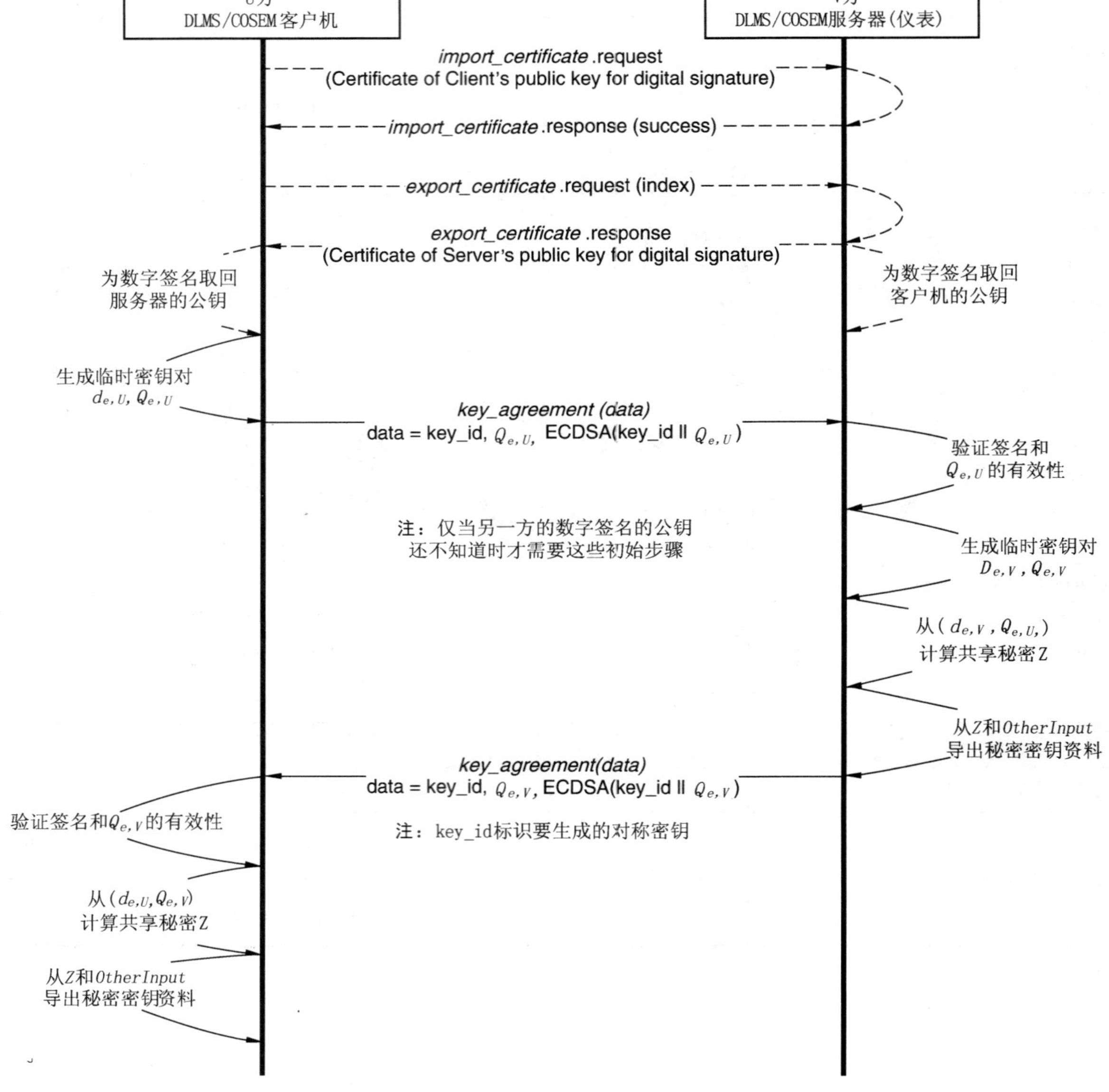

图 I.1 使用临时统一模型 C(2e,0s,ECC CDH)方案进行密钥协商的 MSC

步骤如下(详见 NIST SP 800-56A Rev.2:2013,6.1.2.2 和 NSA2:2009,3.1):

——步骤 1(可选):客户机通过调用 *import_certificate* 方法向服务器发送数字签名的公钥证书;

——步骤 2(可选):客户机通过调用 *export_certificate* 方法从服务器取回用于数字签名的公钥证书;

——步骤 3:客户机生成临时密钥对($d_{e,U}$,$Q_{e,U}$)。它用数字签名私钥签名(key_Id,$Q_{e,U}$),并通过调用 *key_agreement* 方法将其发送到服务器;

——步骤 4:服务器验证 $Q_{e,U}$的签名和有效性。它从($d_{e,V}$,$Q_{e,U}$)计算共享秘密 Z,并从 Z 和 *OtherInput* 导出秘密密钥;

——步骤 5:如果成功导出密钥,服务器将生成临时密钥对($d_{e,V}$,$Q_{e,V}$)。它签名(key_Id,$Q_{e,V}$)并在响应中调用 *key_agreement* 方法将其发送给客户机;

——步骤 6:客户机从($d_{e,U}$,$Q_{e,V}$)计算共享秘密 Z,并从 Z 和 *OtherInput* 导出秘密密钥。

表 I.2 提供了一个测试向量。

表 I.1 使用临时统一模型 C(2e,0s,ECC CDH)方案进行密钥协商的测试向量

安全资料	符号	内 容	字节长度	比特位长度
Security Suite		ECDH-ECDSA-AES-GCM-128-SHA-256		
Curve		P-256		
Domain Parameters	D	见附录 G		
System Title Client	Sys-TC	4D4D4D0000BC614E	8	64
System Title Server	Sys-TS	4D4D4D0000000001	8	64
Private Signing Key Client	Pri-KC	418073C239FA6125011DE4D6CD2E645780289F76 1BB21BFB0835CB5585E8B373	32	256
Private Signing Key Server	Pri-KS	AE55414FFE079F9FC95649536BD1C2B5653D200 81372 7E07D501A8B550C69207	32	256
Public Signing Key Client	Pub-KC	BAAFFDE06A8CB1C9DAE8D94023C601DBBB 249254BA22 EDD827E820BCA2BCC64362FBB 83D86A82B87BB8B7161 D2AAB5521911A946B 97A284A90F7785CD9047D25	64	512
Public Signing Key Server	Pub-KS	933ACF15B03A9248E029B2787FB52A0AECAF 635F07C42A0019FB3197E38F8F549A125EA36 781B0CA96BE89A0 E1FE2CF9B7361ED48B3C 5E24592B9C0F4EDD31D1	64	512
Ephemeral Public Key Client	Epub-KC	2914D60E10AB705F62ED6CC349D7CB99B9AB3 F3978E59278C7AF595B3AF987941372DAB6D5A F1FA867E134167E6F23DE664A6693E05F434146 11058D1B48F894	64	512
Ephemeral Public Key Server	Epub-KS	95F41066009B185B074F5FFFF736B71C325FCA DB2BC0 CF1A4F4B17BBE7AB81D62946506BC8 169C7B539B39A5 D8463787F449C9BD2583FA67 A1075B0DBFC638BA	64	512

表 I.1（续）

安全资料	符号	内　容	字节长度	比特位长度
Ephemeral Private Key Client	Epri-KC	1BAC19FC1D52A1E5102622EDFA36584C05E12 FA8CDEA A450F2F1E9A7DCCF7628	32	256
Ephemeral Private Key Server	Epri-KS	34A8C23A34DBB519D09B245754C85A6CFE05D 14A063E FA5AA41545AA8241EFAE	32	256
Ephemeral Public Key Signature Client	Epub-K-Sig-C	06F0607702AA0E2435A183E2F6B1ECD196297 12E389A213610C03F77B2590860EA840AF5C3 FA1F2BCDF055D4744E9A01CE9A0E55026BC AA4EEBEB764CED64BB3 //The key_id||Epub-KC are included in signature	64	512
Ephemeral Public Key Signature Server	Epri-K-Sig-S	A92995225CEE004ED4376057EEE9536E97EE6 F5BAE43 E59BDBBD515A89FB2CB83F2A27087 1A31B09338DCF0D 1797466087908BA4A6ED8F D48B9EA067DA67DC4D //The key_id||Epub-KS are included in signature	64	512
key_agreement(data)Client	ACTION-Request	C30140 0040 00002B0000FF 03//method id 01//optional flag 0101//array of 1 0202//structure of 2 1600//key_id=0, global unicast encryption key 098180 2914D60E10AB705F62ED6CC349D7CB99B9AB 3F3978E59278C7AF595B3AF987941372DAB6D 5AF1FA867E134167E6F23DE664A6693E05F43 414611058D1B48F894//ephemeral public key client 64 bytes06F0607702AA0E 2435A183E2F6B1ECD19629712E389A 213610C03F77B2590860EA840AF5C3FA1F2BC DF055D4744E9A01CE9A0E55026BCAA4EEBEB 764CED64BB3 //ephemeral public key signature client 64 bytes	150	1 200

表 I.1（续）

安全资料	符号	内容	字节长度	比特位长度

global_key_agreement (data)Server	ACTION-Response	C70140
		00//success
		01//optional Get-Data-result present
		00//data CHOICE
		0101//array of 1
		0202//structure of 2
		1600//key id=0
		098180//octet string 128 bytes
		95F41066009B185B074F5FFFF736B71C325FC
		ADB2BC0 CF1A4F4B17BBE7AB81D62946506B
		C8169C7B539B39A5 D8463787F449C9BD2583F
		A67A1075B0DBFC638BA
		//ephemeral public key server 64 bytes
		A92995225CEE004ED4376057EEE9536E97EE6
		F5BAE43 E59BDBBD515A89FB2CB83F2A27087
		1A31B09338DCF0D 1797466087908BA4A6ED8F
		D48B9EA067DA67DC4D
		//ephemeral public key signature server 64 bytes
			143	1 144

Shared Secret	Z	C1CF8FE7891AEF3617D7190795E61FE6C24 EFC3CCA2E 08469BAD1A225CE6EA08	32	256
AlgorithmID	AlgID	60857405080300//AES-GCM-128	7	56
KDF(Z,AlgID,Sys-TC,Sys-TS)	KDF	C5F4512846EDE51CFB8CCF59F08A694E002 EDF66B4CB 1739AC26A74E49712F46	32	256
Global Unicast Encryption Key	GUEK	C5F4512846EDE51CFB8CCF59F08A694E	16	128
注：公钥的值在这里表示为 FE2OS(xp) ‖ FE2OS(yp)。				

I.2 单程 Diffie-Hellman C(1e,1s,ECC CDH)方案

图 I.2 显示了如何在 DLMS/COSEM 中使用 5.3.4.6.3 中规定的单程 Diffie-Hellman C(1e,1s,ECC CDH)方案来保护 xDLMS APDU。另见 5.5.5。

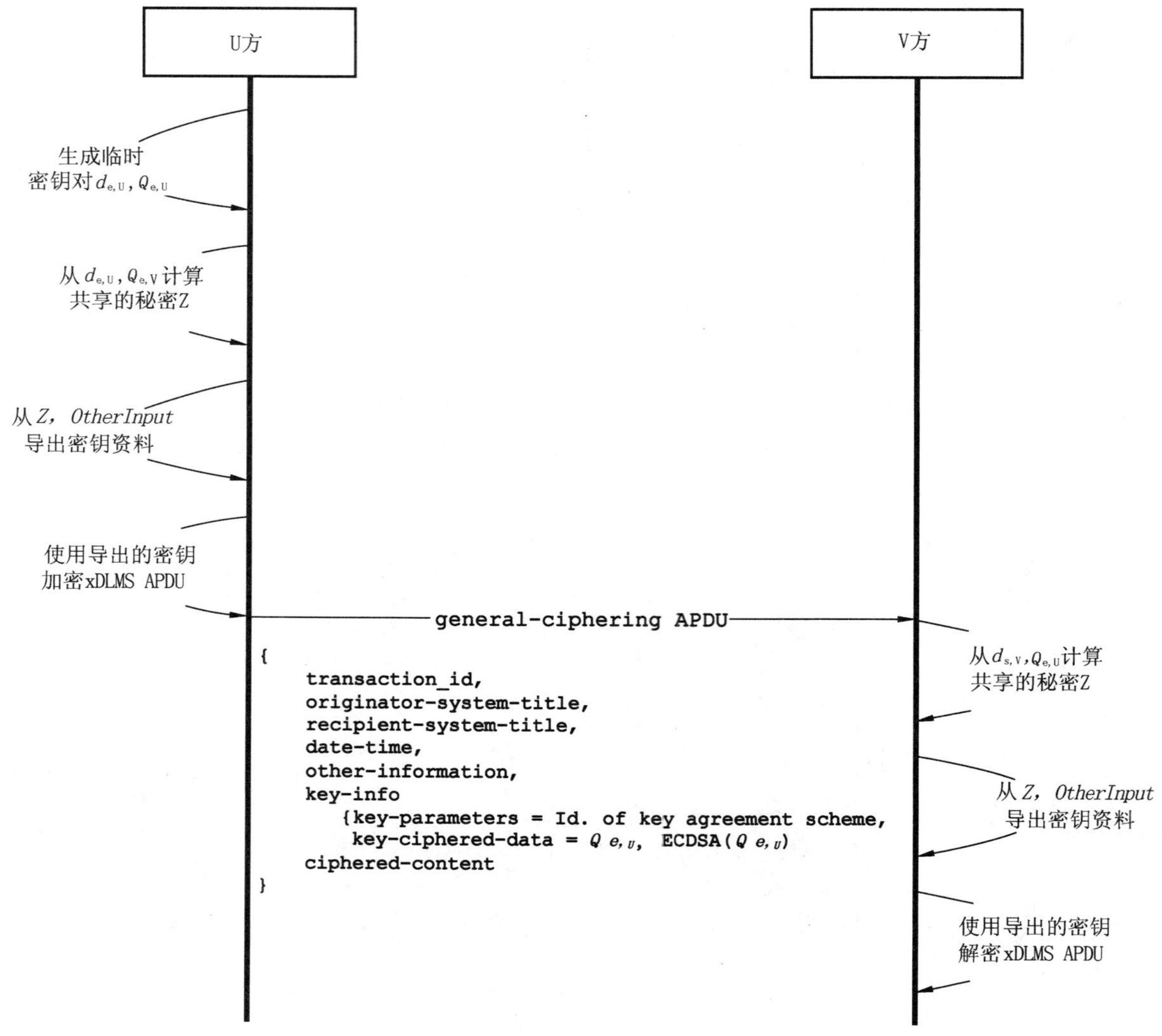

图 I.2 使用单程 Diffie-Hellman(1e,1s,ECC CDH)方案建立的短暂密钥来加密保护 xDLMS APDU

过程如下：

——步骤 1:发起者,扮演密钥协商过程的 U 方,产生一个临时的密钥对($d_{e,U}$,$Q_{e,U}$)；

——步骤 2:从 $d_{e,U}$,$Q_{S,U}$计算共享秘密 Z；

——步骤 3:从 Z 和 *OtherInfo* 中导出密钥；

——步骤 4:根据有效的安全策略和访问权限,使用导出的密钥对 xDLMS APDU 进行加密；

——步骤 5:向接收者发送一个通用加密 APDU。APDU 的字段的使用应如下(另见 5.3.4.6.5)：

- transaction-id:根据需要；密钥导出过程不需要；
- originator-system-title:用作 *OtherInfo* 的 *PartyUInfo* 元素；
- recipient-system-title:用作 *OtherInfo* 的 *PartyVInfo* 元素；
- date-time:根据需要；密钥导出过程不需要；
- other-information:根据需要；密钥导出过程不需要；
- key-info:

a) key-parameters:密钥协商方案的标识符:0x01,见表 11;

b) key-ciphered-data=$Q_{e,U}$由 U 方的数字签名私钥签名;

c) ciphered-content:携带使用密钥保护的加密 xDLMS APDU。

——步骤 6:接收者,扮演密钥协商过程的 V 方角色,从 $d_{S,V}$,$Q_{e,U}$计算共享秘密 Z;

——步骤 7:从 Z 和 *OtherInfo* 得到秘密密钥;

——步骤 8:使用导出的密钥来解密 xDLMS APDU。

表 I.2 提供了一个测试向量。

表 I.2 使用单程 Diffie-Hellman(1e,1s,ECC CDH)方案的密钥协商的测试向量

安全资料	符号	内 容	字节长度	比特位长度
Security Suite		ECDH-ECDSA-AES-GCM-128-SHA-256		
Curve		P-256		
DomainParameters	*D*	见附录 G		
System Title Client	Sys-TC	4D4D4D0000BC614E	8	64
System Title Server	Sys-TS	4D4D4D0000000001	8	64
PrivateSigning Key Client	Pri-KC	418073C239FA6125011DE4D6CD2E645780289F 761BB21BFB0835CB5585E8B373	32	256
PrivateSigning Key Server	Pri-KS	AE55414FFE079F9FC95649536BD1C2B5653D20 081372 7E07D501A8B550C69207	32	256
Public Signing Key Client	Pub-KC	BAAFFDE06A8CB1C9DAE8D94023C601DB BB249254BA22 EDD827E820BCA2BCC643 62FBB83D86A82B87BB8B7161 D2AAB5521 911A946B97A284A90F7785CD9047D25	64	512
Public Signing Key Server	Pub-KS	933ACF15B03A9248E029B2787FB52A0AEC AF635F07C42A0019FB3197E38F8F549A125 EA36781B0CA96BE89A0 E1FE2CF9B7361E D48B3C5E24592B9C0F4EDD31D1	64	512
Private Key Agreement Key Client	Pri-AKC	A51C16FF5C498FCC89323D4A9267CD71B F81FD6F6A89 1CD240DA7F3D6F283E65	32	256
Private Key Agreement Key Server	Pri-AKS	AAD3FD0732E991CF52A74C66C1F2827DD C53522A2E0A 169D7C4FFCC0FB5D6A4D	32	256
Public Key Agreement Key Client	Pub-AKC	07C56DE2DCAF0FD793EF29F019C89B4A0C C1E001CE94 F4FFBE10BC05E7E66F7671A 13FBCF9E662B9826FFF6A 6938546D524ED 6D3405F020296BDE16B04F7A7C2	64	512

表 I.2（续）

安全资料	符号	内　容	字节长度	比特位长度
Public Key Agreement Key Server	Pub-AKS	A653565B0E06070BAE9FBE140A5D2156812AE E2DD525053E3EFC850BF13BFDFFCB240BC7 B77BFF5883344E7275908D2287BEFA3725017 295A096989D2338290B	64	512
Ephemeral Public Key Client	Epub-KC	C323C2BD45711DE4688637D919F92E9DB8FB2 DFC213A88D21C9DC8DCBA917D8170511DE1B ADB360D50058F794B0960AE11FA28D392CFF90 7A62D13E3357B1DC0	64	512
Ephemeral Public Key Server	Epub-KS	6439724714B47CD9CB988897D8424AB946DCD 083D37A954637616011B9C2378773295F0F850D 8DAFD1BBE9FE666E53E4F097CD10B38B69622 152724A90987444	64	512
Ephemeral Private Key Client	Epri-KC	47DAB03842E5B6E74828EF4F449B378D7DD1 A5DAE1FFCA5AE0B0BE0AD18EC57E	32	256
Ephemeral Private Key Server	Epri-KS	819B1BEACC955E29139E368BF4119C126FF799EE 16BCBA3F45C1EF16749BCB95	32	256
Ephemeral Public Key Signature Client	Epub-K-Sig-C	B51BE089D0B682863B2217201E73A1 A9031968A9B4121DCBC3281A69739A F87429F5B3AC5471E7B6A04A2C0F2F 8A25FD772A317DF97FC5463FEAC2 48EB8AB8BE //Epub-KC is included in signature	64	512
Ephemeral Public Key Signature Server	Epri-K-Sig-S	E1FF47974A1F6931A6502F58147463F0E8CC517 D47F55B0AC56DD8AC5C9D0E481934F2D90F98 93016BD82B6E3FFE21FF1588F3278B4E9D98EB 4FB62ADD64B380 //Epub-KS are included in signature	64	512

表 I.2（续）

安全资料	符号	内　　容	字节长度	比特位长度

general-ciphering(Access-Request)	GC-C	DD
		0801020304050607 08//transaction-id
		084D4D4D0000BC614E//originator-system-title
		084D4D4D0000000001//recipient-system-title
		00//date-time not present
		00//other-information not present
		01//optional flag
		02//agreed-key CHOICE
		0101//key-parameters
		8180C323C2BD45711DE4688637D919F92E9DB8
		FB2DFC213A88D21C9DC8DCBA917D8170511
		DE1BADB360D50058F794B0960AE11FA28D392
		CFF907A62D13E3357B1DC0B51BE089D0B682863
		B2217201E73A1A9031968A9B4121DCBC3281A
		69739AF87429F5B3AC5471E7B6A04A2C0F2F8
		A25FD772A317DF97FC5463FEAC
		248EB8AB8BE
		//key-ciphered-data
		81EB3100000000F435069679270C5BF4425EE5777
		402A6C8D51C620EED52DBB188378B836E2857
		D5C053E6DDF27FA87409AEF502CD9618AE470
		17C010224FD109CC0BEB21E742D44AB40CD11
		908743EC90EC8C40E221D517F72228E1A26E
		827F43DC18ED27B5F458D66508B05A2A4CC6
		FED178C881AFC3BC67064689BE8BB41C80ABB
		3C114A31F4CB03B8B64C7E0B4CE77B2399C9334
		7858888F92239713B38DF01C4858245827A92EF
		334172EA636B31CBBDF2A96AD5D035F66AA
		38F1A2D97D4BBA99622E6B5F18789CECB2DFB
		3937D9F3E17F8B472098E6563238F375283748098
		36002AEA6E7012D2ADFAA7
		//ciphered-content
			401	3208

表 I.2(续)

安全资料	符号	内　　容	字节长度	比特位长度

general-ciphering(Access-Response)	GC-S	DD
		080123456789012345//transaction-id
		084D4D4D0000000001//originator-system-title
		084D4D4D0000BC614E//recipient-system-title
		00//date-time not present
		00//other-information not present
		01//optional flag
		02//agreed-key CHOICE
		0101//key-parameters
		81806439724714B47CD9CB988897D8424AB946
		DCD083D37A954637616011B9C2378773295F0
		F850D8DAFD1BBE9FE666E53E4F097CD10B3
		8B69622152724A90987444E1FF47974A1F6931
		A6502F58147463F0E8CC517D47F55B0AC56DD
		8AC5C9D0E481934F2D90F9893016BD82B6E
		3FFE21FF1588F3278B4E9D98EB4FB62ADD64
		B380
		//key-ciphered-data
		3D3100000000B3FFCAA594642D8319CEC6B2A
		233E2BF4621D6991B97E4565B986E8CCBE9A2
		99D8E7869723638FF6BB20E66E175E6F2D762
		CFD26B3D58733
		//ciphered-content
			226	1808

Shared Secret GC-C	Z-GC-C	0D4385BA0DD756CBCAB9887EB538396EE8F0 90A14C1079B4359F115B977F4615	32	256
AlgorithmID GC-C	AlgID-GC-C	60857405080300//AES-GCM-128	7	56
KDF(Z,AlgID,Sys-TC,Sys-TS) GC-C	KDF-GC-C	59A71FD81C929A86A99438DA17A66C058C6 A93FD3065F5EE16A05D775927659B	32	256
Encryption Key GC-C	EK-GC-C	59A71FD81C929A86A99438DA17A66C05	16	128
Shared Secret GC-S	Z-GC-S	2B4302DC49790E2E78D990CFB52ED6E2F273D ECE441A2D95E4301B93812A9FAC	32	256
AlgorithmID GC-S	AlgID-GC-S	60857405080300	7	56
KDF(Z,AlgID,Sys-TS,Sys-TC) GC-S	KDF-GC-S	F0184BDA9466BFA4601A64A7EF46504AB1A40 C4851A0A644503599DF298B2E14	32	256
Encryption Key GC-S	EK-GC-S	F0184BDA9466BFA4601A64A7EF46504A	16	128
注:公钥的值在这里表示为 FE2OS(xp) ‖ FE2OS(yp)。				

I.3 静态统一模型 C(0e,2s,ECC CDH)方案

图 I.3 显示了如何在 DLMS/COSEM 中使用 5.3.4.6.4 中规定的静态统一模型 C(0e,2s,ECC CDH)来保护 xDLMS APDU。另见 5.5.5。

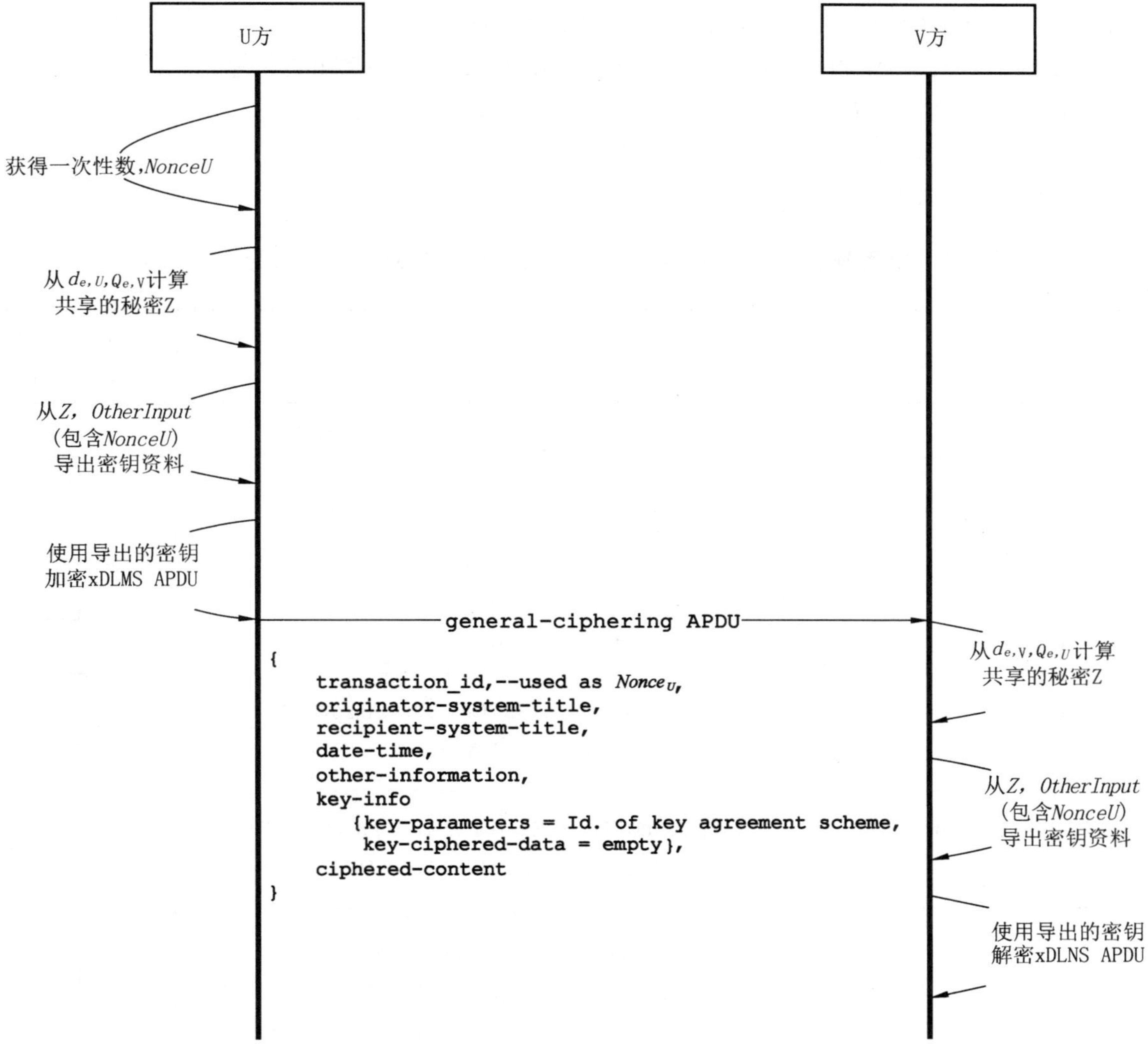

图 I.3 使用静态统一模型 C(0e,2s,ECC CDH)方案建立临时密钥来保护加密的 xDLMS APDU

过程如下:

——步骤 1:发起者,密钥协商过程中扮演 U 方获取随机数,$Nonce_U$;

——步骤 2:它从 $d_{S,U}$,$Q_{S,V}$ 计算共享的秘密 Z;

注:另见表 6 注。

——步骤 3:它从 Z 和包含 $Nonce_U$ 的 $OtherInput$ 导出秘密密钥;

——步骤 4:它根据有效的安全策略和访问权限需要,使用导出的密钥加密 xDLMS APDU;

——步骤 5:向接收者发送一个通用加密 APDU。使用 APDU 的字段应如下(另见 5.3.4.6.5):

- transaction-id:该字段用作 $Nonce_U$;
- originator-system-title:这被用作 *OtherInfo* 的 *PartyUInfo* 元素;
- recipient-system-title:这被用作 *OtherInfo* 的 *PartyVInfo* 元素;
- date-time:按要求;密钥导出过程不需要;
- key-info;
- key-parameters:密钥协商方案的标识符:0x02,见表 11;
- key-ciphered-data=空;
- 加密内容携带受密钥保护的加密的 xDLMS APDU。

——步骤 6:接收者,密钥协商过程中扮演 V 方,从 $d_{S,V}$,$Q_{S,U}$计算共享的密钥 Z;

——步骤 7:它从 Z 和包含 $Nonce_U$的 *OtherInput* 导出秘密密钥;

——步骤 8:它使用导出的密钥解密 xDLMS APDU。

表 I.3 提供测量向量。

表 I.3 使用静态统一模型(0e,2s,ECC CDH)方案的密钥协商的测试向量

安全资料	符号	内 容	字节长度	比特位长度
Security Suite		ECDH-ECDSA-AES-GCM-128-SHA-256		
Curve		P-256		
Domain Parameters	D	见附录 G		
System Title Client	Sys-TC	4D4D4D0000BC614E	8	64
System Title Server	Sys-TS	4D4D4D0000000001	8	64
Private Key Agreement Key Client	Pri-AKC	A51C16FF5C498FCC89323D4A9267CD71BF81 FD6F6A891CD240DA7F3D6F283E65	32	256
Private Key Agreement Key Server	Pri-AKS	AAD3FD0732E991CF52A74C66C1F2827DDC53 522A2E0A169D7C4FFCC0FB5D6A4D	32	256
Public Key Agreement Key Client	Pub-AKC	07C56DE2DCAF0FD793EF29F019C89B4A0CC 1E001CE94 F4FFBE10BC05E7E66F7671A13F BCF9E662B9826FFF6A 6938546D524ED6D340 5F020296BDE16B04F7A7C2	64	512
Public Key Agreement Key Server	Pub-AKS	A653565B0E06070BAE9FBE140A5D2156812A EE2DD525053E3EFC850BF13BFDFFCB240B C7B77BFF5883344E7275908D2287BEFA3725 017295A096989D2338290B	64	512
Nonce Client	Nonce-C	080102030405060708 //Nonce-C is transaction-id with length	9	72

表 I.3（续）

安全资料	符号	内　　容	字节长度	比特位长度
Nonce Server	Nonce-S	0801234567890123456 //Nonce-S is transaction-id with length	9	72
general-ciphering(Access-Request)	GC-C	DD 080102030405060708//transaction-id 084D4D4D0000BC614E//originator-system-title 084D4D4D0000000001//recipient-system-title 00//date-time not present 00//other-information not present 01//optional flag 02//agreed-key CHOICE 0102//key-parameters 00//key-ciphered-data not present 81EB3100000000607581D83815281B561904E6A 72B83BF3FB0B1F2A0A23A82A804B39911F6CB 1B4EF9B6F76C6338ED058014FFBF4A13A162E 0EED11EEB8F597757A18215F28E1D3FC2D445 86C4B8AFE4500B535B579506CDB925CBEFF7 F1CF6BF96C583B9CF588FE8F6B01A574824D 7CEC597F057FFA8700AF12AD63A7FA7204043 9F4392C089B265F9EB1AC308239906DC04E1A 8712ABE383CF92349842EBA166EF2E9EB2F53 D0DBA025D79875463398BBC3007BC4A6FC127 80C21EE1ABF080BF0FA926242834C0AC30D55 A1EF8856E7DED48621F17FDF4D5B54EDDAD D874119251049B6AEE111C12FBC2FEAF// //ciphered-content	272	2176
general-ciphering(Access-Response)	GC-S	DD 0801234567890123456//transaction-id 084D4D4D0000000001//originator-system-title 084D4D4D0000BC614E//recipient-system-title 00//date-time not present 00//other-information not present 01//optional flag 02//agreed-key CHOICE 0102//key-parameters 00//key-ciphered-data not present 3D31000000003CF971CD09E0B1C5B89E7BB52 C1B39923D14C4A160D7DDB3F2DE8AD255C62 5F407F04031CD95F4F261E23E823B73490CD6 CB593A140CD95F //ciphered-content	97	776

表 I.3（续）

安全资料	符号	内　　容	字节长度	比特位长度
Shared Secret GC-C	Z-GC-C	B1455B2AD5F68BCFFE6AD5412BA895 48ACA7E0CBF4B1560D6A57496F15 E931AD	32	256
AlgorithmID GC-C	AlgID-GC-C	60857405080300//AES-GCM-128	7	56
KDF（Z，AlgID，Sys-TC，Nonce-C， Sys-TS）GC-C	KDF-GC-C	56C46B57DF675515C31025455822514AFA2CDEB 3E0BF 1CADA84576159E84DE7E	32	256
Encryption Key GC-C	EK-GC-C	56C46B57DF675515C31025455822514A	16	128
Shared Secret GC-S	Z-GC-S	B1455B2AD5F68BCFFE6AD5412BA89 548ACA7E0CBF4B1560D6A57496F 15E931AD	32	256
AlgorithmID GC-S	AlgID-GC-S	60857405080300	7	56
KDF（Z，AlgID，Sys-TS，Nonce-S，Sys-TC）GC-S	KDF-GC-S	FC1314F7DE033B7DD19C80DBCF9FF2C5286 DC8F76E87877BD90B9B7F00CD5613	32	256
Encryption Key GC-S	EK-GC-S	FC1314F7DE033B7DD19C80DBCF9FF2C5	16	128
注：公钥的值在这里表示为 FE2OS(xp)II FE2OS(yp)。				

附 录 J
（资料性附录）
在TP和服务器之间交换受保护的xDLMS APDU

J.1 概述

此用例显示了通过客户机在第三方(TP)和服务器之间交换受保护的xDLMS APDU。

J.2 示例1:两个方向的保护相同

在第一个示例中,服务器的安全策略要求请求经过数字签名和认证,并且响应也经过数字签名和认证。

在.request中,TP应用数字签名,客户端应用认证:

——TP在通用签名APDU中为服务器向客户机发送.request:recipient-system-title是服务器的标识;

——客户机验证数字签名,如果正确,将general-signing APDU封装在general-ciphering APDU中。

服务器首先检查和移除认证,然后是检查和移除数字签名。

如果两者都是正确的,它将准备.response APDU。应用的保护与请求中的两方相同:

——服务器首先为TP将.response APDU封装在通用签名APDU中:目标系统标题是TP的目标系统标题;

——它为客户机将该通用签名APDU封装在通用加密APDU中:目标系统标题是客户机的标题。

各方应采用的保护措施受具体项目的配套规范的约束,但总体保护应符合服务器配置的安全策略。例如,服务器将接受以下任何一项:

——由TP应用的数字签名和由客户机应用的认证;

——由TP应用的认证和由客户机应用的数字签名;

——客户机应用的数字签名和认证;

——由TP应用的数字签名和认证。

过程如图J.1所示。

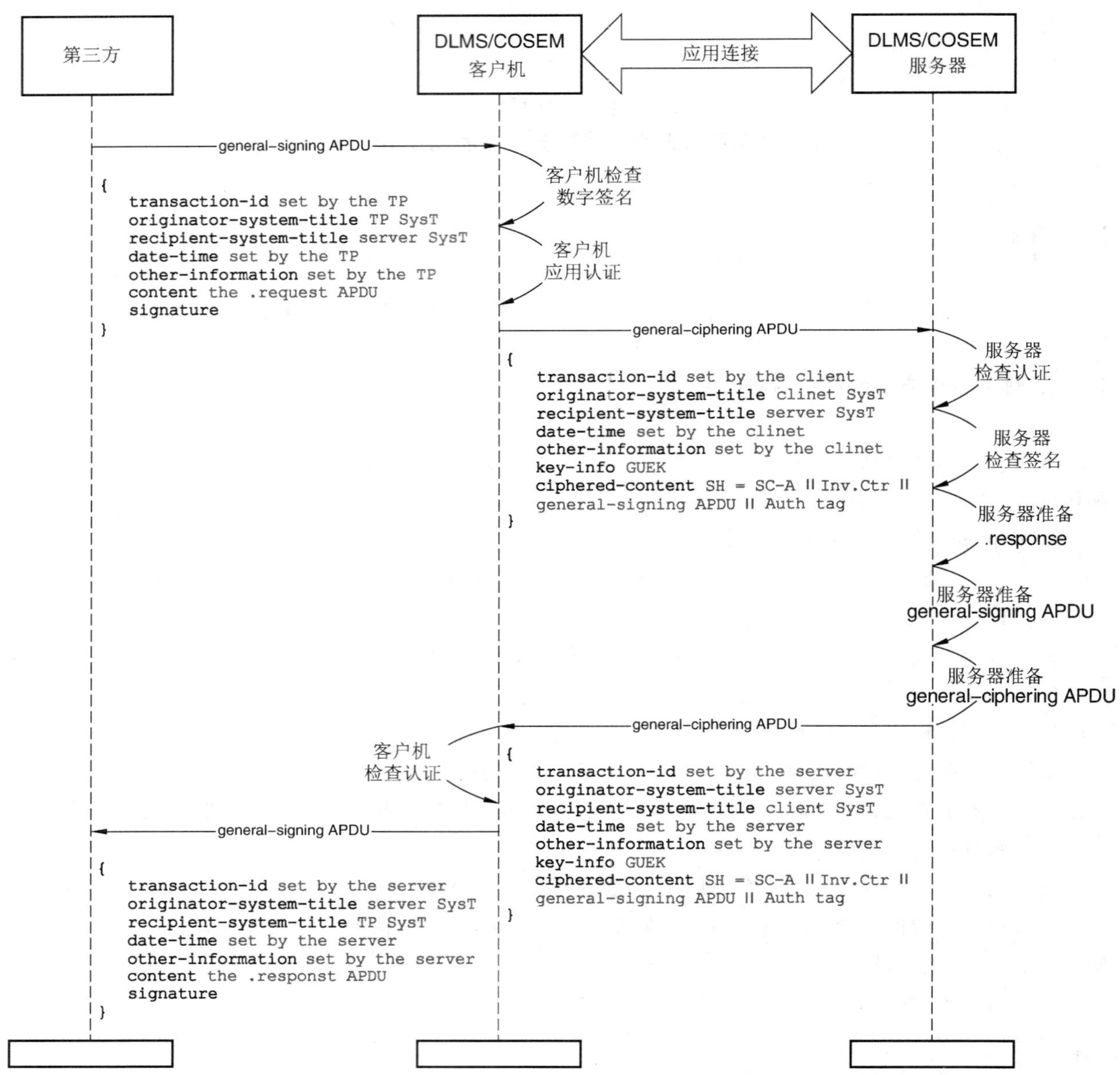

图 J.1 TP 和服务器之间交换受保护的 xDLMS APDU:示例 1

J.3 示例 2:两个方向的保护不同

在第二个示例中,服务器的安全策略要求请求经过数字签名和认证,而响应仅被认证。

在.request 中,TP 应用数字签名,客户机应用认证:

——TP 为服务器在通用签名 APDU 中向客户机发送.request:接收者系统标题是服务器的标识;

——客户机验证数字签名,如果正确,将通用签名 APDU 封装在通用加密 APDU 中。

服务器首先检查和删除认证标签,然后检查和删除数字签名。

如果两者都是正确的,它将准备.response APDU。应用的保护与请求中的两方相同:

——服务器首先为 TP 将.response APDU 封装在通用加密 APDU 中:目标系统标题是 TP 的系统标题,但不应用保护:在安全控制字节中,指示认证和加密的位设置为 0;

——它为客户机将该通用加密 APDU 封装在通用加密 APDU 中:目标系统标题是客户机的系统标题。

该过程如图 J.2 所示。

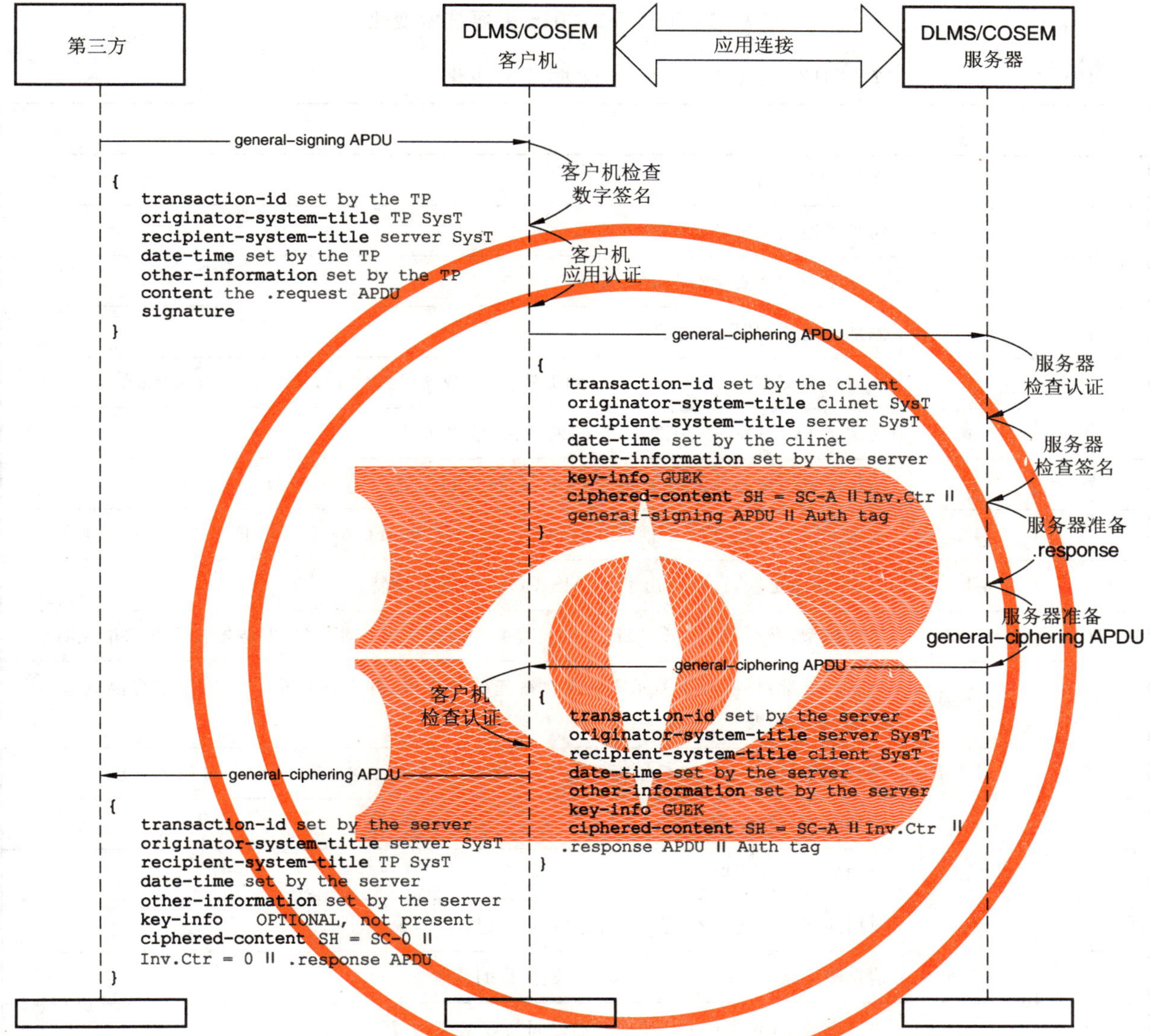

图 J.2 在 TP 和服务器之间交换受保护的 xDLMS APDU:示例 2

附 录 K
（资料性附录）
与 IEC 62056-5-3:2016 主要技术变化

IEC 62056-5-3:2017 与 IEC 62056-5-3:2016 主要技术变化。

序号	条款	
1	2	添加了新的引用
2	3.1	添加了通用 DLMS/COSEM 定义
3	3.2	添加了与加密安全有关的定义
4	3.4	添加了通用缩写:新的缩写
5	3.3	从绿皮书 Ed.7 9.2.4.8.2 中引入的伽罗瓦/计数器模式的定义、缩写、符号和标记
6	3.6	添加了 ECDSA 算法有关的定义、缩写、符号和标记
7	3.7	添加了密钥协商算法有关的定义、缩写、符号和标记
8	4.1	规定 DLMS/COSEM 中信息交换的一般概念,扩展 IEC 62056-5-3 Ed.2.0:2016,第 4 章
9	4.1.1	一般:文本更新,这里列出了 DLMS/COSEM 的关键特征
10	4.1.2	通信模型:介绍 AP、AE、ASE、AA 及其关系的新文本。客户机/服务器模型在这里说明
11	4.1.3	命名和寻址:将所有相关元素结合在一起的新文本,并引入与第三方的数据交换概念。添加了 SAP 的表
12	4.1.3.4	系统标题:把关于交换系统标题的 IEC 62056-5-3 Ed.2:2016,5.4.8.3.4.6 引入这里
13	4.1.3.6	添加了客户机用户标识
14	4.1.4	面向连接操作说明
15	4.1.5	应用连接。新的文本,使所有相关元素一起
16	4.1.6	信息传递模式:新的文本引入了推送操作的概念
17	4.1.7	第三方和 DLMS/COSEM 服务器之间的数据交换:新文本
18	4.1.8	添加了通信配置
19	4.1.9	DLMS/COSEM 计量系统模型
20	4.1.10	添加了 DLMS/COSEM 服务器的模型
21	4.1.11	添加了 DLMS/COSEM 客户机的模型
22	4.1.12	添加了 COSEM 中的互操作性和互联互通
23	4.1.13	确保互联:添加了协议标识服务
24	4.1.14	添加了系统集成和仪表安装
25	4.2	整个条款已作了修订,以提出与 DL/T 790.441—2004 所规定的 DLMS 相比的附加的服务和机制

（续）

序号	条款	
26	5	DLMS/COSEM 中的信息安全：整个条款已经过修改，以描述 DLMS/COSEM 的扩展安全特性。主要内容： ——介绍 DLMS/COSEM 安全概念； ——不仅 xDLMS APDU，而且 APDU 携带的 COSEM 数据都可以得到保护； ——保护不仅可以应用于客户端和服务器之间，也可以应用于以客户机为媒介第三方和服务器之间； ——对称和公钥算法可用于提供认证、加密和数字签名的任意组合； ——可以应用多层保护，并由多个实体验证； ——密钥传输由密钥协商完成； ——添加了压缩（与对称密钥算法一起管理）
27	6.2	COSEM-OPEN 服务：更新服务参数及其使用，以支持客户机用户标识和证书的传输
28	6.5	保护和通用块传输参数：修改章节以涵盖新的通用保护和通用块传输机制及相关参数
29	6.6，6.7	GET、SET、ACTION 服务：可以使用服务特定或通用块传输机制
30	6.8	ACTION 服务：关于方法调用参数（使用空数据）的精确内容
31	6.9	ACCESS 服务：增加了新的统一服务，提供了主要功能
32	6.10	添加了新的 DataNotification 服务
33	6.14，6.15	Read、Write 服务：可采用服务特定或通用块传输机制
34	6.16	UnconfirmedWrite 服务：可采用通用的块传输机制
35	6.19	添加了新的服务：服务摘要和 LN/SN 数据传输服务映射
36	7.1.1，7.1.2	状态定义：新服务和 APDU 的更新
37	7.2.1	ACSE 功能单元、服务和服务参数：更新为符合 ISO/IEC 15953：1999 和 ISO/IEC 15954：1999 取代 ISO/IEC 8649 和 ISO/IEC 8650
38	7.2.2.3	COSEM 认证机制名称：新增机制名称
39	7.2.2.4	加密算法 ID-s：已添加，这些 ID 用于 KDF 功能
40	7.2.3	APDU 编码规则：ACSE APDU、xDLMS APDU 和 XML 的编码
41	7.2.4	建立确认应用连接的协议：修改文档以包括新参数的解析
42	7.3.1	服务和选项的协商-—致性块：添加了新的元素
43	7.3.3，7.3.4，7.3.5	GET、SET 和 ACTION 服务的协议：指定可以使用的服务特定或通用块传输机制
44	7.3.6	添加了 ACCESS 服务的协议
45	7.3.7	添加了 DataNotification 服务的协议
46	7.3.9，7.3.10	Read 和 Write 服务的协议：规定可以使用服务特定或通用块传输机制
47	7.3.13	添加了通用块传输机制的协议
48	8	新增服务和 APDU 的抽象语法
49	9	添加了 COSEM APDU XML 模式
50	附录 B	添加了 SMS 短封装

（续）

序号	条款	
51	附录 C	添加了网关协议
52	F.2	添加了 ACCESS 服务示例
53	F.3	添加了紧凑数组编码
54	附录 G	添加了 NSA Suite B 椭圆曲线和域参数
55	附录 H	添加了证书示例
56	附录 I	添加了在 DLMS/COSEM 中使用密钥协商方案
57	附录 J	添加了在 TP 和服务器之间交换受保护的 xDLMS APDU
58	参考文献	添加了新的参考书目

附 录 NA
（资料性附录）
与各版本的主要技术变化

NA.1 1IEC 62056-5-3:2017 与 IEC 62056-5-3:2016 的主要技术变化

见附录 K。

NA.2 IEC 62056-6-3:2016 与 IEC 62056-6-3:2013 的主要技术变化

——增加了解释与 DLMS UA 绿皮书版本的关系的简介；
——4.2.3.1:添加了 DataNotification 服务；
——4.2.3.6:已经添加了 DataNotification 服务；
——4.2.3.7:已经添加了 Long-Invoke-Id 参数；
——4.2.3.12:已经重新制定,引入了总体区块转移(GBT)机制；
——4.2.3.13 描述了 GBT 机制；
——4.2.5,图 2 显示了 DLMS/COSEM AL 服务的总结已被修改,现在包括 DataNotification 服务；
——5.3:认证机制的规范和图 3 已经修改；
——5.4.1 应用,删除或检查保护:加密和解密已被修改；
——5.4.6 加密的 xDLMS APDU 的规范已被修改。增加了新的通用全球加密和专用加密 APDU；
——5.4.8.3.2.3 图 6 使用 GCM 的 xDLMS APDU 的密码保护已被修改；
——5.4.8.3.3 现在指定了具有 GCM 的安全头；
——5.4.8.4:GMAC 的高级安全认证规范(authentication_mechanism_id(5))已被修改(仅限编辑性修改)；
——6.2:COSEM-OPEN 服务的规范已被修改:AARQ APDU 现在可以携带客户端用户的标识符；
——6.2,表 11:在下面的文字中,缺少了 Response_Allowed 字段；
——6.2:在 User_Information 参数上添加了注 2；
——6.5:对附加服务参数的规定进行了修改；
——6.6 增加了使用服务专用或一般块转移机制的替代方案；
——6.7:增加了使用特定服务或一般块转移机制的替代方案；
——6.8:已经添加了关于 Method_Invocation_Parameter 的说明,并增加了使用服务特定或通用块传输机制的替代方案；
——6.9 规定了 DataNotification 服务；
——6.10 增加了使用通用块转移机制的可能性；
——6.13 增加了使用特定服务或一般阻止传输机制的替代方法；
——6.14 增加了使用特定服务或一般块转移机制的替代方案；
——6.15 增加了使用特定服务或一般区块传输机制的替代方案；
——6.18:DataNotification 服务已被添加到 xDLMS 服务的摘要中；
——7.1.1,图 10:已经添加了 DataNotification 服务；
——7.1.2,图 11:DataNotification 服务已被添加；

——7.2.3.2 增加了 xDLMS APDU 的编码；
——7.2.4.1 建立已确认的应用程序连接的协议已被修改，以指定使用 Calling_AE_Invocation_Identifier。增加了 AARE 认证功能单元字段的缺失说明；
——7.3.1：新的元素已被添加到一致性块：generalprotection，general-block-transfer，data-notification；
——7.3.3 增加了使用服务专用或一般块转移机制的替代方案；
——7.3.4 增加了使用服务专用或一般块转移机制的替代方案；
——7.3.5 增加了使用服务专用或一般块传送机制的替代方法；
——7.3.6 规定了 DataNotification 服务的协议；
——7.3.8 增加了使用特定服务或一般块传送机制的替代方法；
——7.3.9 增加了使用服务特定或一般块传输机制的替代方案；
——7.3.10 增加了使用通用块传输机制的可能性；
——7.3.12 规定了通用块传输机制的协议；
——第 8 章对 ACSE 和 COSEM APDU 的 ACSE 和 COSEM APDU 的抽象语法进行了修改，以包括新的 APDU 和类型；
——A.8，A.9 和 A.10 引用 IEC 62056 系列的其他部分，指定媒体特定的通信配置文件；
——附件 B 规定了 SMS 短包装。

NA.3 IEC 62056-5-3:2013 与 IEC 62056-53:2006 的主要技术变化

——该部分的标题由“COSEM 应用层”改为“DLMS/COSEM 应用层”；
——第 2 章包括一些新的引用标准，主要涉及数据安全；
——第 3 章包括一些新的缩写，主要涉及数据安全；
——前一版的 COSEM 通讯框架第 4 章已被删除，并将作为新的 IEC 62056-1-0 部分的基础；
——4.2.3 已重新组织。现在，每个特定功能都在一个单独的子条款中进行了描述(从前一版本的 7.4 版中获得)。
——4.2.3.1 xDLMS 应用服务元素现在包含了前一版本的附录 A，并进行了必要的修改；
——5 章现在详细说明 DLMS/COSEM 中与信息安全有关的所有要素，包括来源于 IEC 62056-62:2006 的数据访问安全性(4.7)和使用加密 xDLMS APDU 的数据传输安全性；
——第 6 章已被重新组织：每个服务的四个服务原语-.request，.indication，.response，.confirm。服务参数以表格形式呈现，并且遵循各个 APDU 的字段的顺序。在使用服务的描述中，6.1 中规定的时间顺序图；
——6.1 现在提供服务原语和使用的符号的一般描述；
——6.2，COSEM-OPEN 服务：Calling_AP_Title 和 Responding_AP_Title 参数现在在使用加密的应用上下文中使用；
——6.3，COSEM-Release 服务：为了更好地与 ACSE A-Release 服务保持一致，并且允许 RLRQ/RLRE 的用户信息字段携带加密的 xDLMS InitiateRequest/InitiateResponse APDU，保护 COSEM-RELEASE 服务；
——6.5，安全参数包含数据访问服务在加密应用上下文中使用的安全参数的一般规范；
——6.6 GET 服务，6.7 SET 服务和 6.8 ACTION 服务：使用 LN 引用的服务规范已经修改，与使用 SN 引用的服务一致。请求和响应原语类型也显示在表中。这些改变不影响业务的协议或 APDU 的编码；
——现在 6.11 包括用于 SN 引用的 Read，Write 和 UnconfirmedWrite 服务的变量访问规范参数。

新的变体已被添加到支持块传输；

——6.12 现在包含 Read 服务的详细规范。块传输现在也可用。Variable_Access_Specification 变体的使用在一个表中呈现；

——现在 6.13 包含了写服务的详细规范。块传输现在也可用。variable_Access_Specification 变量的使用在表中给出；

——现在 6.14 包含 UnconfirmedWrite 服务的详细规范。Variable_Access_Specification 变体的使用在一个表中给出；

——现在 6.15 包含了 informationReport 服务的详细规范；

——在 7.1.1 和 7.1.2 中，状态定义以表格形式呈现；

——7.2.1 现在包含了 ACSE 服务的规范。服务参数/字段和 AARQ/AARE APDU 的描述已被修改；

——7.2.2.3，COSEM 认证机制名称：为 GMLS 增加了一个新的机制名称(5)；

——7.2.4.3 建立未经确认的应用连接已经修改；

——7.2.4.4 预先建立的应用连接已经修改；

——7.2.5 应用程序连接释放协议已经修改，现在允许在用户信息字段中使用加密的 InitiateRequest APDU；

——7.3.1 现在描述使用一致性块的服务和选项的协商；

——7.3.2 现在总结了关于确认和未确认的服务调用的所有规则；

——7.3.3 节，GET 服务协议：协议规范和数据已经修改。传输长数据也在这里指定。一个新的数字已被添加。表 36 显示了与每个请求和响应类型一起使用的 APDU。这是明确的，即：

- 如果请求单个属性的值，则只对类型和值进行编码(Data)；
- 如果请求了属性列表的值，那么结果列表将被编码：对于每个属性，可以是 Data 或者 Data_Access_Result；
- 新增了一个错误情况 d)：服务器发送的块号不等于下一个顺序。

——7.3.4，SET 服务的协议：协议规范和数字已经以类似的方式修改；

——7.3.5“行动服务议定书”，协议规范和数字已经以类似的方式修改；

——7.3.6 EventNotification 服务协议：规范已被修改；

——7.3.7，Read 服务的协议：协议规范已被修改为包括块传输。GET 和 ACTION 服务与 Read 服务之间的映射已经被引入并且被更详细地描述；

——7.3.8，写服务的协议，协议规范已被修改为包含块传输。SET 和 ACTION 服务到 Write 服务之间的映射已经被提出并且被更详细地描述；

——7.3.9，UnconfirmedWrite 服务的协议：UnconfirmedWrite 服务的协议已被修改，以涵盖块传输。SET 和 ACTION 服务到 UnconfirmedWrite 服务之间的映射已经被提出并且被更详细地描述；

——信息报告服务议定书 7.3.10：信息报告服务协议已被修改。EventNotification 和 InformationReport 服务之间的映射已经完成；

——第 8 章抽象语法：ASN.1 规范已被修改，包括数据安全性和 SN 块传输的变化。用户信息字段标签[30]的编码已经从 IMPLICIT 变成了 EXPLICIT，从而导致了编码的实现；

——第 8 章抽象语法：数据类型列表已被修改。添加：time [11] // IEC 61334-4-41：1996 中的“time”类型的标签，在 DLMS/COSEM.DLMS/COSEM 中不可用[27]；UTF8-string [12] IMPLICIT OCTET-STRING //按 UTF-8 编码的有序字符序列。已删除：浮点[7] IMPLICIT OCTET STRING(SIZE(4)// DLMS/COSEM 使用类型[23]和[24]；

——附件 A 现在包括 IEC 62056-53：2006 的前一条款 B.1；

——B.2,面向连接的,基于 HDLC 的 3 层通信协议和条款 B.3 IEC 62056-53:2006 的基于 TCP/UDP/IP 的通信协议(COSEM_on_IP)已被删除,并将出现在其他协议 IEC 62056 系列的部分;

——附录 B AARQ 和 AARE 编码示例包括 IEC 62056-53:2006 的前附录 C. 这些例子已经修改。现在所有的例子都是完整的,它们以表格形式呈现,以便于在各种情况下进行比较;

——附件 C 提供了使用加密的应用上下文的 AARQ 和 AARE APDU 的编码示例;

——附件 D 包括数据传输服务示例;

——附件 E 提供了密码学的概述。

NA.4 IEC 62056-53:2006 与 GB/T 19882.33—2007(IEC 62056-53:2002)的主要技术变化

——修改标题并且从“自动抄表系统 第 3-3 部分:应用层数据交换协议 COSEM 应用层”改变到“电测量数据交换 DLMS/COSEM 组件 第 53 部分:DLMS/COSEM 应用层”;

——编号由 GB/T 19882.33 变为 GB/T 17215.653;

——COSEM-RELEASE 服务的协议已经改变:根据使用的通信配置文件,这些服务可能依赖于 ACSE A_RELEASE 服务;

——AARQ APDU 的解析顺序已经改变;

——处理重复的应用程序连接请求已被简化;

——COSEM-OPEN 服务的 Service_Class 参数现在链接到 xDLMS-Initiate.request APDU 的 responseallowed 字段;

——现在将用于使用 LN 引用的数据交换的 COSEM 服务的 Service_Class 参数链接到 Invoke-Id-and-Priority 参数的位 6;

——已经引入了一个新的,可选的 EXCEPTION APDU。服务器可能在错误的服务请求之后发回这个 APDU;

——增加了关于在各种通信配置文件中使用 COSEM 应用层的一般部分;

——在 3 层面向连接的基于 HDLC 的通信配置文件中使用 COSEM 应用层的描述已被修改;

——已经定义了一个新的基于 TCP/UDP/IP 的通信配置文件。

NA.5 本部分与 GB/T 19882.33—2007(IEC 62056-53:2002)的主要技术变化

NA.1～NA.4 所有差异的合为本部分与 GB/T 19882.33—2007 的主要技术变化,并同时列出各版本的差异。

参 考 文 献

[1] The DLMS UA"Books"are available for the members of the DLMS User Association. See www.dlms.com

[2] DLMS UA 1000-1 the"Blue Book",Ed.11.0:2013 COSEM interface classes and OBIS identification system

[3] DLMS UA 1000-1 the"Blue Book",Ed.12.0:2014 COSEM interface classes and OBIS identification system

[4] DLMS UA 1000-2the"Green Book",Ed.7.0:2009 DLMS/COSEM Architecture and Protocols

[5] DLMS UA 1000-2 the"Green Book",Ed.7.0,Amendment 3:2013 DLMS/COSEM Architecture and Protocols(cancels and replaces Amendments 1 and 2)

[6] DLMS UA 1000-2the"Green Book",Ed.8.1:2015 DLMS/COSEM Architecture and Protocols

[7] DLMS UA 1001-1the"Yellow Book",Ed.4.0:2007 DLMS/COSEM Conformance test and certification process

[8] DLMS UA 1002the"White Book",Ed.1.0:2003 COSEM Glossary of terms

[9] IEC 60050-300 International Electrotechnical Vocabulary—Electrical and electronic measurements and measuring instruments

[10] IEC 61334-4-32:1996 Distribution automation using distribution line carrier systems—Part 4:Data communication protocols—Section 32:Data link layer-Logical link control (LLC)

[11] IEC61334-4-511:2000 Distribution automation using distribution line carrier systems—Part 4-511:Data communication protocols—Systems management—CIASE protocol

[12] IEC 61334-4-512:2001 Distribution automation using distribution line carrier systems—Part 4-512:Data communication protocols—System management using profile 61334-5-1-Management Information Base(MIB)

[13] IEC 61334-5-1:2001 Distribution automation using distribution line carrier systems—Part 5-1:Lower layer profiles—The spread frequency shift keying(S-FSK)profile

[14] IEC 62056-1-0 Electricity metering data exchange—The DLMS/COSEM suite—Part 1-0:Smart metering standardisation framework

[15] IEC TS 62056-1-1 Electricity metering data exchange—The DLMS/COSEM suite—Part 1-1:Template for DLMS/COSEM communication profile standards

[16] IEC TR 62056-41:1998 Electricity metering—Data exchange for meter reading,tariff and load control—Part 41:Data exchange using wide area networks:Public switched telephone network (PSTN)with LINK+ protocol

[17] IEC TR 62056-51:1998 Electricity metering—Data exchange for meter reading,tariff and load control—Part 51:Application layer protocols

[18] IEC TR 62056-52:1998 Electricity metering—Data exchange for meter reading,tariff and load control—Part 52:Communication protocols management distribution line message specification (DLMS)server

[19] IEC 62056-6-1:2017 Electricity metering data exchange—The DLMS/COSEM suite—Part 6-1:Object Identification System(OBIS)2F

[20] IEC 62056-7-3:2017 Electricity metering data exchange—The DLMS/COSEM suite—Part 7-3:Wired and wireless M-Bus communication profiles for local and neighbourhood networks

[21] IEC 62056-7-6:2013 Electricity metering data exchange—The DLMS/COSEM suite—Part 7-6:The 3-layer,connection-oriented HDLC based communication profile

[22] IEC 62056-9-7:2013 Electricity metering data exchange—The DLMS/COSEM suite—Part 9-7:Communication profile for TCP-UDP/IP networks

[23] Future IEC 62056-8-4 ELECTRICITY METERING DATA EXCHANGE—THE DLMS/COSEM SUITE—Part 8-4: Narrow-band OFDM PRIME PLC communication profile for neighbourhood networks

[24] IEC 62056-8-5 Electricity metering data exchange—The DLMS/COSEM suite—Part 8-5: Narrow-band OFDM G3-PLC communication profile for neighbourhood networks

[25] ISO/IEC 7498-1:1994 Information technology—Open Systems Interconnection—Basic Reference Model:The Basic Model

[26] ISO/IEC 8802-2:1998 Information technology—Telecommunications and information exchange between systems—Local and metropolitan area networks—Specific requirements—Part 2: Logical link control

[27] ISO/IEC 9545: 1994 Information technology—Open Systems Interconnection—Application layer structure

[28] Information technology—Security techniques—Entity authentication—Part 1: General (Evaluation of ISO/IEC 9798 Protocols Version 2.0 David Basin and Cas Cremers April 7,2011)

[29] ISO/IEC 9798-2:2008 Information technology—Security techniques—Entity authentication—Part 2:Mechanisms using symmetric encipherment algorithms

[30] ISO/IEC 9798-3:1998 Information technology—Security techniques—Entity authentication—Part 3:Mechanisms using digital signature techniques

[31] ISO/IEC 10731:1994 Information technology—Open Systems Interconnection—Basic Reference Model—Conventions for the definition of OSI services

[32] ISO/IEC 13239:2002 Information technology—Telecommunications and information exchange between systems—High-level data link control(HDLC)procedures

[33] ISO/IEC 15945:2002 Information technology—Security techniques—Specification of TTP services to support the application of digital signatures

[34] ISO 2110:1989 Information technology—Data communication-25-pole DTE/DCE interface connector and contact number assignments

[35] ITU-T V.24:2000 List of definitions for interchange circuits between data terminal equipment(DTE)and data circuit-terminating equipment(DCE)

[36] ITU-T V.25:1996 Automatic answering equipment and general procedures for automatic calling equipment on the general switched telephone network including procedures for disabling of echo control devices for both manually and automatically established calls

[37] ITU-T V.25bis:1996 Synchronous and asynchronous automatic dialling procedures on switched networks

[38] ITU-T V.28:1993 Electrical characteristics for unbalanced double-current interchange circuits

[39] ITU-T X.211:1995 Information technology—Open Systems Interconnection—Physical service definition

[40] ITU-T X.811:1995 Information technology—Open Systems Interconnection—Security frameworks for open systems:Authentication framework

[41] IEEE 802.1 AE:2006 IEEE Standard for Local and Metropolitan Area Networks:Media Access Control(MAC)Security

[42] IEEE 802.15.4:2006 Information technology—Telecommunications and information exchange between systems—Local and metropolitan area networks—Specific requirements—Part 15.4: Wireless Medium Access Control (MAC) and Physical Layer (PHY) Specifications for Low-Rate Wireless Personal Area Networks(WPANs)

[43] EN 13757-2:2004 Communication system for and remote reading of meters—Part 2: Physical and Link Layer

[44] FIPS PUB 198:2002 The Keyed—Hash Message Authentication Code(HMAC)

[45] FIPS PUB 199:2002 Standards for Security Categorization of Federal Information and Information Systems

[46] NIST SP 800-47:2002 Security Guide for Interconnecting Information Technology Systems

[47] The Galois/Counter Mode of Operation(GCM)-David A. McGrew, Cisco Systems, Inc. 170, West Tasman Drive, San Jose, CA 95032, mcgrew@cisco.com, John Viega, Secure Software, 4100 Lafayette Center Drive, Suite 100, Chantilly, VA 20151, viega@securesoftware.com, May 31, 2005

[48] RFC 1321 The MD5 Message-Digest Algorithm. Edited by R. Rivest(MIT Laboratory for Computer Science and RSA Data Security, Inc.) April 1992 http://www.ietf.org/rfc/rfc1321.txt

[49] RFC 1662 PPP in HDLC-like Framing, 1984 http://www.ietf.org/rfc/rfc1662.txt

[50] RFC 2104 HMAC, Keyed—Hashing for Message Authentication, 2004 http://www.ietf.org/rfc/rfc2104.txt

[51] RFC 2119 Key words for use in RFCs to Indicate Requirement Levels, 1997 http://www.ietf.org/rfc/rfc2119.txt

[52] RFC 2315 PKCS #7, Cryptographic Message Syntax Version 1.5, 1998 https://www.ietf.org/rfc/rfc2315

[53] RFC 2560 X.509 Internet Public Key Infrastructure—Online Certificate Status Protocol—OCSP, 1999 http://www.ietf.org/rfc/rfc2560

[54] RFC 2822 Internet Message Format, 2001 http://www.ietf.org/rfc/rfc2822

[55] RFC 2986 PKCS #10 v1.7, Certification Request Syntax Standard http://www.ietf.org/rfc/rfc2986

[56] RFC 3268 Advanced Encryption Standard(AES)Ciphersuites for Transport Layer Security (TLS), 2002 http://tools.ietf.org/html/rfc3268

[57] RFC 4210 Elliptic Curve Cryptography(ECC)Support for Public Key Cryptography for Initial Authentication in Kerberos(PKINIT), 2008 https://tools.ietf.org/html/rfc5349

[58] RFC 4211 Internet X.509 Public Key Infrastructure Certificate Request Message Format (CRMF), 2005 http://www.ietf.org/rfc/rfc4211

[59] RFC 4308 Cryptographic Suites for IPsec, 2005 https://www.google.hu/#q=RFC%204308

[60] RFC 4835 Cryptographic Algorithm Implementation Requirements for Encapsulating Security Payload (ESP)and Authentication Header(AH), 2007 http://tools.ietf.org/html/rfc4335

[61] RFC 5084Internet Engineering Task Force(IETF). Using AES-CCM and AES-GCM Au-

thenticated Encryption in the Cryptographic Message Syntax(CMS). Edited by R.Housley November 2007 Available from: http://www.rfc-editor.org/rfc/rfc5084.txt

[62] RFC 5349 Elliptic Curve Cryptography(ECC)Support for Public Key Cryptography for Initial Authentication in Kerberos(PKINIT),2008 https://tools.ietf.org/html/rfc5349

[63] ANSI C12.21:1999 Protocol Specification for Telephone Modem Communication

[64] SEC1:2009 Standards for Efficient Cryptography: Elliptic Curve Cryptography。SECG. Version 2.0

[65] SEC2:2010 Standards for Efficient Cryptography:Recommended Elliptic Curve Domain Parameters Version 2.0.Certicom Research

ICS 17.220.20
N 22

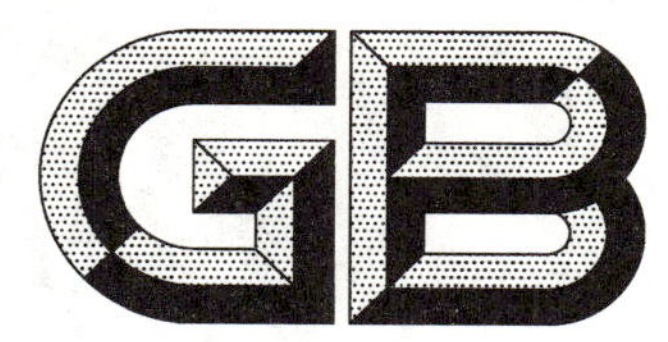

中华人民共和国国家标准

GB/T 17215.661—2018/IEC 62056-6-1:2017
代替 GB/T 19882.31—2007

电测量数据交换　DLMS/COSEM 组件 第 61 部分:对象标识系统(OBIS)

Electricity metering data exchange—The DLMS/COSEM suite—Part 61:Object identification system(OBIS)

(IEC 62056-6-1:2017,Electricity metering data exchange—The DLMS/COSEM suite—Part 6-1: Object Identification System (OBIS),IDT)

2018-12-28 发布　　2019-07-01 实施

国家市场监督管理总局
中国国家标准化管理委员会　发布

前　言

GB/T 17215“交流电测量设备”分为若干部分,GB/T 17215.6《DLMS/COSEM 组件　电测量数据交换》分为以下几个部分:

——第 10 部分:智能测量标准化框架;

——第 11 部分:DLMS/COSEM 通信配置标准模板;

——第 31 部分:基于双绞线载波信号的局域网使用;

——第 46 部分:使用 HDLC 协议的数据链路层;

——第 47 部分:基于 IP 网络 DLMS/COSEM 传输层;

——第 53 部分:DLMS/COSEM 应用层;

——第 61 部分:对象标识系统(OBIS);

——第 62 部分:COSEM 接口类;

——第 73 部分:局域和社区网络的有线和无线 M-Bus 通信配置;

——第 76 部分:基于 HDLC 的面向连接三层通信配置;

——第 91 部分:使用 WEB 服务经 CAS 访问 COSEM 服务器的通信配置;

——第 97 部分:基于 TCP-UDP/IP 网络的通信配置。

本部分为 GB/T 17215.6 的第 61 部分。

本部分按照 GB/T 1.1—2009 给出的规则起草。

本部分代替 GB/T 19882.31—2007《自动抄表系统　第 3-1 部分:应用层数据交换协议　对象标识系统》,与 GB/T 19882.31—2007 相比主要技术变化参见附录 NA。

本部分使用翻译法等同采用 IEC 62056-6-1:2017《电测量数据交换　DLMS/COSEM 组件　第 6-1 部分:对象标识系统(OBIS)》。

与本部分中规范性引用的国际文件有一致性对应关系的我国文件如下:

——GB/T 17215.662—2018　电测量数据交换　DLMS/COSEM 组件　第 62 部分:COSEM 接口类(IEC 62056-6-2:2017,IDT)。

——GB/T 19897.1—2005　自动抄表系统低层通信协议　第 1 部分:直接本地数据交换(IEC 62056-21:2002,MOD)。

本部分做了以下编辑性修改:

——标准名称由第 6-1 部分改为第 61 部分;

——增加了资料性附录 NA 说明与各版本的主要技术变化。

请注意本文件的某些内容可能涉及专利。本文件的发布机构不承担识别这些专利的责任。

本部分由中国机械工业联合会提出。

本部分由全国电工仪器仪表标准化技术委员会(SAC/TC 104)归口。

本部分起草的单位:哈尔滨电工仪表研究所有限公司、广东东方电讯科技有限公司、杭州海兴电力科技股份有限公司、深圳市科陆电子科技股份有限公司、烟台东方威思顿电气有限公司、深圳市航天泰瑞捷电子有限公司、宁波三星医疗电气股份有限公司、杭州西力智能科技股份有限公司、华立科技股份有限、深圳友讯达科技股份有限公司、国网江西省电力有限公司电力科学研究院、黑龙江省电工仪器仪表工程技术研究中心有限公司、青岛鼎信通讯股份有限公司、浙江晨泰科技股份有限公司。

本部分主要起草人:肖伟峰、关文举、姚青、刘建辉、胡春华、李相清、陈杰、沈学良、胡珊妹、姜滨、陈闻新、崔涛、黄洋界、刁瑞朋、黄以钢、吕金、郭闯、秦国鑫。

本部分所代替标准的历次版本发布情况为:

——GB/T 19882.31—2007。

引　言

IEC 62056-6-1 第三版由 IEC TC13 WG14 工作组与作出重大贡献 DLMS 用户协会的 D 型联合会编制。

这个版本与 DLMS UA 的蓝皮书 12.2 版接轨。本版规定了与新的应用相关的新 OBIS 代码，并包括一些编辑上的改进。

数据标识

竞争中的电力市场对与电能使用有关的及时信息的需求量与日俱增，近期的技术发展使我们能够制造智能型静止式测量设备，这些设备能够捕获、处理这类信息，并能与所有相关设备进行通信。

为了进一步分析这些信息，达到进行计费、负荷管理、用户管理和合同管理的目的，有必要对所有通过本地或远方数据交换进行人工或自动采集的数据项采取与制造商无关的方法进行唯一标识。标识码的定义基于 DIN 43863-3:1997，电仪表 第 3 部分：作为电仪表附加设备的费率测量装置 EDIS 能量数据标识系统。

IEC 62056-61，对象标识系统(OBIS)的定义首次发布于 2002 年，GB/T 19882.31—2007 等同采用了 IEC 62056-61:2002。第二版发布于 2006 年。

在 2013 年，被重新编排为 IEC 62056-6-1:2013。

在 2015 年，被修改为 IEC 62056-6-1:2015。

在 2017 年，被修改为 IEC 62056-6-1:2017。

智能仪表的快速发展要求仪表数据交换标准更加频繁的修改。

GB/T 17215.661—2018 指定了连接到新应用的新的 OBIS 代码并包括一些编辑方面的改进。

GB/T 17215.661—2018 将连同 GB/T 17215.653—2018 和 GB/T 17215.662—2018 一起发布。

GB/T 17215.661 应连同 GB/T 17215.653 和 GB/T 17215.662 一起阅读。

IEC 62056-X-Y 系列标准对应转换国标 GB/T 17215.6XY 系列。

电测量数据交换　DLMS/COSEM 组件 第 61 部分:对象标识系统(OBIS)

1　范围

GB/T 17215.6 的本部分规定了对象标识系统(OBIS)的总体结构并将测量设备中的所有常用数据项映射到其标识代码。

OBIS 为测量设备中的所有数据都提供唯一的标识符,不仅包括测量值,而且还包括仪表设备的配置或获取测量设备运行状态的抽象数据。本部分定义的 ID 代码用作标识于:

——接口类的各种实例或对象的逻辑名,其定义参见 GB/T 17215.662;

——通过通信线传输的数据;

——测量设备显示的数据(参见附录 A 中 A.2)。

本部分适用于各种类型的测量设备,例如:全集成化电表、模块化仪表、费率附件、数据集中器等。

为了覆盖其他非电能的测量设备,组合式测量设备测量多种能量类型或者具有多个物理测量通道,为此引入媒质和通道的概念。

注:在 EN 13757-1:2014 中为测量设备定义了一些非电的数据标识符:热分配表、热能表、气表、冷水表和热水表。

2　规范性引用文件

下列文件对于本文件的应用是必不可少的。凡是注日期的引用文件,仅注日期的版本适用于本文件。凡是不注日期的引用文件,其最新版本(包括所有的修改单)适用于本文件。

GB/T 17215.101—2010　电测量　抄表、费率和负荷控制的数据交换　术语　第 1 部分:与使用 DLMS/COSEM 的测量设备交换数据相关的术语(IEC TR 62051-1:2004,IDT)

GB/T 17215.323—2008　交流电测量设备　特殊要求　第 23 部分:静止式无功电能表(2 级和 3 级)(IEC 62053-23:2003,IDT)

GB/Z 18039.7—2011　电磁兼容　环境　公用供电系统中的电压暂降、短时中断及其测量统计结果(IEC TR 61000-2-8:2002,IDT)

IEC TR 62051:1999　电测量　术语(Electricity metering—Glossary of terms)

IEC 62056-6-2:2017　电测量数据交换 DLMS/COSEM 组件　第 62 部分:COSEM 接口类(Electricity metering data exchange—The DLMS/COSEM suite—Part 6-2:COSEM interface classes)

IEC 62056-21:2002　电测量数据交换　抄表、费率和负荷控制的数据交换　第 21 部分:直接本地数据交换(Electricity metering data exchange for meter reading,tariff and load control—Part 21:Direct local data exchange)

3　术语和定义及略缩语

3.1　术语和定义

GB/T 17215.101—2010 及 IEC TR 62051:1999 界定的术语和定义适用于本文件。

ISO 和 IEC 维护用于标准化的术语数据库,地址如下:

——IEC 术语库:http://www.electropedia.org/;

——ISO 术语库:http://www.iso.org/obp。

3.2 缩略语

下列缩略语适用于本文件。

COSEM:能源计量配套规范(Companion Specification for Energy Metering);

COSEM object:COSEM 接口类的实例(An instance of a COSEM interface class);

DLMS:设备语言报文规范(Device Language Message Sepcification);

DLMS UA:DLMS 用户协会(DLMS User Association);

GSM:全球移动通信系统(Global System for Mobile Communications);

IC:接口类(Interface Class);

IEC:国际电工委员会(International Electrotechnical Commission);

ISO:国际标准化组织(International Organization for Standardization);

OBIS:对象标识系统(OBject Identification System);

VZ:计费周期计数器(Billing period counter)。

4 OBIS 代码结构

4.1 数值组及用法

OBIS 代码标识出用于能量测量设备的数据项,采用一种使用 6 个数值组 A～F 的分级结构,见表 1。

表 1 OBIS 代码结构

数值组	数值组的用法
A	标识出测量相关的媒质(能量类型)。非媒质相关的信息按抽象数据处理
B	通常标识出测量通道号,例如具有多个输入的用于测量相同或不同类型(以数据集中器为例,记录单元)能量的测量设备输入的编号。不同来源的数据因此可以被标识。 它也可以标识通信信道,并且在某些情况下,它可以标识其他元素。 本数值组的定义是独立于数值组 A 的
C	标识出连接到信息源所涉及的抽象或物理数据项,例如:电流,电压,功率,容量,温度。其定义依赖于在数值组 A 中的值。 进一步的处理、分类和存储方法由数值组 D,E 和 F 定义。 对于抽象数据,数值组 D～F 为数值组 A～C 标识的数值提供了进一步的数据分类
D	标识出类型,或由数值组 A 和 C 的值标识的遵循各种特定算法的物理量的处理结果。该算法可以提供能量和需量的量值以及其他物理量
E	标识出由数值组 A～D 的值所标识的量值的进一步处理或分类
F	标识出数据的按照不同计费周期的历史值,由数值组 A～E 的值来识别。假如与此无关,则该数值组可用于进一步的分类

4.2 制造商特定代码

在数值组 B～F 中的任意一个数值组中,下述范围可用作制造商特定用途:

——数值组 B:128～199;

——数值组 C:128～199,240;

——数值组 D:128～254;

——数值组 E:128～254;

——数值组 F:128～254。

假如这些数值组包含一个制造商特定范围的值,则整个的 OBIS 代码将被考虑为制造商特定,并且其余数值组不必支持本部分或 GB/T 17215.662 中的定义。

此外,制造商特定范围定义在表 8 中为 A=0,C=96,在表 20 中为 A=1,C=96。

4.3 保留范围

通常,所有的未分配的代码予以保留[1)]。

4.4 制造商、公用事业、企业联盟和国家特定代码规则概述

表 2 概述了在 4.2 中指定的制造商特定代码、在 5.2 中指定的公用事业特定代码、在 5.4.2 中指定的企业联盟特定代码和在 5.4.3 中指定的国家特定代码的处理规则。

表 2 制造商、公用事业、企业联盟和国家特定代码规则

代码类型	数值组					
	A	B	C	D	E	F
制造商特定[a]	0,1,4...9,F	128～199	*c*	*d*	*e*	*f*
		b	128～199,240	*d*	*e*	*f*
		b	*c*	128～254	*e*	*f*
		b	*c*	*d*	128～254	*f*
		b	*c*	*d*	*e*	128～254
制造商抽象特定[b]	0	0～64	96	50～99	0～255	0～255
制造商特定,连接到通用媒质[b]	1,4...9,F	0～64	96	50～99	0～255	0～255
公用事业特定[c]	0,1,4...9,F	65～127	0～255	0～255	0～255	0～255
企业联盟特定[d]	0,1,4...9,F	0～64	93	见表 6		
国家特定[e]		0～64	94	见表 7		

[a] "*b*""*c*""*d*""*e*""*f*"表示在相关数值组中的任意值。

[b] 范围 D=50～99 可用于标识不能被其他已定义的代码来表示的,但需要在显示器上表示的对象。如果这不是必需的,则应使用范围 D=128～254。

[c] 如果数值组 B 的值是 65～127,则整体的 OBIS 代码应被考虑为公用事业特定并且其他数值组的值并不一定支持在本部分或 IEC 62056-6-2 中的定义。

[d] 数值组 E 和 F 的用法在企业联盟特定文档中定义。

[e] 数值组 E 和 F 的用法在国家特定文档中定义。

本部分定义的标准标识符对象不能被制造商、公用事业、企业联盟或国家特定标识符重新定义。

另一方面,早先被制造商、公用事业、企业联盟或国家特定标识符定义过的对象在将来可以接纳为

1) 保留的处理由 DLMS 用户协会管理。

标准标识符,假如其被本部分的用户用作公认的用途的话。

4.5 标准对象代码

标准的对象代码是由六个数值组定义的值的有意义的组合。

符号:在下面的表格中,在各个数值组中,“*b*”“*c*”“*d*”“*e*”“*f*”表示相应数值组的任意值。如果只有一个对象被实例化,该值应为 0。如果一个数值组为阴影,那么这个数值组不使用。

注:DLMS UA 在 www.dlms.com 维护标准 COSEM 对象定义的列表。OBIS 代码和类标识符的组合以及该属性的数据类型的有效性在一致性测试中进行测试。

5 数值组定义概述

5.1 数值组 A

数值组 A 的范围为 0～15,见表 3。

表 3 数值组 A 代码

数值组 A	
0	抽象对象
1	电相关对象
…	
4	与热分配相关对象
5,6	与热能相关的对象
7	与燃气相关的对象
8	与冷水相关的对象
9	与热水相关的对象
…	
15	其他媒质
其他	保留

下述子条款包含的数值组定义 B～F 适用于数值组 A 所有的值。

5.2 数值组 B

数值组 B 的范围为 0～255,见表 4。

表 4 数值组 B 代码

数值组 B	
0	未指定通道
1～64	通道 1～64
65～127	公用事业特定代码
128～199	制造商特定代码
200～255	保留

假如通道信息不是必需的,将被分配以值0。

范围65～127用作公用事业特定使用。假如数值组B包含在此范围,则整个的OBIS代码将被考虑为公用事业特定使用,并且其余组的值不必支持本部分或在GB/T 17215.662中的定义。

5.3 数值组C

5.3.1 概述

数值组C的范围为0～255。其定义取决于数值组A中的值。

抽象对象的代码规定见5.3.2。另请参阅:

——电连接代码规定见7.1;

——热耗配送器、热能、燃气及水的相关代码在EN 13757-1:2014中规定;

——其他媒质的连接代码在8.2中规定。

5.3.2 抽象对象

抽象对象是指与确定类型物理量不相关的数据项。见表5。

表5 数值组C代码(抽象对象)

数值组C 抽象对象(A=0)	
0～89	语境特定标识符[a]
93	企业联盟特定标识符(见5.4.2)
94	国家特定标识符(见5.4.3)
96	通用和服务项对象(抽象的)(见6.1)
97	错误寄存器对象(抽象的)(见6.2)
98	列表对象(抽象的)(见6.3和6.4)
99	数据曲线对象(抽象的)(见6.5)
…	
127	闲置对象[b]
128～199,240	制造商特定代码
其他	保留

[a] 语境特定标识符标识协议和/或应用特定的对象。COSEM语境的标识符在IEC 62056-6-2:2017,6.2中定义。

[b] 闲置对象也是一种对象,它在仪表中有定义但是没有指派其功能。

5.4 数值组D

5.4.1 概述

数值组D的范围为0～255。

5.4.2 企业联盟特定标识符

表 6 指定应用于企业联盟特定时的数值组 D 的用法。在此表中，没有制造商特定代码的保留范围。数值组 E 和 F 的用法在企业联盟特定文档中定义。

在本文中标识出的对象不能再由企业联盟特定标识符重新定义。

表 6 数值组 D 代码（企业联盟特定标识符）

数值组 D 企业联盟特定标识符（A=任意，C=93）	
全部值	保留
注： 在本文发布时，没有分配企业联盟特定标识符。	

5.4.3 国家特定标识符

表 7 规定了数值组 D 用作国家特定应用的用法。在可能的情况下，应采用电话号码。此表中没有保留制造商特定代码的范围。数值组 E 和 F 的用法在国家特定文档中定义。

在本文中已经标识出的对象不能被国家特定标识符重新定义。

表 7 数值组 D 代码（国家特定标识符）

数值组 D 国家特定标识符[a]（A=任意，C=94）			
00	芬兰（国家电话代码=358）	19	
01	美国（=国家电话代码）	20	埃及（=国家电话代码）
02	加拿大（国家电话代码=1）	21	
03	塞尔维亚（国家电话代码=381）	22	
04		23	
05		24	
06		25	
07	俄罗斯（国家电话代码=7）	26	
08		27	南非（=国家电话代码）
09		28	
10	捷克共和国（国家电话代码=420）	29	
11	保加利亚（国家电话代码=359）	30	希腊（=国家电话代码）
12	克罗地亚（国家电话代码=385）	31	荷兰（=国家电话代码）
13	爱尔兰（国家电话代码=353）	32	比利时（=国家电话代码）
14	以色列（国家电话代码=972）	33	法国（=国家电话代码）
15	乌克兰（国家电话代码=380）	34	西班牙（=国家电话代码）
16	南斯拉夫[a]	35	葡萄牙（国家电话代码=351）
17		36	匈牙利（=国家电话代码）
18		37	立陶宛（国家电话代码=370）

表 7（续）

数值组 D 国家特定标识符[a]（A=任意，C=94）			
38	斯洛文尼亚(国家电话代码=386)	69	
39	意大利(=国家电话代码)	70	
40	罗马尼亚(=国家电话代码)	71	拉脱维亚(国家电话代码=371)
41	瑞士(=国家电话代码)	72	
42	斯洛伐克(国家电话代码=421)	73	摩尔多瓦(国家电话代码=373)
43	澳大利亚(=国家电话代码)	74	
44	英国(=国家电话代码)	75	白俄罗斯(国家电话代码=375)
45	丹麦(=国家电话代码)	76	
46	瑞典(=国家电话代码)	77	
47	挪威(=国家电话代码)	78	
48	波兰(=国家电话代码)	79	
49	德国(=国家电话代码)	80	
50		81	日本(=国家电话代码)
51	秘鲁(=国家电话代码)	82	
52	韩国(国家电话代码=82)	83	
53	古巴(=国家电话代码)	84	
54	阿根廷(=国家电话代码)	85	香港(国家电话代码=852)
55	巴西(=国家电话代码)	86	中国(=国家电话代码)
56	智利(=国家电话代码)	87	波斯尼亚和黑塞哥维那(国家电话代码=387)
57	哥伦比亚(=国家电话代码)	88	
58	委内瑞拉(=国家电话代码)	89	
59		90	土耳其(=国家电话代码)
60	马来西亚(=国家电话代码)	91	印度(=国家电话代码)
61	澳大利亚(=国家电话代码)	92	巴基斯坦(=国家电话代码)
62	印度尼西亚(=国家电话代码)	93	
63	菲律宾(=国家电话代码)	94	
64	新西兰(=国家电话代码)	95	
65	新加坡(=国家电话代码)	96	沙特阿拉伯(国家电话代码=966)
66	泰国(=国家电话代码)	97	阿联酋(国家电话代码=971)
67		98	伊朗(=国家电话代码)
68		99	
	其他代码保留		
[a] 随着前南斯拉夫分成不同的独立的国家，前南斯拉夫国家代码 38 退役。			

5.4.4 通用和服务项对象的标识

数值组 D 用作标识:

——抽象的通用和服务项对象,见 6.1,表 8;

——电连接的通用和服务项对象,见 7.5,表 20;

——热分配器,热能燃气及水连接的对象见 EN 13757-1:2014。

5.5 数值组 E

数值组 E 的范围是 0～255。可用来对由数值组 A～D 所定义的值的进一步的分类标识或处理,在相关的能量类型具体条款中规定。不同的分类和处理方法是专用的。

数值组 E 用作标识:

——数值组 E 标识抽象对象的用法,见 6.1,表 8;

——电连接通用和服务对象,见表 20;

——热耗配送器,热能燃气及水连接的对象见 EN 13757-1:2014。

5.6 数值组 F

5.6.1 概述

数值组 F 的范围为 0～255。在所有情况下,假如数值组 F 没有被使用,将其设置为 255。

5.6.2 计费周期标识符

数值组 F 规定了由数值组 A～E 定义的对象其不同计费周期(历史数值集合)的分配,这些历史值的存贮分配是相对的。一个计费周期方案被标识为其计费周期计数器、有效计费周期的编号、计费周期的时间戳和计费周期长度。可能存在多套计费周期方案。详见 7.4.1、A.3 和 IEC 62056-6-2:2017,6.2.2。

6 抽象对象(A=0)

6.1 通用和服务项对象(抽象的)

表 8 规定了抽象对象的 OBIS 代码。见 IEC 62056-6-2:2017 中表 37。

表 8 通用和服务项对象的 OBIS 代码

通用和服务项对象	OBIS 代码					
	A	B	C	D	E	F
计费周期值/复位计数器项 (第一计费周期方案,如果有两套方案)						
计费周期计数器(1)	0	*b*	0	1	0	VZ 或 255
激活的计费周期编号(1)	0	*b*	0	1	1	
最近一次计费周期时间戳(1)	0	*b*	0	1	2	
计费周期(1)VZ(最后复位)的时间戳	0	*b*	0	1	2	VZ
计费周期(1)VZ_{-1}的时间戳	0	*b*	0	1	2	VZ_{-1}
…	…	…	…	…	…	…

表 8（续）

通用和服务项对象	OBIS 代码					
	A	B	C	D	E	F
计费周期(1)VZ_{-n}的时间戳	0	*b*	0	1	2	VZ_{-n}
计费周期值/复位计数器(第 2 计费方案)						
计费周期(2)计数器	0	*b*	0	1	3	VZ 或 255
有效计费周期数(2)	0	*b*	0	1	4	
最近一次计费周期(2)时间戳	0	*b*	0	1	5	
计费周期(2)VZ(最后复位)的时间戳	0	*b*	0	1	5	VZ
计费周期(2)VZ_{-1}的时间戳	0	*b*	0	1	5	VZ_{-1}
…	…	…	…	…	…	…
计费周期(2)VZ_{-n}的时间戳	0	*b*	0	1	5	VZ_{-n}
编程项						
激活的固件标识	0	*b*	0	2	0	
激活的固件版本	0	*b*	0	2	1	
激活的固件签名	0	*b*	0	2	8	
时间项						
本地时间	0	*b*	0	9	1	
本地日期	0	*b*	0	9	2	
设备编号						
完整的设备号	0	*b*	96	1		
设备标识＃1(制造号)	0	*b*	96	1	0	
…			…	…	…	
设备标识＃10	0	*b*	96	1	9	
测量点 ID(抽象)	0	0	96	1	10	
参数改变,校准和访问						
配置程序改变次数	0	*b*	96	2	0	
配置程序的最后修改日期[a]	0	*b*	96	2	1	
时间开关程序的最后修改日期[a]	0	*b*	96	2	2	
波纹控制接收器的最后修改日期[a]	0	*b*	96	2	3	
保护开关的状态	0	*b*	96	2	4	
最后校准日期[a]	0	*b*	96	2	5	
下一次修改配置程序的日期[a]	0	*b*	96	2	6	
被动日程表的激活日期[a]	0	*b*	96	2	7	
被保护的配置程序[b] 的修改次数	0	*b*	96	2	10	
被保护配置程序[b] 的最后修改日期[a]	0	*b*	96	2	11	
最后一次时钟同步/设置(修改)日期[a]	0	*b*	96	2	12	
最后一次硬件激活日期	0	*b*	96	2	13	
输入/输出控制信号						
输入/输出控制信号的状态,全局的[c]	0	*b*	96	3	0	
输入控制信号状态(状态字 1)	0	*b*	96	3	1	

表 8（续）

通用和服务项对象	OBIS 代码					
	A	B	C	D	E	F
输出控制信号状态(状态字 2)	0	*b*	96	3	2	
输入/输出控制信号状态(状态字 3)	0	*b*	96	3	3	
输入/输出控制信号状态(状态字 4)	0	*b*	96	3	4	
断开连接控制	0	*b*	96	3	10	
仲裁器	0	*b*	96	3	20～29	
内部控制信号						
内部控制信号状态,全局的[c]	0	*b*	96	4	0	
内部控制信号状态(状态字 1)	0	*b*	96	4	1	
内部控制信号状态(状态字 2)	0	*b*	96	4	2	
内部控制信号状态(状态字 3)	0	*b*	96	4	3	
内部控制信号状态(状态字 4)	0	*b*	96	4	4	
内部运行状态						
内部运行状态,全局的[c]	0	*b*	96	5	0	
内部运行状态(状态字 1)	0	*b*	96	5	1	
内部运行状态(状态字 2)	0	*b*	96	5	2	
内部运行状态(状态字 3)	0	*b*	96	5	3	
内部运行状态(状态字 4)	0	*b*	96	5	4	
电池项						
电池使用时间计数器	0	*b*	96	6	0	
电池充电显示	0	*b*	96	6	1	
下一次充电日期	0	*b*	96	6	2	
电池电压	0	*b*	96	6	3	
电池初始容量	0	*b*	96	6	4	
电池安装日期时间	0	*b*	96	6	5	
电池预计剩余使用时间	0	*b*	96	6	6	
辅助电源使用时间计数器	0	*b*	96	6	10	
辅助电源电压(测量值)	0	*b*	96	6	11	
电源故障监视						
电源故障次数						
在所有三相	0	0	96	7	0	
在 L1 相	0	0	96	7	1	
在 L2 相	0	0	96	7	2	
在 L3 相	0	0	96	7	3	
在任意相[sic]	0	0	96	7	21	
辅助电源	0	0	96	7	4	
电源长期故障次数						
在所有三相	0	0	96	7	5	
在 L1 相	0	0	96	7	6	
在 L2 相	0	0	96	7	7	
在 L3 相	0	0	96	7	8	
在任意相	0	0	96	7	9	
电源故障时间[d]						
在所有三相	0	0	96	7	10	
在 L1 相	0	0	96	7	11	

表 8（续）

通用和服务项对象	OBIS 代码					
	A	B	C	D	E	F
在 L2 相 在 L3 相 在任意相	0 0 0	0 0 0	96 96 96	7 7 7	12 13 14	
电源长期故障持续时间[e]						
在所有三相 在 L1 相 在 L2 相 在 L3 相 在任意相	0 0 0 0 0	0 0 0 0 0	96 96 96 96 96	7 7 7 7 7	15 16 17 18 19	
电源长期故障时间阀值						
电源长期故障时间阀值	0	0	96	7	20	
注 1：见电源故障任意相。	0	*b*	*96*	*7*	*21*	
运行时间						
运行时间 运行于费率 1～63 的时间	0 0	*b* *b*	96 96	8 8	0 1～63	
有关环境的参数						
环境温度 大气压力 相对湿度	0 0 0	*b* *b* *b*	96 96 96	9 9 9	0 1 2	
状态寄存器						
状态寄存器(状态寄存器 1,假如使用多个状态寄存器) 状态寄存器 2 … 状态寄存器 10	0 0 0 0	*b* *b* *b* *b*	96 96 96 96	10 10 10 10	1 2 … 10	
事件代码						
事件代码对象＃1～＃100	0	*b*	96	11	0～99	
通信端口日志参数						
保留	0	*b*	96	12	0	
连接个数	0	*b*	96	12	1	
保留	0	*b*	96	12	2	
保留	0	*b*	96	12	3	
通讯端口参数 1	0	*b*	96	12	4	
GSM 场强	0	*b*	96	12	5	
电话号码/物理设备通信地址	0	*b*	96	12	6	
消费者信息						
通过本地消费者信息端口得到的消费者信息	0	*b*	96	13	0	
通过仪表显示器和/或通过消费者信息端口得到的消费者信息	0	*b*	96	13	1	
当前有效费率						
当前有效费率对象＃1～＃16 **注 2**：对象＃16(E＝15)装载最低费率(缺省费率寄存器)寄存器的名称。	0	*b*	96	14	0～15	

表 8（续）

通用和服务项对象	OBIS 代码					
	A	B	C	D	E	F
事件计数器对象						
事件计数器对象＃1～＃100	0	*b*	96	15	0～99	
曲线项数字签名对象						
曲线项数字签名对象＃1～＃10	0	*b*	96	16	0～9	
仪表篡改事件连接对象						
仪表开盖事件计数器	0	*b*	96	20	0	
仪表开盖事件，当前事件发生的时间戳	0	*b*	96	20	1	
仪表开盖事件，当前事件持续时间	0	*b*	96	20	2	
仪表开盖事件，累计持续时间	0	*b*	96	20	3	
保留	0	*b*	96	20	4	
端盖开盖事件计数器	0	*b*	96	20	5	
端盖开盖事件，当前事件发生时间戳	0	*b*	96	20	6	
端盖开盖事件，当前事件持续时间	0	*b*	96	20	7	
端盖开盖事件，累计持续时间	0	*b*	96	20	8	
保留	0	*b*	96	20	9	
倾斜事件计数器	0	*b*	96	20	10	
倾斜事件，当前事件发生的时间戳	0	*b*	96	20	11	
倾斜事件，当前事件持续时间	0	*b*	96	20	12	
倾斜事件，累计持续时间	0	*b*	96	20	13	
保留	0	*b*	96	20	14	
强直流磁场事件计数器	0	*b*	96	20	15	
强直流磁场事件，当前事件发生的时间戳	0	*b*	96	20	16	
强直流磁场事件，当前事件持续时间	0	*b*	96	20	17	
强直流磁场事件，累计持续时间	0	*b*	96	20	18	
保留	0	*b*	96	20	19	
电源控制开关/阀门篡改事件计数器	0	*b*	96	20	20	
电源控制开关/阀门篡改事件，当前事件发生时间戳	0	*b*	96	20	21	
电源控制开关/阀门篡改事件，当前事件持续时间	0	*b*	96	20	22	
电源控制开关/阀门篡改事件，累计持续时间	0	*b*	96	20	23	
保留	0	*b*	96	20	24	
计量篡改事件计数器	0	*b*	96	20	25	
计量篡改事件，当前事件发生时间戳	0	*b*	96	20	26	
计量篡改事件，当前事件持续时间	0	*b*	96	20	27	

表 8（续）

通用和服务项对象	OBIS 代码					
	A	B	C	D	E	F
计量篡改事件，累计持续时间	0	*b*	96	20	28	
保留	0	*b*	96	20	29	
通信篡改事件计数器	0	*b*	96	20	30	
通信篡改事件，当前事件发生时间戳	0	*b*	96	20	31	
通信篡改事件，当前事件持续时间	0	*b*	96	20	32	
通信篡改事件，累计持续时间	0	*b*	96	20	33	
保留	0	*b*	96	20	34	
制造商特定[f] … 制造商特定	0 0	*b* *b*	96 96	50 99	*e* *e*	*f* *f*
其余代码保留						

[a] 事件日期可能仅包括日期、时间或同时包括日期和时间，编码规则参见 IEC 62056-6-2:2017，4.6.1。
[b] 保护配置的特点是需要打开主表盖或解除一个铅封才能修改。
[c] 全局状态字 E=0 包含了个体状态字 E=1～4。状态字的内容未在本部分中定义。
[d] 电源故障时间在短时的或长期的电源故障发生时均被记录。
[e] 长期电源故障持续时间为最后一次长期电源故障的持续时间。
[f] 范围 D=50～99 可用于标识不能用其他已定义的代码表示，但还需要在显示器上表示的对象。如果无此要求，可以使用范围 D=128～254。

6.2 错误寄存器、报警寄存器/过滤器/描述符对象（抽象的）

用于错误寄存器、报警寄存器和报警过滤器的抽象对象的 OBIS 代码见表 9。

表 9 错误寄存器、报警寄存器和报警过滤器的 OBIS 代码（抽象的）

错误寄存器、报警寄存器和报警过滤器对象（抽象的）	OBIS 代码					
	A	B	C	D	E	F
错误寄存器对象 1～10	0	*b*	97	97	0～9	
报警寄存器对象 1～10	0	*b*	97	98	0～9	
报警过滤器对象 1～10	0	*b*	97	98	10～19	
报警描述符信息 1～10	0	*b*	97	98	20～29	

注：错误对象包含的信息未在本文档中定义。

6.3 列表对象（抽象的）

列表（单一 OBIS 代码标识符）用于定义任意种类的数据序列（例如：测量值、常数、状态、事件）。见表 10。

表 10 通用列表对象(抽象的)

列表对象(抽象的)	OBIS 代码					
	A	B	C	D	E	F
计费周期数据(计费周期方案 1,如果存在两套方案)	0	*b*	98	1	*e*	255[a]
计费周期数据(计费周期方案 2)	0	*b*	98	2	*e*	255[a]

[a] 这里 F=255 意味着通配符。见 A.3。

6.4 寄存器表对象(抽象的)

寄存器表对象被定义为保存许多相同类型的值。见表 11。

表 11 寄存器表对象的 OBIS 代码(抽象的)

寄存器表对象(抽象的)	OBIS 代码					
	A	B	C	D	E	F
通用,抽象的	0	*b*	98	10	*e*	

6.5 数据曲线对象(抽象的)

抽象数据曲线[“通用集(Profile generic IC)”的实例]并且被标识为在表 12 中规定的单一 OBIS 代码(用于保存一个或多个类似量和/或成组的各种数据的一系列测量值)。

表 12 数据曲线对象的 OBIS 代码(抽象的)

数据曲线对象(抽象的)	OBIS 代码					
	A	B	C	D	E	F
记录周期 1[a] 负荷曲线	0	*b*	99	1	*e*	
记录周期 2[a] 数据曲线	0	*b*	99	2	*e*	
测试期间负荷曲线[a]	0	*b*	99	3	0	
连接曲线	0	*b*	99	12	*e*	
GSM 诊断曲线	0	*b*	99	13	*e*	
收费历史(预付费表)	0	*b*	99	14	*e*	
令牌信用历史(预付费表)	0	*b*	99	15	*e*	
参数监视日志	0	*b*	99	16	*e*	
令牌传递日志(预付费表)	0	*b*	99	17	*e*	
LTE 监视曲线	0	*b*	99	18	*e*	
事件日志[a]	0	*b*	99	98	*e*	

[a] 假如这些对象所包含的数据没有被定义为能量类型时将被使用。

7 电的(A=1)

7.1 数值组 C 代码(电的)

表 13 规定了数值组 C 用作电相关对象时的用法。

有功和无功功率的象限定义如图 1 所示。

表 13 数值组 C 代码(电的)

数值组 C 代码(电的)(A=1)				
0	通用对象(见 7.5.1)			
ΣL*i*	L1	L2	L3	(见注 2)
1	21	41	61	有功功率+(QⅠ+QⅣ)
2	22	42	62	有功功率-(QⅡ+QⅢ)
3	23	43	63	无功功率+(QⅠ+QⅡ)
4	24	44	64	无功功率-(QⅢ+QⅣ)
5	25	45	65	无功功率 QⅠ
6	26	46	66	无功功率 QⅡ
7	27	47	67	无功功率 QⅢ
8	28	48	68	无功功率 QⅣ
9	29	49	69	视在功率+(QⅠ+QⅣ)(见注 3)
10	30	50	70	视在功率-(QⅡ+QⅢ)
11	31	51	71	电流:任意相(C=11)/L*i* 相[a](C=31,51,71)
12	32	52	72	电压:任意相(C=12)/L*i* 相[a](C=32,52,72)
13	33	53	73	功率因数(见注 4)
14	34	54	74	电源频率
15	35	55	75	有功功率[abs(QⅠ+QⅣ)+abs(QⅡ+QⅢ)][a]
16	36	56	76	有功功率[abs(QⅠ+QⅣ)-abs(QⅡ+QⅢ)]
17	37	58	77	有功功率 QⅠ
18	38	58	78	有功功率 QⅡ
19	39	59	79	有功功率 QⅢ
20	40	60	80	有功功率 QⅣ
…				
81	相位角[b]			
82	无量纲量(脉冲或段)			
83	变压器损耗和线路损耗[c]			
84	ΣL*i* 功率因数(见注 4)			
85	L1 功率因数			

表 13（续）

数值组 C 代码(电的)(A=1)				
0	通用对象(见 7.5.1)			
ΣLi	L1	L2	L3	(见注 2)
86	L2 功率因数			
87	L3 功率因数			
88	ΣLi 安培(平方小时)(QⅠ+QⅡ+QⅢ+QⅣ)			
89	ΣLi 伏特(平方小时)(QⅠ+QⅡ+QⅢ+QⅣ)			
90	ΣLi 电流[所有相电流(无符号)值的算术和]			
91	L0 电流(中性线)[a]			
92	L0 电压(中性线)[a]			
93	企业联盟特定标识符(见 5.4.2)			
94	国家特定标识符(见 5.4.3)			
96	通用和服务项对象(电的)(见 7.5.1)			
97	错误寄存器对象(电的)(见 7.5.2)			
98	列表对象(电的)(见 7.5.3)			
99	数据曲线对象(电的)(见 7.5.4)			
100～127	保留			
128～199,240	制造商特定代码			
其他	保留			

注 1：Li 量值为一个连接于相 Li 和参考点之间的测量系统的(被测量)值。在三相四线系统中，参考点为中性线。在三相三线系统中，参考点为 L2 相。

注 2：ΣLi 量值为涉及所有系统的总测量值。

注 3：假如只有一个计算于四个象限的视在电能/需量值，C=9 将被使用。

注 4：功率因数量值使用 C=13,33,53,73，计算采用 PF=有功功率+(C=1,21,41,61)/视在功率+(C=9,29,49,69)或者 PF=有功功率−(C=2,22,42,62)/视在功率−(C=10,30,50,70)两者之一。

对于第一种情况，符号为正(无符号)，意味着功率因数为输入方向(PF+)。

对于第二种情况，符号为负，意味着功率因数为输出方向(PF−)。

功率因数量值 C=84,85,86 和 87，通常以 PF-=有功功率-/视在功率-的方式计算。此量值为输出方向的功率因数，它是没有符号的。

[a] 对于扩展代码的详情，见 7.3.3。

[b] 对于扩展代码的详情，见 7.3.4。

[c] 对于扩展代码的详情，见 7.3.5。

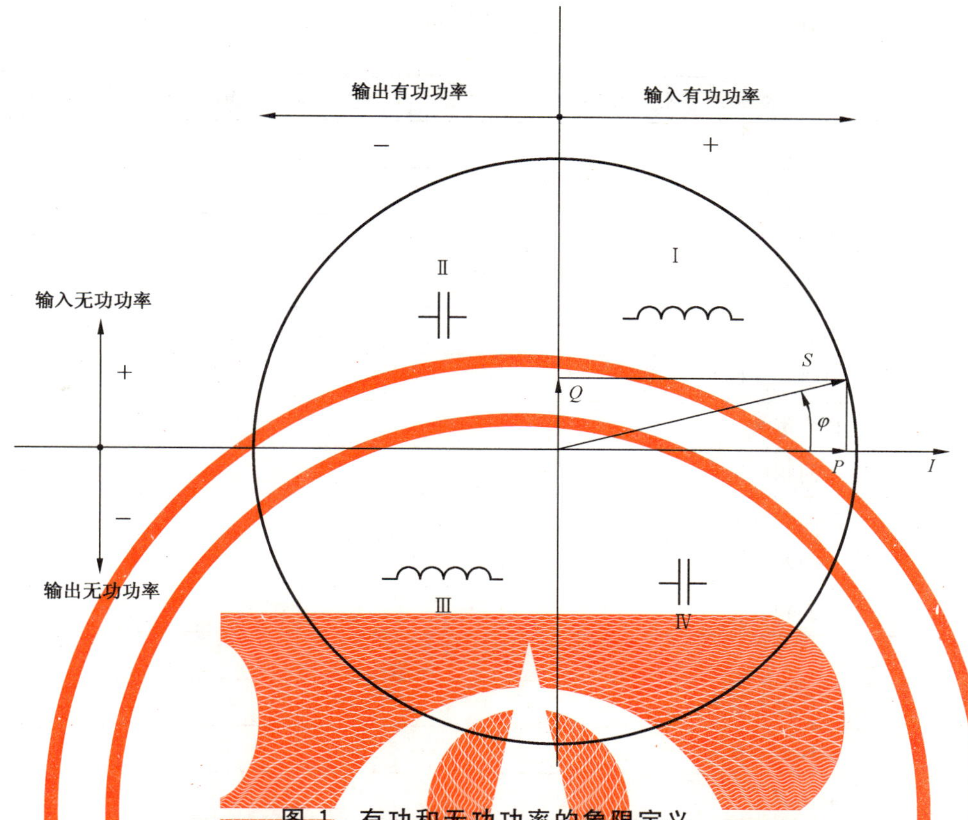

图 1 有功和无功功率的象限定义

注：有功和无功功率的四象限定义说明于图 1，遵循 GB/T 17215.323—2008 中图 C.1。

7.2 数值组 D 代码(电的)

7.2.1 测量值的处理

表 14 规定了数值组 D 用作电连接对象时的用法。

表 14 数值组 D 代码(电的)

数值组 D 代码(电的)(A=1,C≠0,93,94,96,97,98,99)	
0	计费周期平均值(从最后一次复位算起)
1	累计最小值 1
2	累计最大值 1
3	最小值 1
4	当前平均值 1
5	最终平均值 1
6	最大值 1
7	瞬时值
8	时间积分 1
9	时间积分 2
10	时间积分 3

表 14（续）

数值组 D 代码(电的)(A=1,C≠0,93,94,96,97,98,99)	
11	累计最小值 2
12	累计最大值 2
13	最小值 2
14	当前平均值 2
15	最终平均值 2
16	最大值 2
17	时间积分 7
18	时间积分 8
19	时间积分 9
20	时间积分 10
21	累计最小值 3
22	累计最大值 3
23	最小值 3
24	当前平均值 3
25	最终平均值 3
26	最大值 3
27	当前平均值 5
28	当前平均值 6
29	时间积分 5
30	时间积分 6
31	越下限阀值
32	越下限时的计数器值
33	越下限持续时间
34	越下限幅值
35	越上限阀值
36	越上限时的计数器值
37	越上限持续时间
38	越上限幅值

表 14（续）

数值组 D 代码(电的)(A=1,C≠0,93,94,96,97,98,99)	
39	缺失阀值
40	缺失事件计数器
41	缺失持续时间
42	缺失的幅值
43	越下限时间阀值
44	越上限时间阀值
45	缺失的幅值时间阀值
46	契约值
51	记录间隔 1 的最小值
52	记录间隔 2 的最小值
53	记录间隔 1 的最大值
54	记录间隔 2 的最大值
55	测试平均值
56	谐波测量电流平均值 4
58	时间积分 4
128～254	制造商特定代码
其他	保留
注意事项	
平均方案 1	由测量周期 1(见表 20)控制,测量设备计算的一组寄存器(代码 1～6)。典型应用于计费
平均方案 2	由测量周期 2 控制,测量设备计算的一组寄存器(代码 11～16)。典型应用于计费。
平均方案 3	由测量周期 3 控制,测量设备计算的一组寄存器(代码 21～26)。典型应用于瞬时值
平均方案 4	由测量周期 4 控制,测量设备计算的测量平均值(代码 55)
当前平均值 1,2,3	见 IEC 62056-6-2:2017,5.2.4“需量寄存器”的接口类定义。其值的计算分别采用测量周期 1、2 和/或 3。
最终平均值 1,2,3	见 IEC 62056-6-2:2017,5.2.4“需量寄存器”的接口类定义。其值的计算分别采用测量周期 1、2 和/或 3
最小值	计费周期内的最终的最小平均值,见表 20
最大值	计费周期内的最终的最大平均值
累积最小值	所有计费周期最小值的累积和

表 14（续）

数值组 D 代码(电的)(A=1,C≠0,93,94,96,97,98,99)	
累积最大值	所有计费周期最大值的累积和
当前平均值 4	用于谐波测量
当前平均值 5	见 IEC 62056-6-2:2017,5.2.4“需量寄存器”的接口类定义。其值的计算使用记录间隔 1,见表 20。
当前平均值 6	见 IEC 62056-6-2:2017,5.2.4“需量寄存器”的接口类定义。其值的计算使用记录间隔 2
时间积分 1	对于当前计费周期(F= 255):量值计算的积分时间从原始点(第一次开始测量)开始到瞬时时间点。 对于历史计费周期(F= 0～99):量值计算的积分时间为计费周期代码给出的计费周期的原始点到结束
时间积分 2	对于当前计费周期(F=255):量值计算的积分时间从当前计费周期开始到瞬时时间点。 对于历史计费周期(F=0～99):量值计算的积分时间为计费周期代码给出的计费周期的整个计费周期
时间积分 3	量值与规定阀值之间正向偏差的积分
时间积分 4 (“测试时间积分”)	在设备特定时间内或由测试仪器所决定的时间之内所计算出的量值的时间积分
时间积分 5	用作负荷曲线记录的基准:用作记录周期 1 的从当前记录间隔开始至当前时刻所计算的量值的时间积分,见表 20
时间积分 6	用作负荷曲线记录的基准:用作记录周期 2 的从当前记录间隔开始时间至当前时刻所计算的量值的时间积分,见表 20
时间积分 7	量值计算的积分时间从原始点(第一次开始测量)开始到采用记录周期 1 的上一记录周期结束,见表 20
时间积分 8	量值计算的积分时间从原始点(第一次开始测量)开始到采用记录周期 2 的上一记录周期结束,见表 20
时间积分 9	量值计算的积分时间从当前计费周期的开始到采用记录周期 1 的上一记录周期结束,见表 20
时间积分 10	量值计算的积分时间从当前计费周期的开始到采用记录周期 2 的上一记录周期结束,见表 20
越下限值	在确定阀值之下的值(例如:跌落)
越上限值	在确定阀值之上的值(例如:骤升)
缺失值	视作缺失的值(例如中断)

7.2.2 用于标识其他对象时数值组 D 的使用

电连接通用对象的标识见 7.5.1。

7.3 数值组 E 代码(电的)

7.3.1 概述

以下定义数值组 E 用作标识由数值组 A～D 定义的测量量的进一步的分类或处理。各种分类和处理方法是专用的。

7.3.2 计费费率

表 15 说明数值组 E 典型用于能量(消耗)和需量费率的标识的使用。

表 15 数值组 E 代码(电的)计费费率

数值组 E 代码(电的)费率(A=1)	
0	总量
1	费率 1
2	费率 2
3	费率 3
…	…
63	费率 63
128～254	制造商特定代码
其他	保留

7.3.3 谐波

表 16 说明数值组 E 用于对电压、电流或有功功率瞬时值的谐波的标识的使用。

表 16 数值组 E 代码(电的)谐波

数值组 E 代码(电的)电压、电流或有功功率的谐波测量 (A=1,C=12,32,52,72,92,11,31,51,71,90,91,15,35,55,75,D=7,24)	
0	总量(基波+所有谐波)
1	1 次谐波(基波)
2	2 次谐波
…	n 次谐波
120	120 次谐波
124	总谐波失真(THD)[a]
125	总需量失真(TDD)[b]
126	总谐波含量[c]
127	总谐波含量与基波标称值的比例[d]
128～254	制造商特定代码
所有其他	保留

[a] THD 的计算为每一谐波分量平方和的平方根与基波分量量值的比值,以基波分量量值的百分比表示。

[b] TDD 的计算为每一谐波分量平方和的平方根与基波分量最大值的比值,以基波分量最大值的百分比表示。

[c] 计算为所有谐波分量的平方和的平方根。

[d] 计算为每一谐波分量平方和的平方根与基波量的标称值的比值,以基波量标称值的百分比表示。

7.3.4 相位角

表 17 说明数值组 E 用于相角的标识使用。

表 17 数值组 E 代码(电的)扩充的相位角测量

数值组 E 代码(电的)扩充的相角测量(A=1,C=81;D=7)								
相角	U(L1)	U(L2)	U(L3)	I(L1)	I(L2)	I(L3)	I(L0)	←自
U(L1)	(00)	01	02	04	05	06	07	
U(L2)	10	(11)	12	14	15	16	17	
U(L3)	20	21	(22)	24	25	26	27	
I(L1)	40	41	42	(44)	45	46	47	
I(L2)	50	51	52	54	(55)	56	57	
I(L3)	60	61	62	64	65	(66)	67	
I(L0)	70	71	72	74	75	76	(77)	
↑至(参照点)								

7.3.5 变压器及线路损耗量值

表 18 说明了标识变压器与线路损耗量时数值组 E 的含义。数值组 D 的用法遵循表 14,数值组 F 遵循表 A.2。对于此类量值,费率无效。

线路与变压器的损耗计算模型见图 2。

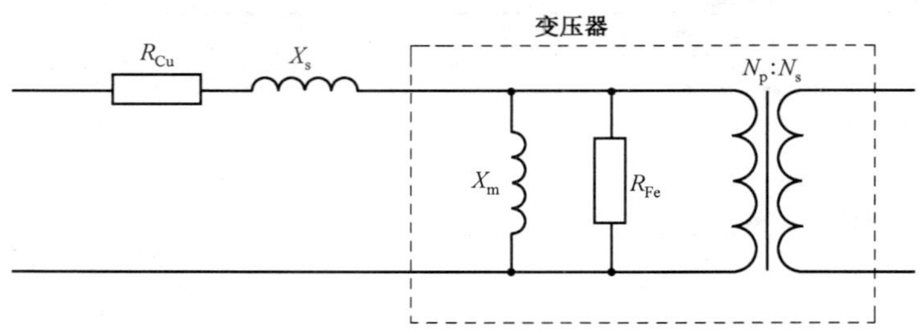

说明:

R_{Cu}——线路电阻损耗,OBIS 标识符 1.x.0.10.2.VZ;

X_s ——线路电抗损耗,OBIS 标识符 1.x.0.10.3.VZ;

X_m ——变压器磁损耗,OBIS 标识符 1.x.0.10.0.VZ;

R_{Fe} ——变压器铁损耗,OBIS 标识符 1.x.0.10.1.VZ;

N_p ——变压器原边匝数;

N_s ——变压器副边匝数。

注:变压器的串联元件与线路串联元件相比通常较低;所以不予考虑。

图 2 线路和变压器损耗量的计算模型

表 18 数值组 E 代码(电的)变压器和线路损耗

数值组 E 代码(电)变压器和线路损耗(A=1,C=83)			
E=	量	公式	象限/元件
1	ΣLi 有功线损+	正向负载有功 OLA+=(CuA$_1$+)+(CuA$_2$+)+(CuA$_3$+)	QⅠ+QⅣ
2	ΣLi 有功线损-	反向负载有功 OLA-=(CuA$_1$-)+(CuA$_2$-)+(CuA$_3$-)	QⅡ+QⅢ
3	ΣLi 有功线损	负载有功 OLA=(CuA$_1$)+(CuA$_2$)+(CuA$_3$)	QⅠ+QⅡ+QⅢ+QⅣ
4	ΣLi 有功变损+	正向空载有功 NLA+=(FeA$_1$+)+(FeA$_2$+)+(FeA$_3$+)	QⅠ+QⅣ
5	ΣLi 有功变损-	反向空载有功 NLA-=(FeA$_1$-)+(FeA$_2$-)+(FeA$_3$-)	QⅡ+QⅢ
6	ΣLi 有功变损	空载有功 NLA=(FeA$_1$)+(FeA$_2$)+(FeA$_3$)	QⅠ+QⅡ+QⅢ+QⅣ
7	ΣLi 有功损耗+	有功正向总损耗 TLA+=(OLA+)+(NLA+)	QⅠ+QⅣ
8	ΣLi 有功损耗-	有功反向总损耗 TLA-=(OLA-)+(NLA-)	QⅡ+QⅢ
9	ΣLi 有功损耗	有功总损耗 TLA=OLA+NLA=TLA$_1$+TLA$_2$+TLA$_3$	QⅠ+QⅡ+QⅢ+QⅣ
10	ΣLi 无功线损+	正向负载无功 OLR+=(CuR$_1$+)+(CuR$_2$+)+(CuR$_3$+)	QⅠ+QⅡ
11	ΣLi 无功线损-	反向负载无功 OLR-=(CuR$_1$-)+(CuR$_2$-)+(CuR$_3$-)	QⅢ+QⅣ
12	ΣLi 无功线损	负载无功 OLR=(CuR$_1$)+(CuR$_2$)+(CuR$_3$)	QⅠ+QⅡ+QⅢ+QⅣ
13	ΣLi 无功变损+	正向空载无功 NLR+=(FeR$_1$+)+(FeR$_2$+)+(FeR$_3$+)	QⅠ+QⅡ
14	ΣLi 无功变损-	反向空载无功 NLR-=(FeR$_1$-)+(FeR$_2$-)+(FeR$_3$-)	QⅢ+QⅣ
15	ΣLi 无功变损	空载无功 NLR=(FeR$_1$)+(FeR$_2$)+(FeR$_3$)	QⅠ+QⅡ+QⅢ+QⅣ
16	ΣLi 无功损耗+	无功正向总损耗 TLR+=(OLR+)+(NLR+)	QⅠ+QⅡ
17	ΣLi 无功损耗-	无功反向总损耗 TLR-=(OLR-)+(NLR-)	QⅢ+QⅣ

表 18（续）

数值组 E 代码(电)变压器和线路损耗(A=1,C=83)			
E=	量	公式	象限/元件
18	∑Li 无功损耗	无功总损耗 $TLR = OLR + NLR = TLR_1 + TLR_2 + TLR_3$	QⅠ+QⅡ+QⅢ+QⅣ
19	总变损，标准时 R_{Fe} = 1 MΩ	U^2h $1/R_{Fe} \times (U^2h_{L1} + U^2h_{L2} + U^2h_{L3})$	QⅠ+QⅡ+QⅢ+QⅣ
20	总线损，标准时 R_{Cu}=1 Ω	I^2h $R_{Cu} \times (I^2h_{L1} + I^2h_{L2} + I^2h_{L3})$	QⅠ+QⅡ+QⅢ+QⅣ
21	补偿后有功总值+	CA+=(A+)+(TLA+)	QⅠ+QⅣ；A+为 A=1，C=1 的量值
22	补偿后有功净值+	CA+=(A+)−(TLA+)	QⅠ+QⅣ
23	补偿后有功总值−	CA−=(A−)+(TLA−)	QⅡ+QⅢ，A−为 A=1，C=2 的量值
24	补偿后有功净值−	CA−=(A−)−(TLA−)	QⅡ+QⅢ
25	补偿后无功总值+	CR+=(R+)+(TLR+)	QⅠ+QⅡ；R+为 A=1，C=3 的量值
26	补偿后无功净值+	CR+=(R+)−(TLR+)	QⅠ+QⅡ
27	补偿后无功总值−	CR−=(R−)+(TLR−)	QⅢ+QⅣ；R0−为 A=1，C=4 的量值
28	补偿后无功净值−	CR−=(R−)−(TLR−)	QⅢ+QⅣ
29	保留		
30	保留		
31	L1 相有功线损+	$CuA_1 + = I^2h_{L1} \times R_{Cu}$	QⅠ+QⅣ R_{Cu}为线路损耗的串联电阻元件，OBIS 代码为 1.x.0.10.2.VZ
32	L1 相有功线损−	$CuA_1 - = I^2h_{L1} \times R_{Cu}$	QⅡ+QⅢ
33	L1 相有功线损	$CuA_1 = I^2h_{L1} \times R_{Cu}$	QⅠ+QⅡ+QⅢ+QⅣ
34	L1 相有功变损+	$FeA_1 + = U^2h_{L1}/R_{Fe}$	QⅠ+QⅣ R_{Fe}为变压器损耗的并联电阻元件，OBIS 代码为 1.x.0.10.1.VZ
35	L1 相有功变损−	$FeA_1 - = U^2h_{L1}/R_{Fe}$	QⅡ+QⅢ
36	L1 相有功变损	$FeA_1 = U^2h_{L1}/R_{Fe}$	QⅠ+QⅡ+QⅢ+QⅣ
37	L1 相有功损耗+	$TLA_1 + = (CuA_1 +) + (FeA_1 +)$	QⅠ+QⅣ
38	L1 相有功损耗−	$TLA_1 - = (CuA_1 -) + (FeA_1 -)$	QⅡ+QⅢ
39	L1 相有功损耗	$TLA_1 = CuA_1 + FeA_1$	QⅠ+QⅡ+QⅢ+QⅣ

表 18（续）

数值组 E 代码(电)变压器和线路损耗(A=1,C=83)			
E=	量	公式	象限/元件
40	L1 相无功线损+	$CuR_1+=I^2h_{L1}\times X_s$	QⅠ+QⅡ X_s 为线路损耗的串联电抗元件，OBIS 代码为 1.x.0.10.3.VZ
41	L1 相无功线损−	$CuR_1-=I^2h_{L1}\times X_s$	QⅢ+QⅣ
42	L1 相无功线损	$CuR_1=I^2h_{L1}\times X_s$	QⅠ+QⅡ+QⅢ+QⅣ
43	L1 相无功变损+	$FeR_1+=U^2hL_1/X_m$	QⅠ+QⅡ X_m 为变压器损耗的并联电抗元件，OBIS 代码为 1.x.0.10.0.VZ
44	L1 相无功变损−	$FeR_1-=U^2h_{L1}/X_m$	QⅢ+QⅣ
45	L1 相无功变损	$FeR_1=U^2h_{L1}/X_m$	QⅠ+QⅡ+QⅢ+QⅣ
46	L1 相无功损耗+	$TLR_1+=(CuR_1+)+(FeR_1+)$	QⅠ+QⅡ
47	L1 相无功损耗−	$TLR_1-=(CuR_1-)+(FeR_1-)$	QⅢ+QⅣ
48	L1 相无功损耗	$TLR_1=CuR_1+FeR_1$	QⅠ+QⅡ+QⅢ+QⅣ
49	L1 安培−平方小时	A^2h_{L1}	QⅠ+QⅡ+QⅢ+QⅣ
50	L1 伏特−平方小时	V^2h_{L1}	QⅠ+QⅡ+QⅢ+QⅣ
51	L2 相有功线损+	$CuA_2+=I^2h_{L2}\times R_{Cu}$	QⅠ+QⅣ R_{Cu} 为线路损耗的串联电阻元件，OBIS 代码为 1.x.0.10.2.VZ
52	L2 相有功线损−	$CuA_2-=I^2h_{L2}\times R_{Cu}$	QⅡ+QⅢ
53～70	L2 相量值，(见 33～48)		
71	L3 相有功线损+	$CuA_3+=I^2h_{L3}\times R_{Cu}$	QⅠ+QⅣ R_{Cu} 为线路损耗的串联电阻元件，OBIS 代码为 1.x.0.10.2.VZ
72	L3 相有功线损−	$CuA_3-=I^2h_{L3}\times R_{Cu}$	QⅡ+QⅢ
73～90	L3 量值(见 33～48)		
91～255	保留		
注：在此表中，无制造商特定范围。			

7.3.6 UNIPEDE(国际电能生产者和配电者联合会)电压跌落

表 19 说明数值组 E 用于遵循 UNIPEDE 分类的电压跌落标识的使用。

表 19 数值组 E 代码(电的)UNIPEDE 电压跌落

数值组 E 代码(电的)UNIPEDE 电压暂降测量(A=1,C=12,32,52,72,D=32)							
暂降深度 %Un	残压 U %Un	持续时间 Δt s					
		0.01<Δt≤0.1	0.1<Δt≤0.5	0.5<Δt≤1	1<Δt≤3	3<Δt≤20	20<Δt≤60
10%~<15%	90>U≥85	00	01	02	03	04	05
15%~<30%	85>U≥70	10	11	12	13	14	15
30%~<60%	70>U≥40	20	21	22	23	24	25
60%~<90%	40>U≥10	30	31	32	33	34	35
90%~<100%	10>U≥0	40	41	42	43	44	45
注:这些跌落类分类由 GB/Z 18039.7—2011,表 2 中的定义的分类子集组成。							

7.3.7 用于标识其他对象时数值组 E 的用法

有关电连接通用对象的标识见 7.5.1。

7.4 数值组 F 代码(电的)

7.4.1 计费周期

数值组 F 为对象指定分配给不同计费周期(历史值的集合)以如下的代码:

——数值组 A:1;

——数值组 C:定义见表 13;

——数值组 D:

- 0:计费周期平均(从最后一次复位);
- 1,2,3,6:(累积的)最小/最大 1;
- 8,9,10:时间积分 1/2/3;
- 11,12,13,16:(累积的)最小/最大 2;
- 21,22,23,26:(累积的)最小/最大 3。

这里有两个计费周期方案有效(例如按周和按月存储值)。对于每个计费周期方案,下述通用对象有效:

——计费周期计数器;

——有效的计费周期数;

——最新的和历史的计费周期的时间戳;

——计费周期长度。

OBIS 代码见表 20。附加信息见 A.3 和 IEC 62056-6-2:2017,6.2.2。

7.4.2 多重阀值

数值组 F 也可用于标识同一量值的几个阀值,采用下述代码标识:

——数值组 A=1;

——数值组 C=1～20,21～40,41～60,61～80,82,84～89,90～92;

——数值组 D=31,35,39(越下限,越上限和缺失阀值);

——数值组 F=0～99。

注:所有的监视值为瞬时值:D=7 或 D=24。

当多个阀值由数值组 F 标识时,则与阀值相关的越下限/越上限/缺失的发生计数/持续时间/幅值由数值组 F 中的相同值标识。在此情况下,数值组 F 不能用于标识计费周期相关的值。然而,这样的值可以通过"通用集"对象来支持。

示例:

——当前任意相的越限阀值 #1 用 OBIS 代码 1～0:11.35.0×0 标识;

——当前任意相的连接阀值 #1 的越限持续时间用 OBIS 代码 1～0:11.37.0×0 标识。

为了避免歧义,数值组 F 不能被用来标识越下限/越上限/缺失发生计数器/持续时间/幅度量的历史值。对于这些量的历史值可以使用"通用集"对象而且与早先计费周期相关的值可以使用选择性存取来访问。

7.5 OBIS 代码(电的)

7.5.1 通用和服务项对象(电的)

表 20 规定了电相关的通用和服务项对象的 OBIS 代码的。

表 20 通用和服务项对象的 OBIS 代码(电的)

通用和服务项对象(电的)	OBIS 代码					
	A	B	C	D	E	F
公用事业单位免费标识号						
完整的组合式电标识	1	*b*	0	0		
电标识号 1	1	*b*	0	0	0	
…	…	…	…	…	…	
电标识号 10	1	*b*	0	0	9	
计费周期值/复位计数器项 (第 1 计费周期方案,如果存在一套以上计费周期方案)						
计费周期计数器(1)	1	*b*	0	1	0	VZ 或 255
可用的计费周期数(1)	1	*b*	0	1	1	
最近一次计费周期(1)时间戳	1	*b*	0	1	2	
计费周期(1)VZ(最后复位)的时间戳	1	*b*	0	1	2	VZ
计费周期(1)VZ_{-1}的时间戳	1	*b*	0	1	2	VZ_{-1}
…	…	…	…	…	…	…
计费周期(1)VZ_{-n}的时间戳	1	*b*	0	1	2	VZ_{-n}
计费周期值/复位计数器 (第 2 计费方案)项						
计费周期(2)计数器	1	*b*	0	1	3	VZ 或 255
可用的计费周期数(2)	1	*b*	0	1	4	
最近一次计费周期(2)时间戳	1	*b*	0	1	5	
计费周期(2)VZ(最后复位)的时间戳	1	*b*	0	1	5	VZ
计费周期(2)VZ_{-1}的时间戳	1	*b*	0	1	5	VZ_{-1}
…	…	…	…	…	…	…
计费周期(2)VZ_{-n}的时间戳	1	*b*	0	1	5	VZ_{-n}

表 20（续）

通用和服务项对象(电的)	OBIS 代码					
	A	B	C	D	E	F
程序项						
激活的固件标识号(早先:配置程序)	1	*b*	0	2	0	
参数记录号	1	*b*	0	2	1	
参数记录号,第一行	1	*b*	0	2	1	1
保留用作将来使用	1	*b*	0	2	1	2～127
制造商特定	1	*b*	0	2	1	128～254
时间开关程序号	1	*b*	0	2	2	
RCR 程序号	1	*b*	0	2	3	
仪表接线图 ID	1	*b*	0	2	4	
被动日程表名	1	*b*	0	2	7	
激活的固件签名	1	*b*	0	2	8	
输出脉冲值或常数 **注**：关于单位,参见 IEC 62056-6-2:2017,5.2.2。						
有功电能,计量 LED	1	*b*	0	3	0	
无功电能,计量 LED	1	*b*	0	3	1	
视在电能,计量 LED	1	*b*	0	3	2	
有功电能,输出脉冲	1	*b*	0	3	3	
无功电能,输出脉冲	1	*b*	0	3	4	
视在电能,输出脉冲	1	*b*	0	3	5	
伏特-平方小时,计量 LED	1	*b*	0	3	6	
安培-平方小时,计量 LED	1	*b*	0	3	7	
伏特-平方小时,输出脉冲	1	*b*	0	3	8	
安培-平方小时,输出脉冲	1	*b*	0	3	9	
变化						
功率读取因子	1	*b*	0	4	0	
电能读取因子	1	*b*	0	4	1	
互感器变化(电流)(分子)[a]	1	*b*	0	4	2	VZ
互感器变化(电压)(分子)[a]	1	*b*	0	4	3	VZ
总变比(分子)[a]	1	*b*	0	4	4	VZ
互感器变化(电流)(分母)[a]	1	*b*	0	4	5	VZ
互感器变化(电压)(分母)[a]	1	*b*	0	4	6	VZ
总互感器变化(分母)[a]	1	*b*	0	4	7	VZ
最大需量测量需量限值						
保留用于德国	1	*b*	0	5		
标称值						
电压	1	*b*	0	6	0	
基本/额定电流	1	*b*	0	6	1	
频率	1	*b*	0	6	2	
最大电流	1	*b*	0	6	3	
功率测量参比电压	1	*b*	0	6	4	VZ
辅助电源参比电压	1	*b*	0	6	5	
输入脉冲值或常数[b] **注**：单位参见 IEC 62056-6-2:2017,5.2.2。						

表 20（续）

通用和服务项对象(电的)	OBIS 代码					
	A	B	C	D	E	F
有功电能	1	*b*	0	7	0	
无功电能	1	*b*	0	7	1	
视在电能	1	*b*	0	7	2	
伏特(平方小时)	1	*b*	0	7	3	
安培(平方小时)	1	*b*	0	7	4	
无单位量	1	*b*	0	7	5	
有功电能，输出	1	*b*	0	7	10	
无功电能，输出	1	*b*	0	7	11	
视在电能，输出	1	*b*	0	7	12	
测量周期一 /记录间隔一 /计费周期持续时间						
测量周期 1，用于平均值 1	1	*b*	0	8	0	VZ
测量周期 2，用于平均值 2	1	*b*	0	8	1	VZ
测量周期 3，用于瞬时值	1	*b*	0	8	2	VZ
测量周期 4，用于测试值	1	*b*	0	8	3	VZ
记录间隔 1，用于负荷曲线	1	*b*	0	8	4	VZ
记录间隔 2，用于负荷曲线	1	*b*	0	8	5	VZ
计费周期(计费周期 1，假如存在两套计费方案)	1	*b*	0	8	6	VZ
计费周期 2	1	*b*	0	8	7	VZ
测量周期 4，用于谐波测量	1	*b*	0	8	8	VZ
时间项						
最后一次计费周期结束的过期时间 (第一套计费周期方案，如果存在一套以上计费周期方案)	1	*b*	0	9	0	
本地时间	1	*b*	0	9	1	
本地日期	1	*b*	0	9	2	
保留用于德国	1	*b*	0	9	3	
保留用于德国	1	*b*	0	9	4	
周日(0～7)	1	*b*	0	9	5	
最后一次复位时间 (第一套计费周期方案，如果存在一套以上计费周期方案)	1	*b*	0	9	6	
最后一次复位日期 (第一套计费周期方案，如果存在一套以上计费周期方案)	1	*b*	0	9	7	
输出脉冲宽度	1	*b*	0	9	8	
时钟同步窗口	1	*b*	0	9	9	
时钟同步方法	1	*b*	0	9	10	
时钟时间偏移极限(缺省值：秒)	1	*b*	0	9	11	
计费周期复位锁定时间 (第一套计费周期方案，如果存在一套以上计费周期方案)	1	*b*	0	9	12	
第二套计费周期方案						
最后一次计费周期结束的过期时间	1	*b*	0	9	13	
最后一次复位时间	1	*b*	0	9	14	
最后一次复位日期	1	*b*	0	9	15	
计费周期复位锁定时间	1	*b*	0	9	16	
系数						
变压器铜损，X_m	1	*b*	0	10	0	VZ

表 20（续）

通用和服务项对象(电的)	OBIS 代码					
	A	B	C	D	E	F
变压器铁损，R_{Fe}	1	*b*	0	10	1	VZ
线路电阻损耗，R_{Cu}	1	*b*	0	10	2	VZ
线路电抗损耗，X_s	1	*b*	0	10	3	VZ
测量方法						
有功功率测量算法	1	*b*	0	11	1	
有功电能测量算法	1	*b*	0	11	2	
无功功率测量算法	1	*b*	0	11	3	
无功电能测量算法	1	*b*	0	11	4	
视在功率测量算法	1	*b*	0	11	5	
视在能量测量算法	1	*b*	0	11	6	
功率因数测量算法	1	*b*	0	11	7	
测量点 ID(电连接)						
测量点 ID1(电连接)	1	0	96	1	0	
…	…	…	…	…	…	
测量点 ID10(电连接)	1	0	96	1	9	
内部操作状态信号，电连接						
内部操作状态，全局[c]	1	*b*	96	5	0	
内部操作状态(状态字 1)	1	*b*	96	5	1	
内部操作状态(状态字 2)	1	*b*	96	5	2	
内部操作状态(状态字 3)	1	*b*	96	5	3	
内部操作状态(状态字 4)	1	*b*	96	5	4	
仪表启动状态标志	1	*b*	96	5	5	
电连接状态数据						
电压缺失状态信息	1	0	96	10	0	
电流缺失状态信息	1	0	96	10	1	
无电压的电流状态信息	1	0	96	10	2	
辅助电源状态信息	1	0	96	10	3	
制造商特定[d]	1	*b*	96	50	*e*	*f*
…	…	…	…	…	…	…
制造商特定	1	*b*	96	99	*e*	*f*

[a] 如果互感器变比表达为分数，则变换比为分子被分母除。如果互感器变比表达为整数或实数，由仅等于分子。

[b] 仅当仪表测量连接到脉冲输入的输入电能和输出电能时，才应使用用于输出有功、无功和视在电能的代码。

[c] E=0 时的全局状态字包含 E=1～5 时的单独状态字。状态字的内容不在本部分内定义。

[d] 范围 D=50～99 可用于标识不能用其他已定义的代码表示，但还需要在显示器上表示的对象。如果无此要求，可以使用范围 D=128～254。

值得注意的是，上面有些代码通常仅用于显示目的，因为相关的数据项的对象属性有着自己的 OBIS 名。见 IEC 62056-6-2:2017，第 5 章。

7.5.2 错误寄存器对象(电的)

电错误寄存器对象的 OBIS 代码在表 21 中定义。

表 21 错误寄存器对象的 OBIS 代码(电的)

错误寄存器对象(电的)	OBIS 代码					
	A	B	C	D	E	F
错误寄存器	1	*b*	97	97	*e*	
注：包含在错误寄存器对象中的信息不在本文档中定义。						

7.5.3 列表对象(电的)

电连接列表对象的 OBIS 代码在表 22 中规定。

表 22 列表对象的 OBIS 代码(电的)

列表对象(电的)	OBIS 代码					
	A	B	C	D	E	F
电连接计费周期数据(计费周期方案 1,假如存在两个方案)	1	*b*	98	1	*e*	255[a]
电连接计费周期数据(计费周期方案 2)	1	*b*	98	2	*e*	255[a]
[a] 这里 F=255 意味着通配符。见 A.3。						

7.5.4 数据曲线对象(电的)

电连接数据曲线(单一 OBIS 代码标识)用作保存一个或多个相同连续测量值和/或成组的各种不同数据。其 OBIS 代码在表 23 中规定。

表 23 数据曲线的 OBIS 代码(电的)

数据曲线对象(电的)	OBIS 代码					
	A	B	C	D	E	F
记录周期 1 负荷曲线	1	*b*	99	1	*e*	
记录周期 2 负荷曲线	1	*b*	99	2	*e*	
测试期间负荷曲线	1	*b*	99	3	0	
电压跌落曲线	1	*b*	99	10	1	
电压骤升曲线	1	*b*	99	10	2	
电压缺失曲线	1	*b*	99	10	3	
电压谐波曲线	1	*b*	99	11	n^{th}	
电流谐波曲线	1	*b*	99	12	n^{th}	
电压不平衡曲线	1	*b*	99	13	0	
电源故障事件日志	1	*b*	99	97	*e*	
事件日志	1	*b*	99	98	*e*	
鉴定数据日志	1	*b*	99	99	*e*	

7.5.5 寄存器表对象(电的)

寄存器表(单一 OBIS 代码标识)用于保存相同类型的一些值。其 OBIS 代码定义于表 24。

表 24　寄存器表对象的 OBIS 代码(电的)

寄存器表对象(电的)	OBIS 代码					
	A	B	C	D	E	F
UNIPEDE 电压跌落,任意相	1	*b*	12	32		
UNIPEDE 电压暂降,L1 相	1	*b*	32	32		
UNIPEDE 电压暂降,L2 相	1	*b*	52	32		
UNIPEDE 电压暂降,L3 相	1	*b*	72	32		
扩展相角测量	1	*b*	81	7		
通用,电连接	1	*b*	98	10	*e*	

8　其他媒质(数值组 A＝F)

8.1　概述

此章规定与用值 A＝1,4～9 定义的媒质之外相关的对象的命名。典型的应用是使用可再生能源的分布式发电。

注：OBIS 代码的细节将随着 DLMS/COSEM 在该领域的应用的发展来细化。

8.2　数值组 C 代码(其他媒质)

表 25 指定数值组 C 用于其他媒质的用法。

表 25　数值组 C 代码(其他媒质)

数值组 C 代码(其他媒质)	
0	通用对象
1～10	太阳能
11～20	风能
128～254	制造商特定代码
其他	保留

8.3　数值组 D 代码(其他媒质)

将随后指定。

8.4　数值组 E 代码(其他媒质)

将随后指定。

8.5　数值组 F 代码(其他媒质)

将随后指定。

附 录 A
（规范性附录）
代码的表达

A.1 简化的 ID 代码(例如:用于 IEC 62056-21)

为了遵循 IEC 62056-21 协议模式 A 到 D 定义的语法,ID 代码的范围被缩少以符合通常适用于数字位数及其 ASCII 码表示的限值。所有的数值组的值被限制在 0~99 的范围之内以及在描述数字组用法的条款中的规定值的范围内。

一些数值组如果与应用无关则可以删减:

——可选数值组:A、B、E、F;

——必选数值组:C、D。

为了方便对缩简代码进行解释说明,在所有的数值组之间应插入分隔符,见图 A.1。

图 A.1 简化的 ID 代码表示

在数值组 E 和 F 之间的分隔符可以被修改使其包含一些关于复位来源的信息(如果是用人工复位,则用 & 替换*)。

制造商需确保 OBIS 代码与接口类(见 IEC 62056-6-2:2017,第 4 章)的结合唯一地标识每一个 OBIS 对象。

A.2 显示

通常,限定显示 OBIS 代码的方法与传输 OBIS 代码的方法相同,例如:符合 IEC 62056-21。

一些代码常被一些字母代替以便能清楚的表示出它与其他数据项目的不同,规定于表 A.1。

表 A.1 显示代码替换举例

数值组 C 和 D	
OBIS 代码	显示代码
96	C
97	F
98	L
99	P
注:字母代码也可应用于协议模式 A 至 D。	

A.3 数值组 F 的特殊处理

除非另有说明，数值组 F 域用作标识计费周期值。

计费周期可被标识为连接到计费周期计数器的状态或连接到当前计费周期。

对于电，表 20 中存在两种计费周期方案，每一种方案由计费周期长度、计费周期计数器、有效的计费周期数和计费周期时间戳来定义。见 7.4.1 和 IEC 62056-6-2:2017，6.2.2。

对于 0≤F≤99，单一的计费周期的标识连接到计费周期计数器的值，VZ。假如任何 OBIS 代码数值组的值等于 VZ，则标识到最近的(最年轻的)计费周期。VZ_{-1}标识次年轻的，等等。计费周期计数器可以有不同的操作模式，例如：模-12 或模-100。当值达到其计费周期计数器的界限时，对于模-100 变为 0，而对于其他操作模式则变为 1(例如：模-12)。

对于 101≤F≤125，单一的计费周期或计费周期集合的标识连接到当前计费周期。F=101 标识最后的计费周期，F=102 标识第二个最后的/两个最后的计费周期等，F=125 标识第 25 个最后的/第 25 个最后的计费周期。

F=126 标识一个未指定的最后计费周期数，所以可被用作通配符。

F=255 意味着数值组 F 未被使用，或标识当前计费周期值。

对于历史计费周期值的接口类的用法表示，见 IEC 62056-6-2:2017，6.2.2 和 A.2。

表 A.2 数值组 F(计费周期)

数组值 F	
VZ	最近的值
VZ_{-1}	第二个最近的值
VZ_{-2}	第三个最近的值
VZ_{-3}	第四个最近的值
VZ_{-4}	…
等	
101	最后的值
102	第二个最后的值
…	
125	第 25 个/25 个最后的值
126	未指明数字的最后值

A.4 COSEM

在 COSEM 环境中，OBIS 码的用法在 IEC 62056-6-2:2017，第 6 章中定义。

附 录 B
（资料性附录）
与 IEC 62056-6-1:2015 的主要技术变化

与 IEC 62056-6-1：2015 的主要技术变化：

——在 5.4.3 的表 7，增加拉脱维亚的国家标识符；

——在 6.5 的表 12，增加了连接到预付费表以及 LTE 监视曲线的抽象曲线对象；

——在 7.2 的表 14，D=56，分配了当前平均值 4 用于谐波测量；

——在 7.5.1 的表 20，增加了测量周期 4，用作谐波测量 1.b.0.8.8.VZ。

附 录 NA
（资料性附录）
与各版本的主要技术变化

NA.1 与 GB/T 19882.31—2007 的主要技术变化

——修改标题并且从“自动抄表系统 第 3-1 部分：应用层数据交换协议 对象标识系统”改变到“电测量数据交换 DLMS/COSEM 组件 第 61 部分：对象标识系统(OBIS)”；
——在数值组 B 中：文本内容改变，允许使用数值组 B 标识其他测量通道外的元素；
——编号由 GB/T 19882.31 变为 GB/T 17215.661；
——第 5 章中的数值组定义 B 到 F 适用于所有媒介。所有电连接的定义被移至第 7 章；
——新增加 5.3.1 概述；
——新增加 5.4.4 抽象对象标识；
——新增加 5.6.2 计费周期标识；
——在 6.1 的表 8 中通用和服务项增加下述新的 OBIS 代码：
- 计费周期现在也是抽象对象(A=0)；
- 硬件激活的最后日期；
- 断开控制状态；
- 电池初始容量；
- 电池安装日期和时间；
- 电池预期剩余使用时间；
- 辅助电源使用时间计数器；
- 辅助电源电压(测量值)；
- 任意相电源故障次数；
- 大气压力；
- 相对湿度；
- 事件编码；
- GSM 场强；
- 电话号码/物理设备通信地址；
- 消费者讯息；
- 当前有效费率；
- 事件计数器；
- 报警过滤器对象。

——在 7.1 的表 13 中增加 C=90 $\sum Li$ 电流；
——在 7.2.1 的表 14 中增加下述新的代码：
- 下限时间阀值；
- 上限时间阀值；
- 缺失时间阀值；
- 合同值。

——在 7.5.1 的表 20 中增加新的 OBIS 代码：
- 有效的硬件标签；

- 辅助电源参比电压;
- 时钟偏移界限(缺省值:秒);
- 第一套计费周期方案(假如不止一套)计费周期复位锁定时间;
- 最近一次计费周期结束后时间过期(第二套计费周期方案);
- 最近一次复位时间(第二套计费周期方案);
- 最近一次复位日期(第二套计费周期方案);
- 计费周期复位锁定时间(第二套计费周期方案)。

NA.2 IEC 62056-6-1:2015 与 IEC 62056-6-1:2013 的主要技术变化

——5.1,数值组 A 中代码术语"冷气和热气"用"热能"代替,数值"F"修改为"15";

——5.4.4,增加了通用和服务项对象子类标识;

——5.5,增加了使用数值组 E 标识通用和服务项对象;

——6.1,表 8 中通用和服务项对象的 OBIS 代码增加了"仲裁器"对象;

——6.5,数据曲线对象(抽象的),增加了有关计量支付的曲线对象;

——增加了最近一次计费周期的时间戳代码和注释 b)。

参 考 文 献

[1] DLMS UA 1000-1, the "Blue Book" Ed. 12.2:2017, COSEM interface classes and OBIS identification system

[2] DLMS UA 1000-2, the "Green Book" Ed. 8.2:2017, DLMS/COSEM Architecture and Protocols

[3] DLMS UA 1001-1, the "Yellow Book" Ed. 5.0:2015, DLMS/COSEM Conformance test and certification process

[4] DLMS UA 1002, the "White Book" Ed. 1.0:2003, COSEM Glossary of terms

[5] DIN 43863-3:1997, Electricity meters—Part 3: Tariff metering device as additional equipment for electricity meters-EDIS-Energy Data Identification System

[6] EN 13757-1:2014, Communication system for meters—Part 1: Data exchange

ICS 17.220.20
N 22

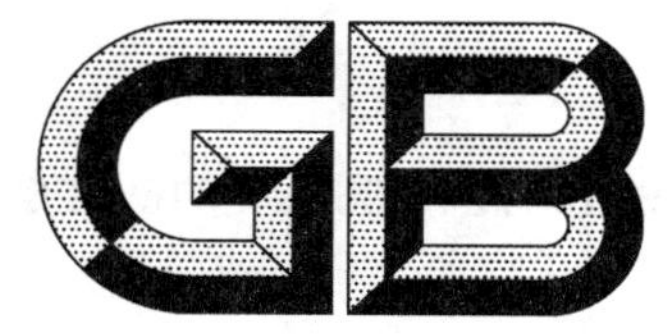

中华人民共和国国家标准

GB/T 17215.662—2018/IEC 62056-6-2:2017
代替 GB/T 19882.32—2007

电测量数据交换 DLMS/COSEM 组件 第 62 部分:COSEM 接口类

Electricity metering data exchange—The DLMS/COSEM suite—Part 62:COSEM interface classes

(IEC 62056-6-2:2017,Electricity metering data exchange—The DLMS/COSEM suite—Part 6-2:COSEM interface classes,IDT)

2018-12-28 发布 2019-07-01 实施

国家市场监督管理总局
中国国家标准化管理委员会 发布

前　言

GB/T 17215“交流电测量设备”分为若干部分，GB/T 17215.6《电测量数据交换　DLMS/COSEM组件》分为以下几个部分：

——第10部分：智能测量标准化框架；

——第11部分：DLMS/COSEM通信配置标准模板；

——第31部分：基于双绞线载波信号的局域网使用；

——第46部分：使用HDLC协议的数据链路层；

——第47部分：基于IP网络DLMS/COSEM传输层；

——第53部分：DLMS/COSEM应用层；

——第61部分：对象标识系统(OBIS)；

——第62部分：COSEM接口类；

——第73部分：局域和社区网络的有线和无线M-Bus通信配置；

——第76部分：基于HDLC的面向连接的三层通信配置；

——第91部分：使用WEB服务经CAS访问COSEM服务器的通信配置；

——第97部分：基于TCP-UDP/IP网络的通信配置。

本部分为GB/T 17215.6的第62部分。

本部分按照GB/T 1.1—2009给出的规则起草。

本部分代替GB/T 19882.32—2007《自动抄表系统　第3-2部分：应用层数据交换协议　接口类》，与GB/T 19882.32—2007相比主要技术变化见附录NA。

本部分使用翻译法等同采用IEC 62056-6-2:2017《电测量数据交换　DLMS/COSEM组件　第6-2部分：COSEM接口类》。

与本部分中规范性引用的国际文件有一致性对应关系的我国文件如下：

——GB/T 12406—2008　表示货币和资金的代码(ISO 4217:2001,IDT)；

——GB/T 19897.1—2005　自动抄表系统低层通信协议　第1部分：直接本地数据交换(IEC 62056-21:2002,MOD)。

本部分做了以下编辑性修改：

——标准名称由第6-2部分改为第62部分；

——增加附录NA(资料性附录)与各版本的主要技术变化。

请注意本文件的某些内容可能涉及专利。本文件的发布机构不承担标识这些专利的责任。

本部分由中国机械工业联合会提出。

本部分由全国电工仪器仪表标准化技术委员会(SAC/TC 104)归口。

本部分起草的单位：哈尔滨电工仪表研究所有限公司、云南电网有限责任公司电力科学研究院、烟台东方威思顿电气有限公司、中国电力科学研究院有限公司、深圳市科陆电子科技股份有限公司、杭州海兴电力科技股份有限公司、深圳市航天泰瑞捷电子有限公司、广东东方电讯科技有限公司、江苏林洋能源股份有限公司、浙江晨泰科技股份有限公司、青岛鼎信通讯股份有限公司、黑龙江省电工仪器仪表工程技术研究中心有限公司、宁波三星医疗电气股份有限公司、华立科技股份有限公司。

本部分主要起草人：沈鑫、关文举、章登清、王文国、杨红磊、姚青、侯庆全、肖伟峰、姜滨、陈闻新、张健辉、赵威、刁瑞朋、陈杰、马小辉、吴清早、郭闯、秦国鑫。

本部分代替标准的历次版本发布情况为：

GB/T 19882.32—2007。

引　　言

IEC 62056-6-2 的第三版已经由 IEC TC13 WG14 编写，IEC TC13 WG14 对 DLMS 用户协会及其 D 型联络伙伴有重大贡献。

此版本符合 DLMS UA 蓝皮书版本 12.2。主要的新功能是“Array manager”IC，“Compact data”IC 第 1 版，“GSM diagnostic”IC 的第 1 版，“LTE monitoring”IC，“NTP setup”IC，HS-PLC 设置 IC 和相关的新的 OBIS 代码。

对象建模和数据标识

在能源市场参与者的业务需求（通常处于自由化，竞争的环境中）以及有效地管理自然资源并吸引消费者的意愿的推动下，公用事业仪表成为综合计量、控制和计费的系统的一部分。仪表不再是一个简单的数据记录设备，而是依赖于通信能力。系统集成的简易性、互操作性和数据安全性是重要的要求。

COSEM，能源计量的配套技术规范，通过将仪表作为复杂的测量和控制系统的一部分来应对这些挑战。仪表需要能够将测量结果从计量点传输到使用它们的业务层。它也需要能够向消费者提供信息，管理消费，并最终能够在当地生成。

COSEM 通过使用对象建模技术来对仪表的所有功能进行建模，而无需假设哪些功能需要支持，如何实现这些功能以及如何传输数据，从而实现了以上的要求。COSEM 接口类的正式规范构成了 COSEM 的主要部分。

为了处理和管理信息，需要以独立于制造商的方式唯一地标识所有数据项目。OBIS（对象标识系统）的定义，是 COSEM 的另一个重要组成部分。它基于 DIN 43863-3:1997《电能表　第 3 部分：作为电能表附加设备的费率计量装置(EDIS)电能数据标识系统》。OBIS 代码集多年来已经大大扩展，以满足新的需求。

COSEM 将公用事业仪表建模为服务器应用程序（见 4.7）由客户端应用程序使用，通过对 COSEM 对象的受控访问在客户端应用程序中检索仪表数据，向仪表提供控制信息并激发仪表内的已知操作。客户端作为第三方的代理，即能源市场参与者的业务流程。

标准化 COSEM 接口类组成一个可扩展的库。制造商使用该库的元素来设计符合各种要求的产品。

服务器提供检索所支持功能的方法，即实例化的 COSEM 对象。这些对象可以组织成为逻辑设备和应用连接，并为各种客户端提供特定的访问权限。

标准化接口类库的概念为不同的用户和制造商提供了多样性的最大化，同时确保了互操作性。

国际电工委员会（IEC）提请注意，声称遵守本文件可能涉及使用有关映像传输程序的专利。

IEC 对该专利权的证据，有效性和范围没有任何立场。

该专利的持有人已经向 IEC 保证，他/她愿意与世界各地的申请人免费或合理和非歧视性的条款和条件谈判许可证。在这方面，该专利权持有人的声明已经向 IEC 注册。信息可以从 Itron，Inc.，Liberty Lake，Washington，USA 获得。

请注意本文件的某些内容可能是以上所述以外的专利权的主题。IEC 不负责确定任何或所有这些专利权。

IEC（http://patents.iec.ch）维护与其标准相关的专利的在线数据库。鼓励用户查询有关专利的最新信息的数据库。

承认

实际文件由 DLMS UA 的 WG 维护建立。

5.3.7 和 5.3.9 是基于 NIST 文件的部分内容。美国商务部国家标准技术研究所,技术管理局转载。在美国不受版权保护。

IEC 62056-X-Y 系列标准对应转换国标 GB/T 17215.6XY 系列。

电测量数据交换　DLMS/COSEM 组件 第 62 部分:COSEM 接口类

1　范围

GB/T 17215.6 的本部分规定了一种从通信接口所看到的仪表模型。采用面向对象的方法定义通用构件,以接口类的形式对仪表从简单功能到非常复杂的功能进行建模。

附录 A～附录 F(均为资料性附录)提供了与有些接口类相关的附加信息。

2　规范性引用文件

下列文件对于本文件的应用是必不可少的。凡是注日期的引用文件,仅注日期的版本适用于本文件。凡是不注日期的引用文件,其最新版本(包括所有的修改单)适用于本文件。

GB/T 15629.2—2008　信息技术　系统间远程通信和信息交换　局域网和城域网　特定要求　第 2 部分:逻辑链路控制(ISO/IEC 8802-2:1998,IDT)

GB/T 17215.631—2018　电测量数据交换　DLMS/COSEM　组件　第 31 部分:基于双绞线载波信号的局域网使用(IEC 62056-3-1:2013,IDT)

注:此版本在接口类"IEC 双绞线(1)设置"(class_id:24,版本:1)中引用。

GB/T 17215.646—2018　电测量数据交换　DLMS/COSEM　组件　第 46 部分:基于 HDLC 协议的数据链路层(IEC 62056-4-6:2002,IDT)

GB/T 17215.653—2018　电测量数据交换　DLMS/COSEM　组件　第 53 部分:DLMS/COSEM 应用层(IEC 62056-5-3:2017,IDT)

GB/T 17215.661—2018　电测量数据交换　DLMS/COSEM　组件　第 61 部分:对象标识系统(IEC 62056-6-1:2017,IDT)

GB/T 19897.4—2005　自动抄表系统　低层通信协议　第 2 部分:基于双绞线载波信号的局域网使用(IEC 62056-31:1999,IDT)

注:此版本在接口类"IEC 双绞线(1)设置"(class_id:24,版本:0)中引用。

GB/T 26831.2—2012　社区能源计量抄收系统规范　第 2 部分:物理层与链路层(EN 13757-2:2004,IDT)

DL/T 790.432—2004　采用配电线载波的配电自动化　第 4-32 部分:数据通信协议数据链路层-逻辑链路控制(IEC 61334-4-32:1996,IDT)

DL/T 790.441—2004　采用配电线载波的配电自动化　第 4-41 部分:数据通信协议应用层协议—配电线报文规范(IEC 61334-4-41:1996,IDT)

DL/T 790.4511—2006　采用配电线载波的配电自动化　第 4-511 部分:数据通信协议　系统管理 CIASE 协议(IEC 61334-4-511:2000,IDT)

DL/T 790.4512—2006　采用配电线载波的配电自动化　第 4-512 部分:数据通信协议　系统管理采用 DL/T 790.51 协议集的系统管理信息库(MIB)(IEC61334-4-512:2001,IDT)

DL/T 790.51—2002　采用配电线载波的配电自动化　第 5 部分:低层协议集第 1 篇:扩频型移频键控(S-FSK)协议(IEC 61334-5-1:2001,IDT)

IEC TR 62055-21:2005　电测量　付费系统　第 21 部分:标准框架(Electricity metering—

Payment systems—Part 21:Framework for standardization)

IEC 62056-21:2002 电测量 抄表、费率和负荷控制的数据交换 第21部分:直接本地数据交换(Electricity metering—Data exchange for meter reading,tariff and load control—Part 21: Direct local data exchange)

IEC 62056-7-3:2017 电测量数据交换 DLMS/COSEM 组件 第73部分:用于本地和社区网络的有线和无线 M-Bus 通信配置(Electricity metering data exchange—The DLMS/COSEM suite—Part 7-3: Wired and wireless M—Bus communication profiles for local and neighbourhood networks)

IEC 62056-8-3:2013 电测量数据交换 DLMS/COSEM 组件 第83部分:社区网络 PLC S-FSK 通信配置(Electricity metering data exchange—The DLMS/COSEM suite—Part 8-3: Communication profile for PLC S-FSK neighbourhood networks)

IEC 62056-8-6:2017 电测量数据交换 DLMS/COSEM 组件 第86部分:社区网络高速 PLC ISO/IEC 12139-1 配置(Electricity metering data exchange—The DLMS/COSEM suite—Part 8-6: High speed PLC ISO/IEC 12139-1 profile for neighbourhood networks)

ISO/IEC 12139-1:2009 信息技术 系统间远程通信和信息交换 电力线通信(PLC)高速 PLC 介质访问控制(MAC)和物理层(PHY) 第1部分:一般要求(Information technology—Telecommunications and information exchange between systems Powerline communication (PLC) High speed PLC medium access control (MAC) and physical layer (PHY)—Part 1: General requirements)

ISO/IEC/IEEE 60559:2011 信息技术 微处理器系统 浮点运算(Information technology—Microprocessor Systems—Floating-Point arithmetic)

ISO 4217 表示货币和资金的代码(Codes for the representation of currencies)

ITU-T E.212 (05.2008) E系列:整体网络运营,电话服务,服务运营和人为因素-国际运营-海上移动业务和公共陆地移动业务-公共网络和订阅的国际标识计划(Series E:Overall network operation, telephone service,service operation and human factors International operation Maritime mobile service and public land mobile service—The international identification plan for public networks and subscriptions)

3GPP TS 24.301 V13.4.0 (2016-01) 技术规格组核心网和终端;用于演进分组系统(EPS)的非接入层(NAS)协议;阶段3(Technical Specification Group Core Network and Terminals; Non-Access-Stratum (NAS) protocol for Evolved Packet System (EPS);Stage 3)

ITU-T G.9903 修订1:2013 G系列:传输系统和媒质,数字系统和网络 接入网在楼宇网络中-窄带正交频分复用电力线通信收发器 G3_PLC 网络(Series G: Transmission systems and media, digital systems and networks Access networks In premises networks Narrow band orthogonal frequency division multiplexing power line communication transceivers for G3-PLC networks)

注:本建议书在 G3-PLC 设置类的版本 0 中引用。

ITU-T G.9903:2014 G系列:传输系统和媒质,数字系统和网络-接入网-在楼宇网络中-窄带正交频分复用电力线通信收发器 G3_PLC 网络(Series G: Transmission systems and media,digital systems and networks Access networks In premises networks Narrow band orthogonal frequency division multiplexing power line communication transceivers for G3-PLC networks)

注:本建议书在 G3-PLC 设置类的版本 1 中引用。

ITU-T G.9904:2012 G系列:传输系统和媒质,数字系统和网络-接入网-在楼宇网络中-窄带正交频分复用电力线通信收发器 PRIME 网络(Series G: Transmission systems and media,digital systems and networks—Access networks—In premises networks—Narrow-band orthogonal frequency division multiplexing power line communication transceivers for PRIME networks)

EN 13757-3:2004 仪表通信系统和远程读取 第3部分:专用应用层(Communication system for and remote reading of meters—Part 3:Dedicated application layer)

注:该标准在“M-Bus 客户端设置”接口类版本 0 中引用。

EN 13757-3:2013 仪表通信系统和远程读取 第 3 部分:专用应用层(Communication systems for and remote reading of meters—Part 3:Dedicated application layer)

注:该标准在“M-Bus 客户端设置”接口类版本 1 中引用。

EN 13757-4:2013 仪表通信系统和远程读取 第 4 部分:无线仪表(SRD 频段的无线抄表)(Communication system for and remote reading of meters—Part 4:Wireless meter (Radio meter reading for operation in SRD bands)

EN 13757-5:2015 仪表的通信系统 第 5 部分:无线 M_Bus 中继(Communication systems for meters—Part 5: Wireless M-Bus relaying)

IEEE 802.15.4:2006 信息技术标准-系统间的通信和信息交换-本地和城域网-具体要求-第 15.4 节:低速率无线个人区域网络(WPAN)的无线介质访问控制(MAC)和物理层(PHY)规范(Standard for Information technology—Telecommunications and information exchange between systems-Local and metropolitan area networks—Specific requirements—Part 15.4: Wireless Medium Access Control (MAC) and Physical Layer (PHY) Specifications for Low-Rate Wireless Personal Area Networks (WPANs))

注:该标准也可作为 ISO/IEC/IEEE 8802-15-4:2010 获得。

ETSI GSM 05.08:1996 数字蜂窝电信系统(Phase 2+);无线电子系统链路控制(Digital cellular elecommunications system (Phase 2+);Radio subsystem link control)

ANSI C12.19:1997,IEEE 1377:1997 公用事业终端设备数据表(Utility industry end device data tables)

ZigBee® 053474 ZigBee®规范,该规范可从此处免费下载

http://www.zigbee.org/Standards/ZigBeeSmartEnergy/Specification.aspx

以下 RFC 可从互联网工程任务组(IETF)在线获得:http://www.ietf.org/rfc/std-index.txt,http://www.ietf.org/rfc/

IETF STD 51:1994 该点对点协议(PPP)(RFC 1661,RFC 1662)(The Point-to-Point Protocol (PPP))

RFC 791 互联网协议(即:IETF STD 0005),1981.RFC 1332,PPP 互联网协议控制协议(IPCP),1992,更新于:RFC 3241.废止:RFC 1172。(Internet Protocol (Also: IETF STD 0005),1981.RFC 1332,The PPP Internet Protocol Control Protocol (IPCP),1992,Updated by: RFC 3241.Obsoletes: RFC 1172)

RFC 1144 压缩用于低速串行链路的 TCP/IP 报头,1990 年(Compressing TCP/IP Headers for Low-Speed Serial Links,1990)

RFC 1332 PPP 互联网协议控制协议(IPCP),1992,更新于:RFC 3241.废止:RFC 1172(The PPP Internet Protocol Control Protocol (IPCP),1992,Updated by: RFC 3241.Obsoletes: RFC 1172)

RFC 1570 PPP LCP 扩展,1994(PPP LCP Extensions,1994)

IETF STD 51/RFC 1661 点对点协议(PPP)(即:IETF STD 0051),1994,更新于:RFC 2153,废止:RFC 1548 (The Point-to-Point Protocol (PPP) (Also: IETF STD 0051),1994,Updated by: RFC 2153,Obsoletes: RFC 1548)

IETF STD 51/RFC 1662 PPP(HDLC-like Framing)(即:IETF STD 0051),1994,废止:RFC 1549(PPP in HDLC-like Framing,(Also: IETF STD 0051),1994,Obsoletes: RFC 1549)

RFC 1994 PPP 挑战握手认证协议(CHAP),1996,废止 RFC1334(*PPP Challenge Handshake Authentication Protocol* (*CHAP*),1996.Obsoletes:RFC 1334)

RFC 2433　PPP CHAP 扩展,1998(PPP CHAP Extension,1998)

RFC 2474　定义 IPv4 和 IPv6 报头中的差异化服务域(DS 域),1998(Definition of the Differentiated Services Field (DS Field) in the IPv4 and IPv6 Headers,1998)

RFC 2507　IP 标头压缩,1999 (IP Header Compression,1999)

RFC 2508　压缩用于低速串行链路的 IP/UDP/RTP 报头,1999(Compressing IP/UDP/RTP Headers for Low-Speed Serial Links,1999)

RFC 2759　微软 PPP CHAP 扩展,版本 2,2000(Microsoft PPP CHAP Extensions,Version 2, 2000)

RFC 2986　PKCS#10 v1.7:认证请求语法标准(PKCS #10 v1.7: Certification Request Syntax Standard)

RFC 3095　健壮性包头压缩(ROHC):框架和四个配置文件:RTP,UDP,ESP 和未压缩,2001 (RObust Header Compression (ROHC): Framework and four profiles: RTP,UDP,ESP,and uncompressed,2001)

RFC 3241　健壮性包头压缩(ROHC)超过 PPP,2002。更新:RFC1332(Robust Header Compression (ROHC) over PPP,2002.Updates: RFC1332)

RFC 3513　互联网协议版本 6(IPv6)寻址架构,2003(Internet Protocol Version 6 (IPv6) Addressing Architecture,2003)

RFC 3544　IP 头压缩 PPP,2003(IP Header Compression over PPP,2003)

RFC 3748　可扩展认证协议(EAP),2004(Extensible Authentication Protocol (EAP),2004)

RFC 4861　IP 版本 6(IPv6)的邻居发现,2007(Neighbor Discovery for IP version 6 (IPv6),2007)

RFC 5280　互联网 X.509 公钥基础设施证书和证书撤销清单(CRL)简介,2008(Internet X.509 Public Key Infrastructure Certificate and Certificate Revocation List (CRL) Profile,2008)

RFC 5905　网络时间协议版本 4:协议和算法规范,2010(Network Time Protocol Version 4: Protocol and Algorithms Specification,2010)

RFC 6282　基于 IEEE 802.15.4 的网络的 IPv6 数据报的压缩格式[在线]。编辑 J.Hui,Ed。2011 年 9 月(Compression Format for IPv6 Datagrams over IEEE 802.15.4-Based Networks [online].Edited by J.Hui,Ed.September 2011)

RFC 6775　2012 年 IPv6 低功耗无线个人区域网络的邻居发现优化(6LoWPAN)(Neighbor Discovery Optimization for IPv6 over Low-Power Wireless Personal Area Networks (6LoWPANs),2012)

Point-to-Point (PPP)　协议域分配(Protocol Field Assignments)。在线数据库。可从:http://www.iana.org/assignments/ppp-numbers/ppp-numbers.xhtml 获得。

3　术语和定义、缩略语

以下术语和定义适用于本文件。

ISO 和 IEC 维护用于标准化的术语数据库,地址如下:

——IEC 术语库:http://www.electropedia.org/;

——ISO 术语库:http://www.iso.org/obp。

3.1　与映像传输过程(见 5.3.6)有关的术语和定义

3.1.1

映像　image

特定大小的二进制数据。

注：映像可以被看作是一个容器，它由一个或多个元素（image_to_activate）组成，可被传输、验证和激活。

3.1.2

映像空间　image size

要传输的整个映像的大小。

注：映像大小用多个八位元表示。

3.1.3

映像块　image block

映像块大小的映像部分。

注：映像以映像块传输，每一映像块都是由映像块编号来区分的。

3.1.4

映像块空间　image block size

用八位元表示的映像块的大小。

3.1.5

映像块编号　image block number

映像块的标识符，各映像块从 0 开始连续编号。

上述定义的含义如图 1 所示。

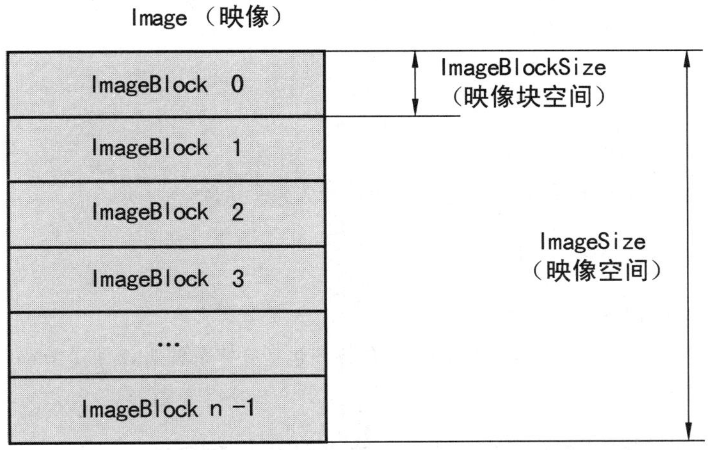

图 1　映像相关定义的含义

3.2　与扩频频移键控电力线通信（S-FSK PLC）设置类（见 5.9）有关的术语和定义

3.2.1

发起者　initiator

客户端系统管理应用实体（SAME）的用户单元。

注：发起者使用 CIASE 和 xDLMS ASE 并通过系统标题来标识。

［DL/T 790.4511—2006，定义 3.8.1］

3.2.2

激活的发起者　active initiator

当服务器处于未配置状态时，正在发送或刚发送完一个 CIASE 注册请求的发起者。

［DL/T 790.4511—2006，定义 3.9.1］

3.2.3

新系统　new system

处于未配置状态的服务器系统，其 MAC 地址等于“NEW-address”。

[DL/T 790.4511—2006，定义 3.9.3]

3.2.4

新系统标题　new system title

一个新系统的 system-title(系统名)。

注：它是一个处于新状态的系统的系统标题。

[DL/T 790.4511—2006，定义 3.9.4]

3.2.5

已注册系统　registered system

已经拥有有效 MAC 地址的服务器系统(因此，有别于“NEW Address”，见 DL/T 790.51—2002 中介质访问控制)。

[DL/T 790.4511—2006，定义 3.9.5]

3.2.6

报告系统　reporting system

发送一个 DiscoverReport(发现报告)的服务器系统。

注：改写 DL/T 790.4511—2006，定义 3.9.6

3.2.7

子时隙　sub-slot

物理层传输两个字节所用的时间。

注：在重复调用(RepeaterCall)模式下，物理层时间隙被划分为多个子隙。

3.2.8

时隙　timeslot

传输一个物理帧所需的时间。

注：参照 DL/T 790.4511—2006，3.3.1 的规定，物理层传输帧包括 2 字节帧头，2 字节分隔符，38 字节 PSDU 和 3 字节暂停符。

3.3　与 PRIME NB OFDM PLC 设置 ICs(见 5.11)有关的术语和定义

与物理层有关的定义

3.3.1

基节点　base node

管理和控制子网络资源的主节点。

[ITU-T G.9904：2012，定义 3.2.1]

3.3.2

信标槽　beacon slot

信标 PDU 在帧内的位置。

[ITU-T G.9904：2012，定义 3.2.2]

3.3.3

节点　node

能与其他子网元素进行收发的任一子网元素。

[ITU-T G.9904：2012，定义 3.2.9]

3.3.4

注册　Registration

一个服务节点被接受为子网成员，并为其分配 LNID 的过程。

[ITU-T G.9904:2012，定义 3.2.12]

3.3.5

服务节点　service node

不是基节点的任一子网节点。

[ITU-T G.9904:2012，定义 3.2.13]

3.3.6

子网　Subnetwork

共享一个基节点并能按本规范进行通信的元素集合。

[ITU-T G.9904:2012，定义 3.2.15]

与 MAC 层有关的定义

3.3.7

(服务节点的)断开状态　disconnected state (of a service node)

这是所有服务节点的初始功能状态。断开时，服务节点不能进行传输数据或交换其他节点数据；它的主要功能是在其搜索范围内找寻子网络，并尝试在其上注册。

[ITU-T G.9904:2012，定义 8.1]

3.3.8

(服务节点的)末端状态　terminal state (of a service node)

处于该功能状态时，服务节点能够建立连接并传输数据，但并不能交换其他节点的数据。

[ITU-T G.9904:2012，定义 8.1]

3.3.9

(服务节点的)交换状态　switch state (of a service node)

处于该功能状态时，服务节点能够完成所有末端功能，并能够转发同一子网其他节点的数据。它是树结构中的一个分支点。

[ITU-T G.9904:2012，定义 8.1]

3.3.10

升级　Promotion

服务节点获取交换(重复、转发)来自其他节点数据业务、并在子网树结构中起分支点作用的资格的过程。成功升级表示从***末端状态***转变为***交换状态***。当服务节点处于***断开状态***时，不能直接转到***交换状态***。

[ITU-TG.9904:2012，定义 8.1]

3.3.11

降级　demotion

服务节点不再起子网树状结构中分支点作用的过程。成功降级表示从***交换状态***转到***末端状态***。

[ITU-T G.9904:2012，定义 8.1]

3.4　与 zigbee® 有关的术语和定义(见 5.14)

注：带星号 * 的术语来自 zigbee® 的规范。

3.4.1

用户接入设备　consumer access device

CAD

ZigBee® 网关设备，其作用类似 ZigBee® 网络中的 IHD，但另外具有到不同网络的连接(即 WiFi)

3.4.2

户内显示器 in home display

IHD

具有向用户显示电能信息的显示屏的装置。

3.4.3

安装码 install code

通过带外通讯提供给信任中心的哈希(通过 MMO)预配置连接的密钥(PCLK)。希望加入该网络的新设备将需要发送此安装码到信任中心,以便执行加入过程并使用此安装码作为安全信息的一部分。

3.4.4

连接密钥* link key*

在 PAN 内的两个(且仅有两个)对等 application-layer(应用层)实体间专有共享密钥。

3.4.5

MAC 地址/IEEE 地址 MAC address/IEEE address

这些都是用于表示分配给 ZigBee® Radio 的 EUI-64 代码。

3.4.6

ZigBee®

ZigBee® 是一套高级通信协议的规范,该协议用于创建小范围、低功耗的数字广播的个域网。ZigBee® 是基于 IEEE 802.15 标准。虽然功率低,但 ZigBee® 设备往往通过中间设备传递数据到达更远的设备来在更长的距离内传输数据,以创建一个网状网络。

3.4.7

Zigbeee® 客户端 ZigBee® client

类似于 DLMS/COSEM 客户端的角色。为了进一步了解客户端和服务器之间的交互,应阅读 ZigBee® PRO 规范。

3.4.8

Zigbee® 协调器* ZigBee® coordinator*

IEEE802.15.4:2006 PAN 协调器是一个基于 IEEE 802.15.4:2006 网络的主控制器,其负责网络组建。PAN 协调器应是一个全功能设备(FFD)。

3.4.9

Zigbee® 簇 Zigbee® cluster

一组与某一设备功能相关(例如计量,压载物控制)的消息类型。

3.4.10

Zigbee® 映像 Zigbee® mirror

回复由电池供电的 ZigBee® 设备发布数据的一种设备,它允许其他网络参与者获得在电池供电设备因为省电而不工作期间的数据。

3.4.11

ZigBee® PRO

ZigBee® 2007 协议的一个代用名。2007 年 ZigBee®,目前发布的体系,包含两种体系规范,体系规范 1(简称的 ZigBee®),为家庭和小型商业使用,体系规范 2(所谓的 ZigBee® PRO)。ZigBee® PRO 提供了更多的功能,如组播,多对一的路由和 Symmetric-Key(对称密钥)密钥交换(SKKE)的高安全性,而 ZigBee®(体系结构 1)RAM 和闪存占用较小的空间。两者都提供完整的网状网络,并与所有的 ZigBee® 应用结构兼容。

3.4.12

ZigBee®路由*　ZigBee® router*

ZigBee®网络中 IEEE 802.15.4:2006 FFD 的参与者,它不是 ZigBee®的协调器,但在其个体工作空间内可起到 IEEE 802.15.4:2006 协调器的作用,它能够在装置和支持的连接之间传输信息。

3.4.13

ZigBee®服务器　ZigBee® server

类似于 DLMS/COSEM 服务器的角色。

注:进一步了解客户端和服务器之间的互动,宜阅读 ZigBee® PRO 规范。

3.4.14

ZigBee®信任中心*　ZigBee® Trust Center*

ZigBee®网络中的设备所信任的设备,以便为网络和端到端应用程序配置管理分发密钥。

3.5　与付费计量接口类(见 5.5)有关的术语和定义

3.5.1

账户　account

与公用事业服务提供商之间契约关系中个人费用和信用的报表。

3.5.2

可用(额度)　available

(信用)总值,没有进一步行动时,收费可导致该值逐渐减少。

3.5.3

费用　charge

代表一个账户的财务责任。

注 1:在本部分中,费用以"Charge"对象形式建模,定义了应付金额、收款机制、收款周期、收款金额以及其他相关变量。

注 2:可能会有分期付款,可明确规定其大小,或可规定其按单位时间或单位消费的付款率。

注 3:收费也可以按每次公布的固定金额征收。

3.5.4

信用模式　credit mode

在提前消费而不要求付款的付费系统中仪表的操作模式。

3.5.5

收款　collect

费用的分期支付,按"Charge"对象的"*unit_charge_active*"属性所确定的收款金额核算。

3.5.6

商品　commodity

根据供应合同(如电、气、水和热),在其住所的服务点交付给消费者的公共事业产品。

3.5.7

启用　enabled

用于"Credit"或"Charge"类型的语境中时,意味着"Credit"或"Charge"类型将会分别出现在"Account"的"*credit_reference_list*"或"*charge_reference_list*"中。

3.5.8

紧急信用　emergency credit

在预付方式工作的付费计量系统中的管理信用额,代表向消费者的短期贷出。

注:这是某些付费计量系统的特色,消费者能获得有限的信用额度作为短期借贷,通常由预付费装置本身在本地进行调整。"emergency"一词表示迫切需要而不是灾难。

3.5.9

企业资源规划(ERP)系统　enterprise resource planning (ERP) system

后台业务系统　back office system

执行一个组织(比如能源供应商)业务处理的计算机系统(不同于通信系统)。另见 Head End 系统。

3.5.10

友好信用　friendly credit

可配置起止点的时间段,在此时间段内,不管"*availble_credit*"的状态如何,仪表都不会 non-disconnect 供电。

注:该功能用于不便获得所需信用的情形(例如在夜间或对于体弱的老年消费者)。

3.5.11

前端系统　head end system;HES

通过通信网络连接到智能设备群的计算机系统,其工作是控制和协调与这些设备双向信息流,通常是为隔离 ERP("back office")系统。

3.5.12

家庭局域网　home area network;HAN

以连接一个房屋中各设备为主要目标而构建的通信网络。

3.5.13

在用状态　in use

"Credit"对象状态,在查询时,具有正的"*current_credit_amount*",且 Credit 正被一些由"Charge"对象表示的一些激活收费消耗。

注:当 current_credit_amount 达到零时,信用状态变为用完。

3.5.14

负荷限定　load limiting

某些付费计量系统(不一定是预付费模式)的操作模式,在该模式下,只要不超过配置的需量水平,消费者就有电力供应。

注:隐含的目的是为了管理消费者的财务状况:当需量受限于发电或配电系统的利益限定时,术语"load management"更常用。

3.5.15

本地通讯　local communications

通过某些媒介(如 HAN 或光端口)与仪表近距离通信的机制。

3.5.16

手动输入　manual entry

通过手动过程将令牌输入到付费计量装置的方式。

3.5.17

管理付费模式　managed payment mode

专业化的信用模式,允许对仪表中的 Account(账户)、Credit(信用)和可能的 Charge(费用)进行操作,在消费服务后由公用事业单位收取针对该服务的付费。

注 1:进入管理付费模式时,通常不使用令牌,但信用额度的调整要使用"Credit"对象中的方法。

注 2:按公用事业单位收到的现金付费记入客户信用(货方)之前,允许仪表有许可的欠费额。

注 3:在本例中,现金用作实际支付货币的通用术语,能像法定货币、自动电子转账等一样执行。

3.5.18

付费计量设施　payment metering installation

已安装并拟在消费者场所使用的一组付费计量装置。

注：包含装置的酌情安装和装置的每个单元的酌情连接(涉及到多设备的安装时)，也包含公用供电网到每个供电接口的连接、消费者负载接口的连接以及调试装置作为付费计量设施投入运行状态。

3.5.19

预付费模式　prepayment mode

付费系统中仪表的一种操作模式，在该模式中，消费者在消费之前支付服务费用。

3.5.20

后付费　post-payment

付费系统中仪表的一种操作模式，在该模式中，消费者可在付费之前享受服务。

注 1：在操作模式的语境中使用时，该术语能与术语“Credit mode(信用模式)”互换使用。

注 2：该术语通常与系统描述结合使用，而在提及仪表或账户的操作模式时，则使用“信用模式”。

3.5.21

远程通信　remote communications

经由某种形式的 WAN 和接入网，从客户端到运行付费计量应用进程的服务器的令牌或其他信息的传输(过程)。它可能是点对对、网状无线电、光纤连接等，且在到达仪表前，可历经多重设备和多种协议。

3.5.22

偿还　repayable

诸如紧急信用的“Credit_types(信用类型)”，在“Credit”可再次选择之前，应偿还“Credit”对象“*current_credit_amount*”上增加的数额。

3.5.23

储备信用　reserved credit

保留在付费仪表账户中的储备信用额度，以供以后使用，由消费者自行决定。

注：储备信用机制可能取决于公用事业供应商和消费者之间的协议。例如，每个令牌的一部分可被添加到储备信用中，或者供应商可以每月给消费者一个宽限，但这些合约将是具体的项目。

3.5.24

可选　selectable

“Credit”对象的具体状态，投入使用前，需要消费者即时确认。

注：例如，Emergency Credit(紧急信用)具有短期借出的性质，因此只能与消费者协商部署，这个术语分别涉及取得协定的需要和已经达成协定的事实。只有(1)“Selectable”的“Credit” 才能(2)被“Selected/Invoked”。不是所有的“Credit”都需要由外部触发器来选择，因为在大多数情况下，仪表应用程序会自动完成这个操作。

3.5.25

选择/调用　selected/invoked

当在相关“Account”的“*available_credit*”的计算中，包含了“*current_credit_amount*”的值时，“Credit”对象的具体状态。

注：这是成为“In use(在用)”前的“Credit”状态，并在“Account”的“available_credit(可用信用)”属性中考虑，但仍然不会被任何“Charge”消耗(由于更高优先级 Credit 是“In use”)

3.5.26

服务　service

商品供应(如水、电、气或热)。

3.5.27

社会信用　social credit

由于救济贫困等原因而提供的免支付信用。

注 1：通常这种信用以有限数量在固定时间(例如每月)给出。这种特定类型的信用也可以是基于消费的，使得消费者应将消费保持在限定阈值以下以便使用社会信用。如果违反限定，该信用就会由消费者被断开连接而被控制。

注 2：社会信用仿照 emergency_credit，time_based_credit，consumption_based_credit 类型的“Credit”对象。

3.5.28

临时债务　temporary debt

当所有信用用完一次性汇总收费收费时，产生的仪表短暂欠费。

注：该临时债务金额由“Account”对象中的 amount_to_clear 累计。

3.5.29

令牌　token

与信用的购买或其他系统功能有关的完备数据包，其包含在令牌载体(q.v.)中。令牌在交易的源和目标之间形成链接。令牌内容可能反映货币，能源，时间等，与仪表中显示的行情相一致。

注：在 IEC/TR 62055-21:2005 中定义为“包含通过售费或管理系统在令牌载体上的发出的指令的(设备相关定义)[sic]信息内容，随后能够以适当的安全性传递到特定的付款仪表或一组仪表中”。

3.5.30

令牌载体　token carrier

通常以“physical(物理)”材料或电子“virtual(虚拟)”形式，将令牌从一个系统单元到另一个系统单元的方法。

注：在一般意义上，令牌载体是指正在传递的指令和信息，而令牌载波是指用于承载指令和信息的物理设备，或在虚拟令牌载体的情况下指通信介质。

3.5.31

令牌载体接口　token carrier interface

令牌载体和付费计量装置之间的接口。

注 1：例如，它可以是用于数字令牌的键盘，或物理令牌载体接收器，或者是用于虚拟令牌载体接口的本地或远程机器的通信连接。

注 2：令牌载体接口也可以用于向支付计费器传递附加信息，例如用于支付系统管理的目的。

3.5.32

充值　top-up

信用令牌　credit token

由消费者购买并能够以物理或虚拟令牌载体的形式(以及通过其他方式)传递的信用。

3.5.33

临时设备通信　transient device communications

通过临时设备包含的电子通信机制在付费计量装置内传递令牌。可以从各种设备通过本地无线电、电连接、光连接等来完成，例如，HHT，移动电话。

注：家庭显示器不归类为临时设备，尽管就网络而言，它们可能以临时的方式运行，临时设备宜视作短时间地并且极少加入网络的设备。相比于网络的存在时间，家庭显示器被视作是长期在网，极短的时间不在网。

3.5.34

售费　vend

通过使用信用令牌来增加付费仪表中持有的可用信用的操作或交易。

注：售费通常与在销售点的售费系统的连接交易相关，因此可以生成通过物理或虚拟令牌载体传递的令牌。

3.6　与仲裁员 IC(见 5.4.12)有关的术语和定义

3.6.1

操作　action

可以从服务器在本地或远程请求的操作。

3.6.2

执行者 actor

一个要求采取行动的实体。

注：它可以是本地应用进程或客户端。

3.6.3

仲裁人 arbitrator

在 COSEM 中建模的功能，其可以基于预先配置的规则来确定当多个角色请求潜在的冲突操作以控制相同的资源时执行哪个操作。

3.7 缩略语

下列缩略语适用于本文件。

缩略语	说　明
3GPP	第三代合作伙伴计划(3rd Generation Partnership Project)
6LoW PAN	低功耗无线个人局域网 ipv6(IPv6 over Low-Power W ireless Personal Area Network)
AA	应用连接(Application Association)
AARE	应用连接响应(A-Associate Response-an APDU of the ACSE)
AARQ	应用连接请求(A-Associate Request-an APDU of the ACSE)
ACSE	连接控制服务元件(Association Control Service Element)
ADP	主站地址(Primary Station Address)
ADS	从站地址(Secondary Station Address)
AGC	自动增益控制(Automatic Gain Control)
AL	应用层(Application layer)
AP	应用进程(Application process)
APDU	应用层协议数据单元(Application Protocol Data Unit)
APS	应用支持子层(ZigBee® 术语)(Application Support Sublayer (ZigBee® term))
ARFCN	绝对射频信道数(Absolute radio-frequency channel number)
ASE	应用服务元件(Application Service Element)
A-XDR	自适应扩展数据表示(Adapted Extended Data Representation (DL/T 790.6))
base_name	与 COSEM 对象第一个属性(逻辑名)一致的短名(The short_name corresponding to the first attribute ("logical_name") of a COSEM object)
BCD	二进制表示的十进制数(Binary Coded Decimal)
BER	比特误码率(Bit Error Rate)
CBCP	回拨控制协议(PPP)[CallBack Control Protocol (PPP)]
CC	当前信用[Current Credit (S-FSK PLC profile)]
CDMA	码分多址(Code Division Multiple Access)
CENELEC	欧洲电工标准委员会(European Committee for Electrotechnical Standardization)
CHAP	询问握手认证协议(Challenge Handshake Authentication Protocol)
CIASE	配置初始化应用服务单元(Configuration Initiation Application Service Element (S-FSK PLC profile))

缩略语	说　明
class_id	接口类标识编码(Interface class identification code)
CLI	主叫线路标识(Calling Line Identity)
COSEM	能量计量配套规范(Companion Specification for Energy Metering)
COSEM object	COSEM 接口类范例(An instance of a COSEM interface class)
CPAS	公共部分适配子层(Common Part Adaptation Sublayer)
CRC	循环冗余校验(Cyclic Redundancy Check)
CSD	电路交换数据(Circuit Switched Data)
CSMA	载波监听多路访问(Carrier Sense Multiple Access)
CtoS	客户端对服务端的质询(Client to Server challenge)
CU	当前未使用(Currently Unused)
DC	可信值差 [Delta credit (S-FSK PLC profile)]
DHCP	动态主机控制协议(Dynamic Host Control Protocol)
DIB	数据信息块[Data Information Block (M-Bus]))
DIF	数据信息域[Data Information Field (M-Bus)]
DL	数据链接(Data Link)
DLMS	设备语言报文规范(Device Language Message Specification)
DLMS UA	DLMS 用户协会(DLMS User Association)
DNS	域名解析服务(Domain Name Server)
DSCP	差分服务代码点(Differentiated Services Code Point)
DSSID	直接转换 ID (Direct Switch ID)
EAP	扩展验证协议(Extensible Authentication Protocol)
eARFCN	增强绝对射频频道号(Enhanced Absolute radio-frequency channel number)
EDGE	GSM 演进技术增强型数据速率(Enhanced Data rates for GSM Evolution)
EMC	紧急信用(付费计量相关)(Emergency Credit (in relation to payment metering))
ERP	企业资源规划(Enterprise Resource Planning)
EUI-48	48 位扩展的唯一标识符(48-bit Extended Unique Identifier)
EUI-64	64 位扩展的唯一标识符(64-bit Extended Unique Identifier)
FCC	联邦通信委员会(Federal Communications Commission)
FFD	完整功能设备(Full-Function Device)
FIFO	先入先出(First-In-First-Out)
FTP	文件传输协议(File Transfer Protocol)
GCM	伽罗瓦/计数器模式,连接数据的加密认证算法(Galois/Counter Mode,an algorithm for authenticated encryption with associated data)
GMT	格林威治标准时间(Greenwich Mean Time.Replaced by Coordinated Universal Time (UTC))
GPRS	通用分组无线业务(General Packet Radio Service)
GPS	全球定位系统(Global Positioning System)
GSM	全球移动通信系统(Global System for Mobile Communications)
HAN	家庭局域网(Home Area Network)

缩略语	说　明
HART	可寻址远程传感器高速通道(Highway Addressable Remote Transducer see http://www.hart-comm.org/(in relation with the Sensor manager interface class))
HDLC	高级数据链路控制(High-level Data Link Control)
HES	前端系统(Head End System)
HHT	手持终端(Hand Held Terminal)
HLS	高级安全验证(High Level Security Authentication)
HSDPA	高速下行分组接入(High-Speed Downlink Packet Access)
HS-PLC	高速电力线载波(High-Speed Power Line Carrier)
IANA	因特网编号管理局(Internet Assigned Numbers Authority)
IB	信息库(Information Base)
IC	接口类 (Interface Class (COSEM))
IC	初始信用(Initial credit (S-FSK PLC profile))
IEC	国际电工委员会(International Electrotechnical Commission)
IEEE	电气电子工程师协会(Institute of Electrical and Electronics Engineers)
IETF	国际互联网工程任务组(Internet Engineering Task Force)
IPCP	互联网协议控制协议(Internet Protocol Control Protocol)
IPv4	互联网协议第四版(Internet Protocol version 4)
IPv6	互联网协议第六版(Internet Protocol version 6)
ISO	国际标准化组织(International Organization for Standardization)
ISP	网络服务提供商(Internet Service Provider)
IT	信息技术(Information Technology)
ITU-T	国际电信联盟远程通信标准化组织(International Telecommunication Union-Telecommunication)
KEK	密钥加密密钥(Key Encryption Key)
LA	本地(Local Area)
LAC	本地代码(Local Area Code)
LAN	本地局域网(Local Area Network)
LCID	本地连接标识(Local Connection Identifier)
LCP	链接控制协议(Link Control Protocol)
LDN	逻辑设备名(Logical Device Name)
LLC	逻辑链路控制(子层)[Logical Link Control (sublayer)]
LLS	低级别安全(Low Level Security)
LN	逻辑名(Logical Name)
LNID	本地节点标识符(Local Node Identifier)
LOADng	下一代 6LoWPAN 点对点按需求距离向量路由(6LoW PAN Ad Hoc On-Demand Distance Vector Routing Next Generation (LOADng))
LQI	链路质量指示(Link Quality Indicator (ZigBee® term))
LSB	最低有效位(Least Significant Bit)

缩略语	说　明
LSID	本地交换机标识符(Local Switch Identifier)
LTE	长时演进无线通信(Long Term Evolution (W ireless communication))
M	必选的(Mandatory)
M2M	机器到机器(Machine to Machine)
MAC	介质访问控制(Medium Access Control)
M-Bus	仪表总线(Meter Bus)
MCC	移动国家代码(Mobile Country Code)
MD5	信息摘要算法 5(Message Digest Algorithm 5)
MIB	管理信息库(Management Information Base (S-FSK PLC profile))
MID	计量器具指令 欧盟 2004/22/EC (Measuring Instruments Directive 2004/22/EC of the European Parliament and of the Council)
MNC	移动网络代码(Mobile Network Code)
MMO	MMO 哈希算法(Matyas-Meyer-Oseas hash (ZigBee® term))
MPAN	(英国用词)计量点接入号码-配电网中电能表的位置的参考 ((UK term) Meter Point Access Number-reference of the location of the Electricity meter on the electricity distribution network)
MPDU	MAC 协议数据单元(MAC Protocol Data Unit)
MSB	最高有效位(Most Significant Bit)
MSDU	MAC 服务数据单元(MAC Service Data Unit)
MT	移动终端(Mobile Termination)
NB	窄带(Narrow-band)
ND	邻居发现(Neighbour Discovery)
NTP	网络时间协议(Network Time Protocol)
O	可选的(Optional)
OBIS	对象标识系统(OBject Identification System)
OFDM	正交频分复用(Orthogonal Frequency Division Multiplexing)
OTA	空中下载—参见使用 ZigBee 固件升级(Over the Air-Refers to Firmware Upgrade using ZigBee®)
PAN	个人局域网(Personal Area Network (Term used in relation to G3-PLC[a]) and ZigBee®)
Pad	填充(Padding)
PAP	密码认证协议(Password Authentication Protocol)
PCLK	预配置的链路密钥(Pre-Configured Link Key (ZigBee® term))
PDU	协议数据单元(Protocol Data Unit)
PhL,PHY	物理层(Physical Layer)
PIB	PLC 信息库(PLC Information Base)
PIN	个人身份号码(Personal Identity Number)
PLC	电力线载波(Power Line Carrier)
PLMN	公共陆地移动网络(Public Land Mobile Network)

缩略语	说　明
PNPDU	(需升级 PDU)Promotion Needed PDU
POS	销售点(支付计费)(Point Of Sale (Payment metering))
POS	个人操作空间(Personal Operating Space(ZigBee®))
PPDU	物理协议数据单元(Physical Protocol Data Unit)
PPP	点到点协议(Point-to-Point Protocol)
PSTN	公共交换电话网络(Public Switched Telephone Network)
QoS	服务质量(Quality of Service)
RB	无线电频段(Radio Band)
REJ PDU	拒绝协议数据单元(Reject Protocol Data Unit)
RFC	征求意见:由互联网工程任务组发布的文档(Request for Comments: a document published by the Internet Engineering Task Force)
RFD	简化功能设备(Reduced Function Device)
ROHC	域名压缩(Robust Header Compression)
RREP	路由回复(Route Reply)
RREQ	路由请求(Route Request)
RRER	路由错误(Route Error)
RSRQ	参考信号接收质量(Reference Signal Received Quality)
RSRP	参考信号接收功率(Reference Signal Received Power)
RSSI	接收信号长度指示[Receive Signal Strength Indication (ZigBee® term)]
SAP	服务访问点(Service Access Point)
SAS	启动属性 设置(Startup Attribute Set (ZigBee® term))
SCP	共享争用期(Shared Contention Period)
SE	智慧能源 (Smart Energy)
SEP	智慧能源规范(Smart Energy Profile (ZigBee® term))
S-FSK	扩频型频移键控(Spread - Frequency Shift Keying)
SHA	安全散列算法(Secure Hash Algorithm)
SID	转换标识符(Switch identifier)
SMS	短消息服务(Short Message Service)
SMTP	简单邮件传输协议(Simple Mail Transfer Protocol)
SN	短名(Short Name)
SNA	子网地址(Subnetwork Address)
SSAS	服务特定适配子层(Service Specific Adaptation Sublayer)
SSCS	服务特定汇聚层(Service Specific Convergence Layer)
StoC	服务器对客户端的质询(Server to Client Challenge)
TAB	对于不支持 DLMS、DLMS/COSEM 的 EURIDI 规范:数据编码。对于支持 DLMS 或 DLMS/COSEM 的规范:被设置为 Discovery 情况下的设备值(In the case of the EURIDIS profiles without DLMS and without DLMS/COSEM: data code.In the case of profiles using DLMS or DLMS/COSEM: value at which the equipment is programmed for Discovery.)

缩略语	说　明
TABi	TAB 域的列表(List of TAB field)
TCC	传输控制码(IPv4)(Transmission Control Code (IPv4))
TCP	传输控制协议(Transmission Control Protocol)
TFTP	普通文件传输协议(Trivial File Transfer Protocol)
TOU	使用时间(Time of use)
TTL	存在时间(Time To Live)
UDP	用户数据报协议(User Datagram Protocol)
UMTS	通用移动通信系统(Universal Mobile Telecommunications System)
UNC	未配置的(S-FSK PLC 规范)(Unconfigured (S-FSK PLC profile))
UTC	世界标准时间(Coordinated Universal Time)
VIB	值信息块 (Value Information Block (M-Bus))
VIF	值信息域(Value Information Field (M-Bus))
VZ	计费周期计数器(Billing period counter (Form *Vorwertzähler* in German,see DIN 43863-3))
wake -up	触发仪表连接到通信网络以便客户端是可用的(trigger the meter to connect to the communication network to be available to a client (e.g.HES))
WAN	广域网(Wide Area Network)
wM-Bus	无线 M_Bus(Wireless M-Bus)
ZTC	ZigBee® 信任中心(ZigBee® Trust Center)
[a] 在 G3-PLC 技术中,PAN 可能会被定义为 PLC 局域网。	

4　基本原则

4.1　概述

本章描述了构建 COSEM 接口类(ICs)的基本原则,也简要说明接口对象(接口类的实例化)如何用于通信目的。

遵循这些规范的不同供应商的数据采集系统和计量设备,能以互操作的方式交换数据。

出于规范的目的,本标准使用对象建模技术。

一个对象包含一组属性和方法。属性表示对象的特征,属性的值可影响对象的表现。任何对象的第一个属性都是“***logical_name***(逻辑名)”,它是对象标识的一部分。一个对象可提供若干方法,用于检查或修改属性的值。

具有共同特征的对象被归纳为接口类,用 class_id(类标识符)进行标识。在一个特定的 IC 中,这些共同特征(属性和方法)对所有对象只描述一次。接口类的实例称为 COSEM 接口对象。

制造商可为任何对象添加私有的方法和属性,见 4.2。

图 2 举例说明了这些术语。

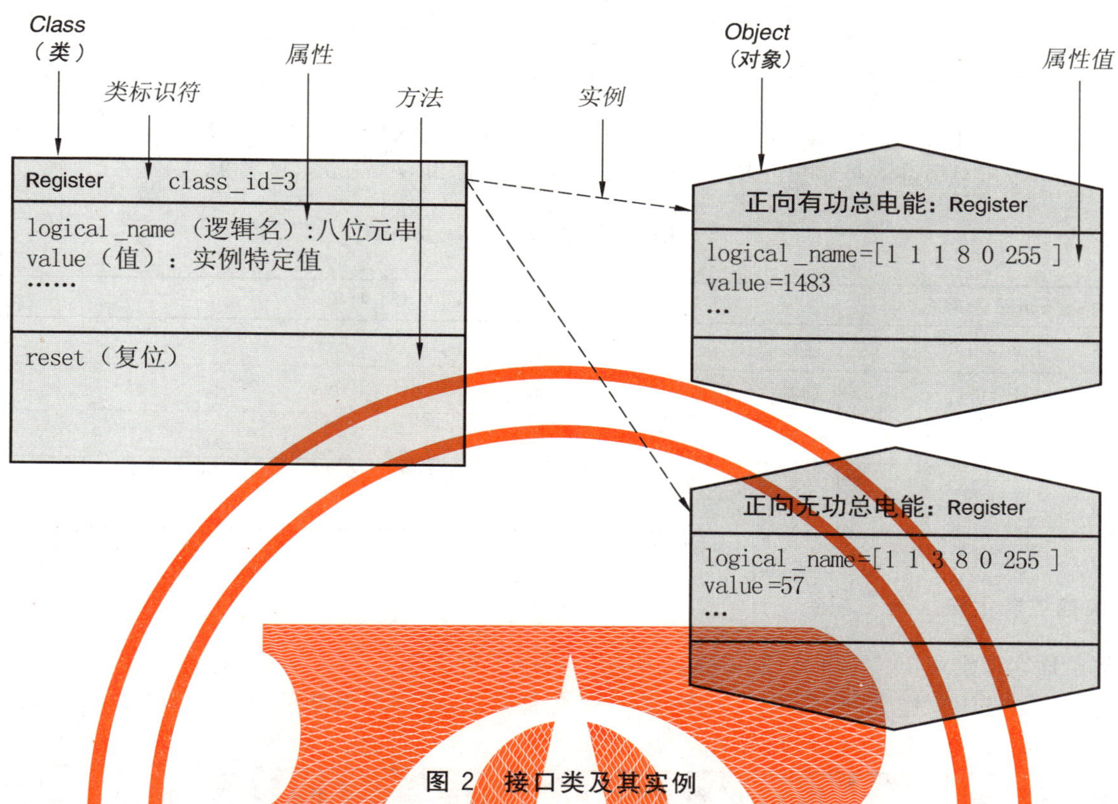

图2 接口类及其实例

从客户端(数据采集系统、手持终端)所见的是一个通用类的寄存器(包含测量信息或静态信息),为该通用寄存器的行为建模所需特性的组合就构成了"Register"接口类。该寄存器的内容由"***logical_name***"属性标识。***logical_name***(包含有一个OBIS标识符(见GB/T 17215.661—2018)。该寄存器的实际内容(动态的)由其***value***属性承载。

定义一个特定的仪表意味着定义几个特定的对象。在图2的示例中,仪表包含两个寄存器,即:"Register"接口类的两个特定的实例被实例化了。通过实例化,一个COSEM对象成为"正向、有功、总电能寄存器",而另一个成为"正向、无功、总电能寄存器"。

注:从"外部"看到的是,COSEM接口对象(COSEM接口类的实例)代表了仪表的行为。因此,修改一个属性的值(例如复位一个寄存器的***value***属性)常常由外部发起。内部发起的属性改变(例如更新一个寄存器的***value***属性)未在这个模型中描述。

4.2 引用方法

有两种不同的方式引用COSEM对象的属性和方法:

使用逻辑名(LN引用):在这种情况下,属性和方法通过其所属的COSEM对象实例的标识符来引用。

属性的引用:class_ id,"*logical_name*"属性的值,attribute_index。

方法的引用:class_ id,"*logical_name*"属性的值,method_index。

其中:

——attribute_index(属性索引)用作被要求属性的标识符,属性索引在每个IC的定义中规定。它们是从1开始的正数。可能会增加私有属性:这些应采用负数标识;

——method_index(方法索引)用作所需方法的标识符,方法索引在每个IC的定义规定。它们是从1开始的正数。可能会增加私有方法:这些应采用负数标识。

使用短名(SN引用):这种引用拟用于在简单设备中。在这种情况下,COSEM对象的每个属性和方法都以一个13位整数进行标识。短名的语法与DLMS变量名命名的语法是相同的,见DL/T 790.441—

2004 和 GB/T 17215.653—2018,第 8 章。

4.3 为特定 COSEM 对象保留的 base_names(基础名)

为了便于访问使用 SN 引用的设备,某些短名被留作特定 COSEM 对象的 base_names,保留的 base_names 范围从 0xFA00 到 0xFFF8。定义了下列特定的 base_names,见表 1:

表 1 SN 引用的保留 base_names

Base_name(基础名)	COSEM 对象
0xFA00	连接 SN
0xFB00	脚本表(实例:广播"Script table")
0xFC00	SAP 分配
0xFD00	属性"value(值)"中包含"COSEM 逻辑设备名"的"Data(数据)"或"Register(寄存器)"对象

4.4 类描述表示法

本条描述了定义 IC(接口类)所用的表示法。

短文本描述 IC 的功能和应用。表格由则给出包括类名、属性和方法的 IC 的概观。每个属性和方法都应详细描述。下面是模板。

类名		基数	class_id(类代码),版本			
属性		*数据类型*	最小值	最大值	默认值	短名
1. logical_name(static)		octet-string				x
2. …	(…)	…				x+0x…
3. …	(…)	…				x+0x…
特定方法(如需要)		*m/o*				
1.		…				x+0x…
2.		…				x+0x…
3.		…				x+0x…

Class name(类名)	描述接口类(如:"Register"、"Clock"、"Profile generic"…)。 注 1:接口类的名字在引号中提及。
Cardinality(基数)	规定逻辑设备内 IC 的实例的数目(见 4.8)。 *Value* IC 应被正确实例化的次数"value"。 *min...max*.IC 应被实例化的最小次数("min.")和最多次数("max.")。如果 min.为 0,则类是可选的。反之,如 min.>0,类被强制实例化"min."次。
class_id	接口类的标识代码(范围从 0 到 65535)。每个对象的 class_id 可以通过读取"Association LN"/"Association SN"对象的 *object_list* 属性与逻辑名一起被检索。 ——class_id-s 从 0 到 8 191 预留给 DLMS UA 定义; ——class_id-s 从 8 192 到 32 767 预留给制造商的特殊 IC; ——class_id-s 从 32 768 到 65 535 预留给用户组的特殊 IC。 DLMS UA 保留为各制造商或用户组分配范围的权利。

Version（版本）		IC 版本的标识代码，每个对象的版本可以通过读取“Association LN”/“Association SN”对象的 *object_list* 属性与 class_id 和逻辑名一起被检索。 **在一个逻辑设备之内，已确定 IC 的所有范例都应为同一版本。**
Attributes（属性）		规定属于 IC 的属性。 （*dyn.*） 归类含过程值的属性，过程值由仪表自身更新。 （*static*） 归类仪表自身不更新的属性（例如：配置数据）。 注 2：有些属性可能为静态也可能为动态，取决于应用。这些情况下不指明这种性质。 注 3：属性名使用下划线记号。当在文中被提及时，采用斜体，例如：*logical_name*。
logical_name	octet-string	逻辑名总是 IC 的第一个属性，它标识本 IC 的实例（COSEM 对象），*logical_name* 的值与 OBIS 一致；见第 6 章和 GB/T 17215.661—2018。
Data type（数据类型）		定义属性的数据类型，见 4.5。
Min.（最小值）		规定属性是否有最小值。
	x	属性有最小值。
	〈*empty*〉	属性无最小值。
Max.（最大值）		定义属性是否有最大值。
	x	属性有最大值。
	〈*empty*〉	属性无最大值。
Def.（默认值）		规定属性是否有默认值。这是复位后的属性值。
	x	属性有默认值。
	〈*empty*〉	该 IC 规范没有定义默认值。
Short name（短名）		使用短名（SN）引用时，对象实例的每个属性和方法都应映射到短名。 每个对象实例的 base_name x 是由逻辑名属性映射过来的 DLMS 命名变量。 在实现阶段被选择。IC 的定义为其他属性和方法规定了的偏移量。
Specificmethods（具体方法）		提供属于该对象的特定方法的列表。 Method Name（ ） 该方法应在“Method description”分段中进行描述。 注 4：方法名使用下划线符号。当在文中提到时，用斜体。例如：*add_object*
m/o		定义方法是必选还是可选。 *m*（必选） 方法是必选的。 *o*（可选） 方法是可选的。

属性说明

用属性的数据类型（如果数据类型不简单）、数据格式和其性质（最小值、最大值和默认值）描述每个属性。

方法说明

描述被实例化的 COSEM 对象的每一方法和调用后的行为。

注 5：用协议访问属性或方法的服务在 GB/T 17215.653—2018，6.6～6.17 中规定。

选择性访问

与 xDLMS 属性相关的服务通常引用整个属性。然而，对某些属性，可仅提供对属性的一部分的选择性访问。属性的该部分由特定的选择性访问参数标识，这些被定义为属性规范的一部分。

选择性访问适用于以下接口类属性和方法：

——“Profile generic” 对象，**buffer** 属性；

——“Association SN” 对象，**object_list** 属性 和 **access_rights_list** 属性；

——"Association LN" 对象,**object_list** 属性;

——"Compact data",对象,**compact_buffer** 属性;

——"Push" 对象,**push_object_list** 属性;

——"Data protection" 对象,**protection_object_list** 属性 **get_protected_attributes** 方法和 **set_protected_attributes** 方法。

4.5 常用数据类型

表 2 包含了 COSEM 对象的属性可使用的数据类型的清单。

表 2 公共数据类型

类型描述	标签[a]	定义	取值范围
…简单数据类型			
null-data	[0]		
boolean	[3]	布尔数	TRUE 或 FALSE
bit-string	[4]	布尔值的有序序列	
double-long	[5]	双长整:32 位整数(Integer32)	−2 147 483 648～2 147 483 647
double-long-unsigned	[6]	32 位无符号数(Unsigned32)	0～4 294 967 295
	[7]	DL/T 790.441—2004 中"浮点"类型的标签,在 DLMS/COSEM 中不可用。见标签[23]和[24]	
octet-string	[9]	有序的八位元序列(8 位的字节串)	
visible-string	[10]	有序的 ASCII 序列	
	[11]	DL/T 790.441—2004 中"时间"类型的标签在 DLMS/COSEM 中不可用。见标签[27]	
utf8-string	[12]	按 UTF-8 编码的字符有序序列	
bcd	[13]	二进制编码的十进制数	
integer	[15]	整型:8 位整数(Integer8)	−128～127
long	[16]	长整型:16 位整数(Integer16)	−32 768～32 767
unsigned	[17]	8 位无符号数(Unsigned8)	0～255
long-unsigned	[18]	16 位无符号数(Unsigned16)	0～65 535
long64	[20]	64 位整数(Integer64)	$-2^{63}\sim2^{63-1}$
long64-unsigned	[21]	64 位无符号数(Unsigned64)	$0\sim2^{64-1}$
enum	[22]	枚举类型元素在 COSEM IC 规范的属性或方法描述部分中定义	0～255
float32	[23]	字节串(大小(4))OCTET STRING (SIZE(4))	格式见 4.6.2
float64	[24]	字节串(大小(8))OCTET STRING (SIZE(8))	
date_time	[25]	字节串(大小(12))OCTET STRING (SIZE(12))	格式见 4.6.1
date	[26]	字节串(大小(5))OCTET STRING (SIZE(5))	
time	[27]	字节串(大小(4))OCTET STRING (SIZE(4))	
——复合数据类型			
array	[1]	数组类型元素在 COSEM IC 规范的属性或方法描述部分中定义。	

表 2（续）

类型描述	标签[a]	定义	取值范围
structure	[2]	结构类型元素在 COSEM IC 规范的属性或方法描述部分中定义。	
compact array	[19]	提供了一种可替代的复杂数据的压缩编码	
——CHOICE		对于某些 COSEM IC 的属性，其数据类型可在 COSEM 服务的实施阶段在实例化时选择。服务总是应返回数据类型及每一属性值，以便与逻辑名称一起，确保明确的解释。可能的数据类型的列表在 COSEM IC 规范"属性描述"部分定义。	
[a] 标签在 GB/T 17215.653—2018，第 8 章中定义。			

4.6 数据格式

4.6.1 日期和时间格式

日期和时间信息可以使用数据类型 *octet-string* 表示。

注 1：在这种情况下，编码包括数据类型 *octet-string* 的标签，*octet-string* 的长度，*date*、*time* 和/或 *date-time* 的元素（如适用）。

日期和时间信息也可采用数据类型 *date*，*time* 和 *date_time* 表示。

注 2：在这些情况下，编码仅包括的数据类型 *date*、*time* 或 *date-time* 的标签（如适用）以及 *date*，*time* 或 *date_time* 的元素。

注 3：仅当用 *date*、*time* 或 *date_time* 数据类型表示日期、时间或日期时间时，(SIZE( ))规范才适用。

date	OCTET STRING (SIZE(5))【5 个八位元串】
	{
	year highbyte,【年，高位字节】
	year lowbyte,【年，低位字节】
	month,【月】
	day of month,【一月中的某天】
	day of week【一周中的某天】
	}
	其中：
	Year：　数据类型 long-unsigned
	　　范围 0～big
	　　0xFFFF=未规定
	year highbyte 和 year lowbyte 用 2 字节的 long-unsigned 数据表示
	month：　数据类型 unsigned
	　　范围 1～12，0xFD，0xFE，0xFF
	　　1 是 1 月
	　　0xFD=daylight_savings_end【夏令时结束】
	　　0xFE=daylight_savings_begin【夏令时开始】
	　　0xFF=未规定
	dayOfMonth：　数据类型 unsigned
	　　范围 1～3，0xFD，0xFE，0xFF
	　　0xFD=每月最后第两天

<table>
<tr><td></td><td>0xFE=每月最后一天
0xE0 到 0xFC=保留
0xFF=未规定
dayOfWeek：数据类型 unsigned
范围 1～7，0xFF
1 是星期一
0xFF=未规定
对于重复日期，未使用的部分应设置为“not specified”。
对于不使用公历的国家，第 1 个月是日历的起始月份，dayOfMonth 的范围可能不同。</td></tr>
<tr><td colspan="2">dayOfMonth 和 dayOfWeek 元素应该一起解释：
——假如规定了最后一个 dayOfMonth （0xFE），而且 dayOfWeek 为通配符，则规定了月的最后一个日历日；
——假如规定了最后一个 dayOfMonth （0xFE） 而且 dayOfWeek 被明确指定为星期几（例如 7，星期日），则这是本月指定的星期几的最后一次出现，即，最后一个星期天；
——如果没有规定 year（0xFFFF），且 dayOfMonth 和 dayOfWeek 都已明确规定，则这应理解为 dayOfWeek 基于或跟随 dayOfMonth 之后；
——假如规定了 year 和 month，并且 dayOfMonth 和 dayOfWeek 被明确规定，但其值有冲突，则应视为错误。</td></tr>
<tr><td colspan="2">示例：
1） year=0xFFFF，month=0xFF，dayOfMonth=0xFE，dayofWeek=0xFF：每年每月的本月最后一天；
2） year=0xFFFF，month=0xFF，dayOfMonth=0xFE，dayofWeek=0x07：每年每月的最后一个星期日；
3） year=0xFFFF，month=0x03，dayOfMonth=0xFE，dayofWeek=0x07：每年 3 月的最后一个星期日；
4） year=0xFFFF，month=0x03，dayOfMonth=0x01，dayofWeek=0x07：每年 3 月的第一个星期日；
5） year=0xFFFF，month=0x03，dayOfMonth=0x16，dayofWeek=0x05：每年 3 月的第四个星期五；
6） year=0xFFFF，month=0x0A，dayOfMonth=0x16，dayofWeek=0x07：每年 10 月的第四个星期日；
7） year=0x07DE，month=0x08，dayOfMonth=0x0D，（2014.08.13，星期三） dayofWeek=0x02（星期二）：错误，因为 dayOfMonth 和 dayOfWeek 在给定的年和月不匹配。</td></tr>
<tr><td>time</td><td>OCTET STRING （SIZE（4））【4 个八位元串】
{
Hour，【时】
Minute，【分】
Second，【秒】
hundredths【百分之一秒】
}
其中：
Hour：　数据类型 unsigned
范围 0～23，0xFF，
Minute：　数据类型 unsigned
范围 0～59，0xFF，
Second：　数据类型 unsigned
范围 0～59，0xFF，
Hundredths：数据类型 unsigned
范围 0～99，0xFF
对于小时、分、秒、百分之一秒：0xFF=未规定。
对于重复时间，未使用的部分应设置为“not specified”。</td></tr>
</table>

<table>
<tr><td>date-time</td><td>OCTET STRING (SIZE(12))【12 个八位元串】
{
year highbyte,【年,高位字节】
year lowbyte,【年,低位字节】
month,【月】
day of month,【月中的日】
day of week,【周中的日】
hour,【时】
minute,【分】
second,【秒】
hundredths of second,【百分之一秒】
deviation highbyte,【偏差,高位字节】
deviation lowbyte,【偏差,低位字节】
clock status【时钟状态】
}
日期和时间的元素按照上面定义编码,有些内容按照上面定义可能被置为“not specified”
另外:
Deviation(偏差)数据类型 long
范围:−720～+720 本地时间对 UTC 的分钟数
0x8000=未规定
clock_status 数据类型 Unsigned,各个位的定义如下:
bit 0 (LSB):无效[a] 数值
bit 1:可疑[b] 值
bit 2:时钟基准不同[c]
bit 3:时钟状态无效[d]
bit 4:保留
bit 5:保留
bit 6:保留
bit 7 (MSB):夏令时[e]
0xFF=未规定</td></tr>
<tr><td colspan="2">[a] 发生事件后时间不能恢复,详细条件是制造商特定(例如:在时钟的电源被中断后)。对于一个有效的状态,当 bit1 被置位了 bit0 就不能被置位。
[b] 发生事件后时间能恢复,但是数值不能被保证,详细条件由制造商具体规定。当 bit0 被置位了 bit1 就不能被置位。
[c] 如果实际的时钟基准与 clock_base 规定的时钟基准源不同,该位将会被设置。
[d] 此位表示至少有一个时钟状态位是无效的,某些位可能是正确的,准确的含义应在制造商的文件中解释。
[e] 标志位置为真:传输的时间包含夏令时偏差(夏令时)。标志位置为假:传输的时间不包含夏令时偏差(正常时间)。</td></tr>
</table>

4.6.2 浮点数字格式

浮点数格式在 ISO/IEC/IEEE 60559:2011 中定义。

单精度浮点格式为:

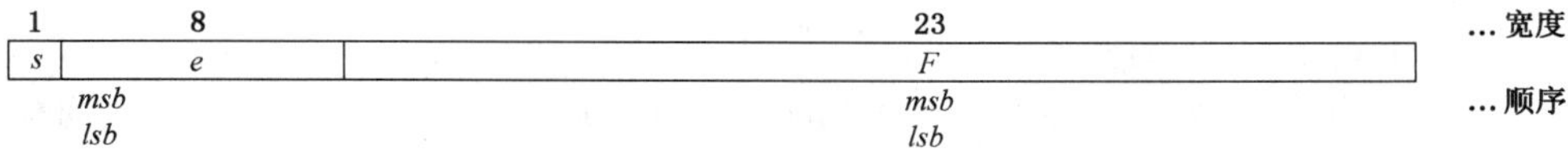

其中：

s ——符号位；

e ——指数，宽度为 8 位，并且指数偏差为+127；

f ——小数，为 23 位。

如此，其值是（假如 $0<e<255$）：

$$v=(-1)^s \times 2^{e-127} \times (1.f)$$

双精度浮点格式为：

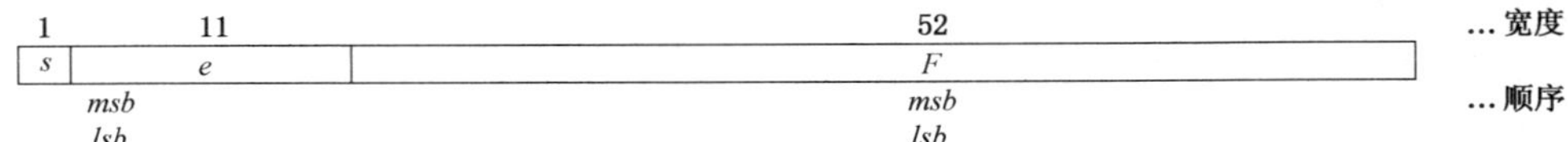

其中：

s——为符号位；

e——为指数，宽度为 11 位，并且指数偏差为+1 023；

f——为分数部分，为 52 位。

如此，其值是（假如 $0<e<2\ 047$）：

$$v=(-1)^s \times 2^{e-1\,023} \times (1.f)$$

更多详细内容，见 ISO/IEC/IEEE 60559:2011。

浮点数应表示成一定长的 octet-string，按以上规定含 4 字节单格式（float32）或 8 字节双格式（float32）浮点数，高字节在前。

示例 1：以单浮点格式表示的十进制值"1"为：

位 31 信号位 0 0:+ 1:−	位 30～23 指数域：01111111 指数域和指数的十进制值： 127-127=0	位 22～0 有效数 1.0000000C000000000000000 有效数的十进制值：1.0000000

注：有效数为二进制数 1 跟随着小数点和小数的二进制位。

其编码，包括数据类型的标签（所有值都是十六进制）：17 3F 80 00 00

示例 2：以双浮点格式表示的十进制值"1"为：

位 63 信号位 0 0:+ 1:−	位 62～52 指数域：01111111111 指数域和指数的十进制值： 1023-1023=0	位 51～0 有效数 1.0000000C000000000000000000000000000000000000000000 有效数的十进制值：1.0000000000000000

其编码，包括数据类型的标签（所有值都是十六进制）：18 3F F0 00 00 00 00 00 00

示例 3：以单浮点格式表示的十进制值"62056"为：

位 31 信号位 0 0:+ 1:−	位 30～23 指数域：10001110 指数域和指数的十进制值： 142-127=15	位 22～0 有效数 1.11100100110100000000000 有效数的十进制值：1.8937988

其编码，包括数据类型的标签（所有值都是十六进制）：17 47 72 68 00。

示例 4：以双浮点格式表示的十进制值"62056"为：

位 63 信号位 0 0:+ 1:−	位 62～52 指数域：10000001110 指数域和指数的十进制值： 1038-1023=15	位 51～0 有效数 1.1110010011010000000000000000000000000000000000000000 有效位数的十进制值：1.8937988281250000

其编码,包括数据类型的标签(所有值都是十六进制):18 40 EE 4D 00 00 00 00 00。

4.7 COSEM 服务器模型

COSEM 服务器被构建为 3 层体系结构如图 3 所示。

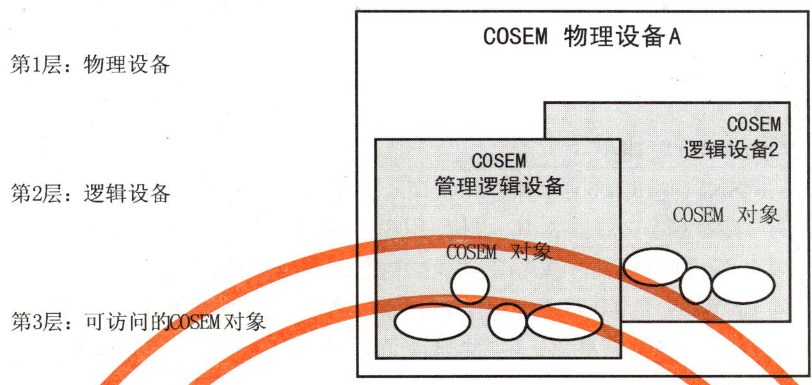

图 3 COSEM 服务器模型

图 4 示例说明如何用 COSEM 服务器模型构建一台组合式计量设备。

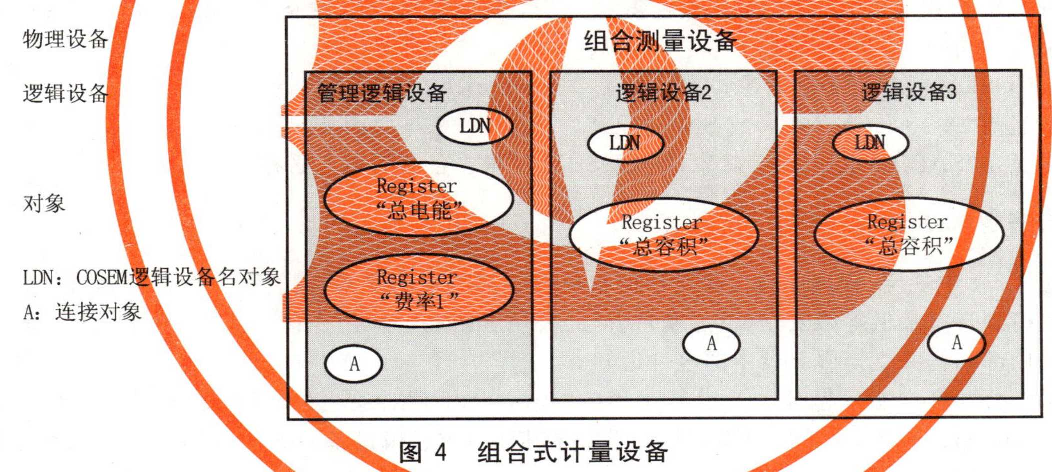

图 4 组合式计量设备

4.8 COSEM 逻辑设备

4.8.1 概述

COSEM 逻辑设备包含一组 COSEM 对象,每个物理设备均应包含一个"Management logical device"。

对 COSEM 逻辑设备的寻址应由所使用的协议栈的较低层的寻址方案来提供。

4.8.2 COSEM 逻辑设备名(LDN)

COSEM 逻辑设备可由其唯一的 COSEM LDN 标识,该名可从"SAP assignment"(见 5.3.5)IC 实例或者从 COSEM 对象"COSEM logical device name"(见 6.2.32)中检索到。

LDN 被定义为多达 16 个 octet-string,前三个字节应含有制造商标识符[1]。制造商应确保 LDN(从标识制造商的 3 个字节开始,后跟最多 13 个字节)的唯一性。

---

1) 由 DLMS 用户协会管理,与 FLAG 协会合作

4.8.3 逻辑设备"连接视图"

为了访问服务器中的COSEM对象，首先应与客户端建立一个应用连接(AA)，AAs标识通信伙伴并描述通信环境(连接的应用程序会在该环境中进行通信)。该环境主要包括：

——应用程序环境；

——认证机制；

——xDLMS环境。

AAs由特定COSEM对象建模：

——"Association SN"(见5.3.3)的IC实例，用于短名引用；

——"Association LN"(见5.3.4)的IC实例，用于逻辑名引用。

根据客户端与服务器之间建立的AA，服务器可授予不同的访问权限。访问权限涉及到一组能在给定的AA内被访问到(可见)的COSEM对象(可视对象)。此外，也可在AA内限定对这些COSEM对象的属性与方法的访问(例如，某些客户类型只能读而不能写一个COSEM对象的特定属性)。访问权限也可规定所需的密码保护。

可视COSEM对象的列表("association view")可由客户端通过读取相应的连接对象的 *object_list* 属性获得。

4.8.4 COSEM逻辑设备的强制内容

下列对象应出现在每个COSEM逻辑设备中，在带有该逻辑设备的所有AAs中，他们应可用GET/Read来访问：

——COSEM逻辑设备名对象；

——当前"Association"(LN或SN)对象。

如果存在"SAP Assignment"对象，则COSEM逻辑设备名对象不必存在。

4.8.5 管理逻辑设备

按照4.8.1中规定，管理逻辑设备对任何物理设备都是强制要素，它有一个保留的地址。管理逻辑设备应支持到具有最低等级安全(不加密)认证的公用客户端的应用连接(AA)。其作用是支持展现物理设备的内部结构并支持服务器中的事件通知。

除了与公共客户端一起对AA进行建模的"Association"对象之外，管理逻辑设备还应包含一个"SAP assignment"对象，来给出自身和物理设备中其他所有逻辑设备的SAP。SAP分配对象至少应对客户端是可读的。

若物理设备中只有一个逻辑设备，则"SAP assignment"可以省略。

4.9 信息安全

DLMS/COSEM为数据访问和传输提供了下列几种信息安全功能：

——数据访问安全控制对DLMS/COSEM服务器持有的数据的访问；

——数据传输安全允许发送方对发送的xDLMS APDU施加密码保护。这需要加过密的ADPUs。接收方可去除或检查该保护；

——COSEM数据安全不但允许保护COSEM属性值，也允许保护方法的调用和返回参数。

对于这些安全机制的描述，见GB/T 17215.653—2018第5章。

信息安全在DLMS/COSEM应用层级别和COSEM对象级别提供，并且通过下列COSEM对象获得支持/管理：

——"Association SN"，见5.3.3；

——"Association LN"，见5.3.4；和

——"Security setup",见 5.3.7;

——"Data protection",见 5.3.9。

5 COSEM 接口类

5.1 概述

目前所定义的接口类(ICs)及其相互关系如图 5 和图 6 所示。

注 1:IC "base"本身没有明确规定,它只包含了一个 *logical_name* 属性。

注 2:在"Demand register","Clock","Profile generic"等接口类(IC)的说明中,它们的接口类(IC)第二属性与"Data"接口类(IC)的第二属性(即与 *value* 对应的 *current_average_value*、*time* 和 *buffer*)标志不同。这是为了强调 *value* 的特定性质。

注 3:在这些图中,按 class_id 增加的方式在每个组中显示接口类,在规定各组接口类的章节中,新接口类放在相关章节的最后。

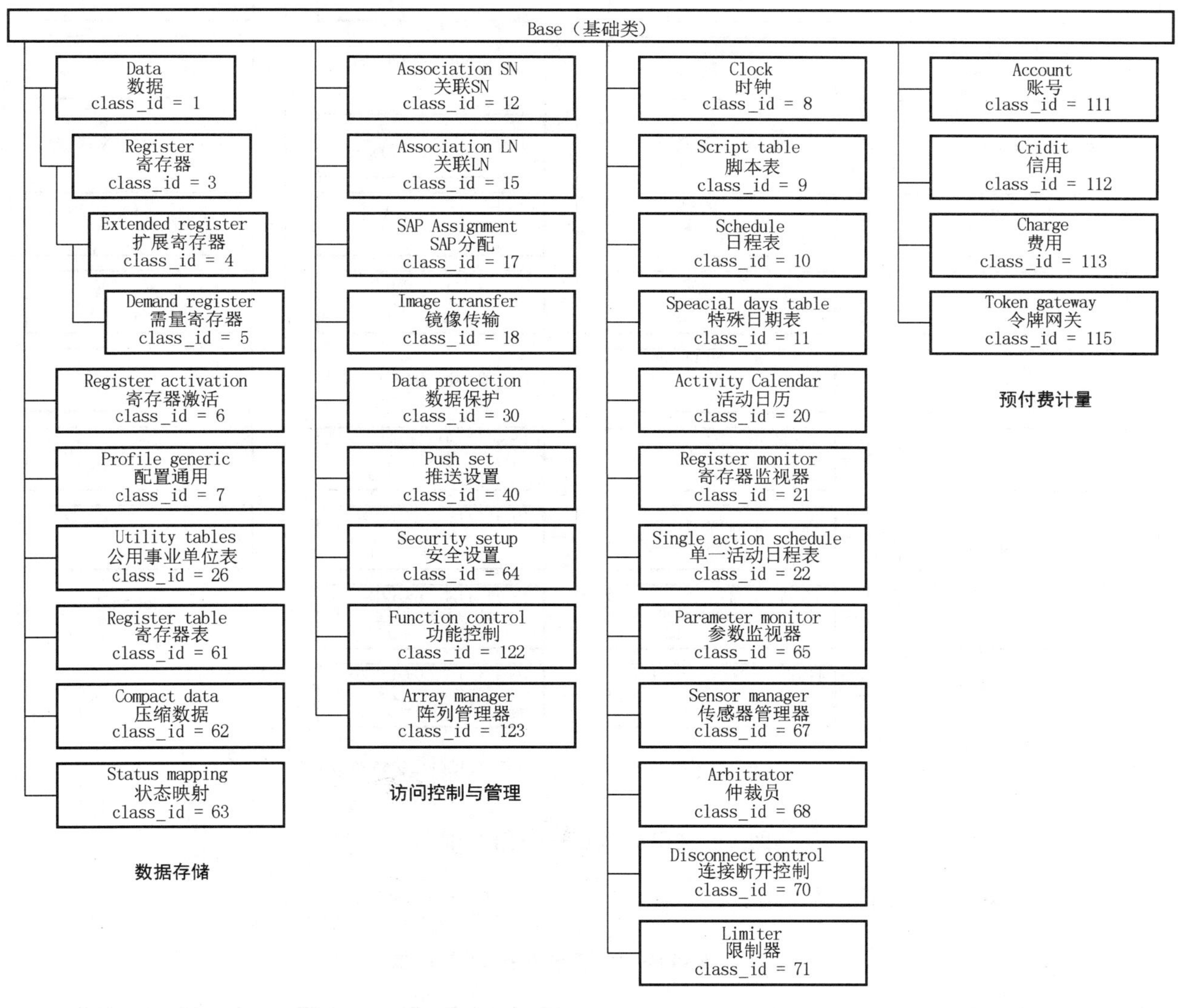

图 5 接口类概览——第 1 部分

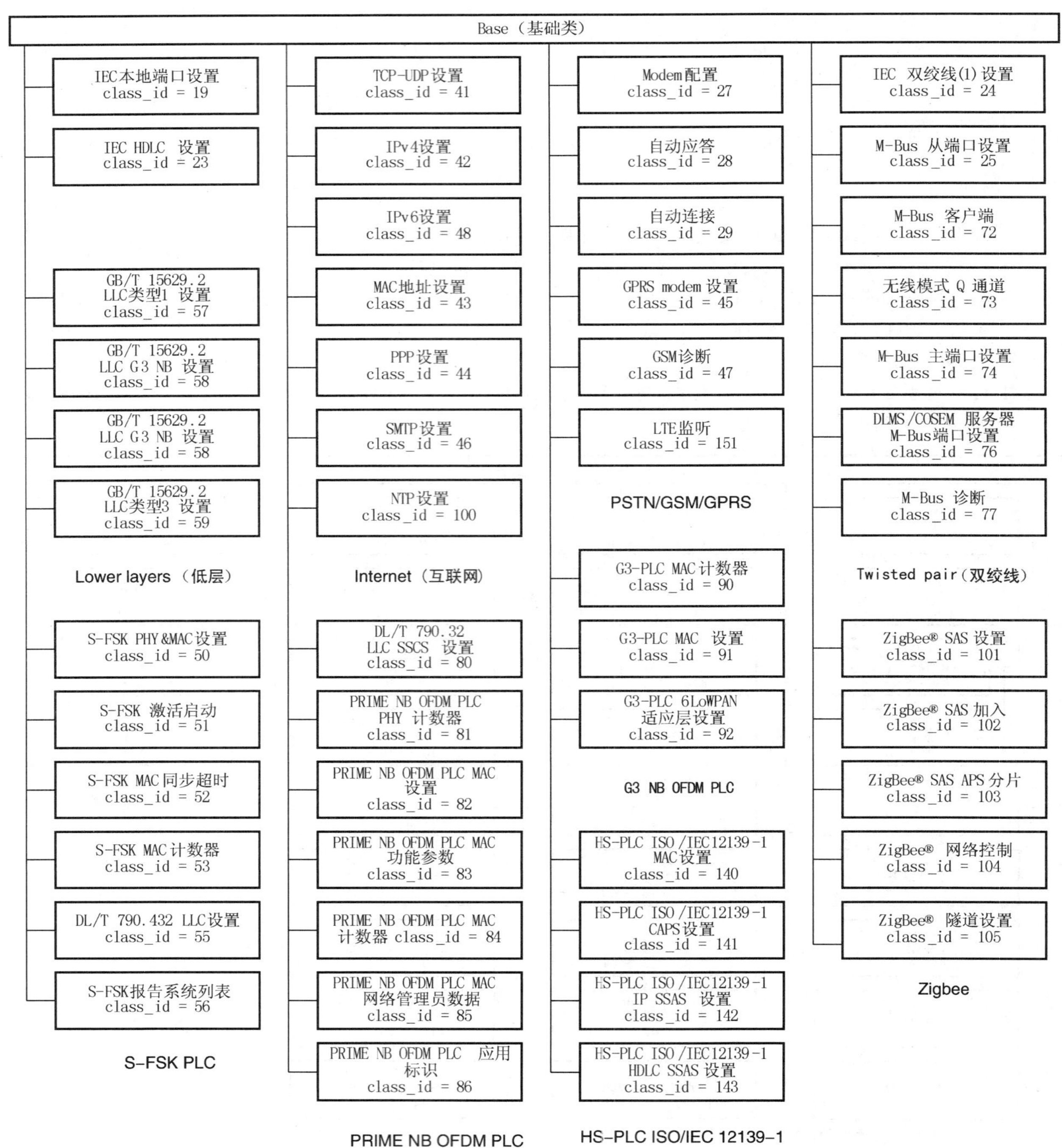

图 6 接口类概览——第 2 部分

表 3 按 class_id 列出了的接口类。

表 3 按 class_id 排序的接口类列表

接口类名	class_id	版本	章节
Data(数据)	1	0	5.2.1
Register(寄存器)	3	0	5.2.2

表 3（续）

接口类名	class_id	版本	章节
Extended register(扩展寄存器)	4	0	5.2.3
Demand register (需量寄存器)	5	0	5.2.4
Register activation(寄存器激活)	6	0	5.2.5
Profile generic(通用集)	7	1 0	5.2.6 7.2
Clock(时钟)	8	0	5.4.1
Script table(脚本表)	9	0	
Schedule(时间表)	10	0	5.4.3
Special days table(特殊日期表)	11	0	5.4.4
Association SN(连接 SN)	12	4 3 2 1 0	5.3.3 7.6 7.5 7.4 7.3
Association LN (链接 LN)	15	3 2 1 0	5.3.4 7.9 7.8 7.7
SAP Assignment(SAP 分配)	17	0	5.3.5
Image transfer(映像转移)	18	0	5.3.6
IEC local port setup(IEC 本地端口设置)	19	1 0	5.6.1 7.11
Activity calendar(活动日历)	20	0	5.4.5
Register monitor(寄存器监视器)	21	0	5.4.6
Single action schedule(单操作时间表)	22	0	5.4.7
IEC HDLC setup(IEC HDLC 设置)	23	1 0	5.6.2 7.13
IEC twisted pair (1) setup(IEC 双绞线(1)设置)	24	1 0	5.6.3 7.13
M-BUS slave port setup(M-Bus 从属端口设置)	25	0	5.7.2
Utility tables(公用事业表)	26	0	5.2.7
Modem configuration(调制解调器配置) PSTN modem configuration(PSTN 调制解调器配置)	27	1 0	5.6.4 7.14
Auto answer(自动应答)	28	2 1 0	5.6.5 — 7.15

表 3（续）

接口类名	class_id	版本	章节
Auto connect(自动连接) PSTN Auto dial (PSTN 自动拨号)	29	2 1 0	5.6.6 7.17 7.16
Data protection(数据保护)	30	0	5.3.9.2
Push setup (推送设置)	40	0	5.3.8.2
TCP-UDP setup(TCP-UDP 设置)	41	0	5.8.1
IPv4 setup(IPv4 设置)	42	0	5.8.2
MAC address setup (Ethernet setup)(MAC 地址设置(Ethernet 设置))	43	0	5.8.4, 5.11.10
PPP setup(PPP 设置)	44	0	5.8.5
GPRS modem setup(GPRS 调制解调器 设置)	45	0	5.6.7
SMTP setup (SMTP 设置)	46	0	5.8.6
GSM diagnostic (GSM 诊断)	47	1 0	5.6.8 7.18
IPv6 setup (IPv6 设置)	48	0	5.8.3
S-FSK Phy&MAC setup(S-FSK Phy&MAC 设置)	50	1 0	5.9.3 7.18
S-FSK Active initiator(S-FSK 激活启动)	51	0	5.9.4
S-FSK MAC synchronization timeouts(S-FSK MAC 同步超时)	52	0	5.9.5
S-FSK MAC 计数器(S-FSK MAC counters)	53	0	5.9.6
IEC 61334-4-32 LLC setup(IEC 61334-4-32 LLC 设置) S-FSK IEC 61334-4-32 LLC setup S-FSK(IEC 61334-4-32 LLC 设置)	55	1 0	5.9.7 7.19
S-FSK Reporting system list(S-FSK 报告系统表)	56	0	5.9.8
ISO/IEC 8802-2 LLC Type 1 setup(ISO/IEC 8802-2 LLC 类型 1 设置)	57	0	5.10.2
ISO/IEC 8802-2 LLC Type 2 setup(ISO/IEC 8802-2 LLC 类型 2 设置)	58	0	5.10.3
ISO/IEC 8802-2 LLC Type 3 setup(ISO/IEC 8802-2 LLC 类型 3 设置)	59	0	5.10.4
Register table(寄存器表)	61	0	5.2.8
Compact data(数据压缩)	62	1 0	5.2.10.1 7.21
Status mapping(状态映射)	63	0	5.2.9
Security setup(安全设置)	64	1 0	5.3.7 7.10
Parameter monitor(参数监测)	65	0	5.4.10
Sensor manager(传感器管理)	67	0	5.4.11.2

表 3(续)

接口类名	class_id	版本	章节
Arbitrator(仲裁员)	68	0	5.4.12.2
Disconnect control (断开连接控制)	70	0	5.4.8
Limiter(限定器)	71	0	5.4.9
M-Bus client(M-Bus 客户端)	72	1 0	5.7.3 7.22
Wireless Mode Q channel(无线模式 Q 通道)	73	0	5.7.4
M-Bus master port setup(M-Bus 主端口设置)	74	0	5.7.5
DLMS/COSEM server M-Bus port setup(DLMS/COSEM 服务器 M-Bus 端口设置)	76	0	5.7.6
M-Bus diagnostic (M-Bus 诊断)	77	0	5.7.7
DL/T 790.432 LLC SSCS setup (DL/T 790.432 LLC SSCS 设置)	80	0	5.11.3
PRIME NB OFDM PLC Physical layer counters(PRIME NB OFDM PLC 物理层计数器)	81	0	5.11.5
PRIME NB OFDM PLC MAC setup(PRIME NB OFDM PLC MAC 设置)	82	0	5.11.6
PRIME NB OFDM PLC MAC functional parameters(PRIME NB OFDM PLC MAC 功能参数)	83	0	5.11.7
PRIME NB OFDM PLC MAC counters(PRIME NB OFDM PLC MAC 计数器)	84	0	5.11.8
PRIME NB OFDM PLC MAC network administration data(PRIME NB OFDM PLC MAC 网络管理数据)	85	0	5.11.9
PRIME NB OFDM PLC Application identification(PRIME NB OFDM PLC 应用程序标识)	86	0	5.11.11
G3-PLC MAC layer counters(G3-PLC MAC 层计数器) G3 NB OFDM PLC MAC layer counters(G3 NB OFDM PLC MAC 层计数器)	90	1 0	5.12.3 7.21
G3-PLC MAC setup(G3-PLC MAC 设置) G3 NB OFDM PLC MAC setup (G3 NB OFDM PLC MAC 设置)	91	1 0	5.12.4 7.22
G3-PLC 6LoWPAN adaptation layer setup(G3-PLC 6LoWPAN 适配层设置) G3 NB OFDM PLC 6LoWPAN adaptation layer setup(G3 NB OFDM PLC 6LoWPAN 适配层设置)	92	1 0	5.12.5 7.23
NTP Setup(NTP 设置)	100	0	5.8.7
ZigBee® SAS startup (ZigBee® SAS 启动)	101	0	5.14.2
ZigBee® SAS join(ZigBee® SAS 连接)	102	0	5.14.3
ZigBee® SAS APS fragmentation(ZigBee® SAS APS 分段)	103	0	5.14.4
ZigBee® network control(ZigBee®网络控制)	104	0	5.14.5
ZigBee® tunnel setup(ZigBee®通道设置)	105	0	5.14.6
Account(账户)	111	0	5.5.2
Credit(信用)	112	0	5.5.3.4

表 3（续）

接口类名	class_id	版本	章节
Charge（收费）	113	0	5.5.4
Token gateway(令牌网关)	115	0	5.5.5
Function control(功能控制)	122	0	5.3.10
Array manager(数组管理器)	123	0	5.3.11
HS-PLC ISO/IEC 12139-1 MAC setup(HS-PLC ISO/IEC 12139-1 MAC 设置)	140	0	5.13.2
HS-PLC ISO/IEC 12139-1 CPAS setup(HS-PLC ISO/IEC 12139-1 CPAS 设置)	141	0	5.13.3
HS-PLC ISO/IEC 12139-1 IP SSAS setup(HS-PLC ISO/IEC 12139-1 IP SSAS 设置)	142	0	5.13.4
HS-PLC ISO/IEC 12139-1 HDLC SSAS setup(HS-PLC ISO/IEC 12139-1 HDLC SSAS 设置)	143	0	5.13.5
LTE monitoring(LTE 监控)	151	0	5.6.9

5.2 参数和测量数据接口类

5.2.1 数据(class_id=1,版本=0)

该接口类 IC 允许对各种数据(如配置数据和参数)进行建模。数据由 *logical_name* 属性来标识。

数据	0…n	class_id=1,版本=0			
属性	***数据类型***	**最小值**	**最大值**	**默认值**	**短名**
1. logical_name(static)	octet-string				x
2. value	CHOICE				x+0x08
特定方法	***m/o（必选/可选）***				

属性说明	
Logical_name	标识“数据”对象实例。见第 6 章和 GB/T 17215.661—2018
value	包含该数据 CHOICE { ——简单的数据类型 null-data [0], boolean [3], bit-string [4], double-long [5], double-long-unsigned [6], octet-string [9], visible-string [10], utf8-string [12], bcd [13], integer [15], 数据类型取决于由“*logical_name*”定义的实例(可能来自于制造商)。应选择数据类型,以便有可能 *logical_name* 与一起无歧义地解析。除第 6 章中限制的选择外,在 4.5 中所列的任何简单和复杂的数据类型都可以使用。

long [16],
unsigned [17],
long-unsigned [18],
long64 [20],
long64-unsigned [21],
enum [22],
float32 [23],
float64 [24],
date-time [25],
date [26],
time [27],
——复合的数据类型
array [1],
structure [2],
compact-array [19]
}

5.2.2 寄存器(class_id=3,版本=0)

该 IC 允许用与之关联的缩放器和单位对一个过程或状态值进行建模,"Register"对象理解该过程值的性质或状态值,它由 *logical_name* 属性来标识。

寄存器	0…n	class_id=3,版本=0			
属性	***数据类型***	***最小值***	***最大值***	***默认值***	短名
1. logical_name(static)	octet-string				x
2. value	CHOICE				x+0x08
3. scaler_unit(static)	scal_unit_type				x+0x10
特定方法	***m/o***				
1. reset(data)	o				x+0x28

属性说明

Logical_name 标识"Register"对象实例。见第 6 章和 GB/T 17215.661—2018

value 包含当前过程或状态值。

CHOICE
{
——简单的数据类型
null-data [0],
bit-string [4],
double-long [5],
double-long-unsigned [6],
octet-string [9],
visible-string [10],
utf8-string [12],

该值的数据类型取决于由"logical_name"定义的实例,可能由制造商选择。应选择该数据类型,以便有可能与 logical_name 一起无歧义地解释该值。

当使用"Register 寄存器"对象,而不是"Data"对象时,(不使用 scaler_unit 属性或者 scler=0,unit=255),则"Data"IC 的 value 属性所允许的数据类型被允许

	integer [15], long [16], unsigned [17], long-unsigned [18], long64 [20], long64-unsigned [21], enum [22], float32 [23], float64 [24], }

scaler_unit	提供与值的单位和缩放器有关的信息。
	scal_unit_type∷=structure
	{
	scaler,
	unit
	}
	scaler：integer
	这是一个乘数因子的指数(以 10 为底)
	注意：若该值不是数值，则 scaler 应置为 0。
	unit：enum
	实例类型定义物理单位；详见表 4。

方法说明	
reset(data)	强制复位该对象。通过调用这个方法，将该值置为默认值，该默认值是一个实例的特定常数。 data∷=integer (0)

表 4　物理单元枚举值

unit∷=enum	单位	量	单位名称	SI 定义 (注释)
(1)	a	时间	年	
(2)	mo	时间	月	
(3)	wk	时间	周	7×24×60×60 s
(4)	d	时间	日	24×60×60 s
(5)	h	时间	小时	60×60 s
(6)	min	时间	分	60 s
(7)	s	时间(t)	秒	s
(8)	(°)	(相位)角	角度	rad×180/π
(9)	℃	温度(T)	摄氏度	K-273.15
(10)	currency	(当地)货币		
(11)	m	长度(l)	米	m

表 4（续）

unit ::=enum	单位	量	单位名称	SI 定义 （注释）
(12)	m/s	速度(v)	米每秒	m/s
(13)	m^3	容积(V) r_V,(容积的)仪表常数或 脉冲值	立方米	m^3
(14)	m^3	修正的体积	立方米	m^3
(15)	m^3/h	流量	立方米每小时	$m^3/(60\times 60s)$
(16)	m^3/h	修正流量	立方米每小时	$m^3/(60\times 60s)$
(17)	m^3/d	流量		$m^3/(24\times 60\times 60s)$
(18)	m^3/d	修正流量		$m^3/(24\times 60\times 60s)$
(19)	l	容积	升	10^{-3} m^3
(20)	kg	质量(m)	千克	kg
(21)	N	力(F)	牛顿	N
(22)	Nm	能量	牛顿米	J=Nm=Ws
(23)	P	压力(p)	帕斯卡	N/m^2
(24)	bar	压力(p)	巴	10^{-5} N/m^2
(25)	J	能量	焦耳	J=Nm=Ws
(26)	J/h	热功率	焦耳每小时	J/(60×60 s)
(27)	W	有功功率(P)	瓦	W=J/s
(28)	VA	视在功率(S)	伏安	
(29)	var	无功功率(Q)	乏	
(30)	Wh	有功电能 r_W,有功电能表常数或脉冲	瓦·时	W×(60×60 s)
(31)	VAh	视在电能 r_s,视在电能表常数或脉冲	伏·安·小时	VA×(60×60 s)
(32)	varh	无功能量 r_B,无功电能表常数或脉冲	乏-时	var×(60×60 s)
(33)	A	电流(I)	安培	A
(34)	C	电荷(Q)	库仑	C=As
(35)	V	电压(U)	伏特	V
(36)	V/m	电场强度(E)	伏特每米	V/m
(37)	F	电容(C)	法拉	C/V=As/V
(38)	Ω	电阻(R)	欧姆	Ω=V/A
(39)	$\Omega m^2/m$	电阻率 (ρ)		Ωm
(40)	Wb	磁通量 (Φ)	韦伯	Wb=Vs
(41)	T	磁通密度(B)	特斯拉	Wb/m^2
(42)	A/m	磁场强度(H)	安培每米	A/m
(43)	H	电感(L)	亨利	H=Wb/A

表 4（续）

unit ∷＝enum	单位	量	单位名称	SI 定义 （注释）
(44)	Hz	频率(f,ω)	赫兹	1/s
(45)	1/(Wh)	R_W,有功电能表常数或脉冲		
(46)	1/(varh)	R_B,无功电能表常数或脉冲		
(47)	1/(VAh)	R_S,视在电能表常数或脉冲		
(48)	V^2/h	二次方伏特每小时,r_{U2h}, 二次方伏特每小时 仪表常数或脉冲值	二次方伏特每小时	$V^2(60\times60\ s)$
(49)	A^2/h	二次方安培每小时 r_{I2h},二次方安培每小时 仪表常数或脉冲值	二次方安培每小时	$A^2(60\times60\ s)$
(50)	kg/s	质量流量	千克每秒	kg/s
(51)	S,mho	电导率	西门子	1/Ω
(52)	K	温度（T）	开尔文	
(53)	$1/(V^2h)$	R_{U2h},二次方伏特每小时 仪表常数或脉冲值		
(54)	$1/(A^2h)$	R_{I2h},二次方安培每小时 仪表常数或脉冲值		
(55)	$1/m^3$	R_V,(容积的)仪表常数或脉冲值		
(56)		百分率	%	
(57)	Ah	安培 小时	安培 小时	
…				
(60)	Wh/m^3	瓦时每立方米	$3.6\times10^3 J/m^3$	
(61)	J/m^3	发热量,沃泊		
(62)	Mol %	气体含量摩尔分数	摩尔百分比	（气体成分基本单位）
(63)	g/m^3	质量密度,材料数量		（气体分析,伴生元素）
(64)	Pa s	动态黏度	帕斯卡秒	（气体流特性）
(65)	J/kg	特殊能源 注:每单位物质质量的能量	焦耳每千克	$m^2\cdot kg\cdot s^{-2}/kg=m^2\cdot s^{-2}$
…..				
(70)	dBm	信号强度,dB 毫瓦 （如 GSM 无线电系统）		
(71)	dbμV	信号强度,dB 微伏		
(72)	dB	表示一个物理量的两个值 的比率的对数单位		
….				
(253)		保留		
(254)	其他	其他单位		
(255)	计数	无单位,无量纲,计数		

表 5 显示一些案例。

表 5 scaler_unit 举例

值	缩放器	单位	数据
263 788	−3	m^3	263.788 m^3
593	3	Wh	593 kWh
3 467	−1	V	346.7
3 467	0	V	3 467 V
3 467	1	V	34 670 V

5.2.3 扩展寄存器(class_id=4,版本=0)

该 IC 允许对具有与之关联的缩放器、单位、状态和捕获时间信息的过程值进行建模。"Extended register"对象懂得此过程值的特性。它由 *logical_name* 属性来描述。

扩展寄存器	0…n	class_id=4,版本=0			
属性	***数据类型***	***最小值***	***最大值***	***默认值***	***短名***
1. logical_name(static)	octet-string				x
2. value	CHOICE				x+0x08
3. scaler_unit(static)	scal_unit_type				x+0x10
4. status (dyn.)	CHOICE				x+0x18
5. capture_time (dyn.)	octet-string				x+0x20
特定方法	***m/o***				
1. reset(data)	o				x+0x38

属性说明	
Logical_name	标识"Extended register"对象实例。见 6.3.1
value	见 5.2.2 中"Register"接口类的定义
scaler_unit	见 5.2.2 中"Register"接口类的定义
status	提供"Extended register"特定状态的信息,应为每个对象实例提供状态元素的含义。 CHOICE { ——简单数据类型 null-data [0], bit-string [4], double-long-unsigned [6], octet-string [9], visible-string [10], utf8-string [12], unsigned [17], 数据类型及编码取决于实例,并可能由制造商选定。为了能够准确解析,可能需要制造商提供额外信息。

	long-unsigned [18], long64-unsigned [21] } ***Def***。取决于状态类型定义。
capture_time	提供“Extended register”的具体日期和时间信息，以指示属性 *value* 捕获的时间。 octet-string 格式见 4.6.1 中的 *date-time*。
方法描述	
reset(data)	此方法强制对象复位。通过调用此方法，将 *value* 属性设为默认值。默认值是一个实例的特定常数。 *capture_time* 属性被置为复位执行的时间。 data ∷=integer(0)

5.2.4 需量寄存器(class_id=5，版本=0)

需量寄存器接口类允许使用其连接的计数器，单元，状态和时间信息来建模需量值。“Demand register”对象测量并定期计算 *current_average_value*，并存储 *last_average_value*。通过指定 *number_of_periods* 和 *period* 来定义计算需量的时间间隔 *T*。见图 7。

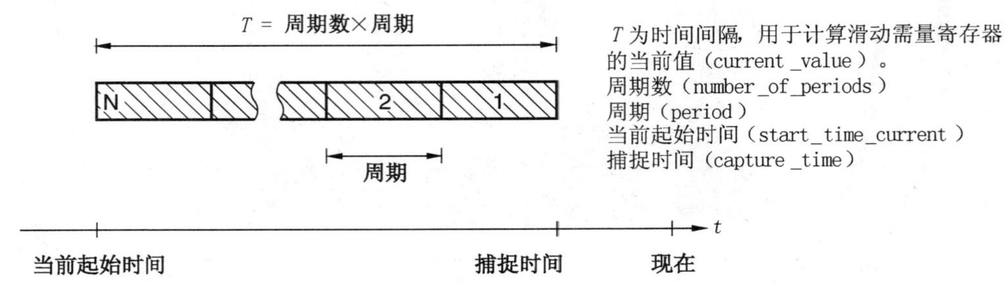

图 7 测量滑差式需量时间属性

需量寄存器有两种需量类型：*current_average_value* 和 *last_average_value*(见图 8 和图 9)。“Demand register”对象知道过程值的性质，此过程值由属性 *logical_name* 说明。

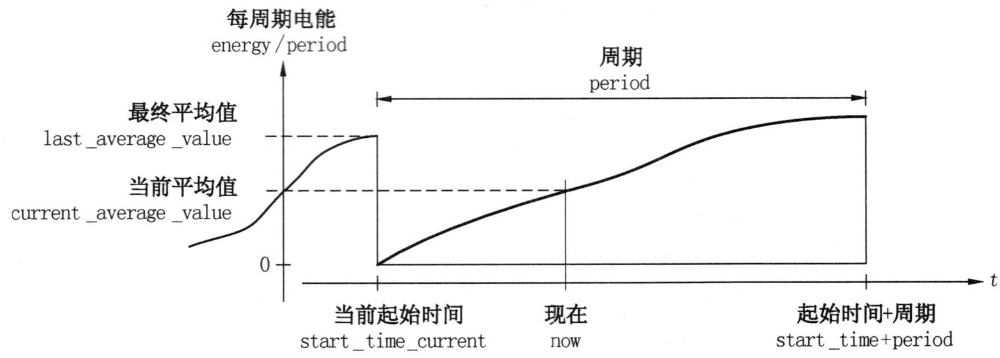

图 8 块状需量状态下的属性

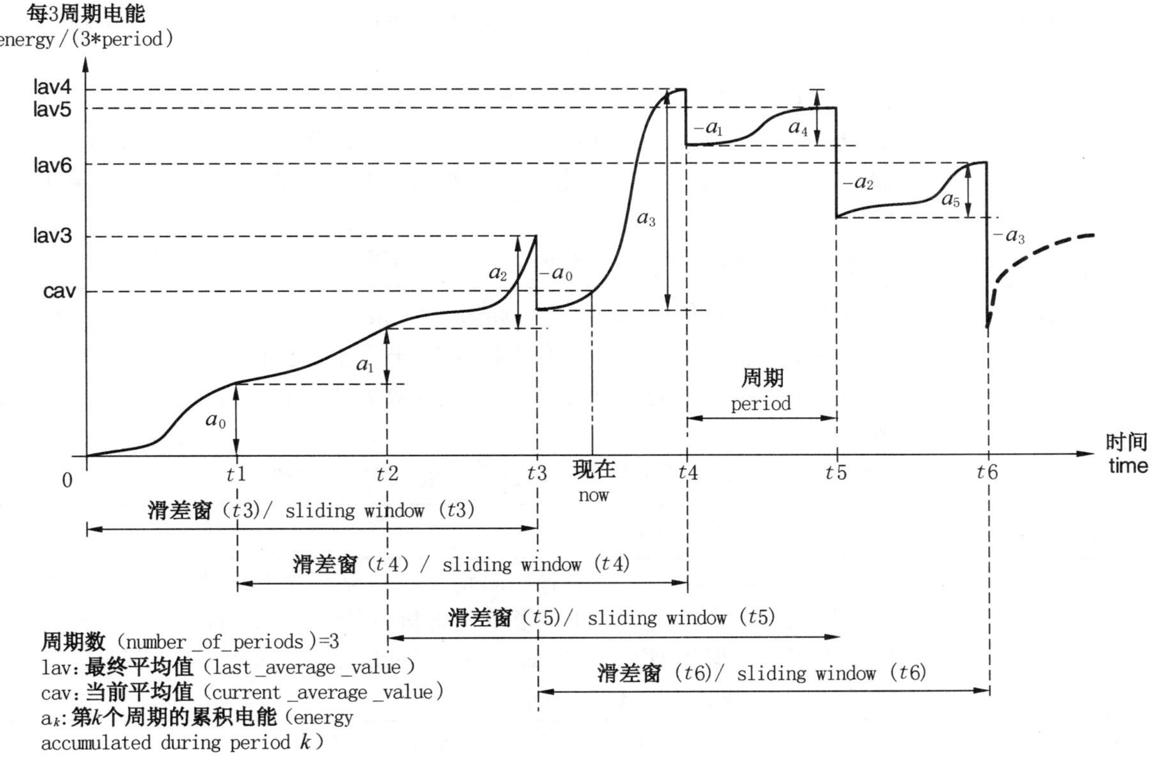

图9　滑差式需量情况下的属性（周期数=3）

需量寄存器	0…n	class_id=5，版本=0			
属性	**数据类型**	**最小值**	**最大值**	**默认值**	**短名**
1. logical_name(static)	octet-string				x
2. current_average_value(dyn.)	CHOICE			0	x+0x08
3. last_average_value(dyn.)	CHOICE			0	x+0x10
4. scaler_unit(static)	scal_unit_type				x+0x18
5. status(dyn.)	CHOICE				x+0x20
6. capture_time(dyn.)	octet-string				x+0x28
7. start_time_current(dyn.)	octet-string				x+0x30
8. period(static)	double-long-unsigned	1			x+0x38
9. number_of_periods(static)	Long-unsigned	1		1	x+0x40
特定方法	***m/o***				
1. reset(data)	o				x+0x48
2. next_period(data)	o				x+0x50

属性说明	
Logical_name	标识“Demand register”对象实例。见6.3.1和GB/T 17215.661—2018

current_average_value	提供当前值(运行需量),从 *start_time* 时间开始的累计值除以 *number_of_period*×*speriod* 的电能值。 值的数据类型依 *logical_name* 所定义的具体实例而定,也可由制造商选定。数据类型的选择应使其与 *logical_name* 一起能够准确解析值的含义。 假如其他能量型的量也在同时测量,则其他的方法也可采用(例如计算电压或电流的平均值)。 CHOICE 数据类型见 5.2.2“Register”接口类,值属性。
last_average_value	提供累计的能量值(在最后的 *number_of_periods*×*period*)除以 *number_of_periods* ×*period*。计算中不考虑当前(未终止)期间的电能。 如果测量的不是电能,还可以采用其他计算方法(例如计算电压或电流的平均值)。 CHOICE 数据类型见 5.2.2“Register”接口类,值属性。
scaler_unit	见 5.2.2“Register”接口类的定义
status	提供“Demand register”的具体状态信息。数据类型和编码依具体实例而定,也可能由制造商选定。为了能够准确解析,可能需要制造商提供额外信息。 CHOICE 数据类型见 5.2.3“Extended register”类的状态属性部分。 默认值 *Def*.依状态类型定义而定。
capture_time	提供 *last_average_value* 计算完成时的日期和时间。 octet-string,格式见 4.6.1 中的 *date_time* 组。
start_time_current	提供测量 *current_average_value*(当前平均值)启动的日期和时间。 octet-string,格式见 4.6.1 中的 *date_time* 组。
period	连续 2 次更新 *last_average_value* 之间的间隔时间。*number_of_periods*×*period* 是需量计算的分母)。 数据类型为 double-long-unsigned,测量周期以秒为单位。 该属性重新写入新数值后的仪表行为特征应由制造商规定。
number_of_periods	用于计算 *last_average_value* 的周期数。 *number_of_periods*>=1 ——*number_of_periods*>1 指示 *last_average_value* 表示“sliding demand”; ——*number_of_periods*=1 指示 *last_average_value* 表示“block demand”。 该属性重新写入新数值后的仪表运行情况应由制造商规定。
方法说明	
reset(data)	该方法强制对象复位,激活该方法可引起下列操作: ——终止当前周期; ——*current_average_value* 和 *last_average_value* 置为默认值; ——*capture_time* 和 *start_time_current* 置为 *reset* (*data*)执行时间。 data ::=integer(0)
next_period(data)	该方法用触发定期终止(和重启)一个周期。关闭(终止)当前的测量周期。更新 *capture_time* 和 *start_time* 和将 *current_average_value* 的值复制给 *last_average_value*,将 *current_average_value* 设为默认值;启动下一个测量周期。

注:旧的 *last_average_value*(和 *capture_time*)可以在时间“period”内读出。但是旧的 *current_average_value* 在复制给 *last_average_value* 时不再可用。

data ∷=integer(0)

5.2.5 寄存器激活(class_id=6,版本=0)

寄存器激活接口类允许在建模中处理不同的费率结构。对于每个“Register activation”对象,若干组“Register”、“Extended register”或“Demand register”对象处理不同类型的量值(例如:有功电能、有功需量、无功电能等等)。掩码清单中的寄存器激活掩码所确定的上述寄存器的各子组定义了不同的费率结构(例如:白天费率、夜间费率,…)。作为掩码清单中寄存器 *active_mask* 之一的激活掩码则定义了指定给“Register activation”对象实例的寄存器中的哪个子集处于活动状态。“Register activation”对象的 *register_assignment* 属性中任何未定义的“Register activation”总是被默认为使能状态。

寄存器激活	0…n	class_id=6,版本=0			
属性	**数据类型**	**最小值**	**最大值**	**默认值**	**短名**
1. logical_name(static)	octet-string				x
2. register_assignment (static)	array				x+0x08
3. mask_list(static)	array				x+0x10
4. active_mask(dyn.)	scal_unit_type				x+0x18
特定方法	**必选/可选(m/o)**				
1. add_register(data)	o				x+0x30
2. add_mask(data)	o				x+0x38
3. delete_mask(data)	o				x+0x40

属性说明	
Logical_name	标识”Register activation”对象实例。见 6.2.11。

register_assignment	规定分配给本“Register activation”对象的 COSEM 对象的有序列表,此列表可同时包含各种不同的 COSEM 对象(如:“Register”,“Extended register”和“Demand register”等实例)。
	array object_definition
	object_definition∷=structure
	{
	class_id: long-unsigned,
	logical_name: octet-string
	}

mask_list	规定一个寄存器激活掩码的列表。每个条目(掩码)都由其 mask_name 标识,并包含一个指向掩码分配寄存器的索引数组(在 register_assignment 表中的第一个对象索引号为 1,第二个对象的索引号为 2,…)。 array register_act_mask register_act_mask∷=structure {

	mask_name:octet-string, index_list: index_array } 定义在对象内的 mask_name 应是唯一的。 index_array∷=array unsigned
active_mask	定义当前的活动掩码,此掩码由其 mask_name(见 mask_list)定义。 *active_mask* 定义当前使能的寄存器,而在 *register_assignment* 表中的所有其他的寄存器是非使能的。
方法说明	

add_register(data)	本方法用于再增加一个寄存器到 *register_assignment* 表属性。新添加的寄存器放在数组末尾,也就是说,新添加寄存器的索引号最大,原有寄存器的索引号不变
	data∷=structure
	{
	class_id: long-unsigned,
	logical_name: octet-string
	}

add_mask(data)	本方法用于再添加一个掩码给属性 *mask_list*。如果掩码列表中已有一个掩码与之同名,原有的掩码被新的掩码取代。 data ∷=register_act_mask (同上)
delete_mask(data)	本方法用于从 *mask_list* 属性中删除一个掩码。此掩码由其掩码名定义。 data ∷=octet-string (mask_name)

5.2.6 通用集(class_id=7,版本=1)

寄存器接口类提供了一个允许存储,分类,访问数据组或数据集的广义概念,被称为 *capture* 对象。捕获对象可以是适当的属性或 COSEM 对象的属性要素。捕获对象的过程值可以定期采集,也可以随机采集。

集合具有用于存储捕获到的数据的 *buffer*。为了检索该缓冲区的部分数据,要求检索所有落在给定范围内的条目的取值范围或索引范围。

capture 对象列表定义要存储在 *buffer* 的值(使用自动捕获或者方法捕获)。该列表的定义是静态的,以确保同类缓冲区条目的结构是统一的(所有的条目的大小和结构相同)。如果更改捕获对象列表,则清除缓冲区。如果缓冲区被其他"Profile generic"对象捕获,它们的缓冲区也会被清除,以保证缓冲区条目的统一。

可以将 *buffer* 定义为由其中某一个 *capture* 对象来排序,例如,时钟或条目可以采用"后进先出"的堆栈顺序存放。例如,采用记录深度为 1 的一个有序捕获集合,按需量寄存器排序就可以很容易地构造一个"maximum demand register"的 *last_average_value* 属性。定义一个保留某些周期内三个最大值的基本通用集也同样简单。

基本通用集数据大小由下列三个参数来决定:

a) 加载的条目数(*entries_in_use*)。清除基本通用集后,该参数归零;

b) 保持最大条目数(*profile_entries*)。如果缓冲区的所有条目已写满又发生一次捕获( )请求,则最不重要的条目(依据所请求的排序方法)将被丢失。最大的条目数可以被规定,一旦改变

本参数,缓冲区将进行调整;

c) 缓冲区的物理限定。这种限定主要取决于要捕获的对象。该对象将拒绝企图设置超出物理限定的最大条目数。

通用集	0…n	class_id=7,版本=1			
属性	数据类型	最小值	最大值	默认值	短名
1. logical_name(static)	octet-string				x
2. buffer(dyn.)	compact-array 或 array				x+0x08
3. capture_objects(static)	array				x+0x10
4. capture_period (static)	double-long-unsigned				x+0x18
5. sort_method(static)	enum				x+0x20
6. sort_object(static)	object_definition				x+0x28
7. entries_in_use(dyn.)	double-long-unsigned	0		0	x+0x30
8. profile_entries(static)	double-long-unsigned	1		1	x+0x38
特定方法	*m/o*				
1. reset (data)	o				x+0x58
2. capture (data)	o				x+0x60
3. *保留用于早期版本*	o				
4. *保留用于早期版本*	o				

属性说明	
Logical_name	标识"Profile generic"对象实例。见 6.2.19,6.2.21,6.2.38,6.2.41,6.3.44,6.2.55,6.2.58,6.2.59,6.3.2 等。
Buffer(缓冲区)	缓冲区属性包含一组按一定顺序保持的条目,每个条目包含捕获对象的值。

compact-array 或 array entry

```
entry::=structure
{
  CHOICE
        {
        ——简单数据类型
          null-data [0],
          boolean [3],
          bit-string [4],
          double-long [5],
          double-long-unsigned [6],
          octet-string [9],
        visible-string [10],
        utf8-string [12],
        bcd [13],
        integer [15],
        long [16],
```

	unsigned [17], long-unsigned [18], long64 [20], long64-unsigned [21], enum [22], float32 [23], float64 [24], date-time [25], date [26], time [27], ——复合数据类型 array [1], structure [2], compact-array [19] } } 保持条目结构元素的数量和顺序与 *capture_objects* 中定义的一致。缓冲区通过自动捕获或方法(捕获)的后续调用来加载。此数组内的条目顺序取决于规定的 *sort_method*。 默认:复位后 *buffer* 为空。 **注意**:读整个 *buffer* 时,仅传输"in use"的条目。 **注意**:如果捕获对象的值可由先前的值确定,则可以由"null-data"替代。(例如,如果时间可用先前的时间和 *capture_period* 来计算;或者值与前面的值相等。) *selective_ access*(见 4.4)可适用于缓冲区属性(可选)。选择性访问参数在下文中定义。

capture_objects	用于规定分配给基本通用集对象实例的捕获对象列表。
	用调用 *capture*(data)方法或按规定的间隔自动地进行,这些对象的规定属性将被复制到集合的 *buffer* 中。
	array capture_object_definition
	capture_object_definition::=structure
	{
	class_id: long-unsigned,
	logical_name: octet-string,
	attribute_index: integer,
	data_index: long-unsigned
	}
	——其中,attribute_index 是指向确定其 class_id 和 *logical_name* 对象中的属性,attribute_index 1 指向第一个属性(例如 *logical_name*),attribute_index 2 指向第二个属性,依此类推。attribute_index 0 指向所有公共属性;
	——data_index 是选择属性特定元素的指针,data_index 1 指向属性结构的第一个元素。如果属性不是一个结构,则 data_index 没有意义。如果捕获对象是一个集合的缓冲区,则 data_index 用于标识内部的集合缓冲区(即列)的捕获对象。
	Data_index 0:指向整个属性。

capture_period	≥1:自动捕获,规定捕获周期用秒作单位。 0:非自动捕获,由外部条件或异步发生的捕获事件触发。
sort_method	如果集合不需排序,其缓冲区以“先进先出”的队列方式工作(实际上它按捕获时机排序,不需按“Clock”对象内的时间排序)。如果缓 *buffer* 已满,下一次调用 *capture*( )方法时将把缓冲区中的第一个(最先的)条目挤出,为最新的条目腾出空间。 如果集合需要排序,调用 *capture* ( )方法将新的条目存放在 *buffer* 的适当位置,并顺移后面的所有条目,无用的条目可能被丢失。如果新的条目在最后一个条目写入 *buffer* 后需要写入,而且该缓冲区已满,则新的条目将不再保留。 enum:(1) fifo (先进先出), (2) lifo (后进先出), (3) largest, (4) smallest, (5) nearest_to_zero, (6) farest_from_zero ***Def*.**fifo
sort_object	如果集合需要排序,则此属性规定作为排序依据的寄存器或时钟。 capture_object_definition 见上文。 ***Def*.:** 没有作为排序依据的对象(只有先入先出或 lifo 的 sort_method 没有作为排序依据的对象) **注 1:** 如果 sort_method 是 FIFO 或 LIFO,则 capture_object_definition 元素指定排序对象为零。
entries_in_use	保持在缓冲区中的条目数。调用方法 *reset*( )后,缓冲区中不包含任何条目,此时条目数为零。在每次调用方法 *capture*( )后,条目数将会加 1,直到条目数等于最大条目数(见 *profile_entries*)。 double-long-unsigned　　0…profile_entries Def.:　　0
profile_entries	规定要保持在缓冲区中的最大条目数。 double-long-unsigned　1…(上限受物理空间限定) Def.　　1

择性访问参数的缓冲区属性

访问选择器	访问参数	注　释
1	range_descriptor	这情况应只返回与 range_descriptor 对应的缓冲区元素
2	entry_descriptor	这情况应只返回与 entry_descriptor 对应的缓冲区元素

range_descriptor::=structure
{　restricting_ capture_object_definition
　object:
　from_value:

定义 capture_object 条目的限定范围以便检索。只允许简单数据类型。要检索的最先或最小的条目。

```
        CHOICE
        {——简单数据类型
        double-long [5],
        double-long-unsigned [6],
        octet-string [9],
        visible-string [10],
        utf8-string [12],
        integer [15],
        long [16],
        unsigned [17],
        long-unsigned [18],
        long64 [20],
        long64-unsigned [21],
        float32 [23],
        float64 [24],
        date-time [25],
        date [26],
        time [27]
     }
```

to_value: CHOICE {see above}	最新或最小的条目被检索,
selected_ array values: capture_object_definition }	按列检索。假如数组为空(条目空),返回所有的捕获数据。否则,仅数组中定义的列被返回。类型 *capture_object_definition* 定义如上(*capture_objects*)。
entry_descriptor∷=structure	
{	
from_entry: double-long-unsigned	要检索的第一个条目,
to_entry: double-long-unsigned	要检索的最后一个条目。to_entry==0:表明可能达到的最大条目,
from_selected_value: long-unsigned	要检索的第一个值的索引号,
to_selected_value: long-unsigned to_selected_value==0 :	要检索的最后一个值的索引号, 表明可能达到的最大索引号。
}	

注 2:缓冲区的检索使用 from_entry 和 to_entry 标识行,from_selected_value 和 to_selected_value 标识列。

注 3:条目的计数和数值的选择从 1 开始。

方法说明	
reset (data)	清除 *buffer*,调用本方法后缓冲区将没有有效的条目,*entries_in_use* 归零,调用本方法不触发对捕获对象的任何附加操作,特别是它不会复位任何捕获缓冲区或寄存器。

	data∷=integer (0)
capture(data)	读取每个捕获对象值并将捕获对象的值复制到缓冲区。根据 *sort_method* 和缓冲器的实际状态,调用本方法将生成一个新的条目或替代已经没有意义的条目。只要缓冲区的条目不满,*entries_in_use* 属性就会加 1。 与方法 *capture* ( )和 *reset* ( )一样,调用本方法不触发对捕获对象的任何附加操作。 注 4:假如超过一个条目需捕获,需要在 *capture_objects* 表中依次定义。假如 attribute_index=0,则捕获所有的属性。 data ∷=integer(0)

某些属性更改后的对象运行情况

对描述 *buffer* 静态结构的任一 *capture_objects* 的更改都会自动调用一次方法 *reset* ( ),而且这次调用又会传播给所有捕获这条集合的其他集合。

如果企图给 *profile_entries* 写入一个对缓冲区来说太大的值,将被拒绝。

限定

定义 *capture* 对象时,应当避免循环(递归)引用。

集合用于定义优化读出数值的一个子集

将 *profile_entries* 置为 1,则通用集对象可用来定义一组优化读出值(readout-values)的集合。见 6.2.19。将 *capture_period* 置为 1,可确保该值每秒更新一次。

5.2.7 公用事业表 (class_id=26,版本=0)

该接口"公用事业表"类允许囊括 ANSI C12.19 表格数据。每张"table"由一个 IC 范例来表示,由其 *logical name* 标识。

公用事业表	0…n	class_id=26,版本=0			
属性	***数据类型***	***最小值***	***最大值***	***默认值***	***短名***
1. logical_name(static)	octet-string				x
2. table_ID(static)	long-unsigned				x+0x08
3. length	double-long-unsigned				x+0x10
4. buffer	octet-string				x+0x18
特定方法	***m/o***				

属性说明	
Logical_name	标识"Utility tables"对象实例。见 6.2.36。
table_ID	表格编号按 ANSI 标准规定,既可以是标准表格或制造商的表格。
Length(长度)	表缓冲区中的字节数。
Buffer(缓冲区)	表内容。 *Selective access* (见 4.4) 对 *buffer* 属性是可用的(可选择的),选择性访问参数定义如下:
对 buffer 属性的选择性访问参数	

访问选择器	参数	注释
1	offset_access	对表按偏移量和计数进行访问使用 offset_selector 作为参数数据
2	index_access	对表按元素标识和元素数目进行访问使用 index_ selector 作为参数数据

offset_selector∷=structure

{

Offset：double-long-unsigned　　访问区起始位置的偏移量(字节数)，偏移量相对于表的开始，

Count：long-unsigned　　请求或传输的字节数，

}

index_selector∷=structure

{

Index：array long-unsigned　　在表中标识元素索引的序列，

Count：long-unsigned　　请求或转发的元素数量。计数值大于 1 将返回多个元素。当在请求的语境中给出时，计数值为 0，表示从选择点开始的层次结构的整个 sub-tree。

}

5.2.8 寄存器表(class_id=61，版本=0)

"Register table"接口类允许组合多个对象的同质条目和标识属性，他们是同一 IC 的范例，并且在值组 A 到 D 和 F 中，它们的 *logical_name* (OBIS 编码)值相同。数值组 E 的可能值在 GB/T 17215.661—2018 中以表格的形式定义：表头定义 OBIS 码的公共部分，每一表单元定义值组 E 的一个可能值。一个"Register table"对象取得这些对象的部分或所有属性。

注 1：范例如"Extended phase angle measurement"表，见 GB/T 17215.661—2018，表 17；或"UNIPEDE voltage dip quantities"表，见 GB/T 17215.661—2018，表 19。

注 2：如果需要更复杂的功能，可以采用"Profile generic"接口类。

寄存器表	0…n	class_id=61，版本=0			
属性	***数据类型***	***最小值***	***最大值***	***默认值***	**短名**
1. logical_name(static)	octet-string				x
2. table_cell_values (dyn.)	compact-array 或 array				x+0x08
3. table_cell_definition (static)	structure				x+0x10
4. scaler_unit(static)	scaler_unit_type				x+0x18
特定方法	***m/o***				
1. reset (data)	o				x+0x28
2. capture (data)	o				x+0x30

属性说明	
Logical_name	标识"Register table"对象实例。 当 *Logical_name* 格式为 A.B.C.D.255.F 时，值 A 到 D 以及 F 定义对象 *Logical_name* 的公共部分，仅捕获一个关注对象的属性(如 *value* 属性)。 当 *Logical_name* 格式为 A.B.98.10.x.255 时，"Register table"类的几个实例可用作捕获关注对象的不同属性。值组 E 的编号这些实例。见 GB/T 17215.661—2018，6.4.。

table_cell_values

保持属性捕获值,返回个别属性到一个 GET 或 Read.request。

compact array 或 array table_cell_entry

```
table_cell_entry::=CHOICE
{
  ——简单数据类型
  null-data [0],
  bit-string [4],
  double-long [5],
  double-long-unsigned [6],
  octet-string [9],
  visible-string [10],
  utf8-string [12],
  bcd [13],
  integer [15],
  long [16],
  unsigned [17],
  long-unsigned [18],
  long64 [20],
  long64-unsigned [21],
  float32 [23],
  float64 [24],
  ——复合数据类型
  structure [2]
}
```

假如捕获的属性为 attribute_0,冗余值应以“null-data”填充,假如这些值可以被恢复(例如 *scaler_unit*)。

table_cell_definition

规定寄存器表中的捕获属性列表。

```
structure
{
    class_id: long-unsigned,
    logical_name: octet-string,
    group_E_values: array unsigned,
    attribute_index: integer
}
```

其中:

——class_id 定义其属性被捕获的对象的公共类标识符;

——logical_name 包含对象的公共逻辑名,当 E=255 (通配符)时;

——group_E_values 包含基于 GB/T 17215.661—2018 中相应表定义的单元标识符和无符号型式的列表;

——attribute_index 为一指向对象内属性的指针,attribute_index 0 指所有的公用属性。

如果“Register table”对象的 *logical_name* 格式为 A.B.C.D.255.F,并且在

	GB/T 17215.661—2018 的相应表中标识的所有对象的规定属性被捕获，则 attribute 3 可能无法访问。既然如此： ——class_id 应为 1 “Data”，3 “Register” 或 4 “Extended register”； ——被捕获对象的 *logical_name* 由“Register table”对象的 *logical_name* 和 GB/T 17215.661—2018 中相应表的 *logical_name* 定义； ——attribute_index 必需为 2（值）。
scaler_unit	见接口类“Register”的描述 当“Register”或“Extended register”对象的“value”属性被捕获时，scaler_unit 为所有对象公有并且此属性应保持一个拷贝。 如果其他属性或接口类被捕获，则 *scaler_unit*（换算单位）属性无意义并且不能访问。
方法说明	
reset（data）	清除 *table_cell_values*。对被捕获属性无影响。 data ∷=integer(0)
capture(data)	复制属性值到 *table_cell_values*。如果 attribute_index=0，捕获所有的属性。

修改 table_cell_definition 属性后对象的运行情况

对此属性的任何编辑自动调用 **reset（data)**方法并且引申到正在捕获此对象的所有集合。

对 *table_cell_definition* 尝试写一个对于保持 *table_cell_values* 属性的缓冲区来说是太大的值将被拒绝。

5.2.9 状态映射(class_id=63，版本=0)

该 IC 允许将状态字中的位映射建模到引用表中的条目。

状态映射	0…n	class_id=63，版本=0			
属性	*数据类型*	*最小值*	*最大值*	*默认值*	短名
1. logical_name(static)	octet-string				x
2. status_word(dyn.)	CHOICE				x+0x08
3. mapping_table (static)	structure				x+0x10
特定方法	*m/o*				

属性说明	
Logical_name	标“Status mapping”对象实例。见 6.2.41，6.2.43，6.2.50 和 6.3.7。
status_word	包含状态字的当前值。 CHOICE {

	bit-string [4], double-long-unsigned [6], octet-string [9], visible-string [10], utf8-string [12], unsigned [17], long-unsigned [18], long64-unsigned [21] } 状态字的大小为 n×8 位,最大为 65 536 位。 制造商可以选择上列的任意类型.无论如何,状态字通常按 bit-string 解释。

mapping_table	包含 status_word 在引用表格中位置的映射。
	structure
	{
	ref_table_id: unsigned,
	ref_table_mapping: CHOICE
	{
	long-unsigned [18],
	array long-unsigned [1]
	}
	}
	其中:
	——ref_table_id 为引用状态表的标识符;
	——如果选择"long-unsigned",则该值指引用表中的条目。该条目映射到状态字的前导位。下一个条目映射到下一个位,依此类推。映射到尾位的最后一个条目由状态字的长度决定;
	——如果选择了"array",则数组的元素指引用状态表中的条目。数组中元素的顺序对应于状态字中的位置。数组中的第一个元素映射引用到前位的表条目和最后一个元素映射到尾位。

5.2.10 压缩数据

5.2.10.1 压缩数据(class_id=62,版本=1)

注:此版本 1 支持相对和绝对选择性访问。

"Compact data"IC 的实例允许捕获由 *capture_objects* 属性确定的 COSEM 对象属性的值。

捕获可能产生于由 capture_method 属性确定的:

——外部触发(显式捕获);或者

——读取 *compact_buffer* 属性(隐式捕获)。

这些值以 octet-string 存储在压缩型缓冲器 *compact_buffer* 属性中。

数据类型集由 *template_id* 属性标识。捕获的每个属性的数据类型由 *template_description* 属性保持。

客户端可以使用 *capture_objects*,*template_id* 和 *template_description* 属性重建不压缩形式的数据,(即包括 COSEM 属性描述符,数据类型和数据值)。

压缩数据	0…n	class_id=62,版本=1			
属性	**数据类型**	**最小值**	**最大值**	**默认值**	**短名**
1. logical_name(static)	octet-string				x
2. compact_buffer(dyn.)	octet-string				x+0x08
3. capture_objects(static)	array				x+0x10
4. template_id(static)	unsigned				x+0x18
5. template_description (dyn.)	octet-string				x+0x20
6. capture_method (static)	enum				x+0x28
特定方法	***m/o***				
1. reset (data)	o				x+0x38
2. capture (data)	o				x+0x40

属性说明	
Logical_name	标识"Compact data"对象实例,见 6.2.37。
compact_buffer	包含以 octet-string 捕获的属性的值。 当捕获的数据是 *octet-string*,*bit-string*,*visible-string*,*utf8-string* 或 *array* 时,长度包括在内。
capture_objects	指定分配给"Compact data"对象实例的 COSEM 对象属性的列表。 *template_id* 属性应该是 *capture_objects* 数组中的第一个元素。 在显式或隐式调用 *capture*(data)方法时,所选属性的值被捕获到 *compact_buffer* 中。 有两种相互排斥的选择性访问机制可用: ——相对选择性访问,即返回相对于当前日期或条目所定义的条目返回:该机制由 data_index 元素控制;要么 ——绝对选择性访问,即返回明确定义的日期范围或条目范围内的条目:该机制由 *restriction* 元素控制。 array capture_object_definition capture_object_definition::=structure { class_id: long-unsigned, logical_name: octet-string, attribute_index: integer, data_index: long-unsigned,

restriction: restriction_element

}

其中:

——attribute_index 是一个指向对象内的属性的指针,由 class_id 和 *logical_name* 标识:attribute_index 1 指的是第一个属性(即 *logical_name*),attribute_index 2 到第二个属性等;attribute_index 0 指所有公共属性;

——data_index 是一个指针,用于选择具有复合数据类型(结构或数组)的属性的一个或多个特定元素:

- 如果属性的数据类型简单,那么 data_index 没有意义;
- 如果属性的数据类型是结构或数组,则 data_index 指结构或数组中的一个或多个特定元素;
- 当属性是"Profile generic"对象的缓冲区时,data_index 带有选择性访问参数;

data_index:	MS-Byte		LS-Byte
	高四位	低四位	

- 0x0000=标识整个属性;
- 0x0001 到 0x0FFF=标识复合属性中的一个元素。复合属性中的第一个元素由 data_index 1 标识;
- 0x1000 到 0xFFFF = 选择性地访问保持"Profile Generic"对象的 *buffer* 的数组。data-index 选择最后(最近)时间段,或最后(最近)条目以及数组中的列;

编码在表 16 中规定。

当属性是"Profile generic"对象的缓冲区时,restrict_element 指定明确定义的日期范围或条目范围内的选择性访问参数。

```
restriction_element::=structure
{
    restriction_type: enum:
                              (0) 无,
                              (1) 按时期限定,
                              (2) 条目限定。
    restriction_value: CHOICE
    {
        null-data,//没有限定应用,
        restriction_by_date,
        restriction_by_entry
        }
    }
    restriction_by_date::=structure
    {
        from_date: octet-string,
```

	to_date：octet-string
	}
	restriction_by_entry∷=structure
	{
	from_entry：double-long-unsigned，
	to_entry：double-long-unsigned
	}
	——restriction_element 按日期范围（from_date 到 to_date）或条目（from_entry 到 to_entry）定义对“Profile generic” *buffer* 的绝对选择性访问。要使用这种绝对选择性访问机制，data_index 应设置为 0x0000；
	——restriction_element 由 restrict_type 和 restriction_value 组成：
	• 对于按日期范围的限定，restrict_type 元素保持（1）按日期的限定，restrict_value 元素保持 restrict_by_date 结构；
	• 对于按条目的限定，restrict_type 元素保持（2）条目的限定，restrict_value 元素保持 restrict_by_entry 结构；
	• 否则，restrict_type 元素保持（0）none，并且 restrict_value 元素保持 null-data。如果使用相对选择性访问，也应采取这种选择。

template_id	包含模板的标识符。 它将唯一标识“Compact Data”IC 和 *template_description* 的实例。
template_description	提供捕获的每个属性的数据类型。它是由 *capture_objects* 编程时由服务器自动生成的 octet-string，它具有以下结构： ——第一个八位字节是 0x02（结构的标签）； ——之后是结构中的元素数量（与 *capture_objects* 数组中的元素数量一致），编码为可变长度整型； ——之后是每个属性的数据类型，与 *capture_object* 数组中的相同顺序： • 具有简单数据类型的属性，数据类型由承载数据类型的标签的单个八位字节表示。*bit-string* [4]，*octet-string* [9]，*visible-string* [10]，*utf8-string* [12]情况下，其字符串的长度是 *compact_buffer* 中保持的数据的一部分； • 如果是 *array* [1]，数据类型由 1 个字节 0x01 表示。接下来是数组中元素的类型描述。数组中元素的数量是 *compact_buffer* 中保持的数据的一部分； • 如果是 *structure* [2]，数据类型由 1 个字节 0x02 表示，后面是结构中的元素数量，后跟结构的每个元素的标签。
capture_method	定义 *compact_buffer* 的更新方法。 Enum （0）通过调用 *capture*（data）方法捕获。这可能远程或本地发生（显式捕获）， （1）通过读取 *compact_buffer* 属性捕获（隐式捕获）。

方法说明	
reset (data)	清除 *compact_buffer*。调用此方法之后,缓冲区保持 0 octet-string,直到发生新的捕获。 此调用不会触发捕获对象的任何其他操作。具体来说,它不会重置任何捕获的属性。 data::=integer(0)
capture (data)	通过读取每个捕获对象将属性的值复制到 *compact_buffer* 中。 此调用不会触发捕获对象中的任何其他操作,例如 capture()或 reset()。 data ::=integer(0)

修改某些属性后对象的运行情况:

对 *capture_objects* 的任何修改都会重置 *compact_buffer* 并自动更新 *template_description*。

限定

定义 *capture_object* 属性时,应避免循环引用。

5.2.10.2 使用压缩数据的示例

5.2.10.2.1 日结算数据

表 6 示出了被捕获到"Compact data"对象的 *compact_buffer* 属性的日结算数据(应与 *template_id* 一起)。

表 6 每日计费数据

数据	class_id	逻辑名	attribute_id	data_index	大小(字节)	类型	值
1	2	3	4	5	6	7	8
模板 ID	62	0-0:66.0.0.255	4	0	1	unsigned	0
Unix 时间	1	0-0:1.1.0.255	2	0	4	double-long-unsigned	1 374 573 317
运行状态	1	0-0:96.5.0.255	2	0	1	unsigned	0x29
故障寄存器	1	0-0:97.97.0.255	2	0	1	unsigned	0x18
总索引	3	7-0:13.83.1.255	2	0	4	double-long-unsigned	6 422 483
索引 F1	3	7-0:13.83.1.255	2	0	4	double-long-unsigned	865 234
索引 F2	3	7-0:13.83.1.255	2	0	4	double-long-unsigned	1 234 567
索引 F3	3	7-0:13.83.1.255	2	0	4	double-long-unsigned	2 345 678
活动日历名称	20	0-0:13.0.0.255	2	0	6	octet-string	"ABCDEF"
事件计数器	1	0-0:96.15.1.255	2	0	2	long-unsigned	7 890

表 7 显示了"Compact data"对象的属性。

表 7 "Compact data"对象的属性

capture_objects (array)	对于数组的元素,请见表 6 的第 2 列~第 5 列
template_id (unsigned)	0

表 7（续）

template_description (octet-string)	——对于数据类型，请参见表 6 第 7 列。 02 0A 11 06 11 11 06 06 06 06 09 12
compact_buffer (octet-string)32 bytes	——值见表 6 第 8 列。 00 51EE5305 29 18 0061FFD3 000D33D2 0012D687 0023CACE 06414243444546 1ED2

为了比较，那些就像使用 GETWITH-LIST 服务访问的相同数据的 A-XDR 编码如表 8 所示。仅显示结果编码(SEQUENCE OF Get-Data-Result)。

表 8　数据的 A-XDR 编码(Get-Data-Result 的 SEQUENCE)

编码	注释	字长
09	9 个元素的序列	1
00 06 51EE5305	double-long-unsigned	6
00 11 29	unsigned	3
00 11 18	unsigned	3
00 06 0061FFD3	double-long-unsigned	6
00 06 000D33D2	double-long-unsigned	6
00 06 0012D687	double-long-unsigned	6
00 06 0023CACE	double-long-unsigned	6
00 09 06 414243444546	octet-string of length 6	9
00 12 1ED2	long-unsigned	4
	总计	50 字节
注：每个元素中的前导 00-s 在此都是用于指示 Get-Data-Result 中指的 CHOICE “data”。		

5.2.10.2.2　诊断和报警数据

表 9 示出了被捕获到“Compact data”对象的 *compact_buffer* 属性的诊断和报警数据(应与 *template_id* 一起)。

表 9　诊断和报警数据

数据	class_id	逻辑名	attribute_id	data_index	大小(字节)	类型	值
1	2	3	4	5	6	7	8
模板 ID	62	0-0:66.0.0.255	4	0	1	unsigned	1
当前诊断	3	7-0:96.5.1.255	2	0	2	long-unsigned	0x4200
每日诊断	3	7-1:96.5.1.255	2	0	2	long-unsigned	0x4108
结算周期诊断	1	7-2:96.5.1.255	2	0	2	long-unsigned	0x4308
同步事件计数器	1	0-0:96.15.2.255	2	0	2	long-unsigned	763
计量固件版本	1	7-0:0.2.1.255	2	0	8	octet-string	“ABCDEFGH”
计量事件计数器	1	0-0:96.15.1.255	2	0	2	long-unsigned	1 532
非计量固件版本	1	7-1:0.2.1.255	2	0	8	octet-string	“DEFGHIJK”

表 10 显示了“Compact data”对象的属性。

表 10 “Compact data”对象的属性

capture_objects (array)	对于数组的元素,请见表 9 的第 2 列～第 5 列
template_id (unsigned)	1
template_description (octet-string)	——对于数据类型,请参见表 9 第 7 列。 02 08 11 12 12 12 12 09 12 09
compact_buffer (octet-string) 29 字节	——值见表 9 第 8 列。 01 4200 4108 4308 02FB 0841424344454647 48 05FC 84445464748494A4B

为了比较,那些就像从“Profile Generic”对象的缓冲区属性读取的数据的 A-XDR 编码如表 11 所示(仅显示数据)。

表 11 从“Profile Generic”对象的缓冲区属性读取的数据的编码

编码	注释	字长
01 01	一个元素的数组	2
02 07	7 个元素的结构	2
12 4200	long-unsigned	3
12 4108	long-unsigned	3
12 4308	long-unsigned	3
12 02FB	long-unsigned	3
09 08 4142434445464748	octet-string of length 8	10
12 05FC	long-unsigned	3
09 08 4445464748494A4B	octet-string of length 8	10
	总计	39 字节

5.2.10.2.3 日志抄读

在此示例中,如表 12 所示,要压缩的数据是由“Profile Generic”对象持有的 Logbook 的 *buffer* 属性,该对象捕获 2 个元素。

表 12 日志数据

数据	class_id	逻辑名	attribute_id	data_index	大小(字节)	类型	值
1	2	3	4	5	6	7	8
Unix 时间	1	0-0:1.1.0.255	2	0	4	double-long-unsigned	见注释
事件代码	1	0-0:96.11.2.255	2	0	1	unsigned	见注释

注:对于此示例,假定以下值:

——UNIX 时间戳:1374573317D;

——状态:0x29;

——为简化示例,所有条目的值都相同;

——缓冲区中有 50 个条目。

表 13 显示了要由“Compact data”对象捕获的数据。

表 13　“Compact data”对象的属性

数据	class_id	逻辑名	attribute_id	data_index	大小（字节）	类型	值
1	2	3	4	5	6	7	8
模板 ID	62	0-0:66.0.0.255	4	0	1	unsigned	2
日志缓冲区[a]	7	0-0:99.98.0.255	2	0	Dyn.[b]	array 的 structure	2

[a] 见表 12。

[b] 大小是动态的，取决于捕获的条目数

表 14 显示了“Compact data”对象的属性。

表 14　“Compact data”对象的属性

capture_objects (array)	对于数组的元素，请参见表 13 的第 2，3，4 和 5 列。捕获对象只有两个元素：Template_id 和 Logbook 的 *buffer* 属性。
template_id (unsigned)	2
template_description (octet-string)	——对于数据类型，请参见表 13 的第 7 列。 02 02 11 01 02 02 06 11 含义： 02 02-2 个元素的结构 11-第一个元素是无符号的 01 02 02-第二个元素是结构中有两个元素的结构的数组 06 第一个是双精度长无符号整型(double-long-unsigned) 11 第二个是无符号数(unsigned)
compact_buffer (octet-string)	——对于值，请参见表 13 的第 8 列。 02-template-id 的值 32-数组中的元素数和 50×5=250 字节(对于日志中的 50 个元素) 共 252 个字节

为了比较，那些就像从“Profile generic”对象的 *buffer* 属性中读取的相同数据的 A-XDR 编码如表 15 所示。

表 15　从 *buffer* 属性中所读取的数据的 A-XDR 编码

编码	注释	字长
01 32	50 个元素的数组	2
02 02	2 个元素的结构	2
06 51EE5305	double-long-unsigned	5
11 29	unsigned	2
02 02	2 个元素的结构	2
06 51EE5305	double-long-unsigned	5
11 29	unsigned	2
02 02	2 个元素的结构	2
06 51EE5305	double-long-unsigned	5
11 29	unsigned	2
….	…	…
	总计	452 字节

5.3 访问控制和管理接口类

5.3.1 概述

本章的接口类设定 DLMS/COSEM 服务器的逻辑结构，允许配置和管理访问其资源，更新固件和管理的安全性：

——“Association SN”类（见 5.3.3）和“Association LN”类（见 5.3.4）建模 AAs。它们的实例，连接对象提供在每个 AA 中的可访问对象列表，管理和控制访问它们的属性和方法的权限。他们还可以处理通信合作伙伴的认证；

——“SAP Assignment”类（见 5.3.5）建模服务器的逻辑结构；

——“Image transfer”类（见 5.3.6.3）建模固件更新过程；

——“Security setup”类（见 5.3.7）建模安全语境的元素。“Security setup”对象从”Association”对象引用，并允许配置安全套件和安全策略和管理安全材料；

——“Push setup”类（见 5.3.8）对服务器的推送操作进行建模；

——“Data protection”类（见 5.3.9）规定了对 COSEM 对象属性值以及方法调用和返回参数应用加密保护的必要元素。

——“Function control”类（见 5.3.10）允许启用和禁用服务器的功能；

——“Array manager”类（见 5.3.11）允许管理其他接口对象类型数组的属性。

5.3.2 客户端用户身份标识

这一新功能使服务器能从客户端对不同的用户进行区分，并且记录它们访问仪表的活动。

客户端和服务器之间建立的每个 AA 可用于客户端的多个用户。在服务器配置 AA 的特性，使用“Association”和“Security setup”对象。在客户端为 AA 的所有用户使用这些相同的特性。

安全密钥由客户端和服务器知道，但不需要客户端的用户知道。

客户端和服务器都知道由 user_id 和 user_name（用户名和用户名标识）的用户列表。在服务器中，它由“Association”对象的 user_list 属性保持。

注：客户端验证用户登录到客户端系统的方式不属于本规范的范围。

在 AA 建立期间，user_id（属于 user_name 的）由 AARQ APDU 的 calling-AE-invocation-id 域承载。如果提供的 user_id 在 *user_list* 上，则可以建立 AA（假设满足所有其他条件）并更新 *current_user* 属性。可以记录此属性的值。

如果服务器不“know”用户，则 AA 不得建立。服务器可以默默丢弃建立 AA 的请求或者它可以回复一个相应的错误信息。

用户标识过程是可选的：如果 *user_list* 是空的（例如，它是 0 元素的数组）则该功能被禁用。

5.3.3 连接 SN（class_id＝12，版本＝4）

COSEM 逻辑设备能够使用 SN 引用在 COSEM 语境中建立 AAs，使用“Association SN”IC 的实例对 AAs 建模。对于设备能够支持的每个 AA，COSEM 逻辑设备可以具有该 IC 的一个实例。

“Association SN”对象本身的 **short_name** 在 COSEM 语境中是固定的。见 4.3。

连接 SN	0…n	class_id＝12，版本＝4			
属性	**数据类型**	**最小值**	**最大值**	**默认值**	**短名**
1. logical_name（static）	octet-string				x
2. object_list（static）	objlist_type				x+0x08

连接 SN	0…n	class_id=12,版本=4			
属性	数据类型	最小值	最大值	默认值	短名
3. access_rights_list(static)	access_rights_type				x+0x10
4. security_setup_reference(static)	octet-string				x+0x18
5. user_list(static)	array				x+0x20
6. current_user	structure				x+0x28
特定方法	m/o				
1. 保留原先版本	o				
2. 保留原先版本	o				x+0x30
3. read_by_logicalname (data)	o				
4. 保留原先版本	o				x+0x40
5. change_secret (data)	o				
6. 保留原先版本	o				
7. 保留原先版本					
8. reply_to_HLS_authentication (data)	o				x+0x58
9. add_user(data)	o				x+0x60
10. remove_user(data)	o				x+0x68

属性说明	
Logical_name	标识“Association SN”对象实例,见 6.2.28。

object_list	包含带有 base_name (short_name),class_id,version 和 *logical_name* 的所有对象的列表。base_name 是第一属性(*logical_name*)的 DLMS 对象名。
	objlist_type∷=array objlist_element
	objlist_element∷=structure
	{
	base_name: long,
	class_id: long-unsigned,
	version: unsigned,
	logical_name: octet-string
	}
	对属性 *object_list* 的 *selective access*(见 4.4)可能是可用的。访问选择器值及其参数如下所示。

access_rights_list	包含对属性和方法的访问权限。 *object_list* 和 *access_rights_list* 之间的链接是 base_name,base_name 存在于 objlist_element 结构和 access_right_element 结构中。因此,两个列表中的 base_names 应该相同。objlist_element 数组和 access_right_element 数组中的元素的数量(顺序,最好)也应该相同。

```
access_rights_type∷=array    access_rights_element
access_rights_element∷=structure
{
  base_name: long,
  attribute_access: attribute_access_descriptor,
  method_access: method_access_descriptor
  }
attribute_access_descriptor∷=array  attribute_access_item
attribute_access_item∷=structure
{
  attribute_id: integer,
  access_mode: enum,
当枚举值被解释为 unsigned8 时,每位的含义如下所示:
{
    Bit attribute access_mode
    (0) read-access,
    (1) write-access,
    (2) authenticated request(认证请求),
    (3) encrypted request(加密请求),
    (4) digitally signed request(数字签名请求),
    (5) authenticated response(认证响应),
    (6) encrypted response(加密响应),
    (7) digitally signed response(数字签名响应)。
    }
    access_selectors: CHOICE
    {
          null-data [0],
          array integer [1]
    }
}
method_access_descriptor∷=array    method_access_item
method_access_item∷=structure
{
          method_id: integer,
          access_mode: enum
  当枚举值被解释为一个 unsigned8 时,每位的含义如下所示:
{
      Bit method access_mode
      (0) access,
      (1) not-used,
      (2) authenticated request,
      (3) encrypted request,
```

(4) digitally signed request,
(5) authenticated response,
(6) encrypted response,
(7) digitally signed response
}
}

selective access(见 4.4)对属性 *access_rights_list* 来说是可用的(可选择的)。选择性访问参数定义如下:

security_setup_reference	通过 *logical_name* 引用"Security setup"对象。引用的对象管理给定的"Association SN"对象实例的安全性。

user_list	包含允许使用由"Association SN"IC 给定实例管理的 AA 用户的列表。
	array user_list_entry
	user_list_entry∷=structure
	{
	user_id:unsigned,
	user_name visible-string
	}
	其中:
	——user_id 是用户的标识符(该值是由 AARQ 的 calling-AE-invocation-id 域承载;
	——user_name 是用户的名字。
	如果 user_list 属性是空的(即,它是 0 个元素的数组),任何用户可以使用的 AA,即 AARQ 的 calling-AE-invocation-id 域将被忽略。
	如果 user_list 属性不为空的,则只有列表中的用户可以建立 AA,即 AARQ 的 calling-AE-invocation-id 域应存在,其值应与 *user_list* 中的一个 user_ids 相匹配;否则,AA 不成立。

current_user	保持当前用户的标识符。 current_user ∷=user_list_entry (见上) 如果用户列表是空的,则当前用户应是一个结构 structure {user_id:unsigned 0,user_name:0 个元素的可见字符串}

***object_list* 和 *access_right_list* 属性选择性访问参数**

访问选择器值	参数	可用属性	注释
1	class_id:long-unsigned	2	传送给定 class_id 的 object_list 的子集。 响应:data ∷=objlist_type

2	structure
	{
	class_id:long-unsigned,
	logical_name:
	octet-string
	}
		2	传送给定 class_id 和 *logical_name* 的 object_list 的条目。
			响应:data ∷=objlist_element

访问选择器值	参数	可用属性	注释
3	base_name：long	2,3	在属性 2 情况下，传送给定 base_name 的 object_list 的条目。 对于响应：data ∷＝objlist_element 在属性 3 情况下，传送给定 base_name 的 access_rights_list 的条目。 响应： data ∷＝access_rights_element

方法说明	

read_by_logicalname（data）	读取所选择对象的属性。对象由其 class_id 和 *logical_name* 规定。也可通过这个方法使用参数化访问功能。
	data∷＝array attribute_identification
	attribute_identification∷＝structure
	{
	class_id：long-unsigned，
	logical_name：octet-string，
	attribute_index：integer
	}
	其中，attribute_index 是指向对象内属性的指针（即偏移量）。
	attribute_index 0 传输所有的属性，attribute_index 1 传输第一属性（即逻辑名（*logical_name*），等等）。
	对本响应，数据的类型应与属性类型一致。
	注 1：如果至少有一个属性在当前连接下没有读访问权限，那么对属性索引 0 的 *read_by_logicalname*（）会显示错误消息“access-of-accessviolated”，请参见 GB/T 17215.653—2018，第 8 章。

change_secret（data）	更改 LLS 或 HLS 密码（例如密匙）。 data ∷＝octet-string 新的密码。 **注 2**：“new secret”的结构取决于实施的安全机制。“new secret”可以包含附加的检查位，并且可以加密。 **注 3**：在使用 GMAC 的 HLS 的情况下，（HLS_）密码由属性中引用的“Security setup”对象持有。
reply_to_HLS_authentication（data）	该方法的远程调用向服务器提供服务器对客户端的质询，f（StoC）由客户端进行密码处理的结果，作为使用参数化访问原语调用 Read.request 原语的数据服务参数。 data ∷＝octet-string 客户端对质询的响应。 如果认证被接受，则响应（Read.confirm 原语）包含 Result＝＝OK，以及在 Read.response 服务的数据服务参数中的客户端对服务器的质询，f（CtoS）由服务器进行密码处理的结果。 data ∷＝octet-string 服务端对质询的响应。 如果认证不被接受，则响应中的结果参数应该包含 non-**OK** 值，并且不应该发回数据。

add_user(data)	将用户添加到 user_list。 data ::=user_list_entry（见上文）
remove_user(data)	从 user_list 中删除用户。 data ::=user_list_entry（见上文）

5.3.4 连接 LN(class_id=15,版本=3)

COSEM 逻辑设备能够使用 LN 引用在 COSEM 语境中建立 AAs,通过“Association LN”IC 的实例对 AAs 建模。对于设备能够支持的每个 AA,COSEM 逻辑设备具有该 IC 的一个实例。

连接 LN	0…MaxNbofAss	class_id=15,版本=3			
属性	*数据类型*	*最小值*	*最大值*	*默认值*	短名
1. logical_name(static)	octet-string				x
2. object_list(static)	object_list_type				x+0x08
3. associated_partners_id	associated_partners_type				x+0x10
4. application_context_name	context_name_type				x+0x18
5. xDLMS_context_info	xDLMS_context_type				x+0x20
6. authentication_mechanism_name	mechanism_name_type				x+0x28
7. secret	octet-string				x+0x30
8. association_status	enum				x+0x38
9. security_setup_reference(static)	octet-string				x+0x40
10. user_list (static)	array				x+0x48
11. current_user	structure				x+0x50
特定方法	***m/o***				
1. reply_to_HLS_authentication (data)	o				x+0x60
2. change_HLS_secret(data)	o				x+0x68
3. add_object (data)	o				x+0x70
4. remove_object(data)	o				x+0x78
5. add_user (data)	o				x+0x80
6. remove_user(data)	o				x+0x88

属性说明	
logical_name	标识“Association LN”对象实例。见 6.2.30。
object_list	包含可见 COSEM 对象的列表,可见 COSEM 对象带 lass_id,version,*logical_ name* 和在给出的 AA 内对属性和方法的访问权限。 object_list_type::=array object_list_element object_list_element::=structure { class_id: long-unsigned,

version：unsigned，
logical_name：octet-string，
access_rights：access_right
}
access_right∷=structure
{
attribute_access：attribute_access_descriptor，
method_access：method_access_descriptor
}
attribute_access_descriptor∷=array attribute_access_item
attribute_access_item∷=structure
{
attribute_id：integer，
access_mode：enum
当枚举值被解释为 unsigned8 时，每位的含义如下所示：
{
Bit 属性 access_mode
(0) read-access，
(1) write-access，
(2) authenticated request，
(3) encrypted request，
(4) digitally signed request，
(5) authenticated response，
(6) encrypted response，
(7) digitally signed response。
}
access_selectors：CHOICE
{
null-data [0]，
array integer [1]
}
}
method_access_descriptor∷=array method_access_item
method_access_item∷=structure
{
method_id：integer，
access_mode：enum
当枚举值被解释为一个 insigned8 时，每个位的含义如下所示：
{
Bit 方法 access_mode
(0) access，
(1) not-used，

	(2) authenticated request, (3) encrypted request, (4) digitally signed request, (5) authenticated response, (6) encrypted response, (7) digitally signed response } } 其中: ——attribute_access_descriptor 和 method_access_descriptor 元素始终包含所有实现的属性或方法; ——access_selectors 包含一组支持的选择器值的列表。 *selective access*(见 4.4)对属性 *object_list* 来说是可用的(可选的)。选择性访问参数在下文中定义。

associated_partners_id	包含 COSEM 客户端和物理设备所掌管的那些 Aps 内的服务器(逻辑设备)APs 的标识符,这些标识符属于由"Association LN"对象建模的 AA。
	associated_partners_type::=structure
	{
	client_SAP: integer,
	server_SAP: long-unsigned,
	}
	client_SAP 的范围是 0 ...0x7F。
	server_SAP 的范围是 0x0000 ...0x3FFF。
	SAP 应在数据类型和介质允许的范围内。

application_context_name	在 COSEM 环境中,期望的是应用语境是预先存在的,在建立一个应用连接过程中通过它的名称引用。该属性包含此连接的应用语境名。
	context_name_type::=CHOICE
	{
	context_name_structure [2],
	octet-string [9]
	}
	应用程序语境名称在 GB/T 17215.653—2018,7.2.2.2 中指定为 OBJECT IDENTIFIER。
	当 context_name_type 作为结构编码时,它包含 OBJECT IDENTIFIER 的弧形标签。
	context_name_structure::=structure
	{
	joint_iso_ctt_element: unsigned,

	country_element：unsigned， country_name_element：long-unsigned， identified_organization_element：unsigned， DLMS_UA_element：unsigned， application_context_element：unsigned， context_id_element：unsigned } 示例 1：在 context_id(1)的情况下，A-XDR 编码为：02 07 11 02 11 10 12 02 F4 11 05 11 08 11 01 11 01(所有值均为十六进制)。 当 context_name_type 被编码为 octet-string 时，它保持 OBJECT IDENTIFIER 的值。见 GB/T 17215.653—2018，D.4。 示例 2：在 context_id(1)的情况下，A-XDR 编码为：09 07 60 85 74 05 08 01 01(所有值都是十六进制)。

xDLMS_context_info	包含用于给定 AA 的 xDLMS 环境的所有必需信息。
	xDLMS_context_type∷＝structure
	{
	conformance：bit-string，
	max_receive_pdu_size：long-unsigned，
	max_send_pdu_size：long-unsigned，
	dlms_version_number：unsigned，
	quality_of_service：integer，
	cyphering_info：octet-string
	}
	其中：
	——符合性元素包含服务器所支持的 xDLMS 符合性块。位串的长度为 24 位；
	——max_receive_pdu_size 元素包含 xDLMS APDU 的最大长度，以客户端可发送的字节的形式表示。这与 xDLMS 启动响应 APDU 的 server-max-receive-pdu-size 参数相同；
	——激活 AA 中的 max_send_pdu_size 元素包含 xDLMS APDU 的最大长度，以服务器可发送的字节形式表示。这与 xDLMS 启动请求 APDU 的 client-max-receive-pdu-size 参数相同；
	——dlms_version_number 元素包含服务器所支持的 DLMS 版本号；
	——不使用 quality_of_service 元素；
	——激活 AA 中的 cyphering_info 元素包含 xDLMS 启动请求 APDU 的专用密钥参数。见 GB/T 17215.653—2018，第 8 章。

authentication_mechanism_name	包含用于连接的认证机制名。
	mechanism_name_type∷=CHOICE
	{
	mechanism_name_structure [2],
	octet-string [9]
	}
	认证机制名在 GB/T 17215.653—2018,7.2.2.3 指定为 OBJECT IDENTIFIER。
	当 mechanism_name_type 作为结构编码时,它包含 OBJECT IDENTIFIER 的弧标签。
	mechanism_name_structure∷=structure
	{
	joint_iso_ctt_element:unsigned,
	country_element:unsigned,
	country_name_element:long-unsigned,
	identified_organization_element:unsigned,
	DLMS_UA_element:unsigned,
	authentication_mechanism_name_element:unsigned,
	mechanism_id_element:unsigned
	}
	示例 3:在 mechanism_id(1)的情况下,A-XDR 编码为:02 07 11 02 11 10 12 02 F4 11 05 11 08 11 02 11 01(所有值均为十六进制)。
	当 mechanism_name_type 被编码为字符串时,它保持 OBJECT IDENTIFIER 的值。见 GB/T 17215.653—2018,D.4。
	示例 4:在 mechanism_id(1)的情况下,A-XDR 编码为:09 07 60 85 74 05 08 02 01(所有值都是十六进制)。
	当不使用认证时,不需要 mechanism_name。

Secret	包含 LLS 或 HLS 认证过程的密码。 注 2:使用 GMAC 的 HLS 的情况下,(HLS_)密码由属性 9(*security_setup_reference*)中引用的"Security setup"对象保持。
association_status	表示由对象建模的连接的当前状态。 枚举:　(0)non-associated, (1)association-pending, (2)associated。
security_setup_reference	通过其逻辑名引用"Security setup"对象。引用的对象管理给定的"Association LN"对象实例的安全性。
user_list	包含允许使用由给定"Association LN"IC 的范例管理的 AA 的用户列表。 array user_list_entry user_list_entry∷=structure {

	user_id：unsigned， user_name：visible-string } 其中： ——user_id 是用户的标识符(该值由 AARQ 的 calling-AE-invocation-id 域承载)； ——user_name 是用户的名称。 如果 *user_list* 属性为空(即，它是 0 个元素的数组)任何用户都可以使用 AA，即忽略 AARQ 的 calling-AE-invocation-id 域。 如果 *user_list* 属性不为空，则只有列表中的用户可以建立 AA，即 AARQ 的 calling-AE-invocation-id 域应该存在，其值应与 *user_list* 中的 user_ids 匹配；否则，AA 不成立。
current_user	保持当前用户的标识符。 current_user∷=user_list_entry (见上文) 如果 *user_list* 为空，那么 current_user 将是一个结构 structure {user_id：unsigned 0，user_name：可见字符串的 0 素}

选择性访问 *object_list* 属性的参数

——如果没有选择性访问需求，(无 Access_Selection_Parameters 参数出现在用于对象列表属性的 GET.request(.indication)服务原语中)，相关.response (.confirmation)服务包含所有 object_list 属性的 object_list_elements。

——当对 object_list 属性请求访问时(Access_Selection_Parameter 参数存在)，响应应包含 object_list_elements 的"filtered"列表，如下所示：

访问选择器的值	服务参数	注释
1	NULL	除 access_right 之外的所有信息都应包含在响应中
2	class_list	通过 class_id 访问，在这种情况下，只有 *object_list* 中那些 object_list_element 将包含在响应中，它有一个与 class_list 的 class_id-s 其一的相等的 class_id 不包含 access_right 信息 class_list ∷=array class_id class_id：long-unsigned

3	object_id_list	通过对象访问，将返回 object_id_list 中对象范例的完整信息记录
		object_Id_list ∷=array object_Id
		{
		class_id：long-unsigned，
		logical_name：octet-string
		}

4	object_id	在这种情况下，将返回所请求的 COSEM 对象范例的完整信息记录 object_Id ∷=structure 见上文

方法说明	
reply_to_HLS_authentication (data)	该方法的远程调用向服务器提供服务器对客户端的质询,f(StoC)由客户端进行密码处理的结果,作为原语调用 ACTION.request 的 *data* 服务参数。 data ::=octet-string　　客户端对质询的响应。 如果认证被接受,则服务器的响应(ACTION.confirm 原语)包含 Result==OK,以及在响应服务的数据服务参数中的客户端对服务器的质询,f(CtoS)由服务器进行密码处理的结果。 data ::=octet-string　　服务器对质询的响应。 如验证没有被接受,则响应的结果参数包含一个“non-OK”的值,并且无任何数据返回。
change_HLS_secret(data)	更改 HLS 密码(例如加密密钥)。 data ::=octet-string　新 HLS 机密 “new secret”的结构取决于所实现的安全机制。“new secret”可能包含其他校验位,它可以被加密。
add_object(data)	增加要引用的对象到 *object_list* 中。 data ::=object_list_element (见上文)
remove_object(data)	从 *object_list* 中删除引用对象。 data ::=object_list_element (见上文)
add_user(data)	将用户添加到 *user_list*。 data ::=user_list_entry(见上文)
remove_user(data)	从 *user_list* 中删除用户。 data ::=user_list_entry(见上文)

5.3.5 SAP 分配(class_id=17,版本=0)

接口类通过提供逻辑设备 SAP 分配表到其 SAPs(服务访问点)的分配信息对物理设备的逻辑结构进行建模。参见 GB/T 17215.653—2018,附件 A.

SAP 分配表	0…n	class_id=17,版本=0			
属性	*数据类型*	*最小值*	*最大值*	*默认值*	短名
1. logical_name(static)	octet-string				x
2. SAP_assignment_list(static)	asslist_type			0	x+0x08
特定方法	*m/o*				
1. connect_logical_device (data)	*o*				x+0x20

属性说明	
logical_name	标识“SAP assignment”对象实例,见 6.2.31。
SAP_assignment_ list	包含物理设备中所有逻辑设备及其 SAP 地址的列表。 asslist_type::=array asslist_element asslist_element::=structure

```
{
SAP: long-unsigned,
logical_device_name: CHOICE
{
octet-string [9],
visible-string [10],
utf8-string [12]
}
}
```

注:实际寻址由较低的通信层完成。

方法说明	
connect_logical_device(data)	包含连接一个逻辑设备到一个SAP。连接到SAP 0将切断设备与SAP的连接。多个的设备不能连接到一个SAP上(SAP 0除外)。 data ::=asslist_element。

5.3.6 映像传输

5.3.6.1 概述

映像传输范例模拟了二进制文件传输机制,称为固件映像到COSEM服务器。

注:该规范包括文本的一些改进和精确性。主要的改变是:

——在映像传输过程给出的描述仅作为示例。文本和流程图是被更新的;

——客户端和一个概念性映像服务器之间的数据交换不在本规范范围内;

——映像传输和映像激活之间有明确的差异;

——步骤1和6,现在是可选的;

——*image_transferred_blocks_status* 的bit-string大小可以是动态的;

——现在规定:将 *image_transfer_enabled* 属性设置为FALSE值禁用映像传输过程;

——现在规定:重新启动映像传输过程重置的整个过程;

——增加了某些调用方法效果的精确性;

——另见文本的高亮显示部分。

5.3.6.2 映像传输步骤

映像传输通常分以下几个步骤进行:

——第1步骤:(可选):获取ImageBlockSize;

——第2步骤:客户端发起映像传输;

——第3步骤:客户传输ImageBlocks;

——第4步骤:客户端检查映像的完整性;

——第5步骤:服务器验证映像(由客户端发起或自行发起);

——第6步骤(可选):客户端将检查激活映像信息;

——第7步骤:服务器激活映像(S)(由客户端发起或自行发起)。

有更详细的解释,见5.3.6.4。

5.3.6.3 映像传输(class_id=18,版本=0)

映像传输	0…n	class_id=18,版本=4			
属性	**数据类型**	**最小值**	**最大值**	**默认值**	**短名**
1. logical_name (static)	octet-string				x
2. mage_block_size(static)	double-long-unsigned				x+0x08
3. image_transferred_blocks_status (dyn.)	bit-string				x+0x10
4. image_first_not_transferred_block_number (dyn.)	double-long-unsigned				x+0x18
5. image_transfer_enabled (static)	boolean				x+0x20
6. image_transfer_status (dyn.)	enum				x+0x28
7. image_to_activate_info (dyn.)	array				x+0x30
特定方法	**m/o**				
1. image_transfer_initiate (data)	m				x+0x40
2. image_block_transfer(data)	m				x+0x48
3. image_verify(data)	m				x+0x50
4. image_activate(data)	m				x+0x58

属性说明

logical_name	标识"Image transfer"对象实例。见6.2.34。
image_block_size	保持ImageBlockSize,以字节表示,可由服务器处理。ImageBlockSize不得超过协商的服务器最大接收PDU大小(ServerMaxReceivePduSize)。 注1:*image_block_size*是服务器属性。
image_transferred_blocks_status	提供每个ImageBlock的传输状态信息。bit-string中每一位提供单ImageBlock信息: 0=未传输, 1=已传输 注2:属性的大小可以是动态的,即它可能会接收新的映像块。
image_first_not_transferred_block_number	提供第一个未被传输ImageBlock的ImageBlockNumber。一旦映像被完成,返回的值应等于或大于由映像大小和ImageBlockSize大小所计算出的块的数量。
image_transfer_enabled	控制映像传输过程。 boolean:FALSE=禁用, TRUE=启用 仅当此属性是TRUE时,映像传输方法可以成功调用。这此属性的值设置为FALSE时禁用所有方法(调用失败)。
image_transfer_status	控制映像传输进程的状态。 enum(枚举):(0) 映像传输未启动, (1) 映像传输启动, (2) 映像验证启动,

	(3) 映像验证成功， (4) 映像验证失败， (5) 映像激活启动， (6) 映像激活成功， (7) 映像激活失败。

image_to_activate_info	提供映像激活信息。作为映像验证结果产生，客户端会在激活映像前对该信息进行核实。
	Array　image_to_activate_info_element
	image_to_activate_info_element∷=structure
	{
	image_to_activate_size：double-long-unsigned，
	image_to_activate_identification：octet-string，
	image_to_activate_signature：octet-string
	}
	其中：
	——image_to_activate_size 是激活映像的大小，用字节表示；
	——image_to_activate_identification 是激活映像的标识，并且可以包含像制造商，设备型号，版本信息等信息；
	——image_to_activate_signature 是激活映像的签名。
	注 3：生成签名算法不在本规范的范围之内。

方法描述	

image_transfer_initiate (data)	初始化映像传输进程。
	data∷=structure
	{
	image_identifier：octet-string，
	image_size：double-long-unsigned
	}
	其中：
	image_identifier 标识要传输的映像；
	保持 Image_Size，以八进制表示。
	注 4：*image_identifier* 标识要传输的映像(容器)，但它不必链接到其内容，即其将被激活的映像。该信息在传输映像验证之后可从 *image_to_activate* 属性检索。
	该方法成功调用后，*image_transfer_status* 属性被设置为 1，*image_first_not_transferred_block_number* 设置为 0。方法的任何后续调用都会重置整个映像传递过程，并且所有 ImageBlocks 需要被再次传输。

image_block_transfer (data)	将映像的一块传输到服务器。
	data∷=structure
	{
	image_block_number：double-long-unsigned，
	image_block_value：octet-string
	}
	该方法成功调用后，*image_transferred_blocks_status* 属性相应位设置为 1，*image_first_not_transferred_block_number* 属性更新。

image_verify(data)	激活前验证映像完整性。 data∷=integer (0) 该方法调用的结果可能是成功,temporary_failure 或 other_reason。如果没有成功,则验证结果会通过检索 *image_transfer_status* 属性值获取。 在成功的情况下,*image_to_activate_info* 记录激活映像的信息。 注 5:xDLMS 服务 Action-Result/Data-Access-Result 代码在 GB/T 17215.653—2018,第 8 章说明。
image_activate(data)	激活映像。 data∷=integer (0) 如果传输的映像之前没有验证,则会作为映像激活部分进行验证。 该方法的调用结果可为成功、temporary-failure 或 other-reason。如果没有成功,则验证结果会通过恢复映像传输状态属性值获取。 注 6:xDLMS 服务 Action-Result/Data-Access-Result 代码在 GB/T 17215.653—2018,第 8 章说明。

5.3.6.4 映像传输的标准实例

在本节中,给出了客户端预期的通常映像传输过程的示例,其中包括图 10 所示的流程图。请注意,不强制遵循此过程;取决于用例,可能会省略一些步骤,或者可能需要其他步骤。

前提条件:映像传输应启用:*image_transfer_enabled*=TRUE。

任何时间设置 image_transfer_enabled 为 FALSE,禁用所有方法(调用方法失败)。状态属性的值没有定义。

第 1 步(可选):获取 ImageBlockSize

如果客户端不知道映像传输目标服务器可以处理的映像块的尺寸在启动流程之前,应阅读每一需要传输到服务器的相关"Image transfer"对象的 *image_block_size* 属性。客户端然后可以传输大小合适 ImageBlocks。

如果 ImageBlocks 使用广播发送 COSEM 服务组,在组中的成员中,ImageBlockSize 应该相同。

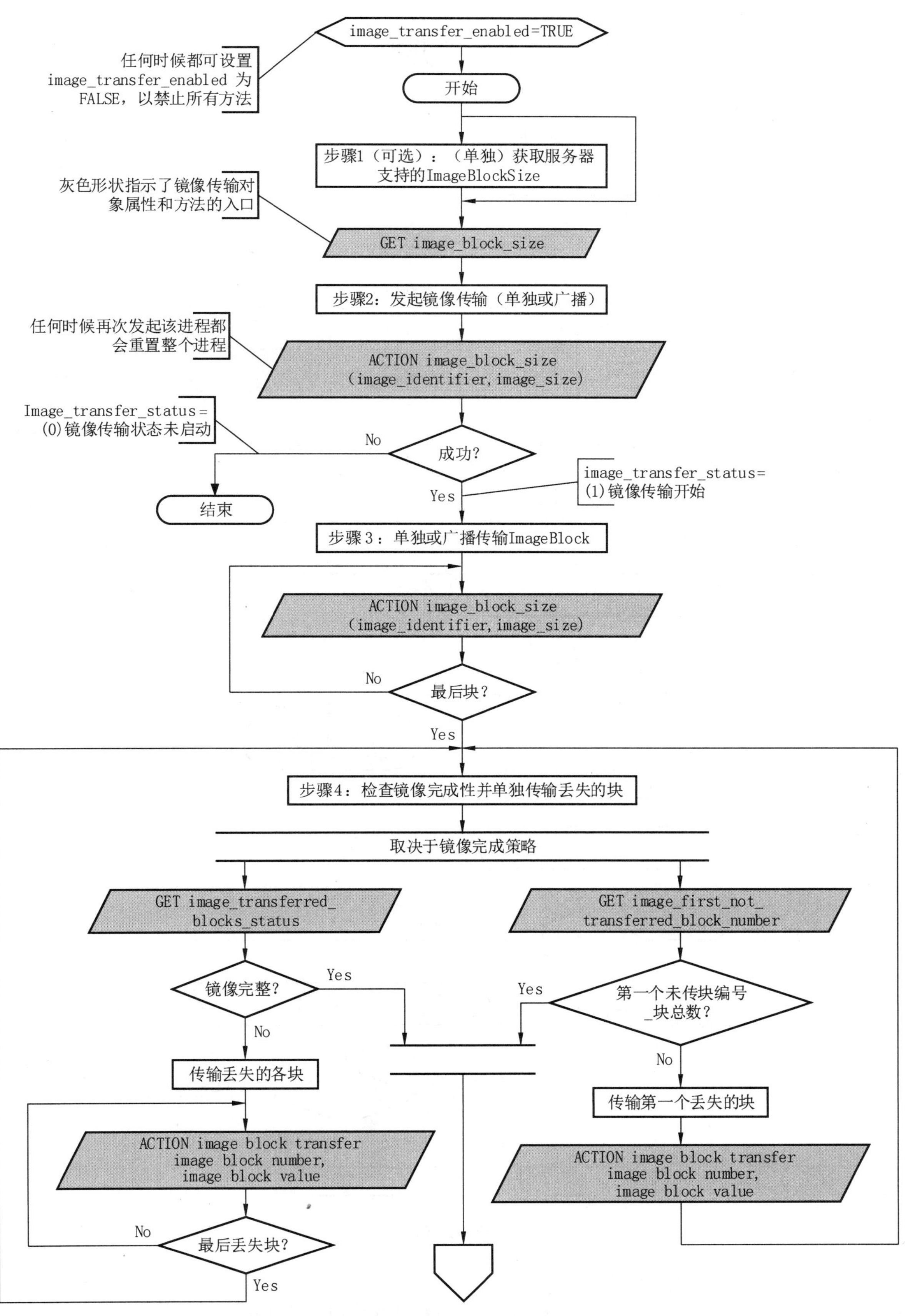

图 10 映像传输过程流程图

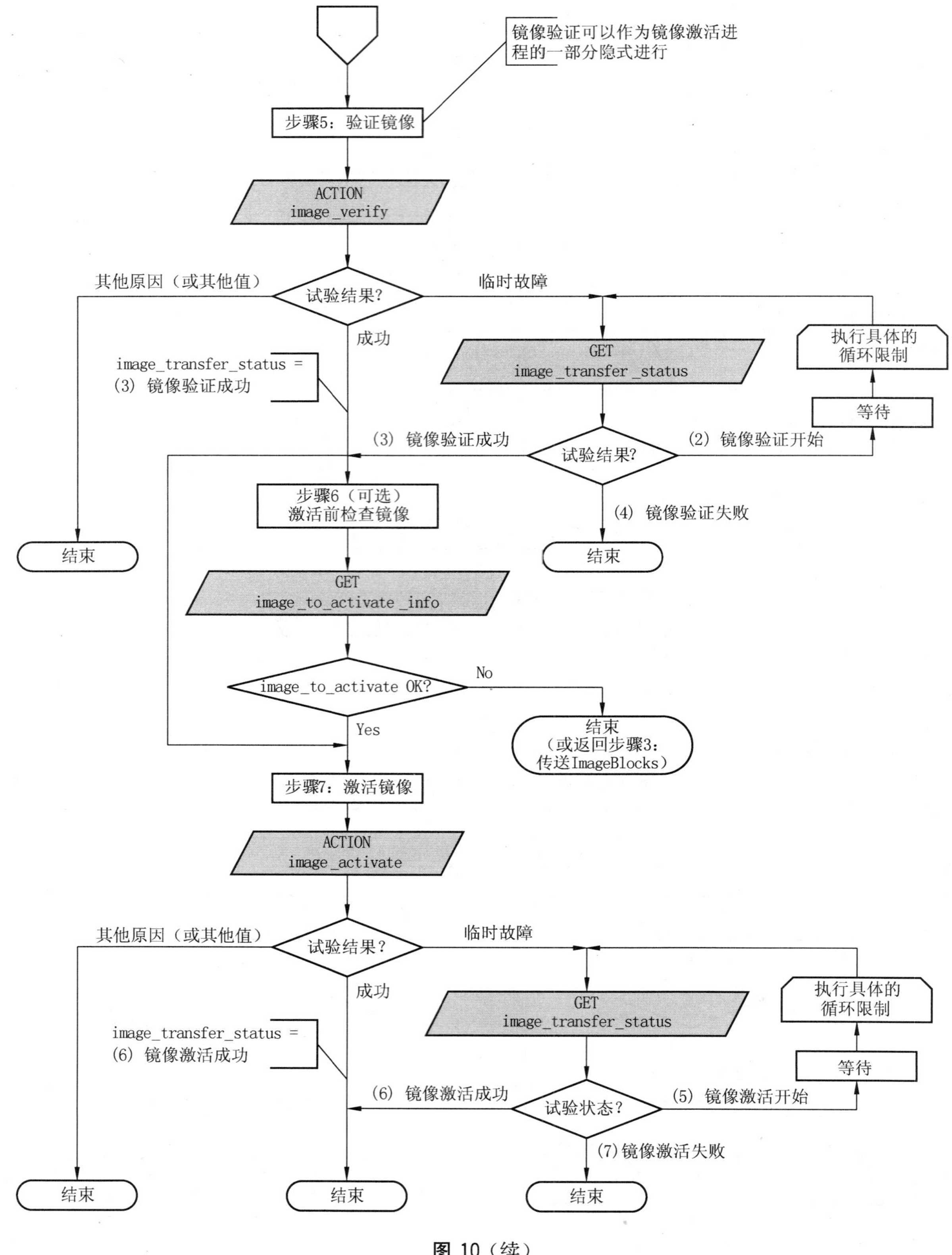

图 10（续）

第 2 步：客户端发起映像传输

客户端通过调用 *image_transfer_initiate* 方法，各自或使用广播在所有服务器发起传输流程。方法调用的参数保持要传输映像的标识符和大小。服务器应保证内存空间(能容纳映像)要可用。

成功启动后，*image_transfer_status* 属性的值是 1，*image_transferred_blocks_status* 属性将被重置，*image_first_not_transferred_block_number* 属性应被设置为 0，*image_to_activate_info* 属性值应该被重置。映像传输流程启动，COSEM 服务器准备接受 ImageBlocks。

第 3 步：客户端传输 ImageBlocks

客户端各自或通过广播，通过调用 *image_block_transfer* 方法，传输 ImageBlocks 到（一组）服务器中。方法调用参数包括 *ImageBlockNumber* 和一个 ImageBlock。ImageBlocks 只被那些映像传输流程已经成功启动的 COSEM 服务器接收。其他服务器默默丢弃收到的任何 ImageBlocks。

第 4 步：客户端检查映像完整性

客户端会（与各个服务器一起）检查映像的完整性。若映像不完整，传输（还）没有传输的各映像块。这是一个迭代过程，直到整个映像成功传输。

要标识和传输未被传输的映像块，可两种机制可以采用：

——客户端可检索每个映像块的状态：未传输或已传输，这是通过检索 *image_transferred_blocks_status* 属性的值来执行的。然后客户端传输（还）未被传输的映像块。

——另一种选择，客户端检索第一个未传输块的映像块编号，这是通过检索 *image_first_not_transferred_block_number* 属性的值来执行的。然后客户端传输（还）未被传输的映像块。

——之后，客户端再次检查该映像的完整性。

注 1：两种机制可以自由组合。

第 5 步：服务器验证映像

映像由服务器验证。这可以通过调用 *image_verify* 方法来发起，或者也可以由服务器发起。结果可能是：

——成功，如果验证能够完成；

——temporary-failure，如果验证尚未完成；

——other-reason，如果验证失败。

注 2：验证映像的条件不在此文件的范围内。

第 6 步骤（可选）：客户端检查映像激活的信息

映像验证的结果可由客户端通过检索 *image_transfer_status* 属性的值进行检查。此属性的值作为映像的验证结果更新。

映像传输可以保持一个或多个被激活映像。对于每一个被激活的映像，该属性包含的参数：{image_to_activate_size，image_to_activate_identification image_to_activate_signature}。

如果此信息不是所期望的，客户端可重启传输映像。

否则进行下一步骤，激活映像。

第 7 步：服务器激活的映像

所述映像由服务器激活。这可以通过调用 *image_activate* 方法，由客户端或服务器发起。如果激活之前没有完成验证，则验证作为激活的一部分。所述调用 *Image_activate* 方法结果可以是：

——成功，如果映像激活已成功启动；

——temporary-failure，如果验证/激活尚未完成；

——other-reason，如果激活失败。

在成功的情况下，服务器将执行新的映像(s)的激活。在这过程中，它是不能访问的。在映像成功被激活之后，客户端通过检索检索 *image_transfer_status* 属性值获结果，或读取 COSEM 对象属性内容获取保持标识符，版本和激活固件的数字签名。

5.3.7 安全设置（class_id＝64，版本＝1）

“Security setup”IC 的实例包含有关正在使用的安全套件的必要信息以及客户端和由其各自系统

标题标识的服务器之间适用的安全策略。它们还提供了增加安全级别和管理对称密钥,非对称密钥对和证书的方法。

安全设置	0…n	class_id=64,版本=1			
属性	**数据类型**	**最小值**	**最大值**	**默认值**	**短名**
1. logical_name (static)	octet-string				x
2. security_policy(static)	enum				x+0x08
3. security_suite (static)	enum				x+0x10
4. client_system_title (dyn.)	octet-string				x+0x18
5. server_system_title(static)	octet-string				x+0x20
6. certificates (dyn.)	array				x+0x28
特定方法	**m/o**				
1. security_activate (data)	o				x+0x30
2. key_transfer (data)	o				x+0x38
3. key_agreement (data)	o				x+0x48
4. generate_key_pair (data)	o				x+0x50
5. generate_certificate_request(data)	o				x+0x58
6. import_certificate(data)	o				x+0x60
7. export_certificate(data)	o				x+0x68
8. remove_certificate(data)	o				x+0x70

属性说明

logical_name	标识"Security setup"对象实例。见 6.2.33。
security_policy	使用安全套件内可用的安全算法来执行认证和/或加密和/或数字签名。 它独立应用于请求和响应。 enum:当枚举值被解释为无符号时,每位的含义如下所示: Bit 安全策略 0 未使用,应设置为 0, 1 未使用,应设置为 0, 2 认证请求, 3 加密请求, 4 数字签名请求, 5 认证响应, 6 加密响应, 7 数字签名响应。 **注 1**:由此,值(0)表示不需要密码保护,如"Security setup"IC 的版本 0。 访问权限可能需要比安全策略要求更强的保护。

security_suite	指定可用的安全算法。 enum： (0)AES-GCM-128 认证加密和 AES-128 密钥包， (1) AES-GCM-128 认证加密，ECDSA P-256 数字签名，ECDH P-256 密钥协议，SHA-256 哈希，V.44 压缩和 AES-128 密钥包， (2) AES-GCM-256 认证加密，ECDSA P-384 数字签名，ECDH P-384 密钥协议，SHA-384 哈希，V.44 压缩和 AES-256 密钥包， (3)… (15) 保留。
client_system_title	承载(当前)客户端系统标题： ——在 S-FSK PLC 环境中，激活启动器使用 CIASE 协议发送其系统标题； **注 2**：也由 S-FSK Active initiator 对象的 active_initiator 属性保持；见 5.9.4。 ——在确认或未确认的 AA 建立期间，由 AARQ APDU 的 calling-AP-title 域承载； 如果在注册过程中已经发送了客户端系统标题，就像在 S-FSK PLC 配置文件的情况下，承载的 AARQ APDU 的客户端系统标题应该相同。否则，AA 将被拒绝，并发送适当的诊断信息。 ——在预先建立的 AA 中，客户端可以使用无担保服务来编写。
server_system_title	带服务器系统标题。 ——在 S-FSK PLC 环境中，服务器在发现过程中使用 CIASE 协议发送其系统标题； ——在确认的 AA 建立期间，它由 AARE APDU 的 responding-AP-title 域承载。 该属性应为只读。
Certificates	承载 X.509 v3 证书可用并存储在服务器中。 Array certificate_info certificate_info::=structure { certificate_entity：enum： (0) 服务端， (1) 客户端， (2) 认证机构， (3) 其他 certificate_type：enum： (0) 数字签名， (1) 协议密钥， (2) TLS， (3) 其他 serial_number：octet-string， issuer：octet-string，

	subject：octet-string， subject_alt_name：octet-string } 对于元素 serial _ number，issuer，subject，subject _ alt _ name 见 GB/T 17215.653—2018，5.6.4。 使用公钥加密的服务器存储下面的公钥证书： 对服务器而言： ——数字签名证书； ——静态密钥协议证书； ——TLS 证书。 对于每个客户端和第三方： ——数字签名证书； ——静态密钥协议证书； ——TLS 证书。 对证书认证而言： ——认证机构证书。
方法说明	
security_activate(data)	激活和加强安全政策： data ::= enum，在 *security_policy* 属性中指定。 加强安全政策意味着增加另一种保护。一旦添加了一种保护，就不能将其删除。 如果使用指示安全策略的值弱于 security_policy 属性的值来调用该方法，则方法调用将失败。 一旦方法调用已经成功确认，新的安全策略就适用。

key_transfer(data)	用于传输一个或多个对称密钥。
	data 参数包括传输的密钥和密钥包本身的标识。
	data::=array key_transfer_data
	key_transfer_data::=structure
	{
	key_id：enum：
	(0) global unicast encryption key，
	(1) global broadcast encryption key，
	(2) authentication key，
	(3) master key (KEK)
	key_wrapped：octet-string
	}
	注 3：可以通过调用具有 *key_transfer* 数组的方法来传输多个密钥，或者通过 *n* 次调用单个 *key_transfer_data* 数组方法。
	密钥包算法是由安全套件指定。在套件 0，1 和 2 中，使用 AES 密钥包算法。
	KEK 是主密钥。

<table>
<tr><td></td><td>如果密钥的解码成功,则方法调用的结果是成功的。
如果密钥的解码不成功,则方法调用失败,并且返回失败的适当原因。钥匙不改变。
在使用 result=success 返回方法调用的结果后,新密钥立即被激活。请注意,此规则同样适用于所有密钥,包括主密钥。
注 4:承载方法调用服务原语的 APDU 按照 security_policy 和方法的访问权限的规定进行保护。可以通过“Data protection”对象调用该方法来额外保护方法调用参数。可以在项目特定的配套规范中指定所需的保护。
该注同样适用于 key_agreement(data)方法。
注 5:如果使用新的密钥失败,客户端可能会尝试通过恢复使用以前的密钥或重复密钥传输过程来从这种情况下复原。</td></tr>
<tr><td>key_agreement(data)</td><td>用于使用安全套件指定的密钥协议算法在一个或多个对称密钥上达成一致。在 1 和 2 套件的情况下,ECDH 密钥协议算法与暂时统一模式 C (2 e、0s、ECC CDH) 方案一起使用。
data 参数包括密钥协议事务中使用的密钥和数据的标识。
data::=array key_agreement_data
key_agreement_data::=structure
{
key_id: enum:
(0) global unicast encryption key,
(1) global broadcast encryption key,
(2) authentication key,
(3) master key (KEK)
key_data: octet-string
}
注 6:通过调用具有 n key_agreement_data 数组的方法,或者 n 次用调用单个 key_agreement_data 数组的方法,可以在多个密钥上达成一致。
元素 key_id 标识要达成一致的密钥。
元素 key_data 是与数字签名联系在一起的暂时密钥对的公钥,它通过数字签名私钥($Q_{e,U}$,|| ECDSA(key_id ||$Q_{e,U}$))。
如果服务器可以验证 key_data 的数字签名,计算共享机密并派生密钥,则方法调用成功,服务器将自己的 key_data 发送到客户端。否则,方法调用失败,并将失败的原因发送回。
新的密钥在方法调用的结果以结果=成功返回后立即激活,
注 7:如果使用新的密钥失败,客户端可能会尝试通过恢复使用以前的密钥或重复密钥传输过程来从这种情况下复原。</td></tr>
<tr><td>generate_key_pair(data)</td><td>根据安全套件的要求生成非对称密钥对。数据参数标识用于生成的密钥对的用法。
data ::=enum:
(0) 数字签名密钥对,
(1) 密钥协议密钥对,</td></tr>
</table>

	(2) TLS 密钥对 注 8：用于数字签名的一个密钥对，用于密钥协议的一个密钥对和用于 TLS 的一个密钥对，存在最大的一个密钥对。 注 9：密钥协议密钥对是当服务器担当 V 级角色时与 One-Pass Diffie-Hellman C(1e,1s,ECC CDH)方案一起使用的静态密钥，或与暂时统一模式 C (2 e,0s,ECC CDH) 方案一起使用的静态密钥。
generate _ certificate _ request (data)	当调用此方法时，服务器发送 CA 所需的证书签名请求(CSR)数据，以生成服务器公钥的证书。数据参数标识将要请求证书的密钥对。 data ::=enum： (0) 数字签名密钥对， (1) 密钥协议密钥对， (2) TLS 密钥对 注 10：用于数字签名的一个密钥对，用于密钥协议的一个密钥对和用于 TLS 的一个密钥对，存在最大的一个密钥对。 方法调用响应参数包括生成证书所需的数据。 注 11：客户端有责任将其转发给认证机构。 response data::=octet-string， octet-string 包含 PKCS # 10 (RFC 2986) 中指定的 CSR 的 DER 编码。 CSR 在请求中应由属于公钥的私钥签名。这起到私钥的"proof of possession"的作用。
import_certificate(data)	导入公钥的 X.509 v3 证书。 data ::=octet-string octet-string 包含 PKCS # 10 (RFC 2986) 中指定的 CSR 的 DER 编码。

export_certificate(data)	在服务器中导出 X.509 v3 证书。
	证书用实体标识或证书的序列号标识。
	data::=certificate_identification
	certificate_identification::=structure
	{
	certificate_identification_type：enum：
	(0) certificate_identification_entity，
	(1) certificate_identification_serial
	certification_identification_options：CHOICE
	{
	certificate_identification_by_entity，
	certificate_identification_by_serial
	}
	}
	certificate_identification_by_entity::=structure
	{

	certificate_entity：enum：
	(0) 服务端，
	(1) 客户端，
	(2) 认证机构，
	(3) 其他。
	certificate_type：enum：
	(0) 数字签名，
	(1) 协议密钥，
	(2) TL，
	(3) 其他。
	system_title：octet-string
	}
	certificate_identification_by_serial∷=structure
	{
	serial_number：octet-string，
	issuer：octet-string
	}
	response data∷=octet-string
	响应数据 octet-string 被格式化为 X.509 v3 DER 格式。
	如果没有找到匹配的证书，响应应包含适当的错误代码。

remove_certificate(data)	删除服务器中的 X.509 v3 证书。 data∷=certificate_identification 见 export_certificate 的 certificate_identification。 **注 12**：无法从服务器中删除数字签名，密钥协议和 TLS 的服务器证书。当需要更新这些证书时，会生成新的密钥对，生成新的证书请求，并导入新的证书。

5.3.8 推送接口类与对象

5.3.8.1 概述

有几种情况，DLMS 消息可以不被明确要求而“推送”到目的地，如：

——如果预定的时间到达；

——如果一个值被本地监视到超过阈值；

——由本地事件触发（如上电/下电，按钮按下时，表盖打开）。

该 DLMS/COSEM 推送机制遵循发布/订阅模式：

发布/订阅是这样的消息传递模式，消息的发送者（发布者）不直接发送直接消息到特定的接收者（订阅者）。相反，所发布的消息以类为特点，无需知道订阅者是谁，订阅者是是否存在。订阅者表达对一个或多个类感兴趣，并且仅接收感兴趣的消息，无需知道发布者是否存在。[维基百科]

在 DLMS/COSEM，推送由“Association”对象的 object_list 属性建模，“Association”对象的 *object_list* 属性提供 COSEM 对象列表和在给定 AA 中的访问属性的列表。认购是通过写“Push setup”对象的相应属性建模。所需的数据被发送（按照指定的触发）采用 xDLMS DataNotification 服务。

推送操作的 COSEM 模型如图 11 所示。

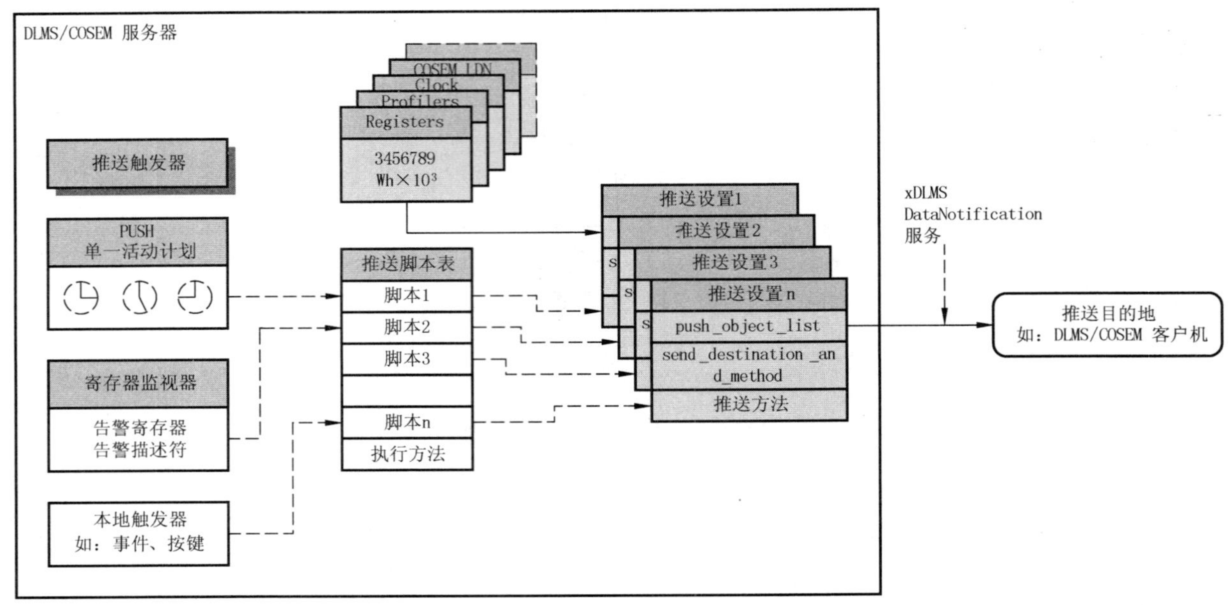

图 11 推送操作的 COSEM 模型

建模推送操作的核心要素是“Push setup”IC。该 *push_object_list* 属性包含要被推送的 COSEM 对象属性引用的列表。

不同的触发器(如调度器,监视器,局部触发器等)调用“Script table”对象(“Script table”IC 的新实例)中的脚本条目,“Script table”对象然后调用相关“Push setup”对象的推送方法。目的地,通信介质,协议,编码,定时以及推送操作的任何重试都是由“Push setup”对象的其他属性来确定。

每个触发器可导致数据被发送到一个专用的目的地。因此,对于每个触发器或一组触发器来说,各自定义“Push setup”对象推送的内容和推送消息的目的地,以及所使用的通信介质是可用的。

对于发生报警时推送数据,报警监控对象(新的可用的“Register monitor”IC 的实例)是可用的。

该报警由警 *Alarm register* 或 *Alarm descriptor* 对象控制,见 6.2.59。

Alarm descriptor 和报警条件需求的结构在相关规范中定义。

Alarm descriptor 对象由报警“Register monitor”对象监控,见 6.2.13。推送“Script table”对象中,这些操作属性提供了到 action_up 的链接,也可是推送“Script table”对象中 action_down 脚本(见 6.2.7),推送“Script table”对象然后调用所希望的“Push setup”对象的推送方法。当报警发生时,预定义的一组数据(可能包括警告寄存器的其他数据和报警描述对象)被发送。

推送数据发出(在满足推送的条件时)通过未经请求的,非客户/服务器类型 xDLMS 服务,数据通知服务。当推进数据长时,它可以以块发送。

推送流程在 AA 的语境中,其中“Push setup”是可见的。安全语境是由从“Association”对象引用的“Security setup”对象来确定。

注:细则从属于相关配套规范。

处理客户端收到的数据所需的所有信息应:

——由客户端检索,例如通过抄读 *push_object_list* 属性;或者

——为被推送的数据的一部分;或者

——在客户端应用程序被预定义。

5.3.8.2 推送设置(class_id=40,版本=0)

“Push setup”IC 包含一个要被推送到 COSEM 对象属性的引用列表,它还包含推送目的地和方法

以及通信时间窗口和重试处理。

推送发生基于调用推送方法，推送方法通过推送“Single action schedule”对象，报警“Register monitor”对象，专门的内部事件或外部地触发。当触发推送操作后，根据给定的“Push setup”对象的设置来执行。取决于通信窗口设置，推送立即执行或一旦通信窗口激活，在一个随机延迟后执行。如果推送不成功，进行重试。推送窗口，延迟和重试都在图 12 中显示。

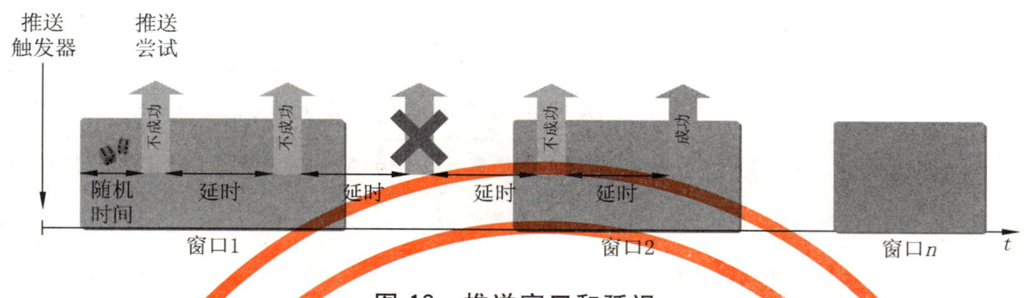

图 12　推送窗口和延迟

推送设置	0…n	class_id=40，版本=0			
属性	**数据类型**	**最小值**	**最大值**	**默认值**	短名
1. logical_name (static)	octet-string				x
2. push_object_list(static)	array				x+0x08
3. send_destination_and_method (static)	structure				x+0x10
4. communication_window (static)	array				x+0x18
5. randomisation_start_interval(static)	long-unsigned				x+0x20
6. number_of_retries (static)	unsigned				x+0x28
7. repetition_delay (static)	long-unsigned				x+0x30
特定方法	**m/o**				
1. push (data)	o				x+0x38

属性描述	
logical_name	标识“Push setup”对象实例，见 6.2.23。
push_object_list	定义要推送的属性列表。 在调用 *push* (data)方法时，将项目发送到 *send_destination_and_method* 属性中定义的目的地。 array object_definition object_definition∷=structure { class_id：long-unsigned， logical_name：octet-string， attribute_index：integer， data_index：long-unsigned

}

其中：

——attribute_index 是指向对象中属性的指针，对象由 class_id 和 *logical_name* 标识：attribute_index1 指第 1 个属性（即 *logical_name*），attribute_index2 指第 2 个属性；attribute_index0 指所有的公共属性；

——data_index 是一个指针，用于选择具有复合数据类型（结构或数组）的属性的一个或多个特定元素。

data_index：	最高有效字节（MS-Byte）		最低有效字节（LS-Byte）
	高四位	低四位	

如果属性的 data_type 简单，data_index 没有任何意义。

如果属性是一个结构或数组，那么 data_index 用于指向结构或数组中的元素。data_index 1 标识复合属性的第一个元素。

当属性为“Profile generic”对象的 *buffer* 时，data_index 承载选择性访问参数：

——0x0000＝标识整个属性；

——0x0001 到 0x0FFF＝标识复合属性的一个元素；

——0x1000 到 0xFFFF＝选择性访问保持“Profile generic”对象 *buffer* 的数组。data-index 0x1000 到 0xFFFF＝选择性访问保持“Profile Generic”对象的缓冲区的数组。data-index 选择最后（最近）时间段，或最后（最近）条目内条目以及数组中的列。

编码在表 16 中指定。

注 1：如果 push_object_list 数组为空，则推送操作将被禁用。

注 2：push_object_list 属性本身也可以被推送，以清楚地标识推送的数据。

类似于“Profile generic”IC 的情况，push_object_list 属性中包含的所有属性都将被推送，而不考虑对它们的访问权限。因此，push_object_list 属性的写入应仅限于具有适当访问权限的客户端。

send_destination_and_method

包括目的地址（例如电话号码，电子邮件地址，IP 地址），其中由 *push_object_list* 中指定的数据应发送，以及发送方法。

```
send_destination_and_method∷＝structure
{
    transport_service: transport_service_type,
    destination: octet-string,
    message: message_type
}
```

其中：

——transport_service 元素定义用来推送该数据服务的型式：

transport_service_type∷＝enum：

(0) TCP,

(1) UDP,

(2) 预留 FTP,

	(3) 预留 SMTP, (4) SMS, (5) HDLC, (6) 预留 M-Bus, (7) 预留 ZigBee® (200...255) 厂商指定。 ——目标元素包含其中数据应发送的目标地址。目标地址中的元素取决于所使用的传输服务。 每个"Push setup"对象实例指定一个目标。如果需要将数据发送数个目标需要几个"Push setup"对象都被实例化。 ——message_type 元素标识使用的 xDLMS APDU 的编码方式。 message_type::=enum: (0) A-XDR 编码 xDLMS APDU, (1) XML 编码 xDLMS APDU, (128...255) 厂商指定。 ——所有其他的 transport_service_type 和 message_type 值都保留供将来使用

communication_window	定义推送通信窗口处有效(start_time)和无效(end_time)的时间点。见图 12。
	array window_element
	window_element::=structure
	{
	start_time: octet-string,
	end_time: octet-string
	}
	start_time 和 end_time 的格式按 4.6.1 中对包括通配符的 *date-time* 的规定。
	如果到达通信窗口的结束时间,启动的推送操作结束。
	如果没有定义通信窗口(数组[0])始终可以推送操作。

randomisation_start_interval	为了避免在完全相同的时刻大量的设备,同时进行推送操作,可定义一个随机时间间隔(以秒为单位)。这意味着 *push* 操作不是在调用 *push* 方法后立即开始的,而是在间隔内随机延迟的。 *randomisation_start_interval* 属性定义可以从随机化算法获得的最大值。结果值用于延迟第一次推送操作。重试时不再使用。 如果在调用 *push* 方法时,没有通信窗口有效,则延迟从下一个通信窗口的开头开始延迟。如果有效的通信窗口中调用 *push* 方法,则推送操作仍然延迟。 *randomisation_start_interval* 仅对第一个推送尝试有效。如果没有定义 *communication_window*,*randomisation_start_interval* 对每个推送尝试是有效的。 如果 *randomisation_start_interval* 设置为 0,没有延迟。 如果 *randomisation_start_interval* 比第一通信窗口更长,第一个发送尝试将在以后的任何窗口进行。

number_of_retries	定义在失败或跳过发送尝试的情况下,最大重试次数。一个成功的推送操作之后不再推送尝试,直到推送操作再次触发。如果已收到较低层传输确认,视作推送成功。 检测不成功的推送尝试的条件可能取决于所使用的通信协议和执行,因此不在本技术规范的范围。
repetition_delay	时间延迟,在失败的推送后,到下一个推送尝试开始的以秒表示的时间延迟。 注 3: 重复延迟本身不受通信窗口的影响。但重试只能在通信窗口有效的当时进行。否则,就按照一个不成功的推送尝试来处理。 注 4: 发送数据没有存储在中间缓冲区。在重试的情况下,属性的当前值可随每次推送尝试改变。
方法说明	
push (data)	考虑到在该 IC 的给定实例中定义的属性值,起动引起推送数据的加工和发送的推送流程。 data ::=integer (0)

表 16 使用 data_index 对选择性访问参数进行编码

	最高有效字节(**MS_Byte**) 高四位:选择时间段或条目
0xF	最近的完全月份数:即选择性访问缓冲区,结果是最近的完全月份数的所有条目以及当前月份午夜的第一个条目的缓冲区
0xE	最近的完全天数:即选择性访问缓冲区,结果是最近的完全天数的所有条目以及今天午夜的第一个条目的缓冲区
0xD	最近的完全小时数:即选择性访问缓冲区,结果是最近的完全小时数的所有条目以及当前小时的第一个条目的缓冲区
0xC	最近的完全分钟数:即选择性访问缓冲区,结果是最近的完全分钟数的所有条目以及当前分钟的第一个条目的缓冲区
0xB	最近的秒数:即选择性读取访问缓冲区,结果是最近的秒数的所有条目的缓冲区
0xA	包括当前月份的最近的完全月份数:与上面提到的 0xF 相同,但截止现在的所有条目都被检索
0x9	包括当前日的最近的完全天数:与上面提到的 0xE 相同,但截止现在的所有条目都被检索
0x8	包括当前小时的最近的完全小时数:与上面提到的 0xD 相同,但截止现在的所有条目都被检索
0x7	包括当前分钟的最近的完全分钟数:与上面提到的 0xC 相同,但截止现在的所有条目都被检索
0x6...0x2	保留
0x1	最近条目的数量
0x0	选择整个属性或具有复合数据类型的单个元素(MS-Byte 低半字节 0x0…0xF,LS-Byte 0x00…0xFF)
	MS_Byte 低四位:定义选择的"Profile General"缓冲区的列数

表 16（续）

	最高有效字节(**MS_Byte**)高四位:选择时间段或条目
0x0	所有列
0x1 到 0xF	列数,从 1 列开始
0x00…0xFF	最低有效字节: ——按时间段选择性访问情况下(即:月、日、小时…的数量),定义当前的完全时间段的数量(0 到 255); ——按条目选择性访问情况下,定义当前条目的数量
示例 1)	0xE401:选择最近完全一天的条目。前 4 列都包括在内
示例 2)	0xA300:选择当前月的条目。前 3 列包括在内
示例 3)	0x800C:选择最近的完全 12 小时的条目。所有列都包括在内
示例 4)	0x1080:选择最近的 128。所有列都包括在内

5.3.9 COSEM 数据保护

5.3.9.1 概述

该 IC 的实例允许对 COSEM 数据(即属性值、方法调用和返回参数)应用加密保护。这是间接通过“Data protection”接口类的实例访问其他 COSEM 对象的属性和/或方法来实现的,“Data protection”接口类为 COSEM 数据提供必要的机制和参数,以应用/验证/删除保护。

注 1:“Accessing”包括读/写/捕获/推送 COSEM 对象属性或调用方法。

注 2:直接访问 COSEM 对象的属性和方法时,可以通过按相关安全策略和访问权限的规定保护 xDLMS APDU 来提供保护。

注 3:关于加密安全性的定义和缩略语见 GB/T 17215.653—2018,第 3 章。

对 COSEM 数据的保护保持一致,并且对 xDLMS APDU 的补充保护按 GB/T 17215.653—2018,5.7 中定义。

COSEM 数据保护的使用案例包括但不限于:

——检索受保护属性值的预定义集合;

——存储“Profile generic”对象中受保护属性值的预定义集合以备以后检索;

——推送受保护属性值的预定义集合;

——读取或写入具有保护的其他 COSEM 对象的选择属性;

——调用另一个 COSEM 对象的方法,该 COSEM 对象具有受保护的方法调用和返回参数。

保护可以包括认证、加密和数字签名的任何组合,并且可以以分层的方式应用。应用和取消保护的各方是 DLMS/COSEM 服务器和另一被标识方,另一被标识方可以是 DLMS/COSEM 客户端或第三方。

在 DLMS/COSEM 服务器和第三方之间应用数据保护允许关键/敏感数据对客户端保密,第三方通过客户端访问服务器。由第三方签署 COSEM 数据支持不可否认性。

对于第三方和服务器之间的端到端保护,另见 GB/T 17215.653—2018,4.1.7 和 5.2.5。

保护参数始终由客户端控制,适当时由服务器填充某些元素。

安全套件由当前“Association SN”/“Association LN”对象引用的“Security setup”对象确定。

图 13 显示了数据保护的 COSEM 模型以及“Data protection”对象与其他 COSEM 对象之间的关系。

为了访问具有受保护数据的其他 COSEM 对象的属性,有两种可用的机制:

——读取或写入 *protection_buffer* 属性。*protection_buffer* 还可以在“Profile generic”对象中捕获,或者使用“Push setup”对象推送;

——调用 *get_protected_attributes*/*set_protected_attributes* 方法。

要访问具有受保护数据的另一个 COSEM 对象的方法,可以使用 *invoke_protected_method* 方法。

承载服务调用以访问“Data protection”对象的属性和方法的 APDU 按通过对这些属性和方法的访问权限以及“Security setup”*security_suite* 和 *security_policy* 规则进行保护。

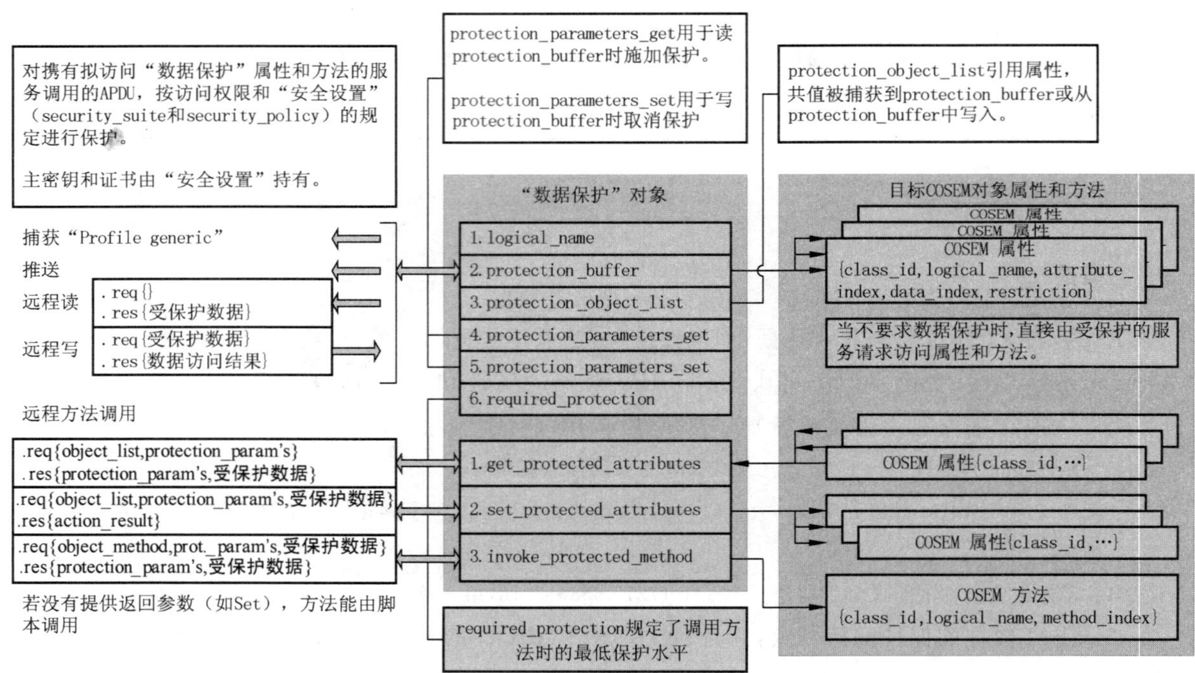

图 13 数据保护的 COSEM 模型

对 COSEM 数据的保护在以下各种情况下被应用和删除:

a) *protect_buffer* 属性被读取/在“Profile generic”对象中被捕获/被推送时:

- 捕获由 *protect_object_list* 确定的属性;
- 根据 *protect_parameters_get* 将保护应用于属性集,并且结果放在 *protect_buffer* 中;
- *protect_buffer* 的值被返回/在“Profile generic”缓冲区中被捕获/使用“Push setup”对象被推送。

b) 当 protect_buffer 写入时:

- 受保护的数据写入 *protect_buffer*;并且
- 根据 *protect_parameters_set* 删除保护,并将生成的属性值写入由 *protect_object_list* 指定的属性。

c) 调用 *get_protected_attributes* 方法时：
- 捕获由 get_protected_attributes_request 的 object_list 元素确定的属性；
- 根据 *required_protection* 属性和响应 protect_parameters 进行保护。如果 protect_parameters 不满足 *required_protection*，则方法调用失败；
- 返回受保护的属性值。

d) 调用 *set_protected_attributes* 方法时：
- 使用应满足 *required_protection* 的 protect_parameters 验证和删除对 protected_attributes 的保护；
- 将所得到的属性值放在 object_list 元素指定的属性中。

e) 调用 *invoke_protected_method* 方法时：
- 使用应满足 *required_protection* 的请求中的保护参数来删除对受保护方法调用参数的保护；
- 使用此方法调用参数调用由 invoke_protected_method_request 的 object_method 元素指定的方法；
- 对于返回参数，应用使用应满足 *required_protection* 的响应保护参数的保护。如果 protect_parameters 不满足 required_protection，则方法调用失败；
- 返回受保护的方法返回参数。

图 14 显示了一个示例，说明了 *protection_buffer* 中受保护的数据是如何由 *protection_object_list* 根据 *protection_parameters_get* 确定的属性构造的。另见 GB/T 17215.653—2018，图 29。

当读取 protection_buffer 属性时，将执行以下步骤：

f) 必备条件：*protection_object_list*、*protection_parameters_get*、主密钥、密钥协议和数字签名证书(根据需要)；

g) 捕获由 *protection_object_list* 确定的 COSEM 对象属性并创建数据，包含捕获的属性的单个数据的结构；

h) 根据 *protection_parameters_get* 保护数据，

注 4：在图 14 所示的示例中应用了两层保护：

——第一层是压缩/加密/由安全控制字节 SC 确定的认证的组合，结果(C)数据；

——第二层是应用于 (C) 数据的数字签名。

i) 将数据类型 octet-string 的受保护数据放入 *protection_buffer*；

j) 返回 *protection_buffer* 的值。

可能还需要抄读 protection_parameters_get 以获得保护参数以验证/删除受接收方的保护。

应用/删除保护时使用的调用计数器与所使用的密钥相关。当应用保护时，相应的调用计数器将递增。更改密钥时，调用计数器应重置为 0。

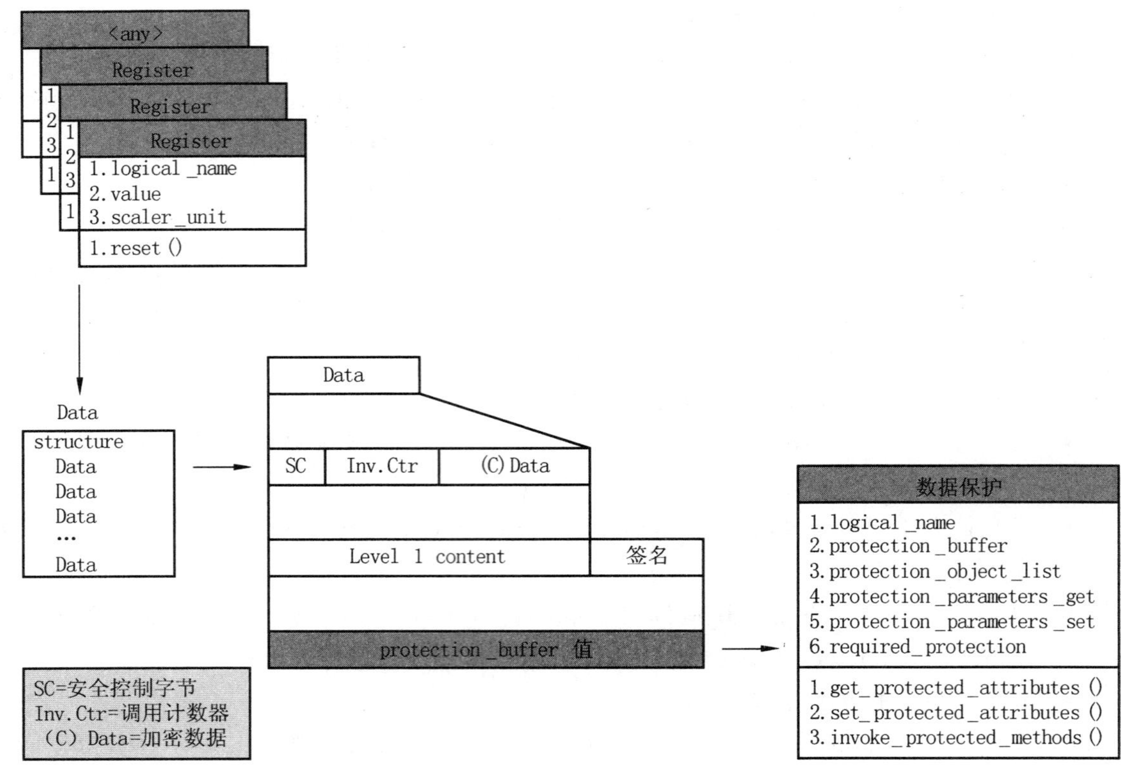

图 14 示例：读取 *protection_buffer* 属性

5.3.9.2 数据保护（class_id＝30，版本＝0）

数据保护	0…n	class_id＝30，版本＝0			
属性	**数据类型**	**最小值**	**最大值**	**默认值**	**短名**
1. logical_name (static)	octet-string				x
2. protection_buffer (dyn.)	octet-string				x+0x08
3. protection_object_list (static)	array				x+0x10
4. protection_parameters_get(static)	array				x+0x18
5. protection_parameters_set(static)	array				x+0x20
6. required_protection(static)	enum				x+0x28
特定方法	***m/o***				
1. get_protected_attributes (data)	m				x+0x30
2. set_protected_attributes (data)	m				x+0x38
3. invoke_protected_method (data)	m				x+0x40

属性说明	
logical_name	标识“Data protection”对象实例。见 6.2.33。
protection_buffer	包含受保护的数据。

读取时，捕获由 *protect_object_list* 确定的属性，然后根据 *protect_parameters_get* 应用保护。

写入时，受保护的数据将放入 *protect_buffer* 中，然后根据 *protect_parameters_set* 验证/删除保护，并设置由 *protect_object_list* 确定的属性。

protection_object_list

定义要在 *protect_buffer* 被读取时要被捕获到 *protect_buffer* 的属性列表，或者在写入 *protect_buffer* 时要设置的属性列表。

两个互斥的选择性访问机制可用：

——相对选择性访问，即返回相对于当前日期或条目定义的条目：此机制由 data_index 元素控制；或

——绝对选择性访问，即返回明确定义的日期范围或输入范围中的条目：此机制由限定元素控制。

```
array object_definition
object_definition∷=structure
{
    class_id: long-unsigned,
    logical_name: octet-string,
    attribute_index: integer,
    data_index: long-unsigned,
    restriction: restriction_element
}
```

其中：

——attribute_index 是指向对象中的属性的指针，对象由 class_id 和 logical_name 标识：attribute_index 1 指第一属性（即 logical_name）、attribute_index 2 指第二属性等；attribute_index 0 是指所有公共属性；

——data_index 是一个指针，它选择一个或多个具有复合数据类型（结构或数组）的属性的特定元素：

- 如果属性的数据类型简单，则 data_index 没有任何意义；
- 如果属性的数据类型为结构或数组，则 data_index 指向结构或数组中的一个或多个特定元素；
- 当属性是“Profile generic”对象的 *buffer* 时，data_index 承载相对于当前日期或条目的选择性访问参数。

data_index:	最高有效字节(MS-Byte)		最低有效字节(LS-Byte)
	高四位	低四位	

——0x0000＝标识整个属性；

——0x0001 到 0x0FFF＝标识复合属性中的一个元素。复合属性中的第一个元素由 data_index 1 标识；

——0x1000 到 0xFFFF＝选择性地访问保持“Profile Generic”对象的缓冲区的数组。数据索引选择最后(最近)时间段的数量,或最后一个(最近)条目的数量以及数组中的列。

编码在表 16 中规定。

当属性是“Profile generic”对象的缓冲区时,restrict_element 指定在明确定义的日期范围或条目范围中的选择性访问参数。

```
restriction_element::=structure
{
restriction_type : enum:
            (0) 无,
            (1) 按日期限定,
            (2) 输入限定
restriction_value: CHOICE
{
null-data,//没有限制
restriction_by_date,
restriction_by_entry
}
}
restriction_by_date::=structure
{
from_date: octet-string,
to_date: octet-string
}
restriction_by_entry::=structure
{
from_entry: double-long-unsigned,
to_entry: double-long-unsigned
}
```

——restriction_element 定义了按照日期范围(from_date 到 to_date)或条目(from_entry 到 to_entry)对“Profile generic”缓冲区的绝对选择性访问。为了使用这种绝对选择性访问机制,data_index 应设置为 0x0000;

——restriction_element 由 restrict_type 和 restriction_value 组成:

- 按日期范围限定,restrict_type 元素保持(1)按日期限定,restrict_value 元素包含 restrict_by_date 结构;
- 按条目限制,restrict_type 元素保持(2)按条目限制,restrict_value 元素包含 restrict_by_entry 结构;
- 否则,restrict_type 元素保持(0)none,restrict_value 元素包含 null-data。如果使用相对选择性访问,也应采取这种选择。

protection_parameters_get	包含所有必要的参数，以指定在读取 *protect_buffer* 时应用的保护。

array protection_parameters_element

protection_parameters_element∷=structure

{

protection_type：enum：

(0) 认证，

(1) 加密，

(2) 认证和加密，

(3) 数字签名

protection_options：structure

{

Transaction_id：octet-string，

originator_system_title：octet-string，

recipient_system_title：octet-string，

other_information：octet-string，

key_info：key_info_element

}

}

其中：

——transaction_id 保持交易记录的标识符；

——originator_system_title 保持应用保护的发起人的系统名称；

——recipient_system_title 保持接收方的系统名称，接收方将检查和删除给定的保护；

——other_information 承载其他信息。其内容可在项目特定的配套规范中指定。长度为 0 的字符串表示不使用此域；

——key_info 保持收件人获取正确的密钥以检查和删除认证和加密所需的信息。在数字签名的情况下，key_info 是不必要的，它应该是一个 0 元素的结构。

域 transaction-id ...other-information 是 A-XDR 编码的 OCTET STRINGs。如果适用，每个域的长度和值都包含在 AAD 中。

key_info_element∷=structure

{

key_info_type：enum：

(0) identified_key，

——与 identify_key_info_options 一起使用

(1) wrapped_key，

——与 wrapped_key_info_options 一起使用

(2) agreed_key

——与 agreed_key_info_options 一起使用

key_info_options：CHOICE

{

<table>
<tr><td></td><td>identified_key_info_options，
wrapped_key_info_options，
agreed_key_info_options
}
}
identified_key_info_options::=enum：
(0) global_unicast_encryption_key，
(1) global_broadcast_encryption_key
wrapped_key_info_options::=structure
{
kek_id：enum：
(0) master_key，
key_ciphered_data：octet-string
}
agreed_key_info_options::=structure
{
key_parameters：octet-string，
key_ciphered_data：octet-string
}
此属性首先由客户端编写。服务器可能需要填写一些附加的元素，在这种情况下，客户端应将此属性读回-如果需要，请将其转发给第三方(以便他们可以使用这些参数来验证/删除保护)。
对于各种元素的使用，见表 17 和表 18。</td></tr>
<tr><td>protection_parameters_set</td><td>包含所有必要的参数，以验证/删除 protection_buffer 写入时所应用的保护。
array protection_parameters_element
protection_parameters_element：请见 protection_parameters_get 属性。
此属性由客户端编写，服务器使用它来验证和删除保护。
对于各种元素的使用，见表 17 和表 19。</td></tr>
<tr><td>required_protection</td><td>对通过“Data protection”对象访问的方法的属性值/调用和返回参数规定了所需的保护。
enum：
当实例值被解释为无符号时，每个位的含义如下所示：
Bit 需要保护
0 未使用，应设置为 0，
1 未使用，应设置为 0，
2 认证请求，
3 加密请求，
4 个数字签名请求，
5 认证响应，
6 加密响应，
7 数字签名回复。</td></tr>
</table>

方法说明	

get_protected_attributes	获取 object_list 元素指定的属性的值，并根据 get_protected_attributes_response 中的 protection_parameters 进行保护。
	调用参数的方法：
	data∷＝get_protected_attributes_request
	get_protected_attributes_request∷＝structure
	{
	object_list：array object_definition，
	protection_parameters：array protection_parameters_element，
	}
	Return parameters：
	data∷＝get_protected_attributes_response
	get_protected_attributes_response∷＝structure
	{
	protection_parameters：array protection_parameters_element，
	protected_attributes：octet-string
	}
	其中：
	object_list：查看 *protection_object_list* 属性；
	protection_parameters∷＝array rotection_parameters_element。
	protect_parameters_element：查看 *protect_parameters_get* 属性。
	get_protected_attributes_response 中的 protect_parameters 通过从 get_protected_attributes_request 复制 protect_parameters 来进行详细阐述，除非服务器可能需要填写一些元素。远程方使用 get_protected_attributes_response 中的 protect_parameters 来对所返回的 protected_attributes 进行验证/删除保护。
	对于各种元素的使用，见表 17 和表 20。

set_protected_attributes	根据 protect_parameters 元素验证和删除对 protected_attributes 元素的保护后，设置由 object_list 元素指定的属性的值。
	调用参数的方法：
	data∷＝set_protected_attributes_request
	set_protected_attributes_request∷＝structure
	{
	object_list：array object_definition，
	protection_parameters：array
	protection_parameters_element，
	protected_attributes：octet-string
	}
	其中：
	——object_list：请参阅 *protect_object_list* 属性；
	——protection_parameters∷＝array
	protection_parameters_element。
	protect_parameters_element：请参阅 *protect_parameters_get* 属性。
	对于各种元素的使用，见表 17 和表 21。

invoke_protected_method	在根据 invoke_protected_method_ request 中的 protect_parameters 验证并删除对 protected_method_invocation_parameters 的保护后，调用 object_method 元素指定的方法。
	在调用 object_method 元素指定的方法之后，返回参数将应用 invoke_protected_ method_response 中的 protect_parameters(应满足 *required_protection*)的保护，并返回由 protect_parameters 和 protected_method_return_parameters 组成的 invoke_protected_method_response。
	调用参数的方法：
	data::=invoke_protected_method_request
	invoke_protected_method_request::=structure
	{
	object_method：object_method_definition，
	protection_parameters：array protection_parameters_element，
	protected_method_invocation_parameters：octet-string
	}
	object_method_definition::=structure
	{
	class_id：long-unsigned，
	logical_name：octet-string，
	method_index：integer，
	}
	Return parameters：
	data::=invoke_protected_method_response
	invoke_protected_method_response::=structure
	{
	protection_parameters：array protection_parameters_element，
	protected_method_return_parameters：octet-string
	}
	protection_parameters_element：参见 protection_parameters_get 属性的规范。
	如果调用的方法不提供返回参数，则 invoke_protected_method_response 应为结构，结构中 protection_parameters 为零元素数组，protected_method_return_parameters 为零长度的 octet-string。
	服务器使用 invoke_protected_method_ request 中的 protection_parameters（应满足 *required_protection*）来验证和删除 protected_method_invocation_parameters 的保护。
	invoke_protected_method_response 中的 protection_parameters 是通过将 protection_parameters 从 invoke_protected_method_request 复制到 invoke_protected_method_response 来阐述的，除此之外服务器可能需要填充一些元素。
	然后应用 invoke_protected_method_response 中的 protection_parameters（应满足 *required_protection*）来保护 protected_method_return_parameters 中的数据。
	对于各种元素的使用，见表 17 和表 22。

表 17 建立数据保护密钥所需的密钥信息

密钥信息选择		注释
key_info_options		
(0) **identified_key_info_options**	S	EK 被标识
(0) global_unicast_encryption_key	S	GBEK
(1) global_broadcast_encryption_key	S	GUEK
(1) **wrapped_key_info_options**	S	使用密钥包传输 EK
kek_id	M	
(0) master_key	M	标识用于包装 key_ciphered_data 的密钥。 0＝Master Key (KEK)
key_ciphered_data	M	用 KEK 包随机生成的密钥
(2) **agreed_key_info_options**	S	该密钥由双方同意使用以下两种方法之一： ——One-Pass Diffie-Hellman C(1e,1s,ECC CDH)方案或 ——静态统一模式 C (0e,2s,ECC CDH) 方案。
key_parameters	M	密钥协议方案的标识符： 0x01：C (1 e,1s,ECC CDH) 0x02：C (0 e,2s,ECC CDH) 所有其他保留
key_ciphered_data	M	——在 C (1 e,1s,ECC) 方案的情况下：临时密钥的公钥 Qu 协商签名的 U 方的密钥对与 U 方的私人数字签名钥匙一致。 ——在 C (0 e,2s ECC) 方案的情况下：长度为零的 octet-string。 注：在第二种情况下，U 方应提供一个随机，NonceU。见 GB/T 17215.653—2018,5.3.4.6 4 和 5.3.4.6.5。
M：必选(结构的一部分) S：可选(部分选择 CHOICE)		

表 18 *protection_parameters_get* 属性的保护参数

protection_parameters_get		**由客户端写**	**由服务器填充**
array protection_parameters_element	M	x	
protection_type	M	x	
(0)认证	S	x	
(1)加密	S	x	
(2)认证并加密	S	x	
(3)电子签名	S	x	
protection_options	M	x	

表 18（续）

protection_parameters_get		由客户端写	由服务器填充
transaction_id	M	x	
originator_system_title(应带有服务器系统标题)	M	x	
recipient_system_title(应带有远程方系统标题)	M	x	
other_information	M	x	
key_info	M	x	
key_info_type	M	x	
(0) identified_key	S	x	
(1) wrapped_key	S	x	
(2) agreed_key	S	x	
key_info_options	M	x	
identified_key_options	S	x	
global_unicast_encryption_key	S	x	
global_broadcast_encryption_key	S	x	
wrapped_key_options	S	x	
kek_id	M	x	
(0) master_key	M	x	
key_ciphered_data	M	x	
agreed_key_options	S	x	
key_parameters	M	x	
key_ciphered_data	M		x
protection_parameters_get 属性是由客户端编写入的，但当 key_info_type 是（2）协商密钥时，agreed_key_options 的 key_ciphered_data 是空的。 当使用 One-pass Diffie-Hellman c(1e、1s、ECC CDH) 方案时，此元素由服务器填充，远程方应读取 *protection_parameters_get*，以便能够验证和删除保护。			
M：必选(结构的一部分) S：可选（CHOICE 的一部分）			

表 19 *protection_parameters_set* 属性的保护参数

protection_parameters_get		由客户端写	由服务器填充
array protection_parameters_element	M	x	
protection_type	M	x	
(0)认证	S	x	
(1)加密	S	x	
(2)认证并加密	S	x	
(3)电子签名	S	x	

表 19（续）

protection_parameters_get		由客户端写	由服务器填充
protection_options	M	x	
transaction_id	M	x	
originator_system_title(应带有服务器系统标题)	M	x	
recipient_system_title(应带有远程方系统标题)	M	x	
other_information	M	x	
key_info	M	x	
key_info_type	M	x	
(0) identified_key	S	x	
(1) wrapped_key	S	x	
(2) agreed_key	S	x	
key_info_options	M	x	
identified_key_options	S	x	
(0)global_unicast_encryption_key	S	x	
(1)global_broadcast_encryption_key	S	x	
wrapped_key_options	S	x	
kek_id	M	x	
(0) master_key	M	x	
key_ciphered_data	M	x	
agreed_key_options	S	x	
key_parameters	M	x	
key_ciphered_data	M	x	
M：必选(结构的一部分) S：可选（CHOICE 的一部分）			

表 20 *get_protected_attributes* 方法的保护参数

保护参数	请求	响应
array protection_parameters_element	M	M (=)
protection_type	M	M (=)
(0) 认证	S	S (=)
(1) 加密	S	S (=)
(2) 认证并加密	S	S (=)
(3) 电子签名	S	S (=)
protection_options	M	M (=)
transaction_id	M	M (=)

表 20（续）

保护参数	请求	响应
originator_system_title	M	M[a]
recipient_system_title	M	M[b]
other_information	M	M (=)
key_info	M	M (=)
key_info_type	M	M (=)
(0) identified_key	S	S (=)
(1) wrapped_key	S	S (=)
(2) agreed_key	S	S (=)
key_info_options	M	M (=)
identified_key_options	S	S (=)
(0) global_unicast_encryption_key	S	S (=)
(1) global_broadcast_encryption_key	S	S (=)
wrapped_key_options	S	S (=)
kek_id	M	M (=)
(0) master_key	M	M(=)
key_ciphered_data	—	M[c]
agreed_key_options	S	S (=)
key_parameters	M	M (=)
key_ciphered_data	—	M[d]
M：必选(结构的一部分) S：可选（CHOICE 的一部分）		
应注意，保护参数取自请求，并付诸响应。保护参数仅适用于响应保护。 [a] 取自请求的 originator_system_title 被赋予反应的 recipient_system_title。 [b] 取自请求的 recipient_system_title 被赋予反应的 originator_system_title。 [c] key_ciphered_data 由服务器填充。 [d] 当使用 One-pass Diffie-Hellman C(1e，1s，ECC CDH) 方案时，该元素由服务器填充。		

表 21 *set_protected_attributes* 方法的保护参数

保护参数	请求	响应
array protection_parameters_element	M	
protection_type	M	
(0)认证	S	
(1)加密	S	
(2)认证并加密	S	
(3)电子签名	S	

表 21（续）

保护参数	请求	响应
protection_options	M	
transaction_id	M	
originator_system_title	M	
recipient_system_title	M	
other_information	M	
key_info	M	
key_info_type	M	
(0) identified_key	S	
(1) wrapped_key	S	
(2) agreed_key	S	
key_info_options	M	
identified_key_options	S	
(0)global_unicast_encryption_key	S	
(1)global_broadcast_encryption_key	S	
wrapped_key_options	S	
kek_id	M	
(0) master_key	M	
key_ciphered_data	M	
agreed_key_options	S	
key_parameters	M	
key_ciphered_data	M	
应注意，保护参数是从请求中取出的，并且不在响应中。保护参数仅用于取消对请求的保护。		
M：必选(结构的一部分) S：可选（CHOICE 的一部分）		

表 22 *invoke_protected_method* 方法的保护参数

保护参数	请求	响应
array protection_parameters_element	M	M (=)
protection_type	M	M (=)
(0)认证	S	S (=)
(1)加密	S	S (=)
(2)认证并加密	S	S (=)
(3)电子签名	S	S (=)
protection_options	M	M (=)

表 22（续）

保护参数	请求	响应
transaction_id	M	M (=)
originator_system_title	M	M[a]
recipient_system_title	M	M[b]
other_information	M	M (=)
key_info	M	M (=)
key_info_type	M	M (=)
(0) identified_key	S	S (=)
(1) wrapped_key	S	S (=)
(2) agreed_key	S	S (=)
key_info_options	M	M (=)
identified_key_options	S	S (=)
(0)global_unicast_encryption_key	S	S (=)
(1)global_broadcast_encryption_key	S	S (=)
wrapped_key_options	S	S (=)
kek_id	M	M (=)
(0) master_key	M	M(=)
key_ciphered_data	M	M[c]
agreed_key_options	S	S (=)
key_parameters	M	M (=)
key_ciphered_data	M	M[d]
M：必选(结构的一部分) S：可选(CHOICE 的一部分)		
应注意，保护参数取自请求并作出响应。请求中的保护参数用于消除请求中的保护，响应中的保护参数用于对响应应用保护。 [a] 来自请求的 originator_system_title 放入回复的 recipient_system_title 中。 [b] 来自请求的 recipient_system_title 被放入响应的 originator_system_title 中。 [c] key_ciphered_data 由发起方在请求中发送并由服务器填写以作出响应。 [d] 当使用单程 Diffie-Hellman C(1e,1s,ECC CDH)方案时，该元素由服务器填充。		

5.3.10 功能控制(class_id=122，版本=0)

IC“Function control”的实例允许服务器中的启用和禁用功能。可以启用/禁用的每个功能都由一个名称标识，并由引用的一组特定对象标识符定义。

为了允许启用和禁用由时间控制的功能，还指定了“Single action schedule”和“Script table”对象。

功能控制	0…n	class_id＝122,版本＝0			
属性	**数据类型**	**最小值**	**最大值**	**默认值**	**短名**
1. logical_name (static)	octet-string				x
2. activation_status (dyn.)	array				x+0x08
3. function_list (static)	array				x+0x10
特定方法	**m/o**				
1. set_function_status (data)	m				x+0x20
2. add_function (data)	o				x+0x28
3. key_agreement (data)	o				x+0x30

属性描述

logical_name 标识"Function control"对象实例。见6.2.35。

activation_status 显示在 *function_list* 属性中定义的每个功能块的当前状态。

activation_status∷＝array function_status_type

function_status_type∷＝structure

{

function_name octet-string,

function_status boolean

}

TRUE＝启用功能,

FALSE＝禁用功能。

function_list 定义可以通过调用 *set_function_status* 方法启用或禁用的功能列表。

function_list∷＝array functional_block

functional_block∷＝structure

{

function_name: octet-string,

function_specification: array function_definition

}

function_definition∷＝structure

{

class_id: long-unsigned,

logical_name: octet-string

}

function_specification 元素包含此功能涉及的对象列表。对象由其类 ID 和逻辑名称引用。

在不能链接到特定对象的功能的情况下,使用 class_id＝0,而第二个元素保持描述性名称而不是 logical_name。

在启用或禁用功能的情况下,功能的名称和服务器的行为应在项目特定的协同规范中进行定义。

还请注意,此属性仅控制服务器中可用的功能,并且可以启用或禁用。通过修改此属性或调用 *add_function* 方法,无法将新功能下载到服务器

方法说明	
set_function_status(data)	启用或禁用属性 *function_list* 中定义的一个或多个功能。 data∷=array function_status_type 如上面的属性 activation_status 中所定义。 未列出的功能状态未被修改。
add_function(data)	向属性 function_list 添加一个新功能。 如果具有相同名称的功能已经存在,则现有功能将被新功能替换。 data∷=functional_block 有关详细信息,请见上面的属性 *function_list*。
remove_function(data)	从属性 *function_list* 中删除一个功能 data∷=octet-string,持有 function_name。

5.3.11 数组管理器(class_id=123,版本=0)

"Array manager"IC 的实例允许管理其他接口对象的类型数组的属性,即:

——检索条目的数量;

——有选择地读一系列条目;

——插入新条目或更新现有条目;

——删除一系列条目。

每个实例允许管理分配给它的类型数组的几个属性。

应用程序的一个例子如图 15 所示。

选定数组：活动日历属性5
day_profile_table_active
除非在相关接口类中已经规定，否则每个选定的由array_object_definition标识的数组条目的数据类型应在项目具体的配套规范中定义
day_id=0, day_schedule
day_id=2, day_schedule
day_id=3, day_schedule
day_id=5, day_schedule
day_id=7, day_schedule
entry_number = 1 （条目号=1）
entry_number = 2 （条目号=2）
entry_number = 3 （条目号=3）
entry_number = 4 （条目号=4）
entry_number = 5 （条目号=5）
get_number_of_entries(选定数组)
获取选定数组的条目数
5
retrieve_entries （从_entry=3到_entry=4）
检索条目（从条目3到条目4）
day_id=3, day_schedule
day_id=5, day_schedule
insert_entry(entry_numer=6, day_id=9, day_schedule)
插入条目（条目6，day_id=9，日计划）
选定数组变成条目数为6的数组。最后一个条目保存了由day_id=9标识日期的day_schedule
day_id=0, day_schedule
day_id=2, day_schedule
day_id=3, day_schedule
day_id=5, day_schedule
day_id=7, day_schedule
day_id=9, day_schedule
update_entry(entry_numer=2, day_id=9, day_schedule)
更新条目（条目2，day_id=9，日计划）
选定数组保持数组条目数为5。但是第二个条目现在保存了由day_id=9标识日期的day_schedule
day_id=0, day_schedule
day_id=9, day_schedule
day_id=3, day_schedule
day_id=5, day_schedule
day_id=7, day_schedule
remove_entries （从_entry=2到_entry=5）
删除条目（从条目2到条目5）
选定数组保持数组现在条目数变为1，仅保存了由day_id=0标识日期的day_schedule
day_id=0, day_schedule

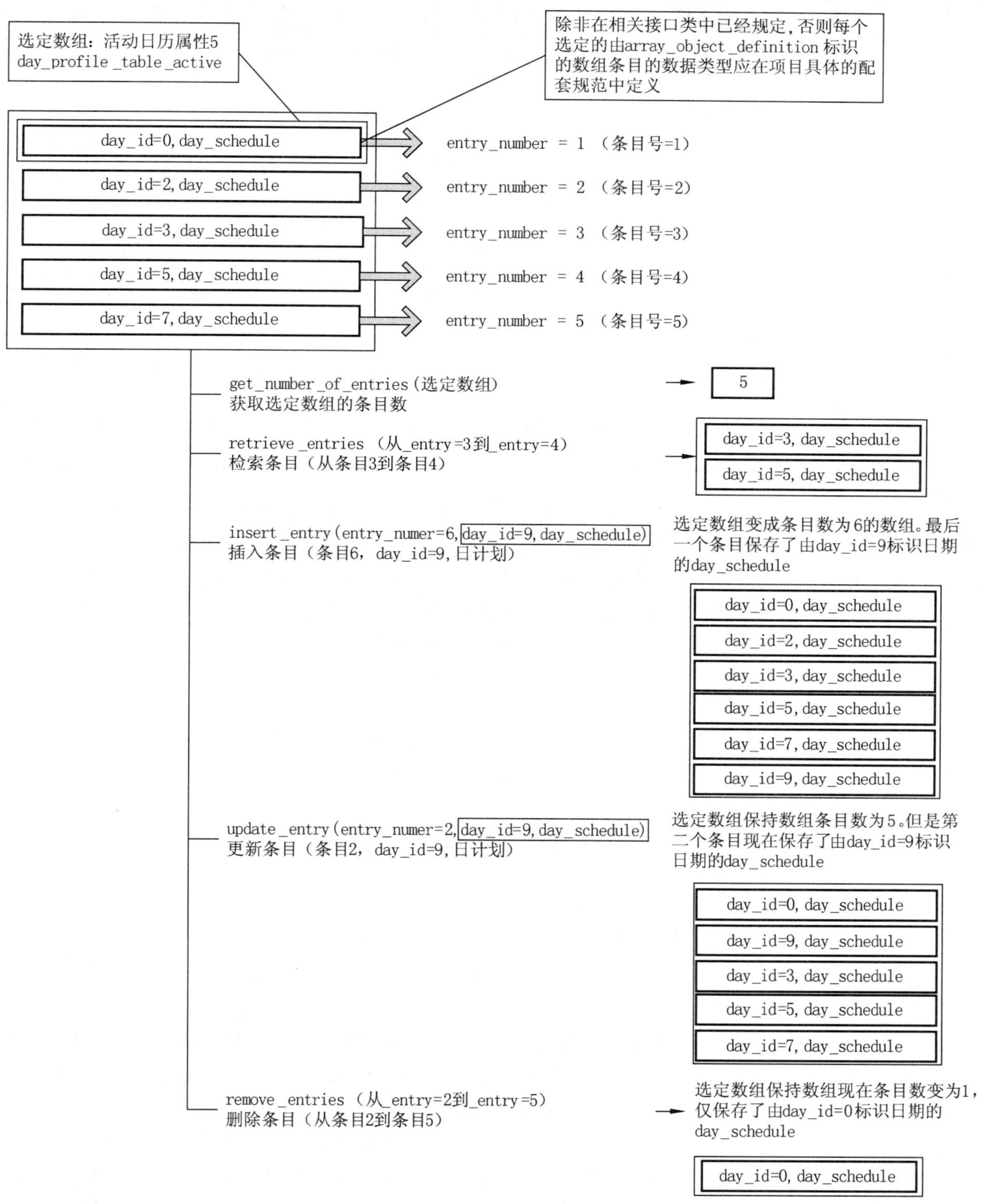

图 15　管理数组的例子

数组管理	0…n	class_id=123,版本=4			
属性	数据类型	最小值	最大值	默认值	短名
1. logical_name (static)	octet-string				x
2. array_object_list (static)	array				x+0x08
特定方法	m/o(m/o)				
1. retrieve_number_of_entries (data)	m				x+0x20
2. retrieve_entries (data)	m				x+0x28
3. key_agreement (data)	o				x+0x30
4. insert_entry (data)	o				x+0x38
5. update_entry (data)	o				x+0x40

属性描述	
logical_name	标识“Array manager”对象实例。见 6.2.16。

array_object_list	定义可由该 IC 的实例管理的类型数组的属性的列表。每个“Array manager”对象可以按 1 到 n 个数组。
	array array_object_list_definition
	array_object_list_definition∷=structure
	{
	    array_object_id: unsigned,
	    array_object_list_element: array_object_definition
	}
	array_object_definition∷=structure
	{
	    class_id: long-unsigned,
	    logical_name: octet-string,
	    attribute_index: integer
	}
	其中,attribute_index 是指向由其 class_id 和 logical_name 标识的对象内的属性的指针。Attribute_index 1 是指第一个属性(即 logical_name),第二个属性指针 2 等。
	由 *array_object_definition* 标识的每个属性应该是 *array* 类型。
	array 数组的属性包含可以通过条目号引用的多个条目。数字 1 标识第一个条目,数字 m 标识最后一个条目,其中 m 是选定数组的条目数量。
	除非在相关接口类中已经指定,array_object_definition 标识的每个数组中的条目的数据类型应在项目特定的配套规范中指定。
	当通过“Array manager”对象访问目标数组时,会观察其访问权限。

方法说明	
retrieve_number_of_entries	返回已标识数组中的条目数。 方法调用参数通过 array_object_id 标识 array_object_list 中一个数组： data：=unsigned 返回参数保持已标识的数组中的条目数。

retrieve_entries(data)	返回 array_object_list 的其中一个数组的一系列条目。
	方法调用参数通过 array_object_id 及要检索的条目来标识 array_object_list 中的一个数组：
	data::=entries_to_retrieve
	entries_to_retrieve::=structure
	{
	array_object_id：unsigned，
	list_of_entries：structure
	{
	from_entry：long-unsigned，
	to_entry：long-unsigned
	}
	}
	其中：
	——array_object_id 标识由“Array manager”对象管理的一个数组；
	——list_of_entries 标识要检索的条目。
	如果所选数组中的条目数是 m：
	——如果 from_entry＜last_entry＜m，则检索该范围内的条目；
	——如果 from_entry＜last_entry，但 last_entry＞m，则从 from_entry 到最后一个条目标识的条目被检索；
	——如果 from_entry＜last_entry，但 from_entry＞m，则该方法返回一个由 0 个元素组成的数组；
	——如果 from_entry＞last_entry 方法调用失败。
	返回参数包含所选条目的数组：
	data::=retrieved_entries：
	retrieved_entries：array entry
	entry::=attribute specific
	数据类型取决于 IC 分类中指定的类型数组属性或项目特定的配套规范。

insert_entry(data)	在选定的数组中插入一个新条目。 data::=structure { array_object_id：unsigned， entry_to_insert：structure {

	entry_number：long-unsigned， entry：attribute specific 条目的数据类型取决于 IC 规范或项目特定配套规范中指定的 *array* 类型的属性。 } } 其中： ——array_object_id 标识由“Array manager”对象管理的一个数组； ——entry_to_insert 标识 entry_number 并保持要被插入的条目本身； 如果 entry_number＝0： ——如果所选数组已满，则方法调用失败； ——否则，新条目被插入到数组的开头：它成为第一个条目，所选数组的所有其他条目都向上移动一个； 如果 entry_number＞m(其中 m 是数组中的条目数) ——如果所选数组已满，则方法调用失败； ——否则，新条目将插入到所选数组的末尾：它将成为最后一个条目。其他条目不转移。 如果 entry_number 标识现有条目，则将其插入现有条目之后。 如果由于插入新条目而使条目移动，那么所有对它们的引用都应更新。

update_entry(data)	更新所选数组中的现有条目。
	data∷＝structure
	{
	array_object_id：unsigned，
	entry_to_update：structure
	{
	entry_number：long-unsigned，
	entry：attribute specific
	条目的数据类型取决于 IC 规范中指定的 array 类型的属性，或者取决于项目特定的配套规范
	}
	}
	其中：
	——array_object_id 标识由“Array manager”对象管理的一个数组；
	——entry_to_update 标识 entry_number 并保持要被更新的条目本身；
	当 entry_number 标识现有条目时，它将被覆盖。在任何其他情况下，方法调用将失败。

remove_entries(data)	删除 array_object_list 的其中一个数组中的一系列条目。
	方法调用参数通过 array_object_id 以及要删除的条目来标识 array_object_list 中的一个数组：
	data∷=entries_to_remove
	entries_to_remove∷=structure
	{
	array_object_id：unsigned；
	list_of_entries：structure
	{
	from_entry：long-unsigned，
	to_entry：long-unsigned
	}
	}
	其中：
	——array_object_id 标识由“Array manager”对象管理的一个数组；
	——list_of_entries 标识要删除的条目。
	如果所选数组中的条目数是 m：
	——如果 from_entry＜last_entry＜m，则删除该范围内的条目；
	——如果 from_entry＜last_entry，last_entry＞m，那么 from_entry 标识的条目直到最后一个条目被删除；
	——如果 from_entry＜last_entry，但 from_entry＞m，则不会删除条目；
	——如果 from_entry＞last_entry 方法调用失败；
	如果条目由于删除条目而被移动，则所有对它们的引用都应被更新。

5.4 时间和事件绑定控件的接口类

5.4.1 时钟(class_id＝8，版本＝0)

此 IC 对设备时钟进行建模，管理与日期和时间相关的所有信息，包括由于时区和夏时制计划而导致的本地时间与世界标准时间（UTC）的偏差。IC 还提供各种调整时钟的方法。

date 信息包括年、月、日和星期。*time* 信息包括小时、分钟、秒、百分之一秒和本地时间与 UTC 的偏差。夏令时功能根据属性修改本地时间与 UTC 的偏差；见图 16。该功能的开始和结束时间通常设置一次。内部算法根据这些设置计算实际切换时间。

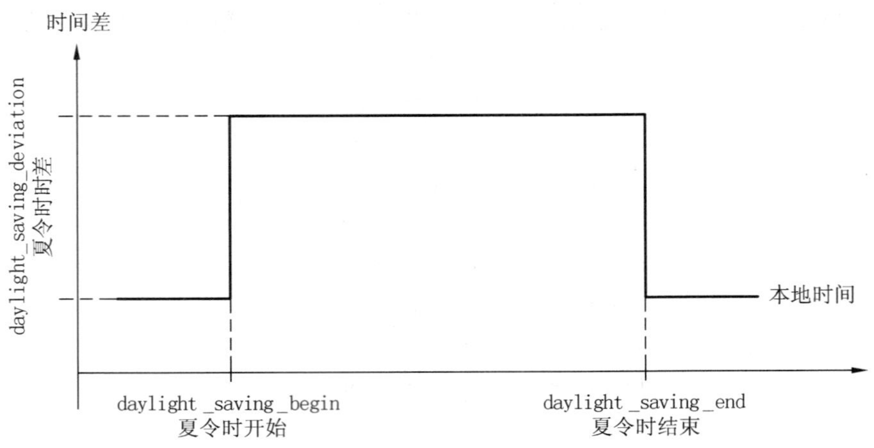

图 16 广义的时间概念

时钟	0…n	class_id=8,版本=0			
属性	**数据类型**	**最小值**	**最大值**	**默认值**	**短名**
1. logical_name (static)	octet-string				x
2. time(dyn.)	octet-string				x+0x08
3. time_zone(static)	long		±720		x+0x10
4. status(dyn.)	unsigned				x+0x18
5. daylight_savings_begin(static)	octet-string				x+0x20
6. daylight_savings_end (static)	octet-string				x+0x28
7. daylight_savings_deviation(static)	integer		±120		x+0x30
8. daylight_savings_enabled(static)	boolean				x+0x38
9. clock_base(static)	enum				x+0x40
特定方法	***m/o***				
1. adjust_to_quarter (data)	o				x+0x60
2. adjust_to_measuring_period (data)	o				x+0x68
3. adjust_to_minute (data)	o				x+0x70
4. adjust_to_preset_time (data)	o				x+0x78
5. preset_adjusting_time (data)	o				x+0x80
6. shift_time (data)	o				x+0x88

属性描述

logical_name	标识“Clock”对象实例,见 6.2.5。
time	包含仪表的当地日期和时间,当地时间与 UTC 的时差和状态。 octet-string,格式按 4.6.1 中对 *date_time* 的规定。 当设置此属性时,代表 *date-time* 的 octet-string 中的所有域都应按照 4.6.1 定义的规则进行评估,仪表中的当地日期与时间都应按照 4.6.1 定义的规则设置。 只改变 *date-time* 中的规定域。 示例:对于只设定日期不改变时间的情况,octet-string 中所有和时间相关的字节串应被设置成“not specified”。

time_zone	本地正常时间与 UTC 的时差,单位为分钟。该值取决于仪表的地理位置。
status	由仪表保持 clock_status。以 *time* 属性指示的 clock_status 元素等于该属性的值。 无符号的,格式由 4.6.1*clock_status* 规定。
daylight_savings_begin	定义当本地时间开始偏离正常时间时的切换日期和时间。 作为通用的定义时,允许使用通配符。 octet-string,格式按 4.6.1 中对 *date_time* 的规定。
daylight_savings_end	定义当本地时间结束偏离正常时间时的切换日期和时间。 octet-string,格式按 4.6.1 中 *date_time* 的规定。
daylight_savings_deviation	包含在夏令时开始时应以与国际标准时间的偏离修正的分钟数。 integer: 偏差范围:达±120 min。
daylight_savings_enabled	boolean:TRUE=DST 启动, FALSE=DST 禁用 **注**:这是一个参数,启用和禁用夏令时功能。当前状态显示在状态属性。
clock_base	定义基本定时信息的来源。 enum: (0)未定义, (1)内部晶振, (2)工频 50 Hz, (3)工频 60 Hz, (4)GPS, (5)无线控制。
方法说明	
adjust_to_quarter(data)	将仪表的时间设置为最接近(+/−)1/4 小时值(*:00,*:15,*:30,*:45)。 data ::=integer (0)
adjust_to_measuring_period(data)	将仪表的时间设置为最接近测量周期的(+/−)起始点。 data ::=integer (0)
adjust_to_minute(data)	将仪表的时间设置为最近的分钟。 如果 second_counter<30 秒,则 second_counter 设置为 0。 如果 second_counter≥30 秒,则 second_counter 设置为 0,并且 minute_counter 递增,所有相关时钟值递增如果需要。 data ::=integer (0)
adjust_to_preset_time(data)	该方法与 preset_adjusting_time 方法结合使用。如果仪表的时间位于 validity_interval_start 和 validity_interval_end 之间,则将时间设置为 preset_time。 data ::=integer (0)

preset_adjusting_time(data)	将时间预设为一个新值(preset_time),并定义可以激活新时间的validity_interval。
	data::=structure
	{
	preset_time: octet-string,
	validity_interval_start: octet-string,
	validity_interval_end: octet-string
	}
	所有字节串格式见4.6.1中date-time。

shift_time(data)	将时间移动 n(−900<=n<=900)s。 data ::=long

5.4.2 **脚本表(class_id=9,版本=0)**

脚本表接口类允许使用 *execute*(data)方法通过执行脚本的一系列操作的触发进行建模。

“Script table”包含一张脚本条目表,每个条目(脚本)表包含一个 script_identifier 和一系列 action_specification。一个 action_specification 激活逻辑设备中方法或修改逻辑设备中一个 COSEM 对象的属性。

一个特定的脚本可以由同一逻辑设备内的其他 COSEM 对象触发,也可以由外部事件触发。

若两个脚本需要在相同时间范例执行,则索引号小的首先执行。

脚本表	0…n	class_id=9,版本=0			
属性	**数据类型**	**最小值**	**最大值**	**默认值**	**短名**
1. logical_name (static)	octet-string				x
2. scripts(static)	array				x+0x08
特定方法	***m/o***				
1. execute (data)	m				x+0x20

属性描述	
logical_name	标识“Script table”对象实例。见6.2.7。

scripts	规定不同的脚本,即操作列表。
	array script
	script::=structure
	{
	script_identifier: long-unsigned,
	actions: array action_specification
	}
	脚本标识符0(script_identifier 0)保留。若规定一个执行方法的标识符(script_identifier)为0,将产生一个空脚本(无任何可执行的操作)。
	action_specification::=structure
	{

service_id: enum,
class_id: long-unsigned,
logical_name: octet-string,
index: integer,
parameter: service specific
}

其中:

——service_id:定义应作用于引用对象的操作。

1) 写属性;

2) 执行特定的方法。

——索引:定义(若 service_id 为 1)所选对象的哪一个属性要受到影响,或定义(若 service_id 为 2)某一方法要被执行。第一个属性(逻辑名(logical_name))的索引号为 1。第一个方法的索引号也为 1。

注 1: action_specification 只限于激活不产生任何响应的方法(从服务器到客户端)。

注 2: 操作说明可能会是"dummy",表示所有元素为 0。这表示操作未配置。

方法说明	
Execute(data)	执行参数数据规定的脚本。 data ::=long-unsigned 若数据与脚本表中的任何一个 script_identifier 相匹配,则执行相应的 action_specification。

5.4.3 时间表(class_id=10,版本=0)

时间表接口类和"Special days"接口类一起对设备内 time-driven 和 date-driven 的活动建模。表 23 和表 24 概括说明并显示它们之间相互影响。

表 23 时间表

索引	使能	操作(脚本)	Switch_time	validity_window	exec_weekdays							exec_specdays					日期范围	
					周一	周二	周三	周四	周五	周六	周日	S1	S2	.	S8	S9	**begin_date**	**end_date**
120	是	xxxx:yy	06:00	0xFFFF	×	×	×	×	×	×							xx-04-01	xx-09-30
121	是	xxxx:yy	22:00	15	×	×	×	×	×								xx-04-01	xx-09-30
122	是	xxxx:yy	12:00	0						×							xx-04-01	xx-09-30
200	否	xxxx:yy	06:30		×	×	×	×	×	×							xx-04-01	xx-09-30
201	否	xxxx:yy	21:30		×	×	×	×	×								xx-04-01	xx-09-30
202	否	xxxx:yy	11:00							×							xx-04-01	xx-09-30

表 24 特殊日期表

索引	特殊日期表 (special_day_date)	星期标识 (day_id)
12	xx-12-24	S1
33	xx-12-25	S3
77	97-03-31	S3

时间表	0…n	class_id=10,版本=0			
属性	*数据类型*	*最小值*	*最大值*	*默认值*	*短名*
1. logical_name (static)	octet-string				x
2. entries (static)	array				x+0x08
特定方法	*m/o*				
1. enable/disable (data)	o				x+0x20
2. insert (data)	o				x+0x28
3. delete (data)	o				x+0x30

属性描述

logical_name	标识"Schedule"对象实例。见 6.2.9

entries

规定了在给定时间要执行的脚本,每个条目只有一个脚本能被执行。

array schedule_table_entry

schedule_table_entry::=structure

{

index: long-unsigned,

enable: boolean,

script_logical_name: octet-string,

script_selector: long-unsigned,

switch_time: octet-string,

validity_window: long-unsigned,

exec_weekdays: bit-string,

exec_specdays: bit-string,

begin_date: octet-string,

end_date: octet-string

}

其中:

——cript_logical_name:定义"Script table"对象的逻辑名;

——script_selector:定义了被执行的脚本 script_ identifier(脚本_标识);

——switch_time,可以用通配符定义重复条目。octet-string 的格式遵循 4.6.1 中关于 *time* 设置的规则;

——validity_window 定义一个以分钟为单位的周期。在此周期内，在电源失效后确保一个条目被执行。(时间介于所定义的 switch_time 和实际 power_up 之间)。0xFFFF：脚本应在任何时间都执行；

——exec_weekdays 定义条目有效的星期几；

——exec_specdays 执行链接到 IC“Special days table”，day_id；begin_date 和 end_date 定义了条目有效的日期周期(允许使用通配符)。格式遵循 4.6.1 中 *date* 设置的规定。

方法说明

enable/disable (data)

设置范围 A 条目的禁止位为 true，则使能范围 B 的条目。

data∷=structure

{

firstIndexA：long-unsigned，

lastIndexA：long-unsigned，

firstIndexB：long-unsigned，

lastIndexB：long-unsigned

}

firstIndexA：　范围的第一个索引是禁止的。

lastIndexA：　范围的最后一个索引是禁止的。

firstIndexB：　范围的第一个索引是使能的。

lastIndexB：　范围的最后一个索引是使能的。

firstIndexA/B<lastIndexA/B：范围 A/B 所有条目都是禁止/使能的。

firstIndexA/B==lastIndexA/B：一个条目是禁止/使能的。

firstIndexA/B>lastIndexA/B：没有禁止/使能。

firstIndexA/B 及 lastIndexA/B>9999：没有禁止/使能的条目。

insert (data)

在表中插入一个新的条目。如果该条目的索引已存在则原先的条目被新的条目所覆盖。

entry：schedule_table_entry

data∷=对应到 entry

delete (data)

删除表中规定范围内的条目。

data∷=structure

{

firstIndex：long-unsigned，

lastIndex：long-unsigned

}

firstIndex：　范围的第一个索引被删除。

lastIndex：　范围的最后一个索引被删除。

firstIndex<lastIndex：删除给定范围 A/B 内的所有条目。

firstIndex ∷=lastIndex：删除一个条目。

firstIndex>lastIndex：不删除。

关于表中条目“inconsistencies”的说明：

若同一个脚本需要在一个特定的时间执行数次，则它只会执行一次。

若不同的脚本需要相同时间范例执行，则执行顺序依据“index”顺序，最小索引的脚本首先执行。

电源故障后的恢复

电源故障后，整个时间表安排为执行所有在电源故障中丢失的必要的脚本。为此，应检测在电源故障中未执行的条目。依据有效窗口属性，它们在正确的顺序下得到执行(正如它们在正常的操作中执行一样)。

处理时间变化

这里有四种不同的时间变化“actions”：

a) 时间向前置(通过写入“Clock”对象的属性 *time*)；

b) 时间向后置(通过写入“Clock”对象的属性 *time*)；

c) 时间同步(使用“Clock”对象的 *adjust_to_quarter* 方法)；

d) 夏时制。

所有这四种操作都需要在与时间设置活动交互时按时间表执行不同的处理。

时间向前置

这与电源故障的处理方式相同。这将导致重复的条目在 validity_window 内被激活。(制造商明确定义的)短时设置可以按时间同步处理。

时间向后置

制造商可以在产品规格书上明确定义一个短的时间值来处理这个问题，就像在时间同步处理那样来处理。

时间同步

时间同步用来修正主时钟与本地时钟的微小偏差，算法由制造商给定，它将确保时间表的任何一个条目不会丢失或执行两次。validity_window 属性不受影响，因为所有条目应在正常操作下执行。

夏令时

若时钟向前置，则所有在向前置时间间隔(以及因此而丢失)的脚本将被执行。若时钟向后置，则取消在向后置时间间隔内要重复执行的脚本。

5.4.4 特殊日期表(class_id＝11，版本＝0)

本接口类可定义特殊日期。在此特殊日期，特殊的切换行为将优于正常切换行为。该接口类与类“Schedule”或“Activity calendar”一起工作。链接数据项是 *day_id*。

特殊日期表	0…n	class_id＝11，版本＝0			
属性	*数据类型*	*最小值*	*最大值*	*默认值*	*短名*
1. logical_name (static)	octet-string				x
2. entries(static)	array				x＋0x08
特定方法	*m/o*				
1. insert(data)	o				x＋0x10
2. delete(data)	o				x＋0x18

属性描述	
logical_name	标识“Special days table”对象范例，见 6.2.8。
entries	为给定日期规定一个特殊日期标识符。像圣诞节这样重复的特殊日期可用通配符。 array spec_day_entry spec_day_entry∷＝structure {

	index: long-unsigned, specialday_date: octet-string, day_id: unsigned } 其中: ——specialday_date 的格式遵循 4.6.1 中 *data* 的要求; ——day_id 的范围应与相关的"Schedule"接口类对象中的位串 exec_specdays 的长度匹配。
方法说明	
insert(data)	在表中插入一个新的条目。 entry ∷=spec_day_entry 假如特殊日期以与已定义日期的相同索引或相同日期被插入,则旧的条目将被覆盖。
delete(data)	删除表中的一个条目。 index　　应被删除的条目的索引。 data ∷=long-unsigned

5.4.5 活动日历(class_id=20,版本=0)

活动日历类范例可对仪表中不同费率结构的处理进行建模。该 IC 按照由季节、星期等定义的基于时间表的日历经典形式提供时间表活动的列表。

"Activity calendar"可与更通用的时间表对象并存并可与之重叠。若"Schedule"对象中的操作被安排在与"Activity calendar"对象中相同的激活时间,则首先执行由"Schedule"对象触发的操作。

在电源故障后,只有"Activity calendar"对象中错过的"last action"才会被执行(延迟),这将确保上电后的正确计费。若存在一个时间表对象,则"Activity calendar"错过的"last action"应在由"Schedule"对象请求的操作序列内的恰当时间执行。

"Activity calendar"对象定义了可执行逻辑设备中不同不同操作的确定脚本的激活。"Script table"对象的接口和对象"Schedule"接口相同(见 5.4.3)。

如果"Special days table"接口类(见 5.4.4)的范例可用,则这里的相关条目优先于日期集合的"Activity calendar"对象驱动的选择。在"Special days table"中引用的日期集合激活 "Activity calendar"对象中 *day_profile_table* 的 day_schedule,"Activity calendar"对象中的 day_profile_table,通过 day_id 引用。

活动日历	0…n	class_id=20,版本=0			
属性	*数据类型*	*最小值*	*最大值*	*默认值*	短名
1. logical_name (static)	octet-string				x
2. calendar_name_active(static)	octet-string				x+0x08
3. season_profile_active (static)	array				x+0x10
4. week_profile_table_active(static)	array				x+0x18
5. day_profile_table_active(static)	array				x+0x20
6. calendar_name_passive (static)	octet-string				x+0x28
7. season_profile_passive(static)	array				x+0x30
8. week_profile_table_passive(static)	array				x+0x38
9. day_profile_table_passive(static)	array				x+0x40
10. activate_passive_calendar_time(static)	octet-string				x+0x48
特定方法	*m/o(m/o)*				
1. activate_passive_calendar (data)	o				x+0x50

属性描述	
	被称为…_*active* 的属性当前是激活的,被称为…_*passive* 的属性通过方法 *activate_passive_calendar* 激活。
logical_name	标识"Activity calendar"对象范例。见 6.2.10。
calendar_name	通常包含一个标识符,标识符用于说明由对象激活的脚本的设置。

season_profile	包含一个由季节的起始日期定义的季节列表和将执行的特定 week_profile,该列表按 season_start 排序。
	array season
	season::=structure
	{
	season_profile_name:octet-string,
	season_start:octet-string,
	week_name:octet-string
	}
	其中:
	——season_profile_name:标识当前季节的用户定义的名称;
	——season_start:定义季节开始的时间,格式见 4.6.1 中 *date_time* 的规定。在 season_start 中允许使用通配符。如果所有域都是通配符,季节将永远不会开始。当使用通配符时,需要特别小心以避免冲突性参数,如不同季节的 season_start 是相同的;
	注:当前季节由下一个季节的 season_start 终止。
	——week_name:定义由本季节中激活的 week_profile。

week_profile_table	包含不同季节使用的 week_profiles 的数组。对于每个 week_profile,标识每周每日的 day_profile。
	array week_profile
	week_profile::=structure
	{
	week_profile_name:octet-string,
	monday:day_id,
	tuesday:day_id,
	wednesday:day_id,
	thursday:day_id,
	friday:day_id,
	saturday:day_id,
	sunday:day_id
	}
	day_id:unsigned
	其中:
	——week_profile_name 是标识当前 week_profile 的由用户定义的名称;
	——Monday 定义星期一在 day_profile 中有效的日期;
	——……;
	——Sunday 定义星期日在 day_profile 中有效的日期。

day_profile_table

包含一组由其 day_id 标识的 day_profiles 列表。对于每个 day_profile，时间表活动的列表通过要执行的脚本表和相应的激活时间(start_time)进行定义，列表根据 start_time 进行排序。

```
array day_profile
day_profile∷=structure
{
    day_id:unsigned,
    day_schedule:array day_profile_action
}
day_profile_action∷=structure
{
    start_time:octet-string,
    script_logical_name:octet-string,
    script_selector:long-unsigned
}
```

其中：

——day_id:用户定义的当前 day_profile 的标识符。

——start_time:定义脚本执行的时间(不能使用通配符)。格式按 4.6.1 中 *time* 设置的规定。

——script_logical_name:定义“Script table”对象的 *logical_name*。

——script_selector:定义要执行的脚本的 script_identifier。

activate_passive_calendar_time

定义对象自身调用特点方法 *activate_passive_calendar* 时的时间。属性的所有域都定义“not specified”，这将导致自动激活机制失效；不容许在日期和时间的某些域使用部分“not specified”符号。

octet-string，格式按 4.6.1 中 *date_time* 的规定。

说明方法

activate_passive_calendar(data)

本方法用于将所有称为…_passive 的属性复制到对应的称为…_active 的属性中。

data ∷=integer(0)

5.4.6 寄存器监视器(class_id=21，版本=0)

本接口类可对由“Data”、“Register”、“Extended register”或“Demand register”对象建模的值的监测功能建模。当监测值超过阈值时，本接口可规定阈值，监视值以及一系列要执行的脚本(见 5.4.2)。

“Register monitor”接口类需要一个在同一逻辑设备中的“Script table”接口类的范例。

寄存器监视器	0…n	class_id=21，版本=0			
属性	*数据类型*	*最小值*	*最大值*	*默认值*	短名
1. logical_name (static)	octet-string				x
2. thresholds(static)	array				x+0x08
3. monitored_value(static)	value_definition				x+0x10
4. actions(static)	array				x+0x18
特定方法	***m/o***				

属性描述	
logical_name	标识"Register monitor"对象范例,见 6.2.13 和 6.3.10。
thresholds	提供与引用寄存器的属性进行比较的阈值。 array threshold 阈值(threshold):threshold 的数据类型与引用对象监视属性的数据类型一致。

monitored_value	定义一个对象的哪一个属性要进行监视,只有简单数据类型的值可被监视。
	value_definition::=structure
	{
	class_id:long-unsigned,
	logical_name:octet-string,
	attribute_index:integer
	}

actions	定义当引用对象的被监视属性超过相应的阈值时要执行的脚本。属性"action"与属性 *threshold* 有相同数量的元素。action_items 的顺序与阈值的顺序一致(见上文)。
	array action_set
	action_set::=structure
	{
	action_up:action_item,
	action_down:action_item
	}
	其中:
	——action_up 定义被监视寄存器的属性值超过阈值上限时的操作;
	——action_ down 定义被监视寄存器的属性值超过阈值下限时的操作。
	action_item::=structure
	{
	script_logical_name:octet-string,
	script_selector:long-unsigned
	}

5.4.7 单操作时间表(class_id=22,版本=0)

本接口类可对仪表内周期性操作的执行建模,这些操作并不需要与费率链接(见"Activity calendar"或"Schedule")。

单操作时间表	0…n	class_id=22,版本=0			
属性	数据类型	最小值	最大值	默认值	短名
1. logical_name (static)	octet-string				x
2. executed_script(static)	script				x+0x08

单操作时间表	0…n	class_id=22,版本=0			
属性	数据类型	最小值	最大值	默认值	短名
3. type (static)	enum				x+0x10
4. execution_time(static)	array				x+0x18
特定方法	*m/o*				

属性描述

logical_name	标识“Single action schedule”对象范例,见 6.2.12。

executed_script	包含“Script table”对象的逻辑名和要执行的脚本的脚本选择器。
	script::=structure
	{
	script_logical_name:octet-string,
	script_selector:long-unsigned
	}
	Script_logical_name 和 script_selector 定义被执行的脚本。

type	enum: 1) execution_time 的大小=1;允许 *date* 用通配符; 2) execution_time 的大小=n;所有 *time* 值相同;不容许 *date* 用通配符; 3) execution_time 的大小=n;所有 *time* 值相同;允许 *date* 用通配符; 4) execution_time 的大小=n;*time* 值可能不同;不容许 *date* 用通配符; 5) execution_time 的大小=n;*time* 值可能不同;允许 *date* 用通配符。

execution_time	规定脚本执行的时间和日期。
	array execution_time_date
	execution_time_date::=structure
	{
	time:octet-string,
	date:octet-string
	}
	两个 octet-strings 包含 *time* 和 *date*,按此顺序;*time* 和 *date* 的数据格式见 4.6.1 的定义,百分之一秒应为零。

5.4.8 断开控制(class_id=70,版本=0)

“Disconnect control”接口类范例用于管理仪表的内部或外部的断开单元(如电断路器,煤气阀),目的是闭合或断开(部分或全部)来自/供给能源的用户供应,状态图和可能的状态转换在图 17 中显示。

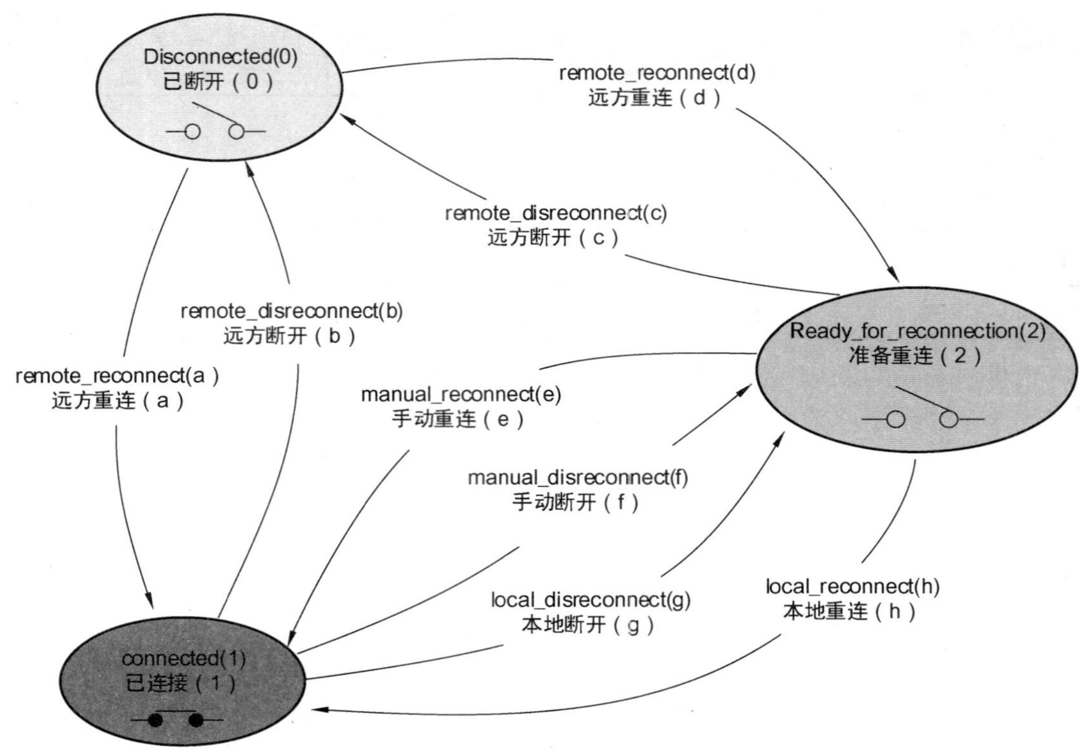

图 17 断开控制接口类状态图

请求断开和重新连接：

——远程，通过通信通道：remote_disconnect，remote_reconnect；

——手动，使用如按钮：manual_disconnect，manual_reconnect；

——本地，通过仪表功能，如：限定器，预付费：local_disconnect，local_reconnect。

表 25 显示了断开控制接口类的状态和状态转换。可能的状态转换取决于控制模式。断开连接控制对象不能具备记忆特征，即任何命令都是被立即执行的。

为了定义每个触发器的断开连接控制对象的运行方式，需要设置控制模式。

表 25 断开控制接口类-状态及状态转换

状态		
状态编号	状态名	状态说明
0	Disconnected	*output_state* 设置为 FALSE，用户为断开状态
1	Connected	*output_state* 设置为 TRUE，用户为连接状态
2	Ready_for_reconnection	*output_state* 设置为 FALSE，用户为断开状态
状态转换		
转换	转换名	转换说明
a	remote_reconnect	将“Disconnect control”对象从 Disconnected(0)状态直接转为 Connected(1)状态，无需手动干预
b	remote_disconnect	将“Disconnect control”对象从 Connected(1)状态直接转为 Disconnected(0)状态

表 25（续）

状态转换		
转换	转换名	转换说明
c	remote_disconnect	将"Disconnect control"对象从 Ready_for_reconnection(2)状态转为 Disconnected(0)状态
d	remote_reconnect	将"Disconnect control"对象从 Disconnected(0)状态转为 Ready_for_reconnection(2)状态。 该状态中,可通过 manual_reconnect 转换(e)或 local_reconnect 转换(h)转为 Ready_for_reconnection(2)状态
e	manual_reconnect	将"Disconnect control"对象从 Ready_for_reconnection(2)状态转为 Connected(1)状态
f	manual_disconnect	将"Disconnect control"对象从 Connected(1)状态转为 Ready_for_reconnection(2)状态。 该状态中,可通过通过 manual_reconnect 转换(e)或 local_reconnect 转换(h)返回连接(2)状态
g	local_disconnect	将"Disconnect control"对象从 Connected(1)状态转为 Ready_for_reconnection(2)状态。 本状态中,可通过 manual_reconnect(e)或 local_reconnect 转换(h)返回到 Ready_for_reconnection(2)状态 注 1：转换 f)和 g)本质上是相同的,但是他们的触发器不同。
h	local_reconnect	将"Disconnect control"对象从 Ready_for_reconnection(2)状态转为 Connected(1)状态 注 2：转换 e)和 h)本质上是相同的,但是他们的触发器不同。

断开控制	0…n	class_id=70,版本=0			
属性	*数据类型*	*最小值*	*最大值*	*默认值*	短名
1. logical_name (static)	octet-string				x
2. output_state(dyn.)	boolean				x+0x08
3. control_state (dyn.)	enum				x+0x10
4. control_mode (static)	enum				x+0x18
特定方法	***m/o***				
1. remote_disconnect (data)	m				x+0x20
2. remote_reconnect (data)	m				x+0x28

属性描述	
logical_name	标识了"Disconnect control"对象范例,见 6.2.22 和 6.2.42。
output_state	显示设备连接能源的实际物理状态,如:电断路器或气阀是打开或关闭的。 boolean:TRUE=(BOOLEAN 1) 连接; FALSE=(BOOLEAN 0) 断开。 注 1：在电表中当断路器设备关闭时能源是连接状态。 注 2：在气表和水表中,当阀门打开的时候能源是连接状态。

<table>
<tr><td>control_state</td><td>显示断开连接控制对象的内部状态。
enum：　(0)断开；
(1)连接；
(2)Ready_for_reconnection。</td></tr>
<tr><td>control_mode</td><td>配置“Disconnect control”对象用于所有触发器的行为方式，如：可能的状态转换。</td></tr>
</table>

控制模式	断开连接				再次连接			
	远程		手动	本地	远程		手动	本地
举例：	(b)	(c)	(f)	(g)	(a)	(d)	(e)	(h)
(0)	—	—	—	—	—	—	—	—
(1)	x	x	x	x	—	x	x	—
(2)	x	x	x	x	x	—	x	—
(3)	x	x	—	x	—	x	x	—
(4)	x	x	—	x	x	—	x	—
(5)	x	x	x	x	—	x	x	x
(6)	x	x	—	x	—	x	x	x

注 3：在模式(0)断开“Disconnect control”对象始终处于“connected”状态。

注 4：除非触发相应的触发器，否则本地断开是可能的。

<table>
<tr><td colspan="2">方法说明</td></tr>
<tr><td>remote_disconnect(data)</td><td>如果 remote_disconnect 已启动(control_mode > 0)，强制“Disconnect control”对象转为“Disconnected”状态。
data∷=integer (0)</td></tr>
<tr><td>remote_reconnect (data)</td><td>如果 direct_ remote_reconnection 禁止(control_mode=1,3,5,6)，则强制“Disconnect control”对象转为“ready_for_reconnection”状态。
如果 direct_ remote_reconnection 使能(control_mode=2,4)，则强制“Disconnect control”对象转为“Connected”状态。
data∷=integer (0)</td></tr>
</table>

5.4.9 限定器(class_id=71，版本=0)

“Limiter”接口类可定义一系列被执行的操作，当被监测对象“Data”，“Register”，“Extended Register”，“Demand Register”等的 *value* 属性的值在最短持续时间内超过阈值时执行该系列操作。

阈值可为正常值或 *Emergency_threshold*。*Emergency_threshold* 可通过由 *emergency_ profile_id*，*emergency_activation_time*，*emergency_duration* 定义的 *emergency_profile* 激活。*emergency_profile_id* 元素与 *emergency_ profile_ group_ id* 相匹配：该机制使得 *Emergency_threshold* 只用于特殊 emergency_group。

限定器	0…n	class_id=71,版本=0			
属性	数据类型	最小值	最大值	默认值	短名
1. logical_name (static)	octet-string				x
2. monitored_value(static)	value_definition				x+0x08
3. threshold_active (dyn.)	threshold				x+0x10
4. threshold_normal(static)	threshold				x+0x18
5. threshold_emergency(static)	threshold				x+0x20
6. min_over_threshold_duration (static)	double-long-unsigned				x+0x28
7. min_under_threshold_duration(static)	double-long-unsigned				x+0x30
8. emergency_profile(static)	emergency_profile				x+0x38
9. emergency_profile_group_id_list (static)	array				x+0x40
10. emergency_profile_active(dyn.)	boolean				x+0x48
11. actions(static)	action				x+0x50
特定方法	*m/o*				

属性描述	
logical_name	标识"Limiter"对象范例,见 6.2.15。

monitored_value	定义了被监视对象的属性。只允许简单数据类型属性。
	value_definition∷=structure
	{
	class_id:long-unsigned,
	logical_name:octet-string,
	attribute_index:integer
	}

threshold_active	提供与被监测属性值进行对比的激活阈值。 阈值:阈值和被监测属性具有相同类型。
threshold_normal	提供正常工作时与被监测属性值进行对比的激活阈值。 阈值:见上文。
threshold_emergency	提供 emergency_profile 被激活时与被监测属性值进行对比的激活阈值。 阈值:见上文。
min_over_threshold_duration	定义执行超过阈值的行为所需超过阈值持续时间的最小值,以秒为单位。
min_under_threshold_duration	定义执行低于阈值的行为所需低于阈值持续时间的最小值,以秒为单位。
emergency_profile	*emergency_profile* 由三个元素定义:emergency_profile_id,mergency_activation_time,emergency_duration。 如果 emergency_profile_id 元素与 emergency_profile_group_id_list

	上的某个元素匹配，并且时间与 emergency_activation_time 和 emergency_duration 元素匹配，则会激活 emergency_profile：
	emergency_profile∷=structure
	{
	emergency_profile_id：long-unsigned，
	emergency_activation_time：octet-string，
	emergency_duration：double-long-unsigned
	}
	其中：
	——emergency_activation_time 规定了 emergency_profile 被激活时的日期和时间。octet-string 按 4.6.1 中 *date_time* 的规定编码；
	——emergency_duration 规定了 *emergency_profile* 被激活以秒为单位的持续时间。
	当 *emergency_profile* 激活时，*emergency_profile_active* 属性值为 TRUE。

emergency_profile_group_id_list	定义 emergency_profile 组 id-s 的列表。 emergency_profile 只有在 *emergency_profile* 属性的 emergency_profile_id 元素与 *emergency_profile_group_id-list* 元素匹配时候才能够激活： array emergency_profile_group_id emergency_profile_group_id∷=long-unsigned
emergency_profile_active	显示 emergency_profile 处于激活状态。

actions	规定了在最少持续时间内监测值超过阈值时需要执行的脚本。
	action∷=structure
	{
	action_over_threshold：action_item，
	action_under_threshold：action_item
	}
	其中：
	——action_over_threshold 规定了当所监测的属性值超过上限阀值，并且在超过阈值的最小阈值持续时间内保持超过上限阀值时的操作；
	——action_under_threshold 规定了当所监测的属性值低于下限阈值，并且在低于阈值的最小阈值持续时间内保持低于下限阀值时的操作。
	action_item∷=structure
	{
	script_logical_name：octet-string，
	script_selector：long-unsigned
	}

5.4.10 参数监测(class_id=65,版本=0)

"Parameter monitor"接口类实例监控保持参数的COSEM对象属性列表。

该参数通常是可改变的。如果一个属性的值改变了,并该属性存在于 *parameter_list* 属性中,标识符和该属性的值被自动捕获到 *changed_parameter* 属性。参数改变发生时的时间被捕获到 *capture_time* 属性里。这些属性然后可以被"Profile generic"对象获取。通过这种方式,可以建立一个包括所有的参数变化的日志。用于参数监测日志对象的OBIS代码,见GB/T 17215.661—2018,6.5。

注1:在同时或准同时参数变化情况下,捕获和日志变化的参数的顺序应由应用程序管理。

几个"Parameter monitor"对象和相应的"Profile generic"对象可以被实例化来管理一些参数组。"Parameter monitor"对象和相应的"Profile generic"对象之间的链路是通过"Profile generic"对象的 *capture_object* 属性。

注2:由于各种参数可以是不同的类型和长度,保持参数的集合列的条目也将是不同类型和长度的。例如这能通过捕获不同参数列表"Profile generic"对象和参数日志中来管理。

注3:保持参数变化日志"Profile generic"对象,可能捕获其他适当的目标属性,如在"Clock"对象的 *time* 属性,和其他相关值。

参数监测	0…n	class_id=65,版本=0			
属性	**数据类型**	**最小值**	**最大值**	**默认值**	**短名**
1. logical_name (static)	octet-string				x
2. changed_parameter	structure				x+0x08
3. capture_time	date-time				x+0x10
4. parameter_list	array				x+0x18
特定方法	***m/o***				
1. add_parameter (data)	o				x+0x20
2. delete_parameter (data)	o				x+0x28

属性描述	
logical_name	标识"Parameter monitor"对象实例。见6.2.14。

changed_parameter	保持标识符和最近更改参数的值。
	structure
	{
	class_id:long-unsigned,
	logical_name:octet-string,
	attribute_index:integer,
	attribute_value:CHOICE
	-- CHOICE(选择)"Data"接口类中指定的选项
	}

capture_time	提供指示 *changed_parameter* 属性何时被捕获的日期和时间信息。 *date-time* 格式按4.6.1中的规定。
parameter_list	保持由"Parameter monitor"IC给定的实例管理的参数列表。 parameter_list::=array parameter_list_element parameter_list_element::=structure {

class_id:long-unsigned,
logical_name:octet-string,
attribute_index:integer
}

注 4:监测参数的列表可以通过使用 *add_parameter* 或 *delete_parameter* 方法或写此属性来改变。

方法说明	
add_parameter(data)	添加一个参数到 *parameter_list*。 data::=parameter_list_element 注 5:一旦参数被添加到列表中,参数可被日志。添加元素到列表不影响捕获 *changed_parameter* 属性的"Profile generic"对象的 *buffer*。
delete_parameter(data)	从 parameter_list 删除一个参数。 data::=parameter_list_element 注 6:当一个参数从参数列表中删除时,它的变化将不会被日志。从列表中删除一个元素不影响捕获 *changed_parameter* 属性的"Profile generic"对象的 *buffer*。

5.4.11 传感器管理器接口类

5.4.11.1 概述

注:该接口类主要用于计量电能以外的能源类型。

大多数 MID 范围内的测量仪表都与连接到处理单元的专用传感器(传感器和信号传送器)一起工作。为满足后继货币值的计算,需要对这些传感器的功能和极限值一直监控才能完成其计量需求。

另外,需要对其测量值进行监测。这些值与由传感器提供的物理量(电压、电流、电阻、频率、数字输出的原始值)有关,也与由传感器提供的信息处理产生的测量值有关。

需监视并经常日志相关值,目的是获得允许的诊断信息:

——传感器设备的标识;

——传感器的连接和封印状态;

——传感器配置;

——传感器运行状态监控;

——处理结果监控。

"Sensor manager"接口类可通过单一对象管理与传感器相关的详细信息。

对于更简单的传感器/设备,可以使用现有的 COSEM 对象(标识传感器,保持测量值和监视这些测量值)。

5.4.11.2 传感器管理器(class_id=67,版本=0)

"Sensor manager"接口类范例管理与传感器相关的复合信息。同样可以监测原始数据和使用特殊应用所需要的适当算法处理原始数据而派生的过程值。本接口类包括若干功能:

——传感器铭牌数据和网站信息(属性 2-6);

——*raw-value* 的"Extended register"功能(属性 7-10);

——*raw-value* 的"Register monitor"功能(属性 11-12);

注 1:不是每个原始数据(如压力传感器的电压输出)能有自己的 OBIS 编码/对象,这也是将其包含在传感器管理类中的原因。

——*processed_value* 的"Register monitor"功能(属性 13-15)。

注 2:不是所有的"modules"都应是存在的,未使用的属性无需执行或不可用。

传感器管理器	0…n	class_id=67,版本=0			
属性	**数据类型**	**最小值**	**最大值**	**默认值**	**短名**
1. logical_name (static)	octet-string				x
2. serial_number(dyn.)	octet-string				x+0x08
3. metrological_identification(dyn.)	octet-string				x+0x10
4. output_type (dyn.)	enum				x+0x18
5. adjustment_method(dyn.)	octet-string				x+0x20
6. sealing_method (dyn.)	enum				x+0x28
7. raw_value(dyn.)	CHOICE				x+0x30
8. scaler_unit(dyn.)	structure				x+0x38
9. status(状态)(dyn.)	CHOICE				x+0x40
10. capture_time(dyn.)	date_time				x+0x48
11. raw_value_thresholds(dyn.)	array				x+0x50
12. raw_value_actions(dyn.)	array				x+0x58
13. processed_value(dyn.)	processed_value_definition				x0x60
14. processed_value_thresholds(dyn.)	array				x+0x68
15. processed_value_actions(dyn.)	array				x+0x70
特定方法	***m/o***				
1. reset (data)	o				x+0x80

属性描述

logical_name

标识"Sensor manager 器"对象实例。

注 3:传感器管理器对象用于非电量计量。因此本文档中没有定义 OBIS 代码。

serial_number

标识传感器(->网站信息)。

注 4:对于简单传感器,如果只需要序列号信息,序列号可由带有适当的 OBIS 编码的"Data"对象保持。

metrological_identification

规定与传感器相关的计量信息,如计量标识、校准日期。

output_type

规定传感器物理输出值(->网站信息)。

enum:(0) 未指定,

(1) 4—20 mA,

(2) 0—20 mA,

(3) 0—5 V,

(4) 0—10 V,

(5) Pt100,

(6) Pt500,

(7) Pt1 000,

	(8) HART。 128 制造商特定 所有其他值被保留。
adjustment_method	规定传感器调节方法,如 3-Measuring-pointequation。
sealing_method	适用于传感器的封印类型。 enum:(0) 无; (1) 机械设备(如:线或防护贴纸); (2) 电子设备 (如:接触); (3) 软件 (如:密码保护)。
raw_value	来自传感器的物理值(如压力到电压转换器的电压)。 对于可能的数据类型选择,见 5.2.2"Register"接口类。
scaler_unit	*raw_value* 的量纲和单位 对于 *scaler_unit* 规定,见 5.2.2"Register"接口类。
status	最后捕获 *raw_value* 的状态(状态的定义,见"Extended register"接口类),状态保持以下的信息: ——传感器故障; ——传感器激活/未激活。 应为每一"Sensor manager"对象范例提供状态元素的含义。
capture_time	提供"Sensor manager"对象具体日期和时间信息,该信息显示"*raw_value*"属性值是何时被捕捉的。 *date_time* 格式如 4.6.1 中的规定。 对于可能的数据类型选择,见 5.2.3"Extended register"接口类。
raw_value_thresholds	提供与 *raw_value* 属性对比的阈值。 array threshold 阈值:阈值和 raw-data 的类型相同。
raw_value_actions	规定了当"*raw_value*"超过相应阀值时要执行的脚本。属性"*raw_value_actions*"与属性"*raw_value_thresholds*"具有完全相同的元素数量。*action_items* 的顺序对应于阈值的顺序。对于操作详细规定,见 5.4.6 接口类"*Register monitor*"。

processed_value	引用保持控制由传感器提供的原始数据过程值的属性。
	processed_value_definition∷=structure
	{
	class_id:long-unsigned,
	logical_name:octet-string,
	attribute_index:integer
	}
	注意 多个"Sensor manager"对象和过程值对象可属于同一传感器。

processed_value_thresholds	定义与过程值进行比较的阀值。 Array threshold

	阈值:阈值与过程的值类型相同。 (由 *processed-value* 属性引用)。
processed_value_actions	规定了当处理值超过相应阀值时要执行的脚本。 "*processed_value_actions*"属性与"*processed_value_thresholds*"属性具有完全相同的元素数量。*action_items* 的顺序对应于阈值的顺序。 操作详细规定,见 5.4.6 接口类"Register monitor"。
方法说明	
Reset(data)	该方法将 *raw_value* 复位成默认值。默认值是范例的特定常数属性捕 *capture_time* 设置为复位执行时间。 data ::=integer(0)

5.4.11.3 绝对压强传感器实例

图 18 举例说明相关上限阀值和下限阀值的规定。

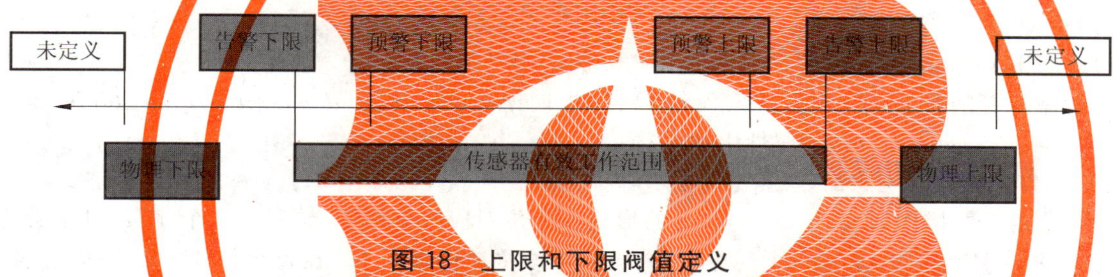

图 18 上限和下限阀值定义

表 26 和表 27 示出了各种阈值的示例以及超过阈值时要执行的操作举例。

表 26 阀值组明确表现方式

阀值	物理下限	物理上限	预警下限	预警上限	告警下限	告警上限
数值	1.0	5.5	1.2	5.0	1.4	4.8
scaler_unit	1. Volt(伏特)	1. Volt	1. bar(巴)	1. bar	1. bar	1. bar

表 27 操作设置 action_set 明确表达方式

action_set	物理下限	物理上限	预警下限	预警上限	告警下限	告警上限
action_up	clr_phy_ alarm_bit	set_phy_ alarm_bit	clear_ alarm_bit	set_ alarm_bit	clear_ warn_bit	set_ warn_bit
action_down	set_phy_ alarm_bit	clr_phy_ alarm_bit	set_ alarm_bit	clear_ alarm_bit	set_ warn_bit	clear_ warn_bit

5.4.12 仲裁员

5.4.12.1 概述

"Arbitrator"IC 的实例允许基于包括权限和权重的预先配置的规则来确定当多个操作者可能请求

潜在的冲突操作来控制相同的资源时执行哪个操作。通常,为每个资源的需要处理竞争的操作请求实例化为一个“Arbitrator”对象。

“Arbitrator”IC 允许:

——配置可能请求的可能的、潜在冲突行为;

——配置每个操作者的权限以请求可能的操作;

——为每个可能的请求配置每个操作者的权重。

注 1:资源的示例是仪表的电源控制开关或仪表的气阀。使能的操作示例是断开电源,启用重新连接,重新连接电源,防止断开连接,防止重新连接。

可以能求的操作作以脚本标识符的数组保持在 *actions* 属性中。脚本(由单独的“Script table”对象保持)允许执行广泛的功能。可能存在旨在抑制执行其他操作的操作:它们被建模为 null-scripts,即指“Script table”对象的 script_identifier(0)。

注 2:“Arbitrator”对象不包含操作的名称,但可以通过查看相关的“Script table”对象来推断其目的和影响。

权限在 *permissions_table* 属性中以 bit-strings 数组保持:数组中的每个元素表示一个操作者,bit-string 中的每位表示 *actions* 数组的一个操作。

权重作为二维数组保持在 *weightings_table* 属性中:每行表示一个操作者,并且为该操作者分配给每个可能的操作一个权重。对于旨在抑制其他操作的操作,与被抑制的操作的权重相比,可以分配一个非常高的权重。

通过调用 *request_action* 方法请求操作。方法调用参数包含:

——操作者的标识符。该元素(无符号数)指向 *permissions_table*,*weightings_table* 和 *most_recent_requests_table* 属性中的一行;

注 3:可以在项目中特定的配套规范中指定操作者的名称。

——所请求的操作列表,以 bit-string 的形式。每位对应于 *actions* 数组的一个元素:对于所请求的操作,该位被设置为 1,对于未请求的操作(未激活),该位被设置为 0。在每个调用中的每个请求中,一个操作者可以请求 0 个,一个,几个或所有操作。允许在单个请求中请求多个操作的原因是允许操作者请求一个操作,同时防止另一个操作者反转该操作。

注 4:例如,操作者可以请求断开电源并阻止另一个操作者重新连接。

注 5:一个操作者的早期操作请求可由同一操作者通过在 *request_action* 方法的另一调用中不请求相同的操作来清除。这样,就解除了抑制操作的请求。

most_recent_requests_table 属性保持每个参与者最近请求的列表(以 bit-strings 组的形式):数组中的每个元素表示参与者的最后一个请求,而位串中的每位代表一个操作/不激活的请求。

当参与者调用 *request_action* 方法时,AP 将执行以下活动:

——检查给定参与者的 *permissions_table* 属性项,查看是否允许所请求的操作;

——更新 *most_recent_requests_table* 属性,通过在该操作者的 bit_string 中设置或清除所请求的每个操作被允许(位被设置);或不请求/不容许(位被清除);

——对 *most_recent_requests_table* 设置 *weightings_table*:对 *most_recent_requests_table* 中的每位置位,每个操作员的对应权重被设置;

——各操作,权重相加;则;

——一个操作,如果有一个唯一的最高总权重,此值将写入 *last_outcome* 属性,并执行相应的脚本。如果没有最高的唯一总权重,不发生任何操作。

5.4.12.2 仲裁员(class_id=68,版本=0)

仲裁员	0…n	class_id=68,版本=0			
属性	*数据类型*	*最小值*	*最大值*	*默认值*	短名
1. logical_name (static)	octet-string				x
2. actions (static)	array			全部清空	x+0x08
3. permissions_table (static)	array			清除所有位	x+0x10
4. weightings_table (static)	array			全部零	x+0x18
5. most_recent_requests_table (dyn.)	array			清除所有位	x+0x20
6. last_outcome (dyn.)	unsigned	0	n	0	x+0x28
特定方法	*m/o*				
1. request_action (data)	m				x+0x30
2. reset(data)	o				x+0x38

属性描述	
logical_name	标识"Arbitrator"对象实例。见 6.2.43。

actions	定义可以请求的操作。
	actions∷=array action_item
	action_item∷=structure
	{
	script_logical_name:octet-string,
	script_selector:long-unsigned
	}
	其中:
	——script_logical_name:定义"Script table"对象的 *logical_name*;
	——script_selector:定义要执行的脚本的 script_identifier。
	旨在禁止其他操作的条目由 null-scripts 表示,即指向"Script table"对象的 script_identifier(0)。

permissions_table	包含每个操作者请求操作的权限。 permissions_table∷=array actor_permissions actor_permissions∷=bit-string 每个条目表示一个操作者请求每个操作的权限。 bit-string 中的每个位对应于 *actions* 数组中的一个操作。bit-string 的长度应与 *actions* 数组中的元素数相同。 前导位对应于第一个元素,末尾位对应于操作数组中的最后一个元素。 允许操作该位应置位,不容许操作该位应清除。 注 1:这些 *actor_permissions* 建模的业务规则,但不以访问控制形式操作。

weightings_table	保持分配给每个操作者和该操作者的每一个可能的操作的权重。 weightings_table∷=array actor_weighting_list actor_weighting_list∷=array actor_action_weight actor_action_weight∷=long-unsigned *weightings_table* 数组中元素的数量和顺序应与 *permissions_table* 数组中的元素数量和顺序相同。 actor_weighting_list 数组中的元素数应与 *actions* 数组中的元素数相同。第一个元素显示第一个操作的权重，最后一个元素显示最后一个操作的权重。 注 2：优先使用 2 的幂作为权重。对不同的操作者和操作使用不同的权重有助于避免在评估操作请求后(没有执行任何操作)没有唯一结果的情况。
most_recent_requests_table	保持每个操作者最近的请求。 most_recent_requests_table∷=array most_recent_request most_recent_request∷=bit-string 每个条目代表操作者最近的请求。 *most_recent_requests_table* 数组中元素的数量和顺序应与 *permissions_table* 数组中的元素数量和顺序相同。 *max_recent_request* 的 bit-string 长度应与 *actions* 数组中的元素数量相同。前导位对应于第一个元素，末尾位对应于 *actions* 数组中的最后一个元素。 对于已请求并且也被允许的每个操作，该位被置位。对于不请求(不激活)或不容许的每个操作，该位被清除。
last_outcome	包含最近一次请求的结果，该最近一次请求已经产生针对一个请求操作的唯一最高总权重并因此执行。 该号码标识 request_action_list 的 bit-string 中的一位：数字 1 对应于前导位，因此对应于 *actions* 数组中的第一个元素。
方法说明	

request_action(data)	定义操作者请求的操作。
	data∷=structure
	{
	    request_actor：unsigned，
	    request_action_list：bit-string
	}
	其中：
	——request_actor 是相应数组的索引。数字 1 标识 *permissions_table* 中的第一个条目，*weightings_table* 的第一个条目和 *most_recent_requests_table* 数组中的第一个条目。数字 n 标识这些数组中最大的条目
	——request_action_list 标识要执行的操作。对于请求的每个操作，该位被置位。对于未请求的每个操作(无激活)，该位不设置。bit-string 的长度应与 *actions* 数组中的元素数相同。前导位对应于第一个元素，末尾位对应于最后一个元素。

	虽然可以请求几个操作,但只有一个操作(由脚本建模)才能实际执行,如果该操作者的该请求被允许并且有一个最高的总结果。如上所述,操作可以是空脚本。
reset(data)	清除对象实例的可配置域,即: ——清除 *permissions_table* 属性中的所有位; ——将 *weightings_table* 属性中的所有值都设置为零; ——清除 *most_recent_requests_table* 属性中的所有位; ——将 *last_outcome* 属性设置为零。 **注 3:** 在重位之后,可以预期 *request_action* 每次调用将使 *last_outcome* 属性等于零,并且不会执行任何操作,因为 *permissions_table* 属性中的元素都被清除。 data::=integer (0)

5.4.13 建模示例:费率和结算

图 19 显示了使用 COSEM 对象建模费率参数化和管理的示例。

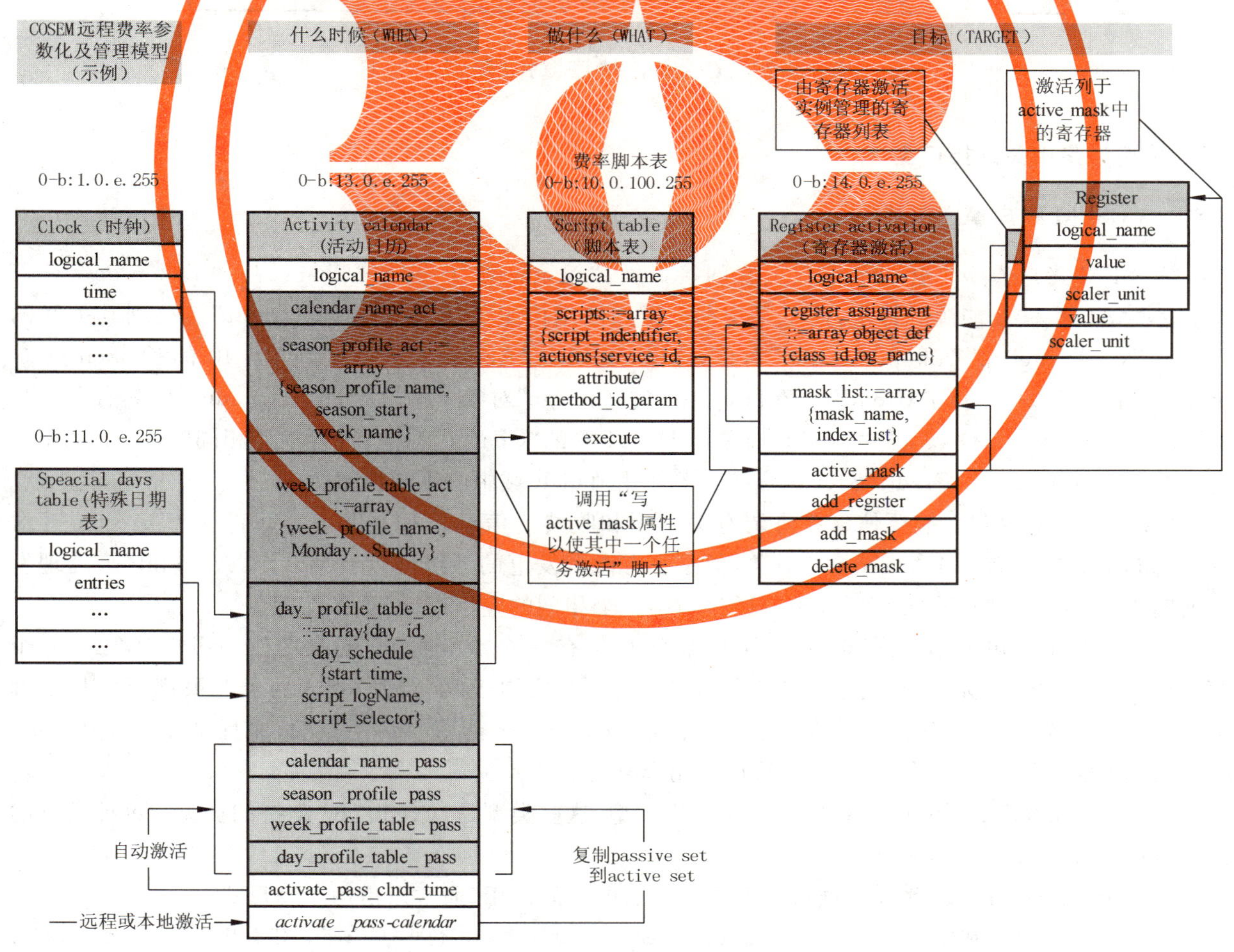

图 19 COSEM 费率模型(示例)

图 20 显示了使用 COSEM 对象建模参数化和计费管理的示例。

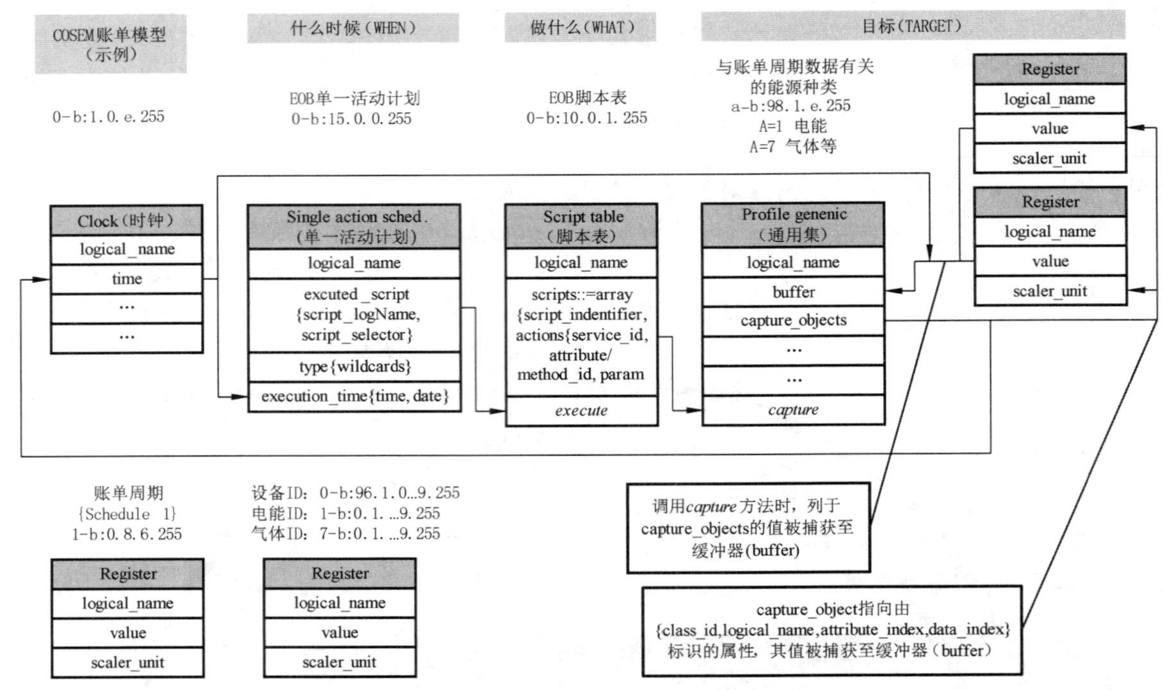

图 20　COSEM 结算模式（示例）

5.5　付费计量相关的接口类

5.5.1　COSEM 账户模型概述

COSEM 账户模型包含四个相互关联的接口类："Account""Credit""Charge"和"Token gateway" IC。这些接口类涉及能源的计量，而不是交付。通过使用值组 D 和 B 域将"Account"链接到其关联的"Credit"，"Charge"和"Token gateway"对象，这样，D=0 的"Account"应链接到 D=40 的"Token gateway"，并且具有 D=10 的"Credit"对象和 D=20 的"Charge"对象。而 D=1 的"Account"应具有 D=41 的"Token gateway"，D=11 的"Credit"对象和 D=21 等的"Charge"对象，等等。与相同"Account"相关的多"Token gateway""Credit"和"Charge"对象使用值组 E 域中的不同值来标识。

"Account"对象包含摘要信息并协调有关信用和收费的信息。每个供应商都有一个"Account"对象，例如，电力输入有一个"Account"对象，但是也有微型发电的系统可以有第二个"Account"来处理发电的输出； 第二个"Account"可或不可通过与第一个相同的应用连接(AA)访问。

"Credit"对象包含有关资金来源的详细信息。有一个或（通常）更多的"Credit"对象与一个"Account"相关联：例如，一个对象用于令牌信用，一个对象用于紧急信用。这两个对象都可以从令牌中获得信用金额，但紧急信用只有在（完全或部分）被消费时才能获得信用金额，而且是在 *credit_configuration* 第 2 位置位的情况下（需要偿还信用金额）。

IEC/TR 62055-21:2005 中列出了几种信用类型，这些类型是"Credit"IC 支持的类型。每种类型的信用可以有零个或多个实例。

——**token_credit**：转移到以预付款方式运行的电表的信用，通常以信用令牌形式；

注 1：在以信用模式或托管付费方式运行的电表中，配置了 token_credit 类型的"Credit"对象用于记录自上一次与客户端同步以来使用的信用额度。

注 2：令牌的内容不是由本文件定义的，可能是一笔金额或以用一种与仪表使用的货币相当的方式记账的另一量。

——**reserved_credit**：在特定条件下发行的储备信用；

——**emergency_credit**：处理仅在紧急情况下发行的计算和交易的账户功能。通常所使用的紧急信用透支金额从后续购买的信用令牌中恢复；

注 3：紧急是指消费者没有任何令牌信用的时间情况，而不是任何安全相关的情况。

——**time_based_credit**：按预定时间发布的信用；

——**consumption_based_credit**：根据消费水平表发布的信用。例如，如果消费者将其消费者的消费保持在阈值以下，系统可能会发布预定义的信用金额。

"Charge"对象包含有关一个支出汇的详细信息，即信用被用尽的一种方式。可能有一个或（通常）更多的"Charge"对象与"Account"相关联，例如一个用于能量使用，一个用于固定收费，也可以一个偿还债务，如安装收费。

IEC/TR 62055-21:2005 中列出了几种类型的收费，但以提取的触发方式区分的以下类型是 COSEM 账户模型中最有用的类型。每种类型的"Charge"IC 可以有零个或多个实例。

——**consumption_based_collection**：描述根据以费率产生的消费量提取的收费。每单位的价格分配给每个能源消耗的费率寄存器；

注 4：当货币在基于时间或能量单位时，费率不适用。

——**time_based_collection**：描述根据时间的推移定期提取的收费，与该期间的消费无关。这可能用于提取固定收费，或者在一段时间内偿还债务；

——***payment_event_based_collection***：描述从收到的每笔充值中提取的收费，通常是偿还债务。这些可表示为 **amount-based**，即从收到的每笔充值信用中提取固定金额（例如，消费者每次消费支付 2 英镑，不论消费额），或 ***percentage_based_collection***，这种情况下提取一定比例的充值信用（例如，每消费者支付 20% 的金额）。"Charge"对象的 charge_configuration 属性的位 0（基于百分比的提取）指定 *event_based_collection* 的方法。图 21 给出了账户模型的概貌。

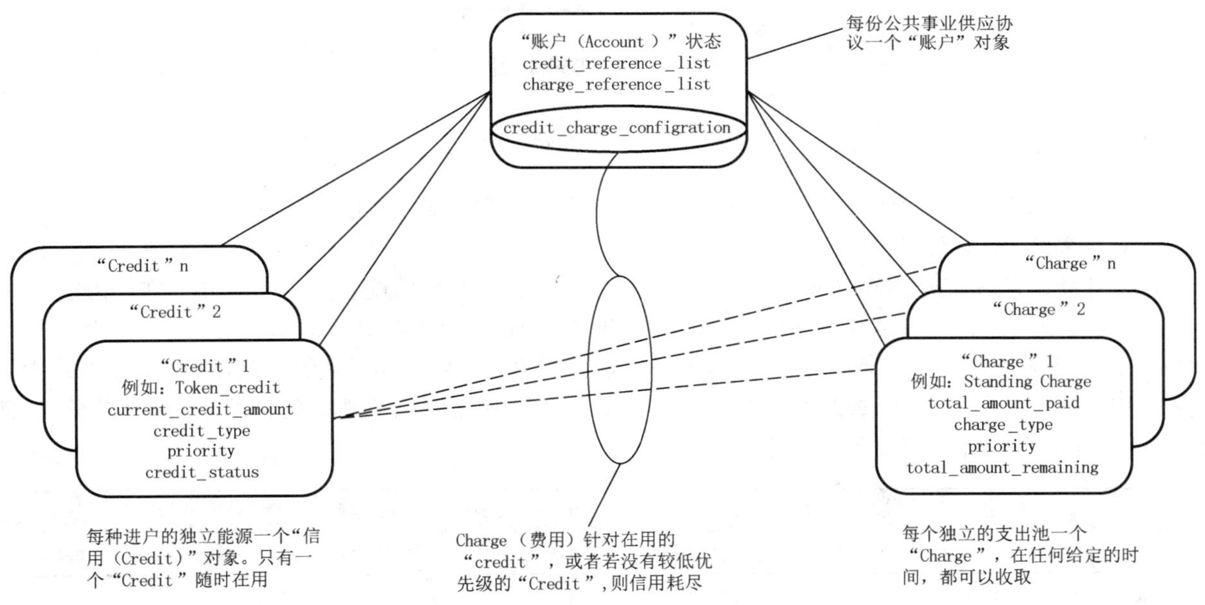

图 21 账号模型概述

图 22 显示了"Account"，"Credit"和"Charge"接口类的实例，其中包含一些属性以及这些属性之间的关系。在这个例子中：

a） 配置了一个"Account"，两个"Credit"和两个"Charge"对象；

b） "Credit"1 的类型为 *token_credit*，*low_credit_threshold* 和 *limit* 属性配置为 0；

c） 多个类之间的交互如图所示。单个"Credit"和"Charge"对象的详细配置未显示。

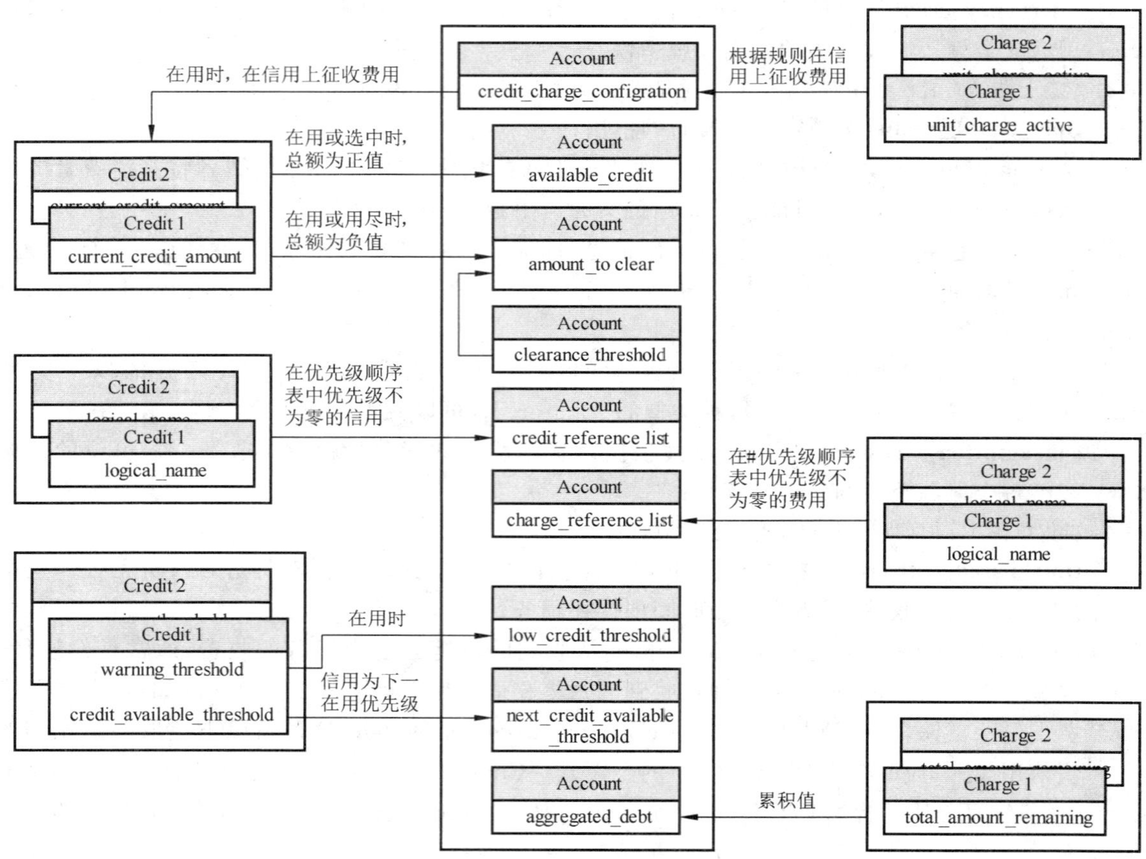

图 22 属性关系图

5.5.2 账户(class_id=111,版本=0)

"Account"IC 的实例管理与"Credit"对象和"Charge"对象的监督相关的所有必要元素,通过"Account"IC 的特定实例引用。

付费计费功能的工作将在"Charge","Credit"和"Account"对象的配置之内和断开规则之内定义。

注 1:断开规则或者是应用规范,或者使用"Arbitrator"IC 的实例进行建模,参见 5.4.12.2。

处于特定项目的明确指定,一旦账户配置被正确设置并且"Account"对象已被激活,工作模式则可以从信用转换到预付款模式,或从预付款到信用模式。在没有任何此类规范的情况下,一旦激活,任何特定"Account"的工作模式应保持固定。

账户	0…n	class_id=111,版本=0			
属性	**数据类型**	**最小值**	**最大值**	**默认值**	**短名**
1. logical_name (static)	octet-string			n/a	x
2. account_mode_and_status	structure			0,0	x+0x08
3. current_credit_in_use (dyn.)	unsigned			0	x+0x10
4. current_credit_status (dyn.)	bit-string			清除所有位	x+0x18
5. available_credit (dyn.)	double-long			0	x+0x20
6. amount_to_clear (dyn.)	double-long			0	x+0x28

账户	0…n	class_id=111,版本=0			
属性	数据类型	最小值	最大值	默认值	短名
7. clearance_threshold (static)	double-long			0	x+0x30
8. aggregated_debt (dyn.)	double-long			0	x+0x38
9. credit_reference_list (static)	array			empty	x+0x40
10. charge_reference_list(static)	array			empty	x+0x48
11. credit_charge_configuration(static)	array			empty	x+0x50
12. token_gateway_configuration(static)	array			empty	x+0x58
13. account_activation_time(static)	octet-string			n/a	x+0x60
14. account_closure_time(static)	octet-string			n/a	x+0x68
15. currency(static)	structure			n/a	x+0x70
16. low_credit_threshold (dyn.)	double-long			0	x+0x78
17. next_credit_available_threshold (dyn.)	double-long			0	x+0x80
18. max_provision(static)	long-unsigned			0	x+0x88
19. max_provision_period(static)	double-long			0	x+0x90
特定方法	m/o				
1. activate_account (data)	o				x+0x98
2. close_account (data)	o				x+0xA0
3. reset_account (data)	o				x+0xA8

属性描述	
logical_name	标识"Account"对象实例。见 6.2.17
account_mode_and_status	定义下面列举的 payment_mode,以及还列举了的"Account"的状态。

account_mode_and_status::=structure

{

payment_mode:enum:

(1) 信用模式,

(2) 预付方式

account_status:enum:

(1) 新(不活跃)账户,

(2) 账户活跃,

(3) 账户关闭

}

payment_mode 是名义上的预付款或信用/托管付款方式的指示。

注 2:Payment_mode 不强制在仪表中的其他一些操作,或导致行为改变。

	与"Account"对象相连接的"Credit"和"Charge"对象不起作用,除非"Account"对象处于激活状态。新的(非激活的)"Account"对象是被动的,并且将在 *account_activation_time* 或 *activate_account* 方法的调用中激活。
current_credit_in_use	该属性是 *credit_reference_list* 中的一个索引,指示 *In use* 的"Credit"对象。
current_credit_status	此属性提供 *In use* 的"Credit"对象的状态以及下一个优先级"Credit"对象的一些信息。 Bit 0=in_credit,在可用 *available_credit* 大于零时设置。 Bit 1=low_credi,当"Account"对象的 *available_credit*_level 低于"Account"对象 *low_credit_threshold* 时设置。 注 3:相关 *In use* 的"Account"对象的 *low_credit_theshold* 属性在该属性中被回显。 Bit 2=next_credit_enabled,"Account"对象的 *credit_reference_list* 包含至少一个具有非零优先级的"Credit"对象时设置,不管信用级别如何。 Bit3=next_credit_selectable,当"Account"对象 *credit_reference_list* 中的下一个项目包含非零优先级的,并且 *credit_configuration* 位 1 置位(需要确认)的较低优先级"Credit"对象时设置,这样,其需要确认(例如"Emergency Credit"是可选的但尚未被选择)。 注 4:当立即更高优先级的"Credit"对象达到"Account"对象的 *next_credit_available_threshold* 时,下一个"Credit"对象就可以选择。 Bit4=next_credit_selected,当"Account"对象的 *credit_reference_list* 包含比当前 *In use* 的"Credit"对象低的优先级的"Credit"对象时设置。较低优先级的"Credit"对象处于 Selected/Invoked 状态。 注 5:比如,已经选择的"Emergency Credit"但尚未 *In use*。 Bit5= selectable_credit_in_use,当"Account"对象的 *credit_reference_list* 中的先前选定的信用现在 *In use* 时设置。 Bit 6=out_of_credit,当 *In use* 的"Credit"对象已经用尽并且没有进一步的信用可用,不用消费者或其他操作者进行操作时设置。 Bit 7=保留。 当下一个优先级"Credit"对象成为当前的"Credit"对象时,所有位都应更新。 注 6:当"Credit"对象是下一个优先级"Credit",并且"Account"对象的 *credit_available_threshold* 属性(其反映该"Credit"的 *next_credit_available_threshold* 属性)大于或等于"账号"对象的 *available_credit*,则"Credit"对象可选。但是,如果 *available_credit* 大于由"Credit"的选择所产生的 *next_credit_available_threshold*,则"Credit"的状态将保留(2)选择。如果 *available_credit* 大于由用于增加"Credit"对象((2) *Selected* 或 (3) *In use*)的 *current_credit_amount* 的充值或方法调用所产生的 *next_credit_available_threshold* 时,这将改变"Credit"对象的状态 到(0)*Enabled*

available_credit	*available_credit* 属性是“Credit”类实例中的 *current_credit_amount* 值的总和,即: ——在“Account”对象中列出 *credit_reference_list*; ——并且“Credit”对象的 credit_status 为(2)*Selected/Invoked* 或(3)*In use*。 此属性保持与“Account”对象相连接的可用信用总额。该值为正或零。 注 7:“Credit”对象 *current_credit*_amount 属性的负值累加在 *amount_to_clear*。另见图 4 中的纵轴。 double-long,根据 *currency* 属性缩放。
amount_to_clear	这个值是以下值的总和: ——“Credit”对象中 *current_credit_amount* 的所有负值: • 列在“Account”对象的 *credit_reference_list* 和 • “Credit”对象的 *credit_status* 为(4)*Exhausted*; • *credit_configuration* 位 2(需要偿还的信用金额)清除。 ——所有“Credit”对象的信用金额的负值(值×−1),当 *credit_configuration* 位 2(需要偿还信用金额);和 ——“Account”对象 *clearance_threshold* 属性的负值(值×−1);另见图 24。 注 8:设置了 *credit_configuration* 位 2 的“Credit”对象被称为“repayable”信用。 已用的信用是 *preset_credit_amount* 与当“Credit”是(3) *In use* 或(4) *Exhausted* 时“credit”对象的 *current_credit_amount*(因此是正值)之差。在不可偿信用的情况下,已用的信用不相关。 注 9:付费仪表的应用程序可能具有特定的功能行为,以允许消费者是否以紧急信用方式生活。此功能不在本配套规范的范围内。 当仪表已累积临时债务时,例如:在紧急信贷为 *In use* 和/或在友好的信用期间,该属性有重要意义。 该属性包含仪表将需要接收的最小信用(通过“Credit”对象的令牌收据和方法调用),以清除负信用金额,并将“Credit”标记为可偿还(例如紧急信用),在他们已经处于(3) *In use*,(2) *Selected/Invoked* 或(4) *Exhausted* 状态后再次启用。 注 10:“Credit”对象之间分配充值的过程的例程,请参考属性 12 *token_gateway_configuration*。 注 11:在预付款模式下使用仪表时,*amount_to_clear* 通常是撤销关断连接所需的量。清除量在图 4 的垂直轴上显示为负值。 double-long,根据 *currency* 属性缩放。
clearance_threshold	该属性与 *amount_to_clear* 结合使用,并包含在该属性的描述中。 当一个仪表已经消耗所有信用来源并且具有值为小于零的 *current_credit_amount* 属性的”Credit”对象时,此属性变得相关。 这表示 *available_credit* 属性应达到的信用额度,以便再次启用可偿还“Credit”。

	为了达到这个目的，应将足够的信用额度添加到计量表中，以确保所有列出的“Credit”对象的 current_credit_available 属性为零或更大。 double-long，根据 *currency* 属性缩放。
aggregated_debt	该属性是“Account”对象 *charge_reference_list* 中列出的所有“Charge”对象的 *total_amount_remaining* 的简单和，其中 *charge_configuration* 的位 1(Continuous collection)被清除。 注 12：该值与 *amount_to_clear* 不可互换；它用于协助外部会计。双倍长，根据 currency 属性缩放。
credit_reference_list	此属性是一组逻辑名称，用于标识与此“Account”对象合作“Credit”对象的集合。数组中的元素应以优先级顺序出现(优先级 1 第一，为优先级 n 为最后)。 优先级 0“Credit”不得出现在此列表中，按照定义，它们未启用。 credit_reference_list∷=array credit_reference credit_reference∷=octet-string
charge_reference_list	该属性是一组逻辑名称，用于标识一组与此“Account”对象合作的“Charge”对象。数组中的元素应以优先级顺序出现(优先级 1 第一，优先级 n 为最后)。优先级 0“Charge”不得出现在此列表中，按照定义，它们不适用。 charge_reference_list∷=array charge_reference charge_reference∷=octet-string

credit_charge_configuration	这个属性映射出哪个收费是从哪个信用提取的。
	如果该数组具有零个元素，则假定任何收费都可以根据“Credit”对象的 *credit_status* 是(3)*In use* 或(4) *Exhausted* 而从任何账户中提取。
	如果在这个数组中有条目，那么他们代表每一收费可以从每一信用提取。
	如果有一个信用，没有提取任何收费，那么信用不会被消耗，并将保持不变，直到开始收费。
	注 13：当适当“Charge”对象的 *charge_configuration* 的位 1 (连续提取)清除时，收费提取达到零时将停止。这不会改变“Account”的 *credit_charge_configuration*。
	credit_charge_configuration∷=array
	        credit_charge_configuration_element
	credit_charge_configuration_element∷=structure
	{
	    credit_reference:octet-string,
	    charge_reference:octet-string,
	    collection_configuration:bit-string
	}
	其中 *credit_reference* 和 *charge_reference* 包含相关“Credit”和“Charge”对象的 *logical_name*。
	collection_configuration∷=bit-string

该元素定义了特定条件下的行为。

Bit 0＝能源断开时提取。当设置时，在能源断开时可以提取在 *charge_reference* 中引用的“Charge”。清零时，当能源断开时，不得提取 *charge_reference* 中引用的“Charge”。

Bit 1＝在负载限制期间提取。当设置时，当能源处于负载限制期间时，可以提取在 *charge_reference* 中引用的“Charge”。清零时，在负载限制期内，不得提取 *charge_reference* 中引用的“Charge”。

Bit 2＝在友好的信用期提取。当设置时，在能源处于友好的信用期内可以提取在 *charge_reference* 中引用的“Charge”对象。清零时，在能源处于友好的信用期内，不得提取 *charge_reference* 中引用的“Charge”。

注 14：仪表应用程序内部判断能源是否断开，负载限制期或友好的信用期，根据该属性的值进行适当的处理。

注 15：隐含的意思是，在这些具体条件不存在的时候也提取收费。

token_gateway_configuration

此属性旨在配置如何分配“Token gateway”的新充值令牌，以便将令牌金额的可配置百分比分布到每个“Credit”对象。

注 16：“Credit”对象的 *current_credit_amount*、*credit_type* 和 *credit_status* 属性的值也会影响令牌充值金额的分布。

如果对通过“Token gateway”对象接收的信用令牌的分配方式有限定，则此属性确定在该数组中引用的每个“Credit”对象的信用令牌的最小比例。

此数组中的比例不应超过 100％。如果比例的总和小于 100％，则剩余部分将被添加到“Credit”对象中，并使用下面空“*token_gateway_configuration*”属性的规则。

注 17：由于上述强调的结果，一些“Credit”可能会超过其分配的比例。信用令牌始终 100％分配到“Credit”对象。

注 18：仪表的一个或多个“Token gateway”对象和特定的“Account”对象之间的连接在模型中未明确显示。多个“Account”对象和多个令牌网关的管理为项目特定配套规范的主题。然而，在正常情况下，“Account”对象具有一个“Token gateway”对象，并且接收的所有令牌应遵循与其连接的“Account”对象连接的规则（通过应用值组 D 域；另见 5.5.1）。

token_gateway_configuration∷＝array token_gateway_configuration_element

token_gateway_configuration_element∷＝structure

{

credit_reference octet-string，

token_proportion unsigned；

}

其中：

——credit_reference 包含相关“Credit”和“Charge”对象的 *logical_name*；

	——token_proportion 被缩放为从 0 到 100 的整数级别百分之一。 如果数组中没有条目,则假定在仪表的付费应用程序中对处理信用令牌没有限制,并且信用应首先应用于其 *credit_status* 设置为(3) *In use* 或 (4) *Exhausted* 的最低优先级“Credit”对象。然后按照“Credit”对象优先级(从优先级 n 开始,以优先级 1 结尾)升序分配给其他“Credit”对象。 如果“Credit”对象需要一个限量的充值(例如,正在全额偿还的紧急“信用”对象),则已用的信用(充值之前,*preset_credit_amount* 小于 *current_credit_amount*)取自令牌金额,任何盈余遵循相同规则被赋予较高优先权信用。在已用的信用被偿还的时候,“Credit”将从(3) *In use* 或 (4)*Exhausted* 改变为(0)*Enabled*。 另见注 10。
account_activation_time	定义对象本身调用特定方法 *activate_account* 的时间。在属性的所有域中使用“not specified”符号的定义将不会被执行。日期和时间的某些域中的部分“not specified”符号是不被允许的。 当此时间过去时,此域表示“Account”对象被激活的时间。 octet-string,格式按 4.6.1 中 *date_time* 的规定。
account_closure_time	定义对象本身调用特定方法 *close_account* 的时间。在属性的所有域中使用“not specified”符号的定义将不会被执行。不容许在日期和时间的某些域中部分“not specified”符号。 当此时间过去时,此域表示“Account”对象关闭的时间。 octet-string,格式按 4.6.1 中 *date_time* 的规定。

currency	定义“Account”对象的所有功能使用的“currency”单位。“Charge”对象的 *unit_charge* 属性中的 *charge_per_unit* 具有可应用的附加缩放因子。
	单位可以是货币或其他单位,如千瓦时,分钟;或用于不同类型仪表的其他消费单位。当单位是货币时,该名称用 ISO 4217 中定义的 3 个字符的国际符号(GBP,USD 等)表示。
	currency::=structure
	{
	currency_name:utf8-string,
	currency_scale:integer,
	currency_unit:enum
	}
	其中:
	currency_name:utf8-string
	按照 ISO 4217
	或者
	min=minutes(分),
	hrs=hours(时),

	sec=seconds(秒), kWh=kilowatt hours(千瓦时), Whr=Watt hours(瓦时), mt3=m^3(立方米), ft3=ft^3(立方英尺), Jle=Joule(焦耳) 或者 由项目特定的配套规范定义,这样,使所有使用的字符都是小写字母。 *currency_scale* 指示表示相关属性值的基本单位的十进制倍数的指数或约数。负值表示约数。 注 19:例如:如果货币为欧元,数值以十分之一分(欧元的千分之一)表示,那么量纲将具有-3(负号 3)值。 currency_unit:enum: (0) 时间, (1) 消费, (2) 货币 *currency_unit* 是一个枚举值,表示货币的通用类型: ——时间(分钟,秒,小时等); ——消耗(kWhrs,Whrs,m^3,Whrs 等)。 或货币(英镑,美元,欧元等)。
low_credit_threshold	此属性反映当前 *In use* 的"Credit"对象的 *warning_threshold* 属性。例如,此阈值可用于生成对消费者的警告。它没有其他功能。 double-long,根据 *currency* 属性进行缩放。 注 20:此属性的值将根据查询时 *In use* 的"Credit"对象的不同而变化。
next_credit_available_threshold	该金额反映了下一个优先级"Credit"对象的 *credit_available_threshold* 属性(没有下一个优先级"Credit"之外除外;在这种情况下,该属性的值为-2 147 483 648(最大可能的负值))。 当"Account"对象的 *available_credit* 属性小于或等于此值时,下一个优先级"Credit"对象的 *credit_status* 属性将更改为: 1) *Selectable*,有关"Credit"对象的 *credit_configuration* 属性的位 1(需要确认)被设置的情况下; 2) *Selected/Invoked*,位 1(需要确认)清除并且 *next_credit_available_threshold* 大于零的情况下; 3) *In use*,第 1 位(需要确认)被清除且 next_credit_available_threshold 等于零的情况下。 注 21:"next-priority"是指依据优先顺序的下一个"Credit",其尚未被选中。该属性将根据下一个优先顺序中的"Credit"而改变。 *next_credit_available_threshold* 将根据 *In use*"Credit"而改变。 double-long,根据 *currency* 属性进行缩放。
max_provision	该属性影响配置 *charge_type* 等于(2) *payment_event_based_collection* 的"Charge"对象的运行。

	该属性保持按照具有 *charge_type*(2)*payment_event_based_collection* 的所有"Charge"对象的 *currency* 属性中定义缩放的限额。极限与 *max_provision_period* 中定义的时间周期相关。 注 22：此属性和 *max_provision_period* 的组合旨在提供一周内(举例)从充值提取的总值极限。 注 23：如果消费者在短时间内多次投放，则可能他超过公用事业部门的要求支付到其实例化的"Charge"对象之一(由于基于提取的支付事件的不可预测性)。 long-unsigned，根据 *currency* 属性进行缩放。
max_provision_period	此属性保持适用于 *max_provision* 属性的时间周期。这是以秒为单位指定的。 double-long
方法说明	
activate_account (data)	此方法允许激活"Account"。*account_mode_and_status* 的 *account_status* 元素将被设置为(2)*Account active*。 注 24：*account_activation_time* 将设置为调用此方法时的时间。 data∷=integer (0)
close_account(data)	此方法强制关闭账户。 注 25：这可以根据供应商的变更或租赁的变更或任何其他原因进行。 *account_mode_and_status* 的 *account_status* 元素将被设置为(3)*Account close*。*account_closure_time* 设置为调用此方法的时间。 注 26：调用此方法时，账户将不再处于激活状态。因此，其属性将随着 *credit_reference_list* 和 *charge_reference_list* 中列出的所有"Credit"和"Charge"对象的属性将不再变化，直到"Account"对象再次激活，或"Credit"和"Charge"对象由另一个"Account"对象引用。 data∷=integer (0)
reset_account(data)	如果 *account_mode_and_status* 属性的 *account_status* 不等于(2)*Active account*，则该方法将"Account"的属性设置为默认值，除非属性没有默认值，在这种情况下，行为应为具体项目。 如果 *account_mode_and_status* 属性的 *account_status* 元素等于 1(新建，非活动账户)，则此方法不起作用。 data∷=integer (0)

5.5.3 信用接口类

5.5.3.1 概述

"Credit"IC 的实例允许管理可以通过费用消费的信用。有几种不同的信用类型；每个"Credit"对象通过其属性的值来表征自身。

与一个能源相连接的所有"Credit"都列在"Account"对象的 credit_reference_list 属性中。国家之间的"Credit"移动：

——top-ups(充值)；

——通过方法调用调整 current_credit_amount;或者

——由收费扣减信用。

这在 5.5.3.2 的状态图中进行了说明。5.5.1 列出了 IEC/TR 62055-21:2005 中定义的“Credit”类型。

5.5.3.2 信用状态

信用状态只有当优先级不为零时才有意义。它们示于表 28 和图 23 中。状态转变如表 29 所示。

表 28 信用状态

优先级	信用状态	涵义
0	任何情况	“Credit”对象的实例不活动。 注:当“Credit”具有非零优先级但不显示在任何 credit_reference_list 中时,它具有与优先级为零的相同的行为。
>0	(0) Enabled	指“Credit”出现在非零优先级的激活“Account”的 credit_reference_list 中
>0	(1) Selectable	“Credit”需要一些额外的交互才能 *In use*。只有当其是非 Exhausted 的 next_priority_credit,并且“Credit”credit_configuration 设置位 1(需要确认)时,信用才是 Selectable
>0	(2)Selected/Invoked	已 selectable 的“Credit”现已 selected,但可能尚未 *In use*(可能是某些较高优先级的“Credit”仍在使用,例如在 EMC(紧急信用)的情况下)。或者,如果更高优先级的信用已经 Exhausted,那么“Enabled”并且不需要选择的“Credit”可以直接获取
>0	(3)In use	“Credit”被用来支付付费仪表内的收费
>0	(4) Exhausted	“Credit”已经用光了

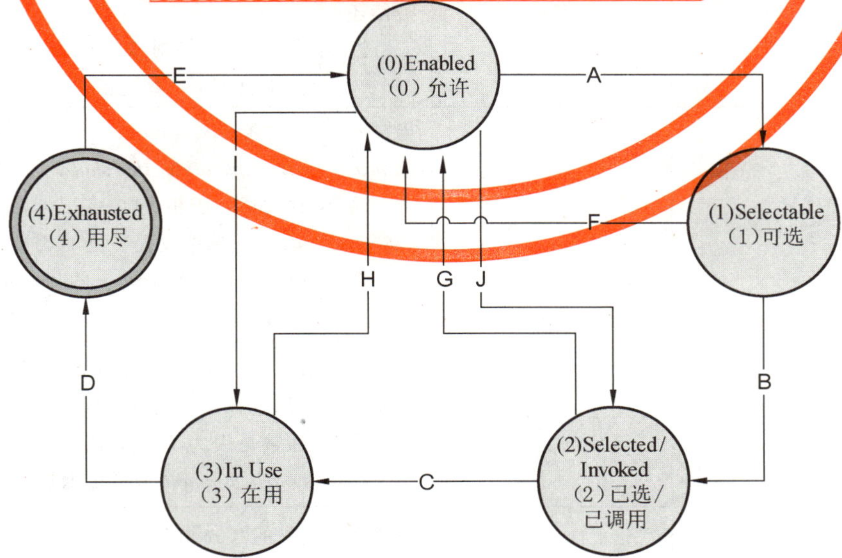

图 23 优先级为信用状态>0

表 29　信用状态转换

信用状态	起始	结束	条件
A	(0) Enabled	(1)Selectable	当"Credit"对象是非 Exhausted 的最高优先级"Credit"对象，并且"Account"对象的 *available_credit* 达到"Account"对象 *next_credit_available_threshold* 时，"Credit"对象变为 Selectable。 **注 1**：这仅适用于有关"Credit"对象的 *credit_configuration* 属性设置了位 1（需要确认）集的情况。
B	(1)Selectable	(2) Selected/Invoked	转换的触发器是 COSEM 域外的，例如按钮上的按钮或其他一些刺激。 **注 2**：这仅适用于相关"Credit"对象的 *credit_configuration* 属性设置了位 1(需要确认)的情况。
C	(2) Selected/Invoked	(3) In use	当先前的优先级"Credit"对象耗尽时，会发生此转换。 **注 3**：此时，"Account"对象 *next_credit_available_threshold* 将更新以反映下一个优先级"Credit"对象的 *credit_available_threshold*。
D	(3) In use	(4) Exhausted	当"Credit"对象的 *current_credit_amount* 属性达到 *limit* 属性中设置的级别时，会发生此转换。 **注 4**：如果没有较低优先级的"Credit"对象成为 *In use*，这可能间接导致能源断开。 **注 5**：在当前的"Credit"是 *Exhausted* 时，*credit_status* 设置为(4)*Exhausted*。
E	(4) Exhausted	(0) Enabled	当 *current_credit_amount* 变得大于 *limit* 属性时，会发生这种转换，或者(在可偿还信用的情况下)已用的信用已经被偿还。 **注 6**：这个"Credit"对象已经从传入的令牌或方法调用中收到了一些充值。
F	(1)Selectable	(0) Enabled	当"Account"对象 *available_credit* 变得大于"Account"对象 *next_credit_available_threshold* 时，会发生此转换。 **注 7**：这仅适用于相关"Credit"对象的 *credit_configuration* 属性设置了位 1(需要确认)。 **注 8**：通常这是因为 *In use* 的"Credit"对象的 *current_credit_amount* 属性已增加。
G	(2) Selected/Invoked	(0) Enabled	当"Account"对象 *available_credit* 变得大于"Account"对象 *next_credit_available_threshold* 时，会发生此转换。 **注 9**：通常是因为 *In use* 的"Credit"对象的 *current_credit_amount* 属性已增加。
H	(3) In use	(0) Enabled	当更高优先级的"Credit"对象的 *credit_status* 变为 *In use* 时，会发生此转换。 **注 10**：通常是因为优先级较高的"Credit"对象 *current_credit_amount* 已增加。此时，"Account"对象的 *next_credit_available_threshold* 也将更改。

表 29（续）

信用状态	起始	结束	条件
I	(0) Enabled	(3) In use	当立即更高优先级的“Credit”对象 exhausted 时，就会发生这种转换。 **注 11**：这仅适用于相关“Credit”对象的 *credit_configuration* 属性已清除位 1（需要确认），“Credit”对象的 *credit_available_threshold* 设置为零，且 *current_credit_amount* 大于 *limit*（信用不能 *In use*，直到优先级较高的信用 exhausted）。
J	(1) Enabled	(2) Selected/ Invoked	当“Account”对象中的 *available_credit* 变得小于“Account”对象的 *next_credit_available_threshold* 时，会发生转换。 **注 12**：这仅适用于当相关“Credit”对象的 *credit_configuration* 属性设置位 1(在其被选择或 *In use* 之前要求确认)，并且该“Credit”对象的 *credit_available_threshold* 大于零时才适用。

5.5.3.3 当前信用状态标志

current_credit_status 标志(由“Account”对象的 *current_credit_status* 属性保持)的意义如下图 24 所示。

在图 24 中，示例涉及具有两个“Credit”对象的支付计费系统的可能情况：令牌信用和紧急信用。

注：这是一个可能的实现，其他可能的实现是可能的，但应该在项目特定的配套规范中指定。

selectable 信用的选择有两种选项；或当前的“Credit”*In use* 的同时选择“Credit”(情况 4)，或当前的“Credit”已经 *exhausted* 时选择“Credit”(情况 4a)。

当前“Credit”*In use* 的同时，“Credit”正被 *selected* 的情况下(情况 4)，信用将在当前信用用尽后立即从下一个信用消费。在(4a)情况下，目前的信用将变成 *exhausted*，并且被收费持续扣减，直到消费者通过选择可选的信用或添加充值来采取行动。

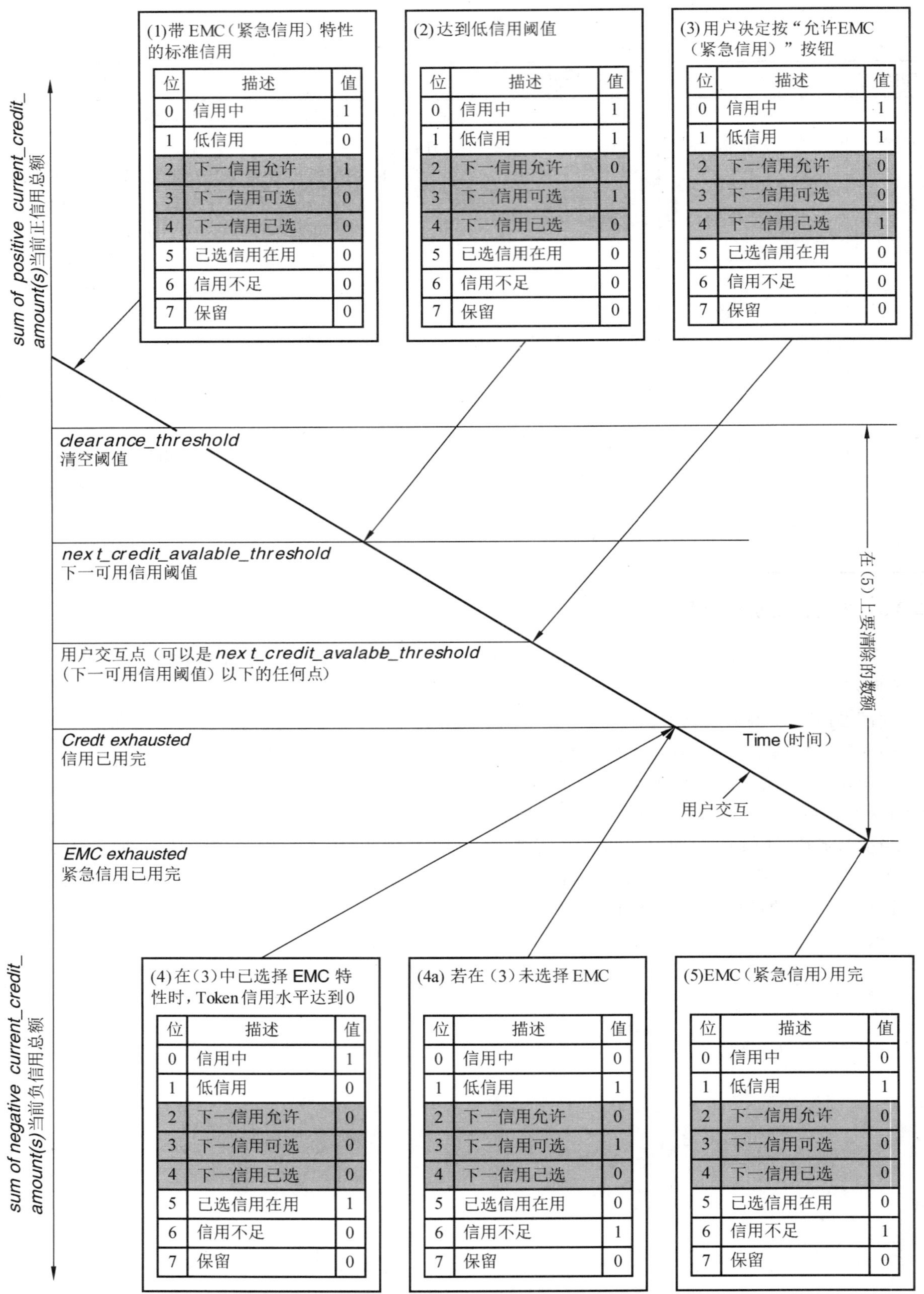

图 24 **current_credit_status** 标志的操作

5.5.3.4 信用(class_id=112,版本=0)

信用	0…n	class_id=112,版本=0			
属性	**数据类型**	**最小值**	**最大值**	**默认值**	**短名**
1. logical_name (static)	octet-string				x
2. current_credit_amount(dyn.)	double-long				x+0x08
3. credit_type (static)	enum				x+0x10
4. priority(static)	unsigned				x+0x18
5. warning_threshold(static)	double-long				x+0x20
6. limit(static)	double-long				x+0x28
7. credit_configuration (static)	bit-string				x+0x30
8. credit_status(dyn.)	enum				x+0x38
以下属性(9)仅适用于紧急情况,一些基于时间(可以保留信用)和基于消费的信用。					
9. preset_credit_amoun (static)	double-long				x+0x40
10. credit_available_threshold(static)	double-long				x+0x48
以下属性仅适用于基于时间和基于消费的信用额度。					
11. period (static)	date-time				
特定方法	***m/o***				
1. update_amount (data)	o				x+0x58
2. set_amount_to_value(data)	o				x+0x68
以下方法仅适用于紧急和基于时间的消费信用。					
3. invoke_credit (data)	o				x+0x68

属性描述	
logical_name	标识“Credit”对象实例。见 6.2.17。
current_credit_amount	提供这个特定的“Credit”对象的信用值。(见图 25)。 注 1:通过调用此对象的方法,充值以及提取费用来增加和减少该值。该值由引用“Credit”对象的值供给“Account”对象中的 *available_credit* 属性。 double-long,根据“Account”对象的 *currency* 属性进行缩放。
credit_type	这是一个标识此对象所代表的信用类型的列举。该类型指示这个“Credit”对象预计将处理哪些属性,但实际处理由其他属性(包括配置标志)的值控制。可用的类型是: enum: (0) token_credit, (1) reserved_credit, (2) emergency_credit, (3) time_based_credit, (4) consumption_based_credit
priority	描述此“Credit”对象的激活优先级。 值 1 是最高优先级,值 255 最低。 每个“Credit”对象应具有不同的优先级,除优先级为 0 的情况外。

	注 2：如果有多个配置了相同非零优先级的"Credit"对象，行为将不确定。 值为 0 表示"Credit"对象永远不会被激活，尽管它仍然可以被配置，它的 *current_credit_amount* 可以通过调用它的方法进行调整，但是它不能接收充值。 当配置了优先级为零的"Credit"对象时，它不会出现在"Account" *credit_reference_list* 中，它不会被视为 *available_credit* 计算的一部分，不会被收费减少。 有关详细信息，请见"Account"对象的 *credit_reference_list* 属性。
warning_threshold	保持针对 current_credit_amount 的阈值。当 current_credit_amount 递减为 warning_threshold 值时，会触发对消费者信用不足的警告。 注 3：相关"Account"对象的 low_credit_theshold 属性回显当前使用的"Credit"对象的此属性。 double-long，根据"Account"对象的 *currency* 属性进行缩放。
limit	此属性保持针对 *current_credit_amount* 的阈值。当 *current_credit_amount* 递减到 *limit* 值时，则 *credit_status* 变为(4)*Exhausted*。 注 4：通常在以预付款方式运行的电表中将其设置为零。对于以信用模式运行的电表，最高优先级的"Credit"对象通常具有等于最大可能负数的极限。 double-long，根据"Account"对象的 *currency* 属性进行缩放。
credit_configuration	允许配置"Credit"对象的行为。 如果设置了 **bit 0**，则信用项目在其变成 selected 时需要仪表显示屏上的直观指示。 如果设置了 **bit** 1，则在进入此类"Credit"之前需要消费者确认(例如紧急信用对象的情况下，在"Credit"可 selected/invoked 之前消费者需要按下按钮)。 如果 **bit** 2 被设置，那么这表示这个"Credit"金额需要偿还，因此已用的信用将供给引用特定"Credit"对象的"Account"对象中的 *amount_to_clear* 属性。 如果设置 **bit** 3 位，则可以在结算周期操作结束时清除 *current_credit_amount*(使用借助于 *set_amount_to_value* 方法的脚本操作)，除非仪表以信用模式运行，否则不建议将"Credits"配置为允许此方式。 如果设置了 **bit** 4 位，那么这个"Credit"对象将被允许从令牌中获取信用。 *credit_configuration*：bit-string： Bit 0＝需要直观指示， Bit 1＝在可 selected/invoked 之前需要确认，或 Bit 2＝需要偿还信用金额， Bit 3＝可重调， Bit 4＝能够从令牌获得信用金额

credit_status	由预付款应用程序驱动，以指示“Credit”对象所处的状态。 状态如图 23 所示。根据“Credit”及其配置的类型，此属性的值由应用程序驱动，基于“Credit”对象的 *current_credit_amount*，*limit*，*preset_credit_amount* 和“Credit”对象的 *credit_available_threshold* 属性值，“Account”对象的“*amount_to_clear*”属性。 引用此“Credit”对象的“Account”对象的 *amount_to_clear* 属性从负值转换为零时，EMC 状态应再次变为(0) *Enabled*。 注 5：当“Credit”对象的 *credit_status* 已为 (4) *Exhausted* 时，这个“Credit”不能再被调用，直到“Credit”转换为(0) *Enabled*。如果这是最低优先级的“Credit”对象，那么收费仍然可以应用于此对象。 enum： (0)信用类的实例处于 *Enabled* 状态； (1)信用类的实例处于 *Selectable* 状态； (2)信用类的实例处于 *Selected/Invoked* 状态； (3)信用类的实例处于 *In use* 状态，可能被收费消费； (4)*current_credit_amount* 已被完全消费，信用被认为是 *Exhausted* 的。 有关其他说明，请见表 28。
preset_credit_amount	此属性是一个设置为可用于“Credit”对象的初始信用金额的值。 该值将添加到 *current_credit_amount* 属性中： a) 当 *credit_status* 变为(2)*Selected/Invoked* 时，如果设置了 *credit_configuration* 位 1(需要确认)，并且发生应用程序确认，或 b) 当 *credit_status* 变为(3)在 *In use* 时，如果 *credit_configuration* 位 1(需要确认)被清除，直到 *credit_status* 变成(4)*Exhausted*；或 c) 当调用方法 *invoke_credit* 时，如果设置了 *credit_configuration* 位 2(需要偿还的信用金额)；或者 d) 当 *period* 中绝对 date_time 出现时。 当“Credit”不需要预设金额时，*preset_credit_amount* 应为 0，“Credit”可以从信用令牌或通过调用 *update_amount* 和 *set_amount_to_value* 方法来获取信用金额。预设的 *credit_amount* 的值不会改变，除非客户端写入新的值。 在 *emergency_credit* 类型的“Credit”的情况下： ——应使用 *preset_credit_amount* 属性； ——“Credit”只能在以下情况下从令牌获得信用额： • 状态为(3) *In use* 或 (4) *Exhausted*； • 一些(或全部)信用已被使用；和 • “Credit”需要偿还(设置了 *credit_configuration* 位 2(需要偿还信用金额))

	注 6：当 *current_credit_amount* 达到极限时，*credit_status* 属性将变为(4) *Exhausted*。如果设置了 *credit_configuration* 位 2(需要偿还信用金额)，则所使用的信用是 *preset_credit_amount* 和 *current_credit_amount*(正值)之间的差额，通常会通过添加信用令牌或通过调用方法来偿还。在偿还"信用"后，*current_credit_amount* 将为零，但是 *credit_status* 将为(0)Enabled (*amount_to_clear*=0 的情况下)，或(4)Exhausted (*amount_to_clear* 小于零的情况下)。 如果此属性设置为零，则没有与其相连接的行为。 double-long，根据"Account"对象的 *currency* 属性进行缩放。
credit_available_threshold	与"Account"对象可用的 *available_credit* 相关的阈值。 当"Account"对象的 *available_credit* 递减到 next-priority 的"Credit"对象的 *credit_available_threshold* 时，该对象的 *credit_status* 更改为： a) 1(*Selectable*)如果设置了 *credit_configuration* 位 1(需要确认)，或者 b) 2(*Selected/Invoked*)如果 *credit_configuration* 位 1(需要确认)被清除。 注 7：这反映了"Credit"是否在投入使用之前需要确认。 注 8："Credit"在用尽优先级较高的"Credit"之前不会被 *In use*，但是如果在更高优先级"Credit"被耗尽之前被 *selected*，则 *current_credit_amount* 属性的值将供给相连接的"Account"中的 *available_credit*。 double-long，根据"Account"对象的 *currency* 属性进行缩放。
period	如果 *credit_type*=3(time_based_credit)或 *credit_type*=4(consumption_based_credit)，则此属性将保持 *current_credit_amount* 自动设置为 *preset_credit_amount* 时的时间。 octet-string，格式按 4.6.1 中 *date_time* 的规定。通配符是允许的。如果所有域都是通配符，则将不会添加 *preset_credit_amount*。
方法说明	
update_amount (data)	此方法调整 *current_credit_amount* 属性的值。正值正向调整 *current_credit_amount*。也允许负值。 data::=double-long，根据"Account"对象的 *currency* 属性进行缩放。
set_amount_to_value(data)	此方法设置 *current_credit_amount* 属性的值。在更新属性中之前金额将作为响应参数给出。 data::=double-long，根据"Account"对象的 *currency* 属性进行缩放。 返回 double-long，根据"Account"对象的 *currency* 属性进行缩放。
invoke_credit(data)	调用此方法将此"Credit"对象的 *credit_status* 变成(2)*Selected/Invoked*，如果设置了 *credit_configuration* 位 1(需要确认)，并且 *credit_status* 为(1)*Selectable*。 选择"Credit"的机制不属于 COSEM 的范围，由执行者指定(例如按钮推送，仪表处理，脚本等)。 data::=integer (0)

5.5.3.5 补充说明

a) 尽管通常令牌会导致 *current_credit_amount* 的递增并且“Charge”对象的应用导致令牌的递减，但是这些输入通过签名添加来应用，并且可以接受负值的令牌或“Charge”对象。

b) emergency_credit 类型的行为取决于 *preset_credit_amount* 属性和 *credit_configuration* 属性中的“需要偿还的信用金额”选项。

当“Credit”对象是 selected/invoked 时，将 *preset_credit_amount* 属性的值添加到 *current_credit_amount* 属性的值(在其生命周期的这一点上通常为零)。

c) 为补充紧急信用并使其已为(3) *In use* 后变成 (0) Enabled，应接受足够的付款以使“Account”对象的 *available_credit* 至少达 *clearance_threshold*。

这必然涉及提供足够的资金，以偿还具有 EMC 功能“Credit”对象的 *current_credit_amount* 的负值。为了允许对多个“Credit”实例的联合管理，每个“Credit”对象的信用使用值都被一起总计到 相关“Account”对象的 具有 *clearance_threshold* 属性的 *amount_to_clear* 中。当 *amount_to_clear* 达到零状态所有相关 Credit 对象的状态 (4) *Exhausted* 按定义被清除。

d) “Account”对象 *token_gateway_configuration* 属性决定分配到“Credit”对象的信用。

图 25 显示了一个计费系统中两个“Credit”对象的 *current_credit_amount* 属性的交互。可以看出，紧急信用金额在 selected 时可供给 *available_credit*，但在令牌“Credit”变成 *Exhausted* 之前不会变成 *In use*。在紧急“Credit”变成 *In use* 的同时，它开始供给 *amount_to_clear*。当紧急“Credit”变成 *In use* 并且供给 *amount_to_clear* 时，*amount_to_clear* 也考虑到清除阈值。当令牌“Credit”*current_credit_amount* 为零或以下时，清除阈值才是重要的。

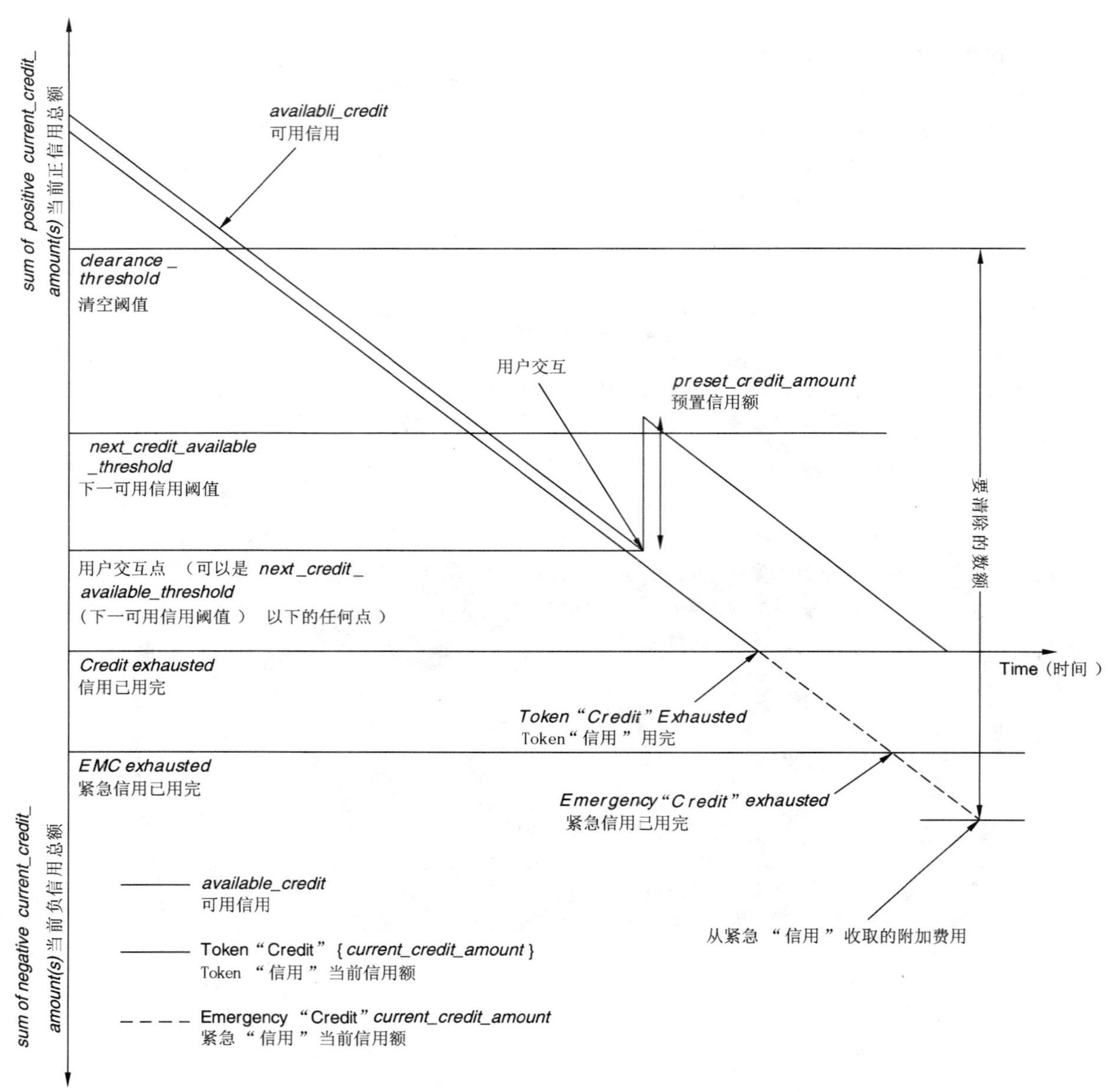

图 25　当前 ***current_credit_amount*** 和 ***available_credit*** 与令牌"Credit"和紧急"Credit"的相互作用

由于调用紧急"Credit",*available_credit* 将大于 *next_credit_available_threshold*,但紧急"Credit"不会将 *credit_status* 由(1) *Selected* 变成(0) *Enabled*。但是,充值或调用 *set_amount_to_value* 的方法,强制 *available_credit*(通过增加"credit"对象的 *current_credit_amount*)超过 *next_credit_available_threshold*,那么状态将被强制为(0)*Enabled*。

5.5.4　收费(class_id=113,版本=0)

"Charge"IC 的实例允许管理单个收费。根据配置的属性,如单位价格的金额和时间段,收费将在适当的时候从 *In use* 的"Credit"对象提取。

注 1:提取(收费)周期的细节可能取决于项目,因此他们遵守项目特定的配套规范,因为它们影响当前值的第三方评估。

每个“Charge”对象通过其属性的值来表征自身。

与一个能源相连接的所有“Charges”在相关“Account”对象的 *charge_ reference_list* 属性中引用。

收费	0…n	class_id=113,版本=0			
属性	**数据类型**	**最小值**	**最大值**	**默认值**	短名
1. logical_name (static)	octet-string				x
2. total_amount_paid (dyn.)	double-long				x+0x08
3. charge_type (static)	enum				x+0x10
4. priority 优先级(static)	unsigned				x+0x18
5. unit_charge_active(static)	structure				x+0x20
6. unit_charge_passive (static)	structure				x+0x28
7. unit_charge_activation_time(static)	octet-string				x+0x30
以下属性仅涉及基于时间和基于消费的收款					
8. period(static)	double-longunsigned				x+0x38
以下属性与所有收费类型有关					
9. charge_configuration(static)	bit-string				x+0x40
10. last_collection_time (dyn.)	date-time				x+0x48
11. last_collection_amount (dyn.)	double-long				x+0x50
12. total_amount_remaining (dyn.)	double-long				x+0x58
以下属性仅与基于付款事件的收款有关					
13. proportion(static)	long-unsigned				x+0x60
特定方法	***m/o***				
1. update_unit_charge (data)	o				x+0x68
2. activate_passive_unit_charge (data)	o				x+0x70
以下方法仅涉及基于时间和付款事件的收款					
3. collect (data)	o				x+0x78
以下方法仅涉及基于付款事件的收款					
4. update_total_amount_remaining(data)	o				x+0x80
5. set_total_amount_remaining (data)	o				x+0x88

属性描述	
logical_name	标识“Charge”对象实例。见 6.2.17。
total_amount_paid	保持用于该“Charge”对象提取的总金额。当“Account”保持激活时,通常不会重置。 **注 2**:该值以与提取的收费相同的时间和速率由应用程序来递增。
charge_type	指定与“Charge”类的此实例相连接的收费类型。 enum: (0) consumption_based_collection, (1) time_based_collection,

	(2) payment_event_based_collection *charge_type* 表示预计用哪个属性来处理这个“Charge”对象。该处理也受到 *charge_configuration* 属性的影响。 注 3：在 *pay_event_based_collection* 收费的情况下，此属性决定收费的机制。一旦信用被从新的令牌分配，应用程序将从适当的“Credit”提取 *payment_event_based_collection* 收费。
priority	描述从“Credit”对象提取时，此特定“Charge”的优先级。 每个“Charge”对象应具有不同的优先级，除了优先级为 0 的情况。 值 1 表示最高优先级，值 255 表示最低。 值为 0 表示“Charge”未激活，尽管仍可以配置它，并且可以通过调用“Charge”对象的适当方法来调整其“*Charge_amount_remaining*”。 “Charge”对象的优先级为 0，不应出现在“Account”对象的 *charge_reference_list* 中，但是“Charge”对象的优先级为<>0 应出现在“Account”的 *charge_reference_list* 中。

unit_charge_active	定义实际价格，即每单位消费量，每单位时间或每次收到的付款所收取的金额，以相关“Account”实例的 *currency* 属性以及在相关的情况下，由 *commodity_reference* 结构标识的对象的 *scaler_unit* 属性为依据。
	unit_charge_active::=structure
	{
	charge_per_unit_scaling:charge_per_unit_scaling_type,
	commodity_reference:commodity_reference_type,
	charge_table:charge_table_type
	}
	其中：
	    charge_per_unit_scaling_type::=structure
	    {
	    commodity_scale :integer,
	    price_scale:integer
	    }
	    commodity_reference_type::=structure
	    {
	    class_id:long-unsigned,
	    logical_name:octet-string,
	    attribute_index:integer
	    }
	    charge_table_type::=array charge_table_element
	    charge_table_element::=structure
	    {
	    index:octet-string,
	    charge_per_unit:long
	    }
	与 charge_per_unit_scaling 有关的说明
	在 charge_type=(0)*consumption_based_collection* 时，*charge_per_unit_scaling* 中的域表示为内部表示相关属性值的基本单位的乘法因子的指数(以 10 为底)：

——*commodity_scale* 应用于与 *commodity_reference* 相关的单位；

——price_scale 应用于相关“Account”对象的 currency 属性的 *currency_scale*。

在 *charge_type* 非(0) *consumption_based_collection* 的情况下，*commodity_scale* 应设置为 0，*price_scale* 表示为要应用于“Account”对象的 *currency* 属性的 *currency_scale* 的指数(以 10 为基准)。

注 4：例如，假设原始 *currency_name* 是欧元(如在“Account”对象中确定的)，其值以百分之一(欧元的百分之一)为单位，所提供的商品是以 1000 Wh(1 kWh)为单位表示的有功输入电能，通过 *commodity_reference* 的 *scaler_unit* attribute 属性，那么对于每千瓦小时十分之一欧元的价格，*price_scale* 值为−3(负三)，因为它以基本单位的千分之一表示，*commodity_scale* 值为 0(零)，因为它以基本单位(即千瓦时)表示。

对于原始货币为 kWh 或类似的与 *commodity_scale* 相关的情况，则 TOU 费率是不可能的，因此 *unit_charge_active* 和 *unit_charge_passive* 的 *charge_table* 元素不应相关，但是 *commodity_scale* 和 *price_scale* 应该是相同的值。

注 5：“*commodity_scale*”和“*price_scale*”并不意味着任何特定的收款率。

与 *charge_type* 有关的说明

当 *charge_type*＝(0) *consumption_based_collection* 时，*commodity_reference* 标识测量所供任何能源的总寄存器的 *scaler_unit* 属性，例如电能输入。

当 *charge_type*＝(1) *time_based_collection* 或(2) *payment_event_based_collection* 时，这个 *commodity_reference* 应该是零个元素的结构。

charge_table 元素的说明

数组“*charge_table*”中的每个元素都是一个标识正在收取和已收取的结构。

其中 *charge_type*＝(0) *consumption_based_collection*：

——*index* 是主 *commodity_reference* 的衍生品的标识符，例如费率寄存器；

——*charge_per_unit* 是由 *charge_per_unit_scaling* 因子缩放的每单位的收费。

注 6：例如，如果终端消费者产生能量，那么“Charge”应该是负数，这意味着该公用事业公司应向最终消费者支付他所生产的能源。

注 7：也可以使用单独的“Account”对象和其他相关对象来对输出的能量进行建模。

在 *charge_type*＝(1) *time_based_collection* 或(2) *payment_event_based_collection* 的情况下，产生数组 *charge_table* 的单个条目，其中包含：

——index 是长度为 0 的 octet-string；

——charge_per_unit 是由 *charge_per_unit_scaling* 因子缩放的每个期间或每个付款事件收取的金额。

unit_charge_passive	持有在激活日期发生时应用的价格细节。 其数据结构与 *unit_charge_active* 相同。在激活时，*unit_charge_passive* 的整个结构被复制到 *unit_charge_active*。
unit_charge_activation_time	定义对象本身调用特定方法 *activate_unit_charge_passive* 的时间。 在属性的所有域中使用"not specified"符号的定义将停用此自动模式。 在日期和时间的某些域中，部分"not specified"符号是不容许的。 octet-string，格式按 4.6.1 中 *date_time* 的规定。
period	*charge_type*＝(0)*consumption_based_collection* 或(1)*time_based_collection* 时，其定义收费的期限。如果 *period* 设置为零，则不会自动提取此"Charge"：通过调用 *collect* 方法进行提取。 注 8：实施可能有所不同：可以在一个集合中收集整个电荷，或将集合分成部分。 其中 *charge_type*＝(2)*payment_event_based_collection* 时，此属性不被使用。 double-long-unsigned，以秒表示。
charge_configuration	此属性是一个定义如下的 bit-string 位串： charge_configuration∷＝bit-string Bit 0＝基于百分比的提取， Bit 1＝连续提取 如果设置了位 0，并且 *charge_type*＝(2)*payment_event_based_collection*，则此"Charge"对象将根据比例属性提取每一充值的比例部分。这仅适用于令牌充值，而不适用于方法调用。 注 9："Charge"对象的 *proportion* 属性和"Account"对象的 *provision* 属性提供了有关此收费的更多信息。 如果设置了位 1，那么当 *total_amount_remaining* 等于零时，收费将不会终止。如果位 1 被清除，则当 *total_amount_remaining* 属性等于零时，收费将终止。
last_collection_time	保持最后一个收费发生时的 *date_time*。 这包括针对消耗量进行的增量收费。 octet-string，格式按 4.6.1 中 *date_time* 的规定。
last_collection_amount	保持与 *last_collection_time* 属性相关的最后一个收款金额。 Double-long，根据 *unit_charge_active* 的 *price_scale* 元素进行缩放。
total_amount_remaining	在 *Charge_configuration* 位 1(持续提取)被清除的情况下，该属性保持该"Charge"对象的总余额。 注 10：通过调用 *set_total_amount_remaining* 方法来初始配置此属性的值。 注 11：此属性用于限定偿还债务的提取。这不是消费者债务的直接衡量。该值不容许变为负数(代之以将其设置为零)，并且不会通过提取负价格的"Charge"来增加该值。 在设置了 *charge_configuration* 位 1(持续提取)的情况下，该属性为零。

	注 12：参见“Charge”IC 规范最后的附加说明。 double-long，根据 *unit_charge_active* 的 *price_scale* 元素缩放。
proportion	在设置了 *charge_configuration* 位 0（基于百分比的提取）并且 *charge_type*=(2)*payment_event_based_collection* 的情况下，此属性是在通过“Account”对象链接到此“Charge”对象的“Token gateway”对象内执行的每一充值金额的， 比例，范围 0x0000 到 0x2710(0 到 10 000)表示 0 到 100%。 注 13：发生的提取金额可能受到“Account”对象的 *max_provision* 和 *max_provision_period* 属性的限定。 如果需要在每一充值(*charge_type*＝2)下提取固定金额，则应在 *unit_charge_active*/*unit_charge_passive* 属性中的 *charge_table* 数组的第一个元素中设置要收取的金额。 *charge_type*<>(2)*payment_event_based_collection* 或 *charge_configuration* 位 0(基于百分比的提取)被清除的情况下，该属性不起作用。 如果 *charge_type*=(2) *payment_event_based_collection* 和并且需要提取的固定金额时，请见 *unit_charge_active* 和 *unit_charge_passive*。
方法说明	

update_unit_charge (data)	允许更新 *unit_charge_passive* 属性内的单位费用的子集。*charge_per_unit_scaling* 和 *commodity_reference* 值不受此方法的影响。其仍然需要激活 *unit_charge_passive*，以使这些值可以生效。
	data::=array charge_table_element
	charge_table_element::=structure
	{
	index:octet-string,
	charge_per_unit:long
	}
	有关元素的说明，请见 *unit_charge_active* 属性的 *charge_table_element*。
	注 14：在 *index* 存在的情况下，该值将被覆盖，如果该 *index* 不存在，则新值将被附加到该数组。

activate_passive_unit_charge	将 *unit_charge_passive* 属性的整个结构复制到 *unit_charge_active* 属性中。 注 15：此方法对提取操作或“Charge”对象的优先级没有影响。 data::=integer (0)
collect	在 *charge_type*<>(0)*consumption_based_collection* 时，当 *charge_configuration* 位 0(基于百分比的提取)被清除时，此方法提取在 *unit_charge_active* 中定义的金额。 *charge_type*=(0)*consumption_based_collection* 时，此方法无效。 data ::=integer (0)

update_total_amount_remaining	允许更新 *total_amount_remaining* 属性。根据 *unit_charge_active* 的 *price_scale* 值进行缩放。该值将添加到 *total_amount_remaining*。*total_amount_remaining* 属性中的以前金额应作为响应参数给出。 注 16：这不影响 *total_amount_paid*。 data ∷＝double-long，根据 *unit_charge_active* 的 *unit_scale* 缩放。并且 返回 double-long，根据 *unit_charge_active* 的 *price_scale* 缩放。
set_total_amount_remaining	设置 *total_amount_remaining* 属性。该值应不小于 0。*total_amount_remaining* 属性中的以前金额应作为响应参数给出。 注 17：*total_amount_remaining* 设置时为不影响 *total_amount_paid*。 data ∷＝double-long，根据 *unit_charge_active* 的 *price_scale* 进行缩放。 返回 double-long，根据 *unit_charge_active* 的 *price_scale* 缩放。

5.5.5 令牌网关（class_id＝115，版本＝0）

"Token gateway"IC 的实例实现令牌载波接口。

注 1："Token gateway"对象的单个实例被实例化为每个"Account"对象，因此每个供应合同被实例化为一个"Account"对象。

令牌网关	0…n	class_id＝115，版本＝0			
属性	***数据类型***	***最小值***	***最大值***	***默认值***	***短名***
1. logical_name (static)	octet-string				x
2. token 令牌(dyn.)	octet-string				x+0x08
3. token_time(dyn.)	date-time				x+0x10
4. token_description (dyn.)	array				x+0x18
5. token_delivery_method(dyn.)	enum				x+0x20
6. token_status (dyn.)	structure				x+0x28
特定方法	***m/o***				
1. enter 输入(data)	m				x+0x30

属性描述	
logical_name	标识"Token gateway"对象实例。见 6.2.17。
token	包含最近收到的未处理的 octet_string，或历史集合中用于捕获目的的令牌。
token_time	对于最近接收和操作的令牌，包含已接收的令牌到达 DLMS/COSEM 服务器的时间和日期。 octet-string，格式按 4.6.1 中 *date_time* 的规定。

token_description	包含由仪表的应用程序提供的最近接收和操作的令牌的令牌描述。 **注 2**：例如，这可能包含令牌类型(信用或工程)和/或令牌来源。 该属性的使用将在令牌规范或项目具体的配套规范中进行描述。 token_description∷=array token_description_element token_description_element∷=octet-string
token_delivery_method	反映接收最后一个令牌的路由。 enum： (0) 通过远程通信； (1) 通过本地通信； (2) 通过手动输入。

token_status	*token_status* 是一个包含通用枚举的结构，显示最后一个令牌操作的状态，以及可以与令牌状态相连接的可选位 bit-string，其提供有关令牌 *status_code* 的额外信息。
	注 3：预期的是可选 bit-string 内容将记录在项目特定的配套规范中。
	注 4：根据令牌协议和格式 *status_code* 值的确切含义和标准将略有不同。例如，符合 IEC 62055-41 的令牌对于验证，认证和令牌结果的每一项目都有非常精确的标准和含义，而其他规范可能有不同的术语。
	token_status∷=structure
	{
	status_code：enum，
	data_value：bit-string
	}
	status_code：enum：
	(0)令牌格式结果 OK，
	(1)认证结果 OK，
	(2)验证结果 OK，
	(3)令牌执行结果 OK，
	(4)令牌格式失败，
	(5)认证失败，
	(6)验证结果失败，
	(7)令牌执行结果失败，
	(8)令牌已收到，尚未处理。
	在接收到令牌时，当令牌正在被处理并且直到可以推导出另一个状态时，初始状态将被设置为 8。
	data_value bit-string 域的使用在项目特定的配套规范中定义。

方法说明	
enter (data)	调用此方法将令牌以 octet-string 的形式传输到 DLMS/COSEM 服务器。如果成功，它可能返回 *token_status* 属性。 data ∷=octet-string，并返回 *token_status*

附加说明

存在许多可配置的限值，其由“Data”对象持有并与令牌的行为和处理以及计费系统的某些方面有

关。在本规范中已经定义了一些限值,其具有标准的OBIS代码,如下所述:

"Max_credit_limit":在收到一份令牌时,仪表的应用程序应检查是否将信用令牌的值添加到关联的信用对象不会强制在"Account"对象中的 *available_credit* 大于"Max_credit_limit"对象中编程的限值。如果发现接收到的令牌强制 *available_credit* 大于此限值,则仪表应拒绝该令牌并返回相应的状态。

"Max vend limit":在接收到令牌时,仪表的应用程序应检查信用令牌的值是否不超过"Max vend limit"对象中编程的限值。如果发现接收到的令牌超过此限值,则仪表应拒绝令牌并返回适当的状态。

另见6.2.17。

5.6 用于通过本地端口和调制解调器设置数据交换的接口类

5.6.1 IEC本地端口设置对象(class_id=19,版本=1)

该IC允许使用协议对通信端口的配置进行建模在IEC 62056-21:2002中规定。可以配置多个端口。

IEC 本地端口设置	0…n	class_id=19,版本=1			
属性	*数据类型*	*最小值*	*最大值*	*默认值*	短名
1. logical_name (static)	octet-string				x
2. default_mode(static)	enum				x+0x08
3. default_baud(static)	enum				x+0x10
4. prop_baud(static)	enum				x+0x18
5. response_time(static)	enum				x+0x20
6. device_addr(static)	octet-string				x+0x28
7. pass_p1(static)	octet-string				x+0x30
8. pass_p2(static)	octet-string				x+0x38
9. pass_w5(static)	octet-string				x+0x40
特定方法	*m/o*				

属性描述	
logical_name	标识"IEC local port setup"对象实例。见6.2.18
default_mode	定义所使用的仪表端口协议。 enum: (0) 协议按照IEC 62056-21:2002(模式A...E), (1) 协议根据GB/T 17215.646—2018。使用此枚举值,此IC的所有其他属性不适用, (2) 协议没有指定。使用这个枚举值,属性4),*prop_baud* 用于设置端口上的通信速度。所有其他属性不适用。
default_baud	定义初始的波特率按打开序列。 enum: (0) 300波特, (1) 600波特, (2) 1 200波特,

	(3) 2 400 波特, (4) 4 800 波特, (5) 9 600 波特, (6) 19 200 波特, (7) 38 400 波特, (8) 57 600 波特, (9) 115 200 波特
prop_baud	定义仪表推荐的波特率。 enum: (0) 300 波特, (1) 600 波特, (2) 1 200 波特, (3) 2 400 波特, (4) 4 800 波特, (5) 9 600 波特, (6) 19 200 波特, (7) 38 400 波特, (8) 57 600 波特, (9) 115 200 波特
response_time	定义接受一个请求(请求发送报文结尾)和传输一个响应(响应报文开始)之间的最短时间。 enum: (0) 20 毫秒, (1) 200 毫秒
device_addr	设备地址依据 IEC 62056-21:2002。
pass_p1	密码 1 依据 IEC 62056-21:2002。
pass_p2	密码 2 依据 IEC 62056-21:2002。
pass_w5	密码 W5 预留给国家的应用。

5.6.2 IEC HDLC 设置(class_id=23,版本=1)

该 IC 允许根据 GB/T 17215.646—2018 建模和配置通信通道。可以配置多个通信通道。

IEC HDLC 设置	0…n	class_id=19,版本=1			
属性	数据类型	最小值	最大值	默认值	短名
1. logical_name (static)	octet-string				x
2. comm_speed(static)	enum	0	9	5	x+0x08
3. window_size_transmit(static)	unsigned	1	7	1	x+0x10
4. window_size_receive(static)	unsigned	1	7	1	x+0x18
5. max_info_field_length_transmit(static)	long-unsigned	32	128	128	x+0x20
6. max_info_field_length_receive(static)	long-unsigned	32	128	128	x+0x28
7. inter_octet_time_out(static)	long-unsigned	20	1 000	25	x+0x30

IEC HDLC 设置	0…n	class_id＝19,版本＝1			
属性	**数据类型**	**最小值**	**最大值**	**默认值**	**短名**
8. inactivity_time_out(static)	long-unsigned	0		120	x+0x38
9. device_address(static)	long-unsigned	0x0010	0x3FFD		x+0x40
特定方法	***m/o***				

注 1：出于效率原因，属性 *max_info_field_length_transmit* 和 *max_info_field_length_receive* 的最大值已经从 128 增加到 2030。

注 2：需要 128 字节的 *max_info_field_length_receive* 来确保最小的性能。

注 3：字节间超时属性的最大值已经从 1 000 ms 增加到 6 000 ms，以便允许使用可能发生长时间延迟的通信媒体。默认值已更改为 25 ms，以符合 GB/T 17215.646—2018，6.4.4.3.4 中的规定。

属性描述	
logical_name	标识“IEC HDLC setup”对象实例。见 6.2.20。
comm_speed	通信速率有相应接口提供。 enum： (0) 300 波特， (1) 600 波特， (2) 1 200 波特， (3) 2 400 波特， (4) 4 800 波特， (5) 9 600 波特， (6) 19 200 波特， (7) 38 400 波特， (8) 57 600 波特， (9) 115 200 波特 如果设备的 HDLC 模式是通过另一种协议的特殊模式进入的，则可以覆盖此通信速率。
window_size_transmit	在设备或系统需要从相应的站收到确认前，能够传输的帧的最大数。在进入系统期间，可对其他值进行处理。
window_size_receive	在设备或系统需要从相应的站收到确认前，能够接收的帧的最大数。在进入系统期间，可对其他值进行处理。
max_info_length_transmit	设备可发送的最大信息域长度。在进入系统期间，可对较小值进行处理。
max_info_length_receive	设备可发送的最大信息域长度。在进入系统期间，可对较小值进行处理。
inter_octet_time_out	定义了以毫秒显示的时间，在从主站未收到任何字节时，设备将已经收到的数据作为一个完整的帧。
inactivity_time_out	定义了以毫秒显示的时间，在从主站未收到任何帧时，设备将进行中断处理。 当该值设置为 0，表示 inactivity_time_out 处于未运行状态。

device_address	包含设备的物理设备地址。 在一个字节寻址的情况下： 0x00　NO_STATION 地址， 0x01…0x0F　保留以供将来使用， 0x10...0x7D　可用的地址空间， 0x7E　'CALLING' 设备地址， 0x7F　广播地址 在双字节地址的情况： 0x0000　NO_STATION 地址， 0x0001...0x000F　保留以供将来使用， 0x0010...0x3FFD　可用的地址空间， 0x3FFE　'CALLING' 物理设备地址， 0x3FFF　广播地址

5.6.3 IEC 双绞线(1)设置 (class_id＝24,版本＝1)

5.6.3.1 概述

带载波信令的通信介质双绞线广泛用于计量。使用这种介质的主要优点是安装方便,并且由于载波信号使通信可靠。这种介质可以使用:

——在本地网络接入点(LNAPs)和计量终端设备(M 接口)之间;

——本地网络接入点(LNAPs)和社区网络接入点(NNAPs)之间;和

——用于 HHU 和计量终端设备之间的直接连接。

GB/T 17215.631—2018 规定了使用具有载波信令的介质双绞线的三种通信协议:

——非 DLMS;

——DLMS;和

——DLMS/COSEM.。

GB/T 19897.2—2005 仅支持前两个协议。

新的 DLMS/COSEM 配置文件引入了支持管理器层实体,用于执行总线初始化,发现管理,警报管理和通信速度协商。它也允许更高的波特率高达 9 600 Bd。传输层支持分段和重组。

IC"IEC Twisted pair (1) setup"(class_id＝24,版本＝0)支持 GB/T 19897.2—2005 中规定的前两种通信协议。

新版本 1 支持 DLMS/COSEM 配置文件。随着它的采用,不推荐使用版本 0。

使用 GB/T 17215.631—2018 中规定的通信配置文件需要使用 Euridis 协会提供的注册服务:www.euridis.org。

以下 COSEM 接口对象是通过带载波信号的双绞线介质建立数据交换所必需的:

——"IEC Twisted pair (1) setup":class_id＝24,版本＝1;

——"MAC address":class_id＝43,版本＝0;

——"Data":class_id＝1,版本＝0。

OBIS 代码,见 6.2.21。

5.6.3.2 IEC 双绞线(1)设置 (class_id＝24,版本＝1)

本 IC 的实例允许根据 GB/T 17215.631—2018 中规定的载波信号通过介质双绞线设置数据交换。可以配置多个通信通道。

IEC 双绞线(1)设置	0…n	class_id=24,版本=1			
属性	*数据类型*	*最小值*	*最大值*	*默认值*	*短名*
1. logical_name (static)	octet-string				x
2. mode (static)	enum	0		1	x+0x08
3. comm_speed (static)	enum	(2)	(7)	(2)	x+0x10
4. primary_address_list(static)	primary_address_list_type				x+0x18
5. tabi_list(static)	tabi_list_type				x+0x20
特定方法	*m/o*				

属性描述	
logical_name	标识“IEC twisted pair setup”对象实例。见 6.2.21
mode	该属性指定该接口的工作模式。 enum: (0) 无效。该接口忽略所有收到的帧, (1) 一直运行, (2) 到 (127) 保留, (128)到 (250) 制造商指定
comm_speed	保持端口支持的通信速度。 enum: (2) 1 200 波特, (3) 2 400 波特, (4) 4 800 波特, (5) 9 600 波特, (6) 19 200 波特, (7) 38 400 波特 **注**:GB/T 17215.631—2018 支持从 1 200 到 9 600 的波特率。
primary_address_list	保持实际设备(从站)的每个逻辑设备已被编程的主站地址(ADP)的列表。见 GB/T 17215.631—2018,5.2.4。 primary_address_list_type::=array unsigned
tabi_list	表示在被遗忘的情况下真实设备(从站)已编程 TAB(i)的列表(见 GB/T 17215.631—2018)。 在 DLMS/COSEM 中使用 GB/T 17215.631 配置文件时,*tabi_list* 属性仅由值为 0 的一个元素组成,用于发现过程的值。 tabi_list_type::=array tabi_element tabi_element:integer

5.6.3.3 MAC 地址

从站(通常是计量终端设备)保持一个从站地址(ADS)。ADS 的长度应为 6 个八位字节,由表 30 所示的元素组成。该地址应为全球唯一,并由制造商分配给次站。分配的 ADS 在从站的生命周期内有效。

表 30 ADS 地址单元

ADS 的构成	说明	长度（字节）	类型	范围
manufacturer_id	由 Euridis 协会的要求分配给制造商。它应用于所有设备使用的双绞线与载波信号介质和制造商制造。	1	BCD	0～99
year_of_manufactureequipment_id	保持制造设备的年份(仅较低的两个数字)。	1		0～99
equipment_id	与有关设备的类型有关,并提供有关可用功能的信息。和 manufacturer_id 一样,它是由 Euridis 协会分配的。	1		0～99
device_serial_number	制造商分配的设备的制造编号。它应具有与对象设备 ID 1 所持有的值相同的值,请见 IGB/T 17215.661—2018,表 8。	3		000001～999999 000000 保留
示例:031267123456: 03:ITRON 国际; 12:2012 年; 67:智能电表 LINKY 单相; 123456:每年从 000001 开始的序列号。				

5.6.3.4 致命故障寄存器

实现 GB/T 17215.631—2018 中规定的 DLMS/COSEM 通信配置文件的每个设备都应提供一个保持与主站最后通信结果的错误寄存器。致命错误寄存器的结构应如表 31 所示。

表 31 致命错误寄存器

引用	名称	说明
位(Bit)0	EP-3F	传输错误。超出 TOE 的时间没有字节被发送,导致不能发送帧的剩余部分。
位 1	EP-4F	接收错误。接收的字节数高于预期的最大字节数。
位 2	EP-5F	TARSO 在接收 RSO 帧时唤醒。与次站(服务器)无关:仅涉及主站(客户端)。
位 3	EL-1F	联络期间收到的报警指示。没有关系。仅关注主站(客户端)。
位 4	EL-2F	MaxRetry 重复发送请求后,来自辅助站的响应不正确。
位 5	EA-1F	来自服务器的 TAB 不正确。与从站(服务器)无关;仅涉及主站(客户端)。
位 6	EA-2F	从服务器接收的数据上的认证错误。与从站(服务器)无关;仅涉及主站(客户端)。
位 7	EA-3F	由从站检测到认证错误。

5.6.4 调制解调器配置(class_id=27,版本=1)

该 IC 允许建模用于从/到设备的数据传输的调制解调器的配置和初始化。可以配置几个调制解调器。

调制解调器设置	0…n	class_id=27,版本=1			
属性	**数据类型**	**最小值**	**最大值**	**默认值**	**短名**
1. logical_name (static)	octet-string				x
2. comm_speed(static)	enum	0	9	5	x+0x08
3. initialization_string(static)	array				x+0x10
4. modem_profile(static)	array				x+0x18
特定方法	*m/o*				

属性描述	
logical_name	标识“Modem configuration”对象实例。见 6.2.6。
comm_speed	设备与调制解调器之间的通信速度,而不是应在 WAN 上的通信速度。 enum: (0) 300 波特, (1) 600 波特, (2) 1 200 波特, (3) 2 400 波特, (4) 4 800 波特, (5) 9 600 波特, (6) 19 200 波特, (7) 38 400 波特, (8) 57 600 波特, (9) 115 200 波特

initialization_string	包含要发送到的所有必需的初始化命令调制解调器,以便正确配置。这可能包括配置专用调制解调器功能。
	array initialization_string_element
	initialization_string_element::=structure
	{
	request:octet-string,
	response:octet-string,
	delay_after_response:long-unsigned
	}
	如果数组包含多个 initialization_string_element,则请求按顺序发送。下一个请求在预期的响应匹配先前的请求之后发送,并等待 delay_after_response 时间[ms],以允许调制解调器执行请求。
	注:假设调制解调器是预配置的,以便它接受 initialization_string。如果不需要初始化,初始化字符串为空。

modem_profile	定义从 Hayes 标准命令/响应到调制解调器特定字符串的映射。 array modem_profile_element modem_profile_element:octet-string modem_profile 数组应包含以下顺序使用的调制解调器的相应字符串:

元素 0:OK,
元素 1:CONNECT,
元素 2:RING,
元素 3:NO CARRIER,
元素 4:ERROR,
元素 5:CONNECT 1 200,
元素 6:NO DIAL TONE,
元素 7:BUSY,
元素 8:NO ANSWER,
元素 9:CONNECT 600,
元素 10:CONNECT 2 400,
元素 11:CONNECT 4 800,
元素 12 :CONNECT 9 600,
元素 13:CONNECT 14 400,
元素 14:CONNECT 28 800,
元素 15:CONNECT 33 600,
元素 16:CONNECT 56 000

5.6.5 自动应答(class_id=28,版本=2)

注 1:自动应答类的版本 1 是一个临时版本。

自动应答类的版本 0 模拟设备如何处理来电以请求调制解调器的连接。

在版本 2 中,添加了新功能来管理 wake-up 请求,其可以是唤醒呼叫或唤醒消息的形式。一个(空的)短信(SMS)。成功唤醒请求后,设备连接到网络。另参见附录 A。

对于这两个功能,通过添加检查主叫号码的可能性来提供额外的安全性:呼叫或消息仅从预定义的呼叫者列表接受。该功能需要在所使用的通信网络中存在呼叫线路标识(CLI)服务。

注 2:唤醒过程与 AL 服务完全分离,即唤醒消息不能包含任何 xDLMS 服务请求。这是为了避免创建后门。一旦唤醒过程完成,xDLMS 消息可以在 SMS 消息中交换。

自动应答设置	0…n	class_id=28,版本=2			
属性	**数据类型**	**最小值**	**最大值**	**默认值**	**短名**
1. logical_name (static)	octet-string				x
2. mode(static)	enum				x+0x08
3. listening_window(static)	array				x+0x10
4. status(dyn.)	enum				x+0x18
5. number_of_calls(static)	unsigned				x+0x20
6. number_of_rings(static)	nr_rings_type				x+0x28
7. list_of_allowed_callers(static)	array				x+0x30
特定方法	***m/o***				

属性描述	
logical_name	标识“Auto answer”对象实例。见 6.2.6。

mode	定义设备自动应答时的线路工作模式。 enum: (0)线路专用于设备, (1)有限数量的通话允许共享线路管理。一旦达到呼叫次数,窗口状态将变为无效,直到下一个开始日期,无论呼叫的结果如何, (2)共享线路管理,允许有限数量的成功通话。一旦达到成功通信的数量,窗口状态将变为无效直到下一个开始日期, (3)目前没有调制解调器连接, (200...255)制造商特定模式

listening_window	定义通信窗口变为活动(start_time)和非活动(end_time)的时间点。start_time 隐式地定义了周期。
	示例:当没有指定月份的日期(等于 0xFF)时,这意味着我们每天都有一个监听窗口管理。每日,每月...窗口管理可以定义。
	array window_element
	window_element∷=structure
	{
	start_time:octet-string,
	end_time:octet-string
	}
	对于 *date-time*,start_time 和 end_time 的格式如 4.6.1 所述。

status	这里定义窗口的状态。 enum: (0)无效:设备将不管新呼入。当下一个监听窗口启动时,此状态将自动重置为活动状态, (1)有效:设备可以应答下一个来电, (2)锁定:当该客户端完成读取会话并希望在窗口持续时间结束之前将该行返回给客户时,该值可由设备或特定客户端自动设置。当下一个监听窗口启动时,此状态将自动重置为活动状态。
number_of_calls	该数字是模式 1 和 2 中使用的引用。 当设置为 0 时,这意味着没有限定。

number_of_rings	定义仪表连接调制解调器前的振铃次数。两种情况被区分:由 *listen_window* 属性定义的窗口内的响铃数以及 *listen_window* 外的振铃次数。
	nr_rings_type∷=structure
	{
	nr_rings_in_window:unsigned (0=在窗口没有连接),
	nr_rings_out_of_window:unsigned (0=窗外没有连接)
	}
	如果窗口内外的振铃次数相同,调制解调器始终连接,无论 *listen_window* 的设置如何。

list_of_allowed_callers

包含(可选的)呼叫号码列表,它会根据呼叫号码进一步限定调制解调器的连接。它还控制从呼叫号码接收唤醒呼叫或唤醒消息(如SMS)。

这需要在所使用的通信网络中存在调用行标识(CLI)服务。

list_of_allowed_callers::=array list_of_allowed_callers_element

list_of_allowed_callers_element::=structure

{

caller_id:octet-string,

call_type:enum

}

——caller_id 元素保存从其接受呼叫或消息(例如,SMS)的呼叫号码。wild-card 通配符"?"和"*"都被支持。用"?"任何单个字符匹配,"*"任何字符串匹配。"*"只能在数字的开始或结尾使用,但不能在中间或单独使用。

示例 5:"+994193500"=只接受来自"+994193500"的呼叫。

示例 6:"+9941935????"=从"+99419350000"范围内的所有数字到"+99419359999"的呼叫都被接受。

示例 7:"7777 *"=从所有数字开始的电话从"7777"被接受。

示例 8:"*9000"=来自所有以"9000"结尾的数字的呼叫被接受。

——call_type 元素定义呼叫的目的,即它是标准 CSD 呼叫或唤醒呼叫/唤醒消息。

enum:

(0)=正常 CSD 电话;如果主叫号码与列表中的条目匹配,则调制解调器仅连接。除非其他属性,例如,*number_of_rings*,*listening_windows* 等,

(1)=唤醒请求;呼叫号码的呼叫或消息被处理为唤醒请求。无论所有其他属性(如 *number_of_rings* 和 *listening_window*)(除了主叫号码是否也存在于正常 CSD 呼叫列表中)之外,立即处理唤醒请求,请见下面。

收到的消息应完全为空;否则它不被视为唤醒消息。

如果消息在预先建立的 AA 中包含来自客户端的有效的 xDLMS APDU,则执行相应的 xDLMS 服务,而不是处理唤醒请求。

如果消息不为空,但是在预先建立的 AA 中不包含来自客户端的任何有效的 xDLMS APDU,则服务器不起作用。

对于类型(1)的呼叫,调制解调器不连接(与唤醒过程的结果无关)。

对于类型(1)和类型(0)的呼叫:见下面。

如果将相同的主叫号码定义为正常 CSD 呼叫(类型(0))的启动器,并且作为唤醒请求(类型(1))的启动器,则呼叫呼叫适用以下规则:唤醒 如果呼叫方在达到 *number_of_rings* 标准(取决于 *listening_window*)之前断开线路,则

	仅处理请求。如果满足 *number_of_rings* 标准,则建立调制解调器连接。 *number_of_rings* 参数应该被设置得足够大,以允许呼叫的发起者在接收者端没有知道铃声的时间任何实例的情况下控制呼叫接收者的行为。 注 3:如果 *list_of_allowed_callers* 为空(=array [0]),则自动应答功能在类型(0)=正常的 CSD 呼叫中运行,调制解调器独立于主叫号码连接。

5.6.6 自动连接(class_id=29,版本=2)

"Auto connect"类的第 1 版建模设备如何执行自动拨号或使用各种服务发送消息。

在版本 2 中,添加了新功能来建模设备与通信网络的连接。在时间窗口内或在调用连接方法时,网络连接可能是永久的。

自动连接	0…n	class_id=29,版本=2			
属性	**数据类型**	**最小值**	**最大值**	**默认值**	**短名**
1. logical_name (static)	octet-string				x
2. mode(static)	enum				x+0x08
3. repetitions (static)	unsigned				x+0x10
4. repetition_delay(static)	long-unsigned				x+0x18
5. calling_window(static)	array				x+0x20
6. destination_list(static)	array				x+0x28
特定方法	***m/o***				
1. connect (data)	o				x+0x30

属性描述	
logical_name	标识"Auto connect"对象实例。见 6.2.6
mode	根据定时,消息类型和要使用的基础设施控制自动连接功能。 模式(1)至(3)专用于 CSD 服务。 模式(4)至(6)专用于使用特定基础设施发送特定消息。 模式(101)至(104)仅适用于分组交换网络连接(例如 GPRS)。 enum: (0)无自动连接;设备从不连接, (1)随时允许自动拨号,在 *call_window* 中定义的值被忽略, (2)在 *call_window* 的有效期内允许自动拨号, (3)在 *call_window* 的有效期内允许"regular"自动拨号;"alarm"可以随时启动自动拨号, (4)通过公共陆地移动网络(PLMN)发送 SMS, (5)通过 PSTN 发送 SMS,

mode	(6)电子邮件发送, (7...99)保留, (101)设备永久连接到通信网络, (102)设备在呼叫窗口的有效时间内永久连接到通信网络。设备在呼叫窗口外部断开连接。在呼叫窗口外不能连接, (103)设备在呼叫窗口的有效时间内永久连接到通信网络。设备在呼叫窗口外断开,但一旦连接方法被调用,它就连接到通信网络, (104)设备通常断开连接。一旦连接方法被调用,它就连接到通信网络, (105...199)保留, (200...255)制造商特定模式。
repetitions	连接尝试不成功的最大重试次数。
repetition_delay	以秒为单位的时间延迟可以重复连接尝试失败。 repetition_delay=0 表示未指定延迟

calling_window	包含窗口处于活动状态(start_time)和非活动(end_time)的时间点。start_time 隐式地定义了周期。
	示例:当没有指定月份的日期(等于 0xFF)时,这意味着调用窗口是每天管理的。每日,每月...窗口管理可以定义。
	array window_element
	window_element::=structure
	{
	start_time:octet-string,
	end_time:octet-string
	}
	start_time 和 end_time 格式如 *date-time* 在 4.6.1 中规定。

destination_list	包含在某些条件下应发送消息的目的地列表(例如电话号码,电子邮件地址或其组合)。这里没有定义条件及其与数组元素的链接。 Array 目的地 destination ::=octet-string
方法说明	
connect (data)	根据通过模式属性定义的规则,将连接进程启动到通信网络。 data ::=integer (0)

5.6.7 GPRS 调制解调器设置(class_id=45,版本=0)

该 IC 允许通过处理用于调制解调器管理的所有数据所需的数据来设置 GPRS 调制解调器。

GPRS 调制解调器设置	0…n	class_id=45,版本=0			
属性	*数据类型*	*最小值*	*最大值*	*默认值*	*短名*
1. logical_name (static)	octet-string				x
2. APN(static)	octet-string				x+0x08

GPRS 调制解调器设置	0…n	class_id=45,版本=0			
属性	数据类型	最小值	最大值	默认值	短名
3. PIN_code(static)	long-unsigned				x+0x10
4. quality_of_service(static)	structure				x+0x18
特定方法	m/o				

属性描述	
logical_name	标识"GPRS modem setup"对象实例。见 6.2.23。
APN	定义网络的接入点名称。
PIN_code	保持个人标识号码。

quality_of_service	指定服务质量参数。它是一个 2 元素的结构：
	——第一个元素定义了相关网络的默认或最小特征。这些参数应设置为尽力最大的值；
	——第二个元素定义了所请求的参数。
	quality_of_service∷=structure
	{
	default:qos_element,
	requested:qos_element
	}
	qos_element∷=structure
	{
	precedence:unsigned,
	delay:unsigned,
	reliability:unsigned,
	peak throughput:unsigned,
	mean throughput:unsigned
	}

5.6.8 GSM 诊断(class_id=47,版本=1)

蜂窝网络在注册状态,信号质量等方面正在经历不断的变化。为了获得诊断信息,有必要监视和记录相关参数,以允许标识网络中的通信问题。

"GSM diagnostic"类的实例存储分析网络操作所必需的 GSM/GPRS,UMTS,CDMA 或 LTE 网络的参数。

GSM 诊断"Profile generic"对象也可用于捕获 GSM 诊断对象的属性,见 GB/T 17215.661—2018,6.5。

GSM 诊断	0…n	class_id=47,版本=1			
属性	数据类型	最小值	最大值	默认值	短名
1. logical_name (static)	octet-string				x
2. operator(dyn.)	visible-string				x+0x08
3. status(dyn.)	enum	0	255	0	x+0x10

GSM 诊断	0…n	class_id=47,版本=1			
属性	*数据类型*	*最小值*	*最大值*	*默认值*	*短名*
4. cs_attachment (dyn.)	enum	0	255	0	x+0x18
5. ps_status (dyn.)	enum	0	255	0	x+0x20
6. cell_info (dyn.)	cell_info_type				x+0x30
7. adjacent_cells(dyn.)	array				x+0x38
8. capture_time(dyn.)	date-time				x+0x40
特定方法	*m/o*				

属性描述	
logical_name	标识"GSM Diagnostic"对象实例。见 6.2.23
operator	保持网络运营商的名称,例如"YourNetOp"
status	表示调制解调器的注册状态。 enum: (0)未注册, (1)注册,家庭网络, (2)未注册,但 MT 前正在搜索新的运营商注册, (3)登记被拒绝, (4)未知, (5)注册,漫游, (6)...(255)保留
cs_attachment	表示当前电路切换状态。 enum: (0)无效, (1)来电, (2)活跃, (3)...(255)保留
ps_status	*ps_status* 值域指示调制解调器的分组交换状态。 enum: (0) 无效, (1) GPRS, (2) EDGE, (3) UMTS, (4) HSDPA, (5) LTE, (6) CDMA, (7)...(255) 保留
cell_info	表示单元格信息: cell_info_type∷=structure

	{
	cell_ID:double-long-unsigned,
	location_ID:long-unsigned,
	signal_quality:unsigned,
	ber:unsigned,
	mcc:long-unsigned,
	mnc:long-unsigned,
	channel_number:double-long-unsigned
	}
	其中:
	——cell_ID:以十六进制格式的 Four-byte 单元 ID;
	——location_ID:在 GSM 网络情况下的 Two-byte 位置区域码(LAC)或在十六进制格式的 UMTS,CDMA 或 LTE 网络(例如"00C3"等于十进制的 195)情况下的跟踪区域码(TAC);
	——signal_quality:表示信号质量:
	(0)—113dBm 以下;
	(1)—111 dBm;
	(2...30)—109 dBm~—53 dBm;
	(31)—51 dBm 以上;
	(99)未知或不可检测。
	——ber:误码率(BER)测量百分比:
	(0...7)作为 ETSI GSM 05.08:1996,8.2.4 中规定的 RXQUAL_n 值。
	(99)不知道或不可检测。
	——mcc:ITU-TE.212(05.2008)中定义的服务网络的移动国家代码;
	——mnc:ITU-TE.212(05.2008)中定义的服务网络的移动网络代码;
	——channel_number:表示绝对 radio-frequency 信道号(LTE 网络的 ARFCN 或 eaRFCN)。

adjacent_cells	array adjacent_cell_info
	adjacent_cell_info::=structure
	{
	cell_ID:double-long-unsigned,
	signal_quality:unsigned
	}
	其中:
	——cell_ID:以十六进制格式的 Four-byte 单元 ID;
	——signal_quality:表示信号质量:
	(0)—113dBm 以下;
	(1)—111 dBm;
	(2...30)—109 dBm~—53 dBm;
	(31)—51 dBm 以上;
	(99)未知或不可检测。

capture_time	保持数据最后被捕获的日期和时间。 *date-time* 格式如 4.6.1 所规定。

5.6.9 LTE 监控(class_id=151,版本=0)

"LTE monitoring"IC 的实例允许通过处理所有用于此目的的必要数据来监测 LTE 调制解调器。

LTE 监测	0…n	class_id=151,版本=0			
属性	*数据类型*	*最小值*	*最大值*	*默认值*	*短名*
1. logical_name (static)	octet-string				x
2. lte_quality_of_service (dyn.)	LTE_qos_type				x+0x08
特定方法	*m/o*				

属性描述	
logical_name	标识"LTE monitoring"对象实例。见 6.2.23。

lte_quality_of_service	代表 LTE 网络的服务质量。
	LTE_qos_type::=structure
	{
	T3402:long-unsigned,
	T3412:long-unsigned,
	RSRQ:unsigned,
	RSRP:unsigned,
	qRxlevMin:integer
	}
	其中:
	——T3402:以秒为单位的定时器,用于 PLMN 选择过程并由网络发送到调制解调器。有关详细信息,见 3GPP TS 24.301 V13.4.0(2016-01);
	——T3412:以秒为单位的定时器,用于管理定期跟踪区域更新过程,并由网络发送到调制解调器。有关详细信息,见 3GPP TS 24.301 V13.4.0(2016-01);
	——RSRQ:表示按 3GPP TS 24.301 V13.4.0(2016-01)中定义的信号质量:
	(0)-19.5dB,
	(1)-19 dB,
	(2...31)--18.5 dB~-3.5 dB,
	(32)-3dB,
	(99) 不知道或不可检测;

——RSRP:表示按 3GPP TS24.301 V13.4.0(2016-01)中定义的信号电平:
(0)－140dBm,
(1)－139 dBm,
(2...94)－138 dBm～－45 dBm,
(95)－44dBm,
(99) 不知道或不可检测;
——qRxlevMin:按 3GPP TS 24.301 V13.4.0(2016-01)中的定义,指定单元中所需的最小 Rx 电平,单位为 dBm。

5.7 通过 M-Bus 设置数据交换的接口类

5.7.1 概述

本 5.7 节中指定的 M-Bus 相关接口类用于两种不同的场景:

a) 由 M-Bus 主机托管的 DLMS/COSEM 服务器,并与 M-Bus 从站交换专用的 M-Bus APDU;

b) 由 M-Bus 主机托管的 DLMS/COSEM 客户端,并与由 M-Bus 从站托管的 DLMS/COSEM 服务器交换 DLMS/COSEM APDU。

在 a)使用以下 M-Bus 接口类的实例来建立和管理 DLMS/COSEM 服务器中的 M-Bus 介质:

——M-Bus 客户端(class_id=72),见 5.7.3;

——M-Bus 主端口设置(class_id=74),见 5.7.5;

——M-Bus 诊断(class_id=77,版本=0),见 5.7.7。

在 b)在 DLMS/COSEM 服务器中使用以下 M-Bus 接口类的实例:

——DLMS/COSEM 服务器 M-Bus 端口设置(class_id=76),见 5.7.6;

——M-Bus 从站端口设置(class_id=25),见 5.7.2;和/或

——无线模式 Q 通道(class_id=73),见 5.7.4;

——M-Bus 诊断(class_id=77,版本=0),见 5.7.7。

5.7.2 M-Bus 从站端口设置(class_id=25,版本=0)

注 1:此 IC 的名称已从“M-BUS 端口设置”更改为“M-Bus 从站端口设置”,表示它在 COSEM 服务器使用有线 M-Bus 与 COSEM 客户端进行通信时用于建立数据交换。

该 IC 允许根据 GB/T 26831.2—2012 建模和配置通信信道。可以配置多个通信通道。

M-Bus 从站端口设置	0…n	class_id=25,版本=0			
属性	**数据类型**	**最小值**	**最大值**	**默认值**	**短名**
1. logical_name (static)	octet-string				x
2. default_baud(static)	enum	0	5	0	x+0x08
3. avail_baud (static)	enum	0	7		x+0x10
4. addr_state (static)	enum				x+0x18
5. bus_address(static)	unsigned				x+0x20
特定方法	*m/o*				

属性描述	
logical_name	标识"M-Bus slave port setup"对象实例。见 6.2.22。
default_baud	定义初始波特率。 enum：(0) 300 波特率， (3) 2 400 波特率， (5) 9 600 波特率
avail_baud	定义启动后可设置的波特率。 enum：(0) 300 波特， (1) 600 波特， (2) 1 200 波特， (3) 2 400 波特， (4) 4 800 波特， (5) 9 600 波特， (6) 19 200 波特， (7) 38 400 波特
addr_state	定义设备自最后一次上电后是否被分配过地址。 enum： (0) 未被分配过地址， (1) 通过手动或自动方式被分配过地址
bus_address	目前总线上该设备的地址。 **注 2**：无总线地址，其值为 0。

5.7.3 **M-Bus 客户端**（**class_id**＝72，**版本**＝1）

该接口实例允许设置 M-Bus 从站并进行设备间的数据交换。每一个"M-Bus client"对象控制一个 M-Bus 从站。详细的 M-Bus 应用层介绍，见 EN 13757-3：2013。

注 1："M-Bus client"IC 的版本 1 符合 EN 13757-3：2013。

M-Bus 客户端可含有一个或多个 M-Bus 物理接口，可通过"M-Bus master port setup"接口类进行配置。见 5.7.5。

根据 EN 13757-3：2013 第 5 章可变数据发送和可变数据响应的定义，M-Bus 从站设备的主要地址，标识号，制造商 ID 等标识。这些参数由 M-Bus 客户端 IC 的相应属性承载。

从 M-Bus 从站获得的数据值被定义在 *capture_definition* 属性内，包含 M-Bus 从站数据定义(DIB，VIB)列表。数据获取可按照一定的周期或是通过适当的触发。每个数据元素被存储在接口类"Extended register"中的 M-Bus 数值对象内。M-Bus 数值对象可与其他数值对象一起由 M-Bus 的"Profile generic"对象获取。M-Bus 无特殊对象。

M-Bus 从站可通过"M-Bus client"对象的方法来安装或卸载。

也可以发送数据到 M-Bus 从属端来完成诸如报警重置，设置时钟，传递加密密钥等功能。

配置文件在 EN 13757-3：2013，5.12 中提供有关加密方式和加密字节数的信息。

如果加密密钥已被设置，加密密钥状态将被提供传输给 M-Bus 从设备的信息，并与 M-Bus 从设备一同使用。

M-Bus 客户端	0…n	class_id=72,版本=1			
属性	数据类型	最小值	最大值	默认值	短名
1. logical_name (static)	octet-string				x
2. mbus_port_reference(static)	octet-string				x+0x08
3. capture_definition (static)	array			空	x+0x10
4. capture_period(static)	double-long-unsigned			0	x+0x18
5. primary_address	unsigned			0	x+0x20
6. identification_number (dyn.)	double-long-unsigned			0	x+0x28
7. manufacturer_id(dyn.)	long-unsigned			0	x+0x30
8. version (dyn.)	unsigned			0	x+0x38
9. device_type(dyn.)	unsigned			0	x+0x40
10. access_number(dyn.)	unsigned			0	x+0x48
11. status (dyn.)	unsigned			0	x+0x50
12. alarm (dyn.)	unsigned			0	x+0x58
13. configuration (dyn.)	long-unsigned			0	x+0x60
14. encryption_key_status(dyn.)	enum			0	x+0x68
特定方法	*m/o*				
1. slave_install (data)	o				x+0x70
2. slave_deinstall (data)	o				x+0x78
3. capture (data)	o				x+0x80
4. reset_alarm (data)	o				x+0x88
5. synchronize_clock (data)	o				x+0x90
6. data_send (data)	o				x+0x98
7. set_encryption_key (data)	o				x+0xA0
8. transfer_key (data)	o				x+0xA8

属性描述	
logical_name	标识"M-Bus client"对象实例。见 6.2.22
mbus_port_reference	为"M-Bus master port setup"对象提供引用值,用于 M-Bus 端口设置。 每个接口可以与一个或多个 M-Bus 从属设置进行数据交换。

capture_definition	为 M-Bus 从站提供 *capture_definition*。
	注 2:该属性可被预先配置或写入作为安装过程的一部分。
	array capture_definition_element
	capture_definition_element::=structure
	{
	data_information_block: octet-string,
	value_information_block: octet-string
	}
	注 3:元素 data_information_block 和 value_information_block 对应的 Data Information Block (DIB)和 Value Information Block (VIB)分别在 EN 13757-3:2013,6.2 和第 7 章中描述。

capture_period	≥1:自动获取数据,数据获取周期以秒为单位。 0:非自动获取数据,数据获取可由外部触发或与获取事件发生不同步。
primary_address	定义 M-Bus 从站初始地址,取值范围 0～250。 每个 M-Bus 设备绑定到 M-Bus 主通道。然而,初始地址和信道数量之间没有直接的联系。 注 4:说明书对一个逻辑设备的 OBIS 码的 B 域范围限定在 1～64 之内。见 GB/T 17215.661—2018,5.2。 如果从站已经被设置了初始地址,且该地址值不为 0,则该值应被写入 *primary_address* 属性中。写入后该 M-Bus 从站可进行数据交换。 除此之外,还可运用从站_安装方法,具体见下文。 注 5:*primary_address* 属性不能存储未配置的从站的初始地址。一旦设置了 *primary_address* 属性,M-Bus 就应该能够立即用该主要地址进行操作,这不是未配置的从设备设置的。
identification_number	该指定携带数据头的标识号元素,见 EN 13757-3:2013,5.5 中规定。 该属性与属性 7,8 和 9 一起填充安装后收到的第一条消息中的值。 如果在后续的消息中这些值不相同,则消息被丢弃。
manufacturer_id	按照 EN 13757-3:2013,5.6 中数据头元制造商标识的描述。
version	按照 EN 13757-3:2013,5.7 中数据头元版本的描述。
device_type	按照 EN 13757-3:2013,5.8 和表 6 中数据头元的设备型号标识的描述。
access_number	按照 EN 13757-3:2013,5.9 中数据头元的访问设备号的描述。
status	按照 EN 13757-3:2013,5.10,表 7 和第 8 章中数据头元状态字节的描述。 它根据 M-bus 从设备的每一个读出更新。
alarm	按照 EN 13757-3:2013,附件 D。 报警状态它根据 M-bus 从设备的每一个读出更新。

configuration	按照 EN 13757-3:2013,5.12 配置域(之前:签名域)。它包含有关加密模式和加密的字节数的信息。 它根据从设备 M-bus 的每一个读出更新。
encryption_key_status	提供有关加密密钥状态的信息。见附录 B。 enum:(0)无加密密钥, (1)encryption_key 集, (2)encryption_key 转入, (3)encryption_key 设定和转入, (4)在使用中 encryption_key
方法说明	
slave_install(data)	安装未配置的从站(主站地址为 0)。 data::=unsigned 只有当 *primary_address* 属性的当前值为 0 时,才能成功调用此方法。 执行以下操作: ——安装新设备后检查 M-Bus 地址 0; ——如果无卸载 M-Bus 从站,该操作调用失败; ——如果 *slave_install* 方法为"0"作为参数,则该主站地址被自动分配。该主要地址通过查询 DLMS/COSEM 设备所有 M-Bus 客户端对象的 *primary_address* 属性,选取第一个未被使用的数值设定。该地址被写入 *primary_address* 属性,并传输给 M-Bus 从站; ——如果 *slave_install* 方法是主站地址(0 以外),则 *primary_address* 属性被赋予设定的参数值,并传输给 M-Bus 从站。 注 6:未进行过参数化的从站在设备主站地址时遵循 EN 13757-3 :2013,附录 E.5。
slave_deinstall(data)	卸载从站。该服务的主要目的在于卸载 M-Bus 从站,同时为安装新设备做准备。执行以下操作: ——设 M-Bus 从站地址为 0; ——传输给 M-Bus 从站的密钥作废,但不影响默认密码; ——*encryption_key_status* 被设置为(0):没有 encryption_key; ——*primary_address* 的属性也被设 0; 注 7:只有当 *primary_address* 属性被设 0 后,才可安装新 M-Bus 从站。 data ::=integer (0)
capture (data)	从 M-Bus 从站设备捕获值(由 *capture_definition* 属性指定)。 data ::=integer(0)
reset_alarm(data)	重置 M-Bus 从站设备报警状态。 data ::=intefer (0)
synchronize_clock(data)	将 M-Bus 从站时间与 M-Bus 客户端同步 data ::=integer (0)
data_send(data)	向 M-Bus 从站发送数据。 data::=array data_definition_element

	data_definition_element∷=structure
	{
	data_information_block：octet-string，
	value_information_block：octet-string，
	data：CHOICE
	{
	-- 简单数据类型
	null-data [0]，
	bit-string [4]，
	double-long [5]，
	double-long-unsigned [6]，
	octet-string [9]，
	visible-string [10]，
	utf8-string [12]，
	bcd [13]
	integer [15]，
	long [16]，
	unsigned [17]，
	long-unsigned [18]，
	long64 [20]，
	long64-unsigned [21]，
	float32 [23]，
	float64 [24]
	}
	}

set_encryption_key(data)	在 M-Bus 客户端设置加密密钥，使 M-Bus 客户端与从站的加密通信。 data ∷=octet-string (encryption_key) M-Bus 从站安装完毕后，M-Bus 客户端保留一个空密钥。通过该密钥可取消 M-Bus 通信加密。 可以通过调用 *set_encryption_key* 方法来使用长度为零的 octet-string 来禁用加密。 改变加密密钥需要两个步骤： ——首先，密钥被发送到 M-Bus 从设备，使用 *transfer_key* 方法把默认密钥加密； ——第二，利用 *set_encryption_key* 方法把秘钥设置在 M-Bus 主设备。
transfer_key(data)	向 M-Bus 从站传递加密密钥。 data ∷=octet-string (encrypted_key) 在 M-Bus 通信加密可用之前，应通过传递_密钥的方式将一个操作加密密钥发送到 M-Bus 从站。通过调用 *transfer_key* 方法中的参数为 M-Bus 从站传输默认密钥加密过的操作密钥。发送的报文未被加密。在该方法执行后，将激活通信加密，之后所有的报文将被全部加密。 每个 M-Bus 从站都应送达一个默认加密密钥。

	M-Bus 客户端可以通过以新加密密钥作为参数调用 set_encryption_key 方法来设置新的加密密钥。 并通过 *set_encryption_key* 下发到 M-Bus 从站中。具体是将新密钥通过默认密钥进行加密，M-Bus 报文也同时被加密。 随着 *transfer_key* 方法的进一步调用，新的加密密钥可以发送到 M-Bus 从站。方法调用参数是使用默认密钥加密的新加密密钥。M-Bus 帧被加密 当 M-Bus 从站卸载时，加密密钥将被破坏，但是不影响默认密钥。在新的密钥被传递前，加密被取消。

5.7.4 无线模式 Q 通道(class_id=73，版本=1)

该接口类定义了 Q 模式下接口通信的操作参数。见 EN 13757-5:2015。

无线模式 Q 通道	0…n	class_id=73，版本=1			
属性	*数据类型*	*最小值*	*最大值*	*默认值*	短名
1. logical_name(static)	octet-string				x
2. addr_state(static)	enum				x+0x08
3. device_address (static)	octet-string				x+0x10
4. address_mask(static)	octet-string				x+0x18
特定方法	*m/o*				

属性描述	
logical_name	标识"Wireless Mode Q channel"对象实例。见 6.2.22。
addr_state	定义设备自最后一次上电后是否被分配过地址。 enum： (0)未被分配过地址， (1)通过手动或自动方式被分配过地址
device_address	网络上目前该设备的注册地址。
address_mask	当采用短型地址的时候采用设备群组地址。

5.7.5 M-Bus 主端口设置(class_id=74，版本=0)

该接口类定义了设备作为 M-Bus 主设备遵循 GB/T 26831.2 标准接口的通信操作参数。

M-Bus 主端口设置	0…n	class_id=74，版本=0			
属性	*数据类型*	*最小值*	*最大值*	*默认值*	短名
1. logical_name(static)	octet-string				x
2. comm_speed(static)	enum	0	7	3	x+0x08
特定方法	*m/o*				

属性描述	
logical_name	标识“M-Bus master port setup”对象实例。见 6.2.22。
comm_speed	端口支持的通讯速率有： enum： (0) 300 波特， (1) 600 波特， (2) 1 200 波特， (3) 2 400 波特， (4) 4 800 波特， (5) 9 600 波特， (6) 19 200 波特， (7) 38 400 波特

5.7.6 DLMS/COSEM 服务器 M_Bus 端口设置(class_id＝76，版本＝0)

“DLMS/COSEM server M-Bus port setup”的实例在由 M-Bus 从站承载的 DLMS/COSEM 服务器中使用，使用 DLMS/COSEM 有线或无线 M-Bus (wM-Bus) 通信配置文件。

DLMS/COSEM 服务器 M-Bus 端口设置	0…n	class_id＝76，版本＝0			
属性	**数据类型**	**最小值**	**最大值**	**默认值**	**短名**
1. logical_name(static)	octet-string				x
2. M-Bus_profile_selection(static)	octet-string				x+0x08
3. Bus_port_communication_state (dyn.)	enum				x+0x10
4. M-Bus_Data_Header_Type(dyn.)	enum			2	x+0x18
5. primary_address(static)	unsigned			0	x+0x20
6. identification_number(static)	double-longunsigned			0	x+0x28
7. manufacturer_id(static)	long-unsigned			0	x+0x30
8. version(static)	unsigned			0	x+0x38
9. device_type(static)	unsigned			0	x+0x40
10. max_pdu_size(static)	long-unsigned				x+0x48
11. listening_window(static)	array				x+0x50
特定方法	***m/o***				

属性描述	
logical_name	标识“DLMS/COSEM 服务器 M-Bus 端口设置”对象实例。见 6.2.22
M-Bus_profile_selection	引用描述有线或无线通信的物理功能的 M-Bus 通信端口设置对象。引用的对象是“M-Bus slave port setup”对象(class_id＝25)或“Wireless Mode Q channel”对象(class_id＝73)。
M-Bus_port_communication_state	传送 M-Bus 节点的通信状态。 见 EN 13757-4:2013，11.6.3，表 27。

	enum: (0)无法访问:仪表不提供访问窗口(单向仪表), (1)临时无法访问:仪表一般支持双向访问,但在此传输后不存在访问窗口(例如临时无访问以保持占空比限定或限定能量消耗) (2)有限访问:仪表在此传输后立即提供短暂的访问窗口(例如电池供电的仪表), (3)无限定访问:仪表至少直到下一次传输(例如主能源设备)提供无限访问。 此属性仅在 wM-Bus 中相关。
M-Bus_Data_Header_Type	携带来自当前通信的 CI_{TL} 值的 M-Bus 数据头的类型 在推送操作的情况下,应用默认值(2)。 enum: (0)M-Bus_Data_Header_Type==None_M-Bus_Data_Header,当不使用分割时,CI_{TL} 域的值应为 0x10,使用分段时为 0x00~0x1F(除非 FIN 位在所有段中将 FIN 位设置为 0 在最后一段), (1)M-Bus_Data_Header_Type==Short_M-Bus_Data_Header,在由主机发送的 M-Bus 帧中由主机发送的 M-Bus 帧中的 CI_{TL} 域的值为 0x61,并且由从机发送的 M-Bus 帧中的值为 0x7D, (2)M-Bus_Data_Header_Type==Long_M-Bus_Data_Header,由主机发送的 M-Bus 帧中的 CI_{TL} 域的值为 0x60,从机发送的 M-Bus 帧中为 0x7C。
primary_address	携带 M-Bus 从设备的主地址。 见 IEC 62056-7-3:2017,表 1。 如果从站设备已配置,因此其主站地址不同于 0,则可与 M-Bus 从站设备进行数据交换。
identification_number	按照 EN 13757-3:2013,5.5 中的规定执行数据头的标识号码元素。 在单向通信的情况下,该值(与属性 6,7,8 和 9 一起)被参数化。 在双向通信的情况下,该属性(与属性 6,7,8 和 9 一起)被安装后通过不同的 M-Bus 网络管理接口接收到的第一个消息中找到的值填充。 **注**:如果在后续消息中这些值不相同,则该消息将被丢弃。
manufacturer_id	按照 EN 13757-3:2013,5.6 中的规定执行数据头的制造商标识元素。
version	按照 EN 13757-3:2013,5.7 中的规定执行数据头的版本元素。
device_type	按照 EN 13757-3:2013,5.8,表 6 中的规定执行数据头的设备类型标识元素。
max_pdu_size	包含从 M-Bus 下层提供的长度功能(以字节表示)。 指定一个 M-Bus 帧可承载的 DLMS 有效载荷(APDU 或其一部分)的最大长度。 在长消息的情况下,可以使用由 DLMS/COSEM 应用层提供的块传输或由传输层提供的分段或两种机制。

listening_window	定义点到点通信窗口变为活动时间(start_time)和无效(end_time)的时间点。start_time 隐式定义周期。
	示例：当没有指定月份的日期(等于 0xFF)时，这意味着我们每天都有一个监听窗口管理。每日，每月...窗口管理可以定义。
	Array window_element
	window_element ∷=structure
	{
	start_time：octet-string，
	end_time：octet-string
	}
	start_time 和 end_time 格式如 *date-time* 在 4.6.1 中所规定。
	此属性仅在 wM-Bus 中相关。

5.7.7 M-Bus 诊断(class_id=77，版本=0)

IC “M-Bus diagnostic”的实例保持了与 M-BUS 网络的操作相关的信息，如电流信号强度、信道标识符、链路状态到 M-Bus 网络以及与帧交换、传输和帧接收相关的计数器质量。

M-Bus 诊断	**0…n**	**class_id=77，版本=0**			
属性	***数据类型***	***最小值***	***最大值***	***默认值***	***短名***
1. logical_name(static)	octet-string				x
2. received-signal-strength (dyn.)	unsigned				x+0x08
3. channel_Id (dyn.)	unsigned			0	x+0x10
4. link_status (dyn.)	enum				x+0x18
5. broadcast_frames_counter(dyn.)	array			0	x+0x20
6. transmissions_counter (dyn.)	double-long-unsigned			0	x+0x28
7. FCS_OK_frames_counter(dyn.)	double-long-unsigned			0	x+0x30
8. FCS_NOK_frames_counter(dyn.)	double-long-unsigned			0	x+0x38
9. capture_time(dyn.)	structure				x+0x40
特定方法	***m/o***				
1. resetreset (data)	o				x+0x48

属性描述	
logical_name	标识“M-Bus diagnostic”对象实例。见 6.2.22。
received_signal_strength	当使用 wM-Bus 配置文件时，该属性保持接收到的最后一个 wM-Bus 帧的信号强度值，用 dBm 表示。 该属性仅适用于无线双向 M-Bus 通信。
channel_Id	当使用 wM-Bus 配置文件时，此属性保持当前使用的通道的标识。 ***Def*.**为 0。 该属性仅适用于 wM-Bus 通信。

link_status	当使用 wM-Bus 配置文件时，该属性保持到 M-Bus 网络的链接的当前状态。 可能的状态符合 EN 13757-5:2015,9.7.4.1.7 中规定的链接状态。 enum: (0)默认(数据从未收到), (1)正常运行时链接, (2)链接暂时中断, (3)链接永久中断 注 1：如果与网络同步丢失，则通过执行无线电扫描，自动启动试验以重新建立链路。只要重新同步尝试正在进行，link_status 将暂时中断。 重新建立链接时，Link_status 将更改为正常操作。 当制造商指定的尝试次数超过时，Link_status 更改为永久中断。 该属性仅适用于 wM-Bus 通信。

broadcast_frames_counter	使用接收到的最后一帧的时间戳和客户端标识符区分广播帧计数器值。
	array broadcast_frame_counter_definition broadcast_frame_counter_definition ::= structure
	{
	client_id: unsigned,
	counter: double-long-unsigned,
	time_stamp: date-time
	}
	***Def*.**为 0。

transmissions_counter	计算相关 M-Bus 端口发送的帧数。 传输计数器在每个传输阶段的开始处递增。客户端系统可以写入该变量来更新计数器。当传输计数器达到最大值时，下一个增量将自动返回 0。 ***Def*.**为 0。
FCS_OK_frames_counter	用正确的校验和计算接收到的帧数。当 FCS_OK_frames_counter 域达到最大值时，下一个增量会自动返回 0。 ***Def*.**为 0。
FCS_NOK_frames_counter	以不正确的校验和计算接收到的帧数。当 FCS_NOK 帧计数器域达到最大值时，下一个增量将自动返回 0。 ***Def*.**为 0。

capture_time	具有属性 2,4,6,7 或 8 的最近更改值的时间戳。
	capture_time ::= structure
	{
	attribute_id: unsigned,
	time_stamp: date-time
	}

方法说明	
reset (data)	清除所有计数器，received_signal_strength，link_status 和 capture_time。

	data ::=integer(0) 注 2：Channel_id 管理超出了本 IC 规范的范围。 见 EN 13757-4:2013。

5.8 通过 Internet 设置数据交换接口类

5.8.1 TCP-UDP 设置（class_id=41，版本=0）

该接口类范例包含了设置基于 TCP-UDP/IP 通信协议的 COSEM TCP 或 UDP 基本传输层的 TCP 或 UDP 子层时必需的所有数据。

在 TCP-UDP/IP 为基础的通讯处理中，一个物理设备主机或多个 COSEM 客户端间的应用处理，或一物理设备主机或多个 COSEM 服务器间的应用处理依赖于一个简单的 TCP 或 UDP 连接。TCP 或 UDP 实体包裹进 COSEN TCP-UDP 基本传输层。在一物理设备内，每一 AP(客户端应用程序或服务器逻辑设备)被包裹于一端口(WPort)。在 SAP 分配对象的帮助下完成绑定。见 5.3.5

另一方面，COSEM TCP 或 UDP 基本传输层可支持在一物理设备与若干个同类物理设备主 COSEM APs 之间的若干个 TCP 或 UDP 连接。

当一个 COSEM 物理设备支持不同的数据链路层时(例如局域网和点对点)，则对于它们每一个所有的 TCP-UDP 设置对象实例均是必需的。

TCP-UDP 设置	0…n	class_id=41，版本=0			
属性	*数据类型*	*最小值*	*最大值*	*默认值*	短名
1. logical_name(static)	octet-string				x
2. TCP-UDP_port(static)	long-unsigned				x+0x08
3. IP_reference (static)	octet-string				x+0x10
4. MSS (static)	long-unsigned	40	65～535	576	x+0x18
5. nb_of_sim_conn(static)	unsigned	1			x+0x20
6. inactivity_time_out(static)	long-unsigned			180	x+0x28
特定方法	*m/o*				

属性描述	
logical_name	标识“TCP-UDP setup”对象实例。见 6.2.23。
TCP-UDP_port	保持用于侦听 DLMS/COSEN 应用的物理设备的 TCP-UDP 端口号。 对于 DLMS/COSEM，以下端口号已被注册 IANA。 见 http://www.iana.org/assignments/port-numbers。 dlms/cosem　4059/TCP　DLMS/COSEM dlms/cosem　4059/UDP　DLMS/COSEM
IP_reference	由其 *logical name* 引用一个 IP 设置对象。引用对象包含有关 TCP-UDP 层的 IP 层支持的 IP 地址设置信息。
MSS	最大分段尺寸(MSS)选项帮助，TCP 可指出最大接收段尺寸给对方。 注意： ——此选项仅在初始化连接请求阶段发送(例如在发送同步(SYN)控制位段时)；

	——假如此选项未提交,按惯例采用默认值 576; ——MSS 是不可协商的;其值由本属性指出。
nb_of_sim_conn	基于 COSEM TCP-UDP 的传输层同时连接的最大数目能够支持。
inactivity_time_out	定义时间,以秒计时。当不再从 COSEM 客户端接收到任何帧的时间,非活动的 TCP 连接将被中断。 当该值设为 0,表明 *nactivity_time_out* 无法操作。换句话说,一个 TCP 连接一旦建立,在通常的情况下(没有供电失效,等等)将不会被 COSEM 服务中断。 请注意,所有与管理非活动超时功能有关的操作(测量不活动时间,如果超时结束,则中止 TCP 连接,等等)在 TCP-UDP 层实现内部进行管理。

5.8.2 IPv4 设置 (class_id=42,版本=0)

注 1:相比于前几版蓝皮书中,该规范在属性说明上进行了改进。由于这并不构成技术性的变化,IC 的版本保持为 0。

该接口类允许 IPv4 层设置建模,处理连接到给定设备和低层连接使用涉及到 IP 地址设置的所有信息。

对于每一不同网络接口部署,此接口类在设备中应有一个实例。例如,如果设备存在两个接口(并且均应用于 TCP-UDP/IPv4),则此设备将有两个 IPv4 设置类范例:每个接口各自拥有一个。

IPv4 设置	0…n	class_id=42,版本=0			
属性	*数据类型*	*最小值*	*最大值*	*默认值*	*短名*
1. logical_name(static)	octet-string				x
2. DL_reference(static)	octet-string				x+0x08
3. IP_address	double-long-unsigned				x+0x10
4. multicast_IP_address	array				x+0x18
5. IP_options	array				x+0x20
6. subnet_mask	double-long-unsigned				x+0x28
7. gateway_IP_address	double-long-unsigned				
8. use_DHCP_flag(static)	boolean				
9. primary_DNS_address	double-long-unsigned				
10. secondary_DNS_address	double-long-unsigned				
特定方法	*m/o*				
1. add_mc_IP_address (data)	o				x+0x60
2. delete_mc_IP_address (data)	o				x+0x68
3. et_nbof_mc_IP_addresses (data)	o				x+0x70

属性描述	
logical_name	标识"IPv4 setup"对象实例。见 6.2.23
DL_reference	通过逻辑名引用一数据链路层(广域网或 PPP)设置对象。 引入对象包含了有关数据链路层支持 IP 层的特殊设置信息。

IP_address	通过物理设备连接到相关的低层接口,物理设备的 IP 地址(IPv4)值连接到网络上。它可以是静态或动态的。近来,动态 IP 地址分配(DHCP)被采用。 假如无 IP 地址分配,其值为 0。 **示例**:IPv4 地址 192.168.0.1(点分十进制格式)对应 C0A80001(十六进制)赋予 3232235521(double-long-unsigned)。
multicast_IP_address	包含一 IP 地址数组。此数组中的 IP 地址必需位于多址通信地址范围("Class D"地址,包括 IP 地址范围从 224.0.0.0 到 239.255.255.255)。当设备接收到的 IP 数据包中含有位于目的 IP 地址域的 IP 地址其中之一,将被视为此数据包被寻址。 multicast_IP_address ∷=array double-long-unsigned

IP_options	包含必需的参数支持所选的 IP 选项,例如数据 time-stamping 或保密服务(IPSec)。
	IP_options ∷=array IP_options_element
	IP_options_element ∷=structure
	{
	IP_Option_Type: unsigned,
	IP_Option_Length: unsigned,
	IP_Option_Data: octet-string
	}
	注 2:在所有情况下,按照 RFC 791 的规定,IP_Option_Length 域包括所有三个域的总长度:IP_Option_Type,IP_Option_Length 和 IP_Option_Da。
	允许的 IP_Option_Types:
	——保密 :IP_Option_Type=0x82,IP_Option_Length=11
	如果该选项存在,则应允许该设备在其 IP 数据包内发送安全性,分区,处理限定和 TCC(封闭用户组)参数。IP_Option_Data 应包含安全性,隔间,处理限定和传输控制代码值的值,如 RFC 791;
	——松散源和记录路由:IP_Option_Type=0x83
	假如此选项被提交,设备将提供网关需使用的寄送数据到目的地的路由信息,并且记录此路由信息。IP_Option_ength 和 IP_Option_Data 取值应符合 RFC 791 的规定;
	——严格的源和记录路由:IP_Option_Type=0x89
	假如此选项被提交,设备将提供网关需使用的寄送数据到目的地的路由信息,并且记录此路由信息。IP_Option_ength 和 IP_Option_Data 取值应符合 RFC 791 的规定;
	——记录路由:IP_Option_Type=0x07
	假如此选项被提交,设备将会:
	——发送原始 IP 数据包,提供数据包路由的记录手段;
	——作为路由器,采用本路由选项发送路由 IP 数据包。
	IP_Option_ength 和 IP_Option_Data 取值应符合 RFC 791 的规定。
	——互连网时标:IP_Option_Type=0x44
	假如此选项被提交,设备将会:

	——采用本选项发送原始 IP 数据包，在路由到目的地时提供手段对数据包标注时标； ——作为路由器，采用本路由选项附加时标选项发送路由 IP 数据包。 IP_Option_ength 和 IP_Option_Data 取值应符合 RFC 791 的规定。
subnet_mask	包含子网掩码。 当子网应用于一网络段中时，每一设备连接应遵守子网规则。为达此目的，设备除它的 IP 地址外，还需知道哪些 IP 地址位于此子网段结构内。子网掩码属性会承载了这些信息。 使用 IPv4 时，*subnet_mask* 是一个 32 位的字，与 IP 地址（例如 255.255.255.0）的格式完全相同，但具有其他含义：*subnet_mask* 的"0"位表示 IP 地址 仍被用作子网络 IP 网络[2] 上的 Device_ID。
gateway_IP_address	包含 IP 地址的网关设备。 对于大多数 IP 设备，存在一个用以决定处理流出数据包可被直接送到逻辑子网的目的地或者必需送到一个网关的模型代码。为了能够发送非逻辑数据包到网关，设备必需知道分配到给定的网络段的网关设备的 IP 地址。 假如一个 IP 地址已分配，其值必需为 0。
use_DHCP_flag	当此标志设置为 TRUE 时，设备使用 DHCP（动态主机配置协议）动态确定 *IP_address*，*subnet_mask* 和 *gateway_IP_address* 参数。 另一方面，当该标志设置为 FALSE 时，*P_address*，*subnet_mask* 和 *gateway_IP_address* 参数应在本地设置。
primary_DNS_address	主域名服务器（DNS）的 IP 地址。 假如没有分配 IP 地址，值为 0。
secondary_DNS_address	辅助域名服务器（DNS）的 IP 地址。 假如没有分配 IP 地址，值为 0。
方法说明	
add_mc_IP_address（IP_Address）	附加一个多点通信 IP 地址到 *multicast_IP_Address* 数组。 IP_Address ∷=double-long-unsigned
delete_mc_IP_address（IP_Address）	从 *multicast_IP_Address* 数组中删除一个 IP 地址。被删除的 IP 地址由值标识。 IP_Address ∷=double-long-unsigned
get_nbof_mc_IP_addresses（data）	返回包含在 *multicast_IP_Address* 数组中的 IP 地址数量。 data ∷=unsigned

5.8.3 IPv6 设置（class_id=48，版本=0）

注 1：参见附录 C。

2） 在 RFC 940 和 RFC 950 中查看更多关于子网络的内容。

IPv6 设置接口类控件允许对 IPv6 层设置建模，保持所有关于相关设备的 IPv6 地址设置和连接到更底层所需要的设置的信息。

对于每一个网络接口部署，都有一个此类接口类的实例。例如，一个设备有两个接口（两个接口都支持 UDP/IP，TCP/IP 协议），则此设备有两个 IPv6 设置接口类实例：每一个接口都有一个实例。

IPv6 设置	0…n	class_id＝48，版本＝0			
属性	数据类型	最小值	最大值	默认值	短名
1. logical_name(static)	octet-string				x
2. DL_reference(static)	octet-string				x+0x08
3. address_config_mode(static)	enum			0	x+0x10
4. unicast_IPv6_addresses	array				x+0x18
5. multicast_IPv6_addresses(static)	array				x+0x20
6. gateway_IPv6_addresses(static)	array			0	x+0x28
7. primary_DNS_address(static)	octet_string			0	x+0x30
8. secondary_DNS_address(static)	octet_string			0	x+0x38
9. traffic_class(static)	unsigned	0	63	0	x+0x40
10. neighbor_discovery_setup(static)	array				x+0x48
特定方法	***m/o***				
1. add_IPv6_address (data)	o				x+0x60
2. remove_IPv6_address (data)	o				x+0x68

属性描述	
logical_name	标识“IPv6 setup”对象实例。见 6.2.23。
DL_reference	引用了其逻辑名称的数据链路层设置对象。被引用的对象包含要支持 IPv6 的层数据链路层的具体设置的信息。
address_config_mode	定义了 IPv6 地址配置模式 Enum：(0)Auto-configuration(默认值)， (1)DHCPv6， (2)手动， (3)ND(相邻网络找寻) 注 2：对于由 IPv6 设置管理类的实例管理的所有 IPv6 地址来说，*address_config_mode* 是很普遍的。
unicast_IPv6_addresses	承载分配给网络物理设备相关接口的 IPv6 单播地址（独特的本地单播，链路本地单播和/或全球单播地址）。IPv6 地址可以是（静态）或（动态）或两者。 unicast_IPv6_addresses∷＝array octet-string 每个 IPv6 单播地址的格式应在 RFC3513 被指定。 如果没有单播 IPv6 地址被分配给该接口，会出现元素都是 0 的数组（默认）。 要重置配置的所有 IPv6 单播地址，零元素的数组应写入。

multicast_IPv6_addresses	包含用于多路广播的 IPv6 地址数组。 multicast_IPv6_addresses∷=array octet-string 每个 IPv6 多路广播地址的格式应在 RFC3513 被指定。 如果没有 IPv6 组播地址被分配给该接口,零元素的数组(默认)。 要重置配置的所有 IPv6 组播地址,零元素的数组应写入。
gateway_IPv6_addresses	包含 IPv6 地址的 IPv6 网关设备。 gateway_IPv6_addresses∷=array octet-string 每个网关的 IPv6 地址的格式应如 RFC3513 规定。 如果没有网关 IPv6 地址被分配给该接口,应出现元素为 0 的数组(默认)。 要重新配置所有网关的 IPv6 地址,元素为 0 的数组应写入。
primary_DNS_address	包含主域名服务器(DNS)的 IPv6 地址。 如果没有 IPv6 地址分配,该 octet-string 的长度应为 0。
secondary_DNS_address	包含二级域名服务器(DNS)的 IPv6 地址。 如果没有 IPv6 地址分配,该 octet-string 的长度应为 0。
traffic_class	包含了 IPv6 报文头的通信类元素。最显著的第 6 位用于 DSCP(差分服务代码点),如在 RFC2474:1988,第 3 章规定,这是用来分类数据包。

neighbor_discovery_setup	含为路由器和主机支持使用的 IPv6(RFC4861)配置,用于支持邻域发现协议使用的配置。
	array neighbour_discovery_setup
	neighbour_discovery_setup ∷=structure
	{
	RS_max_retry: unsigned,
	RS_retry_wait_time: long-unsigned,
	RA_send_period: double-long-unsigned
	}
	其中:
	RS_max_retry　给出了路由器请求重试的最大数量可以由节点执行的,如果有适合的路由器宣传还没有被接收到。
	范围:1～255
	默认值:3
	RS_retry_wait_time　给出了两者之间毫秒的等待时间连续的路由器请求重试。
	范围:0～65 535
	默认值:10 000
	RA_send_period　给出以秒路由器通告发送周期。
	范围:0～4 294 967 295

方法说明	
add_IPv6_address (data)	对于物理接口的 IPv6 地址数组增加了一个 IPv6 地址。 array

	data ∷=structure
	{
	IPv6_address_type：enum，
	IPv6_address：octet-string
	}
	IPv6_address_type 地址定义 IPv6 地址的补充类型：
	enum：(0)单播，
	(1)组播，
	(2)网关
	IPv6_address 指定 IPv6 地址的补充。新的地址将是在列表的末尾自动添加。如果一个地址要被添加到特定的位置，这可以通过写入整个数组进行。

remove_IPv6_address(data)	在 IPv6 地址数组的物理接口中删除一个 IPv6 地址。
	data ∷=structure
	{
	IPv6_address_type：enum，
	IPv6_address：octet-string
	}
	IPv6_address_type 地址定义 IPv6 地址删除类型：
	enum：(0)单播，
	(1)组播，
	(2)网关
	IPv6_address 指定 IPv6 地址去除。

5.8.4 MAC 地址设置（class_id=43，版本=0）

该接口类名字和使用由“Ethernet setup”更改为“MAC address setup”，可提供更多的通用服务并不需要改变版本。

该接口类包含了物理设备的 MAC 地址(或通用概念上的一个设备或软件)。每个物理设备的网络接口都应包含此接口类。

注 3：在 HDLC 三层网络结构中，MAC 地址(低层 HDLC 地址)由 IEC HDCL 设置接口对象定义。

注 4：在 S-FSK PLC 网络中，MAC 地址由 S-FSK Phy&MAC 设置接口对象定义。

MAC 地址设置	**0…n**	**class_id=43，版本=0**			
属性	***数据类型***	***最小值***	***最大值***	***默认值***	**短名**
1. logical_name(static)	octet-string				x
2. MAC_address	octet-string				x+0x08
特定方法	***m/o***				

属性描述	
logical_name	标识“MAC address setup”对象实例。见 6.2.21、6.2.23 和 6.2.26。
mac_address	保持 MAC 地址。

5.8.5 PPP 设置（class_id=44,版本=0）

注 1：相比于前几版蓝皮书中,该规范在呈现属性中提供了改进。因为这并不构成技术性的变化,IC 的版本保持为 0。

此接口类的设置通过保持有关物理设备和连接到更低层所用的关于 PPP 设置所有信息允许使用 PPP 协议建模。一个物理设备的每一网络接口均需具有这样的一个使用 PPP 协议的实例。

PPP 设置	0…n	class_id=44,版本=0			
属性	*数据类型*	*最小值*	*最大值*	*默认值*	*短名*
1. logical_name(static)	octet-string				x
2. PHY_reference(static)	octet-string				x+0x08
3. LCP_options(static)	LCP_options_type				x+0x10
4. IPCP_options(static)	IPCP_options_type				x+0x18
5. PPP_authentication(static)	PPP_auth_type				x+0x20
特定方法	*m/o*				

属性描述	
logical_name	标识"PPP setup"对象实例。见 6.2.23。
PHY_reference	通过 logical_name 引用其他对象。对象引用包含规定物理层接口的有关支持 PPP 层信息。

LCP_options

包含了必要参数,以支持所选择的 LCP 配置选项。

```
LCP_options_type ::=array LCP_options_type_element
LCP_options_type_element ::=structure
{
LCP-Option-Type: unsigned,
LCP-Option-Length: unsigned,
LCP-Option-Data: CHOICE
{
structure              [2]——为 Callback-data
boolean                [3]——为 ProtF-Compr 和 AdCtr-Compr,
double-long-unsigned   [6]——为 ACCM 和 Mag-Num,
unsigned               [17]——为 FCS-Alternatives,
long-unsigned          [18]——为 MRU 和 Auth-Prot
}
}
```

注 2：在所有情况下,如 IETF STD 51/RFC 1661 中所规定,LCP_Option_Length 域包括所有三个域的总长度:LCP_Option_Type,LCP_Option_Length 和 LCP_Option_Data。

注 3：对于赋值见 *Point-to-Point* (PPP)协议域赋值,请访问:http://www.iana.org/assignments/ppp-numbers/ppp-numbers.xml

支持 LCP_Option_Types 有以下几种:

——Maximum-Receive-Unit (MRU),LCP_Option_Type=1。见 IETF STD 51/RFC 1661。

可以发送此配置选项以通知对等方实现可以接收更大的分组，或者请求对等体发送更小的分组。默认值是 1 500 个八位字节；

——Async-Control-Character-Map（ACCM），LCP_Option_Type＝2。见 IETF STD 51/RFC 1662.

此配置选项提供了一种方法来协商使用在异步链路透明的控制字符；

——Authentication-Protocol，LCP_Option_Type＝3.。见 IETF STD 51/RFC 1661。

此配置选项提供了一种方法来协商使用的具体的协议进行认证。默认情况下，不需要认证。上所述值表明了身份认证协议使用在给定的 PPP 链路上。可能的值有：

0x0000 - 无认证协议时被使用，

0xc023 - 该 PAP 协议时被使用，

0xc223 - CHAP 协议时被使用，

0xc227 - 该 EAP 协议被使用。

——Magic-Number，LCP_Option_Type＝5。见 IETF STD 51/RFC 1661。

此配置选项提供了一种方法来检测环回链接和其他数据链路层的异常；

——Protocol-Field-Compression（PFC），LCP_Option_Type＝7。见 IETF STD 51/RFC 1661。

此配置选项提供了一种方法来协商 PPP 协议域的压缩；

——Address-and-Control-Field-Compression（ACFC），LCP_Option_Type＝8。见 IETF STD 51/RFC 1661。

此配置选项提供了一种方法来协商数据链路层地址和控制域压缩；

——FCS-Alternatives，LCP_Option_Type＝9。见 RFC 1570。

此配置选项提供了一个实现指定另一个 FCS 格式来对端发送的方法，或者离开 FCS。FCS-Alter(FCS Alternatives)选项域的值标识所使用的 FCS。这个域是一个八位字节，并且包括的"logical or"的下列值：

Bit 1	空 FCS，
Bit 2	CCITT 16-bit FCS，
Bit 4	CCITT 32-bit FCS。

——Callback，LCP_Option_Type＝13。见 RFC 1570。

此配置选项提供了一种实施以请求拨号等待回叫的方法。这通过确保远程站点由回调数所限定只能从一个位置连接从而提供增强安全性。

```
callback_data ::=structure
{
callback_active: boolean,//默认值:false,
callback_data_length: unsigned,
callback_operation: unsigned,
callback_message: octet-string
}
```

其中:

——callback-active 域指示在该 PPP 链路上的回叫选项是否激活;

——该 callback_operation 域表示消息域的内容;

Callback_operation:unsigned

(0)的位置由用户认证确定的,

(1)拨号串,

(2)位置的标识符,

(3)E.164 号码,

(4)X.500 专有名称,

(5)未分配,

(6)在 CBCP 协商确定的位置。

该 callback_message 域是零个或多个八位字节,并且其一般内容由 callback_operation 域确定。的信息的实际格式是网站或特定的应用程序。

IPCP_options

包含 IP 控制协议(PPP 的网络控制协议模块)的必要参数,允许使用期望的 Internet 协议参数。有关 IPCP 的详细信息,请参阅 RFC 1332。

```
IPCP_options_type ::=array IPCP_options_type_element
IPCP_options_type_element ::=structure
{
IPCP-Option-Type   unsigned,
IPCP-Option-Length   unsigned,
IPCP-Option-Data   CHOICE
{
array          [1] - 为 Pref-Peer-IP,
--每个 IP 地址的类型是 double-long-unsigned
Boolean        [3] - 为 GAO 和 USIP,
double-long-unsigned  [6] - 为 Pref-Local-IP,
long-unsigned  [18] - 为 IP-Comp-Prot
}
}
```

注 4:在任何情况下,如在 RFC1332 规定,IPCP 选项长度域包含所有三个域的总长度:IPCP_Option_Type,IPCP_Option_Length 和 IPCP_Option_Data。

支持 IPCP_Option_Types 有以下几种:

——IP-Compression-Protocol (IP-Comp-Prot) IPCP_Option_Type=2。见 RFC 1332。

此配置选项提供了一种方法来协商使用特定的压缩协议。默认情况下,压缩不使用。可能的值有:

0x0000 - 无 IP 使用压缩(默认),

0x002d - Van Jacobson 压缩 TCP/IP(RFC1332),

0x0003 - 强壮的头压缩(ROHC)(RFC3241),

0x0061 - IP 报头压缩(RFC2507,RFC3544)

	——Preferred-Local-IP-Address (Pref-Local-I),IPCP_Option_Type=3。见 RFC 1332。 此配置选项提供了一种方法来协商 IP 地址的链路的本地端使用。它允许配置请求为发送状态,其中的 IP-address 是需要的,或者以请求对等体提供的信息的发送者。对等体可以提供此信息 NAK-ing 选项,并返回一个有效的 IP-address; 注 5:在 RFC1332 的选项类型 3 的名称是"IP-Address"。 注 6:选项类型 20,21 和 22 指定了用于 DLMS/COSEM 的目的;它们没有在 RFC1332 中指定。 ——Preferred-Peer-IP-Addresses (Pref-Peer-IP),IPCP_Option_Type=20。 此配置选项提供了一种方法来协商将在链路远端使用的 IP 地址。当 Grant-Access-Only-to-PrefPeer-on-List (GAO) 参数设置为 TRUE,一个只有一个列表 IP 地址的远程设备接受 PPP 连接。当 Use-Static-IP-Pool(USIP)参数设置为 TRUE,则 COSEM 服务器设备应尽量分配一个 IP 地址到到远程设备; ——Grant-Access-Only-to-Pref-Peer-on-List (GAO), IPCP _ Option _ Type=21。 此配置选项表示不管 IP 地址在不在列表上,该设备是否能接受与对端设备 PPP 连接。它的默认值是 FALSE; ——Use-Static-IP-Pool (USIP),IPCP_Option_Type=22。 此配置选项表明在 IP 地址申请阶段设备是否应该尝试分配 Preferred-Peer-IP-Addresses 到远程设备中。

PPP_authentication	包含 PPP 认证过程的必需的参数。
	PPP_auth_type ::=CHOICE
	{
	null-data [0] --当不需要认证时使用,
	structure [2] -- PAP_login 或 CHAP_algorithm 或 EAP_params
	}
	PAP_login ::=structure
	{
	user-name: octet-string,
	PAP-password: octet-string
	}
	CHAP_algorithm ::=structure,
	{
	user-name: octet-string,
	algorithm_id: unsigned
	}
	以下是 CHAP-algorithm-id 参数的可能值:
	0x05 - CHAP 以 MD5 (默认),见 RFC 1994。
	0x06 - SHA-1,
	0x80 - MS-CHAP,见 RFC 2433,
	0x81 - MS-CHAP-2,见 RFC 2759。

注 7：新的值待将来分配后再使用。

当使用 CHAP 后，一个“secret”被要求去验证客户端发送的“challenge”。此“secret”在 PPP 设置对象中是不可访问的。

注 8：端对端协议挑战握手协议(CHAP)在 RFC1994 中指定。

EAP_params ∷＝structure

{

md5-challenge (Type 4)：boolean，

one-time-password (OTP，Type 5)：boolean，

generic-token-card (GTC，Type 6)：boolean

}

注 9：可扩展认证协议(EAP)在 RFC3748 中指定。

5.8.6 SMTP 设置 (class_id＝46，版本＝0)

该接口类允许使用 SMTP 协议设置数据交换。

SMTP 调制解调器设置	0…n	class_id＝46，版本＝0			
属性	*数据类型*	*最小值*	*最大值*	*默认值*	*短名*
1. logical_name(static)	octet-string				x
2. server_port(static)	long_unsigned			25	x＋0x08
3. user_name(static)	octet-string				x＋0x10
4. login_password(static)	octet-string				x＋0x18
5. server_address(static)	octet-string				x＋0x20
6. sender_address(static)	octet-string				x＋0x28
特定方法	*m/o*				

属性描述	
logical_name	标识“SMTP setup”对象实例。见 6.2.23。
server_port	定义与本协议连接的 TCP-UDP 端口值。默认值由 IANA 的 SMTP 端口标识符给出。 ——smtp 25/tcp 简单邮件传输； ——smtp 25/udp 简单邮件传输。
user_name	定义用来登录 SMTP 服务器的用户名。
login_password	用于登录的密码。当此字串为空时，意味着无需认证。
server_address	用 octet-string 定义服务器地址。此服务器地址可以为一名字，但必需能被主 DNS 或辅 DNS 解析。当直接使用服务器 IP 地址时，规定必需采用点分隔格式。 示例：163.187.45.87。
sender_address	用 octet-string 定义发送器地址。此发送器地址可以为一名字。当直接采用服务器 IP 地址时，规定必需采用点分隔格式。

5.8.7 NTP 设置（class_id＝100，版本＝0）

“NTP setup”IC 的实例允许使用 RFC 5905 中规定的 NTP 协议设置时间同步。可以配置一个或多个实例来支持多个时间服务器。

NTP 设置	0…n	class_id＝100，版本＝0			
属性	数据类型	最小值	最大值	默认值	短名
1. logical_name(static)	octet-string				x
2. activated 激活(static)	boolean			FALSE	x＋0x08
3. server_address (static)	octet-string				x＋0x10
4. server_port(static)	long-unsigned			123	x＋0x18
5. authentication_method(static)	enum				x＋0x20
6. authentication_keys(static)	array				x＋0x28
7. client_key(static)	octet-string				x＋0x30
特定方法	*m/o*				
1. synchronize (data)	m				x＋0x30
2. add_authentication_key (data)	o				x＋0x38
3. delete_authentication_key (data)	o				x＋0x48

属性描述	
logical_name	标识“NTP setup”对象实例。见 6.2.23。
activated	定义 NTP 时间同步是否激活。 同步激活＝TRUE
server_address	将 NTP 服务器地址定义为 octet-string。此服务器地址可以是一个名称，应由主 DNS 或辅助 DNS 解析。在直接使用服务器 IP 地址的情况下，IPv4 地址使用点十进制表示法，IPv6 地址使用文本格式。 示例：163.187.45.87 (IPv4) 或 2001:db8::1:0:0:1 (IPv6)
server_port	定义与此协议相关的 UDP 端口的值。默认情况下，此值是由 IANA 分配的 NTP 端口号 ID： Ntp 123/udp 网络时间协议
authentication_method	定义用于 NTP 协议的认证模式。 enum： (0) no_security， (1) shared_secrets， (2) auto_key_IFF

authentication_keys	如果使用共享密钥认证模式，则包含必要的对称密钥
	authentication_keys::＝array authentication_key
	authentication_key::＝structure
	{
	key_id double-long-unsigned，
	key octet-string
	}

client_key	指定使用 IFF 认证方案(auto_key_IFF)的 NTP 自动密钥认证机制的客户端密钥(NTP 服务器公钥)。
方法说明	
synchronize (data)	同步 DLMS 服务器与 NTP 服务器的时间。 data∷=integer(0)

add _ authentication _ key (data)	将新的对称验证密钥添加到验证密钥序列。
	data∷=structure
	{
	key_id double-long-unsigned,
	key octet-string
	}

delete_authentication_key (data)	从密钥数组中删除一个对称验证密钥。要删除的密钥由其 key_id 标识。 data∷=double-long-unsigned

5.9 利用 S-FSK PLC 设置数据交换的接口类

5.9.1 综述

本节规定了 COSMS 接口类,用于设置和管理 DLMS/COSEM S-FSK PLC 通讯配置文件的协议层:

——S-FSK 物理层和 MAC 子层定义见 DL/T 790.51—2002 和 DL/T 790.4512—2006;

——LLC 子层描述见 DL/T 790.432—2004。

DL/T 790.4512—2006、DL/T 790.51—2002、DL/T 790.432—2004 和 GB/T 15629.2—2008 中描述的 MIB 参量/逻辑连接参数分别与相关 COSEM 接口类的属性和方法相映射。这些部分的描述引用自上述标准,并与 DLMS/COSEM 环境相兼容。

注:DL/T 790.4512—2006 同样描述了一些客户端使用的管理参数,但本文档不包含客户端对象模型。

关于 S-FSK PLC 配置文件的定义参见 3.2。

5.9.2 概观

用于设置 S-FSK PLC 通道和 LLC 层的 COSEM 对象(如果实现)应位于 COSEM 服务器的管理逻辑设备。

图 26 显示了一个包含三个逻辑设备的 COSEM 物理设备的例子。每个逻辑设备应包含一个逻辑设备名称(LDN)对象。每个逻辑设备包含一个或多个连接对象,每个客户端支持一个。

注:如示例所示,还包含另一个逻辑设备,管理逻辑设备中应包含一个 SAP 任务对象,而非逻辑设备对象。

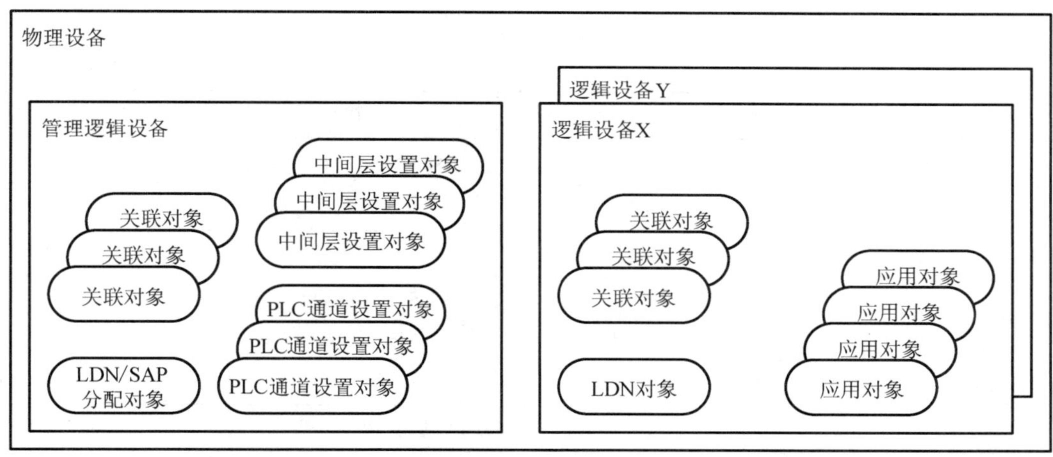

图 26 DLMS/COSEM 服务器对象模型

管理逻辑设备包含 PLC 通道的物理层和 MAC 层的设置对象，以及中间层的设置对象。它可能包含进一步的应用对象。

除了上述的连接和逻辑设备名称对象之外，其他逻辑设备还包含进一步的应用对象，保持参数和测量值。

DL/T 790.4512—2006 运用 DLMS 命名参数对 MIB 对象进行建模，对应的 DLMS 名范围为 8～184。为了与现存部署的兼容，短名 8～400(sic)预留给无 COSEM 运用 DL/T 790.51—2002 S-FSK PLC 协议的设备。因此，在本文对 COSEM 对象属性和方法映射到 DLMS 命名很多(SN 映射)这个范围不被使用。

表 32 提供了 MIB 变量映射到 COSEM 接口类的属性或方法。

注：一方面，并非 DL/T 790.4512—2006 中规定的所有 MIB 变量都映射到 COSEM IC 的属性和方法。另一方面，在这个文件中指定了一些新的管理变量。

表 32 DL/T 790.4512 MIB 变量与 COSEM IC 属性/方法映射表

名称	标识(除非有其他说明)	接口类	class_id/属性/方法
S-FSK 物理层管理			
delta-electrical-phase	变量 1	S-FSK Phy&MAC set-up (class_id=50，版本=1)	50/Attr.3
max-receiving-gain	变量 2		50/Attr.4
max-transmitting-gain	—		50/Attr.5
search-initiator-threshold	—		50/Attr.6
frequencies	—		50/Attr.7
transmission-speed	—		50/Attr.15
MAC 层管理			
mac-address	变量 3	S-FSK Phy&MAC set-up (class_id=50，版本=1)	50/Attr.8
mac-group-addresses	变量 4		50/Attr.9
repeater	变量 5		50/Attr.10
repeater-status	—		50/Attr.11
search-initiator time-out	—	S-FSK MAC 同步超时 (class_id=52，版本=0)	52/Attr.2
synchronizationconfirmation-time-ou	变量 6		52/Attr.3

表 32（续）

名称	标识(除非有其他说明)	接口类	class_id/属性/方法
time-out-not-addressed	变量 7	S-FSK MAC 同步超时 (class_id=52,版本=0)	52/Attr.4
time-out-frame-not-OK	变量 8		52/Attr.5
min-delta-credit	变量 9	S-FSK Phy&MAC set-up (class_id=50 版本=1)	50/Attr.12
initiator-mac-address	DL/T 790.51—2002, 4.3.7.6		50/Attr.13
synchronization-locked	变量 10		50/Attr.14
DL/T 790.432—2004LLC 层管理			
max-frame-length	DL/T 790.432—2004, 5.1.4	DL/T 790.432LLC set-up (class_id=55,版本=1)	55/Attr.2
reply-status-list	变量 11		55/Attr.3
broadcast-list	变量 12	—	—
L-SAP-list	变量 13	**注**：在 DLMS/COSEM 中,逻辑设备的 L-SAP 归属在 SAP 任务对象中。	
ACSE 管理			
application-context-list	变量 14	**注**：在 DLMS/COSEM 中连接对象发挥相同作用。	
应用管理			
active-initiator	变量 15	S-FSK 程序激活 (class_id=51,版本=0)	51/Attr.2
MIB 系统对象			
reporting-system-list	变量 16	S-FSK 报告系统列表 (class_id:=56,版本=0)	56/Attr.2
其他 MIB 对象			
reset-NEW-notsynchronized	变量 17	S-FSK 程序激活 (class_id:=51,版本=0)	51/Method 1
new-synchronization	DL/T 790.51—2002, 4.3.7.6	—	
initiator-electrical-phase	变量 18		50/Attr.2
broadcast-frames-counter	变量 19	S-FSK MAC 计数器 (class_id:=53,版本=0)	53/Attr.4
repetitions-counter	变量 20		53/Attr.5
transmissions-counter	变量 21		53/Attr.6
CRC-OK-frames-counter	变量 22		53/Attr.7
CRC-NOK-frames-counter	—		53/Attr 8
synchronization-register	变量 23		53/Attr.2
desynchronization-listing	变量 24		53/Attr.3

5.9.3 S-FSK Phy&MAC 设置(class_id=50,版本=1)

注 1:不推荐使用该接口的 0 版本。

"S-FSK Phy&MAC set-up"接口类实例保持了设置和管理 PLC S-FSK 低层协议 MAC 层和物理层所需的数据。

S-FSK Phy&MAC 设置	0…n	class_id=50,版本=1			
属性	*数据类型*	*最小值*	*最大值*	*默认值*	*短名*
1. logical_name(static)	octet-string				x
2. initiator_electrical_phase(static)	enum	0	3		x+0x08
3. delta_electrical_phase(dyn.)	enum	0	6		x+0x10
4. max_receiving_gain(static)	unsigned				x+0x18
5. max_transmitting_gain(static)	unsigned				x+0x20
6. search_initiator_threshold(static)	unsigned			98	x+0x28
7. frequencies(static)	frequencies_type				x+0x30
8. mac_address(dyn.)	long-unsigned			FFE	x+0x38
9. mac_group_addresses(static)	array				x+0x40
10. repeater(static)	enum				x+0x48
11. repeater_status(dyn.)	boolean				x+0x50
12. min_delta_credit(dyn.)	unsigned				x+0x58
13. initiator_mac_address(dyn.)	long-unsigned				x+0x60
14. synchronization_locked(dyn.)	boolean				x+0x68
15. transmission_speed(static)	enum	0	6	3	x+0x70
特定方法	*m/o*				

属性描述	
logical_name	标识"S-FSK Phy&MAC setup"对象实例。见 6.2.24
initiator_electrical_phase	包含 DL/T 790.4512—2006,5.8 部分描述的 MIB 变量:*nitiator-electrical-phase*(变量 18)。 该值被写入客户端系统,标明目前连接的电源相。 enum:(0) 未定义(默认值), (1) A 相, (2) B 相, (3) C 相。 注 2:该定义与 DL/T 790.4512 定义不同。
delta_electrical_phase	包含 DL/T 790.4512—2006,5.2 和 DL/T 790.51—2002,3.5.5.3 部分描述的 MIB 变量:*delta-electrical-phase*(变量 1) 该变量标明了客户端和服务器之间的相位角度。以下为预定义值: enum:(0) 未定义:服务器暂时无法确定相位差。 (1) 服务器与客户端同相位。服务器与客户端的连接相位差为:

	(2) 60 度， (3) 120 度， (4) 180 度， (5) −120 度， (6) −60 度。
max_receiving_gain	包含 DL/T 790.4512—2006，5.2 和 DL/T 790.51—2002，3.5.5.3 中 MIB 变量：*max-receiving-gain*（变量 2）。 在接收状态下服务器系统允许的最大增益。默认单位为 dB。 注 3：在 DL/T 790.4512 未标明单位。 增益的值与硬件相关。因此在将该属性值写入后，应读出取得真实值。
max_transmitting_gain	包含 *max-transmitting-gain* 值。 在传输状态下服务器系统的最大衰减值。默认单位为 dB。 增益的值与硬件相关。因此在将该属性值写入后，应读出取得真实值。
search_initiator_threshold	该属性用与智能查询启动过程。如果触发器的信号值大于该属性的设定值，将有可能激发一个快速的同步过程。 默认值为 98dBμV。

frequencies	包含了 S-FSK 模型中需要的频率值。
	frequencies_type ∷＝structure
	{
	mark_frequency： double-long-unsigned，
	space_frequency： double-long-unsigned。
	}
	默认单位为 Hz。

mac_address	包含 DL/T 790.4512—2006，5.3 和 DL/T 790.51—2002，4.3.7.6 中定义的 MIB 变量：*mac-address*（变量 3）。 注 4：MAC 地址由 12 位表示 包含本地系统中相关的物理地址（MAC 地址）。在未设置状态下，MAC 地址就是“NEW-address”。 在系统注册（由寄存器服务）后该属性由 CIASE 在本地写入。该值在接收或发送帧时都要使用。默认值为“NEW-address”。 该属性在下列状态时被设置为新： ——在 MAC 层，当 time-out-not-addressed 延迟超时； ——当客户端系统“resets”服务器系统，见 5.9.4。 当属性被设置为新： ——系统将缺失同步性（MACZ 子层功能）； ——*mac_group_address* 属性被重置（数组为 0）； ——系统将自动释放所有可被释放的 AAs。 注 5：DL/T 790.4512—2006 中未定义第二项。 预定义的 MAC 地址如表 33 所示。
mac_group_addresses	包含了 DL/T 790.4512—2006，5.3 和 DL/T 790.51—2002，4.3.7.6 中定义的 MIB 变量 4：*mac-group-address*（变量 4）。

	包含广播用的 MAC 群组地址。 array mac-address mac-address ::=long-unsigned 所有 ALL-configured-address,ALL-physical-address 和 NO-BODY_address 并未包含在次列表中。这类地址为内部预定义。 该属性需要通过 DLMS 服务器的触发设备写入,标明服务器系统内的 MAC 群组地址。当检测 MAC 框架目的地址时,地址没有作为一个独立的地址或者三个预定义值被标识出,该属性在本地被读出。(三个已注册地址为:ALLconfigured-address,ALL-physical-address NO-BODY_address)。
repeater	包含 DL/T 790.4512—2006,5.3 和 DL/T 790.51—2002,4.3.7.6 中定义的 MIB 变量:variable *repeater*(变量 5)。 该属性表明服务器系统是否有效的重发了所有的帧。 enum:(0) 从不重发, (1) 一直重发, (2) 动态重发 如果重发属性值为 0,服务器系统将从不重发所有帧。 设置为 1 时,系统服务器为重发设备:所有未报错以及值大于 0 的帧都应该重发。 设置为 2 时,重发状态可由服务器动态更改。 注 6:DL/T 790.4512—2006 中不包含设定值 2。 当每次接收帧时,MAC 子层将读取该属性。 默认值应在对应说明中标明。
repeater_status	包含设备的即时重发状态。 boolean:(0)FALSE=不重发, (1)TRUE=重发
min_delta_credit	包含 DL/T 790.4512—2006,5.3 和 DL/T 790.51—2002,4.3.7.6 中定义的 MIB 变量:*min-delta-credit*(变量 9)。 注 7:该属性只有最后三位有效。 Delta Credit(DC)是减去正确接收的 MAC 帧的 Initial Credit(IC)和 Current Credit(CC)字段。指向服务器系统的正确接收 MAC 帧的 delta-credit 最小值由该变量保存。 默认值设置为最大初始信用值(有关信用额度和 MAX_INITIAL_CREDIT 值的详细说明,见 DL/T 790.51—2002,4.2.3.1)。客户端系统可以通过将其值设置为最大初始信用来初始化该变量。
initiator_mac_address	包含 DL/T 790.51—2002,4.3.7.6 定义的变量:*initiator-mac-address*。 参照 *synchronization_locked* 属性的定义,该属性可以是 active-initiator 的 MAC 地址或是 NO-BODY 地址。同时可见 DL/T 790.51—2002,3.5.3,4.1.6.3 和 4.1.7.2。
synchronization_locked	包含 DL/T 790.4512—2006,5.3 的 MIB 变量:*synchronization-locked*(变量 10)。

	控制同步的锁定/非锁定状态，见 DL/T 790.51—2002。 若该属性值为 TRUE，系统为 synchronization-locked 状态。在该状态下，最初 MAC 地址通常等同于 MIB 的 active-initiator 对象中程序 *initiator-mac-address*。见 5.9.4 中 S-FSK 程序启动属性 2。 如果该属性值为 FALSE，系统处于 synchronization-unlocked 状态。在该状态下，最初 MAC 地址通常设定为 NO-BODY 值：程序启动中 MAC 地址的改变不影响 NO-BODY 值中的 *initiator_mac_address* 属性的。在使用说明中应标明该属性值。 **注 8**：在 synchronization-unlocked 状态下，服务器将同步所有有效帧。在同步锁定状态下，服务器只同步指定帧，或 *initiator_mac_address* 属性与客户端系统 MAC 地址相等。
transmission_speed	定义了物理设备支持的传输速率，见 DL/T 790.51—2002，3.2.2。 enum：　50Hz　60 Hz (0)　300 波特　360 波特 (1)　600 波特　720 波特 (2)　1 200 波特　1 440 波特 (3) 默认值　2 400 波特　2 880 波特 (4)　4 800 波特　5 760 波特 (5)　7 200 波特　8 640 波特 (6)　9 600 波特　11 520 波特

表 33　S-FSK 配置文件中 MAC 地址

地址	取值
NO-BODY	000
本地 MAC 地址	001～FIMA-1
启动器	FIMA～LIMA
MAC 群组地址	LIMA+1～FFB
全部设定	FFC
新设备	FFE
所有物理层	FFF
注：MAC 地址为 12 位。详细参见 DL/T 790.51—2002，4.2.3.2，4.3.7.5.1，4.3.7.5.2 和 4.3.7.5.3。 FIMA=最初启动 MAC 地址；C00。 LIMA=最后启动 MAC 地址；DFF。	

5.9.4　S-FSK 激活启动（class_id=51，版本=0）

该接口类定义了"S-FSK Active initiator"中的激活启动数据。激活启动为最后一个在服务器系统内响应 CIASE 寄存器的客户端系统。见 DL/T 790.4512—2006，7.2。

S-FSK 激活启动	0…n	class_id=51,版本=0			
属性	*数据类型*	*最小值*	*最大值*	*默认值*	短名
1. logical_name(static)	octet-string				x
2. active_initiator (dyn.)	initiator_descriptor				x+0x08
特定方法	*m/o*				
1. reset_NEW_not_synchronized (data)					x+0x10

属性描述	
logical_name	标识"S-FSK Active initiator"对象实例。见 5.9.4。

active_initiator	包含 DL/T 790.4512—2006,5.6 中定义的 MIB 变量:*active-initiator*(变量 15)。
	包含活动启动器的标识符,该启动器最后一次通过注册请求向系统注册。见 DL/T 790.4511—2006,7.2。
	启动系统由系统名,MAC 地址和 L-SAP 选择共同定义:
	initiator-descriptor ::=structure
	{
	system_title: octet-string,
	MAC_address: long-unsigned,
	L-SAP_selector: unsigned
	}
	系统名的大小和结构由系统说明决定。当系统名包含在加密算法的初始变量中,大小由初始变量决定。
	当系统处于同步锁定状态下,MAC_address 用于 MAC 管理变量 *initiator-mac-address* 的更新。见 5.9.3 部分 S-FSK Phy&MAC 层接口类,*initiator_mac_address* 和 synchronization-locked 状态属性。
	若服务器未注册为程序激活设备,LSAP 选择为设定为 0,system_title 的域为 octet string 数组 0s。
	默认值:system_title=octet string 0s,MAC_address=NO-BODY,L_SAP_selector=0。
	该属性值可由 *reset_NEW_not_synchronized* 方法或由 CIASE 寄存器服务更新。

方法说明	
reset_NEW_not_synchronized (data)	包含 DL/T 790.4512—2006,5.8 中定义的 MIB 变量:*reset-NEW-not-synchronized*(变量 17)。 允许客户端系统"reset"服务器系统。提交值与客户端 MAC 地址符合。下列情况下写操作可能被拒绝: ——取值未与有效的客户端 MAC 地址或预定于的 NO-BODY 地址一致; ——提交值与 NO-BODY 地址不符,同时 *synchronization_locked* 属性不等于 TRUE。

	有关智能搜索启动器进程的说明，见 IEC 62056-8-3:2013，10.7。 当该方法被引用，将执行以下操作： ——系统返回到未配置状态（UNC：MAC-address 与 NEW-address 相同）。这个改变将使得之前的同步状态丢失（MAC 子层功能）； ——系统改变 *active_initiator* 属性值：MAC_address 被设定为提交值，L-SAP_selector 被设定为 0，system_title 被设定为 octet-string 0s。 ——释放所有可释放的 AAs 值。

5.9.5 S-FSK MAC 同步超时（class_id＝52，版本＝0）

该接口类定义了“S-FSK MAC synchronization timeouts”过程中所有相关的超时设定。

S-FSK MAC 同步超时设定	0…n	class_id＝52，版本＝0			
属性	*数据类型*	*最小值*	*最大值*	*默认值*	短名
1. logical_name(static)	octet-string				x
2. search_initiator_timeout(static)	long_unsigned				x+0x08
3. synchronization_confirmation_timeout(static)	long_unsigned				x+0x10
4. time_out_not_addressed(static)	long_unsigned				x+0x18
5. time_out_frame_not_OK(static)	long_unsigned				x+0x20
特定方法	*m/o*				

属性描述	
logical_name	标识“S-FSK synchronization timeouts”对象实例。见 6.2.24。
search_initiator_timeout	该超时支持智能查询初始设备功能。 定义了服务器系统用最强信号查询初始设备的时间值，单位为秒。在该时间内，所有能被服务器查找到的初始设备都应响应。 在此期间暂停，所有启动，这可能由服务器听到，预计交谈。 超时过期后，服务器将接受发起方提供最强信号的注册请求，并将其锁定到该发起方。 如果该属性值被设定为 0，意味着该属性未启用。 时间从启用查询初始设备起，当服务器接收到第一个有效 MAC 地址对应帧开始计算。在启用查询初始设备结束计时，同时服务器与初始设备锁定后重新开始记录。在检查初始设备状态时，该时间在接收到每一个有效帧后重启。 在信号足够好（初始设备信号等级＞＝Search-Initiator-Threshold）的情况下可以进行快速同步，其中一个 MAC 地址（源地址或目的地址）被设定为初始 MAC 地址。这意味着模块（或表）将紧邻 DC，或紧邻一个已经被绑定 DC 的模块。模块将以这种形式注册在初始设备上。

synchronization_confirmation_timeout	包含 DL/T 790.4512—2006,5.3 和 DL/T 790.51—2002,4.3.7.6 中定义的 MIB 变量:*synchronization-confirmation-timeout*(变量 6) 定义了当服务器系统刚接收到同步帧后如果该帧为非有效 MAC 帧,系统自动丢弃该帧的时间(单位秒,检测数据路径为 0xAAAA54C7)。时间将从接收到物理帧的前 4 字节后开始计算。 该属性值可以由客户端系统修改。time-out 的设定可以确保当接收到错误的物理帧时,系统的快速非同步。详细内容见 DL/T 790.51—2002,3.5.3。 该属性的默认值应标明在使用说明中。 若设置为 0 表示将取消 *synchronization_confirmation_timeout* 计数器。
time_out_not_addressed	MIB 变量 *time-out-not-addressed*(变量 7)定义在 DL/T 790.4512—2006,5.3 和 DL/T 790.51—2002,4.3.7.6。 定义的时间,以分钟为单位,在这之后,服务器系统尚未单独寻址: ——返回未设定状态(UNC:MAC-address 等于 NEW-address):状态的改变将使得之前的同步自动失效(MAC 子层功能),同时释放所有有效的 AAs。 ——激活启动失效:active-initiator 的 MAC 地址将被设定为 NO-BOBY,LSAP 选择被设定为 00,系统名被设定为 octet-string 0s。 由于广播地址不是单独的系统地址,因此与 *time-out-not-addressed* 延迟关联的定时器可确保被遗忘系统迟早会返回到未配置状态。它会再被发现。 被遗忘的系统指的是一个"*time-out-not-addressed*"未指定超时设置的时间仍没有独立地址的系统。 该属性的默认值应在使用说明中标明。 若设置为 0 表示将取消地址未指定 timeout-not-addressed 计数器。
time_out_frame_not_OK	MIB 变量:*time-out-frame-not-OK*(变量 8)定义在 DL/T 790.4512—2006,5.3 和 DL/T 790.51—2002,4.3.7.6 中。 定义了服务器系统未收到正确 MAC 帧(错误的 NS 地址,子帧接收数目不一致,CRC 校验错误)的超时时间,单位为秒。帧同步将丢失。 该属性的默认值应在使用说明中标明。 若设置为 0 表示将取消 *timeout-frame-not-OK* 计数器。

5.9.6 S-FSK MAC 计数器(class_id=53,版本=0)

"S-FSK MAC counters"接口类范例存储于帧交换、传输、重复阶段相关的计数器。

S-FSK MAC 计数器	0…n	class_id=53,版本=0			
属性	*数据类型*	*最小值*	*最大值*	*默认值*	*短名*
1. logical_name(static)	octet-string				x
2. synchronization_register (dyn.)	array				x+0x08
3. desynchronization_listing (dyn.)	structure				x+0x10
4. broadcast_frames_counter (dyn.)	array				x+0x18

S-FSK MAC 计数器	0…n	class_id=53,版本=0			
属性	数据类型	最小值	最大值	默认值	短名
5. repetitions_counter (dyn.)	double-long-unsigned			0	x+0x20
6. transmissions_counter (dyn.)	double-long-unsigned			0	x+0x28
7. CRC_OK_frames_counter (dyn.)	double-long-unsigned			0	x+0x30
8. CRC_NOK_frames_counter (dyn.)	double-long-unsigned				x+0x38
特定方法	m/o				
1. reset (data)					x+0x50

属性描述	
logical_name	标识"S-FSK MAC counters"对象实例。见 6.2.24。

synchronization_register	包含 DL/T 790.4512—2006,5.8 中定义的 MIB 变量:*synchronization-register*(变量 23)。属性结构如下:
	array synchronization_couples
	synchronization-couples ::=structure
	{
	mac-address: long-unsigned,
	synchronizations-counter: double-long-unsigned
	}
	该变量记录了系统执行的同步次数。同样由于发现初始设备注册错误引起的同步丢失也将记录在该寄存器内。其他原因引起的同步丢失(超时,管理写操作)**将不被记录**。
	该变量为服务器系统上所有潜在的能同步系统提供了一个"potentially"列表。
	当管理应用程序实体(连接管理器)接收到 A_Sync.indication(同步状态=SYNCHRO_FOUND)时,同步过程被初始化来自 MAC 子层实体的原语。此过程已注册在同步寄存器变量中,只有在 A_Sync.indication(同步状态=SYNCHRO_FOUND)基元后面跟着三个基元之一:
	1) 触发 MA_Data.indication(DA,SA,MSDU);
	2) MA_Sync.indication(同步状态=SYNCHRO_CONF,SA DA);
	3) MA_Sync.indication(同步状态=SYNCHRO__LOSS,同步丢失原因=wrong_initiator,SA DA)
	注:第三个状态只在服务器系统被设定为 synchronization-locked 状态下被激活,参见 5.9.3。
	能够触发 MA_Sync.indication(同步状态=SYNCHRO_LOSS)为同步丢失的原因:
	——物理层;
	——ime-out-not-addressed 计数器;
	——设定 S-FSK Phy&MAC 设置对象 MAC 地址属性为新,见 5.9.3;
	——或引入 S-FSK 程序激活对象 reset_NEW_not_synchronized 新设备方法,见 5.9.4。(管理写操作)

	并未体现在该变量中。 MA_Sync.indication 详细信息见 DL/T 790.51—2002,4.1.7.1 如果系统同步由于以上三点而结束,系统 synchronization-register 变量将更新 SA 和 DA。 更新的 *synchronization-register* 变量表现为: 首先,管理设备检查 SA 和 DA ——如果其中一个指向客户端 MAC 地址(CMA),该实体: • 检查是否 MAC 地址(CMA)出现在某一个同步寄存器内; • 如果存在,相应的 synchronizations-counter 应该累加; • 如果不存在,则添加一个新组件(mac-address,synchronization-scounter)。这个组件初始化为(CMA,1)值。 ——如果没有 SA 和 DA 字段对应于客户端 MAC 地址,则假定系统在 DiscoverReport 类型帧上找到其同步引用。在这种情况下,应该在同步寄存器变量中注册的 mac 地址是预定义的新值(FFE)。synchronization-register 变量的更新以与正常客户端 MAC 地址(CMA)相同的方式执行。 当 *synchronizations-counter* 域达到最大值时,下一次同步开始,从 0 重新计数。 能够存储的最大同步项(mac-address,synchronizations-counter)个数应在使用说明中标明。当达到最大值时,变量应遵循先进先出(FIFO)原则:只有最新的 MAC 地址值被记录。 默认值为空数组。

desynchronization_listing	包含 DL/T 790.4512—2006,5.8 中定义的 MIB 变量:*desynchronization-listing*(变量 24)。结构如下:
	structure
	{
	nb_physical_layer_desynchronization:double_long_unsigned,
	nb_time_out_not_addressed_desynchronization:double_long_unsigned,
	nb_timeout_frame_not_OK_desynchronization:double_long_unsigned,
	nb_write_request_desynchronization:double_long_unsigned,
	nb_wrong_initiator_desynchronization:double_long_unsigned
	}
	该变量记录了由于其他原因引起的去同步次数。在同步丢失的记录中,会更新该属性内与去同步原因相对应的计数器。
	当去同步寄存器计数达到最大值时,下一次同步开始,从 0 重新计数。
	这个变量的默认值是等于 0 的所有元素的结构。

broadcast_frames_counter	包含 DL/T 790.4512—2006,5.8 中定义的 MIB 变量:*broadcast-frames-counter*(变量 19)。结构如下: array broadcast-couples

	broadcast-couples ::=structure
	{
	source-mac-address: long-unsigned,
	frames-counter: double-long-unsigned
	}
	记录了服务器系统接收到的由客户端系统发出的广播帧数量(source-mac-address=任何有效的 client-mac-address,destination-mac -address=ALL-physical)。帧数量由传输设备原点决定。当 LLC-destination-address 在服务器系统内无效,仍继续累加该计数器。
	计数器达到最大值后,从下一次广播命令起,从 0 开始重新记录。最大可支持的广播项(源 MAC 地址,帧计数器)数量应在使用手册中标明。当达到最大值后,变量的更新应遵循先进先出(FIFO)的原则:只有最后一次接收到的源 MAC 地址被记录。

repetitions_counter	包含 MIB 变量:*repetitions-counter*(变量 20)定义在 DL/T 790.4512—2006,5.8 中的。 累加记录重发项的个数。传输的重复项不在记录范围内。如果 MAC 子层被设定为不可重复模式,则不更新该变量。重发计数器记录系统作为重发设备所有的操作。只有当重发计数器与一个重发项对应时,累加计数器,接受的每帧重复 5 次(从 CC=4 开始到 CC=0)从第一个接收项开始累加该计数器。当计数器达到最大值后,从 0 开始重新累加。默认值为 0。
transmissions_counter	包含 MIB 变量:*transmissions-counter*(变量 21)定义在 DL/T 790.4512—2006,5.8 中。 统计传输项的个数。一个传输项代表一个发送并接收一个完整帧。跟随在接收响应后的重发帧不在统计范围内。在最初该计数器随着传输项的增加而增加。一个客户端系统可以写变量以更新计数器。当达到最大值时,下一个传输项开始从 0 重新计数。默认值为 0。
CRC_OK_frames_counter	MIB 变量:CRC 校验错误计数器(变量 22)定义在 DL/T 790.4512—2006,5.8 中。 记录接收帧检验正确数,当计数器达到最大值时,下一帧检验正确将从 0 开始记录。默认值为 0。
CRC_NOK_frames_counter	记录接收帧校验错误数。当计数器达到最大值时,下一帧检验错误将从 0 开始记录。默认值为 0。
方法说明	
reset (data)	重置所有计数器 data ::=integer(0)

5.9.7 DL/T 790.432 LLC 设置(class_id=55,版本=1)

"DL/T 790.432 LLC setup"的一个通讯实例包含参数需要按照 DL/T 790.432 设置和管理 LLC 层。

DL/T 790.432 LLC 设置	0…n	class_id＝55,版本＝1			
属性	数据类型	最小值	最大值	默认值	短名
1. logical_name(static)	octet-string				x
2. max_frame_length (static)	long-unsigned				x+0x08
3. reply_status_list (dyn.)	array				x+0x10
特定方法	m/o				

属性描述	
logical_name	标识"DL/T 790.432 LLC setup"对象实例。见 6.2.24
max_frame_length	包含 LLC 帧的字节长度,见 DL/T 790.432—2004,5.1.4。 对于 S-FSK PLC,最小/默认/最大值分别为 26/134/242 字节,见 DL/T 790.432—2004,4.2.2。 注:对于其他层简介,参见其他相关规定。

reply_status_list	包含 DL/T 790.432—2004,5.4 定义的 MIB 变量:*reply-status-list*(变量 11)。列出具有尚未读取的空 RDR(应答数据)缓冲区的 L-SAP。等待的 LSDU 的长度以子帧的数量(不同于零)来指定。变量由 LLC 子层本地生成。结构如下:
	Array　reply_status
	reply_status ∷＝structure
	{
	　　L-SAP-selector: unsigned,
	　　length-of-waiting-L-SDU: unsigned
	}
	在 S-FSK 中,length_of_waiting_L_SDU 为子帧中的数据,取值范围 1 到 7。

5.9.8 S-FSK 报告系统表(class_id＝56,版本＝0)

"S-FSK Reporting system list"的一个 IC 实例保持报告系统的列表。

S-FSK 报告系统表	0…n	class_id＝40,版本＝0			
属性	数据类型	最小值	最大值	默认值	短名
1. logical_name(static)	octet-string				x
2. reporting_system_list(dyn.)	array				x+0x08
特定方法	m/o				

属性描述	
logical_name	标识"S-FSK Reporting system list"对象实例。见 6.2.24。
reporting_system_list	包含了 DL/T 790.4512—2006,5.7 中定义的 MIB 变量:*reporting-system-list*(变量 16)。

	array system-title system-title ∷=octet-string 包含了已经提交发现报告但是还未被注册的服务器系统 system-titles。列表大小有限，根据接收到的内容进行分类。起始值为最新接收数据。一旦列表满，最先收到的内容将被新内容取代。 以下情况将更新报告系统列表： ——当服务器系统接收到发现报告 CI_PDU(无论状态：未配置或配置)：CIASE 将在列表的最上方添加报告系统名，并确定该系统名并未在列表其他地方存在，如果存在，将删除稍早的信息。一个系统名不能在列表中重复出现； ——当服务器系统接收到注册 CI_PDU 时(无论状态：未配置或配置)：CIASE 检查 reportings-ystem-list。如果列表中已存在该 reporting-system-list 和 CI_PDU 寄存器中，CIASE 在 reporting-system-list 中删除该 system-title：该系统将不在被认为成报告系统。

5.10 设置 GB/T 15629.2 LLC 层接口类

5.10.1 概述

这部分描述了在一些 DLMS/COSEM 通讯协议中使用的用于设定 GB/T 15629.2 LLC 层接口类的不同类型的操作。

对于与 GB/T 15629.2 LLC 层相关的定义，见 GB/T 15629.2—2008，1.4.2。

5.10.2 GB/T 15629.2 LLC 类型 1 设置 (class_id=57，版本=0)

该接口实例包含了设置 GB/T 15629.2 LLC 类型 1 操作的所有参数。

GB/T 15629.2 LLC 类型 1 设置	**0…n**	**class_id=57，版本=0**			
属性	***数据类型***	***最小值***	***最大值***	***默认值***	**短名**
1. logical_name(static)	octet-string				x
2. max_octets_ui_pdu(static)	long unsigned			128	x+0x08
特定方法	***m/o***				

属性描述	
logical_name	标识“ISO/IEC 8802-2 LLC Type 1 setup”对象实例。见 6.2.25
max_octets_ui_pdu	关系到相应 MAC 协议说明中 UI PDU 最大 octets 限定。LLC 子层不设置任何限定。但是，对于使用类型 1 LLC 的用户，所有的 MACs 应至少能包含一个含有信息域和 128 字节的 UI PDUs。 见 GB/T 15629.2—2008，6.8.1 中 UI PDU 最大 octets 节数。

5.10.3 GB/T 15629.2 LLC 类型 2 设置(class_id=58，版本=0)

“GB/T 15629.2 LLC Type 2 setup”实例保持必要的参数设置 GB/T 15629.2 LLC 层类型 2 操作。

GB/T 15629.2 LLC 类型 2 设置	0…n	class_id=58,版本=0			
属性	**数据类型**	**最小值**	**最大值**	**默认值**	**短名**
1. logical_name(static)	octet-string				x
2. transmit_window_size_k(static)	unsigned	1	127	1	x+0x08
3. receive_window_size_rw (static)	unsigned	1	127	1	x+0x10
4. max_octets_i_pdu_n1(static)	long unsigned			128	x+0x18
5. max_number_transmissions_n2(static)	unsigned				x+0x20
6. acknowledgement_timer(static)	long-unsigned				x+0x28
7. p_bit_timer(static)	long-unsigned				x+0x30
8. reject_timer(static)	long-unsigned				x+0x38
9. busy_state_timer(static)	long-unsigned				x+0x40
特定方法	***m/o***				

属性描述	
logical_name	标识“ISO/IEC 8802-2 LLC Type 2 setup”对象实例。见 6.2.25。
transmit_window_size_k	传输窗口大小(k)为数据连接参数,最大不能超过 127。该参数应表示特殊 LLC(例如:未确认)发送的最大顺序排列 I PDU 数量。*k* 值表示发送 LLC 发送状态变量 V(S)能超过的上一个接收 I PDU N(R)的最大值。 见 GB/T 15629.2—2008,7.8.4 中的 *Transmit window* 尺寸,*k*。
receive_window_size_rw	接收窗口大小(RW)为数据连接参数,最大不能超过 127。表示了本地 LLC 允许远程 LLC 例外的未确认顺序排列 I PDU 最大数。参数在信息域 XID 中传输(见 GB/T 15629.2—2008,5.4.1.1.2)并运用在 XID 发送器内。XID 接收器的传输窗口大小(k)应小于或等于 XID 发送器接收窗口大小,以避免 XID 发送器溢出。 见 GB/T 15629.2—2008,7.8.6 *Receive window* 大小,RW
max_octets_i_pdu_n1	N1 为数据连接参数,表示了一个 I PDU 中最大的字节数。通过多样 MAC 描述以决定给定介质访问方法 N1 的精确值。LLC 本身对 N1 值没有限定。但是,以确保所有类型 2LLC 用户都有此 N1 值,所有的 MAC 应至少包含一个 I PDU。信息域长度为 128 的 octets。 见 GB/T 15629.2—2008,7.8.3 中 I PDU *Maximum number* 的 *octets*,*N1*
max_number_transmissions_n2	N2 为数据连接参数,标明了耗尽确认计时器,P-bit 计时器,拒绝计时器或系统状态忙计时器时发送一个 PDU 的最大时间。 见 GB/T 15629.2—2008,7.8.2 中 *Maximum number* 的 *transmissions*,*N2*。
acknowledgement_timer	确认计时器为数据连接参数,定义了 LLC 预计能够接收一个确认信息到一个或多个例外的 I PDU,或期待的响应 PDU 到发送为排队命令 PDU 的时间间隔。单位为秒。 见 GB/T 15629.2—2008,7.8.1.1 中 *Acknowledgement timer*。

p_bit_timer	P-bit 计时器为数据连接参数，定义了 LLC 期望接收一个 F 位置 1 的 PDU，对应发送类型 2 命令 P 位置为 1 的时间间隔。单位为秒。 见 GB/T 15629.2—2008，7.8.1.2 P-Bit 中 *P-bit timer*。
reject_timer	拒绝计时器为数据连接参数，定义了 LLC 期望接收发送 REJ PDU 回复的时间。单位为秒。 见 GB/T 15629.2—2008，7.8.1.3 中 *Reject timer*。
busy_state_timer	繁忙状态定时器是一个数据链路连接参数，它应定义定时器时间间隔，在此期间 LLC 将等待另一个 LLC 的繁忙状态清除指示。单位是秒。 见 GB/T 15629.2—2008，7.8.1.4 中 *Busy-state timer*。

5.10.4 GB/T 15629.2 LLC 类型 3 设置(class_id=59，版本=0)

"GB/T 15629.2 LLC Type 3 setup"接口实例包含了设置 GB/T 15629.2 LLC 层类型 3 操作的所有必要参数。

GB/T 15629.2 LLC 类型 3 设置	**0…n**	**class_id=59，版本=0**			
属性	***数据类型***	***最小值***	***最大值***	***默认值***	**短名**
1. logical_name(static)	octet-string				x
2. max_octets_acn_pdu_n3(static)	long-unsigned				x+0x08
3. max_number_transmissions_n4 (static)	unsigned				x+0x10
4. acknowledgement_time_t1(static)	long-unsigned				x+0x18
5. receive_lifetime_var_t2(static)	long-unsigned				x+0x20
6. transmit_lifetime_var_t3(static)	long-unsigned				x+0x28
特定方法	***m/o***				

属性描述	
logical_name	标识"GB/T 15629.2 LLC Type 3 setup"对象实例。见 6.2.25。
max_octets_acn_pdu_n3	N3 为逻辑链接参数，标明了一个 ACn 命令 PDU 的最大 octets 数。通过多样 MAC 描述以决定给定介质访问方法 N3 的精确值。LLC 本身对 N3 值没有限定。 见 GB/T 15629.2—2008，8.6.2 中 ACn PDU 最大 *octets* 数，*N3*。
max_number_transmissions_n4	N4 为逻辑链接参数，表明了由 LLC 发送成功完成一次信息交换的 ACn 命令 PDU 的最大时间。通常 N4 值被设置的足够大，以克服由于链接错误引起的 PDU 丢失。如果媒介传输控制子层自己具有重发能力，N4 值应被设置为 1，LLC 不需要自己将 PDU 在媒介传输控制子层重新排队。 见 GB/T 15629.2—2008，8.6.1 中最大 *transmissions* 数量，*N4*
acknowledgement_time_t1	确认时间为逻辑链接参数，决定了确认计时器的周期，并定义了 LLC 期望从一个等待确认 PDU 的 LLC 接收 ACn 响应 PDU 的时间。确认时间应考虑 MAC 子层引发的任何延时，同时计时器是从接收到 LLC PDU 的开始或结束开始计时。正确的操作流程需要确认时间大于正常发送一

	个 ACn 命令 PDU 并接收到相应响应 PDU 的时间间隔。如果介质传输控制子层具有自己的重发机制，并且逻辑链路参数 N4 被设定为 1 以防止 LLC 对 PDU 重新排序，确认时间 T1 应被设定为无效，具体值为无穷大。 单位为秒，参数所有位均设置为 1 代表无穷大。 见 GB/T 15629.2—2008，8.6.4 中 *Acknowledgement time*，*T1*。
receive_lifetime_var_t2	该时间变量为逻辑链接参数，定义了所有接收变量寿命定时器的时间。T2 应大于第一次传输和所有 PDU 重发后可能的最长周期的安全幅度。安全幅度应考虑任何影响影响 LLC 接收 PDU 的时间，例如，LLC 响应时间，计时器处理时间，以及任何介质传输控制子层传输 PDUs 到 LLC 所需时间。 如果不容许销毁任何接收状态变量，T2 时间值应设置为无穷大。该情况下不使用接收变量寿命计时器。 单位为秒，参数所有位均设置为 1 代表无穷大。 见 GB/T 15629.2—2008，8.6.5 中 *Receive lifetime variable*，*T2*。
transmit_lifetime_var_t3	该时间变量为逻辑链路参数，定义了传输变量状态序列的最小寿命。T3 应大于安全幅度： a) ACn 要求发送的各站点的逻辑链路变量 T2；以及： b) ACn 命令响应发生的最长时间。ACn 命令响应发生应考虑处理时间，排队延时，命令传输时间以及本地和远程站点响应 PDU 时间之和。 如果不容许破坏任何接收状态变量，T3 时间值应设置为无穷大。注意，如果收到变化的终身参数，ACn 命令发送的远程站点 T2 被设置为无穷大，那么 T3 参数应设置为无穷大。 单位为秒，参数所有位均设置为 1 代表无穷大。 见 GB/T 15629.2—2008，8.6.6 中 *Transmit lifetime variable*，*T3*。

5.11 接口类的设置用于管理 DLMS/COSEM 窄带 OFDM PLC 配置文件 PRIME 网络

5.11.1 概述

参见附录 D。

使用窄带 OFDM PLC 配置文件 PRIME 网络数据交换 COSEM 对象，如果实施，应位于 COSEM 服务器的管理逻辑设备。

图 27 展现了具有三个逻辑设备一个 COSEM 物理设备的一个例子。

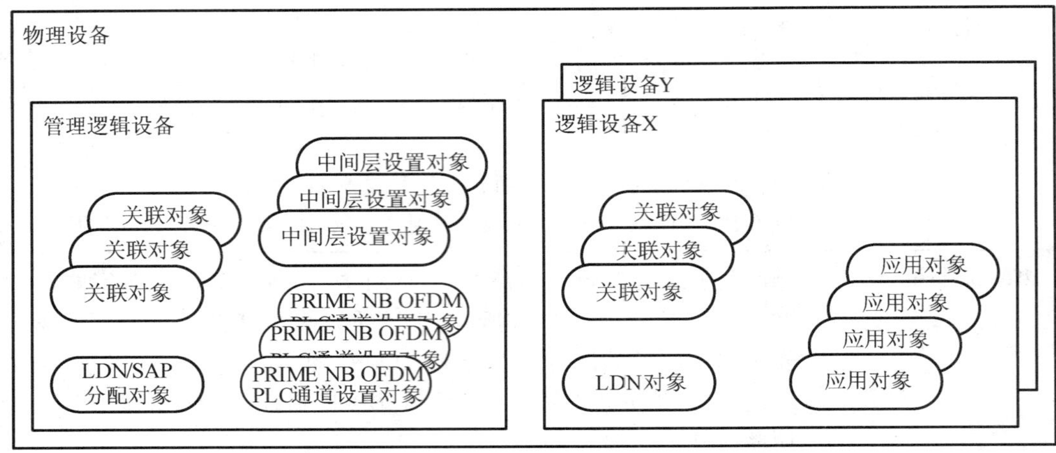

图 27　DLMS/COSEM 服务器模型对象

每个逻辑设备应包含一个逻辑设备名(LDN)对象。

注：如在本实施例中有一个以上的逻辑设备，强制性管理逻辑设备包含一个"SAP Assignment"的对象，而不是一个逻辑设备对象。

每个逻辑设备包含一个或多个"Association"的对象，用于对每一个客户端的支持。

管理逻辑设备包含 PRIME 网络的窄带 OFDM PLC 配置文件的物理层和 MAC 层的设置对象以及中间层的设置对象。它可能包含更多应用程序对象。

其他逻辑器件，除了"Association"与上述逻辑设备名称的对象，包含另外的保持参数和测量值的应用对象。

一个 IC 详细说明设置和管理 GB/T 790.432 LLC SSCS：

——"GB/T 790.432 LLC SSCS setup"，见 5.11.3。

一个 IC 详细说明管理 PRIME NB OFDM PLC 物理层(PhL)：

——"PRIME NB OFDM PLC Physical layer counters"，见 5.11.5。

一个 IC 详细说明设置和管理 PLC PRIME OFDM MAC 层：

——"PRIME NB OFDM PLC MACsetup"：见 5.11.6；

——"PRIME NB OFDM PLC MACfunctional parameters"：见 5.11.7；

——"PRIME NB OFDM PLC MACcounters"：见 5.11.8；

——"PRIME NB OFDM PLC MACnetwork administration data"：见 5.11.9。

一个 IC 详细说明应用程序的标识：

——"PRIME NB OFDM PLCApplication identification"，见 5.11.11。

5.11.2　PRIME NB OFDM PLC PIB 属性与 COSEM IC 属性的映射关系

ITU-T G.9904：2012 在表 10-1 和表 10-2 中为 PHY PIB 属性定义了变量，在表 10-3～表 10-8 中为 MAC PIB 属性定义了变量，在表 10-9 中为应用程序 PIB 属性定义了变量。

表 34 所示的是 PRIME NB OFDM PLC PIB 属性与 COSEM ICs 属性的映射关系。仅与开关和终端节点的变量被映射。与基节点相关的变量没有被映射，因为基节点充当关于配电网络的客户端。

表 34　PRIME NB OFDM PLC PIB 属性与 COSEM IC 属性的映射关系

名称	标识	接口类	class_id/属性
PHY PIB 属性－提供统计信息的 PHY 只读变量[a]			
phyStatsCRCIncorrectCount	0x00A0	PRIME NB OFDM PLC 物理层计数器(class_id=81,版本=0)	81/Attr.2
PhyStatsCRCFailCount	0x00A1		81/Attr.3
phyStatsTxDropCount	0x00A2		81/Attr.4
phyStatsRxDropCount	0x00A3		81/Attr.5
phyStatsRxTotalCount	0x00A4		没有建模
phyStatsBlkAvgEvm	0x00A5		没有建模
phyEmaSmoothing	0x00A8		没有建模
提供具体实施信息的只读 PHY 参数[b]			
phyTxQueueLen	0x00B0		没有建模
phyRxQueueLen	0x00B1		
phyTxProcessingDelay	0x00B2		
phyRxProcessingDelay	0x00B3		
PhyAgcMinGain	0x00B4		
PhyAgcStepValue	0x00B5		
PhyAgcStepNumber	0x00B6		
MAC 读写变量与只读变量[c]			
macMinSwitchSearchTime	0x0010	PRIME NB OFDM PLC MAC 设置(class_id=82,版本=0)	82/Attr.2
macMaxPromotionPdu	0x0011		82/Attr.3
macMaxPromotionPduTxPeriod	0x0012		82/Attr.4
macBeaconsPerFrame	0x0013		82/Attr.5
macSCPMaxTxAttempts	0x0014		82/Attr.6
macCtlReTxTimer	0x0015		82/Attr.7
macMaxCtlReTx	0x0018		82/Attr.8
macEMASmoothing	0x0019		没有建模
macSCPRBO	0x0016		没有建模
macSCPChSenseCount	0x0017		没有建模
提供功能信息的 MAC 只读变量[d]			
macLNID	0x0020	PRIME NB OFDM PLC MAC 功能参数(class_id=83 版本=0)	83/Attr.2
macLSID	0x0021		83/Attr.3
macSID	0x0022		83/Attr.4
macSNA	0x0023		83/Attr.5
macState	0x0024		83/Attr.6
macSCPLength	0x0025		83/Attr 7
macNodeHierarchyLevel	0x0026		83/Attr 8

表 34（续）

名称	标识	接口类	class_id/属性
macBeaconSlotCount	0x0027		83/Attr 9
macBeaconRxSlot	0x0028		83/Attr.10
macBeaconTxSlot	0x0029		83/Attr.11
macBeaconRxFrequency	0x002A		83/Attr.12
macBeaconTxFrequency	0x002B		83/Attr.13
macCapabilities	0x002C		83/Attr.14
提供统计信息的 MAC 只读变量[e]			
macTxDataPktCount	0x0040	PRIME NB OFDM PLC MAC 计数器(class_id=84,版本=0)	84/Attr.2
macRxDataPktCount	0x0041		84/Attr.3
macTxCtrlPktCount	0x0042		84/Attr.4
macRxCtrlPktCount	0x0043		84/Attr 5
macCSMAFailCount	0x0044		84/Attr.6
macCSMAChBusyCount	0x0045		84/Attr.7
MAC 层通过管理接口提供的只读列表[f]			
macListMcastEntries	0x0052	PRIME NB OFDM PLC MAC 网络管理数据 (class_id=85,版本=0)	85/Attr.2
macListSwitchTable	0x0053		85/Attr.3
macListDirectTable	0x0055		85/Attr.4
macListAvailableSwitches	0x0056		85/Attr.5
macListPhyComm	0x0057		85/Attr.6
应用 PIB 属性[g]			
AppFwVersion	0x0075	PRIME NB OFDM PLC 应用标识 (class_id=86,版本=0)	86/Attr.2
AppVendorId	0x0076		86/Attr.3
AppProductId	0x0077		86/Attr.4

注：在 COSEM 接口类规范中使用下划线符号命名，在推荐 ITU-T G.9904:2012 和表 1 中采用驼峰命名法。

[a] 见 ITU-T G.9904:2012,表 10-1。

[b] 见 ITU-T G.9904:2012,表 10-2。

[c] 见 ITU-T G.9904:2012,表 10-3、10-4。

[d] 见 ITU-T G.9904:2012,表 10-5。

[e] 见 ITU-T G.9904:2012,表 10-6。

[f] 见 ITU-T G.9904:2012,表 10-7。

[g] 见 ITU-T G.9904:2012,表 10-9。

5.11.3 DL/T 790.432 LLC SSCS 的设置(class_id=80,版本=0)

"DL/T 790.432 LLC SSCS"(服务特定汇聚子层,432,CL)设置接口类的实例是由汇聚层在打开期间由基础节点提供的地址,作为服务节点建立请求的响应。它们允许服务节点是由基节点管理的网络的一部分。

DL/T 790.432 LLC SSCS 设置	0…n	class_id=80,版本=0			
属性	**数据类型**	**最小值**	**最大值**	**默认值**	**短名**
1. logical_name(static)	octet-string				x
2. service_node_address(dyn.)	long-unsigned				x+0x08
3. base_node_address(dyn.)	long-unsigned				x+0x10
特定方法	***m/o***				
1. reset(data)	o				x+0x20

属性描述	
logical_name	标识"DL/T 790.432 LLC SSCS setup object instance"。见 6.2.26。
service_node_address	保持其由基节点注册中分配给该服务节点的地址的值。 注销后,该地址的值是更新为 0xFFE。
base_node_address	保持服务节点注册到基节点地址的值。 注销后该地址为 0。
方法说明	
reset (data)	该方法用于重新分配服务节点的地址。 所述 *service_node_address* 的值变为 NEW,*base_node_address* 的值变为 0。

5.11.4 PRIME NB OFDM PLC 物理层参数

物理层参数不建模。

5.11.5 PRIME NB OFDM PLC 物理层计数器(class_id=81,版本=0)

有关物理层交换的"PRIME NB OFDM PLC Physical layer counters"IC 存储计数器的实例。这些计数器是为管理提供统计信息。

这个 IC 的实例的属性应该是只读的。可以使用重置方法重置它们。

PRIME NB OFDM PLC 物理层计数器	0…n	class_id=81,版本=0			
属性	**数据类型**	**最小值**	**最大值**	**默认值**	**短名**
1. logical_name(static)	octet-string				x
2. phy_stats_crc_incorrect_count(dyn.)	long-unsigned				x+0x08
3. phy_stats_crc_fail_count(dyn.)	long-unsigned				x+0x10
4. phy_stats_tx_drop_count (dyn.)	long-unsigned				x+0x18
5. phy_stats_rx_drop_count (dyn.)	long-unsigned				x+0x20
特定方法	***m/o***				
1. reset (data)	o				

属性描述	
logical_name	标识"PRIME NB OFDM PLC Physical layer counters"对象实例。见6.2.26。
phy_stats_crc_incorrect_count	PIB 属性 0x00A0:CRC 物理层上接收到的脉冲数是不正确的。
phy_stats_crc_failed_count	PIB 属性 0x00A1:CRC 物理层上接收到的脉冲数是正确的,但 PHY 协议域为无效值。此计数值反映接收到的损坏数据的次数和 CRC 计算未检测到的数量。
phy_stats_tx_drop_count	PIB 属性 0x00A2:PHY 层接收到要发送的新数据(PHY_DATA.request)并且应覆盖其传输队列中的现有数据或由于完全队列而将数据放入新请求中的次数。
phy_stats_rx_drop_count	PIB 属性 0x00A3:表示当 PHY 层接收到通道上的新数据时,不得不要么覆盖现有接收队列中的数据,或由于队列已满丢弃新接收到数据的次数。 注:当计数器达到最大值(0xFFFF),它会自动重装。

方法说明	
reset (data)	这种方法用于重置所有由该接口的实例保持的计数器。

5.11.6 PRIME NB OFDM PLC MAC 设置(class_id=82,版本=0)

"PRIME NB OFDM PLC MAC setup" 接口类实例设置和管理 PRIME NB OFDM PLC MAC 层必要的参数。

这些属性影响实现的功能行为。这些属性可以被定义到 MAC 外部,正常运行期间通常由管理实体和实现允许改变它们的值,即使该装置启动序列已被执行。

PRIME NB OFDM PLC MAC 设置	0…n	class_id=82,版本=0			
属性	数据类型	最小值	最大值	默认值	短名
1. logical_name(static)	octet-string				x
2. mac_min_switch_search_time(static)	unsigned	16	32	24	x+0x08
3. mac_max_promotion_pdu (static)	unsigned	1	4	2	x+0x10
4. mac_promotion_pdu_tx_period (static)	unsigned	2	8	5	x+0x18
5. mac_beacons_per_frame(static)	unsigned	1	5	5	x+0x20
6. mac_scp_max_tx_attempts(static)	unsigned	2	5	5	x+0x28
7. mac_ctl_re_tx_timer(static)	unsigned	2	20	15	x+0x30
8. mac_max_ctl_re_tx(static)	unsigned	3	5	3	x+0x38
特定方法	*m/o*				

属性描述	
logical_name	标识"PRIME NB OFDM PLC MAC setup"对象实例。见 6.2.26。

mac_min_switch_search_time	PIB 属性 0x0010：断开状态的服务节点的最短时间应该在其能够播放 PNPDU 之前扫描通道标。此属性不在基本节点保持。 这个属性的单位是秒。
mac_max_promotion_pdu	PIB 属性 0x0011：PNPDUs 的最大数值可以由服务节点在一段 *mac_promotion_pdu_tx_period* 秒时间内传输。此属性不在基本节点保持。
mac_promotion_pdu_tx_period	PIB 属性 0x0012：用于限定从服务节点发送 PNDPUs 的数目的时间。不超过 *mac_max_promotion_pdu* 可能在 *mac_promotion_pdu_tx_period* 的一段时间内的传输。 这个属性的单位是秒。
mac_beacons_per_frame	PIB 属性 0x0013：可在一帧数据中配置的信标时隙的最大数目。该属性在基节点保持。
mac_scp_max_tx_attempts	PIB 属性 0x0014：表示由于 PHY 指示信道繁忙使得超前数据发送被保留时，CSMA 算法试图发送请求数据的次数。
mac_ctl_re_tx_timer	PIB 属性 0x0015：MAC 实体等待它的对等实体的 MAC 控制报文接收确认的秒数。在此时间满后，MAC 实体可以重新发送控制报文。 这个属性的单位是秒。
mac_max_ctl_re_tx	PIB 属性 0x0018：MAC 实体尝试重传未确认的 MAC 控制数据包的最大次数。如果重传计数达到这个最大值，则 MAC 实体将中止进一步的传输 MAC 控制分组的尝试。
	注： 当计数器达到最大值(0xFFFF 的)，它会自动重装。

5.11.7 PRIME NB OFDM PLC MAC 功能参数(class_id=83，版本=0)

"PRIME NB OFDM PLC MAC functional parameters"IC 实例的属性属于 MAC 的功能行为。他们提供特定方面的信息。

这种 IC 实例的属性只能可读。

PRIME NB OFDM PLC MAC 功能参数	0…n	class_id=83，版本=0			
属性	*数据类型*	*最小值*	*最大值*	*默认值*	*短名*
1. logical_name(static)	octet-string				x
2. mac_LNID(static)	long	0	16 383		x+0x08
3. mac_LSID(static)	unsigned	0	255		x+0x10
4. mac_SID(static)	unsigned	0	255		x+0x18
5. mac_SNA(static)	octet-string				x+0x20
6. mac_state(static)	enum	0	3		x+0x28
7. mac_scp_length(static)	long				x+0x30
8. mac_node_hierarchy_level(static)	unsigned	0	63		x+0x38
9. mac_beacon_slot_count(static)	unsigned	0	7		x+0x40
10. mac_beacon_rx_slot(static)	unsigned	0	7		x+0x48

PRIME NB OFDM PLC MAC 功能参数	0…n	class_id=83,版本=0			
属性	数据类型	最小值	最大值	默认值	短名
11.mac_beacon_tx_slot(static)	unsigned	0	7		x+0x50
12. mac_beacon_rx_frequency(static)	unsigned	0	31		x+0x58
13. mac_beacon_tx_frequency(static)	unsigned	0	31		x+0x60
14. mac_capabilities(static)	long-unsigned				x+0x68
特定方法	*m/o*				

属性描述	
logical_name	标识"PRIME NB OFDM PLC MAC functional parameters"对象实例。见 6.2.26。
mac_LNID	PIB 属性 0x0020:在其注册时 LNID 分配给该节点。
mac_LSID	PIB 属性 0x0021:在其推送时 LSID 分配给该节点。如果该节点是终端功能状态这个属性不能保持。
mac_SID	PIB 属性 0x0022:这个节点通过交换节点的 SID 连接到子网。这个属性不能保持在基节点。
mac_SNA	PIB 属性 0x0023:这个节点注册到子网地址。基节点返回它使用的 SNA。
mac_state	PIB 属性 0x0024:节点当前的功能状态。 enum: (0) 断开, (1) 终端, (2)开关, (3) 基站
mac_scp_length	PIB 属性 0x0025:SCP 长度,符号,在当前帧。
mac_node_hierarchy_level	PIB 属性 0x0026:在子网层此节点的等级。
mac_beacon_slot_count	PIB 属性 0x0027:预分配当前帧结构信号时隙数。
mac_beacon_rx_slot	PIB 属性 0x0028:信号时隙中,该设备的交换节点发送它的信号。这个属性不能基节点中保持。
mac_beacon_tx_slot	PIB 属性 0x0029:信号时隙中,该设备发送的信号。此属性不在 *Terminal* 功能状态的服务节点中保持。
mac_beacon_rx_frequency	PIB 属性 0x002A:两个连续接收的信号之间的帧数。值 0x0 表示信号每帧都接收到。这个属性不能在基节点保持。
mac_beacon_tx_frequency	PIB 属性 0x002B:两个连续传输的信号之间的帧数。值 0x0 表示信号每帧都传输到。这个属性不能在具有 *Terminal* 功能状态的服务节点中保持。

mac_capabilities	PIB 属性 0x002C:这一属性定义了该节点的功能。它是一个点阵图,它的每位都定义了功能。 位 0:交换能力 位 1:数据包聚合 位 2:无竞争周期 位 3:直接连接 位 4:多播 位 5:PHY 健壮性管理 位 6:ARQ 位 7;保留将来使用 位 8:直接连接切换 位 9:多播交换能力 位 10:PHY 稳健性管理交换功能 位 11:ARQ 缓冲切换能力 位 12 至 15:保留将来使用

5.11.8 PRIME NB OFDM PLC MAC 计数器(class_id=84,版本=0)

为了管理,"PRIME NB OFDM PLC MAC counters"接口类实例在 MAC 层存储统计信息的实例。接口类实例的属性只能是只读。它们可以通过复位的方法来重置。

"PRIME NB OFDM PLC MAC 计数器	0…n	class_id=84,版本=0			
属性	*数据类型*	*最小值*	*最大值*	*默认值*	*短名*
1. logical_name(static)	octet-string				x
2. mac_tx_data_pkt_count(dyn.)	double-long-unsigned		4 294 967 295		x+0x08
3. mac_rx_data_pkt_count(dyn.)	double-long-unsigned		4 294 967 295		x+0x10
4. mac_tx_ctrl_pkt_count(dyn.)	double-long-unsigned		4 294 967 295		x+0x18
5. mac_rx_ctrl_pkt_count(dyn.)	double-long-unsigned		4 294 967 295		x+0x20
6. mac_csma_fail_count(dyn.)	double-long-unsigned		4 294 967 295		x+0x28
7. mac_csma_ch_busy_count(dyn.)	double-long-unsigned		4 294 967 295		x+0x30
特定方法	*m/o*				
1. reset (data)	o				x+0x40

属性描述	
logical_name	标识"PRIME NB OFDM PLC MAC counters"对象实例。见 6.2.26。
mac_tx_data_pkt_count	PIB 属性 0x0040:成功传输的 MSDUs 计数值。
mac_rx_data_pkt_count	PIB 属性 0x0041:成功接收的目标地址为此节点的 MSDUs 计数值。
mac_tx_ctrl_pkt_count	PIB 属性 0x0042:成功传输的 MAC 控制报文的计数值。
mac_rx_ctrl_pkt_count	PIB 属性 0x0043:成功接收的目标地址为此节点 MAC 控制报文的计数值。

mac_csma_fail_count	PIB 属性 0x0044:失败的 CSMA 传输尝试计数值。
mac_csma_ch_busy_count	PIB 属性 0x0045:此节点由于信道处于忙状态不得不滞后 SCP 传输信息次数的计数值。
	注:当计数器达到最大值(0xFFFFFFFF),它会自动重装。
方法说明	
reset (data)	这种方法用于重置所有通过该接口类的实例保持的计数器。 data ::=integer (0)

5.11.9 **PRIME NB OFDM PLC MAC 网络管理数据(class_id=85,版本=0)**

此 IC 保持与连接网络的设备管理相关的参数。

PRIME NB OFDM PLC MAC 网络管理数据	**0…n**	**class_id=85,版本=0**			
属性	***数据类型***	***最小值***	***最大值***	***默认值***	**短名**
1. logical_name(static)	octet-string				x
2. mac_list_multicast_entries(dyn.)	array				x+0x08
3. mac_list_switch_table(dyn.)	array				x+0x10
4. mac_list_direct_table(dyn.)	array				x+0x18
5. mac_list_available_switches(dyn.)	array				x+0x20
6. mac_list_phy_comm(dyn.)	array				x+0x28
特定方法	***m/o***				
1. reset (data)	o				x+0x30

属性描述	
logical_name	标识"PRIME NB OFDM PLC MAC network administration data"对象实例。见 6.2.26。

mac_list_multicast_entries	PIB 属性 0x0052:多播切换表中的条目列表。该列表不在 *Terminal* 功能状态的服务节点中维护。下的服务节点中保持。
	mac_list_multicast_entries_type ::=array
	mac_list_multicast_entries_element
	mac_list_multicast_entries_element ::=structure
	{
	mcast_entry_LCID integer,——组播组的 LCID
	mcast_entry_members long,——子节点的数量
	}
	子节点的数目就是该组成员的数目,包括该节点本身。

mac_list_switch_table	PIB 属性 0x0053:交换机列表。此表不是由在 *Terminal* 状态下的服务节点所保持。 mac switch_table ::=array stbl_entry_LSID stbl_entry_LSID ::= long——附加交换节点的 SID

mac_list_direct_table	PIB 属性 0x0055:直接列表。
	mac_direct_table ::=array mac_direct_table_element
	mac_direct_table_element ::=structure
	{
	dconn_entry_src_SID long,
	dconn_entry_src_LNID long,
	dconn_entry_src_LCID long,
	dconn_entry_dst_SID long,
	dconn_entry_dst_LNID long,
	dconn_entry_dst_LCID long,
	dconn_entry_DID octet-string (大小 6 字节)
	}
	其中:
	——dconn_entry_src_SID 表示通过与源服务节点连接的 SID 转换;
	——dconn_entry_src_LNID 表示 NID 分配给源服务节点;
	——dconn_entry_src_LCID 表示 LCID 分配给源的连接;
	——dconn_entry_dst_SID 表示通过与目标服务节点连接的 SID 转换;
	——dconn_entry_dst_LNID 表示 NID 分配给目标服务节点;
	——dconn_entry_dst_LCID 表示 LCID 分配给目标的连接;
	——dconn_entry_DID 表示直接转换 EUI-48。

mac_list_available_switches	PIB 属性 0x0056:接收信号的转换节点的列表。
	mac_list_available_switches ::=array
	mac_list_available_switches_element
	
	mac_list_available_switches_element ::=structure
	{
	slist_entry_SNA: octet-string (大小 6 字节),
	slist_entry_LSID: long,
	slist_entry_level: integer,
	slist_entry_rx_level: integer,
	slist_entry_rx_snr: integer
	}
	其中:
	——slist_entry_SNA 表示子网的 EUI-48;
	——slist_entry_LSID 表示该交换的 SID;
	——slist_entry_level 表示子网层的该交换的级别;
	——slist_entry_rx_level 表示该交换的接收信号的级别;
	——slist_entry_rx_snr 表示该交换的信噪比。

mac_list_phy_comm	PIB 属性 0x0057:PHY 的通信参数列表。它在每一个节点都能保持。对于终端节点来说,它只包含一个与该节点连接的转换条目。对于其他节点,也包含与每一个直接相连的子节点的条目。

	mac_list_phy_comm ∷＝array phy_comm_element
	phy_comm_element ∷＝structure
	{
	phy_Comm_EUI：octet-string，
	phy_Comm_Tx_Pwr：integer，
	phy_Comm_Tx_Cod：integer，
	phy_Comm_Rx_Cod：integer，
	phy_Comm_Rx_Lvl：integer，
	phy_Comm_SNR： integer，
	phy_Comm_Tx_Pwr_Mod： integer，
	phy_Comm_Tx_Cod_Mod： integer，
	phy_Comm_Rx_Cod_Mod： integer
	}
	其中：
	——phy_Comm_EUI 表示其他设备的 EUI-48；
	——phy_Comm_Tx_Pwr 表示发送给设备的 GPDU 数据包的发送功率；
	——phy_Comm_Tx_Cod 表示发送给设备的 GPDU 数据包的发送编码；
	——phy_Comm_Rx_Cod 表示从设备接收到的 GPDU 数据包的接收编码；
	——phy_Comm_Rx_Lvl 表示从设备接收到的 GPDU 数据包的接收功率级；
	——phy_Comm_SNR 表示从设备接收到的 GPDU 数据包的 SNR；
	——phy_Comm_Tx_Pwr_Mod 表示发送功率改变的次数；
	——phy_Comm_Tx_Cod_Mod 表示发送编码改变的次数；
	——phy_Comm_Rx_Cod_Mod 表示接收编码改变的次数。

方法说明	
reset (data)	这种方法用于重置此接口类的属性 2 到 6 的所有条目(一个包含 0 个元素的数组)。 data ∷＝integer (0)

5.11.10 PRIME NB OFDM PLC MAC 地址设置(class_id＝43，版本＝0)

MAC 地址设置接口类实例保持设备的 EUI-48 的 MAC 地址。由于实际上改地址是 EUI-48，并且是唯一的，因此该八字节字符串的长度为 6。见 5.8.4 和 6.2.26。

5.11.11 PRIME NB OFDM PLC 应用程序标识(class_id＝86，版本＝0)

“PRIME NB OFDM PLC Application identification IC”实例保持关于“PRIME NB OFDM PLC 设备”管理和维护的标识信息。它们不是通信参数，但允许该设备管理。

PRIME NB OFDM PLC 应用程序标识	0…n	class_id=86,版本=0			
属性	**数据类型**	**最小值**	**最大值**	**默认值**	**短名**
1. logical_name(static)	octet-string				x
2. firmware_version(static)	octet-string		128		x+0x08
3. vendor_Id (static)	long-unsigned				x+0x10
4. product_Id (static) •	long-unsigned				x+0x18
特定方法	*m/o*				

属性描述	
logical_name	标识设备设置对象实例。见 6.2.26。
firmware_version	PIB 属性 0x0075:在设备上运行的固件版本的文字描述。
vendor_Id	PIB 属性 0x0076:由 PRIME Alliance 分配的唯一的芯片供应商的标识符。
product_Id	PIB 属性 0x0077:芯片供应商为特定产品分配的唯一标识符。

5.12 设置和管理 DLMS/COSEM 窄带 OFDM PLC 的 G3-PLC 网络配置文件的接口类

5.12.1 概述

5.12 规定了基于 ITU-T G.9903:2014 建立和管理 DLMS/COSEM G3-PLC 配置文件的 MAC 和 6LoWPAN 适配层的接口类的第 1 版。

注 1:使用基于 ITU-T G.9903 :2014 的这些接口类的版(见 7.23～7.25)已弃用。

为此,PAN 信息库(PIB)的元素已被映射到 COSEM ICs 的属性。

COSEM 对象采用 G3-PLC 进行数据交换,如果执行,应设置在 COSEM 服务器的管理逻辑设备。

要建立和管理的 DLMS/COSEM G3-PLC 协议框架层(包括 PHY,IEEE802.15.4:2006 MAC 和 6LoWPAN),指定了 3 种芯片:

——“G3-PLC MAC layer counters”,见 5.12.3;

——“G3-PLC MAC setup”,见 5.12.4;

——“G3-PLC 6LoWPAN adaptation layer setup”,见 5.12.5。

现有 COSEM 接口类“MAC address”(class_id=43,版本=0)需要指出 G3-PLC 调制解调器的 EUI-48 MAC 地址(与 IEEE 802.15.4:2006 中的 aExtendedAddress 常量对应)的实例。

IPv6 配置是由“IPv6 setup”类的实例所提供。

注 2:ITU-T G.9903:2014 的 PHY 层不在 G3-PLC 设置 ICs 的范围内。

5.12.2 G3-PLC PIB 属性与 COSEM IC 属性的映射关系

就 IEEE 802.15.4:2006 而言,仪表是一种简化功能器件(RFD)然而集中器/社区网络接入点(NNAP)是全功能设备(FFD)/PAN 协调器。就 DLMS/COSEM 而言,仪表是服务器,集中器/NNAP 是客户端(或客户端代理)。

由于 COSEM 模型只做服务器而不做客户端,因此 G3-PLC 设置级只关心 RFD(简化功能设备),而不关心 PAN 协调器。

如表 35 所示是 G3-PLC PIB 属性与 COSEM 接口类属性的映射关系。

表 35　G3-PLC PIB 属性与 COSEM IC 属性的映射关系

名称	标识	接口类	class_id/属性
MAC 计数器 - 提供统计信息的只读 PIB 属性[a]			
mac_Tx_data_packet_count	0x0101	G3-PLC MAC 层计数器（class_id=90，版本=1）	90/Att.2
mac_Rx_data_packet_count	0x0102		90/Att.3
mac_Tx_cmd_packet_count	0x0103		90/Att.4
mac_Rx_cmd_packet_count	0x0104		90/Att.5
mac_CSMA_fail_count	0x0105		90/Att.6
mac_CSMA_no_ACK_count	0x0106		90/Att.7
mac_bad_CRC_count	0x0109		90/Att.8
mac_Tx_data_broadcast_count	0x0108		90/Att.9
mac_Rx_data_broadcast _count	0x0107		90/Att.10
MAC 设置 PIB 属性 - 只读和读写和只写变量[a,b]			
mac_short_address	0x0053	G3-PLC MAC 设置（class_id=91，版本=1）	91/Att.2
mac_RC_coord	0x010F		91/Att.3
mac_PAN_id	0x0050		91/Att.4
mac_key_table	0x0071		91/Att.5
mac_frame_counter	0x0077		91/Att.6
mac_tone_mask	0x0110		91/Att.7
mac_TMR_TTL	0x010D		91/Att.8
mac_max_frame_retries	0x0059		91/Att.9
mac_neighbour_table_entry_TTL	0x010E		91/Att.10
mac_neighbour_table	0x010A		91/Att.11
mac_high_priority_window_size	0x0100		91/Att.12
mac_CSMA_fairness_limit	0x010C		91/Att.13
mac_ beacon _ randomization _ window _ length	0x0111		91/Att.14
mac_A	0x0112	G3-PLC MAC 设置（class_id=91，版本=1）	91/Att.15
mac_K	0x0113		91/Att.16
mac_min_CW_attempts	0x0114		91/Att.17
mac_cenelec_legacy_mode	0x0115		91/Att.18
mac_FCC_legacy_mode	0x0116		91/Att.19
mac_max_BE	0x0047		91/Att.20
mac_max_CSMA_backoffs	0x004E		91/Att 21
mac_min_BE	0x004F		91/Att.22

表 35（续）

名称	标识	接口类	class_id/属性
6LoWPAN 适配层 IB 属性 - 只读和读写变量[c,d]			
adp_max_hops	0x0F	G3-PLC 6LoWPAN 适配层设置 (class_id=92,版本=1)	92/Att.2
adp_weak_LQI_value	0x1A		92/Att.3
adp_security_level	0x00		92/Att.4
adp_prefix_table	0x01		92/Att.5
adp_routing_configuration	0x09,0x0A,0x0D, 0x11～0x19,0x1B, 0x1F		92/Att.6
adp_broadcast_log_table_entry_TTL	0x02		92/Att.7
adp_routing_table	0x0C		92/Att.8
adp_context_information_table	0x07		92/Att.9
adp_blacklist_table	0x1E		92/Att.10
adp_broadcast_log_table	0x0B		92/Att.11
adp_group_table	0x0E		92/Att.12
adp_max_join_wait_time	0x20		92/Att.13
adp_path_discovery_time	0x21		92/Att.14
adp_active_key_index	0x22		92/Att.15
adp_metric_type	0x03		92/Att.16
adp_coord_short_address	0x08		92/Att.17
adp_disable_default_routing	0xF0		92/Att.18
adp_device_type	0x10		92/Att.19

注：而在 ITU-T G.9903:2014 采用驼峰命名法，在 COSEM 接口类规范中，以及此表中采用下划线符号命名。

[a] 参见 ITU-T G.9903:2014,9.3.6.2.2 和 9.3.6.2.3。

[b] G3-PLC MAC 子层 PIB 属性的以下属性已被排除，因为不需要公开它们：*macBSN*，*macDSN*，*macAckWaitDuration*，*macFreqNotching*，*macTimeStampSupported*，*macPromiscuousMode*，*macSecurityEnabled*。

[c] 参见 ITU-T G.9903:2014,9.4.1.1。

[d] G3-PLC 适配子层 IB 属性的以下属性已被排除，因为不需要公开它们；*adpSoftVersion*，*adpSnifferMode*。

5.12.3 G3 -PLC MAC 层计数器(class_id=90,版本=1)

“G3-PLC MAC layer counters”接口类实例存储与 MAC 层交换的计数器。这些计数器是以管理为目的提供统计数据。

这个 IC 的实例的属性应是只读的。可以使用重置方法重置它们。

G3-PLC MAC 层计数器	0…n	class_id＝90，版本＝1			
属性	*数据类型*	*最小值*	*最大值*	*默认值*	*短名*
1. logical_name(static)	octet-string				x
2. mac_Tx_data_packet_count(dyn.)	double-long-unsigned	0	4 294 967 295		x+0x08
3. mac_Rx_data_packet_count(dyn.)	double-long-unsigned	0	4 294 967 295		x+0x10
4. mac_Tx_cmd_packet_count(dyn.)	double-long-unsigned	0	4 294 967 295		x+0x18
5. mac_Rx_cmd_packet_count(dyn.)	double-long-unsigned	0	4 294 967 295		x+0x20
6. mac_CSMA_fail_count(dyn.)	double-long-unsigned	0	4 294 967 295		x+0x28
7. mac_CSMA_no_ACK_count(dyn.)	double-long-unsigned	0	4 294 967 295		x+0x30
8. mac_bad_CRC_count(dyn.)	double-long-unsigned	0	4 294 967 295		x+0x38
9. mac_Tx_data_broadcast_count(dyn.)	double-long-unsigned	0	4 294 967 295		x+0x40
10. mac_Rx_data_multicast_count(dyn.)	double-long-unsigned	0	4 294 967 295		x+0x48
特定方法	*m/o*				
1. reset(data)	o				x+0x50

属性描述

注：当计数器达到最大值(0xFFFFFFFF)时，它会自动清零。

logical_name	标识"G3-PLC MAC layer counters"对象实例。见 6.2.27。
mac_Tx_data_packet_count	PIB 属性 0x0101：成功传输数据包(MSDUs)的统计计数器。
mac_Rx_data_packet_count	PIB 属性 0x0102：成功接收数据包(MSDUs)的统计计数器。
mac_Tx_cmd_packet_count	PIB 属性 0x0103：成功传输的指令数据包的统计计数器。
mac_Rx_cmd_packet_count	PIB 属性 0x0104：成功接收的指令数据包的统计计数器。
mac_CSMA_fail_count	PIB 属性 0x0105：计 CSMA 退避超过 macMaxCSMABackoffs 的次数。
mac_CSMA_no_ACK_count	PIB 属性 0x0106：计 ACK 没有接收到单点传输的数据帧的次数(ACK 的丢失是由于数据冲突)。
mac_bad_CRC_count	PIB 属性 0x0109：接收到带有损坏的 CRC 的数据帧的统计计数器。
mac_Tx_data_broadcast_count	PIB 属性 0x0108：发送单路传播数据帧的统计计数器。
mac_Rx_data_broadcast_count	PIB 属性 0x0107：成功接收广播数据包的统计计数器。

方法说明

reset (data)	此方法可以强制重置对象。通过调用该方法，所有计数器的值被置 0。 data ∷＝integer (0)

5.12.4 G3-PLC MAC 设置(class_id＝91，版本＝1)

"G3-PLC MAC setup"接口类实例保持设置管理 G3-PLC IEEE 802.15.4:2006 MAC 子层的必要参数。

这些属性影响实现的功能行为。实现可以允许在正常运行期间改变属性,即,即使在执行了设备启动序列之后。

G3-PLC MAC 设置	0…n	class_id=91,版本=1			
属性	*数据类型*	*最小值*	*最大值*	*默认值*	短名
1. logical_name(static)	octet-string				x
2. mac_short_address (dyn.)	long-unsigned	0x0000	0xFFFF	0xFFFF	x+0x08
3. mac_RC_coord (dyn.)	long-unsigned	0x0000	0xFFFF	0xFFFF	x+0x10
4. mac_PAN_id (dyn.)	long-unsigned	0x0000	0xFFFF	0xFFFF	x+0x18
5. mac_key_table (dyn.)	array				x+0x20
6. mac_frame_counter (dyn.)	double-longunsigned	0	4 294 967 295	0	x+0x28
7. mac_tone_mask (static)	bit-string			0x00000 0000FF FFFFFFF	x+0x30
8. mac_TMR_TTL (static)	unsigned	0	255	2	x+0x38
9. mac_max_frame_retries(static)	unsigned	0	10	5	x+0x40
10. mac_neighbour_table_entry_TTL (static)	unsigned	0	255	255	x+0x48
11. mac_neighbour_table (dyn.)	array				x+0x50
12. mac_high_priority_window_size (static)	unsigned	1	7	7	x+0x58
13. mac_CSMA_fairness_limit (static)	unsigned	见下	255	25	x+0x60
14. mac_beacon_randomization_window_length (static)	unsigned	1	254	12	x+0x68
15. mac_A (static)	unsigned	3	20	8	x+0x70
16. mac_K (static)	unsigned	1	见下	5	x+0x78
17. mac_min_CW_attempts (static)	unsigned	0	255	10	x+0x80
18. mac_cenelec_legacy_mode (static)	unsigned	0	255	1	x+0x88
19. mac_FCC_legacy_mode (static)	unsigned	0	255	1	x+0x90
20. mac_max_BE (static)	unsigned	0	20	8	x+0x98
21. mac_max_CSMA_backoffs (static)	unsigned	0	255	50	x+0xA0
22. mac_min_BE (static)	unsigned	0	20	3	x+0xA8
特定方法	*m/o*				
1. mac_get_neighbour_table_entry (data)	o				x+0xB0

属性描述	
logical_name	标识"G3-PLC MAC setup"对象实例。见 6.2.27。
mac_short_address	PIB 属性 0x0053:设备用于通过 PAN 进行通信的 16 位地址。当设备没有短地址时,其值应等于 0xFFFF。相连接的设备应具有短地址,使得设备不能处于与其相连接但不具有短地址的状态。

mac_RC_coord	PIB 属性 0x010F：协调器的路由成本，在信标有效载荷当中用作 RC_COORD
mac_PAN_id	PIB 属性 0x0050：设备运行的 PAN 的 16 位标识符。等于 0xFFFF 的值表示该设备未连接。

mac_key_table	PIB 属性 0x0071：该属性保持 MAC 层加密所需的 GMK 密钥。该属性最多可以容纳两个 16 字节的密钥。每个密钥的密钥标识符值应不同。
	出于安全考虑，键入条目不能被读取，只能写入。
	array mac_GMK
	mac_GMK∷＝structure
	{
	key_id：unsigned，
	key：octet-string
	}
	其中：
	——key_id：用于引用此键的密钥标识符可以取值 0 或 1。
	——key：用于加密在 MAC 层交换的帧的 AES-128 密钥。

mac_frame_counter	PIB 属性 0x0077：该设备的输出帧计数器，用于在 MAC 层加密帧时使用。
mac_tone_mask	PIB 属性 0x0110：定义在符号形成期间要使用的单音掩码。
mac_TMR_TTL	PIB 属性 0x010D：在短时间内，临近的映射参数的最大有效时间。
mac_max_frame_retries	PIB 属性 0x0059：重传的最大帧数。
mac_neighbour_table_entry_TTL	PIB 属性 0x010E：短时间内，临近条目的最大有效时间
mac_neighbour_table	PIB 属性 0x010A：有关 CENELEC 和 FCC 带，见 ITU-T G.9903：2014，9.3.7.2。 临近区域包含所有具有 POS 设备的信息。该区域的一个元素表示设备的一个 PLC 指令。 array neighbour_table neighbour_table∷＝structure { short_address：long-unsigned， payload_modulation_scheme：boolean， tone_map：bit-string， modulation：enum， tx_gain：integer， tx_res：enum， tx_coeff：bit-string， lqi：unsigned， phase_differential integer， TMR_valid_time：unsigned，

neighbour_valid_time：unsigned
}

注 1：每当从邻居设备接收到任何帧，并且每次接收到色调映射响应时都实现该表。

short_address	该条目指向的节点的 MAC 短地址。
payload_modulation_scheme	在传输到临近区域时要使用的有效载荷调制方案。 FALSE：差分， TRUE：相干
tone_map	频率子带可用于与设备通信的色调映射参数定义。该位置 1。表示频率子带可以使用，置 0 表示频率子带不能使用。
Modulation	用于与设备通信的调制类型。 enum ： (0)强壮模式， (1)DBPSK， (2)DQPSK， (3)D8PSK， (4)16-QAM 注 2：16-QAM 调制是可选的，并且仅适用于 FCC 频带。
tx_gain	定义了用来传输帧于设备的 Tx 增益。
tx_res	定义了对应于一个增益步的 Tx 增益分辨率。 0：6 dB， 1：3 dB
tx_coeff	对于每组音调的指定发射器增益参数代表了声音映射的一个有效位。接收器测量信道的频变衰减，并请求发送器通过增加正在衰减的部分频谱的发送功率来补偿接收信号。每一组的音调被映射到 CENELEC-A 的 4 位值或 FCC 的 2 位值。其中有效位置 0 表示正增益值，发送器增益的增幅范围由此部分请求的 TXRES 决定；有效位置 1 表示负增益值，发送器增益的减少范围由此部分请求的 TXRES 决定。应用这个功能是可选的，它适用于频率选择性信道。如果此功能没有应用，应将该位置零。 **示例**：*在 CENELEC 频段中，增益值等于[1，-5，4，-2，0，1]，tx_coeff 编码等于：'0001 1101 0100 1010 0000 0001'* 注 3：一组 *tone* 为 CENELEC 频段收集连续 6 个 tones（或载体），为 FCC 频段收集连续 3 个 tones。
Lqi	链路质量指示器到临近区域链路（反向 LQI）。 注 4：LQI 值是从邻域接收到的 PPDU 测得的。该 LQI 测量是强度的特性描述和/或接收数据包的质量。
phase_differential	本地节点与相邻节点的电源相位之间的 60 度的相位差。PhaseDifferential 可以采用 0 到 5 之间的六个整数值。

	TMR_valid_time	直到色调映射响应临表中的参数被视为有效时的剩余时间。 ——当条目创建后,此值应被设置为默认值 0; ——当该值为 0 时,如果数据被发送到该设备,色调映射请求可以执行。在成功接收到色调映射响应时,这个值被设置为 mac_TMR_TTL。
	neighbour_valid_time	直到临表中的条目被视为有效时的剩余时间。每当条目创建或者一帧(数据或 ACK)从领域被接收,它被设置为 mac_neighbour_table_entry_TTL。当它的值为 0 时,此条目在该表中不再有效,并有可能被撤销。
mac_high_priority_window_size	PIB 属性 0x0100:在插槽数中的高优先级争用窗口大小。	
mac_CSMA_fairness_limit	PIB 属性 0x010C:通道访问公平性限定。指定补偿尝试失败的次数,补偿指数设置为 minBE。此属性可以在 2 x (macMaxBE - macMinBE) 和 255 之间取值。	
mac_beacon_randomization_window_length	PIB 属性 0x0111:信标随机化的持续时间(秒)。	
mac_A	PIB 属性 0x0112:该参数控制自适应 CW 连续线性下降。	
mac_K	PIB 属性 0x0113:通道访问公平限定的速率自适应因子。该属性可以在 1 和 macCSMAFairnessLimit 之间取值。	
mac_min_CW_attempts	PIB 属性 0x0114:使用最小 CW 时连续尝试的次数。	
mac_cenelec_legacy_mode	PIB 属性 0x0115:此只读属性指示节点的能力。 0:使用以下配置(传统模式): ——基本交错; ——当 I(i,j)=0 时,不交换交织器参数 n_i 和 n_j。 1:使用以下配置(非传统模式): ——全块交错; ——当 I(i,j)=0 时,交换器参数 n_i 和 n_j 被交换。	
mac_FCC_legacy_mode	PIB 属性 0x0116:此只读属性指示节点的能力。 0:使用以下配置(传统模式): ——差分 FCH 调制; ——基本交错; ——当 I(i,j)=0 时,交换器参数 n_i 和 n_j 不被交换; ——单 RS 块。 1:使用以下配置(非传统模式): ——相干 FCH 调制; ——全块交错; ——当 I(i,j)=0 时,交换器参数 n_i 和 n_j 被交换; ——两个 RS 块。	

mac_max_BE	PIB 属性 0x0047:补偿指数的最大值。它应该总是大于 macHinE。
mac_max_CSMA_back-offs	PIB 属性 0x004E:最大退避次数。
mac_min_BE	PIB 属性 0x004F:补偿指数的最小值。
方法说明	
mac_get_neighbour_table_entry (data)	这种方法被用于获取 MAC 邻表的 MAC 短地址。它可以用于由客户端执行拓扑监控。 此方法调用参数有 mac_short_address。 data ::=long-unsigned 响应参数包含临表的 mac_short_address。 data ::=array neighbour_table mac_neighbour_table 在 *mac_neighbour_table* 中的定义当前 IC 属性。

5.12.5 G3-PLC 6LoWPAN 的适配层设置(class_id=92,版本=1)

"G3-PLC 6LoWPAN adaptation layer setup"的接口类实例保持设置和管理 G3-PLC 6LoWPAN 适配层的必要参数。

这些属性影响实现的功能特性。正常运行过程中可以允许改变它们的值,即使该装置启动序列已被执行。

G3-PLC 6LoWPAN 适配层设置	0…n	class_id=92,版本=1			
属性	***数据类型***	***最小值***	***最大值***	***默认值***	***短名***
1. logical_name(static)	octet-string				x
2. adp_max_hops(static)	unsigned	1	14	8	x+0x08
3. adp_weak_LQI_value (static)	unsigned	0	255	52	x+0x10
4. adp_security_level(static)	unsigned	0	7	5	x+0x18
5. adp_prefix_table (dyn) (static)	array				x+0x20
6. adp_routing_configuration(static)	array				x+0x28
7. dp_broadcast_log_table_entry_TTL(static)	longunsigned	0	65 535	2	x+0x30
8. adp_routing_table (dyn.)	array				x+0x38
9. adp_context_information_table (dyn)	array				x+0x40
10. adp_blacklist_table (dyn)	array				x+0x48
11. adp_broadcast_log_table (dyn)	array				x+0x50
12. adp_group_table (dyn)	array				x+0x58
13. adp_max_join_wait_time(static)	longunsigned	0	1 023	20	x+0x60
14. adp_path_discovery_time(static)	unsigned	0	255	40	x+0x68
15. adp_active_key_index(static)	unsigned	0	1	0	x+0x70
16. adp_metric_type(static)	unsigned	0x00	0x0F	0x0F	x+0x78
17. adp_coord_short_address(static)	longunsigned	0x0000	0x7FFF	0x0000	x+0x80
18. adp_disable_default_routing(static)	boolean			FALSE	x+0x88
19. adp_device_type(static)	enum	0	2	2	x+0x90
特定方法	***m/o***				

<table>
<tr><td colspan="3">属性描述</td></tr>
<tr><td>logical_name</td><td colspan="2">标识"G3-PLC OFDM 6LoWPAN adaptation layer setup"对象实例。见6.2.27。</td></tr>
<tr><td>adp_max_hops</td><td colspan="2">PIB 属性为 0x0F:定义要使用的路由算法的最大跳数。</td></tr>
<tr><td>adp_weak_LQI_value</td><td colspan="2">PIB 属性 0x1A:弱链路值定义了 LQI 值,低于该值时,将邻域链接视为弱链路。值 52 表示 3dB 的 SNR。</td></tr>
<tr><td>adp_security_level</td><td colspan="2">PIB 属性 0x00:用于传入和传出自适应帧的最低安全级别。仅支持 0(无加密)和 5(加密 32 位完整性代码)。</td></tr>
<tr><td>adp_prefix_table</td><td colspan="2">PIB 属性 0x01:包含在此 PAN 上定义的前缀列表。</td></tr>
<tr><td rowspan="3">adp_routing_configuration</td><td colspan="2">路由配置元素指定与 ITU-T G.9903:2014,9.4.1.2 中描述的路由机制链接的所有参数。
注 1:链路成本计算在 ITU-T G.9903:2014,附件 B 中提供。
array routing_configuration
routing_configuration∷=structure
{
adp_net_traversal_time: unsigned,
adp_routing_table_entry_TTL: long-unsigned,
adp_Kr: unsigned,
adp_Km: unsigned,
adp_Kc: unsigned,
adp_Kq: unsigned,
adp_Kh: unsigned,
adp_Krt: unsigned,
adp_RREQ_retries: unsigned,
adp_RREQ_RERR_wait: unsigned,
adp_blacklist_table_entry_TTL: long-unsigned,
adp_unicast_RREQ_gen_enable: boolean,
adp_RLC_Enabled: boolean,
adp_add_rev_link_cost: unsigned
}</td></tr>
<tr><td>adp_net_traversal_time</td><td>PIB 属性 0x11:从几秒钟内任何节点到达任何节点的数据包所需的最长时间。
范围:0～255
默认值:20</td></tr>
<tr><td>adp_routing_table_entry_TTL</td><td>PIB 属性 0x12:路由表条目的最长存在时间(以分钟为单位)。
范围:0～65 535
默认值:60</td></tr>
</table>

adp_Kr	PIB 属性 0x13:鲁棒模式计算链路成本的权重因子。 范围:0～31 默认值:0
adp_Km	PIB 属性 0x14:用于计算链路成本的一个权重因子。 范围:0～31 默认值:0
adp_Kc	PIB 属性 0x15:用于计算链接成本的活动色调数的权重因子。 范围:0～31 默认值:0
adp_Kq	PIB 属性 0x16:计算路线成本的 LQI 的权重因子。 范围:0～50 默认值:10 用于 CENELEC A 波段/40 的 FCC 带。
adp_Kh	PIB 属性 0x17:跳跃计算链路成本的权重因子。 范围:0～31 默认值:4 个 CENELEC A 频段/2 个 FCC 带。
adp_Krt	PIB 属性 0x1B:路由表中活动路由数的权重因子,用于计算链路成本。 范围:0～31 默认值:0
adp_RREQ_retries	PIB 属性 0x18:RREP 接收超时时 RREQ 重发次数。 范围:0～255 默认值:0
adp_RREQ_RERR_wait	PIB 属性 0x19:在两个连续的 RREQ-RERR 代之间等待的秒数。 范围:0～255 默认值:30
adp_blacklist_table_entry_TTL	PIB 属性 0x1F:黑名单邻居条目的最长生存时间(以分钟为单位)。 范围:0～65 535 默认值:10

<table>
<tr><td></td><td><table>
<tr><td>adp_unicast_RREQ_gen_enable</td><td>PIB 属性 0x0D:如果为 TRUE,RREQ 将以“unicast RREQ”标志设置为“1”生成。如果为 FALSE,RREQ 将以“unicast RREQ”标志设置为“0”生成。
默认值:TRUE</td></tr>
<tr><td>adp_RLC_enabled</td><td>PIB 属性 0x09:启用设备发送 RLCREQ 帧。
默认值:FALSE</td></tr>
<tr><td>adp_add_rev_ink_cost</td><td>PIB 属性 0x0A:它代表了考虑链路可能不对称的额外成本。
范围 :0～255
默认值 :0</td></tr>
</table></td></tr>
<tr><td>adp_broadcast_log_table_entry_TTL</td><td>PIB 属性 0x02:adpBroadcastLogTable 条目的最长存在时间(以分钟为单位)。</td></tr>
<tr><td>adp_routing_table</td><td>PIB 属性 0x0C:包含路由表。
array routing_table
routing_table∷=structure
{
destination_address: long-unsigned,
next_hop_address: long-unsigned,
route_cost: long-unsigned,
hop_count: unsigned,
weak_link_count: unsigned,
valid_time: long-unsigned
}
注 2:每次构建或更新路由(由数据流量触发)和每次 TTL 定时器到期时,实现该表。
<table>
<tr><td>destination_address</td><td>目的地址。</td></tr>
<tr><td>next_hop_address</td><td>到达目的地的路线上的下一跳的地址。</td></tr>
<tr><td>route_cost</td><td>沿路线向目的地的累计链接成本。</td></tr>
<tr><td>hop_count</td><td>到目的地的选定路线的跳数。
范围:0～14
注 3:实际上,允许的最大值受 adp_max_hops 限定。</td></tr>
<tr><td>weak_link_count</td><td>到目的地的薄弱环节数量。
范围:0～14
注 4:实际上,允许的最大值受 adp_max_hops 限定。</td></tr>
<tr><td>valid_time</td><td>路由表中的此条目被认为有效之前的剩余时间(以分钟为单位)。</td></tr>
</table></td></tr>
</table>

<table>
<tr><td rowspan="1">adp_context_information_table</td><td colspan="2">PIB 属性 0x07:包含与每个 CID 扩展域连接的语境信息。
array context_information_table
context_information_table∷=structure
{
CID: bit-string,
context_length: unsigned,
context: octet-string,
C: boolean,
valid_lifetime: long-unsigned
}</td></tr>
<tr><td></td><td>CID</td><td>对应于用于源和目的地址(SCI,DCI)的 4 位语境信息。
范围:0x00～0x0F</td></tr>
<tr><td></td><td>context_length</td><td>表示承载语境的长度(最多可以承载 128 位语境)。
范围:0～128</td></tr>
<tr><td></td><td>context</td><td>对应于用于进行语境压缩/解压缩的目的。
范围:
0x0000:0000:0000:0000:0000:0000:0000:0000～0xFFFF:FFFF:FFFF:FFFF:FFFF:FFFF:FFFF:FFFF</td></tr>
<tr><td></td><td>C</td><td>指示语境是否有效以便在压缩中使用。
FALSE:只允许解压缩,
TRUE:允许压缩和解压
语境仅可用于解压的目的。此外,在 RFC 6775 给出描述,应遵循以考虑到的语境的传播到 PAN 的所有节点。</td></tr>
<tr><td></td><td>valid_lifetime</td><td>剩余时间以分钟,在此期间语境信息表被认为是有效的。它在接收到通告的语境时被更新。
范围:0～65 535</td></tr>
<tr><td>adp_blacklist_table</td><td colspan="2">PIB 属性 0x1E:包含列入黑名单的邻域列表。
array blacklisted_neighbour_set
blacklisted_neighbour_set∷=structure
{
blacklisted_neighbour_address: long-unsigned,
valid_time: long-unsigned
}</td></tr>
<tr><td></td><td>blacklisted_neighbour_address</td><td>黑名单邻域的 16 位地址。</td></tr>
<tr><td></td><td>valid_time</td><td>在几分钟内剩余的时间,直到这在黑名单邻域表此项被认为是有效的。</td></tr>
</table>

adp_broadcast_log_table	PIB 属性 0x0B:包含广播日志表。
	注 5:本表提供了该设备最近收到的广播包的列表。
	array broadcast_log_table
	broadcast_log_table::=structure
	{
	source_address:long-unsigned,
	sequence_number:unsigned,
	valid_time:long-unsigned
	}

	source_address 广播分组的 16 位源地址。这是广播发起者的地址。 sequence_number 包含在 BC0 头中的序列号。 valid_time 直到广播日志表中的此条目被视为有效的剩余时间(以分钟为单位)。
adp_group_table	PIB 属性 0x0E:包含设备所属的组地址。 Array group_address group_address ::=long-unsigned group_address 已设定此节点的 group_address 组地址。
adp_max_join_wait_time	PIB 属性为 0x20:网络连接超时(以秒为单位)用于 LBD。
adp_path_discovery_time	PIB 属性为 0x21:以秒为单位超时寻找路径。
adp_active_key_index	PIB 属性为 0x22:用于数据传输的活动 GMK 的索引
adp_metric_type	PIB 属性为 0x03:用于路由目的的 Metric-Type
adp_coord_short_address	PIB 属性为 0x08:定义协调器的短地址。
adp_disable_default_routing	PIB 属性为 0xF0:如果为 TRUE,则禁用默认路由(LOADng)。如果为 FALSE,则启用默认路由(LOADng)。
adp_device_type	PIB 属性 0x10:定义连接到调制解调器的设备的类型: enum: (0) PAN 装置, (1) PAN 协调员, (2) 为定义

5.13 设置和管理 DLMS/COSEM HS-PLC ISO/IEC 12139-1 社区网络的接口类

5.13.1 概述

COSEM 对象,用于使用 DLMS/COSEM HS-PLC ISO/IEC 12139-1 进行数据交换社区网络(如果已实施)应位于 COSEM 服务器的管理逻辑设备中。

用于建立和管理 DLMS/COSEM HS-PLC ISO/IEC 12139-1 社区网络指定了以下 IC：
——HS-PLC ISO/IEC 12139-1 MAC 设置，见 5.13.2；
——HS-PLC ISO/IEC 12139-1 CPAS 设置，见 5.13.3；
——HS-PLC ISO/IEC 12139-1 IP SSAS 设置，见 5.13.4；
——HS-PLC ISO/IEC 12139-1 HDLC SSAS 设置，见 5.13.5。

5.13.2 HS-PLC ISO/IEC 12139-1 MAC 设置(class_id＝140，版本＝0)

"HS-PLC ISO/IEC 12139-1 MAC setup"IC 的实例保持了设置和管理 HS-PLC ISO/IEC 12139-1 协议的 MAC 层所需的参数。

HS-PLC ISO/IEC 12139-1 MAC 设置	0…n	class_id＝74，版本＝0			
属性	**数据类型**	**最小值**	**最大值**	**默认值**	**短名**
1. logical_name	octet-string				x
2. group_id(static)	long64-unsigned	0	2^{46}		x＋0x08
3. secondary_group_id (static)	long64-unsigned	0	2^{46}		x＋0x10
4. station_id(static)	long64-unsigned	0	2^{48}		x＋0x18
5. parent_station_id(static)	long64-unsigned	0	2^{48}		x＋0x20
6. epeater_status(static)	boolean				x＋0x28
7. encryption_mode(static)	enum	1	2	1	x＋0x30
8. initial_encryption_key(static)	octet-string				x＋0x38
9. rts/cts (static)	boolean	0	1	0	x＋0x40
特定方法	***m/o***				

属性描述	
logical_name	标识"HS-PLC ISO/IEC 12139-1 MAC setup"对象实例。见 6.2.29。
group_id	保持 HS-PLC ISO/IEC 12139-1 的组标识符。有关详细信息，见 ISO/IEC 12139-1:2009，第 7 章。
secondary_group_id	保持 HS-PLC ISO/IEC 12139-1 的辅助组标识符。有关详细信息，见 ISO/IEC 12139-1:2009，第 7 章。
station_id	保持 HS-PLC ISO/IEC 12139-1 的站点标识符。有关详细信息，见 ISO/IEC 12139-1:2009，第 7 章
parent_station_id	保持 HS-PLC ISO/IEC 12139-1 的主站标识符。有关详细信息，见 ISO/IEC 12139-1:2009，第 7 章。 注：主站是指从站到 NNAP(源站-中继器-NNAP)的 multi-stage HS-PLC ISO/IEC 12139-1 链路中站本身的直接相邻站。
repeater_status	有关详细信息，见 ISO/IEC 12139-1:2009，第 7 章。 保持设备的当前中继器状态。 boolean： FALSE＝没有中继器， TRUE＝中继器

encryption_mode	保持 PLC 站使用的加密模式。有关详细信息,见 ISO/IEC 12139-1:2009,第 7 章。 enum:(0) AES128, (1) 保留的.
initial_encryption_key	在 PLC 注册(单元加入)期间最初使用的加密密钥。有关详细信息,见 ISO/IEC 12139-1:2009,第 7 章。
rts/cts	保持 RTS/CTS 参数的状态。RTS/CTS 参数用于防止由隐藏的 HS-PLC ISO/IEC 12139-1 站点引起的冲突。有关详细信息,见 ISO/IEC 12139-1:2009,第 7 章。 RTS/CTS 启用/禁用 boolean: FALSE=禁用, TRUE=启用

5.13.3 HS-PLC ISO/IEC 12139-1 CPAS 设置(class_id=141,版本=0)

HS-PLC ISO/IEC 12139-1 CPAS 设置"的实例 IC 保持参数,用于设置和管理 HS-PLC ISO/IEC 12139-1 协议的 CPAS 层。

HS-PLC ISO/IEC 12139-1 CPAS 设置	0…n	class_id=141,版本=0			
属性	*数据类型*	*最小值*	*最大值*	*默认值*	*短名*
1. logical_name	octet-string				x
2. cpas_address(static)	long64-unsigned	0	2^{48}		x+0x08
3. cpas_ether_type(static)	long-unsigned				x+0x10
4. master_station_cpas_address (static)	long64-unsigned	0	2^{48}		x+0x18
特定方法	*m/o*				

属性描述	
logical_name	标识"HS-PLC ISO/IEC 12139-1 CPAS setup"对象实例。见 6.2.29。
cpas_address	保持 HS-PLC ISO/IEC 12139-1 协议的 CPAS 地址。见 IEC 62056-8-6:2017,5.4.2。
cpas_ether_type	保持 CPAS 子层的 EtherType 值。见 IEC 62056-8-6:2017,5.4.2。
master_station_cpas_address	保持 HS-PLC ISO/IEC 12139-1 协议的主站的 CPAS 地址。 注:主站是指多级 HS-PLC ISO/IEC 12139-1 链路(源站-中继器-目标站)中的 CPAS 帧的目的站(即,通常为 NNAP)。

5.13.4 HS-PLC ISO/IEC 12139-1 IP SSAS 设置(class_id=142,版本=0)

"HS-PLC ISO/IEC 12139-1IP SSAS setup"实例的 IC 保持参数,用于设置和管理 HS-PLC ISO/IEC 12139-1 协议的 IP SSAS。

HS-PLC ISO/IEC 12139-1IP SSAS 设置	0…n	class_id=142,版本=0			
属性	*数据类型*	*最小值*	*最大值*	*默认值*	短名
1. logical_name	octet-string				x
2. ip_header_comp_type(static)	enum				x+0x08
3. ip_alive_time (static)	long-unsigned		0xFFFF	0	x+0x10
特定方法	*m/o*				

属性描述	
logical_name	标识"HS-PLC ISO/IEC 12139-1 IP SSAS setup"对象实例。见 6.2.29。
ip_header_comp_type	按照 IEC 62056-8-6:2017,表 3 中的规定保持 IP_Header_Comp_Type 值。 enum: (0)通用 IPv4 数据包(不压缩), (1)通用 IPv6 数据包(不压缩), (2)Van Jacobson 头压缩(RFC 1144), (3)IP 报头压缩(RFC 2508), (4)ROHC(RFC 3095)
ip_alive_time	以秒为单位保持 IP SSAS 存活时间值。 0:没有到期

5.13.5 HS-PLC ISO/IEC 12139-1 HDLC SSAS 设置(class_id=143,版本=0)

"HS-PLC ISO/IEC 12139-1 HDLC SSAS setup"的实例 IC 保持参数,用于设置和管理 HS-PLC ISO/IEC 12139-1 协议的 HDLC SSAS。

HS-PLC ISO/IEC 12139-1 HDLC SSAS 设置	0…n	class_id=143,版本=0			
属性	*数据类型*	*最小值*	*最大值*	*默认值*	短名
1. logical_name	octet-string				x
2. master_station_id(static)	long64-unsigned	0	2^{48}		x+0x08
特定方法	*m/o*				

属性描述	
logical_name	标识"HS-PLC ISO/IEC 12139-1 HDLC SSAS setup"对象实例。见 6.2.29。
master_station_id	保持 HS-PLC ISO/IEC 12139-1 网络的主站标识符。

5.14 ZigBee®设置类

5.14.1 概述

5.14 详细说明了允许多重装置进行接口连接的 ZigBee®网络的 COSEM 接口类所需的外部配置与管理，其用于 ZigBee®内部通讯。ZigBee®是一种低功耗无线电通信技术和 ZigBee®联盟指定开放标准，见 www.zigbee.org。

ZigBee®是 ZigBee®联盟的注册商标

注 1：多部分安装是指电表为电力公司代表电力公司提供信息和/或服务。例如，仪表与家用显示器和/或外部负载控制开关和/或智能家电相互作用，以实时通知用户其使用情况，控制加热装置，并且可能断开峰值负载 供应受到限定时。虽然消费者可能会控制 ZigBee®网络，但是在正常的操作中，电力公司将控制无线电系统。这是为了确保 PAN 的安全性，以便 ZigBee®设备(如受电力公司控制的负载开关)以安全的方式运行。

ZigBee®定义了通过无线电连接的设备间的本地网络，来进行消息的发送和转发，并在网络层对隐私加密。

注 2：这样一个本地网络被称为 PAN -个人局域网。这个名字用在 ZigBee®联盟中，正如 ZigBee®是以 IEEE802.15.4:2006 标准为基础一样，该标准使用 PAN 术语。这大致相当于一个 HAN(家庭局域网-英国智能电表使用的名称)或 PAN。

每个 PAN 具有一个被称为 ZigBee®协调器的设备，其负责创建和管理网络，并且通常也充当 ZigBee®认证中心，做为 ZigBee®网络，PCLK 的和 APS 链路密钥的管理设备。

协调器执行 PAN 创建(和通讯断开)；其声明了该网络的组成，且不需要任何协调器的设备部件来作为它的一部分。其他 ZigBee®设备能添加一个由协调器配合创建的网络，同样可以选择断开，也可以请求协调器断开(这是不是当前强制执行的)。通常该设备是网络中不确定的部分；他们不会反复连接和断开。要创建一个 PAN，协调器需要接收外部触发信号，还需要有安装信息，包括：

——扩展 PAN ID；

——连接密码或安装代码(用于新设备的首次通信)；

——无线通道信息。

在创建 PAN 的过程中，协调器扫描附近的无线电设备，“交换”密码，选择短地址，并确认使用无线电通道。每个设备上来自 ZigBee®服务器中的可用信息的细节也同时被交换。

注 3：连接过程的全部细节都记录在 ZigBee® 053474 中，即 ZigBee®规范中。ZigBee®技术的更多信息可以在 http://www.zigbee.org/找到。

左图 28 示出了带有通讯中心的体系结构，其包含 DLMS/COSEM 服务器也作为 ZigBee®协调器。DLMS/COSEM 服务器具有需要建立和管理 ZigBee®网络的接口对象，并且可能具有其他 COSEM 对象以支持一个计量程序。此外，右图上存在两种固有的 ZigBee®设备和另一 DLMS/COSEM 服务器，即电表或另一种电表类型，其也是一种常用 ZigBee®网络设备。

任何 ZigBee®装置都可以通过远程控制连接到该网络。

据推测，该通讯中心也具有更深层的网络可以连接到 WAN，并且该功能是由已有的 DLMS 结构来管理的，例如 PSTN，GSM/3G，PLC 等，但是这已超出了该技术规范的范围。

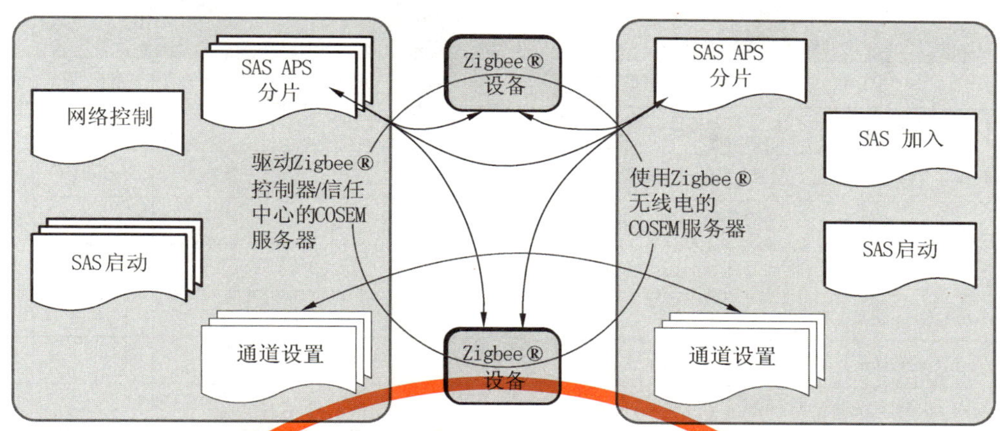

图 28　ZigBee® 网络事例

COSEM 接口对象在连接/断开 PAN 的过程中的作用是建立 ZigBee® 参数，同时允许 DLMS/COSEM 客户端触发操作，典型地，当命令执行时，主站与电表通过 WAN 进行通讯的系统中，命令是通过 DLMS 进行的。

ZigBee® 网络的操作不是 DLMS/COSEM 负责。DLMS/COSEM 服务器仅仅是通过外部管理者(DLMS/COSEM 客户端)控制 ZigBee® 网络。

在 ZigBee® 协调器的 ZigBee® 设备安装类和其他 DLMS/COSEM ZigBee® 设备中的使用见表 36。

表 36　使用 ZigBee® 设置 COSEM 接口类

ZigBee® 协调器	其他 DLMS/COSEM 的 ZigBee® 设备	引用
ZigBee® SAS 启动	ZigBee® SAS 启动	5.14.2
—	ZigBee® SAS 链接	5.14.3
ZigBee® SAS APS 分段	ZigBee® SAS APS 分段	5.14.4
ZigBee® 网络控制	—	5.14.5
可选：ZigBee® 通道设置	可选：ZigBee® 通道设置	5.14.6

COSEM ICs 的设置支持 ZigBee® 2007 和 ZigBee® PRO 协议栈。但现在不支持 ZigBee® IP 的协议栈。

5.14.2　ZigBee® SAS 启动(class_id=101，版本=0)

注 1：在 ZigBee® COSEM ICs 规范中，octet-strings 的长度为传输信息需要被指定。

该 IC 的实例用于配置 ZigBee® PRO 设备，通过必要信息来创建或添加该网络。该对象所具有的功能和对该网络的影响取决于该对象是否处于 ZigBee® 协调器或其他 ZigBee® 设备中。

ZigBee® SAS 启动	0…n	class_id=101，版本=0			
属性	*数据类型*	*最小值*	*最大值*	*默认值*	*短名*
1. logical_name (static)	octet-string				x
2. short_address(dyn.)	long-unsigned			0xFFFF	x+0x08

ZigBee® SAS 启动	0…n	class_id=101,版本=0			
属性	数据类型	最小值	最大值	默认值	短名
3. extended_pan_id(dyn.)	octet-string			0	x+0x10
4. pan_id(dyn.)	long-unsigned			0xFFFF	x+0x18
5. channel_mask(dyn.)	double-long-unsigned			0	x+0x20
6. protocol_version (static)	unsigned	0x02		0x02	x+0x28
7. stack_profile (static)	enum			0x02	x+0x30
8. start_up_control(dyn.)	unsigned			2	x+0x38
9. trust_centre_address(dyn.)	octet-string			0	x+0x40
10. link_key(dyn.)	octet-string			0	x+0x48
11. network_key(dyn.)	octet-string			0	x+0x50
12. use_insecure_join (static)	boolean			FALSE	x+0x58
特定方法	m/o				

属性描述	
logical_name	标识"ZigBee® SAS 启动"对象实例。见 6.2.28。
short_address	定义了该设备在 ZigBee® 网络上本地可知的 16 位地址。0x0000 值被给予协调器/信任中心设备,并且只能给这些设备使用。 注 2:当设备添加该网络时,此短地址将由协调器下发到设备。
extended_pan_ID	定义了该网络在外部可知的唯一的地址。 octet-string 的长度是 8 个字节。
pan_ID	定义了该网络本地已知的 16 位地址。
channel_mask	定义了(作为位掩码)无线电信道的设置位,其作用是决定 PAN 是否被允许使用。在本地条件的基础上,信道设置的实际使用由协调器决定。在 ZigBee® 说明书中定义了掩码。
protocol_version	定义在网络上使用的 ZigBee® 协议的版本。
stack_profile	定义了 ZigBee® 堆栈的功能。 enum:(1) ZigBee®, (2) ZigBee® PRO
start_up_control	指示 ZigBee® 设备的命令状态: 2:未受命。表示设备将搜索并添加网络,如果/当网络已经建立; 0:已受命。表示设备本身是由 *extended_pan_id* 属性表示的网络的一部分。在这种情况下,它不会执行任何明确的添加或重添加操作。见注释 3。
trust_center_address	定义了用于该网络信任中心的唯一扩展地址。其通常是 ZigBee® 协调器的地址,但不是必然的。 octet-string 的长度是 8 字节。

link_key	定义了用于智能能源规范中特殊设备之间的安全的点对点通信的密钥值。原始密钥值的保护方式未在此规范中定义。 这是 APS 或 PCLK 链路密钥。如果该属性是散列的或普通文字的，甚至是正在使用，则只可以被执行。 如果是信托中心该属性通常不执行。它通常是只读的，但可能为用于测试需要是可写的。 octet-string 的长度是 16 个字节。
network_key	定义了用于设备之间的安全的一般通信的密钥值。原始密钥值的保护方式未在此规范中定义。网络密钥值可以通过协调器在内部设置。 如果该属性是散列的或普通文字的，甚至是正在使用，其可以被执行。如果是 TC，该属性通常不执行。 它是只读的，但可能需要写入测试。 octet-string 的长度是 16 个字节。
use_insecure_join	指示协调器是否被允许执行 ZigBee® 规范所定义的不安全连接。

注 3：“ZigBe® SAS startup”对象反映了 ZigBee® HAN 到 WAN(或与 DLMS/COSEM 服务器连接的 ZigBee® 相连的诊断工具)的状态。例如，如果对象正在通讯中，则该属性可被读出，以表明 ZigBee® HAN 未被执行。该对象的主要功能是为 WAN(或通过光纤端口)的客户端提供 ZigBee® 网络的信息。图 28 中有多个“ZigBee® SAS startup”对象实例的原因，是为了表达可能存在多个 ZigBee® 网络由单个通讯中心操作的情况。

5.14.3 ZigBee® SAS 连接(class_id＝102，版本＝0)

该 IC 的实例配置了连接或断开网络的 ZigBee® PRO 设备的行为。“ZigBee® SAS join”对象是存在于所有的 DLMS/COSEM 服务器控制的 ZigBee® 无线电行为的设备中，但是当设备充当协调器时(如协调器创建网络，而不是连接到网络中)它不被使用。“ZigBee® SAS 连接”对象可以恢复出厂时的配置，或配置为其他通讯技术，例如，光纤端口。

ZigBee® SAS 联结	**0…n**	**class_id＝102，版本＝0**			
属性	***数据类型***	***最小值***	***最大值***	***默认值***	***短名***
1. logical_name (static)	octet-string				x
2. scan_attempts (static)	unsigned			3	x+0x08
3. time_between_scans(static)	long-unsigned			1	x+0x10
4. rejoin_interval	long-unsigned			60	x+0x18
5. rejoin_retry_interval(static)	long-unsigned			900	x+0x20
特定方法	***m/o***				

属性描述	
logical_name	标识“ZigBee® SAS join”对象实例。见 6.2.28。
scan_attempts	定义了 ZigBee® 设备执行重新连接网络命令的连续扫描次数。也是发生断开连接的次数。
time_between_scans	定义了单次尝试重新连接网络期间连续扫描之间的时间间隔。

rejoin_interval	定义了设备在明显地断开网络连接之后，在尝试重新连接之前应当等待的以秒计的时间间隔。
rejoin_retry_interval	定义了设备在尝试重新连接失败之后，重试之前应当等待的时间间隔。

使用注意事项：

在启动时，或受指示连接网络时，设备应完成多达三次(3)(按默认值)扫描尝试，以寻找 ZigBee® 协调器或路由器。

如果设备没有被命令，这意味着，当用户按下按键或使用另一个方法来命令设备连接网络时，设备将扫描所有的信道最多三次(按默认值)，以发现允许连接的网络。如果它已经被命令了，就应该扫描多达三次(按默认值)找到其原来的 PAN 进行连接。(ZigBee® PRO 设备应尽量采用原来的扩展 PAN ID 查找网络，ZigBee® 设备只能尝试使用原来的 PAN ID 查找网络)。

rejoin_retry_interval 注意

规定了 *rejoin_interval* 参数的上限值—如果设备被人为操作，该值被重置，如通过按键按下。该参数意在限定设备扫描寻找其网络的频率，因为在没有网络存在的情况下，此时设备扫描尝试会一直失败(即，如果设备发现它已失去网络连接，它将尝试重新连接网络，如果必要的话将扫描所有频道)。如果没有重新连接成功，在尝试再次重新连接之前设备将等待 15 分钟。为了网络兼容，如果连续重新连接失败，该参数将被推荐使用合适的扩展时间值。当触发和 *rejoin_retry_interval* 失败时，推荐设备重新连接。

5.14.4 ZigBee® SAS APS 分段(class_id＝103，版本＝0)

该接口类实例配置了 ZigBee® PRO 传输层的分段特征。这种分段与 COSEM 无关，该对象只允许通过外部管理(DLMS/COSEM 客户端)进行分段功能的配置。

该接口类实例存在于所有 DLMS/COSEM 服务器控制的 ZigBee® 无线电行为的所有设备中。

ZigBee® SAS APS 分段	0…n	class_id＝103，版本＝0			
属性	*数据类型*	*最小值*	*最大值*	*默认值*	*短名*
1. logical_name (static)	octet-string				x
2. aps_interframe_delay(static)	long-unsigned			50	x+0x08
3. aps_max_window_size (static)	long-unsigned			1	x+0x10
特定方法	*m/o*				

属性描述	
logical_name	标识“ZigBee® SAS APS fragmentation”对象实例。见 6.2.28。
aps_interframe_delay	定义了发送被分段的两块信息之间的毫秒延时。
aps_max_window_size	定义了可以连续传输的未确认帧的最大数目。 **注**：这些初始值将允许设置，设置这些值取决于 ZigBee® 接口规范。

5.14.5 ZigBee® 网络控制(class_id＝104，版本＝0)

在任何可以充当由 DLMS/COSEM 客户端控制的 ZigBee® 协调器的设备中将会有一个“ZigBee® network control”IC 的实例。此类允许 DLMS/COSEM 客户端(前端系统)和 ZigBee® 协调器之间的交互，例如安装调试时。

ZigBee® 网络控制	0…n	class_id=104，版本=0			
属性	**数据类型**	**最小值**	**最大值**	**默认值**	**短名**
1. logical_name (static)	octet-string				x
2. enable_disable_joining	boolean			FALSE	x+0x08
3. join_timeout(static)	long-unsigned			60	x+0x10
4. active_devices(dyn.)	array				x+0x18
特定方法	***m/o***				
1. register_device(data)	m				x+0x20
2. unregister_device(data)	m				x+0x28
3. unregister_all_devices(data)	o				x+0x30
4. backup_PAN(data)	o				x+0x38
5. restore_PAN(data)	o				x+0x40
6. identify_device(data)	o				x+0x48
7. remove_mirror(data)	o				x+0x50
8. update_network_key(data)	o				x+0x58
9. update_link_key(data)	o				x+0x60
10. create_PAN(data)	m				x+0x68
11. remove_PAN(data)	m				x+0x70

属性描述

logical_name

标识“ZigBee®　network control”对象实例。见 6.2.28。

enable_disable_joining

一个控制是否允许设备加入 ZigBee® 网络的标志。该标志通常是 FALSE(加入禁用)。在某些时候，当一个新的设备需要加入时，这个标志被设置为 TRUE，然后在 *join_timeout* 期间保持设置状态，或者直到外部复位。

join_timeout

定义了根据 *enable_disable_joining* 标志状态，协调设备允许连接新设备的时间周期，以秒为单位。

active_devices

此属性显示了 ZigBee® PAN 中所有已授权的设备。

array active_device

active_device∷=structure

{

mac_address: octet-string,

status: bit-string,

maxRSSI: integer,

averageRSSI: integer,

minRSSI: integer,

maxLQI: unsigned,

averageLQI: unsigned,

minLQI: unsigned,

last_communication_date-time：octet-string，
number_of_hops：unsigned，
transmission_failures：unsigned，
transmission_successes：unsigned，
application_version：unsigned，
stack_version：unsigned
}
mac_address 的长度为 8 个字节。
status 的长度是 8 位。
最大/平均/最小值占据了每个设备一天 24 h 全部的时间。周期是从 00：00：01 至 00：00：00。它们总是历史时间，即它们指的是上一天。
status∷＝bit-string[8]

位 0＝	在 PAN 上授权
位 1＝	在 PAN 上主动报告
位 2＝	在 PAN 上未经授权，但已报告
位 3＝	换出后授权
位 4＝	SEP 发送
位 4＝	保留
位 6＝	保留
位 7＝	保留

其他元素详见 ZigBee®规范

方法说明

register_device（data）

该方法是用于外部命令协调器，将设备添加到已授权设备列表中。此方法实际上没有将设备连接到网络，它们只是被授权可以在未来某时刻进行连接。
data∷＝structure
{
ieee_address：octet-string，
key_type：enum，
key：octet-string，
device_type：enum，
}
其中：
——ieee_address 保持设备的 IEEE 地址。octet-string 的长度是 8 个字节；
——key_type 确定了密钥内容的类型；
——enum：

(0) 预先配置的链接密钥,

(1) 安装代码,

(2)…(255)保留,

注 1:安装代码将受到整个正在实施 ZigBee® 网络的成员的影响。因此作为明确规范的一部分,安装代码的长度,CRC 的使用,以及在方法传输中如何填充都需要达成一致

——密钥是一个预配置的链接密钥或安装代码。这取决于被授权连接网络的设备。它的最大长度为 16 个字节;

——device_type 与如下所示的枚举相关连,这样协调器具有方法能够标识可能需要连接设备的服务;

注 2:例如,一个部署可能需要映像功能来连接通过连接 ZigBee® 的气,水和热表。然而,决定哪个 ZigBee® 支持哪个设备将取决于组织设计的智能计量解决方案,也许是政府或大型公用设施。

device-type::=enum

值	说明
(0)	电表
(1)	燃气表
(2)	水表
(3)	热工仪表
(4)	压力表
(5)	热量表
(6)	冷却表
(7)	电动车充电电表
(8)	光伏发电仪表
(9)	风力发电机组表
(10)	水轮机发电表
(11)	微发电表
(12)	太阳能热水表
(13)	ZigBee® 受控负载开关
(14)	基于 ZigBee® 的 Boost 按钮
(128)	IHD
(129)	范围扩展
(130)	CAD(消费者访问设备)
(131)	恒温器
(132)	预付费终端
(133)	ZigBee® 受控负载开关
(134)	ZigBee® 的 Boost 按钮

unregister_device(data)	该方法是外部用于指导协调器,一个设备 需要断开网络。 data ::=octet-string 它拥有 ieee_address。该 octet-string 的长度为 8 个字节。
unregister_all_devices(data)	该方法是外部用于指导协调器,所有设备需要断开网络连接。 data::=integer(0) 注 3:该功能的作用是确认网络是空闲的,让设备能优先连接(destroying)。

backup_PAN(data)	此方法指示协调器创建一个必要的信息的备份以重新创建 PAN。
	注 4:备份的存储位置不是当前定义的,而是 DLMS/COSEM 服务器的内部功能。
	data::=integer(0)
	方法调用返回参数详细说明如下:
	data::=structure
	{
	date_time:　　octet-string,
	extended_PAN_ID:　　octet-string,
	devices_to_backup:　　array device_to_backup
	}
	其中:
	——data-time 指的是备份过程开始的时间。4.6.1 中说明了其格式;
	——Extended_PAN_ID 标识了 PAN。其 octet-string 长度是 8 字节。
	device_to_restore::=structure
	{
	MAC_ADDRESS:　　octet-string,
	hashed_TC_link_key:　　octet-string
	}
	其中:
	——MAC_ADDRESS 保持 MAC 地址。该 octet-string 的长度为 8 字节;
	——hashed_TC_link_key 的 octet-string 的长度是 16 字节。
	注 5:散列链接密钥的方法不是本章说明的一部分;而是在的 ZigBee® 智能能源规范中说明。目前使用的是 MMO。

restore_PAN(data)	该方法指示协调器用备份信息恢复 PAN。备份的存储位置不在此定义,并且其是 DLMS/COSEM 服务器的内部功能。
	data::=structure
	{
	extended_PAN_ID:octet-string,
	devices_to_restore:array device_to_restore
	}
	其中:
	——extended_PAN_ID 标识 PAN。该 octet-string 的长度为 8;
	device_to_restore::=structure
	{
	MAC_address:octet-string,

hashed_TC_link_key：octet-string
}

其中：

——MAC_ADDRESS 保持 MAC 地址。该 octet-string 的长度为 8 字节；

——hashed_TC_link_key 的 octet-string 的长度是 16 字节。

注 6：散列链接密钥的方法不是本章说明的一部分；而是在的 ZigBee® 智能能源规范中说明。目前使用的是 MMO。

identify_device(data)

该方法是外部用于指导设备向在现场的工程师标识设备自身，比如通过鸣响蜂鸣器。

data::=ieee_address

ieee_address：octet-string

ieee_address 保持设备的 IEEE 地址。octet-string 的长度是 8 字节。

remove_mirror(data)

此方法会导致移除 ZigBee® 映像，其反映了 MAC_ADDRESS 参数标识的实际设备。

data::=structure
{
mac_address：octet-string，
mirror_control：bit-string
}

其中：

——MAC_address 保持 MAC 地址。octet-string 的长度为 8 字节；

——mirror_control 是用于支持 implementation-specific 操作的执行，该操作应当在具体的工程规范手册中定义。

示例：下面的例子是 bit-string 功能可能的选项。

0=	强制燃气表拆除。 **注**：设备的搬迁是强制的，该设备的密钥值将被删除；不需要来自设备的 APS ACK。
1=	清除所有映像数据
2=	清除消费寄存器/索引
3=	明确需量与最大需量寄存器
4=	清除 ZigBee® 的属性
5=	清除 MPAN
6=	清除结算信息
7=	清除日志
8=	清除 OTA 固件等待
9～14=	保留
15=	执行所有的操作

先设置位，然后执行操作。

DLMS/COSEM 服务器应该采取的完整的意义和操作是执行特定的操作，该操作应当在具体的工程规范手册中定义。

update_network_key(data)	该方法请求 ZigBee® 协调器更新网络密钥，并将其传播到在 PAN 的所有设备。对于 ZigBee® 密钥管理的详细信息，见 ZigBee® 规范。 data ::=integer(0)
update_link_key(data)	该方法请求 ZigBee® 协调器更新连接密钥，并将其传播到在 PAN 的所有设备。对于 ZigBee® 密钥管理的详细信息，见 ZigBee® 规范。 data ::=ieee_address ieee_address:octet-string ieee_address 保持设备的 IEEE 地址。octet-string 的长度为 8 个字节。
create_PAN(data)	该方法是外部用于指导协调器使用 ZigBee® SAS 启动对象中保持的配置信息来建立一个网络。 data ::=integer(0)
remove_PAN(data)	该方法是外部用于指导协调器通过关闭 ZigBee® 无线电和移除所有与当前 PAN 相连接的设置来断开一个网络。 data ::=integer(0)

5.14.6 ZigBee® 通道设置(class_id=105,版本=0)

两个 ZigBee® PRO 设备之间建立了 ZigBee® 通道，以允许 DLMS APDU 在它们之间传输。实际上，通道通过连接到同一 ZigBee® 网络并连接到 WAN 的 ZigBee® 设备，将广域网连接扩展到未连接到广域网的 ZigBee® 设备。

ZigBee® 通道连接对象将是存在于协调器和所有未连接到 WAN 的其他 DLMS/COSEM 设备。

从 DLMS/COSEM 客户端的角度看，通道的创建在需要的时候才能完成。目标设备由 COSEM 寻址信息隐式标识。

注 1：另请参阅 GB/T 17215.653—2018，附录 C 中的网关规范。

ZigBee® 通道设置	**0…n**	**class_id=105,版本=0**			
属性	***数据类型***	***最小值***	***最大值***	***默认值***	**短名**
1. logical_name (static)	octet-string				x
2. maximum_incoming_transfer_size(static)	long-unsigned			0x05DC	x+0x08
3. maximum_outgoing_transfer_size(static)	long-unsigned			0x05DC	x+0x10
4. protocol_address(static)	octet-stringlength			0	x+0x18
5. close_tunnel_timeout(static)	long-unsigned			0xFFFF	x 0x20
特定方法	***m/o***				

属性描述	
logical_name	标识“ZigBee® tunnel setup”对象实例。见 6.2.28
maximum_incoming_transfer_size	定义了在单个 **TransferData**(TransferData 是一个 ZigBee® 参数)命令的有效负载中能被传输给通道客户端的数据包的最大字节长度。收到一个较大的数据包的情况不在本规范中定义。

maximum _ outcoming _ transfer_size	定义了在单个 **TransferData**(TransferData 是一个 ZigBee® 参数)命令的有效负载中从通道客户端发送的数据包的最大字节长度。发送一个较大的数据包的情况不在本规范中定义。见下注 2。
protocol_address	*protocol_address* 是应当在具体的工程规范手册中定义的特定实现。octet-string 的长度是 6 个字节。
close_tunnel_timeout	定义了 ZigBee®服务器在关闭一个它自己的不活动的通道(不需要等待从 ZigBee®规范的客户端发出的 *CloseTunnel* 命令)并释放其资源之前等待的时间。 每接收一个命令,计时器重启。
注 2:*outcoming* 是不常用的,但在 ZigBee® 规范中普遍使用。	

5.15 接口类维护

5.15.1 新版本接口类

影响服务请求或响应传输的现有 IC 的任何修改导致新版本(版本::=版本+1),并应相应地记录。应遵守以下规定:

a) 添加新的属性和方法;

c) 已有的属性和方法被弃用,但是这些属性和方法的索引不会被其他属性和方法重新使用;

d) 如果这些规则不能满足,则添加新接口类。

ICs 的旧版本将通过将旧版本的 IC 移到第 7 章进行记录。

5.15.2 新接口类

DLMS UA 具有成为接口类唯一管理员的权利。

5.15.3 接口类撤销

除连接对象和逻辑设备名对象没有实例化,其他接口类在电表里也是必不可少的。即使不使用的接口类也不能从标准中撤销。它们的存在将确保已存在设备的兼容性。

6 与 OBIS 的关系

6.1 概述

本章详细说明了如何使用 COSEM 接口对象对各种数据项进行建模。

同时也规定了对象的逻辑名。命名系统基于 OBIS,对象标识系统:每个逻辑名都有一个 OBIS 编码。

OBIS 编码在以下章节中详细规定:

——6.2 规定了抽象 COSEM 对象的使用及其逻辑名,即对象与能源类型无关;

——6.3 详细规定了电力相关 COSEM 对象的使用和逻辑名;

——详细的 OBIS 代码分配在 GB/T 17215.661—2018 中规定。

除非有特殊规定,组值 B 的使用应当:

——如果只有一个对象被实例化,则组值 B 的值为 0;

——如果一个以上的对象在相同的物理设备中被实例化,组值 B 将会对其测量或适当的通信通道进行编号,从 1～64,通过字母“*b*”显示。

除非有特殊规定,组值 E 的使用将:

——如果只有一个对象被实例化,则组值 E 为 0;

——如果一个以上的对象在相同的物理设备中被实例化,则组值 E 将会对范例进行编号,从 0 到其需要的最大值。由字母“e”显示。对于分配的值,见 GB/T 17215.661—2018。

所有没有详细列出但是在制造商、公共部门及联盟特殊范围之外的编码为将来使用而保留。

6.2 抽象 COSEM 对象

6.2.1 值组 C 的应用

表 37 显示将组值 C 用于 COSEM 环境中的抽象对象,另见 GB/T 17215.661—2018,表 5。

表 37 组值 C 用于 COSEM 环境中的抽象对象

组值 C 抽象对象(A=0)	
0	通用 COSEM 对象
1	“Clock”接口类实例
2	“Modem configuration”及相关接口类实例
10	“Script table”接口类实例
11	“Special days table”接口类实例
12	“Schedule”接口类实例
13	“Activity calendar”接口类实例
14	“Register activation”接口类实例
15	“Single action schedule”接口类实例
16	“Register monitor”,“Parameter monitor”接口类实例
17	“Limiter”接口类实例
19	与计费计量相关的 COSEM 对象:“Account”,“Credit”,“Charge”,“Token gateway”
20	“IEC local port setup”接口类实例
21	标准读出定义
22	“IEC HDLC setup”接口类实例
23	“IEC twisted pair(1) setup”接口类实例
24	与 M-Bus 相关实例
25	“TCP-UDP setup”“IPv4 setup”“IPv6 setup”“MAC address setup” “PPP setup”“GPRS modem setup”“SMTP setup”“GSM diagnostic”“FTP setup” “Push setup”“NTP setup”“LTE monitoring”接口类实例..
26	使用 S-FSK PLC networks 进行数据交换的 COSEM 对象
27	GB/T 15629.2 LLC layer setup COSEM 对象
28	narrow-band OFDM PLC for PRIME networks 进行数据交换的 COSEM 对象

表 37（续）

组值 C 抽象对象(A=0)	
29	narrow-band OFDM PLC for G3-PLC networks 进行数据交换的 COSEM 对象
30	使用 ZigBee® 数据交换的 COSEM 对象
31	IC"Wireless Mode Q"(M-Bus)的实例
33	使用 HS-PLC ISO/IEC 12139-1 网络进行数据交换的 COSEM 对象
40	"Association SN/LN"接口类实例
41	"SAP assignment"接口类实例
42	COSEM 逻辑设备名
43	与安全相关的 COSEM 对象：IC"Security setup"和"Data protection"的实例
44	"Image transfer"和"Function control"接口类实例
65	"Utility tables"接口类实例
66	"Compact data"的实例
128～199	制造商自定义 COSEM 连接抽象对象
所有其他	保留

6.2.2 历史结算周期数据

COSEM 提供了三种代表历史计费周期值的机制。见图 29 和下面的描述：

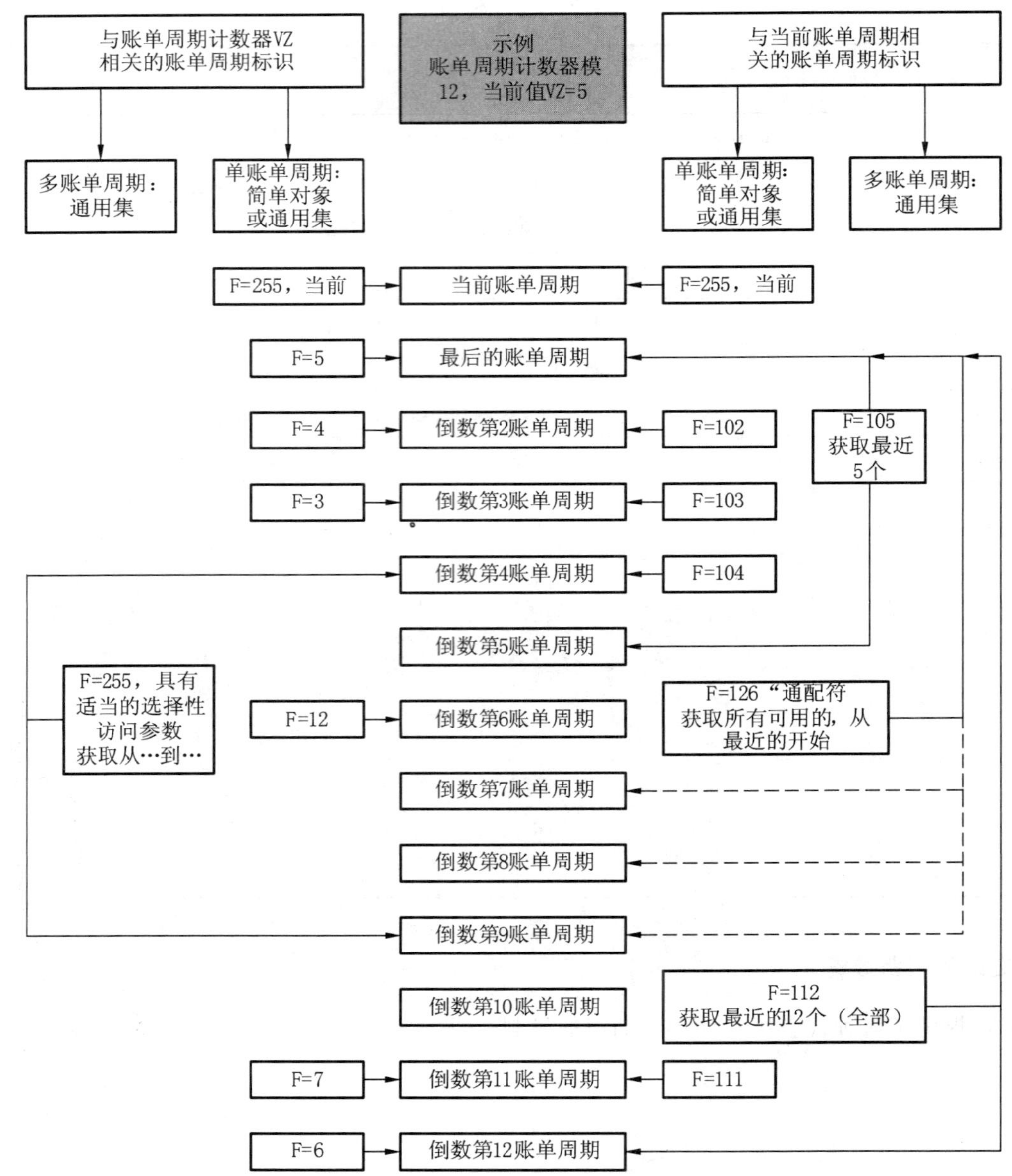

图 29 历史结算周期数据-举例：模块 12，VZ＝5

——单个历史结算周期值可以使用相似的接口类来表述当前结算周期的值。使用 F＝0～99，结算周期由结算周期计数器的值 VZ 来表述。F＝VZ 标识最新值，F＝VZ-1 标识第二个最新值，等等。F＝101～125 标识最近的，第二个最近的，…25 次最近的结算周期。（F＝255 标识当前的结算周期）。假如没有使用“Profile generic”对象的话，简单对象可只使用历史结算周期值来表述；

——单个历史结算周期值也可以使用“Profile generic”对象来表述，它是一个记录深度，并且包含历史值和存贮时标。结算周期采用 F＝0～99 来标识结算周期计数器 VZ 的值。F＝VZ 标识最新值，F＝VZ-1 标识第二个最新值，等等。F＝101 标识最近的结算周期；

——多个历史周期值用“Profile generic”对象表述，佐以合适的控制属性。采用 F＝102～105，第二个最近值…25 次最近值可被访问。F＝126 标识一个未指定次数的历史值；

——当历史结算周期值采用“Profile generic”对象表述时，两种不同结算周期方案可以被采用。结算周期方案由在简况中的的结算周期计数器对象标识。

6.2.3 结算周期值/复位计数器记录

这些值由“Data”接口类实例代表。

对于结算周期/复位计数器和可用的结算周期数的数据类型应为 *unsigned*、*long-unsigned*、*double-long-unsigned*。结算周期的时间标记，则数据类型应是 *double-long-unsigned*（在 UNIX 的时间的情况下），*octet-string* 或 *date-time* 见 4.6.1 指定的格式。

这些物体可能与能量类型有关—另见 6.3.3 和 GB/T 17215.661—2018，表 20（通道）。

当历史周期值由“Profile generic”对象表示，结算周期对象的时间标记应是捕获的对象的一部分。

结算周期值/复位计数器记录	IC	OBIS 标识					
		A	B	C	D	E	F
对于条目名和 OBIS 编码，见 GB/T 17215.661—2018，表 8。	1，数据[a]	0	*b*	0	1	*e*	255
[a] 在“Data”类无效的情况下，可以采用“Register”或“Extended register”类（量刚＝0，单位＝255）。							

6.2.4 其他抽象通用 OBIS 码

程序条目由“Data”接口类实例代表，其数据类型为 *unsigned*、*long-unsigned* 或 *octet-string*。

用于标识固件下列对象是可用的：

——当前的固件标识符对象保持当前当前固件的标识符；

——当前固件版本对象保持当前当前的固件版本；

注：固件版本可以区分有相同固件标识符，而不同发布版本的固件。

——当前的固件签名对象保持当前固件的数字签名。此处没有指定数字签名算法。

这三个要素与当前的固件有着千丝万缕的联系。

固件标识符可能也跟能量和通道类型有关时间条目值应由“Data”“Register”或“Extended register”接口类的实例来表示，其 Vlaue 属性的数据类型是字节串或 4.6.1 中规定的 *date-time* 格式。

详细的 OBIS 编码，见 GB/T 17215.661—2018，表 8。

抽象通用 OBIS 码	IC	OBIS 标识					
		A	B	C	D	E	F
程序条目	1，数据[a]	0	*b*	0	2	*e*	255
时间条目		0	*b*	0	9	*e*	255
[a] 如果“Data”接口类不可用，可以使用”Register”或”Extended register”类（量纲＝0，单位＝255）。							

6.2.5 时钟对象（class_id＝8）

“Clock”接口类实例（见 5.4.1）控制物理装置的系统时钟。

“UNIX clock”对象是接口类“Data”的实例，数据类型为 *double-long-unsigned*。它们持有自 1970-01-01 00:00:00 以来的秒数。

“High resolution clock”对象是接口类“Data”的实例，数据类型为 *long*64-*unsigned*。自从 1970-01-01 00:00:00 以来，它们持有微秒数。

时钟对象	IC	OBIS 标识					
		A	B	C	D	E	F
Clock	8,时钟	0	*b*	1	0	*e*	255
UNIX clock	1,数据[a]	0	*b*	1	1	*e*	255
High resolution clock	1,数据[a]	0	*b*	1	2	*e*	255
[a] 如果"Data"接口类不可用,可以使用"Register"或"Extended register"类(量纲=0,单位=255)。							

6.2.6 调制解调器配置和相关的对象

在这个组里,以下的对象是可用的:

——"Modem configuration"接口类实例(见 5.6.4)定义并控制一个通过 Modem 实现通信功能的装置的运行;

——"Auto connect"接口类实例(见 5.6.6)定义管理从计量设备给一个或多个目标发送信息和连接网络所必需的参数;

——"Auto answer"接口类实例(见 5.6.5)通过一个调制解调器和唤醒呼叫和消息实现自动应答处理,定义和控制装置运行。

调制解调器配置和相关对象	IC	OBIS 标识					
		A	B	C	D	E	F
Modem configuration	27,调制解调器配置	0	*b*	2	0	0	255
Auto connect	29,自动连接	0	*b*	2	1	0	255
Auto answer	28,自动应答	0	*b*	2	2	0	255

6.2.7 脚本表对象(class_id=9)

"Script table"接口类实例(见 5.4.2)控制装置运行。

预定义了几个接口类,通常以隐藏脚本形式出现,只有 *execute*( )方法时可获得。下表只包含列出脚本中"标准"范例的标识。这些脚本的具体实施实例应使用的值中数值组 D 为非零值。

——*MDI reset/End of billing period* 的"Script table"对象定义了在结算周期结尾处应执行的操作,如最大需量指示寄存器的复位及数据归档。如果还有其他可用结算周期方案,则对于每个结算周期方案需要有一个脚本体现在脚本数组里;

——*Tariffication* 的 "Script table"定义了费率条目点,该定义通过在公共部分范围内对其如何调用特殊费率情况的方法实行标准化;

——*Disconnect control* 的 "Script table"控制用于调用"Disconnect control"对象方法的脚本;

——*Image activation* 的"Script table"用于本地激活传输到服务器的映像,日期和时间由映像激活"Single action schedule"对象控制;

——*Push* 的"Script table"对象保持脚本来激活推送操作。通常脚本数组中的每个条目调用"Push setup"对象实例的推送方法;

——*Load profile control* 的"Script table"允许改变"Profile generic"对象的属性,例如:改变捕捉周期,从而延长时间控制;

——M-Bus *profile control* 的"Script table"允许改变与 M-Bus 相关的"Profile generic"对象的属性,例如 改变捕捉周期,从而延长时间控制;

——*Function control* 的“Script table”对象允许更改“Function control”对象；

——*Broadcast* 的“Script table”对象允许将广泛的条目点标准化为常用功能。

脚本表对象	IC	OBIS 标识					
		A	B	C	D	E	F
Global meter reset [a] Script table	9,脚本表	0	*b*	10	0	0	255
MDI reset/End of billing period [a] Script table		0	*b*	10	0	1	255
Tariffication Script table		0	*b*	10	0	100	255
Activate test mode [a] Script table		0	*b*	10	0	101	255
Activate normal mode [a] Script table		0	*b*	10	0	102	255
Set output signals Script table		0	*b*	10	0	103	255
Switch optical test output[b,c] Script table		0	*b*	10	0	104	255
Power quality measurement management Script table		0	*b*	10	0	105	255
Disconnect control Script table		0	*b*	10	0	106	255
Image activation Script table		0	*b*	10	0	107	255
Push Script table		0	*b*	10	0	108	255
Load profile control Script table		0	*b*	10	0	109	255
M-Bus profile control Script table		0	*b*	10	0	110	255
Function control Script table		0	*b*	10	0	111	255
Broadcast Script table		0	*b*	10	0	125	255

[a] 激活这些脚本执行调用 execute( )方法于相应的脚对象之一的脚本标识符。

[b] 光口测试输出切换到测量量 Y,激活测试模式需要执行采用 Y 作为参数的脚本表对象 0.x.10.0.104.255 的 execute( )方法;其中 Y 由 GB/T 17215.661—2018,表 5 给出。默认值 A 为 1(电)。

例如:在电能表的实例中,A=1,缺省地,execute(21)切换测试输出到表示相 1 的有功功率。

[c] 当此脚本有效时,光电口测试输出也可切换到默认值。

6.2.8 特殊假日表对象(class_id=11)

“Special days table”接口类实例(见 5.4.4)定义和控制设备在特定日期时钟控制日历功能的行为。

特殊假日表对象	IC	OBIS 标识					
		A	B	C	D	E	F
Special days table	11,特殊假日表	0	*b*	11	0	*e*	255

6.2.9 时间表对象(class_id=10)

“Schedule”接口类实例(见 5.4.3)定义和控制设备有序的操作。

时间表对象	IC	OBIS 标识					
		A	B	C	D	E	F
Schedule	10,时间表	0	*b*	12	0	*e*	255

6.2.10 活动日历对象(class_id=20)

"Activity calendar"接口类实例(见 5.4.5)基于日历的方法定义和控制设备操作。

活动日历对象	IC	OBIS 标识					
		A	B	C	D	E	F
Activity calendar	20,活动日历	0	*b*	13	0	*e*	255

6.2.11 寄存器激活对象(class_id=6)

"Register activation"接口类范例(见 5.2.5)用于处理不同费率结构。

寄存器激活对象	IC	OBIS 标识					
		A	B	C	D	E	F
Register activation	6,寄存器激活	0	*b*	14	0	*e*	255

6.2.12 单操作时间表对象(class_id=22)

"Single action schedule"接口类范例(见 5.4.7)控制装置运行,实现特定的实例应当使用数值组 D 内非 0 值。

通过调用"Push setup"对象的推送方法,推送"Single action schedule"对象实例激活推送"Script table"对象脚本。

负荷集合控制"Single action schedule"对象激活负荷控制"Script table"对象脚本,从而允许延长时间控制。

M-Bus 集合控制"Single action schedule"对象激活 M-Bus 控制"Script table"对象脚本,从而允许延长时间控制。

功能控制"Single action schedule"对象激活功能控制"Script table"对象脚本。

单操作时间表对象	IC	OBIS 标识					
		A	B	C	D	E	F
End of billing period Single action schedule	22,单操作时间表	0	*b*	15	0	0	255
Disconnect control Single action schedule		0	*b*	15	0	1	255
Image activation Single action schedule		0	*b*	15	0	2	255
Output control Single action schedule		0	*b*	15	0	3	255
Push Single action schedule		0	*b*	15	0	4	255
Load profile control Single action schedule		0	*b*	15	0	5	255
M-Bus profile control Single action chedule		0	*b*	15	0	6	255
Function control Single action schedule		0	*b*	15	0	7	255

6.2.13 寄存器监视器对象(class_id=21)

"Register monitor"接口类范例(见 5.4.6)控制设备寄存器监控功能。定义了受监控的值,该值要与设置的阀值进行比较,当超过阀值时要执行的操作。

通常情况下,可使用下表中显示的逻辑名。见 6.3.9 和 6.3.10。

Alarm monitor 对象监视 monitor *Alarm register* 或 *Alarm descriptor* 对象。

寄存器监视器对象	IC	OBIS 标识					
		A	B	C	D	E	F
Register monitor	21,寄存器监视器	0	*b*	16	0	*e*	255
Alarm monitor		0	*b*	16	1	0~9	255

6.2.14 参数监控对象(class_id=65)

"Parameter monitor"接口类的实例(见 5.4.10)控制设备的参数监控功能。其定义了要监视的参数列表,并保持上一次参数改变的标识和数值,*capture_time* 也同样。

参数监控对象	IC	OBIS 标识					
		A	B	C	D	E	F
Parameter monitor	65,参数监控	0	*b*	16	2	*e*	255

6.2.15 限定器对象(class_id=71)

"Limiter"接口类范例处理正常和紧急状态下的检测值,见 5.4.9。

限定器对象	IC	OBIS 标识					
		A	B	C	D	E	F
Limiter	71,限定器	0	*b*	17	0	*e*	255

6.2.16 数组管理器对象(class_id=123)

IC"Array manager"的实例(见 5.3.11)允许管理数组类型的 COSEM 接口对象属性。

数组管理器对象	IC	OBIS 标识					
		A	B	C	D	E	F
Array manager	123,数组管理器	0	*b*	18	0	*e*	255

6.2.17 付费计量相关的对象

支付账户可以应用于任何商品。

"Account"的一个实例(见 5.5.2)IC 持有给定合同的摘要信息,并列出该"Account"使用的"Credit"和"Charge"对象。如果在给定的语境中有多个"Account"是出于某种原因,则域 D 应为 0。

"Credit"IC 的一个或几个实例(见 5.5.3.4)代表不同的金额来源。

"Charge"IC 的一个或几个实例(见 5.5.4)代表了适用的不同收费。

"Token gateway"IC 的一个或多个实例(见 5.5.5)可以进入令牌。如果在单个"Account"中仅定义单个网关,则 OBIS 代码的域 E 应为零。如果在单个"Account"中有多个"Token gateway"对象出于任何原因,那么域 E 应该不是 0。

通过使用值组 D 和 B 域将"Account"与其连接的"Credit","Charge"和"Token gateway"对象相连接,使得具有 D=0 的"Account"应链接到"Token gateway"D=40,并且具有 D=10 的"Credit"对象和 D=20 的"Charge"对象。而具有 D=1 的"Account"应具有 D=41 的"Token gateway",D=11 的"Credit"对象和 D=21 等的"Charge"对象。多个"Credit"和"Charge"对象被标识在值组 E 域中使用不同的值。另见附注,其中描述了"Max credit_limit"和"Max vend limit"对象。

"profile generic"IC 的实例使用监视用于触发捕获的值的"Parameter Monitor"接口类来保持令牌信用和收费集合的历史记录。

付款计量相关的对象	IC	OBIS 标识					
		A	B	C	D	E	F
Account	111,账户	0	*b*	19	0..9	0	255
Credit	112,信用	0	*b*	19	10～19	*e*	255
Charge	113,收费	0	*b*	19	20～29	*e*	255
Token gateway	115,令牌网关	0	*b*	19	40～49	*e*	255
可配置限定对象							
Max credit limit	01,数据	0	*b*	19	50～59	1	255
Max vend limit	01,数据	0	*b*	19	50～59	2	255

6.2.18 IEC 本地端口设置对象(class_id=19)

该类对象定义和控制本地端口的运行,通过使用 IEC 62056-21:2002 中规定的协议。见 5.6.1。

IEC 本地端口设置对象	IC	OBIS 标识					
		A	B	C	D	E	F
IEC optical port setup	19,IEC 本地端口设置	0	*b*	20	0	0	255
IEC electrical port setup		0	*b*	20	0	1	255

6.2.19 标准读取配置文件对象(class_id=7)

如 IEC 62056-21:2002(模式 A 到 D,定义标准读出的一系列对象,见 5.2.6。

标准读取对象	IC	OBIS 标识					
		A	B	C	D	E	F
General local port readout	7,通用集	0	*b*	21	0	0	255
General display readout		0	*b*	21	0	1	255
Alternate display readout		0	*b*	21	0	2	255
Service display readout		0	*b*	21	0	3	255
List of configurable meter data		0	*b*	21	0	4	255
附加读出集合 1		0	*b*	21	0	5	255
……							
附加读出集合 n		0	*b*	21	0	N	255

标准读出“Data”对象的参数化可以被使用。

标准读取参数化对象	IC	OBIS 标识					
		A	B	C	D	E	F
Standard readout parametrization	1,数据	0	*b*	21	0	*e*	255

6.2.20 IEC HDLC 设置对象(class_id=23)

“IEC HDLC setup”接口类实例(见 5.6.2)保持基于数据链路层的 HDLC 参数。

IEC HDLC 设置对象	IC	OBIS 标识					
		A	B	C	D	E	F
IEC HDLC setup	23,IEC HDLC 设置	0	*b*	22	0	0	255

6.2.21 IEC 双绞线(1)设置对象(class_id=24)

IC“IEC twisted pair(1) set up”IC 的实例(见 5.6.3.2)存储管理 GB/T 17215.631—2018 中规定的通信配置文件所需的参数。

“MAC address setup”接口类的实例存储了从站地址 ADS。

“Data”接口类的实例存储致命错误寄存器。

IC“Profile generic”接口类实例的实例允许配置 GB/T 17215.631 读出列表。

IEC 双绞线设置和相关对象	IC	OBIS 标识					
		A	B	C	D	E	F
IEC twisted pair(1) setup	24,IEC 双绞线(1)设置	0	*b*	23	0	0	255
IEC twisted pair(1) MAC address setup	43,MAC 地址设置	0	*b*	23	1	0	255
IEC twisted pair(1) Fatal Error register	1,Data	0	*b*	23	2	0	255
GB/T 17215.631 Short readout	7,通用集	0	*b*	23	3	0	255
GB/T 17215.631Long readout		0	*b*	23	3	1	255
GB/T 17215.631 轮流读出配置文件 0		0	*b*	23	3	2	255
GB/T 17215.631 轮流读出配置文件 1		0	*b*	23	3	3	255
GB/T 17215.631 轮流读出配置文件 2		0	*b*	23	3	4	255
…							
GB/T 17215.631 轮流读出配置文件 7		0	*b*	23	3	9	255

对于 GB/T 17215.631 读出的参数化可以用“数据”的对象。

读取参数化对象标准	IC	OBIS 标识					
		A	B	C	D	E	F
GB/T 17215.631 读取参数	1,数据	0	*b*	22	3	*e*	255

6.2.22 通过 M-Bus 进行数据交换的相关对象

以下对象可用于使用 EN 13757 系列中指定的 M-Bus 协议建模和控制数据交换。

——“M-Bus slave port setup”接口类范例定义和控制 DLMS/COSEM 设备的 M-Bus 从端口行为。见 5.7.2；

——“M-Bus client”接口类范例用于将 DLMS/COSEM 设备配置为 M-Bus 客户端。对于每个 M-Bus 从属端都有一个 M-Bus 客户端对象。组值 B 标识了 M-Bus 通道。见 5.7.3；

——“M-Bus value”对象，“Extended register”接口类范例，保持从 M-Bus 通过相关通道从站捕获的数据。M-Bus 客户端设置对象和 M-Bus 值对象由通道序列号提供；

——“M-Bus Profile generic”对象最终跟随其他对象捕捉 M-Bus 值对象，而并非 M-Bus 特定对象；

——“M-Bus Disconnect control”对象控制 M-Bus 设备的断开设备(如气值)；

——“Wireless mode Q”接口类范例根据 EN13757-5:2015 的模式 Q 通信参数来定义和控制设备的行为，由多余一个网络地址的节点，即多模节点，会存在该类型的多个对象。见 5.7.4；

——“M-Bus control log”对象是“Profile generic”接口类的实例。他们记录断开设备的状态的变化；

——“M-Bus master port setup”接口类范例定义和控制 DLMS/COSEM 设备的 M-Bus 主端口运行，允许与 M-Bus 进行数据交换。见 5.7.5；

——使用 DLMS/COSEM 有线或无线 M-Bus 通信配置文件，在由 M-Bus 从设备托管的 DLMS/COSEM 服务器中使用 IC“DLMS/COSEM server M-Bus port setup”的实例。见 5.7.6；

——“M-Bus diagnostic”IC 的实例保持与 M-Bus 网络的操作有关的信息。见 5.7.7。

通过 M-Bus 数据交换的对象	IC	OBIS 标识					
		A	B	C	D	E	F
M-Bus slave port setup	25，M-Bus 从属端口设置	0	*b*	24	0	0	255
M-Bus client	72，M-Bus 客户端	0	*b*	24	1	0	255
M-Bus value	4，扩展寄存器	0	*b*	24	2	e[a]	255
M-Bus profile generic	7，通用集	0	*b*	24	3	e	255
M-Bus disconnect control	70，断开控制	0	*b*	24	4	0	255
M-Bus control log	7，通用集	0	*b*	24	5	0	255
M-Bus master port setup	74，M-Bus 主端口设置	0	*b*	24	6	0	255
Wireless Mode Q channel	73，无线模式 Q 通道	0	*b*	31	0	0	255
DLMS/COSEM server M-Bus port setup	76，DLMS/COSEM 服务器 M-Bus 端口设置	0	*b*	24	8	e[b]	255
M-Bus diagnostic	77，M-Bus 诊断	0	*b*	24	9	e[b]	255

[a] 根据 M-Bus 客户端对象的 *capture_definition* 属性中的 capture_definition_element 的索引，“e”等于捕获值的索引。

[b] 如果有多个 M-Bus 网络接口类存在，要给每个接口类实例化一个对象。比如，如果一个有两个接口类(有线 M-Bus 和无线 M-Bus)，其均使用了 DLMS/COSEM M-Bus 通信配置文件，需要给每个接口类都进行实例化。

6.2.23 通过网络设置数据交换的对象

在此组中,可以使用以下对象:

——"TCP-UDP setup"接口类实例(见 5.8.1)处理所有与基于通信配置文件的 TCP 和 UDP 层相关的信息,并指明负责使用 TCP-UDP 连接的 IP 层设置的 IP 设置对象;

——"IPv4 setup"接口类范例(见 5.8.2)处理所有连接到互联网基本通讯特性之 IPv4 的设置和基于 IP 连接的数据链路层设置之点到数据链路层设置对象处理的所有信息;

——"IPv6 setup"接口类实例(见 5.8.3)处理所有连接到互联网基本通讯特性之 IPv6 的设置和基于 IP 连接的数据链路层设置之点到数据链路层设置对象处理的所有信息;

——"MAC address setup"接口类实例(见 5.8.4)处理所有连接到基于互联网通讯特性的以太网数据链路层的设置的所有信息;

——"PPP setup"接口类实例(见 5.8.5)处理所有连接到基于互联网通讯特性之 PPP 数据链路层的设置的所有信息;

——"GPRS modem setup"接口类对象(见 5.6.7)处理所有连接 GPRS 调制解调器设置的所有信息;

——"SMTP setup"接口类对象(见 5.8.6)处理所有连接 SMTP 服务设置的所有信息;

注:以下对象有互联网相关 OBIS 码,虽然他们没有被严格限定在只能在互联网上应用。

——"GSM diagnostic"接口类实例(见 5.6.8)处理所有与 GSM/GPRS 网络有关的诊断信息;

——"Push setup"接口类实例(见 5.3.8)处理要推送的数据的所有信息,推送目标,方法和数据都应当推送;

——IC"NTP setup"实例(见 5.8.7)查看与 NTP 时间同步服务设置相关的所有信息;

——IC"LTE monitoring"的实例(见 5.6.9)允许监控 LTE 调制解调器。

通过 M-Bus 数据交换的对象	IC	OBIS 标识					
		A	B	C	D	E	F
TCP-UDP setup	41,TCP-UDP 设置	0	*b*	25	0	0	255
IPv4 setup	42,IPv4 设置	0	*b*	25	1	0	255
MAC address setup	43,MAC 地址设置	0	*b*	25	2	0	255
PPP setup	44,PPP 设置	0	*b*	25	3	0	255
GPRS modem setup	45,GPRS 调制解调器设置	0	*b*	25	4	0	255
SMTP setup	46,SMTP 设置	0	*b*	25	5	0	255
GSM diagnostic	47,GSM 诊断	0	*b*	25	6	0	255
IPv6 setup	48,IPv6 设置	0	*b*	25	7	0	255
保留(作 FTP 设置)							
Push setup	40,推送设置	0	*b*	25	9	0	255
NTP setup	100,NTP 设置	0	*b*	25	10	0	255
LTE monitoring	151,LTE 监控	0	*b*	25	11	0	255

6.2.24 使用 S-FSK PLC 设置数据交换的对象

在此组中,可以使用以下对象:

——“S-FSK Phy&MAC setup”接口类范例(见 5.9.3)处理与 DL/T 790.51—2002 中规定的设置 PLC S-FSK 底层属性相关的所有信息;

——“S-FSK Active initiator”接口类范例(见 5.9.4)处理与 DL/T 790.51—2002 中规定的 PLC S-FSK 底层属性激活启动器相关的信息;

——“S-FSK MAC synchronization timeouts”接口类范例(见 5.9.5)使用 DL/T 790.51—2002 中规定的 PLC S-FSK 底层属性,管理所有与设备同步过程相关的超时设定;

——“S-FSK MAC MAC counters”接口类范例(见 5.9.6)存储与 DL/T 790.51—2002 中规定的 PLC S-FSK 底层属性中帧交换、传输和重复相位相关的计数值;

——“DL/T 790.432—2004 LLC setup”接口类范例(见 5.9.7)处理与 DL/T 790.432—2004 规定的 LLC 层相关信息;

——“S-FSK Reporting system list”(见 5.9.8)处理 DL/T 790.51—2002 中规定的 PLC S-FSK 底层属性中报告系统相关的信息。

应用 S-FSK PLC 设置数据交换的对象	IC	OBIS 标识					
		A	B	C	D	E	F
S-FSK Phy&MAC setup	50,S-FSK 物理层&MAC 设置	0	*b*	26	0	0	255
S-FSK Active initiator	51,S-FSK 激活启动器	0	*b*	26	1	0	255
S-FSK MAC synchronization timeouts	52,S-FSKMAC 同步超时设定	0	*b*	26	2	0	255
S-FSK MAC counters	53,S-FSKMAC 计数器	0	*b*	26	3	0	255
注:此处为占位符用于要详细规定的监视器接口类							
DL/T 790.432 LLC setup	55,DL/T 790.432 LLC 设置	0	*b*	26	5	0	255
S-FSK Reporting system list	56,S-FSK 报表系统清单	0	*b*	26	6	0	255

6.2.25 设置 GB/T 15629.2 LLC 层对象

在此组中,可以使用以下对象:

——“GB/T 15629.2 LLC Type 1 setup”(见 5.10.2)处理与 GB/T 15629.2—2008 类型 1 运行的 LLC 层相关的所有信息;

——“GB/T 15629.2 LLC Type 2 setup”(见 5.10.3)处理与 GB/T 15629.2—2008 类型 2 运行的 LLC 层相关的所有信息;

——“GB/T 15629.2 Type 3 setup”(见 5.10.4)处理与 GB/T 15629.2—2008 类型 3 运行的 LLC 层相关的所有信息。

设置 GB/T 15629.2 LLC 层对象	IC	OBIS 标识					
		A	B	C	D	E	F
GB/T 15629.2LLC Type 1 setup	57,GB/T 15629.2LLC 层类型 1 设置	0	*b*	27	0	0	255
GB/T 15629.2LLC Type 2 setup	58,GB/T 15629.2LLC 层类型 2 设置	0	*b*	27	1	0	255
GB/T 15629.2LLC Type 3 setup	59,GB/T 15629.2LLC 层类型 3 设置	0	*b*	27	2	0	255

6.2.26 使用用于 PRIME 网络的窄带 OFDM PLC 进行数据交换的对象

用于设置和管理使用窄带 OFDM PLC 的 PRIME 网络数据交换的每个以下类的一个实例应为每个接口类实例化：

——“DL/T 790.432 LLC SSCS setup”的一个实例(见 5.11.3)保持与 CL_432 层相关的地址；

——“PRIME NB OFDM PLC Physical layer counters”的一个实例(见 5.11.5)保持着与物理层交换相关的计数器；

——“PRIME NB OFDM PLC MAC setup”的一个实例(见 5.11.6)保持设置 PRIME NB OFDM PLC MAC 层的必要的参数；

——“PRIME NB OFDM PLC MAC functional parameters”接口类的一个实例(见 5.11.7)提供关于 MAC 层的功能行为方面的特定信息；

——“PRIME NB OFDM PLC MAC counters”接口类的一个实例(见 5.11.8)存储 MAC 层为管理用的操作的统计信息；

——“PRIME NB 的 OFDM PLC MAC network administration data” 接口类的一个实例(见 5.11.9)保持与连网的设备的管理有关的参数；

——“MAC address setup”接口类的一个实例-保持设备的 MAC 地址。见 5.11.10；

——“PRIME NB OFDM PLC Application identification” 接口类的一个实例(见 5.11.11)保持与 PRIME NB OFDM PLC 设备的管理和维护有关的标识信息。

使用 PRIME NB OFDM PLC 交换数据的对象	IC	OBIS 标识					
		A	B	C	D	E	F
DL/T 790.432 LLC SSCS setup	80,DL/T 790.432 LLC SSCS 设置	0	*b*	28	0	0	255
PRIME NB OFDM PLC Physical layer counters	81,PRIME NB OFDM PLC 物理层计数器	0	*b*	28	1	0	255
PRIME NB OFDM PLC MAC setup	82,PRIME NB OFDM PLC MAC 设置	0	*b*	28	2	0	255
PRIME NB OFDM PLC MAC functional parameters	83,PRIME NB OFDM PLC MAC 功能参数	0	*b*	28	3	0	255
PRIME NB OFDM PLC MAC counters	84,PRIME NB OFDM PLC MAC 计数器	0	*b*	28	4	0	255
PRIME NB OFDM PLC MAC network administration data	85,PRIME NB OFDM PLC MAC 网络管理数据	0	*b*	28	5	0	255
PRIME NB OFDM PLC MAC address setup	43,MAC 地址设置	0	*b*	28	6	0	255
PRIME NB OFDM PLC Application identification	86,PRIME NB OFDM PLC 应用标识	0	*b*	28	7	0	255

6.2.27 使用窄带 OFDM PLC 的 G3-PLC 网络进行数据交换的对象

用于设置和管理使用 G3-PLC 协议数据交换，每个以下的类的一个实例应为每个接口实例化：

——接口类“G3-PLC MAC layer counters”的一个实例(见 5.12.3)用来存储与 MAC 层交换相关的计数器；

——接口类“G3-PLC MAC setup”的一个实例(见 5.12.4)保持必要的参数来设置 G3-PLC MAC IEEE802.15.4-2006 层；

——接口类“G3-PLC 6LoWPAN adaptation layer setup”的一个实例(见 5.12.5)保持必要的参数来设置的适配层。

使用 G3-PLC 进行数据交换的对象	IC	OBIS 标识					
		A	B	C	D	E	F
G3-PLC MAC layer counters	90,G3-PLC MAC 层计数器	0	*b*	29	0	0	255
G3-PLC MAC setup	91,G3-PLC MAC 设置	0	*b*	29	1	0	255
G3-PLC 6LoWPAN adaptation layer setup	92,G3-PLC 6LoWPAN 适配层设置	0	*b*	29	2	0	255

6.2.28 ZigBee® 设置对象

以下对象可以用来设置和管理 ZigBee® 网络,另见 5.14。

对象设置和管理 ZigBee® 网络	IC	OBIS 标识					
		A	B	C	D	E	F
ZigBee® SAS startup	101,ZigBee® SAS 启动	0	*b*	30	0	*e*	255
ZigBee® SAS join	102,ZigBee® SAS 加入	0	*b*	30	1	*e*	255
ZigBee® SAS APS fragmentation	103,ZigBee® SAS APS 碎片	0	*b*	30	2	*e*	255
ZigBee® network control	104,ZigBee® 网络控制	0	*b*	30	3	*e*	255
ZigBee® tunnel setup	105,ZigBee® 通道设置	0	*b*	30	4	*e*	255

6.2.29 使用 HS-PLC ISO/IEC 12139-1 进行数据交换的对象网络

对于使用 HS-PLC ISO/IEC 12139-1 网络建立和管理数据交换,每个接口应实施下列类别的一个实例:

——IC"HS-PLC ISO/IEC 12139-1 MAC setup"的实例(见 5.13.2)持有设置 MAC 层的必要参数;

——IC"HS-PLC ISO/IEC 12139-1 CPAS setup"实例(见 5.13.3)具有设置 CPAS 的必要参数;

——IC"HS-PLC ISO/IEC 12139-1 IP SSAS setup"的一个实例(见 5.13.4)拥有设置 IP SSAS 的必要参数;

——IC"HS-PLC ISO/IEC 12139-1 HDLC SSAS setup"的实例(见 5.13.5)保持用于设置 HDLC SSAS 的必要参数。

使用 HS-PLC ISO/IEC 12139-1 进行数据交换的对象网络	IC	OBIS 标识					
		A	B	C	D	E	F
HS-PLC ISO/IEC 12139-1 MAC setup	140, HS-PLC ISO/IEC 12139-1 MAC 设置	0	*b*	33	0	0	255
HS-PLC ISO/IEC 12139-1 CPAS setup	141, HS-PLC ISO/IEC 12139-1 CPAS 设置	0	*b*	33	1	0	255

使用 HS-PLC ISO/IEC 12139-1 进行数据交换的对象网络	IC	OBIS 标识					
		A	B	C	D	E	F
HS-PLC ISO/IEC 12139-1 IP SSAS setup	142，HS-PLC ISO/IEC 12139-1 IP SSAS 设置	0	*b*	33	2	0	255
HS-PLC ISO/IEC 12139-1 HDLC SSAS setup	143，HS-PLC ISO/IEC 12139-1 HDLC SSAS 设置	0	*b*	33	3	0	255

6.2.30 连接对象(class_id＝12,15)

一系列“Association SN/LN”对象(见 5.3.3,5.3.4)可用于模拟 DLMS/COSEM 客户端和服务器端的应用连接。

连接对象	IC	OBIS 标识					
		A	B	C	D	E	F
当前连接	12,连接 SN 15,连接 LN	0	0	40	0	0	255
连接范例 1		0	0	40	0	1	255
……							
连接范例 n		0	0	40	0	n	255

6.2.31 SAP 分配对象(class_id＝17)

“SAP assignment”接口类范例(见 5.3.5)保持物理设备中逻辑设备的地址信息(服务条目点，SAPs)。

SAP 分配对象	IC	OBIS 标识					
		A	B	C	D	E	F
SAP assignment of current physical device	17,SAP 分配	0	0	41	0	0	255

6.2.32 COSEM 逻辑设备名对象

每个 COSEM 逻辑设备由其全球唯一的逻辑设备名标识,见 4.8.2。逻辑设备名由“Data” 或 “Register”对象的 *Value* 属性保持,采用 octet-string 或 visible-string 数据类型。对于短名引用,对象的 base_name 是固定的见 4.3。

COSEM 逻辑设置名对象	IC	OBIS 标识					
		A	B	C	D	E	F
COSEM logical device name	1,Data[a]	0	0	42	0	0	255
[a] 在“Data”类无效的情况下,可以采用“Register”类(量纲＝0,单位＝255)。							

6.2.33 信息安全相关对象

“Security setup”接口类范例(见 5.3.7)用于设置信息安全特征。对于每个连接对象,有一个安全设置对象在 AA 中管理安全。见 7.4 和 7.5。组值 E 对这些范例进行的编号。

安全设置对象	IC	OBIS 标识					
		A	B	C	D	E	F
Security setup	64,安装设置	0	0	43	0	*e*	255

帧计数器对象控制初始矢量的帧计数器元素。他们是"Data"接口类的实例。数值组 B 的值标识了通信通道号。

注：相同的客户端可能会使用不同的通信通道,即远程端口和本地端口。不同通道上的帧计数器可不同。

数值组 E 中的值与相关的"Security setup"对象中的逻辑名相同。

调用计数器对象	IC	OBIS 标识					
		A	B	C	D	E	F
Invocation counter	1,Data[a]	0	0	43	1	*e*	255
注：在此标准的早期版本中,这些对象称为帧计数器对象。							
[a] 在"Data"类无效的情况下,可以采用"Register"类(量刚=0,单位=255)。							

IC"Data protection"(见 5.3.9)的实例用于对 COSEM 数据应用/删除保护,即属性值集合,方法调用和返回参数。数值组 E 对实例进行编号。

数据保护对象	IC	OBIS 标识					
		A	B	C	D	E	F
Data protection	30,数据保护	0	0	43	2	*e*	255

6.2.34 映像传输对象(class_id=18)

"Image transfer"接口类范例(见 5.3.6)控制映像传输过程。

映像传输相关对象	IC	OBIS 标识					
		A	B	C	D	E	F
Image transfer	18,映像传输	0	0	44	0	*e*	255

6.2.35 功能控制对象(class_id=122)

IC"Function control"的实例(见 5.3.10)允许在服务器中启用和禁用功能。

功能控制对象	IC	OBIS 标识					
		A	B	C	D	E	F
Function control	122,功能控制	0	0	44	1	*e*	255

6.2.36 公用事业表对象(class_id=26)

"Utility tables"接口类范例(见 5.2.7)允许展示 ANSI 公用事业表。公用事业表 ID 映射到 OBIS 如下编码：

——数值组 A:采用值 0 指定抽象对象；

——数值组 B:范例表组；

——数值组 C:采用值 65(标示公用事业表的特殊定义);
——数值组 D:表组选择器;
——数值组 E:组内表标号;
——数值组 F:利用值 0xFF 用于当前结算周期数据。

公用事业表对象	IC	OBIS 标识					
		A	B	C	D	E	F
标准表 0～127	26,公用事业表	0	*b*	65	0	*e*	255
标准表 128～255		0	*b*	65	1	*e*	255
……							
标准表 1920～2047		0	*b*	65	15	*e*	255
制造商表 0～127		0	*b*	65	16	*e*	255
制造商表 128～255		0	*b*	65	17	*e*	255
……							
制造商表 1920～2047		0	*b*	65	31	*e*	255
标准挂起表 0～127		0	*b*	65	32	*e*	255
标准表 128～255		0	*b*	65	33	*e*	255
……							
标准挂起表 1920～2047		0	*b*	65	47	*e*	255
Mfg 挂起表 0～127		0	*b*	65	48	*e*	255
Mfg 挂起表 128～255		0	*b*	65	49	*e*	255
……							
Mfg 挂起表 1920～2047		0	*b*	65	63	*e*	255

6.2.37 压缩数据对象(class_id=62)

“Compact data”对象(见 5.2.10.1)存储数据和元数据,因此可以减少开销。

压缩数据对象	IC	OBIS 标识					
		A	B	C	D	E	F
Compact data	62,压缩数据	0	*b*	66	0	*e*	255

6.2.38 设备 ID 对象

一系列对象用来保持设备标识号。这些设备标识号可由制造商确定(制造商编号)或由用户确定。

标识号由“Data”接口类对象的 *Value* 属性保持,其数据类型是 *double-long-unsigned*,*octet-string*,*visible-string*,*utf8-string*,*unsigned*,*long-unsigned*。若使用一个以上标识号,则允许将它们整合成一个“Profile generic”接口类对象。在这种情况下,捕获对象是“Data”对象的设备标识号的值属性,俘获周期是 1,有实际值。排序方法是 FIFO,集合条数限定为 1。或者,可以使用“Register table”对象(见 5.2.8)。也可见 GB/T 17215.661—2018,表 8。

<table>
<tr><th rowspan="2">设备标识符</th><th rowspan="2">IC</th><th colspan="6">OBIS 标识</th></tr>
<tr><th>A</th><th>B</th><th>C</th><th>D</th><th>E</th><th>F</th></tr>
<tr><td>设备 ID1～10 对象(制造商号)</td><td>1,Data[a]</td><td>0</td><td>b</td><td>96</td><td>1</td><td>0～9</td><td>255</td></tr>
<tr><td>设备 ID-s 对象</td><td>7,通用集</td><td>0</td><td>b</td><td>96</td><td>1</td><td>255</td><td>255</td></tr>
<tr><td>设备 ID-s 对象</td><td>61,寄存器表</td><td>0</td><td>b</td><td>96</td><td>1</td><td>255</td><td>255</td></tr>
<tr><td colspan="8">[a] 在“Data”类无效的情况下,可以采用”Register”或“Extended register”类(量刚=0,单位=255)。</td></tr>
</table>

6.2.39 计量点 ID 对象

一个对象可以用来存贮媒介类型的独立测量点标识符。它采用“Data”接口类的 *value* 属性存贮,其数据类型为 *double-long-unsigned*、*octet-string*、*visiblestring*、*utf8-string*、*unsigned*、*long-unsigned*。

<table>
<tr><th rowspan="2">计量点 ID 对象</th><th rowspan="2">IC</th><th colspan="6">OBIS 标识</th></tr>
<tr><th>A</th><th>B</th><th>C</th><th>D</th><th>E</th><th>F</th></tr>
<tr><td>Metering point ID</td><td>1,Data[a]</td><td>0</td><td>b</td><td>96</td><td>1</td><td>10</td><td>255</td></tr>
<tr><td colspan="8">[a] 在“Data”类无效的情况下,可以采用“Register”或“Extended register”类(量刚=0,单位=255)。</td></tr>
</table>

6.2.40 参数变化及校准对象

一组简单 COSEM 对象描述装置的历史配置。所有的值由”数据”接口类规范。

<table>
<tr><th rowspan="2">参数变化对象</th><th rowspan="2">IC</th><th colspan="6">OBIS 标识</th></tr>
<tr><th>A</th><th>B</th><th>C</th><th>D</th><th>E</th><th>F</th></tr>
<tr><td>对于名称和 OBIS 编码见
GB/T 17215.661—2018,表 8</td><td>1,Data[a]</td><td>0</td><td>b</td><td>96</td><td>2</td><td>e</td><td>255</td></tr>
<tr><td colspan="8">[a] 在“Data”类无效的情况下,可以采用“Register”或“Extended register”类(量刚=0,单位=255)。</td></tr>
</table>

6.2.41 I/O 控制信号对象

一系列对象定义和控制物理计量设备的输入/输出端口状态。

状态由“Data”接口类一个范例的 *Value* 属性规定,数据类型为 *octet-string* 或 *bitstring*。或者,状态也可保持为“Status mapping”对象,见 5.2.9,保持状态字以及它们的位图到引用表。假如有若干个 I/O 控制状态对象,允许将它们整合成“Profile generic”或“Register table”接口类范例,使用输入/输出控制信号对象整体状态字的 OBIS 编码。OBIS 编码见 GB/T 17215.661—2018,表 8。

<table>
<tr><th rowspan="2">I/O 控制信号对象</th><th rowspan="2">IC</th><th colspan="6">OBIS 标识</th></tr>
<tr><th>A</th><th>B</th><th>C</th><th>D</th><th>E</th><th>F</th></tr>
<tr><td>I/O 控制信号对象,内容制造商规定</td><td>1,Data[a]</td><td>0</td><td>b</td><td>96</td><td>3</td><td>0～4</td><td>255</td></tr>
<tr><td>I/O 控制信号对象,内容映射到引用表</td><td>63,状态映射</td><td>0</td><td>b</td><td>96</td><td>3</td><td>0～4</td><td>255</td></tr>
<tr><td>I/O 控制信号对象,全球通用</td><td>7,通用集或
61,寄存器表</td><td>0</td><td>b</td><td>96</td><td>3</td><td>0</td><td>255</td></tr>
<tr><td colspan="8">[a] 在“Data”类无效的情况下,可以采用“Register”或“Extended register”类(量刚=0,单位=255)。</td></tr>
</table>

6.2.42 断开控制对象(class_id=70)

"Disconnect control"接口类范例(见 5.4.8)管理内部或外部断开单元(如电子断路器,气阀)来连接或断开(局部或全部)在客户到/从供应商的前提下。见 6.2.22。

断开控制对象	IC	OBIS 标识					
		A	B	C	D	E	F
Disconnect control	70,断开控制	0	*b*	96	3	10	255

6.2.43 仲裁对象(class_id=68)

IC"Arbitrator"的实例(见 5.4.12)被使用。

仲裁对象	IC	OBIS 标识					
		A	B	C	D	E	F
通用仲裁员	68,仲裁员	0	*b*	96	3	20~29	255

6.2.44 内部控制信号状态对象

一系列对象保持内部控制信号的状态。

状态以位图形式传递二进制信息,并且用"Data"对象的 *value* 属性保持,采用 *bit-string*, *unsigned*, *long-unsigned*, *double-long-unsigned*, *long64-unsigned or octet-string* 数据类型。或者,状态也可采用"Status mapping"对象保持状态字并且映射其位图到引用表,见 5.2.9。假如使用若干个内部控制信号对象的状态,允许整合为一个"Profile generic"或"Register table"接口类范例,使用内部控制信号对象整体状态的 OBIS 编码。OBIS 编码参见 GB/T 17215.661—2018,表 8。

内部控制信号对象	IC	OBIS 标识					
		A	B	C	D	E	F
内部控制信号,内容制造商规定	1,Data[a]	0	*b*	96	4	0…4	255
内部控制信号,内容映射到引用表	63,状态映射	0	*b*	96	4	0…4	255
内部控制信号,全球通用	7,通用集或 61,寄存器表	0	*b*	96	4	0	255

[a] 在"Data"类无效的情况下,可以采用"Register"或"Extended register"类(量刚=0,单位=255)。

6.2.45 内部运行状态对象

一系列对象保持内部运行状态。

状态以位图形式传递二进制信息,并且用"Data"对象的 *value* 属性保持,采用 *bit-string*, *unsigned*, *long-unsigned*, *double-long-unsigned*, *long64-unsigned or octet-string* 数据类型。或者,状态也可采用"Status mapping"对象保持状态字和映射其位图到引用表,见 5.2.9。假如使用若干个内部控制信号对象的状态,允许整合为一个"Profile generic"或"Register table"接口类范例,使用整体的"Internal operating status"对象的 OBIS 编码。见 GB/T 17215.661—2018,表 8。

内部运行状态对象	IC	OBIS 标识					
		A	B	C	D	E	F
内部控制信号对象,内容制造商规定	1,Data[a]	0	*b*	96	5	0…4	255
内部控制信号对象,内容映射到引用表	63,状态映射	0	*b*	96	5	0…4	255
内部控制信号对象,全球通用	7,通用集或 61,寄存器表	0	*b*	96	5	0	255
[a] 在"Data"类无效的情况下,可以采用"Register"类或"Extended register"类(量刚=0,单位=255)。							

内部运行状态字对象也可连接到一个能量类型。见 6.3.7。

6.2.46 电池项参数对象

一系列对象可用于保持相关设备电池的信息。这些对象是"Data""Register"或"Extended register"接口类的适当的实例。

电池项参数对象	IC	OBIS 标识					
		A	B	C	D	E	F
对于名称和 OBIS 编码见 GB/T 17215.661—2018,表 8	1,数据,3,寄存器或 4,扩展寄存器	0	*b*	96	6	0～6	255

6.2.47 电源故障监控对象

一系列对象可用于监视电源故障:

——对于简单电源故障监视,可能计算影响到三相中的所有相或一相及辅助电源的电源故障事件的数目;

——进一步的电源故障监视,定义一个时间阈值以区别短时和长期的电源故障,可分别独立记录短期断电长期断电事件,同时也可以存储所有三相及其中任意一相故障发生时间及持续时间(掉电到上电的时间);

——电源故障事件对象次数表示为"Data""Register"或"Extended register"接口类范例对象,采用数据类型 *unsigned*,*long-unsigned*,*double-longunsigned* 或 *long64-unsigned*;

——电源故障持续期间、时间和时间阈值数据,由"Data""Register"或"Extended register"接口类范例并采用合适的数据类型表示;

——假如电源故障持续时间对象采用"Data"接口类范例表示,则缺省倍率为 0 并且缺省单位为秒。

电源故障监控对象	IC	OBIS 标识					
		A	B	C	D	E	F
对于名称和 OBIS 编码见 GB/T 17215.661—2018,表 8	1,数据,3,寄存器或 4,扩展寄存器	0	*b*	96	7	0～21	255

这些对象可收集于"Power failure event log"对象。OBIS 编码见 GB/T 17215.661—2018,表 23。

6.2.48 运行时间对象

一系列对象可用于保持累积运行时间和设备的各种费率寄存器。这些对象是"Data""Register"或"Extended register"接口类的范例,数据类型为合适的范围和单位的 *unsigned*、*long-unsigned* 或 *double-long-unsigned*。假如采用"Data"接口类,则默认单位为秒。

运行时间对象	IC	OBIS 标识					
		A	B	C	D	E	F
对于名称和 OBIS 编码见 GB/T 17215.661—2018,表 8	1,数据,3,寄存器或 4,扩展寄存器	0	*b*	96	8	0～63	255

6.2.49 环境相关参数对象

一系列对象可用于存储环境相关参数。它们由接口类范例"Register"或"Extended register"的 *value* 属性,采用适合的数据类型保持。

环境相关参数对象	IC	OBIS 标识					
		A	B	C	D	E	F
对于名称和 OBIS 编码见 GB/T 17215.661—2018,表 8	3,寄存器或 4,扩展寄存器	0	*b*	96	9	0～2	255

6.2.50 状态寄存器对象

一系列对象可用于保持载入概要的状态。见 GB/T 17215.661—2018,表 8。

状态寄存器对象	IC	OBIS 标识					
		A	B	C	D	E	F
Status register,内容制造商定义	1,Data[a]	0	*b*	96	10	1～10	255
Status register,内容映射到引用表	63,状态映射	0	*b*	96	10	1～10	255
[a] 在"Data"类无效的情况下,可以采用"Register"或"Extended register"类(量刚=0,单位=255)。							

状态寄存器由"Data"对象的值属性保持,采用数据类型为 *bit-string*、*unsigned*、*long-unsigned*、*double-long-unsigned*、*long64-unsigned* 或 *octet-string*。状态位图承载了二进制信息,其内容没有详细规定。

或者,状态寄存器也可采用"Status mapping"对象的 *status_word* 属性来保持,见 5.2.9。*mapping_table* 属性保持状态词和相关表条目之间的位映射信息。

6.2.51 事件编码对象

在计量设备或其环境中,可产生很多事件。一系列对象可用于保持最近事件的标识符(事件编码)。不同事件编码对象的范例可通过不同事件日志进行捕获,见 6.2.61。

注:事件标识符的定义不在本文件范围之内。

事件编码对象	IC	OBIS 标识					
		A	B	C	D	E	F
对于名称和 OBIS 编码见 GB/T 17215.661—2018,表 8	1,数据;3,寄存器或 4,扩展寄存器	0	*b*	96	11	0～99	255

事件同样可以在出错寄存器和警告寄存器中设置标记,见 6.2.59。

6.2.52 通信端口日志参数对象

一系列对象可用于保持各种通信日志参数,由"Data""Register""Extended register"的实例展示。

通信端口日志参数对象	IC	OBIS 标识					
		A	B	C	D	E	F
对于名称和 OBIS 编码见 GB/T 17215.661—2018,表 8	1,数据;3,寄存器或 4,扩展寄存器	0	*b*	96	12	0～6	255

6.2.53 用户消息对象

一系列对象可用于存储发送到能源终端用户的信息。信息会在电表的显示器上显示或者在用户信息端口显示。

用户消息对象	IC	OBIS 标识					
		A	B	C	D	E	F
对于名称和 OBIS 编码见 GB/T 17215.661—2018,表 8	1,数据;3,寄存器或 4,扩展寄存器	0	*b*	96	13	0,1	255

6.2.54 当前有效费率对象

一系列对象可用于保持当前有效费率标识。这些对象承载与相关"Register activation"对象的 *active_mask* 属性相同的信息。

当前有效费率对象	IC	OBIS 标识					
		A	B	C	D	E	F
对于名称和 OBIS 编码见 GB/T 17215.661—2018,表 8	1,数据;3,寄存器或 4,扩展寄存器	0	*b*	96	14	0～15	255

6.2.55 事件计数器对象

一系列对象可用于计数事件。事件的编号由值属性保持。

事件计数对象	IC	OBIS 标识					
		A	B	C	D	E	F
对于名称和 OBIS 编码见 GB/T 17215.661—2018,表 8	1,数据;3,寄存器或 4,扩展寄存器	0	*b*	96	15	0～99	255

6.2.56 配置文件条目数字签名对象

"Data","Register"或"Extended register"对象的实例保持"Profile generic"对象缓冲区输入的电子签名。如果"Profile generic"对象的 *capture_object* 属性包含对"Profile entry digital signature"对象的引用,则与其他属性值一起计算并捕获数字签名。

安全语境由在同一个 AA(object_list)中可见的"Security setup"对象确定。

注:当访问条目时,可以捕获条目或"on the fly"时生成数字签名。

配置文件条目数字签名对象	IC	OBIS 标识					
		A	B	C	D	E	F
对于名称和 OBIS 编码见 GB/T 17215.661—2018,表 8	1,数据,3,注册或 4,扩展寄存器	0	*b*	96	16	0～9	255

6.2.57 仪表篡改事件相关对象

一系列的对象都可以记录不同的电表篡改事件的特征。这些对象是“Data”，“Register”或“Extended register”的实例。数据类型应是 *unsigned*、*long-unsigned* 或 *double-long-unsigned*，并具有适当的规格和单位。对于时间标记，数据类型应是 *double-long-unsigned*（在 UNIX 时间的情况下）、*octet-string* 或在 4.6.1 指定的 *date-time* 格式。

——开表盖事件与表盖打开时有关的事件；

——开端子盖事件与端子盖被移除(打开)有关的事件；

——倾斜事件与表不在它正常操作位置有关的事件；

——强直流磁场事件与强磁场出现被检测到时有关的事件；

——电表篡改事件与由于感知篡改而检测到计量器具被不正常操作的情况有关的事件；

——通信篡改事件与由于感知篡改而检测到通信接口有不正常操作的情况有关的事件。

检测各种篡改的方法已超出本文件规范的范围。

仪表篡改事件相关对象	IC	OBIS 标识					
		A	B	C	D	E	F
对于名称和 OBIS 编码见 GB/T 17215.661—2018，表 8	1，数据，3，注册或 4，扩展寄存器	0	*b*	96	20	*e*	255

6.2.58 故障寄存器对象

系列对象可用于传输设备出错信息标志。不同故障寄存器值由“Data”接口类对象的值属性保持，数据类型为 *bit-string*、*octet-string*、*unsigned*、*long-unsigned*、*double-long-unsigned* 或 *long64-unsigned*。

出错寄存器的单个字节位可由事件预先定义的选择器来进行置位和清零(见 6.2.51)。取决于故障类型，一些故障会在置位出错标识的原因消失时自动清零。

若使用若干个对象，则允许将它们整合进一个“Profile generic”接口类范例。在这种情况下，捕获对象是“Data”对象的 *Value* 属性，捕获周期是 1 且具有实效值，排序方法是 FIFO，集合条目限于 1。或者，也可使用“Register table”接口类范例。

故障寄存器与能量类型和通道有连接。见 GB/T 17215.661—2018，6.2 和 7.5.2。

故障寄存器对象	IC	OBIS 标识					
		A	B	C	D	E	F
Error register1～10 对象	1，Data[a]	0	*b*	97	97	0～9	255
Error profile 对象	7，通用集	0	*b*	97	97	255	255
Error table 对象	61，寄存器表	0	*b*	97	97	255	255
[a] 在“Data”类无效的情况下，可以采用“Register”或”Extended register”类(量刚＝0，单位＝255)。							

6.2.59 警告寄存器、警报滤波器和报警描述对象

一系列对象可用于控制警告寄存器。不同的警告寄存器由“Data”的值属性保持，数据类型为 *bit-string*，*octet-string*，*unsigned*，*long-unsigned*，*double-long-unsigned* 或 *long64-unsigned*。当选取的事件发生时，他们置位相应标志，并且装置会有警报响起。警报标识不会进行自身复位，它们只可通过写值属性进行复位。

若使用若干个对象,则允许将它们整合进一个“Profile generic”接口类范例。在这种情况下,捕获对象是“Data”对象的 *value* 属性,捕获周期是1且具有实效值,排序方法是先入先出,集合条目限于1。另外,也可使用“Register table”接口类范例。

Alarm filter 对象可用于定义事件出现时是否将事件作为警报器处理。不同警报滤波器由“Data”值属性控制,数据类型为 *bit-string*,*octet-string*,*unsigned*,*long-unsigned*,*double-long-unsigned* 或 *long64-unsigned*。位标记与相关的警报寄存器对象有相同的结构。如果一个警报滤波器中的字节被设置了,则相应的警报可使用,否则处于不可使用状态。*Alarm filter* 对象以相同的方式作用于 *Alarm register* 和 *Alarm descriptor* 对象。

Alarm descriptor 对象可用来持久地容纳警报的发生。不同的警报描述符是相同的类型的相应 *Alarm register*。当一个选定的事件发生时,对应的标志设定在 *Alarm register* 以及在 *Alarm descriptor* 对象。报警描述符标志即使相应警报状况已经消失了仍保持设置。报警描述标志不重置自己;只能通过写值属性进行重置。

注:报警情况,*Alarm register*/*Alarm filter*/*Alarm descriptor* 对象的结构都从属于同样规范。

警告寄存器,警报滤波器和报警描述对象	IC	OBIS 标识					
		A	B	C	D	E	F
Alarm register 对象 1～10	1,Data[a]	0	*b*	97	98	0～9	255
Alarm register profile 对象	7,通用集	0	*b*	97	98	255	255
Alarm register table 对象	61,寄存器表	0	*b*	97	98	255	255
Alarm filter 对象 1～10	1,Data[a]	0	*b*	97	98	10～19	255
Alarm descriptor 对象 1～10	1,Data[a]	0	*b*	97	98	20～29	255
[a] 在“Data”类无效的情况下,可以采用“Register”或“Extended register”类(量刚=0,单位=255)。							

6.2.60 通用列表对象

“Profile generic”接口类范例对象用作任何种类数据的模型化列表,例如测量值,常数,状态,事件,等等。所用模型为“Profile generic”对象。他们都由“Profile generic”对象进行建模,定义了一个标准的结算周期方案对象。

列表对象与能源类型和通道相关。

通用列表对象	IC	OBIS 标识					
		A	B	C	D	E	F
对于名称和 OBIS 编码见 GB/T 17215.661—2018,6.3 和 7.5.3	7,通用集	0	*b*	98	*d*	*e*	255[a]
[a] F=255 在此处表示通配符。见 GB/T 17215.661—2018,A.3。							

6.2.61 事件日志对象

“Profile generic”接口范例用于存储事件日志。事件日志与媒介相关。在这种情况下,数组值 A 的数值与相关的媒介标识符有关。另见 GB/T 17215.661—2018,6.5 和 7.5.4。

事件日志对象	IC	OBIS 标识					
		A	B	C	D	E	F
Event log	7,通用集	*a*	*b*	99	98	*e*	255[a]
注 1:事件日志可能捕捉如事件当前发生时间,事件编码或其他相关数据。 注 2:详细指南详细规定了更多不同事件日志的明确定义,即捕捉的数据和捕捉的事件编号。							
[a] F=255 在此处表示通配符,见 GB/T 17215.661—2018,A.3。							

6.2.62 无效对象

无效对象是是表计内存在的对象,但是不具备指定的功能。任何接口类的无效范例都可能存在,见 GB/T 17215.661—2018,5.3.2。

无效对象	IC	OBIS 标识					
		A	B	C	D	E	F
Inactive 对象	任何类	0	*b*	127	0	*e*	255

6.3 与电能量相关的 COSEM 对象

6.3.1 值组 D 定义

通过组值 D 定义的处理过程值的不同方法(见 GB/T 17215.661—2018,7.2.1)如表 38 显示的方法建模。

表 38 适当接口类的各种值的表示

值类型	表示方法
积累值	"Register"或"Extended register"接口类范例
最大值和最小值	由"Profile generic"接口类范例的 COSEM 对象按 *maximum* 或 *minimum* 排序方法表述,深度和捕获对象依据设备而定。 单个最大值或最小值可由"Register"或"Extended register"接口类范例的 COSEM 对象选择性表述
当前和最终平均值	IC"Demand register"的实例。逻辑名称是电流平均值的 OBIS 码(D=4,14 或 24)。 用于显示:IC"Register"或"Demand register"的实例。逻辑的名称是电流平均值(D=4,14 或 24)或最后一个平均值的 OBIS 码(D=5,15 或 25)
瞬时值	IC"Register"的实例
时间积分值	IC"Register"或"Extended register"的实例
事件计数器	IC"Data"或"Register"的实例
合同价值	IC"Register"或"Extended register"的实例

6.3.2 电气 ID 编号

不同电气标识编码由"Data"接口类的范例保持,采用 *unsigned*、*long-unsigned*,*double-long-unsigned*、*octet-string* 或 *visible-string* 数据类型。若使用一个以上的编号,则允许将它们整合进"Profile generic"接口类的一个范例。在这种情况下,所捕获的对象是电气标识"Data"对象的 *value* 属性,捕获周期是1且具有实效值。排序方法是FIFO,集合的输入限于1。另一种方法是可使用“Register table”对象。见GB/T 17215.661—2018,表20。

电气ID对象	IC	OBIS标识					
		A	B	C	D	E	F
电气ID1～10对象	1,Data[a]	1	*b*	0	0	0～9	255
电气ID-s对象	7,,通用集	1	*b*	0	0	255	255
电气ID-s对象	61寄存器表	1	*b*	0	0	255	255
[a] 在“Data”类无效的情况下,可以采用“Register”或“Extended register”类(量刚=0,单位=255)。							

6.3.3 结算周期值/复位计数器记录

这些值由“Data”接口类的范例表示。

对于结算周期/复位计数器和可用的结算周期数的数据类型应为 *unsigned*,*long-unsigned*,*double-long-unsigned*,*octet-string* 或 *visible-string*。对于结算周期的时间标记,则数据类型应是 *double-long-unsigned*(在UNIX时间的情况下),*octet-string* 或与4.6.1规定的 *date time*。

这些对象可能与通道有关。

当历史时期的值由“Profile generic”对象表示时,结算周期对象的时间戳应为捕获对象的一部分。

结算周期值/复位计数器记录	IC	OBIS标识					
		A	B	C	D	E	F
条目名和OBIS编码见 GB/T 17215.661—2018,表20	1,数据[a]	1	*b*	0	1	*e*	255
[a] 在“Data”类无效的情况下,可以采用“Register”或“Extended register”类(量刚=0,单位=255)。							

6.3.4 其他电相关的通用对象

程序记录由“Data”接口类范例表示,数据类型为 *unsigned*、*long-unsigned*、*octet-string* 或 *visible-string*。对于“Meter connection diagram ID”对象数据类型可使用 *enumerated*。程序记录与通道有关。

输出脉冲常数,抄读因子,CT/VT变比,标称值,输入脉冲常量,转换器及线损损失系数由接口类范例“Data”“Register”或“Extended register”表述。对于 *value* 属性,只允许使用简单数据类型。

测量周期,记录范围和结算周期持续时间值由接口类“Data”“Register”或“Extended register”范例表述,*value* 属性的数据类型为 *unsigned*、*long-unsigned* 或 *double-long-unsigned*。默认单位为秒。

时间记录值由“Data”“Register”或“Extended register”接口类范例表述,*value* 属性的数据类型为 *octet-string*,格式为4.6.1中的 *date_time*。数据类型无 *unsigned*、*integer*、*long-unsigned* 或 *double-long-unsigned* 在恰当的地方也可以使用。

Clock synchronization method 由“Data”接口类表示,其数据类型为 *enum*。

同步方法 Enum: (0)无同步,
(1)调整到季节,
(2)调整到测量周期,
(3)调整到分钟,
(4)保留,
(5)调整到当前时间,
(6)转换时间。

对于详细的 OBIS 编码，见 GB/T 17215.661—2018，表 20。

<table>
<tr><th rowspan="2">电相关通用对象</th><th rowspan="2">IC</th><th colspan="6">OBIS 标识</th></tr>
<tr><th>A</th><th>B</th><th>C</th><th>D</th><th>E</th><th>F</th></tr>
<tr><td>程序记录</td><td>1,Data[a]</td><td>1</td><td>b</td><td>0</td><td>2</td><td>e</td><td>255</td></tr>
<tr><td>输出脉冲值或常量</td><td rowspan="2">1,数据
3,寄存器
4,扩展寄存器</td><td>1</td><td>b</td><td>0</td><td>3</td><td>e</td><td>255</td></tr>
<tr><td>抄读因子和 CT/VT 变化</td><td>1</td><td>b</td><td>0</td><td>4</td><td>e</td><td>255</td></tr>
<tr><td>标称值</td><td>3,寄存器
4,扩展寄存器</td><td>1</td><td>b</td><td>0</td><td>6</td><td>e</td><td>255</td></tr>
<tr><td>输入脉冲或常量</td><td>1,数据
3,寄存器
4,扩展寄存器</td><td>1</td><td>b</td><td>0</td><td>7</td><td>e</td><td>255</td></tr>
<tr><td>测量周期(/记录间隔)/结算周期持续</td><td rowspan="2">1,数据
3,寄存器
4,扩展寄存器</td><td>1</td><td>b</td><td>0</td><td>8</td><td>e</td><td>255</td></tr>
<tr><td>时间记录</td><td>1</td><td>b</td><td>0</td><td>9</td><td>e</td><td>255</td></tr>
<tr><td>转换器和线损系数</td><td>3,寄存器
4,扩展寄存器</td><td>1</td><td>b</td><td>0</td><td>10</td><td>e</td><td>255</td></tr>
<tr><td colspan="8">[a] 在“Data”类无效的情况下，可以采用“Register”或“Extended register”类(量刚＝0，单位＝255)。</td></tr>
</table>

6.3.5 测量算法

这些值由接口类“Data”范例表示，数据类型为 *enum*。

<table>
<tr><th rowspan="2">测量算法对象</th><th rowspan="2">IC</th><th colspan="6">OBIS 标识</th></tr>
<tr><th>A</th><th>B</th><th>C</th><th>D</th><th>E</th><th>F</th></tr>
<tr><td>有功功率测量算法</td><td rowspan="7">1,数据[a]</td><td>1</td><td>b</td><td>0</td><td>11</td><td>1</td><td>255</td></tr>
<tr><td>有功电能测量算法</td><td>1</td><td>b</td><td>0</td><td>11</td><td>2</td><td>255</td></tr>
<tr><td>无功功率测量算法</td><td>1</td><td>b</td><td>0</td><td>11</td><td>3</td><td>255</td></tr>
<tr><td>无功电能测量算法</td><td>1</td><td>b</td><td>0</td><td>11</td><td>4</td><td>255</td></tr>
<tr><td>视在功率测量算法</td><td>1</td><td>b</td><td>0</td><td>11</td><td>5</td><td>255</td></tr>
<tr><td>视在电能测量算法</td><td>1</td><td>b</td><td>0</td><td>11</td><td>6</td><td>255</td></tr>
<tr><td>功率因数计算测量方法</td><td>1</td><td>B</td><td>0</td><td>11</td><td>7</td><td>255</td></tr>
<tr><td colspan="8">[a] 在“Data”类无效的情况下，可以采用“Register”类(量刚＝0，单位＝255)。</td></tr>
</table>

枚举值在表 39 中指定：

表 39 测量算法 - 枚举值

有功功率和有功电能测量算法	
(0)	未定义
(1)	仅使用电压和电流的基波值(基波)
(2)	使用电压和电流的所有谐波值(谐波)
(3)	仅使用电压和电流的直流成份(直流分量)
(4)	使用电压和电流的直流和所有的谐波成份(谐波＋直流分量)

表 39（续）

无功功率和无功电能测量算法	
(0)	未定义
(1)	每相(之和)的无功功率,仅使用每相电压和电流的基波值计算
(2)	多相无功功率由多相视在功率和有功功率计算
(3)	每相(之和)的无功功率由每相视在功率和有功功率计算
视在功率和视在电测量算法	
(0)	未定义
(1)	$S=U\times I$,电压:仅基波,与电流:仅基波
(2)	$S=U\times I$,电压:仅基波,与电流:所有谐波
(3)	$S=U\times I$,电压:仅基波,与电流:所有谐波和直流成份
(4)	$S=U\times I$,电压:所有谐波,与电流:仅基波
(5)	$S=U\times I$,电压:所有谐波,与电流:所有谐波
(6)	$S=U\times I$,电压:所有谐波,与电流:所有谐波和直流成份
(7)	$S=U\times I$,电压:所有谐波和直流成份,与电流:仅基波
(8)	$S=U\times I$,电压:所有谐波和直流成份,与电流:所有谐波
(9)	$S=U\times I$,电压:所有谐波和直流成份,与电流:所有谐波和直流成份
(10)	$S=\sqrt[2]{P^2+Q^2}$,P:仅基波电压与基波电流,Q:仅基波电压与基波电流,P 和 Q 为多相值
(11)	$S=\sqrt[2]{P^2+Q^2}$,P:所有谐波电压与谐波电流,Q:仅基波电压与基波电流,P 和 Q 为多相值
(12)	$S=\sqrt[2]{P^2+Q^2}$,P:所有谐波和直流成份的电压和电流,Q:仅基波电压与基波电流,P 和 Q 为多相值
(13)	$S=\sum\sqrt[2]{P^2+Q^2}$,P:仅基波电压与基波电流,Q:仅基波电压与基波电流,P 和 Q 为单相值
(14)	$S=\sum\sqrt[2]{P^2+Q^2}$,P:所有谐波电压与谐波电流,Q:仅基波电压与基波电流,P 和 Q 为单相值,
(15)	$S=\sum\sqrt[2]{P^2+Q^2}$,P:所有谐波和直流成份的电压和电流,Q:仅基波电压与基波电流,P 和 Q 为单相值
功率因数计算测量算法	
(0)	未定义
(1)	变换功率因数:在基波电压和电流向量间的变换,可从基波有功功率和视在功率直接计算,或其他合适的算法
(2)	功率因数,由电压和电流包括它们的谐波产生功率因数。可从视在功率和有功功率计算,包含谐波成分

6.3.6 测量点 ID(与电相关)

系列对象可以用于保持电气连接的测量点标识符。由“Data”接口类的 *value* 属性保持,其数据类型为 *unsigned*、*long-unsigned*、*double-long-unsigned*、*octet-string* 或 *visible-string*。假如有若干个对象被采用,允许将它们整合成一个“Profile generic”接口类范例。在此情况下,捕获对象为电气连接测量点标识符的“Data”对象的 *value* 属性,捕获周期为 1 具有有效值,排序方法为 FIFO,集合条目限定为 1。或者,也可采用“Register table”接口类范例。对于详细的 OBIS 编码,见 GB/T 17215.661—2018,表 20。

测量点 ID 对象	IC	OBIS 标识					
		A	B	C	D	E	F
测量点 ID1～10(电气连接)	1,Data[a]	1	*b*	96	1	0～9	255
测量点 ID-s 对象	7,通用集	1	*b*	96	1	255	255
测量点 ID-s 对象	64,寄存器表	1	*b*	96	1	255	255
[a] 在"Data"类无效的情况下,可以采用"Register"类(量刚=0,单位=255)。							

6.3.7 电相关状态对象

可用一系列电能量相关对象来保持内部运行状态的信息,仪表启动以及电压和电流状态。

状态由"Data"对象数的 *value* 属性保持,其数据类型为 *bit-string*、*unsigned*、*long-unsigned*、*double-long-unsigned*、*long64-unsigned* 或 *octet-string*。

或者,由"Status mapping"对象保持的状态,保持着状态字和相关的二进制映射表。

如果有多个电能相关内部运行状态对象处于使用状态,可将这些电能量结合到一起放入接口类"Profile generic"或"Register table"范例中,使用全局内部运行状态通用的 OBIS 编码。对于详细的 OBIS 编码,见 GB/T 17215.661—2018,表 20。

电相关状态对象	IC	OBIS 标识					
		A	B	C	D	E	F
内部运行与电相关状态信号,包含制造商规定	1,数据[a]	1	*b*	96	5	0～5	255
内部运行与电相关状态信号,包含映射到相关表的对象	63,状态映射	1	*b*	96	5	0～5	255
与电相关状态数据,包含制造商规定	1,数据[a]	1	*b*	96	10	0～3	255
与电相关状态数据,包含映射到相关表的对象	63,状态映射	1	*b*	96	10	0～3	255
[a] 如果接口类"Data"不可用,则可使用接口类"Register"或"Extended register"(量刚=0,单位=255)。							

6.3.8 对象列表-电(class_id=7)

这些 COSEM 对象用作任何种类数据的模型化列表,例如测量值,常数,状态,事件,等等。所用模型为"Profile generic"对象。

定义了一个标准的结算周期方案对象。见 GB/T 17215.661—2018,7.5.3。

对象列表-电	IC	OBIS 标识					
		A	B	C	D	E	F
对于名称和 OBIS 编码见 GB/T 17215.661—2018,表 22	7,通用集	1	*b*	98	*d*	*e*	255[a]
[a] F=255 意味着一通配符。参见 GB/T 17215.661—2018,A.3.							

6.3.9 阈值

一系列对象可用于表示瞬时量的阈值。阈值可以是"under limit""over limit""missing"和"time thresholds"。时间阈值用于检测"under limit""over limit"和"missing"条件。

几个对象可用于表示当这些阈值被超越时的发生次数，此类事件的持续时间和此类事件期间（考核量）的量值。

这些值采用“Data”，“Register”或“Extended register”接口类实例来表示。

所有这些量与费率有关。

如 GB/T 17215.661—2018，7.4.2 中定义，组值 F 可用于标识多重阈值。

对于 OBIS 编码，见表 40 和 GB/T 17215.661—2018 的表 14。

表 40 阈值对象，电

<table>
<tr><th rowspan="2">阈值对象</th><th rowspan="2">IC</th><th colspan="6">OBIS 标识</th></tr>
<tr><th>A</th><th>B</th><th>C</th><th>D</th><th>E</th><th>F</th></tr>
<tr><td>瞬时值阈值对象</td><td rowspan="2">1，数据
3，寄存器
4，扩展寄存器</td><td>1</td><td>b</td><td>1～10，
13，14，
16～20，
21～30，
33，34，
36～40，
41...50，
53，54，
56～60，
61～70，
73，74，
76～80，
82，83
84～89</td><td rowspan="2">31～34，
35～38，
39～42，
43～45</td><td>0～63</td><td rowspan="2">0～99.
255</td></tr>
<tr><td>谐波电压、电流和有功功率阈值对象</td><td>1</td><td>b</td><td>11，12，
15，31，
32，35，
51，52，
55，71，
72，75，
90～92</td><td>0～120，
124～127</td></tr>
</table>

为了监视电源电压，还可以使用更复杂的功能，即根据事件的持续时间和电压骤降的深度来计算事件分类的次数。关于 OBIS 编码，见 GB/T 17215.661—2018，表 8。

6.3.10 寄存器监视对象（class_id＝21）

除 6.2.13 之外，下列定义适用：

——为了监视瞬时值的阈值，“Register monitor”对象的逻辑名称可以是阈值的 OBIS 标识符；

——对于监视当前平均值和最后平均值，“Register monitor”对象的逻辑名为监视的需量值 OBIS 标识码。

见表 41。

表 41 寄存器监视器对象，电

<table>
<tr><th rowspan="2">寄存器监视器对象</th><th rowspan="2">IC</th><th colspan="6">OBIS 标识</th></tr>
<tr><th>A</th><th>B</th><th>C</th><th>D</th><th>E</th><th>F</th></tr>
<tr><td rowspan="2">瞬时值，下限值/上限值/缺失值</td><td rowspan="4">21，寄存器监视器</td><td>1</td><td>b</td><td>C1</td><td rowspan="2">31，35，39</td><td>0～63</td><td rowspan="4">0～99，255</td></tr>
<tr><td>1</td><td>b</td><td>C2</td><td>0～120，12～127</td></tr>
<tr><td rowspan="2">当前平均值和最后平均值</td><td>1</td><td>b</td><td>C1</td><td rowspan="2">4，5，14，15，24，25</td><td>0～63</td></tr>
<tr><td>1</td><td>b</td><td>C2</td><td>0～120，12～127</td></tr>
<tr><td colspan="8">C1＝1～10，13，14，16～20，21～30，33，34，36～40，41～50，53，54，56～60，61～70，73，74，76～80，82，84～89。
C2＝11，12，15，31，32，35，51，52，55，71，72，75，90～92。</td></tr>
</table>

对于使用数值组 D，见 GB/T 17215.661—2018，表 14。

对于使用数值组 E，见 GB/T 17215.661—2018，表 15 和表 16。

对于使用数值组 F，见 GB/T 17215.661—2018，7.4.2。

6.4 OBIS 标识编码

为辨别同一接口类的不同范例，它们应具有不同的 logical_name。COSEM logical_name 是在 OBIS 中定义的(见 6.2，6.3 和 GB/T 17215.661—2018)。

在 COSEM 环境中，OBIS 编码用 *octet-string*[6]。每一个八位字节包含相应 OBIS 数值组的无符号值，编码不需要标记。

如果一个数据项少于 6 的数值组标识，所有未使用数值组需充填值 255。

八位字节 1 包含了最右边四位 A(A＝0，1，2，…，9) 的二进制编码值。最左边 4 位包含标识系统信息。左边 4 位设为 0，表示 OBIS 标识系统(版本 1)用作 *logical_name*。

<table>
<tr><th>使用标识系统</th><th>八位字节 1 左边 4 位(MSB 左)</th></tr>
<tr><td>OBIS，见 GB/T 17215.661—2018</td><td>0 0 0 0</td></tr>
<tr><td>预留</td><td>0 0 0 1
…
1 1 1 1</td></tr>
</table>

在所有数值组中，一定的选择用法已充分定义，并为未来使用预留空间。假如在数值组 B 到 F 的内的一个值属于制造商自定义范围(见 GB/T 17215.661—2018，4.2)，这个整体 OBIS 代码被认为制造商自定义，并且其他数值组不需要支持 GB/T 17215.661—2018，也不需要支持本标准中定义的意义。

7 先前版本的接口类

7.1 概述

本章列出此文件先前版本包含的接口类定义。先前接口类版本与现版本在至少有一种属性和/或方法上以及版本编号上有所不同。

在仪表设备的新的应用实施中，只有当前新版本可用。

客户端的通信驱动程序应支持先前版本要求。

7.2 通用集 Profile generic(class_id=7,版本=0)

此处列出的版本在第1版中有效,并被替换为第2版和第3版。

通用集	0…n	class_id=7,版本=0			
属性	*数据类型*	*最小值*	*最大值*	*默认值*	*短名*
1. logical_name (static)	octet-string				x
2. buffer(dyn.)	array			x	x+0x08
3. capture_objects (static)	array				x+0x10
4. capture_period(static)	double-long-unsigned			x	x+0x18
5. sort_method(static)	enum			x	x+0x20
6. sort_object(static)	object_definition			x	x+0x28
7. entries_in_use(dyn.)	double-long-unsigned	0		0	x+0x30
8. profile_entries(static)	double-long-unsigned	1		1	x+0x38
特定方法	*m/o*				
1. reset(data)					x+0x58
2. capturecapture(data)					x+0x60
3. get_buffer_by_range(data)					x+0x68
4. get_buffer_by_index(data)					x+0x70

属性描述	
buffer	*buffer* 属性包含一组按一定顺序保持的条目,每个条目包含捕获对象的值(这些值是通过召唤读(*current_value*)返回)。此数组内的条目顺序取决于规定的排序方法。缓冲区由自动捕获方法(*capture*( ))调用来填充。 array Entry Entry ::=structure Instance Specific ***Def***.安装后缓冲区为空。 注:读整个缓冲区时,仅传输"正在"in use"的条目。

capture_objects	用于规定分配给概要文件通用类对象的捕获对象(寄存器、时钟和集)列表。用调用 *capture*( )命令,这些对象的规定属性将被复制到简况的缓冲区中。
	array ObjectDefinition
	objectDefinition ::=structure
	{
	  logical_name: octet-string;
	  class_id: long-unsigned;
	  attribute_index: unsigned
	}

	其中，attribute_index 是指向对象内属性的指针，attribute_index＝1 指向第一个属性（例如 *logical_name*），attribute_index＝2 指向第二个属性，依此类推。
capture_period	≥1：自动捕获，规定捕获周期用秒作单位。 0：非自动捕获，由外部条件或异步发生的捕获事件触发。
sort_method	如果集合配置文件不需排序，其缓冲区以“first in first out”的队列方式工作（实际上它按捕获时机排序，不需按时钟对象内的时间排序）。如果缓冲区已满，下一次调用 *capture*（ ）方法时将把缓冲区中的第一个（最先的）条目挤出，为最新的条目腾出空间。 如果集合配置文件需要排序，调用 *capture*（ ）方法将新的条目存放在缓冲区的适当位置，并顺移后面的所有条目，无用的条目可能被丢失。如果新的条目在最后一个条目写入缓冲区后需要写入，而且该缓冲区已满，则新的条目将不再保留。 enum：　1：fifo， 　2：lifo（后进先出）， 　3：最大， 　4：最小， 　5：nearest_to_zero， 　6：farest_from_zero ***Def.***：　fifo
sort_object	如果简况需要排序，则此属性规定作为排序依据的寄存器或时钟。 ObjectDefinition　见上文。 ***Def.***：　没有作为排序依据的对象（只有 fifo 或 lifo 的 *sort_method*＝fifo 或 lifo）。
entries_in_use	计算保持在缓冲区中的条目数。调用方法 *reset*（ ）后，缓冲区中不包含任何条目，此时条目数为零。在每次调用方法 *capture*（ ）后，条目数将会加 1，直到条目数等于最大条目数（见 *profile_entries*）。 double-long-unsigned　0…profile_entries ***Def.***：　0
profile_entries	规定要保持在缓冲区中的最大条目数。 Double-long-unsigned　1…（上限受物理空间限定） ***Def.***　1
方法说明	
reset（data）	清除缓冲区。清除后缓冲区将无可用条目，*entries_in_use* 条目在此命令后为 0。该命令不触发任何额外的捕获对象操作，更特别的是该命令不会复位任何捕获缓冲区或寄存器。 data＝integer（0）
capture（data）	通过调用每个捕获对象的读（〈*object_attribute*〉）命令将对象值复制捕获到缓冲区内。通过排序方法和缓冲区的实际状态会对次重要条目产生新的条目或复位。只要没有用到所有的条目，*entries_in_use* 属性将会增加。

	该命令不会触发捕获对象内任何其他额外操作，如 *capture*( )或 *reset*( )。 注意并不是所有对象内容会被储存，只有捕获对象内的一些属性会储存。 data=integer(0)
write(...)	任何说明缓冲区静态结构的写访问属性将会自动调用 *reset*( )命令，该命令会传输到捕获该属性的其他所有属性。 如果尝试写入 *profile_entries* 的值对于缓冲区来说太大，它将被设置为最大可能值(受物理大小限制，通常在固件中规定)。
get_buffer_by_range(data)	读取所有已给限定器间的所有条目。 restricting_object 内 ObjectDefinition 定义限定要检索条目范围的寄存器或时钟。 from_value 内 instance_specific 要检索的最先进入值或最小值 to_value 内 instance_specific 要检索的最新或最大条目 selected_values 内 要检索的列的列表： array ObjectDefinition 如果数组是空(无条目)，返回所有数组捕获的数据。否则，只返回数组中规定的条目。类型对象定义已在上文(Capture_Objects)中规定。 Entries 外 *entries_in_use* 见上。 array(*instance_specific_value*) 外 已排序条目包含捕获对象所要求的值。 *Data*::=structure{restricting_object;from_value;to_value;elected_values}。 在响应"Data"中是 instance_specific_value 数组。
get_buffer_by_index(data)	读取所有已给限定器间的所有条目。 from_index 内 double-long-unsigned 要检索的第一个条目。 to_index 内 double-long-unsigned 要检索的最后一个条目。 from_selected_value 内 long-unsigned 要检索的第一个索引值 to_selected_value 内 long-unsigned 要检索的最后一个索引值 Entries 外 *entries_in_use* 见上。 array (*instance_specific_value*out) 外 排序包含捕获对象所要求的值的条目。 *Data*::=structure{restricting_object;from_value;to_value;elected_values}。 在响应"Data"中是 instance_specific_value 数组。

7.3 连接 SN(class_id=12,版本=0)

此处列出的版本在第 1 版是有效的,它被替换为版 2 和 3。

设备连接视图	0…1[a]	class_id=12,版本=0			
属性	**数据类型**	**最小值**	**最大值**	**默认值**	**短名**
1. logical_name (static)	octet-string				x
2. object_list(static)	objlist_type				x+0x08
特定方法	***m/o***				
1. getlist_by_classid(data)	o				x+0x20
2. getobj_by_logicalname(data)	o				x+0x28
3. read_by_logicalname(data)	o				x+0x30
4. get_attributes&services(data)	o				x+0x38
5. change_LLS_secret(data)	o				x+0x40
6. change_HLS_secret(data)	o				x+0x48
7. get_HLS_challenge(data)	o				x+0x50
8. reply_to_HLS_challenge(data)	o				x+0x58

属性描述	
logical_name	标识客户端-服务端连接的类型。见 6.2.30。

object_list	包含带有 short_name(第一属性的 DLMS 对象名),class_id,version[b] 和 *logical_name* 的所有对象的列表。
	Objlist_type::=array objlist_element
	objlist_element::=structure
	{
	short_name: long,
	class_id: long-unsigned,
	version=unsigned,
	logical_name: octet-string
	}

方法说明	
getlist_by_classid(data)	对于特殊标识名 class_id 传输对象列表的子集。 data ::=class_id: long-unsigned 对于响应: data ::=objlist_type

getobj_by_logicalname(data)	对于特殊 *logical_name* 和 class_id 传输对象列表的条目
	data ::=structure
	{
	class_id: long-unsigned,
	logical_name: octet-string
	}
	对于响应: data ::=objlist_element

read_by_logicalname(data)	读取特殊对象属性。该对象由其 *logical_name* 和 class_id 规定。
	data∷=array AttributeIdentification
	AttributeIdentification ∷=structure
	{
	class_id：long-unsigned，
	logical_name：octet-string，
	attribute_index：unsigned
	}
	其中 attribute_index 为指针(即 offset)指向对象内的属性。
	attribute_index=0 传输所有属性[c]，attribute_index=1 传输第一个属性(即 *logical_name*)，等。
	对于响应：数据是依据该属性类型。

get_attributes&services(data)	在实际连接中传输属性和服务的访问权限信息。该对象由其 *logical_name* 和 class_id 规定。
	array ObjectIdentification
	ObjectIdentification ∷=structure
	{
	class_id：long-unsigned，
	logical_name：octet-string
	}
	对于响应
	data∷=array AccessDescription
	AccessDescription ∷=structure
	{
	read_attributes：bit-string，
	write_attributes：bit-string，
	services：bit-string
	}
	无论属性/服务是有效(bit set)还是无效(bit clear)，位串中的位置标识属性/服务(第一位↔第一属性，第一位↔第一服务)和指定位的值。

change_LLS_secret(data)	改变 LLS 密码(如密钥) data ∷=octet-string 新 LLS secret
change_HLS_secret(data)	改变 HLS 密码(如加密密钥) data ∷=octet-string[d]新 HLS secret
get_HLS_challenge(data)	对服务器请求客户端"challenge"(如随机数字) data ∷=octet-string client challenge
reply_to_HLS_challenge(data)	传输"secretly"处理的"challenge"到服务器端。 data ∷=octet-string 客户端对任务的回应 如果认证被接受，则响应成功[0]。如果认证没有被接受，则响应设置为 data-access-error [1]。

[a] 每客户端服务端连接。

[b] 在客户端-服务端连接中，从来没有两个对象具有相同的 class_id 和 logical_name，只有版本不同。

[c] 如果至少有一个属性在当前连接下没有读访问权限，则 *read_by_logicalname*()属性 index=0 会显示故障消息"scope-of-access-violated"(DL/T 790.441—2004，A.12)。

[d] "new secret"的结构取决于实施的安全机制。"new secret"可能包含额外的校验位，并可能被加密。

7.4 连接 SN(class_id＝12,版本＝1)

该接口类可使用应用内容中的 *short name referencing*,模拟服务端和客户端之间的应用连接 AA,一个 COSEM 逻辑设备有一个该接口类的范例用于支持每个设备的连接。

当前“Association SN”的 **short_name** 对象,在 COSEM 内容中已经设定自身,在 4.3 中设为 0xFA00。

链接 SN	0…n	class_id＝12,版本＝1			
属性	***数据类型***	***最小值***	***最大值***	***默认值***	***短名***
1. logical_name (static)	octet-string				x
2. object_list(static)	objlist_type				x+0x08
特定方法	***m/o***				
1. reserved from previous versions	o				
2. reserved from previous versions	o				
3. read_by_logicalname(data)	o				x+0x30
4. get_attributes&methods(data)	o				x+0x38
5. change_LLS_secret(data)	o				x+0x40
6. change_HLS_secret(data)	o				x+0x48
7. reserved from previous versions					
8. reply_to_HLS_authentication(data)	o				x+0x58

属性描述

logical_name 标识“Association SN”对象实例。见 6.2.30

object_list

包含带有 base_name(short_name),class_id,version 和 *logical_name* 的所有对象的列表。base_name 是第一属性(*logical_name*)的 DLMS 对象名。

```
objlist_type ∷=array      objlist_element
objlist_element ∷=        structure
{
    base_name:            long,
    class_id:             long-unsigned,
    version:              unsigned,
    logical_name:         octet-string
}
```

选择性访问(*selective access*)(见 4.4)对属性 *object_list* 来说是可用的(可选择的)。选择性访问参数定义如下。

用于选择性访问 *object_list* 属性的参数

访问选择器值	参数	注解
1	class_id：long-unsigned	为特定的 class_id 提供 object_list 的子集。 对于响应： data ∷＝objlist_type
2	structure { class_id：long-unsigned， logical_name：octet-string }	为特定的对象提供 object_list 的条目 class_id 和 logical_name。 对于回应： data ∷＝objlist_element

方法说明

read_by_logicalname

读取选定对象的属性。对象由其 class_id 和它们的 *logical_name* 指定。使用这种方法也可以使用参数化访问功能。

data∷＝array attribute_identification

attribute_identification∷＝structure

{

class_id：long-unsigned，

logical_name：octet-string，

attribute_index：integer

}

其中，attribute_index 是指向对象内属性的指针(即偏移量)。

attribute_index 0 传输所有的属性[a]，attribute_index 1 表传输第一属性(即 *logical_name*)，等等。

对本响应：数据的类型应与属性类型一致。

get_attributes& methods (data)

传输在实际连接中属性和方法的访问权限的信息。对象由其 class_id 和 *logical_name* 规定。使用此方法，也可以使用参数化访问功能。

使用该方法，也可以使用参数化访问特征。

data ∷＝array object_identification

object_identification ∷＝structure

{

class_id： long-unsigned，

logical_name： octet-string

}

对于响应

data ∷＝array access_description

access_description ∷＝structure

{

  read_attributes： bit-string，

  write_attributes： bit-string，

	methods： bit-string } 位串中的位置标识属性/方法(第一位置？第一属性，第一位置↔第一方法)，并且位的值指示属性/方法是可用的(置位)或是不可用的(清除)。 取决于设备，某些对象的某些属性和方法不是必需的。在此情况下，此类的属性和方法是不可访问的(不能读，也不能写属性，不存在访问的方法)。
change_LLS_secret(data)	更改 LLS 密码(如密钥)。 data ∷＝octet-string 新的 LLS 密码。
change_HLS_secret(data)	更改 HLS 密码(如密钥)。 Changes the HLS secret(如加密密钥). data ∷＝octet-string [b]新的 HLS 密码
reply_to_HLS_authentication(data)	本方法的远程调用将客户端对“secretly”加密处理后的“challenge StoC”(f(StoC))通过调用 Write.request 原语服务的 *data* 服务参数返回给服务器。 data ∷＝octet-string 客户端对呼叫的响应。 data ∷＝octet-string 服务器对呼叫的响应。 如验证没有得到认可，则响应的结果参数包含一个“non-OK”的值，并且无任何数据返回。

[a] 在当前连接下，如至少有一个属性没有读取访问权限，则通过方法对 *read_by_logicalname*( )对 attribute_index 0 进行读取指示出错信息“scope of access violation”(见 DL/T 790.441—2004，A.12)。

[b] “new secret”的结构依赖所实现的安全机制。“new secret”可能包含有附加的校验位(check-bit)，并且可能是加密的。

7.5 连接 SN(class_id＝12，版本＝2)

COSEM 逻辑设备能够在一个 COSEM 语境中利用 SN 引用建立应用连接，这种情况下，COSEM 逻辑设备通过“Association SN”类的范例来建立连接。对设备所能支持的每个连接，每个 COSEM 逻辑设备有一个本接口类的范例。

“Association SN”对象的 **short_name** 本身固定在 COSEM 语境中，见 4.3。

链接 SN	0…n	class_id＝12，版本＝2			
属性	***数据类型***	***最小值***	***最大值***	***默认值***	**短名**
1. logical_name (static)	octet-string				x
2. object_list(static)	objlist_type				x＋0x08
3. access_rights_list(static)	access_rights_type				x＋0x10
4. security_setup_reference(static)	octet-string				x＋0x18
特定方法	***m/o***				
1. *reserved from previous versions*	o				
2. *reserved from previous versions*	o				
3. read_by_logicalname(data)	o				x＋0x30

链接 SN	0…n	class_id=12,版本=2			
属性	数据类型	最小值	最大值	默认值	短名
4. *reserved from previous versions*	o				
5.change_secret(data)	o				x+0x40
6. *reserved from previous versions*	o				
7. reserved from previous versions					
8. reply_to_HLS_authentication (data)	o				x+0x58

属性描述	
logical_name	标识"Association SN"对象实例。见 6.2.30。

object_list	包含带有 base_name(short_name),class_id,version 和 *logical_name* 的所有对象的列表。base_name 是第一属性(*logical_name*)的 DLMS 对象名。
	objlist_type ∷=array objlist_element
	objlist_element ∷= structure
	{
	base_name: long;
	class_id: long-unsigned;
	version: unsigned;
	logical_name: octet-string
	}
	选择性访问(*selective access*)(见 4.4)对属性 *object_list* 来说是可用的(可选择的)。选择性访问参数定义如下。

access_rights_list	包含属性和方法的访问权限。
	object_list 和 *access_rights_list* 之间的连接是 base_name,同时存在与 objlist_element 结构和 access_right_element 结构。因此,位于两个列表内的 base_names 应当相同。objlist_element 组内元素的序列(更加贴切的说是命令)和 access_right_element 内的组应相同。
	access_rights_type ∷=array access_rights_element
	access_rights_element ∷=structure
	{
	base_name: long,
	attribute_access: attribute_access_descriptor,
	method_access: method_access_descriptor
	}
	attribute_access_descriptor ∷=array attribute_access_item
	attribute_access_item ∷=structure
	{
	attribute_id: integer,
	access_mode: enum:

	(0) no_access,
	(1) read_only,
	(2) write_only,
	(3) read_and_write,
	(4) authenticated_read_only,
	(5) authenticated_write_only,
	(6) authenticated_read_and_write
	access_selectors: CHOICE
	{
	null-data [0],
	array of integer [1]
	}
	}
	method_access_descriptor ∷=array method_access_item
	method_access_item ∷=structure
	{
	method_id: integer,
	access_mode: enum:
	(0) no_access,
	(1) access,
	(2) authenticated_access
	}
	对属性 access_rights_list 的 *selective access*(见 4.4)可能可用(可选)。访问选择器的值及其参数如下定义。

security_setup_reference	通过 *logical_name* 引用其"Security setup"对象。引用的对象根据已给的"Association SN"对象范例控制安全。

***object_list* 和 *access_right_list* 属性选择性访问参数**

访问选择器值	参数	可用属性	注解
1	class_id: long-unsigned	2	传输 object_list 中具有规定 class_id 的子集。 对本响应:data ∷=objlist_type
2	structure { class_id:long-unsigned, logical_name:octet-string }	2	传输 object_list 中具有规定 class_id 和 *logical_name* 的条目。 对本响应:data ∷=objlist_element
3	base_name: long	2,3	在属性 2 情况下,对特殊 base_name 传输 object_list 条目。 对于响应:data ∷=objlist_element 在属性 3 情况下,对特殊 base_name 传输 access_rights_list 条目。 对于响应:data ∷=access_rights_element

<table>
<tr><th colspan="2">方法说明</th></tr>
<tr><td>read_by_logicalname（data）</td><td>读取所选择对象的属性。对象由其 class_id 和 logical_name 规定。也可通过这个方法使用参数化访问功能。
data ∷＝ array attribute_identification
attribute_identification ∷＝structure
{
class_id： long-unsigned；
logical_name： octet-string；
attribute_index： integer
}
其中，attribute_index 是指向对象内属性的指针（即偏移量）。
attribute_index 0 传输所有的属性，attribute_index 1 传输第一属性（即 logical_name），等。
对本响应，数据的类型应与属性类型一致。
注 1：在当前连接下，如至少有一个属性没有读取访问权限，则通过方法对 read_by_logicalname（ ）对 attribute index 0 进行读取指示出错信息“scope-of-access-violated”（参见 GB/T 17215.653—2018，第 8 章）。</td></tr>
<tr><td>change_secret（data）</td><td>更改 LLS 或 HLS 密码（如密钥）
data ∷＝octet-string new secret
注 2：“new secret”的结构取决于所实现的安全机制。“new secret”可能包含有附加的校验位（check-bit），并且可能是加密的。
注 3：在带有 GMAC 的 HLS 情况下，（HLS）密码是由引用属性的“Security setup”对象控制。</td></tr>
<tr><td>reply_to_HLS_authentication（data）</td><td>本方法的远程调用向服务器传输服务器向客户端查询口令时客户端的加密处理的结果，f（StoC），通过调用 Read.request 原语的数据服务参数返回给服务器。
data ∷＝octet-string 客户端对呼叫的响应。
如认证得到认可，则服务器的响应（Read. confirm 原语）包含的 Result＝＝OK，和客户端向服务器查询口令时服务器的加密流程的结果，f（CtoS），通过调用 Read.response 原语的数据服务参数返回给服务器。。
data ∷＝octet-string 服务器对呼叫的响应。
如验证没有得到认可，则响应的结果参数包含一个 non-OK 的值，并且无任何数据返回。</td></tr>
</table>

7.6 连接 SN（class_id＝12，版本＝3）

注 1：“Association SN”IC 的新版本 3 支持客户端用户标识过程，见 5.3.2。

COSEM 逻辑设备能够在一个 COSEM 语境中用逻辑名引用建立应用连接，通过“Association SN”接口类的范例对应用连接建模。对设备所能支持的每个连接，每个 COSEM 逻辑设备有一个本接口类的范例。

“Association SN”对象本身的 **short_name** 在 COSEM 语境中是固定的。见 4.3。

链接 SN	0…n	class_id=12,版本=3			
属性	*数据类型*	*最小值*	*最大值*	*默认值*	短名
1. logical_name (static)	octet-string				x
2. object_list(static)	objlist_type				x+0x08
3. access_rights_list(static)	access_rights_type				x+0x10
4. security_setup_reference(static)	octet-string				x+0x18
5. user_list(static)	array				x+0x20
6. current_user(static)	structure				x+0x28
特定方法	***m/o***				
1. *reserved from previous versions*	o				
2. *reserved from previous versions*	o				
3. read_by_logicalname(data)	o				x+0x30
4. *reserved from previous versions*	o				
5. change_secret(data)	o				x+0x40
6. *reserved from previous versions*	o				
7. *reserved from previous versions*					
8. reply_to_HLS_authentication (data)	o				x+0x58
9. add_user(data)	o				x+0x60
10. remove_user(data)	o				x+0x68

属性描述	
logical_name	标识“Association SN”对象实例。见 6.2.30。

object_list	包含其 base_name(short_name),class_id,version 和 *logical_name* 的所有对象的列表。base_name 是第一个属性(*logical_name*)的 DLMS objectName。
	objlist_type ∷=array objlist_element
	objlist_element ∷=structure
	{
	base_name: long,
	class_id: long-unsigned,
	version: unsigned,
	logical_name: octet-string
	}
	对属性 *object_list* 的 *selective access*(见 4.4)可能是可用的。访问选择器值及其参数如下。

access_rights_list	包含对属性和方法的访问权限。 *object_list* 和 *access_rights_list* 之间的链接是存在于 objlist_element 结构和 access_right_element 结构中的 base_name。因此,两个列表中的 base_names 应相同。objlist_element 数组和 access_right_element 数组中的元素的数量(最好是顺序)也应该相同。

	access_rights_type ∷=array access_rights_element
	access_rights_element ∷=structure
	{
	base_name: long,
	attribute_access: attribute_access_descriptor,
	method_access: method_access_descriptor
	}
	attribute_access_descriptor ∷=array attribute_access_item
	attribute_access_item ∷=structure
	{
	attribute_id: integer,
	access_mode: enum:
	(0) no_access,
	(1) read_only,
	(2) write_only,
	(3) read_and_write,
	(4) authenticated_read_only,
	(5) authenticated_write_only,
	(6) authenticated_read_and_write
	access_selectors: CHOICE
	{
	null-data [0],
	array integer [1]
	}
	}
	method_access_descriptor ∷=array method_access_item
	method_access_item ∷=structure
	{
	method_id: integer,
	access_mode: enum:
	(0) no_access,
	(1) access,
	(2) authenticated_access
	}
	对 *access_rights_list* 属性的 *selective access*(见 4.4)可能是可用的(可选)。访问选择器值及其参数如下。

security_setup_reference	引用"Security setup"对象由其 *logical_name*。引用的对象管理给定的"Association SN"对象实例的安全性。
user_list	包含允许使用由给定实例管理的应用连接用户列表的"Association SN"IC。 array user_list_entry

user_list_entry ∷=structure
{
user_id： unsigned,
user_name： visible-string
}
其中：
——user_id 是用户的标识符(该值由 AARQ 的调用 calling-AE-invocation-id 域承载)；
——user_name 是用户的名称。
如果 user_list 属性为空(即它是 0 个元素的数组)任何用户都可以使用 AA，即忽略 AARQ 的调用 calling-AE-invocation-id 域。
如果 user_list 属性不为空，则只有列表中的用户可以建立 AA，即 AARQ 的调用 calling-AE-invocation-id 域应该存在，并且其值应与 user_list 中的 user_ids 中的一个匹配，否则，AA 没有建立。

current_user

保持当前用户的标识符。
current_user ∷=user_list_entry(见上文)
如果 user_list 为空，那么 current_user 将是一个结构 structure{user_id：unsigned 0，user_name：可见的 0 个元素的字符串}

用于选择性访问 *object_list* 和 *access_rights_list* 属性的参数

访问选择器值	参数	可用属性	注解
1	class_id：long-unsigned	2	为特定的 class_id 提供 object_list 的子集。 对于响应：data ∷=objlist_type
2	structure { class_id：long-unsigned, logical_name：octet-string }	2	为特定的 class_id 和 *logical_name* 提供 object_list 的条目。 对于响应：data ∷=objlist_element
3	base_name：long	2,3	在属性 2 的情况下，传递特定 base_name 的 object_list 的条目。 对于响应：data ∷=objlist_element 在属性 3 的情况下，传递特定 base_name 的 access_rights_list 的条目。 对于回应：data∷=access_rights_element

方法说明

read_by_logicalname(data)

读取所选对象的属性。对象由其 class_id 及其 *logical_name* 指定。使用该方法，也可以使用参数化访问特征。
data ∷=array attribute_identification
attribute_identification ∷=structure
{
class_id： long-unsigned,
logical_name： octet-string,
attribute_index：integer

	} 其中 attribute_index 是对象内的属性的指针(即偏移)。 attribute_index 0 传递所有属性;attribute_index 1 传递第一个属性(即 *logical_name*)等)。 对于响应:数据是根据属性的类型。 注 2:如果至少有一个属性在当前连接下没有读访问权限,那么对属性索引 0 的 *read_by_logicalname*()会显示错误消息"access-of-access-violation",参见 GB/T 17215.653—2018,第 8 章。
change_secret(data)	更改 LLS 或 HLS 密码(例如密码)。 data ::=octet-string 新密码 注 3:"new secret"结构取决于所采用的安全机制,"new secret"可以包含额外的校验位,并且它可以被加密。 注 4:如果是具有 GMAC 的 HLS,HLS 的密码由引用于属性中的"Security setup"对象保持。
reply_to_HLS_authentication(data)	该方法的远程调用向服务器提供了客户端对客户端 f(StoC)进行秘密处理的结果,作为使用参数化访问调用的 Read.request 原语的数据服务参数。 data ::=octet-string 客户端对任务的回应 如果认证被接受,则响应(Read.confirm 原语)包含 Result==OK,并且服务器对服务器进行秘密处理的结果是对服务器的访问数据服务参数 f(CtoS)响应服务。 data ::=octet-string 服务端对任务的回应 如果认证不被接受,则响应中的结果含非参数应包 non-OK 值,不能发回数据。
add_user(data)	将用户添加到 user_list。 data ::=user_list_entry(见上文)
remove_user(data)	从用户列表中删除用户。 data ::=user_list_entry(见上文)

7.7 连接 LN(class_id=15,版本=0)

该接口类可使用应用内容中 *logical name referencing* 来模拟服务器和客户端之间的应用连接。每个应用简介通过连接 LN 对象建模。

链接 LN	**0…MaxNbofAss**	**class_id=15,版本=0**			
属性	***数据类型***	***最小值***	***最大值***	***默认值***	***短名***
1. logical_name (static)	octet-string				x
2. object_list(static)	object_list_type				x+0x08
3. associated_partners_id	associated_partners_type				x+0x10
4. application_context_name	context_name_type				x+0x18
5. xDLMS_context_info	xDLMS-context-type				x+0x20
6. authentication_mechanism_name	mechanism_name_type				x+0x28

链接 LN	0…MaxNbofAss	class_id=15,版本=0			
属性	数据类型	最小值	最大值	默认值	短名
7. LLS_secret	octet-string				x+0x30
8. association_status	enum				x+0x38
特定方法	*m/o*				
1. reply_to_HLS_authentication(data)	o				x+0x60
2. change_HLS_secret(data)	o				x+0x68
3. add_object(data)	o				x+0x70
4. remove_object(data)	o				x+0x78

属性描述	
logical_name	标识"Association LN"对象实例。见 6.2.30。

object_list

包含所有 COSEM 对象范例的列表与它们的类 class_id、version、logical name 和在建立应用连接时对属性和方法的访问权限。

```
object_list_type ::=array    object_list_element
object_list_element ::=structure
{
    class_id:          long-unsigned,
    version:           unsigned,
    logical_name:      octet-string,
    access_rights:     access_right
}
access_right ::=structure
{
    attribute_access:  attribute_access_descriptor,
    method_access:     method_access_descriptor
}
attribute_access_descriptor ::=array   attribute_access_item
attribute_access_item ::=structure
{
    attribute_id : integer,
    access_mode :  enum:
                        (0)no_access,
                        (1)read_only,
                        (2)write_only,
                        (3)read_and_write
    access_selectors ::=CHOICE
```

	{
	null-data [0],
	array integer[1]
	}
	}
	method_access_descriptor ::=array method_access_item
	method_access_item ::=structure
	{
	method_id : integer,
	access_mode : boolean
	}
	其中:
	——attribute_access_descriptor 和 method_access_descriptor 包含所有实现的属性和方法;
	——access_selectors 包含一组支持的选择器值的列表。
	selective access(见 4.4)对属性 *object_list* 来说是可用的(可选的)。选择性访问参数在下文中定义。

associated_partners_id	包含 COSEM 客户端和 COSEM 服务器(逻辑设备)进行应用过程处理中的标识符,这些标识符属于"Association LN"对象应用连接方法。
	associated_partners_id ::= structure
	{
	client_SAP: integer;
	server_SAP: long-unsigned;
	}
	client_SAP 的范围是 0～0x7F。
	server_SAP 的范围是 0x0000～0x3FFF。

application_context_name	在 COSEM 环境中,应用语境是预先存在的,在建立一个应用连接过程中通过它的名称访问。该属性包含此连接的应用语境名。
	context_name_type::=CHOICE
	{
	context_name_structure [2],
	octet-string [9]
	}
	应用语境名在 GB/T 17215.653—2018,7.2.2.2 OBJECT IDENTIFIER 中规定。
	当 context_name_type 编码成结构类型,其包含 OBJECT IDENTIFIER 弧形表。
	context_name_type ::=structure
	{

```
joint_iso_ctt_element：unsigned，
country_element：unsigned，
country_name_element：long-unsigned，
identified_organization_element：unsigned，
DLMS_UA_element：unsigned，
application_context_element：unsigned，
context_id_element：unsigned
}
```

示例 1：此情况下的 context_id(1)，A-XDR 编码结构为：(所有的值为十六进制)：

02 07 11 02 11 10 12 02 F4 11 05 11 08 11 01 11 01。

当 context_name_type 编码成 octet-string 类型，其保持 OBJECT IDENTIFIER 的值。见 GB/T 17215.653—2018，D.4。

示例 2：情况下的 context_id(1)，A-XDR 编码为：(所有的值为十六进制)：

09 07 60 85 74 05 08 01 01。

xDLMS_context_info

包含给定的应用连接中有关 xDLMS 语境的所有必需信息。

```
xDLMS-context-type ::=    structure
xDLMS-context-type::=structure
{
conformance：bit-string，
max_receive_pdu_size：long-unsigned，
max_send_pdu_size：long-unsigned，
dlms_version_number：unsigned，
quality_of_service：integer，
cyphering_info：octet-string
}
```

其中：

——conformance 元素包含由服务器支持的 xDLMS 一致性块；

——max_receive_pdu_size 元素包含 xDLMS APDU 的最大长度，该长度是客户端按字节发送的。这一参数与 xDLMS initiateResponse APDUU 的 server-max-receive-pdu-size 相同(见 GB/T 17215.653—2018，第 8 章)；

——激活连接中的 max_send_pdu_size 包含 xDLMS APDU 的最大长度，该长度是客户端按字节发送的。这一参数与 xDLMS-InitiateRequest APDU 的 client-max-receive-pdu-size 相同(见 GB/T 17215.653—2018，第 8 章)；

——dlms_version_number 元素包含服务器支持的 DLMS 版本号；

——quality_of_service 元素没有使用；

——激活连接中的 cyphering_info 包含 xDLMS-InitiateRequest APDU (见 GB/T 17215.653—2018，第 8 章)的专用密钥参数。

authentication_mechanism_name	包含应用连接的认证机制名。
	mechanism_name_type∷=CHOICE
	{
	mechanism_name_structure [2],
	octet-string [9]
	}
	认证机制名在 GB/T 17215.653—2018,7.2.2.3 以一个 OBJECT IDENTIFIER 指定。
	当 mechanism_name_type 编码为结构类型时,其包括 OBJECT IDENTIFIER 弧形表。
	mechanism_name_structure∷=structure
	{
	joint_iso_ctt_element:unsigned,
	country_element:unsigned,
	country_name_element:long-unsigned,
	identified_organization_element:unsigned,
	DLMS_UA_element:unsigned,
	authentication_mechanism_name_element:unsigned,
	mechanism_id_element:unsigned
	}
	示例 3:此情况下的 mechanism_id (1),A-XDR 编码为:(所有的值为十六进制):
	02 07 11 02 11 10 12 02 F4 11 05 11 08 11 01 11 01。
	当 mechanism_name_type 编码成 octet-string 类型,其保持 OBJECT IDENTIFIER 的值。见 GB/T 17215.653—2018,C.4。
	示例 4:在 mechanism_id(1)的情况下的,A-XDR 编码为:09 07 60 85 74 05 08 01 01(所有的值为十六进制)。
	当不使用验证机制时,无名机制产生。

LLS_secret	包含 LLS 认证过程的认证值。
association_status	该属性指示由连接对象形成的当前连接状态。 enum: (0) non-associated, (1) association-pending, (2) associated

选择性访问 *object_list* 属性的参数

——如果没有选择性访问请求,(无 *Access_Selection_Parameters* 参数出现在 GET.request(.indication)对象列表属性的初始服务中)相关响应 corresponding.response (.confirmation)服务包含所有对象列表属性的对象列表元素;

——当选择性访问对 *object_list* 属性有需求时,(Access_Selection_Parameter 参数出现),响应应包"filtered"的 object_list_elements 的列表,如下:

访问选择器的值	服务参数	注释
1	NULL	除 access_right 之外的所有信息都应包含在响应中。
2	class_list	通过类访问，在这种情况下，只有 *object_list* 中那些 class_id 在 class-list 中的 object_list_element 将包含在响应中，它有一个与 class_id 相同的类标识。 不包含 access_right 信息。 class_list ∷＝array　class_id class_id ∷＝long-unsigned

3	object_id_list	通过对象访问，将返回 object_Id_list 中对象范例的完整信息记录。
		object_id_list ∷＝array object_id
		object_id∷＝structure
		{
		class_id：long-unsigned，
		logical_name：octet-string
		}

4	object_id	所需的 COSEM 对象实例的完整信息记录应被返回。 object_id：见上面。

方法说明	
reply_to_HLS_authentication（data）	本方法的远程调用向服务器传输服务器向客户端查询口令时客户端的“secretly”流程的结果“challenge StoC”（f（StoC）），通过调用 ACTION.request 原语的数据服务参数返回给服务器。 data ∷　＝　octet-string　　客户端对呼叫的响应。 如认证得到认可，则服务器的响应（ACTION.confirm）包含的 Result＝＝OK，并且服务器也将处理成”口令 CtoS”（f（CtoS））的”密码”的结果传输给客户端，这个结果包含在响应服务的 *data* 参数中。 data ∷＝　octet-string　　服务器对呼叫的响应。 如验证没有得到认可，则响应的结果参数包含一个 non-OK 的值，并且无任何数据返回。
change_HLS_secret（data）	更改 HLS 密钥（例如加密密钥）。 data ∷＝octet-string[a]　新 HLS 密码
add_object（data）	增加要引用的对象到 object_list 中。 data ∷＝object_list_element （见上文）
remove_object（data）	从 object_list 中删除引用对象。 data ∷＝object_list_element （见上文）

[a] “new secret”的结构取决于所部署的安全机制。“new secret”可能包含有附加的校验位（checkbit），并可能加密。

7.8 连接 LN (class_id=15,版本=1)

COSEM 逻辑设备能够在一个 COSEM 语境中用逻辑名引用建立应用连接,通过“Association LN”类的范例对应用连接建模。对设备所能支持的每个连接,每个 COSEM 逻辑设备有一个本接口类的范例。

链接 LN	0…MaxNbofAss	class_id=15,版本=1			
属性	**数据类型**	**最小值**	**最大值**	**默认值**	**短名**
1. logical_name (static)	octet-string				x
2. object_list(static)	object_list_type				x+0x08
3. associated_partners_id	associated_partners_type				x+0x10
4. application_context_name	context_name_type				x+0x18
5. xDLMS_context_info	xDLMS-context-type				x+0x20
6. authentication_mechanism_name	mechanism_name_type				x+0x28
7. secret	octet-string				x+0x30
8. association_status	enum				x+0x38
9. security_setup_reference(static)	octet-string				
特定方法	***m/o***				
1. reply_to_HLS_authentication(data)	o				x+0x60
2. change_HLS_secret (data)	o				x+0x68
3. add_object (data)	o				x+0x70
4. remove_object (data)	o				x+0x78

属性描述	
logical_name	标识“Association LN”对象实例。见 6.2.30。

object_list	包含所有 COSEM 对象范例的列表与它们的类 class_id、version、logical name 和在建立应用连接时对属性和方法的访问权限。
	object_list_type∷=array object_list_element
	object_list_element∷=structure
	{
	class_id:long-unsigned,
	version:unsigned,
	logical_name:octet-string,
	access_rights:access_right
	}
	access_right∷=structure
	{
	attribute_access:attribute_access_descriptor,
	method_access:method_access_descriptor
	}

attribute_access_descriptor∷=array attribute_access_item
attribute_access_item∷=structure
{
attribute_id:integer,
access_mode:enum:
    (0) no_access,
    (1) read_only,
    (2) write_only,
    (3) read_and_write,
    (4) authenticated_read_only,
    (5) authenticated_write_only,
    (6) authenticated_read_and_write
access_selectors:CHOICE
{
null-data [0],
array integer [1]
}
}
method_access_descriptor∷=array method_access_item
method_access_item∷=structure
{
method_id:integer,
access_mode:enum:
    (0) no_access,
    (1) access,
    (2) authenticated_access
}

其中:

——attribute_access_descriptor 和 method_access_descriptor 描述包含所有实现的属性和方法;

——access_selectors 包含一组支持的选择器值的列表。

selective access(见 4.4)对属性 *object_list* 来说是可用的(可选的)。选择性访问参数在下文中定义。

associated_partners_ id

包含承载这些 AP 的物理设备内的 COSEM 客户端和服务器(逻辑设备)AP 的标识符,这些 AP 属于由"Association LN"对象建模的 AA。associated_partners_id ∷=structure
{
    client_SAP:integer;
    server_SAP:long-unsigned;
}
client_SAP 的范围是 0～0x7F。

	server_SAP 的范围是 0x0000～0x3FFF。 SAPs 应当在数据类型和媒介允许范围内。

application_context_name	在 COSEM 环境中,应用语境是预先存在的,在建立一个应用连接过程中通过它的名称访问。该属性包含此连接的应用语境名。
	context_name_type∷＝CHOICE
	{
	context_name_structure [2],
	octet-string [9]
	}
	应用语境名在 GB/T 17215.653—2018,7.2.2.2 OBJECT IDENTIFIER 中规定。
	当 context_name_type 被编码为结构时,它包含 OBJECT IDENTIFIER 的弧标签:
	context_name_structure∷＝structure
	{
	joint_iso_ctt_element:unsigned,
	country_element:unsigned,
	country_name_element:long-unsigned,
	identified_organization_element:unsigned,
	DLMS_UA_element:unsigned,
	application_context_element:unsigned,
	context_id_element:unsigned
	}
	示例 1:在 context_id (1),A-XDR 编码为(所有的值为十六进制):02 07 11 02 11 10 12 02 F4 11 05 11 08 11 01 11 01。
	当 context_name_type 编码为 octet-string 类型,其保持 OBJECT IDENTIFIER 的值。见 GB/T 17215.653—2018,D.4。
	示例 2:此时,在 context_id (1),A-XDR 编码为码 (所有的值为十六进制):09 07 60 85 74 05 08 01 01。

xDLMS_context_info	包含给定的应用连接中有关 xDLMS 语境的所有必需信息。
	xDLMS_context_type∷＝structure
	{
	conformance:bit-string,
	max_receive_pdu_size:long-unsigned,
	max_send_pdu_size:long-unsigned,
	dlms_version_number:unsigned,
	quality_of_service:integer,
	cyphering_info:octet-string
	}
	其中:
	——结构中一致性元素包含由服务器支持的 xDLMS 一致性块;

	——max_receive_pdu_size 元素包含客户端可能发送的一个 xDLMS APDU 的最大长度(字节数)。这一参数与 DLMS-Initiate Response APDU 的 server-max-receive-pdu-size 相同; ——激活连接中的 max_send_pdu_size 包含服务器可能发送的一个 xDLMS APDU 的最大长度。这一参数与 DLMS-InitiateRequest APDU 的 client-max-receivepdu-size 相同; ——dlms_version_number 元素包含服务器支持的 DLMS 版本号。 ——quality_of_service 元素没有使用。 ——激活连接中的 cyphering_info 包含 xDLMS-InitiateRequest APDU (见 GB/T 17215.653—2018,第 8 章)的专用密钥参数。

authentication_mechanism_name	包含应用连接认证机制名。
	mechanism_name_type∷=CHOICE
	{
	mechanism_name_structure [2],
	octet-string [9]
	}
	认证机制名在 GB/T 17215.653—2018,7.2.2.3 以一个 OBJECT IDENTIFIER 指定。
	mechanism_name_type 属性包括 OBJECT IDENTIFIER 的弧形表。
	mechanism_name_structure∷=structure
	{
	joint_iso_ctt_element:unsigned,
	country_element:unsigned,
	country_name_element:long-unsigned,
	identified_organization_element:unsigned,
	DLMS_UA_element:unsigned,
	authentication_mechanism_name_element:unsigned,
	mechanism_id_element:unsigned
	}
	示例 3:此时,在 mechanism_id(1)的情况下,A-XDR 编码为结构(所有的值为十六进制):02 07 11 02 11 10 12 02 F4 11 05 11 08 11 01 11 01。
	当 mechanism_name_type 编码成 octet-string 类型,其保持 OBJECT IDENTIFIER 的值。见 GB/T 17215.653—2018,D.4。
	示例 4:此时,在 mechanism_id(1)时,A-XDR 编码为(所有的值为十六进制):09 07 60 85 74 05 08 01 01。
	不使用认证时,不需要 mechanism_name。

LLS_secret	该属性包含 LLS 或 HLS 认证程序所需的密码。 **注**:在带有 GMAC 的 HLS 中,HLS 密码由属性 9 中的安全设置对象引用所控制。
association_status	该属性指示由连接对象形成的当前连接状态。

	enum：　(0)non-associated， (1)association-pending， (2)associated
security_setup_reference	安全设置对象由其逻辑名引用，相关引用对象管理以连接 LN 对象范例的密码。

当连接 LN 对象用于建立新连接时，连接 LN 对象属性 SET 设置运算开始生效。

选择性访问 *object_list* 属性的参数

——如果没有选择性访问需求，(无 Access_Selection_Parameters 参数出现在 GET.request(.indication)object_list 属性的初始服务中)相关响应.response (.confirmation)原语包含所有 object_list 属性的对象列表元素。

——当选择性访问对 object_list 属性有需求时，(Access_Selection_Parameter 参数出现)，响应应包含"filtered" object_list_elements 的列表，如下：

访问选择器的值	服务参数	注释
1	NULL	除 access_right 之外的所有信息都应包含在响应中。
2	class_list	通过类访问，在这种情况下，只有 *object_list* 中那些 class_id 在 class-list 中的 object_list_element 将包含在响应中，它有一个与 class_id-s 相同的 class_list。 不包含 access_right 信息。 class_list∷＝array　class_id class_id ∷＝long-unsigned

3	object_id_list	通过对象访问，将返回 object_Id_list 中对象范例的完整信息记录。
		object_id_list ∷＝array object_id
		object_id ∷＝structure
		{
		class_id：long-unsigned，
		logical_name：octet-string
		}

4	object_id	在这种情况下，将返回所请求的 COSEM 对象范例的完整信息记录。 object_id ∷＝structure 同上。

方法说明	
reply_to_HLS_authentication (data)	本方法的远程调用向服务器传输服务器向客户端查询口令时客户端的加密流程的结果，f(StoC)，作为调用 ACTION.request 服务原语的 *data* 服务参数。 data ∷＝octet-string　客户端对呼叫的响应。 如认证得到认可，则服务器的响应(ACTION.confirm)包含的 Result＝＝OK，同时客户端向服务器请求口令时服务器加密流程结果也将传输给客户端，f(CtoS)这个结果包含在响应服务的 *data* 参数中。

	data ∷= octet-string 服务器对呼叫的响应。 如验证没有得到认可，则响应的结果参数包含一个 non-OK 的值，并且无任何数据返回。
change_HLS_secret（data）	更改 HLS 密钥(例如加密密钥)。 data ∷=octet-string 新 HLS 密码 “new secret”的结构取决于安全机制实例对象。“new secret”可能包含附加的校验位，并且可能被加密。
add_object(data)	从 object_list 中增加相关的对象。 data ∷=object_list_element（同上）
remove_object(data)	从 object_list 中删除相关对象。 data ∷=object_list_element（同上）

7.9 连接 LN(class_id=15,版本=2)

注 1：“Assocition LN”IC 的新版本 2 支持客户端用户标识过程，见 5.3.2。

COSEM 逻辑设备能够在一个 COSEM 语境中用逻辑名引用建立应用连接，通过“Association SN”类的范例对应用连接建模。对设备所能支持的每个连接，每个 COSEM 逻辑设备有一个本接口类的范例。

链接 LN	0…MaxNbofAss	class_id=15,版本=2			
属性	***数据类型***	***最小值***	***最大值***	***默认值***	**短名**
1. logical_name (static)	octet-string				x
2. object_list(static)	object_list_type				x+0x08
3. associated_partners_id	associated_partners_type				x+0x10
4. application_context_name	context_name_type				x+0x18
5. xDLMS_context_info	xDLMS-context-type				x+0x20
6. authentication_mechanism_name	mechanism_name_type				x+0x28
7. secret	octet-string				x+0x30
8. association_status	enum				x+0x38
9. ecurity_setup_reference(static)	octet-string				x+0x40
10. user_list(static)	array				x+0x48
11. current_user	structure				x+0x50
特定方法	***m/o***				
1. reply_to_HLS_authentication(data)	o				x+0x60
2. change_HLS_secret (data)	o				x+0x68
3. add_object (data)	o				x+0x70
4. remove_object (data)	o				x+0x78
5. add_user(data)	o				x+0x80
6. remove_user(data)	o				x+0x88

属性描述	
logical_name	标识“Association LN”对象实例。见 6.2.30。

object_list	包含可见 COSEM 对象的列表,其具有 class_id,version,*logical_ name* 和对给定应用连接中的属性和方法的访问权限。
	object_list_type∷=array object_list_element
	object_list_element∷=structure
	{
	class_id:long-unsigned,
	version:unsigned,
	logical_name:octet-string,
	access_rights:access_right
	}
	access_right∷=structure
	{
	attribute_access:attribute_access_descriptor,
	method_access:method_access_descriptor
	}
	attribute_access_descriptor∷=array attribute_access_item
	{
	attribute_id:integer,
	access_mode:enum:
	(0) no_access,
	(1) read_only,
	(2) write_only,
	(3) read_and_write,
	(4) authenticated_read_only,
	(5) authenticated_write_only,
	(6) authenticated_read_and_write
	access_selectors:CHOICE
	{
	null-data [0],
	array integer [1]
	}
	}
	method_access_descriptor∷=array method_access_item
	method_access_item∷=structure
	{
	method_id:integer,
	access_mode:enum:
	(0) no_access,
	(1) access,
	(2) authenticated_access

	} 其中： ——attribute_access_descriptor 和 method_access_descriptor 元素始终包含所有实现的属性或方法； ——access_selectors 包含支持的选择器值的列表。 对属性 object_list 的 *selective access*（见 4.4）可能是可用的（可选）。选择性访问参数如下所述。

associated_partners_ id	包含托管这些 APs 的物理设备中的 COSEM 客户端和服务器（逻辑设备）APs 的标识符，属于由"Association LN"对象建模的 AA。
	associated_partners_type ∷ = structure
	{
	client_SAP：integer，
	server_SAP：long-unsigned
	}
	client_SAP 的范围是 0～0x7F。
	server_SAP 的范围是 0x0000～0x3FFF。
	SAP 应在数据类型和介质允许的范围内。

application_context_name	在 COSEM 环境中，应用程序语境在建立 AA 期间预先存在并被其名称引用。
	context_name_type∷ = CHOICE
	{
	context_name_structure [2]，
	octet-string [9]
	}
	应用程序语境名称在 GB/T 17215.653—2018，7.2.2.2 中指定为 OBJECT IDENTIFIER。
	当 context_name_type 作为结构编码时，它包含 OBJECT IDENTIFIER 的弧形标签。
	context_name_structure∷ = structure
	{
	joint_iso_ctt_element：unsigned，
	country_element：unsigned，
	country_name_element：long-unsigned，
	identified_organization_element：unsigned，
	DLMS_UA_element：unsigned，
	application_context_element：unsigned，
	context_id_element：unsigned
	}
	示例 1：在 context_id(1)的情况下，A-XDR 编码为结构（所有的值为十六进制）：
	02 07 11 02 11 10 12 02 F4 11 05 11 08 11 01 11 01。
	当 context_name_type 被编码为 octet-string 时，它保持 OBJECT IDENTIFIER 的值。见 GB/T 17215.653—2018，D.4。

	示例 2:此时,在 context_id(1)时,A-XDR 编码为(所有的值为十六进制):09 07 60 85 74 05 08 01 01。

xDLMS_context_info	包含给定应用连接的 xDLMS 语境的所有必要信息。
	xDLMS_context_type ∷=structure
	{
	conformance:bit-string,
	max_receive_pdu_size:long-unsigned,
	max_send_pdu_size:long-unsigned,
	dlms_version_number:unsigned,
	quality_of_service:integer,
	cyphering_info:octet-string
	}
	其中:
	——一致性元素包含服务器支持的 xDLMS 一致性块。bit-string 的长度为 24 位;
	——max_receive_pdu_size 元素包含 xDLMS APDU 的最大长度,以客户端可能发送的字节数表示。这与 xDLMS-initiateResponse-APDU 的 server-max-receive-pdu-size 参数相同;
	——动 AA 中的 max_send_pdu_size 元素包含 xDLMS APDU 的最大长度,以服务器可能发送的字节表示。这与 xDLMS-initiatorRequest-APDU 的 client-max-receive-pdu-size 参数相同;
	——dlms_version_number 元素包含服务器支持的 DLMS 版本号;
	——不使用 quality_of_service 元素;
	——活动 AA 中的 cyphering_info 元素包含 xDLMS-initiatorRequest-APDU 的专用密钥参数。见 GB/T 17215.653—2018,第 8 章。

authentication_mechanism_name	包含应用连接的认证机制的名称。
	mechanism_name_type ∷=CHOICE
	{
	mechanism_name_structure [2],
	octet-string [9]
	}
	认证机制名称在 GB/T 17215.653—2018,7.2.2.3 中指定为对象标识符。
	当 mechanism_name_type 作为结构编码时,它包含 OBJECT IDENTIFIER 的弧形标签。
	mechanism_name_structure ∷=structure
	{
	joint_iso_ctt_element:unsigned,
	country_element:unsigned,
	country_name_element:long-unsigned,
	identified_organization_element:unsigned,
	DLMS_UA_element:unsigned,
	authentication_mechanism_name_element:unsigned,

	mechanism_id_element:unsigned } **示例 3**:在 mechanism_id(1)的情况下,A-XDR 编码为:02 07 11 02 11 10 12 02 F4 11 05 11 08 11 02 11 01(所有值都是十六进制)。 当 mechanism_name_type 被编码为 octet-string 时,它将保持 OBJECT IDENTIFIER 的值。见 GB/T 17215.653—2018,D.4。 **示例 4**:在 mechanism_id(1)的情况下,A-XDR 编码为:09 07 60 85 74 05 08 02 01(所有值都是十六进制)。 当不使用认证时,不需要机制名称。
secret	包含 LLS 或 HLS 认证过程的秘密。 **注**:在具有 GMAC 的 HLS 的情况下,(HLS_)秘密由属性 9(*security_setup_reference*)中引用的"Security setup"对象持有。
association_status	表示由对象建模的连接的当前状态。 enum:(0)non-associated, (1)association-pending, (2)associated
security_setup_reference	通过其逻辑名称引用"Security setup"对象。引用的对象管理给定的"Association LN"对象实例的安全性。

user_list	包含允许使用由给定管理的应用连接的用户列表"Association LN"IC 的实例。
	array user_list_entry
	user_list_entry ::=structure
	{
	user_id:unsigned,
	user_name:visible-string
	}
	其中:
	——user_id 是用户的标识符(该值由 AARQ 的 calling-AE-invocation-id 域承载);
	——user_name 是用户的名称。
	如果 *user_list* 属性为空(即它是 0 个元素的数组)任何用户都可以使用 AA,即忽略 AARQ 的 calling-AE-invocation-id 域。
	如果 *user_list* 属性不为空,则只有列表中的用户才能建立 AA,即 AARQ 的 calling-AE-invocation-id 域应该存在,其值应与 *user_list* 中的 user_ids 中的一个或 AA 没有建立。

current_user	保持当前用户的标识符。 current_user ::=user_list_entry(见上文) 如果 *user_list* 为空,那么 current_user 将是一个结构 structure {user_id:unsigned 0,user_name:可见的 0 个元素的字符串}

选择性访问对象 *object_list* 的参数

——如果没有选择性访问需求,(无 Access_Selection_Parameters 参数出现在 GET.request(.indication)*object_list* 属性的初始服务中)相关响应.response (.confirmation)服务包含所有对象列表属性的 *object_list* 元素。

——当选择性访问对 object_list 属性有需求时,(Access_Selection_Parameter 参数出现),响应应包含"filtered" object_list_elements 的列表,如下:

访问选择器的值	服务参数	注释
1	NULL	除 access_right 之外的所有信息都应包含在响应中。
2	class_list	通过类访问,在这种情况下,只有 *object_list* 中那些 class_id 在 class-list 中的 object_list_element 将包含在响应中,它有一个与 class_id 相同的类标识。 不包含 access_right 信息。 class_list∷=array class_id class_id ∷=long-unsigned

3	object_id_list	通过对象访问,将返回 object_Id_list 中对象范例的完整信息记录。
		object_id_list ∷=array object_id
		object_id ∷=structure
		{
		class_id:long-unsigned,
		logical_name:octet-string
		}

4	object_id	在这种情况下,将返回所请求的 COSEM 对象范例的完整信息记录。 object_id ∷=structure 同上。

方法说明

reply_to_HLS_authentication (data)	该方法的远程调用向客户端提供服务器对客户端 f(StoC)的质疑进行秘密处理的结果,因为调用了 ACTION.request 原语的数据服务参数。 data ∷=octet-string 客户端对呼叫的响应。 如果认证被接受,则响应(ACTION.confirm 原语)包含 Result==OK,并且服务器对服务器进行秘密处理的结果是服务器对 *data* 服务参数 f(CtoS)的响应 服务。 data ∷=octet-string 服务器对呼叫的响应。 如果认证不被接受,则响应中的结果参数应包含 non-OK 值,不能发回数据。
change_HLS_secret(data)	更改 HLS 密码(例如加密密钥)。 data ∷=octet-string 新的 HLS 密码 "new secret"的结构取决于实施的安全机制。"new secret"可以包含附加的校验位,并且可以加密。
add_object(data)	将引用的对象添加到 *object_list*。 data ∷=object_list_element(见上文)

remove_object(data)	从 *object_list* 中删除引用的对象。 data ::=object_list_element(见上文)
add_user(data)	将用户添加到 *user_list*。 data ::=user_list_entry(见上文)
remove_user(data)	从 *user_list* 中删除用户。
	data ::=user_list_entry(见上文)

7.10 安全设置(class_id=64,版本=0)

该IC的实例包含有关安全策略适用的必要信息以及特定AA内正在使用的安全套件,分别由其客户端系统标题和服务器系统标题标识的两个系统之间。它们还包含增加安全级别和传输全局密钥的方法。见GB/T 17215.653—2018,第5章。

安全设置	0…n	class_id=64,版本=0			
属性	***数据类型***	***最小值***	***最大值***	***默认值***	**短名**
1. logical_name (static)	octet-string				x
2. security_policy(static)	enum	0	3	0	x+0x08
3. security_suite (static)	enum	0	0	0	x+0x10
4. client_system_title (dyn.)	octet-string				x+0x18
5. server_system_title(static)	octet-string				x+0x20
特定方法	***m/o***				
1. security_activate (data)	o				x+0x28
2. global_key_transfer (data)	o				x+0x38

属性描述	
logical_name	标识“Security setup”对象实例。见6.2.33。
security_policy	执行安全套件提供的认证和/或加密算法。 enum: (0) 无, (1) 要认证的所有消息, (2)所有要加密的消息, (3)要认证和加密的所有消息, (4)~(15)保留
security_suite	指定认证,加密和密钥传输算法。 enum: (0)用于认证加密的AES-GCM-128和AES-128用于钥匙包装 (1)~(15)保留
client_system_title	承载(当前)客户端系统标题: ——在S-FSK PLC环境中,主动启动器使用CIASE协议发送其系统标题; **注1**:也由S-FSK *Active_initiator* 对象的属性保持;见5.9.4;

	——在确认或未确认的 AA 建立期间,由 AARQ APDU 的 calling-AP-title 域承载; ——如果在注册过程中已经发送了客户端系统标题,例如在 S-FSK PLC 配置文件的情况下,AARQ APDU 所承载的客户端系统标题应该相同。如果不是,AA 将被拒绝,并发送适当的诊断信息; ——在预先建立的 AA 中,可以由客户端使用不安全的 SET/Write 服务来写入。
server_system_title	执行服务器系统标题。 ——在 S-FSK PLC 环境中,服务器在发现过程中使用 CIASE 协议发送其系统标题; ——在确认的 AA 建立期间,它由 AARE APDU 的 responding-AP-title 域承载。 该属性应为只读。
方法说明	
security_activate (data)	激活和加强安全策略: enum:　(0)没有, 　　　　(1)要认证的所有消息, 　　　　(2)所有要加密的消息, 　　　　(3)要认证和加密的所有消息 一旦方法调用已经成功确认,新的安全策略就适用。 注 2:安全策略只能加强。

global_key_transfer(data)	更新一个或多个全局密钥。数据参数包括打包密钥数据。密钥数据包括密钥标识符和密钥本身。
	array　key_data
	key_data ::=structure
	{
	　key_id:　enum:　(0)全球单播加密密钥,
	　　　　　　　　　(1)全球广播加密密钥,
	　　　　　　　　　(2)认证密钥
	　key_wrapped:octet-string
	}
	密钥包装算法由安全套件指定。KEK 是主密钥。
	一旦方法调用已经成功确认,新密钥即可生效。

7.11 IEC 本地端口设置(class_id=19,版本=0)

本接口类范例规定了应用 IEC 62056-21:2002 用于通信时的运行参数,可设置多个端口。

IEC 本地端口设置	0…n	class_id=19,版本=0			
属性	**数据类型**	**最小值**	**最大值**	**默认值**	**短名**
1. logical_name (static)	octet-string				x
2. default_mode(static)	enum				x+0x08
3. default_baud(static)	enum				x+0x10
4. prop_baud(static)	enum				x+0x18
5. response_time(static)	enum				x+0x20
6. device_addr(static)	octet-string				x+0x28
7. pass_p1(static)	octet-string				x+0x30
8. pass_p2(static)	octet-string				x+0x38
9. pass_w5(static)	octet-string				x+0x40
特定方法	*m/o*				

属性描述	
logical_name	标识"IEC local port setup"对象实例。见 6.2.18。
default_mode	定义所使用的仪表端口协议。 枚举:(0)协议按照 IEC62056-21:2002(模式 A~E) (1)协议按照 GB/T 17215.646—2018,第 8 章。使用所有的列举数值,该接口类中的其他属性是不适用的。
default_baud	定义打开序列的波特率 enum: (0) 300 波特, (1) 600 波特, (2) 1 200 波特, (3) 2 400 波特, (4) 4 800 波特, (5) 9 600 波特, (6) 19 200 波特, (7) 38 400 波特, (8) 57 600 波特, (9) 115 200 波特
prop_baud	定义仪表推荐的波特率。 enum: (0) 300 波特, (1) 600 波特, (2) 1 200 波特, (3) 2 400 波特, (4) 4 800 波特, (5) 9 600 波特, (6) 19 200 波特, (7) 38 400 波特,

	(8) 57 600 波特, (9) 115 200 波特
response_time	定义接受一个请求(请求发送报文结尾)和传输一个响应(响应报文开始)之间的最短时间。 enum: (0)20 毫秒, (1)200 毫秒
device_addr	设备地址依据 IEC 62056-21:2002。
pass_p1	密码 1 依据 IEC 62056-21:2002。
pass_p2	密码 2 依据 IEC 62056-21:2002。
pass_w5	密码 W5 用于国家应用保留。

7.12 IEC HDLC 设置(class_id=23,版本=0)

"IEC HDLC setup"范例包含所有依据 GB/T 17215.646—2018 建立通信通道所需的数据,可以配置多个通信通道。

IEC HDLC 设置	0…n	class_id=23,版本=0			
属性	*数据类型*	*最小值*	*最大值*	*默认值*	*短名*
1. logical_name (static)	octet-string				x
2. comm_speed(static)	enum	0	9	5	x+0x08
3. window_size_transmit (static)	unsigned	1	7	1	x+0x10
4. window_size_receive(static)	unsigned	1	7	1	x+0x18
5. max_info_field_length_transmit(static)	unsigned	32	128	128	x+0x20
6. max_info_field_length_receive(static)	unsigned	32	128	128	x+0x28
7. inter_octet_time_out(static)	long-unsigned	20	1000	25	x+0x30
8. inactivity_time_out(static)	long-unsigned	0		120	x+0x38
9. device_address(static)	long-unsigned	0x0010	0x3FFD		x+0x40
特定方法	*m/o*				

属性描述	
logical_name	标识"IEC HDLC setup"对象实例。见 6.2.20。
comm_speed	通信速度有相应接口提供。 enum:(0) 300 波特, (1) 600 波特, (2) 1 200 波特, (3) 2 400 波特, (4) 4 800 波特, (5) 9 600 波特, (6) 19 200 波特, (7) 38 400 波特,

	(8) 57 600 波特, (9) 115 200 波特 如果一个设备的 HDLC 模式是通过另外一个协议的特殊模式进入的,可撤销通信速度。
window_size_transmit	在设备或系统需要从相应的站收到确认前,能够传输的帧的最大数。在进入系统期间,可对其他值进行处理。
window_size_ receive	在设备或系统需要从相应的站收到确认前,能够接收的帧的最大数。在进入系统期间,可对其他值进行处理。
max_info_length_transmit	设备可发送的最大信息域长度。在进入系统期间,可对较小值进行处理。
max_info_length_receive	设备可接收的最大信息域。在进入系统期间,可对较小值进行处理。
inter_octet_time_out	定义了以毫秒显示的时间,在从主站收到任何字节时,设备将已经收到的数据作为一个完整的帧。
inactivity_time_out	定义了以毫秒显示的时间,在从主站收到任何字节时,设备将进行中断处理。当该值设置为 0,表示 *inactivity_time_out* 处于未运行状态。
device_address	包含设备的物理设备地址。 在单字节地址的情况: 0x00 NO_STATION 地址, 0x01～0x0F 保留以供将来使用, 0x10～0x7D 可用的地址空间, 0x7E 'CALLING'设备地址, 0x7F 广播地址 在双字节地址的情况: 0x0000 NO_STATION 地址, 0x0001～0x000F 保留以供将来使用, 0x0010～0x3FFD 可用的地址空间, 0x3FFE 'CALLING' 物理设备地址, 0x3FFF 广播地址

7.13 IEC 双绞线(1)设置(class_id=24,版本=0)

注:IEC 双绞线设置 IC 的版本 0 不推荐使用。

该接口类可根据 GB/T 19897.4—2005 建模和配置通信通道。若干通信通道可被配置。

IEC 双绞线(1)设置	0…n	class_id=24,版本=0			
属性	**数据类型**	**最小值**	**最大值**	**默认值**	**短名**
1. logical_name (static)	octet-string				x
2. secondary_address(static)	octet-string				x+0x08
3. primary_address_list (static)	primary_address_list_type				x+0x10
4. tabi_list (static)	tabi_list_type				x+0x18
5. fatal_error (dyn.)	enum				x+0x20
特定方法	***m/o***				

属性描述	
logical_name	标识“IEC twisted pair setup”对象实例。见 6.2.21
secondary_address	*Secondary_address* 记录与实际设备对应的副站的 ADS。 octet-string(SIZE(6))
primary_address_list	*Primary_address_list* 存储实际设备的每个逻辑设备的 ADP 或主站物理地址列表(从站)已编程。 primary_address_list_type ∷=array primary_address_element primary_address_element ∷=octet-string octet-string 的长度是一个八位字节。
tabi_list	*tabi_list* 表示在忘记的站呼叫的情况下已经编程了实际设备(从站)的 TAB(i)的列表。 tabi_list_type ∷=array tabi_element tabi_element ∷=integer
fatal_error	*fatal_error* 表示 GB/T 19897.4—2005 中描述的协议的最后一次致命错误。 此变量的初始默认值为 0x00。然后,发现每个致命错误。 enum: (0) No-error, (1) t-EP-1F, (2) t-EP-2F, (3) t-EL-4F, (4) t-EL-5F, (5) eT-1F, (6) eT-2F, (7) e-EP-3F, (8) e-EP-4F, (9) e-EP-5F, (10) e-EL-2F

7.14 PSTN 调制解调器配置(class_id=27,版本=0)

注:该版本 6.0 中该 IC 的名称已更改为“Modem configuration”。

“PSTN modem configuration”IC 的实例存储与用于从/到设备的数据传输的调制解调器的初始化相关的数据。可以配置几个调制解调器。

PSTN 调制解调器配置	0…n	class_id=27,版本=0			
属性	*数据类型*	*最小值*	*最大值*	*默认值*	*短名*
1. logical_name (static)	octet-string				x
2. comm_speed(static)	enum	0	9	5	x+0x08
3. initialization_string (static)	array				x+0x10
4. modem_profile(static)	array				x+0x18
特定方法	*m/o*				

属性描述	
logical_name	标识“PSTN modem configuration”对象实例。见 6.2.6。
comm_speed	装置和调制解调器之间的通信速度不必是 WAN 上的通信速度 enum:(0) 300 波特, (1) 600 波特, (2) 1 200 波特, (3) 2 400 波特, (4) 4 800 波特, (5) 9 600 波特, (6) 19 200 波特, (7) 38 400 波特, (8) 57 600 波特, (9) 115 200 波特

initialization_string	为了实现正确配置,所有必要的初始化命令都会被传递给调制解调器。包括特殊调制解调器性能配置。
	array initialization_string_element
	initialization_string_element::=structure
	{
	request:octet-string,
	response:octet-string
	}
	如果数组包含多于一个初始化字符串元素,则它们在接收一个匹配已定义的响应之后传输到调制解调器
	注:假设调制解调器已预先配置,因此会接受初始化_字符串。如果不需要初始化,则初始化字符串为空。

modem_profile	该数据定义从 Hayes 标准指令/响应到调制解调器具体字符串的映射。 array modem_profile_element modem_profile_element:octet-string modem_profile 数组应包含以下顺序使用的调制解调器的对应字符串: 元素 0:OK, 元素 1:CONNECT, 元素 2:RING, 元素 3:NO CARRIER, 元素 4:ERROR, 元素 5:CONNECT 1 200, 元素 6:NO DIAL TONE, 元素 7:BUSY, 元素 8:NO ANSWER, 元素 9:CONNECT 600, 元素 10:CONNECT 2 400, 元素 11:CONNECT 4 800,

	元素 12:CONNECT 9 600, 元素 13:CONNECT 14 400, 元素 14:CONNECT 28 800, 元素 15:CONNECT 36 600, 元素 16:CONNECT 56 000

7.15 自动应答 (class_id=28,版本=0)

该 IC 允许对设备如何管理调制解调器的"Auto answer"功能进行建模,如应答呼叫请求。可配置多个调制解调器。

自动应答	0…n	class_id=28,版本=0			
属性	**数据类型**	**最小值**	**最大值**	**默认值**	**短名**
1. logical_name (static)	octet-string				x
2. mode(static)	enum				x+0x08
3. listening_window(static)	array				x+0x10
4. status(dyn.)	enum				x+0x18
5. number_of_calls(static)	unsigned				x+0x20
6. number_of_rings(static)	nr_rings_type				x+0x28
特定方法	*m/o*				

属性描述	
logical_name	标识"Auto answer"对象实例。见 6.2.6。
mode	定义装置自动响应时线路的工作模式。 enum: (0) 装置专用线路, (1) 允许共享线路管理和有限呼叫请求次数。一旦达到呼叫请求次数,窗口状态变为无效状态,直到下一个起始日期,而不管呼叫请求的结果, (2) 允许共享线路管理和有限成功呼叫请求次数.一旦达到成功通信次数,窗口状态变为无效,直到下一个起始日期, (3) 当前没有 moden 连接, (200~255) 制造商具体模式
listening_window	包含起始和结束瞬时,当窗口有效(起始瞬时),窗口无效(结束瞬时)。start_date 中定义周期。 示例:当没有指定日期(等于 0xFF)这意味着我们有一个日常线路管理.每天,每月….窗口管理可以得到定义。 array window_element window_element ::=structure { start _time:octet-string,

	end_time:octet-string } start_time 和 end_time 格式设置见 4.6.1 的 *date_time* 集。
status	定义窗口的状态。 enum: (0) 失效:装置控制无新的呼叫请求接入.该状态在下一个收听窗口起始时自动复位成有效, (1) 有效:装置响应下一个接入呼叫请求, (2) 锁定:该值可由装置自动设置或由一个具体客户端设置,当该客户端已完成读取对话并想要在窗口持续期结束之前将线路交换用户。该状态是自动的。
number_of_calls	该次数用于在模式 1 和模式 2 中引用。 当设为 0,意味着无限。

number_of_rings	定义仪表连接到调制解调器之前的响铃次数。判别两种情况:窗口内响铃次数由属性 *listening_window* 定义,和 *listening_window* 以外的响铃次数。
	nr_rings_type::=structure
	{
	nr_rings_in_window:unsigned,(0:没有窗内连接)
	nr_rings_out_of_window:unsigned (0:没有连接窗外)
	}

7.16 PSTN 自动拨号(class_id=29,版本=0)

注:在 6.0 版本中将此 IC 的名称更改为"Auto connect"。

"PSTN auto dial"IC 的实例存储与设备和调制解调器之间的管理数据传输有关的数据以执行自动拨号。几个调制解调器可以配置。

PSTN 自动拨号	0…n	class_id=29,版本=0			
属性	*数据类型*	*最小值*	*最大值*	*默认值*	*短名*
1. logical_name (static)	octet-string				x
2. mode(static)	enum				x+0x08
3. repetitions(static)	unsigned				x+0x10
4. repetition_delay(static)	long-unsigned				x+0x18
5. calling_window(static)	array				x+0x20
6. phone_list(static)	array				x+0x28
特定方法	*m/o*				

属性描述	
logical_name	标识"PSTN auto dial"对象实例。见 6.2.6。

mode	定义装置是否能够执行 auto-dialling。 enum： (0)无自动拨号， (1)任何时间允许自动拨号， (2)在呼叫请求窗口有效时间内允许自动拨号， (3)在呼叫请求窗口有效时间内允许“regular”自动拨号，任何时间允许“alarm”启动自动拨号， (200…255)制造商自定义模式。
repetitions	在拨号不成功情况下最大尝试次数。
repetition_delay	时间延迟，以秒为显示单位，直到可以重复一个不成功拨号尝试。 repetition_delay＝0 意味着未确定延迟。

calling_window	包含起始和结束日期/时间标志，当窗口有效(起始瞬时)，或无效(结束瞬时)。start_date 隐含定义周期。
	示例：当没有指定日期(等于 0xFF)这意味着我们有一个日常线路管理。每天，每月....窗口管理可以被定义。
	array window_element
	window_element∷＝structure
	{
	start_time：octet-string，
	end_time：octet-string
	}
	start_time 和 end_time(起始_时间和结束_时间)的格式按 4.6.1 中的 *date_time* 设置。

phone_list	包含电话数目，装置调制解调器需要在特定情况下呼叫，不包含数组条目和环境之间的连接。 array phone_number phone_number ∷＝octet-string

7.17 自动连接(class_id＝29，版本＝1)

该接口类允许对数据管理进行建模，这些数据在装置与一个或多个终端之间传递。

信息传输条件、不同模式的联系、呼叫窗口和终端，在此不做定义。

根据不同模式，本接口类的一个或多个实例可能需要执行发送消息的功能。

自动链接	0…n	class_id＝29，版本＝0			
属性	*数据类型*	*最小值*	*最大值*	*默认值*	短名
1. logical_name (static)	octet-string				x
2. mode(static)	enum				x+0x08
3. repetitions(static)	unsigned				x+0x10
4. repetition_delay(static)	long-unsigned				x+0x18
5. calling_window(static)	array				x+0x20
6. destination_list(static)	array				x+0x28
特定方法	*m/o*				

属性描述	
logical_name	标识“Auto connect”对象实例。见 6.2.6。
mode	定义模式控制自动拨号功能连接时间,发送的消息类型和采用的基准。 enum: (0)无自动拨号, (1)任何时间允许自动拨号, (2)在呼叫请求窗口有效时间内允许自动拨号, (3)在呼叫请求窗口有效时间内允许“regular”自动拨号;任何时间允许“alarm”启动自动拨号, (4)通过公用陆地移动网络(PLMN)发送短消息(SMS), (5)通过 PSTN 发送短消息, (6)电子邮件发送, (200～255)制造商自定义模式。
repetitions	在拨号不成功情况下最大尝试次数。
repetition_delay	时间延迟,以秒计时直到可以重复一个不成功拨号尝试。 repetition_delay=0 意味着未确定延迟。

calling_window	包含起始和结束日期/时间标志,当窗口有效(起始瞬时),或无效(结束瞬时)。start_date 隐含定义周期。
	示例:当没有指定日期(等于 0xFF)这意味着我们有一个日常线路管理.每天,每月....窗口管理可以得到定义。
	array window_element
	window_element ::=structure
	{
	start_time: octet-string,
	end_time: octet-string
	}
	start_time 和 end_time(起始_时间和结束_时间)的格式按 4.6.1 中的 *date-time* 设置。

destination_list	包含终端数目(例如电话号码,邮箱或它们的组合),在特定情况下将自动发送消息。条件和到数组元素的连接未在此处定义。 array destination destination ::=octet-string

7.18 GSM 诊断(class_id=47,版本=0)

GSM/GPRS 网络在注册状态,信号质量等方面正在不断变化。为了获得诊断信息,有必要对相关参数进行监测和记录,以便标识网络中的通信问题。

“GSM diagnostic”类的实例存储分析网络操作所必需的 GSM/GPRS 网络的参数。

GSM 诊断“Profile generic”对象也可用于捕获 GSM 诊断对象的属性,见 GB/T 17215.661—2018,6.5。

GSM 诊断	0…n	class_id=47,版本=0			
属性	*数据类型*	*最小值*	*最大值*	*默认值*	*短名*
1. logical_name (static)	octet-string				x
2. operator (dyn.)	visible-string				x+0x08
3. status (dyn.)	enum	0	255	0	x+0x10
4. cs_attachment (dyn.)	enum	0	255	0	x+0x18
5. ps_status (dyn.)	enum	0	255	0	x+0x20
6. cell_info (dyn.)	cell_info_type				x+0x28
7. adjacent_cells (dyn.)	array				x+0x38
8. capture_time (dyn.)	date-time				x+0x40
特定方法	*m/o*				

属性描述	
logical_name	标识"GSM Diagnostic"对象实例。逻辑名称见 6.2.23
operator	保持网络运营商的名字,例如"YourNetOp"。
status	指示调制解调器的注册状态。 enum: (0)未注册, (1)注册,家庭网络, (2)未注册,但 MT 正在搜索新的运营商进行注册至, (3)注册被拒, (4)未知, (5)注册,漫游 (6)~(255)保留
cs_attachment	指示当前的电路交换状态。 enum: (0)不活动, (1)来电, (2)积极, (3)~(255)保留
ps_status	ps_status 值域指示调制解调器的分组交换状态。 enum: (0)不活动, (1)GPRS, (2)EDGE, (3)UMTS, (4)HSDPA, (5)~(255)保留

cell_info	表示单元格信息：
	cell_info_type∷=structure
	{
	cell_ID:long-unsigned,
	location_ID:long-unsigned,
	signal_quality:unsigned,
	ber:unsigned
	}
	其中：
	——cell_ID:十六进制格式的 Two-byte 单元 ID;
	——location_ID:十六进制格式的 Two-byte 位置区域码(LAC)(例如“00C3”等于十进制 195);
	——signal_quality:表示信号质量：
	(0)−113 dBm 或更小,
	(1)−111 dBm,
	(2～30)−109 dBm～−53 dBm,
	(31)−51 dBm 或更大,
	(99)未知或不可检测;
	——BER:以百分比表示的误码率(BER)测量：
	(0～7)作为 ETSI GSM 05.08:1996,8.2.4 中指定的 RXQUAL_n 值。
	(99)未知或不可检测。

adjacent_cells	array adjacent_cell_info
	adjacent_cell_info∷=structure
	{
	cell_ID:long-unsigned,
	signal_quality:unsigned
	}
	其中：
	——cell_ID:十六进制格式的 Two-byte 单元格 ID;
	——signal_quality:表示信号质量：
	(0)−113 dBm 或更小,
	(1)−111 dBm,
	(2～30)−109 dBm～−53 dBm,
	(31)−51 dBm 或更大,
	(99)未知或不可检测。

capture_time	保持上次捕获数据的日期和时间。 *date-time* 按照 4.6.1 的规定格式化。

7.19 S-FSK Phy&MAC 设置(class_id=50,版本=0)

注 1:不赞成使用本版本。

接口类“S-FSK Phy&MAC setup”接口类实例可存储用于建立和管理 PLC S-FSK 的低层框架中物理和 MAC 层必要的数据。

S-FSK Phy&MAC 设置	0…n	class_id＝50，版本＝0			
属性	**数据类型**	**最小值**	**最大值**	**默认值**	**短名**
1. logical_name (static)	octet-string				x
2. initiator_electrical_phase(static)	enum	0	3		x+0x08
3. delta_electrical_phase(dyn.)	enum	0	6		x+0x10
4. max_receiving_gain(static)	unsigned				x+0x18
5. max_transmitting_gain(static)	unsigned				x+0x20
6. search_initiator_gain(static)	unsigned				x+0x28
7. frequencies(static)	frequencies_type				x+0x30
8. mac_address(dyn.)	long-unsigned			FFE	x+0x38
9. mac_group_addresses(static)	array				x+0x40
10. repeater(static)	enum			1	x+0x48
11. repeater_status(dyn.)	boolean				x+0x50
12. min_delta_credit(dyn.)	unsigned				x+0x58
13. initiator_mac_address(dyn.)	long-unsigned				x+0x60
14. synchronization_locked(dyn.)	boolean				x+0x68
特定方法	*m/o*				

属性描述

logical_name

标识“S-FSK Phy&MAC setup”对象实例。见 6.2.24。

initiator_electrical_phase

保持 MIB 变量的 initiator-electrical-phase（变量 18），见 DL/T 790.4512—2006，5.8 所述。

由客户系统写入来指示应该连接哪个相位。

enum：（0） 未定义（缺省）
（1） 相线 1，
（2） 相线 2，
（3） 相线 3。

注 2：此枚举与如 DL/T 790.4512—2006 不同

delta_electrical_phase

保持 MIB 变量的 delta-electrical-phase（变量 1）见 DL/T 790.4512—2006，5.2 和 DL/T 790.51—2002，3.5.5.3 所述。

电相位角差表明客户连接相位和服务器连接相位之间的不同，以下的值是预先设定的。

enum：(0)未定义：服务器端暂时不能决定相位差，
(1)服务器系统和客户端系统连接在相同的相位。
服务器连接的相位和客户端连接的相位差等于：
(2)60 度，
(3)120 度，

	(4)180 度， (5)－120 度， (6)－60 度。
max_receiving_gain	保持 MIB 变量的 max-receiving-gain(变量 2)见 DL/T 790.4512—2006,5.2 和 DL/T 790.51—2002,3.5.5.3 所述。 最大接收增益与服务器处于接收模式时允许的最大增益范围一致。默认的单位是 dB。 注 3:在 DL/T 790.4512—2006 中没定义过单位。 增益的取值可根据硬件决定。因此,在本属性在写入数值之后,要进行读出,以知道真实的数值。
max_transmitting_gain	保持 max-transmitting-gain 的值。 最大传输增益与服务器处于发送模式时使用的最大衰减范围一致。默认的单位是 dB。 增益的取值可根据硬件决定。因此,在本属性在写入数值之后,要进行读出,以知道真实的数值。
search_initiator_gain	本属性应用在智能查找激活进程中,如果 *max_receiving_gain* 的值比此属性值小,快速同步进程则被允许。

frequencies	包含了 S-FSK 调制需要的频率。
	frequencies_type::=structure
	{
	mark_frequency:double-long-unsigned,
	space_frequency:double-long-unsigned
	}
	默认单位是 Hz。

mac_address	保持了 MIB 变量的 mac-address(变量 3)。见 DL/T 790.4512—2006,5.3 和 DL/T 790.51—2002,4.3.7.6 所述。 注 4:MAC 地址用 12 位表示。 包含连接到本地系统的物理连接的地址的值(MAC 地址)。在配置状态下,MAC 地址是"NEW-address"。 本属性在系统注册(注册服务)后在本地由 CIASE 写入。这个值在发送和接收帧中都会用到,默认数值是"NEW-address"。 本属性被设置为新: ——通过 MAC 子层,一旦 time-out-not-addressed 未超过延迟; ——当客户端系统"resets"服务器系统。见 5.9.4 的"S-FSK Active initiator"IC。 当本属性被设置为新时: ——系统失去同步(MAC 子层的功能); ——*mac_group_address* 属性被重置(0 元素数组); ——系统自动释放所有可释放的应用链接。 注 5:第二项在 DL/T 790.4512—2006 中没有提到。 MAC 地址的预定义在表 33 中。

mac_group_addresses	保持了 MIB 变量的 mac-group-address(变量 4),见 DL/T 790.4512—2006,5.3 和 DL/T 790.51—2002,4.3.7.6 所述。 包含一套用来广播的 MAC 群组地址 array mac-address mac-address∷=long-unsigned 本列表不包括 ALL-configured-address,ALL-physical-address 或 NO-BODY-addresses,这些都是内部预定义的值。 本属性会被启动器用 DLMS 服务修改,用来在服务器系统中声明特定的 MAC 群组地址。 当检查未被标识为单独地址的 MAC 帧的目的地地址域或者作为三个预定义值(ALLconfigured-address,ALL-physical-address 和 NO-BODY)之一时,由 MAC 子层在本地读取该属性。
repeater	保持 MIB 变量的 repeater 属性(属性 5),见 DL/T 790.4512—2006,5.3 和 DL/T 790.51—2002,4.3.7.6 所述。 重发定义了服务器系统是否能有效重发所有的帧 enum:(0)从不重发, (1)总是重发, (2)动态重发。 如果重发变量等于 0,服务器系统应该从不重发帧。 如果重发变量被设置成 1,服务器系统成为重发器,他应重发所有收到的没有错误和现有可信度大于 0 的帧。 如果被设置成 2,重发状态可以由服务器自身动态改变。 注 6:值 2 的值在 DL/T 790.4512—2006 中没有被定义。 本属性每当收到一个帧时都会被 MAC 子层读取一次,默认值是 2,服务器系统是一个重发器(*repeater_status*=TRUE)。
repeater_status	保持现在的设备重发状态。 boolean:FALSE=无重发, TRUE=重发
min_delta_credit	保持 MIB 变量的 min-delta-credit 属性(变量 9)见 DL/T 790.4512—2006,5.3 和 DL/T 790.51—2002,4.3.7.6 所述。 注 7:只使用三个最低有效位。 Delta Credit(DC)是减去正确接收的 MAC 帧的 Initial Credit(IC)和 Current Credit(CC)域。指向服务器系统的正确接收的 MAC 帧的 Delta Credit 最小值由该变量保持。 默认值被设置为最大 Initial Credit(更多关于额度和 MAX_INITIAL_CREDIT 的解释见 DL/T 790.51—2002,4.2.3.1)。客户端系统可以通过设置其值为最大初始信用来重初始化本变量。
initiator_mac_address	保持 MIB 变量的 initiator-mac-address,见 DL/T 790.51—2002,4.3.7.6 所述。 它的值是 active-initiator 的 MAC 地址或 NOBODY 地址,具体取决于 synchronization_locked 属性的值(见下文)。见 DL/T 790.51—2002,3.5.3,4.1.6.3 和 4.1.7.2。

	如果将值 NO-BODY,那服务器 mac_address (见 *mac_address* 属性)应要设置为"NEW"。
synchronization_locked	保持 MIB 变量的 synchronization-locked (变量 10),见 DL/T 790.4512—2006,5.3 所述。 控制同步锁定/解锁状态,见 DL/T 790.51—2002。 如果本属性的值等于 TRUE,系统就处于同步锁定状态。在 synchronization-locked 状态下,initiator-mac-address 总是等于 active-initiator 的 MIB 对象的 MAC 地址域。见 S-FSK 激活初始化接口类属性 2,5.9.4。 如果值等于 FALSE,则系统处于 synchronization-locked 状态。在解锁状态下,*initiator_mac_address* 属性被设置为 NO-BODY:一个在 active-initiator 的 MIB 对象的 MAC 地址域中的值的变化,不会影响 *initiator_mac_address* 属性,其值还是保持为 NO-BODY。本变量默认值在补充说明中定义。 **注 8**:在 synchronization-unlocked 状态下,服务器在任何有效帧同步,在同步锁定状态下,服务器只在帧包含或者指向客户端系统且客户端 mac 地址等于 *initiator_mac_address* 属性时同步。

7.20 S-FSK DL/T 790.432 LLC 设置(class_id=55,版本=0)

"S-FSK DL/T 790.432 LLC setup"接口类范例保持设置和管理 LLC 层的必要参数,如 DL/T 790.432—2004 中详细规定。

S-FSK DL/T 790.432 LLC 设置	**0…n**	**class_id=55,版本=0**			
属性	***数据类型***	***最小值***	***最大值***	***默认值***	**短名**
1. logical_name (static)	octet-string				x
2. max_frame_length(static)	unsigned	26	242	134	x+0x08
3. reply_status_list (dyn.)	array				x+0x10
特定方法	***m/o***				

属性描述	
logical_name	标识"S-FSK DL/T 790.432 LLC setup"对象实例。见 6.2.24。
max_frame_length	以字节保持 LLC 帧长度。见 DL/T 790.432—2004,5.1.4。 在 S-FSK 协议情况下,见 DL/T 790.51—2002,4.2.2 中描述,最大值为 242,但是低于此值的值根据性能方面的考虑加以选择。
reply_status_list	保持 MIB 变量 *reply-status-list*(变量 11),见 DL/T 790.4512—2006,5.4 详细规定。 列出无空 RDR(按需响应数据)缓冲的 L-SAPs 列表,该缓冲区还未被读取。等待中 L-SDU 长度在子帧序列中规定(与零值不同)。变量在本地由 LLC 子层产生。 array reply_status reply_status ::=structure {

	L-SAP-selector: unsigned, length-of-waiting-L-SDU: unsigned } length-of-waiting-LSDU 在 S-FSK 协议下位于子帧序列中;有效值从 1 到 7。

7.21 压缩的数据(class_id=62,版本=0)

"Compact data"IC 的实例允许捕获由 *capture_objects* 属性确定的 COSEM 对象属性的值。捕获可以发生:

——外部触发(显式捕捉);要么

——读取 *compact_buffer* 属性(隐式捕获)。

由 *capture_method* 属性确定。

这些值作为 octet-string 存储在 *compact_buffer* 属性中。

数据类型的集合由 *template_id* 属性标识。捕获的每个属性的数据类型由 *template_description* 属性保持。

客户端可以使用(即包括 COSEM 属性描述符,数据类型和数据值)*capture_objects*,*template_id* 和 *template_description* 属性以未压缩的形式重建数据。

压缩数据	0…n	class_id=62,版本=0			
属性	**数据类型**	**最小值**	**最大值**	**默认值**	**短名**
1. logical_name (static)	octet-string				x
2. compact_buffer (dyn.)	octet-string				x+0x08
3. capture_objects(static)	array				x+0x10
4. template_id(static)	unsigned				x+0x18
5. template_description (dyn.)	octet-string				x+0x20
6. capture_method(static)	enum				x+0x28
特定方法	***m/o***				
1. reset (data)	o				x+0x30
2. capture (data)	o				x+0x40

属性描述	
logical_name	标识"Compact data"对象实例。见 6.2.37
compact_buffer	包含以八位字符串形式捕获的属性的值。 当捕获的数据类型为 *octet-string*、*bit-string*、*visible-string*、*utf8-string* 或 *array* 时,长度也包括在这里。
capture_objects	指定分配给"Compact data"对象实例的 COSEM 对象属性的列表。 *template_id* 属性应该是 *capture_objects* 数组中的第一个元素。 在 *capture* (*data*)方法的显式或隐式调用之后,所选属性的值被捕获到 *compact_buffer* 中。 array capture_object_definition

capture_object_definition::=structure

{

class_id:long-unsigned,

logical_name:octet-string,

attribute_index:integer,

data_index:long-unsigned

}

其中:

——attribute_index 是一个指向对象内的属性的指针,由 class_id 和 logical_name 标识;attribute_index 1 指向第一个属性(即 *logical_name*),attribute_index 2 指向第二个属性等。attribute_index 0 是指所有的公共属性;

——data_index 是一个指针,用于选择具有复合数据类型(结构或数组)的属性的一个或多个特定元素。

- 如果属性的数据类型很简单,那么 data_index 就没有意义;
- 如果属性的数据类型是结构或数组,则 data_index 指向结构或数组中的一个或多个特定元素;
- 当属性是"Profile generic"对象的缓冲区时,data_index 承载选择性访问参数。

data_index:	MS-Byte		LS-Byte
	上半段	下半段	

- 0x0000=标识整个属性;
- 0x0001 到 0x0FFF=标识复合属性中的一个元素。复杂属性中的第一个元素由 data_index 1 标识;
- 0x1000 到 0xFFFF=选择性地访问保持"Profile generic"对象的缓冲区的数组。data-index 选择多个最近(最近)时间段内的条目或最近(最近)条目的数目以及数组中的列。

编码在表 16 中指定。

template_id

包含模板的标识符。

它应该唯一标识"Compact data"IC 和 *template_description* 的实例。

template_description

提供捕获的每个属性的数据类型。这是服务器在 *capture_objects* 编程时自动生成的 *octet-string*,它具有以下结构:

——第一个 octet 是 0x02(结构的标签);

——接下来是结构中的元素数量(与 *capture_objects* 数组中的元素数量相同)编码为可变长度整数;

——接下来是每个属性的数据类型,顺序与 *capture_object* 数组中的顺序相同:

- 对于简单数据类型的属性,数据类型由一个八位位组表示,承载数据类型的标签。在 *bit-string* [4]、*octet-string* [9]、*visible-string*[10]、*utf8-string*[12]的长度是 *compact_buffer* 中保持的数据的一部分;

	• 在 *array* [1]的情况下，数据类型由单个 octet 0x01 表示。接下来是数组中元素的类型描述。数组中元素的数量是 *compact_buffer* 中保持的数据的一部分； • 在 tructure[2]的情况下，数据类型由单个 octet 0x02 表示，随后是结构内部的元素的数量，随后是结构的每个元素的标签。
capture_method	定义 *compact_buffer* 更新的方式。 enum： (0)在调用 *capture*(data)方法时捕获。这可能发生在远程或本地(显式捕获)， (1)在读取 *compact_buffer* 属性时捕获(隐式捕获)。
方法说明	
reset (data)	清除 *compact_buffer*。在调用这个方法之后，*compact_buffer* 保持一个长度为 0 的 octet-string，直到发生新的捕获。 此调用不会触发捕获对象的任何其他操作。具体而言，它不重置任何捕获的属性。 data::=integer(0)
capture(data)	读取每个捕获对象，将属性的值复制到 *compact_buffer* 中。 此调用不会触发 capture()或 reset()等捕获对象内的任何其他操作。 data::=integer(0)

修改某些属性后对象的特性：

capture_objects 的任何修改都将重置 *compact_buffer* 并自动更新 *template_description*。

限定

在定义 *capture_object* 属性时，应避免循环引用。

7.22 M-Bus 客户端(class_id:72，版本:0)

该接口实例允许设置 M-Bus 从站并进行设备间的数据交换。每一个 M-Bus 客户端对象控制一个 M-Bus 从站。详细的 M-Bus 应用层介绍，见 EN 13757-3 :2004。

M-Bus 客户端可含有一个或多个 M-Bus 物理接口，可通过 M-Bus 主控端口配置接口类进行配置。见 5.7.5。

M-Bus 从站通过初始地址，定义码，制造商 ID 等参数定义，具体内容可见 EN 13757-3:2004，第 5 章，*Variable Data respond*。这些参数定义在 M-Bus 客户端接口类各属性中，见 5.7.3。

从 M-Bus 从站获得的数据值被定义在 *capture_definition* 属性内，包含 M-Bus 从站数据定义(DIB，VIB)列表。数据获取可按照一定的周期或是通过适当的触发。每个数据元素被存储在接口类“Extended register”中的 M-Bus 数值对象内。M-Bus 数值对象可与其他数值对象一起由 M-Bus 通用集对象获取。

M-Bus 从站可通过 M-Bus 客户端对象方式安装或卸载，也可以发送数据到 M-Bus 从属端完成类报警重置，设置时钟，传递加密密钥等功能。

注 1：在版本 10 中，将属性映射到短名称已被更正，而不会更改版本。

M-Bus 客户端	0…n	class_id=72,版本=0			
属性	**数据类型**	**最小值**	**最大值**	**默认值**	**短名**
1. logical_name (static)	octet-string				x
2. mbus_port_reference(static)	octet-string				x+0x08
3. capture_definition (static)	array				x+0x10
4. capture_period(static)	double-long-unsigned				x+0x18
5. primary_address (dyn.)	unsigned				x+0x20
6. identification_number (dyn.)	double-long-unsigned				x+0x28
7. manufacturer_id (dyn.)	long-unsigned				x+0x30
8. version (dyn.)	unsigned				x+0x38
9. device_type (dyn.)	unsigned				x+0x40
10. access_number (dyn.)	unsigned				x+0x48
11. status (dyn.)	unsigned				x+0x50
12. alarm (dyn.)	unsigned				x+0x58
特定方法	*m/o*				
1. slave_install (data)	o				x+0x60
2. slave_deinstall (data)	o				x+0x68
3. capture (data)	o				x+0x70
4. reset_alarm (data)	o				x+0x78
5. synchronize_clock (data)	o				x+0x80
6. data_send (data)	o				x+0x88
7. set_encryption_key(data)	o				x+0x90
8. transfer_key (data)	o				x+0x98

属性描述	
logical_name	标识“M-Bus client”对象实例。见 6.2.22。
mbus_port_reference	为“M-Bus master port setup”对象提供引用值,用于 M-Bus 端口设置。每个接口可以与一个或多个 M-Bus 从属设置进行数据交换。

capture_definition	为 M-Bus 从站提供数据 capture_definition。
	array capture_definition_element
	capture_definition_element ::=structure
	{
	data_information_block:octet-string,
	value_information_block:octet-string
	}
	注 2: data_information_block 和 value_information_block 对应的数据信息块(DIB)和值信息块 (VIB)分别在 EN 13757-3:2013,6.2 和第 7 章中有描述。

capture_period	>=1:假定自动获取数据,数据获取周期以秒为单位。 0:非自动获取数据,数据获取可由外部触发或获取事件发生不同步。
primary_address	定义 M-Bus 从站初始地址,取值范围 0~250。 如果从站已经被设置了初始地址,且该地址值不为 0,则该值应被写入 *primary_address* 属性中。写入后该 M-Bus 从站可进行数据交换。 除此之外,还可运用 *slave_install* 方法,具体见下文。 注 3:*primary_address* 属性不能存储为分配一个未配置的从站存储初始地址。一旦设置了初始_地址属性,意味着 M-Bus 客户端可以直接操作初始地址。未分配地址的设备是不支持该功能的。
identification_number	遵照 EN 13757-3:2004,5.4 的描述,包括了数据头的标识号数据元素。 它既是一个固定制造码,也是可由用户更改的码。用 8 BCD 填满(4 字节),范围从 00 000 000 到 99 999 999。在产品制造时可预设一个独一无二的数,以后也可被更改,特别是增加一个独一无二和不可变的制造码时。(DIF=0x0C,VIF=0x78)。
manufacturer_id	遵照 EN 13757-3:2004,5.5 的描述,该属性包括了数据头的制造商 ID。 该数值为 2 字节无符号二进制数。*manufacturer_id* 由 IEC 62056-21 中制造商 ID(前三字母)对应的 ASCII 码算出。具体格式见 EN 13757-3:2004,5.5。
version	遵照 EN 13757-3:2004,5.6 的描述,该属性包含了数据头的版本信息。描述了制造商给出的表计的版本或代次。该属性可用于确认,在每个版本号内身份#是唯一的。
device_type	遵照 EN 13757-3:2004,5.7,表 3 的描述,该属性包含了数据头的设备型号定义元素。
access_number	遵照 EN 13757-3:2004,5.8 的描述,该属性包含了数据头的访问号元素。该属性采用无符号二进制编码,从站每次 RSP-UD 之前或之后,该值可加 1(256 为模)。由于每个私人终端用户都可以通过激活该参数去访问流量表的非经常读出参数,该属性值不可以通过任何总线通信进行更改。
status	遵照 EN 13757-3:2004,5.9,表 4,表 5 的描述,该属性包含了头数据的状态字节信息。
alarm	遵照 EN 13757-3:2004,附录 D,该属性包含了报警状态。模式 D 编码(Boolean,此处为 8 位)。可设置位信号报警位或报警码。具体内容有制造商定义。
方法说明	
slave_install(data)	安装未配置(初始地址为 0)从站。 只有当 primary_address 属性的值为 0 时,才能成功调用此方法。执行以下操作: ——安装新设备后检查 M-Bus 地址 0; ——如果卸载 M-Bus 从站没有被发现,该操作调用失败;

	——如果 *slave_install* 操作未提供特定参数，设备将被自动分配初始地址。该初始地址通过查询 DLMS/COSEM 设备所有 M-Bus 客户端对象的 *primary_address* 属性，选取第一个未被使用的数值设定。该地址被写入 *primary_address* 属性，并传输给 M-Bus 从站； ——如果 *slave_install* 在调用中已标明初始地址，则 *primary_address* 属性被赋予设定的参数值，并传输给 M-Bus 从站。 data ∷＝unsigned（无数值，或无有效的初始地址） 注 4：未进行过参数化的从站在设备初始地址时引用 EN 13757-3：2004，E.5
slave_deinstall（data）	卸载从站。该服务的主要目的在于卸载 M-Bus 从站，同时为安装新设备做准备。执行以下操作： ——设 M-Bus 从站地址为 0； ——先前传输给 M-Bus 从站的密钥作废，但不影响默认密码； ——属性 *primary_address* 被设为 0 注 5：只有当 *primary_address* 属性被设 0 后，才可安装新 M-Bus 从站。 data ∷＝integer（0）
capture	捕获来自 M-Bus 从属设备的值（由 *capture_definition* 属性指定）。 data ∷＝integer(0)
reset_alarm	重置 M-Bus 从站报警状态 data ∷＝intefer（0）
synchronize_clock	将 M-Bus 从站时间与 M-Bus 客户端时间同步 data ∷＝integer（0）
data_send	向 M-Bus 从站发送数据。 data∷＝array data_definition_element data_definition_element∷＝structure { data_information_block：octet-string， value_information_block：octet-string data：CHOICE { ——简单数据类型 null-data [0]， bit-string [4]， double-long [5]， double-long-unsigned [6]， octet-string [9]， visible-string [10]， utf8-string [12]， integer [15]， long [16]， unsigned [17]，

	long-unsigned [18], long64 [20], long64-unsigned [21], float32 [23], float64 [24] } }
set_encryption_key	设置 M-Bus 从站使用密钥。 修改密钥需要两步:1.通过 *transfer_key* 方法,将密钥发送到 M-Bus 从站,和主密钥一起对设备进行加密;2.该密钥通过 *set_encryption_ke* 被设定仅 M-Bus 主控设备。 data ::=octet-string (encryption_key) M-Bus 从站安装完毕后,M-Bus 客户端保留一个空密钥。通过该密钥可取消 M-Bus 通信加密。通过调用并设置 *set_encryption_key* 为空,可以取消加密。
transfer_key	向 M-Bus 从站传递加密密钥。 data ::=octet-string (encrypted_key) 每个 M-Bus 从站都应被送达一个默认加密密钥。 在 M-Bus 通信加密可用之前,应通过 *transfer_key* 的方式将一个操作加密密钥发送到 M-Bus 从站。方法调用参数是用 M-Bus 从站默认密钥加密过的操作秘钥。发送的报文未被加密。在该方法执行后,将激活通信加密,之后所有的报文将被全部加密。 新的加密密钥可通过设置_加密_密钥方法重新设定。并通过 *set_encryption_key* 设置下发到 M-Bus 从站中。 随着 transfer_key 方法的进一步调用,新的加密密钥可以发送到 M-Bus 从站。方法调用参数是使用默认密钥加密的新加密密钥。M-Bus 报文被加密。 当 M-Bus 从站卸载时,加密密钥将被破坏,但是不影响默认密钥。在新的密钥被传递前,加密被取消。

7.23 G3 NB OFDM PLC MAC 层计数器(class_id=90,版本=0)

"G3 NB OFDM PLC MAC layer counters"接口类实例存储与 MAC 层交换的计数器。这些计数器是以管理为目的提供统计数据。

此接口类实例属性只能读。它们可以通过复位的方法重置。

G3 NB OFDM PLC MAC 层计数器	0…n	class_id=90,版本=0			
属性	*数据类型*	*最小值*	*最大值*	*默认值*	*短名*
1. logical_name (static)	octet-string				x
2. mac_Tx_data_packet_count (dyn.)	double-long-unsigned	0	4 294 967 295	0	x+0x08
3. mac_Rx_data_packet_count (dyn.)	double-long-unsigned	0	4 294 967 295	0	x+0x10
4. mac_Tx_cmd_packet_count (dyn.)	double-long-unsigned	0	4 294 967 295	0	x+0x18

G3 NB OFDM PLC MAC 层计数器	0…n	class_id＝90,版本＝0			
属性	数据类型	最小值	最大值	默认值	短名
5. mac_Rx_cmd_packet_count (dyn.)	double-long-unsigned	0	4 294 967 295	0	x＋0x20
6. mac_CSMA_fail_count (dyn.)	double-long-unsigned	0	4 294 967 295	0	x＋0x28
7. mac_CSMA_no_ACK_count (dyn.)	double-long-unsigned	0	4 294 967 295	0	x＋0x28
8. mac_bad_CRC_count (dyn.)	double-long-unsigned	0	4 294 967 295	0	x＋0x30
9. mac_broadcast_count(dyn.)	double-long-unsigned	0	4 294 967 295	0	x＋0x38
10. mac_multicast_count (dyn.)	double-long-unsigned	0	4 294 967 295	0	x＋0x40
特定方法	*m/o*				
1. reset (data)	o				x＋0x50

属性描述	
logical_name	标识"G3 NB OFDM PLC MAC layer counters"对象实例。见 6.2.27。
mac_Tx_data_packet_count	PIB 属性 0x02000101:成功传输数据包(MSDUs)的统计计数器。
mac_Rx_data_packet_count	PIB 属性 0x02000102:成功接收数据包(MSDUs)的统计计数器。
mac_Tx_cmd_packet_count	PIB 属性 0x02000201:成功传输的指令数据包的统计计数器。
mac_Rx_cmd_packet_count	PIB 属性 0x02000202:成功接收的指令数据包的统计计数器。
mac_CSMA_fail_count	PIB 属性 0x02000103:计 CSMAbackoffs 超过 macMaxCSMABackoffs 的次数。
mac_CSMA_no_ACK_count	PIB 属性 0x02000104:计 ACK 没有接收到单点传输的数据帧的次数(ACK 的丢失是由于数据冲突)。
mac_bad_CRC_count	PIB 属性 0x02000108:接收到带有损坏的 CRC 的数据帧的统计计数器。
mac_broadcast_count	PIB 属性 0x02000106:发送单路传播数据帧的统计计数器。
mac_multicast_count	PIB 属性 0x02000107:发送多路传播数据帧的统计计数器。
注:当计数器达到最大值(0xFFFFFFFF)时,其自动重装。	
方法说明	
reset(data)	此方法可以强制重置对象。通过调用该方法,所有计数器的值被置 0。 data ::＝integer (0)

7.24 G3 NB OFDM PLC MAC 设置 (class_id＝91,版本＝0)

"G3 NB OFDM PLC MAC 设置"接口类实例保持设置管理 G3 NB OFDM PLC IEEE 802.15.4:2006 MAC 子层的必要参数。

这些属性影响部署的功能行为。部署允许改变正常运转期间的属性,即使在设备启动序列被执行之后。

G3 NB OFDM PLC MAC 设置	0…n	class_id=91,版本=0			
属性	**数据类型**	**最小值**	**最大值**	**默认值**	**短名**
1. logical_name (static)	octet-string				x
2. mac_short_address (dyn.)	long-unsigned	0x0000	0xFFFF	0xFFFF	x+0x08
3. mac_coord_short_address (dyn.)	long-unsigned	0x0000	0xFFFF	0x0000	x+0x10
4. mac_PAN_id (dyn.)	long-unsigned	0x0000	0xFFFF	0xFFFF	x+0x18
5. mac_max_orphan_timer(static)	double-long-unsigned	0	4 294 967 295	0	x+0x20
6. mac_security_enabled(static)	boolean			TRUE	x+0x28
7. mac_freq_notching(static)	boolean			FALSE	x+0x30
8. mac_TMR_TTL(static)	double-long-unsigned	0	262 143	120	x+0x38
9. mac_max_frame_retries(static)	unsigned	0	10	5	x+0x40
10. mac_neighbour_table_entry_TTL(static)	double-long-unsigned	0	262 143	15 300	x+0x48
11. mac_neighbour_table(dyn.)	array				
特定方法	*m/o*				
1. mac_get_neighbour_table_entry (data)	o				x+0x60

属性描述	
logical_name	标识"G3 NB OFDM PLC MAC setup"对象实例。见 6.2.27。
mac_short_address	PIB 属性 0x01000112:设备短地址。 在 PAN 中设备用于通讯的 16 位地址。当设备不具有短地址,其值应等于 0xFFFF。相连接的设备一定要有短地址,使得设备不能在相连接却没有短地址的状态。
mac_coord_short_address	PIB 属性 0x01000107:短地址协调器。 注 1:分配到通过设备相连接的协调器的短地址。
mac_PAN_id	PIB 属性 0x0100010F:PAN ID。 注 2:设备操作的 PAN 的 16 位标识符。值等于 0xFFFF 指示该设备没有被连接。
mac_max_orphan_timer	PIB 属性 0x02000109:当设备声明为孤立后,该特殊设备断开通讯的最大秒数。
mac_security_enabled	PIB 属性 0x01000111:安全启用。 Boolean:TRUE:安全启用, FALSE:安全禁用。
mac_freq_notching	PIB 属性 0x0000006D:S-FSK 63kHz 和 74kHz 的频率开槽。 Boolean:TRUE:开口启用。 FALSE:开口禁用 默认值为 FALSE(禁用)。
mac_TMR_TTL	PIB 属性 0x02000113:在短时间内,邻近的映射参数的最大有效时间。

mac_max_frame_retries	PIB 属性 0x0100010D:重传的最大帧数。
mac_neighbour_table_entry_TTL	PIB 属性 0x02000114:在邻近表中输入的最大有效时间(以秒为单位)。

mac_neighbour_table	PIB 属性 0x0000006B:见 ITU-T G.9903 修订 1:2013,9.3.7.2 中 CENELEC 和 FCC 带。
	邻近区域包含所有具有 POS 设备的信息。该区域的一个元素表示设备的一个 PLC 指令。
	array mac_neighbour_table_element
	mac_neighbour_table_element::=structure
	{
	mac_short_address:long-unsigned,
	payload_modulation_scheme:boolean,
	tone_map:bit-string,
	modulation:enum,
	tx_gain:integer,
	tx_res:boolean,
	tx_coeff:array,
	lqi:unsigned,
	TMR_valid_time:double-long-unsigned,
	neighbour_valid_time:double-long-unsigned
	}
	注 3:此表每一次实现,都会从临近设备收到一些帧,都会接收到一个色调映射响应。

short_address	该条目指向的节点的 MAC 短地址。
payload_modulation_scheme	0:差分(Differential), 1:相干(Coherent)
tone_map	频率子带可用于与设备通信的音调映射参数定义。该位置 1 表示频率子带可以使用,置 0 表示频率子带不能使用。
modulation	用于与设备通信的调制类型。 enum:(0) Robust Mode(强壮模式) (1) DBPSK (2) DQPSK (3) D8PSK (4) 16-QAM **注 4**:16-QAM 调制是可选的,并且仅适用于 FCC 频带。
tx_gain	定义了用来传输帧于设备的 Tx 增益。
tx_res	定义了对应于一个增益步的 Tx 增益分辨率。 0 :6 dB 1 :3 dB

	tx_coeff	对于每组音调的指定发射器增益参数代表了声音映射的一个有效位。接收器测量信道的频变衰减,并请求发送器通过增加正在衰减的部分频谱的发送功率来补偿接收信号。每一组的音调被映射到 CENELEC-A 的 4 位值或 FCC 的 2 位值。其中有效位置“0”表示正增益值,发送器增益的增幅范围由此部分请求的 TXRES 决定;有效位置“1”表示负增益值,发送器增益的减少范围由此部分请求的 TXRES 决定。应用这个功能是可选的,它适用于频率选择性信道。如果此功能没有应用,应将该位置零。 **注 5**:一组 tone 为 CENELEC 频段收集连续 6 个 tone(或载体),为 FCC 频段收集连续 3 个 tone。
	lqi	连接质量指示器。 **注 6**:LQI 值是从邻域接收到的 PPDU 测得的。该 LQI 测量是强度的特性描述和/或接收数据包的质量。
	TMR_valid_time	直到音调映射响应临表中的参数被视为有效时的剩余时间。 ——当条目创建后,此值应被设置为默认值 0。 ——当该值为 0 时,如果数据被发送到该设备,音调映射请求可以执行。在成功接收到音调映射响应时,这个值被设置为 macTMRTTL。
	neighbour_valid_time	直到邻近表中的条目被视为有效时的剩余时间。 每当条目创建或者一帧(数据或 ACK)从领域被接收,它被设置为 macNeighbourTableEntryTTL。当它的值为 0 时,此条目在该表中不再有效,并有可能被撤销。
方法说明		
mac_get_neighbour_table_entry (data)	此方法用于检索一个 MAC 短地址的 mac 邻近表。它可能被用来执行客户端的拓扑监视。 此方法调用参数有 mac_short_address。 data ::=long-unsigned 响应参数包含邻近表的 mac_short_address。 data ::=array　mac_neighbour_table_element 其中 mac_neighbour_table-element 在 *mac_neighbour_table* 中的定义当前 IC 属性。	

7.25 G3 NB OFDM PLC 6LoWPAN 的适配层设置(class_id=92,版本=0)

"G3 NB OFDM PLC 6LoWPAN adaptation layer setup"的接口类实例保持设置和管理 G3 NB OFDM PLC 6LoWPAN Adaptation layer 的必要参数。

这些属性影响实现的功能行为。在正常运行期间,即使在设备 start-up 序列已经被执行之后,实施方式也可以允许改变它们的值。

G3 NB OFDM PLC 6LoWPAN 的适配层设置	0…n	class_id=92,版本=0			
属性	*数据类型*	*最小值*	*最大值*	*默认值*	*短名*
1. logical_name (static)	octet-string				x
2. adp_max_hops(static)	unsigned	1	14	8	x+0x10
3. adp_weak_LQI_value (static)	unsigned	0	255	3 用于 CENELEC A 5 用于 FCC	x+0x18
4. adp_tone_mask(static)	bit-string			所有位设置为 1	x+0x20
5. adp_discovery_attempts_wait_time(static)	long-unsigned	1	3 600	60	x+0x28
6. adp_routing_configuration(static)	array				x+0x30
7. adp_broadcast_log_table_entry_TTL(static)	long-unsigned	0	3 600	90	x+0x38
8. adp_routing_table(dyn.)	array				x+0x40
9. adp_context_information_table(dyn.)	array				x+0x48
10. adp_blacklist_table(dyn.)	array				x+0x50
11. adp_broadcast_log_table(dyn.)	array				x+0x58
12. adp_group_table(dyn.)	array				x+0x60
13. adp_max_join_wait_time(static)	long-unsigned	0	1 023	20	x+0x68
14. adp_path_discovery_time(static)	long-unsigned	0	65 535	5 000	x+0x70
15. adp_use_new_GMK_time(static)	long-unsigned	0	65 535	3 600	x+0x78
16. adp_exp_prec_GMK_time(static)	long-unsigned	0	3 600	3 600	x+0x80
特定方法	*m/o*				

属性描述	
logical_name	标识"G3 NB OFDM 6LoWPAN adaptation layer setup"对象实例。见 6.2.27
adp_max_hops	PIB 属性为 0x10:定义要使用的路由算法的最大跳数。
adp_weak_LQI_value	PIB 属性 0x1B:弱链接值定义了调试过程中不考虑直接邻居的阈值(与 LQI 测量值相比)。
adp_tone_mask	PIB 属性为 0x0F:定义音调掩模期间符号的形成使用。的 bit-string 的长度是 70 比特。
adp_discovery_attempts_wait_time	PIB 属性 0x06:允许编程调用两个连续网络发现原语之间的最大等待时间(以秒为单位)。

adp_routing_configuration	该路由配置元素指定链接到 ITU-T G.9903 修订 1:2013,9.4.1.2 描述的路由机制的所有参数。
	注 1:在 ITU-T G.9903 修订 1:2013,附录 B 提供了链接的成本计算。
	array routing_configuration
	routing_configuration∷=structure
	{
	adp_net_traversal_time:long-unsigned,
	adp_routing_table_entry_TTL:double-long-unsigned,
	adp_Kr:unsigned,
	adp_Km:unsigned,
	adp_Kc:unsigned,
	adp_Kq:unsigned,
	adp_Kh:unsigned,
	adp_Krt:unsigned,
	adp_RREQ_retries:unsigned,
	adp_RREQ_RERR_wait:long-unsigned,
	adp_blacklist_table_entry_TTL:long-unsigned
	}	

	adp_net_traversal_ time	PIB 属性 0x12:RREQ 和通讯 RREP(以秒为单位)之间的最大持续时间。 范围:0～65 535 默认值:20
	adp_routing_table_entry_TTL	PIB 属性 0x13:路由请求表项(以秒为单位)的存活时间。 范围:0～262 143 默认值:90
	adp_Kr	PIB 属性 0x14 的:ROBO 的一个权重因子计算链路开销。 范围:0～31 默认值:0
	adp_Km	PIB 属性 0x15 执行:一个权重因子的调节来计算链路开销。 范围:0～31 默认值:0
	adp_Kc	PIB 属性 0x16:活动数量的权重因子音调来计算链路成本。 范围:0～31 默认值:0
	adp_Kq	PIB 属性 0x17:一个权重因子 LQI 计算路由开销。

		范围:0～31 默认值:10 代表 CENELEC A 频段/40 代表 FCC 频段。
	adp_Kh	PIB 属性为 0x18:一个权重因子跳来计算链路开销。 范围:0～31 默认值:4 代表 CENELEC A 频段/2 代表 FCC 频段。
	adp_Krt	PIB 属性为 0x1C:一个权重因子在路由表中当前激活路由的数量来计算链路开销。 范围:0～31 默认值:0
	adp_RREQ_retries	PIB 属性 0x19:RREQ 重新传输的情况下的接收的 RREP 超时数。 范围:0～255 默认值:0
	adp_RREQ_RERR_wait	PIB 属性 0x1A:两个连续 RREQ 数 - RERR 代之间等待的秒。 范围:0～65 535 默认值:30
	adp_blacklist_table_entry_TTL	PIB 属性值为 0x26:黑名单邻居设置在几分钟内进入的存活时间。 范围:0～65 535 默认值:10
adp_broadcast_log_table_entry_TTL	PIB 属性 0X02:定义进入 adpBroadcastLogTable 一个条目保持表有效(以秒计)的时间。	

adp_routing_table	PIB 属性 0x0C 的:路由表包含有关涉及设备的不同路由的信息。
	array routing_table
	routing_table::=structure
	{
	destination_address:long-unsigned,
	next_hop_address:long-unsigned,
	route_cost:long-unsigned,
	hop_count:unsigned,
	weak_link_count:unsigned,
	status:enum,
	valid_time:unsigned
	}
	注 2:每当生成或更新路由(由数据流量触发),每次 TTL 计时器到期时,此表都会被激活。	

	destination_address	目的地地址。
	next_hop_address	通往目的地的路径上的下一跳的地址。
	route_cost	沿着通往目的地的路线的累计链接成本。
	hop_count	到目的地的路线选择的跳数。 范围:0～15 注 3:实际上最大允许值由 adp_max_hops 限定。
	weak_link_count	到达薄弱环节目的地的数量。 范围:0～15 注 4:实际上最大允许值由 adp_max_hops 限定。
	status	路由表项的状态。 enum:(0)无效的路线, (1)有效的途径, (2)在建路线
	valid_time	以秒为单位的剩余时间,直到其路由表中的该条目被认为是有效的。

adp_context_information_table	PIB 属性 0x07 执行:包含与每个语境信息 CID 扩展域。
	array context_information_table
	context_information_table∷=structure
	{
	CID:bit-string,
	context_length:unsigned,
	context:octet-string,
	C:boolean,
	valid_lifetime:long-unsigned
	}	

	CID	对应于用于源 4 位语境信息源地址和目标地址(SCI,DCI)。 范围:0x00～0x0F
	context_length	指示携带语境的长度(最多可以携带 128 位)。 范围:0～128
	context	对应于用于进行语境压缩/解压缩的目的。 范围:0x0000:0000:0000:0000:0000:0000:0000:0000～0xFFFF:FFFF:FFFF:FFFF:FFFF:FFFF:FFFF:FFFF
	C	表示语境是否有效压缩使用 0:只解压是允许的, 1:压缩和解压是允许

		语境仅可用于解压的目的。此外，在RFC6775提出了一些建议，应遵循以考虑到的语境的传播到PAN的所有节点。
	valid_lifetime	剩余时间以分钟，在此期间语境信息表被认为是有效的。这是在接收广告语境方面的升级。 范围：0～65 535

adp_blacklist_table	PIB属性0x25：包含列入黑名单的邻近列表。
	Array blacklisted_neighbour_set
	blacklisted_neighbour_set∷＝structure
	{
	blacklisted_neighbour_address：long-unsigned，
	valid_time：long-unsigned
	}	

	blacklisted _ neighbour _address	黑名单邻近的16位地址。
	valid_time	在几分钟内剩余的时间，直到这在黑名单邻近表此项被认为是有效的。

adp_broadcast_log_table	PIB属性0x0B中：包含广播日志表。
	注5：此表提供最近由该装置接收到的广播包的列表。
	array broadcast_log_table
	broadcast_log_table∷＝structure
	{
	source_address：long-unsigned，
	sequence_number：unsigned，
	time_to_live：long-unsigned
	}	

	source_address	广播分组的16位源地址。这是广播发起者的地址。
	sequence_number	包含在BC0头中的序列号。
	time_to_live	该条目在广播日志表中的剩余时间，以秒为单位。

adp_group_table	PIB属性0x0E的：包含设备所属的组地址。
	Array group_table
	group_table∷＝structure
	{
	group_address：long-unsigned
	}
	group_address 该节点已订阅的组地址。	

adp_max_join_wait_time	PIB属性为 0x21:LBD的网络加入超时(以秒为单位)。
adp_path_discovery_time	PIB属性 0x22:以毫秒为单位的路径发现超时。
adp_use_new_GMK_time	PIB属性 0x23:设备使用新 GMKafter 密钥更新的以秒为单位的等待时间。
adp_exp_prec_GMK_time	PIB属性 0X24:切换到一个新的 GMK 后保持 PrecGMK 以秒为单位的时间。

附 录 A
（资料性附录）
有关自动应答和自动连接 IC 的附件信息

注：该信息与“Auto answer”(class_id＝28，版本＝2，见 5.6.5)和“Auto connect”(class_id＝29，版本＝2，见 5.6.6)接口类相关。

由于通信网络(例如 GPRS)的能力(例如，连接时间，并行连接数)受限，仪表不会永久连接到通讯网络。

设备可以定期连接到网络或特殊事件，以发送未经请求的数据或只是为了访问。

如果 DLMS/COSEM 客户端前端系统需要访问服务器，例如没有连接到通信网络的仪表可以发送 wake-up 请求。这可能是 wake-up 电话或 wake-up 消息，例如一条短信。成功处理 wake-up 请求后，设备连接到网络。

下面的图 A.1 显示了 GSM/GPRS 通信网络的示例。请注意，虚线表示网络服务，实线表示可能的应用层服务。

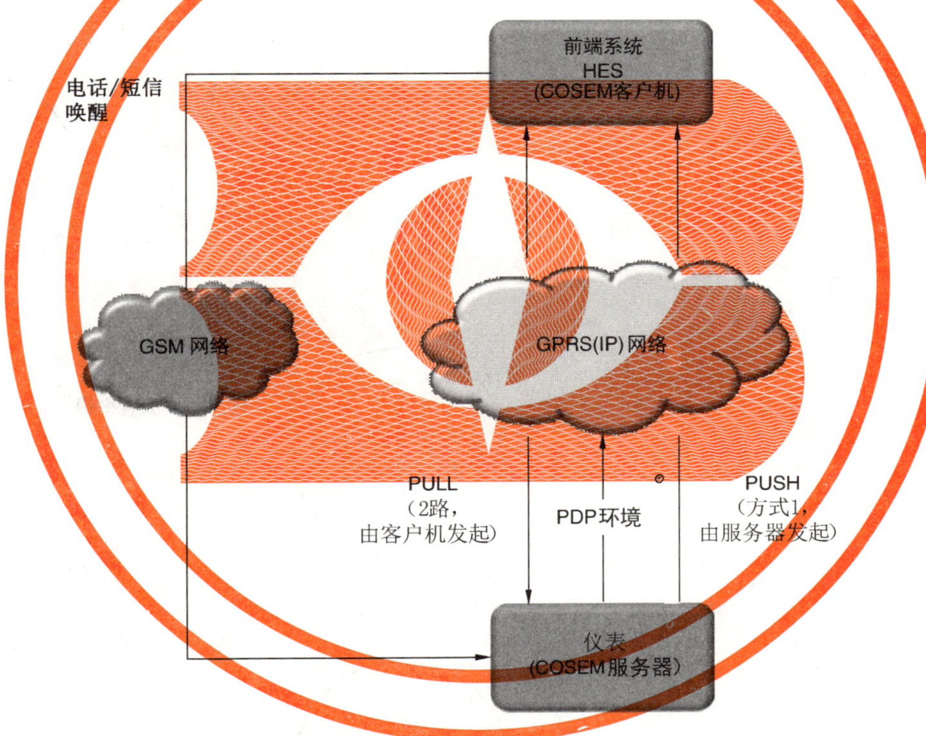

图 A.1 GSM/GPRS 网络的网络连接示例

在移动网络(GPRS 或等效服务)情况下的基本网络连接由“Auto connect”IC 建模。根据模式，连接可以“始终开启”，”始终在时间窗口中”或“仅在唤醒之后”。如果设备连接到网络，则其连接的 PDP 语境，并且可以通过其 IP 地址由 HES 访问。如果需要，可以使用 DataNotification xDLMS 服务将当前服务器 IP 地址(仪表)发送给客户端(HES)。

唤醒过程使用“Auto answer”IC 的实例进行建模，该实例与当今的解决方案相比提供了额外的安全性(检查呼叫号码)。

另请注意，“Auto answer”类与 xDLMS 应用层服务完全分离。主要原因是在通信层之间有明确的分隔，并避免创建一个不安全的后门来执行几乎没有保护的应用层服务。通过 SMS 执行 xDLMS 服务应通过在预先建立的 AA 中发送加密的 xDLMS APDU 来处理。

附　录　B
（资料性附录）
M-Bus 客户端的附加信息（class_id＝72，版本＝1）

不同用例的 *encryption_key_status* 属性的状态转换如图 B.1 所示。

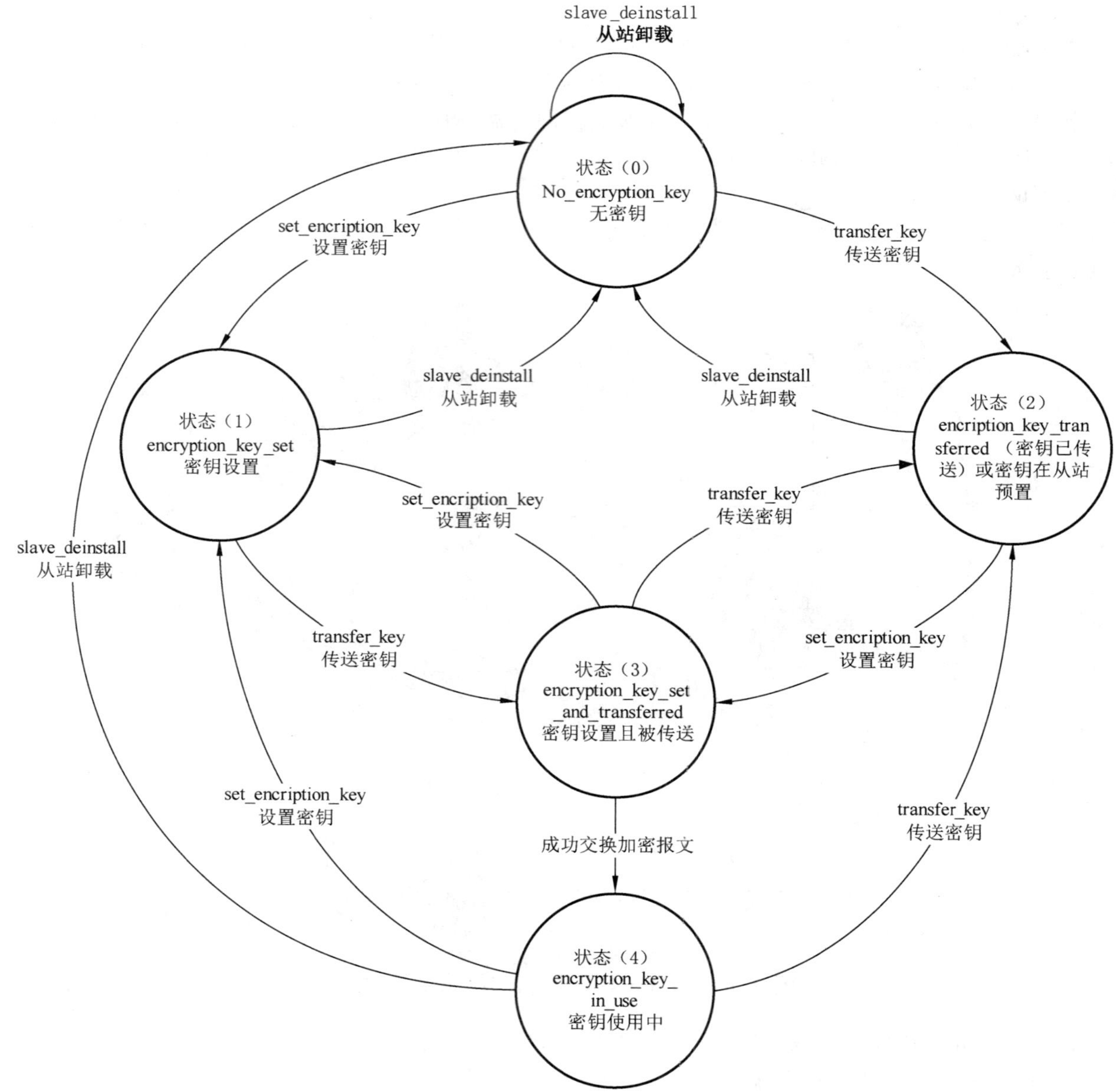

图 B.1　加密密钥状态图

下面给出了不同用例的 *encryption_key_status* 属性的状态转换。在从机安装时，有四种情况是可能的：

a）　加密密钥预置在从站，不能更改，见表 B.1；

b）　加密密钥在从站中预设，安装后设置新密钥，见表 B.2；

c）　加密密钥不在从站中预设，但可以设置，见表 B.3 和表 B.4；

d） 从机被加密使用。在这种情况下，encryption_key_status 保持在状态(0)。

表 B.1 在从站中预设加密键，不能更改

步骤	状态	状态转换条件(事件或成功调用方法)
1	(2)	set_encryption_key
2	(3)	加密的电报成功交换
3	(4)	—

表 B.2 加密密钥在从机中预设，安装后设置新密钥

步骤	状态	状态转换条件(事件或成功调用方法)
1	(2)	set_encryption_key
2	(3)	transfer_key
3	(2)	set_encryption_key
4	(3)	加密的电报成功交换
5	(4)	—

表 B.3 从站中不存在加密密钥，但可以设置，情况 a)

步骤	状态	状态转换条件(事件或成功调用方法)
1a	(0)	set_encryption_key
2a	(1)	transfer_key
3a	(3)	加密的电报成功交换
4a	(4)	—

表 B.4 从站中不存在加密密钥，但可以设置，情况 b)

步骤	状态	状态转换条件(事件或成功调用方法)
1b	(0)	transfer_key
2b	(2)	set_encryption_key
3b	(3)	加密的电报成功交换
4b	(4)	—

附　录　C
（资料性附录）
关于 IPv6 设置类的附加信息（class_id＝48，版本＝0）

C.1　概述

在大多数方面，IPv6 是 IPv4 的保守扩展。大多数传输和应用层协议在 IPv6 上都不需要或不改变；例外是嵌入互联网层地址的应用协议，如 FTP 或 NTPv3。

IPv6 指定了一种新的数据包格式，旨在最大限度地减少数据包头处理。由于 IPv4 报文和 IPv6 报文的头部显着不同，所以两个协议不可互操作。

C.2　IPv6 寻址

IPv6 的最重要的特征是比 IPv4 更大的地址空间：与 IPv4 中的 32 位地址相比，IPv6 中的地址长 128 位。此外，与 IPv4 相比，IPv6 支持在一个物理接口（全局，唯一或 3760 链路本地 IPv6 地址）上进行多寻址。

IPv6 地址通常由两个逻辑部分组成：用于路由的 64 位（子）网络前缀，以及用于标识网络中的主机的 64 位主机部分。

IPv6 地址允许的格式如图 C.1 所示（见 http://www.iana.org/assignments/ipv6-address-space/）。请注意，为了方便 IPv6 地址的写入，IETF 规定了 RFC 4291 中定义的特定符号（例如 FF00::/8）。

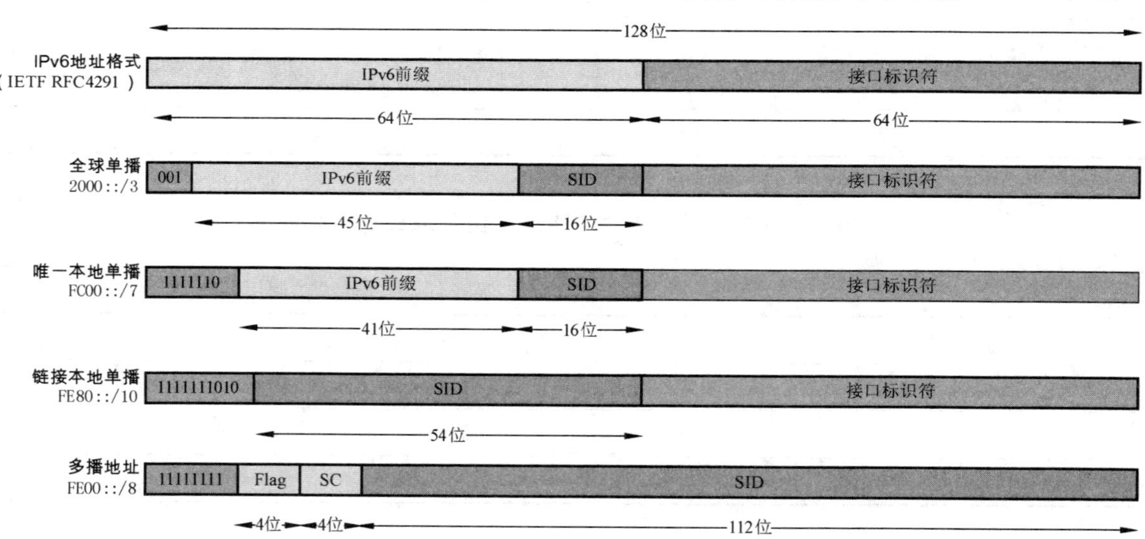

图 C.1　IPv6 地址格式

其中：

——*Global Unicast* 是整个互联网络中可路由的地址，其组成如下：

- 由 IANA 分配的全球前缀（见 http://www.iana.org/assignments/ipv6-unicastaddress-assignments/）；
- 子网 ID(SID)由网络管理员分配；和
- 接口标识符，从接口的 MAC 地址（使用修改的 EUI-64 格式）生成，或从 DHCPv6 服务器

获得,或手动分配;

——*Unique Local Unicast* 是仅适用于本地网络的地址。这种类型的地址在本地网络外部不可路由。全局 ID 和子网 ID(SID)由网络管理员分配;

——*Link Local Unicast* 是本地(不带路由器)链路的单播地址。这种类型的地址不能在本地链路外部路由;

——*Multicast* 是分配给网络不同设备的地址。遵循地址的范围(SC),组播组可以是接口本地,链路本地,Interface-local,Link-local,Adminlocal,Site-local,Organization-local 或 global。有关 Flag 和 SC(scope)参数的更多信息,请见 RFC 4291,2.7。

需要注意的是,在 IPv6 中没有定义广播地址。

有关 IPv6 寻址的更多信息,见 RFC 4291。

C.3 IPv6 报头格式

如 RFC 2460,第 3 章所定义,一个 IPv6 数据包的头部组成如图 C.2 所示:

位0　　7　　15　　23　　31

版本(4位)	通信类别(8位)	流标签(20位)	
有效载荷长度(16位)		下一个报头(8位)	跳数限制(8位)
源地址(128位)			
目的地址(128位)			

图 C.2　IPv6 报头格式

其中:

——*Version* 指定协议的版本。对于 IPv6,该值是固定的,等于 6;

——*Traffic class* 由始发节点和/或转发路由器用于标识和区分 IPv6 数据包的不同类别或优先级(见 RFC 2474,第 3 章)。请注意,流量类别值只是用于分配 IPv6 帧并且不保护传输的优先级概念(IP 网络的原理是尽其所能)。

图 C.3 显示了流量类参数的内容:

图 C.3　流量类参数格式

其中:

- DSCP - 区分服务代码点包含网络中 IPv6 数据包的优先级(见 RFC2474);
- CU - 目前未使用。

——*Flow label* 可以由源使用来标记 IPv6 请求特殊处理的数据包序列,如非默认服务质量或"实时"服务。目前,IETF 没有给出这一领域的完整定义,可能被视为保留将来使用的;

——*Payload length* 表示 IPv6 帧承载的上层有效载荷的大小;

——*Next header* 标识紧接在当前帧的 IPv6 报头之后的报头类型。它可以指示上部应用头(ICMP,UDP,TCP 等)或扩展;

——*Hop limit* 限定根据跳数定义 IPv6 分组的生命周期。用法类似于为 IPv4 定义的用法(由转发数据包的每个节点递减 1,如果 Hop Limit 递减为零,则丢弃该数据包);

——*Source* 和 *destination addresses* 表示 IPv6 数据包和目标收件人的发起者。

表 C.1 总结了由 IPv6 对象管理/未管理的 IPv6 头。

表 C.1 IPv6 报头与 IPv6 IC

参数	IPv6 设置 IC
Version	未管理
Traffic class	管理
Flow label	未管理
Payload length	未管理
Next header	未管理
Hop limit	未管理
Source 和 destination addresses	未管理

C.4 IPv6 扩展报头

C.4.1 概述

与 IPv4 相反,IPv6 通过逐个添加可选元素来提供可扩展头。目前,RFC 2460 定义了以下可选标题列表,见表 C.2。

表 C.2 总结了由 IPv6 设置对象管理/未管理的选项。

表 C.2 可选 IPv6 扩展报头与 IPv6 IC

扩展	IPv6 设置 IC	见子条款
Hop-by-Hop 选项	没有管理	C.4.2
目的地选项	没有管理	C.4.3
路由选项	没有管理	C.4.4
片段选项	没有管理	C.4.5
安全选项(验证和封装安全有效载荷)	没有管理	C.4.6
注:选项按照数据包中的顺序列出。		

C.4.2 Hop-by-Hop 选项

Hop-by-Hop 选项域应由路径上的所有设备检查。当前定义的四个元素可能组成此标题(见 RFC 2460,4.3):

——填充形式 Pad1,其引入一个字节的填充(见 RFC 2460,4.2);

——填充形式 PadN,引入超过 2 个字节的填充(参见 RFC 2460,4.2);

——在巨型有效载荷(高于 IPv6 报头的长度域的最大大小)(见 RFC 2460 和 RFC 2675)的情况下,用于指示 IPv6 数据报的长度的 Jumbogram 域;和

——路由器警报:该选项表示数据报的内容可能对路由器感兴趣(见 RFC 2711)。

这些可选元素由 IPv6 协议栈直接管理。因此,它们不受 COSEM IPv6 设置类的管理。

C.4.3 目的地选项

目的地选项域应仅由 IP 数据报的目标设备检查。目前由 IETF 定义了四个要素(见 RFC 2460,4.6):

——填充形式 Pad1,其引入一个字节的填充(见 RFC 2460,4.2);

——填充形式 PadN,引入超过 2 个字节的填充(见 RFC 2460,4.2);

——移动性参数(链接到新的 IP 无线网络- UMTS,LTE 等)(见 RFC 3775);和

——隧道选项,允许在由 IPv4 网络分离的两个 IPv6 网络之间进行通信(6To4 机制)(见 RFC 2473)。

注:移动性参数和隧道选项已经与 RFC 2460 分开定义,本文档中未提及。有关详细信息,请参阅相应的 RFC。

这些可选元素由 IPv6 协议栈直接管理。这些可选域不由 COSEM IPv6 设置类进行管理。

C.4.4 路由选项

路由选项元素用于指定一些路由参数(见 RFC 2460,4.4)。目前,只有一种类型由 IETF(类型 2)定义,用于移动 IPv6。

这个概念超出了 COSEM IPv6 设置类的范围。

对于信息,由于重要的安全问题(见 RFC 5095),以前定义的类型 0 已被折旧并被禁止。此外,类型 1 已经暂时定义为实验性 Nimrod,自 1996 年以来已经过时。

C.4.5 分段选项

如果应用程序有效载荷的大小高于网络的 MTU,则使用分段选项域(见 RFC 2460,4.5)。

该元素由 IPv6 协议栈直接管理 这些可选域不由 COSEM IPv6 设置类进行管理。

C.4.6 安全选项

与 IPv4 相反,IPv6 协议层本身就包括 IPSec 协议。这些扩展在 RFC 4302 和 RFC 4303 中完全定义。

安全选项由两个可扩展头组成:

——认证头(AH):包含用于验证数据包大多数部分的真实性的信息(见 RFC 4302,第 2 章);

——封装安全有效载荷(ESP):执行加密数据以进行安全通信(见 RFC 4303,第 2 章)。

由于 IPsec 协议的复杂性,IPSec 的配置超出本文档的范围,应单独对待。

附 录 D
（资料性附录）
用于 PRIME 网络的窄带 OFDM PLC 技术概述

有关 PRIME 窄带 OFDM PLC 设置类的规范，见 5.11。

注：该技术由 PRIME 联盟 http://www.prime-alliance.org 支持。

ITU-T G.9904:2012 规定了物理层，介质访问控制层和汇聚层，用于电力线上经济有效的窄带（<200 kbps）数据传输，旨在用于智能计量和智能电网应用。它是基于正交频分复用（OFDM）。

该规范目前描述如下：

——能够实现编码 128 kbps 速率的低成本 PHY；

——为电源线环境优化的主从 MAC；

——DL/T 790.432 规定的 LLC 层的汇聚层；

——IPv4 的汇聚层；

——IPv6 的汇聚层；

用于窄带 OFDM PLC PRIME 的 DLMS/COSEM 的通信配置文件，在 IEC 62056-8-4:2018 中规定了社区网络。

附　录　E
（资料性附录）
G3-PLC 网络的窄带 OFDM PLC 技术概述

有关 G3 窄带 OFDM PLC 设置类的规范，见 5.12。

注：本规范由 G3-PLC 联盟 http://www.G3-PLC.com 支持。

ITU-T G.9903:2014 规定了 G3-PLC 技术的物理，MAC 和 6LoWPAN 适配层，而 ITU-T G.9901:2014 处理频段规划分配和相关传输级别限定。

电力线通信已经使用了几十年，但是各种新的服务和应用需要更高的可靠性和更高的数据速率。但是，电力线通道是非常不适合的。通道特性和参数随着频率，位置，时间和连接到设备的类型而变化。10 kHz 至 200 kHz 的较低频率区域特别容易受到干扰。此外，电力线是频率选择的通道。除了背景噪音，它经受脉冲噪声经常发生在(50/60)Hz，组延迟高达几百微秒。

G3-PLC 采用先进的调制和信道编码技术，可以有效利用 CENELEC 频段的有限带宽，并促进电力线通道的通信。这种组合使得存在窄带干扰，脉冲噪声和频率选择性衰减的情况下能够进行非常鲁棒的通信。该规范涉及以下主要方面：

——在极其恶劣的电力线通道上提供强大的通信；
——在正常操作模式下提供至少 20kbps 的有效数据速率；
——能够切割所选频率，允许与其他窄带 PLC 通信技术(例如 DL/T 790.51—2002 S-FSK)同步，或符合特定的法规要求；
——动态音调适应能力，可选择频道上没有主要干扰的频率，从而确保稳健的通信；
——访问控制，认证，机密性和完整性，以确保高度的安全性。

为此，G3-PLC 协议栈聚合形成 G3-PLC 配置文件的几层和子层：

——基于 OFDM 的强大的高性能 PHY 层，适用于窄带 PLC 环境；
——IEEE 802.15.4:2006 型(扩展)的 MAC 层，非常适合于低数据速率；
——IPv6，新一代的 IP(Internet Protocol)，广泛开展了潜在的应用和服务范围；和
——允许良好的 IPv6 和 MAC 互操作性，从互联网世界(IETF)获取的适配子层，称为 6LoWPAN (RFC 4944 扩展和 RFC 6282)。适应子层还嵌入 LOADng 路由算法以允许多跳网状连接。

有关 IEEE 802.15.4:2006，RFC 4944 和 RFC 6282(AKA 6LoWPAN)标准和 LOADng 扩展的更多信息，请见 ITU-T G.9903:2014。

IEC 62056-8-5:2017 规定了 G3-PLC 网络的 DLMS/COSEM 窄带 OFDM PLC 配置文件。

附 录 F
（资料性附录）
与 IEC 62056-6-2:2016 主要技术变化

F.1 IEC 62056-6-2:2017 与 IEC 62056-6-2:2016 的主要技术变化

条目	条款	说明
1	2	添加了新的引用文件
2	3.7	新增缩写术语
3	4.4	文本选择性访问扩展
4	5	添加了新的接口类
5	表 3	添加了新的接口类/版本
6	5.2.10	新版本的 Compact 数据(class_id=62,版本=1)添加
7	5.3.8.2	推送设置,推送(数据)方法的规范:推送数据的结构上的最后数据是不正确的,因此它已被删除
8	5.3.9.1 c),e)	澄清不符合要求的保护参数
9	5.3.9.2	数据保护 IC,protection_parameters_get 属性规范:说明添加到 AAD 中的元素
10	5.3.10	添加了新的 IC 功能控件(class_id=122,版本=0)
11	5.3.11	新增 IC Array 管理器(class_id=123,版本=0)
12	5.5.5	令牌网关:在 IC 规格表中,属性 3 令牌时间的类型被校正为八位字符串以符合属性规范本身
13	5.6.8	GSM 诊断的新版本(class_id=47,版本=1)增加了
14	5.6.9	新增 IC LTE 监控(class_id=151,版本=0)
15	5.8.7	添加新的 NTP 设置(class_id=100,版本=0)
16	5.13	添加了用于设置和管理 DLMS/COSEM HS-PLC ISO/IEC 12139-1 社区网络的新 IC
17	6.2.1	添加了新的值组 C 分配
18	6.2.7	添加了新的"Script table"对象
19	6.2.12	添加了新的"单行动计划"对象
20	6.2.16	添加了"Array manager"对象
21	6.2.23	新增对象:"NMTP 设置","LTE 监视"
22	6.2.27	添加用于使用 HS-PLC ISO/IEC 12139-1 ISO/EC 12139-1 网络进行数据交换的对象
23	6.2.35	添加了"Function control"对象
24	6.3.4	对于某些与电力相关的通用对象,除了"数据"之外,还可以使用"注册"和"扩展注册"对象
25	7.18	GSM 诊断(class_id=47,版本=0)移到这里
26	7.21	压缩型数据(class_id:62,版本:0)移到这里

附 录 NA
(资料性附录)
与各版本的主要技术变化

NA.1 IEC 62056-6-2:2017 与 IEC 62056-6-2:2016 的主要技术变化

参见附录 F。

NA.2 IEC 62056-6-2:2016 与 IEC 62056-6-2:2013 的主要技术变化

——增加了解释与 DLMS UA 蓝皮书版本之间关系的介绍;
——第 3 章,术语,定义和缩略语:与新增接口类相关的新定义和缩写;
——4.6.1,日期和时间格式:对元素偏差和 clock_status 添加的精度;
——5.1,概述:用新的接口类更新。列出了所有接口类的表已添加;
——5.2.2 表 4 物理单位的枚举值:新增单位;
——状态映射(class_id=63,version=0):修改了 mapping_table 属性的规范(编辑);
——5.3.1:添加了用于访问控制和管理的接口类的概述子句;
——5.3.2,增加了客户端用户标识机制;
——5.3.3,连接 SN(class_id=12,版本=3):增加了支持客户端用户标识机制的新版本;
——5.3.4,连接 LN(class_id=15,版本=2):增加了支持客户端用户标识机制的新版本。修改了 application_context_name 和 authentication_mechanism_name 属性的规范(编辑);
——5.3.6,图像传输:加入文本的精度;
——5.3.8,Push 接口类和对象:新增支持 push 操作的接口类;
——5.4.1,Clock(class_id=8,版本=0):添加文本的精度;
——5.4.10 参数监视器(class_id=65,版本=0):添加新的接口类;
——5.5.3,IEC 双绞线(1)设置(class_id=24,版本=1):添加新版本;
——5.5.5,自动回答(class_id=28,版本=2):增加新版本;
——5.5.6,自动连接(class_id=29,版本=2):添加新版本;
——5.5.8,GSM 诊断(class_id=47,版本=0):添加了新的接口类;
——5.6.2,M-Bus 客户端(class_id=72,版本=1):添加新版本;
——5.7.2,IPv4 设置(class_id=42,版本=0):添加文本的精度;
——5.7.3,IPv6 设置(class_id=48,版本=0):添加新的接口类;
——5.7.3,IPv6 设置(class_id=48,版本=0):添加新的接口类;
——5.10,用于建立和管理添加的 PRIME 网络的 DLMS/COSEM 窄带 OFDM PLC 配置文件的接口类;
——5.11,用于建立和管理添加的 G3-PLC 网络的 DLMS/COSEM 窄带 OFDM PLC 配置文件的接口类;
——5.12,添加了 ZigBee® 设置类;
——6.2,抽象 COSEM 对象:添加新的 OBIS 代码和数据类型;
——6.2.4,增加了其他抽象的通用 OBIS 代码;
——6.2.5,时钟对象(class_id=8):添加了 UNIX 时钟的 OBIS 代码;

——6.2.7,脚本表对象(class_id=9):添加了 Push 脚本表的 OBIS 代码;
——6.2.12,单行动计划对象(class_id=22):用于输出控制的 OBIS 代码添加单动作计划和推单动作计划;
——6.2.13,注册监视对象(class_id=21):添加了报警监视器的 OBIS 代码;
——6.2.14,参数监视对象(class_id=65):添加 OBIS 代码;
——6.2.19,IEC 双绞线(1)设置对象(class_id=24):添加读出配置文件的 OBIS 代码;
——6.2.21,通过互联网建立数据交换的对象:用于 GSM 诊断,IPv6 设置,增加 Push 设置的 OBIS 代码;
——6.2.24,使用窄带 OFDM PLC 进行 PRIME 网络数据交换的对象:增加了 OBIS 代码;
——6.2.25,用于 G3-PLC 网络的使用窄带 OFDM PLC 进行数据交换的对象:添加了 OBIS 代码;
——6.2.26,ZigBee® 设置对象:添加了 OBIS 代码;
——6.2.50,仪表篡改事件相关对象:添加 OBIS 代码;
——6.2.52,警告寄存器,报警过滤器和报警描述符对象:添加了报警描述符对象的 OBIS 代码;
——6.3,电力相关的 COSEM 对象:对文本的精确度和新增的数据类型;
——第 7 章接口类的早期版本:早期版本的接口类已经在这里引入;
——附录 A(资料性附录),增加自动应答和自动连接 IC 的附加信息;
——附件 B(资料性附录),M-Bus 客户端(class_id=72,第 1 版)的附加信息;
——附件 C(资料性附录),增加了有关 IPv6 设置类(class_id=48,版本=0)的附加信息;
——附件 D(资料性附录),增加用于 PRIME 网络的窄带 OFDM PLC 技术综述;
——附件 E(资料性附录),增加了用于 G3-PLC 网络的窄带 OFDM PLC 技术概述。

NA.3 IEC 62056-6-2:2013 与 IEC 62056.62:2006)的主要技术变化

——编号方案从 IEC 62056-XY 改为 IEC 62056-X-Y。例如 IEC 62056-62 成为 IEC 62056-6-2;
——IEC 62056 系列总名称修改为电测量数据交换-DLMS/COSEM 套件;
——第 6-2 部分的标题已更改为 COSEM 接口类;
——在第 3 章中,增加了新的缩写;
——4.1 总则已经修改;
——新增 4.2,参照方法已在前面附录 C 的引言的基础上增加;
——新增 4.3,根据前面的 C.3 条增加了特殊 COSEM 对象的保留 base_names;
——在 4.5 中,枚举类型的范围已被添加;
——在 4.8.4 添加注释的 COSEM 逻辑设备的强制内容;
——在 4.5 公共数据类型中添加了一个新的数据类型,UTF 8 字符串[12]。这种类型已经添加到适当的选择;
——4.9 数据安全只是一个简短的概述,详细的规范现在可以在 IEC 62056-5-3,第 5 章中找到;
——在 5.1 概述(COSEM 接口类)中添加了新的 IC。图 4 和图 5 提供了概述。IC 被分类为:
- 参数和测量数据的接口类,见 5.2;
- 访问控制和管理的接口类,见 5.3;
- 用于时间和事件绑定控制的接口类,见 5.4;
- 用于通过本地端口和调制解调器建立数据交换的接口类,见 5.5;
- 通过 M-Bus 设置数据交换的接口类别,见 5.6;
- 通过互联网建立数据交换的接口类,见 5.7;
- 用于使用 S-FSK PLC 设置数据交换的接口类别,见 5.8;

• 用于设置 ISO/IEC 8802-2 的 LLC 层的接口类，见 5.9；

IC 功能的描述已经在几个地方进行了修改。

——在 5.2.2 表 3 中增加了新的数量：65 比能量和 70 信号强度；

——在 5.2.2 表 4 中增加了新的例子；

——5.3.1 定义了 SN IC 的新版本：class_id=12，版本=2；

——5.3.2 定义了连接 LN 的新版本：class_id=15，版本=1；

——增加了 18 个新的接口类(IEC 62056-62 仅包含 31 个(19 条在附录 A 第 5 章和 12 章)，现在有 49 个)，请看下面的细节：

• 在 5.3.3 的 SAP 分配类中为 logical_device_name 元素选择一个 CHOICE 数据类型现在是允许的；
• 5.3.4：增加了新的映像传输 IC(class_id=18，版本=0)以支持固件升级；
• 5.3.5：增加了新的安全设置 IC(class_id=64，版本=0)以支持新的 HLS 认证机制并支持数据传输安全；
• 5.4.8：新增 Disconnect 控制 IC(class_id=70，版本=0)以支持电源的连接和断开；
• 5.4.9：增加了新的限定器 IC(class_id=71，版本=0)以支持在某些条件下的供应限定；
• 5.4.10：新增了传感器管理器接口类(class_id=67，版本=0)管理传感器并监控其操作。该 IC 主要用于非电量计；
• 5.6.1：增加了新的 M-bus 从站端口设置(class_id=25，版本=0)仪表配置为 M-Bus 从站设备；
• 5.6.2：添加了新的 M-bus 客户端(class_id=72，版本=0)以允许仪表进入配置为 M-Bus 客户端设备；
• 5.6.3：增加了新的无线模式 Q 频道(class_id=73，版本=1)；
• 5.6.4：增加了新的 M-bus 主站端口设置(class_id=74，版本=0)来配置 M-Bus 端口；
• 在 5.7.1 TCP-UDP 设置(class_id=41，版本=0)中，分配的端口号已被添加；
• 在 5.7.3 中，“以太网设置”接口类的名称和使用已更改为“MAC 地址设置”，而不更改版本；
• 在 5.7.6 SMTP 设置(class_id：46，版本：0)中：添加了端口号；
• 新增 5.8 用于使用 S-FSK PLC 设置数据交换的接口类用于管理 DLMS/COSEM S-FSK PLC 配置文件：
  1) 5.8.4 S-FSK Phy&MAC 设置(class_id：50，版本：1)；
  2) 5.8.5 S-FSK 主动发起方(class_id：51，版本：0)；
  3) 5.8.6 S-FSK MAC 同步超时(class_id：52，版本：0)；
  4) 5.8.7 S-FSK MAC 计数器(class_id：53，版本：0)；
  5) 5.8.8 IEC 61334-4-32 LLC 设置(class_id：55，版本：1)；
  6) 5.8.9 S-FSK 报告系统列表(class_id：56，版本：0)；
  7) 5.9.3 ISO/IEC 8802-2 LLC 类型 1 设置(class_id：57，版本：0)；
  8) 5.9.4 ISO/IEC 8802-2 LLC 类型 2 设置(class_id：58，版本：0)；
  9) 5.9.5 ISO/IEC 8802-2 LLC Type 3 设置(class_id：59，版本：0)。

——第 6 章与 OBIS 的关系现在包括前附件 D 的内容，用新的接口类定义，OBIS 代码分配和数据类型来完成；

——6.2.2 历史结算周期的数据现在解释了与使用各种接口类别有关的规则以及使用值组 F 来标识历史数据；

——6.2.3 账单周期值/重置计数器条目：A=0 的抽象条目现在也是允许的；

——在 6.2.4 中,值组 E 已经从“0”改变为“e”以允许 Clock 对象的多个实例;
——在 6.2.6 脚本表对象(class_id:9)中已经指定了新的实例;
——在 6.2.11 中已经指定了新物质;
——6.2.25 规定了安全设置和帧计数器对象;
——6.2.40 指定事件代码对象;
——6.2.42 指定消费者消息对象;
——6.2.43 规定了当前活动的资费对象;
——6.2.44 指定事件计数器对象;
——6.2.46 指定了警告寄存器和报警过滤器对象;
——6.2.49 指定了非活动对象;
——在 6.3.9 中增加了表 15;
——在第 7 章中,增加了使用以前版本 IC 的注释。

NA.4 IEC 62056-62:2006 与 GB/T 19882.32—2007(IEC 62056.62:2002)的主要技术变化

——修改标题并且从“自动抄表系统 第 3-2 部分:应用层数据交换协议 接口类”改变到“电测量数据交换 DLMS/COSEM 组件 第 62 部分:COSEM 接口类”;
——编号由 GB/T 19882.32 变为 GB/T 17215.662;
——通用数据类型列表已经修改,增加了一些新的类型;
——已经添加了浮点数的格式;
——新增了 HLS 机制;
——实例特定的数据类型已被定义良好的适用数据类型集所取代;
——新单位已被添加;
——已经阐明了连接 LN 类的 application_context_name 和 authentication_mechanism_name 属性的编码;
——增加了新的接口类“Register table”和“Status mapping”;
——增加了“IEC 本地端口设置”,“调制解调器配置”,“自动连接”和“HDLC 设置”接口类的新版本;
——已经添加了用于设置基于 TCP/IP 的通信配置文件的新接口类。增加了对相关 IETF RFC 和标准的引用以及相关定义;
——附件 D“与 OBIS 的关系”已经做了几处修改。

NA.5 本部分与 GB/T 19882.32—2007(IEC 62056-62:2002)的主要技术变化

NA.1～NA.4 所有差异的合为本部分与 GB/T 19882.32—2007 的主要技术变化,并同时列出各版本差异。

参 考 文 献

[1] IEC 61334-6:2000,Distribution automation using distribution line carrier systems—Part 6: AXDR encoding rule.

[2] IEC TR 62051:1999,Electricity metering—Glossary of terms.

[3] IEC TR 62051-1:2004,Electricity metering—Data exchange for meter reading,tariff and load control—Glossary of terms—Part 1:Terms related to data exchange with metering equipment using DLMS/COSEM.

[4] IEC 62056-4-7:2015,Electricity metering data exchange—The DLMS/COSEM suite—Part 4-7:DLMS/COSEM transport layer for IP networks.

[5] IEC 62056-7-6:2013,Electricity metering data exchange—The DLMS/COSEM suite—Part 7-6:The 3-layer,connection-oriented HDLC based communication profile.

[6] IEC 62056-9-7:2013,Electricity metering data exchange—The DLMS/COSEM suite—Part 9-7:Communication profile for TCP-UDP/IP networks.

[7] ISO/IEC 10646:2014,Information technology—Universal Coded Character Set (UCS).

[8] IEC 62056-8-4:2018,13/1749/CDV,Electricity metering data exchange—The DLMS/COSEM suite—Part 8-4:Communication profiles for narrow-band OFDM PLC PRIME neighbourhood networks.

[9] IEC 62056-8-5,Electricity metering data exchange—The DLMS/COSEM suite—Part 8-5: Narrow-band OFDM G3—PLC communication profile for neighbourhood networks.

[10] ITU-T G.9901:2014,Series G:Transmission systems and media,digital systems and networks-Access Networks-In premises networks-Narrow-band orthogonal frequency division multiplexing power line communication transceivers—Power spectral density specification.

[11] ITU Recommendation X.217:1995,Information technology-Open Systems Interconnection—Service definition for the association control service element.

[12] ITU Recommendation X.227:1995,Information technology-Open Systems Interconnection Connection-oriented protocol for the association control service element:Protocol specification.

[13] EN 13757-1:2014,Communication system for meters—Part 1:Data exchange.

[14] IETF STD 5,Internet Protocol,1981.(Also IETF RFC 0791,RFC 0792,RFC 0919,RFC 0922,RFC 0950,RFC 1112).

[15] 3GPP TS 36.304 V13.0.0 (2015-12),Technical Specification Group Radio Access Network;Evolved Universal Terrestrial Radio Access (E-UTRA);User Equipment (UE) procedures in idle mode.

[16] 3GPP TS 36.214 V13.0.0 (2015-12),Technical Specification Group Radio Access Network; Evolved Universal Terrestrial Radio Access (E-UTRA);Physical layer;Measurements The following RFCs are available online from the Internet Engineering Task Force (IETF):http://www.ietf.org/rfc/std-index.txt,http://www.ietf.org/rfc/.

[17] RFC 793,Transmission Control Protocol (Also IETF STD 0007),1981,Updated by: RFC 3168.

[18] RFC 940,Toward an Internet Standard Scheme for Subnetting,1985.

[19] RFC 950,Internet Standard Subnetting Procedure,1985.

[20] RFC 2460,Internet Protocol,Version 6 (IPv6),1998.

[21] RFC 2473,Generic Packet Tunneling in IPv6,1998.

[22] RFC 2675,IPv6 Jumbograms,1999.

[23] RFC 2711,IPv6 Router Alert Option,1999.

[24] RFC 3775,Mobility Support in IPv6,2004.

[25] RFC 4291,IP Version 6 Addressing Architecture,2006.

[26] RFC 4302,IP Authentication Header,2005.

[27] RFC 4303,IP Encapsulating Security Payload (ESP),2005.

[28] RFC 4944,Transmission of IPv6 Packets over IEEE 802.15.4 Networks,2007.

[29] RFC 5095,Deprecation of Type 0 Routing Headers in IPv6,2007.

[30] DLMS UA 1000-1,the "Blue Book" Ed.12.1:2015,COSEM interface classes and OBIS identification system.

[31] DLMS UA 1000-2,the "Green Book" Ed.8.1:2015,DLMS/COSEM Architecture and Protocols.

[32] DLMS UA 1001-1,the "Yellow Book",Ed.5.0:2015,DLMS/COSEM Conformance test and certification process.

[33] DLMS UA 1002,the "White Book",Ed.1.0:2003,COSEM Glossary of terms

ICS 17.220.20
N 22

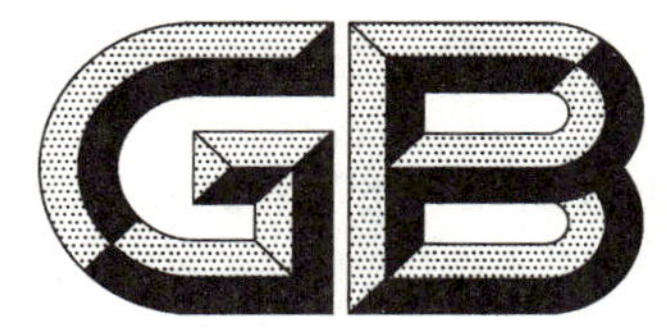

中华人民共和国国家标准

GB/T 17215.676—2018/IEC 62056-7-6:2013

电测量数据交换 DLMS/COSEM 组件 第 76 部分:基于 HDLC 的面向连接的三层通信配置

Electricity metering data exchange—The DLMS/COSEM suite—Part 76:The 3-layer, connection-oriented HDLC based communication profile

(IEC 62056-7-6:2013,Electricity metering data exchange—The DLMS/COSEM suite—Part 7-6:The 3-layer,connection-oriented HDLC based communication profile,IDT)

2018-12-28 发布 2019-07-01 实施

国家市场监督管理总局
中国国家标准化管理委员会 发布

前 言

GB/T 17215“交流电测量设备”分为若干部分,GB/T 17215.6《DLMS/COSEM 组件 电测量数据交换》分为以下几个部分:

——第 10 部分:智能测量标准化框架;
——第 11 部分:DLMS/COSEM 通信配置标准模板;
——第 31 部分:基于双绞线载波信号的局域网使用;
——第 46 部分:使用 HDLC 协议的数据链路层;
——第 47 部分:基于 IP 网络 DLMS/COSEM 传输层;
——第 53 部分:DLMS/COSEM 应用层;
——第 61 部分:对象标识系统(OBIS);
——第 62 部分:COSEM 接口类;
——第 73 部分:局域和社区网络的有线和无线 M-Bus 通信配置;
——第 76 部分:基于 HDLC 的面向连接的三层通信配置;
——第 91 部分:使用 WEB 服务经 CAS 访问 COSEM 服务器的通信配置;
——第 97 部分:基于 TCP-UDP/IP 网络的通信配置。

本部分为 GB/T 17215.6 的第 76 部分。

本部分按照 GB/T 1.1—2009 给出的规则起草。

本部分使用翻译法等同采用 IEC 62056-7-6:2013《电测量数据交换 DLMS/COSEM 组件 第 7-6 部分:基于 HDLC 的面向连接的三层通信配置》。

与本部分中规范性引用的国际文件有一致性对应关系的我国文件如下:

——GB/T 17215.646—2018 电测量数据交换 DLMS/COSEM 组件 第 46 部分:基于 HDLC 协议的数据链路层(IEC 62056-46:2002,IDT);
——GB/T 17215.653—2018 电测量数据交换 DLMS/COSEM 组件 第 53 部分:DLMS/COSEM 应用层(IEC 62056-5-3:2017,IDT);
——GB/T 19897.1—2005 自动抄表系统低层通信协议 第 1 部分:直接本地数据交换(IEC 62056-21:2002,MOD);
——GB/T 19897.3—2005 自动抄表系统低层通信协议 第 4 部分:面向连接的异步数据交换的物理层服务进程(IEC 62056-42:2002,IDT)。

本部分做了以下编辑性修改:

——标准名称由第 7-6 部分改为第 76 部分。

请注意本文件的某些内容可能涉及专利。本文件的发布机构不承担识别这些专利的责任。

本部分由中国机械工业联合会提出。

本部分由全国电工仪器仪表标准化技术委员会(SAC/TC 104)归口。

本部分起草单位:哈尔滨电工仪表研究所有限公司、云南电网有限责任公司电力科学研究院、深圳市科陆电子科技股份有限公司、国网江西省电力有限公司电力科学研究院、深圳市航天泰瑞捷电子有限公司、烟台东方威思顿电气有限公司、中国电力科学研究院有限公司、青岛鼎信通讯股份有限公司、浙江晨泰科技股份有限公司、华立科技股份有限公司、黑龙江省电工仪器仪表工程技术研究中心有限公司、宁波恒力达科技有限公司、广东东方电讯科技有限公司。

本部分主要起草人:沈鑫、贺永胜、关文举、章登清、郑振洲、杨笛、张玉猛、姜滨、陈闻新、唐悦、刁瑞朋、孙丙功、曾仕途、张向程、谢西沅、王珏、郭闯、秦国鑫。

电测量数据交换　DLMS/COSEM组件
第76部分:基于HDLC的面向连接的
三层通信配置

1　范围

GB/T 17215.6的本部分规定了基于HDLC的面向连接的DLMS/COSEM三层通信配置。

2　规范性引用文件

下列文件对于本文件的应用是必不可少的。凡是注日期的引用文件,仅注日期的版本适用于本文件。凡是不注日期的引用文件,其最新版本(包括所有的修改单)适用于本文件。

IEC 62056-21:2002　电测量数据交换　抄表、费率和负荷控制　第21部分:直接本地数据交换(Electricity metering data exchange for meter reading,tariff and load control—Part 21: Direct local data exchange)

IEC 62056-42:2002　电测量数据交换　抄表、费率和负荷控制　第42部分:面向连接的异步数据交换的物理层服务与过程(Electricity metering data exchange for meter reading,tariff and load control—Part 42: Physical layer services and procedures for connection-oriented asynchronous data exchange)

IEC 62056-46:2002　电测量抄表、费率和负荷控制的数据交换　第46部分:基于HDLC协议的数据链路层(Electricity metering—Data exchange for meter reading,tariff and load control—Part 46: Data link layer using HDLC protocol)

Amendment 1:2006

IEC 62056-5-3:2013　电测量数据交换　DLMS/COSEM组件　第5-3部分:DLMS/COSEM应用层(Electricity metering data exchange The DLMS/COSEM suite Part 5-3:DLMS/COSEM application layer)

3　术语、定义和缩略语

下列缩略语适用于本文件。

AA:应用连接(Application Association);

AARQ:应用连接请求-ACSE的APDU之一(A-Associate Request-an APDU of the ACSE);

ACSE:连接控制服务元素(Association Control Service Element);

AL:应用层(Application Layer);

APDU:应用层协议数据单元(Application Layer Protocol Data Unit);

ASO:应用服务对象(Application Service Object);

Client:请求服务的站点,在基于HDLC的面向连接的三层通信配置中为主站(A station,asking for services.In the case of the 3-layer,CO HDLC based profile it is the master station);

.cnf:确认服务原语(confirm service primitive);

CO:面向连接(Connection-oriented);

COSEM:能源计量配套规范(Companion Specification for Energy Metering);

DLMS:设备语言报文规范(Device Language Message Specification);

DLMS UA:DLMS 用户协会(DLMS User Association);

GSM:全球移动通信系统(Global System for Mobile Communications);

HDLC:高级数据链路控制(High-level Data Link Control);

HHU:手持单元(Hand Held Unit);

I:信息帧(一种 HDLC 帧类型)[Information frame(a HDLC frame type)];

.ind:.指示服务原语(.indication service primitive);

LLC:逻辑链路控制(子层)[Logical Link Control(Sublayer)];

MAC:介质访问控制(子层)[Medium Access Control(Sublayer)];

MAC:消息验证码(密码)[Message Authentication Code(cryptography)];

master:主站-主动发起并控制数据流的中心站(Central station-station which takes the initiative and controls the data flow);

NRM:正常响应模式(Normal Response Mode);

OSI:开放系统互连(Open System Interconnection);

PDU:协议数据单元(Protocol Data Unit);

P/F:轮询/终止(Poll/Final);

PhL:物理层(Physical Layer);

PSTN:公共交换电话网络(Public Switched Telephone Network);

.req:.请求服务原语(.request service primitive);

.res:.响应服务原语(.response service primitive);

RNR:接收未就绪(一种 HDLC 帧类型)[Receive Not Ready(a HDLC frame type)];

RR:接收就绪(一种 HDLC 帧类型)[Receive Ready(a HDLC frame type)];

SAP:服务接入点(Service Access Point);

SNRM:设定正常响应方式(一种 HDLC 帧类型)[Set Normal Response Mode(a HDLC frame type)];

Server:提交服务的站。费率设备(仪表)通常作为服务器,用于提交被请求的值或执行被请求的任务[A station,delivering services.The tariff device(meter)is normally the server,delivering the requested values or executing the requested tasks];

Slave:响应主站请求的站点。费率设备(仪表)通常作为从站[Station responding to requests of a master station.The tariff device(meter)is normally a slave station];

UA:未编号的应答帧(一种 HDLC 帧类型)[Unnumbered Acknowledge(a HDLC frame type)];

UI:未编号的信息帧(一种 HDLC 帧类型)[Unnumbered Information(a HDLC frame type)]。

4 所针对的通信环境

基于 HDLC 的面向连接的三层通信配置适用于通过直接连接与测量设备进行本地数据交换,或通过配置合适调制解调器的 PSTN 或 GSM 网络进行远程数据交换。

5 本配置的结构

本配置是一个基于三层(压缩)的 OSI 协议架构:

——在 IEC 62056-5-3 中规定的 DLMS/COSEM 应用层(AL);

——在 IEC 62056-46 中规定的基于 HDLC 标准的数据链路层;

——在 IEC 62056-42 中规定的物理层。

本三层架构如图 1 所示:

使用光电口或电流环物理接口进行直接本地数据交换的物理层,在 IEC 62056-21:2002 的附录 E 中规定。

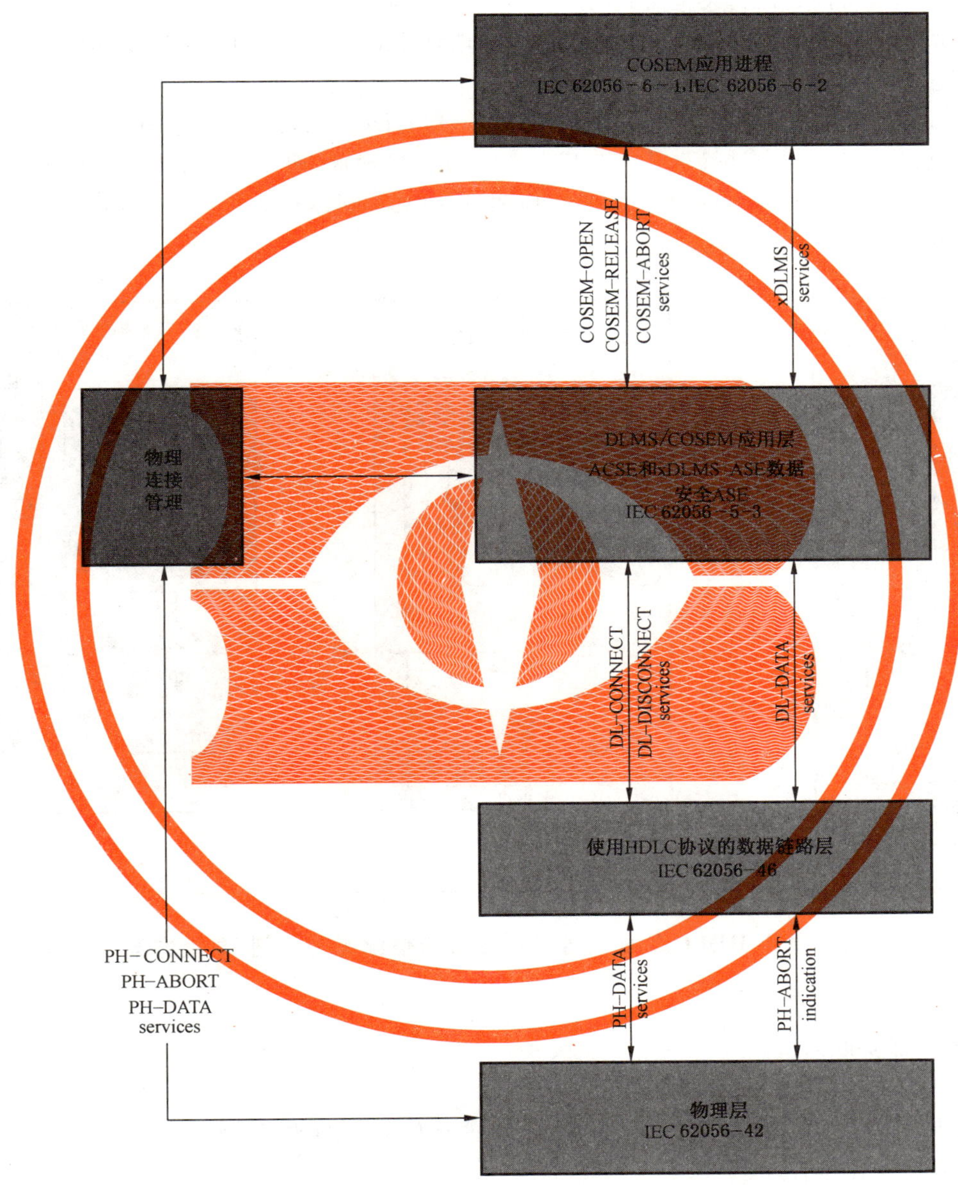

图 1 DLMS/COSEM 面向连接的基于 HDLC 的三层通信配置

6 识别和寻址方案

基于数据链路层的 HDLC 在数据链路服务接入点(又称为数据链路或 HDLC 地址)向 DLMS/COSEM 应用层提供服务。

在客户机端,只需要标识客户机应用进程,代管客户机应用进程的物理设备的寻址由 PhL 完成(如使用电话号码)。

在服务器端,若干个物理设备可共享一条公共物理线路(多点配置)。在直接连接的情况下,这可能是一个 IEC 62056-21 中规定的电流环;在远程连接的情况下,若干个物理设备可共享一条电话线路。因此该物理设备及其代管的逻辑设备都需要被标识,这可以使用 HDLC 寻址机制来实现,如 IEC 62056-46:2002/AMD1:2006 中 6.4.2 所述:

——物理设备由其低层 HDLC 地址加以标识;

——一个物理设备内的逻辑设备由其高层 HDLC 地址加以标识;

——一个 COSEM 应用连接由双重地址标识,该地址中包含参与该应用连接的两个应用进程标识符。

例如,Client_01(HDLC 地址=16)与 Host Device 02(HDLC 地址=2392)中的 Server 2 之间的应用连接由双重地址{16,2392}来标识,其中"23"为高层 HDLC 地址,而"92"为低层 HDLC 地址,这些值均为十六进制。这种方案确保,特定的 COSEM 应用进程(客户机或服务器)可同时无歧义地支持多于一个的应用连接,见图 2。

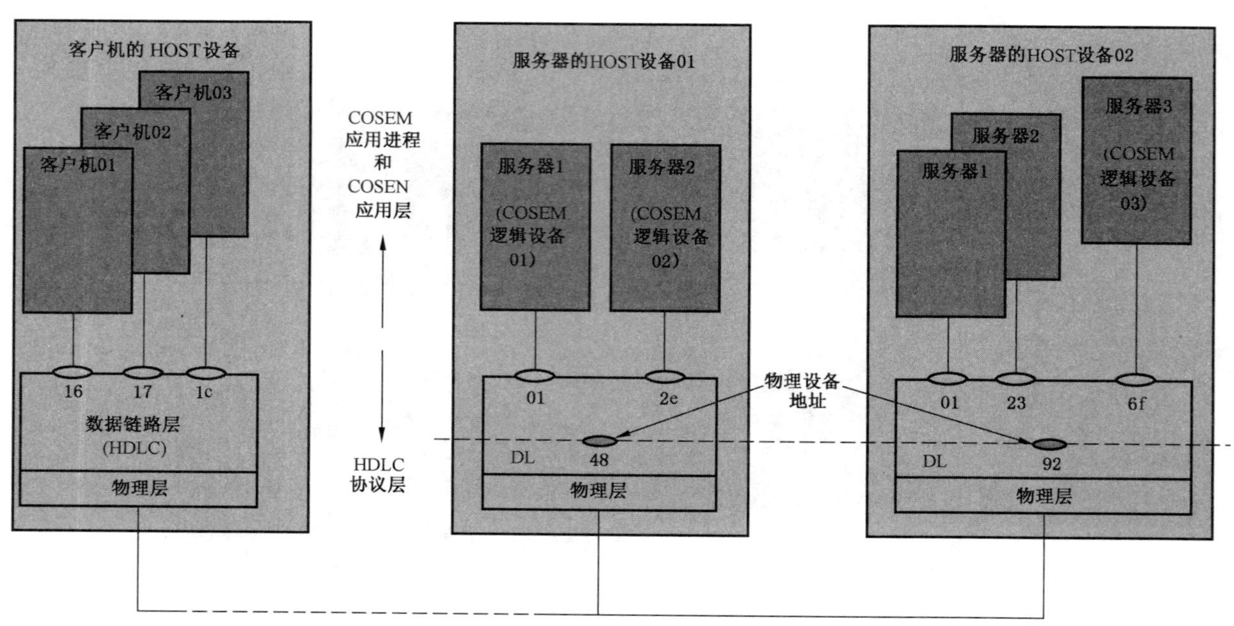

图 2 基于 HDLC 的面向连接的三层通信配置的识别/寻址方案

7 支撑层服务与服务映射

在此配置中,DLMS/COSEM 应用层的支撑层是基于 HDLC 的数据链路层。它提供的服务包括:

——数据链路层连接管理;

——面向连接的数据传输;

——无连接的数据传输。

图 3 概述了为 DLMS/COSEM 应用层提供的并被 DLMS/COSEM 应用层使用的数据链路层服务。

服务器端的 DL-DATA.confirm 原语可用于支持从服务器到客户机传输长数据,对应用层是透明传输方式。见 9.5。

在某些情况下,应用层(ASO)服务调用和支撑数据链路层服务调用之间的对应关系是明确的。例如,GET.request 原语调用直接意味着调用 DL-DATA.request 原语。

在另外一些情况下,不能建立直接的服务映射。例如,带 Service_Class==Confirmed 参数的 COSEM-OPEN.request 原语的调用,包含了一系列活动:首先,在 DL-CONNECT 服务的帮助下,建立较低层连接,然后通过刚刚建立的连接,使用 DL-DATA.request 服务发送出 AARQ APDU。服务映射的例子见 IEC 62056-5-3:2013 中的第 7 章。

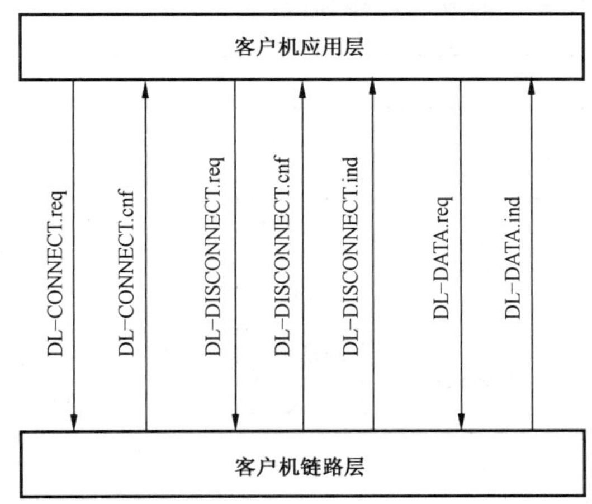

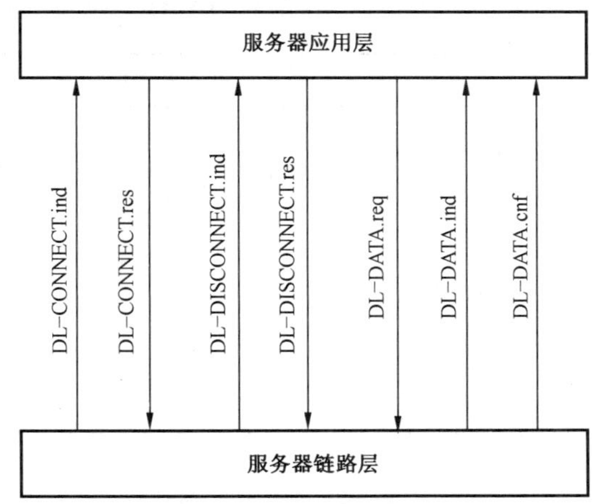

图 3 数据链路层服务概要

8 DLMS/COSEM 应用层的通讯配置特定服务参数

仅 COSEM-OPEN 服务有通讯配置特定参数 Protocol_Connection_Parameters。此参数包括下列数据:

——Protocol (Profile) Identifier　　基于 HDLC 的面向连接的 3 层配置;
——Server_Lower_MAC_Address　　(COSEM 物理设备地址);
——Server_Upper_MAC_Address　　(COSEM 逻辑设备地址);
——Client_MAC_Address;
——Server_LLC_Address
——Client_LLC_Address。

任何服务器(目的站)的地址参数都可以包含特殊地址(All_station,No_station 等),更多有关信息,见 IEC 62056-46。

9 特别考虑和约束

9.1 确认的和未确认的应用连接和数据传输服务调用,使用的帧类型

表 1 描述了建立确认的(Confirmed)和未确认的(Unconfirmed)应用连接的规则、在这些应用连接中可用的数据传输服务类型和携带 APDU 的 HDLC 帧类型。该表格清楚地显示了本配置的一个具体特征:服务调用的 Service_Class 参数被连接到支撑层的帧类型。

——调用 COSEM-OPEN 服务(见 IEC 62056-5-3:2013 中的 6.2)时,如果 Service_Class == Confirmed,则 AARQ APDU 由一个"I"帧携带。反之,若 Service_Class==Unconfirmed,则 AARQ APDU 将由一个"UI"帧携带。因此,在本配置中,xDLMS InitiateRequest APDU 的

response-allowed 参数没有意义，见 IEC 62056-5-3:2013 中的 7.2.4.1；

——同样地，调用一个数据传输服务.request 原语时，如果 Service_Class==Confirmed，则对应的 APDU 由一个"I"帧传输；如果 Service_Class==Unconfirmed，则对应的 APDU 由"UI"帧携带。因此，Invoke-Id-And-Priority 域中的 Service_Class 位在本配置中没有作用，见 IEC 62056-5-3:2013 中的第 8 章。

表 1　基于 HDLC 的面向连接的三层通信配置中的应用连接和数据交换

应用连接的建立				数据交换	
协议连接参数	COSEM-OPEN 服务类	使用	建立的 AA 类型	服务类	使用
Id：HDLC LLC 地址和 MAC 地址	确认的	1/连接数据链路层 2/通过 I 帧，交换 AARQ 和 AARE 的 APDUs	确认的	确认的	"I" 帧
				未确认的	"UI" 帧
	未确认的	通过 UI 帧，发送 AARQ	未确认的	确认的（不准许）	—
				未确认的	"UI"帧

9.2　应用连接和数据链路连接、释放应用连接之间的对应

在此配置中，一个确认的应用连接都和一个支撑数据链路层连接之间基于一对一方式绑定。因此：

——建立一个确认的应用连接意味着建立一个客户机和服务器数据链路层之间的连接；

——一个确认的应用连接可以明确地由断开对应的数据链路层连接来释放。

另一方面，在本配置中，建立一个未确认的应用连接不需要任何低层连接：因此一旦连接建立，与不支持 ACSE A-RELEASE 服务的服务器建立的未确认的应用连接服务（见 GB/T 17215.653—2018 中的 6.3 和 7.2.5）不能被释放。

9.3　COSEM-OPEN/-RELEASE/-ABORT 服务参数

由于用 SNRM 和 DISC HDLC 链路帧透明传输高层相关信息的可能性，本配置允许使用 COSEM-OPEN（见 IEC 62056-5-3:2013 中的 6.2）和 COSEM-RELEASE（见 IEC 62056-5-3:2013 中的 6.3）服务的可选参数 User_Information：

——COSEM-OPEN.request 原语的 User_Information 参数（若有），被插入到 SNRM 帧的"用户数据子域"，在建立数据链路层连接时被发送；

——若服务器收到的 SNRM 帧包含"用户数据子域"，其内容将通过 COSEM-OPEN.indication 原语的 User_Information 参数传递到服务器的应用进程；

——COSEM-RELEASE.request 原语的 User_Information 参数（若有），被插入到 DISC 帧的"用户数据子域"中，在断开数据链路连接时被发送；

——若服务器收到的 DISC 帧包含"用户数据子域"，其内容将通过 COSEM-RELEASE.indication 原语的 User_Information 参数传送到服务器的应用进程；

——COSEM-RELEASE.response 原语中的 User_Information 参数（若有），被插入到 UA 或 HDLC 帧的"用户数据子域"中，在响应 DISC 帧时被发送；

——若客户机接收到的 UA 或 DM 帧中包含"用户数据子域"，其内容将通过 COSEM-RELEASE.confirm 原语的 User_Information 参数传送到客户机的应用进程。

此外，COSEM-ABORT.indication 服务适用如下规则：

COSEM-ABORT.indication 原语的诊断参数（见 IEC 62056-5-3:2013 中的 6.4）可以包含一个未编号的

发送状态参数,该参数用于指示:在物理终止发生的时刻,数据链路层是否有等待发送的未编号信息报文(UI)。该参数的类型和值是一个局部问题,因此它不在本配套规范的范围内。见 IEC 62056-46:2002/AMD1:2006 中的 5.2.2.3 和 6.2.2.3。

9.4 EventNotification 服务和协议

本节描述了 EventNotification 服务协议的通信配置中的特定元素,见 IEC 62056-5-3:2013 中的 6.11。

在本配置中,事件都是被服务器管理逻辑设备(强制保留高位 HDLC 地址 0x01)报告给客户机管理应用进程(强制保留 HDLC 地址 0x01)。

服务器端数据链路层收到会话权的第一时间内,EventNotificationRequest APDU 被使用无连接的数据服务(UI 帧)发送。APDU 应嵌入一个单独的 HDLC 帧。为了能够发送 APDU,宿主服务器物理设备和客户机设备间的物理连接应存在,并且服务器端数据链路层需要接收到客户机端数据链路层的令牌。

事件发生时,若客户机和服务器之间有数据链路连接,在接收到来自客户机的 I、UI 或 RR 帧后,服务器端数据链路层可发送 PDU(携带 EventNotificationRequest APDU)。见 IEC 62056-46:2002 中的 6.4.4.7。

图 4 显示了当事件发生时无物理连接的过程(但是与客户机的连接是能够建立的)。

注:当服务器只有一个本地接口(例如,在 IEC 62056-21 中定义的光电通讯口)和 HHU 时,不能建立物理连接,运行客户应用不被连接,或服务器有一个 PSTN 接口,但电话线不可利用。规范里完成这些案例的处理。

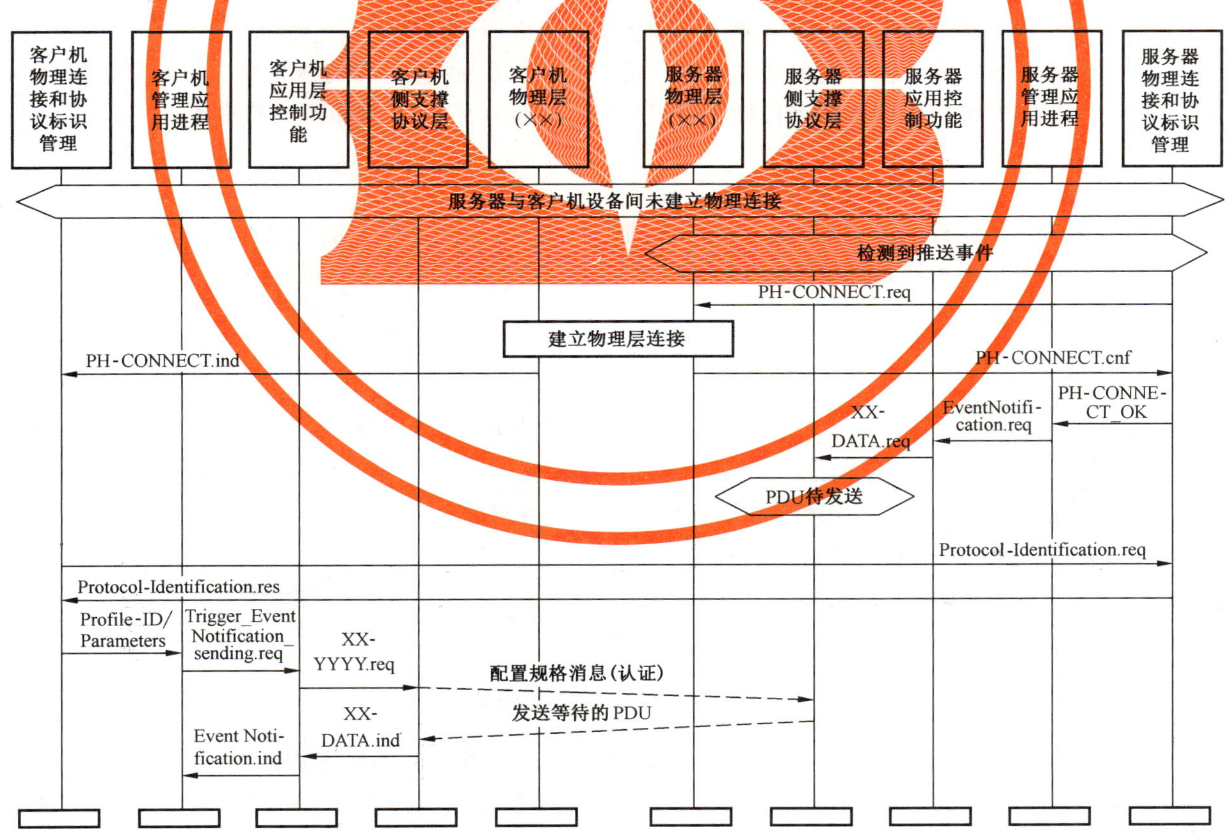

图 4 客户机触发的 EventNotification 的例子

第一步是建立物理连接[1)]，若成功，两端均报告给各自的物理连接管理器进程。在服务器端，该报告向 AP 表明，当前能调用 EventNotification.request 服务。之后，服务器应用层构建一个 EventNotificationRequest APDU 并调用无连接的数据链路层的 DL-DATA.request 原语，该原语有携带 APDU 的数据参数。然而，数据链路层可能无法发送该 APDU，因此，它会存储在数据链路层，等待被发送(待发)。

当客户机检测到物理连接成功建立，由于没有别的原因收到一个进来的呼叫，则客户机假定这个呼叫由拟发送 EventNotificationRequest APDU 的服务器发出。

此刻，客户机可能不知道呼叫服务器所使用的协议栈，因此，客户机首先应使用 IEC 62056-42 中所述的可选协议标识服务来识别，在图 4 中显示为"Protocol-Identification.request"—"Protocol-Identification.response"间的消息交换。按照该过程，客户机能实例化正确的协议栈。

然后，客户机应用进程调用 TriggerEventNotificationSending.request 原语(见 IEC 62056-5-3:2013 中的 6.10)。一旦调用该原语，应用层将调用带有空数据的无连接数据链路层 DL-DATA.request 原语，数据链路层发出一个 P/F 位为 TRUE 的空 UI 帧，允许服务器端数据链路层发送待发的 PDU。

当客户端应用层收到一个 EventNotificationRequest APDU 时，生成 EventNotification.indication 原语，客户机得到有关该事件的通知，时序结束。

9.5 长消息传输

在本配置中，数据链路层为应用层提供了一种以透明方式传输长消息的方法，该方法在 IEC 62056-46:2002 中的 6.4.4.5 中描述，也见 IEC 62056-5-3:2013 中的 4.2.3.12。

由于透明长数据传输仅规定用于从服务器到客户机的方向，为此目的，支持协议层的服务器端为服务器应用层提供特定服务。由于这些服务是专门给支撑协议层的，因此没有规定特定的应用层服务与协议。当支撑协议层支持透明长数据传输时，可允许服务器端应用层实现管理这些服务。

9.6 支持多点配置

多点部署常用于允许一个采集系统与多个物理测量装置，使用类似电话调制解调器的共享通信资源来交换数据。可用各种物理部署，如星形、菊花链或总线拓扑，这些部署能用逻辑总线建模，以使测量设备与共享资源连接，见图 5。

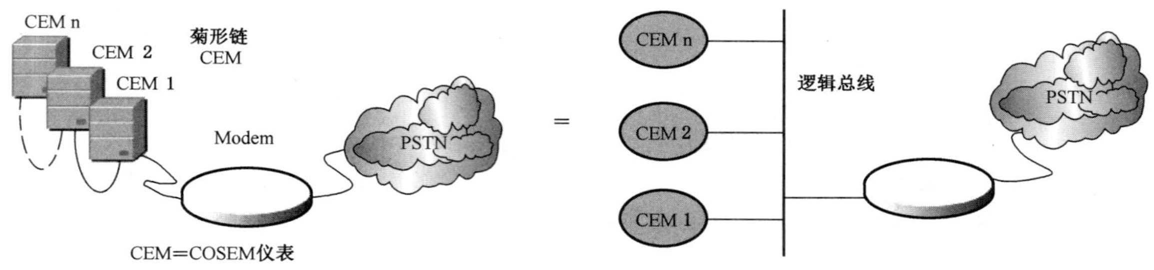

图 5　多点配置及其模型

由于访问共享资源的控制协议不可用，为避免总线冲突，应由外部规则来控制对总线的访问。多数情况下，采用测量装置为从站的主从部署方式(见图 6)。若没有先收到来自主站的明确许可，从站设备没有权限来发送消息。

在 DLMS/COSEM 中，基于 C/S 模式进行数据交换，物理设备被作为一组逻辑设备来建模，起服务

1)　本物理连接不是协议的内容。

器的作用,为请求提供响应。显然,多点配置的主站位于通信信道的另一端,起客户机的作用,发送请求以及期望响应。

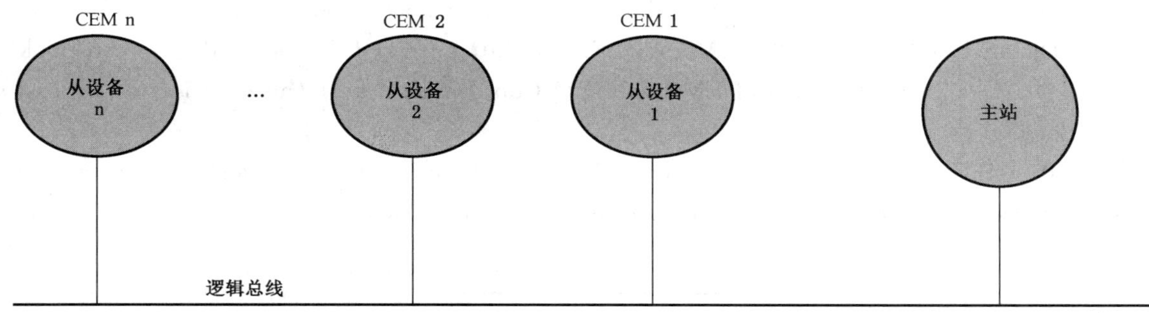

图 6　多点总线上的主/从操作

如果不期待响应(如多播或广播),客户机可以同时向多个服务器发送请求。若客户机期望一个响应,则其请求应发给单一服务器,还应给予与该服务器会话的权限,而在给其他服务器发送请求并给予会话权限之前,它应等待该服务器的响应。因而采用时间复用方式控制对共用总线访问的仲裁。

从客户机到服务器的消息应包含地址信息,在本配置中,通过使用 HDLC 地址来保证。若使用多点配置,则 HDLC 地址被拆分为两部分:低位 HDLC 地址用于编址物理设备,高位 HDLC 地址用于编址物理设备内的逻辑设备。这两部分地址都可以包含广播地址。详见 IEC 62056-46:2002/AMD1:2006 的 6.4.2。

为了能够报告事件,服务器可以使用非客户机/服务器类型的 EventNotification/ InformationReport 服务,发起到客户机的连接。由于连接到多点配置总线上的几个或全部仪表中的事件可以同时发生(如停电),它们可以同时向客户机发起一次呼叫,对这种情况,应处理两个问题:

——逻辑总线冲突:由于上述原因,几个物理设备也许尝试同时访问共享资源(例如:向 modem 发送 AT 命令),这种情况由制造商处理;

——识别事件报告的发起者:采用 IEC 62056-46:2002/AMD1:2006 中的 6.4.4.8 描述的 CALLING Physical Device Address 是可能(实现)的。

参 考 文 献

[1] DLMS UA 1000-1:2010,COSEM Identification System and Interface Classes,the "Blue Book"

[2] DLMS UA 1000-2:2009,DLMS/COSEM Architecture and Protocols,the "Green Book"

[3] DLMS UA 1001-1:2010,DLMS/COSEM Conformance Test and certification process,the "Yellow Book"

[4] ISO/IEC 8802-2:1998,Information technology—Telecommunications and information exchange between systems—Local and metropolitan area networks—Specific requirements—Part 2:Logical link control

ICS 17.220.20
N 22

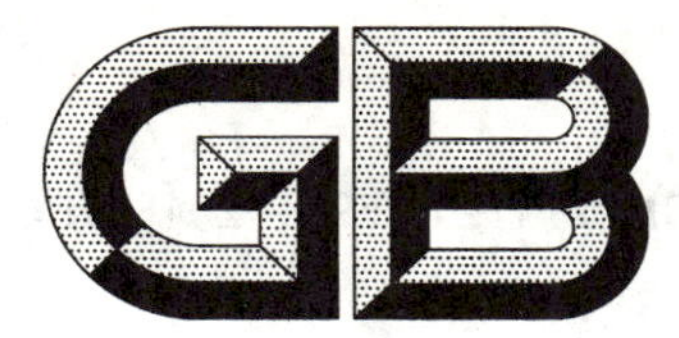

中华人民共和国国家标准

GB/T 17215.697—2018/IEC 62056-9-7:2013

电测量数据交换 DLMS/COSEM 组件 第 97 部分:基于 TCP-UDP/IP 网络的通信配置

Electricity metering data exchange—The DLMS/COSEM suite—Part 97: Communication profile for TCP-UDP/IP networks

(IEC 62056-9-7:2013, Electricity metering data exchange—The DLMS/COSEM suite—Part 9-7: Communication profile for TCP-UDP/IP networks, IDT)

2018-12-28 发布 2019-07-01 实施

国家市场监督管理总局
中国国家标准化管理委员会 发布

前　言

GB/T 17215“交流电测量设备”分为若干部分，GB/T 17215.6《电测量数据交换　DLMS/COSEM 组件》分为以下几个部分：

——第 10 部分：智能测量标准化框架；

——第 11 部分：DLMS/COSEM 通信配置标准模板；

——第 31 部分：基于双绞线载波信号的局域网使用；

——第 46 部分：使用 HDLC 协议的数据链路层；

——第 47 部分：基于 IP 网络 DLMS/COSEM 传输层；

——第 53 部分：DLMS/COSEM 应用层；

——第 61 部分：对象标识系统(OBIS)；

——第 62 部分：COSEM 接口类；

——第 73 部分：局域和社区网络的有线和无线 M-Bus 通信配置；

——第 76 部分：基于 HDLC 的面向连接的三层通信配置；

——第 91 部分：使用 WEB 服务经 CAS 访问 COSEM 服务器的通信配置；

——第 97 部分：基于 TCP-UDP/IP 网络的通信配置。

本部分为 GB/T 17215.6 的第 97 部分。

本部分按照 GB/T 1.1—2009 给出的规则起草。

本部分使用翻译法等同采用 IEC 62056-9-7:2013《电测量数据交换　DLMS/COSEM 组件　第 9-7 部分：基于 TCP-UDP/IP 网络的通信配置》。

与本部分中规范性引用的国际文件有一致性对应关系的我国文件如下：

——GB/T 17215.653—2018　电测量数据交换　DLMS/COSEM 组件　第 53 部分：DLMS/COSEM 应用层(IEC 62056-5-3:2017,IDT)。

本部分做了以下编辑性修改：

——标准名称由第 9-7 部分改为第 97 部分。

请注意本文件的某些内容可能涉及专利。本文件的发布机构不承担识别这些专利的责任。

本部分由中国机械工业联合会提出。

本部分由全国电工仪器仪表标准化技术委员会(SAC/TC 104)归口。

本部分起草单位：哈尔滨电工仪表研究所有限公司、深圳市科陆电子科技股份有限公司、云南电网有限责任公司电力科学研究院、烟台东方威思顿电气有限公司、深圳市航天泰瑞捷电子有限公司、广东东方电讯科技有限公司、国网新疆电力有限公司电力科学研究院、国网江西省电力有限公司电力科学研究院、杭州西力智能科技股份有限公司、南京海兴电网技术有限公司、黑龙江省电工仪器仪表工程技术研究中心有限公司、浙江晨泰科技股份有限公司、华立科技股份有限公司、青岛鼎信通讯股份有限公司。

本部分主要起草人：关文举、章登清、沈鑫、魏灵坤、温刚、谢庆广、谢西沅、李宁、姜滨、陈闻新、郑振洲、吴建锋、张志华、孙丙功、曾仕途、郭小广、刁瑞朋、李佳燚、郭闯、秦国鑫。

电测量数据交换　DLMS/COSEM 组件
第 97 部分:基于 TCP-UDP/IP
网络的通信配置

1　范围

GB/T 17215.6 的本部分规定了基于 TCP-UDP/IP 网络的 DLMS/COSEM 通信配置。

2　规范性引用文件

下列文件对于本文件的应用是必不可少的。凡是注日期的引用文件,仅注日期的版本适用于本文件。凡是不注日期的引用文件,其最新版本(包括所有的修改单)适用于本文件。

IEC 62056-47:2006　电测量抄表、费率和负荷控制数据交换　第 47 部分:基于 IPv4 网络 COSEM 传输层(Electricity metering Data exchange for meter reading, tariff and load control—Part 47: COSEM transport layer for IPv4 networks)

IEC 62056-5-3:2013　电测量数据交换 DLMS/COSEM 组件　第 5-3 部分:DLMS/COSEM 应用层(Electricity metering data exchange—The DLMS/COSEM suite—Part 5-3: DLMS/COSEM application layer)

3　术语和定义、缩略语

3.1　术语和定义

下列术语和定义适用于本文件。

3.1.1

客户端　client

请求服务的一个站点,通常为主站。

3.1.2

服务器端　server

提供服务的一个站点。费率装置(仪表)通常为服务器端,提交被请求的值或执行被请求的任务。

3.2　缩略语

下列缩略语适用于本文件。

AA: 应用连接(Application Association)

AARE:应用连接响应-ACSE 的 APDU 之一(A-Associate Response-an APDU of the ACSE)

AARQ:应用连接请求-ACSE 的 APDU 之一(A-Associate Request-an APDU of the ACSE)

ACSE:连接控制服务元素(Association Control Service Element)

AL: 应用层(Application Layer)

AP: 应用进程(Application Process)

APDU:应用层协议数据单元(Application Layer Protocol Data Unit)

ARP: 地址解析协议(Address Resolution Protocol)

ASE：应用服务元素(Application Service Element)
ATM：异步传输模式(Asynchronous Transfer Mode)
COSEM:能源计量配套规范(Companion Specification for Energy Metering)
DLMS:设备语言报文规范(Device Language Message Specification)
FDDI:光纤分布式数据接口(Fiber Distributed Data Interface)
HDLC:高级数据链路控制(High-level Data Link Control)
HTTP:超文本传输协议(Hypertext Transfer Protocol)
IEEE:电子与电气工程协会(Institute of Electrical and Electronics Engineers)
ISO：国际标准化组织(International Organization for Standardization)
IP：互联网协议(Internet Protocol)
LN：本地网络(Local Network)
NN：社区网(Neighbourhood Network)
OSI：开放系统互联(Open System Interconnection)
PDU：协议数据单元(Protocol Data Unit)
PhL：物理层(Physical Layer)
PPP：点对点协议(Point-to-Point Protocol)
RLRE:应用连接释放响应-ACSE 的 APDU 之一(A-Release Response-an APDU of the ACSE)
RLRQ:应用连接释放请求-ACSE 的 APDU 之一(A-Release Request-an APDU of the ACSE)
SAP：服务接入点(Service Access Point)
TCP：传输控制协议(Transmission Control Protocol)
TL：传输层(Transport Layer)
UDP：用户数据报协议(User Datagram Protocol)
WAN：广域网(Wide Area Network)
xDLMS:扩展的 DLMS(Extended DLMS)

4 目标通信环境

基于 TCP-UDP/IP 的通信配置适用于经由支持 IP 的网络(如广域网、社区网以及局域网)与测量设备进行远程数据交换,如图 1 所示。

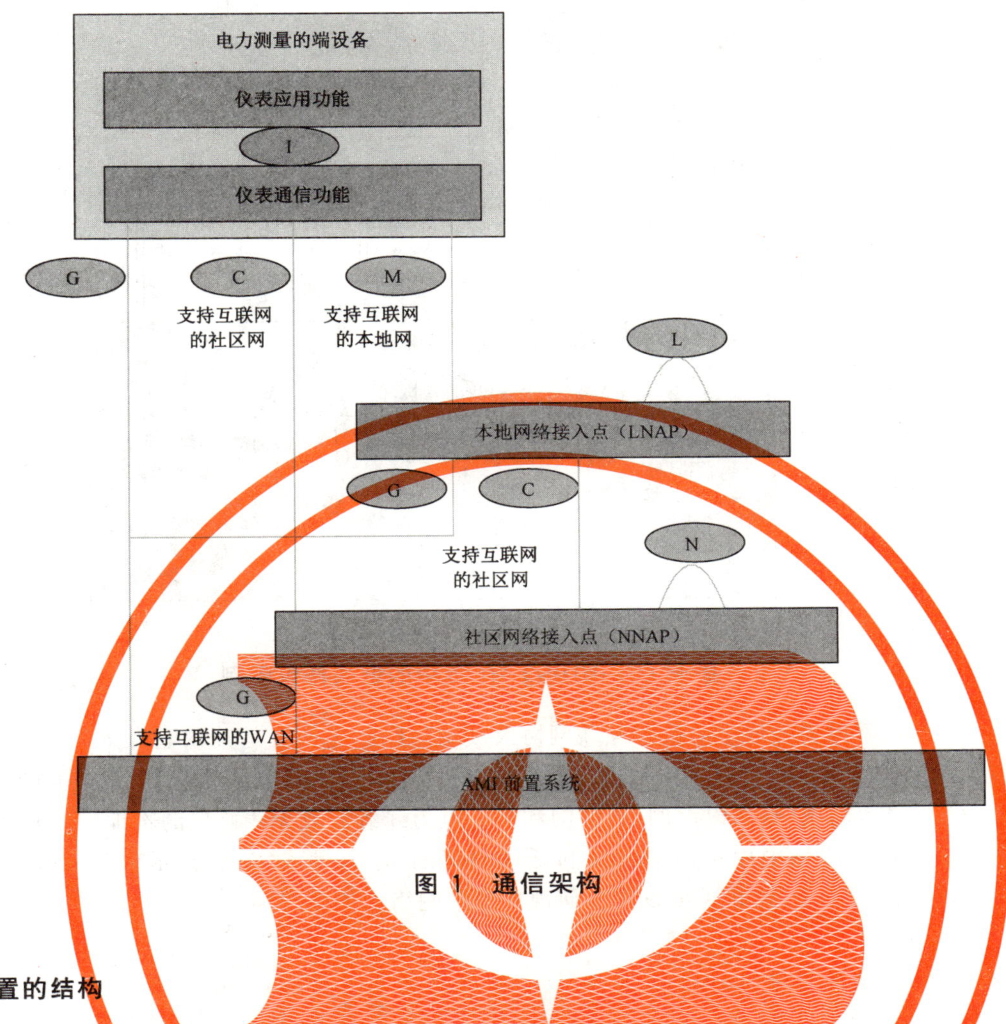

图 1 通信架构

5 本配置的结构

基于 TCP-UDP/IP 的 COSEM 通信配置包含 5 个协议层：

——DLMS/COSEM 应用层，按 IEC 62056-5-3 中规定；

——COSEM 传输层，按 IEC 62056-47 中规定；

——网络层：互联网协议：STD 0005 中规定的 IPv4，或者 RFC 2460 中规定的 IPv6；

——数据链路层：支持网络层的任何数据链路协议；

——物理层：所选数据链路层支持的任何物理层。

COSEM 应用层通过封装(层)来使用传输层(TCP 或者 UDP)中的服务(反过来，使用 IP 网络层中的服务)，以便与连接在抽象网络中的其他节点通信。在这样的环境中，COSEM 应用层(AL)可以被当做另一种互联网标准应用协议，该协议可与其他互联网应用协议如 FTP、HTTP 等共存。见 IEC 62056-47:2006 中图 1。

该 TCP-UDP/IP 层已在多种真实的网络上实现，(只是借助于 IP 网络的抽象)，这些真实网络可以使用所有支持互联网协议的低层设置实现无缝连接，以形成内联网与互联网。

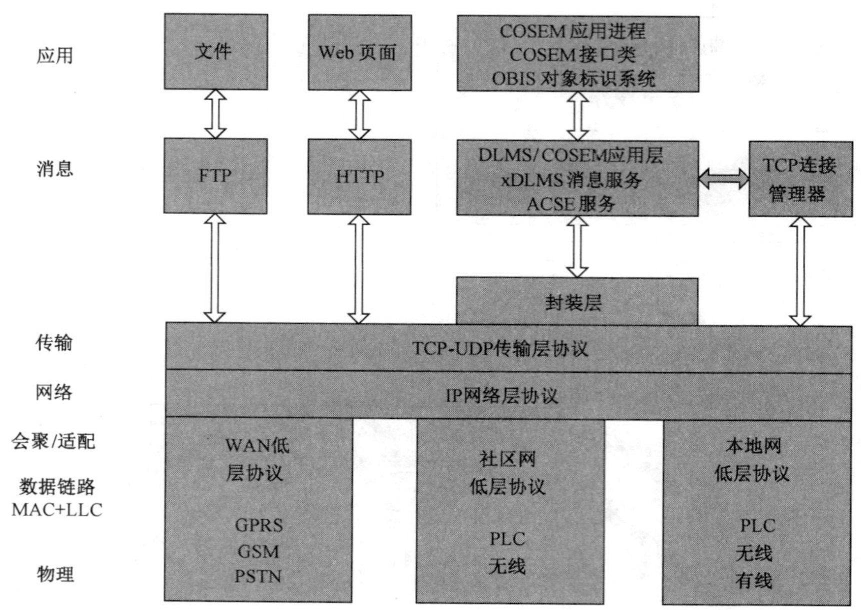

图 2 基于 TCP-UDP/IP 配置中的低层协议示例

IP 层之下，可以采用多种低层协议。互联网协议成功的原因之一正是其联盟力量。几乎任何数据网络都支持 TCP-UDP/IP 联网，包括广域网[诸如 GPRS、ISDN、ATM 和帧中继、电路交换的 PSTN 和 GSM 网络(拨号 IP)]，局域网(如以太网，社区网和采用电力线载波或无线协议的本地网等)。

图 2 显示了在这些网络中用于通信网络和低层协议的一个(远未完全的)示例集。采用该 TCP-UDP/IP 配置，DLMS/COSEM 几乎可以在任何现有通信网络上使用。

6 识别与寻址方案

虽然互联网环境下的真实设备甚至于是连接到真实的物理网络的，但是在更高的抽象(和协议)级别上，可认为似乎这些设备将连接到虚拟(IP)网络。在这个虚拟网络上，每个设备都有一个唯一的地址(称为 IP 地址)，IP 地址可以无歧义的标识网络中的设备。

连接到该虚拟 IP 网络上的任何设备，使用用于标识目标地址的 IP 地址，都可以向任何其他已连接的设备发送消息，只要使用 IP 地址指定目标设备，而不需要考虑整个物理网络的复杂度。参与源设备与目的设备间路由的特定物理网络的具体特性(数据传输介质、媒体访问策略、以及具体数据的链路地址/识别方案)对发送设备都是隐藏的，这些元素由(称为路由的)中间网络设备来处理。

因此，在基于 TCP-UDP/IP 的配置中，COSEM 物理设备由其网络(IP)地址唯一标识。

COSEM 客户端和服务器端应用进程的标识需要附加地址。

TCP 和 UDP 都在传输层提供了额外的寻址能力(称为端口)，以区分各种应用。应用层只监听一个 TCP 或者 UDP 端口上任一客户端与服务器端 AP 间交换的消息。在单一物理设备上可能存在几个客户端或者服务器端应用进程时，需要额外的寻址能力。这由封装子层提供，见 IEC 62056-47。封装层提供了一个标识符(wPort)，与 TCP/UDP 的端口号类似，但是处于这些层的顶部。在同一个物理设备上特定 COSEM 客户端应用进程和/或特定的 COSEM 逻辑设备可以这样由 wPort 号来标识。

总之，在基于 TCP-UDP/IP 的配置中，适用如下标识规则：

——COSEM 物理设备由其 IP 地址标识；

——COSEM 应用层只监听一个 UDP 或者 TCP 端口，见 IEC 62056-47:2006 中的第 4 章；

——与各自宿主物理设备对应的 COSEM 逻辑设备和客户端 AP 由其 wPort 号标识，IEC 62056-4-7 中规定了保留的 wPort 号；

——低层地址(SAP,[访问接入点])不被考虑(隐藏)。

COSEM 应用连接(AA)由上述两个端点的标识符来标识，图 3 是一个示例。

在客户端 client_AP_01 与 Host_device_01 中的 Logical_Device_01(AA1)以及与 Host_Device_02 中的 Logical_Device_02(AA2)之间建立的应用连接(AA)分别被标识为：

AA1:{(163.187.45.19, T_N, 31)(163.187.45.36, T_M, 527)}

AA2:{(163.187.45.19, T_N, 31)(163.187.45.78, T_M, 3013)}

注 1：T_N 和 T_M 分别为客户端宿主设备和服务器端宿主设备中用于 DLMS/COSEM 的 TCP 端口。对于 DLMS/COSEM,下面的端口号已被 IANA 注册，见：http://www.iana.org/assignments/port-numbers：

- dlms/cosem 4059/TCP DLMS/COSEM；
- dlms/cosem 4059/UDP DLMS/COSEM。

注 2：在这两个应用会话中，虽然客户端的端点标识符是相同的，但是服务器端的端点标识符不同，这样，两个应用连接被唯一标识，因此，它们能同时使用。

注 3：在这些例子中，使用的是 Ipv4 地址。

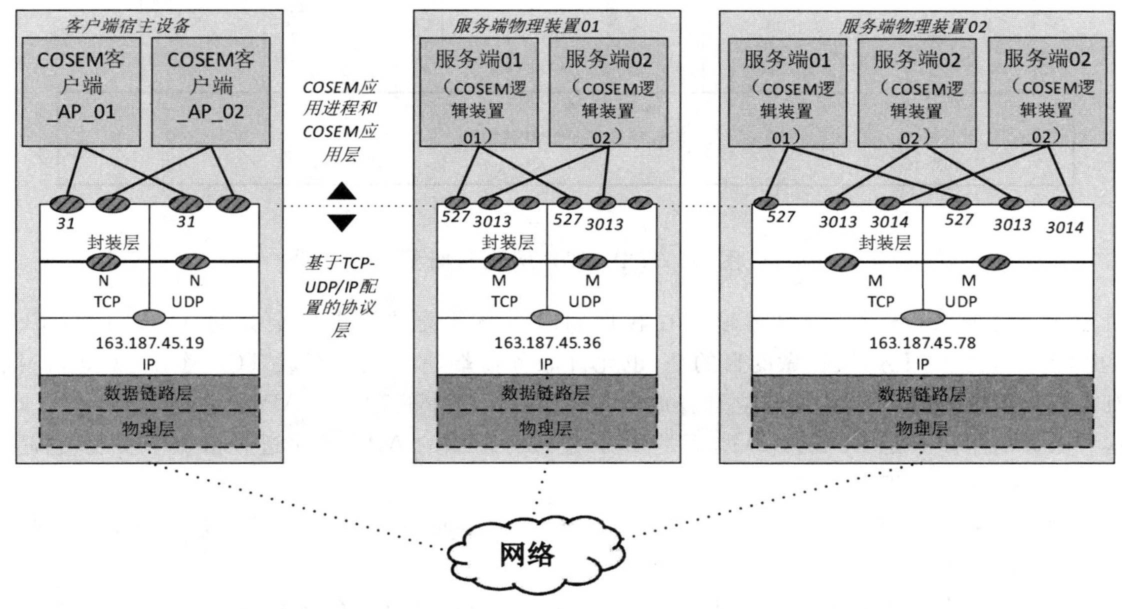

图 3　基于 TCP-UDP/IP 配置的标识及寻址方案

7　支持层服务与服务映射

根据 IEC 62056-47 的规定，COSEM TCP 传输层为其服务用户提供以下服务：

——(为 TCP 连接管理器 AP 提供的)连接管理服务：

- TCP-CONNECT：.request，.indication，.response，.confirm；
- TCP-DISCONNECT：.request，.indication，.response，.confirm。

——(为 COSEM AL 提供的)数据交换服务，本服务仅当 TCP 连接建立后方可使用：

- TCP-DATA：.request，.indication，(.confirm)。

TCP TL 还为服务用户的 COSEM AL 提供了 TCP-ABORT 服务，以指示 TCP 层连接的断开/中断。

UDP TL 为服务用户的 COSEM AL 只提供一个服务(无连接的,尽力而为的数据交付服务)。

——UDP-DATA:.request,.indication,(.confirm)。

注:TCP.confirm/UDP.confirm 服务原语是可用选项。

图 4 总结了这些服务。

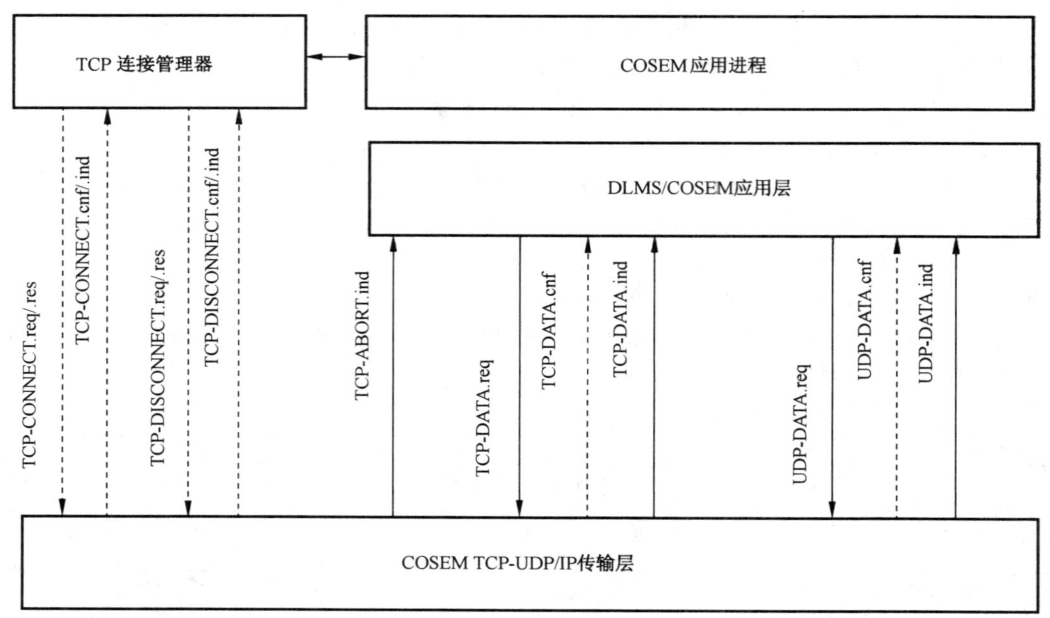

图 4 TCP/UDP 层服务概要

对于连接管理,COSEM TCP 传输层在客户端以及服务器端均提供全套的 TCP-CONNECT 和 TCP-DISCONNECT 服务,这样做的目的是,也允许服务器端建立或者释放 TCP 连接,见 9.7。同样,在所有的 COSEM 配置中,AA 的建立和释放也是由这些配置中的客户端 AP 发起的。

这些服务的用户不是 COSEM AL,而是 TCP 连接管理器的 AP。这个进程依赖于实现,它超出本标准范围内。关于该进程,只要求:

——TCP 连接管理器进程应能建立支持 TCP 的连接而不影响 COSEM 客户端(或者服务器端)AP;

——在发送或者接收 COSEM-OPEN.request/.indication 之前,COSEM 客户端(和服务器端)AP 应能从 TCP 连接管理器中检索 Protocol_Connection_Parameter 参数的 TCP 与 IP 部分。

对数据交换,客户端以及服务器端的 AL 均使用 COSEM TCP-UDP TL 提供的全套服务原语集。

在 IEC 62056-47 中给出了 AL(ASO)服务调用和支持 COSEM TCP-UDP 层服务调用之间的对应关系。

8 COSEM AL 服务的通信配置特定服务参数

只有 COSEM-OPEN 服务才有通信配置特定参数(Protocol_Connection_Parameters 参数),包括下列数据:

——协议(配置)标识符	TCP/IP 或 UDP/IP;
——Server_IP_Address	COSEM 物理设备地址;
——Server_TCP_or_UDP_Port	用于 DLMS/COSEM 的 TCP 或 UDP 端口;
——Server_wrapper_Port	COSEM 逻辑设备地址;

——Client_IP_Address　　　COSEM 客户端的物理设备地址；
——Client_TCP_or_UDP_Port　　　用于 DLMS/COSEM 的 TCP 或 UDP 端口；
——Client_wrapper_Port　　　COSEM 应用进程(类型)标识符。

任何服务器端地址参数可能包含特殊地址(如:全部站点、无站点等),详见 IEC 62056-47。

9 特别考虑和约束

9.1 已确认的和未确认的应用连接及服务调用、使用的包类型

表 1 说明了建立已确认的和未确认应用连接的规则,应用连接中可用的数据传输服务类型以及用来携带 APDU 的 TL 包类型。表中灰色的部分表示超出正常工作条件的情况:不应或者没有意义。

据此:

——不应使用 TCP/IP 协议来建立未确认的应用连接。它是通过客户端 AL 在本地并否定确认试图那样做的 COSEM-OPEN.request 原语调用来阻止的;

——不应在未确认的(建立在 UDP 层顶部的)AA 内,用已确认的方式(即,Service_Class＝Confirmed)来请求 xDLMS 服务。这也是通过客户端 AL 来阻止的。(收到这种 APDU)服务器端应简单丢弃它们,或者应回发一个 ConfirmedServiceError 的 APDU,或者回发可选的 ExceptionResponse APDU(若有此功能)。

表 1　基于 TCP-UDP/IP 配置的应用连接和数据交换

应用连接建立				数据交换	
协议连接参数	COSEM-OPEN 服务类	使用	已建立的应用连接类型	服务类	使用
Id:TCP/IP TCP 端口号,IP 地址	已确认	1/连接 TCP 层 2/交换在 TCP 包中传输 AARQ/AARE 的 APDU	已确认	已确认	TCP 包
				未确认	TCP 包
	未确认	本地否定确认	无	—	—
				—	—
Id:UDP/IP UDP 端口号, IP 地址	已确认	交换在 UDP 数据报中传输 AARQ/AARE 的 APDU	已确认	已确认	UDP 数据报
				未确认	UDP 数据报
	未确认	以 UDP 数据报发送 AARQ	未确认	已确认(不应)	—
				未确认	UDP 数据报

在基于 TCP-UDP/IP 的配置中,COSEM-OPEN 服务的 Service_Class 参数被链接到 xDLMS InitateRequest APDU 的 response-allowed 参数。若调用 COSEM-OPEN 服务时,Service_Class＝＝Confirmed,则 response-allowed 参数应被置为 TRUE,服务器按预期响应。若调用时 Service_Class＝＝Unconfirmed,则 response-allowed 参数应被置为 FALSE,服务器不应回发响应。

GET、SET 和 ACTION 服务的 Service_Class 参数被链接到 Invoke-Id-And-Priority 字节中的 confirmed/unconfirmed 位。若该服务调用时 Service_Class＝Confirmed,则 confirmed/unconfirmed 位应被置为 1,否则应被置为 0。

9.2 释放应用连接(强制使用 RLRQ/RLRE)

在基于 TCP-UDP/IP 配置中,由于下列原因,要求强制使用 ACSE 中的 A-RELEASE 服务(调用

COSEM-Release.request 原语，User_RLRQ_RE=TRUE)：

——按本配置中使用的标识/寻址方案，应用连接由两个三元组来标识，包括 IP 地址、TCP(或 UDP)端口号以及 wPort 号。换而言之，本配置中所有的应用连接都只能使用一个 TCP(或 UDP)端口来建立，这就是说，断开 TCP 连接(也应支持这种释放 AA 的方式)，将释放所有已建立的应用连接。使用 RLRQ/RLRE APDU 允许以一种选择性的方式释放已确认的应用连接；

——在无连接的 UDP TL 上允许建立已确认的和未确认的应用连接。释放这种连接的唯一方式是使用 RLRQ/RLRE 服务。

注：事实上，使用 RLRQ/RLRE APDU-s 指定为可选的仅是为了保持与规范早期版本的向后兼容，其中不包括可能性。

9.3 COSEM-OPEN/-RELEASE/-ABORT 服务的服务参数

在本通信配置中，不支持 COSEM-OPEN/-RELEASE 服务中的可选参数 User_Information。

9.4 xDLMS 客户端/服务器端类型服务

无与客户端/服务器端类型服务有关的特定功能和限制。

9.5 EventNotification 服务和 TriggerEventNotificationSending 服务

本节描述了 EventNotification 服务协议中的通信配置特定元素，见 IEC 62056-5-3:2013，6.9。

在本通信配置中，当 TCP 和 UDP 配置均允许以主动方式发送数据时，不使用 Trigger_EventNotification_Sending 服务。

EventNotificationRequest APDU 或者由基于 COSEM UDP 传输层的无连接的数据服务发送，或者通过基于 COSEM TCP 传输层的面向连接的数据服务发送。在后面一种情况下，TCP 连接管理器进程应得先建立 TCP 连接。

可选参数 Application_Addresses 只有当 EventNotification.request 服务在已建立的应用连接外部被调用时才出现。

9.6 长信息传输

封装层的数据域应一直携带完整的 xDLMS APDU，若该消息很长，则能够使用应用层的块传输服务。

9.7 允许 COSEM 服务器端建立 TCP 链接

在 DLMS/COSEM 中，支持层连接通常是在随着客户端 AP 调用 COSEM-OPEN.request 原语建立应用连接期间建立的(物理层的连接在调用 COSEM-OPEN.request 原语之前，应已经建立)。因此，建立 AA 的过程链接并连接支持层是很自然的。

然而，在某些情况下，若由服务器端发起 TCP 层的连接将是有用的。特别有趣的是，在基于 TCP-UDP/IP 的配置中，当服务器端没有公开的 IP 地址时，这种情况下，作为客户端就“看”不到物理设备的宿主服务器，所要求的 TCP 层连接就无法建立。

为了允许服务器端建立 TCP 层连接，TCP-CONNECT 的完整服务原语既可在客户端使用，也可在服务器端使用。

9.8 COSEM TCP-UDP/IP 配置和真实世界的 IP 网络

IEC 62056-4-7，IEC 62056-5-3:2013 以及本部分规定了所有 DLMS/COSEM 必要的特定元素，以

便在使用基于 TCP-UDP/IP 通信配置的互联网上使用 DLMS/COSEM。

在真实的互联网中,还有其他需要考虑的元素。如:在本部分中规定了物理设备的主 COSEM AP 用 IP 地址来标识,但并未规定如何获取这种 IP 地址。由于这些元素不是 COSEM 特有的,它们不在本部分的范围内。

参 考 文 献

[1] DLMS UA 1000-1 Ed. 10.0:2010, COSEM Identification System and Interface Classes the “Blue Book”

[2] DLMS UA 1000-2 Ed. 7.0:2009, DLMS/COSEM Architecture and Protocols, the “Green Book”

[3] DLMS UA 1001-1 Ed. 4.0:2010, DLMS/COSEM Conformance Test and certification process, the “Yellow Book”

[4] IEC 60050-300:2001, International Electrotechnical Vocabulary (IEV)-Electrical and electronic measurements and measuring instruments

[5] IEC 62051:1999, Electricity metering—Glossary of terms

[6] IEC 62051-1:2004, Electricity metering—Data exchange for meter reading, tariff and load control—Glossary of terms—Part 1: Terms related to data exchange with metering equipment using DLMS/COSEM

[7] IEC 62056-6-1:2013 Electricity metering data exchange—The DLMS/COSEM suite—Part 6-1: OBIS Object identification system

[8] IEC 62056-6-2:2013, Electricity metering data exchange—The DLMS/COSEM suite—Part 6-2: COSEM interface classes

[9] ISO/IEC 7498-1:1994 Information technology—Open Systems Interconnection—Basic Reference Model: The Basic Model

[10] ISO/IEC 9545:1994 Information technology—Open Systems Interconnection—Application Layer structure

[11] Internet Engineering Task Force (IETF) RFC 0768: User Datagram Protocol. Author: J. Postel. Date: Aug-28-1980. Also: STD0006 Available from: http://www.rfc-editor.org/rfc/rfc768.txt

[12] Internet Engineering Task Force (IETF) RFC 0791: Internet Protocol. Author: J. Postel. Date: Sep-01-1981. Also: STD0005. Available from: http://www.rfc-editor.org/rfc/rfc791.txt

[13] Internet Engineering Task Force (IETF) RFC 0792: Internet Control Message Protocol Author: J. Postel. Date: Sep-01-1981. Also: IETF STD 0005. Updated by: RFC 0950, Obsoletes: RFC 0777. Available from: http://www.faqs.org/rfcs/rfc792.txt

[14] Internet Engineering Task Force (IETF) RFC 0793: Transmission Control Protocol. Author: J. Postel. Date: Sep-01-1981 Also: STD0007. Available from: http://www.rfc-editor.org/rfc/rfc793.txt

[15] Internet Engineering Task Force (IETF) RFC 1661-The Point-to-Point Protocol (PPP) Authors: W. Simpson, Ed. Date: July 1994

Also: STD0051 Available from: http://www.rfc-editor.org/rfc/rfc1661.txt

[16] Internet Engineering Task Force (IETF) RFC 2225 - Classical IP and ARP over ATM. Authors: M. Laubach, J. Halpern. Date: April 1998. Available from: http://www.rfc-editor.org/rfc/rfc2225.txt

[17] Internet Engineering Task Force (IETF) RFC 2460: Internet Protocol, Version 6 (IPv6) Edited by S. Deering and R. Hinden. December 1998. Available from: http://www.ietf.org/rfc/rfc2460.txt

COSEM-Release.request 原语,User_RLRQ_RE=TRUE):

——按本配置中使用的标识/寻址方案,应用连接由两个三元组来标识,包括 IP 地址、TCP(或 UDP)端口号以及 wPort 号。换而言之,本配置中所有的应用连接都只能使用一个 TCP(或 UDP)端口来建立,这就是说,断开 TCP 连接(也应支持这种释放 AA 的方式),将释放所有已建立的应用连接。使用 RLRQ/RLRE APDU 允许以一种选择性的方式释放已确认的应用连接;

——在无连接的 UDP TL 上允许建立已确认的和未确认的应用连接。释放这种连接的唯一方式是使用 RLRQ/RLRE 服务。

注:事实上,使用 RLRQ/RLRE APDU-s 指定为可选的仅是为了保持与规范早期版本的向后兼容,其中不包括可能性。

9.3 COSEM-OPEN/-RELEASE/-ABORT 服务的服务参数

在本通信配置中,不支持 COSEM-OPEN/-RELEASE 服务中的可选参数 User_Information。

9.4 xDLMS 客户端/服务器端类型服务

无与客户端/服务器端类型服务有关的特定功能和限制。

9.5 EventNotification 服务和 TriggerEventNotificationSending 服务

本节描述了 EventNotification 服务协议中的通信配置特定元素,见 IEC 62056-5-3:2013,6.9。

在本通信配置中,当 TCP 和 UDP 配置均允许以主动方式发送数据时,不使用 Trigger_EventNotification_Sending 服务。

EventNotificationRequest APDU 或者由基于 COSEM UDP 传输层的无连接的数据服务发送,或者通过基于 COSEM TCP 传输层的面向连接的数据服务发送。在后面一种情况下,TCP 连接管理器进程应得先建立 TCP 连接。

可选参数 Application_Addresses 只有当 EventNotification.request 服务在已建立的应用连接外部被调用时才出现。

9.6 长信息传输

封装层的数据域应一直携带完整的 xDLMS APDU,若该消息很长,则能够使用应用层的块传输服务。

9.7 允许 COSEM 服务器端建立 TCP 链接

在 DLMS/COSEM 中,支持层连接通常是在随着客户端 AP 调用 COSEM-OPEN.request 原语建立应用连接期间建立的(物理层的连接在调用 COSEM-OPEN.request 原语之前,应已经建立)。因此,建立 AA 的过程链接并连接支持层是很自然的。

然而,在某些情况下,若由服务器端发起 TCP 层的连接将是有用的。特别有趣的是,在基于 TCP-UDP/IP 的配置中,当服务器端没有公开的 IP 地址时,这种情况下,作为客户端就"看"不到物理设备的宿主服务器,所要求的 TCP 层连接就无法建立。

为了允许服务器端建立 TCP 层连接,TCP-CONNECT 的完整服务原语既可在客户端使用,也可在服务器端使用。

9.8 COSEM TCP-UDP/IP 配置和真实世界的 IP 网络

IEC 62056-4-7,IEC 62056-5-3:2013 以及本部分规定了所有 DLMS/COSEM 必要的特定元素,以

——Client_IP_Address　　　　COSEM 客户端的物理设备地址；
——Client_TCP_or_UDP_Port　　用于 DLMS/COSEM 的 TCP 或 UDP 端口；
——Client_wrapper_Port　　　　COSEM 应用进程(类型)标识符。

任何服务器端地址参数可能包含特殊地址(如:全部站点、无站点等),详见 IEC 62056-47。

9 特别考虑和约束

9.1 已确认的和未确认的应用连接及服务调用、使用的包类型

表 1 说明了建立已确认的和未确认应用连接的规则,应用连接中可用的数据传输服务类型以及用来携带 APDU 的 TL 包类型。表中灰色的部分表示超出正常工作条件的情况:不应或者没有意义。

据此:

——不应使用 TCP/IP 协议来建立未确认的应用连接。它是通过客户端 AL 在本地并否定确认试图那样做的 COSEM-OPEN.request 原语调用来阻止的;

——不应在未确认的(建立在 UDP 层顶部的)AA 内,用已确认的方式(即,Service_Class＝Confirmed)来请求 xDLMS 服务。这也是通过客户端 AL 来阻止的。(收到这种 APDU)服务器端应简单丢弃它们,或者应回发一个 ConfirmedServiceError 的 APDU,或者回发可选的 ExceptionResponse APDU(若有此功能)。

表 1　基于 TCP-UDP/IP 配置的应用连接和数据交换

<table>
<tr><th colspan="4">应用连接建立</th><th colspan="2">数据交换</th></tr>
<tr><th>协议连接参数</th><th>COSEM-OPEN 服务类</th><th>使用</th><th>已建立的应用连接类型</th><th>服务类</th><th>使用</th></tr>
<tr><td rowspan="4">Id:TCP/IP
TCP 端口号,IP 地址</td><td rowspan="2">已确认</td><td rowspan="2">1/连接 TCP 层
2/交换在 TCP 包中传输 AARQ/AARE 的 APDU</td><td rowspan="2">已确认</td><td>已确认</td><td>TCP 包</td></tr>
<tr><td>未确认</td><td>TCP 包</td></tr>
<tr><td rowspan="2">未确认</td><td rowspan="2">本地否定确认</td><td rowspan="2">无</td><td>—</td><td>—</td></tr>
<tr><td>—</td><td>—</td></tr>
<tr><td rowspan="4">Id:UDP/IP
UDP 端口号,
IP 地址</td><td rowspan="2">已确认</td><td rowspan="2">交换在 UDP 数据报中传输 AARQ/AARE 的 APDU</td><td rowspan="2">已确认</td><td>已确认</td><td>UDP 数据报</td></tr>
<tr><td>未确认</td><td>UDP 数据报</td></tr>
<tr><td rowspan="2">未确认</td><td rowspan="2">以 UDP 数据报发送 AARQ</td><td rowspan="2">未确认</td><td>已确认(不应)</td><td>—</td></tr>
<tr><td>未确认</td><td>UDP 数据报</td></tr>
</table>

在基于 TCP-UDP/IP 的配置中,COSEM-OPEN 服务的 Service_Class 参数被链接到 xDLMS InitateRequest APDU 的 response-allowed 参数。若调用 COSEM-OPEN 服务时,Service_Class＝＝Confirmed,则 response-allowed 参数应被置为 TRUE,服务器按预期响应。若调用时 Service_Class＝＝Unconfirmed,则 response-allowed 参数应被置为 FALSE,服务器不应回发响应。

GET、SET 和 ACTION 服务的 Service_Class 参数被链接到 Invoke-Id-And-Priority 字节中的 confirmed/unconfirmed 位。若该服务调用时 Service_Class＝Confirmed,则 confirmed/unconfirmed 位应被置为 1,否则应被置为 0。

9.2 释放应用连接(强制使用 RLRQ/RLRE)

在基于 TCP-UDP/IP 配置中,由于下列原因,要求强制使用 ACSE 中的 A-RELEASE 服务(调用

[18] Internet Engineering Task Force (IETF) RFC 4944: Transmission of IPv6 Packets over IEEE 802.15.4 Networks. Edited by G. Montenegro, N. Kushalnagar and D. Culler. September 2007. Available from: http://www.ietf.org/rfc/rfc4944.txt

---